国家出版基金项目

"十四五"国家重点出版物出版规划项目

中国耕地土壤论著系列

中华人民共和国农业农村部　组编

中国黑土

Chinese
Black Soils

魏　丹◆主编

中国农业出版社

北　京

图书在版编目（CIP）数据

中国黑土 / 魏丹主编. -- 北京 : 中国农业出版社，
2024. 6. --（中国耕地土壤论著系列）. -- ISBN 978
- 7 - 109 - 32058 - 1

Ⅰ. S155.2

中国国家版本馆 CIP 数据核字第 20241L3B80 号

中国黑土

ZHONGGUO HEITU

中国农业出版社出版

地址：北京市朝阳区麦子店街 18 号楼

邮编：100125

责任编辑：刘　伟　冀　刚　　文字编辑：史佳丽

版式设计：王　晨　　责任校对：吴丽婷

印刷：北京通州皇家印刷厂

版次：2024 年 6 月第 1 版

印次：2024 年 6 月北京第 1 次印刷

发行：新华书店北京发行所

开本：889mm×1194mm　1/16

印张：44.5

字数：1340 千字

定价：448.00 元

耕地是农业发展之基、农民安身之本，也是乡村振兴的物质基础。习近平总书记强调，"我国人多地少的基本国情，决定了我们必须把关系十几亿人吃饭大事的耕地保护好，绝不能有闪失"。加强耕地保护的前提是保证耕地数量的稳定，更重要的是要通过耕地质量评价，摸清质量家底，有针对性地开展耕地质量保护和建设，让退化的耕地得到治理，土壤内在质量得到提高、产出能力得到提升。

新中国成立以来，我国开展过两次土壤普查工作。2002 年，农业部启动全国耕地地力调查与质量评价工作，于 2012 年以县域为单位完成了全国 2 498 个县的耕地地力调查与质量评价工作；2017 年，结合第三次全国国土调查，农业部组织开展了第二轮全国耕地地力调查与质量评价工作，并于 2019 年以农业农村部公报形式公布了评价结果。这些工作积累了海量的耕地质量相关数据、图件，建立了一整套科学的耕地质量评价方法，摸清了全国耕地质量主要性状和存在的障碍因素，提出了有针对性的对策措施与建议，形成了一系列专题成果报告。

土壤分类是土壤科学的基础。每一种土壤类型都是具有相似土壤形态特征及理化性状、生物特性的集合体。编辑出版"中国耕地土壤论著系列"（以下简称"论著系列"），按照耕地土壤性状的差异，分土壤类型论述耕地土壤的形成、分布、理化性状、主要障碍因素、改良利用途径，既是对前两次土壤普查和两轮耕地地力调查与质量评价成果的系统梳理，也是对土壤学科的有效传承，将为全面分析相关土壤类型耕地质量家底，有针对性地加强耕地质量保护与建设，因地制宜地开展耕地土壤培肥改良与治理修复、合理布局作物生产、指导科学施肥提供重要依据，对提升耕地综合生产能力、促进耕地资源永续利用、保障国家粮食安全具有十分重要的意义，也将为当前正在开展的第三次全国土壤普查工作提供重要的基础资料和有效指导。

相信"论著系列"的出版，将为新时代全面推进乡村振兴、加快农业农村现代化、实现农业强国提供有力支撑，为落实最严格的耕地保护制度，深入实施"藏粮于地、藏粮于技"战略发挥重要作用，作出应有贡献。

中华人民共和国农业农村部副部长　张兴旺

　　耕地土壤是最宝贵的农业资源和重要的生产要素，是人类赖以生存和发展的物质基础。耕地质量不仅决定农产品的产量，而且直接影响农产品的品质，关系到农民增收和国民身体健康，关系到国家粮食安全和农业可持续发展。

　　"中国耕地土壤论著系列"系统总结了多年以来对耕地土壤数据收集和改良的科研成果，全面阐述了各类型耕地土壤质量主要性状特征、存在的主要障碍因素及改良实践，实现了文化传承、科技传承和土壤传承。本丛书将为摸清土壤环境质量、编制耕地土壤污染防治计划、实施耕地土壤修复工程和加强耕地土壤环境监管等工作提供理论支撑，有利于科学提出耕地土壤改良与培肥技术措施、提升耕地综合生产能力、保障我国主要农产品有效供给，从而确保土壤健康、粮食安全、食品安全及农业可持续发展，给后人留下一方生存的沃土。

　　"中国耕地土壤论著系列"按十大主要类型耕地土壤分别出版，其内容的系统性、全面性和权威性都是很高的。它汇集了"十二五"及之前的理论与实践成果，融入了"十三五"以来的攻坚成果，结合第二次全国土壤普查和全国耕地地力调查与质量评价工作的成果，实现了理论与实践的完美结合，符合"稳产能、调结构、转方式"的政策需求，是理论研究与实践探索相结合的理想范本。我相信，本丛书是中国耕地土壤学界重要的理论巨著，可成为各级耕地保护从业人员进行生产活动的重要指导。

中　国　工　程　院　院　士
中国科学院南京土壤研究所研究员　张佳宝

　　耕地是珍贵的土壤资源，也是重要的农业资源和关键的生产要素，是粮食生产和粮食安全的"命根子"。保护耕地是保障国家粮食安全和生态安全，实施"藏粮于地、藏粮于技"战略，促进农业绿色可持续发展，提升农产品竞争力的迫切需要。长期以来，我国土地利用强度大，轮作休耕难，资源投入不平衡，耕地土壤质量和健康状况恶化。我国曾组织过两次全国土壤普查工作。21世纪以来，由农业部组织开展的两轮全国耕地地力调查与质量评价工作取得了大量的基础数据和一手资料。最近十多年来，全国测土配方施肥行动覆盖了2 498个农业县，获得了一批可贵的数据资料。科研工作者在这些资料的基础上做了很多探索和研究，获得了许多科研成果。

　　"中国耕地土壤论著系列"是对两次土壤普查和耕地地力调查与质量评价成果的系统梳理，并大量汇集在此基础上的研究成果，按照耕地土壤性状的差异，分土壤类型逐一论述耕地土壤的形成、分布、理化性状、主要障碍因素和改良利用途径等，对传承土壤学科、推动成果直接为农业生产服务具有重要意义。

　　以往同类图书都是单册出版，编写内容和风格各不相同。本丛书按照统一结构和主题进行编写，可为读者提供全面系统的资料。本丛书内容丰富、适用性强，编写团队力量强大，由农业农村部牵头组织，由行业内经验丰富的权威专家负责各分册的编写，更确保了本丛书的编写质量。

　　相信本丛书的出版，可以有效加强耕地质量保护、有针对性地开展耕地土壤改良与培肥、合理布局作物生产、指导科学施肥，进而提升耕地生产能力，实现耕地资源的永续利用。

中国工程院院士
中国农业大学教授　张福锁

　　黑土是大自然给予人类弥足珍贵的宝藏，性状好、肥力高，是粮食生产的最佳土壤。黑土是在温带半湿润季风气候、森林草甸或草原化草甸植被条件下，具有暗色松软表层、黏化 B 层和风化 B 层的土壤。黑土具有肥力高、结构好、适宜农耕、具有生产潜力大的独特性质，其特点是土层厚、颜色深、有机质含量丰富（联合国粮食及农业组织，2022）。黑土是减缓和适应气候变化的最重要的土壤类型，占据了全球农田的 17%，全球大约 1/3 的黑土被作为农田开垦，占世界土壤有机碳储量的 8.2%，提供全球总有机碳固存潜力的 10%。其中，欧洲和欧亚大陆的潜力最大，超过 65%，拉丁美洲和加勒比地区约为 10%。全球分布三大黑土带，主要是欧亚大陆黑土带、北美黑土带和南美黑土带。在欧亚大陆黑土带上，主要分布在中国东北平原和乌克兰大平原，包括俄罗斯、乌克兰、哈萨克斯坦、中国、蒙古等国家；在北美黑土带上，主要是分布在密西西比河流域，包括美国、加拿大、墨西哥等国家；在南美黑土带上，主要分布在潘帕斯大草原上，包括阿根廷、巴西、乌拉圭等国家。此外，非洲也零星分布一些黑土。凡是在黑土带上的国家，由于黑土的独特性，都成为世界粮仓、肉库和奶罐。

　　中国黑土在保障区域生态环境安全、国家粮食安全和农业可持续发展中发挥着不可替代的作用。正是因为东北地区黑土资源丰富、土壤肥沃，每年的粮食产量占全国粮食总产量的 1/5，仅商品粮产量就占了 1/3，因而成为我国重要的商品粮基地和绿色食品生产基地。然而，在粮食连年丰收的背后也蕴藏着巨大的潜在危机，由于多年来对黑土资源的高强度利用，导致黑土肥力严重退化，使东北由"生态功能区"逐步变成为"生态脆弱区"，鉴于东北黑土退化以及提升、保育过程中利用和保护所面临的紧迫形势与严峻挑战，加强黑土地保护和治理已经刻不容缓。

　　黑土保护是一个长期的过程，更是一个社会系统工程，全社会对黑土保护负有共同责任。2018 年，联合国粮食及农业组织成立了国际黑土联盟，提出全球黑土国家建立共同保护机制；中国提出了黑土保护的中长期规划，黑土资源的利用应以保障国家粮食安全和农业生态环境安全为前提，树立绿色发展、永续利用的理念，坚持生态为先、发展为重，推进种地与养地措施相结合、农机与农艺措施相结合、工程措施与生物措施相结合，在粮食生产得到保证的同时，要走出一条黑土资源保育、农业生产效率持续提升的现代农业发展之路。黑土保护要遵循科学规律，正确处理利用和保护的关系，利用好大自然恩赐给我们的这片神奇的黑土地，保护好我们的黑土家园。

2017年7月出版的《中国东北黑土》作者魏丹和孟凯先生，总结30多年黑土研究工作的成果，从基础研究到应用研究，从微观研究到宏观研究，采用生态学的理论和土壤科学的方法，在书中系统阐述了黑土形成过程，黑土物理、化学、生物性状变化特征和规律，黑土退化的进程等。该书以总结黑土研究的主要成果为目的，以论述黑土生态过程为主线，并在世界土壤年之际正式出版，该书曾在中国农业出版社当年的1700多部图书评选中获得了优秀图书奖一等奖，然而孟凯先生在2017年初永远地离开了我们，虽然他没有看到这部著作成书并获奖，但他永远守护在那片黑土地上。这本书成为孟凯教授黑土人生的写照。

2016年，农业农村部开始组织编写中国耕地土壤论著系列，旨在推动人们对耕地保护的重视和可持续利用。本人有幸作为《中国黑土》一书的主编，来吹响"十一五"以来集合从事黑土地保护专家的号角，这里包括"十一五"国家科技支撑"东北黑土沃土技术和模式"、"十二五"农业农村部行业"东北黑土有机质提升技术"、"十三五"国家重点专家"大豆花生化肥除草剂双减"项目"农化产品研发"课题专家，"十四五"联合国开发计划署"黑土区水土资源可持续研究与示范工程"项目专家，还包括了"国家大豆产业技术体系"2010—2022年的"黑土地保护与大豆养分管理"和农业农村部"黑土地保护工程"项目专家，特别包括了黑土地"长期肥力监测"试验的几代专家。这些专家总结了黑土演变过程理论、侵蚀理论、有机质变化到稳定过程以及土壤障碍消减技术、养分管理及高产土壤保育的技术、模式。这里也涵盖了企业和基地专家的生产示范工作。稍有遗憾，在撰写中没能涵盖"十四五"的创新工作，但依然希望本书能为新一轮黑土地保护提供理论和技术支撑。感谢参编专家们所付出的辛苦。书中如有不足之处，敬请读者批评指正。

编　者

目录

第一章 | 黑土的形成 >>>

第一节　自然地理背景

2017 年 7 月 31 日，农业部耕地质量监测保护中心发布的耕地质量动态中重新给出了黑土的概念。黑土是指"含有至少 25 cm 深的腐殖质层且土壤有机质含量超过 2% 的土壤"。据统计，全球黑土覆盖面积大约为 9.16 亿 hm²，多分布在温带草原或温带森林，适宜耕作的黑土集中在美国密西西比平原、乌克兰平原和我国东北平原。根据第二次全国土地调查和县级耕地质量调查评价成果，我国东北平原典型黑土区耕地面积约 18.53 万 km²，主要包括内蒙古东部和辽宁、吉林、黑龙江的黑土区。

一、地理位置

在已有文献中，存在着两种关于三大片黑土的论述：一是被我国一直引用的三大片黑土，这三大片分别位于北美洲的密西西比河流域、欧洲的乌克兰大平原以及我国的东北地区。二是国际土壤学会（IUSS）、联合国粮食及农业组织（FAO）和国际土壤参比与信息中心（ISRIC）所编著的《世界土壤资源参比基础》一书中的三大片黑土，第一大片在美国，面积约 120 万 km²；第二大片在阿根廷的潘帕斯大草原，约 50 万 km²；第三大片在我国的长春和哈尔滨及其以北地区，约 18 万 km²。比较这两个不同的提法可以发现，我国引用的三大片黑土，不包括阿根廷的潘帕斯大草原，可能是只看到北半球的黑土而忽略了南半球。而《世界土壤资源参比基础》不包含乌克兰，这是由于对黑土分类和界定体系不同，其所指的黑土不包括黑钙土，而乌克兰有大面积的黑钙土。按美国土壤系统分类中的软土和中国土壤系统分类的均腐土，全球应当是四大片黑土区。出现上述问题的主要原因是，不同分类体系对黑土的界定不同。

美国密西西比河流域的黑土面积约为 120 万 km²，该地也是美国的"面包篮"，囊括了大部分的玉米带和小麦带。在密西西比河下游，有最大的港口城市孟菲斯，是美国农畜产品的一个大集散地，尤以生产棉花、棉籽油和硬木等最为著名。现已形成了农机制造、汽车装配、制药、木材和农产品加工基地。

第聂伯河畔的乌克兰大平原，黑土面积约为 190 万 km²，素有"欧洲粮仓"之美称。第聂伯河是欧洲的第三大河，源于俄罗斯瓦尔代丘陵南麓，流经白俄罗斯东部及乌克兰中部，注入黑海，全长约 2 200 km，流域面积约 50.4 万 km²。黑土地分布在森林草原地带和草原地带。森林草原地带总面积 20.2 万 km²，占乌克兰国土总面积的 34%，占全国已耕地面积的 37% 以上。其中，黑灰色森林土壤占该地带的 21%、典型的黑土占 51%。草原地带总面积 23 万 km²，占乌克兰国土总面积的 38%。这一地带基本为黑土。其中，处于北方气候条件下的黑土，占该地带耕地面积的 64%；处于南方气候条件下的黑土，占该地带耕地面积的 23%。

南美洲阿根廷的潘帕斯大草原，面积为 76 万 km²。该地也是黑土地，气候温和，农牧业发达，耕地面积占阿根廷总面积的 87%。

我国黑土区主要分布在松辽流域和三江平原，面积约 103 万 km²。其中，典型的黑土区面积约为 18 万 km²，被誉为"北大仓"，是我国重要的商品粮基地。该区属于温带气候，干燥寒冷，降雨集中且多以暴雨形式出现，7—9 月的降水量占年降水量的 70% 左右。年均降水量 400~700 mm，水资源总量约为 1.415×10^{14} m³，人均占有量为 1 213.98 m³。耕地面积约为 21.3 万 km²，是我国石油、化工、钢铁、汽车、森工等产业基地。

二、行政区划

我国黑土区包括辽宁省、吉林省、黑龙江省、黑龙江省农垦总局[①]和内蒙古东部三市一盟（呼伦贝尔市、赤峰市、通辽市和兴安盟）下辖的 49 个市（盟、地区、自治州和管理局）437 个县（市、区、自治县、旗和农场）。黑土区行政区划见表 1-1。

表 1-1　黑土区行政区划

省（自治区、农垦总局）	市（盟、地区、自治州和管理局）	县（市、区、自治县、旗和农场）
黑龙江省	大庆市	大同区、杜尔伯特蒙古族自治县、红岗区、林甸县、龙凤区、让胡路区、萨尔图区、肇源县、肇州县
	大兴安岭地区	呼玛县、呼中区、加格达奇区、漠河市、松岭区、塔河县、新林区
	哈尔滨市	阿城区、巴彦县、宾县、道里区、道外区、方正县、呼兰区、木兰县、南岗区、平房区、尚志市、双城区、松北区、通河县、五常市、香坊区、延寿县、依兰县
	鹤岗市	东山区、工农区、萝北县、南山区、绥滨县、向阳区、兴安区、兴山区
	黑河市	爱辉区、北安市、嫩江市、孙吴县、五大连池市、逊克县
	鸡西市	城子河区、滴道区、恒山区、虎林市、鸡东县、鸡冠区、梨树区、麻山区、密山市
	佳木斯市	抚远市、富锦市、桦川县、桦南县、东风区、郊区、前进区、向阳区、汤原县、同江市
	牡丹江市	爱民区、东安区、东宁市、海林市、林口县、穆棱市、宁安市、绥芬河市、西安区、阳明区
	七台河市	勃利县、茄子河区、桃山区、新兴区
	齐齐哈尔市	昂昂溪区、拜泉县、富拉尔基区、富裕县、甘南县、建华区、克东县、克山县、龙江县、龙沙区、梅里斯达斡尔族区、讷河市、碾子山区、泰来县、铁锋区、依安县
	双鸭山市	宝清县、宝山区、集贤县、尖山区、岭东区、饶河县、四方台区、友谊县
	绥化市	安达市、北林区、海伦市、兰西县、明水县、青冈县、庆安县、绥棱县、望奎县、肇东市
	伊春市	大箐山县、嘉荫县、金林区、南岔县、汤旺县、铁力市、乌翠区、丰林县、伊美区、友好区
黑龙江省农垦总局	宝泉岭管理局	宝泉岭农场、二九〇农场、共青农场、江滨农场、军川农场、名山农场、普阳农场、绥滨农场、汤原农场、梧桐河农场、新华农场、延军农场、依兰农场
	北安管理局	二龙山农场、格球山农场、红色边疆农场、红星农场、建设农场、锦河农场、龙门农场、龙镇农场、尾山农场、五大连池原种场、襄河农场、逊克农场、引龙河农场、长水河农场、赵光农场
	哈尔滨管理局	阿城原种场、岔林河农场、红旗农场、青年农场、庆阳农场、沙河农场、四方山农场、松花江农场、香坊实验农场、闫家岗农场、小岭社区
	红兴隆管理局	八五二农场、八五三农场、宝山农场、北兴农场、二九一农场、红旗岭农场、江川农场、饶河农场、曙光农场、双鸭山农场、五九七农场、友谊农场
	建三江管理局	八五九农场、创业农场、大兴农场、二道河农场、洪河农场、红卫农场、浓江农场、七星农场、前锋农场、前进农场、前哨农场、勤得利农场、青龙山农场、胜利农场、鸭绿河农场
	九三管理局	大西江农场、哈拉海农场、鹤山农场、红五月农场、尖山农场、建边农场、嫩北农场、嫩江农场、七星泡农场、荣军农场、山河农场

[①]　注：2020 年 12 月 19 日，黑龙江省农垦总局及内设机构正式撤销。为尊重原有资料，本书保留这一介绍。

（续）

省（自治区、农垦总局）	市（盟、地区、自治州和管理局）	县（市、区、自治县、旗和农场）
黑龙江省农垦总局	牡丹江管理局	八五八农场、八五〇农场、八五六农场、八五七农场、八五四农场、八五五农场、八五一〇农场、八五一一农场、海林农场、宁安农场、庆丰农场、山市种奶牛场、兴凯湖农场、云山农场、双峰农场
	齐齐哈尔管理局	查哈阳农场、大山种羊场、富裕牧场、红旗种马场、巨浪牧场、绿色草原牧场、齐齐哈尔种畜场、泰来农场、依安农场、繁荣种畜场、克山农场
	绥化管理局	海伦农场、和平牧场、红光农场、嘉荫农场、柳河农场、绥棱农场、铁力农场、肇源农场、涝州鱼种场、安达畜牧场
吉林省	白城市	大安市、洮北区、洮南市、通榆县、镇赉县
	白山市	浑江区、抚松县、江源区、靖宇县、临江市、长白朝鲜族自治县
	吉林市	昌邑区、船营区、丰满区、桦甸市、蛟河市、龙潭区、磐石市、舒兰市、永吉县
	辽源市	东丰县、东辽县、龙山区、西安区
	四平市	公主岭市、梨树县、双辽市、铁东区、铁西区、伊通满族自治县
	松原市	扶余市、宁江区、前郭尔罗斯蒙古族自治县、乾安县、长岭县
	通化市	东昌区、二道江区、辉南县、集安市、柳河县、梅河口市、通化县
	延边朝鲜族自治州	安图县、敦化市、和龙市、珲春市、龙井市、图们市、汪清县、延吉市
	长春市	朝阳区、德惠市、二道区、九台区、宽城区、绿园区、南关区、农安县、双阳区、榆树市
辽宁省	鞍山市	海城市、立山区、千山区、台安县、铁东区、铁西区、岫岩满族自治县
	本溪市	本溪满族自治县、桓仁满族自治县、明山区、南芬区、平山区、溪湖区
	朝阳市	北票市、朝阳县、建平县、喀喇沁左翼蒙古族自治县、凌源市、龙城区、双塔区
	大连市	甘井子区、金州区、旅顺口区、普兰店区、瓦房店市、长海县、庄河市、中山区、西岗区、沙河口区
	丹东市	东港市、凤城市、宽甸满族自治县、元宝区、振安区、振兴区
	抚顺市	东洲区、抚顺县、清原满族自治县、顺城区、望花区、新宾满族自治县、新抚区
	阜新市	阜新蒙古族自治县、海州区、清河门区、太平区、细河区、新邱区、彰武县
	葫芦岛市	建昌县、连山区、龙港区、南票区、绥中县、兴城市
	锦州市	北镇市、古塔区、黑山县、凌海市、凌河区、太和区、义县
	辽阳市	白塔区、灯塔市、弓长岭区、宏伟区、辽阳县、太子河区、文圣区
	盘锦市	大洼区、盘山县、双台子区、兴隆台区
	沈阳市	法库县、和平区、沈河区、皇姑区、大东区、浑南区、康平县、辽中区、沈北新区、苏家屯区、铁西区、新民市、于洪区
	铁岭市	昌图县、开原市、清河区、调兵山市、铁岭县、西丰县、银州区
	营口市	鲅鱼圈区、大石桥市、盖州市、老边区、站前区、西市区
内蒙古自治区	赤峰市	阿鲁科尔沁旗、敖汉旗、巴林右旗、巴林左旗、红山区、喀喇沁旗、克什克腾旗、林西县、宁城县、松山区、翁牛特旗、元宝山区
	呼伦贝尔市	阿荣旗、陈巴尔虎旗、额尔古纳市、鄂伦春自治旗、鄂温克族自治旗、根河市、海拉尔区、满洲里市、新巴尔虎右旗、新巴尔虎左旗、牙克石市、扎兰屯市、莫力达瓦达斡尔族自治旗
	通辽市	霍林郭勒市、开鲁县、科尔沁区、科尔沁左翼后旗、科尔沁左翼中旗、库伦旗、奈曼旗、扎鲁特旗
	兴安盟	阿尔山市、科尔沁右翼前旗、科尔沁右翼中旗、突泉县、乌兰浩特市、扎赉特旗

三、地貌类型

（一）地貌基本特征

我国黑土区地貌格局受新华夏构造体系（以下简称新华夏系）控制，属新华夏系第二沉降带，位于东部隆起带与大兴安岭隆起带之间，四周受断裂所限，是个北北东向分布、西陡东缓的向斜。断陷开始于白垩纪，形成了盆地。沉积物由滨湖相、浅湖相碎屑沉积，在新近纪又沉积了一层内陆湖相沉积物。在第四纪初期现代新构造运动中间歇上升，形成受不同程度切割的高平原和山前洪积平原（洪积阶地）。这些平原实际上并非平地，多为波状起伏的漫川漫岗地；但坡度不大，一般为 1°～5°。

由于不同坡向接受太阳辐射时间的长短和冻融的迟早以及土壤侵蚀程度强弱等差异，地貌在很大程度上直接影响黑土的形成和肥力状况。例如，地势起伏较大，切割较严重，沙砾层距地表较近，土壤透水良好，或由于坡度较大，地表排水良好，土壤水分较少，植被多为蒙古栎、榛子和杂草等，这些地段黑土有向草甸暗棕壤过渡的趋势，黑土肥力偏低一些；地势较平坦，土壤水分较多，生长草甸草本植被，黑土有向草甸土过渡的趋势，黑土肥力偏高一些。另外，黑土由于土壤侵蚀等原因，黑土层明显不同。在地势平缓的地方，黑土层厚度一般为 40～70 cm，个别地方可达 100 cm 以上；在坡度较大或耕作时间较长的地方，黑土层厚度一般为 10～30 cm；在坡度大、耕作时间较长、土壤侵蚀严重的地方，黑土层厚度只有约 10 cm，出现"破皮黄"或直接露出黄色底土。随着黑土层厚度的变化，黑土肥力也发生相应的变化。

（二）地貌与地层的演变

通过对黑土区地层地貌的发育历史、沉积物的年代划分以及古气候变化的研究，探讨黑土的发育历史及发育所需的气候、地貌条件。

1. 早更新世　根据嫩江地区地貌类型及地层的时代顺序可以看出，该区的地貌发育共经历了 11 个侵蚀与夷平相间的时期。松嫩平原的地貌是在中生代燕山运动形成的一个内陆凹陷盆地的基础上逐步发育形成的。始新世至渐新世的构造运动使山区相对上升，侵蚀回春。从地貌推算，上升达 300～350 m，盆地凹陷下沉，积水成湖，堆积加强，平原与山地从此发生明显的分异。随后的中新世，是自新生代以来地壳第二次趋于稳定，这就是布西地面的夷平时期。到了新近纪末期的上新世，布西地面明显上升，河流侵蚀加强，嫩江下切成谷。在嫩江及其各支流上游的横剖面上，仍然保留着典型的古老侵蚀谷形态。第四纪初期，早更新世平原四周水流均向盆地中心汇集形成了向心水系，之后汇集南流。这个时期，嫩江是向心状水系中一条比较大的河流，与其他河流共同作用，形成了广大的冲积-洪积平原，并堆积了厚度比较均一的沙和沙砾层，平均厚度约 60 m（钻孔资料），下部为灰白色，上部呈棕红色。从岩性来看，当时的气候曾经历过一次轻微的湿热变化，即由冷湿到湿热的过程。根据孢粉组合分析，早更新世是第四纪冰川更新世的第一个时期（距今 243 万～73 万年）。总体来说，气候变化主要从干冷向暖湿逐渐过渡。早更新世早期，松嫩平原气候温凉、偏干，大兴安岭山前地带为冰缘气候。通过孢粉组合分析，草本植物花粉占 95% 以上，以蒿属（Artemisia）、藜科（Chenopodiaceae）为主，形成疏林草原景观；到了早更新世中期，气候变得温凉，并且比早期湿润一些，属于半干旱气候，景观类型也由早期的疏林草原过渡到桦林草原；而到了早更新世晚期，区域内气候进一步向温湿、半湿润方向发展，根据孢粉组合分析为稀疏针、阔叶林分布的草甸草原景观。由于气候湿热，该区水系发达，水流作用强烈，所以平原区在这个时期属于快速加积区，加积的速率超过成土速率。因此，虽然是草甸草原景观，但地层主要是河流堆积的沙砾层。在小兴安岭山前的克山、嫩江地区，由于地壳处于相对下降的状态，古嫩江穿过小兴安岭北段向南流时，在这里普遍发育了厚达 30～50 m 的克山-老莱组河流堆积沙砾层，并覆盖于新近纪河湖相地层之上，构成了第四纪初期辽阔完整的东北冲积大平原，也就是三级阶地抬升前的原始地面。而位于嫩江西侧，大兴安岭山麓的龙江、甘南地区，在构造运动相对稳定的条件下，发育为狭窄条带状山前剥蚀地面（近河谷侵蚀面），与上述克山堆积面共同构成嫩江统一的剥蚀-堆积地面。早更新世末或中更新世初，新构造运动加剧，嫩江平原边缘的大小兴安岭山前地带克山-龙甘地面随着山地的强烈隆升而抬高，河流迅速下切，嫩江便形成了三级阶地。由于小兴安岭的迅速不对称上升，克山地区上升达 80～100 m，而西部龙甘地区上升幅度只有 25～40 m。也正是由于东西不对等的抬升，嫩江河床向西迁移（小兴安岭西北段隆起），其东侧支流乌裕尔河、讷谟尔河随之侵蚀克山堆积面而诞生。龙甘剥蚀面与此同时因遭受河流切割形成了台地，并在台地下方沿河流发生局部山前堆积（白土山堆积）数米至数十米厚，岩性为白色沙砾岩夹黏土透镜体。该地层向盆地中部渐变为湖相黏土，距今 21.48 亿～11.82 亿年，属早更新世早期。

2. 中更新世 在中更新世（距今 80 万～20 万年）时期，小兴安岭继续向西南倾斜，嫩江西移到依安、富海一带。随小兴安岭的继续强烈隆升，平原边缘以侵蚀、剥蚀为主。第四纪古嫩江发育了第二套沉积地层，在依安县的富海剖面较典型，厚达 30～60 m 的黄棕色黄土状亚黏土堆积和下部砾质沙、沙砾层构成地层的双层结构，并向嫩江下游渐渐过渡为湖相沉积。由于平原中心相对沉降形成了湖盆，湖盆中沉积了厚 10～56 m 的灰-灰黑色的湖相淤泥层，富含有机质，并将下更新统的沙砾层深埋其下。中更新世的气候也经历了从干冷到暖湿的变化，不同的是中间经历了一段冷湿的过程。早期松嫩平原古气候转为干冷，但与早更新世早期相比要相对暖一些。经过孢粉组合分析，草本植物花粉高达 70% 以上，以蒿属、藜科为主；木本植物花粉主要为桦木属（Betula）、云杉属（Picea）。东北地区的南部属草原景观，北部属桦林草原景观。随后，气候变得温和一些，属于温和半湿润气候。但在接下来的时期，气温降低，气候进入冷湿阶段，景观类型也由阔叶疏林草甸草原转为暗针叶林草原。中更新世晚期气候温暖湿润，孢粉组合以蒿、藜、阔叶林占优势，草本植物花粉含量有所下降，木本植物花粉含量有所增加，以桦木属、榆属（Ulmus）、椴树属（Tilia）为代表，并有水生植物花粉和大量盘星藻（Pediastrum）出现，湖沼发育，构成阔叶疏林草甸草原景观。中更新世晚期至晚更新世初期，嫩江河床进一步西移，乌裕尔河南部的富海堆积面遭受侵蚀，双阳河在此基础上发育，并在依安、富海和拉哈一带形成高 25～35 m 的嫩江二级阶地，成为目前乌裕尔河和双阳河的分水岭。同时，乌裕尔河和讷谟尔河也下切形成了阶地。平原中心的湖泊则随着周围的抬高而略有上升，加之气候变干转冷逐渐消亡。可见，这一时期三级阶地面上以剥蚀、侵蚀为主，不具备土壤成土过程需要的较为稳定的自然环境。

3. 晚更新世 在晚更新世时期，嫩江已移到平原中心消亡的湖泊上，并在其上堆积了晚更新世末、全新世初的具有明显结构的冲积层——黄土状粉沙土、沙和砾石，形成广阔的泛滥平原。嫩江下游左侧的富裕、林甸广大地区，堆积了厚达 15～35 m 的浅黄色土状地层和下部岩性变化较大的沙和砾质沙层。晚更新世早期，气候温和凉爽，草本植物花粉以蒿属、藜科为主，木本植物花粉以松属（Pinus）为主，构成针叶林草原景观；晚更新世中期，气候湿润，蒿属、藜科仍占优势，但水生香蒲属（Typha）大量出现，木本植物花粉主要为栎属（Quercus）、榆属和柳属（Salix），为阔叶林草原景观；晚更新世晚期，气候波动比较频繁，先由冷湿变为温暖，后又变为干冷，呈现了暗针叶林草原景观——桦林草原或蒿草草原景观和草甸草原景观的演变。在维尔姆冰期气候的影响下，东北地区冰缘现象、冰缘动物和冰缘植物的广泛出现，标志着东北平原在晚更新世晚期处于冰缘环境。晚更新世晚期至全新世初期，因构造运动，小兴安岭继续向西南掀斜，嫩江也不断西移。随着嫩江的侵蚀，林甸堆积面相对上升了 8～10 m，成为嫩江的第一级阶地，阶地前缘与河漫滩一般呈缓坡过渡。

综上所述，中更新世晚期至晚更新世初期，嫩江的二级阶地已经抬升形成。但是，从二级阶地现在的保存情况来看，阶地面连片分布面积较大，保存比较完整。可见，晚更新世时侵蚀情况并不是很严重，应该只是在上升初期侵蚀较为严重，而后期则趋于平静。主要表现为河谷开拓、谷坡后退，而阶地面并没能有大的改变。这时气候条件开始变得湿润，植物生长旺盛，土壤开始发育，不仅发育在由黄土状亚黏土、沙及沙砾组成的二级阶地面上，而且在由河流相堆积的沙砾层组成的三级阶地面上也有发育。另外，二、三级阶地的地势比较高。所以，土壤中的碳酸盐被淋洗，致使土壤剖面都没有碳酸盐反应。在晚更新世晚期，气候变得恶劣，植被生长受到限制。一方面，由于处于冰期，海平面下降导致侵蚀基准面下降，河流开始下切；另一方面，小兴安岭在晚更新世末期全新世初期又开始抬升，所以阶地面一直处于侵蚀状态，土壤停止发育甚至被侵蚀。

4. 全新世 全新世以来，受新构造运动影响，嫩江在西移过程中又不断沉积。另外，由于在全新世早期（距今 11 000～7 500 年）东北平原气候转为暖干，西北部山区的冰雪融化，河流发育，冲、洪积物广泛分布，形成了现代的河漫滩，并在太康一带遗留下许多废弃河道，形成今日的湖泊。此外，由于嫩江的淤积量大于乌裕尔河，故嫩江河床相对抬高，对乌裕尔河发生顶托。在乌裕尔河下游林甸地区，由于快速下降，乌裕尔河逐渐脱离嫩江；加之全新世初期气候曾一度出现过干旱，水量减少，水流至下游便分散消失在平原上，故形成无尾河，并将其携带的物质大量堆积在平原上。由于气候变干，在盛行的西北风和东南风的影响下，河漫滩和一级阶地的细粒物质被吹扬形成了西部的风沙地貌。全新世中期（距今 7 500～2 500 年）为暖湿草原期，该区呈疏林草原景观，在水网低地以芦苇、沼泽植物为主，沙漠面积较现在小。特别是距今 5 500～4 500 年，气候温暖湿润，为沼泽泥炭形成的高峰期，泥炭的有机质含量很高。一级阶地上大部分的沙丘被固定，所以在嫩江河漫滩及下游的广阔低平原上，发育了以河流堆积为主的湖沼、风沙等多种成因的混合堆积。全新世晚期（距今 2 500～1 100 年）气候变得干旱，由疏林草原景观演变为半干旱草原景观，泥炭发育滞缓，面积大大缩小，仅在风成沙层中夹有少量的淤泥质泥炭。

这个时期，由于气候比较干旱，土壤中的钙化过程比较明显。当富含碳酸氢盐的淋溶液在土粒的吸收和蒸发等作用下而变干时，碳酸氢盐就以碳酸盐的形式淀积于土体中的一定部位，形成石灰斑或各种形状的石灰结核。这是黑钙土剖面重要的发生学特征。另外，一级阶地地势比较低，接收了来自上方高地的碳酸钙及其他盐碱物质。所以，在这一级阶地上发育了具有碳酸盐反应的黑钙土。与此同时，二、三级阶地上的黑土也在发育。因为这两级阶地地势较高，黑土一直处于轻度侵蚀状态。由于黑土区独特的地貌特点，黑土层被侵蚀后，大部分侵蚀物质并没有搬运很远，而是就近堆积在坡底或坡中坡度较小的地方。所以，这一时期黑土在形成的同时也经历了一个在坡面上重新分配的过程。

通过分析嫩江地区的各种地层，重建了该地区地质地貌的发育历史。黑土层是在中更新世后发育起来的，根据嫩江地区更新世以来的气候变化情况，在综合地貌发育及古气候变化资料的基础上，认为黑土与黑钙土是在两个不同的时期先后在嫩江的二级阶地、三级阶地和一级阶地上形成的。自从中更新世末、晚更新世初二级阶地形成以后，阶地面在遭受一个较短的快速侵蚀时期后开始趋于稳定。这时气候转暖，黑土即开始在二级阶地和三级阶地上发育。但是，到了晚更新世晚期，山地抬升，加上气候变干冷，侵蚀复活，土壤停止发育甚至被侵蚀。到了全新世，气候转暖变干，黑土在二级阶地和三级阶地上继续发育，但在一级阶地上则发育了黑钙土。由此可以看出，黑土的形成是一个漫长的过程。晚更新世以来，气候条件适合黑土发育的时期大概有 6 万年的时间。

四、成土母质

黑土的母质较单纯，主要有 3 种：一是新近纪沙砾、黏土层；二是第四纪更新世沙砾、黏土层；三是第四纪全新世沙砾、黏土层。其中，第二种分布面积最广。黑土地区多是过去的淤陷地带，堆积着很厚的沉积物。岩层组成上部以黏土层（亚黏土层）为主，中下部沙质增加或沙黏间层，底部则以沙砾层为主。与黑土形成和发展关系最为密切的则是上部黏土层（亚黏土层）。这个黏土层的厚度，在第四纪更新世沙砾、黏土层中为 10～40 cm，黑土绝大部分发育在这些黏土层上。只有少数地势起伏较大、切割较严重的地方，在黑土层下部可以见到沙砾层。

黑土的成土母质是黏土、亚黏土，机械组成比较黏细、均匀一致，以粗粉沙（0.01～0.05 mm）和黏粒为主。我国黄土的粗粉沙占 50% 左右，黑土母质粉沙占 30% 左右。这表明黑土具有黄土特征，可称为黄土性黏土。亚黏土母质一般无石灰反应，只是在少数黑土与黑钙土过渡地带，有时在土层下部有石灰反应。

黄土性黏土母质对黑土的理化性质和水分特性有很大影响，丰富了养分储量，促进了土壤结构的形成，但也不利于水分的渗透。

黄土状母质是在岗阜状平原和微倾斜平原区的成土母质上发育的，主要有上更新统哈尔滨组黄土、黄土状亚黏土和中更新统上荒山组亚黏土。哈尔滨组黄土和黄土状亚黏土层广泛分布在岗阜状平原和微倾斜平原的顶部。该层大致可分为上、下两个部分。上部主要为黄土，呈黄色、黄褐色，粉土成分较高，垂直节理发育，具有大孔隙，含铁锰结核和植物根系；下部为黄土状亚黏土，呈淡棕色，微显层理，无典型大孔隙。上荒山组亚黏土层为黄色、灰黄色、棕黄色和黄褐色。

黑土母质是在第四纪更新世，由于新构造运动的影响，底层逐渐升起，形成沙砾、黏土相间层次。在漫川、漫岗地形条件下，淤陷地带堆积着很厚的沉积物。泥岩类风化物包括泥页岩、片岩、板岩、千枚岩、粉砂岩等岩类的残、坡积风化物。除含原生矿物外，也含部分次生黏土矿物。基岩抗风化力较弱，风化层厚，质地偏重，均一性强，底层常夹基岩碎片。剖面形态特征：腐殖质层较厚，小粒状结构，AB 层*在 20 cm 以上。在 115 cm 处呈现泥页岩母质，片状结构，颗粒具有一定的分选性，片状层理清楚。质地一般较黏，结持力强并有锈斑。

红色岩类风化物主要指白垩纪和新近纪地层中的红色泥（页）岩、泥砾岩和沙砾岩残积、坡积风化物，呈紫红色、暗紫红色或红棕色，风化层深厚（沙砾岩风化层浅薄）。红色泥岩风化物质地黏重，底部可见粗管状灰白色网纹。剖面形态特征：由于侵蚀明显，腐殖质层在 20 cm 左右，剖面分层明显，B 层、C 层质地黏重，呈核块状和块状结构。在 160 cm 处呈现红色母岩层，沙砾相间，质地较粗。全剖面无石灰反应。

第四纪全新世沙砾、黏土层，在地势起伏较大、切割较严重的地方，黑土层下部可见沙砾层。从第四纪全新世开始，由于新构造运动的影响，这些地层才逐渐升起来，形成山前洪积平原和高平原。岩石组成上部以黏土层为主，中下部沙质增加或为沙黏间层，底部则以沙砾层为主。剖面形态特征：腐殖质层在 30 cm 左右，过渡到淀积层，质地黏重，母质层不明显。在 130 cm 左右呈现母岩层，沙砾相间，并有大块砾石。

五、植被覆盖

一般认为，黑土是在温带草原草甸条件下形成的土壤，其自然植被为草原化草甸植物，俗称"五花草塘"。母质绝大多数为黄土性黏土，土壤质地黏重，透水不良，且有季节性冻层，容易形成上层滞水。夏季温暖多雨，植物生长茂盛，地上及地下有机物年积累量非常大；秋末霜期早，植物枯死易存于地表和地下，随之气温急剧下降而使残枝落叶等有机质来不及分解，以至翌年夏季土温升高时，在微生物的作用下，植物残体转化成腐殖质在土壤中积累，从而形成深厚的腐殖质层。夏季多雨时期，在临时性滞水和有机质分解产物的影响下产生还原条件，从而使土壤中的铁元素和锰元素发生还原并随水移动，在旱期又被氧化沉淀。

黑土的自然植被为草原化草甸植物，属杂类草群落。植物组成包括黄唐松草（*Thalictrum flavum*）、大叶野豌豆（*Vicia sepium amplifolius*）、拂子茅（*Calamagrostis epigeios*）、牡蒿（*Artemisia japonica*）、紫菀（*Aster tataricus*）、辣蓼铁线莲（*Clemati terniflora*）、薹草（*Cyperus carex*）、早熟禾（*Poa annua*）、问荆（*Equisetum arvense*）、败酱（*Patrinia scabiosaefolia*）、东北石竹（*Dianthus chinensis* var. *mandshurica*）、委陵菜（*Potentilla*）、地榆（*Sanguisorba officinalis*）、桔梗（*Platycodon grandiflorus*）、北柴胡（*Bupleurum chinense*）等。在局部含水较多的地段，还有沼柳（*Salix pedicellaris*）和大叶樟（*Quercus amplifolius*），形成沼柳-杂类草群落。在地势较

---

* A 层为腐殖质层，B 层为淀积层，C 层为底土层或母质层。AB 层即为 A 层、B 层的过渡层，BC 层即为 B 层、C 层的过渡层。

高、排水良好、土壤水分较低的地段，则出现榛子等植物，形成榛子-杂类草群落，俗称"榛柴岗"。

黑土水分和养分条件较好，杂类草植物生长繁茂。植被高度一般为 4～5 cm，高的可达 8～12 cm。覆盖度为 100％。地上及地下有机物的积累量都很高。以黑龙江省九三管理局地区"五花草塘"为例：地上鲜草量平均为 10 580 kg/hm²，风干重为 4 700 kg/hm²。根系发达，深可达 6～10 cm，但以表层 2 cm 最为集中。地下鲜根量在 2 cm 土层内为 9 300 kg/hm²，10 cm 土层内为 12 701 kg/hm²。地上和地下部每年有机物积累量大约为 14 000 kg/hm²（0～2 cm）、17 300 kg/hm²（0～10 cm）。

1. 五花草塘

（1）杂草群落。这类植物分布在深厚肥沃的土壤上。植物种类较多，生长繁茂，以小叶樟、修氏薹草、小白花地榆为主，有较多的蚊子草、光叶蚊子草、轮叶婆婆纳、莓叶委陵菜，还有长柱金丝桃、宽叶蒿、黄连花等。这些植物在 6—8 月相继开花。时当夏日，奇花异草，姹紫嫣红，点缀成一片瑰丽的景色。谓之"五花草塘"，其因即在此。

（2）小叶樟群落。主要分布在河流的泛滥地上。这个群落有两种情况：一是小叶樟沼泽化草甸。这个类型地表有时出现季节缺水，植被组成极为单纯，小叶樟占绝对优势，形成背景化。种的饱和度在 1 m² 内有 5 种。二是小叶樟沼泽。这个类型地表常有积水，多位于薹草沼泽（塔头）的外围，是沼泽向草甸演变的一种中间过渡类型，即塔头退化过程。种类组成以小叶樟、修氏薹草占绝对优势，其他植被多单株分布。种的饱和度在 1 m² 内有 8 种。

（3）其他主要植被类型的分布规律。本地区植被处于森林与草原的过渡地带。东北部是小兴安岭的西南坡，在植被组成上属于长白植物区系；而西南部与松嫩草甸草原毗连，在植物区系上属于蒙古植物分布区。因此，植被组成成分和土壤地带性的变化，导致植被类型分布的变化。

2. 灌丛

（1）榛子灌丛。榛子灌丛主要分布在林缘或河漫滩泛滥地上，土壤为草甸黑土或白浆化黑土，灌木层以榛子占优势。在河流泛滥地上的榛子灌丛中还有刺蔷薇、大黄柳及沼柳等散布其间。在岗坡上的榛子灌丛中，混有胡枝子。草本层植物覆盖较多，在潮湿地段上，以小叶樟为主；在地表干燥、地势略高的地段上，以凸脉薹草为主。在岗坡条件下，较多的植物有紫菀、轮叶婆婆纳、小白花地榆等。在潮湿条件下，植物还有莓叶委陵菜、大油芒、黄花菜等约 40 种。此灌丛比较稳定，土壤肥沃，一些地块已被开垦为农田。榛子是一种经济价值较高的木本油料植物，应充分合理利用。

（2）柳树灌丛。柳树灌丛是本地区分布最广、最常见的植被类型，多位于河流两岸或两漫岗之间的低洼地上。柳属植物是构成此类灌丛唯一的木本植物，主要有蒙古柳、蒿柳、粉枝柳和松江柳等。由于组成和分布不同，可划分为两种类型：一种为小叶樟-柳树灌丛。主要分布在河漫滩上，地表湿润，有时有季节性积水。草木层组成较单纯，以小叶樟为主，而芦蒿、问荆、水杨梅等散生其间，在地势略高的地方还有蒙古蒿等。另一种为杂类草-柳树灌丛。主要分布在两岗之间的低洼地上或河流两岸泛滥地上，俗称"柳条通"。

由于草甸植被生长繁茂、根系发达，每年在土壤中积累大量的有机物质和无机物质，所以黑土腐殖质含量高，黑土层深厚，团粒结构较好，离子交换量大，土壤水分饱和度高，大量营养元素、微量营养元素都较丰富，土壤肥力水平较高。

六、气候条件

气候是土壤形成的主要因素之一。特别是降水和气温，不仅影响土壤形成过程中土体内物质的转化、迁移和聚集，而且影响土壤层次分化和剖面的发育。

1. 基本概况　黑土区处在半湿润温带季风气候向半干旱温带季风气候的过渡地带，基本属于半湿润温带大陆性季风气候。其特点是四季分明、冬季寒冷、漫长，夏季温热、短促。夏季，大陆明显增热，在东北低压的控制下，太平洋高压脊西部边缘伸到我国大陆东部，东南季风增强，暖湿空气向北输入，降水量急剧增多，形成雨季。春、秋两季是过渡季节，在变性的极地大陆气团的影响下，春季变性极地大陆气团不断减弱；而秋季不断增强，高压形势与夏季相似，但低压形势发生了巨大变化，9月下旬由于较强的冷空气影响，受冷高压控制，气候转凉。

黑土地处中纬度，主要分布在欧亚大陆东岸的黑龙江中部地区。该区是黑龙江气温较高的地区之一，气候温热、湿润，日照时间长，适宜作物生长，农牧业较为发达，为黑龙江重要商品粮基地之一。全区年均气温为 0.5～6 ℃，南北温差 4 ℃左右，等温线基本沿纬度走向，呈东北-西南分布。北部的讷河年均气温只有 0.7 ℃，而南部的双城为 3.8 ℃。≥10 ℃积温分布基本与年均气温的分布一致，为 2 400～2 900 ℃，是黑龙江热量资源最充足的地区。全区降水量分布受地形影响很大，平原地区年降水量 470 mm 左右；沿山地边缘降水量较多，一般为 470～550 mm，基本由东向西递减。冬季（12月至翌年2月）：黑土区受大陆季风控制，北方极地气团南侵，冷空气活动频繁，盛行西风和西北风，空气寒冷，水汽含量少，降水量一般只有 3～5 mm，仅占全年降水量的 2%左右，绝对湿度只有 40 Pa 左右，是全年最干旱的一个季节。春季（3—5月）：入春以后大陆迅速变暖，当西来气旋加强后，造成持久的偏南大风，大风常达 8 级以上，是大风出现最多的季节，有 30 d 左右，占全年大风天数的 83%以上，并间有沙暴。降水少，平均在 20 mm 左右，空气干燥，绝对湿度 300～400 Pa，常发生春旱。大风和春旱对春播威胁很大，综合灾害经常发生，对农业生产影响很大。夏季（6—8月）：盛行东南季风，温度高，降水充沛。平均气温在 16 ℃以上。夏季是降水量最为集中的季节，约占全年降水量的 60%，仅 7 月降水量就可达 100～150 mm。这个季节空气湿度也最大，约 2 000 Pa。秋季（9—11月）：大陆热低压逐渐消失，西伯利亚高压势力增强南侵，空气温度也随之波动下降。这时夏季季风虽已衰退，但仍有影响，雨量较多；而且雨季刚结束，地面潮湿，蒸发量大。所以，秋季空气湿度大于春季。

2. 辐射和日照资源　太阳辐射是作物进行光合作用的能量来源。作物 91%以上的产物（包括茎、叶、籽实等）是通过光合作用产生的。因此，高效率的农业生产必然涉及光能利用问题。根据哈尔滨辐射观测资料计算得出，黑土区太阳辐射量为每年 460～502 kJ/cm²，由西南向东北减少。每年比川中盆地多 84～126 kJ/cm²，与长江中下游的长沙、武汉、上海等地相似，略低于华北平原。生长季 5—9 月，日照时数由西南向东北逐渐减少，为 1 217～1 374 h，与华北一带相似，高于长江流域和华南地区。因此，该地区就辐射资源和日照时数来讲，发展农业生产潜力很大。但是，当前光能利用率很低。例如，小麦产量为 2 250 kg/hm²，光能利用率不足 1%；玉米产量为 6 000 kg/hm²，光能利用率仅 2.4%左右；大豆产量为 2 250 kg/hm²，光能利用率也不足 1%。如果按全国较好的生产水平，光能利用率达 1%～2%，在耕地面积不变的情况下，粮食产量将可增加近 1 倍。另外，甜菜食糖量也随着生长中、后期日照时数的增加而增加。黑土区日照时数是该区域最多的，甜菜含糖量的提高大有潜力。

3. 热量资源　初春，日均气温稳定通过 0 ℃的开始日期由南向北逐渐推迟，南部地区在 4 月初，北部地区在 4 月上旬末。日均气温稳定通过 10 ℃的开始日期也是由南向北逐渐推迟，南部地区在 5 月第一候，北部地区在 5 月第三候。

秋季早霜后，气温如再回升也不能被作物利用。秋霜冻日期也是喜温作物或大田作物生长结束日期，南部地区在 9 月末，北部地区在 9 月下旬初。稳定通过 0 ℃至稳定结束 0 ℃间隔天数，南部地区为 210 d 左右，北部地区为 190 d 以上，南北相差 20 d 左右。稳定通过 10 ℃至稳定结束 10 ℃日期是喜温作物或大田作物生长期，又称气候生长期。南部地区气候生长期为 135 d，北部地区为 120 d，由南向北逐渐减少。

黑土区是黑龙江热量条件最好的区域，南北积温（以下通用≥10 ℃活动积温）相差 528 ℃。南部的呼兰、哈尔滨、双城 80%保证率积温为 2 600 ℃以上，是黑龙江热量条件最充足的区域，为黑龙江粮食作物晚熟品种区，称作温暖农业气候带；绥化、巴彦 80%保证率积温为 2 400～2 600 ℃，属于黑龙江中晚熟品种区，称作温和农业气候带；讷河、依安、克山、克东、拜泉、木兰 80%保证率积温为 2 200～2 400 ℃，是黑龙江中熟品种区，称作温凉农业气候带。

4. 水分资源 黑土区年降水量由南向北逐渐增多，黑龙江南部的双城年降水量为 470 mm。生长季（4—9 月）黑龙江南部地区降水量不足 400 mm，而北部地区可达 550 mm。该区在东亚季风影响下，气候干湿情况不仅各地差异很大，而且各地干期结束时间差异也很大。生长季干燥指数分布，南部地区为 1.0～1.2，为半干旱区；北部地区为 0.8～1.0，为半湿润区。

土壤湿度季节变化有明显的周期性。哈尔滨、双城一带，4 月至 6 月中旬土壤湿度呈现旱象，为 20％左右；夏季则土壤湿度条件较好，一般为 25％以上。而讷河、依安、克山、克东、拜泉、绥化、巴彦、木兰一带生长季土壤湿度均为 25％以上，季节性的旱象并不明显，对作物来说土壤水分供应状况较好。综上所述，黑土区土壤水分在生长季内供应状况可分为春、秋两季干旱，春季干旱和全生育期基本无干旱 3 种类型。

土壤湿度年际间变化幅度比季节间变化幅度大 1 倍左右。因此，在农田基本建设中，应特别注意年际间防旱排涝工程建设。特别是南部地区土壤湿度呈现春、秋旱象的地区农田基本建设应注意春灌和秋灌水利设施建设，出现春旱期的地区应注意春灌水利设施建设，基本无旱象地区主要应解决合理耕作问题。然而，旱年不能忽略以后可能出现的涝年；涝年也不能忘记以后可能出现的旱年。

生长季（4—9 月）耕层年均土壤湿度，南部一般较差；中部一带年均耕层土壤含水量为 15％～25％，相当于田间最大持水量的 74％左右，土壤水分供应条件较好，旱象较轻；北部一带年均耕层土壤含水量为 25％～30％，相当于田间最大持水量的 96％，土壤水分供应状况良好。

上述只是土壤湿度的多年平均状况，代表当地土壤水分资源的一般情形。但是，在实际情况下，由于降水季节变化和年际变化较大，即使在土壤水分条件良好地区，也可能出现季节性或全年性旱、涝现象。

5. 灾害性气候 秋季霜冻出现的早晚会直接影响延迟型冷害等的危害程度。由于黑土区处在中、高纬度，热量条件并不十分充足，所以秋季霜冻危害比较突出，南部地区在 9 月末，北部地区在 9 月初。

低温冷害是该区发展农业生产的主要自然灾害之一，尤其水稻的障碍型冷害是目前农业生产上还很难克服的灾害，对水稻生产威胁很大，特别是在水稻幼穗分化至开花授粉期间影响更为明显。由于各地品种和气候条件差异的关系，气候关键期不一致。为统计方便，大体上把危害关键期粗略地看作 7—8 月，日均气温≤18 ℃作为严重影响水稻障碍型冷害的指标。该区障碍型冷害程度的地理分布是南部的哈尔滨、双城较轻，关键期障碍型冷害天数少于 5 d；北部的依安、克山、克东、绥化等地较重，关键季节障碍型冷害天数为 10～13 d，对水稻生产威胁很大。

春旱也是该区的重要自然灾害。黑土区年际间和季节间的降水分布不均，春季降水变动较大，相对变率达 60％。

大风是作物倒伏或影响播种质量的直接因素。经调查分析，风速大于 8 级就可造成较大的灾害，年均大风天数一般为 20～40 d。由于该区风害严重，已被列为重点农田防护林区。加速营造防护林，应是该区当前农田基本建设的重点任务之一。

6. 黑土区农业气候资源的优势和问题 黑土区的辐射资源充裕，年辐射量和生长季辐射量与长江中下游地区相似。据理论推算，黑土区光能利用率如果达到全国较高水平，在耕地面积不变的情况下，粮食产量可增加近 1 倍。就黑土区的气温和降水条件来看，与世界纬度相似国家和地区相比是占有优势的。例如，黑土区的哈尔滨与美国的俾斯麦、斯波坎，加拿大的蒙特利尔、温尼伯、温哥华，法国的巴黎，日本的札幌比较，生长季≥10 ℃积温一般与上述地区相似或高 100～600 ℃。虽然年均气温低 1～6 ℃，但是这些地区都属一季作物栽培区，生长季温度十分关键。上述国家和地区是冬暖夏凉，而我国黑土区则冬冷夏热。哈尔滨 5—9 月生长季的平均气温比上述地区高 1.3～3.5 ℃。所以，就温度强度而言，我国黑土区占有优势，对喜温作物水稻、高粱、玉米等极其有利。尤其是我国黑土区 7—8 月气温偏高，平均达 22 ℃；而法国的巴黎、日本的札幌、加拿大的温哥华为 17～19 ℃，处于水稻障碍型冷害的临界温度。这些地区喜温作物栽培条件远不如黑土区，而黑土区无论是总热量还是作物生长关键期内的温度强度都处于优势地位。

黑土区生长季降水量占全年降水量的85%以上，这种雨热同季对农业生产十分有利。而欧洲地中海农业地区、日本札幌以及加拿大温哥华和蒙特利尔一带虽然年降水量超过哈尔滨1倍，但这些地区冬季多雨而夏季少雨。就生长季降水量而言，哈尔滨为上述地区的1~4倍。

因此，黑土区辐射资源、温度强度、降水量分配以及对农业生产的配合都很有利。农业气候资源具备一定的优势条件，而片面强调"低温、旱涝、秋霜冻"的说法是不确切的。应该全面认识该区气候优势，合理利用并充分发挥气候优势。

然而，黑土区的气候资源利用并不理想。从与同纬度国家和地区农业粮食产量水平及增长速率的比较看出，黑土区在优势气候条件下却表现出低水平、慢增长速率以及波动幅度大。综上所述，无论从理论分析还是从相似纬度农业气候条件分析以及农业生产情况对比，黑土区农业气候资源没有得到充分利用。因此，黑土区农业气候资源的利用存在巨大的潜力。

多年平均降水量为500~600 mm，大部分集中在4—9月的生长季，占全年降水量的90%左右，尤其以7—9月最多，占全年降水量的60%以上。冬季（12月至翌年2月）降水最少，降水量大约为20 mm，占全年降水量的3%；春季（3—5月）降水占全年降水量的10%~20%；夏季（6—8月）降水占全年降水量的65%~70%；秋季（9—11月）降水多于春季，一般降水量占全年降水量的16%~26%。作物生育期间水分较多，有利于作物的正常生长，并能促进土壤有机质的大量形成与积累。

蒸发力是在水分充分供应下的农田蒸发与作物蒸腾之和。不同时期的天气条件，导致蒸发力存在差异。春季风大，多晴天，气候干旱，蒸发力大；夏季虽然高温，但云雨天气多，风小、气候湿润，蒸发力小于春季；冬季温度低，日照时间短，土壤处于冻结状态，蒸发力最小。黑土区的蒸发力为400~500 mm，干燥度≤1，气候条件比较湿润。

黑土区年均气温为0.5~6℃，由南向北递减。1月最冷，平均气温为−30~−16℃，极端最低气温为−39.6℃。3—9月气温较高，平均气温为18℃左右，6—8月大部分地区平均气温达19~23℃。7月最热，平均气温为19~25℃，最高为36~38℃，极端最高气温为41.6℃。最热月份（7月）和最冷月份（1月）的月均气温差值可达40~48℃，从南向北逐渐增大。10℃以上是大部分作物生长旺盛时期。黑土区≥10℃积温的分布特点是由南向北递减，由3 000℃降至2 000℃，相差很大。

土壤温度随着季节变化而变化。冬季，最低温度在地表，温度自上而下逐渐增加；春季，地表及浅层土壤转暖，最高温度在地表，最低温度出现在1~2 m的中间层；夏季，最高温度在地表，温度自上而下逐渐下降；秋季，地面开始降温，最高温度移至浅层土壤。土壤温度上下层之间的变化，引起土壤中水汽的运行和凝结。这是黑土区春季土壤水分向上运移的动力，对春季作物苗期起到重要作用，对土壤形成和发育有重大影响。

冬季严寒多雪，土壤冻结深、延续时间长，季节性冻层明显，对土壤水分的形成、分布和流动有着强烈的影响。根据黑土冻土的观测资料，冻结层和解冻时间随着各地气温而异。地面稳定冻结日期，黑土区北部在10月中下旬，南部在11月上旬；地面稳定解冻日期，北部在4月中旬，南部在4月上旬。黑土冻结深度一般为1.1~2.0 m，最深的接近3 m。如从地面开始结冻到开始解冻，土壤的冻结时间为120~200 d；如从地面开始结冻到冻层完全解冻，可长达170~300 d。这对土壤微生物活动和有机质的积累与分解都有重大影响。

黑土区全年盛行西北风。按季节划分，冬季多西北风和偏西风，春季与冬季相似，夏季则多偏南风和东北风，秋季北部地区多西北风，南部盛行偏西风。年均风速为4~5 m/s，全年大风（≥17.2 m/s）天数为20 d以上，南部地区大风天数大约40 d。大风出现的频率，以春季最高，春季大风天数占全年大风总天数的41%~77%；秋季次之；冬、夏季占21%以下。

七、水文情况

黑土区地下水埋藏较深，一般为 $50\sim200$ m，最深可达 300 m。含水层以上以更新世灰白色粗沙层为主。地下水的矿化度不高，一般为 $0.3\sim0.7$ g/L，化学组成以 $Ca(HCO_3)_2$ 和 SiO_2 为主，属于 $Ca(HCO_3)_2 - SiO_2$ 型。由于地下水埋藏深，地下水对土壤的形成和发育没有直接影响。但是，黑土具有季节性冻层，土壤和母质的质地较黏重，夏秋雨季集中，在土层内部有时出现上层滞水。上层滞水一般深度为 $50\sim70$ cm 或 $150\sim200$ cm。该层支持重力水不断向土壤上层补给水分，直接影响黑土形成、发育和利用。

黑土水分来源主要是大气降水，水分循环方式为大气—土壤。根据多年的试验和观测结果，黑土水分的运动范围一般在 1 m 土层上下。只有在夏秋季冻层解冻同时降水又特别集中时，才出现临时重力水，有时淋溶到 2 m 土层上下。但时间比较短暂，仅在多水年出现。因此，黑土水分独具特点，属地表湿润淋溶型。

第二节　主要成土过程

一、自然成土过程

黑土的形成过程独具特点。黑土有季节性冻层，质地黏重，透水不良；在黑土形成过程最活跃的季节里，降水集中，土壤水分较丰富，有时形成土壤上层滞水。在这种条件下，草甸草本植物生长繁茂，积累了大量有机物，进行着大规模的氮和灰分元素的生物循环。但是，由于季节性冻层和黏重母质的存在，黑土水分以及随水运移的成土产物，除一部分由地表和侧渗排走外，绝大部分水分在 1 m 或 $2\sim3$ m 深的土层内运行，基本淋溶不到地下水层。黑土形成的草甸化过程，与一般草甸化过程的地下水位、水分类型及成土产物的运行与迁移是完全不同的。黑土剖面一般都有铁锰结核和锈斑、灰斑、二氧化硅粉末，有些黑土甚至还可以在土层的上部或下部看到明显的潜育层次，表明了黑土具有水成土壤的某些特征。黑土的自然成土过程主要是腐殖质累积与分解、淋溶与淀积过程。

（一）腐殖质累积与分解过程

黑土区气候冷凉、半湿润，母质黏重，透水性不良，并有季节性冻层存在，易形成上层滞水。土壤水分条件较好，草甸植被生长繁茂，根系发达，地上、地下部生长量很高，年积累量可达 $15\,000$ kg/hm^2 左右。植物晚秋死亡后，遇到漫长冬季，土壤冻结，微生物活动受到抑制，植物残体得不到充分分解，腐殖质得到累积，形成含量高、层位厚的腐殖质层。一般该层可达 $30\sim50$ cm，高者可达100 cm 以上。开垦前表土有机质含量可达 $50\sim80$ g/kg，这通常是其他草原土壤所不能达到的。

随着生物残体分解和腐殖质的形成，有机质、养分元素、灰分元素的生物循环量很大。据黑龙江省农垦总局九三管理局的测定，"五花草塘"的地上部有机质积累量（干重）多达 $4\,500$ kg/hm^2；另据调查，地上部参与生物循环的灰分元素为 $300\sim400$ kg/hm^2，其中，SiO_2、CaO 的比重较大。由于受母质较黏重和下部冻层的影响，除少部分随地表水和下渗水流出土体外，绝大部分在土体内 $1\sim3$ m 处运行，致使土层内养分丰富，离子交换量高，盐基饱和度大，形成了自然肥力很高的土壤。

（二）淋溶与淀积过程

黑土区的地形大都是波状起伏的漫川漫岗地，夏季降水集中，降水后一部分形成地表径流，一部分形成下渗水流。土体内易溶的有机胶体、养分、灰分元素产生淋溶下移，并在淀积层中淀积。因此，黑土层深厚，B 层有明显的铁、锰、硅的淀积物，以结核、斑状、粉末形态出现；在 AB 层、B层内结构体外围可见到大量暗棕色胶膜和白色 SiO_2 粉末，这与生物化学循环、水分循环等淋溶淀积因素有关。

二、人为活动下的成土过程

17 世纪中叶，清政府因军事上的需要，开始在松嫩平原设置驿站，驻兵屯垦，产生了星星点点的军需性农耕生产。大规模的开垦始于 19 世纪初，大约经历了 200 年的垦殖历史。在这一漫长的历史时期，经过了自然生态系统、半人工生态系统和人工生态系统。在这几个生态系统演替过程中，人类活动的干预起到了主导作用。人类为了生存，由渔猎生存方式变为移耕农业，大量砍伐森林、开垦草原，从游牧生活过渡为定居的农业生产。黑土开垦历史较短，整体上土壤还没有经历农田的平衡过程，在生产过程中还有一部分依靠土壤中物质的供给。但是，由于经营方式的落后，黑土农田生态系统 200 年的演替历史，几乎跨越了我国中原地区 3 000 年的演替过程。实际上，黑土农田生态系统演替的主导因素是人类活动，其次是环境的不稳定性和农业生产技术的变化。随着人口的迅速增长，尤其是 20 世纪 50 年代以后，以开垦林地和草地为代价，使大量的林地和草地成为农田，改变了原有生态系统的平衡，形成了稳定性较低的农田生态系统。由于生态平衡的破坏，环境条件也随之变化，灾害性天气发生频率提高，农田的抗逆能力降低。随着农业生产技术水平的提高，人类对农田的干预进一步增强，作物的生产力水平对生产技术的依赖性不断增加，从而使黑土农田生态系统的自然属性减弱。

移耕农业时期（1910 年以前），刀耕火种，种植少量的粮食，以渔猎为主。传统农业时期（1910—1960 年），采取自给自足的经营方式，以种植粮食作物为主，家中饲养少量家畜满足家庭需求。前工业化农业时期（1960—1980 年），农业进入商品时代，国家需要大量粮食来满足人口日益增长的需求。该地区每年要为国家提供 70％的商品粮，作物生产产值占农业生产产值的 90％以上，其中粮食作物占 85％以上，畜牧业所占比例不足 10％。现代农业时期（1980 年以后），重视农业结构的调整，根据多年平均统计，在社会总产值中，非农业产值占 32.7％（服务业、建筑业等），农业产值占 67.3％。在农业产值中，种植业产值占 66.4％，林业产值占 1.6％，畜牧业产值占 29.3％，渔业产值占 2.7％。

黑土区农田生态系统管理技术是随着科学技术的进步而变化的。品种方面，从品种的自交系到杂交种以及目的基因育种；耕作方面，从刀耕火种到畜力农具耕种、大型农业机械耕种、小型农机具与大型农机具混合耕种；施肥方面，从不施肥（刀耕火种时期）到施农家肥（20 世纪 60 年代以前）、施氮肥（60～70 年代）、施氮磷肥（80 年代以后），再到施农家肥、氮磷肥（80 年代），施农家肥、氮磷钾肥、中量元素肥及微量元素肥（80 年代中期以后），施农家肥、氮磷肥和氮磷钾肥与生物肥（90 年代后期）；施肥方法方面，从春季一次施基肥到春季施基肥、生育期追肥、秋季施基肥、生育期追肥；种子处理方面，从种子不处理播种，到种子催芽播种、种子包衣播种；病虫害防治方面，从人工防治到残毒农药防治，再到无残毒农药防治、生物防治。

第三节　人为活动对耕地黑土的影响

一、主要作物种植面积及产量

我国黑土区种植的主要作物为水稻、玉米和大豆，种植制度为一年一熟。1980—2013 年，黑土区作物总播种面积呈现增加的趋势，与 1980 年的 2 055.67 万 hm² 相比，2013 年达到 2 859.12 万 hm²，增幅为 39.08％，占 2013 年全国作物播种面积的 23.48％。其中，水稻和玉米的播种面积均呈现增加的趋势，与 1980 年相比，2013 年水稻和玉米播种面积的增加幅度分别为 704.10％和 184.96％；而大豆 1980—2013 年呈现先增加后减少的趋势，这也与近些年种植大豆的成本增加以及在国际大豆价格影响下的国内大豆效益降低有直接关系。2009 年大豆种植面积增幅与 1980 年相比达到 107.87％，而 2013 年大豆种植面积减少幅度与 2009 年相比达到 49.87％。从黑土区粮食产量变化来看，整个区域的粮食总产量、水稻产量、玉米产量均呈现总体增加的趋势，与 1980 年相比，2013 年粮食总产量

（13 939.37 万 t）、水稻产量（4 736.01 万 t）和玉米产量（9 867.34 万 t）增幅分别为 237.69%、1 002.68%、436.72%，而大豆产量呈现波动性的先增加后减少趋势，这与各作物播种面积直接相关。从粮食单产来看，1980—2013 年，区域粮食单产、水稻单产、玉米单产和大豆单产总体上均呈现增加的趋势，增加的幅度分别为 142.79%、36.27%、88.35% 和 48.25%。可以看出，30 多年间作物品种的改良为作物单产的提高贡献巨大。

从各个省份来看，1980—2013 年，我国黑土区作物总播种面积和粮食总产量有了显著的提高，黑龙江省、黑龙江省农垦总局、吉林省、辽宁省和内蒙古东部三市一盟总播种面积增加幅度分别为 36.03%、45.49%、35.91%、7.51% 和 100.63%，其中内蒙古东部三市一盟增幅最大，辽宁省最小；粮食总产量的增加幅度分别为 165.53%、552.84%、313.10%、79.73% 和 743.66%，其中内蒙古东部三市一盟增幅最大，辽宁省最小。

2010—2013 年，不同作物中水稻和玉米在大多数黑土区播种面积有不同程度的增长，而大豆播种面积整体出现下降。其中，黑龙江省水稻和玉米播种面积的增长幅度相当，分别为 35.49% 和 35.69%，而大豆播种面积逐年下降。黑龙江省农垦总局增长幅度最大的是水稻，增幅为 341.53%；吉林省播种面积增长幅度最大的为玉米，增幅为 14.85%；辽宁省和内蒙古东部三市一盟水稻与大豆播种面积均有下降，而玉米播种面积逐年增加。单从 2013 年来看，黑龙江省、吉林省、辽宁省和内蒙古东部三市一盟种植作物均以玉米为主，分别占 3 种主要作物播种面积的 52.85%、78.80%、74.61% 和 78.51%；黑龙江省农垦总局以水稻为主，占 3 种主要作物播种面积的 57.13%。另外，3 种主要作物在不同黑土区的产量以及单产也有不同程度的变化。总体来看，玉米产量增长最为显著，而大豆产量却不断下降。其中，黑龙江省以玉米产量增幅最大，为 38.38%，大豆产量出现下滑，降低了 33.90%；黑龙江省农垦总局粮食产量整体增长最显著，以水稻产量增幅最大，为 6 682.69%；吉林省只有玉米产量增加，增幅为 47.93%；辽宁省以玉米产量增幅最大，为 35.87%；内蒙古东部三市一盟只有玉米产量增加，增幅为 52.49%。2013 年，水稻单产以黑龙江省农垦总局最高，为 8 842.00 kg/hm²，黑龙江省最低，为 5 508.90 kg/hm²；玉米单产以吉林省最高，为 7 932.75 kg/hm²，黑龙江省最低，为 4 530.70 kg/hm²；大豆单产以辽宁省最高，为 2 471.70 kg/hm²，黑龙江省最低，为 1 679.80 kg/hm²。

二、主要作物施肥品种及用量

我国黑土区化肥施用情况以及商品有机肥施用情况（有机肥施用情况未统计黑龙江省农垦总局）见表 1 - 2 和表 1 - 3。从表中可以看出，5 个区域的不同作物种类化肥施用量都有了显著的增加。除黑龙江省农垦总局以及内蒙古东部三市一盟的玉米、大豆外，其他各区域的有机肥施用量也有了明显的增加。但各区化肥用量增长较缓，还有部分地区施肥量保持平稳或出现下降。总体来看，在肥料施用种类中，氮肥施用量最大，其次是磷肥，最后是钾肥。但不同区域以及不同作物种类均有差异。以 2013 年为例，在不同区域，水稻施用氮肥以内蒙古东部三市一盟用量最多，为 12.22 kg/hm²，黑龙江省用量最少，为 7.20 kg/hm²；水稻施用磷肥以内蒙古东部三市一盟用量最大，为 7.87 kg/hm²，黑龙江省用量最少，为 3.30 kg/hm²；水稻施用钾肥以黑龙江省农垦总局用量最多，为 6.09 kg/hm²，黑龙江省用量最少，为 3.00 kg/hm²。玉米施用氮肥以辽宁省用量最大，为 15.59 kg/hm²，黑龙江省用量最少，为 8.80 kg/hm²；玉米施用磷肥以内蒙古东部三市一盟用量最大，为 8.24 kg/hm²，黑龙江省用量最少，为 3.70 kg/hm²；玉米施用钾肥以辽宁省用量最多，为 5.48 kg/hm²，内蒙古东部三市一盟用量最少，为 2.35 kg/hm²。大豆施用氮肥以内蒙古东部三市一盟用量最多，为 4.02 kg/hm²，黑龙江省用量最少，为 2.50 kg/hm²；大豆施用磷肥以内蒙古东部三市一盟用量最多，为 5.27 kg/hm²，黑龙江省用量最少，为 3.30 kg/hm²；大豆施用钾肥以辽宁省用量最多，为 3.25 kg/hm²，黑龙江省农垦总局用量最少，为 2.07 kg/hm²。从肥料氮磷钾比例来看，对于钾肥的投入增长幅度最大，其次是磷肥，氮肥最小。有机肥用量稳步提升，氮磷钾比例及施肥结构日趋合理。

表 1－2　黑土区化肥施用情况汇总

单位：kg/hm²

省（自治区、农垦总局）	年份	水稻			玉米			大豆		
		N	P₂O₅	K₂O	N	P₂O₅	K₂O	N	P₂O₅	K₂O
黑龙江省	1980	1.90	0.60	0.50	2.10	0.70	0.60	0.40	0.50	0.30
	1990	3.80	1.20	1.00	4.50	1.70	1.10	1.20	1.00	0.80
	2000	5.20	2.10	2.00	7.10	2.50	2.00	1.70	2.10	1.60
	2004	5.70	2.40	2.20	7.50	2.90	2.20	1.90	2.30	1.80
	2005	5.70	2.40	2.20	7.50	2.90	2.20	1.90	2.40	1.80
	2006	5.70	2.40	2.30	7.50	2.90	2.20	1.90	2.40	1.80
	2007	5.80	2.50	2.30	7.50	2.90	2.30	1.90	2.50	1.90
	2008	6.00	2.60	2.80	8.10	3.20	2.30	2.20	3.00	2.00
	2009	6.20	2.80	2.90	8.40	3.50	2.50	2.30	3.10	2.10
	2010	6.60	3.10	2.90	8.50	3.50	2.70	2.40	3.20	2.10
	2011	6.80	3.30	2.90	8.50	3.50	2.80	2.50	3.20	2.30
	2012	7.00	3.30	3.00	8.60	3.60	2.80	2.50	3.20	2.30
	2013	7.20	3.30	3.00	8.80	3.70	2.90	2.50	3.30	2.40
黑龙江省农垦总局	1980	4.31	2.41	0.00	2.95	4.31	0.00	2.57	3.68	0.00
	1990	5.57	3.30	2.19	7.07	4.50	1.71	3.19	3.95	1.63
	2000	6.86	3.47	2.33	8.46	4.79	2.09	3.42	4.52	1.62
	2004	7.37	3.83	2.58	8.92	5.32	2.16	3.44	4.68	1.61
	2005	7.66	3.97	2.78	9.16	5.41	2.38	3.49	4.81	1.64
	2006	7.61	3.97	2.83	9.27	5.39	2.47	3.40	4.55	1.78
	2007	7.50	3.97	3.08	9.29	5.59	2.47	3.47	4.73	1.73
	2008	7.68	4.03	3.43	9.37	5.55	2.49	3.53	4.66	1.79
	2009	9.26	4.83	5.49	11.13	6.29	4.12	3.71	5.66	3.20
	2010	9.26	4.71	5.82	11.14	6.41	4.26	3.72	5.70	3.23
	2011	9.22	5.10	6.00	11.33	6.44	4.54	3.47	4.82	1.98
	2012	9.45	5.17	5.97	11.60	6.61	4.55	3.51	4.78	1.97
	2013	9.46	4.97	6.09	11.59	6.47	4.62	3.54	4.83	2.07
吉林省	1980	6.16	2.35	2.51	6.48	3.38	1.62	2.05	2.06	0.41
	1990	6.84	2.93	2.65	8.54	3.76	2.44	2.28	2.29	0.96
	2000	8.94	3.83	3.35	9.86	3.91	2.05	3.05	3.00	1.38
	2004	9.47	4.05	4.23	10.44	4.14	3.69	3.16	3.18	2.48
	2005	9.72	4.11	3.96	10.64	4.04	3.43	3.34	3.13	2.35
	2006	10.00	4.14	3.96	11.52	3.84	3.58	2.88	3.40	2.67
	2007	10.14	4.10	4.25	11.38	3.79	3.54	3.35	3.62	2.76
	2008	10.31	4.41	4.61	11.37	4.51	4.02	3.44	3.46	2.70
	2009	10.52	4.50	4.70	11.60	4.60	4.10	3.51	3.53	2.75
	2010	10.56	4.47	4.30	11.56	4.39	3.73	3.63	3.40	2.55
	2011	10.42	4.31	4.12	12.00	4.00	3.73	3.00	3.54	2.78
	2012	10.40	4.03	4.08	11.83	3.93	3.55	3.36	3.67	2.80
	2013	10.45	4.23	4.38	11.73	3.91	3.65	3.45	3.73	2.85

（续）

省（自治区、农垦总局）	年份	水稻			玉米			大豆		
		N	P_2O_5	K_2O	N	P_2O_5	K_2O	N	P_2O_5	K_2O
辽宁省	1980	6.40	4.60	0.00	5.10	2.80	0.00	1.20	1.50	0.00
	1990	10.20	5.61	1.41	12.78	6.46	1.96	2.23	3.16	1.01
	2000	12.31	5.18	2.61	15.20	5.86	3.59	2.70	3.29	1.91
	2004	12.25	4.24	3.64	14.78	5.48	4.24	2.84	3.31	2.17
	2005	12.68	4.38	3.74	14.98	5.55	4.48	3.01	3.41	2.24
	2006	13.09	4.75	4.25	15.39	5.32	4.76	3.21	3.08	2.82
	2007	13.05	4.61	4.48	15.36	5.42	5.16	3.44	3.12	2.96
	2008	13.96	4.94	4.91	15.11	5.53	5.27	3.51	3.19	2.89
	2009	11.18	4.98	5.18	18.74	5.69	5.19	3.59	3.49	3.14
	2010	10.11	4.74	5.28	15.28	5.69	5.56	3.51	3.35	3.09
	2011	10.24	5.00	5.19	15.26	5.75	5.59	3.62	3.28	3.14
	2012	10.41	5.29	5.39	15.51	5.81	5.69	3.61	3.38	3.22
	2013	10.54	5.29	5.18	15.59	5.76	5.48	3.56	3.32	3.25
内蒙古东部三市一盟	1980	1.90	1.43	0.13	3.08	1.08	0.00	0.45	1.15	0.00
	1990	4.53	2.15	0.13	4.83	2.76	0.05	0.45	1.15	0.00
	2000	10.54	6.78	1.36	9.11	5.49	0.74	1.57	2.99	0.74
	2004	11.97	8.20	1.53	11.21	5.64	0.89	2.48	4.12	1.08
	2005	12.48	8.37	1.80	11.20	6.41	0.98	2.60	4.06	1.11
	2006	10.56	7.24	2.13	9.85	5.12	1.02	2.61	4.24	1.04
	2007	11.70	7.12	2.41	10.16	5.45	1.20	2.81	4.45	1.15
	2008	13.94	8.01	2.63	10.08	5.40	1.46	3.33	4.69	1.46
	2009	11.41	7.79	2.40	10.97	5.99	1.49	3.48	4.51	1.42
	2010	13.98	8.85	2.64	11.55	6.14	1.69	3.67	4.86	1.57
	2011	12.81	7.49	3.40	11.55	6.40	2.03	4.06	5.07	1.76
	2012	14.93	8.68	3.32	11.75	6.91	2.02	4.40	4.77	1.54
	2013	12.22	7.87	3.07	12.02	8.24	2.35	4.02	5.27	2.28

表 1-3　黑土区商品有机肥施用情况汇总

单位：kg/hm²

省（自治区）	年份	水稻			玉米			大豆		
		N	P_2O_5	K_2O	N	P_2O_5	K_2O	N	P_2O_5	K_2O
黑龙江省	1980	0.00	0.00	0.00	0.00	0.00	0.00	0.00	0.00	0.00
	1990	0.00	0.00	0.00	0.00	0.00	0.00	0.00	0.00	0.00
	2000	0.00	0.00	0.00	0.00	0.00	0.00	0.00	0.00	0.00
	2004	0.22	0.13	0.04	0.28	0.17	0.06	0.05	0.08	0.08
	2005	0.26	0.15	0.05	0.26	0.16	0.05	0.06	0.09	0.09
	2006	0.25	0.15	0.05	0.27	0.16	0.05	0.07	0.10	0.10
	2007	0.26	0.16	0.05	0.28	0.17	0.06	0.07	0.11	0.11
	2008	0.24	0.14	0.05	0.28	0.17	0.06	0.07	0.11	0.11
	2009	0.25	0.15	0.05	0.28	0.17	0.06	0.07	0.11	0.11

（续）

省（自治区）	年份	水稻			玉米			大豆		
		N	P_2O_5	K_2O	N	P_2O_5	K_2O	N	P_2O_5	K_2O
黑龙江省	2010	0.26	0.15	0.05	0.27	0.16	0.05	0.07	0.10	0.10
	2011	0.32	0.16	0.05	0.36	0.18	0.06	0.24	0.10	0.15
	2012	0.32	0.16	0.05	0.37	0.18	0.06	0.25	0.10	0.15
	2013	0.32	0.16	0.05	0.39	0.20	0.07	0.25	0.10	0.15
吉林省	1980	0.00	0.00	0.00	0.00	0.00	0.00	0.00	0.00	0.00
	1990	0.05	0.08	0.07	0.08	0.15	0.10	0.06	0.09	0.08
	2000	0.06	0.09	0.08	0.09	0.15	0.11	0.07	0.11	0.09
	2004	0.07	0.11	0.08	0.10	0.16	0.12	0.08	0.12	0.10
	2005	0.07	0.11	0.08	0.10	0.16	0.12	0.08	0.12	0.10
	2006	0.07	0.11	0.09	0.10	0.16	0.12	0.08	0.12	0.10
	2007	0.07	0.11	0.09	0.10	0.16	0.13	0.08	0.13	0.10
	2008	0.07	0.11	0.09	0.11	0.17	0.13	0.08	0.13	0.10
	2009	0.07	0.12	0.09	0.11	0.17	0.13	0.09	0.14	0.11
	2010	0.08	0.11	0.09	0.11	0.16	0.14	0.08	0.13	0.11
	2011	0.07	0.12	0.10	0.10	0.17	0.14	0.09	0.14	0.11
	2012	0.08	0.12	0.10	0.11	0.17	0.14	0.08	0.14	0.11
	2013	0.08	0.12	0.10	0.11	0.17	0.14	0.09	0.14	0.11
辽宁省	1980	0.13	0.04	0.04	0.05	0.02	0.02	0.06	0.02	0.02
	1990	0.12	0.04	0.04	0.05	0.02	0.02	0.06	0.02	0.02
	2000	0.12	0.04	0.04	0.05	0.02	0.02	0.06	0.02	0.02
	2004	0.11	0.04	0.04	0.06	0.02	0.02	0.06	0.02	0.02
	2005	0.11	0.04	0.04	0.04	0.01	0.02	0.06	0.02	0.02
	2006	0.10	0.04	0.03	0.05	0.01	0.02	0.06	0.02	0.02
	2007	0.09	0.03	0.03	0.05	0.02	0.02	0.07	0.02	0.02
	2008	0.09	0.03	0.03	0.06	0.02	0.02	0.07	0.02	0.02
	2009	0.08	0.03	0.03	0.08	0.02	0.02	0.08	0.03	0.03
	2010	0.08	0.03	0.02	0.07	0.03	0.03	0.08	0.03	0.03
	2011	0.08	0.03	0.03	0.08	0.03	0.03	0.08	0.03	0.03
	2012	0.10	0.03	0.03	0.09	0.03	0.03	0.08	0.03	0.03
	2013	0.10	0.03	0.03	0.11	0.04	0.04	0.08	0.03	0.03
内蒙古东部三市一盟	2010	0.12	0.03	0.07	0.21	0.05	0.12	0.10	0.03	0.06
	2011	0.12	0.03	0.07	0.21	0.05	0.12	0.10	0.03	0.06
	2012	0.16	0.04	0.09	0.08	0.02	0.04	—	—	—
	2013	0.16	0.04	0.09	0.08	0.02	0.04	—	—	—

注：本表未列入黑龙江省农垦总局数据。

三、主要作物品种应用情况

（一）水稻品种

如表1-4所示，20世纪八九十年代，黑龙江省主要水稻品种是合江19、合江23和东农415，其中播种面积最大的是合江 19；吉林省主要水稻品种是京引 127 和早锦，其中播种面积最大的是京引127；辽宁省主要水稻品种是丰锦、秋光和辽粳 5 号，其中播种面积最大的是丰锦。21 世纪初，黑龙江省主要水稻品种是空育 131、合江 19、垦稻 8 号、绥粳 3 号、富士光、龙粳 8 号、龙粳 12、龙粳13、垦鉴稻 7 号、松粳 6 号，其中播种面积最大的是空育 131；黑龙江省农垦总局主要水稻品种是空育 131、垦稻 8 号和垦鉴稻 6 号，其中播种面积最大的是空育 131；吉林省主要水稻品种是藤系 138和九稻 20，其中播种面积最大的是九稻 20；辽宁省主要水稻品种是辽粳 454、辽粳 294 和辽粳 9 号，其中播种面积最大的是辽粳 454。2010—2013 年，黑龙江省主要水稻品种是空育 131、龙粳 26、龙粳25、龙粳 21、垦稻 12、绥粳 9 号、垦鉴稻 6 号、龙粳 20、龙粳 27、松粳 12、龙粳 31、龙粳 29、绥粳 10、龙粳 36、绥粳 4 号、松粳 9 号、五优稻 4 号和龙庆稻 1 号，其中播种面积最大的是龙粳 31；黑龙江省农垦总局主要水稻品种是空育 131、龙粳 26、垦鉴稻 6 号、龙粳 31、龙粳 29 和龙粳 36，其中播种面积最大的是空育 131；吉林省主要水稻品种是吉粳 88 和通禾 838，其中播种面积最大的是吉粳 88；辽宁省主要水稻品种是辽星 1 号和盐丰 47，其中播种面积最大的是辽星 1 号。

表 1-4　黑土区水稻品种及播种面积变化情况汇总

单位：万 hm²

省（自治区、农垦总局）	年份	类别	品种及播种面积						
黑龙江省	1990	品种名称	合江 19	合江 23	东农 415				
		面积	19.81	11.11	7.19				
	2000	品种名称	空育 131	合江 19	垦稻 8 号	绥粳 3 号	富士光	龙粳 8 号	
		面积	44.03	17.40	14.21	12.21	7.65	7.01	
	2005	品种名称	空育 131	龙粳 12	龙粳 13	垦鉴稻 7 号	松粳 6 号		
		面积	76.89	13.80	10.92	8.91	8.36		
	2010	品种名称	空育 131	龙粳 26	龙粳 25	龙粳 21	垦稻 12	绥粳 9 号	垦鉴稻 6 号
		面积	76.75	25.58	23.77	23.34	20.07	15.73	11.95
		品种名称	龙粳 20	龙粳 27	松粳 12				
		面积	8.29	8.25	6.70				
	2013	品种名称	龙粳 31	空育 131	垦稻 12	龙粳 26	龙粳 29	绥粳 10	龙粳 25
		面积	112.82	38.55	30.11	22.07	12.19	11.15	10.89
		品种名称	龙粳 36	绥粳 4 号	龙粳 21	垦鉴稻 6 号	松粳 9 号	五优稻 4 号	龙庆稻 1 号
		面积	10.79	10.25	7.47	7.34	7.33	6.80	6.68
黑龙江省农垦总局	2002	品种名称	空育 131	垦稻 8 号					
		面积	45.66	6.87					
	2005	品种名称	空育 131	垦鉴稻 6 号					
		面积	60.63	4.67					
	2010	品种名称	空育 131	龙粳 26	垦鉴稻 6 号				
		面积	73.79	16.17	11.95				
	2013	品种名称	龙粳 31	空育 131	龙粳 26	龙粳 29	龙粳 36	垦鉴稻 6 号	
		面积	54.52	36.90	19.06	7.88	7.46	7.34	
吉林省	1980	品种名称	京引 127						
		面积	10.00						
	1990	品种名称	早锦						
		面积	7.83						
	2000	品种名称	藤系 138						
		面积	7.32						

（续）

省（自治区、农垦总局）	年份	类别	品种及播种面积	
吉林省	2005	品种名称 面积	九稻 20 8.05	
	2010	品种名称 面积	吉粳 88 10.47	
	2013	品种名称 面积	吉粳 88 14.26	通禾 838 6.78
辽宁省	1980	品种名称 面积	丰锦 14.63	
	1990	品种名称 面积	秋光 12.20	辽粳 5 号 7.63
	2000	品种名称 面积	辽粳 454 13.03	辽粳 294 11.17
	2005	品种名称 面积	辽粳 294 8.45	辽粳 9 号 10.51
	2010	品种名称 面积	辽星 1 号 11.69	盐丰 47 10.72
	2013	品种名称 面积	盐丰 47 10.13	

（二）玉米品种

如表 1-5 所示，20 世纪八九十年代，黑龙江省主要玉米品种是龙单 1 号、嫩单 3 号、绥玉 2 号、嫩单 1 号、东农 248、白单 9 号、四单 8 号、新合玉 11 和四单 16，其中播种面积最大的是东农 248；吉林省主要玉米品种是吉单 101、四单 8 号、中单 2 号、吉单 131、丹玉 13、铁单 4 号和白单 9 号，其中播种面积最大的是四单 8 号；辽宁省主要玉米品种是丹东 6 号、沈单 3 号、旅丰 1 号、丹玉 13、沈单 7 号、铁单 8 号和丹玉 15，其中播种面积最大的是丹玉 13。21 世纪初，黑龙江省主要玉米品种是四单 19、龙单 13、东农 248、本育 9 号、龙单 8 号、绥玉 7 号、丰禾 10 和海玉 6 号，其中播种面积最大的是四单 19；黑龙江省农垦总局主要玉米品种是绥玉 7 号、龙原 101 和龙单 13，其中播种面积最大的是绥玉 7 号；吉林省主要玉米品种是四密 21、吉单 180、本玉 9 号、四单 19、四密 25、铁单 10、丹玉 15、吉单 321、西单 2 号、吉单 209、吉玉 4 号、通吉 100、郑单 958、长城 799、豫玉 22、登海 9 号和农大 364，其中播种面积最大的是四密 21；辽宁省主要玉米品种是铁单 10、铁单 12、沈单 10、丹玉 26、丹玉 39、东单 60 和华单 208，其中播种面积最大的是铁单 10；内蒙古东部三市一盟主要玉米品种是郑单 958、四单 19 和兴垦 3 号，其中播种面积最大的是郑丹 958。2010—2013 年，黑龙江省主要玉米品种是先玉 335、郑单 958、吉单 27、龙单 32、鑫鑫 2 号、绥玉 7 号、龙单 38、绥玉 10、哲单 37、德美亚 1 号、兴垦 3 号、吉单 519、龙聚 1 号、龙育 4 号、吉单 517、东农 251、鑫鑫 1 号、南北 1 号、绥玉 15、德美亚 2 号、绿单 2 号、龙育 7 号、德美亚 3 号、龙单 59、龙单 49、龙单 42、大民 3307、龙单 62 和绥玉 19，其中播种面积最大的是德美亚 1 号；黑龙江省农垦总局主要玉米品种为德美亚 1 号、绥玉 7 号、哲单 37、德美亚 2 号和德美亚 3 号，其中播种面积最大的是德美亚 1 号；吉林省主要玉米品种是先玉 335、郑单 958、良玉 8 号、先玉 696、农华 101、良玉 99、良玉 188 和利民 33，其中播种面积最大的是先玉 335；辽宁省主要玉米品种是郑单 958、先玉 335、东单 90、丹玉 39、丹玉 405、沈玉 21 和良玉 88，其中播种面积最大的是郑丹 958；内蒙古东部三市一盟主要玉米品种是郑单 958、四单 19、哲单 39、冀承单 3 号、先玉 335 和利合 16，其中播种面积最大的是郑丹 958。

表 1-5　黑土区玉米品种及播种面积变化情况汇总

单位：万 hm²

省（自治区、农垦总局）	年份	类别	品种及播种面积						
黑龙江省	1980	品种名称	龙单 1 号	嫩单 3 号	绥玉 2 号	嫩单 1 号			
		面积	15.59	14.97	12.55	10.91			
	1990	品种名称	东农 248	白单 9 号	四单 8 号	新合玉 11	四单 16		
		面积	35.05	31.71	25.42	10.59	7.41		
	2000	品种名称	四单 19	龙单 13	东农 248	本育 9 号	龙单 8 号		
		面积	33.33	31.19	12.80	11.00	10.67		
	2005	品种名称	四单 19	龙单 13	绥玉 7 号	本育 9 号	丰禾 10	海玉 6 号	
		面积	42.86	32.01	17.47	11.49	10.85	9.63	
	2010	品种名称	先玉 335	郑单 958	吉单 27	龙单 32	鑫鑫 2 号	绥玉 7 号	龙单 38
		面积	26.30	23.07	23.05	19.05	17.67	16.76	15.99
		品种名称	绥玉 10	哲单 37	德美亚 1 号	兴垦 3 号	吉单 519	龙聚 1 号	龙育 4 号
		面积	16.87	13.96	13.71	12.89	11.06	10.17	9.53
		品种名称	吉单 517	东农 251	鑫鑫 1 号	南北 1 号	绥玉 15		
		面积	9.00	7.80	7.27	7.20	7.00		
	2013	品种名称	德美亚 1 号	先玉 335	德美亚 2 号	龙聚 1 号	绿单 2 号	鑫鑫 1 号	吉单 519
		面积	62.10	39.05	22.91	19.87	18.68	15.43	14.91
		品种名称	哲单 37	吉单 27	龙育 7 号	德美亚 3 号	龙单 59	鑫鑫 2 号	绥玉 10
		面积	12.63	12.57	11.70	11.11	10.45	10.13	8.83
		品种名称	龙单 49	龙单 42	大民 3307	郑单 958	龙单 62	绥玉 19	
		面积	8.40	7.83	7.73	7.39	7.20	6.81	
黑龙江省农垦总局	2005	品种名称	绥玉 7 号	龙原 101	龙单 13				
		面积	5.37	3.07	2.57				
	2010	品种名称	德美亚 1 号	绥玉 7 号	哲单 37				
		面积	11.65	10.93	6.93				
	2013	品种名称	德美亚 1 号	德美亚 2 号	德美亚 3 号				
		面积	39.38	14.74	10.65				
吉林省	1980	品种名称	吉单 101						
		面积	26.67						
	1990	品种名称	四单 8 号	中单 2 号	吉单 131	丹玉 13	铁单 4 号	白单 9 号	
		面积	36.22	35.39	33.23	30.33	28.39	17.04	
	2000	品种名称	四密 21	吉单 180	本玉 9 号	四单 19	四密 25	铁单 10	丹玉 15
		面积	23.44	19.43	13.71	13.69	13.27	11.74	10.22
		品种名称	吉单 321	西单 2 号	吉单 209				
		面积	9.10	8.59	6.89				
	2005	品种名称	四单 19	吉玉 4 号	通吉 100	郑单 958	长城 799	吉单 209	豫玉 22
		面积	6.81	19.25	18.71	17.52	9.53	9.53	8.44
		品种名称	登海 9 号	农大 364					
		面积	7.10	6.72					

（续）

省（自治区、农垦总局）	年份	类别	品种及播种面积					
吉林省	2010	品种名称	先玉335	郑单958	良玉8号	先玉696		
		面积	79.93	24.43	7.24	7.22		
	2013	品种名称	先玉335	郑单958	农华101	良玉99	良玉188	利民33
		面积	62.96	27.95	17.68	9.49	7.71	6.75
辽宁省	1990	品种名称	丹东6号	沈单3号	旅丰1号			
		面积	57.47	25.20	13.33			
	1995	品种名称	丹玉13	沈单7号	铁单8号	丹玉15		
		面积	70.98	15.74	10.74	7.01		
	2000	品种名称	铁单10	铁单12	沈单10	丹玉26		
		面积	20.19	10.23	7.91	7.57		
	2005	品种名称	丹玉39	东单60	华单208			
		面积	16.11	13.50	11.49			
	2010	品种名称	郑单958	先玉335	东单90			
		面积	14.95	12.27	10.57			
	2013	品种名称	丹玉39	郑单958	先玉335	丹玉405	沈玉21	良玉88
		面积	6.85	21.78	14.08	9.15	7.50	7.23
内蒙古东部三市一盟	2005	品种名称	郑单958	四单19	兴垦3号			
		面积	25.20	8.53	6.67			
	2010	品种名称	郑单958	四单19	哲单39	冀承单3号		
		面积	56.69	10.21	11.24	2.98		
	2013	品种名称	郑单958	冀承单3号	先玉335	利合16		
		面积	64.02	1.93	18.21	7.00		

（三）大豆品种

如表1-6所示，20世纪八九十年代，黑龙江省主要大豆品种是黑农26、丰收10、丰收12、合丰22、黑河3号、合丰25、黑河7号、合丰30、黑河5号和绥农8号，其中播种面积最大的是合丰25；黑龙江省农垦总局主要大豆品种是黑河3号、丰收10、合丰22、合丰29、合丰30和合丰25，其中播种面积最大的是黑河3号；吉林省主要大豆品种是吉林20、吉林21和长农4号，其中播种面积最大的是吉林20；辽宁省主要大豆品种是铁丰18和铁丰24，其中播种面积最大的是铁丰18。21世纪初，黑龙江省主要大豆品种是绥农14、合丰35、合丰25、北丰11、北丰9号、北丰14、绥农15、东农44、黑农37、合丰45、黑河27、垦鉴豆25、合丰47、垦鉴豆27、绥农10、黑河38、绥农11、黑农43、合丰41、合丰40、垦农18、垦鉴豆23、合丰42、丰收24和合丰43，其中播种面积最大的是绥农14；黑龙江省农垦总局主要大豆品种是垦鉴豆4号、绥农14、黑河18、垦鉴豆27和垦鉴豆25，其中播种面积最大的是绥农14；吉林省主要大豆品种是吉林43和绥农14，其中播种面积最大的是绥农14；内蒙古东部三市一盟主要大豆品种是合丰40和疆莫豆1号，其中播种面积最大的是疆莫豆1号。2010—2013年，黑龙江省主要大豆品种是合丰50、绥农28、合丰55、绥农26、垦丰16、黑河38、黑河43、黑河48、黑农51、绥农22、华疆4号、合丰51和克山1号，其中播种面积最大的是合丰50；黑龙江省农垦总局主要大豆品种为垦丰16、黑河38、垦鉴豆27、黑河43、垦鉴豆28，其中播种面积最大的是垦丰16；内蒙古东部三市一盟主要大豆品种是疆莫豆1号。

表 1-6 黑土区大豆品种及播种面积变化情况汇总

单位：万 hm²

省（自治区、农垦总局）	年份	类别	品种及播种面积						
黑龙江省	1980	品种名称	黑农 26	丰收 10	丰收 12	合丰 22	黑河 3 号		
		面积	11.34	9.80	7.73	7.60	7.47		
	1990	品种名称	合丰 25	黑河 7 号	合丰 30	黑河 5 号	绥农 8 号		
		面积	76.00	16.55	16.51	12.61	9.03		
	2000	品种名称	绥农 14	合丰 35	合丰 25	北丰 11	北丰 9 号	北丰 14	绥农 15
		面积	61.85	43.31	31.12	17.64	8.74	8.01	7.15
		品种名称	东农 44	黑农 37					
		面积	7.13	6.89					
	2005	品种名称	绥农 14	合丰 45	黑河 27	垦鉴豆 25	合丰 47	垦鉴豆 27	绥农 10
		面积	36.84	25.73	17.87	17.07	16.27	15.09	11.79
		品种名称	黑河 38	绥农 11	黑农 43	合丰 41	合丰 40	绥农 15	垦农 18
		面积	11.05	10.27	10.10	9.80	9.09	8.73	8.42
		品种名称	合丰 25	垦鉴豆 23	合丰 42	丰收 24	合丰 43		
		面积	8.03	7.87	7.60	7.53	7.28		
	2010	品种名称	合丰 50	绥农 28	合丰 55	绥农 26	垦丰 16	黑河 38	
		面积	49.63	39.53	29.28	24.40	22.80	22.79	
		品种名称	黑河 43	黑河 48	黑农 51	绥农 22	华疆 4 号	合丰 51	
		面积	14.67	10.52	9.34	8.15	7.83	7.39	
	2013	品种名称	合丰 55	黑河 43	绥农 26	华疆 4 号	垦丰 16	黑河 38	克山 1 号
		面积	28.03	18.07	15.95	7.69	7.19	6.98	6.83
黑龙江省农垦总局	1981	品种名称	黑河 3 号	丰收 10	合丰 22				
		面积	24.16	5.47	6.49				
	1990	品种名称	合丰 29	合丰 30	合丰 25				
		面积	5.73	6.97	18.76				
	2001	品种名称	垦鉴豆 4 号	绥农 14	黑河 18				
		面积	6.15	5.42	4.91				
	2005	品种名称	绥农 14	垦鉴豆 27	垦鉴豆 25				
		面积	6.36	6.13	4.96				
	2010	品种名称	垦丰 16	黑河 38	垦鉴豆 27				
		面积	6.78	6.18	5.10				
	2013	品种名称	黑河 43	垦鉴豆 27	垦鉴豆 28				
		面积	3.93	3.99	2.70				
吉林省	1990	品种名称	吉林 20	吉林 21	长农 4 号				
		面积	19.05	8.02	7.68				
	2000	品种名称	吉林 43						
		面积	6.87						
	2005	品种名称	绥农 14						
		面积	7.68						

（续）

省（自治区、农垦总局）	年份	类别	品种及播种面积	
辽宁省	1980	品种名称 面积	铁丰 18 31.03	
	1990	品种名称 面积	铁丰 24 6.65	
内蒙古东部 三市一盟	2005	品种名称 面积	合丰 40 8.00	疆莫豆 1 号 21.33
	2010	品种名称 面积	疆莫豆 1 号 33.27	
	2013	品种名称 面积	疆莫豆 1 号 17.33	

（续）

第二章 | 黑土的分类及其形态特征 >>>

东北地区包括黑龙江省、吉林省、辽宁省和内蒙古东部三市一盟，土地总面积约 125 万 km²，总人口约 1.2 亿人，是我国重要的农林牧生产基地和老工业基地，对我国的经济发展起到了极为重要的作用。东北地域广阔，气候类型多样。东北地区属大陆季风性气候，自南向北跨暖温带、中温带和寒温带，热量显著不同，≥10 ℃的积温，南部可达 3 600 ℃，北部则仅有 1 000 ℃。

黑土有狭义和广义之分，狭义就是指分布在松嫩平原和三江平原两大平原的黑土，总土地面积约为 7 万 km²；广义一般是指东北的黑龙江、吉林、辽宁及内蒙古东部三市一盟地区具有黑色腐殖质层、有机质含量相对较高的土壤。第二次全国土壤普查侧重于总结农民群众的经验，所谓"以土为主，土洋结合"，并仅限于耕地土壤普查。因此，在土壤分类命名方面，主要尊重农民群众的称谓，只在出现"同土异名"或"同名异土"的情况下，才加以适当调整。农民群众所谓的黑土，就是黑土层厚度超过一犁深（18～20 cm）的土壤。因此，它不仅包括黑土、黑钙土，还包括黑土层厚的白浆土、暗棕壤、草甸土等各类土壤。所以，广义的黑土面积是很大的。

第一节 黑 土

一、黑土的分布及成土条件

（一）黑土的分布

黑土总面积 701.51 万 hm²，主要分布在黑龙江、吉林及内蒙古东部三市一盟，辽宁北部昌图也有少部分。黑土主要分布在哈尔滨至四平、哈尔滨至北安铁路沿线的两侧与嫩江中游地区、小兴安岭和长白山两侧，北界直到黑龙江右岸，南界由黑龙江的双城、五常一带延伸到吉林梨树、伊通，西界直接与松嫩平原的黑钙土和盐渍土以及松辽平原的草原和盐渍化草甸草原接壤，至辽宁省昌图县八面城镇，东界则可延伸到小兴安岭和长白山等山间谷地以及三江平原的边缘；但除集贤、富锦一带有整片黑土分布外，多与白浆土混存而零星分布。成片分布典型黑土的县（市）有嫩江、五大连池、北安、克山、依安、克东、拜泉、海伦、绥棱、明水、兰西、庆安、望奎、青冈、绥化、巴彦、呼兰、哈尔滨、宾县、阿城、五常、双城、扶余、榆树、德惠、九台、长春、公主岭、伊通、梨树。其中，在黑龙江，黑土面积 482.48 万 hm²；在吉林，黑土面积 110.12 万 hm²，主要分布在长春、四平、吉林、辽源及延边；在内蒙古东部三市一盟，黑土面积 107.53 万 hm²，主要分布在呼伦贝尔和兴安盟境内；在辽宁，黑土面积 1.38 万 hm²，只分布在昌图境内。

（二）黑土的成土条件

1. 气候　黑土地区的干燥度≤1，气候条件比较湿润。年降水量一般为 500～600 mm，绝大部分集中于暖季（4—9 月），约占全年降水量的 90%。其中，尤以 7—8 月为最多，占全年降水量的 50% 以上。冷季（10 月至翌年 3 月）降水少，不到全年降水量的 10%。

年均气温为 −0.5～6 ℃。1 月平均气温为 −20～−16.5 ℃，南北相差较大。7 月平均气温南北相差较小。由于冬季严寒，土壤冻结深、延续时间长，季节性冻层特别明显。根据各地冻土实测资料，黑土冻结深度一般为 1.5～2.0 m，深的可达 1.8～2.0 m，黑河最深，最深接近 3 m。佳木斯、长春次之，为 1.55～1.60 m；四平比较浅，为 1.10 m。如从地面最初结冻到开始解冻计算，土壤冻结时间为 120～200 d；如从地面开始结冻到冻层完全解冻计算，则可长达 170～300 d。北部地区黑土的底层一年中大部分时间处于冻结状态。

2. 母质　黑土的成土母质比较简单，主要有 3 种：①新近纪沙砾、黏土层；②第四纪更新世亚黏土层；③第四纪全新世沙砾、黏土层沉积物。其中，以第二种分布面积最广。黑土地区多是过去的坳陷地带，堆积着很厚的沉积物。从第四纪更新世开始，由于新构造运动的影响，这些地层才逐渐抬升起来，形成山前洪积平原和高平原。岩层组成上部以黏土层为主，中下部沙质增加或为沙黏间层，底部则以沙砾层为主。与黑土形成和发育关系最为密切的则是上部黏土层，第四纪更新世沙砾、黏土层上部的黏土层厚度为 10～40 cm。黑土绝大部分发育于这些黏土层的上部，只有少数地势起伏较大、割切比较严重的地方，在黑土层下部可见沙砾层。

3. 地形　黑土地区的地形大多是在现代新构造运动中间歇上升，并受不同程度割切的高平原和山前洪积平原。这些平原实际上并非平地，多为波状起伏的漫岗，但坡度不大，一般为 1°～5°，个别地方可达 10°以上。耕作地区的坡度较平缓，多为 1°～3°。由于不同坡向接受阳光时间的长短和土壤冻融的早晚不同以及土壤侵蚀程度的差异，一般南坡和东坡都比较陡，北坡和西坡则较平缓。总之，黑土分布在由低山丘陵区向平原过渡的漫川漫岗地带。

地形在很大程度上直接影响土壤类型的演变和黑土肥力的状况。在不同地形部位或不同坡度，土壤的水分、养分、温度和通气状况也有明显的差异。例如，地势起伏较大、切割比较严重的地方，或由于黏土层大部分被冲失，底部沙砾层距离地面较近，土壤排水良好；或由于坡度较大，地形排水迅速，土壤水分较少。地面植被以蒙古栎和榛子居多，草本植被也以干旱类型较多。因此，这些地段的黑土有逐渐向草甸暗棕色森林土和暗棕色森林土过渡的趋势。

在波状起伏的洪积平原地区，由于土壤侵蚀的结果，黑土层的厚度大不相同。在地势平缓的地方，黑土层一般为小于 30 cm（薄层）、30～60 cm（中层）、大于 60 cm（厚层），个别地方可达到 100 cm 以上；坡度较大的地方，黑土层一般为 20 cm、30 cm、40 cm；在少数坡度特别大或耕作较久、土壤侵蚀更为严重的地方，黑土层只有 10 cm 左右，有的侵蚀严重的地方直接露出了黄色母质，当地农民称为"破皮黄"。

4. 水文　黑土地区的地下水一般比较深，大多为 5～30 m，最大深度可达 50 m。含水层以上以更新世灰白色粗沙层为主。地下水的矿化度不大，一般为 0.3～0.7 g/L；化学组成以 Ca（HCO$_3$）$_2$ 及 SiO$_2$ 为主，属于 Ca（HCO$_3$）$_2$ - SiO$_2$ 型。

由于地下水埋藏较深，地下水对黑土的形成和发育影响不大。由于黑土具有季节性冻层，土壤和母质的质地比较黏重，底层透水不良；夏秋降水大量集中，因而土层内部有时出现临时支持重力层。这种水层的深度因冻层位置、不透水层部位以及降水集中的程度而有所不同，一般均在 50～70 cm 或 150～200 cm 处。

黑土水分来源为大气降水。多年土壤水分季节动态观测结果表明，黑土水分的运动一般在 1 m 土层以内，只有在夏秋季节性冻层全部解冻同时降水又特别集中的情况下，才出现临时重力水。这种重力水有时可淋溶到 2 m 以下，但时间很短，且并非每年都有。黑土的地下水位较深，又有黏土层相隔，这种重力水很难淋溶到地下水层。因此，黑土的水分类型有自己独有的特点。

5. 植被　黑土的自然植被为草原化草甸植物，当地称为"五花草塘"，以杂类草群落为主。由于黑土的水分和养分条件较好，这种杂类草群落具有以下特点。

（1）植物种类多而不集中。杂类草群落植物有 25～50 种，各种植物的数量相差不大，没有十分明显的优势种。这与本区草甸沼泽、沼泽土、沙土植被的种类少而又特别集中的景象完全不同，表明黑土适于生长的植物范围较大。

（2）植物组成以中生草甸植物为主，局部排水良好的地方可出现旱生草原植物；少数土壤含水较多的地方，也有湿生草甸沼泽类植物。

（3）植物生长繁茂，地上及地下有机物的累积量都很高。该地区植被一般高 40～50 cm，个别种高达 80～120 cm。植被覆盖度为 100%。黑土地区暖季短、冷季长而严寒，土壤微生物活动的强度不大，大量的有机物难以迅速分解，而多转化为腐殖质，这也是黑土形成的主要因素之一。

二、黑土的成土过程

黑土形成过程有自己独有的特点。黑土有季节性冻层，质地黏重，透水不良；在黑土形成过程最为活跃的季节里，土壤水分较为丰富，有时可形成上层滞水。在这种条件下，草甸草本植物生长繁茂，在地上和地下都积累了大量的有机物，氮和灰分元素生物循环的规模也很大，草甸化过程很明显。由于冻层和母质的影响，黑土的水分以及随水运动的成土产物，除一部分由地表和侧渗排走以外，绝大部分只运行于 1 m 或 2～3 m 的土层范围内，很难淋溶到地下水层。这种草甸化过程，如果就地下水位、水分类型以及成土产物运行与迁移的过程来讲，与一般直接受地下水影响的草甸化过程不同。黑土剖面中一般都有铁锰结核锈斑、灰斑、二氧化硅胶膜，有些受水分影响较深的黑土，在土层的上部或下部还可见到明显的潜育层。这些现象都表明黑土具有水成土壤的某些特征。

由于草甸草本植物生长繁茂、根系发达，每年在黑土中累积了大量的有机物质和无机物质。所以，黑土的腐殖质含量高，黑色土层深厚，粒状结构良好，离子交换量大，土壤水分饱和度高，大量营养元素和微量营养元素都较丰富，肥力水平高。

综上所述，黑土的成土过程是一种特殊的草甸化过程，同时黑土具有水成土壤的某些特征。

三、黑土亚类划分与属性

根据土壤发生分类，黑土土类属于半淋溶土土纲半湿润半淋溶土亚纲，可将黑土分为 4 个亚类，见表 2-1。

表 2-1　黑土分类

亚类	形成条件
黑土	潜育化部位较低，水分状况为干湿交替
草甸黑土	潜育化部位居中，水分状况为干湿交替，但湿润时间较多，为黑土向草甸土过渡的亚类
表潜黑土	潜育化部位较高，水分以表层湿润为主，并可见到明显的锈斑层，为黑土向沼泽土过渡的亚类
白浆化黑土	潜育化部位较高，在土层中可见到明显的白浆层，为黑土向白浆土过渡的亚类

注：薄层黑土腐殖质层<30 cm，中厚层黑土腐殖质层为 30～60 cm，厚层黑土腐殖质层为 60～100 cm。

黑土主要分布于波状起伏台地的中上部，地形排水较好，黑土层为 30～70 cm，从上往下逐渐过渡。草甸黑土多位于台地的下部或台地之间地势低平的地方，内外排水不良，土壤水分较多，质地较重，黑土层多为 30～70 cm，肥力高；但土温低，耕性差，潜在肥力难以发挥。表潜黑土多位于台地的上部（高中洼）或在台地间比较低洼的地方。地表有短期积水，表潜明显，表层有轻度泥炭化；亚表层具有铁锈色的潜育层。白浆化黑土见于黑土与白浆土过渡的地方，多在台地的下部，母质黏重，其主要特点是在黑土层的下部或中部（30 cm 左右）有一个灰白色的土层。

（一）黑土

黑土亚类具有黑土土类共性特征，是黑土中面积最大的亚类，占黑土土类面积的 79.80%（图 2-1）。

代表性剖面（图 2-2）采自 2010 年 10 月 3 日，位于黑龙江省五大连池市花园农场西 3 000 m，编号 23-058。地理坐标 48°24′51.4″N，126°12′23.1″E，海拔 303 m。地形为漫岗平原岗坡中部、中上部；黄土状母质。自然植被为草原草甸植被，现已开垦为耕地，种植作物以大豆、小麦、玉米等旱作物为主。土壤调查时大豆已收获，并已经完成秋整地。剖面形态描述如下：

图 2-1 黑土典型景观

图 2-2 黑土代表性单个土体剖面

Ah 层：0～45 cm，黑棕色（7.5YR3/2，干），黑棕色（7.5YR2/2，润），粉黏壤土，小团粒结构，疏松，很少量细根，有犁底层，很少量黑棕色小铁锰结核，pH 为 6.0，渐变平滑过渡。

AB 层：45～72 cm，浊棕色（7.5YR5/3，干），棕色（7.5YR4/3，润），粉黏壤土，小粒状结构，疏松，很少量极细根，少量二氧化硅粉末，很少量黑棕色小铁锰结核，pH 为 5.9，渐变波状过渡。

BC 层：72～115 cm，浊橙色（7.5YR6/4，干），棕色（7.5YR4/4，润），粉黏壤土，小棱块状结构，坚实，无根系，有铁斑纹，很少量黑棕色小铁锰结核，pH 为 6.0，模糊平滑过渡。

C 层：115～180 cm，浊棕色（7.5YR6/3，干），浊棕色（7.5YR5/3，润），粉壤土，小棱块状结构，坚实，无根系，较多铁斑纹，很少量黑棕色小铁锰结核，pH 为 6.6。

（二）草甸黑土

草甸黑土是黑土向草甸土过渡的亚类，占黑土土类面积的 15.18%（图 2-3）。草甸黑土分布于波状台地的下部，多为漫岗地的坡脚，地下水位较高，土壤水分较多，水分状况仍为干湿交替；但湿润期较长，土壤中氧化还原作用强烈。土壤主要特点是黑土层比较深厚，腐殖质和全氮含量较高，而黑龙江的草甸黑土二者含量比吉林更高。土体颜色较深，土壤结构性好，湿度较大，质地黏重，土温较低，底土层可见锈斑。田鼠穴较少，剖面中有黑色铁锰结核和白色二氧化硅粉末。

图 2-3 草甸黑土典型景观

代表性剖面（图 2-4）采自 2010 年 10 月 16 日，位于吉林省四平市平西乡。地理坐标 43°9.432′N，124°19.219′E，海拔 173.5 m。母质为黄土状沉积物。有较深厚的暗沃表层，氧化还原特征出现在暗沃表层之下，具有锰结核新生体。调查田块为旱田，土壤调查时玉米已收获。剖面形态描述如下。

Ap1 层：0～15 cm，灰黄棕色（10YR5/2，干），暗棕色（10YR3/3，润），粉壤土，发育程度良好的 5～10 mm 大小的团粒状结构，疏松，100～200 条 0.5～2.0 mm 的细根系，1～20 条 2～10 mm 的

中粗根系，蜂窝状孔隙，大小 2～5 mm，土体内侵入少量砖头
和煤渣碎屑，pH 为 6.3，清晰平滑边界。

Ap2 层：15～34 cm，浊黄橙色（10YR6/3，干），浊黄
棕色（10YR4/3，润），粉壤土，发育程度中等的 10～20 mm
大小的团块状结构，坚实，50～100 条 0.5～2.0 mm 的细根
系，1～20 条 2～10 mm 的中粗根系，蜂窝状孔隙，大小 0.2～
0.5 mm，土体内侵入极少量砖头和煤渣碎屑，pH 为 6.7，渐
变平滑边界。

Btr 层：34～62 cm，浊黄橙色（10YR6/4，干），浊黄棕
色（10YR5/4，润），粉壤土，发育程度较好的 10～20 mm
大小的块状结构，坚实，20～50 条 0.5～2.0 mm 大小的细根
系，孔隙大小 0.2～0.5 mm，5%～15%球形 2～6 mm 大小
的黑色软铁锰结核，有少量白色二氧化硅粉末，有少量裂隙，
隙内填充土体，pH 为 6.7，清晰不规则边界。

Cr 层：62～115 cm，浊黄橙色（10YR7/4，干），黄棕
色（10YR5/6，润），粉壤土，发育程度较好的 10～20 mm

图 2-4　草甸黑土代表性单个土体剖面

大小的块状结构，坚实，1～20 条 0.5～2.0 mm 大小的细根系，孔隙大小 0.2～0.5 mm，5%～15%球
形 2～6 mm大小的黑色软铁锰结核，有白色二氧化硅粉末，有极少量裂隙，隙内填充土体，pH 为 6.8。

（三）白浆化黑土

白浆化黑土是黑土向白浆土过渡的亚类，分布在土质较黏重的岗地，占黑土土类面积的 4.76%
（图 2-5）。其剖面形态除具有黑土的一般特征外，亚表层颜色浅，多呈浅灰色，黏粒含量低，为
15%～25%，淋淀现象明显，心土层黏粒含量高于上部白浆层。白色二氧化硅粉末较多，底土显棱块
状结构，结构面上有淀积胶膜，说明其淋淀作用较强，但尚未形成黏化淀积层。土壤 pH 略低，白浆
化土层养分含量也较低，其他性质和养分状况与各亚类无较大差异。

代表性剖面（图 2-6）采自 2010 年 10 月 16 日，位于黑龙江省铁力市北 4 km，编号为 23-076。
地理坐标 47°0.925′N，128°3.273′E，海拔 228 m。黄土状母质。AEh 层颜色相对较浅，有铁锰还原
淋溶，有漂白现象，但未达到漂白层标准。自然植被为草原草甸植被，生长以小叶樟为主的杂类草。
现多开垦为耕地，调查地块为收获的大豆地。剖面形态描述如下。

图 2-5　白浆化黑土典型景观

图 2-6　白浆化黑土代表性单个土体剖面

Ah 层：0～22 cm，灰棕色（7.5YR4/2，干），黑色（7.5YR2/1，润），粉黏壤土，小团粒结构，疏松，很少量细根，pH 为 5.7，清晰平滑过渡。

AE 层：22～49 cm，灰棕色（7.5YR6/2，干），黑棕色（7.5YR3/2，润），粉黏壤土，片状结构，疏松，很少量极细根，有铁斑纹，pH 为 5.6，渐变平滑过渡。

Btr1 层：49～88 cm，淡棕灰色（7.5YR7/2，干），灰棕色（7.5YR5/2，润），粉黏壤土，小核状结构，坚实，很少量极细根，有铁斑纹和较多三氧化二物胶膜，pH 为 5.7，渐变平滑过渡。

Btr2 层：88～127 cm，灰棕色（7.5YR6/2，干），灰棕色（7.5YR4/2，润），粉黏壤土，核状结构，坚实，无根系，有较多铁斑纹和很多三氧化二物胶膜，pH 为 6.0，模糊平滑过渡。

Cr 层：127～175 cm，橙白色（7.5YR8/2，干），灰棕色（7.5YR6/2，润），粉黏壤土，大棱块结构，坚实，无根系，有较多铁斑纹和很多三氧化二物胶膜，pH 为 5.9。

（四）表潜黑土

表潜黑土是黑土与沼泽土之间的过渡性亚类。因受上层滞水的影响，表层经常过湿，表潜明显，潜育化部位较高，并可见锈斑，农民称为"尿炕地"。在自然状况下生长蒙古柳等喜湿植物，所分布的岗地被当地群众称为"水岗"。在剖面形态上，除表层可见锈斑外，有机质含量高，微显泥炭化。土壤酸度稍低，土性冷凉，黏软板结，潜在肥力高，但不易发挥。这个亚类仅在黑龙江有较少的分布，由于近些年农田被大量开发，表潜黑土基本已经消失殆尽。

四、黑土的理化性质

黑土的形态特征：地下水长期或短期保持着比黑钙土低的水平；为期较长的季节性冻土层是土壤毛管水补给的补充因素；土壤剖面通体无碳酸盐积聚；表层有机碳含量显著超过黑钙土；土壤胶体处于胶溶状态，表层土壤容重相对黑钙土较低，一般为 0.8～1.3 g/cm³；整个剖面基本都有锈纹、锈斑和铁锰结核，结核的粒径有时可达 0.5 cm。黑土未开垦前的天然植被为"五花草塘"，主要的天然植物为拂子茅、薹草、野古草、藜科、蒿草类以及豆科杂草等，并伴有蒙古栎等小灌木。

从这些特征来看，黑土应该与北美大陆的软土，即湿草原黑土比较接近，而与乌克兰大平原的黑钙土之间区别则较大。

（一）黑土的物理性质

1. 机械组成　黑土的机械组成比较黏重，土体上下均匀一致，质地大部分为黏壤质到黏土类。上部土层（A 层、AB 层）以壤质黏土为主；B 层和 C 层粉沙粒的含量高，质地大都为粉沙质黏壤土。机械组成以粉沙粒和黏粒两级为主，一般占 55%～80%，这主要是受黄土状黏土母质的影响。沙粒（粒径为 0.02～2 mm）含量从北到南有逐渐增加的趋势；黏粒在土壤剖面上虽有分异现象，但大都不显著，与母质层比较，B 层黏粒含量并未显著增加。黑土不同亚类之间机械组成有一定差异。黑土亚类通层黏粒含量多为 20%～30%，黏粒可见淋淀趋势；草甸黑土亚类黏粒含量多为 25%～35%，黏粒含量高，黏粒的淋淀现象不明显；白浆化黑土亚类黏粒含量低，一般为 15%～25%，但淋溶现象较明显，淀积层黏粒含量明显高于淋溶层。总之，白浆化黑土亚类的黏粒含量最低，而草甸黑土和表潜黑土亚类的黏粒含量均比黑土亚类的黏粒含量高。

2. 容重和孔隙度　黑土容重一般为 1.0～1.5 g/cm³，耕层由于腐殖质多，并受耕翻影响，土层疏松，容重较低，向下逐渐增大。总孔隙度为 50% 左右，耕层较高，高的可达 60% 左右，向下逐渐减少，为 45%～50%。毛管孔隙度发达，占 30%～40%；通气孔隙度偏小，耕层为 10%～20%，向下明显降低。

（二）黑土的化学性质

黑土有机质储量丰富，一般耕层的有机质含量为 2.0%～6.5%，随地区、开垦时间和黑土的类型不同而有显著差异。大体来看，从黑龙江北部的嫩江、五大连池、北安向南逐渐降低，北部地区新开垦的黑土耕地土壤有机质含量可达 6.5% 以上，而南部地区有的黑土老耕地有机质含量不足 3%；

吉林地区有机质含量一般为 2%～3%，高的可达 4%左右。黑土有机质含量以五大连池最高，高达 9%左右。在南北方向的变化趋势明显，由南向北逐渐升高，与气候梯度相近；在东西方向变化趋势不明显。表潜黑土的有机质含量高，为 5.96%～6.70%；白浆化黑土的有机质含量 A1 层虽然含量较高（3.48%），但白浆化土层急剧降低到 1.25%。黑土有机质在剖面上的分布以表层较为集中，表层以下逐渐下降。因类型而异，黑土亚类和白浆化黑土亚类在 50～70 cm 以下，有机质含量为 0.64%～0.99%；草甸黑土在 80 cm 以下，有机质含量为 0.96%；表潜黑土在 135 cm 的土层内，有机质含量仍达 1.31%。腐殖质组成以胡敏酸为主，胡敏酸与富里酸的比值一般为 1～2。黑土水浸 pH 一般为 5.5～6.5，表层 pH 偏高，底层偏低。草甸黑土、表潜黑土 pH 偏低，南部地区黑土 pH 偏高，有的可达 7 左右。黑土养分比较丰富，全氮含量为 0.10%～0.35%，全磷含量为 0.05%～0.39%。其氮磷养分的分布，与有机质大体一致，表层含量高，向下逐渐降低。耕地受开垦时间与施肥耕作管理水平的影响而有所不同。但是，仍有北部地区黑土的氮磷养分含量高于南部地区黑土的趋势。全钾的含量较高，为 1.28%～2.40%，沿剖面分布，各土壤类型和地区之间的差异不大。碳氮比（C/N）一般为 8～14，表层的有机质含量高，C/N 大于 10，向下 C/N 逐渐降低到 10 以下。黑土质地偏黏，有机质含量多，所以离子交换量比较高，阳离子交换总量为 21～37 cmol/kg，为保肥力强的土壤；交换性盐基以钙、镁为主，其饱和度一般为 91%～96%，表层高，底层低。总体来看，黑土化学性质南北差异较大，黑土养分大体呈由北向南逐渐递减的趋势，其中养分含量最高的为北安、五大连池地区。

五、黑土的利用及改良

黑土是一种适宜作物种植的土壤，主要特点是黑土表层深厚，含腐殖质多，结构良好，吸收性能好，潜在养分含量高，植物营养元素较多，酸碱度适中，保水保肥性强。

（一）保持水土

黑土质地黏重，并有季节性冻层，底层土壤透水不良；夏季降水高度集中，雨热同季；地势起伏不平，多为漫川漫岗。因此，每年春季的融冻水和夏秋降水集中，一时无法从土层中迅速下渗，形成大量的地表径流，造成土壤冲刷；加之长期耕作粗放，缺乏合理的防护措施，更加重了土壤侵蚀的发展。在开垦比较久的农田地区，可以见到许多冲刷沟，片蚀现象更为普遍，腐殖质土层日渐变薄；在坡度较陡的地方，露出了心土和底土，形成了"破皮黄"或"黄土包"。可通过改垄、修梯田、治理沟蚀以及植树造林，形成网林格，充分利用"三北"防护林，加强水土保持，要因地制宜采取综合措施进行防治，防止或减轻黑土土壤侵蚀。

（二）抗旱防涝

黑土处于东北的半湿润地区，干燥度一般小于 1。土壤的水分状况，在正常气候下，一般能满足当地作物对水分的要求；但由于黑土区降水多集中在 6～8 月，会出现水分分布不均的情况。黑土的旱害，以春旱为主，一般多发生在黑土地区的西部和南部。采取的防旱措施主要如下：在基本耕作上，为了便于接纳降水、防止土壤水分损失，进行秋整地、春镇压土地，播种前应尽量减少不必要的整地作业；在播种技术上，要充分利用黑土的融冻水，适时早播；在施肥技术上，使用有效的肥料，促进作物根系生长，便于吸收土壤深层水分，增强抗旱能力，另外，有机物料和绿肥有利于保持水分，春旱时应多施用；有条件的地区，当从预报中得知有春旱时，还可利用人工降水解除旱情的威胁。黑土区降水多集中在 6—8 月，强降水时可能会产生内涝，应在田间适当挖掘排水沟与排水井，防止内涝发生。

（三）培肥地力

培肥地力的关键是增加土壤有机质含量。增加土壤有机质的措施主要有：①不断增施有机物料。有机物料以农家粪肥为主，同时再辅以秸秆和绿肥等。②因地制宜推广秸秆还田。秸秆还田是增加土壤有机质、培肥地力的重要途径。③改变传统耕种习惯，积极推行根茬还田。

（四）合理耕作

黑土的耕层需要保持必要的紧实状态，但由于长期采用小型机具耕作，致使耕层下部出现犁底层，所以需要通过合理的耕作方式打破犁底层。可因地制宜采用不同的耕作方式，如实施深松耕等。

第二节 黑 钙 土

一、黑钙土的分布

黑钙土总面积 957.67 万 hm²，主要分布在内蒙古、吉林和黑龙江。其中，在黑龙江，黑钙土面积 232.18 万 hm²，西起甘南和龙江，北至乌裕尔河，东到呼兰河东岸、海伦西南部和望奎西部，南至双城和五常，主要分布在肇东、肇州、肇源、安达、明水、大庆、杜尔伯特蒙古族自治县、林甸、龙江、拜泉、依安、讷河等地，在松花江丘陵、阶地等地也有零星分布。在吉林，黑钙土面积 248.88 万 hm²，集中分布于西部以长岭、乾安台地为分水岭的松辽平原西侧，西部与内蒙古科尔沁右翼中旗的黑钙土接壤，西北部与大兴安岭南端东侧的栗钙土毗连，北及东北部隔嫩江与黑龙江泰来和肇源的黑钙土接壤，南部与内蒙古科尔沁左翼中旗黑钙土相连，东部继续延伸至纵贯吉林中部的京哈铁路与黑土衔接；在内蒙古东部三市一盟，黑钙土面积 476.61 万 hm²，主要分布在大兴安岭中南段东西侧的低山丘陵与松花江、辽河的分水岭等地区。成片分布黑钙土的地区主要有呼伦贝尔的海拉尔、牙克石、陈巴尔虎旗的河流阶地、山间宽谷地以及大兴安岭西麓的低山丘陵，兴安盟科尔沁右翼前旗、乌兰浩特、突泉、扎赉特旗等山前倾斜平原，通辽的扎鲁特旗、霍林郭勒等大兴安岭山地及山前丘陵，赤峰的阿鲁科尔沁旗、巴林左旗、巴林右旗、林西县、翁牛特旗、克什克腾旗等的河谷阶地、大兴安岭山地及山前丘陵。

二、黑钙土的成土条件

（一）气候

黑钙土地区属温带半湿润半干旱季风气候区，气温自北向南逐渐增高，降水量自东南向西北逐渐减少，因而其干燥度自东向西逐渐增加。年降水量 350～500 mm，主要集中降在 7—9 月。年蒸发量为 800～900 mm。年均气温为 4～5 ℃，1 月平均气温－22～－16 ℃，7 月平均气温为 23～24 ℃，全年≥10 ℃积温 2 000～3 000 ℃。积雪最大深度不超过 10 cm。春季风大，可达 7～8 级。春季干旱期间，蒸发量是降水量的 10 倍至数十倍，常发生春旱。

（二）母质

第四纪沉积物较厚，一般为 30～50 m。成土母质以冲积湖积物为主，洪积物和风积物次之。表层多为黄土状沉积物，下部为湖相亚黏层，常厚达 10～60 cm，再往下为沙砾层。嫩江两岸及松嫩平原的西南部多覆盖沙质沉积物。

（三）地形

松嫩平原是一个陆台型的构造盆地，黑钙土处在盆地的中部沉降带。中新生代以来，这里堆积有很厚的河湖相沉积物，地貌上属冲积、湖积低平原，海拔 150～200 m，相对高差一般为 5～10 m，有的可达 15 m。低平原中间地带较为平缓，相对高差常小于 5 m。

（四）水文

与土壤形成有关的地下水，是接近地表的地下水类型。不同地带的黑钙土，地下水状况不一。龙江、甘南一带的黑钙土，土层中含有较多的沙砾石，大气降水等形成的重力水直接渗入下部含水层，土体内很难形成潜水。因而，这一地区的黑钙土受潜水影响较小。

（五）植被

黑钙土地区的垦前植被类型属于草甸草原，植株一般比较矮小，具有耐盐的特性。主要分为两类：一类为针茅兔毛蒿草原，以大针茅和兔毛蒿为主，还有野古草、断肠草、黄花苜蓿、防风和黄芩等，覆盖度为 $45\%\sim70\%$ ，多生长在地形较高的部位；另一类为碱草草原，以碱草为主，并伴生少量寸草薹、山黧豆等植物，覆盖度为 $50\%\sim60\%$ ，生长在地形较平坦的部位。

三、黑钙土的成土过程

黑钙土的成土过程主要包括腐殖质积累和碳酸盐淋溶积聚的过程。

（一）黑钙土的腐殖质积累过程

黑钙土是温带半湿润过渡到半干旱的气候条件和草甸草原植物共同影响下的产物。该区域内植被生长繁茂，土壤有明显的腐殖质积累过程。由于黑钙土所处区域偏于西部，该区域降水量相对较少，自然植被比较稀疏，气温相对较高，土壤质地较粗，有机质分解较快。因此，黑钙土腐殖质积累相对较少，腐殖质层厚度较黑土略薄，腐殖质含量低于在分布上与之毗连的黑土。

（二）黑钙土的碳酸盐淋溶积聚过程

黑钙土所处区域由半湿润过渡到半干旱，雨水不充沛，淋溶过程较弱，少量的降水只能淋溶土层中的易溶性盐类；而钙、镁等碳酸盐只有部分被淋失，多数仍存在于土体内并大量积聚于腐殖质层以下，形成明显的结核状或假菌丝体状碳酸钙聚积层，并且在区域上从东往西随着降水量的逐渐减少，碳酸钙的聚集程度也相应加强。碳酸盐的聚集特征是区分黑钙土与黑土在形态特征上的重要依据。

四、黑钙土亚类划分与属性

黑钙土基本剖面构型由腐殖质表层（A层）、淀积过渡层（Bk层）、母质层（C层）组成，各基本发生层之间常出现一定厚度的过渡层。耕作黑钙土由于长期耕种，形成一个明显的耕作层（Ap层）。腐殖质层厚 $30\sim40$ cm，黑色，富含腐殖质，粒状结构或团块粒状结构。淀积层浅灰色或黄棕色，有黑色腐殖质舌状延伸物，块状结构，碳酸盐积聚明显。母质层由火成岩风化物或淤积物构成，都含有少量的碳酸盐。由于自然条件不同，在不同的亚类中，其形态和性质也不相同。

根据土壤发生分类，黑钙土土类属于钙层土纲半湿温钙层土亚纲。黑钙土土类下分 6 个亚类：黑钙土亚类、淋溶黑钙土亚类、石灰性黑钙土亚类、淡黑钙土亚类、草甸黑钙土亚类、盐化黑钙土亚类。

黑钙土各亚类的形态特征有明显区别。黑钙土亚类是该土类的典型亚类，具备该土类的基本形态特征；其余各亚类除具备黑钙土的基本形态特征外，各自附加了特殊的形态特征。黑钙土属草原景观土壤，其特征如下：相对于黑土地下水位较深，该区位于黑土的西部，一般属于半湿润区，土层中含有碳酸钙，土壤胶体发生凝聚，容重相对于黑土较大，无铁锰结核或次生的二氧化硅积聚物；在自然环境下，生长典型的草原植物为羽毛草、薹草、沟叶羊茅草植被，现已经开垦为农田，基本都是旱田。

黑钙土按腐殖质积累、碳酸钙淋淀和附加特征等属性差异可分为黑钙土、淋溶黑钙土、石灰性黑钙土、淡黑钙土、草甸黑钙土、盐化黑钙土和碱化黑钙土 7 个亚类。

（一）黑钙土

黑钙土亚类是黑钙土土类中分布最广、面积最大的亚类，总计 632.5 万 hm^2 ，占土类面积的 47.88% （图 2-7）。黑钙土亚类主要分布于大兴安岭中南段东西两麓和七老图山北麓丘陵台地以及黑龙江西部与风沙土和盐碱土相接壤区域、吉林黑土的西部与黑土和粉沙土、盐碱土接壤的区域，分布地区大都位于黑钙土带的中间部位。土壤水分状况较东部淋溶黑钙土差，较西部淡黑钙土好。土壤有一定淋溶，表层无石灰反应，剖面为 A-AB-Bk-C 型。腐殖质层厚 $30\sim60$ cm，颜色暗灰色或暗棕灰色，粒状、团块状结构，逐渐向下过渡；过渡层

图 2-7 黑钙土典型景观

（AB 层）腐殖质呈舌状下伸；再往下为石灰聚积层（Bk 层），浅灰棕色或黄棕色，常见石灰假菌丝体或粉状石灰结核；母质层多为黄棕色或棕黄色黏壤土，棱块状结构，含少量碳酸盐。

代表性剖面（图 2-8）采自 2010 年 10 月 6 日，位于吉林省松原市宁江区朝阳乡粮库南 200 m，编号为 22-63。地理坐标 45°17.935′N，125°00.525′E，海拔 152.5 m。母质为黄土状沉积物。现多被开垦为农田，种植玉米、大豆、小麦等作物，调查时玉米已收获。剖面形态描述如下。

Ap 层：0～19 cm，灰黄棕色（10YR5/2，干），浊黄棕色（10YR4/3，润），粉壤土，发育程度较好的 10～20 mm 大小的团块状结构，坚实，100～200 条 0.5～2.0 mm 的细根系，1～20 条 2～10 mm 的中粗根系，孔隙大小 0.2～0.5 mm，有极少量煤渣侵入土体，无石灰反应，pH 为 6.8，突然平滑边界。

图 2-8　黑钙土代表性单个土体剖面

Bk 层：19～46 cm，淡黄橙色（10YR6/3，干），浊黄棕色（10YR5/4，润），粉壤土，发育程度较好的 10～20 mm 大小的棱块状结构，很坚实，20～50 条 0.5～2.0 mm 的细根系，1～20 条 2～10 mm 的根系，孔隙大小 0.2～0.5 mm，结构体表面有 5%～15% 明显清楚的中石灰斑纹，2%～5% 不规则白色的 2～6 mm 大小的软石灰结核，有大量石灰假菌丝体，有 0～2% 的根孔，孔内填充土体，强石灰反应，pH 为 7.6，渐变波状边界。

Bkr 层：46～110 cm，浊黄橙色（10YR7/3，干），浊黄棕色（10YR5/4，润），粉壤土，棱块状结构，很坚实，无根系，孔隙大小 0.2～0.5 mm，结构体表面有 <2% 明显清楚的 <2 mm 大小的铁锰斑纹和中量明显清楚的 2～6 mm 大小的石灰斑纹，2%～5% 不规则白色的 2～6 mm 大小的软石灰结核，有大量石灰假菌丝体，极强石灰反应，pH 为 7.6，清晰平滑边界。

Ck 层：110～141 cm，浊黄橙色（10YR7/3，干），浊黄棕色（10YR5/4，润），粉壤土，块状结构，很坚实，无根系，孔隙大小 0.2～0.5 mm，结构体表面有 5%～15% 明显清楚的 2～6 mm 大小的石灰斑纹，2%～5% 不规则白色的 2～6 mm 大小的软石灰结核，中度石灰反应，pH 为 7.7。

（二）淋溶黑钙土

淋溶黑钙土是黑钙土土类中气温最低、湿度最大的亚类，以其具有深位石灰反应和硅粉、铁锰斑而与其他亚类相区别（图 2-9）。面积 86.5 万 hm²，占土类面积的 6.55%。淋溶黑钙土主要分布在大兴安岭中北部西坡和西北地区黑钙土山地的上部，常与阴坡部位的灰色森林土或灰褐土共存。剖面为 A-AB-B-Ck 型。腐殖质层厚 30～60 cm，黑色或暗棕灰色，粒状、团块状结构，逐渐向下过渡；过渡层（AB 层）厚 30 cm，棕灰色、棕色相间，腐殖质呈舌状下伸；淀积层（B 层）厚 40～60 cm，棕黄色或灰棕色，核状或块状结构，结构面上有点状硅粉和铁锰斑点；母

图 2-9　淋溶黑钙土典型景观

质层（Ck 层）浅棕黄色或杂色，有白色假菌丝体聚集，石灰反应明显。

代表性剖面（图 2-10）采自 2010 年 8 月 7 日，位于黑龙江省讷河市通南镇永革村北 1 km，编号为 23-027。地理坐标 48°8.340′N，124°58.627′E，海拔 230 m。母质为黄土状母质。田块现种植大豆。剖面形态描述如下。

Ah 层：0～50 cm，黑棕色（7.5YR3/2，干），黑色（7.5YR2/1，润），粉黏土，发育程度中度

的小团粒结构，坚实，少量细根，很少量铁锰结核，无石灰反应，pH 为 6.5，模糊波状过渡。

AB 层：50～70 cm，灰棕色（7.5YR5/2，干），灰棕色（7.5YR4/2，润），粉黏土，发育程度弱的小团粒结构，坚实，很少量极细根，很少量铁锰结核，无石灰反应，pH 为 6.7，模糊波状过渡。

Bt 层：70～103 cm，棕色（7.5YR4/3，干），灰棕色（7.5YR4/3，润），粉黏土，棱块结构，坚实，很少量极细根，很少量铁锰结核，结构面有三氧化二物黏粒胶膜，无石灰反应，pH 为 7.1，渐变平滑过渡。

BCkt 层：103～152 cm，棕色（7.5YR4/3，干），棕色（7.5YR4/4，润），粉黏土，棱块结构，坚实，无根，很少量铁锰结核，结构面有三氧化二物黏粒胶膜，弱石灰反应，pH 为 7.1，渐变平滑过渡。

Ck 层：152～170 cm，浊棕色（7.5YR5/3，干），棕色（7.5YR4/4，润），粉黏质土，中棱块结构，坚实，无根，很少量铁锰结核结，结构面有三氧化二物黏粒胶膜，有碳酸钙假菌丝体，分布不均匀，强石灰反应，pH 为 7.2。

图 2-10 淋溶黑钙土代表性单个土体剖面

（三）石灰性黑钙土

石灰性黑钙土面积 234.1 万 hm²，占土类面积的 17.72%（图 2-11）。它是黑钙土土类中湿度最小并向栗钙土过渡的亚类，以其全剖面具有明显石灰反应而与其他亚类相区别。该亚类的形成除受生物气候条件影响外，还与局部地区碳酸钙的地表迁移聚积有关。石灰性黑钙土主要分布于大兴安岭南段山地西侧缓平坡地及东北松辽平原，另外新疆昭苏盆地南部山前倾斜平原上部和甘肃部分山丘也有分布。剖面为 A-AB-Bk-C 型。腐殖质层厚 20～40 cm，暗灰棕色或暗灰色，粒状或小团粒状结构，中度石灰反应，逐渐向下过渡；过渡层（AB 层）厚 20～30 cm，黄灰色夹灰黄色，腐殖质呈舌状下伸，中强度石灰反应；钙积层（Bk 层）厚 30～40 cm，碳酸钙呈假菌丝状淀积；母质层（C 层）形态不一，也有假菌丝体。

代表性剖面（图 2-12）采自 2010 年 9 月 29 日，位于黑龙江省绥化市青冈县中和镇南 2 500 m，

图 2-11 石灰性黑钙土典型景观

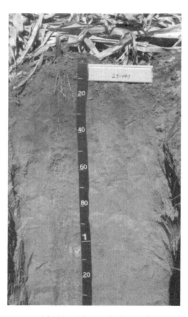

图 2-12 石灰性黑钙土代表性单个土体剖面

编号为 23-047。地理坐标 46°51.313′N，125°40.867′E，海拔 192 m。波状平原岗坡中上部，母质为黏重的黄土状沉积物，富含碳酸钙。土壤调查时玉米已收获。剖面形态描述如下。

Ah 层：0～25 cm，黑棕色（7.5YR3/2，干），黑棕色（7.5YR2/2，润），粉黏壤土，小团粒结构，疏松，很少量细根，极强石灰反应，pH 为 7.9，渐变平滑过渡。

ABk 层：25～44 cm，浊棕色（7.5YR5/3，干），暗棕色（7.5YR3/3，润），粉黏壤土，很小团粒结构，疏松，很少量细根，极强石灰反应，pH 为 8.2，模糊平滑过渡。

Bk1 层：44～68 cm，浊棕色（7.5YR5/3，干），棕色（7.5YR4/4，润），粉黏壤土，小棱块结构，疏松，很少量细根，很少量碳酸钙假菌丝体，极强石灰反应，pH 为 8.1，模糊平滑过渡。

Bk2 层：68～100 cm，浊橙色（7.5YR7/4，干），浊棕色（7.5YR5/4，润），粉黏土，小棱块结构，疏松，无根系，少量碳酸钙假菌丝体，极强石灰反应，pH 为 8.2，模糊平滑过渡。

BCk 层：100～161 cm，浊橙色（7.5YR7/4，干），浊橙色（7.5YR7/4，润），粉黏壤土，棱块结构，疏松，无根系，少量碳酸钙假菌丝体，极强石灰反应，pH 为 8.2，模糊平滑过渡。

Ck 层：161～180 cm，浊橙色（7.5YR6/4，干），浊棕色（7.5YR5/4，润），粉黏壤土，小棱块结构，疏松，无根系，很少量碳酸钙假菌丝体，极强石灰反应，pH 为 8.2。

（四）淡黑钙土

淡黑钙土面积 154.2 万 hm²，占土类 11.68%（图 2-13）。淡黑钙土主要分布在较为干旱的地区，位于黑钙土向栗钙土过渡的地带，并多与石灰性黑钙土共存。与黑钙土亚类相比，腐殖质积累减弱，土壤颜色变浅，碳酸钙淀积部位升高，剖面仍为 A-AB-Bk-C 型。腐殖质层厚 25～40 cm，暗灰棕色或栗灰色，粒状结构，无石灰反应，逐渐向下过渡；过渡层（AB 层）20～40 cm，淡灰棕色夹灰黄色，腐殖质呈舌状下伸，有少量白色假菌丝，石灰反应中等；钙积层（Bk 层）厚 30～50 cm，灰棕色夹灰白色，碳酸钙呈菌丝或斑块状淀积；母质层（C 层）形态不一，石灰反应强烈。

图 2-13　淡黑钙土典型景观

代表性剖面（图 2-14）采自 2011 年 7 月 7 日，位于吉林省洮南市野马乡金山村金山屯西北 2 km。地理坐标 45°43.046′N，122°05.909′E，海拔 239.0 m。剖面形态描述如下。

Ap 层：0～16 cm，浊黄棕色（10YR5/3，干），黑棕色（10YR3/2，润），壤土，发育程度中等的 5～10 mm 大小和发育程度较好的 10～20 mm 大小的块状结构，疏松，20～50 条 0.5～2.0 mm 的细根系，孔隙大小 0.2～0.5 mm，<2%角状风化 1～2 mm 大小的细石砾，强石灰反应，pH 为 8.1，清晰平滑边界。

Ah 层：16～36 cm，浊黄棕色（10YR5/3，干），暗棕色（10YR3/3，润），壤土，发育程度中等的 10～20 mm 大小的团块状结构，疏松，1～20 条 0.5～2.0 mm 的细根系，孔隙大小<0.2 mm，<2%角状风化 1～2 mm 大小的细石砾，轻度石灰反应，pH 为 8.0，渐变平滑边界。

AB 层：36～56 cm，浊黄棕色（10YR5/4，干），暗棕色

图 2-14　淡黑钙土代表性单个土体剖面

（10YR3/3，润），壤土，发育程度中等的10～20 mm大小的团块状结构，稍坚实，1～20条0.5～2.0 mm的细根系，孔隙大小<0.2 mm，<2%角状风化1～2 mm大小的细石砾，具有少量假菌丝体，中度石灰反应，pH为7.9，渐变平滑边界。

Bk层：56～84 cm，浊黄橙色（10YR7/3，干），浊黄棕色（10YR5/3，润），壤土，发育程度差的<5 mm大小的核块状结构，坚实，1～20条0.5～2.0 mm的细根系，孔隙<0.2 mm，<2%角状风化1～2 mm大小的细石砾，结构体表面有2%～5%清晰扩散的2～6 mm大小的石灰斑纹，<2%不规则白色2～6 mm大小的软石灰结核及白色假菌丝体，极强石灰反应，pH为7.9，渐变平滑边界。

Ck层：84～130 cm，灰白色（10YR8/2，干），浊黄橙色（10YR6/4，润），壤土，发育程度差的<5 mm大小的核块状结构，极坚实，1～20条0.5～2.0 mm的细根系，孔隙<0.2 mm，<2%角状风化1～2 mm大小的石英细砾，结构体表面有2%～5%清晰扩散的2～6 mm大小的石灰斑纹，<2%不规则白色2～6 mm大小的软石灰结核，极强石灰反应，pH为8.1。

（五）草甸黑钙土

草甸黑钙土是黑钙土向草甸土过渡的亚类，以其剖面中下部具有铁锰结核或锈纹斑而与其他亚类相区别（图2-15）。草甸黑钙土面积166.2万hm²，占土类面积的12.57%。其中，以黑龙江分布最广，其次为内蒙古、吉林，其余则零星分布。一般分布在地形较低平的河谷阶地，其次在部分山间沟谷两岸低地及缓平谷地也有少量分布。剖面为A-AB-Bkr-Cr型。腐殖质层厚25～60 cm，暗灰色或灰黑色，粒状结构，石灰反应有或无；过渡层（AB层）厚30～40 cm，棕

图2-15 草甸黑钙土典型景观

灰色夹暗灰色条纹，腐殖质呈舌状下伸，石灰反应较明显；钙积层（Bku层）厚20～30 cm，黄棕色夹灰白斑和锈色斑；母质层棕黄色夹青灰斑和锈斑、铁锰结核，石灰反应强烈。

代表性剖面（图2-16）采自2009年10月11日，位于黑龙江省齐齐哈尔市富拉尔基区前库勒村西1 km路南，编号为23-012。地理坐标47°13.413′N，123°22.752′E，海拔155 m。母质为黄土状母质，地形为平原，旱作农田，现种植玉米。剖面形态描述如下。

Ap层：0～20 cm，黑棕色（10YR3/2，干），黑色（10YR2/1，润），黏壤土，团粒状结构，疏松，润，很少量极细根，中度石灰反应，pH为7.8。

ABhk层：20～34 cm，灰黄棕色（10YR5/2，干），黑棕色（10YR3/2，润），黏壤土，团粒结构，坚实，润，很少量极细根，有石灰斑，强石灰反应，pH为8.7。

Bk层：34～55 cm，灰黄棕色（10YR6/2，干），灰黄棕色（10YR5/2，润），黏壤土，棱块状结构，坚实，润，很少量极细根，有石灰斑，强石灰反应，pH为8.3。

BCkr1层：55～88 cm，灰黄棕色（10YR6/2，干），灰黄棕色（10YR4/2，润），黏壤土，棱块状结构，坚实，润，很少量极细根，很少量铁锈纹，强石灰反应，pH为8.3。

图2-16 草甸黑钙土代表性单个土体剖面

BCkr2层：88～112 cm，浊黄棕色（10YR7/3，干），浊黄棕色（10YR6/3，润），壤土，棱块状结构，坚实，润，无根系，强石灰反应，中量铁锈斑、锈纹，pH为8.3。

Cr层：112～147 cm，浊黄棕色（10YR7/3，干），浊黄棕色（10YR6/3，润），黏壤土，棱块状结构，坚实，潮，无根系，大量锈斑、锈纹，无石灰反应，pH 为 8.4。

（六）盐化黑钙土

盐化黑钙土是黑钙土中积累易溶性盐分较多的亚类，面积为 47.5 万 hm^2，占土类面积的 3.60%。盐化黑钙土大部分分布在台地缓坡下部或地形平缓的低地边缘，常与草甸黑钙土组成复域，形态特征也与其相似。

（七）碱化黑钙土

碱化黑钙土是黑钙土中具有碱化特征的亚类，面积为 0.06 万 hm^2，以其具有较强的碱性和较高的碱化度而与其他亚类相区别。碱化黑钙土的面积小，常呈斑状分布，主要分布在黑龙江松嫩平原和内蒙古根河河谷平地，常与草甸黑钙土或盐化黑钙土呈复域共存，形态特征与草甸黑钙土大同小异。

五、黑钙土的理化性质

（一）黑钙土的物理性质

1. 机械组成　黑钙土的机械组成与区域性地质沉积环境和成土母质类型有关。其区域性分布有明显的规律性。富裕镇（齐齐哈尔市）—林甸镇西 5 km（大庆市）—萨尔图区（大庆市）—肇源县八家河（大庆市）一线，大致为壤质和黏质土壤的分界线。该线以西地区土壤质地普遍偏轻，多为壤土和沙土类；该线以东地区土壤质地偏黏重，大部分为黏壤土和黏土类；靠近嫩江西岸地带的黑钙土，剖面质地变化较大，主要受风沙影响，上部土层多为沙质壤土，下部土层黏壤土较多；龙江、甘南一带的黑钙土受冲积物和洪积物的影响，不但质地轻，剖面中的质地变化也较大，大小不等的砾石在土层中到处可见，有的剖面下部全为砾石。

2. 质地　黑钙土质地与母质密切关联，质地偏沙性的多为冲积物成土母质，而黄土状母质多为壤质黏土和黏土。

3. 容重　黑钙土类的黑土层容重为 1.2～1.3 g/cm^3。各亚类黑土层容重分别如下：黑钙土为（1.3±0.1）g/cm^3，变幅为 1.0～1.5 g/cm^3；石灰性黑钙土为（1.2±0.1）g/cm^3，变幅为 1.0～1.7 g/cm^3 范围；草甸黑钙土为（1.2±0.1）g/cm^3，变幅为 0.99～1.60 g/cm^3。钙积层容重：石灰性黑钙土为（1.3±0.10）g/cm^3；草甸黑钙土为（1.40±0.08）g/cm^3。母质层容重：石灰性黑钙土为（1.50±0.07）g/cm^3；草甸黑钙土为（1.50±0.09）g/cm^3。

4. 总孔隙度　土壤孔隙量在剖面中的分布，随着土层深度的增加而减少。

5. 田间持水量　黑龙江西部黑钙土地区土壤质地偏轻，其田间持水量小，多在 20% 以下。中部和东部黑钙土地区，土壤质地黏重，有机质含量高，田间持水量较大，多在 30% 以上，有的表土层田间持水量达到 40% 以上。对单个土壤剖面而言，表土层的田间持水量都大于下部土层，这是普遍规律。

6. 毛管持水量、饱和持水量　毛管持水量是指土壤能保持的毛管支持水的最大量。从黑钙土的水分物理数据中能看到，这个水量都大于田间持水量而小于饱和持水量。一般情况下，耕层的毛管持水量都大于下部土层，个别剖面耕层的毛管持水量比田间持水量多 10% 左右，但以多 5% 左右的为主。

（二）黑钙土的化学性质

1. 全量化学组成　从黑钙土的全量化学组成的代表性剖面分析结果可以看出，铁铝在剖面上的差异不大，说明其很少移动。唯有钙的淋溶和淀积明显，各亚类之间的变化规律与其名称相符合，如石灰性黑钙土从表层开始钙的含量较高，淋溶黑钙土整体含钙较少，而典型黑钙土表层少而下层有钙积层。土体的硅铝率上下层差异不大，硅铝铁率各层差异也不明显。这与黑钙土地区的生物气候条件有关，成土作用在降水量较少、风化淋溶较弱的条件下发生。

2. 碳酸钙含量　碳酸钙在土壤剖面中的含量因土壤类型和层次而异，通常表土层含量少或无碳酸钙存在，含量最多的是钙积层。因亚类和土属的不同，碳酸钙在剖面中的分布部位也有所不同。

据有关资料，在 4 个黑钙土亚类中，草甸黑钙土钙积层中的碳酸钙含量最高，特别是石灰性草甸黑钙土达 10%～15%，有的高达 20%。在黑钙土剖面中，钙积层最厚的是石灰性黑钙土。靠近盐碱边缘的盐化、碱化草甸黑钙土，虽然从表土层开始即有碳酸盐反应，但并不都是碳酸钙，或者只有微量碳酸钙。除草甸黑钙土碳酸钙含量较高外，其余 3 个黑钙土亚类的碳酸钙含量一般为 5%～10%。

3. 养分状况 据农化样分析统计结果表明，黑钙土有机质含量平均为 3.3%，全氮 0.2%，属中等偏低水平；碱解氮较丰富，为 152 mg/kg；速效钾极丰富，为 207 mg/kg；有效磷偏低，只有 12 mg/kg。

在 4 个黑钙土亚类中，淋溶黑钙土的有机质含量最高，为 4.1%；而黑钙土、草甸黑钙土和石灰性黑钙土 3 个亚类的有机质平均含量为 3.2%～3.5%。全氮含量也表现出同样趋势，淋溶黑钙土全氮含量最高，为 0.28%；而其他 3 个亚类的全氮含量为 0.18%～0.20%。碱解氮和速效钾含量，4 个亚类均较丰富。有效磷含量，淋溶黑钙土的最低，仅 6 mg/kg；其他 3 个亚类，有效磷含量为 11～13 mg/kg。

六、黑钙土的利用及改良

（一）利用现状与肥力发展趋势

1. 利用现状 全国黑钙土总面积 1 321.06 万 hm²，其中黑土区共有黑钙土总面积 957.67 万 hm²，是该区仅次于黑土的重要的农业生产基地和商品粮基地。由于黑钙土分布于黑土的西部，与西部的风沙土和盐碱土接壤，在东北靠近黑土的西部区域有大面积的黑钙土草原。因此，黑钙土区又是重要的畜牧业生产基地，在该区的农牧业生产中占有重要的地位。

黑钙土区以旱作农业为主，盛产玉米、谷子、大豆、马铃薯、杂粮以及向日葵、甜菜等多种作物。但由于黑钙土区气候相对比较干旱，土壤比较瘠薄，加上管理比较粗放，"旱、薄、粗"成为黑钙土区农业生产的主要障碍因子，特别是黑钙土中面积最大的淡黑钙土和盐化黑钙土，是主要的中低产田土壤。若改善种植结构和提高水肥利用率，则该区农牧业增产潜力很大。

2. 肥力发展趋势 黑钙土区无论是耕地还是草地，肥力发展多数都表现出下降趋势。耕地由于长期施肥不足、管理粗放，土壤有机质含量逐年减少，退化严重，盐渍化面积不断扩大，盐碱化程度日益加重。科学而有规划地改造与培肥黑钙土农田，合理建设、管理草原，是该区进一步发展农牧业生产的重要任务。

（二）利用与改良

1. 调水、控水、科学用水 黑钙土区气候比较干旱，降水较少且集中，土壤供水不足、不匀、不稳，春旱夏涝，缺水是发展农业生产的一个主要障碍。因而，必须在科学用水、调水、控水上采取科学的对策。

（1）发展井灌、滴灌和旱田灌溉。

（2）实行旱地蓄水保墒抗旱的耕作技术。

（3）采取工程措施防洪排涝。

2. 增施有机肥物料，培肥地力 黑钙土具有较高的自然肥力，但由于所处区域气候比较干旱，土壤开垦后又长期施肥不足、耕作粗放，因此培肥地力是改变土壤瘠薄现状、提高产量的根本途径和重要手段。培肥地力的核心是增加土壤有机质，控制和改变令人担忧的土壤有机质含量不断下降的局面。增加土壤有机质的途径很多，应结合当地具体条件因地制宜进行。

（1）大量增施优质农家肥。以肥改土，效果显著，措施可行。据吉林农业大学在前郭尔罗斯蒙古族自治县套浩太乡碱巴拉村基点试验，黑钙土多年增施有机肥可明显改善土壤肥力状况，土壤有机质及氮磷养分明显增加，多种酶活性增强，土壤腐殖质组成改善，胡敏酸、富里酸含量增高。可见，增施有机肥对培肥改良黑钙土的效果是肯定的、明显的。黑钙土区土地多，畜牧业比重大，有机肥源丰富，关键在于加强领导，落实政策，建立健全有关规章制度和岗位责任制，加强基础设施建设，逐步改变群众粗放的耕作习惯。

（2）实行秸秆还田和根茬还田。实行秸秆还田和根茬还田是增加土壤有机质、培肥地力的重要措施。黑钙土区玉米种植比例大，随着单产水平的不断增长，秸秆与根茬产量也相应大幅度增加，实行秸秆与根茬还田成为可能。另外，秸秆与根茬还可以通过过腹、过圈、坑沤等方式制作为有机肥还田。有关研究资料表明，非腐解的玉米秸秆还田比对照和腐解的玉米秸秆还田有更好的培肥改土效果。土壤中多种酶活性提高，在腐殖质结合形态上活性大的游离松结合态碳明显增加，重组有机碳的数量和原土复合量均有所增加。

（3）发展绿肥牧草作物。黑钙土区，特别是淡黑钙土和盐化黑钙土分布广泛的区域，地广人稀，土壤肥力条件差，垦殖指数低，草原面积大，发展绿肥牧草作物有良好条件。绿肥牧草作物，特别是草木樨、苜蓿、沙打旺、田菁等，采取清种、间种、套种、复种等不同种植形式，效果良好，已被当地的科学试验和生产实践所证实，其中草木樨的种植面积一度发展到相当规模。发展绿肥牧草作物不仅可以提供大量有机物料，可以有效培肥改良土壤、提高地力，而且可以提供优质饲草，将其与黑钙土区的草地合理利用和草原建设结合起来，有利于发展畜牧业。

3. 充分利用"三北"防护林，改善生态环境 农田防护林带有减缓风速、减轻风蚀、减少土壤水分蒸发、保墒增温、提高作物产量的作用。这对于改变黑钙土区的气候干旱、多风少雨等不利的自然条件，改善农业生态系统有重要意义。植树造林应以发展农田防护林带、防风和防旱为重点，保护和促进农牧业的稳定发展，兼顾发展用材林和薪炭林。在一般耕地上，应以营造农田防护林为主；在现有次生林和三、四类草原岗地，即林牧业兼用地上可造成片林。在村庄四旁与河渠堤旁，可造薪炭林、用材林和经济林，以进一步提高森林覆盖率，改善农业生态环境。

第三节 草 甸 土

一、草甸土的分布及成土条件

（一）草甸土的分布

草甸土是非地带性土壤，在黑土区均有分布。草甸土总面积为 1 756.20 万 hm²。其中，黑龙江草甸土面积为 802.49 万 hm²，占全省土壤总面积的 18%；而草甸土中耕地面积为 302.50 万 hm²，占全省耕地面积的 26.20%。草甸土在黑龙江各市均有分布，其中齐齐哈尔、佳木斯、绥化 3 个市分布面积均在 100 万 hm² 以上。内蒙古东部三市一盟草甸土面积为 598.26 万 hm²。吉林草甸土面积为 179.85 万 hm²，占全省土壤总面积的 9.64%，其中耕地面积 77.46 万 hm²，占全省耕地面积的 14.48%，主要分布在吉林中西部的白城、松原、长春、四平 4 个市。辽宁的草甸土总面积为 175.60 万 hm²，占全省土壤总面积的 12.7%，在辽宁各市均有分布。

（二）草甸土的成土条件

1. 气候 草甸土分布较广，在东北区域可以说，有土壤基本就有草甸土的存在。从东部的湿润气候区，到中部的半湿润气候区，再到西部的半干旱气候区，基本都有草甸土的分布。

2. 母质 草甸土一般分布在低洼的冲积、低平原湖相沉积和淤积、山间谷底坡积区域，分布不同的区域由不同的母质形成草甸土。

沿江河的草甸土多为冲洪积物，下部土层有大量的沙砾石，有的土层很薄，形成沙砾质或沙砾底草甸土；河流的中下游沙粒变细，形成沙质或沙底草甸土。

松嫩平原、三江平原或辽河平原由于受湖相沉积和淤积的影响，土壤质地较黏重，多形成壤质或黏质草甸土；有些靠近江河沿岸的草甸土受古河道或近代河道变迁的影响，形成层状草甸土。

山间谷地草甸土受山洪的影响，土层中常有石块和沙砾及卵石。

3. 地形 草甸土发育的地形多在沿江河的河漫滩地带、古河道或近代河道变迁的低洼地、低平原和山间谷地。同一地貌单元地形低洼、季节性水分过多者多发育为潜育草甸土；松嫩平原盐渍土复区中有大面积斑状或小块的石灰性草甸土和盐碱化草甸土，其局部地形均较低洼。因此，地形局部低洼是草甸土发育的重要条件之一。

4. 水文　草甸土均在低地分布，该区域自然成为水文径流的汇集区。沿江河的草甸土经常受到洪水泛滥的影响；倾斜平原低地的草甸土常受地面坡水径流影响；半山区沟谷地带的草甸土，除受到山洪、坡水径流影响外，还受到地面下部潜水流的影响。

5. 植被　草甸土的自然植被，因所处地带而异。在森林地区沿河草甸土上，植被为典型的草甸植物，如小叶樟、沼柳、薹草等；在草甸草原的碳酸盐草甸土上，植被有羊草、狼尾草、狼尾拂子茅、野古草等；在局部低洼地方的潜育草甸土上，生长喜湿植物，如野稗草、三棱草、芦苇等。

这些植被生长都较茂密，因此遗留在土壤中的有机质较为丰富，有机质分解后释放出来的矿质养分也多，为作物生长创造了良好条件。

二、草甸土的成土过程

草甸土是黑土区分布极为广泛的非地带性土壤，是在地形低平、地下水位较高、土壤水分较多、草甸植被生长繁茂的条件下发育形成的。从草甸土的分布地形来看，一般为冲积平原、泛滥地或低阶地中的低洼地。地势较低，是地下水和地表水的汇集中心，土体存在季节性淹水的现象。从暖温带到寒温带，从湿润区到半湿润到半干旱区，从山地针叶林带到黑钙土、栗钙土带以及风沙土、盐碱土区域，均有分布，其中在河谷低地的狭窄地带分布比较集中。总之，草甸土的形成与低平地势分不开。

在远河低平处，河水泛滥所携带的细泥沙可在该处沉积，大雨或暴雨过后，台地或山地坡面产生的径流，在台地间洼地或山川地减缓流速，径流所携带的表土因而缓慢淤积，草甸土成土母质的这一沉积过程是草甸土形成的一个重要成土过程。伴随年复一年的沉积，草甸植被年复一年地繁茂生长、死亡和分解，通过生物积累形成大量有机物质，使土壤腐殖质逐渐增多，腐殖质层也逐渐加厚，直至形成腐殖质层深厚、有机质含量高、小粒状结构明显的草甸土。这是草甸土形成的另一重要成土过程——腐殖质积累过程。凡出现沉积的地方，因地势低平，地下水位较高，雨季地下水位上升，土体沉积层以下常被水浸渍。该部位铁锰被部分还原游离出来，雨季过后地下水位下降，被水浸渍过的部位又重新处在氧化状态，被还原的铁锰又被氧化成高价铁锰，致使心土层及底土层出现氧化还原交替过程的痕迹——铁锈斑纹。这是草甸土的又一重要成土过程，也是草甸土的一个重要形态特征。

三、草甸土亚类划分与属性

草甸土的基本结构层包括腐殖质层和锈色斑纹层。

腐殖质层的厚度一般为 20～50 cm，少数可达 100 cm，常可分为几个亚层。颜色暗灰色至暗灰棕色，多为粒状结构，矿质养分也较高。

锈色斑纹层的出现深度与潜水位高度相关。潜水位较高时，锈色斑纹层在 20～30 cm 出现；而潜水位在 2 m 以上的区域，锈色斑纹层则会位于土体下层，在 50～80 cm 深度。

草甸土含水率较高，毛管水活动强烈。湿润季节底层水分可达田间持水量至饱和含水量。地下水位较高，雨季时地下水多出现于土层的下部或中部。

根据土壤发生分类，草甸土土类属于半水成土纲暗半水成土亚纲，草甸土土类下分 6 个亚类：草甸土亚类、石灰性草甸土亚类、白浆化草甸土亚类、潜育草甸土亚类、盐化草甸土亚类、碱化草甸土亚类。

草甸土在黑土区分布极为广泛，从暖温带到寒温带，从山地针叶林到黑钙土、栗钙土、盐碱土带，均有分布。其中，在河谷低地的狭窄地带分布比较集中，如黑龙江、松花江、辽河及其主要支流的沿岸地区。

（一）草甸土

草甸土（图 2 - 17）的面积占该土类面积的 35.15%。其中，耕地为 312.4 万 hm²，主要分布于松辽平原各河间地带，成土母质为河湖冲积、淤积物。草甸土与暗色草甸土的区别主要在于：土壤腐殖质含量相对较低，颜色较浅。该土壤具有土粒的典型特征，其特点是腐殖质层厚度为 40～100 cm，有的上部为 20 cm 左右的旱耕层，颜色为（暗）棕灰色—（暗）浊黄橙色，有机质含量为 13～100 g/kg，锈色斑纹层颜色为浊黄橙色—亮黄橙色。剖面中不具白浆层和潜育层。通体碳酸钙含量小于 10 g/kg，无石灰反应，全盐量小于 1.0 g/kg，碱化度小于 5.0%。

图 2 - 17　草甸土典型景观

代表性剖面（图 2 - 18）采自 2011 年 9 月 23 日，位于黑龙江省宁安市宁安农场第四生产队东 0.8 km，编号为 23 - 091。地理坐标 44°05′22.5″N，129°22′01.8″E，海拔 424 m。黄土状母质，质地黏重。土壤调查地块为水浇地，种植圆葱，已收获。剖面形态描述如下。

Ahr 层：0～35 cm，灰棕色（7.5YR5/2，干），黑棕色（7.5YR3/2，润），粉黏壤土，发育程度中等的小团粒结构，疏松，少量细根，很少黑色铁锰结核，pH 为 6.3，有很少地膜碎屑，渐变平滑过渡。

ABr 层：35～60 cm，浊棕色（7.5YR5/3，干），暗棕色（7.5YR3/3，润），粉黏壤土，发育程度中等的中粒状结构，坚实，极少极细根，结构体内有很少铁斑纹，很少黑色铁锰结核，pH 为 6.3，渐变平滑过渡。

BCr 层：60～120 cm，浊棕色（7.5YR5/3，干），棕色（7.5YR4/3，润），粉黏壤土，发育程度弱的小棱块状结构，坚实，无根系，结构体内有较少铁斑纹，很少黑色铁锰结核，pH 为 6.8，模糊平滑过渡。

Cr 层：120～165 cm，浊橙色（7.5YR6/4，干），浊棕色（7.5YR5/4，润），粉壤土，无结构，坚实，无根系，结构体内有较小铁斑纹，很少黑色小铁锰结核，pH 为 7.0。

图 2 - 18　草甸土代表性单个土体剖面

（二）石灰性草甸土

石灰性草甸土（图 2 - 19）主要分布在内蒙古高原、松辽平原西部，面积占该土类面积的 25.80%，其中耕地约 235.8 万 hm²。其所处区域的气候多属半干旱至荒漠气候，成土母质为石灰性冲积物或洪积冲积物，地下水矿化度为 0.5～1.0 g/L。干草原草甸植被群落，覆盖率 60%～90%。全剖面呈强石灰反应，碳酸钙含量为 14～228 g/kg，表土层有机质含量为 8～120 g/kg，腐殖质层干态颜色为（暗）棕灰色—浊黄橙色，厚度达 20～100 cm 不等。在

图 2 - 19　石灰性草甸土典型景观

半干旱区，表土层全盐量小于1 g/kg；在干旱荒漠区，则为1～10 g/kg。锈色斑纹层干态颜色为（浅）黄棕色—黄橙色。石灰性草甸土有机质含量偏低，为20～45 g/kg，碳酸钙含量高，但上下层间变化较大。土壤交换性盐基以钙、镁为主，由东部向干旱区过渡，交换性钾、钠含量有所增加。表土阳离子交换量一般为10～20 cmol/kg，pH为7.7～8.8。

代表性剖面（图2-20）采自2011年7月10日，位于吉林省白城市洮北区德顺蒙古族乡庆丰村。地理坐标45°24.743′N，122°53.640′E，海拔142.0 m。该剖面母质为河流静水沉积物。所处地势较低，地形平坦。现为旱作农业，种植玉米等作物。土壤调查地块为收获的玉米地。剖面形态描述如下。

图2-20　石灰性草甸土代表性单体土体剖面

Ah层：0～22 cm，棕灰色（10YR4/1，干），黑色（10YR2/1，润），黏壤土，发育程度较好的10～20 mm大小的团块状结构，坚实，50～100条0.5～2.0 mm的细根系，孔隙0.2～0.5 mm，强石灰反应，pH为8.3，渐变平滑边界。

AB层：22～48 cm，棕灰色（10YR5/1，干），棕灰色（10YR3/1，润），粉沙壤土，团粒状结构，坚实，20～50条0.5～2.0 mm的细根系，孔隙0.2～0.5 mm，强石灰反应，pH为8.4，清晰不规则边界。

Bkr1层：48～72 cm，灰白色（10YR7/1，干），灰黄棕色（10YR5/2，润），粉沙壤土，团粒状结构，坚实，1～20条0.5～2.0 mm的细根系，孔隙0.2～0.5 mm，孔隙度2%～5%，结构体表面有2%～5%模糊扩散的2～6 mm大小的石灰斑纹和铁锈斑纹，0～2%的根孔，孔内填充细土，极强石灰反应，pH为8.6，渐变平滑边界。

Bkr2层：72～120 cm，浊黄橙色（10YR7/3，干），浊黄棕色（10YR5/4，润），粉沙壤土，团粒状结构，坚实，1～20条0.5～2.0 mm的细根系，孔隙0.2～0.5 mm，结构体表面有2%～5%模糊扩散的铁锈斑纹和<2%明显清楚的石灰斑纹，0～2%的根孔，孔内填充细土，极强石灰反应，pH为8.7，渐变平滑边界。

Ckr层：120～130 cm，浊黄橙色（10YR7/2，干），浊黄橙色（10YR6/3，润），沙壤土，坚实，无根系，孔隙0.2～0.5 mm，结构体表面有2%～5%模糊扩散的铁锈斑纹和<2%明显清楚的石灰斑纹，极强石灰反应，pH为8.6。

（三）白浆化草甸土

白浆化草甸土（图2-21）腐殖质层较薄，为0～10 cm。在腐殖质层和锈色斑纹层之间有白浆层和过渡层。白浆层厚度一般为15 cm左右，干态颜色为棕灰色—灰白色，黏粒淀积指数小于1.2，有机质含量为15 g/kg，有胶膜和锈斑。过渡层兼有淀积和母质层特征，结构面上有胶膜和锈斑，有机质含量为10 g/kg左右。整个土体碳酸钙含量小于10 g/kg，pH为6.0～7.0。白浆化草甸土主要分布在黑龙江三江平原及暗棕壤区的河谷阶地，面积占该土类面积的1.23%，其中耕地面积为17.5万 hm²。

图2-21　白浆化草甸土典型景观

代表性剖面（图 2-22）采自 2011 年 10 月 15 日，位于黑龙江省虎林市新乐乡富荣村八五四农场十六队西北 2 km、七虎林河南 0.5 km，编号为 23-121。地理坐标 46°0′35.7″N，132°59′35.8″E，海拔 64 m。地形为平原中的低平地，黄土状母质。自然植被是以小叶樟为主的杂类草群落，覆盖度 95%～100%，排水差。剖面形态描述如下。

Ah 层：0～20 cm，棕色（7.5YR4/3，干），暗棕色（7.5YR3/3，润），黏壤土，有较多草根纤维，多量细根，极疏松，pH 为 6.0，清晰平滑过渡。

AE 层：20～51 cm，棕灰色（7.5YR6/1，干），棕灰色（7.5YR5/1，润），黏壤土，很弱片状结构，少量细根，结构体内有较多（35%）明显清楚的铁斑纹，坚实，pH 为 6.6，渐变平滑过渡。

Br 层：51～112 cm，棕灰色（7.5YR5/1，干），棕灰色（7.5YR4/1，润），黏壤土，棱块状结构，很少细根，结构体内有 15% 明显清楚的铁斑纹，坚实，pH 为 6.7，渐变平滑过渡。

Cr 层：112～150 cm，浊橙色（7.5YR7/3，干），浊棕色（7.5YR6/3，润），沙壤土，结构体内有很多（40%）明显清楚的大铁斑纹，疏松，很少极细根，pH 为 6.8。

图 2-22　白浆化草甸土代表性单个土体剖面

（四）潜育草甸土

潜育草甸土腐殖质层厚度为 25～30 cm，有机质含量为 27.0～179.5 g/kg，干态颜色为浅灰棕色—暗灰棕色。锈纹锈斑层有机质含量为 11～48 g/kg，潜育层有机质含量为 10～27 g/kg。干态色调为蓝灰色—暗蓝灰色，有少量锈斑。全剖面碳酸钙含量为 2～239 g/kg，全盐量不足 1.0 g/kg。潜育草甸土主要分布在黑龙江穆棱河流域和兴凯湖一带。潜育草甸土常与沼泽土构成复区。

（五）盐化草甸土

盐化草甸土（图 2-23）盐分表聚层厚度一般为 20 cm 左右，可溶盐含量为 1～10 g/kg，旱季地表有白色盐霜和灰白色盐结皮，无草根毡状积累。有机质含量为 5～25 g/kg，干态颜色呈（浅）灰黄棕色—浊黄橙色。在盐分表聚层和母质层之间，有的具有腐殖质层，厚度为 7～27 cm。干态色调为亮黄棕色—（浅）灰黄棕色，有机质含量为 10～16 g/kg。锈色斑纹层特征与石灰性草甸土相似。盐化草甸土主要分布在东北西部的半干旱区低洼或河谷中，面积较小，与盐碱土构成复区。

图 2-23　盐化草甸土典型景观

代表性剖面（图 2-24）采自 2011 年 10 月 4 日，位于吉林省白城市通榆县边昭镇边昭村西南 100 m，编号为 22-120。地理坐标 44°35.294′N，123°09.684′E，海拔 49.4 m。母质为河湖沉积物。剖面形态描述如下。

Az1 层：0～3 cm，灰白色（10YR8/1，干），浊黄橙色（10YR7/2，润），沙壤土，整体状结构，很坚实，孔隙<0.2 mm，极强石灰反应，pH 为 9.7，清晰平滑边界。

Az2 层：3～16 cm，浊黄橙色（10YR7/2，干），浊黄橙色（10YR6/3，润），沙壤土，块柱

状结构，坚实，1～20 条 0.5～2.0 mm 的细根系，孔隙
＜0.2 mm，极强石灰反应，pH 为 9.7，渐变平滑边界。

AC 层：16～54 cm，浊黄橙色（10YR7/2，干），浊黄橙
色（10YR6/3，润），沙壤土，发育程度较好的 10～20 mm 的
块状结构，坚实，无根系，孔隙＜0.2 mm，极强石灰反应，
pH 为 9.6，渐变波状边界。

C1 层：54～90 cm，灰白色（10YR8/1，干），浊黄橙
色（10YR7/3，润），沙壤土，发育程度较好的 10～20 mm
大小的块状结构，坚实，无根系，孔隙＜0.2 mm，结构体
内有 2％～5％明显清楚的 2～6 mm 大小的铁锈斑纹，极强
石灰反应，pH 为 9.4，渐变平滑边界。

C2 层：90～112 cm，灰白色（10YR8/2，干），浊黄
橙色（10YR7/3，润），沙壤土，棱块状结构，坚实，无根
系，孔隙＜0.2 mm，极强石灰反应，pH 为 9.5，清晰平
滑边界。

图 2-24　盐化草甸土代表性单个土体剖面

C3 层：112～125 cm，灰白色（10YR8/1，干），浊黄
橙色（10YR7/2，润），沙壤土，粒状结构，松散，无根系，孔隙 0.2～0.5 mm，有 2％～5％的 6～
20 mm 的盐粒斑纹，强石灰反应，pH 为 9.6。

（六）碱化草甸土

碱化草甸土（图 2-25）腐殖质层仅为 5～
13 cm，干态颜色为浊黄棕色—灰黄棕色，有机质含
量为 20～45 g/kg，全盐量为 0.7～1.4 g/kg。碱化
层厚度为 18～32 cm，干态颜色为（浅）灰黄棕色—
浊黄橙色，有机质含量为 14～25 g/kg，全盐量为
1.5～2.9 g/kg，碱化度为 17.6％～27.2％，pH 为
9.3～9.8，碱化层结构呈棱块状—块柱状。碱化草
甸土主要零星分布于东北平原西部以及河谷阶地，
常与盐化草甸土、草甸碱土构成复区，面积非
常小。

图 2-25　碱化草甸土典型景观

代表性剖面（图 2-26）采自 2010 年 10 月 7
日，位于吉林省松原市乾安县让字镇大遐村大遐畜
牧场西南 1 km，编号为 22-065。地理坐标 45°00′7.7″N，124°18′8.3″E，海拔 131 m。通体有石灰结
核，母质为石灰性沉积物。调查地为荒地。剖面形态描述如下。

Ah 层：0～7 cm，灰黄棕色（10YR6/2，干），灰黄棕色（10YR4/2，润），沙壤土，发育程度较
好的 10～20 mm 大小的团块状结构，坚实，大量极细根系，孔隙 0.2～0.5 mm，结构体表面有＜2％
明显清楚的 2～6 mm 大小的石灰斑纹，＜2％白色不规则的 2～5 mm 大小的软石灰结核，中度石灰反
应，pH 为 7.9，清晰平滑边界。

AB 层：7～25 cm，棕灰色（10YR5/1，干），黑棕色（10YR3/1，润），壤土，很坚实，20～50
条＜0.5 mm 的极细根系，管状孔隙 2～5 mm，土体内有垂直方向不连续的宽 3～5 mm、长 10～
30 cm 的裂隙，间距＜10 cm，结构体表面有 2％～5％明显清楚的 2～6 mm 大小的石灰斑纹，2％～
5％白色不规则的 2～5 mm 大小的石灰结核，极强石灰反应，pH 为 8.3，渐变波状边界。

Bnr 层：25～53 cm，灰白色（10YR7/1，干），棕灰色（10YR5/1，润），壤土，发育程度较
好的 10～20 mm 大小的块柱状结构，极坚实，孔隙＜0.2 mm，土体内有垂直方向不连续的宽 3～

5 mm、长 10～30 cm 的裂隙，间距小，结构体表面有 5％～15％明显清楚的 6～20 mm 大小的石灰斑纹，结构体内有＜2％的＜2 mm 大小的铁锰斑纹，2％～5％白色不规则的 6～20 mm 大小的软石灰结核，＜2％的黑色球形＜2 mm 大小的锰结核，强烈石灰反应，pH 为 9.5，渐变波状边界。

Br1 层：53～89 cm，浊黄橙色（10YR7/2，干），浊黄棕色（10YR5/3，润），粉壤土，发育程度较好的 10～20 mm 大小的块状结构，坚实，无根系，孔隙＜0.2 mm，结构体内有＜2％的＜2 mm 大小的铁锰斑纹，极强石灰反应，pH 为 9.3，渐变平滑边界。

Br2 层：89～125 cm，浊黄橙色（10YR7/3，干），浊黄橙色（10YR6/4，润），粉壤土，发育程度中等的 5～10 mm 大小的棱块状结构，坚实，无根系，孔隙＜0.2 mm，结构体内有＜2％的＜2 mm 大小的铁锰斑纹，极强石灰反应，pH 为 8.8。

图 2-26　碱化草甸土代表性单个土体剖面

四、草甸土的理化性质

（一）草甸土的物理性质

1. 机械组成　草甸土的机械组成受成土母质的性质和沉积环境的影响，各地差别很大。一般来说，沿江河地带的上游地区颗粒组成中粗粒含量多，下游地区细粒较多；坡冲积形成的草甸土受当地山坡或岗坡母质的状况影响。龙江县雅鲁河下游的草甸土由于受洪积物的影响，土层中不但含有大量沙砾石，而且土壤中的细粒成分也少。大江大河河漫滩地带的草甸土，由于受河流泛滥的影响，土层具有成层性，剖面中找不到质地均一的层次，沙、壤、黏各种类型都有；只有在低平原受静水沉积物影响的沉积、淤积地区，其颗粒组成较细，如三江平原和松嫩平原的东部地区。松嫩平原的西部和西南部，草甸土受西部风沙土影响，土壤质地轻。由富裕至萨尔图到肇源八家河一线以西地区，草甸土质地普遍偏轻，多为壤土和沙土；以东地区多为黏土类型。北安、克山、拜泉一带的草甸土受泥质页岩风化物的影响，颗粒较细，也都为黏质草甸土类型。

2. 土壤容重　草甸土亚类 A1 层容重为 1.1～1.2 g/cm³，其标准差为 0.11～0.15 g/cm³，总体来说变化不大。以下各土层的土壤容重都随着土层加深而增大。其中，白浆化草甸土的白浆层并不是典型的白浆层，因此容重不是很大，只是稍大点而已。

3. 土壤总孔隙度　草甸土亚类表土层总孔隙度为 53％～59％，标准差为 1.3％，最大可达 6.2％。以下各土层的总孔隙度都随着土层加深而降低。初步估算 1 m 以上土层的总孔隙度为 49％～50％，即 1 m 以上土层有 1/2 的孔隙量。

4. 可溶性盐总量　草甸土的可溶性盐总量都在 0.1％以下；但由于地域、成土母质以及积盐条件的不同，各亚类又明显不同，特别是地处半干旱气候区的石灰性草甸土，无论是表土层还是下部土层，其总盐量都高于其他 3 个亚类，有的下部土层含盐量达到轻度盐化草甸土的程度。

5. 土壤交换性能　草甸土类的交换性盐基总量一般都较高，通常都在 20 cmol/kg 以上，含腐殖质多的和质地比较黏重的土层往往为 40 cmol/kg 左右。除了黑龙江西部靠近风沙土区的草甸土和江河沿岸质地轻的草甸土交换量小于 20 cmol/kg 外，其他类型的草甸土交换量都在 30 cmol/kg 左右。

（二）草甸土的化学性质

草甸土各亚类农化分析化学性质之间有很大差异。草甸土亚类有机质含量都很高，平均值为

$4.3\%\sim7.6\%$。其中，以埋藏型草甸土为最高，石质草甸土最低。其全氮、碱解氮含量与有机质含量呈正相关关系，因此埋藏型草甸土的全氮含量达 0.56%，碱解氮达 484 mg/kg，石质草甸土则低得多。有效磷含量以埋藏型草甸土最低，砾石底草甸土次低，其他几个土属差不多。速效钾含量则以埋藏型草甸土最高（447 mg/kg），暗棕壤型草甸土次之，其他土属则差不多。

石灰性草甸土的 3 个土属，有机质含量都较低，其中石质石灰性草甸土只有 1.7%，只有质地较黏的黏壤质石灰性草甸土含量较高（4.4%），但它只相当于草甸土亚类中几个土属的最低值。因此，石灰性草甸土土属的有机质含量是草甸土类中含量最低的类型。由于有机质含量低，全氮、碱解氮、有效磷含量都低，速效钾含量并不低的原因是黑龙江土壤中钾的含量较高。

白浆化草甸土的 3 个土属，有机质含量平均为 $3.9\%\sim9.7\%$。其中，沙砾底白浆化草甸土的有机质含量高，标准差也大，其他养分含量也较高。白浆化草甸土中，以沙底白浆化草甸土的各种养分含量为最低。

潜育草甸土的 4 个土属，由于水分条件充沛，草甸植被生长繁茂，有机质含量普遍都高。其中，沙底潜育草甸土的有机质含量为 9.9%，是草甸土土属中含量最高的，其他养分含量也较高。

山地草甸土质地为沙质壤土至沙质黏壤土，通体含有少量碎石，黏粒（<0.002 mm）含量在 10% 以下，土体较松，通气性较好。由于气候条件所致，土温低，植被稀少，微生物活动较弱，土壤有机质分解转化及积累缓慢。有机质含量为 7.0% 左右，全氮含量为 0.40%，全磷为 0.15%，全钾为 $1.5\%\sim2.6\%$，阳离子交换量为 $11.2\sim11.9$ cmol/kg。山地草甸土偏酸性，pH 一般为 $5.1\sim5.5$。

五、草甸土的利用及改良

草甸土是比较肥沃的土壤，水分和养分丰富，适于各种大田作物和蔬菜生长，并能获得较高产量，特别是干旱年份，它的生产潜力更大。草甸土在黑龙江农牧业生产中具有重要价值，不仅是主要的粮菜基地，也是重要的早春牧草地和牧草生产地。

草甸土的养分状况极好，但由于洪涝、内涝、"哑巴涝"经常发生，而不能充分发挥其生产潜力。为此，要充分利用草甸土资源，必须针对存在的问题予以解决。

（一）治涝

涝灾是草甸土面临的主要灾害，根据涝灾发生的水源性质应采取如下措施。

1. 防洪治涝 沿江河漫滩地带的草甸土，由于无堤防保证和堤防标准不高，常受洪水侵害而成涝。对于洪涝灾害，只能采取修建防洪堤、提高防洪堤标准和修建大型水库予以保护。

2. 排水治涝 对于地形低洼常成为汇水区的草甸土类型如潜育草甸土，季节性积水使其不能很好利用；还有些低平地草甸土常受坡水汇流影响而成涝。因此，为排出多余水分，必须修建骨干排水系统，包括坡水截流排水系统以及垂直排水系统等。

3. 治理"哑巴涝" 地表水致涝，无论是洪水、坡水还是大气降水，只要是地表积水，采取工程措施就很容易解决。然而，对于发生于黏质草甸土和其他草甸土在季节性冻层未融化情况下，由冻层以上的土壤饱和态水所造成的涝灾，即所谓的"哑巴涝"，一般地面排水工程很难奏效。根据草甸土成涝的多种原因，只有采用综合治理方法才能根除，其中包括农业上的深松土，打破白浆层、犁底层，改造土体构型，掺沙改土，以及工程上的暗管排水、打穿冻土层的排水井等措施。

4. 合理利用资源，种稻治涝 草甸土的涝灾主要是对旱作农业而言，如果在有充沛的地表水源和地下水源的地方，将旱田改为水田，这是最佳的利用方案，从而解决涝灾。草甸土潜水位高，季节性冻层融化得晚，灌溉用水量和渗漏量都很少，这是草甸土发展水稻的优越条件。除了水源不足地区和土壤下部沙层特别浅、渗漏量大的地区不宜发展水稻外，其余草甸土均应尽力发展水稻生产。因此，有水源的地方都要大力发展水田。

（二）防治土壤盐碱化

石灰性草甸土主要分布在黑龙江西部盐渍土地区，由于它靠近盐渍土边缘地带以及其与盐土、碱土、盐化草甸土、碱化草甸土呈复区分布，所以石灰性草甸土常受土壤盐碱和近地表、地下水的盐碱影响。在这种影响下，不适宜的耕作和无计划的放牧导致草原被破坏，无良好排水系统下的灌溉和排水不畅地段，在春季和秋季干旱时都会产生盐分积累。从石灰性草甸土的 pH 较高可以判断，其客观存在碱化现象。因此，防止石灰性草甸土向盐化、碱化方向发展不可忽视，必须加强盐渍化的防治。对于耕地，采取多施有机肥、种植绿肥、防止水分过多蒸发、改善耕作制度等综合措施进行防治；对于草原地带的石灰性草甸土，采取防止过度放牧、多种草增加植被覆盖率、加强土地管理、防止乱垦荒地等措施。

（三）加强农业措施

为充分发挥草甸土的生产潜力，必须加强综合农业措施。例如，改善耕作制度、深松土、增施有机肥、合理轮作等，对改良白浆化草甸土的白浆化土层，防止土壤肥力降低，以及防止石灰性草甸土的碳酸盐累积都有重要意义。

第四节 暗棕壤

一、暗棕壤的分布及成土条件

（一）暗棕壤的分布

暗棕壤分布很广，是东北地区占地面积最大的一类森林土壤，总面积 3 167.71 万 hm^2，主要分布于黑龙江、吉林和内蒙古。黑龙江暗棕壤面积 1 594.94 万 hm^2，分布在小兴安岭、完达山、长白山、大兴安岭东坡与伊春市、佳木斯市、牡丹江市林区等地，其中以伊春市和牡丹江市为主；吉林暗棕壤面积 772.03 万 hm^2，主要分布在吉林的东部和南部，包括吉林市、通化市、延边朝鲜族自治州等五市（州）。两省的部分暗棕壤已开垦为耕地，分别占暗棕壤总面积的 7.22%（黑龙江）和 7.40%（吉林）。内蒙古暗棕壤面积 800.60 万 hm^2，主要分布在呼伦贝尔市、兴安盟、通辽市，赤峰市的大兴安岭西坡等地。辽宁山区北部至宽甸、恒仁一线，也有暗棕壤的分布，但面积不大，仅有 0.14 万 hm^2。

（二）暗棕壤的成土条件

1. 气候 暗棕壤分布区域的气候属于温带湿润季风气候。冬季寒冷干燥，土壤冻层深，表层冻结时间为 150 d 左右，冻结深度为 1.0~2.5 m，年均气温为 -1~5 ℃，最冷月平均气温为 -28~ -5 ℃，最低极值温度可达 -48 ℃，最热月平均气温为 15~25 ℃。年降水量 600~1 000 mm，年降水分配极不均匀，夏季降水量占全年降水量的 50% 以上。

2. 地形 地形主要为低山、中山、丘陵的部分平坦的河谷盆地，分布在小兴安岭与大兴安岭相连的低山和丘陵区以及东部山区的大部分区域，海拔多为 500~1 000 m。山势平坦、河谷开阔以及山地地貌较为缓和，分水岭呈波状起伏，河谷较宽敞。少数海拔高于千米，最高山峰长白山海拔达到 2 700 m。这些区域山势险峻，多陡坡，一般坡度大于 20°。

3. 母质 长白山、张广才岭等地分布最广的岩石为花岗岩，其次为玄武岩；小兴安岭主要为花岗岩和片麻岩。成土母质为这些岩石和坡积物，还有一部分为第四纪湖积冲积物。此外，小兴安岭北部有少部分新近纪陆相沉积物；海拔大于 2 000 m，岩石种类繁多，包括岩浆岩、沉积岩和变质岩等各种常见岩石，因而暗棕壤的成土母质大多较粗松，仅玄武岩风化物的质地较黏重。

4. 季节性冻层 暗棕壤土体普遍存在季节性冻层，各区域土壤冻结的深度、冻土融冻的速度和冻层融通的时间不同，一般在初夏才能融通。冻层未融通前恰似一厚隔水板，表层土壤融冻水和大气降水均被阻滞于表层，顺坡侧渗，造成高阶地分水岭、山前平原和坡下呈现季节性沼泽化现象。

5. 植被 植被是以红松为主的针阔混交林。共有植物 2 000 种，主要的针叶树种有红松、冷杉、云杉、长白落叶松，阔叶树种有白桦、黑桦、春榆、胡桃楸、水曲柳、紫椴及各种槭树。林下灌木及草本植物种类繁多，主要有毛榛、山梅花、刺五加等，草本有薹草。此外，林中还有攀缘植物，如猕猴桃、山葡萄、五味子等。原始林因采伐、火烧后形成以山杨和白桦等为主的次生阔叶林或杂木阔叶林。垂直带上暗棕壤的森林建群种有云杉、冷杉，混生树种有铁杉、红杉、高山栎等，林下植物以箭竹居多。

二、暗棕壤的成土过程

暗棕壤的形成过程是在温带湿润气候条件及针阔混交林下的腐殖质积累与弱酸性淋溶过程。在针阔混交林内，林分组成复杂，每年有大量凋落物落于地表并覆盖在土壤上；林下灌丛和草本植物也生长繁茂，根系也主要分布在表层。由于降水和融冻水的影响，有机残体分解缓慢，在土壤表层积累了大量的腐殖质，表层腐殖质高者可达 20％左右。这些有助于土壤结构和物理性质的改善。

暗棕壤区域夏季温暖多雨，枯枝落叶层的吸水力很强，一时水分较多而形成下渗水流，使土壤产生淋溶过程。一些游离的钙镁元素和部分铁铝向下迁移，同时由于土壤表层腐殖质中酸性物质的存在，使之呈弱酸性反应。

在温带湿润针阔混交林的生物气候条件下，生物活动十分旺盛，真菌和细菌都较为活跃。所以，土壤内部的风化作用显著加强，黏粒增加。这样，在弱酸性淋溶的同时，引起黏粒的淋移，使土壤中的淀积作用有所发展，但未达到黏化的过程。因土体排水条件较好，随黏粒下移的亚铁化合物氧化沉淀，以棕色胶膜的形态包被于土粒表面，使土体呈现棕色。

在暗棕壤地带，地形和母质的差异对暗棕壤的成土过程有着重要的影响。地形部位不同，其母质的厚度、质地粗细、侵蚀和堆积程度等不同，因而导致土壤的发育程度、理化性质和肥力状况等均有很大的差别。

三、暗棕壤亚类划分与属性

根据小兴安岭的调查，发育正常的剖面具有 AOi、Ah、B、C 等层次。AOi 层厚 4～5 cm，由木本凋落物和草本残体构成，有较多的白色菌丝体；Ah 层厚 10～20 cm，呈棕灰色，具有粒状或团块结构，根系密集，有蚯蚓聚居；B 层厚 30～40 cm，呈棕色，质地较黏重，结构为核状或团块状，木质根较多，结构或石砾表面有时有不明显的铁锰胶膜。

根据土壤发生分类，暗棕壤土类属于淋溶土土纲湿温淋溶土亚纲，暗棕壤土类下分 5 个亚类：暗棕壤亚类、白浆化暗棕壤亚类、草甸暗棕壤亚类、潜育暗棕壤亚类、暗棕壤性土亚类。

（一）暗棕壤

暗棕壤亚类（图 2-27）具有暗棕壤土类的典型特征，分布面积最大，为 2 537.5 万 hm²，占暗棕壤土类总面积的 80％以上。以黑龙江暗棕壤为例，暗棕壤占黑龙江全省土壤总面积的 27.26％。

代表性剖面（图 2-28）采自 2010 年 10 月 16 日，位于黑龙江省铁力市铁力镇北关村北 400 m，编号为 23-077。地理坐标 47°06′09.7″N，128°14′13.2″E，海拔 268 m。地形为山地坡中部和中上部，坡度 15°。成土母质为花岗岩残积物、坡积物，含有砾石。自然植被为次生杂木林，以柞、桦为主，林冠覆盖度 30％～50％。剖面形态

图 2-27　暗棕壤典型景观

描述如下。

Oi 层：0～2 cm，灰棕色（7.5YR4/2，干），黑棕色（7.5YR2/2，润），未分解和低分解的枯枝落叶，突然平滑过渡。

Ah 层：0～17 cm，灰棕色（7.5YR5/2，干），黑棕色（7.5YR3/2，润），粉壤土，小团粒结构，疏松，少量粗根、细根，较多花岗岩风化物碎屑，pH 为 5.4，清晰平滑过渡。

Bw 层：17～44 cm，橙色（7.5YR6/8，干），亮棕色（7.5YR5/6，润），沙黏壤土，小棱块状结构，疏松，很少量细根，结构面被铁胶膜包被，多小角状花岗岩风化碎屑，pH 为 5.6，渐变平滑过渡。

C 层：44～140 cm，亮棕色（7.5YR5/6，干），亮棕色（7.5YR5/6，润），沙土，很多小角状花岗岩风化碎屑，无结构，疏松，无根，由铁胶膜包被的风化物颗粒，pH 为 5.9。

R 层：140～160 cm，半风化花岗岩。

（二）白浆化暗棕壤

白浆化暗棕壤亚类（图 2-29）分布于暗棕壤地区的平缓阶地、平顶山或漫岗顶部的排水较差处，主要分布于山区外围向丘陵岗地白浆土过渡的地带。植被多为针阔叶混交林。母质较黏，多为洪积、残积和洪残积物，也有部分黄土状沉积物，属暗棕壤向白浆土的过渡类型。剖面为 Ah-E-Bt-C 层次。与典型暗棕壤亚类的主要区别是，在表层以下有一明显的呈黄白或黄白相间的白浆层。其形态特征为具有一浅色亚表层，即白浆层，但又无白浆土的黏化淀积 B 层。除此之外，尚有以下特点。

由于水分状况不稳定，北方现有植被是以浅根性的山杨为主的次生林，人工林以落叶松为主，深根性树种如红松、樟子松等生长均不良。

原始林下的白浆化亚类，除白浆层颜色较浅外，pH 有时也略比上下层低；但有机质、全氮、交换性钙及镁等的含量并不像灰化层那样处于最低值，而是与典型暗棕壤一致，由上向下减少。

代表性剖面（图 2-30）采自 2011 年 10 月 15 日，位于黑龙江省虎林市东方红镇曙光林场西 3 km，编号为 23-122。地理坐标 46°10′05.5″N，132°58′58.3″E，海拔 177 m。地形为山地缓坡，坡度 5°～8°。母质为坡积物，夹有较多砾石。植被主要为以柞、桦为主的次生杂木林。剖面形态描述如下。

Oi 层：0～3 cm，棕色（7.5YR4/3，干），棕色（7.5YR3/3，润），未分解和低分解的枯枝落叶，突然平滑过渡。

Ah 层：0～17 cm，黑棕色（7.5YR3/2，干），黑棕

图 2-28 暗棕壤代表性单个土体剖面

图 2-29 白浆化暗棕壤典型景观

图 2-30 白浆化暗棕壤代表性单个土体剖面

色（7.5YR2/2，润），黏壤，小团粒结构，很少角状小岩石碎屑，极疏松，有粗根，pH 为 6.1，清晰平滑过渡。

AE 层：17～52 cm，橙白色（7.5YR8/2，干），浊橙色（7.5YR7/3，润），粉壤，发育程度弱的小棱片状结构，很多角状大岩石碎屑，坚实，结构体内有明显清楚的铁斑纹，很少细根，pH 为 6.7，渐变平滑过渡。

Bt 层：52～80 cm，浊棕色（7.5YR5/4，干），棕色（7.5YR4/4，润），黏壤，小棱块状结构，很多角状中岩石碎屑，很少极细根，结构面有三氧化二物胶膜，坚实，pH 为 6.5，模糊平滑过渡。

C 层：80～120 cm，浊橙色（7.5YR6/4，干），浊棕色（7.5YR5/4，润），黏壤，发育程度很弱的小棱块状结构，多角状中岩石碎屑，坚实，很少极细根，pH 为 6.6。

（三）草甸暗棕壤

草甸暗棕壤（图 2-31）主要分布于平缓的地形上，多为坡脚或河谷阶地。植被多为次生阔叶林或疏林草甸植被。表层为富含腐殖质的暗灰色黏壤土，略有团粒结构。表层以下为 AB 层或 B层，在此层中常出现铁锈、铁锰结核或灰色条纹，具有草甸过程的特征。腐殖质层较厚，有机质含量较高，呈微酸性反应，盐基饱和度较高，铁的还原淋溶较强；但黏粒移动弱，黏粒在剖面中分化不明显。

草甸暗棕壤分布于天然林区内的老采伐区域、林间隙地或山坡中，大部分郁闭度在 0.4 以下的疏林内，植被主要由禾本科和莎草科草类组成。

图 2-31　草甸暗棕壤典型景观

在表土，由于草根密织形成一草根密集层，成为草甸暗棕壤的主要特征层。草根密集层厚约 15 cm，少数根系可达 20 cm。由于草类根系呈须根浅根状，无主根，相互交织形成一层只由根系组成的盘层，构成以下剖面发生层序列：AS-A1-AB-BC-C。

代表性剖面（图 2-32）采自 2011 年 9 月 24 日，位于黑龙江省宁安市江南朝鲜族满族乡大唐村西南 2 km，编号为 23-094。地理坐标 44°17′32.1″N，129°31′27.6″E，海拔295 m。地形为山地、丘陵坡积裙部位，坡度相对较缓。母质为黄土状沉积物，夹有很少量砾石。自然植被为林间杂类草草甸，现开垦为耕地，种植大豆、玉米、杂粮。土壤调查地块种植毛酸浆。剖面形态描述如下。

Ahr 层：0～25 cm，棕色（7.5YR4/4，干），暗棕色（7.5YR3/4，润），粉黏壤土，发育程度中等的小团粒结构，稍坚硬，很少量小角状岩石碎屑，很少量细根，很少量黑色小铁锰结核，pH 为 5.8，渐变平滑过渡。

Btr 层：25～66 cm，浊棕色（7.5YR5/4，干），棕色（7.5YR4/4，润），粉黏壤土，发育程度强的小棱块状结构，结构体表面有明显铁锰胶膜，坚硬，很少量极细根，很少量小角状岩石碎屑，很少量极细根，很少量黑色小铁锰结核，pH 为 6.3，模糊平滑过渡。

BCr 层：66～109 cm，亮棕色（7.5YR5/6，干），棕色（7.5YR4/6，润），粉黏壤土，发育程度强的小棱块状结构，

图 2-32　草甸暗棕壤代表性单个土体剖面

结构体表面有明显铁锰胶膜，坚硬，很少极细根，很少量小角状岩石碎屑，很少量黑色小铁锰结核，pH 为 6.3，清晰平滑过渡。

Cr 层：109～120 cm，亮棕色（7.5YR5/8，干），亮棕色（7.5YR5/6，润），粉黏壤土，发育程度强的棱块状结构，结构体内有明显清楚的铁斑纹，结构体表面有明显铁锰胶膜，坚硬，很少量小角状岩石碎屑，很少量黑色小铁锰结核，无根系，pH 为 6.9。

（四）潜育暗棕壤

潜育暗棕壤亚类主要分布于河谷、坡麓、高阶地中的低平处，山坡下部排水不良并与岛状多年冻土层相邻的地段。此外，山间凹地也有分布。多生长红皮云杉、臭冷杉、赤杨和林下草甸植被。土壤含水较多，排水不良，甚至部分地区有岛状永冻层存在，以致表层有明显的潜育化现象，常形成腐殖质泥炭层。潜育暗棕壤由于地下水位高，夏季土体一定深度处常有积水，进行着潜育化过程。铁被还原而使土体下部呈蓝灰色或棕灰色，并有大量锈条纹或锈斑存在，质地也黏重，为本亚类的主要特征层，其剖面发生层序列为 O-A-ABg 或 BCg。但枯枝落叶层（O）与腐殖质层（A）均较典型亚类薄。由于土壤湿冷，生物循环过程变缓，林木生长不良，故称"小老树林"。表层以下的土层中常有水渗出，有潜育斑块，呈酸性反应，盐基饱和度较低，质地较黏。剖面由 Ah-Btg-G-C 组成。

（五）暗棕壤性土

暗棕壤性土亚类（图 2-33）是发育程度弱的土壤，剖面构型为 A-C 或 A-(B)-C，即在一浅薄的腐殖质层（A）下即为母质层，或具发育不明显的 AB 层或 B 层。如果保护植被，排除外因干扰（水土流失、山火、河流泛滥、筑路等），一般将向暗棕壤发育。

代表性剖面（图 2-34）采自 2010 年 6 月 30 日，位于吉林省白山市靖宇县花园口镇大梨树村台地，剖面编号为 22-046。地理坐标 42°19.660′N，127°12.080′E，海拔 492 m。母质为坡积物、残积物。自然植被为疏林乔灌混交林，林下植被生长繁茂。土壤调查地块为林下草甸。剖面形态描述如下。

图 2-33 暗棕壤性土典型景观

Ah 层：0～20 cm，灰黄棕色（10YR4/2，干），黑色（10YR2/1，润），沙壤土，发育程度良好的 5～10 mm 大小的团粒状结构，疏松，100～200 条 0.5～2.0 mm 的细根系，1～20 条 2～10 mm 的中粗根系，蜂窝状孔隙，大小 2～5 mm，2%～5% 次圆状风化 6～20 mm 大小的玄武岩石块，pH 为 6.1，渐变平滑边界。

AC 层：20～42 cm，灰黄棕色（10YR4/2，干），黑色（10YR2/1，润），壤土，发育程度良好的 5～10 mm 大小的团粒状结构，疏松，50～100 条 0.5～2.0 mm 的细根系，1～20 条 2～10 mm 的根系，蜂窝状孔隙，大小 0.2～0.5 mm，>40% 角状风化玄武岩石块，pH 为 6.4，清晰波状边界。

C 层：42～85 cm，浊黄橙色（10YR6/3，干），棕色（10YR4/4，润），壤土，发育程度较好的 10～20 mm 大小的块状结构，坚实，20～50 条 0.5～2.0 mm 的细根系，蜂窝状孔隙，大小 0.2～0.5 mm，>40% 角状新鲜 20～75 mm 大小的玄武岩石块，pH 为 6.5。

图 2-34 暗棕壤性土代表性单个土体剖面

四、暗棕壤的理化性质

(一) 暗棕壤的物理性质

1. 机械组成 暗棕壤各亚类的机械组成分析结果表明,暗棕壤的机械组成因母岩及其风化程度的不同而变异较大。风化较弱的以沙为主,风化较强的以粉沙为主,总体来说质地较轻。土体中沙粒和粉沙粒含量高,黏粒含量低,一般是沙质壤土、沙质黏壤土或粉沙质黏壤土。

2. 容重和孔隙度 暗棕壤各亚类各发生层的容重和孔隙度测定结果表明,暗棕壤 A 层的容重较小,一般为 $0.68\sim1.12$ g/cm^3;孔隙度高,为 $52.8\%\sim72.8\%$。沿剖面往下,容重逐渐增大,至 C 层增大至 $1.5\sim1.8$ g/cm^3;孔隙度逐渐降低,至 C 层降低至 $26\%\sim39\%$。

3. 水分状况 经过对原始红松阔叶林和采伐迹地的暗棕壤水分季节动态的研究得知,暗棕壤的水分状况具有以下几个特点。

(1) 土壤水分的季节变化不很明显。一年之内土壤都是比较湿润的,春季的干旱不能明显看出来。

(2) 5 月至 6 月上旬,是上部土层冻融的时期,土壤水分含量比较高;6 月下旬至 7 月上旬,气温升高,而降水尚少,土壤水分含量略有降低;7 月以后进入雨季,土壤水分含量又升高,直至 9 月以后才有所下降。

(3) 土壤表层的含水量很高,向下则急剧降低,可相差数倍,这与地表凋落物层和腐殖质含量高、保水能力很强有关。

(4) 原始林下和采伐林地的水分动态趋势虽然大体一致,但土壤的含水量相差较大。原始林下高于采伐迹地,特别是表层。

(二) 暗棕壤的化学性质

1. 土壤酸碱度 暗棕壤呈酸性、弱酸性至近中性。其中,灰化暗棕壤和白浆化暗棕壤 pH 偏低,酸性较强;典型暗棕壤亚类弱酸性,接近中性。

2. 有机质和养分 暗棕壤亚类枯枝落叶层和腐殖质层有机质含量高,AOi 层高达 $18\%\sim21\%$,Ah 层一般为 $3\%\sim12\%$ 或更多。向下急剧减少。全氮含量与有机质含量趋势一致,AOi 层为 $0.6\%\sim0.9\%$,Ah 层为 $0.15\%\sim0.59\%$。全磷含量较少,Ah 层为 $0.19\%\sim0.50\%$,下层逐渐减少。全钾含量较高,含量为 $1.2\%\sim3.6\%$。

灰化暗棕壤的有机质和氮、磷、钾养分的含量低。这是因为,该亚类多分布在沙性母质或山地高坡的残积物、坡积物上,有机质积累少,养分和灰分也较少。这也是引起灰化作用的条件,因为灰分不足以中和酸度。

(三) 暗棕壤的农化性质

根据近 600 个暗棕壤剖面的统计,暗棕壤 5 个亚类表层有机质含量的平均水平都很高,均在 12% 以上,过渡层(AB)仍达 $4.7\%\sim6.4\%$,只有白浆化暗棕壤亚表层突然减少,为 2.7%。暗棕壤的 C/N 为 $9\sim17$,多为 $11\sim12$,有机质含量高的草甸暗棕壤较大。全磷 0.1% 左右,全钾 2.0% 左右,均属较高水平。阳离子交换量表层均在 40 cmol/kg 以上,下层为 $20\sim30$ cmol/kg,保肥性能较强。水解酸为 $4\sim15$ cmol/kg,表层均大于下层。盐基饱和度较高,均在 70% 左右。土壤 pH 为 $4.7\sim5.6$,属于酸性或微酸性。

1. 全氮和碱解氮 暗棕壤耕层碱解氮的含量基本与全氮一致,除泥质暗棕壤为 138 mg/kg,亚暗矿质白浆化暗棕壤为 182 mg/kg,其他均在 200 mg/kg 以上,含量很丰富。

2. 全磷和有效磷 土壤中的磷素主要以无机态和有机态两种形式存在,含量与有机质含量一般呈正相关关系。暗棕壤土类中虽然有的类型有效磷含量达到了较丰富水平,但由于水热条件不同,特别是暗棕壤多呈酸性反应,在冻融与干湿交替作用下,有效磷易被铁锰固定,降低有效性。在林区的一些苗圃中,土壤有效磷含量很低,因此今后在苗圃中应考虑施用磷肥。

3. 全钾和速效钾 在形成土壤的母质中,无论是原生矿物还是次生矿物,都含有丰富的钾。所以，暗棕壤中的钾素含量比较丰富。各亚类间的变幅为 1.300%～2.244%，在剖面内的垂直分布因受母质影响由上层至下层逐渐增加。暗棕壤的速效钾含量也非常丰富。根据暗棕壤农化统计结果可知，除泥质暗棕壤、亚暗矿质白浆化暗棕壤低于 177 mg/kg 外，其余大部分类型速效钾含量都在 200 mg/kg 以上。但根据黑龙江伊春地区一些苗圃地土壤的调查结果，有效钾含量有所降低，目前平均值已从自然土壤的 230～440 mg/kg 降至 200 mg/kg 左右，有的苗圃低至 100 mg/kg 左右。由此可见，林区苗圃土壤的钾素含量也在下降。

五、暗棕壤的利用及保护

暗棕壤原来几乎全是在天然林的覆被之下，目前大部分地区尚保持着天然林覆被。以这种土壤为主的小兴安岭和东北东部山地，是我国最重要的木材生产基地之一，在国民经济中占有极为重要的位置。小兴安岭的暗棕色森林土上多为针阔混交林，其特点是树种多，是材质优良的红松的集中产地，红松、云杉、冷杉、蒙古栎、榆、椴、桦等为优势树种，水曲柳、黄檗、胡桃楸等则为重要的伴生树种，成过熟林所占比重较大。牡丹江林区的暗棕色森林土上多为阔叶林，在林木组成中以蒙古栎、桦、杨、椴等为主；针叶树有云杉、冷杉，仅有少量红松，疏密度较低，每公顷的蓄积量也不大。长白山林区的暗棕色森林土上，林木组成比较复杂，以红松、云杉为主，落叶松、白桦、黑桦、蒙古栎、黄檗、水曲柳和秀丽槭等也占不同的比重，生产力中等。暗棕色森林土是红松的中心乡土，在这种土壤上，在天然林中，红松的生长特别好，平均树高为 24～28 m，平均胸径为 32～36 cm，优于任何其他树种。

暗棕壤的腐殖质层因土壤生物积累作用强，有机质含量高，具有良好的团粒结构，其容重一般低于 1.0 g/cm³。在大兴安岭东坡、小兴安岭和长白山都有分布。暗棕壤形成特点主要表现为弱酸性腐殖质累积和轻度淋溶、黏化过程。针阔混交林每年可归还土壤较多的凋落物，且林下多草本，故土壤表层有较强的腐殖质累积过程，形成暗色腐殖质层。温暖湿润的气候，土壤盐基遭淋失。在腐殖质层之下，水热条件稳定，具有明显的残积黏化过程，形成棕黄色黏化层；土体中下部通常有铁锰胶膜淀积，形成棕色淀积层。暗棕壤腐殖质含量高，表层微酸性，是肥力较高的土壤。在我国，暗棕壤分布地是名贵木材红松的中心产地。平缓坡地可开辟为农田，适合种大豆、玉米，也可栽培人参及发展果树业。

（一）暗棕壤利用

随着国家经济的发展，暗棕壤地区已不能继续进行单一的林业木材生产。随着科学技术的进步，暗棕壤资源的综合开发利用已成为可能，在争取最大社会效益的同时，也能获得更大的经济效益。现对暗棕壤开发利用中应注意的几个问题分述如下：暗棕壤区具有发展林、农、工、商的巨大的潜在资源。肥沃的暗棕壤不仅可提供木材，森林内还蕴藏着经济效益高于木材的各种经济植物。据调查，森林中有常用中药 100 多种，食用野果、野菜及食用菌多种。因此，认真保护森林，贯彻《中华人民共和国森林法》不仅可维护暗棕壤的天然肥力，还可以不断提供药材与绿色食品。暗棕壤区有大面积可供放牧的天然草甸，是发展畜牧业的良好场地，同时林农产品的再加工品（如木材制品、酒、香料等）既可丰富市场，还可出口创汇。过去曾一度片面追求完成出材指标，实行大面积皆伐，而更新造林又不能及时完成，加上育苗、造林的质量不高，造成地面裸露，或采取不恰当的造林整地方法，导致水土流失。因此，应采育并重，采伐不能过量，营林必须加强，实现采育平衡，否则沃土流失，再次恢复森林是很困难的。其恶果不只影响林区，还会造成下游河流泛滥，发生洪涝灾害。暗棕壤区的荒山荒地部分已开垦为农田，由于耕作不合理，平地土壤肥力下降，坡地水土流失严重。一般开垦 3 年后即露出心土，被迫撂荒，甚至恢复草被亦非易事。

（二）暗棕壤保护

对于坡度较大地区，应立即退耕还林；已开垦为农田的，应注意培肥，维护地力，要认真贯彻《中华人民共和国土地管理法》，不能盲目开荒和弃耕，更不能因为挖掘药材、采集山果、开矿筑路等随意破坏森林与土地。主要有以下几点。

1. 合理采伐 合理采伐，一般是指不宜进行大面积的皆伐。对于25°以上的陡坡、石塘上的森林应作为保安林，实行经营择伐，采伐强度应不大于40%。其他林地采伐强度一般也不应大于60%。这样，可以把生长旺盛的幼龄林木合理保存下来，使之很快成材，大大缩短轮伐期。只有对单层同龄过熟林才能采用小面积皆伐，并在皆伐之后立即人工营造针阔混交林，加强抚育管理，使其一步到位，达到顶极群落的最佳状态。总之，只有做到合理采伐、科学管理、综合经营，才能不断扩大森林资源，发挥土地潜力。

2. 因地制宜 对于大面积采伐迹地及火烧迹地，应该迅速采取人工更新，并促进天然更新，尽快恢复成林。

人工更新应注意适地适树。落叶松、红松、水曲柳和胡桃楸等喜肥喜湿，一般应营造在山坡中下部腐殖质中厚层的典型暗棕壤或草甸暗棕壤上，尤其是红松。它是材质优良的树种，对土壤条件要求较高，最适合在草甸暗棕壤和暗棕壤上种植。云杉、桦木等适应性强，能耐瘠薄，可以种植在土壤条件较差的白浆化暗棕壤和灰化暗棕壤上。此外，抚育更新可以采取以下措施。

（1）潜育暗棕壤必须注意开沟排水。

（2）对速生丰产林和种子林，可以考虑施用氮磷肥和石灰，以增加其营养和改善其生态环境。

（3）造林前必须整地，清除地被物，最好进行秋整地。这样不但可以促进土壤有机质的分解，增加地温，缩短造林时间，而且可以提高造林成活率。

3. 合理开发 暗棕壤作为林业基地，主要应作为发展林业之用。但是，为了解决林区部分粮食和蔬菜的供应问题，可以考虑在草甸暗棕壤、潜育暗棕壤以及腐殖质层较厚的典型暗棕壤上适当开垦一定面积，种植粮食作物和蔬菜。

种植作物可选择耐寒早熟的品种，如麦类以及马铃薯、甘蓝、萝卜、白菜等。另外，可根据山区的特点和优势，发展多种经营，如可以养蚕、养蜂和种植果树，以综合利用和开发山地资源。

此外，暗棕壤地区也可以种植人参。积极开发食用菌生产，如人工栽培灵芝等珍贵食用菌和名贵药材也是暗棕壤地区实现综合开发、合理利用的有效途径。

4. 合理利用 除了发展上述种植业外，还可根据山区土地、林草、景观优势，因地制宜开辟林间牧场（养鹿、养牛等），以及拓展旅游、狩猎等业务，真正做到把资源优势转化为经济优势。

第五节 白 浆 土

一、白浆土的分布及成土条件

（一）白浆土的分布

白浆土主要分布在黑龙江和吉林两省的东部，总面积为527.20万 hm²。分布范围大致是北起黑龙江的黑河，南到沈丹铁路线北，东起乌苏里江沿岸，西到小兴安岭及长白山等山脉的东西坡，大兴安岭东坡也有少量分布。黑龙江白浆土面积331.37万 hm²，吉林195.83万 hm²。耕地白浆土面积为166.68万 hm²，其中黑龙江116.36万 hm²、吉林50.32万 hm²。黑龙江三江平原和东部山区的白浆土，占全省白浆土总面积的86%；吉林白山、吉林、延边、通化的白浆土，占全省白浆土总面积的80%。

（二）白浆土的成土条件

1. 气候 白浆土地区的气候条件相对比较湿润，但变异较大。年均降水量500～800 mm，最南端的集安一带可达900 mm以上。白浆土的分布特点和发育程度与降水的地区性分布有较密切的关系，作物生长活跃期（≥10 ℃积温期间）降水量367～509 mm，干燥度0.73～1.00，属于湿润区和半湿润区。年均气温−1.6～3.5 ℃，最冷月平均气温−28.5～−18.0 ℃，最暖月平均气温19.3～22.5 ℃，年变幅38.5～49.4 ℃，≥10 ℃积温为1 915～2 688 ℃，延边河谷盆地高达2 700～2 900 ℃。作物生长期（≥5 ℃的天数）153～179 d，无霜期87～143 d，最长158 d（集安）。

2. 母质 白浆土母质为黄土状母质，是新近纪、第四纪形成的冲积洪积物，质地比较黏重，多为重壤土—轻黏土。白浆土和黑土母质类型相同，但形态性质还是有差异的。白浆土和黑土母质有的黏土矿物均以水云母为主，副矿物中蒙脱石和绿泥石白浆土高于黑土。白浆土母质中<0.002 mm 的黏粒约占 30%，0.002～0.02 mm 的粉沙粒占 40%～50%，粗、细沙粒都比较少，其质地大多为粉沙壤质黏土或粉沙质黏土。对母质进行化学分析发现，白浆土母质的交换性阳离子组成中，钙较少而镁、钠较多，pH 稍高，活性铁锰均高于黑土。白浆土母质呈黄褐色，有黏粒淀积特征。由于母质黏重和冻融的影响，白浆土透水不良，当雨季降水集中时，容易造成土层淀积层以上土壤过湿，形成潜育或滞水层。

3. 地形 白浆土分布的地形是多样性的，从漫岗地到平地乃至洼地均有，主要地貌类型有高河漫滩、河谷阶地及低阶地的平面、平原、山间谷地、山间盆地和山前洪积台地。坡度大、排水良好的地段没有白浆土发育；常年积水的低洼地则形成泥炭沼泽土，也不发育白浆土。按相对高度而言，黑龙江分布在相对高度 30～40 m 的起伏漫岗上的白浆土占全省白浆土总面积的 51.3%，而相对高度 1～2 m 的高平地约占 28.1%，低洼地分布的白浆土占全省白浆土总面积的 20.6%；吉林东部半山区相对高度 300～400 m 的河谷阶地上白浆土分布较为集中，占全省白浆土总面积的 33.9%。由此可知，白浆土随地形的分异，与白浆土亚类的划分相一致，故曾有岗地白浆土、平地白浆土和低地白浆土的名称。

4. 水文 白浆土中的水分补给来源主要是降水，只有分布在高河漫滩的白浆土会受到河水泛滥的影响。白浆土分布地区的地下水埋藏深度变化较大，因不同亚类而异。漫岗地上的白浆土亚类，地下水位为 8～10 m；平地上分布的草甸白浆土和潜育白浆土亚类则为 2～3 m。由于白浆土母质黏重，常形成一个隔水层（地下水的顶板），所以地下水对白浆土形成和发育的直接影响不大。

白浆土质地黏重，特别是它有一个深厚的淋淀黏化层，在降水之后形成临时的上层滞水和地表积水。

白浆土分布地区不管是井水还是泡沼中的水都是浑浊的，有大量的硅酸盐黏粒分散在水中，呈溶胶状态。据分析，水中的 SiO_4^{2-} 含量每升水中达 7～23 mg，使水呈现淡乳白色。往往根据这一特性就可以判断是否为白浆土分布地区。这也是当地群众把这种土壤称为白浆土的原因，即从土壤渗出的水为白浆状。

据白浆土地区地表水和地下水化学分析结果可以看出，该地区河水和井水的化学组成以 HCO_3^- 及 Ca^{2+}、Mg^{2+}、Na^+ 为主。pH 多为中性，个别呈微酸性。河水的矿化度较小，为 71.2～199.9 mg/L；井水的矿化度较大，为 237.2～385.4 mg/L。

5. 植被 白浆土地区的自然植被类型较多，从森林到草甸直到沼泽类型均有，主要群落有红松阔叶林、落叶松-白桦、蒙古栎-桦-椴杂木林、山杨、桦树林、沼柳或毛赤杨灌木丛、小叶樟、薹草、杂类草（五花草）群落，以及其过渡群落等。上述群落反映了白浆土分布地形以及水分条件的多样性。构成该地区群落的乔木树种主要有落叶松、水曲柳、白桦、蒙古栎、山杨、黑桦、椴树等；灌木有毛赤杨、沼柳、榛柴等；草本植物主要为小叶樟、薹草等。总体来说，白浆土的植被基本上是从草甸向森林逐步过渡的类型，随着地势的增高，森林植被逐渐占据优势。

白浆土上的植物根系绝大部分集中于 20 cm 左右的表土层。据报道，白浆土腐殖质层的根量约占总根量的 80%，白浆层占 13.7%，淀积层只占 0.6%。由于根系分布浅，故常见到白浆土上生长的树木有被风吹倒的情景。

二、白浆土的成土过程

白浆土的形成是一个比较复杂的成土过程，截至目前还没有统一的定义和标准。现主要流行较有影响的几种假说：白浆化过程说、潜育淋溶说、黏粒悬浮迁移说、铁解作用说等。

1. 东北区域主要为白浆化过程说 曾昭顺等（1997）在研究三江平原土壤时提出了白浆化概念，用来与灰化和脱碱化相区别，并指出白浆化过程包括 3 个过程：草甸化过程、潜育化过程和淋溶过程。首先，由于雨季表层水分丰富并有短期滞水，发展了草甸、草甸沼泽植被，为表层提供了大量有机质。其次，由于水分集中于表层并干湿交替，因而发生了潜育化过程。在还原状态下，土壤矿物中高价铁锰以低价形式游离出来随水运动；在氧化状态下，低价铁锰变成高价并以结核、锈斑等形式沉淀下来，少量活性铁、锰随水侧渗或下渗。久而久之，形成了白浆层与淀积层。最后，由于白浆土表层水分集中并有滞水，因而表层黏粒一部分侧渗，另一部分淀积到下层。白浆化过程也可能开始于潜育化作用。在低平地段的潜育白浆土和草甸沼泽土，由于长期积水和土壤还原过程的影响，在表层以下和黏重的淀积层以上形成了潜育层。这个潜育层湿时为灰色，干时为白色。受新构造运动的影响，地势抬升或人为排水，都可能使潜育层变白，形成白浆土。

2. 潜育淋溶说　最早是 20 世纪 30 年代由美国 Brown、Baldwin 等土壤学家对分布于平坦地区的全剖面质地有明显分异的类似白浆土的黏盘土（Planosol）提出的发生理论，国内最早是由曾昭顺（1958）提出，并被国内土壤学家所接受，在土壤学文献和土壤学教材中被广泛引用。潜育淋溶说不能解释白浆土淀积层的形成，且只是干湿交替的水分条件，如果没有有机质的参与，不足以引起铁锰的还原。连续测定白浆土各层的氧化还原电位，均在 500 mV 左右，电位值并不因临时性滞水而降低。

3. 黏粒悬浮迁移说　1951 年由法国 Duchaufour 提出，他将这一过程称为拉西维过程（Lessivage），所形成的土壤称为拉西维（Lessive）。他认为，在土壤干湿交替过程中，干时土体出现裂缝和孔道，第一次湿润时，分散的黏粒随水下移，吸附在通过的裂缝和孔道壁上，这样黏化层发育起来，矿物风化释放的铁、铝氧化物随黏粒移至淀积层，使剖面显示出灰壤的一些特征。这一学说阐述了白浆土形成的部分机制，但无法解释白浆土形成过程中黏粒有破坏这一事实。

4. 铁解作用说　铁解作用在土壤化学说中早有阐述，1970 年 Brinkman 用来解释水成剖面中白土层的形成。联合国粮食及农业组织 Dudal 将这一学说推论到所有的黏盘土上，其中包括我国的白浆土。然而，铁解作用必须有酸性条件，而白浆土多属微酸性和近中性（pH 为 5.6～7.0），铁解作用难以发生。

根据多年的研究，可将白浆土的形成分为两个阶段：首先是黏粒的悬浮迁移，这一过程在母质形成后的初期，随着干湿水分条件的出现就已发生，其结果形成黏化淀积层。在地面生长植物，有机质在表层积累。在有机质的参与下，黏粒悬浮迁移受到抑制（土体中占优势的阳离子铁、铝在黏粒和活性有机质分子之间"架桥"，成为凝聚剂），而代以络合淋溶和还原淋溶与部分矿物的蚀变，使已经粉沙化的亚表层进一步脱色形成白浆层。表层由于有机质的积累形成腐殖质层。白浆土的发育过程见图 2 - 35。

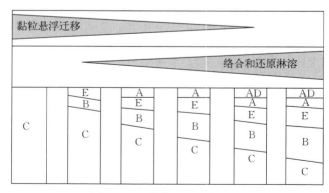

图 2 - 35　白浆土的发育过程

三、白浆土亚类划分与属性

白浆土属淋溶土土纲温湿淋溶土亚纲。白浆土土类，在我国土壤系统分类中大部分被称为漂白冷凉淋溶土。白浆土土类之下分为白浆土、草甸白浆土和潜育白浆土 3 个亚类。

白浆土作为一个土类，其中心概念是具有明显的腐殖质层、白浆层和黏化淀积层。白浆土的3个亚类的划分，依据其分布的地形和植被及其剖面的主要特征比较容易区分。白浆土亚类分布在起伏漫岗地上，是森林植被，多为落叶杂木次生林，剖面中无锈斑；草甸白浆土分布在高平地，是灌木丛草甸杂类草植被，在淀积层中可见到锈斑；潜育白浆土地形低平，是沼泽植被，在白浆层中可见到锈斑。

（一）白浆土

白浆土亚类（图2-36）主要分布在松嫩平原与三江平原的缓斜岗地上。明显的白浆层发育于后层有机质层之下，可以区分出双重母质特性。森林植被一般为红松、白桦、山杨等，其下为沼柳、薹草等。在土壤处于相对湿度下，还原物质铁、锰经侧向漂洗形成较厚的白浆层，底部偶见少量锈斑，排水良好处则无锈斑。本亚类黑龙江和吉林两省共计353.7万hm²，占土类面积的67.09%。

图2-36 白浆土典型景观

代表性剖面（图2-37）采自2010年10月3日，位于吉林省榆树市城发乡李合村粮库西南300 m。地理坐标44°50.943′N，126°44.937′E，海拔193.5 m。母质为第四纪黄土状黏土沉积物；质地较黏重。所处地势较低，排水中等，外排水平衡，渗透率低，内排水差。旱作农田，土壤调查地块为收获的玉米地。剖面形态描述如下。

Ah层：0~28 cm，灰黄棕色（10YR5/2，干），黑棕色（10YR3/2，润），粉黏壤，发育程度良好的5~10 mm大小的团粒结构，疏松，20~50条0~2 mm的细根系，1~20条2~5 mm的粗根系，蜂窝状孔隙，大小0.2~0.5 mm，pH为6.9，清晰波状边界。

E层：28~42 cm，灰白色（10YR8/2，干），黄橙色（10YR6/4，润），粉壤土，发育程度中等的片状结构，坚实，1~20条2~5 mm的粗根系，孔隙0.2~0.5 mm，<2%球形铁锰结核，软硬皆有，pH为6.8，清晰平滑边界。

Btrq1层：42~130 cm，暗赤棕色（10YR3/6，干），暗棕色（10YR3/4，润），黏土，发育程度中等的5~10 mm大小的棱块状结构，很坚实，

图2-37 白浆土代表性单个土体剖面

树枝状孔隙，结构体内有5%~15%明显扩散的≥20 mm大小的铁锰斑纹，孔隙周围有2%~5%模糊鲜明的二氧化硅粉末，结构体表面有2%~5%明显的铁锰胶膜，2%~5%球形2~6 mm大小的铁锰结核，软硬皆有，pH为6.4，渐变平滑边界。

Btrq2层：130~180 cm，橙色（7.5YR6/6，干），棕色（7.5YR4/4，润），黏土，发育程度中等的5~10 mm大小的棱块状结构，极坚实，树枝状孔隙，结构体内有5%~15%明显扩散的≥20 mm大小的铁锰斑纹，孔隙周围有<2%模糊鲜明的二氧化硅粉末，结构体表面有5%~15%明显的铁锰胶膜，2%~5%球形2~6 mm大小的铁锰结核，软硬皆有，pH为6.4。

（二）草甸白浆土

草甸白浆土亚类（图2-38）面积为98.1万 hm²，占土类面积的18.61%。主要分布于台地缓坡下部或较平坦阶地，土壤腐殖质层增厚，可达30 cm，淀积层中锈色斑纹增多。以采用吉林省白河林业局（长白山森工集团白河林业分公司）西的剖面为例，地形为河谷平缓阶地，地下水位2～3 m，母质为河湖黏土沉积物，植被为疏林草甸。

图2-38 草甸白浆土典型景观

代表性剖面（图2-39）采自2011年10月15日，位于黑龙江省虎林市东诚镇复兴村北0.2 km，编号为23-120。地理坐标45°49.233′N，133°2.048′E，海拔83 m。地形为穆棱河—兴凯湖平原平地，坡度＜2°。黄土状母质。年均气温2.5～2.9 ℃，≥10 ℃积温2 310～2 400 ℃，无霜期129～139 d，年均降水量552.2～565.8 mm，6—9月降水占全年降水量的66.8%～72.3%。50 cm土层年均土温5.6 ℃，夏季16.3 ℃，冬季-4.1 ℃。土壤调查地块为已收获的大豆地。剖面形态描述如下。

Ah层：0～22 cm，灰棕色（7.5YR5/2，干），黑棕色（7.5YR3/2，润），粉黏壤，小团粒结构，疏松，很少量细根，pH为6.2，清晰平滑过渡。

E层：22～51 cm，橙白色（7.5YR8/1，干），灰棕色（7.5YR6/2，润），粉黏壤，发育程度强的片状结构，坚实，土体中有很少量很小棕黑色铁锰结核，很少量极细根，pH为6.7，渐变平滑过渡。

Btr层：51～90 cm，浊棕色（7.5YR5/3，干），棕色（7.5YR4/3，润），粉黏土，核状结构很小，无根系，结构体内有少量明显清楚的铁斑

图2-39 草甸白浆土代表性单个土体剖面

纹，结构面有较多三氧化二物胶膜，坚实，pH为6.8，渐变平滑过渡。

BCr层：90～126 cm，灰棕色（7.5YR5/2，干），灰棕色（7.5YR4/2，润），粉黏土，核状结构很小，无根系，结构体内有较多明显清楚的铁斑纹，坚实，pH为6.7，渐变平滑过渡。

Cr层：126～155 cm，浊棕灰色（7.5YR7/1，干），棕灰色（7.5YR5/1，润），粉黏土，小棱块状结构，结构体内有较多明显清楚的铁斑纹，坚实，无根系，pH为6.8。

（三）潜育白浆土

潜育白浆土亚类（图2-40）面积为75.4万 hm²，占土类面积的14.30%。分布于低阶地与低平地，草甸植被繁茂。淀积层或白浆层有锈斑，淀积层发育程度差，棱块状结构发育不明显，具有少量铁锰胶膜。

代表性剖面（图2-41）采自2011年9月27日，位于吉林省辉南县抚民镇四平街村七队。地理坐标42°32.237′N，126°28.021′E，海拔398.0 m。母质为第四纪黄土状沉积物。土壤调查地块为大豆地。剖面形态描述如下。

图 2-40　潜育白浆土典型景观

图 2-41　潜育白浆土代表性单个土体剖面

　　Ap 层：0～18 cm，浊黄橙色（10YR6/3，干），黑棕色（10YR3/2，润），粉黏壤土，发育程度良好的 5～10 mm 的团粒状结构，疏松，20～50 条 0.5～2.0 mm 的细根系，孔隙 0.2～0.5 mm，结构体表面有 2%～5% 显著扩散的 2～6 mm 大小的铁锈斑纹，pH 为 5.8，渐变波状边界。

　　AE 层：18～45 cm，灰白色（7.5YR8/1，干），灰棕色（7.5YR4/2，润），黏壤土，发育程度中等的 5～10 mm 大小和发育程度较好的 10～20 mm 大小的块状结构，坚实，无根系，孔隙 0.2～0.5 mm，极少量片状的风化 6～20 mm 大小的石块，结构体表面有 2%～5% 极显著扩散 2～6 mm 大小的铁锈斑纹，pH 为 5.6，渐变波状边界。

　　Br 层：45～67 cm，灰白色（10YR8/2，干），浊黄棕色（10YR5/4，润），粉黏壤土，发育程度中等的 5～10 mm 的块状结构，坚实，无根系，孔隙 0.2～0.5 mm，少量片状的风化 6～20 mm 大小的长石石块，<2% 软的 2～6 mm 的铁锰结核，pH 为 6.0，渐变波状边界。

　　Bgr 层：67～97 cm，淡橙色（7.5YR7/3，干），棕色（7.5YR4/6，润），粉壤土，发育程度较差的 5～10 mm 大小的棱块状结构，很坚实，无根系，孔隙 0.2～0.5 mm，结构体表面有 2%～5% 极显著扩散 2～6 mm 大小的铁锈斑纹，结构体上可见潜育化现象，pH 为 6.4，渐变波状边界。

　　Cgr 层：97～128 cm，浅黄橙色（10YR8/2，干），淡棕色（7.5YR5/4，润），粉黏壤土，发育程度差的 <5 mm 大小的核块状结构，很坚实，无根系，孔隙 0.2～0.5 mm，结构体表面有 2%～5% 极显著扩散 2～6 mm 大小的铁锈斑纹，结构体上可见潜育化现象，pH 为 6.4。

四、白浆土的形态特征和理化性质

（一）白浆土的形态特征

　　一般情况，白浆土具有腐殖质层（A 层）、白浆层（E 层）、淀积层（Bt 层）和母质层 4 个发生层次。如未开垦的潜育白浆土腐殖质层上还有几厘米的纤维草根层（Oo 层），森林植被腐殖质层上有几厘米的枯枝落叶层（Oi 层），耕地的白浆土表层为耕作层（Ap 层）。白浆土表层的质地多为壤黏土至黏壤土，结构一般为粒状或小团块状，现大部分开垦为农田，多为团粒状结构；白浆层一般较厚，质地多为粉沙黏壤土，由于粉沙含量高，土层紧实，多为片状结构，通体有大量的铁锰胶膜。

　　1. 腐殖质层　通常称为黑土层，粉沙壤土至黏壤土，粒状团块状结构，多呈暗灰色。耕种之后由于有机质的矿化减少或由于部分白浆层的混入，颜色变浅，呈灰色乃至浅灰色，其颜色深浅和该层腐殖质含量有关。其厚度变异很大，8～25 cm 均有。根据 597 个自然白浆土剖面统计，平均厚度为 16.5 cm。3 个亚类相比较为潜育白浆土＞草甸白浆土＞白浆土。

根据黑龙江省土壤普查统计，腐殖质层厚度<10 cm 的占白浆土总面积的 21.4%，10～20 cm 的占 55.6%，>20 cm 的占 23%。在自然状况下，潜育白浆土表层约有 5 cm 的草根层，呈半泥炭化状态，几乎不含矿质土，其下的腐殖质层与草甸白浆土和白浆土相同，均含有多量植物根。但在开垦之后，经 3～5 年，植物根腐解矿化，只存有少量细根。在白浆土和草甸白浆土的腐殖质层中往往有少量的铁锰结核，呈棕褐色，较坚硬，但有些剖面中没有。层次过渡均明显整齐，过渡层一般 2～3 cm。这可能是高度生物富集的表层在分解过程中的中间产物直接作用于亚表层的结果。

2. 白浆层　1985 年，全国土壤分类学术会议所定的土壤野外描述标准化方案中采用 E 表示白浆层。白浆层的颜色比上下层均浅，呈草黄色、浅灰色和白色。

白浆层的质地基本与腐殖质层相似，多为粉沙质壤土至黏壤土。白浆层的厚度根据密山、虎林、鸡西、鸡东等 635 个剖面统计，平均为（20.32±6.47）cm，最厚的达 35～40 cm，最薄的为 7～11 cm。3 个亚类比较，潜育白浆土较薄，平均为 17.6 cm；草甸白浆土居中，约为 20.0 cm；以白浆土亚类最厚，平均为 20.7 cm。这符合地形越高淋溶越强的规律。白浆层的厚度与其上腐殖质层的厚度有一定的关系，在多数情况下，腐殖质层厚的白浆层也厚。白浆层中植物根多为细根，有大量小的孔隙也是其主要特征之一。该层中的新生体在潜育白浆土中可见到锈斑；而在草甸白浆土和白浆土中可见到大小不等的铁锰结核，但不是所有的剖面都如此，少数剖面中很难找到，这可能与母质的含铁量有关。层次过渡通常是明显整齐的。

3. 黏化淀积层　黏化淀积层厚度达 120～160 cm，一般可分为 3 个亚层，即 Bt1、Bt2、Bt3（或 BC）层。3 个亚层的起止深度变化很大，其中 Bt2 为典型黏化淀积层，Bt1 及 Bt3 为过渡层。黏化淀积层的共同特征：质地黏重，为壤黏土至黏土，有的达重黏土，有明显的淀积黏土膜，为棱柱状、棱块状结构，有极少量细根，不同亚类之间颜色深浅、结构大小差别很大。由高到低即白浆土到潜育白浆土，通常是颜色逐渐变深，结构逐渐变小，新生体由结核变为锈斑。白浆土亚类呈暗棕色，为棱柱状及核状结构，结构表面有棕色胶膜及白色粉末，有少量大而硬的铁锰结核，其数量及大小在不同剖面之间差别较大。草甸白浆土呈暗褐色或棕褐色，中核块状结构，Bt1 和 Bt2 层通常有铁锰结核，这种结核颜色也较深，可能是由锰的成分增多所致，结核的硬度也较小，与其过湿的水分条件有关，Bt3 层可见到锈斑。潜育白浆土的 Bt 层，多呈黑灰色或暗灰色，小核块状或近似粒状结构，这种粒状由矿质胶体黏结，表面的淀积黏土膜仍然很明显，具有水稳性，但肥力不高。有些潜育白浆土的 Bt 层，核块状结构较大。

4. 母质层　通常在 2 m 以下出现母质层，质地仍较黏重，但有一些含有少量粗沙，其颜色比较复杂，呈黄棕色、黄色，乃至受潜育化影响而形成灰蓝色。在潜育白浆土的母质层中，往往有铁盘层，被认为是地下水水面的位置，铁盘层之下为灰蓝色的潜育层。

（二）白浆土的水分及物理性质

1. 水分　白浆土的水分补给来源是大气降水。降水易影响到的土层，水分经常处于变动中，称为水分活跃层。这一层的厚度白浆土为 20～40 cm，草甸土为 60 cm，黑土达 80 cm。一次连续降水超过 25 mm，土壤湿度就达到毛管持水量的程度；一次连续降水超过 50 mm，土壤水分即可达到饱和水分状态。白浆土的水分达到饱和含水量时，如果 7 d 不下雨，就消退到作物缺水的程度。计算 1 m 土层的土壤蓄水量，白浆土的"库容"（饱和持水量—毛管断裂持水量）为 148～246 mm，而黑土为 284～476 mm。白浆土的上述水分特性，使其既怕旱又怕涝，成为农业生产上的主要障碍因素之一。综上所述，白浆土水分状况的季节变化，主要受土壤不良的水分物理性质以及气候等因素的影响。其土壤水分的动态，主要集中在土壤表层，干湿交替明显，极易造成上层滞水的现象。

2. 物理性质

（1）质地。白浆土的质地都较黏重，Ah 层及 E 层多为黏壤土，有的为壤黏土，Bt 层为黏土或壤黏土，C 层在正常情况下也多为壤黏土，但在底部出现沙层时，则质地为沙质黏土。

（2）机械组成。机械组成以黏粒（＜0.002 mm）和粉沙（0.002～0.02 mm）为最多；个别层次细沙（0.02～0.20 mm）含量较高，达44%～61%，均出现在平地和低地白浆土中，是受下部沙层的影响所致。白浆层中黏粒的损失和粉沙的相对积累，可从粉沙黏比看出，其值为1.1～2.2，而淀积层的比值均小于1。淀积层黏粒含量和白浆层含量之比称为黏粒淋淀指数，比值大于1.2时，即达到了黏化指标。黏粒在剖面上的分布均呈现上下小、中间大的状况，说明上层的黏粒迁移至下层。

（3）容重。白浆土的容重，腐殖质层在1.0 g/cm³左右，至白浆层增至1.3～1.4 g/cm³，至淀积层为1.4～1.6 g/cm³。

（4）孔隙度。孔隙度除腐殖质层之外，白浆层和淀积层均较差，其通气孔隙都在6%以下。白浆土的淀积层渗透系数每分钟仅为0.002～0.007 cm。

（三）白浆土的矿物及化学性质

1. 矿物和黏土矿物 白浆土的黏粒矿物较多，而且土体各发生层次自上向下有明显递增的趋势。比较矿物全量化学分析资料可知，其规律基本是相同的，土体部分的硅铁铝率为5～7，黏粒部分为2.6～3.7，均呈现上大下小的趋势；但分异不大，说明铁、铝有所移动。白浆土的黏土矿物，多数分析资料均证明其以水云母为主。白浆土中铁的游离度较高，达20%～43%。说明白浆土的铁有较多的蚀变，且表层大于底层。白浆土中铁的活化度也较高，达40%～70%，而黑土、草甸土为30%～50%，说明白浆土中铁易于移动。络合态铁及铁的络合度与土壤腐殖质含量呈显著正相关关系。

2. 化学性质 开垦耕作后的白浆土，耕层有机质含量在4%左右，因受水热条件的影响，潜育白浆土＞草甸白浆土＞白浆土亚类。表层有机质含量丰富，但到白浆层锐减，降到1.0%左右，至淀积层有些剖面稍高于白浆层。白浆层均为微酸性反应。耕层中全氮0.2%左右；全磷0.1%左右；全钾通体均较丰富，为2.5%左右。交换性阳离子组成中以钙、镁为主，含有少量的钠，钠的饱和度达3%～10%，而以白浆层为高。这可能是白浆层黏粒易于分散迁移的原因之一。白浆土属盐基饱和的土壤，盐基饱和度为70%～90%。

（1）白浆土的酸碱度。白浆土各亚类水浸pH一般为5.0～6.0，个别土层略大于6。腐殖质表层80%属于微酸性，5%为酸性，15%为中性；酸性均出现在有机质含量较高、淹水时间较长的潜育白浆土上，而中性多在白浆土亚类上。各层次之间比较，白浆层和淀积层出现中性的频率最高，达25%和43%，3个亚类的规律是相同的。3个亚类比较，淀积层和过渡层（BC层）的pH较为一致；但腐殖质层和白浆层的pH以白浆土亚类为最高，其次是草甸白浆土，而潜育白浆土最低。亚类和层次之间pH的不同与有机质含量、交换性阳离子组成及母质性质有关。

（2）白浆土开垦后有机质的变化。在不受土壤侵蚀影响的条件下，白浆土开垦后，土壤有机质的减少，开始快，后来慢，逐渐趋向相对稳定。在有机质含量为6%的荒地白浆土上，开垦3年后有机质下降到4.6%。这一阶段有机质减少，速效养分增多，是土壤熟化的表现。开垦15年后有机质下降到3.4%，与开垦3年后相比，有机质下降1.2个百分点，平均每年下降0.1个百分点。开垦30年后有机质含量仍保持在3.2%，与开垦15年后相比，有机质下降0.2个百分点，平均每年下降0.013个百分点。

（3）白浆土腐殖质的组成。开垦后随着腐殖质含量的降低，胡敏酸和富里酸均相应减少，但减少的幅度较小。富里酸的减少量稍多于胡敏酸，而胡敏酸在开荒初期急剧减少，3年之后趋于稳定。胡敏酸与富里酸的比值，荒地为0.94，开垦后增至稍大于1。

（4）白浆土养分状况。耕层白浆土有机质含量平均2.4%～8.6%，全氮0.12%～0.40%，碱解氮131～330 mg/kg，有效磷7.9～28.2 mg/kg，速效钾93～273 mg/kg。除有效磷外，均以潜育白浆土最高，草甸白浆土次之，而白浆土亚类最低。有机质和全氮变异较小，而速效养分变异较大。其中，尤以有效磷变异最大，变异系数达75%～131%。

五、白浆土的利用及改良

(一)白浆土利用现状及评价

白浆土传统上被认为是低产土壤。但什么算低产土壤,从来也没有一个统一、明确的标准。各地划分低产田多以产量为依据,而白浆土在风调雨顺时可以获得较高的产量。同时,白浆土不需要特殊的措施进行改良,一般的农业措施(如施肥、耕作等)对任何土壤都是需要的。因此,白浆土不是低产土壤。

白浆土确实不如黑土和草甸土的肥力高。白浆土土体构型不好,这是因为它的腐殖质表层薄,在表层之下有一漂白的、养分贫瘠的白浆层,其下还有一很厚的渗透性很差的黏化淀积层。潜在肥力较低,物理性质差,特别是那些腐殖质层薄、有机质含量低的白浆土。但白浆土有一层透水性差的黏化淀积层,不会漏水,低产白浆土如果开辟为水田,则可获得高产。

过去着眼于白浆土养分的贫瘠,认为白浆土的障碍因素就是白浆层,通过增厚肥沃的表土层进行改良。但是,近年来的生产实践和科学试验结果认为,白浆土的主要障碍因素是物理性质不良。如果这个问题不解决,通过施肥措施达到营养丰富状态也不能实现高产。关键问题是白浆土普遍存在淋溶淀积黏化层,特点是水容量小,一下雨就涝,不下雨就旱,抗逆能力弱。因此,改良物理性质是主要的;黑土层的加厚、白浆层的消除也有助于改良表层物理性质,但对黏土层不产生影响,因而其改良效果是有限度的。

(二)白浆土的改良

白浆土的改良措施包括施用石灰、秸秆还田、种植绿肥、客土加沙、增施泥炭、深耕深松、种稻改良等。其中,秸秆还田和利用机械在不打乱表层肥沃土层的情况下,使白浆层与部分淀积层混拌,改变两个障碍土层的机械组成和土壤结构,从而改良白浆土。这个办法是最值得提倡和推广的。

第六节 棕 壤

一、棕壤的分布及成土条件

(一)棕壤的分布

东北地区棕壤集中分布在暖温带湿润地区的辽东半岛,并延伸至吉林境内西南边缘的低山丘陵,总面积为 499.13 万 hm^2。在水平分布上,棕壤与褐土、黑土、草甸土等构成多种土壤组合;在垂直分布上,棕壤与褐土、暗棕壤、白浆土、粗骨土、石质土等构成各自的土壤带谱或复区共存。吉林棕壤总面积 1.50 万 hm^2,零星分布于北起大黑山、吉林哈达岭、龙岗山,南到老岭山系的局部低山丘陵山麓台地和黄土台地,主要在四平市的梨树县和郊区、通化市的集安市与通化县;辽宁棕壤面积为 497.63 万 hm^2,主要分布于辽东山地丘陵及其山前倾斜平原(不包括石灰岩、钙质砂页岩山地丘陵)、辽西山前倾斜平原和冲积平原。此外,棕壤还广泛出现在辽西山地的医巫闾山、努鲁尔虎山和松岭山脉的垂直带中,位于褐土和淋溶褐土之上。

(二)棕壤的成土条件

1. 气候 棕壤分布区具有暖温带湿润半湿润的气候特征,一年中夏季多雨,冬季干旱,雨热同步,干湿分明,从而为棕壤的形成创造了较好的气候条件。年均温度 5~15 ℃,≥10 ℃积温 2 700~4 500 ℃,年降水量 500~1 200 mm,干燥度 0.5~1.4,无霜期 120~220 d。但由于受冬季季风、海陆位置及地形影响,东西之间地域性差异极明显。

2. 母质 棕壤形成于不同类型的非钙质母质上。基岩风化物以酸性结晶岩类为主,其次有基性结晶岩类、结晶片岩类、砂页岩类和石英质岩类;松散沉积物以黏黄土为主,其次有坡积物、洪积物、冰碛冰水沉积物和冲积物。

3. 地形 辽宁棕壤分布区以山地丘陵为主。地面经过长期切割,地表较为破碎,多为 200~

500 m的丘陵，少数山体超过1 000 m。其母质为非钙质的残坡积物和土状堆积物。非钙质残积物以岩浆岩为主，变质岩次之，而沉积岩较少。山地土壤风化物厚度通常为0.5～2.0 m，只有花岗岩、片麻岩岩体构成的剥蚀平原风化物厚度达5～6 m，深者10 m以上。在暖温带生物气候条件下，风化物中的易溶性盐和碳酸盐淋失，致使风化物呈微酸性至酸性反应。非钙质土状堆积物包括黄土、洪积物、冰水沉积物等。在辽宁地区，常见黄土分布于山麓平原、盆地、岗地和河谷阶地，也屡见覆盖于变质岩和花岗岩之上，但厚度一般为4～5 m，厚者可达10 m以上。非钙质洪积物主要分布于山麓缓坡地段、洪积扇、山前倾斜平原和沟谷高阶地上，厚1～3 m或更深，呈微酸反应。非钙质冰水沉积物主要分布于辽东山地丘陵的高阶地和低丘上，厚度一般为3～4 m或更深，其特征与非钙质黄土相似，也呈微酸性反应。

4. 水文 发育程度良好的棕壤，特别是发育于黄土状母质上的棕壤，质地细，凋萎系数高，达10%左右，田间持水量达25%～30%，故保水性能好，抗旱能力强。棕壤的水分季节变化有以下特点：表层30 cm的水分季节变化最明显，80 cm以下相当稳定；每年3—6月为水分消耗时期，7—11月为水分补给时期。对作物供水来说，除5—6月土壤水分缺少外，其余时期均相对充足。

棕壤的透水性较差，尤其是经长期耕作后形成较紧的犁底层，透水性更差。在坡地上，降水由于来不及全部渗入土壤而产生地表径流，引起水土流失，严重时表土层全部被侵蚀掉，黏重心土层出露地表，肥力下降；在平坦地上，如降水过多，表层土壤水分饱和，会发生洪涝现象，作物易倒伏，生长不良。

5. 植被 棕壤分布区的暖温带原生中生落叶阔叶林植被残存无几，目前为天然次生林，主要植被类型如下：①沙松、红松阔叶混交林，分布在辽东山地丘陵，此外还有蒙古栎林。②油松林，主要分布于辽东山地西麓、医巫闾山南麓等山地的海拔1 100～1 600 m地段。油松纯林是人为干预的暂时林相，林下多为湿润的灌木和草本植物。③落叶阔叶林。辽东栎林主要分布于辽东地区北部的低山丘陵、千山山脉西麓、医巫闾山阳坡，北端盖州的五台山海拔1 300～1 800 m的地段。

二、棕壤的成土过程

棕壤的成土过程基本特点是有明显的淋溶作用、黏化作用和较强烈的生物富集作用。

（一）淋溶作用

棕壤在成土过程中产生的碱金属和碱土金属等易溶性盐类均被淋溶，土体中无游离碳酸盐存在。土壤胶体表面部分为氢铝离子吸附，因而产生交换性酸，土壤反应呈微酸性至酸性。但在耕种或自然复盐基的影响下，土壤反应接近中性，盐基饱和。

（二）黏化作用

棕壤在成土过程中形成的次生硅铝酸盐黏粒，随土壤渗漏水下移并在心土层淀积形成黏化层，其黏粒含量与表层之比≥1.2。据微形态观察，剖面中下部常见于基质、骨骼粒面、孔壁上有岛状定向黏粒胶膜、带状定向黏粒胶膜、流状黏粒胶膜、流状泉华。另外，在骨骼粒面、孔壁上也有纤维状光性定向胶膜，说明黏化层的形成是淀积黏化与残积黏化共同作用的结果。

（三）生物富集作用

棕壤在自然植被条件下，落叶阔叶林生长繁茂并进行着强烈的生物富集作用。土壤表层形成一定厚度的腐殖质层，腐殖质含量可达3%以上，其他各种元素也明显富集于表层。耕垦后的棕壤，由于生态条件的改变、土壤侵蚀的发生，生物富集作用减弱，腐殖质层逐渐变薄，颜色变浅，有机质及多种养分含量下降。保持与提高棕壤肥力是棕壤自然资源合理利用的一个重要问题。

三、棕壤亚类划分与属性

根据土壤发生分类，棕壤土类属于淋溶土土纲湿暖温淋溶土亚纲。棕壤土类下分4个亚类：棕壤、棕壤性土、白浆化棕壤、潮棕壤。

棕壤在黑土区分布极少，仅分布于辽宁和吉林的西南少部分地区。从暖温带到寒温带，从山地针叶林到黑钙土、栗钙土、盐碱土带均有分布。其中，河谷低地的狭窄地带分布比较集中，如黑龙江、松花江、辽河及其主要支流的沿岸地区。

（一）棕壤

棕壤（图2-42）是具有该土类中心概念及典型形态特征的亚类，广泛分布于辽宁的山地、丘陵、台地、高阶地与山前洪积冲积扇平原。此外，在吉林平原区过渡带与地带性土壤——黑土呈小面积交错分布。棕壤形成于花岗岩、片麻岩、石英岩、片岩、安山岩、玄武岩、非钙质的砂页岩、黄土、冰水沉积物、坡积洪积物、洪积冲积物等成土母质上。棕壤开垦历史较久，多作为农田、果园、蚕园或生长灌草。现有林地多为人工林，而地带性森林植被残存无几。棕壤具有发育程度良好的剖面，其剖面构型为A-B-C。在森林植被下，表土（A层）具有明显的凋落物层（2～3 cm）和腐殖质层，腐殖质

图2-42　棕壤典型景观

剖面厚度可达70～100 cm。垦殖后的棕壤，表土的暗腐殖质层消失而形成耕种熟化层（Ap层）和犁底层（P层），但未改变棕壤的基本特征。其下为黏化特征明显的心土层（Bt层），其颜色取决于母质类型，呈棕色、红棕色或黄棕色，质地黏重，具有稳固的棱块状或棱柱状结构，结构面被覆铁锰胶膜，有时附有二氧化硅粉末，结构体中常见铁锰结核，这是棕壤亚类最显著的特征。心土层之下为母质层（C层），色泽通常近于母质本身，但花岗岩半风化物多呈红棕色。

代表性剖面（图2-43）采自2011年9月24日，位于吉林省集安市太王镇上解放村变电站北500 m，编号为22-108。地理坐标41°11.654′N，126°17.483′E，海拔217 m。成土母质为第四纪黄土状沉积物。分布于丘陵黄土状台地上部。植被为杂草。剖面形态描述如下。

Ah层：0～17 cm，淡橙色（7.5YR6/4，干），棕色（7.5YR4/4，润）；壤土，发育程度良好的5～10 mm大小的团粒状结构，稍坚实；50～100条0.5～2.0 mm的细根系；<2%角状风化石块；pH为6.2；向下平滑渐变过渡。

AB层：17～44 cm，橙色（7.5YR6/6，干），明棕色（7.5YR5/6，润）；粉质壤土，发育程度较好的10～20 mm大小的块状结构，坚实；20～50条0.5～2.0 mm的细根系；pH为6.4；向下平滑渐变过渡。

Bt层：44～85 cm，浅橙色（7.5YR8/6，干），明棕色（7.5YR5/6，润）；粉质壤土，发育程度较差的<5 mm大小的和发育程度较好的10～20 mm大小的块状结构，坚实；无根系；<2%角状风化石块；pH为6.8；向下平滑渐变过渡。

图2-43　棕壤代表性单个土体剖面

C层：85～125 cm，橙色（7.5YR6/6，干），棕色（7.5YR4/6，润）；粉质壤土，发育程度较差的<5 mm大小的和发育程度较好的10～20 mm大小的块状结构，很坚实；无根系；pH为6.8。

（二）棕壤性土

棕壤性土（图2-44）是弱度发育阶段剖面分化不明显的一类棕壤，主要分布于剥蚀缓丘、低山丘陵、中山山坡及山脊，常与粗骨土、石质土镶嵌分布。成土母质以花岗岩、片麻岩风化物为主，其

次为石英岩、片岩、安山岩和无石灰性砂页岩风化物。目前多为林草地，部分开辟为农地、果园或特殊用地。棕壤性土的剖面土体较薄，通常不超过50 cm，厚者在60 cm以上；其下多半为风化母岩。剖面构型为A-(B)-C或O-A-(B)-C。原生矿物风化弱，土体石质性或粗骨性强；剖面发育不明显。自然植被多为疏林、灌丛草类。在良好森林植被下，有厚1～5 cm的枯枝落叶层。A层常有厚3～10 cm的根系密集层，有机质含量高，结构良好，色泽较暗，质地较轻。其下为发育不明显的棕色心土层（B层），黏粒含量很低，与表层黏粒含量之比大于1.0。再下为半风化母质层（C层），含岩石碎屑体，色泽较鲜艳，但因岩性而异。

图2-44　棕壤性土典型景观

代表性剖面（图2-45）采自2011年9月25日，位于吉林省集安市果树场303国道东60 m。地理坐标41°09.079′N，126°12.314′E，海拔245 m。成土母质为岩石风化残积物、坡积物。分布于低山丘陵坡中下部。旱田，种植玉米。剖面形态描述如下。

Ap层：0～18 cm，灰棕色（10YR6/2，干），黑棕色（10YR3/2，润）；粉质壤土，发育程度良好的5～10 mm大小的团粒状结构，稍坚实；20～50条0.5～2.0 mm的细根系；2%～5%不规则的风化长石粗砾；pH为5.9；向下波状清晰过渡。

Bw层：18～38 cm，浊黄橙色（10YR7/3，干），浊黄棕色（10YR4/3，润）；黏质壤土，发育程度中等的10～20 mm大小的团块状结构，稍坚实；20～50条0.5～2.0 mm大小的细根系；40%～80%不规则的风化长石粗砾；pH为6.0；向下波状清晰过渡。

图2-45　棕壤性土代表性单个土体剖面

C层：38～50 cm，浅黄橙色（10YR8/3，干），黄棕色（10YR5/6，润）；黏质壤土，发育程度中等的10～20 mm大小的块状结构，坚实；20～50条0.5～2.0 mm大小的细根系；不规则的风化长石粗砾；pH为6.1。

（三）白浆化棕壤

白浆化棕壤是指腐殖质层或耕层以下具有"白浆层"的棕壤，这是区别于棕壤其他亚类的最重要特征，主要分布在辽宁的低丘陵、高阶地、缓岗坡地。成土母质为中酸性基岩风化物和非钙质土状堆积物。自然植被多为栎林、松栎林、桦林、人工落叶松林。白浆化棕壤剖面的形态特征是在心土层（B层）之上为白浆化土层。剖面构型为A-E-B-C或AE-B-C。白浆层呈灰白色或浅灰色，质地为沙壤土或壤土，结构不明显或略呈片状结构，有时有锈纹斑，有或无铁锰结核。淀积层多呈棕色，质地黏重，棱块状结构，结构面和裂隙有铁锰胶膜，有或无二氧化硅粉末。母质层为岩石半风化物或土状堆积物。

（四）潮棕壤

潮棕壤又称草甸棕壤，除具有棕壤典型特征外，在成土过程中还受地下水升降活动的影响，土体下部形成锈纹锈斑，这是潮棕壤有别于其他棕壤亚类的主要特征。潮棕壤主要分布于山地丘陵区的山前平原和河谷高阶地。母质为非钙质土状堆积物。表土层（耕作层）多为沙壤土至黏壤土，黏粒含量8.8%～24.3%。心土层质地为黏壤土至壤黏土，黏粒含量25%～40%，黏化率>1.5。群众将这种上轻下黏的质地剖面构型称为"蒙金地"。部分发育于洪积和洪冲积母质的潮棕壤，土体中尚含一定的石砾。

四、棕壤的理化性质

（一）棕壤的物理性质

1. 机械组成 棕壤剖面间和发生层次间的机械组成变幅较大，从黏壤土至粉沙质黏土均有；发育在黄土状沉积物上的棕壤黏粒（<0.002 mm）含量比发育在酸性岩风化物母质上的高；发育在两种母质上的土壤，Bt 层的黏化率都在 1.2 以上；麻沙质棕壤化学风化作用强，黏化层出现部位比黄土质棕壤浅，且黏化层较厚。

2. 矿物组成 棕壤在湿润暖温带生物气候条件下，成土地球化学过程的特点是在弱酸性环境以及淋溶和排水条件下，原生矿物的蚀变促进水云母和绿泥石转化为蛭石。矿物蚀变过程主要是黑云母—水云母—蛭石（绿泥石），长石—水云母—蛭石—蒙脱石—铝蛭石—高岭石。因此，不论水平分布或是山地垂直带的棕壤，其指示性黏粒矿物均以水云母、蛭石为主；但因成土母质和地区差异，黏粒矿物的伴生组合类型存在一定差异。

3. 矿质含量 多在 0.6% 左右，氧化镁为 0.8%～1.0%，氧化钾为 2.2%～2.5%，氧化棕壤土体矿物的化学组成中仍有一定量的碱土金属和较多的碱金属。氧化钙含量为 0.3%～2.0%；磷、锰含量很少，前者多为 0.1%～0.2%，后者多为 0.04%～0.1%，表明棕壤有明显的淋溶作用。

（二）棕壤的化学性质

棕壤呈微酸性反应，pH（水浸）多为 5.0～7.0，交换性酸总量多为 0.15～1.00 cmol/kg，有的可高达 3.0～6.0 cmol/kg，随着剖面加深而明显增高。麻沙质棕壤交换性酸总量明显高于黄土质棕壤。棕壤的交换性盐基以钙、镁为主，一般占交换性盐基总量的 95% 左右，盐基交换量多为 15～20 cmol/kg；盐基饱和度高，一般在 95% 左右，心土层及底土层盐基饱和度明显下降。棕壤的腐殖质组成中以胡敏素含量最高，约占有机碳量的 65%，腐殖酸约占 35%，其中以富里酸略高于胡敏酸，胡敏酸与富里酸的比值为 0.80～1.00。棕壤的成土母质不同，腐殖质组成比例稍有差别。麻沙质棕壤胡敏酸与富里酸的比值略低于黄土质棕壤，前者为 0.82，后者为 0.96；而土壤肥力以后者较高。

五、棕壤的利用及改良

针对棕壤土层薄、质地黏重、板结、肥力低等特性，在利用及改良方面，应注意深松改土，打破犁底层，逐渐加深耕层，增加活土层，改善土壤结构状况，增加通透性。当前的问题主要是尽量减少水土流失，防止肥力继续下降。对于台地黄土质棕壤，应大力增施农家肥，深耕客土，采取粮草轮作、间作以及实行根茬、秸秆还田等措施逐步恢复土壤肥力；对于山地麻沙质棕壤，应统筹规划，进行综合治理，做到生物措施（横坡打垄、等高种植、混作密植、沿等高线带状种植牧草和绿肥等）、林业措施（营造防护林、沟壑造林、营造水源林等）、工程措施（修等高沟埂、截水沟、沟头防护、营造水平梯田等）三结合，达到保护耕地、防止水土流失的目的；对于坡度大、水土流失严重的"挂画地"，宜退耕还林、还牧，或发展林果生产。总的原则是合理利用土地，做到宜农则农、宜林则林、宜牧则牧。

棕壤坡耕地经过治理，特别是修筑梯田后，必须做好土壤改良，才能提高产量。除修筑梯田时注意不要把表土翻到下层、尽量把原土留在地表外，还要注意采取耕作措施和施用有机物料或农家肥等改良培肥土壤。

第一节　黑土耕地肥力演变过程

一、黑土演化过程

（一）黑土开垦期

1. 土壤有机质快速下降与肥力快速上升过程　黑土开垦期农田形成过程，首先是植被改变，其次是土壤扰动，再次是施肥改变土壤 C/N，最后是人类其他农业活动的影响。通过机械和人工，将 0～20 cm 土层的土壤旋转 180°，地上 10 t 植物立刻死亡，并进入 0～20 cm 土体，地下近 10 t 根系被切成数段，混于土壤中。耕翻的目的是对植被进行灭生，防止将来与作物竞争生长空间和土壤水分、养分。此刻，土壤中瞬间进入了大量的有机物料，改变了土壤中的有机质含量和 C/N。土层旋转还改变了土壤的透气性，增加了空气进入土壤的数量，使土壤容重由 1.05～1.10 g/cm³ 减少为 0.91～1.05 g/cm³；改变了土壤温度，使 0～50 cm 土体迅速增温，微生物可以快速分解土壤易分解部分的有机质。夏季来临，雨热适宜，可是没有植物生长在土壤上，也没有新的有机物料回归土壤，生物小循环圈断裂。这个过程基本会持续一个夏季。第一年种植大豆，常规生产不施任何肥料或者施少量重过磷酸钙，每公顷折合 P_2O_5 30～35 kg，秋天再次用机械或人工将 0～20 cm 土层土壤旋转 180°，此次目的是再次彻底灭草、提温、透气。第二年种植小麦，每公顷小麦施用磷酸氢二铵 120 kg、重过磷酸钙 75 kg，普通小麦一般生长期 100 d 左右，于 8 月初收获。小麦收获后，立刻用大型拖拉机深翻整地。此时正值高温多雨，加上种植小麦所施用的氮肥残效，改善了土壤 C/N，更有利于微生物分解土壤有机质。接下来，持续采用玉米-大豆轮作，经历 8 年左右，土壤有机质快速下降，土壤 C/N 也快速降低。将野外调查和模拟反演后的结果列入表 3-1。

表 3-1　开垦不同年限后 0～20 cm 土层土壤肥力变化

指标	自然土壤	开垦 2 年	开垦 8 年	开垦 15 年	开垦 30 年	开垦 50 年	开垦 100 年
有机质（%）	9.58	8.62	7.14	6.05	5.41	5.19	5.07
全氮（g/kg）	5.23	4.45	3.89	3.52	2.71	2.26	2.01
速效氮（mg/kg）	151	187	205	219	261	203	195
玉米产量（kg/hm²）		3 159	4 083	4 539	4 601	4 112	3 192
小麦产量（kg/hm²）		2 176	3 693	3 314	3 297	2 859	2 518
大豆产量（kg/hm²）		1 595	2 125	2 198	2 204	1 961	1 967

2. 土壤有机质缓慢下降与肥力缓慢上升过程　黑土农田已形成了固定的轮作、施肥和耕作制度，土壤 C/N 继续调整，肥力与无肥田产量变化见表 3-1。黑土开垦 8～15 年，土壤有机质和全氮含量缓慢下降，而速效氮含量有所增加，玉米和大豆产量有所增加，土壤肥力处于缓慢上升过程。

3. 土壤有机质慢慢下降与肥力缓慢上升过程　黑土农田已形成了固定的轮作、施肥和耕作制度，土壤 C/N 继续调整。这个时期生产上加大了氮肥的投入，产量持续增高，肥力与无肥田产量变化见表 3-1。黑土开垦 15～30 年，土壤有机质和全氮含量均处于慢慢降低过程，此时无肥田产量有所增加，土壤肥力处于缓慢上升过程。

（二）黑土稳定利用时期

黑土稳定利用时期大约从开垦 30 年开始，向 3 个方向发展，即地力提升、地力维持、地力持续下降，对应 3 个过程，即土壤肥力提升过程、土壤肥力维持过程、土壤肥力退化过程（图 3-1）。

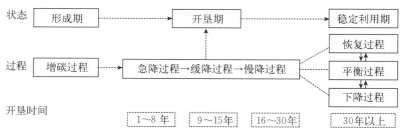

图 3-1　自然土壤向农业土壤过渡过程

二、自然土壤开垦为农田土壤

（一）黑土物理性质恶化

自然状态下的黑土团粒结构丰富，容重较低。20 世纪 60 年代初，所挖黑土剖面回填土填不满，其他土类不仅可填满，且要高出地面一截。经过一段时间的开垦，黑土容重增加，土壤表层变紧实，田间持水量变小，土壤由冷浆变为热潮，速效养分增加，适合种植多种作物。开垦超过 10 年后，如果不注意培肥，黑土生产力就会降低。尤其是实行家庭联产承包责任制以来，由于分散经营及多年连作，难以实施深翻，使犁底层明显变浅，大多数农户不施有机肥，使土壤物理性质更加恶化，土壤保水能力显著下降，遇大雨即产生径流而造成水土流失。

随着黑土腐殖质层的逐渐变薄和腐殖质含量的不断降低，土壤一系列物理性质也渐趋恶化，主要表现在土壤容重增大，孔隙减少，通透性变差，持水量降低（表 3-2）。自然黑土表层容重多为 1.0～1.2 g/cm³，而目前黑土耕层容重为 1.10～1.47 g/cm³，平均 1.29 g/cm³，比开垦前平均增大 0.29 g/cm³ 左右。

表 3-2　黑土开垦后物理性质的变化

土地利用状况	深度 （cm）	容重 （g/cm³）	田间持水量 （%）	总孔隙度 （%）	最低通气度 （%）
荒地	0～30	0.79	57.7	67.9	22.3
开垦 20 年	0～30	0.85	51.5	66.6	22.8
开垦 40 年	0～30	1.06	41.9	58.9	14.5
开垦 80 年	0～30	1.26	26.6	52.5	35.8

物理性质的恶化导致黑土区土壤保水保肥性能减弱，抵御旱涝能力降低，土壤日趋板结，耕性越来越差。

厚层黑土、中层黑土、薄层黑土及侵蚀黑土的物理性质见图 3-2、图 3-3、图 3-4、图 3-5。耕层土壤容重由厚层黑土向中层黑土、薄层黑土、侵蚀黑土依次递增，耕层以下趋势也基本一致；土壤总孔隙度由厚层黑土向中层黑土、薄层黑土、侵蚀黑土依次递减；耕层土壤有效持水能力由厚层黑土向中层黑土、薄层黑土、侵蚀黑土耕层依次递减，耕层以下差异不大；耕层土壤最大蓄水能力按薄

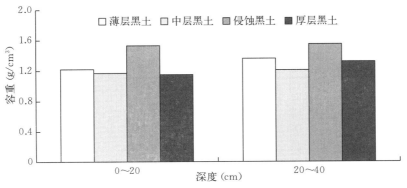

图 3-2　农田黑土土壤容重

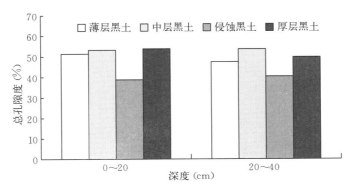

图 3-3　农田黑土总孔隙度

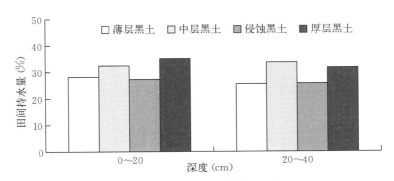

图 3-4　农田黑土田间持水量

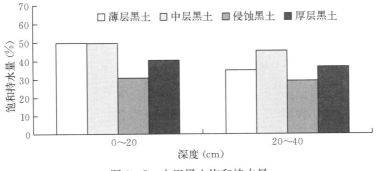

图 3-5　农田黑土饱和持水量

层黑土、中层黑土、厚层黑土、侵蚀黑土依次递减，耕层以下则按中层黑土、厚层黑土、薄层黑土、侵蚀黑土依次递减。土壤团聚体厚层黑土大于 1 mm 的耕层占 75.39%、耕层以下占 82.25%、中层黑土大于 1 mm 的耕层占 88.06%、耕层以下占 92.39%（表 3-3）。

表 3-3　黑土团聚体测定结果

粒级（mm）	深度（cm）	含量（%）	
		厚层黑土	中层黑土
>10	0~20	14.95	16.35
	20~40	27.50	12.73
7~10	0~20	13.44	16.30
	20~40	14.31	21.68
5~7	0~20	10.84	16.47
	20~40	11.04	18.90
3~5	0~20	21.46	24.99
	20~40	15.63	24.19
1~3	0~20	14.70	13.95
	20~40	13.77	14.89
0.25~1	0~20	22.99	11.51
	20~40	14.12	7.39
<0.25	0~20	4.88	0.45
	20~40	3.65	0.07

注：由于实际测定过程中有误差，含量百分比数据相加不等于 100%。

黑土地区的干燥度≤1，气候条件比较湿润。年降水量 500~600 mm，大部分集中在 4—9 月，雨热同季，有利于植物生长。水热条件较好，适应各种植物生长，土地覆盖植被以杂草群落为主，为草原化草甸植被。开垦以后，由于土地利用/覆盖发生变化，土壤水环境受到了巨大的影响。图 3-6 表明，在春季融冻返浆期（5 月 5 日），在降水量相同的条件下，以草原化草甸植被覆盖土地的自然土壤 1 m 土层储水量（529 mm）为 100%，则开垦 2 年农田土壤储水量（421 mm）为 79.6%，下降

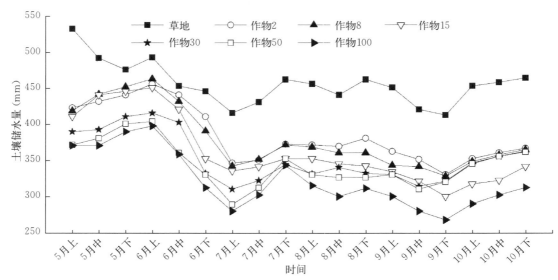

图 3-6　黑土覆盖、黑土利用变化对土壤水分影响

注：2、8、15、30、50、100 为开垦年限。

20.4%；开垦 8 年土壤储水量（420 mm）为 79.4%，下降 20.6%；开垦 15 年土壤储水量（409 mm）为 77.3%，下降 22.7%；开垦 30 年土壤储水量（385 mm）为 72.8%，下降 27.2%；开垦 50 年土壤储水量（374 mm）为 70.7%，下降 29.3%；开垦 100 年土壤储水量（374 mm）为 70.7%，下降 29.3%。在夏季干旱期（7 月 5 日），以草原化草甸植被覆盖土地的自然土壤 1 m 土层储水量 409 mm 为 100%，则开垦 2 年农田土壤储水量（337 mm）为 82.4%，下降 17.6%；开垦 8 年土壤储水量（335 mm）为 81.9%，下降 18.1%；开垦 15 年土壤储水量（324 mm）为 79.2%，下降 20.8%；开垦 30 年土壤储水量（305 mm）为 74.6%，下降 25.4%；开垦 50 年土壤储水量（292 mm）为 71.4%，下降 28.6%；开垦 100 年土壤储水量（283 mm）为 69.2%，下降 30.8%。在秋季蓄水期（10 月 25 日），以草原化草甸植被覆盖土地的自然土壤 1 m 土层储水量 462 mm 为 100%，则开垦 2 年农田土壤储水量（371 mm）为 80.3%，下降 19.7%；开垦 8 年土壤储水量（371 mm）为 80.3%，下降 19.7%；开垦 15 年土壤储水量（343 mm）为 74.2%，下降 25.8%；开垦 30 年土壤储水量（354 mm）为 76.6%，下降 23.4%；开垦 50 年土壤储水量（359 mm）为 77.7%，下降 22.3%；开垦 100 年土壤储水量（324 mm）为 70.1%，下降 29.9%。

利用 3 个水分时期参数对黑土区进行模拟计算可以看出，百年前黑土地区土地为自然土壤，覆盖物为草原化草甸植被，春季返浆期全区土壤储水量可达到 249 亿 t，相当于一个超大型水库；百年后土地转化为农田，覆盖物为作物，其全区土壤储水能力为 192 亿 t，减少 57 亿 t，相当于一个大型水库中的水耗尽。从上述这些数据可以看出，土壤储水量取决于土地利用方式和土地覆盖物，自然植被土壤蓄水量大，保水力强，土壤蒸散量小。其动力学机制主要是土壤物理性质好，土体构型未遭到人类活动的影响和自然植被覆盖下土壤水分蒸散量小。在农田土壤的作物覆盖下，土壤储水容量和储水能力显著降低，与开发年限不呈极显著关系。由图 3-6 可以看出，开垦后土壤储水量迅速下降了 20% 左右，而后的 100 年来仅下降了 9 个百分点。在同一土地利用方式和同一覆盖物条件下，土壤储水量取决于人类活动方式。在农田利用方式下和作物覆盖条件下，开发利用年限越长，土壤结构破坏越严重，储水量越少，但这种变化速度相当缓慢。

（二）黑土化学性质退化

黑土化学性质退化主要表现为养分平衡失调以及营养元素含量降低，由于在作物生长过程中不重视营养元素的投入或投入营养元素比例不合理，造成土壤大量元素和微量元素的缺乏。

1. 黑土有机质含量变化特征　有机质含量丰富是黑土的重要特征。黑土肥力的高低，在很大程度上取决于土壤有机质数量的多少和品质的好坏。黑土腐殖质层都较深厚，一般为 30~70 cm，个别岗坡的下部高于 70 cm，少数陡坡处低于 30 cm。黑土耕层（0~20 cm）有机质含量一般为 6.48×10^4~13.00×10^4 kg/hm^2，随着开垦年限的增加以及地域性的差异，黑土有机质含总的趋势是从北向南逐渐降低。根据黑龙江土壤普查资料，黑土有机质含量与区域分布见表 3-4。

表 3-4　黑土有机质含量与区域分布

地区	样本数	有机质含量（g/kg）		
		平均值	标准差	变异系数（%）
黑河（北部地区）	941	63.3	1.92	30.4
海伦（中部地区）	2 847	48.2	1.65	34.4
双城（南部地区）	1 345	33.7	1.02	30.0
佳木斯（东部地区）	1 285	40.4	1.85	45.8

黑土耕层有机质平均含量北部、中部、南部分别为 13.67×10^4 kg/hm^2、10.41×10^4 kg/hm^2、7.28×10^4 kg/hm^2，由北向南逐渐降低；而东部的三江平原黑土有机质平均含量为 8.73×10^4 kg/hm^2，略低于中部黑土区。黑土有机质含量区域分布，主要体现在开垦年限和经营程度上，北部地区开垦比较晚，而南部地区开垦年限较长。

黑土有机质储量较丰富，耕层土壤（0~20 cm）有机质储量为 7.58×10^4~14.24×10^4 kg/hm^2，

1 m 土层有机质储量为 $8.5×10^4 \sim 14.8×10^4$ kg/hm²。黑土有机质储量由南向北逐渐增加（图 3-7）。

土壤有机质含量及组成取决于成土条件（植被、气候、微生物、地形和土壤矿质部分组成的性质等），其中生物因素是主要的。土壤开垦后，耕作管理对土壤有机质的数量与组成有很大的影响。黑土开垦后，土壤环境条件发生变化，土壤有机质的分解与积累失去了原有的平衡。随着开垦年限的增加，土壤有机质的数量及其组分都有明显变化，图 3-8 是不同开垦年限黑土有机质含量及其组分的变化资料。

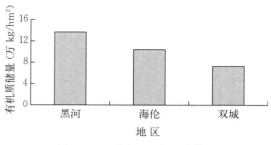

图 3-7　不同地区有机质储量

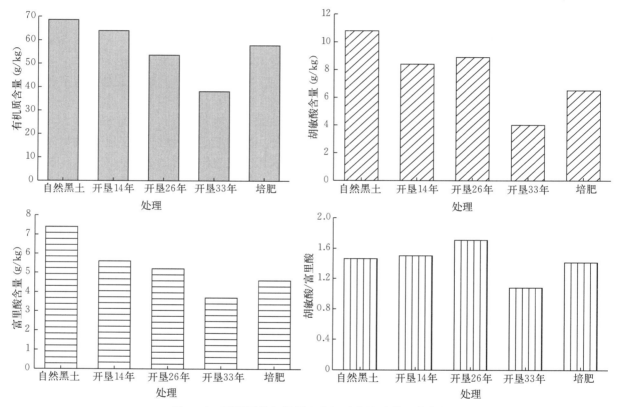

图 3-8　不同开垦年限黑土有机质含量及其组分变化

由图 3-8 可以看出，黑土有机质含量（0～25 cm）随着开垦年限的增加呈明显的下降趋势。开垦耕种 33 年，土壤有机质含量由 68.6 g/kg 减少到 38.1 g/kg；开垦耕种过程中，如果能够进行土壤培肥，土壤有机质含量就会保持相对平衡。由图 3-8 还可以看出，黑土腐殖质组分也发生明显变化。随着开垦年限的增加和腐殖质含量的减少，胡敏酸与富里酸的比值呈先升后降趋势，活性胡敏酸的变化特点，也是随着开垦年限的增加呈减少趋势。黑土开垦后，随着有机质数量的减少和质量的下降，养分储量和保肥性能也相应下降，土壤的主要物理性质和水分性状也发生明显改变。土壤容重增大，总孔隙度减少，田间持水量和通气度明显下降。土壤结构变得紧实，保水、通气能力下降，水稳性团粒总量和大团粒逐渐减少，而小团粒则逐渐增加。因此，保持和提高黑土肥力，达到作物优质高产的目的，必须积极扩大有机肥源，增加化肥适宜比例的施用量。

关于黑土开垦过程中土壤有机质含量变化研究众多，由表 3-5 可以看出，不同研究者所测得的结果相差甚远。例如，同样是开垦 15 年，有机质下降速率最小的是 0.008 92（辛刚，2001），最大的是 0.038 79（张之一，1984），两者相差 3.3 倍；同样是开垦 40 年，有机质下降速率最小的是 0.009 68（沈善敏，1981），最大的是 0.019 32（汪景宽 等，2002），两者相差 1.0 倍；其他相同开垦年限的有机质下降速率也均有很大的差异，甚至有的在开垦 3 年后土壤有机质不但未减少，还稍有增加（辛刚，2001）。出现这种情况的原因是土壤有机质初始值（开垦前的值）不清楚，以尚未开垦的土壤来代替。然而，不管是荒地或耕地，相同类型的土壤，其土壤有机质含量差别很大。在国有农场建场初期，对黑土区 6 个国有农场的耕层土壤有机质含量进行了测定，含量变幅为 10.5～118.4 g/kg。原牡丹江垦区建场初期土壤调查结果，暗色草甸土的表层有机质含量为 21.6～150.0 g/kg，在典型黑土耕地中，耕层有机质含量变幅为 24.8～61.9 g/kg。

表 3-5 荒地开垦后土壤有机质下降速率

开垦年限	有机质含量（g/kg）		下降速率	下降（%）	地点	材料来源
	开垦前	开垦后				
40	166.6	85.7	0.016 61	49	德都	沈善敏，1981
40	159.5	102.3	0.009 68	36	赵光	沈善敏，1981
5	150.6	115.9	0.052 34	23	海伦	汪景宽 等，2002
10	150.6	94.8	0.046 20	37	海伦	汪景宽 等，2002
20	150.6	78.3	0.032 69	48	海伦	汪景宽 等，2002
40	150.6	69.4	0.019 32	54	海伦	汪景宽 等，2002
60	150.6	65.9	0.013 78	56	海伦	汪景宽 等，2002
100	150.6	50.2	0.010 99	67	海伦	汪景宽 等，2002
20	75.0	43.0	0.027 81	43	嫩江	东北土壤，1980
50	59.7	26.9	0.015 93	55	黑河	南京土壤所，1975
40	118.2	59.4	0.017 21	50	绥化	黑龙江土壤，1992
20	118.2	75.4	0.022 80	36	绥化	黑龙江土壤，1992
3	79.8	80.5	−0.002 9	−1	嫩江	辛刚，2001
15	79.8	69.8	0.008 92	13	嫩江	辛刚，2001
25	79.8	51.2	0.017 76	36	嫩江	辛刚，2001
30	79.8	44.0	0.019 88	45	嫩江	辛刚，2001
3	88.8	67.8	0.090 12	24	嫩江	辛刚，2001
15	88.8	60.5	0.025 56	32	嫩江	辛刚，2001
25	88.8	51.2	0.022 02	42	嫩江	辛刚，2001
30	88.8	44.3	0.023 17	50	嫩江	辛刚，2001
3	61.2	46.2	0.093 71	25	密山	张之一，1984
15	61.2	34.2	0.038 79	44	密山	张之一，1984
25	61.2	35.3	0.022 02	42	密山	张之一，1984
30	61.2	32.1	0.021 51	48	密山	张之一，1984
14	18.5	17.3	0.005 02	6	海伦	孟凯 等，2002
26	18.5	14.5	0.009 49	22	海伦	孟凯 等，2002
33	18.5	10.3	0.017 82	44	海伦	孟凯 等，2002
10	50.6	39.8	0.024 03	21	虎林	赵玉萍，1983
20	50.6	29.7	0.026 63	41	虎林	赵玉萍，1983
10	64.0	51.8	0.021 16	19	虎林	蔡方达，1982
20	57.8	40.9	0.017 29	29	虎林	蔡方达，1982
25	61.2	35.3	0.022 02	42	虎林	张之一 等，1983
30	61.2	32.1	0.021 51	48	虎林	张之一 等，1983

为了探讨土壤的空间变异，在黑龙江国有二龙山农场黑土耕地中 5 000 m² 范围内，每间隔 10 m 取一个耕层土样，计 50 个土样，其分析结果表明，仅仅在 0.5 hm² 范围内有机质含量相差近 70%，有效磷含量相差 5.4 倍，全氮、全磷、碱解氮含量相差都在 1 倍以上，详见表 3 - 6。

表 3 - 6　黑土农化性状空间变异

项目	有机质（g/kg）	全氮（g/kg）	全磷（g/kg）	碱解氮（mg/kg）	有效磷（mg/kg）	pH
最大值	75.1	3.97	1.26	130.0	50.60	6.2
最小值	45.0	2.85	0.78	73.5	9.38	5.8
平均值	61.6	3.30	1.09	97.7	20.34	6.0
标准值	6.0	0.28	0.12	15.9	8.34	0.10
变异系数	9.7%	8.57%	11.60%	16.3%	42.30%	1.59

由以上分析可知，土壤是不均质的，农民群众所说的"一步三换土"是有一定道理的。土质不均对研究开垦后土壤有机质的变化带来一定困难，因为不同时期的土壤基础不一样，实际上是没有可比性的，因此出现了表 3 - 5 中开垦年限相同而有机质下降速率相差悬殊的结果。按表 3 - 5 的资料，把开垦年限相同的数据整理列入表 3 - 7，从中可以看出不同研究之间的差值及平均值。从平均值来看，开垦后 3～5 年，有机质下降很快，以后下降的速率逐渐减慢，并趋于相对稳定。这与刘景双等（2003）的研究结果相吻合。他们认为，黑土从未开垦到开垦 50 年，黑土有机碳平均每 10 年下降 0.31～0.52 g/kg；从开垦 50 年到 200 年，平均每 10 年下降 0.05～0.11 g/kg；而在开垦 130～200 年，黑土有机碳含量几乎没有变化，基本维持在一个稳定值。

表 3 - 7　土壤有机质含量下降速率变幅

开垦年限	有机质下降速率			样本数
	平均	最小值	最大值	
3～5	0.078 72	0.052 34	0.093 71	3
10	0.030 46	0.021 16	0.046 20	3
15	0.019 57	0.005 0	0.038 79	4
20	0.024 58	0.017 29	0.032 69	5
25	0.019 14	0.009 49	0.022 02	6
30	0.020 60	0.017 82	0.023 17	4
40	0.014 85	0.009 68	0.017 21	4

黑龙江垦区于 1965 年和 1978 年两次进行耕地土壤养分普查，在每块耕地取多点混合样（每个样至少由 15 个点组成），耕层厚度均按 20 cm 计。其分析结果表明，两次养分普查时间间隔 13 年，土壤有机质和全氮、全磷含量变化不大，而有效养分特别是磷显著增加（表 3 - 8）。在国有农场推行作物秸秆还田，土壤有机质含量有升高的趋势。例如，八五四农场 4 队，"八五"期间连续秸秆还田，1992 年耕层土壤有机质平均含量为 46.0 g/kg，1995 年平均含量为 57.4 g/kg。两次均为多点混合样，虽不排除取样存在误差，但增加的趋势是可以肯定的。

表 3 - 8　黑龙江垦区黑土耕地两次养分普查结果

年份	有机质（g/kg）	全氮（g/kg）	全磷（g/kg）	有效氮（mg/kg）	有效磷（mg/kg）
1956	55.0	2.5	0.74	50.9	16.3
1978	56.0	2.9	0.83	79.0	28.4

此外，在土壤有机质下降问题上有一点必须正确认识。即在开垦初期，自然土壤中半腐解的有机质及新鲜的植物根系将因土壤环境的改变而加速分解，表现为土壤有机质和全量养分减少而速效养分增加。这是土壤熟化的表现，这个应当说是好现象，不能简单地认为有机质下降都不好。这个熟化过程时间的长短，因水热条件不同而异，一般高地的土壤需 3～5 年，低地的土壤需 10～12 年。这是农民群众的反映，尚未见有研究报道。耕地土壤有机质含量也不是越多越好，它的含量总是与一定的生物气候地带相适应。黑土有机质含量高，与其分布地区寒冷有关；而在温热的南方，土壤有机质含量高的是冷浸田，是低产田。黑龙江的泥炭土和沼泽土有机质含量很高，但因水分大、土温低而低产。

总之，土地开垦后有机质含量下降，开始快、后来慢，逐步达到与生物气候地带相适应的相对稳定的水平。在开垦初期，有机质含量迅速下降，有效养分增多，是土壤熟化的表现。对此，应当有正确认识。然而也必须注意到，如果长期不向土壤中补充新鲜有机质，使土壤有机质保持在一个低水平，而且所剩下的有机质是难以分解的老化的部分，则表现为土壤退化，影响土壤的供肥能力和物理性质。在黑龙江耕地中，耕层有机质含量的临界值，南部地区约为 30 g/kg，北部地区为 40 g/kg。如果低于这个水平，耕地生产力就降低，必须采取施用有机肥或秸秆还田的措施增加和更新土壤有机质。

2. 黑土氮、磷、钾含量变化特征　黑土在由荒地开垦为农田的过程中，随着开垦时间延长，土壤有机质、全氮、全磷含量以及阳离子交换量均有所下降（表 3-9），全钾含量变化幅度不大。开垦 20 年土壤全氮和全磷含量分别降低了 33.0％和 16.0％；开垦 40 年土壤全氮和全磷含量分别降低了 61.2％和 23.7％。

表 3-9　黑土养分变化

土地利用状况	深度 （cm）	有机质 （g/kg）	全氮 （g/kg）	全磷 （g/kg）	全钾 （g/kg）	阳离子交换量 （cmol/kg）
荒地	0～30	110.3	6.00	2.62	18.9	47.80
开垦 20 年	0～30	75.4	4.02	2.20	18.9	40.40
开垦 40 年	0～30	59.4	2.33	2.00	18.9	36.60

根据黑土化学性质分析，土壤有机质和全氮的变化，在耕层依次从厚层黑土、中层黑土、薄层黑土、侵蚀黑土呈下降趋势，而在耕层以下则是按侵蚀黑土、中层黑土、厚层黑土、薄层黑土的顺序依次下降；土壤速效氮含量变化趋势与有机质的变化趋势大体一致。土壤全磷含量，在耕层按中层黑土、厚层黑土、薄层黑土、侵蚀黑土依次下降，而土壤有效磷含量厚层黑土高于中层黑土；在耕层以下，土壤全磷含量与耕层有效磷含量变化趋势一致，有效磷含量与耕层土壤全磷含量变化趋势一致（图 3-9 至图 3-13）。

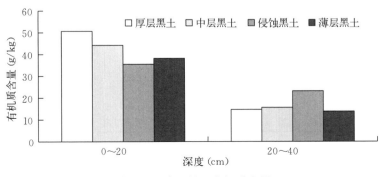

图 3-9　农田黑土有机质含量

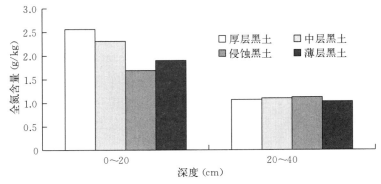

图 3-10　农田黑土全氮含量

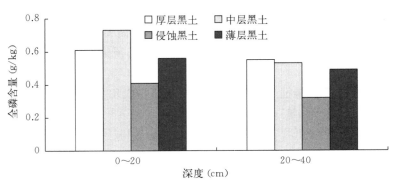

图 3-11　农田黑土全磷含量

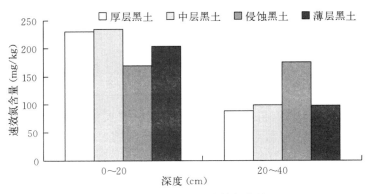

图 3-12　农田黑土速效氮含量

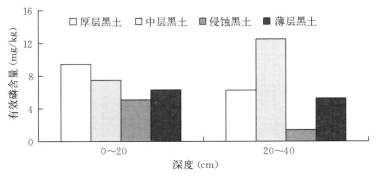

图 3-13　农田黑土有效磷含量

3. 黑土碳、氮变化特征

（1）黑土碳库的变化。图 3-14 表明，在同样的气候条件下，土地利用方式为自然土壤、覆盖物为草原化草甸植被的土地中，以 1 m 土层碳库储量（23.2 kg/m²）为 100%，则土地利用方式为开垦 2 年农田且覆盖物为玉米、大豆、小麦的土地 1 m 土层碳库储量（21.4 kg/m²）为 92.24%，下降 7.76%；土地利用方式为开垦 8 年农田且覆盖物为玉米、大豆、小麦的土地 1 m 土层碳库储量（20.2 kg/m²）为 87.07%，下降 12.93%；土地利用方式为开垦 15 年农田且覆盖物为玉米、大豆、小麦的土地 1 m 土层碳库储量

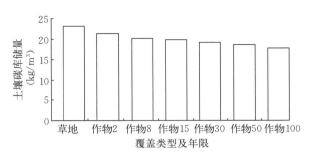

图 3-14 土地利用/覆盖变化对黑土碳库的影响（0～100 cm）

注：2、8、15、30、50、100 为开垦年限。

（19.8 kg/m²）为 85.34%，下降 14.66%；土地利用方式为开垦 30 年农田且覆盖物为玉米、大豆、小麦的土地 1 m 土层碳库储量（19.2 kg/m²）为 82.76%，下降 17.24%；土地利用方式为开垦 50 年农田且覆盖物为玉米、大豆、小麦的土地 1 m 土层碳库储量（18.5 kg/m²）为 79.74%，下降 20.26%；土地利用方式为开垦 100 年农田且覆盖物为玉米、大豆、小麦的土地 1 m 土层碳库储量（17.7 kg/m²）为 76.29%，下降 23.71%。

由上述分析可知，土地利用方式和土地覆盖物不同对土壤储水量影响较大，而开垦以后，随着年限的延长，变化较缓慢。但对土壤碳库变化而言，土地利用/覆盖变化对它的影响是缓慢的，自然土壤碳储量和开垦为农田后的碳库变化与土壤储水能力变化程度有显著不同。根据土地利用/覆盖变化对土壤碳影响的参数，计算了百年来土壤碳库储量的变化。在自然土壤和草甸草原覆盖下，黑土全区 1 m 土层碳库储量为 13.8 亿 t，百年后其储量为 10.5 亿 t，减少了 23.9%，相当于百年来黑土地区向大气中排放了 12.1 亿 t CO_2。黑土地区不同利用方式和不同覆盖物对 CO_2 气体排放产生巨大影响，由此看来，不同土地覆盖/土地利用方式对 CO_2 的排放量起重要作用，应当提倡储碳于土，以此改善大气生态环境。

（2）黑土氮库的变化。图 3-15 表明，在 0～50 cm 土层范围内，在同样的气候条件下，以草地土壤全氮含量为 100%，则开垦 2 年土壤全氮含量为 93.5%，下降 6.5%；开垦 8 年土壤全氮含量为 90.4%，下降 9.6%；开垦 15 年土壤全氮含量为 88.7%，下降 11.3%；开垦 30 年土壤全氮含量为 87.6%，下降 12.4%；开垦 50 年土壤全氮含量为 87.5%，下降 12.5%；开垦 100 年土壤全氮含量为 87.0%，下降 13.0%。

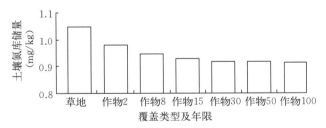

图 3-15 土地利用/覆盖变化对黑土氮库的影响（0～50 cm）

注：2、8、15、30、50、100 为开垦年限。

由此看来，土地覆盖决定了土壤全氮含量的变化，反映了土地开垦百年来土壤全氮含量的演化过程。表 3-10 表明，在 50～100 cm 土层范围内，土壤全氮含量变化不显著，说明深层土壤全氮含量在百年左右时间内，无论土地利用方式和覆盖植被如何变化，深层土壤全氮含量的变化不显著。

表 3-10 土地利用/覆盖变化对黑土氮库的影响

覆盖类型及年限	50～70 cm			70～100 cm		
	容重 （g/cm³）	全氮含量 （g/kg）	氮库储量 （kg/hm²）	容重 （g/cm³）	全氮含量 （g/kg）	氮库储量 （kg/hm²）
草地	1.19	0.127	3.023	1.33	0.102	4.070

（续）

覆盖类型及年限	50～70 cm			70～100 cm		
	容重 （g/cm³）	全氮含量 （g/kg）	氮库储量 （kg/hm²）	容重 （g/cm³）	全氮含量 （g/kg）	氮库储量 （kg/hm²）
作物 2	1.20	0.138	3.312	1.32	0.099	3.920
作物 8	1.19	0.135	3.213	1.33	0.092	3.671
作物 15	1.20	0.135	3.240	1.35	0.090	3.645
作物 30	1.22	0.134	3.270	1.36	0.093	3.794
作物 50	1.23	0.136	3.346	1.37	0.102	4.192
作物 100	1.25	0.138	3.450	1.39	0.116	4.837

注：2、8、15、30、50、100 为开垦年限。

百年来，土地利用/覆盖变化对黑土生态环境产生了深刻影响。但是，土地利用方式和覆盖植被不同对土壤生态因子影响程度有显著差异。土地利用/覆盖变化对土壤水分影响显著，自然土壤和自然植被覆盖一经人类开垦为农田，在同样降水的条件下，第二年就会对土壤储水量产生巨大影响；但对土壤有机碳的影响却很缓慢。土地开垦后，随着时间推移，土壤有机碳储量逐渐下降，氮与土壤有机碳库有同样的变化趋势。不同利用方式和覆盖植被对坡地黑土的影响较大，而时间对它的影响是缓慢的。

土地利用/覆盖变化对黑土水分的影响，以储量变化为指标，与自然状态相比，农田储水量减少了 17.6%～20.4%，而在农田/作物覆盖条件下，百年来储水量仅减少 8.9～13.2 个百分点。土地利用/覆盖变化对黑土碳库的影响：在由自然土壤/自然植被覆盖转为农田土壤/作物覆盖时，其碳库由不断增加向不断减少方向发展，但其发展速度是缓慢的，1 m 土层碳库储量在开垦后百年来减少了 20.26%；但由于 CO_2 是温室气体，全黑土区百年来向大气输送 12.1 亿 t CO_2，造成了环境效应。

氮是植物生长所必需的大量元素，土地利用/覆盖变化对黑土氮库的影响与碳库有相同趋势，但在 50～100 cm 土层，其氮库在百年的时间内变化较小，估计需要更长的时间才能有所变化。

土地利用/覆盖变化对黑土的水土流失产生巨大影响，而与土地利用时间关系不大，土地利用方式为自然土壤和自然植被与农田/作物覆盖相比，每年农田系统水的流失量多 27 t/hm²，以黑土总面积的 35% 为水土流失面积计（中国科学院林业土壤研究所，1980），每年多流失水 5 093 万 t，每年农田系统土的流失量多 38 t/hm²，全区多流失优质表层土壤 7 887 万 t，在造成农田侵蚀的同时，给人类生存环境也带来巨大的破坏。

（三）黑土退化与生物变化

黑土生物活性测定结果表明（图 3 - 16、表 3 - 11），随着生长季节的变化，黑土生物活性呈增强的趋势，也就是春季—夏季—秋季土壤生物活性逐渐增强。在春季和秋季，土壤微生物量碳以中层黑土为最高；而夏季则是厚层黑土最高。总体来看，土壤微生物量碳变化按侵蚀黑土、薄层黑土、厚层黑土、中层黑土依次增加。

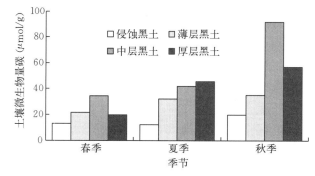

图 3 - 16　不同黑土类型土壤微生物量碳变化

表 3 - 11　0～20 cm 黑土酶活性测定结果（海伦站）

季节	脲酶（mg/g）	磷酸酶（mg/g）	转化酶（mL/g）	过氧化氢酶（mg/g）	碱解氮（mg/kg）	有效磷（mg/kg）
春季	1.01	0.307	5.06	2.33	191	54.2
夏季	1.08	0.283	3.70	2.40	190	31.6
秋季	1.28	0.96	5.10	2.74	140	56.6

注：酶活性的测定条件为 37 ℃、24 h。

退化黑土生物区系的变化主要表现为微生物总量减少，细菌数量减少，放线菌和真菌数量增加。由表3-12可见，退化黑土微生物总量是正常黑土的1/2左右，细菌数量少500多万个，而放线菌多200多万个，真菌多7 000多个。表3-13表明，退化黑土脲酶、磷酸酶、转化酶活性降低，生物活性减弱。因此，黑土生物退化特征是土壤代谢能力减弱，有效养分转化能力降低，并逐渐改变了土壤理化性质和土壤肥力特征。

表3-12　退化黑土与正常黑土土壤微生物数量比较

土壤状况	细菌（个/g）	放线菌（个/g）	真菌（个/g）	微生物总量（个/g）
正常黑土	5.829×10^6	3.049×10^5	2.753×10^4	$6.161\ 3 \times 10^6$
退化黑土	4.455×10^5	2.495×10^6	3.475×10^4	$2.975\ 3 \times 10^6$

表3-13　退化黑土与正常黑土土壤酶比较

土壤状况	脲酶（mg/g）	磷酸酶（mg/g）	转化酶（mL/g）
正常黑土	1.010	0.307	5.060
退化黑土	0.990	0.254	4.060

三、黑土退化引起粮食产量不稳

黑土是东北地区开发较早的土壤，也是利用强度和破坏程度比较严重的土壤。由于长期掠夺式经营，该地区粮食产量变化较大，土壤肥力退化等使黑土区面临许多严峻的问题。

黑土区粮食产量不稳。黑龙江、辽宁、吉林三省1990—2004年年均粮食总产为628.2亿kg，最低为532.3亿kg，最高为734.3亿kg（图3-17）。其中，玉米、大豆、水稻、小麦、杂粮的波动幅度分别为57%、45%、61%、112%、77%。除了旱、涝等自然灾害和播种面积变化外，造成增产量变动的一个主要原因是农业投入长期处于较低的水平，农田生态系统物质循环水平较低，农田管理长期处于掠夺式经营状态。

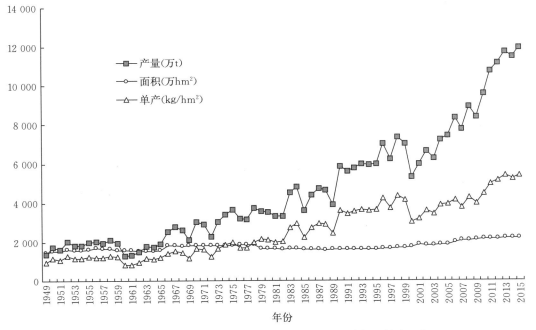

图3-17　东北三省1949—2016年粮食产量、单产和播种面积

注：数据来源于国家统计局。

第二节　黑土水土流失

一、黑土流失现状

（一）黑土区主要障碍、退化土壤类型及其特征

土壤侵蚀是黑土区的主要退化类型。土壤侵蚀直接破坏土壤层甚至使之消失，使生态系统失去再生性的物质基础，最终导致生态环境严重恶化。土壤侵蚀在黑土区发生比较普遍，而且在黑龙江和吉林，土壤侵蚀最严重的地区就是黑土区。黑土区土壤侵蚀有水蚀、风蚀、冻融侵蚀和重力侵蚀，尤以前两种为主（表 3-14）。第二次全国土壤侵蚀遥感调查数据显示，黑土区水土流失面积已达 7.43×10^6 hm²，占全区土地总面积的 36.7%，在黑土区的 49 个县市中都有分布。在黑龙江，中低产田面积大约 2.2×10^6 hm²，占黑土耕地面积的 38.6%，占全省中低产田面积的 33.3%。黑土区水土流失速度相当惊人，黑土层每年减少 0.4~0.5 cm。一些地方的黑土层由开采初期的 60~70 cm 减少到 20~30 cm，而有研究者估算形成 1 cm 黑土层需要 300~400 年时间。按目前水土流失速度测算，现有耕地黑土层将在 40~50 年内全部被剥蚀。黑土区沟谷密度每平方千米为 0.5~1.2 km，最高可达 1.6 km，侵蚀耕地 4.71×10^5 hm²。这些冲刷沟既丧失了宝贵的耕地，又严重影响了农业机械作业生产效率。土壤侵蚀造成黑土有机质含量下降。春季风灾严重的地区，每年要刮走富含营养的肥沃表层 1~2 cm，折合每 667 m² 流失表土 8~16 t（土壤容重按 1.2 g/cm³ 计算），则每年每 667 m² 流失全氮 16~32 kg、全磷 12~24 kg、全钾 16.8~33.6 kg（土壤全氮含量按 0.2%、全磷含量按 0.15%、全钾含量按 0.21% 计算），造成黑土区许多优质高产田变成中低产田。

表 3-14　黑土区主要土壤侵蚀类型、分布及面积

侵蚀类型	分布	强度类型	侵蚀面积（hm²）	占土地总面积比例（%）
水蚀	大小兴安岭山前丘陵状台地和波状起伏台地区的坡耕地和荒坡地	强度	4.46×10^5	2.2
		中度	1.82×10^6	9.0
		轻度	2.92×10^6	14.4
风蚀	黑土区西部半干旱地区，其中嫩江两岸沙地、内蒙古草原边缘的毁草开荒地较严重	强度	3.65×10^5	1.8
		中度	8.10×10^5	4.0
		轻度	1.07×10^5	0.5

由于水土流失的不断加剧，环境和生态功能下降，导致旱涝灾害频率越来越高，周期短，范围不断扩大，旱灾、涝灾、风灾、低温早霜和冰雹等灾害种类也越来越多，特别是旱涝交替发生。以黑龙江为例，20 世纪 50 年代平均每年受灾面积 1.3×10^5 hm²，占播种面积的 2.3% 左右；60 年代增至 2.3×10^5 hm²，占播种面积的 4.0%；70 年代增至 5.3×10^5 hm²，占播种面积的 9.3%；80 年代增至 2×10^6 hm²，占播种面积的 35% 以上，30 年的时间增长了 14 倍以上。严重的水土流失使大量泥沙进入水库、河道，造成水库、河道严重淤积，影响其正常运行。最典型的是 1998 年松花江、嫩江流域发生的特大洪水，哈尔滨江段高水位持续 30 h 以上才缓慢回落，创历史上高水位持续时间之最，专家认为这与河床抬高有关。据调查，松花江哈尔滨段河床比 20 世纪 50 年代普遍抬高 30~40 cm，导致美丽的松花江水由清变浊，成为东北的"黄河"，泥沙淤积，沙滩连片。在松花江滨洲铁路桥下游，淤积沙滩长达 3 400 m 以上，淤积量达 4.9×10^6 m³，沙滩的高度比 20 世纪 50 年代提高 4 m 以上。使得这个原来有 8 孔可以通航的 11 孔铁路桥，现在只有 2 孔可以通航。松花江的安全泄洪已由原来的 7 300 m³/s，减少到 3 500 m³/s。由于大量泥沙淤积河床，松花江航道也由 20 世纪 50 年代的约 1 500 km 缩短到 580 km。

通过典型黑土区黑龙江省海伦市前进镇光荣村（47°21′12.61″N，126°50′1.42″E）41 年侵蚀沟演

变数据分析可知（表3-15）：41年间研究区的耕地总面积减少了0.3 km²，但在不同坡度分级范围内，坡耕地的面积增减不一致。在坡度小于1.5°范围内，坡耕地面积增加了0.3 km²，增加了3.8%；在1.5°～4°范围内，坡耕地的面积几乎没有变化；而在坡度大于5°的区域内，耕地面积减少了0.3 km²，减少了12.5%。不同坡度分级范围内，坡耕地面积的增减反映出20世纪80年代以来对河套草甸开荒及荒山荒坡地退耕还林的结果。研究区任何坡度等级的侵蚀沟密度变化量都大于1 km/km²，说明41年间该区域加大了对所有坡耕地的开垦力度。耕地多分布在0°～4°范围内，在该区域内侵蚀沟密度发生变化最大的坡度地带是0.25°～1.5°，反映出41年来该区域加剧了对缓坡土地的开垦，导致侵蚀情况恶化。

表3-15 光荣村1968年及2009年坡度与坡耕地侵蚀沟密度、面积关系

（李浩 等，2012）

坡度分级	2009年耕地		1968年耕地	
	面积（km²）	侵蚀沟密度（km/km²）	面积（km²）	侵蚀沟密度（km/km²）
<0.25°	2.3	6.2	2.0	2.5
0.25°～1.5°	5.8	4.1	5.8	1.6
1.5°～3°	5.6	5.8	5.7	3.2
3°～4°	2.2	9.7	2.3	4.7
4°～5°	1.4	10.6	1.5	5.6
>5°	2.1	13.0	2.4	9.0
合计	19.4	6.9	19.7	3.7

（二）植被变化对黑土侵蚀的影响

在光荣村黑土侵蚀区选择有代表性的小流域坡地（坡度6°～9°），开展土地利用/覆盖变化对土壤侵蚀的影响试验。采用草地覆盖和作物覆盖对比试验法，将试验结果列入表3-16。由表3-16可以看出，在6°～9°坡地上，不同土地利用/覆盖方式对水土流失作用是不同的。在同一降水量条件下，草地覆盖和作物覆盖效果截然不同。以土地利用方式为自然土壤、覆盖植被为自然草甸草原植被，大气降水时水的地表径流量为100%，第二次降水作物覆盖区比草地覆盖区水的流失提高了19.4%，土壤的流失提高了4.3倍；第五次降水作物覆盖区比草地覆盖区水的流失提高了20.0%，土壤的流失提高了5.8倍；第七次降水作物覆盖区比草地覆盖区水的流失提高了1.2倍，土壤的流失提高了5.4倍；第八次降水作物覆盖区比草地覆盖区水的流失提高了50%，土壤的流失提高了1.1倍；第十四次降水作物覆盖区比草地覆盖区水的流失提高了14.3%，土壤的流失提高了3.8倍；在第十七、第十八次降水时，草地覆盖区基本没有土壤的流失。

表3-16 不同土地利用/覆盖方式对黑土水土流失的影响

序号	单次降水量（mm）	草地覆盖		作物覆盖	
		水（t/hm²）	土（t/hm²）	水（t/hm²）	土（t/hm²）
1	1.5	0	0	0	0
2	46.0	31	3.5	37	18.6
3	12.0	3	0	0	0
4	8.0	0	0	0	0
5	29.0	15	1.2	18	8.1
6	10.0	0	0	0	0
7	31.0	9	1.6	20	10.3
8	23.0	12	1.0	18	2.1

（续）

序号	单次降水量（mm）	草地覆盖		作物覆盖	
		水（t/hm²）	土（t/hm²）	水（t/hm²）	土（t/hm²）
9	4.0	0	0	0	0
10	8.5	0	0	0	0
11	9.5	0	0	0	0
12	4.5	0	0	0	0
13	5.5	0	0	0	0
14	25.0	14	1.0	16	4.8
15	7.3	0	0	0	0
16	5.0	0	0	0	0
17	15.0	6	0	7	1.2
18	16.7	7	0	8	1.3
合计	261.5	97	8.3	124	46.4

在整个自然年的降水过程中，草地覆盖区和作物覆盖区水土流失随着时间发展，其流失量逐渐减少。这是因为随着生物的生长，土地覆盖厚度越来越大，对水土保持越来越好。在土地利用方式为农田、覆盖为作物的条件下，水土流失严重的驱动因子是春天土地裸露，没有覆盖，使土壤表面形成径流，带走大量水土；而在土地利用方式是自然土壤、覆盖是草甸草原自然植被条件下，土地全年覆盖，没有裸露，加上土体构型没有受到人为影响，透水性好，吸水速度快，储水量大，所产生的水土流失就小。

二、黑土流失治理

黑土区地形多为丘陵漫岗，地面坡度一般在 7°以下，并以 2°～5°居多；坡面较长，多为 1～2 km，最长达 4 km，汇流面积大，径流冲刷能力强。黑土区为大陆性季风气候，降水集中在夏季，且多暴雨。黑土底土质地黏重，冬季冻土层深厚，春季冻融水及夏季强降水常常超过土壤入渗能力，在坡面产生径流，造成水土流失。水土流失强度取决于坡度，坡度在 2°～4°的顺坡垄，可产生轻度水土流失；4°～6°有中度水土流失；6°以上可产生强度或极强度水土流失。每年表土流失的厚度平均为 0.6～1.0 cm，流失量为 6.0×10^4～9.7×10^4 kg/hm²。沟谷密度为 0.5～1.2 km/km²，沟谷向源头侵蚀速率年均为 1 m，高者达 4～5 m。黑土坡耕地按其侵蚀现状和开垦年限可分为 3 种类型：第一类的开垦年限为 80～100 年，黑土层被剥蚀掉 2/3，土壤有机质含量为 3%～4%，残留黑土层 20 cm，为重度侵蚀，粮食单产在 1 500 kg/hm² 以下的约占 30%；第二类的开垦年限为 60～70 年，黑土层被剥蚀掉 1/2，残留黑土层 30 cm，为中度侵蚀，土壤有机质含量为 4%～6%，粮食单产 1 500～2 250 kg/hm² 的约占 50%；第三类的开垦年限短，黑土层剥蚀 1/3，一般残留黑土层厚度在 40 cm 以上，土壤有机质含量 5%～7%，为轻度侵蚀，粮食单产 3 000 kg/hm² 的约占 20%。前两类均为水蚀坡耕地，由于土壤侵蚀作用，使黑土层变薄，地力减退，土壤结构恶化，造成粮食产量低而不稳，使水蚀坡耕型中低产田面积增加。在黑土区，中低产田面积大约为 2.2×10^6 hm²，占黑土耕地面积的 38.6%，这些中低产田大都为水蚀坡耕地。

（一）工程措施

1. 坡面治理　黑土的水土流失主要是地形起伏造成的，因此坡面治理是最基本的措施。由于黑土区地形复杂，岗、坡、沟、洼兼有，应坚持以小流域为单位，即把 3～30 km²、最高不超过 50 km² 集水单元作为一条小流域进行治理。多条小流域水土流失得到治理，形成防治体系，大中流域的水土流失就得到了控制。根据坡度大小，可采用改垄和修筑梯田两种治理措施。

（1）改垄。耕地均采用垄作，垄向与坡向平行的为顺垄，垄向与坡向垂直的为横垄，其余的为斜垄。在开垦初期，黑土比较黏湿，顺垄与斜垄有利于排水增温，但容易引起水土流失。坡度为1°～4°的耕地水土流失较轻，将顺垄与斜垄改为横垄能防止水土流失。但如果坡度较大或坡面较长，横垄在遇大雨时容易引起滚水漫垄、积水冲沟和径流入侵，应增设地埂或苔条带。

（2）修筑梯田。坡度大于4°的耕地，改垄及设置苔条带也难以控制水土流失，可根据经济条件和土地资源情况，采取修筑坡式梯田或水平梯田的方式治理水土流失。优点是效果好；缺点是工程量大，费时费工。坡耕地采取工程措施后，土壤肥力明显提高，地力逐渐恢复。

2. 沟壑治理 应采取工程措施、林草和耕作措施相结合的综合治理措施开展沟壑治理。在沟头、沟岸、沟底、沟坡不同部位采取不同治理措施。在侵蚀部位修筑沟头埂，沟底修筑谷坊，在沟岸、沟坡除采取工程措施外，还应设置护岸林、护坡林。在趋于稳定沟，以生物措施为主设置沟头防护林，大面积造林种草，实行网、带、片、乔、灌、草相结合，全面提高地表覆盖率，减少冲刷，控制水土流失。工程措施（蓄、截、拦、盖、堵）与生物措施（防护林、护坡林、固沟林）相结合的综合治理模式在黑土区具有推广应用价值。侵蚀沟的治理技术：在沟头进行植树造林，减少水土流失；沟头挖掘流沟，控制沟头发展；沟底插柳，每隔20 m修筑一处谷坊；中间段的沟体采取削坡，坡体种植沙棘、苔条等固坡。待侵蚀沟稳定后，再在坡体栽种杨树等。在治理侵蚀的同时，重视经济单元的引进，如坡底插柳，在固土的同时又能生产柳条，获得经济效益；坡体种植优质大果沙棘，沙棘的护坡作用极强，同时结的沙棘果经济效益也非常高。最终将侵蚀沟变成柳条通、沙棘园、杨树林。

（二）生物措施

1. 建设林网体系 在黑土区建立林网体系，是防止水土流失的治本措施。多年的实践经验表明，在林网体系的建设中，主要的技术要求：必须实行多林种、多树种相结合，乔、灌、草相结合，网、带、片相结合，从而避免树种单一和树与作物之间无过渡的现象，实现经济效益、生态效益和社会效益同步发展。在林种的布设上，根据黑土区的地形地貌类型和水土流失类型，营造不同种类的水土保持林。一是分水岭防护林。布设在山丘岗脊上，防止水土流失。二是水流调节林。主要布设在坡耕地和荒坡上，根据坡长确定带宽和带距，拦蓄和调节地表径流。三是固沟林。为防止沟头前进、沟岸扩张、沟底下切而设置的林种，根据侵蚀沟的部位不同，设置5种类型：汇水线防护林、沟头防护林、沟边防护林、沟坡防蚀林、沟底防冲林。营造固沟林必须与工程措施相结合。四是农田防护林。为了蓄水保土，调节农田小气候，防止风蚀和风沙危害，为作物高产稳产创造适宜条件而营造的防护林。林带的布设方向与当地主害风垂直；林带宽度一般8～11 m，株距1 m，行距1.5 m（5～7行）；林带结构一般采用疏透结构或透风结构。五是防风固沙林。为了防止黑土区部分风沙地和固定、半固定沙丘向不利方向发展，同时解决风沙地区四料（木料、燃料、饲料、肥料）缺乏而营造的防护林。一般在固定或半固定的沙丘造林时，先下部后上部，先背风坡、后迎风坡，实行块状、带状或全部造林。

2. 退耕还林（草） 黑土主要分布在漫岗及其周围地区，对于坡面较长的黑土坡地，采用坡耕地梯田化。对于坡度较大，不适宜种植作物的坡耕地，改为林地和草地，可以增加地表植被，保持水土，改善生态环境，防止土壤侵蚀的发生。

3. 推广生物篱技术 在坡耕地的沟沿上种植经济灌木林，如枸杞、沙棘、黑穗醋栗以及李、花红等小果树，树下种植牧草或其他绿化用草。这样既增加经济收入，又防止水土流失，改善生态环境，提高土地的持续生产能力。

（三）农业措施

1. 农田覆盖 常采用的方法是地膜覆盖和秸秆还田覆盖。黑土区少雨多风的状况多集中在春季。因此，在春季解冻时节给土地增加覆盖物，既可以减少大风对土壤造成的风蚀，降低风沙的发生，还可以减轻由于冻融作用对土壤造成的侵蚀。同时，采用秸秆还田覆盖，能充分利用有机肥资源，增加土壤有机质，改良土壤。

2. 改革耕作制度 采用免耕，在一定年限内，不实施任何耕作措施，前茬作物收获后用化学除草剂灭草，在留茬地上直接播种。或采用少耕，只在土壤表层进行耕作，一次耕作完成多种作业，尽量减少耕作，降低土壤扰动次数，增加土壤抗蚀性，减少水土流失。建立每隔 2～3 年进行一次深翻、1～2 年进行一次深松的翻、耙、搅、原垄卡种相结合的少耕耕作制度，减少地表径流和土壤冲刷，充分发挥土壤肥力。这样有利于实行粮、草、间、混、套、复种和合理轮作的调整，避免大豆重茬、迎茬，减少玉米的重茬。坡耕地间隔深松技术：在横坡起垄的前提下，在垄底或垄沟间隔 70 cm，深松 27～30 cm，形成沿横坡多道暗沟，使深松部位土壤疏松，多接纳雨水，把自然降水蓄起来，减少地表径流，减少水土流失。垄沟深松后连续降水 100 cm，不会产生地表径流。

3. 增施有机肥 通过发展有机农业提高"土壤水库"库容量，以削减地表径流。增施有机肥可以培肥土壤，高肥力土壤具有良好的团粒结构和有效孔隙度。单纯施化肥易造成土壤板结，其蓄水能力仅是高肥力土壤的 1/3。因此，要充分开发垦区有机肥资源，如畜禽粪、作物秸秆、石灰、杂草等，可通过过圈、坑沤、堆制、过腹等形式制作农家肥，秸秆、根茬可利用机械粉碎直接还田。发展有机农业，不仅可以提高农产品质量，生产绿色、有机农产品，同时还减少对化肥的依赖性，减少化肥用量，达到了降低农业生产成本、增加农民收入的目的。

4. 施用保水剂 保水剂所使用的保水材料是聚丙烯酸-聚丙烯酰胺共聚物钾盐型（或钠盐）高分子化合物，它是吸收、存储、释放水分和养分的"小水库"，能够吸收超过自身质量数百倍的灌溉水或雨水而膨胀。当干旱来临，植物需要水分时，保水剂在植物根部土壤附近形成微域湿润环境来满足植物生长的需要，同时改善土壤透气状况并减少板结所造成的损害。

第三节 黑土酸化

一、黑土酸化现状

近年来，我国黑土区的土壤酸化问题也越来越被人所关注。引起酸化的原因主要有 3 个：一是由于黑土的分布地区也是东北工业发达的地区，工业"三废"的大量排放、污水灌溉引起大气酸沉降增加，使受酸沉降影响的黑土酸化速度加快；二是由于农业化肥（特别是铵态氮肥）、农药的大量施用，加速了土壤酸化；三是随着种植业结构的调整，黑土区大棚种植面积不断增加而引起的酸化问题也不容忽视，大棚种植大量施用化肥和采用单一连作，特别是偏施氮肥、过量施用过磷酸钙、施用未充分腐熟的猪牛厩肥和畜禽粪便等，造成耕层土壤酸化。

土壤污染物（"三废"即化肥、农药和农膜）进入土壤并不断积累，当数量超过土壤的环境容量和自净能力时，就会导致土壤恶化，发生土壤污染，使土壤的功能下降，危害作物的生长，并对人体产生危害。工业"三废"的排放、污水灌溉加上不合理施用农药和化肥，使黑土酸化问题比较严重。根据吉林省 1995 年环境状况公告，全省排放废气 4.434×10^{11} m³，排放废水 7.89×10^8 t，排放固体废弃物 1.67×10^8 t。工业"三废"的大量排放造成了吉林农业环境的严重污染，使吉林西流松花江、图们江、浑江、东辽河、伊通河中某些污染指数严重超标，污染农田达上千万亩[*]。据黑龙江省环境监测部门调查结果，1995 年典型黑土区耕地农药用量平均为 1.5 kg/hm²。这些农药只有 30% 被利用，其余部分不仅直接污染了施用地，还通过地表径流或污水灌溉污染了河流、地下水和非施用地。以吉林省公主岭市为例，1999 年全市化肥施用量为 3.02×10^8 kg，平均每公顷施用量达 1.37×10^3 kg，平均每公顷粮食产量 1.34×10^4 kg，这种高产出是以高投入、高残留、高污染为代价的。大棚种植、农用地膜使用面积逐年增加，据 2004 年黑龙江省土壤退化报告，全省每年向农田投入农用地膜约 20 000 t，而回收率却很低，没有及时回收的地膜大量残留在耕地中，造成的"白色污染"相当惊人。

---

[*] 亩为非法定计量单位，1 亩＝1/15 hm²。——编者注

长期施用氮肥被认为是引起土壤酸化的最重要原因。在黑土区的长期定位试验结果也表明（图 3-18），长期施用氮肥黑土土壤 pH 逐渐降低，与不施肥对照相比，单施氮肥处理 1~6 年公主岭和哈尔滨土壤 pH 分别降低了 0.45 个单位和 0.32 个单位；而经过 25~30 年哈尔滨土壤 pH 降低了 0.64 个单位。长期施用氮磷钾化肥处理土壤 pH 变化与单施氮肥处理相近，而氮磷钾化肥加有机肥处理对土壤 pH 降低幅度较小。

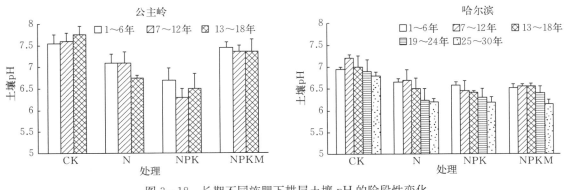

图 3-18　长期不同施肥下耕层土壤 pH 的阶段性变化
（孟红旗 等，2013）

单施氮肥的土壤酸化速率更大，但黑土与红壤和紫色土相比，其土壤酸缓冲容量更高，酸化速率更小。土壤酸化可量化表征为土壤中过量盐基阳离子净输出生态系统所形成的永久性质子负荷，生态系统的碳循环和氮循环是土壤酸化的主要驱动机制。生态系统碳循环通过生物量收获、有机酸根和碳酸氢根的淋溶等途径来移除土壤中的过量盐基阳离子。这种由植物生长而产生的永久性酸，其产生速率受土壤养分状态的限制。合理施肥提高土壤养分含量，生物收获量增加，因而施用化肥是通过促进生态系统碳循环来加速农田土壤酸化进程。有机肥中碱性物质的输入可抵消收获生物量中碱性物质的输出，从而避免土壤碱性物质的过度消耗。

二、土壤酸化的治理措施和防控对策

根据黑土长期定位试验的数据，黑龙江哈尔滨地区长期大量施用氮肥土壤 pH 由 1979 年的 7.1 下降到 2002 年的 5.7；北部部分地区的一些土壤 pH 由 1992 年的 6.0 下降到 2004 年的 5.3；东部白浆土 pH 由 1988 年的 5.7 下降到 2004 年的 4.8。据统计，黑土酸化已使黑龙江作物减产达 20%，有些地区甚至更高。

1. 施用化学改良剂　常用来改良酸化土壤的化学改良剂有石灰、炉渣等碱性物质。石灰不仅可直接中和土壤酸性，而且提供大量 Ca^{2+} 与有机质复合成腐殖质钙胶体，胶结成水稳性团粒结构，改善土壤物理性质，增强缓冲性能。因此，施用石灰改善酸化土壤的效果十分明显。石灰施用数量，视土壤 pH 而定，一般 pH 4.5~5.5 范围内，石灰用量为 750~1 125 kg/hm²，施用时期宜在冬、春季结合耕翻进行。此外，可以利用其他碱性废渣来改良酸化土壤，如钢铁厂的钢渣、小氮肥厂的造气渣、发电厂的粉煤灰及黄磷渣等。这些废渣不但能中和酸度，提高土壤 pH，补充土壤中钙、镁、硅等营养元素，还可以改良土壤质地，使耕层土壤变得疏松，有利于作物的生长。

2. 改进施肥结构　改进施肥结构就是平衡施肥，避免片面地长期单独施用酸性肥、生理酸性肥或铵态氮肥而导致的土壤酸化和营养元素的不平衡，尽量增加生理碱性肥料的施用比例。此外，还应增施有机肥、扩种绿肥，以提高土壤的缓冲能力。

（1）平衡施肥。生理碱性肥料主要有硝酸钾、硝酸钠、钙镁磷肥和草木灰等，这些肥料均适于在酸性土壤上施用。特别是硝酸钾和硝酸钠，因所含氮素为硝态氮形态，有利于作物的吸收利用和产量品质的提高，历来被推荐作为酸化土壤施肥的最佳肥料品种。钙镁磷肥不仅含磷量高（含 P_2O_5

12%～20％），可补充土壤大量磷素，而且含有 25%～30％ 的 CaO、15%～18％ 的 MgO 及多种微量元素，既可供给多种养分，又可中和土壤酸性，因而以钙镁磷肥代替过磷酸钙作磷肥施用，是校正酸度的重要措施之一。此外，草木灰含有碳酸钾及其他碱性物质，既可中和酸性，又可补给钾源。草木灰在农村面广量大，往往废弃，宜大力提倡。这些碱性肥料施用后，增加了土壤 K^+、Na^+ 和 OH^- 的浓度，有利于 pH 的提高。

（2）增施有机肥。有机肥，尤其是一些厩肥、堆肥和土杂肥等，一般都呈中性或微碱性反应，施用后具有中和土壤游离酸的作用，并且各种有机肥都含有较丰富的钙、镁、钠、钾等元素，可以补充土壤盐基物质淋失而造成的不足，具有缓解土壤酸化的作用。同时，有机肥中的各种有机酸及其盐所形成的络合体具有很强的缓冲能力。此外，有机肥经微生物分解后合成的腐殖质，可与土壤中矿质胶体结合，形成有机-无机复合胶体，也能提高土壤的缓冲性能。因此，施用有机肥对土壤酸化有很大的缓冲作用。同时，在施用有机肥时，应施腐熟有机肥，不宜施未腐熟发酵的有机物料。

3. 建立合理耕作制度与种植制度 不合理的耕作制度与种植制度也是引起土壤酸化问题的重要原因。建立以深松、翻、耙相结合的土壤耕作制度，尤其是在酸化较严重的白浆土地区要进行深松，在低洼地要进行秋翻，加强晾晒和通风透气。深松或深翻到白浆层，打破白浆层对水分和养分的障碍，改善土壤的理化性质。此外，以村为单位调整作物布局，并以村为单位进行连片轮作，能有效改良酸性土壤。如采取豆-麦-麦、大豆-玉米-牧草轮作制度，还可以将蔬菜与粮食作物轮作，经济作物与粮食作物轮作，特别是水旱轮作。蔬菜作物与粮食作物轮作可防止土壤中某种养分过量消耗，实现用地与养地相结合。水旱轮作为土壤提供了氧化-还原交替环境，是改良酸性土壤、防治土传病害和草害的有效措施。

4. 秸秆还田 随着粮食产量的提高，秸秆产量同步增长，而农民生活水平提高后，秸秆作为燃料、原料、饲料的比重已大大降低，大部分秸秆完全可直接还田，这为大力推行秸秆覆盖酸化土壤提供了物质基础。秸秆含有大量的粗纤维、多糖类物质，能形成团粒结构，增强土壤的缓冲性能。

第四节　农田管理措施

一、长期连作障碍

（一）连作土对大豆幼苗生长及发病情况的影响

连作土经灭菌后大豆幼苗健康无病，叶色正常。从生育进程来看，灭菌处理与未灭菌处理相比大豆真叶、复叶展开较早，展开率高 36.7%。未灭菌处理的大豆子叶发黄，并出现花叶及病斑，子叶感病率 56.7%，真叶也出现发黄和花叶，呈现典型的连作障碍现象；而灭菌处理幼苗生长正常（表 3-17）。因此，大豆连作障碍因子中生物因素起很大作用，土壤灭菌可使这种连作障碍现象消失。

表 3-17　连作土对大豆幼苗生长及发病情况的影响

日期	调查项目	连作土未灭菌	连作土灭菌
6月6日	子叶感病情况	子叶发黄、花叶、有病斑	正常
	子叶感病率（%）	56.7	0
6月9日	真叶感病情况	真叶发黄、花叶	正常
	真叶感病率（%）	60.0	0
	真叶展开率（%）	63.3	100
6月19日	复叶展开情况	第二片复叶刚展开	第二片复叶已展开、第三片复叶即将展开

（二）连作土和非连作土灭菌对大豆幼苗生长及发病的影响

苗期调查结果表明，连作土灭菌较未灭菌处理大豆株高增加 5.9 cm，根长增加 1.8 cm，根部没有孢囊寄生；连作土未灭菌较灭菌处理根腐病病情指数高 47.0%，并出现根表皮腐烂，须根减少。非连作土灭菌较未灭菌处理与连作土处理趋势相同，但差异小些（表 3-18）。因此，影响大豆生长的生物因子不但在连作土中存在，在非连作土中也存在。试验中还发现，灭菌处理土中大豆根瘤数量明显减少，灭菌较不灭菌处理连作土减少 8.8 个/株，非连作土减少 6.3 个/株，说明土壤灭菌也杀死了根瘤菌。

表 3-18　连作土与非连作土不同处理大豆性状比较

项目	处理	株高（cm）	根长（cm）	根瘤数（个/株）	根腐病病情指数	孢囊寄生（个/株）
连作土	灭菌	27.8	16.8	9.8	28.0	0
	未灭菌	21.9	15.0	18.6	75.0	0.3
非连作土	灭菌	23.4	15.2	3.8	33.3	0
	未灭菌	19.9	12.7	10.1	80.0	0.5

（三）接种根瘤菌对大豆幼苗生长的影响

无论连作土还是非连作土、灭菌还是未灭菌种植的大豆接种根瘤菌与不接根瘤菌处理间大豆株高、单株干鲜重以及根腐病病情指数差异均不大，而连作和非连作土灭菌同不灭菌处理相比还表现出与前文相同的趋势（表 3-19）。进一步说明，土壤中有害生物及其分泌物对大豆生长起很大作用，有益生物（如根瘤菌等）的作用远小于有害生物，根瘤菌的补充不足以弥补有害生物对大豆的危害。

表 3-19　接种根瘤菌对大豆幼苗生长的影响

指标	连作土灭菌		连作土未灭菌		非连作土灭菌		非连作土未灭菌	
	T5	T6	T5	T6	T5	T6	T5	T6
株高（cm）	8.7	9.5	7.1	7.3	9.6	9.2	7.6	8.5
根腐病病情指数	24	43	70	58	18	24	46	36
单株鲜重（g）	1.4	1.9	1.4	1.4	1.5	1.6	1.7	1.9
单株干重（g）	0.39	0.50	0.35	0.40	0.36	0.39	0.45	0.54

注：T5 指接种根瘤菌，T6 指不接种根瘤菌。

连作大豆生物障碍主要表现在大豆生育迟缓，植株矮小、细弱、黄化，叶面积降低，地下部根短小、腐烂，根腐病和孢囊线虫病加重。由于前期连作障碍的出现，大豆后期生长发育也受到影响，至成熟期籽实产量明显降低，病粒率增加。连作生物障碍不仅存在于连作土壤中，而且存在于非连作土壤中。多年轮作也不能完全使连作障碍消失，轮作只是可以减轻这种连作障碍。

连作大豆障碍因子很多，本试验证明生物障碍起主导作用。这种生物障碍可以采取土壤灭菌（干热或湿热）方法消除。通过恒温腐解大豆根系所得到的腐解液处理大豆种子表明，腐解 1 个月的大豆根系腐解液可抑制大豆种子萌发生长，抑制率为 18%~22%，经 4 个月或 6 个月腐解的大豆根系腐解液对大豆种子萌发的影响差异不显著，大豆根系表面水浸液对大豆种子萌发不产生显著影响。通过大豆根拌土盆栽试验表明，大豆根系对下茬大豆生长有显著影响，正茬土拌大豆根系较不拌大豆根系的处理减产 6%~24%，并且随着加入根系量的增多，减产幅度增加，大豆根系拌土腐解 1 年后再种植大豆，对产量和各生育时期生物量不产生影响。根系腐解液和大豆根系拌土盆栽试验证明，生产上大豆根对下茬大豆从种子萌发开始就发生抑制，随着时间的延长，抑制作用减弱，生产上经 2 年左右抑制作用彻底消失，由此表明了大豆根系腐解中间产物是大豆连作主要障碍之一。

（四）连作大豆土壤有害生物的障碍效应

韩晓增等进行了大豆连作土壤对大豆生长发育的影响研究，试验设 6 个处理。大豆连作 3 年的土壤：未灭菌（处理 1）；灭菌（处理 2）。大豆连作 1 年的土壤：未灭菌（处理 3）；灭菌（处理 4）。麦-米-豆轮作体系中玉米茬的土壤：未灭菌（处理 5）；灭菌（处理 6）。

1. 有害生物对连作大豆生长发育的影响 大豆连作土壤中有害生物对大豆生长发育的影响，在分枝期就已明显表现出来，将出苗 5 周后的调查结果列入表 3-20。由表 3-20 可以看出，麦-米-豆轮作体系中的玉米茬土壤，未灭菌与灭菌相比（处理 5 与处理 6）对大豆生长发育略有影响，但经新复极差法测定差异不显著。大豆连作 1 年的土壤，未灭菌与灭菌相比（处理 3 与处理 4）对大豆生长发育各项指标的影响差异达极显著水平。大豆连作 3 年土壤中有害生物对大豆生长发育的影响大于大豆连作 1 年土壤。大豆连作土壤中有害生物影响大豆干物质积累（处理 1 和处理 3），较正茬土壤生长的大豆（处理 5）减少 7.26%~14.52%，株高降低 10.98%~17.25%，茎粗减少 14.63%~21.95%，叶面积减少 10.42%~18.67%，根长缩短 6.29%~16.98%。土壤经灭菌消除了有害生物后，其大豆生长发育的各种性状与玉米茬土壤上生长的大豆各种性状相近（处理 2 和处理 4、处理 5 和处理 6），经新复极差法测定差异不显著。以上充分说明在排除大豆根系腐解的影响后，有害生物是大豆短期连作的主要障碍，消除此项障碍其生长发育与非连作大豆相近。

表 3-20　有害生物对连作大豆生长发育的影响

指 标	处 理					
	1	2	3	4	5	6
单株干重（g）	1.06	1.25	1.15	1.27	1.24	1.28
株高（cm）	21.1	25.4	22.7	25.1	25.5	26.0
茎粗（cm）	0.32	0.39	0.35	0.40	0.41	0.41
单株叶面积（cm²）	116.3	142.9	128.1	142.5	143.0	143.5
根长（cm）	13.2	16.3	14.9	16.6	15.9	16.8

2. 有害生物对连作大豆产量性状的影响 有害生物对连作大豆产量及产量构成因子的影响与生长发育趋势一致，即通过灭菌消灭有害生物可以基本消除大豆因连作而减产的障碍作用。由表 3-21 可以看出，麦-米-豆轮作体系中的玉米茬土壤，无论灭菌与否，对大豆产量影响不大（处理 5 与处理 6），经测验差异不显著。这充分说明麦-米-豆轮作体系中的玉米茬土壤中的有害生物对大豆的危害还不能达到使大豆显著减产的程度。经过 1 年大豆种植后，以大豆生长而生存的有害生物量增大，大量的有害生物对第二年连作大豆生长发育及产量产生了重大影响，使产量降低、品质变劣。由表 3-21 还可以看出，灭菌处理杀死有害生物后，其大豆产量及产量构成因子与玉米茬土壤上生长的大豆相近（处理 2 和处理 4、处理 5 和处理 6），经测验差异不显著。这说明连作大豆除了根系腐解抑制下茬大豆外，有害生物是连作大豆减产的主要障碍因素。灭菌在杀死有害生物的同时也杀死有益生物，但有益生物对大豆产量的影响远远小于有害生物，即有益生物对大豆产量影响不显著。土壤中有害生物可使连作大豆籽粒减产 12.19%~14.59%，每株粒数减少 10.08%~12.42%，百粒重减轻 2.36%~2.48%，单株生物量降低 10.02%~18.78%。

表 3-21　有害生物对连作大豆产量的影响

指 标	处 理					
	1	2	3	4	5	6
产量（g/m²）	245.2	287.1	260.7	296.9	289.8	296.8
单株粒数（个）	48.38	55.24	51.12	56.85	55.62	56.71
单株生物量（g）	33.3	41.0	36.8	40.9	40.6	41.5

3. 有害生物在大豆生育期的表观反映 将土壤灭菌试验的病虫害调查列入表 3-22。由表 3-22 可以看出，即使玉米茬土壤，仍然存活着对大豆生长有危害的生物，只不过这些生物受非连作的影响，其数量少到不足以使正茬大豆发生严重病虫害而致使大豆显著减产。第一年种植大豆后，这些有害生物迅速繁殖，待到第二年连作大豆（处理 3），就表现出病虫害造成严重减产的现象。随着连作

大豆年限的延长，有害生物危害有加重趋势（处理1）；但连作年限达到3~4年后，生物危害与年限没有线性关系，即连作大豆受有害生物危害并非越来越重，而是随着有害生物的生存条件变化而变得时轻时重。对土壤进行灭菌后，有害生物被消除，病虫害也随之消失（处理2、处理4），充分说明连作大豆病虫害是有害生物危害大豆的表观反映。

表 3-22　有害生物危害大豆的表观反映

指　标	处　理					
	1	2	3	4	5	6
根腐病病情指数	71	20	67	16	23	9
孢囊线虫（个/株）	31.1	2.3	28.7	1.8	2.1	0.8
根潜蝇危害株率（%）	55.3	4.5	49.3	3.8	4.1	3.2

综上所述，在消除大豆根系腐解后，大豆减产的主要障碍因素是有害生物，用灭菌的方法消除土壤中有害生物，连作大豆产量与正茬大豆产量相接近；在生长发育阶段也有相同趋势，用新复极差法测验，差异不显著。

连作大豆土壤中有害生物，除了目前已发现的有害生物外，还有部分尚未发现。此外，肥水能改善受土壤有害生物危害的大豆生长状态，使其生长健壮，降低减产幅度，但不能起到消除有害生物危害的作用。

二、犁底层

土壤深耕时，常常因为农机具的作用和底土较强的塑性，在耕层和心土层之间形成了一个容重较高（1.5~1.8 g/cm³）且封闭式的犁底层。在犁底层中，总孔隙度极小，而大孔隙更少。犁底层的存在减弱了耕层和心土层之间的能量与物质流通。它有使雨水和养分保存在耕层，从而被根系直接吸收的优点；也有不能使雨水深储在下层心土层有效防止耕层涝害或防止大量蒸发、妨碍根系伸展、改变根型、妨碍利用心土层的能量和物质的缺点。根据犁底层的特性，土壤耕作时应尽量避免形成犁底层，而在已形成犁底层的土壤上应该采取打破或消灭犁底层的耕作措施。

20世纪初我国引进了西洋犁，50年代大量引进了苏式五铧犁，60年代创造了带心土铲的双层深翻犁，进一步提高了耕作效率，加强了对土壤的扰动强度和频率，形成了稳定的耕作层。但是，20世纪30年代由于不合理的土壤耕作，美国西部和苏联都发生了大规模的"黑风暴"，导致耕层表层大量流失。由此，人们开始探讨保护性耕作。保护性耕作的原则是不使用铧式犁翻耕土壤，实行免耕播种，减少对土壤的耕作次数，实行地表秸秆残茬覆盖，田间作业次数由7~8次减到1~3次。虽然免耕减少机械的田间作业次数，但是每季播种和施肥时还是会对一定面积的土壤产生扰动，形成一个耕作层，这个耕作层的面积只占土壤耕种地块的10%。传统耕作由于长期机械碾压导致土壤犁底层的出现，机械碾压的时间越长则犁底层越厚，耕作层就越浅，限制了作物的生长发育。20世纪70年代初，黑龙江的科研机构和农业院校，进行了土壤深松耕法的多年多点试验、示范和推广。与传统的浅耕和耙地相比，深松或深耕能够打破犁底层，增加耕层厚度，减小底层容重，增加孔隙度，极大地提高了降水的入渗量。

但是，适宜的土壤耕层深度，应当根据作物根系生长发育分布空间和土层储水能力以及土壤类型而定。深松在打破犁底层的同时疏松表层，增加耕层厚度，被疏松的土层土壤孔隙度增加，土壤的渗透性得到改善，进而增加了土壤对大气降水的蓄存能力，营造地下水库，使更多的雨水储存在深层土壤中以供作物利用，提高雨水资源利用率和旱地蓄水保墒性能。有研究报道，深松能使犁底层田间的土壤饱和导水率提高4倍以上，提高降水的入渗能力，显著增加了50~100 cm土层的土壤含水量。同时，深松打破了犁底层，土壤容重降低20%，总孔隙度、毛管孔隙度和非毛管孔隙度分别增加15.0%、10.4%和37.8%，扩大了蓄水空间，可接纳更多的降水存储在大孔隙中。相反，如果犁底层存在，耕作层内的多余土壤水分难以下渗，使原有的蓄水空间不能得到充分利用。对黑土的研究表明，0～35 cm 土层的最大储水能力（即饱和持水量）为 227.5 mm，此层 10 年平均土壤含水量为 84 mm，所能接纳单次最大降水量为 143.5 mm 而不产生径流。从对研究区域近 50 年单次降水量的分析可知，该地区最大的单次降水量为 81 mm，所以 0～35 cm 土层具有接纳单次最大降水的能力。同时，该层土壤有效水分（田间持水量－凋萎含水量）为 115.5 mm，说明吸收的降水能够完全转换为有效水分供作物利用。

不同土壤类型会影响根系生长空间和土壤储水能力。障碍性层次的土壤（如黑土的犁底层、白浆土的白浆层）在 20～30 cm 存在障碍层，限制根系生长发育，且 80％以上的根系分布在该层，影响了根系对土壤中水分和养分的吸收；而对于不存在障碍性层次的土壤来说，有 10％以上的根系分布在 20～35 cm 土层，促使作物根系能够更充分地利用土壤中的水分和养分。因此，对于黏质土壤包括黑土、黑钙土、白浆土、暗棕壤和草甸土，最适宜的耕层深度为 0～35 cm；而对于不存在障碍性层次的沙质土壤来说，适宜耕作层深度为 0～20 cm。因为沙质土壤的质地松散，土壤中的孔隙比较大，如果耕作深度太深会导致施入土壤的生产资料淋溶至下层，造成作物养分供应不足。

第四章 长期施肥对黑土肥力的演变规律 >>>

第一节　长期施肥对吉林公主岭黑土肥力的演变规律

本区黑土地处黑土带南端，是在温润气候区草原化草甸植被下发育的一种具有深厚腐殖质层的地带性土壤，是本区最适合农耕的土壤类型。本区黑土基本剖面构型主要由腐殖质层（A 层）、淀积层（B 层）和母质层（C 层）构成，各层次之间常出现一定厚度的过渡层次。黑土形态上的主要特征是有一个深厚的、从上往下逐渐过渡的黑色腐殖质层，厚度多在 30～70 cm。发育在地势相对低平处的草甸黑土，其腐殖质厚度可达 100 cm 以上。腐殖质层多呈舌状并向下延伸，多为粒状或团块状结构，土层潮湿松软。淀积层和母质层多为灰棕色或黄棕色，棱块状结构，剖面中可见棕黑色铁锰结核、白色二氧化硅粉末和灰色或黄灰色斑块条纹等新生体。土体通层无石灰性反应，呈中性或微酸性。

吉林省农业科学院于 20 世纪 70 年代末，在吉林中部重点产粮区（公主岭）的黑土上建立了公主岭黑土肥力和肥料效益长期定位监测试验基地，开展了黑土资源的保护和利用研究工作。主要研究长期施肥对黑土肥力演变特征、肥料效益及生态环境的影响，并建立作物生产力演变特征预测模型，明确高产土壤培肥机制及关键技术。

一、公主岭黑土长期试验概况

1. 试验基地概况　公主岭黑土肥力与肥料效益监测试验基地位于吉林省公主岭市吉林省农业科学院试验地内（43°30′23″N，124°48′33.9″E），试验区地势平坦，海拔 220 m。年均气温 4～5 ℃，年最高气温 34 ℃，最低气温－35 ℃，无霜期 110～140 d，有效积温 2 600～3 000 ℃，年降水量 450～650 mm，年蒸发量 1 200～1 600 mm，年日照时数 2 500～2 700 h。土壤为中层典型黑土，成土母质为第四纪黄土状沉积物。土壤剖面形态基本特征如下。

Aa 层：0～20 cm，耕作层，暗灰色，壤质黏土，粒状、团粒状结构，多根，湿润，疏松多孔，有铁锰结核。

A 层：21～40 cm，灰色，壤质黏土，小团块状、团粒结构，较湿，疏松，多铁锰结核。

AB 层：41～64 cm，灰棕色，粉沙质壤土，小团块结构，根系较少，潮湿，较紧实，多铁锰结核（粒径 2～5 mm）。

B 层：65～89 cm，黄棕色，黏壤土，块状结构，少量根系，湿，较紧实，有洞穴和铁锰结核。

BC 层：90～150 cm，暗棕色，黏壤土，棱块状结构，极少量根系，湿，紧实，有锈斑、SiO_2 胶膜，通层无盐酸反应。

试验地原始土壤剖面理化性质见表 4-1 至表 4-3。

表 4-1　剖面土壤的颗粒组成 （1978）

发生层次	深度 （cm）	各粒径土壤颗粒含量 （%）				质地
		0.2~2.0 mm	0.02~0.2 mm	0.002~0.02 mm	<0.002 mm	
Aa	0~20	5.50	32.81	29.87	31.05	壤质黏土
A	21~40	2.87	32.99	37.08	27.05	壤质黏土
AB	41~64	2.75	37.76	45.32	13.00	粉沙质壤土
B	65~89	1.46	38.90	44.18	14.68	黏壤土
BC	90~150	1.41	38.93	44.21	14.45	黏壤土

表 4-2　剖面土壤物理性质 （1978）

发生层次	深度 （cm）	容重 （g/cm³）	孔隙组成 （%）		
			总孔隙度	田间持水孔隙	通气孔隙
Aa	0~20	1.19	53.39	35.83	18.08
A	21~40	1.27	51.23	38.47	12.76
AB	41~64	1.33	49.83	42.08	7.25
B	65~89	1.35	46.53	34.04	12.49
BC	90~150	1.39	45.02	39.30	5.72

表 4-3　剖面土壤化学性质 （1978）

发生层次	深度 （cm）	有机质 （g/kg）	全氮 （g/kg）	全磷 （g/kg）	全钾 （g/kg）	碱解氮 （mg/kg）	有效磷 （mg/kg）	速效钾 （mg/kg）	pH
Aa	0~20	22.8	1.40	1.39	22.1	114	27.0	190	7.6
A	21~40	15.2	1.30	1.35	22.3	98	15.5	181	7.5
AB	41~64	7.1	0.57	1.00	22.0	41	7.2	185	7.5
B	65~89	6.8	0.50	0.98	22.1	39	4.2	189	7.6
BC	90~150	6.3	0.38	0.91	22.2	37	4.1	187	7.6

2. 试验设计　黑土肥力与肥效长期定位监测工作前后分两期进行，1 期定位试验始于 1980 年，主要进行了氮、磷、钾三要素与不同用量有机肥的土壤培肥定位监测；2 期试验始于 1990 年，执行的是全国土壤肥力和肥料效益定位监测试验基地网统一设计处理，试验共设 12 个处理：①休闲、不种植、不耕作 （F）；②不施肥 （CK）；③氮肥 （N）；④氮磷肥 （NP）；⑤氮钾肥 （NK）；⑥磷钾肥 （PK）；⑦氮磷钾肥 （NPK）；⑧M1＋NPK （M1 为有机肥，猪粪）；⑨1.5 （M1＋NPK）；⑩S＋NPK （S 为玉米秸秆）；⑪M1＋NPK （R） （采用玉米-大豆轮作，2 年玉米，1 年大豆）；⑫M2＋NPK （M2 为有机肥，猪粪，施用量与 M1 不同）。试验不设重复，小区面积 400 m²，田间小区随机排列，区间由 2 m 过道相连。有机肥全部作底肥施用，1/3 氮肥和磷、钾肥作底肥，其余 2/3 氮肥于拔节前追施在表土下 10 cm 处，秸秆粉碎后在玉米拔节期结合追肥撒施于小区地表。氮肥品种为尿素 （含 N 46%），磷肥为重过磷酸钙 （无 N 区施用，含 P_2O_5 46%） 和磷酸氢二铵 （N、P 复合区施用，含 P_2O_5 46%、N 18%）。有机肥 （猪粪） 的养分含量平均为：含 N 0.5%、P_2O_5 0.4%、K_2O 0.49%；玉米秸秆的养分含量平均为：含 N 0.7%、P_2O_5 0.16%、K_2O 0.75%。具体施肥量见表 4-4。

表 4-4　不同处理化肥及有机肥施用量

处理	N （kg/hm²）	P_2O_5 （kg/hm²）	K_2O （kg/hm²）	有机肥 （t/hm²）
CK	0	0	0	0
N	165	0	0	0

（续）

处理	N（kg/hm²）	P₂O₅（kg/hm²）	K₂O（kg/hm²）	有机肥（t/hm²）
NP	165	82.5	0	0
NK	165	0	82.5	0
PK	0	82.5	82.5	0
NPK	165	82.5	82.5	0
M1＋NPK	50	82.5	82.5	23
1.5（M1＋NPK）	75	123.7	123.7	34.6
S＋NPK	112	82.5	82.5	7.5
M1＋NPK（R）	50	82.5	82.5	23
M2＋NPK	165	82.5	82.5	30

注：M1 和 M2 为有机肥（猪粪），S 为玉米秸秆，R 为轮作。

供试作物为玉米和大豆，除处理 11 为玉米-大豆（2 年玉米-1 年大豆）轮作外，其余处理为玉米连作，一年一季。玉米品种 1990—1993 年为丹育 13，1994—1996 年为吉单 222，1997—2005 年为吉单 209，2006—2013 年为郑单 958；大豆品种 1990—1998 为长农 4 号，1999—2013 年为吉林 20 号。每年 4 月下旬至 5 月上旬播种，9 月下旬收获，按常规进行统一田间管理。10 月采集土壤样品，将小区划分为 3 个取样段。植株样品主要分根、茎叶和籽实 3 部分取样，分别各取 3 株；土壤样品采用 S 形布点，取 5～7 点，分层（0～20 cm、21～40 cm）取样，充分混匀后用四分法缩分至 1 kg 左右，风干后进行分析测定和保存。

测定项目与方法：有机质测定采用重铬酸钾法，活性有机质采用高锰酸钾常温氧化-比色法，全氮采用重铬酸钾硫酸消化法，全磷采用高氯酸-硫酸法，全钾采用氢氧化钠碱熔-火焰光度法，碱解氮采用碱解扩散法，有效磷采用碳酸氢钠法，速效钾采用火焰光度法，土壤 pH 采用电位法。

二、黑土有机质、氮、磷、钾和 pH 的演变规律

（一）黑土有机质的演变规律

1. 黑土有机质含量的变化 土壤有机质含量是衡量农田土壤肥力的主要指标之一。长期施肥 23 年后，不同施肥处理 0～20 cm 表层土壤有机质含量有一定变化。图 4-1 显示，单施化肥处理区土壤有机质含量均呈现下降的趋势。不施肥处理（CK）和化肥处理在试验开始的前 10 年，土壤有机质含量基本稳定，但随后开始下降。其中，CK、N 和 PK 处理 20 年后（2010—2012 年平均值）有机质含量较试验的前 3 年（1989—1991 年平均值）分别下降了 14.0%、22.1% 和 3.3%，NPK 处理区土壤有机质含量下降不明显，休闲区表层土壤有机质含量 20 年间增加了 9.7%。

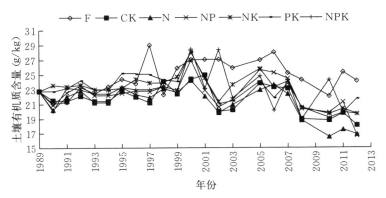

图 4-1　长期不施肥和单施化肥黑土有机质含量的变化

连续进行有机培肥 23 年，施用有机肥和有机无机肥配施处理的土壤有机质含量均呈上升趋势（图 4-2），尤其后 12 年有机质含量显著上升。其中，1.5（M1＋NPK）、M2＋NPK 和 M1＋NPK 处理的土壤有机质含量后 3 年（2010—2012 年平均值）较前 3 年（1989—1991 年平均值）分别增加了 69.5%、56.1% 和 52.2%。但是，S＋NPK 处理耕层土壤有机质含量总体波动不大，维持在原有水平。因此，有机肥与化肥配合施用是有效增加土壤有机质的重要措施。

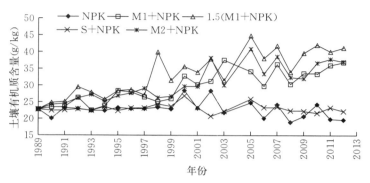

图 4-2 长期施化肥和有机无机肥配施黑土有机质含量的变化

2. 黑土剖面土壤有机碳含量的变化 由图 4-3 可知，各处理剖面土壤有机碳含量随着土层加深而呈逐渐下降趋势，表层有机碳含量较高，差异较大；底层则相反。0~10 cm 土层，有机无机配施 M2＋NPK 处理有机碳含量最高，达到 24.89 g/kg，CK 和 N 处理最低。其中，等氮量有机无机配施处理（M1＋NPK 和 S＋NPK）土壤有机碳含量显著高于化肥 N、NP 和 NPK 处理（$P<0.05$），化肥 NPK 和 NP 处理土壤有机碳含量显著高于 N 处理和 CK，而 CK 与 N 处理差异不显著。10~20 cm 土层，各处理土壤有机碳含量差异水平与 0~10 cm 土层一致。20~40 cm 土层，M2＋NPK 处理有机碳含量最高，CK 和 N 处理最低。其中，有机无机配施 M1＋NPK 和 S＋NPK 处理显著高于单施化肥处理，化肥 N、NP 和 NPK 处理间土壤有机碳含量差异不显著。40 cm 土层下，各处理间有机碳含量差异不显著。以上表明，用有机肥和玉米秸秆替代部分氮肥的方式可明显增加 0~40 cm 土层土壤有机碳含量，对维持及提高黑土剖面土壤有机碳水平具有重要意义。

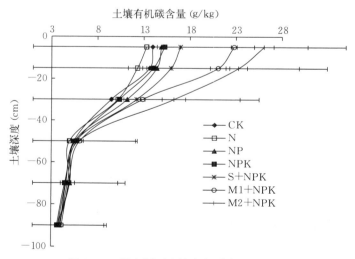

图 4-3 黑土剖面土壤有机碳含量的变化

3. 黑土活性有机碳含量的变化 长期不施肥处理（CK）与初始土壤相比，黑土活性有机碳含量基本维持不变；长期不平衡施化肥处理（NP 和 N）的黑土活性有机碳含量分别下降了 3.6% 和 13.8%；氮磷钾平衡施用处理（NPK）显著降低了黑土活性有机碳含量，降幅为 6.0%（图 4-4）。

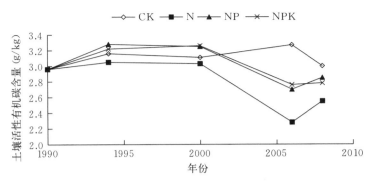

图 4-4 长期不施肥和单施化肥黑土活性有机碳含量的变化

长期有机无机肥配施 M1＋NPK 和 1.5（M1＋NPK）处理的黑土活性有机碳含量显著上升，与试验初期比较，活性有机碳含量分别增加了 57.6％和 62.7％；长期秸秆还田处理（S＋NPK）黑土活性有机碳含量显著增加了 57.6％。活性有机碳含量均为有机肥和化肥配施＞秸秆还田＞施化肥＞不施肥（图 4-5）。结果表明，有机无机肥配施不仅提高了土壤总有机碳含量，对活性有机碳的水平也具有明显的提升作用（张璐 等，2009；佟小刚，2008）。

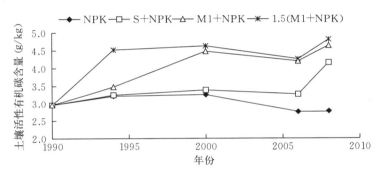

图 4-5 长期施化肥和有机无机肥配施黑土活性有机碳含量的变化

4. 黑土不同大小颗粒有机碳含量的变化 长期施肥黑土不同大小颗粒有机碳含量的变化见图 4-6。由图 4-6 可以看出，不施肥处理黑土沙粒、粗粉沙粒、细粉沙粒、粗黏粒及细黏粒有机碳含量分别为 1.71 g/kg、2.77 g/kg、3.06 g/kg、5.10 g/kg 和 1.14 g/kg（佟小刚，2008）。与不施肥处理相比，有机无机肥配施处理［M1＋NPK、1.5（M1＋NPK）］的各颗粒有机碳含量分别增加了 145.5％～154.3％、65.3％～83.0％、34.4％～43.5％、22.4％～27.0％和 6.8％～8.8％；但增量有机无机肥配施处理［1.5（M1＋NPK）］与常量有机无机肥配施处理（M1＋NPK）相比，并不能进一步显著增

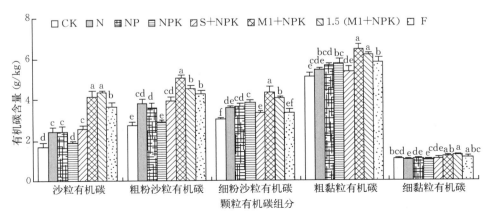

图 4-6 黑土不同大小颗粒有机碳含量的变化（2007）

注：图中不同字母表示处理间差异达到显著水平（P＜0.05）。

加沙粒、粗黏粒和细黏粒的有机碳含量。除细黏粒外，有机无机肥配施的其他各级颗粒有机碳含量均显著高于其他施化肥处理，说明施用有机肥对增加土壤各级颗粒有机碳含量的作用显著。

施有机肥处理的沙粒和粗粉沙粒中有机碳的分配比例分别显著提高了58.4%～70.8%和11.0%～16.6%，而细粉沙粒、粗黏粒和细黏粒的分配比例分别降低了7.4%～9.7%、17.8%～18.0%和26.9%～31.1%。与不施肥处理比较，秸秆与无机肥配施处理（S＋NPK）可以显著增加黑土沙粒、粗粉沙粒和细粉沙粒的有机碳含量，增加幅度分别为50.4%、42.7%和8.7%。虽然该处理粗黏粒和细黏粒有机碳含量与不施肥处理相比存在一定差异，但差异不显著，说明黏粒有机碳含量不受秸秆与无机肥配施影响。与不施肥处理相比，单施氮肥（N）和氮磷肥配施处理（NP）的沙粒、粗粉沙粒、细粉沙粒和粗黏粒有机碳含量分别提高了40.6%～44.9%、30.4%～38.0%、16.7%～20.3%和6.7%～11.2%；而氮磷钾平衡施用处理（NPK）仅显著增加了细粉粒和粗黏粒有机碳含量，增加幅度分别为25.4%和13.6%。施用化肥各处理均降低了细黏粒的有机碳含量，降低幅度为6.9%～9.3%。不同施肥处理下沙粒有机碳含量平均增加幅度（80.6%）最高，分别是粗粉沙粒、细粉沙粒、粗黏粒和细黏粒有机碳含量平均增加幅度的1.8倍、3.6倍、5.6倍和13.1倍。可见，沙粒中有机碳含量增加幅度最高，说明沙粒有机碳组分库对施肥的响应最敏感。因此，施肥可以改善公主岭黑土有机碳的性质，提高土壤有效肥力。

5. 黑土团聚体组分有机碳的变化　长期施肥下公主岭黑土总有机碳在不同团聚体有机碳组分中的分布状况见图4-7（佟小刚，2008）。由图4-7可以看出，不同施肥粗、细自由颗粒有机碳（cf-POC和ffPOC）分别占总有机碳的7.0%～13.0%和1.6%～7.1%。与不施肥相比，有机无机肥配施处理［M1＋NPK和1.5（M1＋NPK）］粗、细自由颗粒有机碳比例提高幅度分别达到0.7～1.0倍和1.3～1.4倍；秸秆还田处理（S＋NPK）和各化肥处理（N、NP和NPK）的细自由颗粒有机碳比例分别提高了1.3倍和0.5～1.2倍，粗自由颗粒有机碳比例不受秸秆还田的影响，但氮磷钾平衡施用的粗自由颗粒有机碳比例提高了30.5%。撂荒对粗、细自由颗粒有机碳比例的影响一致，使该组分的有机碳比例分别显著提高了1.0倍和0.8倍。

图4-7　黑土团聚体组分有机碳含量的变化（2007）

注：图中不同字母表示处理间差异达到显著水平（$P < 0.05$）。

公主岭黑土中粗、细自由颗粒有机碳含量均以有机无机肥配施处理［M1＋NPK、1.5（M1＋NPK）］最高，分别达到2.40～2.45 g/kg和1.24～1.54 g/kg，分别是不施肥处理的2.9～3.0倍和3.4～4.2倍。秸秆还田对粗自由颗粒有机碳含量无显著影响，但它使细自由颗粒有机碳含量显著增加了0.49 g/kg，而且与施化肥处理比较差异显著。施化肥各处理的粗、细自由颗粒有机碳含量比不施肥分别显著增加了0.20～0.47 g/kg和0.28～0.29 g/kg。撂荒地的粗、细自由颗粒有机碳含量也比不施肥显著增加，增加量分别为0.96 g/kg和0.36 g/kg。

不同施肥条件下黑土微团聚体内物理保护有机碳（iPOC）占总有机碳的9.0%～15.2%。与不施肥处理相比，有机无机肥配施和休闲处理［M1＋NPK、1.5（M1＋NPK）和F］的物理保护有机碳的比例分别显著提高了 62.0%～67.5%和 21.0%，含量分别显著增加了 1.65～2.09 g/kg 和 0.37 g/kg，增幅分别为不施肥处理的 1.5～1.9 倍和 0.3 倍；其余处理的物理保护有机碳比例均比不施肥有所降低，但差异未达显著水平，而且物理保护有机碳含量也仅 NPK 处理显著增加了 0.29 g/kg，秸秆还田处理的该组分含量也有所降低，但与不施肥处理的差异也不显著。休闲、秸秆还田和施用化肥处理的矿物结合态有机碳含量均没有显著增加；有机无机肥配施处理［M1＋NPK 和 1.5（M1＋NPK）］的矿物结合态有机碳含量显著降低，降幅为 18.3%～21.0%，而且比例也降低；撂荒地的矿物结合态有机碳比例的降幅最大，达 13.7%，且与不施肥处理差异显著。

（二）黑土氮的演变规律

1. 黑土全氮含量的变化 土壤全氮包括所有形式的有机氮素和无机氮素，综合反映了土壤的氮素供应状况。不同施肥处理耕层土壤（0～20 cm）全氮含量的变化趋势与有机质基本相同。单施化肥和不施肥处理，23 年间耕层土壤全氮含量呈缓慢下降趋势，各处理土壤全氮平均含量（1989—2012年）为 1.25～1.31 g/kg，与初始值（1.4 g/kg）相比有所下降，但总体下降不明显（图 4-8）。

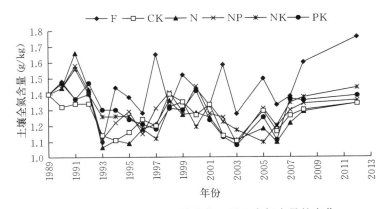

图 4-8　长期不施肥和单施化肥黑土全氮含量的变化

有机肥与化肥配施处理的土壤全氮含量表现为上升趋势（图 4-9），尤其在后 12 年土壤全氮增加较多。有机无机肥配施处理的土壤全氮平均含量（1989—2012 年）为 1.63～1.86 g/kg，其中高量有机肥配施处理［1.5（M1＋NPK）］增加幅度最大，土壤全氮含量由 1989 年的 1.40 g/kg 增加到2012 年的 2.65 g/kg。秸秆还田处理（S＋NPK）的土壤全氮含量基本稳定。土壤全氮平均含量（1989—2012 年）的顺序为 1.5（M1＋NPK）＞M2＋NPK＞M1＋NPK＞F＞S＋NPK＞NPK、NP、NK、PK＞N、CK。以上表明，有机无机肥配施土壤全氮平均含量高于单施化肥，施用有机肥可以提高和维持土壤氮素供应水平。

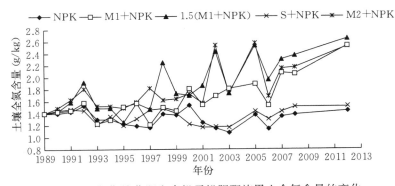

图 4-9　长期施化肥和有机无机肥配施黑土全氮含量的变化

2. 黑土剖面土壤全氮含量的变化 如图 4-10 所示，黑土剖面土壤全氮的变化与剖面有机碳的变化规律基本一致，随着土层加深，各处理土壤全氮含量均呈逐层锐减趋势，表层土壤全氮含量最高，底层最低。0～10 cm 土层，有机无机肥配施处理（M2＋NPK）全氮含量最高，不施肥处理（CK）最低，其中 M1＋NPK 和 S＋NPK 处理土壤全氮含量显著高于 N、NP 和 NPK 处理（$P<0.05$）；N、NP 和 NPK 处理间土壤全氮含量差异不显著，但全氮含量均显著高于 CK。

10～20 cm 土层，M2＋NPK、M1＋NPK 和 S＋NPK 处理间土壤全氮含量差异显著；有机无机肥配施处理（M2＋NPK 和 M1＋NPK）土壤全氮含量显著高于其他处理（$P<0.05$）；S＋NPK 处理土壤全氮含量与 NP、NPK 处理差异不显著，但显著高于 N 处理和 CK。20～40 cm 土层，M2＋NPK 处理土壤全氮含量显著高于其他处理，N、NP、NPK、M1＋NPK 和 S＋NPK 处理差异不显著，但这 5 个处理土壤全氮含量显著高于 CK；40 cm 土层

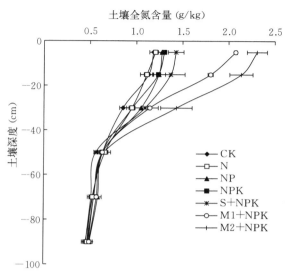

图 4-10　黑土剖面土壤全氮含量的变化

以下，各处理全氮含量差异不显著。以上表明，施用有机肥和秸秆可明显增加或维持 0～20 cm 土层土壤全氮含量，对维持及提升土壤全氮水平具有重要作用。

3. 黑土碱解氮含量的变化　土壤碱解氮主要来源于土壤有机质的矿化和施入的氮肥。连续施肥 23 年后，不同处理耕层（0～20 cm）土壤碱解氮含量差异明显（图 4-11）。总体来看，不施肥处理（CK）、单施化肥处理的土壤碱解氮含量均呈下降趋势，其中 PK 和 NPK 处理土壤碱解氮含量（2012 年）比初始值（1990—1991 年平均值）分别下降了 19.4% 和 9.77%。

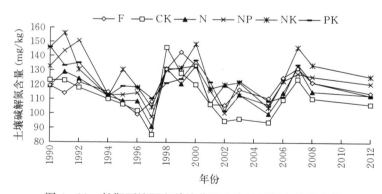

图 4-11　长期不施肥和单施化肥土壤碱解氮含量的变化

有机无机肥配施土壤碱解氮含量呈上升趋势。由图 4-12 可以看出，有机无机肥配施处理土壤碱

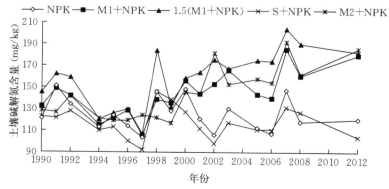

图 4-12　长期施化肥和有机无机肥配施土壤碱解氮含量的变化

解氮含量（2012 年）比初始值增加 18.53%～45.55%，其中 1.5（M1＋NPK）和 M2＋NPK 处理土壤碱解氮含量增加最多，在 2012 年分别达到 182.3 mg/kg 和 185.5 mg/kg。秸秆还田处理（S＋NPK）土壤碱解氮含量（2012 年）比初始值下降了 14.9%，下降到 103.9 mg/kg。土壤碱解氮平均含量（1990—2012 年）的顺序为 1.5（M1＋NPK）＞M2＋NPK、M1＋NPK＞NPK、NP、NK＞N、PK、S＋NPK、F、CK。以上表明，有机肥对提高土壤碱解氮的作用好于秸秆还田和单施化肥。

4. 黑土有机氮形态的变化　不同施肥处理耕层土壤有机氮各形态含量差异很大（表 4－5）。在 M2＋NPK 处理中，铵态氮、氨基酸态氮和氨基糖态氮含量最高。秸秆还田处理（S＋NPK）土壤铵态氮、氨基酸态氮、酸不溶氮含量均最低，与 M1＋NPK 和 M2＋NPK 处理之间差异显著；而酸解未知氮含量显著高于其他施肥处理，可见秸秆还田与化肥配施有利于酸解未知氮含量的提高。在不施肥处理中，氨基酸态氮和氨基糖态氮含量均最低，但酸解未知氮含量略高于其他处理，由于新加入的有机物质对原有有机质分解的促进作用，有机氮形态含量发生变化。

表 4－5　不同施肥处理对耕层（0～20 cm）土壤有机氮各形态含量的影响

单位：mg/kg

处理	有机氮形态					
	酸解全氮	铵态氮	氨基酸态氮	氨基糖态氮	酸解未知氮	酸不溶氮
CK	792b	267bc	277d	29c	219a	384bc
NPK	779bc	286ab	326c	42b	125c	410bc
M1＋NPK	830ab	275b	367b	44b	145c	461b
1.5（M1＋NPK）	723c	290ab	353bc	40b	39e	550a
M2＋NPK	850a	297a	405a	64a	85d	494ab
S＋NPK	824ab	251c	325c	43b	206ab	336c

注：同一列数据后不同字母表示处理间差异达到显著水平（$P<0.05$）。采样时间为 2000 年 10 月。

耕层土壤铵态氮的相对含量在各施肥处理中变化不显著，相对比较稳定，说明施肥对铵态氮的相对含量影响很小或者没有影响。各施肥处理耕层土壤氨基酸态氮和氨基糖态氮的相对含量均比对照明显提高，且以 M2＋NPK 处理最高。有机氮各组分含量在不同施肥处理中表现为酸不溶氮＞氨基酸态氮＞铵态氮＞酸解未知氮＞氨基糖态氮（张俊清 等，2004）。

（三）黑土磷的演变规律

1. 黑土全磷含量的变化　从 0～20 cm 土层土壤全磷含量的变化可以看出（图 4－13），CK、N 和 NK 处理土壤全磷含量呈平缓下降趋势，后 3 年（2005—2007 年）平均值与 1989 年的初始值相比分别下降了 7.6%、15.6% 和 13.7%；PK 和 NP 处理全磷含量没有下降，后几年还有所提高，后 3 年（2005—2007 年）平均值与初始值相比提高了 10% 左右，原因可能是植株带走的磷（由于产量低）少于施入土壤的磷；休闲（F）处理土壤全磷含量总体变化很小。各处理的土壤全磷平均含量（1989—2007 年）为 PK＞NP＞F＞CK＞NK＞N。

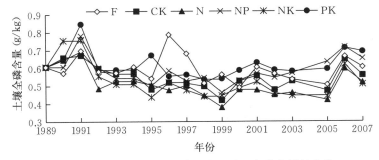

图 4－13　长期不施肥和单施化肥黑土全磷含量的变化

长期有机无机肥配施处理的土壤全磷含量呈上升趋势（图 4-14），尤其是 1999 年以后，土壤全磷富集现象非常明显。其中，1.5（M1+NPK）和 M2+NPK 处理的土壤全磷含量（2005—2007 年 3 年均值）分别达到 1.727 g/kg 和 1.693 g/kg，分别比试验初始值增加了 185% 和 179%。秸秆还田处理（S+NPK）土壤全磷含量也呈缓慢增加趋势，比试验初始值增加了 18.9%。NPK 处理的土壤全磷总体上略有下降，但不明显。以上表明，有机无机肥配施土壤全磷含量明显高于单施化肥处理，全磷含量的增加幅度远超过氮和钾等养分。

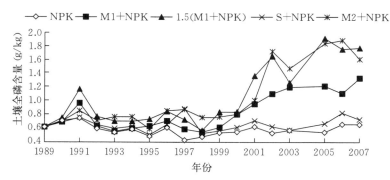

图 4-14　长期施化肥和有机无机肥配施黑土全磷含量的变化

2. 黑土有效磷含量的变化　长期不施肥和单施化肥土壤有效磷含量的变化趋势与土壤全磷含量基本一致（图 4-15），但变化幅度较大。PK、NP 和 NPK 处理土壤有效磷含量增加明显，尤其在 1999 年后，土壤有效磷富集现象最为突出，由试验初始的 11.79 mg/kg 分别增加到 60.95 mg/kg、49.8 mg/kg 和 39.7 mg/kg（2008—2012 年平均值）。CK、N、NK 和 F 处理的土壤有效磷含量均呈下降趋势，下降幅度为 3.24～7.19 mg/kg。以上表明，当前的施磷水平既可提高黑土的有效磷含量，也能够满足作物生长的需求。

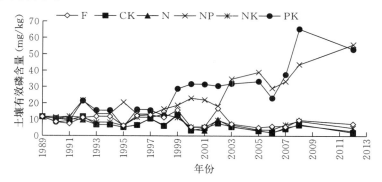

图 4-15　长期不施肥和单施化肥黑土有效磷含量的变化

长期有机无机肥配施处理的土壤有效磷含量变化趋势与全磷含量基本一致，但变化幅度较大（图

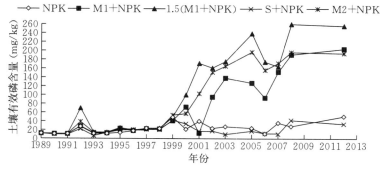

图 4-16　长期施化肥和有机无机肥配施黑土有效磷含量的变化

4-16）。S＋NPK 处理土壤有效磷含量呈缓慢上升趋势，由试验初始的 11.19 mg/kg 增加到 38 mg/kg（2008—2012 年均值）。有机无机肥配施各处理土壤有效磷增加非常显著，其中 1.5（M1＋NPK）、M2＋NPK 处理（2008—2012 年均值）比试验初始值分别增加了 246.2 mg/kg、183.4 mg/kg，表明有机无机肥配施是提高土壤有效磷含量的最有效措施。

3. 黑土有机磷组分的变化　黑土耕层土壤磷素大部分以有机磷形态存在（表 4-6），土壤有机磷占全磷的比例为 56.08%～74.76%，含量为 139.94～210.23 mg/kg，平均为 181.85 mg/kg。在有机磷各组分中，活性有机磷含量在各肥料处理中变化不大，为 2.48～4.76 mg/kg，平均为 3.55 mg/kg，占有机磷总量的 1.91%；中活性有机磷含量最高，为 77.20～106.80 mg/kg，平均为 94.29 mg/kg，占有机磷总量的 52.20%；中稳性有机磷含量平均为 57.77 mg/kg，约占有机磷总量的 31.77%；高稳性有机磷含量平均为 26.25 mg/kg，约占有机磷总量的 14.43%。因此，黑土耕层土壤中有机磷组分的含量顺序为中活性有机磷＞中稳性有机磷＞高稳性有机磷＞活性有机磷（张俊清 等，2004），与国内外的报道基本一致。

表 4-6　不同处理耕层（0～20 cm）土壤有机磷组分含量及其比例（2000）

处理	有效磷含量（mg/kg）	活性有机磷		中活性有机磷		中稳性有机磷		高稳性有机磷		总有机磷		全磷含量（mg/kg）
		含量（mg/kg）	占总有机磷（%）	含量（mg/kg）	占总有机磷（%）	含量（mg/kg）	占总有机磷（%）	含量（mg/kg）	占总有机磷（%）	含量（mg/kg）	占全磷（%）	
F	6.80	4.18	2.76	84.17	55.56	48.68	32.13	14.50	9.57	151.53	58.13	260.67
CK	5.57	3.09	1.99	97.46	62.58	36.23	23.26	18.96	12.17	155.75	62.98	247.31
N	2.41	2.76	1.97	77.20	55.17	44.33	31.68	15.65	11.18	139.94	61.41	227.88
NP	33.47	3.39	1.87	94.90	52.35	57.68	31.82	25.32	13.97	181.29	67.29	269.42
NK	7.46	3.57	2.09	90.05	52.76	60.32	35.34	16.73	9.80	170.66	74.76	228.28
PK	40.85	3.57	1.82	104.41	53.05	58.46	29.70	30.36	15.43	196.81	65.51	300.42
NPK	32.40	2.98	1.59	86.30	46.07	65.39	34.90	32.68	17.44	187.35	66.42	282.06
M1＋NPK	40.84	3.46	1.70	105.44	51.76	61.38	30.13	33.44	16.41	203.71	67.67	301.03
1.5（M1＋NPK）	68.96	2.48	1.18	96.92	46.10	70.24	33.41	40.58	19.30	210.23	66.83	314.57
S＋NPK	18.89	4.75	2.50	95.47	50.22	61.12	32.15	28.76	15.13	190.10	70.08	271.24
M1＋NPK（R）	66.14	3.58	1.19	92.29	49.07	63.78	33.92	28.40	15.10	188.06	57.40	327.61
M2＋NPK	80.23	4.76	2.30	106.80	51.65	65.61	31.73	29.61	14.32	206.78	56.08	368.75
平均	33.67	3.55	1.91	94.29	52.20	57.77	31.77	26.25	14.43	181.85	64.20	283.27

在各施肥处理中，有机无机肥配施处理的耕层土壤全磷、有机磷总量以及各形态有机磷平均含量均比单施化肥处理高，而且有机磷的比例有所降低，说明施用有机肥后土壤有机磷及其组分含量的增加主要归因于土壤全磷含量的增加，并且配施处理可促进土壤有机无机磷形态的转化。

不施磷肥的 N、NK 处理土壤中活性、高稳性有机磷含量均降低，N 处理有机磷总量、中活性有机磷含量均明显低于对照（CK），但 PK、M1＋NPK、M2＋NPK 处理中活性有机磷含量高于对照，其他各处理中活性有机磷含量与 CK 差异不大。除 N、NK 处理外，各处理中稳性、高稳性有机磷含量均高于 CK，而活性有机磷各处理间差异均不大。以上表明，活性、中活性有机磷的植物有效性较高，较易转化为对植物有效的形态。

（四）黑土钾的演变规律

1. 黑土全钾含量的变化　由图 4-17 和图 4-18 可以看出，单施化肥和有机无机肥配施处理的土壤全钾含量变化趋势基本一致。各处理土壤全钾的平均含量（1989—2007 年）都在 19.0 g/kg 左右，各处理间差异不明显。结果表明，无论施钾肥或有机肥与否，对黑土全钾含量的影响不明显，这与张会民（2007）的研究结果一致。

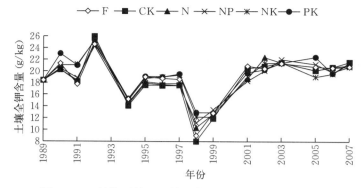

图 4-17　长期不施肥和单施化肥黑土全钾含量的变化

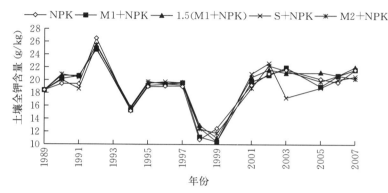

图 4-18　长期施化肥和有机无机肥配施黑土全钾含量的变化

2. 黑土速效钾含量的变化　长期不施钾肥处理中，CK、N 和 NP 处理的土壤速效钾含量均呈下降趋势（图 4-19），后 3 年（2010—2012 年）土壤速效钾平均含量比前 3 年（1989—1991 年）平均含量分别降低了 16.9 mg/kg、35.7 mg/kg 和 27.5 mg/kg。在施钾肥的处理中，NK 处理土壤速效钾含量略有下降；而 PK 处理有所提高，后 3 年（2010—2012 年）土壤速效钾平均含量比前 3 年（1989—1991 年）增加了 11.46 mg/kg，这或许是 PK 处理作物产量下降的原因。休闲（F）处理土壤速效钾含量呈增加趋势，后 3 年比前 3 年增加了 88.91 mg/kg。

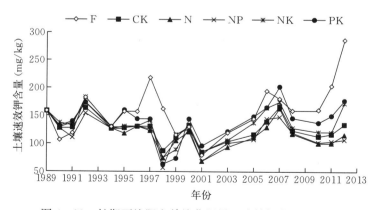

图 4-19　长期不施肥和单施化肥黑土速效钾含量的变化

　　由图 4-20 可以看出，经过 23 年的培肥，单施化肥（NPK）和秸秆还田（S+NPK）处理土壤速效钾含量波动不大，仍保持原有水平。其中，秸秆还田没有提高土壤速效钾含量，秸秆中钾的去向是值得进一步研究和探讨的问题。有机无机肥配施处理土壤速效钾含量增加显著，其中 1.5（M1+

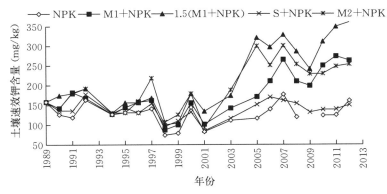

图 4-20 长期施化肥和有机无机肥配施黑土速效钾含量的变化

NPK）和 M2＋NPK 处理后 3 年（2010—2012 年）土壤速效钾平均含量比前 3 年（1989—1991 年）平均含量分别增加了 169.75 mg/kg 和 83.31 mg/kg。以上表明，有机无机肥配施是提高黑土速效钾含量最有效的途径。

3. 黑土缓效钾含量的变化　施肥 15 年后，不施钾肥处理土壤缓效钾含量比 1990 年的初始值降低了 72.2～134.3 mg/kg，降低幅度为 7.3%～13.7%（表 4-7）；NPK 处理土壤缓效钾含量基本稳定；有机无机肥配施处理（M1＋NPK）土壤缓效钾含量略有增加，增加 43.7 mg/kg。以上表明，长期不施钾肥可促使以蒙脱石和水云母为主要黏土矿物的黑土缓效钾不断释放，使土壤缓效钾含量降低（张会民，2007）。

表 4-7　长期不同施肥土壤缓效钾含量的变化

处理	1990 年含量（mg/kg）	2005 年含量（mg/kg）	增减量（mg/kg）	增减率（%）
CK	982.4	910.2	−72.2	−7.3
N	982.4	848.1	−134.3	−13.7
NP	982.4	867.1	−115.3	−11.7
NPK	982.4	974.5	−7.9	−0.8
M1＋NPK	982.4	1 026.1	43.7	4.4

（五）黑土 pH 的演变规律

由图 4-21 可知，长期定位试验结果表明，不施肥处理土壤酸度无明显变化，施化肥土壤酸化明显。NP、NK 和 NPK 处理 19 年间土壤 pH 下降了 1.5 个单位左右，但 S＋NPK 及有机无机肥配施处理的土壤 pH 明显高于 NPK，2007 年 M2＋NPK 处理的土壤 pH 比 NPK 高 1.3 个单位左右。19 年间有机无机肥配施处理的土壤 pH 没有下降，年际间无明显差异。这表明单施化肥可明显导致土壤

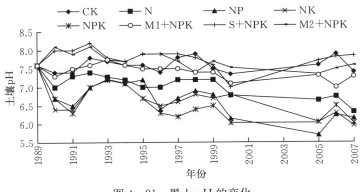

图 4-21　黑土 pH 的变化

酸化，有机无机肥配施具有防止土壤酸化的作用，这一结论与多数研究结果一致。

由表 4-8 可知，2012 年各处理剖面土壤 pH 随着土层加深而逐渐增加，表层 pH 较低，差异较大，底层则无差异。0～10 cm 土层、10～20 cm 土层、20～40 cm 土层，不施肥处理（CK）和有机无机肥配施处理土壤 pH 都显著高于单施化肥处理（N、NP 和 NPK），并且单施化肥处理土壤 pH 显著低于 1989 年初始值；40～60 cm 土层，M2+NPK、S+NPK、M1+NPK 处理和 CK 土壤 pH 显著高于单施化肥处理，但 M2+NPK、S+NPK、M1+NPK 处理和 CK 间土壤 pH 差异不显著；60 cm 土层以下，各处理土壤 pH 差异不显著。以上表明，长期不同施肥对土壤酸化的影响主要集中在 0～40 cm 土层。

表 4-8   不同施肥方式下剖面土壤 pH 的变化

处理	0～100 cm 土层剖面土壤 pH（2012）						2005—2007 年平均值（0～20 cm）
	0～10 cm	10～20 cm	20～40 cm	40～60 cm	60～80 cm	80～100 cm	
CK	7.33b	7.23b	7.43b	7.71ab	7.82a	7.98a	7.64
N	5.72c	5.98c	6.60c	7.44b	7.48a	7.66a	6.61
NP	5.41c	5.82c	6.59c	7.36b	7.57a	7.75a	6.04
NPK	5.66c	5.78c	6.52c	7.26b	7.4a	7.74a	6.19
S+NPK	7.88a	7.91a	8.00a	8.15a	8.15a	8.12a	7.80
M1+NPK	6.97b	7.05b	7.40b	7.66ab	7.79a	7.84a	7.20
M2+NPK	7.28b	7.33ab	7.78ab	8.09a	8.12a	8.06a	7.48

注：同一列数据后不同字母表示处理间差异达到显著水平（$P<0.05$）。

在 0～20 cm 土层，与初始值（1989 年）比较，2012 年单施化肥（N、NP 和 NPK）处理土壤 pH 平均下降了 1.8 个单位左右；CK、M1+NPK、M2+NPK 和 S+NPK 处理土壤 pH 基本稳定，其中秸秆还田处理土壤 pH 最高，S+NPK 处理（2012 年）土壤 pH 比 NPK 处理高 2.17 个单位。2005—2007 年，土壤 pH 也表现了同样的变化规律，只是下降幅度较小，单施化肥土壤 pH 较初始值平均下降了 1.4 个单位。以上表明，单施化肥可明显导致土壤酸化，有机无机肥配施具有防止土壤酸化的作用，尤其秸秆还田抑制土壤酸化效果更为显著。

（六）黑土玉米田温室气体的排放特征

采用静态箱-气相色谱法监测了田间各处理玉米行间土壤的 N_2O、CO_2 和 CH_4 的排放。采样箱由箱体和箱盖组成，均为方形，由不锈钢材料制成，采样箱一侧中间有温度计插孔。箱体为 60 cm×50 cm×40 cm，箱体上端有密封水槽。箱盖上端装有 1 个气体采集接口和 1 个风扇电线入口，并在箱盖里安装 1 个 12 V 小风扇，外接蓄电池供电，用于充分混匀箱内气体。箱体靠近下半部分开有 2 排圆孔，箱外作物的根系可以穿过。底座埋入作物行间，入土 10 cm，整个生长季箱体不再移动。

玉米生育期每隔 7 d 采样一次，追肥 15 d 内每 2 d 测定一次。每次气样采集时间固定在 9：00—11：00，采样按区组进行，以减少土壤呼吸的日变化影响。采样时底座水槽中需注满水加以封闭，盖上箱盖，打开风扇电源，按 0 min、10 min、20 min、30 min 的时间间隔用 50 mL 注射器从气体采集接口插入，每次来回抽动 2 次以便箱内气体混合均匀，抽出 40 mL 气体注入真空瓶保存。采样后立即将样品带回实验室分析。每次采集气体同时同步记录地表温度与 5 cm、10 cm 处地温及箱内温度。

1. 气体测定与通量计算   气体样品分析采用 HP7890A 气相色谱仪，分析柱为 Porpak. Q 填充柱，柱箱温度为 50 ℃，载气为高纯 N_2。N_2O 测定用电子捕获检测器（ECD），工作温度 300 ℃；CO_2 和 CH_4 测定采用氢火焰检测器（FID），工作温度 300 ℃。气相色谱仪在每次测试时使用国家标准计量中心的标准气体进行标定，温室气体测定的相对误差在 2% 以内。

温室气体排放通量计算公式为：

$$F=\rho \times H \times (\Delta c/\Delta t) \times 273/(273+T) \qquad (4-1)$$

式中，F 为温室气体排放通量，CO_2 排放通量单位为 $mg/(m^2 \cdot h)$，N_2O 排放通量单位为 $\mu g/(m^2 \cdot h)$，CH_4 排放通量单位为 $\mu g/(m^2 \cdot h)$；ρ 为某温室气体标准状态下的密度（kg/m^3）；H 为采样箱箱罩的净高度（m）；$\Delta c/\Delta t$ 为采样箱内温室气体浓度的变化率 $[\mu L/(L \cdot h)]$；T 为采样过程中采样箱内的平均温度（℃）。

2. 净综合温室效应和温室气体排放强度的计算 计算公式见式（4-2）、式（4-3）：

$$GWP=298 \times N_2O+25 \times CH_4^- SOCSR \times 44/12 \qquad (4-2)$$
$$SOCSR=\delta SOC \times BD \times H \times 100 \qquad (4-3)$$

式中，GWP 为净综合温室效应（kg/hm^2）；SOCSR（soilorganic carbonsequestration rate）为土壤有机碳年固定速率（kg/hm^2）；BD 和 H 分别为土壤容重和土层深度；δSOC 为土壤有机碳年增加率，用直线回归计算 25 年有机碳变化趋势所得（式 4-4）。

$$GHGI=GWP/Y \qquad (4-4)$$

依据 Timothy 等（2006）的研究，式中，GHGI 为温室气体排放强度（kg/t）；Y 为作物产量（t/hm^2）。

3. 农田 CO_2 排放通量特征 由图 4-22 可见，不同施肥处理农田土壤 CO_2 排放通量均呈现明显的季节变化规律，总体变化趋势相似。各施肥处理土壤 CO_2 排放在拔节期追肥后第 7 天出现第 1 次排放高峰，其中 M2＋NPK 和 S＋NPK 处理土壤 CO_2 排放通量分别达到 549.2 $mg/(m^2 \cdot h)$ 和 492.3 $mg/(m^2 \cdot h)$，而后土壤 CO_2 排放逐渐降低，到玉米灌浆期（8 月 9 日）出现第 2 次排放高峰，随后各处理又降低到同一水平。

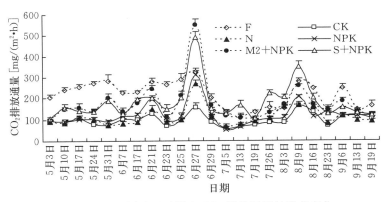

图 4-22 不同处理下黑土 CO_2 排放通量的季节变化

在拔节期追肥前，休闲区土壤 CO_2 排放通量显著高于其他处理（$P<0.05$）；在拔节期排放高峰后，F 处理土壤 CO_2 排放通量低于秸秆还田处理（S＋NPK），但与 M2＋NPK 处理类似，并显著高于 NPK、N 处理和 CK。在玉米整个生育期，S＋NPK 和 M2＋NPK 处理土壤 CO_2 排放通量显著高于施化肥处理，不施肥处理（CK）土壤 CO_2 排放通量最低。在玉米整个生育期，土壤 CO_2 排放通量的顺序为 F＞S＋NPK、M2＋NPK＞NPK＞N＞CK。休闲区土壤表层覆盖着大量的枯草，同时生长着茂盛的杂草造成了较高的土壤 CO_2 排放通量。

4. 农田 N_2O 排放通量特征 土壤 N_2O 的产生主要是在微生物的参与下，通过硝化作用和反硝化作用完成的。这些过程受土壤通气状况、土壤水分、温度和土壤氮含量等的影响。由图 4-23 可以看出，不同处理土壤 N_2O 排放通量有一定的差异。N_2O 排放通量随着生长季节的变化而变化，播种后 N_2O 的排放通量长时间处于较低的水平；但随着时间的增加，到拔节期追肥后 7 d 时，达到最高峰值。最大为 M2＋NPK 处理，达到 636.6 $\mu g/(m^2 \cdot h)$。这可能是由于刚追施氮肥，土壤中的硝态氮

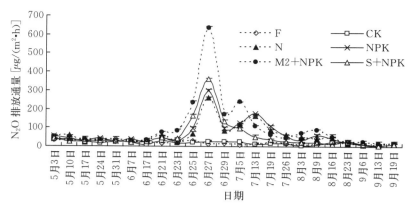

图 4-23　不同处理下黑土 N_2O 排放通量的季节变化

和铵态氮含量比较大，有利于形成 N_2O。随后，土壤 N_2O 排放通量迅速下降，到成熟期不同处理土壤 N_2O 排放量均最低，各处理无差异。总体来看，土壤 N_2O 排放量主要集中在玉米拔节—抽丝期。

休闲区和不施肥处理土壤 N_2O 排放量一直处于较低的水平，两个处理土壤 N_2O 排放量没有随生长季节的变化而变化。与施化肥处理（NPK）比较，有机肥和无机肥配施处理（M2＋NPK）显著增加了土壤 N_2O 的排放（$P<0.05$），表明过量施氮会导致土壤 N_2O 的大量排放，应适当调整有机肥和化肥的施用比例。

5. 农田 CH_4 吸收/排放通量特征　不同施肥模式 CH_4 排放通量（图 4-24）均随时间推移表现出明显的变化。通量值有正有负，表明土壤既有 CH_4 的排放，也有对 CH_4 的吸收，但在玉米田以吸收为主。在苗期，CH_4 的净吸收量处于较低的水平；在拔节期，CH_4 的净吸收量达到最高峰，其中秸秆还田处理（S＋NPK）达到－84.3 $\mu g/(m^2 \cdot h)$。拔节期后，各施肥处理 CH_4 排放通量基本稳定。不同施肥处理对 CH_4 累积排放的影响有差异。M2＋NPK 和 S＋NPK 处理的土壤 CH_4 净吸收量较高，CK 和 F 处理土壤 CH_4 净吸收量最低。以上表明，黑土玉米田是大气中 CH_4 的一个较弱的"汇"。

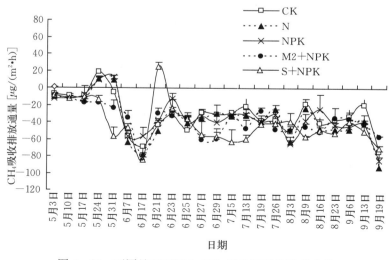

图 4-24　不同处理下黑土 CH_4 排放通量的季节变化

6. 农田温室气体累积排放量　由表 4-9 可知，在玉米整个生育期，土壤 CO_2 累积排放量以休闲区最高，达到 6 854.7 kg/hm^2；以 CK 最低，仅为 3 147.0 kg/hm^2。有机肥和无机肥配施处理（M2＋NPK）土壤 CO_2 累积排放量与秸秆还田处理（S＋NPK）差异不显著，但显著高于施化肥处理（$P<0.05$）；NPK 处理土壤 CO_2 累积排放量显著高于单施 N 处理。

表 4-9　不同处理下黑土温室气体的累积排放量

单位：kg/hm²

处理	CO_2 排放总量	N_2O 排放总量	CH_4 排放总量
F	6 854.7a	0.716d	−1.105a
CK	3 147.0d	0.705d	−1.143a
N	3 460.1cd	2.209c	−1.304b
NPK	3 751.7c	2.429b	−1.199ab
M2＋NPK	5 278.0b	3.618a	−1.438c
S＋NPK	5 595.4b	2.084c	−1.507c

注：同一列数据后不同字母表示处理间差异达到显著水平（$P<0.05$）。

与不施肥处理（CK）相比，N、NPK、S＋NPK 和 M2＋NPK 处理整个生育期土壤 N_2O 累积排放量分别增加了 213.3%、244.5%、195.6% 和 413.2%，以 M2＋NPK 处理最高，达到 3.618 kg/hm²。氮肥的施用显著增加了 N_2O 的排放量（$P<0.05$）。休闲区土壤 N_2O 累积排放量仅为 0.716 kg/hm²，与 CK 相比差异不显著；在等氮量条件下，S＋NPK 与 NPK 处理相比较，N_2O 排放减少了 14.2%，秸秆还田显著降低了土壤 N_2O 的累计排放量。M2＋NPK 和 S＋NPK 处理土壤 CH_4 吸收量显著高于施化肥处理（$P<0.05$）。

7. 农田综合增温潜势　玉米田 GWP 主要来源于 N_2O 的排放。N_2O 是全球增温潜势占主导地位的温室气体，而 CH_4 对玉米田 GWP 的抵消仅占很小比例，此试验中土壤固定的碳对玉米田 GWP 的抵消占了较大的比例。比较不同施肥方式的 GWP（100 年）发现（表 4-10），在各处理中，不平衡施肥（N）对农田 GWP 贡献最大；与不施肥处理（CK）相比，N 和 NPK 处理 GWP 分别增加了 141.8% 和 31.6%；S＋NPK 处理 GWP 降低了 37.6%，但秸秆还田固碳速率较低，一方面可能是秸秆覆盖还田造成了有机碳的大量矿化，另一方面可能是施氮量不足使根系分泌物激发了土壤有机碳的矿化，但具体机制还值得进一步深入研究；M2＋NPK 处理和休闲区土壤固碳速率显著增加，GWP 均为负值，为净碳汇，其中休闲区生长着大量茂盛的杂草，促进了表层土壤有机碳显著增加。

表 4-10　不同处理下玉米田净综合温室效应（GWP）及温室气体排放强度（GHGI）

处理	玉米产量（t/hm²）	土壤有机碳年固定速率（kg/hm²）	GWP（kg/hm²）	GHGI（kg/t）
F		328.2	−1 017.6e	
CK	3.436d	−101.4	553.2c	161.1b
N	6.030c	−194.1	1 337.4a	222.4a
NPK	10.522b	−9.3	727.9b	69.2c
M2＋NPK	10.951a	947.8	−2 433f	−222.2e
S＋NPK	10.191b	65	345.1 d	33.9 d

注：同一列数据后不同字母表示处理间差异达到显著水平（$P<0.05$）。

在产量差异明显的情况下，GHGI 呈现出与 GWP 不一样的变化趋势。比较不同施肥处理下 GHGI 可以发现，不同处理的排放强度为 N＞CK＞NPK＞S＋NPK＞M2＋NPK。不平衡施肥 N 处理 GHGI 最高，是 NPK 处理的 3.2 倍；而有机无机肥配施处理（M2＋NPK）的 GHGI 最低，仅为 −222.2 kg/t，显著低于其他处理（$P<0.05$），而且产量处于较高水平。GHGI 由 GWP 和产量共同决定。因此，从农田温室气体减排角度出发，有机无机肥配施的施肥模式在黑土区的推广应用是可行的。

三、玉米产量的演变规律及肥料效应

由于玉米产量的波动掩盖了施肥的长期效应，根据滑动平均法计算 3 年的平均产量。如图 4 - 25 所示，1991 年的产量是 1990—1992 年玉米的平均产量，1992 年的产量是 1991—1993 年的平均产量，依此类推。由图 4 - 25 可以看出，CK 和 PK 处理玉米产量最低，两个处理间产量没有差异。PK 处理平均产量（1990—2012 年）为 3 917 kg/hm^2，表明氮肥对玉米产量有重要影响。在施化肥处理中，NPK 处理的玉米产量最高，平均产量（1990—2012 年）达到 9 128 kg/hm^2，NP 与 NPK 处理之间差异不显著，说明施钾对玉米的增产效果不明显。各处理平均产量（1990—2012 年）的顺序为 NPK＞NP＞NK＞N＞PK、CK。

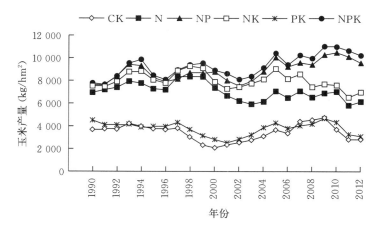

图 4 - 25　长期不施肥和施化肥玉米产量的变化趋势

氮肥、磷肥和钾肥对玉米产量的效应差异很大。用 23 年的平均产量计算农学效率，NPK 与 PK 处理相比，1 kg 氮肥的农学效率为 31.6 kg；NPK 与 NK 处理相比，1 kg 磷肥的农学效率为 12.6 kg；NPK 与 NP 处理相比，1 kg 钾肥的农学效率为 4.69 kg。以上表明，在黑土上玉米产量的肥料效应为氮＞磷＞钾。

由图 4 - 26 可以看出，经过 23 年的培肥，1.5（M1＋NPK）和 M2＋NPK 处理的玉米产量最高，但两者之间差异不显著，其中 M2＋NPK 处理的玉米平均产量（1990—2012 年）为 10 033 kg/hm^2；等氮量施肥处理 M1＋NPK、S＋NPK 和 NPK 的玉米总产量差异不显著，总体是前 11 年（1990—2000 年）NPK 处理高于 S＋NPK 和 M1＋NPK 处理，后 12 年（2001—2012 年）S＋NPK 和 M1＋NPK 处理高于 NPK 处理。用 23 年的平均产量计算农学效率，M2＋NPK 与 NPK 处理相比，1 kg 有

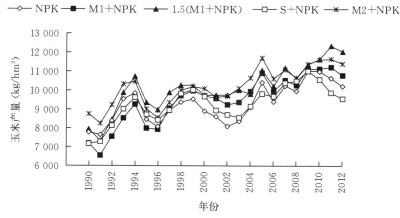

图 4 - 26　长期施化肥和有机无机肥配施玉米产量的变化趋势

机氮肥（粪肥）的农学效率为 6.03 kg。总体来看，施有机肥和秸秆还田具有长期的养分累积效应，对培肥土壤和农业可持续发展具有重要意义。

长期定位试验中，有机肥与化肥配施处理对黑土培肥效果最佳，可显著提高土壤有机质、全氮、全磷、碱解氮、有效磷和速效钾含量，但对土壤全钾含量没有明显影响；无论施钾肥或有机肥与否，对黑土的全钾含量均没有显著影响。

24 年连续秸秆还田（S+NPK）土壤有机质含量总体波动不大，维持在原有水平；但长期秸秆还田土壤活性有机碳显著增加了 57.6%。与不施肥处理相比，秸秆与无机肥配施（S+NPK）可以显著增加公主岭黑土沙粒、粗粉沙粒及细粉沙粒的有机碳含量，增加幅度分别为 50.4%、42.7% 和 8.7%。以上表明，秸秆还田虽然没有增加黑土总有机质数量，但提高了土壤有机质的质量。

长期有机无机肥配施的 M1+NPK 和 1.5（M1+NPK）处理黑土活性有机碳含量显著上升，与试验初始土壤比较，活性有机碳含量增加 57.6%~62.7%。与不施肥处理相比，有机无机肥配施的 M1+NPK 和 1.5（M1+NPK）处理黑土沙粒、粗粉沙粒、细粉沙粒、粗黏粒和细黏粒有机碳含量分别增加了 145.5%~154.3%、65.3%~83.0%、34.4%~43.5%、22.4%~27.0% 和 6.8%~8.8%。以上表明，有机无机肥配施不仅提高了土壤总有机碳含量，对活性有机碳及不同颗粒有机碳的水平也具有明显的提升作用。

不施肥处理土壤酸度无明显变化，施化肥土壤酸化明显。与试验初期相比，不施肥处理耕层土壤 pH 无明显变化；连施 23 年化肥处理耕层土壤酸化明显，其中 N、NP 和 NPK 处理土壤 pH 下降 1.8 个单位左右；有机无机肥配施处理耕层土壤 pH 没有下降，其中 2012 年 S+NPK 处理 0~20 cm 土层土壤 pH 比 NPK 处理高 2.17 个单位。以上表明，单施化肥可明显导致黑土酸化，有机无机肥配施具有抑制土壤酸化的作用。

氮、磷、钾肥和有机肥对玉米产量的影响有很大差异。NPK 与 PK 处理相比，1 kg 氮肥的农学效率为 31.6 kg；NPK 与 NK 处理相比，1 kg 磷肥的农学效率为 12.6 kg；NPK 与 NP 处理相比，1 kg 钾肥的农学效率为 4.69 kg。以上表明，在黑土上玉米产量的肥料效应为氮>磷>钾。M2+NPK 与 NPK 处理相比，1 kg 有机氮肥（粪肥）的农学效率为 6.03 kg。

在等氮量的施肥处理中（M1+NPK、S+NPK 和 NPK），玉米总产量差异不显著，前 11 年（1990—2000 年）NPK 处理高于 S+NPK 和 M1+NPK 处理，后 12 年（2001—2012 年）S+NPK 和 M1+NPK 处理高于 NPK 处理，但总体上没有明显差异。以上表明，秸秆还田和施有机肥具有长期的养分累积效应，对培肥土壤和农业可持续发展具有重要意义。

试验研究还表明，土壤温室气体 CO_2 和 N_2O 的排放高峰均出现在拔节期。所以，应改进玉米拔节期追肥方式。休闲区土壤 CO_2 排放通量最高；不施肥处理土壤 CO_2 和 N_2O 排放通量最低；有机无机肥配施处理（M2+NPK）土壤 CO_2 和 N_2O 排放通量显著高于施化肥处理；秸秆还田处理（S+NPK）土壤 CO_2 排放通量显著高于施化肥处理，而土壤 N_2O 排放量明显低于化肥处理（NPK）。M2+NPK 和 S+NPK 处理土壤 CH_4 净吸收量显著高于 CK、F 和 N 处理（$P<0.05$）。从土壤净综合温室效应和温室气体排放强度分析可得，与 N、NPK 处理相比，M2+NPK 和 S+NPK 处理不但减少了土壤净综合温室效应，而且降低了土壤的温室气体排放强度。因此，为同步实现较高的玉米产量和较低的温室气体排放强度，有机无机肥配施是黑土区较为理想的土壤培肥方式。

第二节　长期施肥对黑龙江哈尔滨黑土肥力的演变规律

一、哈尔滨黑土长期试验概况

1. 试验地基本概况　哈尔滨黑土肥力长期定位监测试验基地建立在哈尔滨典型黑土上（45°40′N，126°35′E），属松花江二级阶地，海拔 151 m，地势平坦。成土母质为洪积黄土状黏土，土层深厚。

气候属中温带大陆性季风气候，年均气温 3.5 ℃，年降水量 533 mm，无霜期 135 d。试验区土壤剖面特征见表 4-11，土壤剖面的基本理化性质见表 4-12。

表 4-11　土壤剖面特征

土壤深度（cm）	特　征
0～20	棕褐色，中壤质，疏松，有小粒状结构，稍湿，多量植物根系，下部有不明显的犁底层
20～54	浅棕褐色，稍紧实，黏壤质，有少量铁锰结核，植物根系较少，无石灰反应，稍湿
54～85	浅棕色，黏壤质，有铁锰结核，出现少量二氧化硅（SiO_2）粉末，植物根系极少，稍湿，稍紧实，小粒状结构至无明显结构
85～115	棕黄色，黏壤质，SiO_2 粉末较多，植物根系极微量，比上层湿润，核状结构，有鼠洞，有小虫孔，有少量铁锰结核
115～165	暗棕色，黏壤质，紧实，大量 SiO_2 粉末形成花纹状，上部有铁锰结核，核块状结构，湿润
165～220	大块状结构，SiO_2 比上层少，紧实，有大量铁锈斑，靠底部偏黏，有大粒铁锰结核

表 4-12　供试土壤剖面的基本理化性质

土壤深度（cm）	有机质（g/kg）	全氮（g/kg）	碱解氮（mg/kg）	全磷（g/kg）	速效磷（mg/kg）	全钾（g/kg）	速效钾（mg/kg）	pH
0～10	27.0	1.48	149.2	1.07	51.0	25.31	210.0	7.45
10～20	26.4	1.46	153.0	1.07	51.0	25.00	190.0	7.00
20～30	23.9	1.40	160.4	1.00	48.3	26.25	200.4	7.10
30～45	14.1	0.64	85.9	0.66	8.0	24.06	184.0	7.45
45～85	13.6	0.57	87.7	0.70	21.0	29.06	174.0	7.50
85～115	20.3	1.07	69.0	0.90	25.0	28.13	194.0	7.00
115～165	6.1	0.36	54.1	0.85	31.5	21.25	160.0	7.22
165～220	6.0	0.45	31.7	0.98	40.8	21.25	160.0	7.20

注：采样时间为 1979 年 9 月。

2. 试验设计　哈尔滨黑土肥力及肥料效益长期定位试验于 1979 年设立，1980 年开始按小麦-大豆-玉米顺序轮作，试验区面积 8 500 m²，小区面积 168 m²。1980 年设 16 个常量施肥处理。在小麦和玉米上的施肥量为 N 150 kg/hm²、P_2O_5 75 kg/hm²、K_2O 75 kg/hm²，在大豆上为 N 75 kg/hm²、P_2O_5 150 kg/hm²、K_2O 75 kg/hm²，以 N、P、K 表示；有机肥为纯马粪，每个轮作周期施 1 次，施于玉米茬，施用量为 N 75 kg/hm²（马粪约 18 600 kg/hm²），以 M 表示。2 倍量组的施肥量为常量组的 2 倍，分别以 N_2、P_2、M_2 表示，各处理的施肥量见表 4-13。氮肥、磷肥、钾肥均在秋季一次性施入，氮肥为尿素，磷肥为过磷酸钙、磷酸氢二铵，钾肥为硫酸钾。每年秋季收获后采集田间土壤样品，在每个小区中间位置随机选 5 点，取 0～20 cm 土层土壤，多点混匀。

表 4-13　长期定位试验处理及施肥量

处理	N（kg/hm²）			P_2O_5（kg/hm²）			K_2O（kg/hm²）	有机肥（t/hm²）
	小麦	大豆	玉米	小麦	大豆	玉米		
CK	0	0	0	0	0	0	0	0
N	150	75	150	0	0	0	0	0
P	0	0	0	75	150	75	0	0

（续）

处理	N（kg/hm²）			P₂O₅（kg/hm²）			K₂O（kg/hm²）	有机肥（t/hm²）
	小麦	大豆	玉米	小麦	大豆	玉米		
K	0	0	0	0	0	0	75	0
NP	150	75	150	75	150	75	0	0
NK	150	75	150	0	0	0	75	0
PK	0	0	0	75	150	75	75	0
NPK	150	75	150	75	150	75	75	0
M	0	0	0	0	0	0	0	18.6
MN	150	75	150	0	0	0	0	18.6
MP	0	0	0	75	150	75	0	18.6
MK	0	0	0	0	0	0	75	18.6
MNP	150	75	150	75	150	75	0	18.6
MNK	150	75	150	0	0	0	75	18.6
MPK	0	0	0	75	150	75	75	18.6
MNPK	150	75	150	75	150	75	75	18.6
CK₂	0	0	0	0	0	0	0	0
N₂	300	150	300	0	0	0	0	0
P₂	0	0	0	150	300	150	0	0
N₂P₂	300	150	300	150	300	150	0	0
M₂	0	0	0	0	0	0	0	37.2
M₂N₂	300	150	300	0	0	0	0	37.2
M₂P₂	0	0	0	150	300	150	0	37.2
M₂N₂P₂	300	150	300	150	300	150	0	37.2

由于城市化进程的加快，黑龙江省农业科学院试验地已经处于城市中心，与自然生产条件相比有一定差异，因此对试验地进行了置换。在充分调研论证的基础上，2010年12月黑土长期定位试验在冻土条件下进行了搬迁，整体原位搬迁到距原址40 km的哈尔滨市民主镇，新址气候、土壤等自然条件与原址一致。搬迁后土壤实现无缝对接，对长期定位试验影响较小，并实现了数据的衔接。新址仍设24个处理，3次重复，随机排列，施肥、管理等条件不变，小区面积36 m²。

二、黑土有机质演变规律

（一）黑土有机质含量的变化

黑土肥力长期定位监测试验研究结果（图4-27）表明，年际间土壤有机质含量波动较大。从土壤有机质平均含量来看，总的趋势是不施肥处理土壤有机质含量下降。长期不施肥（CK），土壤有机质含量由1979年的26.6 g/kg下降到了25.1 g/kg（1981—2015年平均含量，下同），下降幅度为5.6%。氮磷钾化肥（NPK）配合施用，土壤有机质含量也下降，但与不施肥相比下降趋缓，下降幅度为0.9%。施用有机肥，土壤有机质含量则为保持和提高的趋势，单施有机肥（M）、有机肥与化肥配合施用（MNPK），土壤有机质略有增加；大量施用有机肥并配合氮磷化肥（M₂N₂P₂），土壤有机质增加显著，由26.6 g/kg增加到30.4 g/kg，增加了3.8 g/kg，增加幅度为14.3%。因此，有机肥与化肥配合施用能够增加土壤有机质，提高土壤肥力。

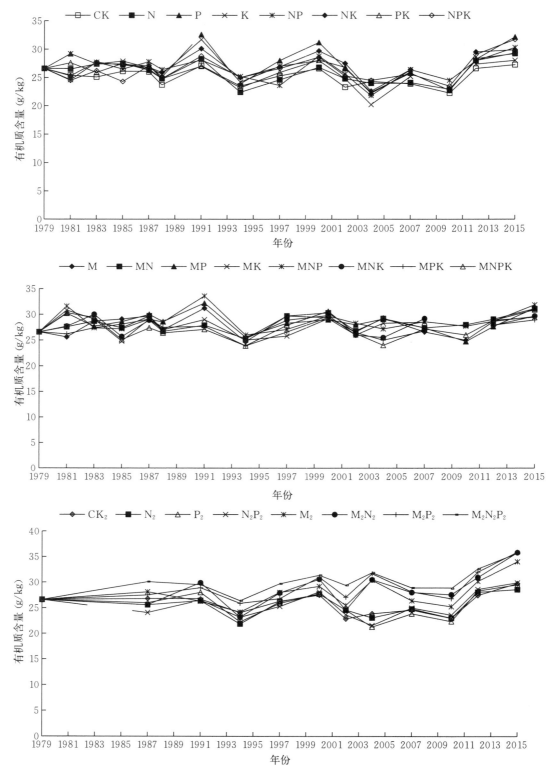

图 4-27　黑土有机质含量的变化

（二）黑土有机质的组成

　　长期不同施肥对黑土腐殖质含量有显著影响（图 4-28）。与不施肥的对照（CK）相比，单施化肥处理（NPK）的腐殖质含量略有提高，但两组处理间除富里酸外差异均未达到显著水平。有机肥和化肥配合施用（MNPK）可显著增加黑土腐殖质含量，胡敏酸含量由 4.004 g/kg 增加到 5.773 g/kg，

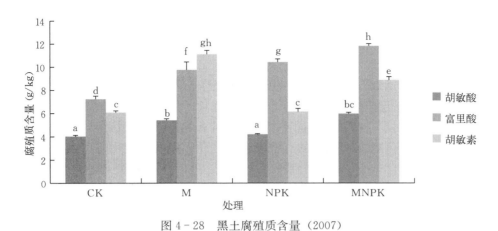

图 4-28　黑土腐殖质含量（2007）

富里酸由 7.426 g/kg 增加到 11.593 g/kg，胡敏素由 6.140 g/kg 增加到 8.684 g/kg。同时，单施有机肥（M）也可使黑土腐殖质含量显著增加，胡敏酸含量由 4.004 g/kg 增加到 5.388 g/kg，富里酸由 7.426 g/kg 增加到 9.425 g/kg，胡敏素由 6.140 g/kg 增加到 11.237 g/kg。NPK 与 MNPK 处理相比，有机无机肥配合施用明显增加了黑土腐殖质含量，除富里酸外差异均达到显著水平。单施有机肥处理（M）土壤中腐殖质含量较单施矿质肥料处理（NPK）高，但富里酸含量低。以上结果表明，长期施用有机肥对提高黑土腐殖质含量有显著的作用，而与无机肥配合施用时，增加富里酸含量的作用会更明显，说明无机肥对增加黑土富里酸含量的作用要高于有机肥（徐宁 等，2012）。

　　不同施肥对黑土不同深度土壤富里酸和胡敏酸含量有显著影响，上层土壤（0～20 cm）胡敏酸和富里酸含量高于下层（20～40 cm）（图 4-29）。由图 4-29 可以看出，不同处理对下层土壤影响趋势

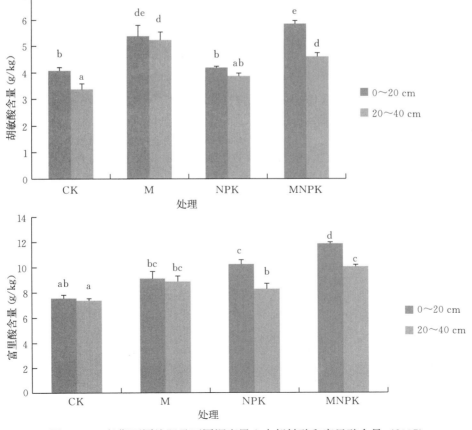

图 4-29　长期不同施肥及不同深度黑土中胡敏酸和富里酸含量（2007）

与上层相同，但没有上层显著。对于 20～40 cm 土层，NPK 处理的胡敏酸含量由 3.327 g/kg 增加到 3.694 g/kg，富里酸由 7.299 g/kg 增加到 8.469 g/kg。而 MNPK 处理显著，胡敏酸含量由 3.327 g/kg 增加到 4.545 g/kg，富里酸由 7.299 g/kg 增加到 9.947 g/kg。同时，单施有机肥处理（M）的胡敏酸含量由 3.327 g/kg 增加到 5.233 g/kg，富里酸由 7.299 g/kg 增加到 8.905 g/kg。以上结果表明，长期施用有机肥对提高黑土下层土壤腐殖质含量也有积极作用，但作用小于上层土壤。

长期定位施用有机肥对黑土有机质不同密度组分含量有显著影响。由图 4-30 可以看出，与不施肥对照（CK）相比，单施化肥（NPK）的有机质含量变化不明显，自由轻组由 0.176 g/kg 下降到 0.114 g/kg，闭合组分由 0.065 g/kg 增加到 0.067 g/kg。闭合组分各处理间差异未达到显著水平，自由轻组明显小于施用有机肥处理。有机肥施用可显著增加黑土有机质不同密度组分含量，与 CK 相比，自由轻组由 0.176 g/kg 增加到 0.874 g/kg，闭合组分由 0.065 g/kg 增加到 0.104 g/kg。两组间差异均达到显著水平。同时，有机无机肥配合施用（MNPK）与单施有机肥（M）相比不同密度组分含量有所降低，达到显著水平。以上结果表明，长期施用有机肥对提高黑土有机质不同密度组分含量有显著的作用，而有机无机肥配施，则不同密度组分反而有所下降，说明无机肥不利于不同密度组分有机质含量的积累。

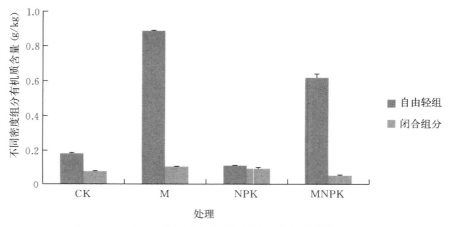

图 4-30　长期不同施肥不同密度黑土有机质含量（2007）

（三）黑土有机碳库特征

长期不同施肥对表层土壤有机碳含量具有显著影响，而亚表层土壤对各施肥处理的响应不显著（图 4-31）。对于常量施肥处理，有机肥的施入能显著增加表层土壤有机碳，其中 MNP 处理土壤有机碳含量最高，为 16.09 g/kg，相对于 CK 提高了 24.6%；而 M、NP 处理仅分别提高了 12.3%、10.3%。对于高量施肥处理，仅 $M_2N_2P_2$ 处理显著提高了表层土壤有机碳含量，为 16.69 g/kg，相对于 CK_2 提高了 25.0%，其余处理间无显著差异；而亚表层土壤有机碳含量对施肥无响应（骆坤 等，2013）。

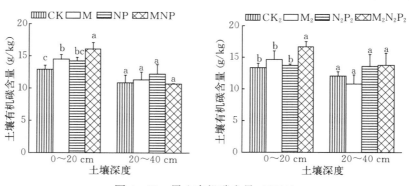

图 4-31　黑土有机碳含量（2010）

　　常量施有机肥及有机无机肥配施能显著增加表层及亚表层土壤可溶性碳含量（图 4-32）。常量施肥处理表层及亚表层土壤可溶性碳含量均以 MNP 处理最高，分别比对照提高了 110% 和 87%。而高量施肥处理表层土壤可溶性碳含量要略高于常量施肥相应处理，其范围为 42.0～105.0 mg/kg，其中 $M_2N_2P_2$ 处理可溶性碳含量最高，表层和亚表层分别比对照提高了 143% 和 85%。

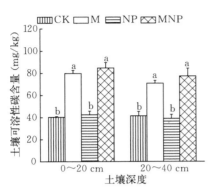
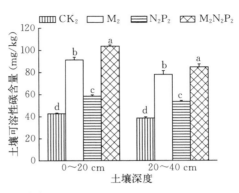

图 4-32　黑土可溶性碳含量（2010）

　　与对照相比，单施化肥、有机肥与有机无机肥配施均能显著增加土壤微生物生物量碳含量（图 4-33）。表层土壤微生物生物量碳含量要高于亚表层。各处理土壤微生物生物量碳含量的顺序为有机无机肥配施＞单施有机肥＞单施化肥＞不施肥。对于常量施肥，MNP 处理表层及亚表层土壤微生物生物量碳含量最高，分别为 272.60 mg/kg 和 198.68 mg/kg，分别比对照提高了 57.8% 和 44.7%。对于高量施肥，土壤微生物生物量碳含量要略高于对应常量施肥处理。M_2、$M_2N_2P_2$ 处理能显著提高土壤微生物生物量碳含量，其中表层 $M_2N_2P_2$ 处理土壤微生物生物量碳含量最高，为 316.42 mg/kg，比对照提高 75.2%；而对于亚表层，$M_2N_2P_2$ 处理土壤微生物生物量碳含量最高，为 237.83 mg/kg，比对照提高 66.1%。

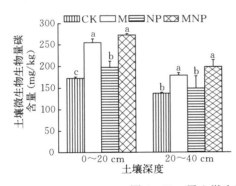
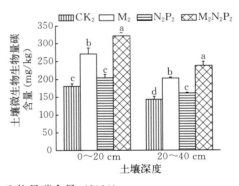

图 4-33　黑土微生物生物量碳含量（2010）

　　将长期定位施肥 28 年的黑土团聚体颗粒进行分组，结果见图 4-34。不同施肥处理对各粒级团聚体在土壤中所占比例的影响很大。与长期未施肥处理相比，单施化肥（NPK）增加了土壤中 0.25～0.5 mm 和 0.5～1 mm 粒级团聚体所占比例，分别增加了 26.6% 和 12.1%。有机无机肥配施（MNPK）增加了土壤中＜0.053 mm、0.25～0.5 mm 和 0.5～1 mm 粒级团聚体所占比例，分别增加了 25.5%、36.1% 和 26.7%。而单施有机肥（M）增加了＞2 mm、1～2 mm 和 0.5～1 mm 粒级团聚体所占比例，分别增加了 10.7%、32.4% 和 26.3%。相比而言，施用有机肥促进了土壤中大颗粒团聚体的形成，尤其以 1～2 mm 粒级团聚体增加的比例最大；而当化肥和有机肥配合施用后，主要促进土壤中＜1 mm 团聚体形成，尤其对 0.25～0.5 mm 粒级团聚体形成的促进作用最大。统计分析结果表明，未施肥处理与单施化肥处理对＞2 mm 和＜0.053 mm 两个粒级团聚体所占比例的影响达到

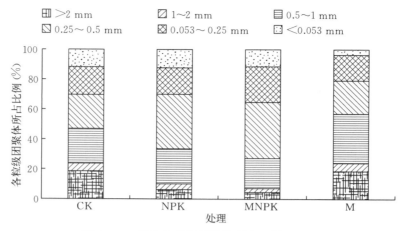

图 4-34 黑土各粒级团聚体所占比例 （2007）

了差异显著水平 （$P<0.01$）；单施化肥与有机无机肥配施处理仅对 0.5～1 mm 粒级团聚体所占比例的影响达到了差异显著水平 （$P<0.01$）；而有机无机肥配施与单施有机肥处理对所有粒级团聚体所占比例的影响均达到了差异显著水平 （$P<0.01$）。

不同粒级团聚体中有机碳的分布表现为随着团聚体粒级的降低，团聚体中有机碳的分配出现两个峰值，分别在 1～2 mm 和 0.053～0.25 mm 两个粒级中出现 （表 4-14），而且随着施肥和有机无机肥的配合施用，各粒级团聚体中有机碳的含量逐渐增加。在这两个粒级中，NPK 和 MNPK 处理有机碳含量分别较 CK 增加了 6.7%、11.6% 和 11.2%、13.6%。总体来看，单施有机肥处理与未施肥处理相比增加了各粒级有机碳的含量，增幅为 3.3%～15.8%（平均值 10.3%）；有机无机肥配施处理与未施肥处理相比增加了各粒级有机碳的含量，增幅为 4.4%～11.6%（平均值 9.6%）；单施化肥处理与未施肥处理相比增加了各粒级有机碳的含量，增幅为 3.3%～11.6%（平均值 7.0%）。未施肥处理土壤有机碳在各粒级团聚体中分布的差异较小，仅为 8.73 g/kg。而施肥后，土壤有机碳在各粒级团聚体中分布的差异增加，单施化肥、有机无机肥配施和单施有机肥的差异分别为 8.95 g/kg、9.66 g/kg 和 9.16 g/kg。显著性检验结果表明，>1 mm 各粒级中，不同施肥处理间有机碳含量均达到了 0.1% 显著水平；0.053～1 mm 各粒级中，不同施肥处理与未施肥处理间有机碳含量差异均达到了 1% 显著水平；<0.053 mm 粒级中，仅施用化肥的两个处理与未施肥处理间达到了 5% 显著水平（苗淑杰 等，2009）。

表 4-14 黑土各粒级团聚体中有机碳含量 （2007）

处理	团聚体粒径					
	>2 mm	1～2 mm	0.5～1 mm	0.25～0.5 mm	0.053～0.25 mm	<0.053 mm
CK	16.69d	18.83c	17.13c	16.34c	17.26b	10.10b
NPK	17.24c	20.10b	18.10b	17.07b	19.26a	11.15a
MNPK	18.20b	20.93a	18.48ab	17.06b	19.60a	11.27a
M	19.01a	19.46bc	18.90a	18.14a	19.99a	10.83ab
LSD	0.42	0.71	0.75	0.43	1.00	0.81
显著性水平	***	***	**	***	**	*

注：*、**、*** 分别表示在 5%、1% 和 0.1% 水平差异显著。

三、黑土氮、磷、钾的演变规律

（一）黑土氮的演变规律

1. 黑土全氮含量的变化 36 年长期定位试验研究结果 （图 4-35） 表明，长期未施肥处理 （CK），土壤全氮含量呈下降趋势，由 1979 年的 1.47 g/kg 下降到 2015 年的 1.23 g/kg，下降了 0.24 g/kg，下

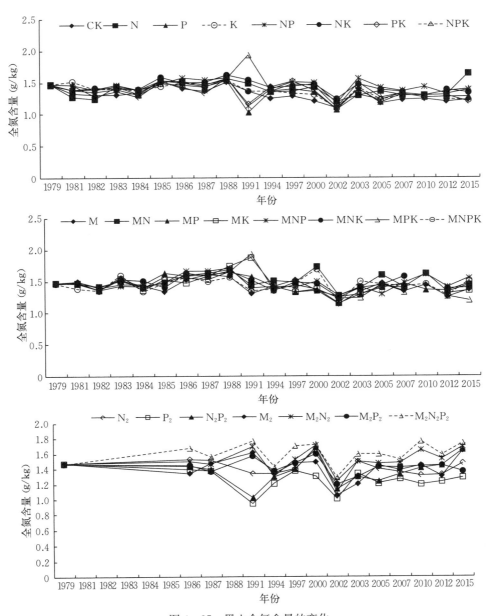

图 4-35　黑土全氮含量的变化

降幅度为 16.3%，与长期未施肥土壤有机质下降幅度一致。单施氮肥及氮肥配合磷钾肥，土壤全氮含量也呈下降趋势，但与不施肥相比下降趋缓；施用氮肥与未施肥及未施氮肥相比，全氮含量增加。长期施用有机肥能够保持土壤氮素平衡，有机肥与氮肥配合施用，土壤全氮含量增加。大量施用有机肥配合化肥（$M_2N_2P_2$），土壤全氮含量由 1.47 g/kg 增加到 1.74 g/kg，增加了 0.27 g/kg，增加幅度为 18.4%。长期施用有机肥并配合化肥可以保持和提高土壤氮素含量，增加氮素的潜在供应能力。

　　施用氮肥及有机肥能影响整个土体的氮素含量，测定了 0～100 cm 土层土壤全氮含量（表 4-15）。结果表明，随着土壤深度的增加，土壤全氮含量下降。0～20 cm 土层，与未施肥相比，施入氮肥能够提高土壤全氮含量，而且随着氮肥施入量增加，土壤全氮含量也大幅度提高；有机肥配合氮肥能够显著增加土壤全氮含量，与对照相比，2 倍量有机肥加氮肥处理土壤表层（0～20 cm）全氮含量增加 0.39 g/kg，2 倍量有机肥加氮磷肥处理土壤表层（0～20 cm）全氮含量增加 1.13 g/kg。60～80 cm 土层，施 2 倍量氮肥、2 倍量有机肥加氮肥、2 倍量有机肥加氮磷肥土壤全氮含量积累，表现比20～40 cm土层相应处理略高。以上表明，长期施用氮肥土壤全氮含量在整个土体中会积累，并且随着氮肥施入量的增加，土壤全氮含量在土壤中的积累量增多，大量有机肥配合大量氮肥积累程度加大。

表4-15 黑土剖面全氮含量（2010）

单位：g/kg

处 理	土壤深度				
	0～20 cm	20～40 cm	40～60 cm	60～80 cm	80～100 cm
CK	1.27	1.20	1.18	1.06	0.86
N	1.36	1.42	1.36	1.31	1.02
NPK	1.49	1.40	1.27	1.22	0.97
M	1.31	1.34	1.47	1.26	0.92
MN	1.62	1.50	1.60	1.29	1.12
MNPK	1.39	1.53	1.45	1.48	0.98
N_2	1.51	1.62	1.48	1.68	1.23
M_2	1.27	1.31	1.45	1.38	0.89
M_2N_2	1.66	1.60	1.47	1.75	1.21
$M_2N_2P_2$	2.40	1.84	1.60	2.04	1.65

2. 黑土无机氮含量的变化 长期不同施肥对土壤铵态氮有显著影响，测定了剖面土壤铵态氮含量，结果表明（图4-36），随着土壤深度的增加，土壤铵态氮含量下降。土壤铵态氮主要分布在0～60 cm土层，占60%～80%。施氮肥处理0～20 cm土层土壤铵态氮含量增加，随着氮肥施入量增加，土壤铵态氮含量明显增加。2倍量氮肥处理土壤铵态氮含量增加最多，与对照处理相比，增加了89.2 mg/kg。有机肥的施入也能够提高土壤铵态氮含量，2倍量有机肥加氮磷肥处理，土壤铵态氮含量增加40.9 mg/kg。因此，氮肥和有机肥的施用，能增加土壤供氮能力。

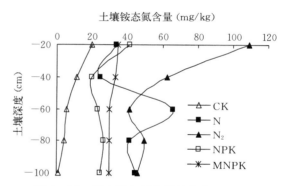

图4-36 黑土铵态氮含量的变化（2010）

测定了长期不同施肥土壤剖面硝态氮含量，结果表明（图4-37），总体上土壤硝态氮含量随着土壤深度增加而下降，0～20 cm土层最高。对于0～20 cm土层，2倍量氮肥处理土壤硝态氮含量增加最多，增加9.1 mg/kg。此外，有机肥配合化肥施用能降低土体硝态氮的积累。

大量施用氮肥土壤硝态氮含量有明显的积累，积累层主要集中在80 cm以下，土壤硝态氮含量甚至比表层（0～20 cm）还高。这说明土壤硝态氮随着时间的推移，会向土壤下层不断移动，并在80 cm以下开始富集。这一现象对如何提高土壤硝态氮的利用，避免大量施用氮肥给土壤造成危害，保护土壤环境相当重要。

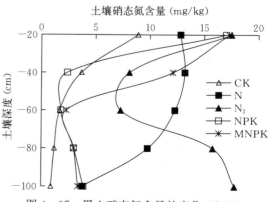

图4-37 黑土硝态氮含量的变化（2010）

3. 黑土有机氮组分的变化 由表 4 - 16 可以看出，不同施肥处理表层（0～20 cm）土壤有机氮各组分含量不相同，其中以酸性洗涤不溶氮含量最高，其顺序是酸性洗涤不溶氮＞氨基酸态氮＞铵态氮＞酸解未知氮＞氨基糖态氮。

表 4 - 16 黑土表层（0～20 cm）有机态氮含量（2010）

单位：mg/kg

处理	有机氮形态					全氮
	铵态氮	氨基酸态氮	氨基糖态氮	酸解未知氮	酸性洗涤不溶氮	
CK	345.1	225.0	133.7	152.4	384.7	1 270
N	299.9	317.1	126.3	163.2	407.3	1 360
NPK	302.0	335.3	128.3	190.8	474.6	1 490
M	264.1	310.0	129.9	157.2	386.9	1 310
MN	375.5	357.5	141.9	194.4	480.4	1 620
MNPK	310.7	287.1	158.2	166.8	414.6	1 390
N_2	301.1	344.2	127.5	181.2	428.6	1 510
M_2	275.1	258.7	148.4	152.4	375.0	1 270
$M_2 N_2$	342.2	369.0	186.5	199.2	492.8	1 660
$M_2 N_2 P_2$	508.7	631.0	174.3	288.0	719.7	2 400

氨基糖态氮占土壤全氮的 7.3%～11.6%，氨基酸态氮占土壤全氮的 17.7%～36.0%，铵态氮占土壤全氮的 19.9%～27.2%，酸解未知氮占土壤全氮的 9.9%～12.1%，酸性洗涤不溶氮占土壤全氮的 28.9%～32.1%。

单施有机肥对有机氮总量影响不大；2 倍量有机肥加氮磷肥处理有机氮含量最高，其次为 2 倍量有机肥加氮处理；氮磷钾配施有机肥比氮磷钾的有机态氮含量低；未施肥处理有机氮含量最低。

4. 黑土碱解氮含量的变化 土壤碱解氮包括铵态氮、硝态氮及部分小分子的有机态氮，能反映土壤供氮强度。因此，一般把土壤碱解氮作为土壤能供应作物吸收的氮素，也称为土壤速效氮。

长期不同施肥处理土壤碱解氮年际间变化较大（图 4 - 38），但总的趋势是施用氮肥、施用有机肥及有机肥配施氮肥能增加土壤碱解氮含量。

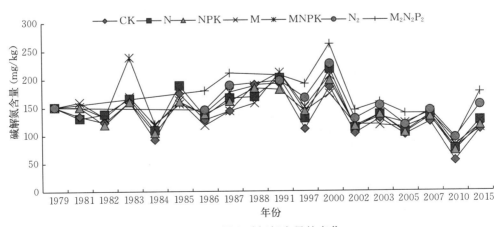

图 4 - 38 黑土碱解氮含量的变化

（二）黑土磷演变规律

1. 黑土全磷和有效磷含量的变化 在长期不同施肥条件下，土壤全磷含量的变化规律如图 4 - 39 所示，对照（CK）土壤全磷含量由 1979 年的 0.47 g/kg 下降到 2015 年的 0.32 g/kg，下降了 0.15 g/kg，

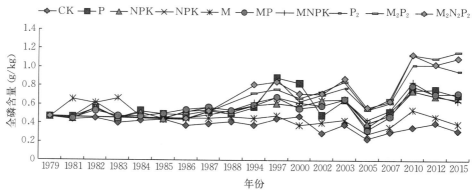

图 4-39 黑土全磷含量的变化

下降幅度 31.9%。未施磷肥土壤全磷含量下降也非常明显，单施氮肥（N）下降了 28.6%。而施磷肥土壤全磷含量都有明显的积累，与 CK 相比，施氮磷钾肥（NPK）土壤全磷含量增加了 0.19 g/kg，增加幅度为 40.4%；有机肥配合氮磷钾肥（MNPK）土壤全磷含量增加了 0.17 g/kg，增加幅度为 36.2%。与 CK 相比，施用 2 倍量磷肥（P_2）的土壤全磷含量增加到 0.96 g/kg，增加了 0.49 g/kg，增加幅度为 104.3%；2 倍量磷肥配合 2 倍量有机肥（M_2P_2）土壤全磷含量增加到 1.17 g/kg，增加了 0.70 g/kg，增加了约 1.5 倍。经过 36 年，与未施肥相比，施 2 倍量磷肥（P_2）土壤全磷是未施磷肥的 3.0 倍，配合有机肥（M_2P_2）土壤全磷是未施肥的 3.7 倍。施常量磷肥（P）土壤全磷是未施磷肥的 2.2 倍，配合施用有机肥（MP）土壤全磷是未施磷肥的 2.3 倍。即施入土壤的磷素在土壤中大量积累，并随着施入量的增加而增加。在长期大量施用磷肥的土壤上可以考虑减少磷肥用量，充分利用土壤积累的磷素（周宝库 等，2004）。

在长期不同施肥条件下，土壤有效磷含量变化如图 4-40 所示，36 年未施肥（CK）土壤有效磷含量由 1979 年的 51.0 mg/kg 下降到 2015 年的 0.4 mg/kg，下降了 99.2%；长期单施有机肥（M）土壤有效磷下降了 77.5%。而施磷肥土壤有效磷都有显著的增加，与 CK 相比，施常量磷肥的土壤有效磷增加了 1.6～2.2 倍，有机肥配合磷肥增加了 2.4～2.9 倍。经过 36 年施肥，与未施肥相比土壤有效磷增加了 5.6～334.1 倍，施磷量越多，土壤有效磷含量积累得也越多。

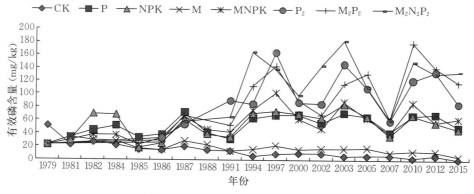

图 4-40 黑土有效磷含量的变化

2. 黑土磷素形态转化　3 年平均结果表明（表 4-17），黑土无机磷形态以 $Ca_{10}-P$ 为主，其次为 O-P，Ca_8-P、Ca_2-P 含量最低。施用磷肥对有效性较高的 Ca_2-P、Ca_8-P、Al-P 影响较大，对活性较低的 $Ca_{10}-P$、O-P 影响较小。与未施肥相比，施用磷肥、有机肥都能使不同形态的磷增加，并随着施磷量的增加而增加。施用常量磷肥可使 Ca_2-P 增加 3.8～6.6 倍，施用有机肥增加 1.8 倍，常量有机肥与化肥配合施用可增加 6.9～7.5 倍，而施用 2 倍量磷肥增加 9.2～12.1 倍；长期不同施

磷肥处理土壤 Ca_8 - P 增加 4～16 倍，Al - P 增加 1.6～11.8 倍，Fe - P 增加 1.4～4.4 倍，O - P 增加 0.6～1.7 倍，Ca_{10} - P 增加 0.3～0.7 倍。施用磷肥使不同形态的无机磷都有所增加，但对有效性低的 O - P、Ca_{10} - P 增加的幅度较小，说明积累的磷素大多以有效态的形式积累在土壤中，能够被作物吸收利用（周宝库 等，2005）。

表 4 - 17　黑土不同形态无机磷含量

单位：mg/kg

处理	Ca_2 - P	Ca_8 - P	Al - P	Fe - P	O - P	Ca_{10} - P	无机磷总量
CK	6.50	4.63	11.94	27.96	51.86	65.85	168.75
N	4.73	4.02	10.17	23.90	38.84	54.57	136.22
P	42.95	33.46	58.00	74.60	70.83	79.46	359.29
NP	24.43	20.23	26.56	58.29	64.07	72.63	266.22
NK	9.53	8.04	18.49	39.26	46.34	64.74	186.41
NPK	40.59	33.56	60.85	85.61	61.71	80.50	362.81
M	11.99	12.73	21.06	36.45	55.99	69.15	207.37
MP	44.77	37.32	55.74	70.23	83.84	78.51	370.41
MNPK	49.06	42.31	63.44	128.35	106.15	85.84	475.14
P_2	74.52	52.37	99.60	98.72	100.21	86.17	511.60
N_2P_2	59.89	44.62	118.13	102.85	85.66	84.97	495.78
M_2	14.82	12.09	23.39	42.74	65.35	73.89	232.27
$M_2N_2P_2$	78.42	69.73	130.26	103.78	96.53	94.50	573.22

注：表中数据为 3 年（1999—2001 年）平均结果。

（三）黑土钾演变规律

土壤全钾与土壤的成土矿物有关。黑土是在温带湿润气候条件的草甸植被下发育的一种具有深厚腐殖质层的土壤，成土母质主要是第四纪黄土状黏土，母质以水云母和蒙脱石为主，含钾丰富。长期施肥对黑土全钾含量影响较小（图 4 - 41），但也能看出长期未施钾肥和长期未施肥土壤全钾含量呈降低的趋势，而长期施用钾肥土壤全钾含量有所增加。经过 36 年的施肥，长期施用常量钾肥（K）与未施肥相比，土壤全钾含量增加 10.1%；长期施用有机肥，土壤全钾含量增加 4.2%～11.3%。

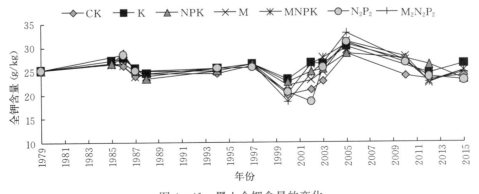

图 4 - 41　黑土全钾含量的变化

四、黑土 pH 的变化特征

图 4 - 42 表明，随着氮肥（尿素）用量的增加，土壤 pH 降低的幅度加大（张喜林 等，2008）。连续施用氮肥的耕层土壤 pH 显著下降，1979—2015 年 pH 由 7.22 下降到单施氮肥（N）的 5.92 和

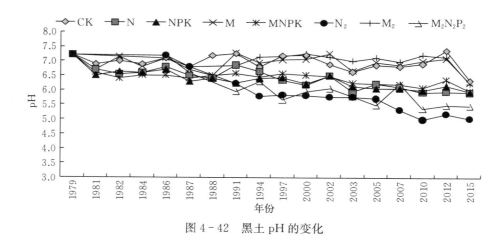

图 4-42　黑土 pH 的变化

单施大量氮肥（N_2）的 5.04，pH 分别下降了 18.0％和 30.2％。合理施肥条件下，氮磷钾配合以及有机肥配合土壤酸度下降的趋势有所减缓。单施常量氮肥加有机肥（MN）和 2 倍量氮肥加有机肥（M_2N_2）pH 分别下降了 17.5％和 29.2％，氮磷钾（NPK）配合 pH 下降了 17.6％，氮磷钾与有机肥（MNPK）配合 pH 下降了 17.4％。因此，施用氮肥造成了黑土酸化。

　　从整个土体 pH 变化来看，施肥不仅影响耕层土壤 pH，还影响耕层以下土壤 pH（图 4-43）。施用氮肥（尿素）对 0～20 cm 土层土壤 pH 的影响较大，40 cm 以下土层土壤 pH 的变化幅度较小。与对照相比，20～40 cm 土层，施用氮肥（N）pH 降低了 3.3％，施用 2 倍量氮肥（N_2）pH 降低了 7.9％；80～100 cm 土层，施用氮肥 pH 降低了 0.6％，施用 2 倍量氮肥 pH 降低了 4.5％。下层土壤 pH 受施入氮肥的影响小于上层，土壤 pH 变化幅度较大的区域主要集中在 0～40 cm。

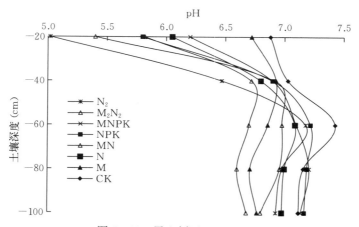

图 4-43　黑土剖面 pH（2006）

　　虽然施有机肥的土壤 pH 也都有所下降，但下降的速度明显减慢，施有机肥的 pH 均比单施无机肥的 pH 高。

五、黑土微生物和酶活性变化

（一）黑土微生物特性

1. 黑土微生物数量的变化　在土壤中的三大类微生物里，细菌相对数量最多，放线菌次之，真菌最少（表 4-18）。可见，细菌是土壤微生物生命活动的主体，是土壤中物质分解的主要参与者。尽管放线菌只占总菌数的 0.8％～17.1％，但因其生物量大，在土壤物质转化中仍起着不可忽视的作用。与未施肥相比，施用肥料不仅使总菌数量增加，而且使细菌、真菌数量增加。适合放线菌生长的条件为微碱性土壤，施肥后其数量下降的原因可能是施肥导致土壤 pH 降低，抑制了放线菌的生长（王英 等，2008）。

表 4-18　黑土微生物数量（2005）

处理	总数（万个/g）	细菌			放线菌			真菌		
		数量（万个/g）	与 CK 差（万个/g）	占总数（%）	数量（万个/g）	与 CK 差（万个/g）	占总数（%）	数量（万个/g）	与 CK 差（万个/g）	占总数（%）
CK	231.67	191.95	—	82.86	39.60	—	17.09	0.12	—	0.05
M	434.37	404.55	212.60	93.14	28.77	−10.83	6.62	1.05	0.93	0.24
N	296.89	287.89	95.94	96.97	8.05	−31.55	2.71	0.95	0.83	0.32
P	377.29	373.18	181.23	98.91	3.32	−36.28	0.88	0.79	0.67	0.21
K	327.96	324.31	132.36	98.89	2.67	−36.93	0.81	0.98	0.86	0.30
NP	368.19	357.01	165.06	96.96	10.77	−28.83	2.93	0.41	0.29	0.11
NK	273.60	238.71	46.76	87.25	34.65	−4.95	12.66	0.24	0.12	0.09
PK	304.71	281.26	89.31	92.30	23.25	−16.35	7.63	0.20	0.08	0.07
NPK	328.91	313.66	121.71	95.36	15.03	−24.57	4.57	0.22	0.10	0.07
MNPK	404.61	394.97	203.02	97.61	9.33	−30.27	2.31	0.31	0.19	0.08
M_2	590.55	575.12	383.17	97.39	15.13	−24.47	2.56	0.30	0.18	0.05
N_2P_2	351.18	341.85	149.90	97.35	8.93	−30.67	2.54	0.40	0.28	0.11
$M_2N_2P_2$	517.32	500.31	308.36	96.71	16.64	−22.96	3.22	0.37	0.25	0.07

不同施肥土壤的微生物总数变化明显。微生物总数最多为 M_2 处理，其次为 $M_2N_2P_2$、M、MNPK 处理，未施肥的微生物总数最少。可见，施有机肥是提高微生物总量的主要因素。

土壤中菌群总量和土壤有机质含量呈正相关关系（$y=56.35x-1\,230.63$，$R=0.857^{**}$）。土壤微生物总量也可以作为评价土壤肥力的一个重要指标。

M、NPK、MNPK 处理的土壤细菌、真菌数量均比未施肥多，其中施常量有机质（M）的土壤中菌数最多，其次为氮磷钾（NPK）、有机肥与氮磷钾配合（MNPK）。

土壤中三大类微生物区系比例是衡量土壤肥力的一个指标，土壤中细菌、放线菌密度高，表明土壤肥力水平较高。MNPK 处理的土壤细菌、放线菌比例较高，且对作物有害的真菌数量也相对较低，土壤肥力水平较高。

2. 黑土各微生物生理种群数量的变化　土壤中氨化细菌的数量直接反映了氨化作用的强度，参与土壤中有机态氮转化为铵态氮的过程，使植物不能利用的有机含氮化合物转化为可给态氮。MNPK 处理土壤中具有氨化作用的细菌数量最多，占细菌总量的 73.54%（表 4-19）。硝化细菌在土壤铵态氮转化为硝态氮中起重要作用，其数量反映了土壤硝态氮的供应状况。NPK 处理土壤中具有硝化作用的细菌数量最多，占细菌总数的 1.82%。这说明追施氮肥后，土壤中铵态氮丰富，为硝化细菌提供了充分的底物，促进其生长繁殖，故硝化细菌数高于其他施肥处理。土壤中的反硝化细菌在一定条件下会造成土壤中的氮素损失，因此反硝化细菌的数量同样会影响土壤的肥力状况。MNPK 处理土壤中具有反硝化作用的细菌数量最多，占细菌总数的 4.25%。但是，由反硝化微生物引起的脱氮损失与反硝化菌群的组成及介质中存在有机质、硝酸盐和缺氧等因素有关。因此，对不同比例的有机质、氮、磷、钾配施条件下土壤反硝化细菌数量的变化与硝态氮损失的关系有待进一步研究。土壤中固氮菌的数量会影响土壤中氮素养分的含量。适量的氮、磷、钾肥配施可以促进作物的生长、根系分泌物增多、土壤中有机质丰富，可有效促进固氮微生物的发育。具有固氮能力的细菌数仍是 MNPK 处理最多，占细菌总数的 7.74%。

表 4-19　黑土各微生物生理种群数量（2005）

单位：万个/g

处理	氨化细菌	亚硝酸细菌	硝酸细菌	反硝化细菌	好氧性固氮菌	厌氧性固氮菌	好氧性纤维素分解真菌	厌氧性纤维素分解真菌	硫化细菌	反硫化细菌
CK	216.42	0.26	1.46	7.83	6.40	0.21	1.11	0.47	0.99	0.0
M	186.58	0.47	0.15	11.51	6.82	0.31	1.74	0.99	0.12	0.0
NPK	277.31	4.72	1.00	11.53	3.39	15.73	3.11	1.00	0.05	0.0
MNPK	290.46	0.63	2.62	16.78	13.29	17.30	1.36	0.47	0.00	0.0

　　一般在酸性低温、潮湿的土壤中，分解纤维素以真菌为主；再加上有益微生物数量的测定时间为7—8月，夏季纤维素分解菌为真菌。所以，测定的纤维素分解菌为好氧性纤维素分解真菌和厌氧性纤维素分解真菌，与土壤肥力有密切关系。NPK 处理土壤中分解纤维素的真菌较多，占细菌总数的 1.31%。

　　植物和微生物的主要硫素养料是硫酸盐类，它们吸收硫酸盐类，合成有机硫化物。动植物残体矿质化时，蛋白质中的硫以硫化氢的形式释放出来。土壤中的硫化细菌能将蛋白质腐解形成的硫化氢氧化成硫黄或硫酸，这种作用就是硫化作用。在厌氧条件下，反硫化细菌还能够还原硫酸为硫化氢，称为反硫化作用。在水稻田中，过多的硫化氢能引起水稻根的腐烂。因此，测定土壤中硫化细菌和反硫化细菌的数量以及它们的强度意义较大。各施肥处理的土壤硫化细菌是极微量的，未检测到反硫化细菌的存在。

　　3. 黑土微生物功能多样性　平均颜色变化率（average well color development，AWCD）是评价土壤微生物功能多样性的一个重要指数。它代表不同处理细菌群落代谢能力的变化。在长期定位试验的各个施肥处理中，土壤细菌群落代谢活性都有所增加（图 4-44）。AWCD 在培养 120 h 前没有变化。培养 144 h 后，MNPK 处理的 AWCD 与对照相比高 10%，M 和 NPK 处理分别比对照高 4% 和5%。由此可以看出，施肥处理的土壤具有较高的微生物代谢活性（Wei et al.，2005）。

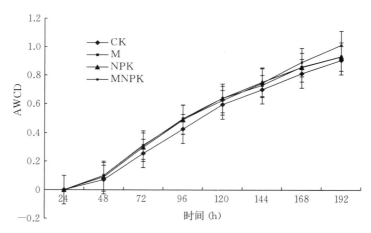

图 4-44　不同培养时间的 AWCD 动态变化（2005）

　　由表 4-20 可以看出，不同处理的底物丰富度和多样性指数也不相同，施肥处理底物丰富度和多样性指数显著高于对照。

表 4-20　相对利用效率和多样性指数（2005）

处理	多样性指数	底物丰富度
CK	2.78±0.09b	17.67±1.53c
M	2.84±0.01a	19.67±0.58ab

（续）

处理	多样性指数	底物丰富度
NPK	2.87±0.06a	18.67±1.15bc
KMNP	2.91±0.01a	22.33±0.58a

注：同一列数据后不同字母表示处理间差异达到显著水平（$P < 0.05$）。

　　每个生态板上碳源种类：9 种属于羧酸类，3 种属于多糖类，6 种属于氨基酸类，4 种属于多聚物类，2 种属于胺类，3 种属于双亲化合物类。图 4-45 为土壤微生物对 6 类碳源的相对利用率，可以看出，土壤微生物对 6 类碳源的利用有所不同，多糖类、氨基酸类、多聚物类和双亲化合物类的相对利用率较高，羧酸类和胺类的利用率较低。结果表明，长期施肥影响土壤微生物对碳源的利用和代谢能力。

　　为了进一步了解不同处理中土壤微生物对碳源利用能力的差异，对数据进行了主成分分析。由图 4-46 可以看出，根据对不同碳源的利用，不同处理在图谱中明显分为两大类。NPK 和 MNPK 处理集中在第一、二象限边界处，而其他处理分布在第二象限和第四象限。由此可知，肥料的施用是影响土壤细菌群落利用碳源能力的主要因素。

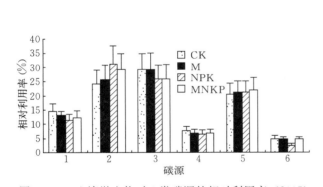

图 4-45　土壤微生物对 6 类碳源的相对利用率（2005）

1. 双亲化合物类　2. 多聚物类　3. 多糖类　4. 羧酸类　5. 氨基酸类　6. 胺类

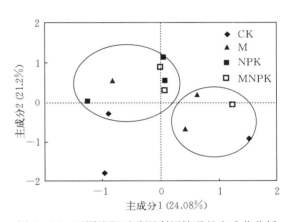

图 4-46　不同施肥对碳源利用情况的主成分分析

　　4. 黑土区微生物群落多样性　以纯化的土壤总 DNA 为模板，用特异性引物 GC-357f 和 517r 进行聚合酶链式反应（PCR）扩增。PCR 产物进行变性梯度凝胶电泳（DGGE）得到指纹图谱（图 4-47），并计算细菌的丰富度和均匀度。由图 4-47 可以看出，4 个处理之间条带有明显的差异，同时同一处理的 3 个重复之间的重复性很高。DGGE 图谱中大量分离条带的存在表明其中含有大量具有不同基因序列的细菌种类。图谱中特异条带的存在说明在不同处理之间有不同的细菌种类。同时，细菌群落结构在 M、NPK 和 MNPK 处理之间表现出很高的相似性。

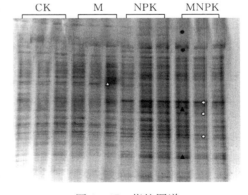

图 4-47　指纹图谱

　　不同施肥处理之间 DGGE 条带有所差异。例如，用实心圆标注的条带是 NPK 处理的特有条带，空心三角标注的是 NPK 处理缺失的条带，用实心三角标注的是有机肥处理增加的条带。M 和 NPK 处理的丰富度分别为 33.33±1.52 和 36.00±2.00，显著高于对照的 31.00±1.52。然而，均匀度指数在各处理之间没有明显差异（表 4-21）。

表 4 - 21　DGGE 图谱中不同施肥处理土壤细菌群落的多样性指数、丰富度和均匀度（2005）

处理	多样性指数	丰富度	均匀度
CK	3.459±0.19b	31.00±1.52b	0.998
M	3.503±0.04ab	33.33±1.52a	0.993
NPK	3.566±0.04a	36.00±2.00a	0.995
MNPK	3.497±0.04ab	31.33±1.53ab	0.992

注：同一列数据后不同字母表示处理间差异达到显著水平（$P<0.05$）。

主成分分析结果表明，根据对基质碳源的利用，可以将所有处理的微生物群落分成两大类（图 4 - 48）。土壤细菌群落大多集中在第二象限（靠近第一象限和第二象限边缘）。施肥处理是决定土壤生物群落利用不同碳源基质种类的主要因素。由 DGGE 条带类型的主成分分析结果可以看出，NPK 和 MNPK 处理相似性最高，分布在第一、二象限。也就是说，有机肥的施用对细菌群落结构没有影响，而长期施用化肥对土壤细菌群落结构有很大的影响。

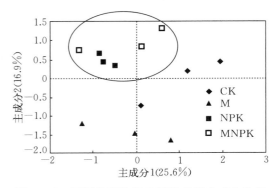

图 4 - 48　不同施肥处理 DGGE 条带主成分分析

5. 黑土微生物呼吸变化规律　在进行培养的 16 d 内，不同施肥处理土壤的真菌呼吸强度先经过一个上升阶段，然后逐渐降低（图 4 - 49）。在进行培养的第 16 天，土壤真菌呼吸强度表现为 CK＞MNPK＞M＞NPK，其中 MNPK、M 和 NPK 3 个处理分别比 CK 降低了 50.9%、54.6% 和 80.0%。不同施肥处理土壤的细菌呼吸强度如图 4 - 50 所示，不同施肥处理的土壤 CO_2 释放总量均低于 CK。在培养的第 16 天，土壤细菌呼吸强度表现为 CK＞M＞MNPK＞NPK，其中 M、MNPK 和 NPK 3 个处理分别比 CK 降低了 28.6%、71.4% 和 90.5%。由此可以看出，无论哪种施肥处理，对土壤细菌呼吸和真菌呼吸都有一定的抑制作用。这可能是因为施肥降低了微生物活性和有机碳矿化作用，抑制了土壤真菌和细菌的呼吸（刘妍 等，2010）。

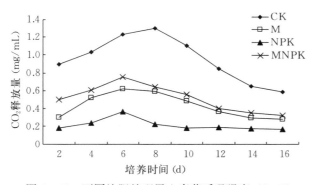

图 4-49　不同施肥处理黑土真菌呼吸强度（2007）

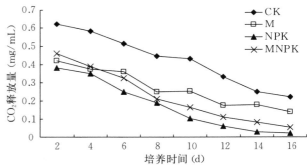

图 4-50　不同施肥处理黑土细菌呼吸强度（2007）

（二）黑土酶活性变化规律

1. 黑土酶活性特征　长期施肥可提高土壤脲酶、磷酸酶、转化酶、过氧化氢酶、脱氢酶活性（表 4 - 22）。与未施肥相比，脲酶活性增加 17.9%，转化酶活性增加 30.42%，磷酸酶活性增加 27.75%，过氧化氢酶活性增加 39.88%，脱氢酶活性增加 42.04%。这说明，长期施肥特别是有机肥配施化肥对提高土壤酶活性效果显著。单施化肥、有机肥均可显著增加磷酸酶和脱氢酶的活性，只是单施有机肥的效果更明显些。对转化酶、过氧化氢酶来说，单施有机肥可提高其活性，而单施化肥对这两种酶活性无显著影响。有机无机肥配施显著增加 5 种酶活性的原因是化肥的施入补充了土壤养分，肥料中的有效养分为微生物提供了能源与基质，促进了酶活性的增强；而有机肥本身带有外源及大量活的生物，在某种程度上起到了接种的作用。因此，有机无机肥配施为土壤生物提供了能源与基质，从而促进了土壤新陈代谢，土壤质量明显提高，在厚层农田黑土上采用化肥与有机肥配施效果最佳（刘妍 等，2010）。

表 4 - 22　黑土酶活性特征（2008）

处理	脲酶（mg/g）	磷酸酶（mg/g）	转化酶（mg/g）	过氧化氢酶（mL/g）	脱氢酶（mg/g）
CK	0.188b	5.235c	20.849b	2.278b	0.415c
NPK	0.197b	7.001b	23.156b	3.166b	0.529b
M	0.197b	6.023b	28.724a	3.565a	0.631b
MNPK	0.203a	7.246a	29.962a	3.789a	0.716a

注：同一列数据后不同字母表示处理间差异达到显著水平（$P<0.05$）。酶活性测定时间均为 24 h。

2. 黑土不同酶活性的相关性　土壤酶活性的相关分析结果显示，土壤脲酶、磷酸酶、过氧化氢酶、脱氢酶及转化酶活性之间存在显著或极显著正相关关系（表 4 - 23）。以上表明，农田黑土多糖、有机磷的转化与氮素循环等生物过程之间关系密切、相互影响，5 种酶之间在进行酶促反应时，不仅有自身的专一性，还存在着共性。

表 4 - 23　不同土壤酶活性之间的相关系数

指标	脲酶	磷酸酶	过氧化氢酶	转化酶	脱氢酶
脲酶	1.000				
磷酸酶	0.825*	1.000			
过氧化氢酶	0.837*	0.899**	1.000		
转化酶	0.855*	0.921**	0.802*	1.000	
脱氢酶	0.901**	0.837*	0.799*	0.721	1.000

注：$R_{0.05}=0.754$，$R_{0.01}=0.861$，$n=4$；*、** 分别表示显著相关、极显著相关。

六、作物产量对长期施肥的响应

（一）轮作周期的作物产量

2015 年，哈尔滨黑土长期定位试验已经过了 36 个生长季，进行了 12 个完整的轮作周期。把每个轮作周期 3 种作物（小麦、大豆和玉米）产量相加，作为轮作周期产量，轮作周期产量能够综合反映作物产量状况。经过 36 年 12 个轮作周期，不同施肥处理之间轮作周期产量差异加大（图 4 - 51）。第 1 个轮作周期最高产量与最低产量差异为 1 500 kg/hm²，第 12 个轮作周期产量差异为 12 727 kg/hm²，产量差异增加 7.5 倍，说明土壤肥力差异加大。这种产量的差异随着时间的延长呈增加的趋势，并符合对数关系（图 4 - 52）。

总的趋势是有机无机肥配合施用（MNPK、MNP）产量最高，未施肥及偏施单一肥料（CK、K）产量最低。经过 12 个轮作周期，在长期未施肥情况下，产量下降了 3 762 kg/hm²，下降幅度为32.4%，平均每个轮作周期下降 2.7%；单施有机肥（M）产量增加了 1 841 kg/hm²，增加幅度为15.2%，每个轮作周期平均增产 1.3%；单施化肥（NPK）产量增加了 6 655 kg/hm²，增产幅度为15.2%，每个轮作周期平均增产 1.3%；而有机肥与化肥配合（MNPK）条件下，产量增加了 7 780 kg/hm²，增产幅度为 60.9%，每个轮作周期平均增产 5.1%。即在合理施肥（化肥、化肥与有机肥配合施用）条件下，土壤肥力逐渐提高（周宝库 等，2004）。

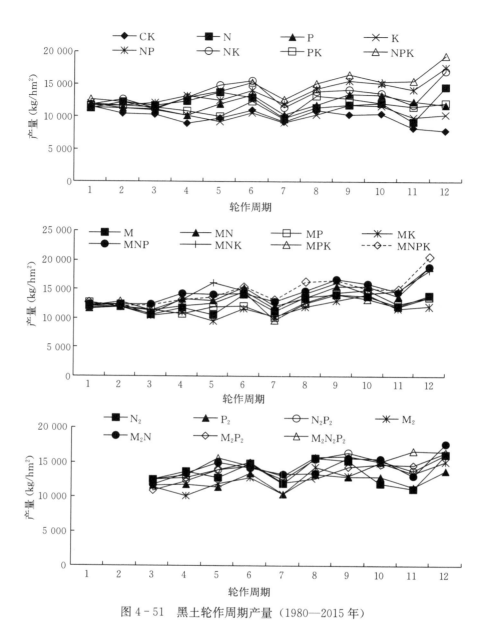

图 4-51 黑土轮作周期产量（1980—2015 年）

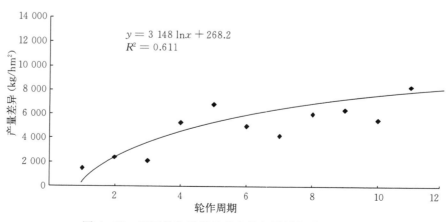

图 4-52 不同轮作周期最高产量与最低产量差异变化

经过 36 年 12 个轮作周期，与未施肥相比，单施化肥（NPK）增产 147.2%，单施有机肥（M）增产 78.0%，有机肥与化肥配合（MNPK）增产 162.5%。有机肥对产量的贡献率低于化肥，单施有机肥不能使产量保持在高水平上，而有机肥与化肥配合是保持和提高作物产量的有效途径。

（二）小麦产量变化

小麦是对肥料敏感的作物，小麦产量能更好地指示土壤肥力变化。长期未施肥，小麦产量逐年下降，下降了 50.6%，也反映出土壤肥力逐年下降。单施有机肥小麦产量也呈下降趋势，下降了 32.7%；而单施化肥小麦产量增加了 78.4%；有机肥与化肥配合施用产量呈上升趋势，产量增加了 63.8%。与长期未施肥相比，单施化肥增产 233.6%，单施有机肥增产 47.7%，有机肥与化肥配合施用增产 229.9%（图 4-53）。

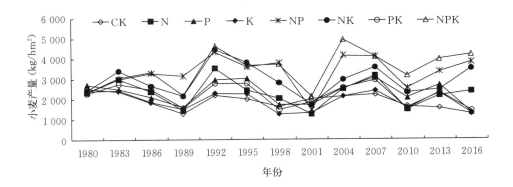

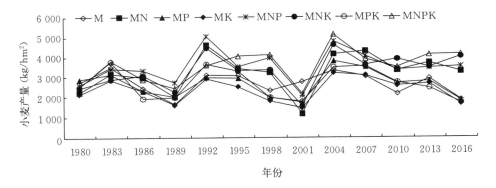

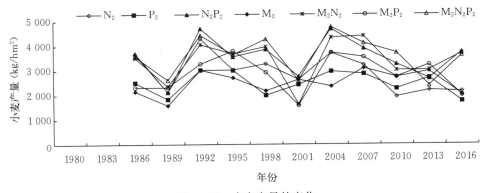

图 4-53　小麦产量的变化

随着年限的增加，不同施肥处理小麦产量差异加大（图 4-54）。经过 13 季种植，小麦产量差异由 660 kg/hm² 增加到 2 922 kg/hm²，这种差异也符合对数关系。

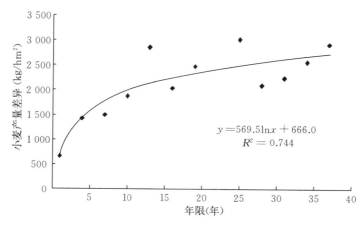

图 4-54　小麦最高产量与最低产量差异变化

（三）玉米产量变化

经长期施肥试验研究，种植 12 季玉米后（图 4-55），长期未施肥玉米产量逐年下降，产量下降了 36.0%；单施氮肥、单施磷肥、单施钾肥及磷钾肥，玉米产量均下降；单施有机肥玉米产量增加，增加了 15.0%；氮磷钾肥配合施用，玉米产量增加了 69.3%；有机肥与氮磷钾肥配合施用，玉米产量增加了 79.6%。与未施肥相比，单施化肥增产 194.5%，单施有机肥增产 89.0%，有机肥与化肥配合施用增产 213.7%。

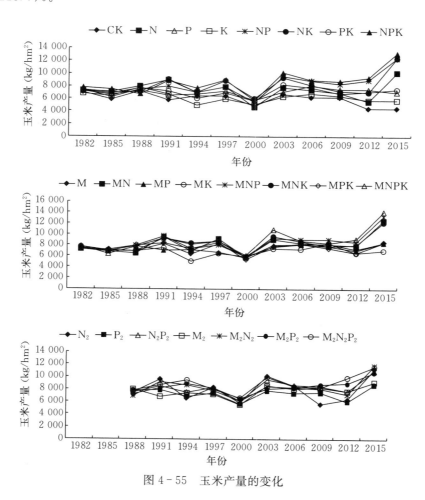

图 4-55　玉米产量的变化

同样，随着年限的增加，不同施肥处理玉米产量差异加大（图 4 - 56）。经过 12 季种植，玉米产量差异由 975 kg/hm² 增加到 8 792 kg/hm²，这种差异也符合对数关系。

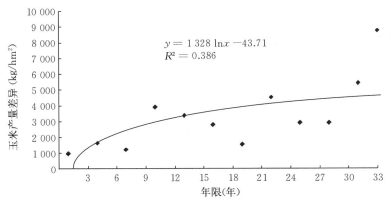

$$y = 1\ 328 \ln x - 43.71$$
$$R^2 = 0.386$$

图 4 - 56　玉米最高产量与最低产量差异变化

（四）大豆产量变化

大豆由于自身具有固氮作用，对氮肥需要量较低，对肥料反应不敏感。长期施肥大豆产量年际间变化较大，与长期未施肥相比，单施氮磷钾肥增产 23.8%，有机肥与化肥配合施用增产 33.5%（图 4 - 57）。

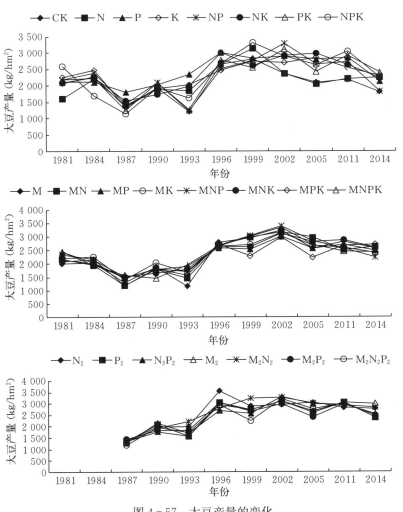

图 4 - 57　大豆产量的变化

（五）长期施肥对产量的贡献率

以 2016 年小麦产量为例，小麦施氮肥增产率为 195.5%，磷肥增产率为 18.8%，钾肥增产率为 9.7%，有机肥增产率为 47.7%。氮肥对小麦产量的贡献率为 47.2%，磷肥的贡献率为 5.7%，钾肥的贡献率为 4.2%，有机肥的贡献率为 32.3%。因此，小麦养分贡献率为氮肥＞磷肥＞钾肥。

以 2015 年玉米产量为例，玉米施氮肥增产 76.6%，磷肥增产 6.4%，钾肥增产 6.3%，有机肥增产 89.0%。氮肥对玉米产量的贡献率为 56.1%，磷肥的贡献率为 36.6%，钾肥的贡献率为 22.0%，有机肥的贡献率为 47.1%。

在 3 种作物中，施肥对玉米和小麦产量的贡献率最大，对大豆产量的贡献率最低。

在氮、磷、钾 3 种养分中，氮肥对作物产量的贡献率最大，其次为磷肥，钾肥对产量的贡献率最低。

综上所述，长期未施肥土壤有机质含量呈下降趋势，单施化肥与未施肥相比土壤有机质含量下降趋缓。单施有机肥、有机肥与化肥配合施用土壤有机质含量略有增加，大量施用有机肥并配合氮磷肥土壤有机质含量增加显著。因此，有机肥与化肥配合施用能够增加土壤有机质，提高土壤肥力。长期施用有机肥对提高黑土中腐殖质含量有显著的作用。长期施肥对深层土壤有机质含量也有影响，施用有机肥作用尤其明显，并随着土层的加深，施肥对土壤有机质含量的影响呈下降趋势。施用有机肥对有机质不同密度组分影响很大，对有机质含量增加最有效；而施用化肥则有机质含量有所降低。

长期未施肥土壤全氮含量下降明显，单施氮肥及氮磷钾肥配施土壤全氮含量也呈下降趋势，但与未施肥相比下降趋缓。长期施用有机肥能够保持土壤氮素平衡；长期施用有机肥并配合化肥可以增加土壤全氮、碱解氮、有机氮和无机氮含量，保持和提高土壤氮素平衡，增加氮素的潜在供应能力。

长期未施肥及单施有机肥土壤全磷、速效磷含量明显下降。长期施磷肥磷素在土壤中大量积累，并随着施入量的增加而增加。施用磷肥对有效性较高的 Ca_2-P、Ca_8-P、$Al-P$ 影响较大，对活性较低的 $Ca_{10}-P$、$O-P$ 影响较小。土壤中积累的磷素大多以有效态的形式存在。经过生物试验，积累在土壤中的磷素能被作物吸收利用。

长期施肥对黑土全钾含量影响较小。长期未施钾肥和长期未施肥土壤全钾含量有降低趋势，土壤速效钾含量逐年下降；而长期施用钾肥土壤全钾含量有所增加。土壤速效钾含量呈缓慢下降的趋势，有机肥配合氮磷钾肥土壤速效钾含量略有增加，应注意黑土潜在的缺钾现象。

长期施用氮肥（尿素）造成黑土酸化，随着氮肥用量的增加，土壤 pH 降低的幅度加大。氮磷钾配合以及有机肥配合，土壤酸度下降的趋势有所减缓。

施用有机肥可以增加土壤微生物数量，其丰富度指数和多样性指数也较高。长期施肥由于增加了土壤扰动的次数及强度，使农田土壤线虫种群的种类、数量及自由生活线虫的成熟度指数降低；同时，长期施肥尤其是施用磷肥、钾肥及有机肥，不仅大大提高了土壤中食细菌线虫的相对丰度，而且对植物寄生线虫也表现出明显的抑制作用。

在小麦、大豆、玉米 3 种作物中，施肥对玉米和小麦的产量贡献率最大，对大豆的产量贡献率最低。在氮、磷、钾 3 种养分中，氮肥对作物产量的贡献率最大，其次为磷肥，钾肥对产量的贡献率最低。

第三节　长期施肥对黑龙江海伦黑土肥力的演变规律

一、海伦黑土长期试验概况

海伦黑土农田养分再循环长期试验设在中国科学院海伦农业生态实验站（以下简称海伦站）。海伦站位于黑土区中部的黑龙江省海伦市西郊，地理位置为 47°26′N、126°38′E，属温带大陆性季风气候，冬季寒冷干燥，夏季高温多雨，雨热同期。根据近 60 年的气象资料，最冷月为 1 月，月均气温 −28.7～−18.0 ℃，极端最低气温 −40.3 ℃；7 月最热，月均气温为 20.2～25.5 ℃，极端最高气温为 37.7 ℃，月均温差在 40.0 ℃以上。60 年平均降水量为 550 mm，70% 集中在 7—9 月。春季平均风速较大，大风天数较多，且降水较少，因此春季多有干旱发生。春季温度回升较快，一般 3 月 20 日左右日均气温可达 0 ℃以上，开始播种小麦；4 月 25 日前后日均气温可达10 ℃以上，开始播种大豆、玉米等作物。秋季降温快，霜冻早临，酷霜通常在 9 月 20—25 日出现。作物生长季约 130 d。全年日照时数 2 600～2 800 h，太阳辐射能源丰富，全年太阳总辐射量为465.5 kJ/cm²，与我国长江中下游地区相当。根据气候条件和作物学习性，黑土区分为 3 个作物带，南部从辽宁昌图到黑龙江哈尔滨，作物以玉米为主，大部分地区采用玉米连作；中部从黑龙江哈尔滨向北到北安，为玉米大豆轮作产业带，当大豆/玉米价格比在 2.5 以上时，常出现大豆连作，反之则出现玉米连作；北部从北安嫩江到黑龙江右岸，属于小麦大豆产业带，近年来由于耐寒玉米品种的出现和小麦产量低的原因，也出现了玉米-大豆轮作和大豆连作状况。豆科作物对土壤肥力演化具有重要作用，由此看来海伦站的试验基地无论从黑土类型还是作物种植，都具有广泛的代表性。

试验基地土壤按发生分类为典型黑土，垦殖约 150 年，主要作物种植方式为玉米-小麦-大豆三区轮作。近 50 年开始施用化肥，在化肥施用前期主要施氮肥，中期施氮、磷肥，目前主要是氮磷钾肥配合施用。

（一）试验设计

1985 年试验开始前种植小麦匀地 2 年，试验开始时耕层土壤有机质含量 53.96 g/kg，全氮含量 3.0 g/kg，全磷含量 0.70 g/kg，全钾含量 19.6 g/kg，碱解氮含量 234.08 mg/kg，有效磷含量 25.78 mg/kg，速效钾含量 190.82 mg/kg。土壤质地为重壤。

1985—1996 年试验设 8 个处理：①无肥区（CK），代表移耕农业施肥模式；②无肥＋循环区（CK＋C），代表传统的有机农业施肥模式；③氮肥区（N）；④氮肥＋循环区（N＋C），代表 20 世纪 50—60 年代过渡期农业施肥模式；⑤氮、磷（P_1）肥区（NP_1）；⑥氮、磷（P_1）肥＋循环区（NP_1＋C），代表 20 世纪 70 年代过渡期农业施肥模式（NP_1＋C）；⑦氮、磷（P_2）肥区，代表无机农业时期施肥模式（NP_2）；⑧氮、磷（P_2）肥＋循环区（NP_2＋C），代表有机无机相结合的现代农业施肥模式，具体施肥量见表 4-24。小区面积 224 m²，属于大区试验，无重复。大豆和玉米均在每年的 5 月 1 日左右播种，9 月 30 日左右收获；小麦在每年的 3 月 30 日左右播种，8 月中旬收获。采用除草剂和杀虫剂进行病虫草害防控。

表 4-24 1985—1996 年各处理作物种类与施肥量

单位：kg/hm²

作物	N	P_1（P_2O_5）	P_2（P_2O_5）*	K_2O
玉米	107.2	18.6	117.2	187.5
小麦	107.2	18.6	117.2	187.5
大豆		18.6	117.2	187.5

注：* 为每 6 年施 1 次，其他为每年的施用量。

1997 年沈善敏先生根据前 12 年的试验结果，对试验做了极小的修改，将处理 NP_2 改为 NPK、NP_2＋C 改为 NPK＋C，具体施肥量如表 4-25 所示。修改后的试验方案为：CK、CK＋C、N、N＋C、NP、NP＋C、NPK、NPK＋C。

表 4-25 1997—2006 年各处理作物种类与施肥量

单位：kg/hm²

作物	N	P_2O_5	K_2O	Zn
玉米	107.2	20.0	60.0	6.31
小麦	90.0	20.0	60.0	
大豆		20.0	60.0	

2007 年韩晓增教授根据我国大豆产区均施少量氮肥的生产实际和磷肥以磷酸氢二铵的施用效果最好两个原因，在大豆施肥中加入了少量的氮肥（表 4 - 26）。

表 4 - 26　2007—2013 年各处理作物种类与施肥量

单位：kg/hm²

作物	N	P₂O₅	K₂O	Zn
玉米	107.2	20.0	60.0	6.31
小麦	90.0	20.0	60.0	
大豆	17.9	20.0	60.0	

用试验中 CK+C、N+C、NP+C 和 NPK+C 4 个处理生产的粮食喂猪，对应的秸秆垫猪圈形成的有机肥还田（称为循环有机肥）。考虑到猪是我国农村中最普遍的家畜，掺土垫圈是我国北方地区农村堆制农家肥的主要方法，因此喂饲试验中的供试家畜选用半成年猪，猪粪尿及作物秸秆堆腐形成有机肥。具体操作如下：供喂饲试验的农产品来自田间试验处理 CK+C、N+C、NP+C、NPK+C，将每年收获的大豆、玉米和小麦籽粒的 80% 以及对应的秸秆分别粉碎，籽实用于喂饲，秸秆用于垫圈，合称投料。投料中所含养分根据各作物籽实及秸秆中的养分测定结果计算，供试猪体重 60 kg 左右，猪圈内壁和地面为混凝土，以免喂饲期间砖土混入圈料。投料中养分经由喂饲-堆腐过程中损失的部分记为损失率，反之则为循环率。

为了很好地监测化肥单施对土壤性质的影响，1990 年开始在试验站内设置了化肥 NPK 长期定位试验，试验设 7 个处理：CK（无肥区）、NP、NK、PK、NPK、NP₂K、NPK₂。田间小区面积 63 m²，随机排列，4 次重复。

指示性作物为当地主栽的玉米、小麦、大豆，每年一季，轮作方式为玉米-大豆-小麦。化肥用量：玉米、小麦为 N 112.5 kg/hm²，P₂O₅ 19.6 kg/hm²、39.2 kg/hm²，K₂O 49.8 kg/hm²、99.6 kg/hm²。大豆为 N 13.5 kg/hm²，P₂O₅ 15.1 kg/hm²、30.2 kg/hm²，K₂O 49.8 kg/hm²、99.6 kg/hm²。收获后，测定籽粒、秸秆、根系的干物重及其氮、磷、钾含量。

（二）研究方法

每年在作物收获后进行土壤样品的采集，采集深度为 0～20 cm。每个小区按照 S 形采样法采集 15 个点后进行混匀，带回室内进行风干，风干后的土壤样品进行研磨并分别过 2 mm 和 0.25 mm 孔径筛后备用。土壤样品的分析按照传统方法进行，测定方法见《土壤农化分析》（鲍士旦，2000）。土壤细菌、真菌、放线菌、固氮菌数量用固体平板法测定，氨化细菌、硝化细菌、反硝化细菌、纤维分解菌数量用稀释培养法测定。土壤过氧化氢酶活性用高锰酸钾滴定法，转化酶活性用硫代硫酸钠滴定法，脲酶活性用靛酚蓝比色法，磷酸酶活性用磷酸苯二钠比色法测定。土壤活性有机碳的测定用高锰酸钾（KMnO₄）氧化法：称取约含 15 mg 碳的土壤样品于离心管中，加入 20 mL 浓度为 333 mmol/L KMnO₄，振荡 1 h，然后在 2 000 r/min 下离心 5 min，将上清液用去离子水以 1∶250 的比例稀释，于分光光度计 565 nm 下测定稀释样品的吸光度，由不加土壤的空白与土壤样品的吸光度之差计算 KMnO₄ 浓度的变化，由此计算出氧化的有机碳量，即活性有机碳。

碳库管理指数（CMI）的计算方法：

$$LI = \frac{(CL/CNL)_{样}}{(CL/CNL)_{标}}$$

$$CPI = \frac{CT_{样}}{CT_{标}}$$

$$CMI = CPI \times LI \times 100$$

式中，LI 为活性指数；CL 为活性有机碳量（g/kg）；CNL 为非活性有机碳量（g/kg）；CPI 为碳库指数；CT 为总有机碳量（g/kg）。

二、黑土有机质和氮、磷、钾的演变规律

（一）黑土有机质演变规律

1. 黑土总有机碳含量的变化 土壤中的有机质数量和品质是决定土壤肥力的重要指标，而土壤中有机质的变化主要取决于进入土壤系统有机质的数量和成分与土壤对这些有机物料的分解能力。在相同气候和土壤类型条件下，施肥是控制农田生态系统中土壤有机质变化过程的最重要因子。由图 4 - 58可以看出，在我国黑土区中部海伦，1988—2016 年玉米-小麦-大豆轮作的农田土壤，未施肥、施用化肥和化肥配施有机肥对黑土有机质的影响存在差异。CK 土壤有机质减少 7.02 g/kg，比原始土壤减少了 13.01%，平均每年减少 212.27 mg/kg；N 处理土壤有机质减少 3.09 g/kg，比原始土壤减少了 5.73%，平均每年减少 93.64 mg/kg，施氮肥和未施肥相比可以略微减缓土壤有机质下降速度；NP 处理土壤有机质减少 1.92 g/kg，比原始土壤减少了 3.57%，平均每年减少 58.30 mg/kg，氮磷配合施用可以进一步减缓土壤有机质下降速度；NPK 处理土壤有机质增加 0.42 g/kg，比原始土壤增加了 0.77%。选择适宜于玉米、小麦和大豆生长的氮磷钾肥施用量进行长期施用，会使土壤有机质有增加的趋势，表明了这个地区的典型黑土，合理施用化肥对土壤有机质消减的正向作用。从上述数据来看，无论是未施肥处理还是化肥处理，无论是增加土壤有机质还是减少土壤有机质，在黑土分布区的中部，在固定的轮作、耕作的农田土壤，一旦土壤有机质达到平衡，不改变耕作、轮作和施肥量，土壤有机质不会随着时间变化而出现剧烈变化。

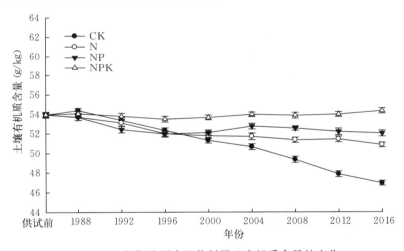

图 4 - 58 长期施用有机物料黑土有机质含量的变化

有研究表明，在施用化肥的基础上配施一定量的有机肥能够增加黑土有机质含量（梁尧 等，2012），那么用在一定面积上收获的作物籽粒喂猪和收获的秸秆垫圈所形成的有机肥还田（以下简称循环有机肥），是否会对土壤有机质的消长产生影响？在海伦试验站进行的试验结果（图 4 - 59）表明，不施化肥仅以循环有机肥处理（CK＋C）的 2016 年土壤有机质含量比试验开始时（原始土壤）减少了 6.21%，平均每年减少 101.52 mg/kg；在氮肥的基础上增施循环有机肥（N＋C），土壤有机质含量比原始土壤增加了 8.46%，平均每年增加 138.36 mg/kg；在氮磷肥的基础上增施循环有机肥（NP＋C），土壤有机质含量较原始土壤增加了 9.52%，平均每年增加 155.64 mg/kg；而在氮磷钾肥的基础上增施循环有机肥（NPK＋C），土壤有机质含量比原始土壤增加了 14.08%，平均每年增加 230.18 mg/kg。因此，对于一个区域来讲，用该区域农田产品经过畜禽养殖所获得的粪肥还田，能够保持这个地区的土壤肥力基本达到平衡；但是，如果需要提高农田土壤的地力水平，即有机质含量，则需要增加有机物料的还田量。

2. 黑土活性有机碳含量及碳库管理指数的变化 土壤活性有机碳是土壤中十分活跃、周转速度较快的重要组分，是对土壤扰动和土壤管理措施最为敏感的有机碳。它将土壤矿物质、有机碳与生物

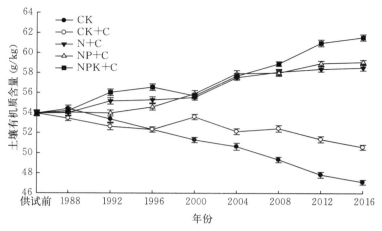

图 4-59　长期施用有机物料黑土有机质含量的变化

成分联系在一起，能够更准确、更实际地反映土壤肥力和土壤理化性质的变化，可作为综合评价各种耕作方式对土壤质量与肥力影响的重要指标，具有重要的生态意义与现实意义。目前，国内外的研究者多倾向于用土壤活性有机碳（能被 333 mmol/L 高锰酸钾氧化的有机碳）作为表征土壤供肥能力的指标，也将其作为土壤碳库周转速率的计算指数。徐明岗等（2000）研究了红壤经过 10 年的不同土壤施肥管理后，每年单施有机肥 50 t/hm²，土壤活性有机碳含量升高 183％。但是，仅用土壤活性有机碳这一指标来衡量土壤活性有机碳库的变化难以体现活性有机碳库的变化趋势以及周转规律。而对于土壤供肥能力来说，碳库管理指数更能描述有机碳的周转和积累规律。由表 4-27 可以看出，同一地块、同一母质发育的黑土，经过 28 年的不同施肥管理，活性有机碳的含量发生了显著的变化。不同施肥处理的活性有机碳绝对含量的变化顺序为 NPK＋C、NP＋C＞N＋C＞NPK、CK＋C＞CK、N、NP。可以看出，凡是增施有机肥的处理，活性有机碳均增加，证明了有机肥在更新土壤旧碳方面的激发效应和促进土壤中生物化学反应的作用。从碳库管理指数的变化分析可知，增施循环有机肥处理的碳库管理指数明显高于相应的只施化肥的处理，也反映了增施有机肥的土壤肥力水平提高的幅度。

表 4-27　不同养分循环模式下黑土活性有机碳含量及碳库管理指数的变化

处理	活性有机碳含量（g/kg）			碳库管理指数（CMI）	
	供试前样品	2000 年	2012 年	2000 年	2012 年
CK	4.16	3.81	3.51	91.3	83.9
CK+C	4.16	4.54	4.19	111.1	101.8
N	4.16	3.83	3.54	91.7	83.9
N+C	4.16	4.96	5.57	122.5	139.3
NP	4.16	3.81	3.15	91.1	73.4
NP+C	4.16	5.99	6.35	153.5	162.9
NPK	4.16	3.87	4.52	92.1	108.3
NPK+C	4.16	6.04	6.37	155.2	162.3

3. 黑土胡敏酸和富里酸含量的变化　不同施肥对黑土胡敏酸有比较显著的影响，由图 4-60 可以看出，CK 的胡敏酸含量呈逐年下降的趋势，但在试验开始阶段下降较快，试验 12 年后下降速度转慢，12～18 年呈匀速降低的趋势；CK＋C 处理的胡敏酸含量也呈逐年下降的趋势，在开始的 5 年下降速度较快，6 年后转慢；N 处理的胡敏酸含量的下降趋势为开始较快，12 后年开始波动；N＋C 处理则是开始下降较快，12 年后其下降速度相对于 N 处理比较缓慢，说明有机肥的施用使进入土壤

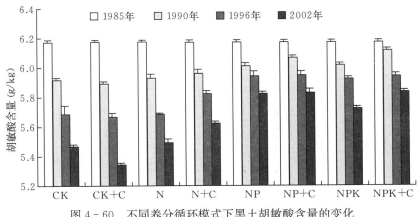

图 4-60　不同养分循环模式下黑土胡敏酸含量的变化

中的有机碳与无机矿物结合形成了有机无机复合体，有利于腐殖质的积累；NP 处理的胡敏酸含量逐年下降，但开始下降较快，6 年后转慢，6～18 年匀速降低；NP＋C 处理的胡敏酸含量的变化趋势与 NP 处理相同，但下降速度比较缓慢。与 NPK 处理相比，NPK＋C 处理的胡敏酸含量的下降趋势有所减弱，且其下降的程度在所有处理中最小。以上结果表明，自然成土过程中所形成的胡敏酸，在主要的农田管理方式（不良土壤管理）下均呈下降趋势，而有机肥的施用能缓解其下降速度（赵丽娟等，2006）。因此，合理的化肥配施有机肥对黑土胡敏酸含量的稳定性具有积极意义。

图 4-61 结果表明，试验 18 年（1985—2002 年）后，CK 的富里酸含量下降了 13.82%；CK＋C 处理下降了 12.06%，说明在只施有机肥的条件下，不能改变富里酸的下降趋势。单施氮肥（N）黑土富里酸含量下降了 8.99%，而 N＋C 处理只下降了 1.46%，下降速度明显得到遏制。NP 和 NP＋C 处理的富里酸含量分别下降了 11.90% 和 3.00%；而在 NPK 和 NPK＋C 两个处理中，富里酸含量均呈波动状态，波动范围为 −3.46%～6.07%。以上结果说明，在农田生态条件下，自然成土过程中所形成的富里酸在传统的农田管理方式（不良土壤管理）下呈下降趋势，而在良好的土壤管理（如增施有机肥）下其下降速度会明显减慢，使富里酸含量保持在一个相对稳定的水平上（赵丽娟 等，2006）。

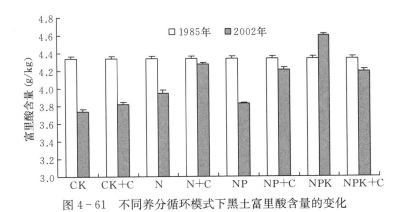

图 4-61　不同养分循环模式下黑土富里酸含量的变化

（二）黑土氮演变规律

1. 黑土全氮含量的变化　土壤中的全氮含量变化主要取决于外界氮的输入和氮素的输出。在农田生态系统中，土壤氮素输入主要是施肥、大气干湿沉降和土壤生物固氮以及其他形式的氮输入，氮素输出主要包括作物吸收利用同时随作物移除到土壤系统以外、淋溶损失、反硝化和氨挥发损失等。土壤中氮素的变化非常复杂，尤其是施肥条件下的氮素循环途径则更加复杂。养分循环再利用的结果（图 4-62）表明，长期未施任何肥料（CK）的黑土全氮含量呈缓慢下降的趋势，试验 31 年后土壤全氮含量减少了 390 mg/kg，平均每年减少 11.82 mg/kg。利用无肥区的作物籽粒喂猪和秸秆垫

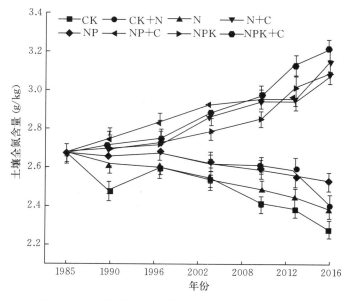

图 4-62 不同养分循环模式下黑土全氮含量的变化

圈沤制粪肥还田（CK+C）条件下，土壤全氮含量仍然呈下降态势。在 N 和 NP 处理条件下，土壤全氮含量的下降速度变缓；而 NP+C 处理土壤全氮含量呈上升趋势。NP 或 NPK 处理可使农田作物获得较高的生物量和籽粒产量，由此经过喂猪和垫圈沤制也形成了较多的粪肥，施入土壤后使土壤全氮含量增加。如 NPK+C 处理，试验 31 年后土壤全氮含量增加到 3.21 g/kg。土壤全氮含量增加的处理及其增加的程度为 NPK+C>NP+C、N+C、NPK；而土壤全氮含量减少的处理及其减少的程度为 CK>N>NP>CK+C。

2. 黑土速效氮含量的变化　土壤中能被作物吸收利用的氮素统称为土壤速效氮。但是，土壤速效氮是一个容易理解但其在量化时又是一个十分复杂的概念。原因是土壤中的有机氮素在不同条件下的释放量不同，而所谓的"条件"又十分广泛而复杂，因为很多因素都会影响土壤有机氮素的释放。在作物吸收方面，由于不同的作物对氮的吸收能力不同，在作物的吸收能力与土壤有机氮矿化诸多条件相耦合时，要想准确地表达速效氮素几乎是不可能的。所以，人们就用某种分析方法测定获得的土壤氮素，这部分氮素与大多数作物的吸收能力呈正相关关系，因此就将用这种方法获得的氮素称为速效氮，农业上常常将碱解氮作为速效氮。

由于黑土的黏粒含量在 30% 左右，土体剖面中的黏粒分布比较均匀，土壤中速效氮的变化与土壤有机质和全氮的相关性较高。因此，28 年仅施用化肥的处理，在 0～20 cm 耕层土壤中，速效氮含

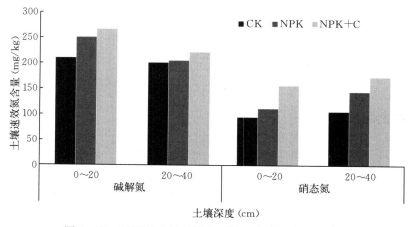

图 4-63 不同养分循环模式下黑土速效氮含量的变化

量比未施肥高 18.6%；增加养分循环有机肥，土壤速效氮比未施肥高 26.7%（图 4-63）。速效养分是土壤肥力的参考值，经过微生物矿化的无机氮素，并不长期停留在土壤里，主要是被作物吸收，余下的部分会移动进入地下水或地表水而损失，只有少部分留在土壤中。从硝态氮在土壤剖面中的分布（图 4-64）可以看出，氮素在黑土土体中很少积累，主要是因为黑土存在水分季节性冻融交替，土壤剖面中硝态氮会随着水分上移至作物可吸收的层次供作物吸收。

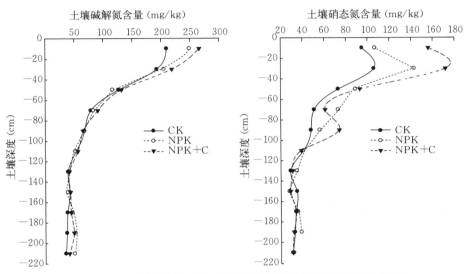

图 4-64　不同养分循环模式下黑土剖面碱解氮和硝态氮的分布

（三）黑土磷演变规律

1. 黑土全磷和有效磷在土壤剖面的分布　自然土壤全磷在土壤剖面的分布状态取决于成土母质和生物富集过程，自然土壤开垦后，磷在土壤中的分布状态取决于耕作施肥方式。由图 4-65 可以看出，经过 12 年的耕作施肥，施肥仅改变 0～20 cm 耕层全磷的储量。与试验前供试土壤相比，CK 区全磷减少 8.5%，NK 区全磷减少 11.4%，NP 区全磷增加 3.4%，PK 区全磷增加 6.1%，NPK 区全磷增加 2.1%，NP_2K 区全磷增加 17.2%，NPK_2 区全磷增加 2.8%。因此，磷肥的施用是耕层磷素

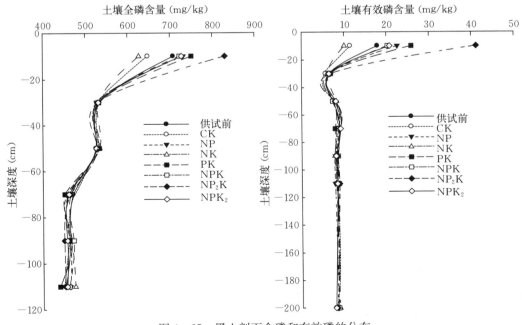

图 4-65　黑土剖面全磷和有效磷的分布

增加的关键。在 20 cm 以下的同一个层次的土壤中，7 个处理全磷含量的差异不显著。0～120 cm 土层中，以 20 cm 为一个层次，从上到下土壤全磷逐渐减少；120～200 cm 土层中，土壤全磷基本稳定在 450～460 mg/kg 范围内。耕层土壤磷不向下层迁移的主要原因是黑土成土母质是第四纪黄土，土质黏重，透水性差；而且在 18～23 cm 土层存在厚约 5 cm 的犁底层，使磷难以向下移动；另外，这个地区冬季有季节性冻层（2.5 m），春夏秋降水量为 450～550 mm，大气降水（除个别年份外）都在 0～200 cm 土层内运移，所以黑土地区耕作层的磷素很难向下移动（鼠洞和裂隙除外）。

耕作土壤有效磷在土壤剖面的分布状态取决于成土母质风化释放和生物吸收富集，人工施肥主要改变了有效磷在耕层的分配比例。以供试前耕层土壤有效磷为对照，CK 区耕层有效磷减少 35.8%；NK 区耕层有效磷减少 43.6%，只施氮钾肥促进土壤有效磷的消耗；NP 区耕层有效磷增加 26.3%；PK 区耕层有效磷增加 44.7%；NPK 区耕层有效磷增加 13.4%；NP₂K 区耕层有效磷增加 130.2%；NPK₂ 区耕层有效磷增加 16.2%。因此，施磷与否是耕层有效磷库增减的关键。由图 4-65 还可以进一步看出：农田土壤 0～20 cm 是有效磷的富集层，20～40 cm 是有效磷的亏缺层，40～200 cm 是有效磷的稳定层。有效磷在土壤剖面的垂直分布特征，其产生的主要原因是施肥建立了强大的耕层有效磷库，形成了有效磷的富集层，而亏缺层和稳定层是由主栽作物玉米、大豆、小麦根系分布所造成的。玉米根系虽然可深达 2 m，但 85% 以上的根系集中在 0～40 cm 土层内；小麦和大豆根系也有同样的分布特征。在 0～20 cm 土层内，虽然根系吸收了大量的有效磷，但施肥补充了土壤磷；由于磷肥很难移动到 20 cm 以下，所以在 20～40 cm 产生了很大的亏缺层；40 cm 以下由于根系极少，所吸收的磷对土壤磷的分布影响较小。

2. 黑土全磷和有效磷的平衡状况　在氮、磷、钾三大营养元素中，磷是比较稳定的营养元素。在比较平坦和地下水比较深（30 m 以下）的黑土旱作农田中，生态系统循环途径比较简化，磷仅以土壤-作物和人工投入-生物产出的方式循环。黑土农田生态系统磷的投入主要是磷肥、种子、作物残茬和凋落物，产出主要是作物带走部分，其他途径可以忽略不计。表 4-28 表明，在大豆-小麦-玉米的轮作体系中，即使不施任何肥料，在 12 年的时间里每年也有 3.7 kg/hm² 磷素进入土壤中，即土壤-作物循环途径。在人工投入的循环途径中，仅施用氮钾肥的处理中，仍有 4.5 kg/hm² 磷素进入土壤中，表明氮、钾可以提高磷通过土壤-作物循环途径的循环量。用盈亏量与产出量比值作为平衡率来比较长期施肥对土壤磷素平衡状况的影响可以得出，长期未施肥土壤磷素平衡率为 -74%，施用氮钾肥使土壤磷素进一步亏损，磷肥能大幅度提高土壤磷的平衡率。目前，黑土区的施磷量已达到平衡状态，大部分地区呈盈余状态。

表 4-28　不同施肥处理 1990—2001 年磷素收支状况

处理	产出量（kg/hm²）	投入量（kg/hm²）	盈亏量（kg/hm²）	平衡率（%）
CK	170	44	-126	-74
NP	226	276	50	22
NK	226	54	-172	-76
PK	174	267	93	53
NPK	247	280	33	13
NP₂K	245	502	257	104
NPK₂	238	278	40	17

从磷素在土壤剖面分布的分析结果可知，磷肥进入土壤后存在于土壤 0～20 cm 耕层，以下讨论的磷变化均发生在 0～20 cm 土壤耕层。将耕层土壤磷素盈亏与全磷、有效磷消长关系列入表 4-29。从未施肥到施磷 41.8 kg/hm² 的范围内，用农业生产上的磷素投入和产出之差作为盈亏，磷素盈亏与土壤全磷关系如下：$y = 0.02 + 1.01x$（$R = 0.9999$，$n = 28$），其中 y 为黑土全磷消长（mg/kg），x

为黑土磷素盈亏量（mg/kg），回归方程达到了1‰的显著相关水平（t检验）；磷素盈亏与有效磷关系得出如下方程：$y=2.08+0.15x$（$R=0.981\,4$，$n=28$），其中 y 为黑土有效磷消长（mg/kg），x 为黑土磷素盈亏量（mg/kg），回归方程达到了1‰的显著相关水平（t检验）。由此可知，在黑土区农田，土壤全磷、有效磷的消长取决于磷素养分的盈亏。根据方程和磷素盈亏量就可以预测黑土有效磷消长数量，为合理施肥提供依据。

表4-29　1990—2001年土壤磷素盈亏与全磷、有效磷消长关系

处　理	磷素盈亏量[①]	土壤磷素消长（mg/kg）	
		全磷[②]	有效磷[③]
CK	−58.9	−60	−6.4
NP	23.4	24	4.7
NK	−80.4	−81	−7.8
PK	43.5	43	8.0
NPK	15.4	15	2.4
NP_2K	120.1	122	23.3
NPK_2	18.7	20	2.9

注：①依据表4-28盈亏量计算，②③采样测定。

图4-66系统描述了 Ca_2-P 含量的变化情况。与供试前土壤相比，CK区 Ca_2-P 含量下降了47.7%，NK区 Ca_2-P 含量下降了58.3%，NP区 Ca_2-P 含量增加了7.5%，PK区 Ca_2-P 含量增加了22.1%，NPK区 Ca_2-P 含量增加了4.3%，NP_2K 区 Ca_2-P 含量增加了34.5%。由此可见，施肥对 Ca_2-P 含量变化有很大的影响，大剂量施磷能快速提高 Ca_2-P 在黑土中的含量。

图4-67表明了施肥对土壤中 Ca_8-P 含量的影响。与供试前土壤相比，CK区 Ca_8-P 含量下降了35.0%，NK区 Ca_8-P 含量下降了50.8%，NP区 Ca_8-P 含量增加了24.9%，PK区 Ca_8-P 含量增加了34.0%，NPK区 Ca_8-P 含量增加了7.4%，NP_2K 区 Ca_8-P 含量增加了96.1%。由此可见，施肥对 Ca_8-P 含量变化的影响比 Ca_2-P 大得多，说明 Ca_8-P 是磷肥的一种储存形式。

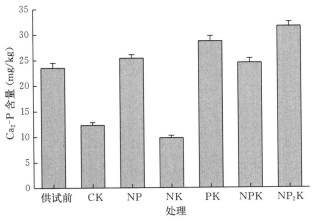

图4-66　长期施肥对黑土 Ca_2-P 含量的影响

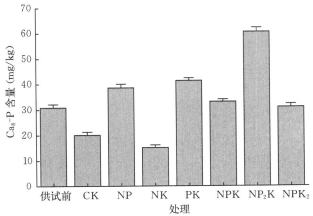

图4-67　长期施肥对黑土 Ca_8-P 含量的影响

图4-68表明了施肥对土壤中 $Ca_{10}-P$ 的影响。与供试前土壤相比，CK区下降了3.9%，说明长期无肥投入时，在土壤-作物的相互作用下，难溶的磷酸钙盐也有微量转化；NK区使 $Ca_{10}-P$ 含量进一步降低，证明氮钾肥能促进作物对难溶性磷的吸收。

图4-69系统描述了 $Fe-P$ 含量变化情况。与供试前土壤相比，CK区 $Fe-P$ 含量下降了11.1%，NK区 $Fe-P$ 含量下降了16.9%，NP区 $Fe-P$ 含量增加了10.7%，PK区 $Fe-P$ 含量增加了19.1%，NPK区 $Fe-P$ 含量增加了5.2%，NP_2K 区 $Fe-P$ 含量增加了47.6%，NPK_2 区 $Fe-P$

含量增加了 8.0%。由此可见，施肥对 Fe-P 含量变化有很大的影响。

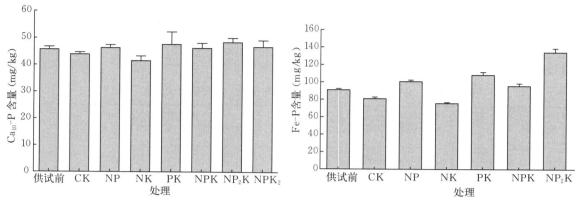

图 4-68　长期施肥对黑土 $Ca_{10}-P$ 含量的影响　　　图 4-69　长期施肥对黑土 Fe-P 含量的影响

图 4-70 系统描述了 Al-P 含量变化情况。与供试前土壤相比，CK 区 Al-P 含量下降了 21.3%，NK 区 Al-P 含量下降了 27.7%，NP 区 Al-P 含量增加了 21.8%，PK 区 Al-P 含量增加了 35.5%，NPK 区 Al-P 含量增加了 17.7%，NP_2K 区 Al-P 含量增加了 68.0%，NPK_2 区 Al-P 含量增加了 33.3%。由此可见，施肥对 Al-P 含量变化有很大的影响。

图 4-71 表明，在农田黑土经过 12 年的定位试验，无论施肥与否，对 O-P 含量的影响效果经统计分析差异不显著。这可能是黑土磷素肥力较高，需要更长的时间才能使 O-P 含量有所变化。

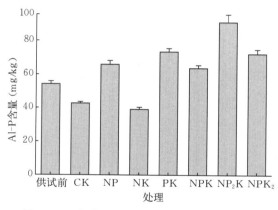

图 4-70　长期施肥对黑土 Al-P 含量的影响

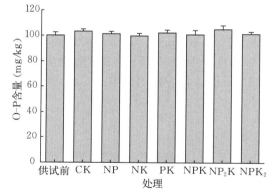

图 4-71　长期施肥对黑土 O-P 含量的影响

3. 长期施肥对黑土有机磷的影响　图 4-72 表明，无论施肥与否，黑土有机磷含量均呈下降趋势，这与黑土有机质含量下降有关系。通过分析对应试验区有机碳的含量可以找到黑土有机磷和有机碳的相关性，其相关方程为 $y=168.49+0.01x$（$R=0.7021$，$n=28$），其中 y 为黑土有机磷含量（mg/kg），x 为黑土有机碳含量（mg/kg），黑土的碳磷比平均为 75.51。

4. 长期施肥对黑土中不同形态磷比例的影响　由表 4-30 可见，供试前农田黑土有机磷含量最高，占总磷量的 51.1%，无机磷占总磷量的 48.9%。在无机磷中，$O-P > Fe-P > Al-P > Ca_{10}-P >$

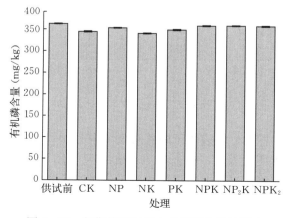

图 4-72　长期施肥对黑土有机磷含量的影响

$Ca_8 - P > Ca_2 - P$，分别占总磷量的 14.2%、12.9%、7.6%、6.5%、4.4%、3.3%。在 CK、NK 两个处理中，各种形态磷高低排序为有机磷 $> O - P > Fe - P > Ca_{10} - P > Al - P > Ca_8 - P > Ca_2 - P$。经长期无肥耗竭后，与供试前土壤相比，$Al - P$ 占全磷的比例小于 $Ca_{10} - P$。在有磷肥投入的处理中，PK 处理不同形态磷的比例排序为有机磷 $> Fe - P > O - P > Al - P > Ca_{10} - P > Ca_8 - P > Ca_2 - P$，$NP_2K$ 处理的排序为有机磷 $> Fe - P > O - P > Al - P > Ca_8 - P > Ca_{10} - P > Ca_2 - P$。$Fe - P$ 超过 $O - P$ 主要原因是磷素迅速增加，新增加的磷以 $Fe - P$ 的形式储备于土壤中。在 NP、NPK、NPK_2 处理中，各种形态磷占全磷的比例排序与供试前土壤相同。这是因为这些处理磷的积累量还没达到足以改变各种形态磷占全磷比例顺序的数量，随着年限的延长和磷素的不断积累，它们的变化趋势也会与 PK 和 NP_2K 处理相同。

表 4 - 30　长期施肥对黑土不同形态磷素占土壤全磷比例的影响

处理	无机磷占比（%）						有机磷占比（%）	全磷（mg/kg）
	$Ca_2 - P$	$Ca_8 - P$	$Ca_{10} - P$	$Fe - P$	$Al - P$	$O - P$		
供试前	3.3	4.4	6.5	12.9	7.6	14.2	51.1	708
CK	1.9	3.1	6.8	12.5	6.6	16.0	53.1	648
NP	3.5	5.3	6.3	13.8	9.0	13.9	48.2	732
NK	1.6	2.4	6.6	12.9	6.2	15.9	54.4	627
PK	3.8	5.5	6.3	14.4	9.8	13.6	46.6	751
NPK	3.4	4.6	6.4	13.2	8.8	14.0	49.6	723
NP_2K	3.8	7.3	5.8	16.2	11.0	12.7	43.2	830
NPK_2	2.8	4.3	6.4	13.5	9.9	13.9	49.2	728

5. 黑土磷肥向各种形态磷转化与作物有效性　CK 区在 12 年间通过作物吸收，每千克土壤磷素下降了 60 mg。在被作物吸收的土壤磷素中，作物吸收 $Ca_2 - P$、$Ca_8 - P$、$Al - P$、$Fe - P$ 分别为 11.2 mg、10.8 mg、11.5 mg、10.1 mg，占全部被吸收的土壤磷的 18.7%、18.0%、19.2%、16.8%；作物吸收有机磷 17.8 mg，占全部被吸收的土壤磷的 29.7%。通过土壤磷素田间作物耗竭试验可以得出，有机磷贡献量最大，这是因为在肥力较高的黑土上，在未施肥的条件下，氮、磷的供应主要靠有机质的矿化；$Ca_2 - P$、$Ca_8 - P$、$Al - P$、$Fe - P$ 对作物所吸收的磷贡献量相近。$Ca_{10} - P$ 和 $O - P$ 变化值方差分析结果显示差异不显著，说明这两种形态的磷比较稳定，与一些学者的研究结果一致。以作物吸收各种形态磷含量排序为有机磷 $> Al - P > Ca_2 - P > Ca_8 - P > Fe - P$。通过测定，土壤全磷减少了 60 mg/kg；而通过测定各种形态磷后再相加，总磷量减少数量为 66.4 mg/kg。这可能是分析全磷较准确，而分析各种形态磷由于分析方法本身的准确性较差所造成的。

将 NK 区的磷素消耗特征作图，图 4 - 73 表示氮、钾更能促进 $Al - P$、$Ca_2 - P$、$Ca_8 - P$、$Ca_{10} - P$ 的吸收，总吸磷量较 CK 区增加 35.0%。

按当地生产常规施磷量投入磷肥时，土壤磷均呈增加状态，增加幅度为 15~43 mg/kg。在 NP 处理中的 12 年间，通过施肥每千克土壤磷素增加了 42 mg，其中无机磷增加 33 mg/kg，有机磷 9 mg/kg。在无机磷中，$Ca_2 - P$、$Ca_8 - P$、$Fe - P$、$Al - P$、$Ca_{10} - P$、$O - P$ 分别增加了 1.9 mg、7.7 mg、9.7 mg、11.8 mg、0.6 mg、1.3 mg，分别占因施肥而增加的总磷量的 5.8%、23.3%、29.4%、35.8%、1.8%、3.9%；$Ca_{10} - P$ 和 $O - P$ 增加值很小，说明磷肥能转化成这两

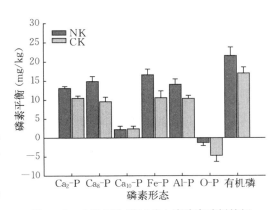

图 4 - 73　NK 区与供试前土壤磷素消耗特征

种形态磷的可能性很小。在 NP 处理中以增加各种形态磷含量排序为 $Al - P > Fe - P > Ca_8 - P > Ca_2 -$

P，说明磷肥残留于黑土后，进一步转化成这些形态磷。

在PK处理中的12年间，通过施肥每千克土壤磷素增加了43 mg。这说明磷不与氮配合施用，磷肥利用效率低，残留量大。在所残留的磷中，Ca_2-P、Ca_8-P、$Fe-P$、$Al-P$、$Ca_{10}-P$、$O-P$分别为5.2 mg、10.5 mg、17.4 mg、19.2 mg、1.9 mg、2.1 mg，占因施肥而增加的总磷量的12.1%、24.4%、40.5%、44.7%、4.4%、4.9%。在PK处理中，无机磷增加了56.3 mg，有机磷减少了13.3 mg，所以总磷量仅增加了43.0 mg；但是，有机磷矿化后的磷是全部被作物吸收还是有部分磷又转化成各种形态的无机磷，还有待于进一步研究。在PK处理中，各种形态磷含量排序与NK处理相同。

在NPK和NPK_2处理中，通过施肥每千克土壤增加的磷素分别为15 mg和20 mg，主要以$Fe-P$和$Al-P$形式存在。在NPK处理中，$Fe-P$和$Al-P$分别增加4.7 mg和9.6 mg，占因施肥而增加的总磷量的31.3%和64.0%；NPK_2处理与NPK处理有相同趋势。

按当地生产常规施磷量的2倍投入磷肥时，土壤含磷量迅速增加，每千克土壤增加磷素量达到125.5 mg，其中Ca_2-P、Ca_8-P、$Fe-P$、$Al-P$、$Ca_{10}-P$、$O-P$分别增加8.1 mg、29.7 mg、43.3 mg、36.8 mg、2.7 mg、4.9 mg，分别占因施肥而增加的土壤总磷量的6.5%、23.7%、34.4%、29.3%、2.2%、3.9%。图4-74表明，无论施肥与否，土壤有机磷都在下降，但施肥可以减缓土壤有机磷的下降速度。

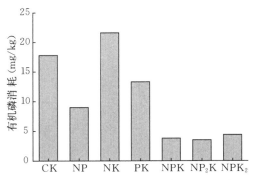

图4-74　长期施肥对有机磷消耗的影响

6. 结论

（1）在黑土区所施用的磷肥主要残留在0～20 cm耕层内，基本不向下层迁移。磷肥进入土壤后，能增加全磷和有效磷的储量。磷的储量增加多少与施肥品种搭配和施用量有关，氮磷钾配合施用增加最少，氮磷配合增加居中，磷钾配合增加最多；磷肥施用量增加1倍，其全磷和有效磷含量也成倍增加。未施肥致使土壤全磷和有效磷含量减少，氮钾配合施用使黑土磷素比未施肥进一步减少。

（2）应用农业生态系统的投入和产出的方法可以很好地监测黑土区土壤全磷和有效磷的消长状况，通过农田生态系统磷素的投入与产出的盈亏来计算全磷消长量的方程式为：$y=0.02+1.01x$，有效磷消长量的方程式为：$y=2.08+0.15x$。

（3）未施肥条件下，作物主要吸收被矿化的有机磷（约占1/3），其余为无机磷。在无机磷中，主要吸收Ca_2-P、Ca_8-P、$Al-P$和$Fe-P$，4种形态的磷吸收量接近。进一步证明了在黑土区有机磷和这4种无机磷是作物可利用的磷源，$Ca_{10}-P$和$O-P$基本不被作物吸收。仅施用氮钾肥，可以使土壤磷被进一步利用，比无肥区多吸收了35%的磷，其吸收各种形态的磷的比例与无肥区相同。

（4）所施用的磷肥除被作物吸收以外，残留部分主要转化成Ca_8-P、$Al-P$和$Fe-P$而形成土壤磷。磷肥转化成各种形态磷依次为$Al-P>Fe-P>Ca_8-P$。磷肥转化成$Ca_{10}-P$和$O-P$极少，转化成Ca_2-P也很少。这是因为Ca_2-P比较易被作物吸收，土壤中的存在量变化频繁。

（5）黑土有机磷呈逐年下降趋势，施肥仅影响有机磷下降速度。

（四）钾演变规律

1. 黑土全钾含量的变化　自然界尚未发现含钾有机物，故土壤中钾素以离子态、化合物态和矿物态3种形态存在，并在一定条件下相互转化。离子态钾较为复杂，可以存在于土壤溶液、有机物中，也可被土壤胶体所吸附（可交换态），或进入黏土矿物晶层间（非交换态）。化合物态和矿物态钾都以相对稳定的分子结构存在。土壤的全钾含量与组成的土壤矿物有关，一些原生矿物和黏土矿物含钾量较高，主要有：钾长石含钾量为3.32%～14.02%，黑云母为4.98%～8.30%，白云母为5.81%～9.13%，伊利石为3.32%～5.81%，钙钠长石为0～2.49%，蛭石为0～1.66%，绿泥石为

0～0.83%，蒙脱石为 0～0.42%。黑土主要由黄土状母质组成，沙粒中富含长石和云母，约占 30%；黏粒中含有水化云母（又叫伊利石）和蒙脱石，可占黏粒的 40% 左右。这些矿物构成了黑土全钾的来源，黑土的全钾含量为 1.8%～2.2%。在黑龙江黑土区域有代表性的 235 个耕层样点中，土壤全钾含量平均 2.29%。

施用化肥和循环有机肥，是农田土壤全钾含量补充的唯一来源。在 28 年的长期施肥试验中，未施肥处理（CK）的土壤全钾含量略有降低，28 年后比试验前减少了 2.6%；仅施氮肥的处理（N），钾素减少状况与未施肥处理相同（图 4-75）。氮磷肥配合施用（NP），作物吸收带走的钾量大，使土壤钾亏损加剧，比试验前减少了 4.1%。土壤全钾亏损多少的处理为 NP>CK、N，因此施有机肥可以提高或者减少土壤全钾下降的速度。氮磷钾配合循环有机肥（NPK+C）可以使土壤全钾含量提高 12.2%，单施氮磷钾（NPK）土壤全钾含量可提高 10.7%，单施氮磷配合循环有机肥土壤全钾含量提高 6.6%。对黑土全钾含量贡献的顺序为 NPK+C>NPK>NP+C>CK+C>N+C。

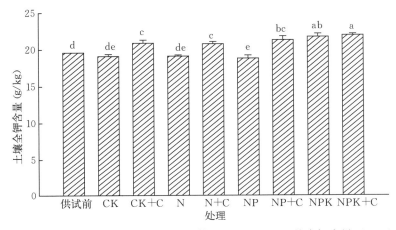

图 4-75 不同养分循环模式下黑土耕层（0～20 cm）的全钾含量（2013）

注：图中不同字母表示处理间差异达到显著水平（$P<0.05$）。

2. 黑土缓效钾和速效钾含量的变化 缓效钾是指存在于层状硅酸盐矿物层间和颗粒边缘不能被中性盐在短时间内浸提出的钾，也称非交换性钾，占土壤全钾的 1%～10%。由图 4-76 可以看出，与试验前土壤相比，长期未施肥土壤中的缓效钾含量减少 5.6%，氮磷配合减少 25.9%，单施氮肥减少 12.6%。其他处理的土壤缓效钾含量也均明显低于试验前土壤。由于土壤缓效钾是矿物钾在风化

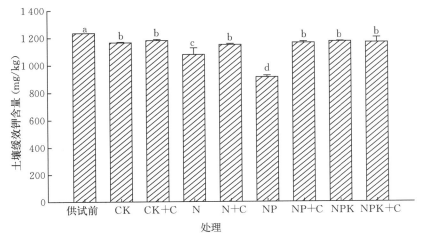

图 4-76 不同养分循环模式下黑土耕层（0～20 cm）的缓效钾含量

注：图中不同字母表示处理间差异达到显著水平（$P<0.05$）。

过程中可能离解出来的钾，它离解后又有可能转化成速效钾，所以受钾肥的影响较小。因此，土壤缓效钾一旦缺乏，一般来说是不可逆的。

由于黑土全钾、缓效钾和速效钾含量较高，被作物吸收后能很快达到平衡，根据目前 28 年田间试验的结果，还不能肯定土壤的供钾潜力，也不能提出明确的施钾阈值。为了给实际生产提供参考，本试验在同一田块上取土做盆栽耗竭试验。结果表明，当土壤速效钾含量由 167～212 mg/kg 下降到 58～73 mg/kg、缓效钾含量由 908～1 265 mg/kg 下降到 409～605 mg/kg 时，施用钾肥才有显著的增产效果，稳定性增产达 10.1%～38.9%（图 4-77）。如果从这个阈值来看，虽然经过 28 年未施钾肥，但钾肥的增产效果还是不稳定。原因是速效钾仅仅下降到 144 mg/kg、缓效钾也仅下降到 914 mg/kg 的水平，这时钾肥的增产效果依然较小，并表现出不同年份的增产效果不同，说明在土壤不缺钾的情况下，钾肥的主要作用是提高抗逆性。耗竭试验进一步提出了土壤供钾耗竭的阈值，即玉米在黑土某个速效钾和缓效钾水平上就会因缺钾而死亡的阈值，即当速效钾<40 mg/kg、缓效钾<150 mg/kg 时，玉米就不能在黑土上生长。高肥力黑土达到供钾耗竭阈值时，每千克黑土可提供给玉米 2.1～2.4 g 钾素。如果将黑土农田生态系统作为一个没有钾素输入的系统，按耕层 0～20 cm 和亚耕层 20～35 cm 计算，黑土的钾可供一年生产一季玉米达 115 年。

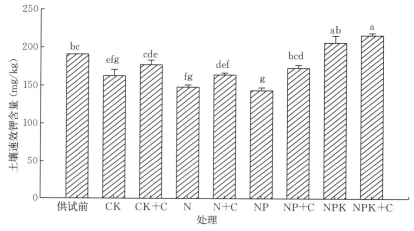

图 4-77　不同养分循环模式下黑土耕层（0～20 cm）的速效钾含量

注：图中不同字母表示处理间差异达到显著水平（$P<0.05$）。

（五）小结

长期不同养分循环利用方式显著影响黑土的有机质、氮、磷和钾含量。长期未施肥或者仅施用循环有机肥的土壤有机质含量呈下降趋势。但是，在化肥配施循环有机肥的情况下，土壤有机质表现为增加的趋势，其中以氮磷钾肥配施循环有机肥的土壤有机质含量增加最多。无论是在未施肥、施氮肥还是在此基础上施用循环有机肥，土壤的全氮含量均表现为下降，氮磷肥配施和氮磷钾肥配施均可增加土壤的全氮含量，其中循环有机肥的施用效果更明显。不同施肥模式均减少土壤缓效钾含量，但却显著增加土壤的速效钾含量。

三、黑土理化性质的变化特征

（一）黑土的酸化特征

土壤酸碱变化会引起土壤肥力和土壤环境质量发生重大变化，目前由于全球气候变化以及土壤管理不当而导致土壤酸化常常发生，给农业生产和环境带来危害。土壤酸化主要是 H^+ 和 Al^{3+} 增加所致。H^+ 增加的原因主要是水的解离、碳酸解离、有机酸解离及酸雨和以阳离子为营养的肥料施用；Al^{3+} 增加的主要原因是矿物中铝的活化形成了交换性铝，使土壤酸化。在农业生产中，施肥导致的土壤酸化常常发生，长期施肥对黑土 pH 的影响见图 4-78。由图 4-78 可以看出，在未施任何肥料

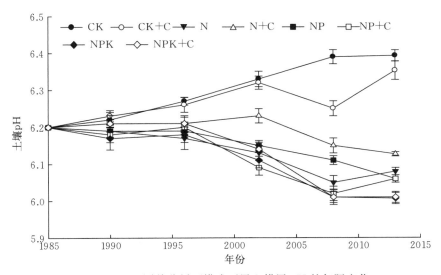

图 4-78　不同养分循环模式下黑土耕层 pH 的年际变化

（CK）的土壤中，试验 28 年后其 pH 达 6.39，比试验前提高了 0.19；CK+C 处理的土壤 pH 与 CK 相同，提高了 0.15。这一结果表明，未施肥或者只施循环有机肥，作物产量较低，虽然土壤 pH 有上升趋势，但变化比较缓慢。而在其他所有的施肥处理中，土壤 pH 均有下降趋势；但下降的速度很慢，下降幅度为 0.07～0.19。

（二）黑土容重的变化

土壤自然结构状况下单位体积内的烘干质量为容重，由于包括了土壤孔隙，故容重总是小于密度。容重的大小受土壤质地、土粒排列、结构状况和有机质含量的影响。在土壤密度相同的条件下，容重的大小反映了孔隙的多少和大小，其决定土壤中的空气含量和非饱和导水率及饱和导水率。土壤容重可反映土壤的紧实情况。一般来说，作物生长需要一个合适的土壤容重范围，过大和过小都不利于作物生长。容重过大说明土壤过于紧实，不利于作物扎根和根系的生长；而容重过小，作物容易发生倒伏，并且不利于土壤对养分的保存。土壤容重与施肥管理及土壤性质有关，特别是与土壤有机质含量和质量密切相关。因此，在生产实际中，可通过调整施肥和种植制度来改变土壤容重，促使其向良性发展。表 4-31 显示，长期施用化肥和化肥配施循环有机肥对土壤容重的影响差异不显著，但是施循环有机肥则容重有降低的趋势，预测随着试验年限的延长，土壤容重在各处理间会出现显著差异。长期不同施肥对土壤容重的影响各处理间差异不显著的主要原因是，该地区每年主要靠机械整地来改变土壤的物理结构，土壤经过平翻、旋耕或者重耙，使 0～20 cm 耕层土壤旋转一定角度，改变了土壤容重。这种措施对土壤容重的影响大于长期施肥的影响。另外，采用施循环有机肥改善土壤容重，而试验中加入的有机肥量不足以改变土壤的三相比，因此也很难改变土壤容重。

表 4-31　长期不同养分循环模式下黑土耕层土壤容重

处理	土壤容重（g/cm³）					比 CK 增加（g/cm³）	变化量（g/cm³）
	1985 年	1991 年	1998 年	2006 年	2013 年		
CK	1.01	1.02	1.06	1.05	1.09	—	—
CK+C	1.01	1.03	1.02	1.06	1.09	0	0.08
N	1.01	1.04	1.09	1.06	1.11	0.02	0.10
N+C	1.01	1.03	1.02	1.08	1.09	0	0.08
NP	1.01	1.04	1.07	1.06	1.12	0.03	0.11
NP+C	1.01	1.03	1.09	1.11	1.08	-0.01	0.07
NPK	1.01	1.06	1.02	1.08	1.12	0.03	0.11
NPK+C	1.01	1.03	1.05	1.08	1.09	0	0.08

四、黑土微生物和酶活性的变化特征

土壤微生物种类、数量和酶活性是土壤肥力的生物指标。土壤微生物数量和酶活性的变化，更能直观反映施肥管理对土壤质量和土壤生产力的影响。在黑土农田生态系统中，不同施肥方式影响作物生长和土壤理化性质，因而也会引起微生物区系发生重大变化，即对土壤微生物的多样性和丰度的演变产生重大影响。

（一）黑土微生物数量的变化

黑土农田生态系统的土壤微生物以细菌为主，其次为放线菌和真菌（表4-32）。将春、夏、秋三季的土壤细菌、放线菌和真菌数量进行平均，采用平均值表示不同施肥方式对土壤微生物数量的影响。结果显示，CK和N处理的细菌数量较为接近，均较少；NP处理的细菌数量比CK提高18.3%，NPK处理比CK提高31.6%。施循环有机肥处理的细菌数量均比对应的只施无机肥处理的高，CK+C比CK提高了19.6%，N+C比N提高18.2%，NP+C比NP提高了36.1%，NPK+C比NPK提高43.0%。放线菌对肥料的响应较迟钝，CK、CK+C、N、NP和NPK 5个处理土壤放线菌数量没有明显差异，而施循环有机肥加化肥的处理有较好的效果。N+C比N的放线菌数量高10.1%，NP+C比NP高41.8%，NPK+C比NPK高75.4%。细菌和放线菌数量比真菌多10~1 000倍，但是在土壤中真菌的生态功能却很重要。在所有单施化肥的处理中，真菌数量没有显著差异；而在施循环有机肥的处理中，随着施肥量的增加，真菌数量增多。与CK相比，CK+C的真菌数量提高了14.8%，N+C提高了35.4%，NP+C提高了71.4%，NPK+C提高了139.7%。从土壤微生物总数来看，不同处理土壤中微生物数量依次为NPK+C>NP+C>NPK>N+C>CK+C>NP>N>CK。可以看出，土壤微生物数量更多依赖于作物生长的繁茂程度（Li et al.，2010）。

表4-32　不同养分循环模式下黑土细菌、真菌和放线菌的数量（2009）

微生物种类	采样时间	处理							
		CK	CK+C	N	N+C	NP	NP+C	NPK	NPK+C
细菌 （×10⁷ CFU/g）	春季	4.49	5.54	4.61	5.67	5.63	7.72	5.58	9.65
	夏季	9.17	10.92	9.98	11.14	10.52	12.73	10.26	14.83
	秋季	5.52	6.46	4.85	6.17	6.53	10.42	9.39	11.61
	平均	6.39	7.64	6.48	7.66	7.56	10.29	8.41	12.03
放线菌 （×10⁵ CFU/g）	春季	1.95	2.43	1.83	2.91	2.37	3.68	2.39	4.63
	夏季	20.21	21.97	21.18	22.34	22.13	29.52	21.98	35.70
	秋季	1.87	2.16	1.95	2.24	2.14	4.56	2.23	6.35
	平均	8.01	8.85	8.32	9.16	8.88	12.59	8.87	15.56
真菌 （×10⁴ CFU/g）	春季	3.96	4.61	4.52	5.16	4.95	6.38	5.12	9.76
	夏季	6.45	7.28	7.31	9.48	7.98	10.63	8.37	13.51
	秋季	1.97	2.34	1.98	2.13	2.31	4.24	2.45	6.42
	平均	4.13	4.74	4.60	5.59	5.08	7.08	5.31	9.90
微生物总数 （×10⁵ 个/g）	春季	451.60	557.16	463.56	570.86	566.17	776.74	561.23	970.98
	夏季	937.86	1 114.70	1 019.91	1 137.29	1 074.93	1 303.58	1 048.82	1 520.05
	秋季	554.07	648.39	487.15	619.45	655.37	1 046.98	941.48	1 167.99
	平均	647.84	773.42	656.87	775.87	765.49	1 042.43	850.51	1 219.67

在同一块农田，经过25年的不同施肥后，土壤微生物数量发生了明显的变化。黑土微生物组成总数因施肥方式不同产生了明显变化，春、夏、秋三季的土壤微生物表现出明显的季节性变化，呈现春季和秋季低而夏季高的趋势，主要影响因素是环境和植物根系活动。在环境因素中，主要受水热条

件的控制，春、秋两季由于土壤温度相对较低、气候相对干旱，不利于微生物活动，而夏季土壤温度较高且大气降水较多，有利于微生物活动；在植物因素中，由于夏季雨热同期，正是作物生长繁茂时期，作物的根系比较发达，根系代谢产物和脱落物较多，为微生物的生命活动提供了丰富的碳源和氮源。

（二）黑土酶活性的变化

土壤酶活性在各处理间差异较大（表4-33）。转化酶活性以NPK＋C处理最高，CK最低，转化酶活性的季节平均值为7.62～16.19 mg/(g·h)。转化酶活性随着作物生育期的推进而增加，至玉米灌浆期达到最大值，成熟期又有所降低。化肥处理和养分再循环处理的土壤转化酶活性均比未施肥处理高，养分再循环处理增加显著。在玉米不同生育时期中，灌浆期的转化酶活性显著高于其他时期，NP和NPK处理较CK分别提高113.11％和111.54％；N处理的转化酶活性稍有增加，而N＋C、NP＋C和NPK＋C比CK＋C处理的转化酶活性显著增加，增幅分别为30.69％、90.34％和92.68％；CK＋C处理较CK的增幅为21.80％，其他生育时期也有相似的趋势（Li et al.，2010）。

表4-33 长期不同养分循环模式下黑土转化酶和脲酶活性

处理	转化酶活性 [mg/(g·h)]			脲酶活性 [mg/(g·h)]		
	播种前	灌浆期	收获后	播种前	灌浆期	收获后
CK	4.42	13.35	5.08	99.18	150.40	102.91
CK+C	5.72	16.26	7.88	124.70	206.01	130.98
N	4.84	16.56	6.34	109.18	202.69	112.62
N+C	5.42	21.25	6.73	138.69	242.64	162.63
NP	5.28	28.45	7.44	124.27	218.03	129.21
NP+C	6.51	30.95	6.98	167.49	282.40	188.25
NPK	6.79	28.24	7.58	105.72	231.83	117.66
NPK+C	7.60	31.33	9.65	184.15	293.87	208.92

如表4-33所示，脲酶活性的季节平均值以NPK＋C处理最高，较CK增加94.88％。与转化酶活性相同，脲酶活性也受玉米生育时期的影响，灌浆期的脲酶活性最大。各施肥处理对脲酶活性的影响不同，在灌浆期，脲酶活性CK＋C处理比CK显著增加，而N＋C处理比N处理稍有增加，NP＋C、NPK＋C处理分别比NP、NPK处理显著增加，化肥处理（N、NP和NPK）的土壤脲酶活性比CK也显著增加（Li et al.，2010）。

由于黑土pH处于偏酸性范围，所以土壤中的磷酸酶以酸性磷酸酶为主。NPK＋C处理的酸性磷酸酶活性最大（图4-79），其次为NP＋C，CK最低。养分再循环处理（CK＋C、N＋C、NP＋C和NPK＋C）的酸性磷酸酶活性显著增加。碱性磷酸酶也具有相似的趋势。化肥处理没有明显增加酸性磷酸酶活性，但碱性磷酸酶活性除了N处理外均显著增加。

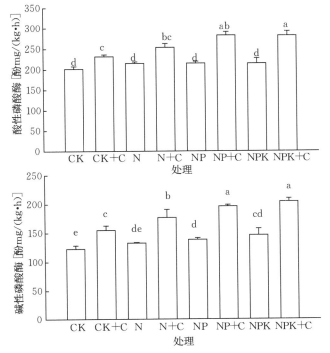

图4-79 长期不同养分循环模式下黑土磷酸酶活性

注：图中不同字母表示处理间差异达到显著水平（$P<0.05$）。

（三）黑土微生物量碳含量的变化特征

微生物量碳含量的季节平均值以 NPK+C 处理最高（表 4-34），未施肥处理最低。与未施肥相比，施用化肥处理（N、NP 和 NPK）和养分再循环处理（CK+C、N+C、NP+C 和 NPK+C）的微生物量碳含量的季节平均值比 CK 分别增加 19.10%～23.67% 和 19.40%～50.98%。而且，化肥加养分再循环处理（N+C、NP+C 和 NPK+C）比相应的单独施化肥处理（N、NP 和 NPK）分别增加 7.69%、15.96% 和 22.09%（Li et al.，2010）。

表 4-34　不同养分循环模式下玉米不同生育时期黑土微生物量碳含量的变化

单位：mg/kg

处理	生育时期			平均值
	播种前	灌浆期	成熟期	
CK	85.57±4.61c	322.27±16.95c	110.03±9.31d	172.62d
CK+C	119.33±17.69ab	355.97±22.86bc	143.00±38.22bcd	206.10c
N	100.57±3.47abc	394.20±19.75abc	122.00±2.55cd	205.59c
N+C	111.30±18.42ab	400.83±41.55ab	152.03±16.13bc	221.39bc
NP	101.00±7.22abc	402.77±7.87ab	123.93±14.91cd	209.23c
NP+C	118.13±17.93ab	435.33±54.49a	174.40±16.57ab	242.62ab
NPK	96.53±4.97cb	416.23±84.18ab	127.67±1.81cd	213.48bc
NPK+C	123.43±12.18a	462.63±8.21a	195.83±10.81a	260.63a

注：同一列数据后不同字母表示处理间差异达到显著水平（$P<0.05$）。

除了受施肥影响外，土壤微生物量碳含量还受玉米生育时期的影响。土壤微生物量碳含量在灌浆期显著高于其他时期。虽然微生物量碳含量受玉米生育时期的影响，但是在各生育时期，不同施肥处理的趋势相同，即 N+C、NP+C 和 NPK+C 处理均较相对应的 N、NP 和 NPK 处理高，并且 CK+C 处理的微生物量碳含量也比 CK 高，NPK+C 处理最高。

土壤微生物数量和酶活性表现出一定的季节性变化。长期不同施肥影响土壤微生物数量和酶活性。与单施化肥相比，化肥加养分再循环处理的土壤细菌、放线菌、真菌数量，转化酶、脲酶和磷酸酶活性以及微生物量碳含量均增加。其中，NPK+C 处理土壤微生物数量和酶活性的增加效果最明显。

（四）黑土参数与土壤酶活性间的相关性

表 4-35 显示，土壤脲酶、酸性磷酸酶和碱性磷酸酶活性呈极显著正相关关系。转化酶与脲酶活性、土壤有机碳和轻组有机碳呈显著正相关关系。土壤微生物量碳和轻组有机碳均与转化酶、脲酶、酸性磷酸酶和碱性磷酸酶呈显著正相关关系。土壤有机碳除与酸性磷酸酶不相关外，与其他酶活性均呈显著正相关关系（Li et al.，2010）。

表 4-35　土壤参数与土壤酶活性的相关分析（$n=8$）

指标	转化酶	脲酶	酸性磷酸酶	碱性磷酸酶	土壤有机碳	轻组有机碳
微生物量碳	0.889**	0.940**	0.729*	0.763*	0.865**	0.823*
转化酶		0.845**	0.609	0.657	0.914**	0.712*
脲酶			0.901**	0.928**	0.876*	0.943**
酸性磷酸酶				0.988**	0.672	0.940**
碱性磷酸酶					0.746*	0.977**
土壤有机碳						0.817*

注：* 表示 $P<0.05$，** 表示 $P<0.01$。

长期养分再循环对土壤酶活性有显著影响，研究发现，土壤酶活性均呈同一趋势，即玉米灌浆期的酶活性最高，播前和收获期酶活性降低。这充分表明土壤酶比较敏感，可以对土壤变化迅速做出反应。播前和收获后，由于土壤温度相对较低，限制了土壤微生物的繁殖。因此，此时微生物的变化是由长期施肥引起土壤属性的变化而引起的。而在灌浆期，则是作物、土壤属性和微生物三者共同作用影响土壤酶活性的变化。

CK+C 处理的土壤转化酶、脲酶、酸性磷酸酶和碱性磷酸酶活性显著增加，说明有机物质可以增加土壤多种酶活性。一般来说，土壤酶活性与有机质组成密切相关。长期单施循环有机肥（CK+C）增加了土壤有机质含量，从而提高了土壤酶活性。此外，有机肥本身含有多种酶和活性物质。因此，随着有机肥的施入，酶和活性物质也进入土壤，也可增加土壤酶活性。

土壤转化酶可使蔗糖水解为葡萄糖和果糖，并且与土壤微生物量密切相关。转化酶活性与土壤微生物量碳呈极显著正相关关系（$r=0.889^{**}$，$P<0.01$，$n=8$）。CK+C 处理的转化酶活性较高的原因是土壤施入循环有机肥而形成较多的底物。有研究表明，农家肥（牛粪）对土壤脲酶和转化酶活性的影响较小。磷酸酶在土壤磷的循环中具有重要作用。此外，磷的转化和分解也受土壤理化性质的影响，酸性磷酸酶的活性明显受土壤 pH 的调控。pH 为 5.77～6.21 范围内，酸性磷酸酶的活性较高，可能与特定 pH 下酶的稳定性、数量和活性有关。养分再循环处理的碱性磷酸酶活性高于相应的化肥处理，是由于养分再循环处理增加了微生物活性和多样性。农家肥施入土壤会改变土壤中酶的来源、状态和（或）酶的稳定性，因此增加了酶促反应的底物。涉及氮循环的酶——脲酶与磷酸酶活性和转化酶呈显著正相关关系，而碳循环的酶——转化酶则与磷酸酶呈正相关关系。长期特定区域系统中养分再循环处理较未施肥和单施化肥对土壤酶（脲酶、转化酶和磷酸酶）和微生物量碳具有显著的促进作用，NPK+C 处理的土壤酶活性和微生物量碳含量最高。试验处理中，所有酶活性均与微生物量碳和轻组有机碳呈显著相关关系。

五、海伦黑土养分循环再利用的特征

（一）农田系统投料中有机碳、氮和磷在喂饲-堆腐过程中的循环率

1. 投料在喂饲-堆腐过程中有机碳的循环率（残留率） 作为食物或饲料的农产品，其中一部分有机碳在动物消化的过程中被吸收或矿化分解而损失，排泄物在储存堆腐过程中也发生部分有机碳的分解损失。因此，饲料和食物中的有机碳在喂饲-堆腐过程中最终以有机肥的形式返回农田土壤，仅为其中的一部分，以有机肥形式返回农田的有机碳与饲料和食物中的有机碳总量定义为有机碳在喂饲-堆腐过程中的循环率。

已连续 12 年进行的以饲料喂猪、秸秆掺土垫圈的喂饲-堆腐试验，获得了投料经喂饲-堆腐后的残留率（表 4-36）。结果表明，投料（饲料及秸秆）中有机物经喂饲-堆腐后的平均残留率为 30%。考虑到腐熟的家畜排泄物和褥料中的含碳量通常较饲料和秸秆的平均含碳量略低，因此可以估计农产品中有机碳经喂饲-堆腐过程的循环率大约为 30%。这一喂饲-堆腐过程中的有机碳循环率与有机物在土壤中完成快速分解阶段后的残留率（30%）都非常相似（刘鸿翔 等，1994）。

表 4-36 投料中养分经喂饲-堆腐过程的残留率

年份	处理	投料干重（kg）	猪圈粪干重（kg）	有机物残留率（%）	有机物腐解率（%）
1986—1987	C	320	117	36	64
	N+C	426	146	35	65
	NP+C	430	143	33	67
	NPK+C	440	147	33	67
1987—1989	C	399	124	31	69
	N+C	445	138	31	69
	NP+C	454	136	30	70
	NPK+C	474	145	31	69

(续)

年份	处理	投料干重（kg）	猪圈粪干重（kg）	有机物残留率（%）	有机物腐解率（%）
1989—1990	C	293	113	38	62
	N+C	413	147	36	64
	NP+C	424	144	34	66
	NPK+C	441	151	34	66
1990—1991	C	342	112	33	67
	N+C	413	137	33	67
	NP+C	437	133	30	70
	NPK+C	458	146	32	68
1991—1992	C	422	101	23	77
	N+C	481	149	31	69
	NP+C	531	155	29	71
	NPK+C	501	123	24	76
1992—1993	C	533	127	24	76
	N+C	639	149	23	77
	NP+C	663	128	19	81
	NPK+C	684	164	24	76
1993—1994	C	490	128	22	78
	N+C	596	132	22	78
	NP+C	660	193	29	71
	NPK+C	717	194	27	73
1994—1995	C	338	95	28	72
	N+C	450	140	31	69
	NP+C	467	140	30	70
	NPK+C	519	191	37	63
1995—1996	C	460	106	23	77
	N+C	513	144	28	72
	NP+C	556	184	33	67
	NPK+C	617	185	30	70
1996—1997	C	365	113	31	69
	N+C	486	156	32	68
	NP+C	513	164	32	68
	NPK+C	573	189	33	67
1997—1998	C	431	142	33	67
	N+C	403	145	36	64
	NP+C	565	163	29	71
	NPK+C	618	192	31	69
1998—1999	C	344	100	29	71
	N+C	409	123	30	70
	NP+C	473	147	31	69
	NPK+C	581	193	33	67
平均		483	144	30	70

2. 投料在喂饲-堆腐过程中氮、磷的损失和循环率　农产品中氮、磷经由人、畜的消化，其排泄物和氮、磷肥的一部分便是农产品中氮、磷经喂饲-堆腐过程的循环率。1986年开展试验，以猪为试验家畜，精确计重并测定了喂饲试验开始前饲料、褥料及垫圈土中的氮、磷含量和完成喂饲-堆腐后猪圈肥中的氮、磷含量，获得投料（饲料和褥料）中养分经喂饲-堆腐过程的循环率（表4-37）（刘鸿翔 等，1994）。

表4-37　投料中养分经喂饲-堆腐过程的损失率和循环率

年份	处理	投料养分（kg）		猪圈肥养分（kg）		养分损失率（%）		养分循环率（%）	
		N	P	N	P	N	P	N	P
1986—1987	C	4.92	0.67	2.76	0.57	43.90	14.67	56.10	85.33
	N+C	7.71	0.93	2.62	0.40	66.10	57.04	33.99	42.96
	NP+C	7.45	1.01	1.77	0.43	76.24	59.04	23.76	40.96
	NPK+C	7.48	1.01	1.77	0.85	46.12	19.17	53.88	80.83
1987—1988	C	7.01	0.99	2.98	0.82	59.23	17.18	40.77	82.82
	N+C	6.01	0.84	2.31	0.49	61.56	41.67	38.44	58.33
	NP+C	5.79	0.79	3.66	0.82	36.78		63.22	
	NPK+C	6.37	0.80	4.17	0.87	34.50		65.50	
1988—1989	C	3.49	0.48	1.36	0.40	61.03	16.67	38.97	83.33
	N+C	6.30	0.73	1.90	0.63	69.84	13.70	30.16	86.30
	NP+C	6.54	0.76	2.49	0.67	61.93	11.84	38.07	88.16
	NPK+C	6.38	0.80	3.22	1.04	49.53		50.47	
1989—1990	C	5.53	0.72	3.12	0.29	43.58	59.72	56.42	49.28
	N+C	7.12	0.88	3.05	0.85	57.70	8.59	42.30	91.41
	NP+C	7.60	1.07	2.75	0.38	63.82	64.49	36.18	35.51
	NPK+C	7.98	1.01	3.19	0.64	60.03	36.63	39.97	63.77
1990—1991	C	5.66	0.76	2.47	0.76	56.36	21.41	43.64	78.59
	N+C	6.69	0.97	3.47	0.79	48.13	24.76	51.87	75.24
	NP+C	6.67	1.05	4.48	0.91	32.83	29.13	67.17	70.87
	NPK+C	7.30	1.27	4.41	0.72	39.59	17.24	60.41	82.76
1991—1992	C	6.60	0.87	2.80	0.89	57.96	16.82	42.04	83.18
	N+C	9.29	1.07	5.11	1.07	44.99	18.30	55.01	81.70
	NP+C	9.88	1.31	5.09	0.99	44.48	18.18	55.52	81.82
	NPK+C	9.44	1.21	4.63	0.74	50.85	20.43	49.05	79.57
1992—1993	C	5.98	0.93	3.55	0.77	40.60	20.43	59.40	79.57
	N+C	8.69	1.07	4.49	0.86	43.15	18.63	56.85	81.37
	NP+C	8.59	1.30	4.95	1.04	42.37	20.20	57.63	79.80
	NPK+C	9.68	1.38	5.26	1.01	45.66	26.82	54.34	73.18
1993—1994	C	4.91	0.68	3.57	0.53	27.29	22.06	72.71	77.94
	N+C	7.25	0.67	3.71	0.52	48.83	22.39	51.17	77.61
	NP+C	7.84	1.09	5.30	0.85	32.40	22.02	67.60	77.98
	NPK+C	9.08	1.12	5.43	0.91	40.20	18.75	59.80	81.25

（续）

年份	处理	投料养分（kg）		猪圈肥养分（kg）		养分损失率（%）		养分循环率（%）	
		N	P	N	P	N	P	N	P
1994—1995	C	3.81	0.79	0.60	0.12	84.25	84.81	15.75	15.19
	N+C	4.89	0.91	0.98	0.18	79.99	80.12	20.01	19.88
	NP+C	4.96	1.05	0.99	0.21	80.00	80.00	20.00	20.00
	NPK+C	6.15	1.97	1.68	0.31	72.68	84.26	27.32	15.74
1995—1996	C	4.07	0.88	2.32	0.43	43.00	51.14	57.00	48.86
	N+C	5.36	1.13	3.44	0.69	35.82	45.13	64.18	54.87
	NP+C	7.37	1.71	4.41	0.92	40.16	46.20	59.84	53.80
	NPK+C	8.17	2.18	5.09	1.07	37.70	50.91	62.30	49.09
1996—1997	C	4.43	1.01	3.82	0.88	13.77	12.87	86.23	87.13
	N+C	6.35	1.52	5.51	1.18	13.22	22.37	86.78	77.63
	NP+C	7.09	1.87	5.95	1.32	16.07	29.41	83.93	70.59
	NPK+C	8.82	2.18	6.17	1.33	30.00	39.00	70.00	61.00
1997—1998	C	4.79	1.23	2.55	0.60	46.76	51.22	53.24	48.78
	N+C	5.21	1.40	2.55	0.64	51.02	54.29	48.98	45.71
	NP+C	8.39	1.75	6.63	1.18	21.00	32.51	79.00	67.49
	NPK+C	9.97	2.40	6.53	1.42	34.50	40.83	65.50	59.17
1998—1999	C	4.11	0.92	2.32	0.41	43.55	55.43	56.45	44.57
	N+C	4.35	1.02	3.80	0.75	12.64	26.47	87.36	73.53
	NP+C	5.21	1.45	3.31	0.82	36.47	43.45	63.53	56.55
	NPK+C	8.89	2.27	3.21	1.51	63.89	44.48	36.11	65.52
平均		6.72	1.15	3.53	0.76	47.00	35.37	53.00	65.63

　　根据 12 年 48 组试验的平均值可知，氮的循环率为 53.00%，氮的损失率为 47.00%，损失率的变化范围为 12.64%～84.25%。磷与氮不同，作物收获产品中磷经由人畜消化而引起的损失仅限于未成年动物体对食物中磷的吸收积累，对于占人口约 2/3 的成人和已成年的役畜，食物和排泄物中的磷应该是数量平衡的，肥料中磷在堆腐过程中的损失也仅限于管理不当引起的流失。因此，作物产品中磷经喂饲-堆腐过程的损失率可远低于氮，所以通过农家肥的施用而返回农田的磷循环率显著高于氮。12 年 48 次喂饲-堆腐试验获得投料（饲料、褥料）中磷的损失率为 35.37%，即循环率均为 65.63%（王德禄 等，2001）。

（二）不同养分循环再利用方式下的作物产量

　　各处理供试作物的混合平均产量见表 4-38。由于受气候因素中热量的限制，在试验地区，大豆、玉米、小麦 3 种作物的产量均不高，在试验设计中的最佳施肥条件下，26 年的平均产量大豆为 2.0 t/hm²、玉米为 5.4 t/hm²、小麦为 2.7 t/hm²。用产量在年际间的变异系数表征作物产量的年际间波动，可以看出，完善的施肥措施能显著提高作物产量在年际间的稳定性。未施肥处理的产量变异系数最大，随着养分供给的完善，变异系数下降，产量趋于稳定；而保持系统中养分循环再利用也有助于进一步提高作物产量的稳定性（刘鸿翔 等，2001）。

表 4 - 38　1985—2010 年不同施肥处理大豆、玉米、小麦平均产量和变异系数

指标	作物	部位	处理							
			CK	CK+C	N	N+C	NP	NP+C	NPK	NPK+C
产量	大豆	籽实	1 650	1 750	1 692	1 803	1 819	1 901	1 914	2 011
(kg/hm²)		秸秆	2 168	2 570	2 334	2 685	2 695	2 853	2 793	3 096
	玉米	籽实	3 313	3 876	4 391	4 766	4 794	5 107	5 048	5 455
		秸秆	6 244	7 354	8 099	8 901	8 827	9 497	9 250	10 265
	小麦	籽实	1 719	1 869	2 165	2 248	2 364	2 544	2 585	2 653
		秸秆	2 804	3 044	3 472	3 665	3 893	4 256	4 267	4 510
变异系数	大豆	籽实	0.25	0.22	0.24	0.22	0.23	0.20	0.20	0.18
		秸秆	0.24	0.21	0.23	0.20	0.22	0.19	0.18	0.16
	玉米	籽实	0.27	0.25	0.25	0.23	0.19	0.18	0.16	
		秸秆	0.28	0.24	0.22	0.21	0.21	0.21	0.18	0.16
	小麦	籽实	0.35	0.31	0.29	0.27	0.25	0.23	0.21	0.18
		秸秆	0.32	0.30	0.30	0.29	0.28	0.25	0.23	0.20

（三）养分在作物体内的分配

1. 籽实和秸秆的养分浓度

（1）不同处理对作物籽实和秸秆养分浓度的影响。施肥处理 3 种作物籽实和秸秆中氮、磷、钾浓度 11 年结果的平均值见表 4 - 39。试验中大豆未施氮肥，但大豆区的 CK+C、N+C、NP+C、NPK+C 处理则施循环有机肥。结果表明，大豆籽实及秸秆的氮浓度十分稳定，未施肥处理籽实和秸秆中的氮浓度仅较施肥处理略低；小麦、玉米籽实和秸秆中的氮浓度则明显随施氮而上升，玉米尤为明显。施磷肥均可提高 3 种作物籽实中的磷浓度，秸秆中的磷浓度也略有提高。自 1997 年起，该长期试验未设施钾处理，但施循环有机肥的处理可获得来自猪圈肥的钾。结果表明，施猪圈肥处理的 3 种作物秸秆和籽实中的钾浓度均较对应的只施化肥处理略高。t 检验的结果表明，氮肥对 3 种作物籽实氮浓度均有极显著的影响（$t=5.88\sim19.5>t_{0.01}=2.76$，下同），磷肥对 3 种作物籽实磷浓度的影响也均达到了极显著水平（$t=6.41\sim12.94$）。循环有机肥（猪圈肥）对 3 种作物籽实的氮、磷、钾浓度的影响分别为：对氮的影响均极显著（$t=4.41\sim6.39$）；对于磷，除 NP 与 NP+C 处理对小麦影响不显著外，其余均极显著（$t=3.63\sim16.67$）；对于钾，除 CK 与 CK+C 处理对小麦、玉米影响不显著外，其他施猪圈肥处理的 3 种作物的籽实钾浓度均略有提高，其影响也达极显著（$t=4.12\sim14.3$）（王德禄 等，2001）。

表 4 - 39　1985—1995 年不同施肥处理作物籽实、秸秆的平均养分浓度

单位：g/kg

养分	处理	大豆		玉米		小麦	
		籽实	秸秆	籽实	秸秆	籽实	秸秆
氮	CK	65.3	7.3	12.2	6.8	22.0	4.4
	CK+C	66.7	7.6	12.5	7.0	22.6	4.4
	N	66.3	7.7	14.2	7.3	22.9	4.5
	N+C	66.6	7.8	15.2	7.7	22.9	4.7
	NP	66.1	7.6	14.8	7.2	22.7	4.4
	NP+C	66.5	7.8	15.6	7.8	23.1	5.0
	NPK	65.6	7.4	15.2	7.2	22.3	4.6
	NPK+C	66.2	7.5	15.7	8.1	22.3	5.2
	平均	66.2	7.6	14.4	7.4	22.7	4.7

（续）

养分	处理	大豆		玉米		小麦	
		籽实	秸秆	籽实	秸秆	籽实	秸秆
磷	CK	5.9	0.6	3.2	0.7	3.2	0.6
	CK+C	6.1	0.7	3.3	0.7	3.3	0.6
	N	6.1	0.7	3.3	0.7	3.2	0.6
	N+C	6.2	0.7	3.5	0.7	3.5	0.7
	NP	6.4	0.7	3.6	0.7	3.6	0.6
	NP+C	6.5	0.7	3.7	0.7	3.6	0.7
	NPK	6.7	0.7	3.8	0.7	3.8	0.6
	NPK+C	7.1	0.7	4.0	0.8	4.0	0.7
	平均	6.4	0.7	3.6	0.7	3.5	0.7
钾	CK	14.8	5.0	3.2	7.1	4.0	8.8
	CK+C	15.2	5.1	3.1	7.3	4.0	9.0
	N	15.3	5.3	3.2	7.4	4.1	9.1
	N+C	15.5	5.4	3.3	7.7	4.2	9.6
	NP	15.2	5.2	3.1	7.4	4.1	9.2
	NP+C	15.6	5.6	3.4	7.9	4.3	10.0
	NPK	15.3	5.2	3.2	7.6	4.1	9.6
	NPK+C	15.8	5.8	3.5	8.1	4.4	10.7
	平均	10.5	5.3	3.2	7.6	4.1	9.5

综上所述，在正常的施肥量范围内，通过施肥改善氮、磷、钾养分的供给，均可提高大豆、玉米、小麦3种作物收获时体内的养分浓度，尤以氮、磷对籽实的影响较为明显，但提高的幅度均不大。

（2）作物产量与养分浓度的关系。作物生长状况是作物生长期间气候和土壤水肥环境等众多因素的综合反映，通常可用作物产量来表征。在本试验中，小麦籽实中氮浓度随着小麦产量的提高有上升趋势（图4-80），玉米也有相似的趋势，但不如小麦的明显。玉米、小麦籽实中磷浓度也有随着产量提高而上升的趋势，其余未见明显的相关性（王德禄 等，2001）。

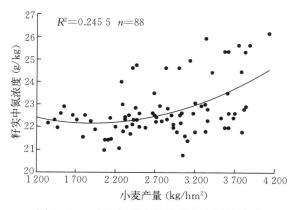

图4-80　小麦籽实中氮浓度与产量的关系

2. 养分在籽实与秸秆中的分配

（1）施肥对作物养分分配的影响。施肥对养分在籽实及秸秆中的分配有一定影响，如随氮、磷养分的合理供给会有较多的养分进入玉米、小麦的籽实中。由表4-40可以看出，收获期氮、磷、钾养分在3种作物籽实和秸秆中的分配比较稳定。大豆收获的87%氮、88%磷、69%钾在籽实中；玉米收获的氮有58%在籽实中，磷有79%，钾有23%；小麦收获的氮有77%在籽实中，磷有78%，钾有23%。导致大豆籽实氮、磷含量所占比例比秸秆偏高的原因可能：一是钾主要富集在秸秆中；二是大豆收获时大部分叶片已经凋落。

表 4-40　1985—1995 年不同施肥处理作物籽实与秸秆中的养分含量比（籽实/秸秆）

处理	大豆			玉米			小麦		
	氮	磷	钾	氮	磷	钾	氮	磷	钾
CK	7.2	7.4	2.4	1.2	3.4	0.3	3.2	3.4	0.3
CK+C	6.6	7.0	2.2	1.3	3.5	0.3	3.4	3.4	0.3
N	6.9	7.3	2.3	1.4	3.6	0.3	3.4	3.4	0.3
N+C	6.3	6.7	2.1	1.4	3.5	0.3	3.3	3.6	0.3
NP	6.4	7.1	2.2	1.6	3.9	0.3	3.5	3.9	0.3
NP+C	6.2	7.0	2.0	1.5	3.9	0.3	3.1	3.5	0.3
NPK	6.5	7.0	2.2	1.6	3.8	0.3	3.3	4.0	0.3
NPK+C	6.3	7.1	2.0	1.4	3.9	0.3	3.1	3.8	0.3
平均	6.6	7.1	2.2	1.4	3.7	0.3	3.3	3.6	0.3

由以上结果可以看出，大豆养分的分配似乎有些反常，一般情况下施肥可使较多的养分（氮、磷、钾）分配至秸秆，其原因可能是未施肥处理的大豆收获时几乎全部叶片已脱落，而施肥处理的大豆尚可保留一定数量的未凋落叶片。对结果进行 t 检验可以看出，在本试验正常施肥量条件下，施肥对养分在籽实和秸秆中的分配比例在多数情况下没有显著影响，只有在通过猪圈肥的施用供给一定量的钾时，钾在大豆籽实和秸秆中的分配比例才会受到显著影响（$t=2.13\sim3.56>t_{0.05}=1.81$），同样施磷肥对磷在玉米籽实、秸秆中的分配比例也有显著的影响（$t=2.30\sim4.97>t_{0.05}=1.81$）。

（2）作物产量与养分分配的关系。3 种作物均表现为随着产量的提高有较多的氮进入籽实，尤以大豆最为明显（图 4-81），籽实氮/秸秆氮与大豆产量的关系可以表述为 $y=0.005x-1.747$（$R^2=0.296^{**}$）。随着大豆产量的提高，更多的磷分配在籽实中（$y=0.005x-1.190$，$R^2=0.369^{**}$）（图 4-82），但有较多的钾则分配在秸秆中（$y=0.001x-0.073$，$R^2=0.190^{**}$）（图 4-83）。玉米、小麦产量对磷、钾在籽实和秸秆中分配的影响在本试验中不太明显，在此不作讨论。

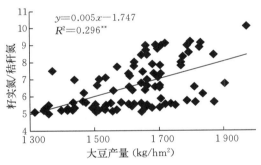

图 4-81　大豆籽实和秸秆中氮含量的比例与产量的关系

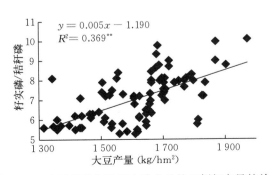

图 4-82　大豆籽实和秸秆中磷含量的比例与产量的关系

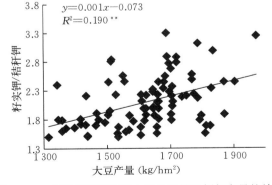

图 4-83　大豆籽实和秸秆中钾含量的比例与产量的关系

3. 形成单位作物产量的养分量　粮食作物的经济产量指籽实产量。作物单位经济产量收获的养分量是估算农田养分移出量的重要参数，农业手册中常记载这类参数，但差异大且定义不明。本试验以烘干籽实产量表示作物产量，产品中养分含量则以收获的养分量表示，因此不包括作物根茬、根和凋落物中的养分量。当以风干产量为基数估算收获养分量时，可根据各地收获籽实的含水率折算。

（1）施肥对作物养分量的影响。不同处理3种作物11年收获的养分量及平均值见表4-41。由此可以看出，磷肥的施用可明显提高每形成1 000 kg烘干大豆籽实所收获的磷量，但对氮、钾量的影响较小；而玉米和小麦在氮、磷、钾养分合理供给时均可提高每1 000 kg籽实所收获的氮、磷、钾量，其中氮对玉米的影响更为明显。t检验的结果表明，磷肥对3种作物每形成1 000 kg籽实所收获的磷量的影响均为极显著（$t=4.03\sim9.47$），氮肥影响不显著。施循环有机肥（猪圈肥）与未施肥处理相比，对每1 000 kg大豆籽实收获的钾量有极显著的影响（$t=3.88\sim8.08$），而对玉米和小麦的影响较小（$t=0.497\sim5.78$和$t=0.445\sim4.32$）。

表4-41　1985—1995年不同施肥处理作物每形成1 000 kg烘干籽实的平均养分量

单位：g/kg

处理	大豆			玉米			小麦		
	N	P	K	N	P	K	N	P	K
CK	74.6	6.7	21.2	23.8	4.3	14.3	29.4	4.2	18.1
CK+C	77.0	6.9	22.2	23.4	4.3	14.5	29.6	4.3	18.2
N	76.3	6.9	22.1	25.6	4.4	14.6	30.0	4.3	18.4
N+C	77.5	7.2	23.0	27.3	4.7	15.4	30.1	4.6	18.9
NP	76.7	7.3	22.4	25.8	4.7	14.4	29.5	4.6	18.4
NP+C	77.5	7.5	23.5	27.8	4.8	15.6	31.0	4.7	20.4
NPK	77.2	7.7	22.7	26.1	5.0	14.8	29.5	4.8	19.0
NPK+C	76.6	7.3	22.7	26.0	4.7	15.0	30.1	4.6	19.1
平均	76.6	7.3	22.7	26.0	4.7	15.0	30.1	4.6	19.1

（2）产量与养分量的关系。理论上，良好的作物生长环境有利于养分分配至籽实中，从而增加每形成1 000 kg籽实所收获的养分量。在本试验中，随着3种作物生长状况的改善和产量提高，每形成1 000 kg籽实所收获的养分量有下降的趋势，但只有大豆产量对所收获钾量的影响较为明显。即随着大豆产量的提高，每形成1 000 kg烘干大豆籽实的收获钾量明显减少（图4-84）。

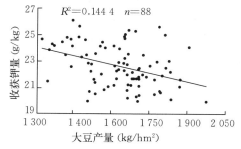

图4-84　每形成1 000 kg烘干大豆籽实所收获的钾量与大豆产量的关系

综上所述，成熟作物体内的养分浓度、收获产品中养分在籽实和秸秆中的分配比例以及每形成单位籽实产量所收获的养分量等参数均不同程度地受施肥和作物生长状况的影响。不过在本试验的正常施肥水平条件下，上述参数受施肥和作物生长状况影响而发生的变化不大，各项参数均较稳定。因此，以上结果可直接用于本地区农田养分收支估算而不必考虑年份和施肥引起的微小差别（王德禄 等，2001）。

4. 农田养分循环再利用对土壤养分平衡的影响

（1）土壤养分输入量。养分输入量按试验设计计算，如上所述，CK＋C、N＋C、NP＋C、NPK＋C处理自1987年起每年施用循环有机肥（猪圈肥）。根据作物收获物中养分量（磷、钾与表4-42中磷、钾移出量相同，氮按大豆实际收获的氮量计算）的80%和养分在喂饲-堆腐过程中的循环率计算，得到各处理回田猪圈肥的养分量。由于15年试验中仅13年施用循环猪圈肥（其中，1985年、1986年无循环猪圈肥回田），故将计算结果再校正为15年的平均年循环回田养分量（表4-43）。1985—1999年不同施肥处理年均土壤养分输入量见表4-42（刘鸿翔 等，2002）。

表 4-42　1985—1999 年不同施肥处理年均土壤养分输入量

单位：kg/hm²

养分	肥料	处　理							
		CK	CK+C	N	N+C	NP	NP+C	NPK	NPK+C
氮	化肥	0	0	74.2	74.2	74.2	74.2	74.2	74.2
	猪圈肥	0	31.9	0	40.1	0	42.9	0	45.4
	合计	0	31.9	74.2	114.3	74.2	117.1	74.2	119.6
磷	化肥	0	0	0	0	18.9	18.9	19.6	19.6
	猪圈肥	0	6.4	0	8.3	0	9.1	0	10.3
	合计	0	6.4	0	8.3	18.9	28.0	19.6	29.9
钾	化肥	0	0	0	0	0	0	12.0	12.0
	猪圈肥	0	24.1	0	30.9	0	34.1	0	37.0
	合计	0	24.1	0	30.9	0	34.1	12.0	49.0

表 4-43　15 年平均年循环回田养分量

单位：kg/hm²

养分	处　理			
	CK+C	N+C	NP+C	NPK+C
氮	31.9	40.1	42.9	45.4
磷	6.38	8.34	9.06	10.30
钾	24.1	30.9	34.1	37.0

（2）土壤养分移出量。收获时作物地上部所含养分随收获物一起移出农田，即为土壤养分移出量，其中大豆收获时土壤氮的移出量约为大豆收获氮量的 1/3，如前所述。表 4-44 为 1985—1999 年不同施肥处理年均土壤养分移出量。根据 1985—1999 年 3 种作物 15 年的平均风干产量，按大豆平均风干率 0.86、玉米平均风干率 0.82、小麦平均风干率 0.89 计算出 3 种作物平均烘干产量，然后利用表 4-41 中数据进行计算。由表 4-44 可见，玉米产量高，土壤氮、磷、钾养分的移出量最大；其次是小麦；大豆产量低但能固氮，故移出的养分量最少。施肥提高了作物产量，也在一定程度上提高了作物体内的养分含量（王德禄 等，2001），因此施肥处理的土壤养分移出量远高于未施肥处理。

表 4-44　1985—1999 年不同施肥处理年均土壤养分移出量

单位：kg/hm²

养分	处理	大豆	玉米	小麦	平均
氮	CK	39.4	81.3	56.3	59.0
	CK+C	40.9	88.8	62.5	64.1
	N	41.4	114.0	78.5	78.0
	N+C	42.9	131.7	83.4	86.0
	NP	41.4	125.0	82.7	83.0
	NP+C	43.2	144.0	92.4	93.2
	NPK	42.4	130.8	88.6	87.3
	NPK+C	44.0	156.3	99.1	99.8

（续）

养分	处理	大豆	玉米	小麦	平均
磷	CK	10.63	14.68	8.04	11.1
	CK+C	10.99	16.32	9.08	12.1
	N	11.22	19.59	11.25	14.0
	N+C	11.95	22.67	12.75	15.8
	NP	11.83	22.77	12.90	15.8
	NP+C	12.55	24.84	14.01	17.1
	NPK	12.85	25.06	14.42	17.4
	NPK+C	13.90	28.51	16.04	19.5
钾	CK	33.6	48.8	34.6	39.0
	CK+C	35.4	55.0	38.4	42.9
	N	35.9	65.0	48.2	49.7
	N+C	38.2	74.3	52.4	55.0
	NP	36.3	69.8	51.6	52.6
	NP+C	39.3	80.7	60.8	60.3
	NPK	37.9	74.2	57.1	56.4
	NPK+C	41.4	88.8	67.0	65.7

（3）土壤养分的收支平衡。表4-45为1985—1999年不同施肥处理15年的平均养分年收支平衡状况，其中收入项为施肥输入的养分，支出项为作物收获移出的养分，不包括如大气沉降、生物固氮等的养分输入和氨挥发、反硝化、淋失等的养分支出。因此，这里仅就养分的施肥输入和作物收获移出两项进行比较。

表4-45　1985—1999年不同施肥处理土壤养分年收支平衡状况

单位：kg/hm²

养分	项目	处 理							
		CK	CK+C	N	N+C	NP	NP+C	NPK	NPK+C
氮	收入	0	31.9	74.2	114.3	74.2	117.1	74.2	119.6
	支出	59.0	64.1	78.0	86.0	83.0	93.2	87.3	99.8
	平衡	−59.0	−32.2	−3.8	28.3	−8.8	23.9	−13.1	19.8
磷	收入	0	6.38	0	8.34	18.88	27.96	19.63	29.93
	支出	11.12	12.13	14.02	15.79	15.83	17.13	17.44	19.48
	平衡	−11.12	−5.75	−14.02	−7.45	3.05	10.83	2.19	10.45
钾	收入	0	24.1	0	30.9	0	34.1	12.0	49.0
	支出	39.0	42.9	49.7	55.0	52.6	60.3	56.4	65.7
	平衡	−39.0	−18.8	−49.7	−24.1	−52.6	−26.2	−44.4	−16.7

我国农业中化肥的施用大致是按20世纪50—60年代施氮肥、70—80年代施氮磷肥、80—90年代施氮磷钾肥这一时间序列发展的（沈善敏 等，1998）。本试验中的N、NP、NPK处理可代表上述不同年代的化肥施用模式；配合农业中养分循环再利用，本试验中的CK+C、N+C、NP+C、NPK+C处理则代表了不同施肥阶段化肥和循环有机肥回田相结合的施肥模式。由表4-45可以看出，不同的施肥模式对土壤养分状况可产生不同的影响：单施氮肥加剧了土壤磷、钾的亏缺；而氮、磷并用，则进一步加剧了土壤钾的亏缺；保持农田系统中养分的循环再利用，可以缓解但不能从根本上消除土

壤养分的亏缺。因此，通过对本试验中不同施肥模式的养分平衡计算，可以阐明20世纪70年代我国农业中大面积贫磷土壤和80年代大面积缺钾土壤形成的原因。

由于本试验供试黑土的肥力较高（1985年试验开始时土壤有效磷含量为25.8 mg/kg，交换性钾为191 mg/kg），因此试验设计的化肥用量为低量，施用量大致相当于作物收获的养分量，期望其中的优化施肥模式（NP+C和NPK+C）可同时实现作物丰产和土壤养分的收支平衡，以保持土壤有效磷、钾库稳定在一定水平上，避免过多的剩余氮肥进入环境。结果表明，8个施肥模式中的2个最优模式（NP+C和NPK+C）实现了作物丰产，玉米、小麦产量达到了我国高纬度地区的丰产水平，15年平均玉米单产为6.5～6.9 t/hm²，小麦单产为3.4～3.5 t/hm²，大豆产量略低（2 t/hm²）（刘鸿翔 等，2001）。上述两个处理15年平均的土壤磷含量均略有盈余（年盈余额为10.5～10.8 kg/hm²），有利于保持和扩大土壤有效磷库。由于1997年以后开始设置钾肥处理（1997年起NPK、NPK+C处理年施钾量为60 kg/hm²），若按15年平均计算，两处理的土壤钾均表现为亏缺；若以1997年以后的3年计算，则两处理的土壤钾均可达到收支平衡，并有盈余。氮肥加循环猪圈肥回田处理（N+C、NP+C、NPK+C）每年氮的收支盈余超过20 kg/hm²，考虑到尚有外源氮的输入（如大气沉降、生物固氮等），其余额将远远超过此数，其中有一部分可通过各种途径进入环境。因此，本试验的氮肥用量略高（刘鸿翔 等，2002）。

六、主要结论与展望

（一）主要研究结论

1. 海伦耕层黑土有机质含量变化与肥力演变 形成黑土的母质比较黏重，有机质在土壤中的作用除了能矿化形成氮素肥力和磷素肥力外，更重要的作用是改善土壤结构和促进土壤中的生物化学过程，形成水、肥、气、热更符合作物根系生长的土壤条件。由于根系生长条件和微生物活动条件的改善，土壤的物质转化和代谢加快，有利于土壤生态环境向更适合作物生长发育的方向发展。

2. 区域循环生产的有机肥还田可以控制黑土有机碳的下降速度并保持平衡 区域内农田生产产品通过喂饲动物-秸秆腐解后还田的方式，可以控制黑土有机质的下降速度。适宜的化肥配合循环有机肥，可以保持黑土有机碳的平衡或者略有提升。循环有机肥有改善土壤有机质品质的功能，使土壤有机质的组分更有利于提高土壤肥力。区域性的循环有机肥还田，很难快速提高土壤有机质含量。因此，秸秆还田和粮草轮作与奶牛养殖一体化是快速提高区域土壤有机质含量的优化技术模式。

3. 养分利用方式改变了土壤中氮、磷、钾的含量 在施用化肥的过程中，氮肥不能提高土壤的含氮量，只能对当季作物发挥增产作用；磷肥能直接提高土壤磷的含量，土壤中磷的含量与施磷量有相关关系，主要原因是磷肥在黑土中极少移动；钾肥虽然在土壤中可以随水迁移，但是由于土体黏重、淋洗缓慢，大部分仍保留在土壤中，所以施钾量与土壤含钾量也有很大关系。循环有机肥的施用可以提高土壤的全氮含量，因为土壤全氮含量与土壤有机质有显著的线性相关性。

4. 不同养分循环模式对黑土酸化的影响明显 施用化肥尤其是氮肥会导致土壤酸化。该黑土区长期定位试验的检测结果显示，化肥有使土壤酸化的趋势，但是目前还不能肯定施用化肥致使土壤酸化的幅度及什么程度会直接影响作物的生长。有关黑土酸化的后效还有待进一步的试验观察。循环有机肥与化肥配合施用，土壤pH在一定的小范围内波动，pH既没有明显升高也没有明显降低的趋势。

5. 不同养分循环模式影响作物产量 化肥依然是粮食增产的重要保证，有机肥是提高土壤肥力的重要保证。化肥施用和保持农业系统中养分资源的循环再利用，依然是提高黑土农田产量和保护农村环境的重要措施；但受黑土区热量较低的限制，化肥和农家肥养分的增产报酬明显低于热量丰沛的地区。该地区化肥养分报酬（粮食）达到氮9.4 kg、磷12.7 kg，数值接近或相当于全国第三次肥料试验获得的平均单位投入养分的增产报酬。

（二）存在问题和研究展望

1. 黑土养分循环再利用定位试验存在的主要问题　海伦站的长期定位试验始于 1985 年，沈善敏先生当时设计的长期试验在我国属于最早的多个长期试验之一。如果从当时的科学水平来看，已是国际领先水平，具有前瞻性和创新性。但是，随着时间的推移，一些科学问题已解决，生产上发生了重大变化，还会出现一些新的问题。这就需要后人用新的智慧利用这些长期定位试验的平台，解决国家需求和科学需求问题。

2. 田间长期定位试验的设计与科学问题　长期定位试验的设计必须围绕科学问题进行组合设计。黑土开垦时间短，有 50～200 年。开垦前的土壤状态具有丰富的资料和材料，所以对于黑土由自然土壤向农田土壤转化过程的研究，即由黑土自然生态系统向农田生态系统演化过程的研究成为可能。并且，土壤演化过程的研究可以揭示土壤形成的一些基本规律，为土壤管理提供理论支撑，具有十分重大的科学意义。在农田形成生产能力的五大人工控制系统中，即种子、肥料、耕作、轮作和病虫草害防治，肥料、耕作、轮作对土壤演化方向具有决定性作用，明确这些措施对土壤肥力演变的作用机制是目前尚须继续解决的科学问题。针对黑土的肥力演化过程，海伦站设计了 2 个系列的长期定位试验：第一个系列包括 3 组试验，主要由草地（又可分为自然草地、人工草地）、裸地和无肥区农田组成，主要研究在无肥投入条件下的黑土肥力演化过程；第二个系列包括肥料（6 组）、耕作（2 组）、轮作（2 组），主要研究人类活动下的耕作土壤肥力演化过程与机制。

3. 长期、短期与模拟相结合　一个长期试验需要经过多年方能见成果，而研究人员不可能在这样漫长的时间里去等待，针对一组长期定位试验的田间结果和所获得的土壤材料进行模拟试验和配套短期试验，以期明确一个科学问题，这是个值得提倡的研究方向。

4. 长期管理　一个长期试验往往需要十几年、几十年或者上百年，从管理的角度来看，往往是几代人的任务。由于工作变换等原因，或者多人进行管理，会造成管理上出现误差，另外自然灾害也会造成误差。从这个角度出发，在设计试验或管理时，必须有所侧重。如以土壤学研究为主，那么在生物学产量上就要相对放松；如果想要获取的是生物学产量，设计时就要考虑以生物学为主的一些条件，如品种、保护行、病虫害、旱涝、低温等。目前，由于田间试验受自然、人为和经费的限制，无法求精。但是，为了尽量避免这种误差，应坚持田间长期试验的统一管理。

第四节　长期施肥对暗棕壤肥力的演变规律

暗棕壤是温带湿润季风气候和针阔混交林下发育形成的，为东北地区占地面积最大的森林土壤之一，分布于小兴安岭、长白山、完达山和大兴安岭东坡。其范围北到黑龙江，西到大兴安岭中部，东到乌苏里江，南到四平、通化一线。在全国其他山区的垂直带谱中，棕壤之上也广泛分布有暗棕壤，以黑龙江、吉林和内蒙古分布最广。暗棕壤总面积为 4 019 万 hm^2，占全国土壤总面积的 45.9%，是我国农、林、牧业的重要生产基地。暗棕壤一般呈微酸性，pH 为 5.4～6.6，各亚类间有一定差异。土壤交换性酸总量不一，以腐殖质层最高，为 0.2～2.0 cmol/kg；与此同时，交换性盐基总量仍较高，其中以 Ca^{2+} 最多，其次为 Mg^{2+}，K^+ 也有一定数量。由于胶体外围还存在一定量的 Al^{3+} 和 H^+，故呈盐基不饱和状态。有机质和全氮含量相当高，腐殖质层含量在 100 g/kg 以上，向下递减，速效（氮、磷、钾）养分含量也较丰富。

暗棕壤区开发较早，也是我国利用强度和破坏程度比较严重的地区。在暗棕壤利用过程中存在的问题主要有：①土壤养分投入失衡，养分转化率低，制约粮食增产潜力的发挥；②旱、涝、盐碱危害加剧，土壤有机质减少，土壤质量持续下降；③土壤侵蚀、坡地水土流失严重。暗棕壤区的荒山荒地部分已开垦为农田，由于耕作不合理，平地土壤肥力下降，因此坡度较大的地区应立即退耕还林，已垦耕为农田的应注意培肥，维持地力。

一、暗棕壤长期试验概况

暗棕壤长期施肥试验设于黑龙江省农业科学院黑河分院内（50°15′N，127°27′E），地处中温带，年均气温为－2.0～1.0 ℃，无霜期105～120 d，年均降水量510 mm左右，年均蒸发量650 mm。试验地暗棕壤的成土母质为花岗岩、安山岩、玄武岩的风化物，少量为第四纪黄土沉积物。

试验开始时（1979年）耕层（0～20 cm）土壤的基本化学性质为：有机质含量42.2 g/kg，全氮含量2.23 g/kg，全磷含量1.66 g/kg，碱解氮含量55.9 mg/kg，有效磷含量8.1 mg/kg，pH 6.12。

本试验设12个处理：①未施肥（CK）；②麦秸还田（S）；③农肥（M）；④低量化肥（NP）；⑤中量化肥（2NP）；⑥高量化肥（4NP）；⑦麦秸还田＋低量化肥（S＋NP）；⑧麦秸还田＋中量化肥（S＋2NP）；⑨麦秸还田＋高量化肥（S＋4NP）；⑩农肥＋低量化肥（M＋NP）；⑪农肥＋中量化肥（M＋2NP）；⑫农肥＋高量化肥（M＋4NP）。具体施肥量见表4－46。试验无重复，小区面积212 m²（20 m×10.6 m），田间随机排列。试验地周围设有宽1 m保护区，未施肥，种植作物与试验田一致，旱地为雨养农业，无灌溉。氮肥为尿素（含N 46%），磷肥为磷酸氢二铵（含N 18%、P₂O₅ 46%），均不施钾肥；麦秸还田为逢小麦种植年份进行，还田量为3 000 kg/hm²，不考虑麦秸的氮、磷、钾含量；农肥为腐熟的马粪，其含碳287.8 g/kg，含氮（N）20.6 g/kg，含磷（P）7.5 g/kg，含钾（K）19.6 g/kg，C/N为13.9。氮、磷肥均在小麦、大豆播种前作为基肥一次性施用。施用厩肥量为15 000 kg/hm²（湿重），每3年施1次。种植制度为小麦-大豆一年一熟轮作制，两种作物施肥量一致，田间管理与当地常规一致。

表 4 - 46　试验处理及施肥量

单位：kg/hm²

处理	氮肥（N）	磷肥（P₂O₅）	钾肥（K₂O）	麦秸（风干基）	农肥（厩肥）
CK	0	0	0	0	0
S	0	0	0	3 000	0
M	0	0	0	0	15 000
NP	37.5	37.5	0	0	0
2NP	75	75	0	0	0
4NP	150	150	0	0	0
S＋NP	37.5	37.5	0	3 000	0
S＋2NP	75	75	0	3 000	0
S＋4NP	150	150	0	3 000	0
M＋NP	37.5	37.5	0	0	15 000
M＋2NP	75	75	0	0	15 000
M＋4NP	150	150	0	0	15 000

在每年秋天作物收获时，采集耕层（0～20 cm）土壤样品，土壤养分均采用常规方法测定，土壤微生物量碳、氮的测定采用氯仿熏蒸浸提法。

二、暗棕壤有机质的演变规律

不同施肥对土壤有机质含量产生不同的影响。图4－85显示，随着耕作年限的增加，不同处理的土壤有机质含量呈不同的变化趋势。2012年与1979年相比，各施肥处理土壤有机质含量均呈下降趋势，其降幅为S＋NP＜NP＜S＜S＋4NP＜CK＜4NP，分别下降2%、8%、10%、15%、16%、20%。在小麦-大豆轮作体系种植33年后，在不同施肥水平下，有机质含量表现出施肥量高的处理下

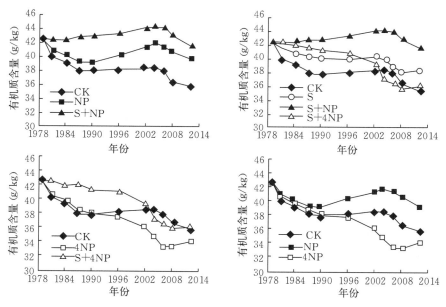

图 4-85　暗棕壤有机质含量的变化

降幅度高于施肥量低的处理，肥料类型及肥料用量影响土壤有机质含量；在同一施肥水平下，土壤有机质含量明显表现出麦秸还田及麦秸还田与化肥配施的处理下降幅度低于单施化肥的处理。

　　总体来看，麦秸与化肥配施比单施化肥更能有效缓解耕层土壤有机质含量的下降。这与王道中（2008）的研究结论不一致。他对始于 1982 年砂姜黑土长期定位试验的研究结果表明，秸秆还田处理土壤有机质含量随着种植年限的增加呈上升的趋势。其原因可能与所研究的土壤类型、气候、耕作制度及地域环境存在着巨大差异有关。张爱君等（2002）在淮北黄潮土 19 年定位试验的研究中得出，长期未施肥土壤有机质含量比试验前下降了 1.54 g/kg，长期单施化肥可以基本维持土壤有机质的水平。

三、暗棕壤氮、磷、钾的演变规律

（一）暗棕壤氮的演变规律

　　由图 4-86 可以看出，各处理土壤全氮含量 1979—1994 年整体呈缓慢下降趋势；而 1994—2012 年高施肥量处理（4NP 和 S＋4NP）表现为缓慢上升趋势，其他处理保持平稳（NP 和 S＋NP）及略

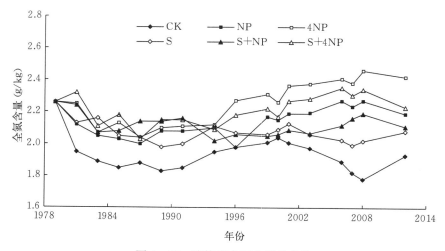

图 4-86　暗棕壤全氮含量的变化

有下降（S 和 CK）的趋势。通过比较 1979—2012 年的年变化率总和（表 4-47）发现，麦秸还田＋高量化肥处理（S＋4NP）的变幅最小，为 0.07％；其次为低量化肥处理（NP）；未施肥处理（CK）的变幅最大，为－13.9％；麦秸还田（S）、麦秸还田＋低量化肥（S＋NP）及高量化肥（4NP）处理相差不大，变幅为－6.13％～7.82％。

表 4-47　1979—2012 年不同施肥处理暗棕壤全氮含量的差异

处　理	年变化率总和（％）	多年均值（g/kg）
CK	－13.90	1.93d
NP	－2.02	2.14bc
4NP	7.82	2.25a
S	－7.61	2.07c
S＋NP	－6.13	2.12c
S＋4NP	0.07	2.21ab

注：不同字母表示处理间差异达到显著水平（$P < 0.05$）。

各处理土壤全氮多年平均含量整体表现为 CK＜S＜S＋NP＜NP＜S＋4NP＜4NP（表 4-47），各处理与 CK 相比差异均达到显著水平。施肥处理的土壤全氮含量随着氮肥施用量的增加而上升；麦秸还田与化肥配施处理（S＋NP、S＋4NP）的全氮含量均低于相应的单施化肥处理（NP 和 4NP），分别降低了 0.9％和 1.8％。可见，麦秸还田与氮肥配合施用对减缓氮素在土壤中的累积起到了一定作用。

（二）暗棕壤磷的演变规律

1. 暗棕壤有效磷含量的变化　图 4-87 显示，随着施肥年限的增加，耕层土壤有效磷含量整体呈上升的趋势。定位试验实施 33 年后，CK、NP、4NP、S、S＋NP 和 S＋4NP 处理的土壤有效磷含量分别比 1979 年增加了 43％、63％、97％、61％、67％和 118％，其中以 4NP 和 S＋4NP 处理增加最多，并与其他处理间的差异达到显著水平。长期大量施用化肥，尤其是麦秸还田与高量化肥配施显著提高了土壤有效磷的累积量。不同处理土壤有效磷含量的多年平均值相比较，以 CK 最低，整体表现为 S＋4NP＞4NP＞S＋NP＞NP＞S＞CK，各施肥处理分别比 CK 高 402％、367％、147％、50％和 27％。土壤有效磷含量在单施麦秸处理（S）、单施化肥处理（NP）及麦秸与化肥配施处理（S＋NP）间差异均未达到显著水平。孙好（2009）对持续 22 年的红壤长期定位试验的研究结果表明，长

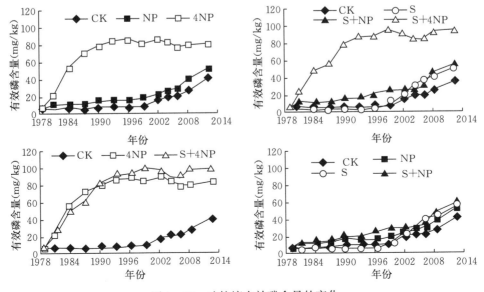

图 4-87　暗棕壤有效磷含量的变化

期施用含磷肥料极大提高了土壤有效磷含量。磷的移动和损失相对较少，施用有机肥可明显增加土壤有效磷含量，其效果优于单施化肥。

2. 暗棕壤全磷含量的变化　土壤全磷是土壤无机磷和有机磷的总和，可反映土壤磷库的大小和潜在的供磷能力。由图 4 - 88 可以看出，长期大量施用磷肥可极大地提高土壤全磷含量。2012 年，S+4NP、4NP、S+NP 和 NP 处理的全磷含量分别比 1979 年提高了 21%、20%、8% 和 6%；单施秸秆（S）和不施肥（CK）的土壤全磷含量随着种植年限的增加呈平缓及略微下降的趋势，2012 年分别比 1979 年降低了 0.3% 和 7%。各施肥处理土壤全磷含量多年平均值表现为 S+4NP＞4NP＞S+NP＞NP＞S，分别比 CK 提高了 30%、29%、16%、14% 和 8%。麦秸还田与化肥配施处理（S+NP、S+4NP）土壤全磷含量整体高于单施化肥处理（NP、4NP），说明麦秸还田与磷肥长期配合施用可以提高土壤磷素肥力。总体来看，麦秸与氮磷肥长期配合施用，可极大地提高土壤全磷含量，其效果好于单施氮磷肥，是保持土壤肥力不断提高的重要措施。

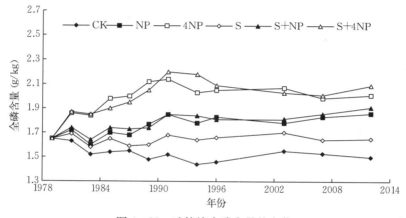

图 4 - 88　暗棕壤全磷含量的变化

四、暗棕壤 pH 的变化特征

由图 4 - 89 可以看出，各处理的土壤 pH 均随着试验时间推移呈下降趋势。至 2012 年，CK、S、NP、4NP、S+NP 和 S+4NP 处理的土壤 pH 分别比 1979 年下降了 32%、21%、48%、72%、34% 和 57%，其中以施用高量化肥处理（4NP 和 S+4NP）的下降程度最为明显。可见，化肥的施用量会影响土壤 pH 的变化速率。

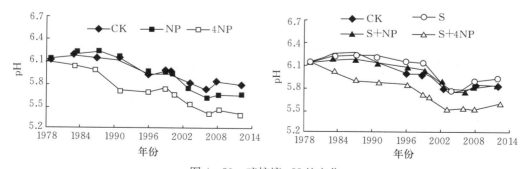

图 4 - 89　暗棕壤 pH 的变化

土壤 pH 的多年平均值（图 4 - 90）表现为 S＞S+NP＞CK＞NP＞S+4NP＞4NP，其中 S+4NP 和 4NP 处理与其他处理之间差异达到了显著水平（P＜0.05）。在氮磷肥施用量相同的条件下，与麦秸配施的处理土壤 pH 的多年平均值明显高于单施化肥处理，其中 S+NP 比 NP 高 0.06，S+4NP 比 4NP 高 0.04。由此可见，长期麦秸还田与化肥配施比单施化肥能减缓土壤 pH 的下降趋势。

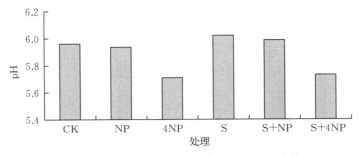

图 4-90　1979—2012 年暗棕壤 pH 的平均值

五、暗棕壤微生物的变化特征

1. 暗棕壤微生物量的变化　土壤微生物作为评价土壤肥力和土壤质量状况的重要活性指标，越来越受到大多数研究者的重视。土壤微生物量碳、氮易受施肥、耕作等外界条件的影响，不同气候类型区微生物量的差异很大，因此通过长期定位试验研究特定类型区土壤微生物量对侧面了解土壤生产力的变化趋势以及评价土壤肥力水平和土壤培肥效果具有重要意义。为此，笔者于 2008 年分别在大豆播种前（4 月 27 日）、大豆结荚期（8 月 8 日）、大豆收获期（10 月 11 日），对 0～20 cm 土层土壤微生物量碳、氮进行了测定，计算了微生物熵（qMB）。qMB 可以充分反映土壤中活性有机碳所占的比例，从微生物学的角度揭示土壤肥力的差异。一般来说，土壤的微生物熵值为 1%～4%。表 4-48 显示，所有不同施肥处理的土壤 qMB 范围为 1.01%～2.92%。长期不同施肥处理的 qMB 显著高于 CK，主要是因为施肥可以增加生物产量，改善土壤环境，提高微生物活性。化肥与有机肥配施处理的 qMB 最大，其次是单施有机肥、单施化肥。土壤微生物量碳、氮在大豆的结荚期含量最低，播种前、收获后含量较高。有机肥与化肥配合施用能促进微生物的生长繁殖，增加微生物量，提高土壤养分容量和供应强度。土壤微生物量碳、氮以及 qMB 等土壤微生物学特性可作为土壤养分的灵敏生物活性指标，同时可作为评价农田暗棕壤健康和可持续发展潜力的预测指标（隋跃宇等，2010）。

表 4-48　2008 年暗棕壤微生物熵及微生物量 C/N

（隋跃宇 等，2010）

处　理	微生物熵（%）	微生物量 C/N
CK	1.01	5.56
2NP	1.89	5.71
M	2.31	5.82
M+2NP	2.92	5.93

2. 暗棕壤甲烷氧化菌群落特征与功能变化　2008 年利用 PCR-DGGE 和实时荧光定量 PCR 技术，结合甲烷氧化速率和土壤化学性质的测定，探索了长期不同施肥条件下暗棕壤土壤化学性质、甲烷氧化菌群落特征、土壤甲烷氧化速率的关系（杨芊葆 等，2010）。研究显示（图 4-91），29 年未施肥供试黑河暗棕壤的甲烷氧化速率为 2.68 pmol/(g·d)，虽然与 M+NP 和 NP 处理的差异不显著，但长期单施有机肥（M）和氮磷肥（NP）的土壤甲烷氧化活性均有下降的趋势。将土壤甲烷氧化活性除以甲烷氧化菌群落丰度得到甲烷氧化菌的比活性，如图 4-91 所示，长期不同施肥条件下土壤甲烷氧化菌的比活性存在显著差异，施用有机肥（M 和 M+NP）的土壤甲烷氧化菌的比活性显著低于未施有机肥（CK 和 NP）的土壤，而 M 与 M+NP 之间以及 CK 与 NP 之间的差异均不显著。

有机肥和无机肥配施显著降低了土壤甲烷氧化速率，降幅为 61.2%；而单独施用有机肥或无机

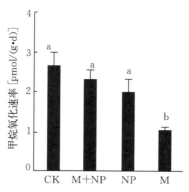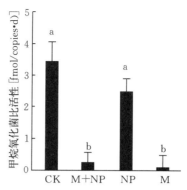

图 4-91　长期不同施肥对黑河暗棕壤甲烷氧化速率和比活性的影响

(杨芊葆 等，2010)

注：比活性＝单位土壤甲烷氧化速率/该土壤中的 $pmoA$ 基因拷贝数。式中，$pmoA$ 基因拷贝数由定量 PCR 结果计算得到，甲烷氧化菌的丰度用每克干土 $pmoA$ 基因的拷贝数来代表（copies/g）。图中不同小写字母表示处理间差异达到显著水平（$P<0.05$）。

肥对暗棕壤甲烷氧化速率的影响不显著。土壤甲烷氧化速率与甲烷氧化菌的群落结构和比活性呈显著正相关关系，相关系数分别为 0.363 和 0.684；但与甲烷氧化菌群落丰度和多样性的相关性不显著（杨芊葆 等，2010）。

　　长期不同施肥土壤的甲烷氧化菌群落丰度（$pmoA$ 基因丰度）也存在显著差异（表 4-49），变化规律与香农指数类似。CK 和 NP 处理土壤的 $pmoA$ 基因丰度分别为 0.83×10⁷ copies/g 和 0.80×10⁷ copies/g，M 和 M＋NP 处理土壤的 $pmoA$ 基因丰度显著增加，分别为 9.04×10⁷ copies/g 和 11.68×10⁷ copies/g；施用有机肥的平均 $pmoA$ 基因丰度为未施用有机肥的 12.71 倍；CK 与 NP 之间以及 M 与 M＋NP 之间的差异不显著。

表 4-49　2008 年暗棕壤甲烷氧化菌群落丰度和多样性

(杨芊葆 等，2010)

处　理	$pmoA$ 基因丰度（copies/g）	香农指数
CK	0.83×10⁷b	1.60b
M	9.04×10⁷a	3.07a
NP	0.80×10⁷b	1.64b
M＋NP	11.68×10⁷a	3.24a

注：同一列数据后不同字母表示处理间差异达到显著水平（$P<0.05$）。

　　长期不同施肥处理的土壤甲烷氧化菌香农指数差异非常明显（表 4-49），CK 和 NP 处理土壤甲烷氧化菌香农指数分别为 1.60 和 1.64，M 和 M＋NP 处理的香农指数分别为 3.07 和 3.24。与 CK 相比，M 处理土壤甲烷氧化菌香农指数增加 91.88%，M＋NP 处理增加 102.50%，二者平均增加 97.19%；而施氮磷肥后（NP 处理）土壤甲烷氧化菌香农指数与 CK 相比仅增加 2.50%。未施有机肥与施有机肥之间的土壤甲烷氧化菌香农指数差异非常显著。施有机肥的土壤甲烷氧化菌群落丰度显著增加，平均甲烷氧化菌群落丰度为未施有机肥的 12.7 倍。

　　土壤甲烷氧化速率与甲烷氧化菌群落特征的相关性见表 4-50。表 4-51 显示，甲烷氧化菌比活性与土壤 pH、有机质和全氮含量呈显著正相关关系。结果说明，长期不同施肥可以通过改变暗棕壤的 pH、全氮和有机质含量等土壤化学性质，改变甲烷氧化菌群落结构和比活性，进而影响土壤甲烷氧化速率。有机肥和无机肥配施土壤甲烷氧化菌多样性和丰度大幅度增加，而甲烷氧化速率却显著降低，说明有机肥和无机肥配施土壤中是否只有部分微生物有甲烷氧化活性，这一问题还有待进一步研究（杨芊葆 等，2010；Fan et al.，2011）。

表 4-50　2008 年土壤甲烷氧化速率与甲烷氧化菌群落特征（群落丰度、多样性和群落结构）的相关性

（杨芊葆 等，2010）

群落特征	甲烷氧化速率		香农指数	
	相关系数	P	相关系数	P
$pmoA$ 基因丰度	−0.567	0.055	−0.850**	<0.001
香农指数	−0.509	0.091	−0.867**	<0.001
群落结构	0.363*	0.030	0.646**	0.004

注：* 表示差异显著（$P<0.05$）；** 表示差异极显著（$P<0.01$）。

表 4-51　2008 年甲烷氧化菌比活性与土壤化学性质的相关性

（杨芊葆 等，2010）

项目	含水量	pH	有机质	全氮	全磷	C/N	C/P
相关系数	0.199	−0.855**	−0.604*	−0.658*	−0.478	0.202	0.363
P	0.535	<0.001	0.037	0.020	0.116	0.530	0.246

注：* 表示差异显著（$P<0.05$）；** 表示差异极显著（$P<0.01$）。

六、作物产量对长期施肥的响应

1. 大豆产量的变化　由图 4-92 可以看出，1981—2012 年，各处理的大豆多年平均产量整体表现为 CK＜S＜NP＜S＋NP＜4NP＜S＋4NP。各施肥处理的多年平均产量较 CK 增加了 19.0%～52.5%，麦秸还田与化肥配施处理（S＋NP 和 S＋4NP）的年均产量比单施化肥处理（NP 和 4NP）分别提高 4.4% 和 12.9%，以麦秸还田配施高量化肥处理（S＋4NP）的增产比例最高。可见，麦秸还田与化肥配施的增产效果较为明显（崔喜安 等，2011）。

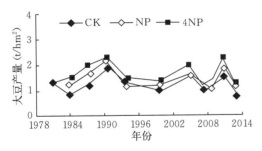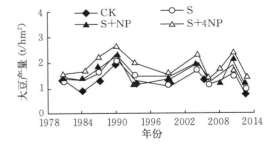

图 4-92　大豆产量的变化

2. 小麦产量的变化　小麦产量在不同施肥处理间及年际间的变化幅度较大（图 4-93），1980—2011 年小麦多年平均产量整体表现为 CK＜S＜NP＜S＋NP＜4NP＜S＋4NP。各施肥处理的多年平均产量较 CK 增加了 9.9%～88%，麦秸还田与化肥配施处理（S＋NP 和 S＋4NP）的年均产量比单

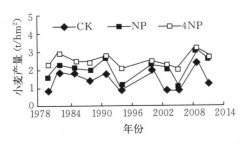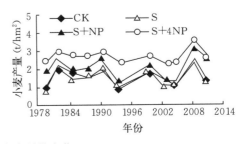

图 4-93　小麦产量的变化

施化肥处理（NP 和 4NP）分别提高 2.0％和 8.6％，以麦秸还田配施高量化肥处理（S＋4NP）的增产比例最高。因此，麦秸还田与化肥配施的增产效果最为明显，不同施肥处理小麦产量随施肥量的增加而增加。

七、暗棕壤农田肥料回收率及表观平衡

1. 氮肥回收率及表观平衡 2012 年测定并计算大豆氮素吸收量及氮肥回收率，结果显示，暗棕壤旱地长期施用不同肥料，作物氮素吸收量及氮肥回收率出现明显差异（表 4-52）。麦秸或有机肥与化肥配施处理，作物氮素吸收量及氮肥回收率明显高于单施化肥处理，其中 M＋4NP 和 S＋4NP 处理的作物氮素吸收量分别比 4NP 处理提高了 25％和 14％，氮肥回收率分别提高了 2.3 个百分点和 1.3 个百分点。说明这种施肥方式既能提高作物产量，又能减少肥料损失和对环境的污染。

表 4-52 长期不同施肥 32 年后作物吸氮量及氮肥回收率（2012）

处　理	肥料年施入量（kg/hm²）	作物年吸收量（kg/hm²）	氮肥回收率（％）
CK	0	48.5	—
S	0	58.1	—
M	0	65.4	—
NP	37.5	67.1	49.7
2NP	75.0	74.8	35.1
4NP	150.0	82.9	23.0
S＋NP	37.5	77.4	51.3
S＋2NP	75.0	85.9	37.0
S＋4NP	150.0	94.6	24.3
M＋NP	37.5	85.9	54.7
M＋2NP	75.0	94.5	38.9
M＋4NP	150.0	103.3	25.3

表 4-53 为对暗棕壤旱地长期施肥 32 年后氮素投入和支出分析结果，研究发现，不同施肥处理土壤氮素表观平衡发生明显变化。未施氮肥及低量施氮处理土壤氮素出现亏缺状态，其中未施氮肥以单施麦秸、单施农肥亏缺最为严重，低量施氮以氮肥与农肥配施亏缺最为严重。中量施氮处理除单施氮肥出现少量盈余外，与麦秸或农肥配施均出现少量亏缺。高量施氮及高量施氮与麦秸、农肥配施处理作物带出的氮素明显高于低量施氮及低量施氮与麦秸、农肥配施处理，土壤氮素出现大量盈余。

表 4-53 长期不同施肥 32 年后土壤氮素的年均表观平衡

单位：kg/hm²

项目	CK	S	M	NP	2NP	4NP	S＋NP	S＋2NP	S＋4NP	M＋NP	M＋2NP	M＋4NP
施入	0	0	0	37.5	75.0	150.0	37.5	75.0	150.0	37.5	75.0	150.0
带出	48.5	58.1	65.4	67.1	74.8	82.9	77.4	85.9	94.6	85.9	94.5	103.1
盈亏	−48.5	−58.1	−65.4	−29.6	0.2	67.1	−39.9	−10.9	55.4	−48.4	−19.5	46.9

（1）土壤氮素表观平衡和氮肥投入量的关系。如图 4-94 所示，氮肥投入量是影响土壤氮素表观平衡的重要因素，长期不同施肥 32 年后，土壤氮素表观平衡和氮肥投入量之间的线性相关达到了极显著水平（$R^2=0.9562^{**}$，$n=12$）。在本试验施氮量的范围内，随着施氮量的增加，作物吸氮量及土壤氮素盈余量均呈现增加的趋势。施氮后，土壤氮素盈余量随着施氮量的增加而增加，亏缺量随着施氮量的增加而降低。

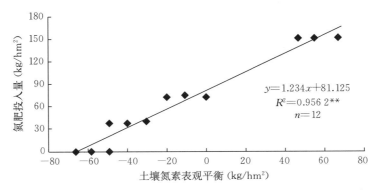

图 4-94 长期不同施肥 32 年后土壤氮素表观平衡与氮肥投入量的关系

（2）土壤氮素表观平衡和土壤全氮含量的关系。图 4-95 显示，长期不同施肥 32 年后土壤氮素表观平衡与全氮含量之间呈线性关系，但相关性不显著（$R^2=0.133\ 5$，$n=12$），说明土壤全氮含量对土壤氮素表观平衡的影响不大。

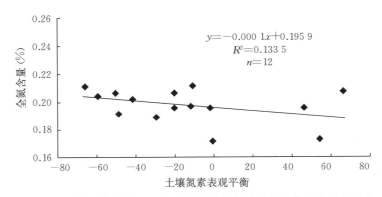

图 4-95 长期不同施肥 32 年后土壤氮素表观平衡与全氮含量的关系

（3）土壤氮素表观平衡和土壤碱解氮含量的关系。由图 4-96 可以看出，长期不同施肥 32 年后土壤氮素表观平衡与碱解氮含量之间的相关性不显著，表明土壤碱解氮含量对土壤氮素表观平衡的影响也较小。

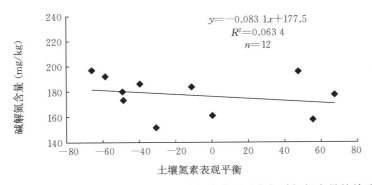

图 4-96 长期不同施肥 32 年后土壤氮素表观平衡与碱解氮含量的关系

2. 磷肥回收率 表 4-54 显示，在 2012 年时，大豆的磷素吸收量和磷肥回收率不同处理间差异较大。长期麦秸或有机肥与化肥配施处理，作物磷素吸收量和磷肥回收率明显高于单施化肥处理，其中 M+4NP 和 S+4NP 处理的大豆磷素吸收量分别比 4NP 提高了 21.4% 和 5.4%，磷肥回收率分别提高了 4.4 个百分点和 0.8 个百分点；M+2NP 和 S+2NP 处理的大豆磷素吸收量分别比 2NP 提高了 19.1％和 6.5％，磷肥回收率分别提高了 4.8 个百分点和 2.7 个百分点。可见，与单施化肥相比，有机无机肥配施能够提高作物产量和减少土壤中磷的累积。

表 4-54　长期不同施肥 32 年后作物吸磷量及回收率（2012）

处　理	肥料年施入量（kg/hm²）	作物年吸收量（kg/hm²）	磷肥回收率（％）
CK	0	24.1	—
S	0	25.8	—
M	0	30.0	—
NP	37.5	34.1	61.2
2NP	75.0	38.7	44.5
4NP	150.0	40.6	25.2
S+NP	37.5	36.0	62.4
S+2NP	75.0	41.2	47.2
S+4NP	150.0	42.8	26.0
M+NP	37.5	40.6	64.7
M+2NP	75.0	46.1	49.3
M+4NP	150.0	49.3	29.6

八、主要结论

1. 土壤肥力演变特征　长期不同施肥土壤有机质含量表现为麦秸还田及其与化肥配施的降幅低于单施化肥，麦秸与化肥配施比单施化肥更能有效缓解耕层土壤有机质含量的下降。麦秸还田与化肥配施能有效提高土壤全氮含量。土壤全磷及有效磷含量随着试验年限的延长均呈上升的趋势，长期大量施用氮磷肥，尤其是麦秸与氮磷肥配合施用，能显著提高土壤有效磷含量，其效果好于单施氮磷肥。

2. 土壤 pH 的变化　化肥的施用量是影响土壤 pH 变化的重要因素。在氮磷肥施用量相同的条件下，与麦秸还田配合的土壤 pH 明显高于单施化肥。因此，长期麦秸还田与化肥配施比单施化肥更能有效减缓土壤 pH 的下降。

3. 微生物及酶活性的变化　有机肥和无机肥配施显著降低了土壤甲烷氧化速率，而单独施有机肥或化肥对暗棕壤甲烷氧化速率的影响不显著。施有机肥的土壤 *pmoA* 基因丰度显著增加，而土壤甲烷氧化速率与甲烷氧化菌的群落结构和比活性呈显著正相关关系，但与甲烷氧化菌群落丰度和多样性不相关。与对照、中量化肥、农肥处理相比，化肥配施有机肥（M+2NP）能显著增加大豆各生育时期土壤微生物量碳、氮以及微生物熵，增强了暗棕壤农田土壤养分容量和供应强度，有利于培肥地力。因此，长期有机肥与化肥配施可为作物生长创造良好的土壤环境。

4. 作物产量的变化　1980—2014 年，作物多年平均产量整体表现为 CK＜S＜NP＜S＋NP＜4NP＜S＋4NP，麦秸还田与化肥配施处理（S＋NP 和 S＋4NP）的年均产量均高于单施化肥处理，以麦秸还田配施高量化肥处理的增产比例最高，增产效果明显。另外，不同施肥处理作物产量表现为随着施肥量的增加而增加。

第五章 黑土有机质平衡理论与应用 >>>

土壤有机质（soil organic matter，SOM）是土壤的重要组成成分，主要由碳和氮的有机化合物组成，其组成和结构不均一。土壤中所含的碳元素大部分以土壤有机碳的形式存在（soil organic carbon，SOC）。土壤有机质直接或间接地影响着土壤特性和养分循环（Amelung et al.，1997；Loveland et al.，2003；Reeves，1997；Melillo et al.，1995），决定着农田土壤生产力及其稳定性。土壤有机质处于不断分解和形成的动态过程中，其含量极易受自然环境条件和农业措施的影响，是碳素输入与输出平衡的结果（Jiang et al.，2006）。本章在概述土壤有机质平衡（碳平衡）理论的基础上，以机制模型为方法，定量分析黑土区不同地域耕地土壤有机质平衡状况，提出相应的有机质维持或提升技术。

第一节 有机质平衡（碳平衡）理论及其在黑土上的应用

一、有机质平衡（碳平衡）理论与研究方法

（一）碳循环与土壤有机质平衡（碳平衡）

国外近百年、国内近 50 年的研究结果均表明，土壤碳素是影响土壤肥力的关键因子。土壤碳储量多少是土壤肥力的一个重要标志，是土壤质量的关键与核心。任何土壤质量的变化都与土壤碳素的数量与质量的变迁息息相关。有机质是土壤碳素的载体，尽管土壤中有机质含量只占土壤质量的 1%～10%，但土壤有机质具有十分重要的农业生态价值和环境价值（李长生，2001）。因此，关于土壤有机质即碳素生物地球化学循环的研究历来都是土壤科学、环境科学、生态学等学科研究的前沿，而且在这些学科研究与发展中占据极其重要的地位。

1. 全球碳循环 全球碳循环是地球上最主要的生物地球化学循环，它支配着地表系统中的其他物质循环，深刻影响着人类的生存环境，是地表系统健康与否的重要标志（Schlesinger，1997）。近年来，由全球气候变化引发的全球碳平衡问题越来越引起人们的关注，碳素循环的特点基本上反映了生态系统物质循环的总体特征。由于人类活动的影响（化石燃料的燃烧和非持续性的土地开发利用等），大气中的 CO_2 浓度以惊人的速度增加，已从工业革命前的 280 mg/kg 左右上升至 360 mg/kg。大气环流模型预测结果表明，到 21 世纪中期，地球表面大气平均温度可能会上升 1.5～4.5 ℃，大气中 CO_2 浓度将是工业化之前的 2 倍（Moore，1995）。随着以全球气温上升为主要特征的全球气候变化，更引发了人类对全球碳循环的关注与研究。

全球碳循环是指碳素在地球的各个圈层（大气圈、水圈、生物圈、土壤圈、岩石圈）之间迁移转化和循环周转的过程（图 5-1）。就流量而言，全球碳循环中最重要的是 CO_2 循环，CH_4 和 CO 循环是较次要的部分。而生物圈和土壤圈在碳循环过程中扮演着越来越重要的角色。从多位研究者对全球碳库储量和周转时间的估计结果可知，大气圈中 CO_2 的含量是现在全球碳循环研究中了解最清楚的一个量值，研究测定的结果为 720 Pg[①] 碳左右。海洋是最大的活性碳库，覆盖地球表面的 70%。海

---

① 1 Pg 碳＝10^{15} g 碳。

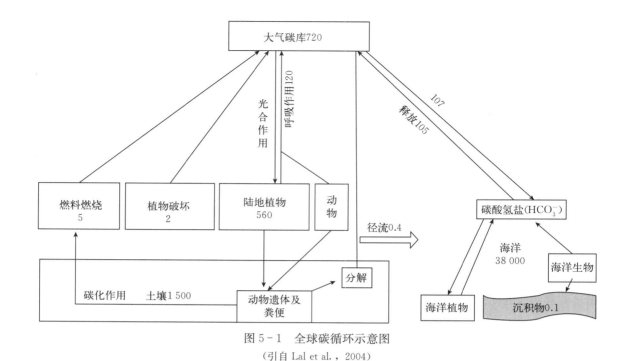

图 5-1　全球碳循环示意图

（引自 Lal et al.，2004）

洋中碳有 4 种主要形式：溶解的无机碳（DIC）、溶解的有机碳（DOC）、有机碳颗粒（POC）和海洋生物量。对陆地生物圈碳库储量的估计差异较大，这可能是由于陆地生物多样性和生态系统多样性等众多因素的不确定，给准确估算碳储量带来了相当大的难度，但也激发了更多的研究人员去探索。岩石圈虽然是地球上最大的碳库，但其与生物圈、水圈和大气圈之间的碳循环量很小。另外，岩石圈中碳素的周转十分缓慢，但石化燃料部分是个例外。

碳循环已被列为国际地圈-生物圈计划（IGBP）中集中研究的主要目标，并且是全球变化与陆地生态系统（GCTE）等多个核心计划中的重要内容（陈泮勤，2000；陈泮勤 等，2010）。现阶段碳循环研究的重点：①精确测定海洋、大气和陆地等碳库的碳储量以及各碳库间的通量。美国全球变化研究计划（USGCRP）现在基本把碳循环系统作为一个整体来研究，并且尽量了解在每个环节上碳循环系统是如何演化的（王绍强 等，2000）。②"未知汇"的探明。人类在利用石化燃料以及将森林、草地变为农田等过程中，使大量有机碳以 CO_2 形式排放到大气中。石化燃料燃烧与毁林释放的 CO_2 超过同期大气 CO_2 的增量及海洋吸收量，从而导致碳的"未知汇"增加，80 年代年均为 1.8 Gt，而现在公认的每年约为（1.9±1.2）Pg 碳（Houghton，1995），可能分布在北半球中高纬度地区，且土壤和植被是可能的汇。③利用改进的存储技术和最新的遥感（RS）技术，增强对大气、海洋、森林、农业用地和牧场的长期监控，测定碳库的长期变化，估计人类活动对碳循环的影响。④改进和优化区域与全球碳循环模型，并与全球定位系统（GPS）、地理信息系统（GIS）技术紧密结合，在大尺度上对全球碳循环进行描述和预测。

2. 陆地生态系统碳循环　陆地生态系统碳循环是全球碳循环的重要组成部分，在全球碳收支中占主导地位。研究陆地生态系统碳循环机制以及对全球变化的响应，是预测大气 CO_2 含量及气候变化的重要基础。陆地碳库包括陆地生物圈、土壤圈和岩石圈等，对陆地生物量碳素储量的估计差异较大，范围为 480～1 080 Pg 碳（Holmen，1992），目前普遍接受的估计结果是 560 Pg 碳（Schlesinger，1997）。其中，森林约为 422 Pg 碳，草原约为 92.6 Pg 碳，沙漠、冻原、湿地、农田分别约为5.9 Pg 碳、9.0 Pg 碳、7.8 Pg 碳、21.5 Pg 碳（Houghton，1995）。

土壤是陆地生态系统的核心，是连接大气圈、水圈、生物圈以及岩石圈的纽带。因此，了解土壤碳循环是研究陆地生态系统碳循环的重要前提。土壤有机质是全球碳平衡过程中的重要碳库，土壤有机质的储量反映了来自净初级生产力的枯落物（植物材料）输入与分解者代谢损失间的平衡状况（Schlesinger，1995）。地球土壤有机碳主要分布于土壤 1 m 土层以上，一些主要的热带土壤，如变性土、铁铝土和淋溶土 1 m 土层以上的有机碳含量分别占 2 m 深度范围总有机碳储量的 53%、69% 和 82%（Sombroek et al.，1993）。土壤有机碳的年龄随深度的增加而增加（Jenkinson et al.，1991），说明深层土壤有机质较稳定。农业生态系统的土壤碳库作为全球碳库中最活跃的一个组成部分，在人类活动以及气候变化的影响下，对区域以及全球环境带来了深刻的影响，进而影响人类赖以生存的食物生产。因此，研究农业生态系统的碳循环问题已成为研究热点。

土壤是农业生态系统的重要组成部分，它与大气和农业中的生物群落共同组成了农业生态系统中碳与植物营养元素的主要储存库和交换库。土壤肥力是保障农业生态系统高产稳产和环境安全的基本条件，它的提高与发展既是农业生态系统进步的结果，也是推进系统生产力发展的动力。而土壤肥力的高低主要取决于土壤碳储量的多少，土壤有机质对土壤的物理、化学、生物学性状和土壤肥力具有决定性作用和深刻的影响。土壤有机质的损失对地球自然环境具有重大影响。据估计，地球表面土壤中有机碳的总量约为 3.0×10^{18} g，大致相当于地表以上大气圈、水圈和生物圈（分别为 7×10^{17} g、1×10^{18} g 和 8×10^{17} g）的总和。由于土壤碳库巨大，土壤碳的微量变化足以引起大气 CO_2 浓度的较大变化（方精云 等，2001）。大气 CO_2 浓度的升高，引起全球气温上升，反过来又会影响土壤碳循环。根据 Schlesinger（1982）的研究，在全球均温上升 0.3 ℃ 的前提下，全球土壤呼吸量每年将增加 2 Pg。Jenkinson 等（1991）认为，全球气温如果按每年 0.03 ℃ 的速率上升，在未来 60 年中全球土壤呼吸量将平均每年增加 61 Pg 碳，相当于目前人为释放量的 20%。另外，有研究表明，在全球变暖和大气 CO_2 浓度升高的条件下，植被的生长速度加快，使土壤中的有机质增多，从而增加碳汇（Schlesinger，1997）。

3. 土壤有机质平衡（碳平衡）　在人类耕种、施肥、灌溉等管理活动的影响下，农业土壤中碳库的质量和数量发生迅速变化（金峰 等，2000）。这种变化不仅影响土壤肥力及作物产量，而且对区域及全球环境带来了巨大的影响，尤其是土壤有机碳的降低，不仅会造成耕地退化，还会对全球气候产生不亚于人类活动向大气排放的 CO_2 对全球气候的影响。农业生态系统的碳平衡，是指农业土壤碳的收支状况，即土壤有机碳收入和支出的抵消情况，也即生长季末（年末）有机碳储量与生长季初（年初）有机碳储量的比较，正平衡表示土壤有机碳收入大于支出，反之则入不敷出。当前主要考虑的土壤有机碳收入项包括作物残茬和秸秆还田、施入人畜粪便及其他有机肥，土壤有机碳支出项包括土壤呼吸释放 CO_2、碳淋溶（平地可以忽略）和 CH_4 排放（主要是水稻田）等（Li et al.，1994、1997）。

土壤有机碳平衡＝碳素输入－碳素输出

碳素输入＝作物根系碳量＋作物秸秆还田碳量＋施用有机肥碳量

碳素输出＝土壤呼吸（CO_2）＋CH_4 排放＋碳淋溶

作为碳素管理和环境政策与交易（碳市场）的有效工具和指标，建立不同尺度农业生态系统的碳素平衡，可以深刻理解碳素循环、效率及对环境的影响。如能保持土壤碳的净增，就能保证土壤中每年有较多的有机质发生矿化作用，而自然产生大量的可给态氮可以支持植物生长。即土壤氮平衡主要依赖于系统自身碳平衡来实现，而非依靠化肥的过量投入。高产农田应保证碳的正平衡，且使其处于高水平的循环状态，即实现一方面碳在大进大出，另一方面又保持土壤碳的净增。在此基础上，再依靠合理的氮肥投入，发挥系统的内稳态功能，实现资源的高效利用，这样就能杜绝或减少威胁生态环境安全的发生。因此，深入研究典型地区农业生态系统的碳循环及其平衡就显得尤为迫切和重要。

近年来，土壤有机碳平衡研究虽然取得很大的进步，但是仍存在许多问题急需解决。土壤由于是一个不均匀的三维结构体，在空间上呈现复杂的镶嵌性，且与气候以及陆地植被和生物发生复杂的相互作用，因此土壤有机碳平衡存在极大的空间变异性。不同研究者由于所采用的资料来源和统计样本容量、样本数据的时间跨度不同，所得结果存在较大差异。另外，对土壤有机碳区域性连续监测的成本较高，因此难以获得土壤有机碳的长期变化数据，还不足以总结和量化这些区域农田土壤碳的变化趋势。总体来看，农田土壤有机碳平衡及动态方面还需要开展更加广泛深入的研究（邱建军 等，2004）。由于受气候、土地利用方式、耕作方式以及国家政策的影响，我国农田土壤碳储量及平衡每年都有一定的变化，因此正确评价农田土壤碳平衡及演变趋势，进而制定合理可行的农业可持续发展的管理措施等都具有重要的理论与实践意义。

（二）土壤有机质平衡（碳平衡）研究方法

1. 长期定位试验 农业生产是指在气候环境因素背景下人类长期的农田耕作与管理活动。在农业生产中，碳氮循环对农田生产力、土壤肥力以及环境效应有着强烈的时间效应和空间效应（Risser，1991）。因此，短期的田间测定无法对农田生态过程的长期性和空间变异性进行分析，很难在长时间尺度上定量描述和预测农田生态系统碳氮循环过程的变化规律以及对粮食生产和生态环境变化的影响。与短期的实验室模拟试验和野外试验相比，长期定位试验可以反映更长时间尺度的农业生态系统演变和生产力变化规律，更能精确研究不同管理方式下农田生态系统的长期环境效应以及农田生态系统对环境变化的响应与反馈。长期定位试验具有时间的长期性和气候的重复性等特点，信息量丰富，结果准确可靠，解释能力强，有着常规试验不可比拟的优点（关焱 等，2004）。因此，目前国际上对碳氮的研究基本都是基于长期定位试验来开展。

国际上非常重视农业长期定位试验研究，从 1843 年的英国洛桑试验站开始，一些国家为研究本国的农业发展策略、区域农业与环境问题而陆续建立了不同特点的农业长期定位试验站。据估计，全世界超过 100 年的长期农业试验站有 50～60 个，而持续几十年的试验站数量则更多。这些农业试验站有的侧重于长期土壤肥料试验，有的侧重于长期轮作系统试验，有的侧重于农业的环境效应试验（Davis et al.，2003）。近年来，这些试验都扩展到研究农作系统产量的可持续性及其对全球气候变化的响应（孙波 等，2007）。我国开始肥料效益试验时间比较早，而建立长期稳定试验的时间比较晚。目前，在我国的农田生态系统中，长期定位试验主要分为国家土壤肥力与肥料效益监测站网（徐明岗等，2006）、全国化肥试验网、中国科学院农田氮磷钾养分长期试验（杨林章 等，2002）等体系，对于评价农业管理措施对产量、土壤与环境的长期效应及提供技术对策、发展过程模型起到了非常重要的作用。

长期定位试验是农业生产和农业科学的一项重要基础研究工作，具有极其重要的科学价值（沈善敏，1995）。我国农田生态系统类型多样，单一的长期试验无法满足国家对粮食生产和环境功能的需求；但目前试验站的试验处理多数是借鉴国外经典的试验设计与处理，监测指标比较单一，缺乏对农田生态系统过程的监测与研究，尤其缺乏对长期试验数据的深度挖掘整理和实际管理措施的指导。而利用长期实测数据和模型结合的研究则是目前乃至今后生态学领域的主要研究方法（Brown et al.，2002）。

2. 土壤有机质平衡（碳平衡）机制模型 由于有机质是陆地生态系统碳氮动力学过程的核心，因此陆地生态系统生物地球化学模型主要指土壤有机质模型。土壤有机质模型是以土壤有机碳组分的数量作为状态变量，其变化代表土壤-植被系统中碳和氮的转变。Jenny（1941）早在 20 世纪 40 年代就已提出土壤有机质变化模型：

$$\mathrm{d}x/\mathrm{d}t = -kx + A$$

以此模型描述土壤碳的聚积与损失。式中，$\mathrm{d}x$ 为状态变量（如土壤碳或氮）的变化；k 为初级速率常数（t^{-1}）；A 为独立于损失量与现存量的添加速率（$mass^{-1}$）。

（1）研究进展。为了描述陆地生态系统有机碳氮循环的复杂的生物地球化学过程，各国科学家们自 20 世纪 80 年代开始致力于研究各种陆地生态系统的生物地球化学计算机模拟模型，并有很大突破。截至目前，已公开发表十多个机制模型，以描述土壤有机质活动为核心的、较成熟的生物地球化学模型有 CENTURY、DNDC、NCSOIL、RothC 等，这些模型已成为研究全球变化与陆地生态系统的主要手段。为更好地评价这些模型及促进运用这些模型开展相应的应用研究，如评价土地利用、农田管理和气候变化对土壤碳氮、温室气体动态的影响等，1995 年在英国自然环境研究理事会

（NERC）下设的全球环境研究中的陆地起源项目的支持下，成立了全球土壤有机质研究网络，吸引了全球近30位顶尖的土壤有机质模型家和70多位长期试验数据家（Smith et al.，1997）加盟，实现了信息和资源的共享。全球土壤有机质研究网络迅速成为国际上重要的科学前沿，被国际地圈-生物圈计划的全球和陆地生态系统项目接受作为核心项目，由它挑选出的代表不同土地利用类型、不同气候带和不同管理措施条件下的7个长期试验数据库被用来对9个当时发表的土壤有机质模型进行了验证和比较。从模型模拟结果来看，其中有4个模型（RothC、NCSOIL、CENTURY、SOMM模型）是通用型模型，适用于多种土地利用类型的生态系统，6个模型（RothC、CENTURY、DAISY、CANDY、NCSOIL、DNDC模型）模拟结果明显优于其他3个（Smith et al.，1997），而又以CENTURY、DNDC模型最具特色。这些模型的共同特点都是利用气象、土壤、土地利用和农田管理措施为驱动条件，对陆地生态系统中土壤有机质的产生、分解和转化等过程进行数学模拟，最后给出土壤有机碳动态及各组分的含量、作物产量以及 CO_2、CH_4、NO 和 N_2O 等温室气体排放量。对比较成熟的陆地生态系统生物地球化学模型介绍如下。

CENTURY模型是由美国科罗拉多州立大学Parton等（1993）领导的研究组研究完成，最早是从研究草原开始的，后来发展成为可以模拟草原系统、作物系统、森林系统、森林草原系统的综合模型。它主要模拟不同土壤-植被系统中碳、氮、磷、硫的长期动态变化，草原-作物和森林系统分别采用不同的植被生长子模型与共同的土壤有机质子模型结合而成，而森林草原模型利用草原-作物和森林系统通过营养竞争和阴影效应来实现。其土壤有机质模型通过植物枯枝败叶、不同的土壤有机与无机库，模拟碳、氮、磷、硫的流动。整个模型以月为时间步长，所需输入的是：月均最高温与最低温、降水、植物参数与植物氮、磷、硫含量，土壤结构、来自大气与土壤氮输入及土壤初始碳、氮、磷和硫水平。该模型同样也包括一个水分平衡模型，用于计算月蒸发、蒸腾、土壤水分含量和不同土层层间的饱和水流动。而且，该模型也可用于模拟火、放牧和风暴等扰动对生态系统的影响。模型输出为土壤-植物系统的碳氮动态及其各组分含量。该模型适用于各种尺度的生态系统，为最全面的生态系统模型。

CANDY（carbon nitrogen dynamics）模型是一个标准模式的模拟模型，只适用于温带农田生态系统的点位土壤有机质模型。模型输入包括初始和实际测定的土壤碳、氮、磷、硫数据与气象数据和农作措施数据。通过模拟土壤氮素、温度、含水量的动态变化，得出作物吸收的氮量和淋溶的氮量。模型中稳态有机质成分是按土壤微粒小于6 μm 比例计算的。但是，此模型不能用于森林矿质土壤的模拟。Smith等（1997）用7个长期试验数据对此模拟模型验证表明，该模型模拟结果数值偏低。

DAISY模型也是只适用于温带农田生态系统的点位土壤有机质的模拟，在不同的农作措施下模拟作物产量与土壤水、氮的动态变化。该模型包括模拟土壤水分动态的水文子模型、模拟土壤有机物变化的土壤氮子模型和模拟氮素吸收的作物子模型。此模型没有考虑根茬和根系分泌物对土壤有机质的作用。即使是这样，由于此模型输入简单，其在农田生态系统土壤有机质模拟中得到了广泛应用。

NCSOIL模型适用于任何尺度和气候带的自然植被生态系统和温带农田生态系统，主要模拟土壤微生物和有机质组分中碳、氮的流动（Molina，1983）。有机质组分包括4种：植物残体、微生物、活性腐殖质和惰性腐殖质。对碳、氮的流动是结合在一起进行模拟，考虑系统中增加的活性有机质来源于土壤的新陈代谢。此模型的明显缺陷是把模拟的土壤假设为均质，不分层次。

RothC模型是除湿地以外全天候、全尺度的土壤有机质模型。该模型没有模拟碳和氮的动态过程之间的关联，也没有模拟氮的循环过程。与其他模型不同，RothC模型用土壤有机物的同位素碳测量结果来计算土壤有机质的输入和初级生产力，主要以月为时间步长输入数据，与CENTURY模型有一些共同的模拟思路。

SOMM模型是粗腐殖质子模型，最初只适用于植物生态系统，后来扩展到森林生态系统。该模型主要模拟植被凋落物中氮素和灰分含量以及环境变量（温度、湿度等）对凋落物分解过程的影响规律；还模拟碳素的分解转化过程、土壤动物的活性变化以及其对土壤碳、氮循环的影响等。

DNDC 模型是由美国新罕布什尔大学发展起来的，目标是模拟农业生态系统中碳和氮的生物地球化学循环，时间步长以日为单位（Li et al.，1992）。模型由 6 个子模型构成，分别模拟土壤气候、作物生长、有机质分解、硝化、反硝化和发酵过程。这些过程描述了土壤有机质的产生、分解和转化，最后给出土壤有机碳各组分动态含量和 CO_2、CH_4、N_2O、NO、N_2 等温室气体通量。模型的输入数据包括逐日气象数据（气温及降水）、土壤理化性质（容重、质地、初始有机碳含量及酸碱度）、土地利用（作物种类和轮作方式）和农田管理（翻耕、施肥、灌溉、秸秆还田比例和除草）等。点位模型只要根据轮作情况输入数据，便可进行多年模拟。DNDC 区域模型则由区域性的输入数据库来支持，即把点位模型所需要的因地而异的输入参数由各种原始资料收集后以县为单位编入一个 GIS 数据库。该模型是对土壤碳、氮循环过程进行全面描述的机制模型，适用于点位和区域尺度的任何气候带的农业生态系统，包括草地。目前，世界上已有很多国家的科学家在用 DNDC 模型来开展应用研究，如模拟意大利和德国的水稻、加拿大的小麦等农田的碳循环和英国 100 多年试验田的土壤有机质动态等。美国与我国合作的"中美农业生态系统碳循环对比"项目，支持完善了 DNDC 区域模型。由美国和德国科学家共同合作的 DNDC 森林模型也已完成。在 2000 年结束的亚太地区全球变化国际研讨会上，DNDC 模型被指定为在亚太地区进行推广的首选生物地球化学模型。

TEM 模型是一个基于过程的生态系统模型，是第一个为估算全球陆地生态系统第一性生产力而设计建立的机制型生态模型。该模型模拟不同陆地生态系统中碳、氮通量和库，驱动变量包括气候（降水、平均温度、云量）、植被和水容量、土壤属性、海拔。TEM 模型和二维气候模型的耦合，可以研究生物地球化学循环在气候、生物和经济相互作用条件下的响应。自然和人类活动造成的温室气体排放是大气化学和二维陆地海洋气候耦合模型的驱动力。但是，在该模型研究中，仅模拟大气 CO_2 浓度倍增情况下陆地表层生态系统的响应，没有考虑土地利用和管理对碳和氮动力学的影响。所以，碳、氮通量和库的估计仅应用到成熟的、未受干扰的植被和生态系统。

CASA 模型也是一个基于过程的生态系统模型，耦合了生态系统生产力和土壤碳、氮通量，由网格化的全球气候、辐射、土壤和遥感植被指数数据集驱动。模型包括土壤有机物、微量气体通量、营养物利用率、土壤水分动态和微生物循环等方面的模拟，模型以月为时间分辨率来模拟碳吸收、营养物分配、残落物凋落、土壤营养物矿物化和 CO_2 释放的季节规律。

综上所述，结合土壤有机质机制模型自身的研究发展情况及其在全球变化和陆地生态系统研究中的应用情况和发挥的作用，目前国际上的相关研究有如下几个鲜明的特点。

第一，现有的陆地生态系统模型（土壤有机质机制模型）各有特色，但有待进一步完善。国外土壤有机质机制模型已经从静态模型转向动态模型，综合考虑了动力学特点，模型本身对机制的描述越来越精细，适用的范围也越来越大。DAISY 模型和 CANDY 模型是只适用于温带农田生态系统的点位土壤有机质模型；RothC 模型是除湿地以外全天候、全尺度的土壤有机质模型，但该模型没有模拟氮的循环过程；NCSOIL 模型适用于任何尺度和气候带的自然植被生态系统与温带农田生态系统，但明显的缺陷是把模拟的土壤假设为均质，不分层次；SOMM 模型是粗腐殖质子模型，只适用于植物和森林生态系统。以上几个模型连同 CENTURY 模型，虽然各自侧重的对象和模拟的尺度不同，输入和输出也不尽相同，但对土壤有机质的产生、分解和转化过程的模拟都类似。这些模型的一个共同缺陷是对土壤氮氧化物的释放过程机制要么未能详尽准确地反映，要么就是模型的输入参数很复杂，使输入数据成为最大的障碍，结果反映的仅是空间或时间分辨率较低的、粗略的土壤氮氧化物释放情况。如 NCSOIL 模型简单地把反硝化过程作为分解过程的常数项来考虑，而 RothC 模型根本未考虑。DNDC 模型则是一个比较全面模拟农业生态系统碳氮循环的生物地球化学模型，在氮循环模拟方面有独到之处。

第二，陆地生态系统土壤有机质机制模型加强与相关模型（气候模型）的耦合，以适应对全球变化深入研究的需要。随着全球环境变化研究的深入，各国科学家们认识到土地利用和土地覆盖变化

（LUCC）是造成全球变化的一个重要原因，因而在建立陆地表层碳循环模型时也逐渐开始重视对土地利用和土地覆盖变化的研究。国外陆地碳循环模型已经通过集成陆地表层碳循环的各个过程，与气候模型进行耦合，建立生态生理模型和植被对气候反应的植物生态生理机制模型，研究陆地生态系统与大气之间的动态响应和相互作用，揭示其中的反馈机制；采用相关的气候变量来预测生物群落分布，以及陆地生态系统对气候变化的响应，同时研究包括人为的影响。通过陆地表层碳循环模型进行过程研究，加深了人类对碳循环和全球变化的认识与理解，并在此基础上建立了各种数值模式，进行不同的情景模拟，揭示了陆地生态系统和大气圈之间的响应关系，对陆地表层碳循环过程的变化趋势进行了预测。同时，GIS 和 RS 技术在建模过程中也逐渐得到了广泛的重视和应用。

第三，陆地生态系统土壤有机质模型正在与生物地理模型紧密结合，以求模拟结果在空间和时间分辨率上更加精确。如美国的"植被生态系统模拟和分析（VEMAP）"国际研究计划，主要在空间与时间域内比较生物地理模型（植被类型分布模型）与生物地球化学模型，检验它们对气候变化的敏感性，评价大气 CO_2 及其驱动来源。在确定模型控制和响应中的共同点与不同点，并寻找出模型对气候变化和其他驱动响应中不确定性和误差来源的基础上建立生物地球化学与生物地理耦合模型，然后针对美国及其邻近地区模拟生态系统对历史（长期）与现代（短期）驱动变化的时间响应。在国际地圈-生物圈计划中的"全球分析、解释与建模（GAIM）"项目中，许多研究计划都致力于比较、推广应用生物地球化学模型、生物地理模型及两者的耦合模型来开展全球变化研究。

（2）发展趋势。综观国外陆地生态系统生物地球化学模型的研究进展，可以清晰地看到模型本身对过程或机制的描述越来越精细，适用的范围和尺度（由点位扩大到大尺度）在不断扩展、不断深入。同时，与计算机及 GIS、RS 等技术的最新发展紧密结合。例如，DNDC 模型最新版已用 VC＋＋6.0 编写而成，且正在与 RS 技术结合，试图用 RS 来提供模型所需的大尺度输入参数，如作物播种面积，以求弥补统计数据的不足。再者，已经开始全面推广应用。另外，欧美国家对森林生态系统研究的重视程度远高于对农业生态系统的研究，这符合他们的国情。我国在该领域的研究中野外和室内实验室测定研究开展得很多，但仍然没有上升到独立建立机制模型的高度，也未见发表过大型的机制性的生物地球化学模型，更没有运用动态机制模型进行大尺度（国家尺度）的生态系统碳氮循环及其相关研究。因此，应该吸收国外的研究成果，在有效化的基础上，在应用研究方面有所突破。

通过对国内外生物地球化学模型研究的介绍和评述，可以看出国内和国外在模型研究上的差距。今后我国生物地球化学模型研究应着重于以下几个方面：①注重动态模型发展，重视机制研究，模型应具有动力学的特点，能够揭示生物地球化学循环与气候变化的反馈关系以及陆地和大气圈层之间的相互作用，预测未来我国陆地表层碳氮动态变化以及反馈影响；②应能模拟人为活动的影响，分析土地利用和土地覆盖变化对生物地球化学循环的影响，同时必须跟踪由于土地利用变化引起的生态系统复合体面积的变化，从而模拟生物地球化学循环对任何时期人类管理或复原的土地利用干扰的响应；③利用 GIS、RS 技术和方法为模型构建与运行提供工具及数据；④加强各种情景的研究，为我国制定温室气体排放政策提供理论基础和依据。另外，我国需先考虑区域子模型研究，从生物地球化学循环过程模型入手，将地球作为一个动力系统来研究，重点发展几十年至几百年的数值模型，为研究人类社会在全球变化中的作用以及研究变化的环境对人类的影响提供一个重要的途径（唐华俊 等，2004）。

二、黑土耕地有机质平衡（碳平衡）研究进展

（一）黑土有机质演变过程

我国黑土是世界四大黑土区之一，黑土是我国农业综合生产能力最高的土壤，承担着国家粮食安全的重任。黑土的有机质含量在东北地区分布为北高南低，主要是由于黑土为地带性土壤，受气候影响大，开垦前土壤有机质含量就呈由北向南降低的趋势分布。自然黑土被开垦为耕地后，在气候条

件、土地利用方式、耕作制度以及田间管理措施下，土壤有机质含量呈现规律性的下降态势。黑土在被开荒之初，土壤有机质含量会在较长时间内出现持续性降低（Paustian et al.，1997；Lal et al.，1998）。土壤耕作强度加强，打破原有的土壤物理结构，土壤氧气含量增加，土壤矿化速率变快，土壤有机质因而被快速分解。与此同时，植物凋落物归还量的降低导致外源性有机质输入不足。受土壤矿化作用增强和外源性有机物质输入量降低的共同影响，农田生态系统表层黑土有机碳含量远低于自然生态系统，种植粮食作物的黑土有机碳含量明显低于连续种植多年牧草的黑土（祝廷成 等，2003）。在世界各大黑土区，均观测到多年频繁的耕作导致土壤有机质大量丢失的现象（Ussiri et al.，2009；Olson et al.，2011；Russell et al.，2005；马强 等，2004），而且有机质含量越高的土壤，受耕作影响越大，丢失的有机质越多。

目前，农田黑土处于退化发生、退化发展和退化危机共存的阶段，从第二次全国土壤普查至2002年，农田黑土有机质仍以年均 0.5% 的速率下降（张兴义 等，2013），致使近年来东北地区黑土开垦后黑土层厚度变薄，土壤肥力下降，有机质含量降低。东北耕地土壤每年丢失的碳量约为 $2.05\ t/hm^2$（邱建军 等，2004），并伴随耕作层变浅变硬、土壤水肥气热协调能力下降、土壤养分失衡等一系列问题发生（马强 等，2004；魏丹 等，2006；陆继龙，2001）。其中，原因之一是自然生态系统被农田生态系统替代，有机质含量高的土壤在耕作等农田管理措施的扰动下，土壤与空气充分接触，发生有机质分解与矿化作用，再加上连年耕作对土壤的扰动使得土壤有机质分解速度加快；秸秆、粪肥等有机物料逐渐被化肥所代替，秸秆、有机肥等有机物料还田量逐渐减少，抵消不了由于土壤分解所释放的 CO_2，客观反映在土壤有机质含量的下降，尤其是表层土壤下降得更为显著。土壤侵蚀是导致土壤有机质含量下降的另一重要原因（方华军 等，2006；Lal，2003）。我国黑土区受其所处地理位置及漫川漫岗地形的影响，而且高频率大风、连续强降水、冻融交替和高强度耕作均可能造成土壤侵蚀，最终导致土壤被严重侵蚀（Tang，2004；阎百兴 等，2005），从而破坏土壤团粒结构、搬移土壤有机质（范昊明 等，2004）。据测算，我国东北地区每年因侵蚀丢失的土壤有机碳量为 $0.09\sim0.78\ Tg$（方华军 等，2006），且坡耕地坡顶土壤有机质含量明显低于坡底土壤（范昊明 等，2004）。侵蚀作用发生期间，土壤有机质暴露于空气，极易被氧化，这也会进一步加剧土壤有机碳的丢失（Lal，2004）。研究表明，我国黑土区已有约 37.9% 的地区出现不同程度土壤侵蚀，且该地区土壤侵蚀现象目前仍处于发展阶段，侵蚀面积和侵蚀强度均不断增加。

（二）黑土耕地土壤碳平衡状态

土壤有机质处于不断分解和形成的动态过程中，其含量极易受自然环境条件和农业措施的影响，是碳素输入与输出平衡的结果（Jiang et al.，2006）。在农田生态系统中，土壤有机质的主要来源是各种形式的有机物料，如作物残茬、秸秆、粪肥、厩肥和绿肥等，其输出的主要形式是呼吸作用释放的 CO_2。农业管理措施（如作物种类、施肥灌溉、耕翻等）通过改变土壤呼吸过程，进而影响农田土壤有机碳的平衡。不合理的农田管理措施会导致土壤有机碳库的损耗以及土壤碳排放量的增加，而合理的农业管理措施能够有效改善农田土壤碳循环，进而使土壤碳库由碳源转变为碳汇（Lal，2004）。

土壤呼吸是碳循环与碳平衡中重要的流通途径，常作为指示农田土壤肥力和土壤质量的生物学指标，在一定程度上能够反映土壤的物质代谢强度、生物学特性以及土壤碳库的稳定性及其"源汇"状态。土壤呼吸的组成包括 3 个生物学过程，即根呼吸、微生物呼吸和动物呼吸，与一个非生物学过程，即含碳矿物质的氧化与分解。其中，土壤呼吸以土壤微生物和植物根系呼吸为主，而土壤动物的呼吸和化学氧化过程释放量可以忽略不计（Fang et al.，1998）。土壤 CO_2 排放随时间的变化较大，驱动土壤呼吸时间变化的主要是环境因子、呼吸作用的生物化学过程以及 CO_2 气体扩散过程。对于土壤呼吸的日变化关注较少，研究者更加关注其季节变化及总呼吸量。乔云发等（2007）基于中国科学院海伦农业生态实验站的长期定位试验研究玉米生长季不同施肥措施下的土壤呼吸，结果表明，土壤呼吸速率的变化与玉米生长规律一致性较强，随着生长和衰老而增加和减小；土壤呼吸量呈双峰曲线，高峰出现在拔节孕穗期和乳熟期，且以有机肥施用对土壤呼吸作用的影响最为显著。笔者通过对不同施肥措施长期施用监测的结果得出，东北春玉米土壤呼吸强度呈现先升高后降低的排放特征，与乔云发等研究不同的是，土壤呼吸呈现单峰曲线，排放峰值一般出现在玉米拔节期至孕穗期。此时，玉米根系生物量最大，且温度适宜，因而供试农田土壤呼吸强度最大；玉米生长中后期，根系生物量逐渐降低，因此土壤呼吸强度表现出逐渐下降的趋势（杨黎 等，2014）。

我国农业土壤碳循环水平总体比较低。李长生等（2000）研究表明，由于农业管理措施不合理，1998 年我国农业土壤的碳库处于负平衡状态。土壤有机碳年亏缺 78.89×10^6 t，主要表现为每年土壤以释放 CO_2 的形式支出 186.5×10^6 t，而从秸秆还田中大约得到 68.2×10^6 t。其中，东北三省和内蒙古地区土壤有机碳丢失最大（表 5-1），占全国总丢失量的 57.4%，其中又以吉林每公顷丢失量最大，为 2 576.93 kg。这说明东北地区土壤有机质在大量迅速地丢失（唐华俊 等，2004）。众多研究还表明，与翻耕相比，覆盖少（免）耕可以增加一个轮作周期（玉米-大豆-玉米）内的有机碳含量（宋秋来，2015）。在农田管理措施中，无机有机肥配施、秸秆还田、增施有机肥均能在很大程度上提高土壤有机碳含量，其中以无机有机肥配施、秸秆还田的固碳潜力较大。对于东北地区而言，适宜的秸秆还田技术对抵消土壤呼吸释放 CO_2、保持土壤有机碳平衡有重要意义（金琳 等，2008；查良玉等，2013）。

表 5-1 各省份耕地土壤碳储量及其年变化（1998）

（唐华俊 等，2004）

省份	有机碳储量最大值（百万 t）	有机碳储量最小值（百万 t）	有机碳储量平均值（百万 t）	有机碳储量年变化（%）	各省份有机碳储量占比（%）
北京	9.50	4.18	6.84	−0.08	0.10
天津	9.30	4.20	6.75	−0.13	0.16
河北	227.91	82.13	155.02	−3.09	3.92
山西	154.10	63.14	108.62	−2.75	3.49
内蒙古	788.64	143.80	466.22	−13.35	16.92
辽宁	317.82	83.46	200.64	−4.77	6.05
吉林	468.40	166.72	317.56	−8.22	10.42
黑龙江	1 035.19	415.35	725.27	−18.92	23.99
上海	10.79	5.81	8.30	−0.06	0.08
江苏	190.40	75.58	132.99	−2.43	3.08
浙江	69.73	32.49	51.11	0.64	−0.81
安徽	145.86	58.54	102.20	−0.43	0.55
福建	55.65	22.23	38.94	0.01	−0.01
江西	100.46	41.50	70.98	0.78	−0.99
山东	231.80	81.26	156.53	−4.47	5.67
河南	241.94	79.60	160.77	−4.91	6.22
湖北	123.81	57.45	90.63	−1.25	1.58
湖南	138.10	64.54	101.32	2.23	−2.83
广东	116.48	52.54	84.51	−0.68	0.86
广西	213.58	55.72	134.65	−2.59	3.28
四川、重庆	298.46	136.14	217.30	−2.94	3.73
贵州	110.79	40.17	75.48	−0.57	0.72

（续）

省份	有机碳储量最大值（百万 t）	有机碳储量最小值（百万 t）	有机碳储量平均值（百万 t）	有机碳储量年变化（%）	各省份有机碳储量占比（%）
云南	179.18	60.88	120.03	−1.73	2.19
西藏	33.42	6.58	20.00	−0.05	0.06
陕西	135.12	40.40	87.76	−2.56	3.25
甘肃	168.26	42.28	105.26	−2.17	2.75
宁夏	48.46	6.14	27.30	−0.08	0.10
青海	49.30	12.16	30.73	−0.41	0.52
新疆	258.02	21.64	139.83	−3.22	4.08
海南	39.44	9.44	24.44	−0.69	0.87

第二节　黑土耕地土壤有机质平衡定量评价

一、耕地土壤有机质平衡机制模型的结构功能与校验

（一）DNDC 模型的结构与功能

农业生态系统的土壤碳库是全球碳库中最活跃的一个组成部分，在人类的耕作、施肥、灌溉以及气候变化的影响下，不仅其数量在迅速变化，而且其作为全球 CO_2 的源汇地位也在不断变化，从而对区域乃至全球环境带来影响，也对人类赖以生存的粮食生产带来影响。土壤耕层的碳主要以有机物形式存在。作物收割后，根系和枯枝败叶回归土壤，并被微生物分解和同化；这些土壤微生物死亡后，残体转为多种组分的腐殖质，其中活性部分的腐殖质可进一步被微生物利用和分解，直至最后变成比较稳定的惰性腐殖质。碳在土壤中的这一系列生物地球化学演化受到气候、土质及人为活动（包括土地利用和田间管理）等多种因素的影响，从而形成一个非线性复杂系统。为描述和预测这一复杂系统，科学家们致力于发展生态系统或生物地球化学计算机模拟模型（李长生，2000）。在过去的 10 年中，美籍华人科学家李长生和美国新罕布什尔大学地球海洋及空间研究所复杂系统研究中心的科研人员，联合包括我国科学家在内的国际合作者，尝试开发一个计算机模拟模型——DNDC，以整合与碳、氮循环有关的生物地球化学因素和过程，并用它来预测全球气候变化、人类活动和陆地生态系统间的相互影响。

1. DNDC 模型的结构　DNDC 模型的名称代表两个英文单词：denitrification（脱氮作用）和 decomposition（分解作用）。脱氮作用和分解作用是分别导致氮和碳脱离土壤进入大气的主要反应，这两个反应不仅改变土壤肥力，而且释放 CO_2、CH_4 和 N_2O 于大气中，是影响农业可持续发展及全球气候变化的重要生物地球化学过程。DNDC 模型由 2 个部分共 6 个子模型组成：第一部分包含土壤气候、植物生长和有机物质分解 3 个子模型，其作用是根据输入的气象、土壤、植被、土地利用和农田耕作管理数据预测植物-土壤系统中诸环境因子的动态变化；第二部分包含硝化、脱氮和发酵 3 个子模型，这部分的作用是由土壤环境因子来预测上述 3 个微生物参与的化学反应的速率。整个模型结构见图 5-2。

土壤气候子模型由一系列土壤物理函数组成，其职能是由逐日气象数据及土壤、植被条件来计算土壤剖面各层的温度、湿度及氧化还原电位。植物生长子模型根据植物种类、日辐射、气温、土壤水分、土壤氮含量和田间管理（如施肥、灌水、耕地、除草、收割、放牧等）来预测植物的生长和发育。有机质分解子模型通过追踪作物收割后留在田块的植物残体（即根系和秸秆），根据作物残留物分解的难易程度，将这些秸秆首先分配到 3 个残留物库中，各库的特征分解速率不同。被分解的残留物转为土壤微生物，微生物死亡后，遗体变为土壤活性有机质。活性有机质可再次被微生物利用，直

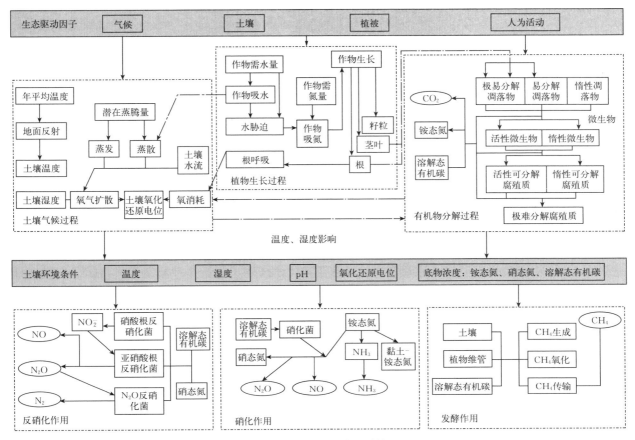

图 5-2　DNDC 模型结构

(李长生, 2000)

至转为惰性有机质。惰性有机质参与土壤结构建造,可在土壤中相对稳定存在数十年或上百年。在这一序列有机质分解过程中,部分有机碳转化为 CO_2 进入大气,部分有机碳转化为溶解态有机碳,分解的有机氮转化为铵态氮。硝化反应子模型根据分解而来的溶解态有机碳和铵态氮模拟硝化细菌的生长与死亡,从而计算铵态氮转化为硝态氮的速率。铵态氮易被黏土或有机质吸附,而硝态氮易被水淋溶,从而造成氮生物地球化学行为的分异。脱氮反应子模型模拟在反硝化菌作用下,硝态氮向亚硝态氮、NO、N_2O,最后到 N_2 的连锁还原反应。在此序列反应中,各反应步骤间的动力学差异决定了 NO 和 N_2O 这两个重要微量气体的产出率。发酵反应子模型模拟在土壤淹水条件下 CH_4 的产生、氧及传输。CH_4 的产生受控于土壤氧化还原电位、温度、可给态碳(即溶解态有机碳和 CO_2)含量及微生物数量;CH_4 的氧化(即消耗)速率受控于土壤氧化还原电位和 CH_4 浓度。土壤中的 CH_4 可通过植物茎叶孔道传输到大气,也可以气泡形式释出。

　　上述 6 个子模型的函数方程式或由物理学、化学或生物学的基本理论导出,或引用模拟试验的结果。这 6 个子模型以日或小时为时间步长,互相传递信息,以模拟现实世界中环境条件、植物生长、土壤化学变化间的相互作用。DNDC 模型包含了陆地生态系统的基本物理、化学及生物过程,虽然每个具体的反应方程很简单,但数百个方程式交互作用使整个模型得以再现生态系统中的种种非线性过程。

　　2. DNDC 模型的输入和输出　DNDC 模型是一个点位模型。当模拟任一地点(如 1 hm² 农田)上的生物地球化学过程时,需要该点位的气象和土壤等输入参数来支持。这些参数代表着驱动此点生态系统运动的基本要素,具体输入参数内容见表 5-2。

表 5 - 2　DNDC 模型所需的输入参数

项目	输　入　参　数
气象	日最高气温、日最低气温、日降水量、日照时数或太阳辐射量
土壤	质地、容重、黏土含量百分比、酸碱度、总有机质含量
植被	作物类型、复种及轮作，草地类型，森林种类
管理	播种时间或移栽时间，犁地次数、时间及深度，化肥施用次数、时间、深度、种类及数量，有机肥施用次数、时间、深度、种类及数量，灌溉次数、时间及水量，水稻田淹水及晒田次数与时间，除草次数及时间，放牧牲畜种类、数量及时间

DNDC 模型读入所有输入参数后，即开始模拟运转。DNDC 模型首先计算土壤剖面的温度、湿度、氧化还原电位等物理条件及碳、氮等化学条件；然后将这些条件输入植物生长模型中，结合有关植物生理及物候参数模拟植物生长；当作物收割或植物枯萎后，DNDC 模型将残留物输入有机质分解子模型，追踪有机碳、氮的逐级降解；由降解作用产生的可给态碳、氮被输入硝化、脱氮及发酵子模型中，DNDC 模型进而模拟有关微生物的活动及其代谢产物，包括几种温室气体。DNDC 模型日复一日地转动，并记录每日各项预测结果。当一个模拟年结束时，一个全年总结报告会自动生成。DNDC 模型的模拟时间长度可少则几日，多至几百年。每日或每年的输出项目包括土壤物理化学环境条件、植物生长状况、土壤碳及氮库、土壤-大气界面的碳及交换通量（表 5 - 3）（唐华俊 等，2004）。

表 5 - 3　DNDC 模型的输出参数

项　目	输　出　参　数
土壤物理	逐日变化的土壤温度剖面、湿度剖面、pH 剖面及氧化还原电位剖面、水分蒸发量
土壤化学	每日土壤有机碳、氮库量，溶解态有机碳库量，硝态氮、铵态氮含量，有机质矿化速率
植物生长	植物日生长量，生物量在根、茎、叶及籽粒的分配，氮吸收量，水分吸收量
温室气体排放	CO_2、CH_4、N_2O、NO、N_2 及 NH_3 每日排放通量

3. DNDC 模型的基本功能和特点　以预测农业生态系统中碳和氮的生物地球化学循环为目标的 DNDC 模型经历了从产生到发展的逐步完善的过程。自 1995 年以来，中国、德国、加拿大、澳大利亚、英国和荷兰等国的科学家也加入该模型的研究中来，从而使之日臻完善。在过去的时间，DNDC 模型已被一些国家的研究者们应用和检验。在 1995 年的"全球变化和陆地生态系统土壤有机质模型及实验数据"国际学术研讨会上，DNDC 模型被评为当前世界上较好的 6 个模型之一。据国外文献综述报道，DNDC 模型是目前唯一能对土壤中的有机质分解、硝化和反硝化作用、作物吸收、铵态氮交换等过程，以及土壤剖面温湿度的变化进行详尽模拟的模型，也是唯一能利用常规土壤、气候和农事活动参数来计算对土壤氮氧化物的释放通量，以及定量计算农事活动对土壤释放氮氧化物影响的模型（金峰 等，2000）。因此，该模型在土壤有机碳模拟方面入围优秀模型之列，同时在模拟氮氧化物方面也是国际上最好的一个模型。而且，该模型已由点位模型发展为一个区域（地区和国家尺度）模型，在一个 GIS 数据库支持下，能够完成一个区域的年度动态模拟，可以成功模拟推算美国农业土壤的碳、氮平衡，并被许多国家用以开展相关应用研究，已有许多成功的经验。

总而言之，DNDC 模型主要有以下优点和特色：

（1）强大的模拟功能。DNDC 模型通过对土壤气候、植物生长、有机质分解、硝化与反硝化、发酵等过程的逐日模拟，描述了碳氮组分的循环过程及其通量，输出非常丰富。

（2）独特的氮氧化物排放模拟。从机制过程模拟了氮氧化物的释放过程，为测算农业生态系统温室气体氮氧化物的排放情况提供了可能。DNDC 模型对氮氧化物释放的模拟目前在世界上是最成功的。

（3）完善的基于 GIS 的区域模型。该模型在区域 GIS 输入数据库支持下能进行地区、国家尺度的区域农业生态系统碳氮循环动态模拟及其源汇性质评价，且允许用户设定不同的种植与气候参数，如大气 CO_2 含量、秸秆还田比例等，可以开展多种情景分析研究。

（4）输入参数易获得。DNDC 模型需要输入的参数只是农田土壤一些基本性状数据（如初始有机质的含量和组成、土壤质地、表层土壤铵态氮和硝态氮的含量等）、种植作物的种类及适宜产量、农田管理技术措施（施肥、灌水等措施的时间和数量）的详细情况。气候资料只需输入日均温度和降水量或日最高、最低气温和降水量即可。而这些数据的获取对于每个进行此方面研究的人来说都不是很难的事。因此，该模型很容易被掌握和应用。另外，区域模型的 GIS 数据库可以从国家统计数据直接转换得到。

（5）友好的 Windows 工作界面。DNDC 模型最新版采用 C/VC++编写，全部在 Windows 环境下运行，输入和输出界面友好，使用十分方便，特别便于针对不同的农耕措施进行模拟，并且具有良好的图形及输出界面，是目前生物地球化学模型中界面最为友好的。正是由于 DNDC 模型新版本的友好特性，目前已被作为在亚太地区进行推广的首选生物地球化学模型。

（6）DNDC 模型在不断升级和完善。随着研究的深入，所要求模型模拟的结果在空间和时间分辨率上更加精确。美国新罕布什尔大学的研究者在不断完善此模型，现在 DNDC 模型已上升到 9.5 版本。由美国和德国科学家共同合作的 DNDC 森林模型也正在研究完善中。而且，与 GIS、RS 等技术的最新发展紧密结合，并力求与生物地理模型结合，以更有效地开展全球变化的应用研究。

正是由于 DNDC 模型具有的突出优点，加上已有在我国研究的先例，结合笔者研究对象的多气候带、农业生态系统和区域性质的特点，可以认为该模型是目前开展研究和测算我国区域农业生态系统碳氮循环和温室气体释放及其对气候变化响应工作的理想选择（唐华俊 等，2004）。

4. DNDC 模型中土壤有机碳库的表达　因为本研究主要探讨 DNDC 模型在土壤有机碳及其平衡中的应用，所以有必要对 DNDC 模型中关于土壤有机碳的科学表达进行论述。该模型中土壤有机碳主要分为 4 个储存库：植物残体、微生物量、活性腐殖质和惰性腐殖质。每个储存库又含有一个或多个不同的子库。库容的大小，根据特定分解率（SDR）、土壤黏土含量、氮有效度、土壤温度和湿度以及土壤剖面的深度，可以计算出每个子库中每天的分解率（表 5-4）。每个库中有机碳分解时，一部分碳转到另一个有机碳库中，一部分被微生物吸收，还有一部分转变成 CO_2，可溶性碳作为分解的中间产物可立即被微生物消耗。同时，分解的氮一部分随分解的碳一起转移到另一个有机碳库中，一部分可矿化成铵态氮，铵态氮很容易发生硝化反应。自由铵态氮库与黏土吸附的碳库和土壤中任何时刻溶解的 NH_3 库达到平衡。NH_3 挥发到空气中的作用受土壤温度和湿度及 NH_3 在土壤中的浓度所控制。降水时，自由的铵根离子和硝酸根离子随土壤水活动进入更深土层，在那里发生反硝化作用。在植物生长季节，植物吸氮率的主要影响因素是土壤剖面硝态氮和铵态氮的浓度与分布。而任何深度内产生的 CO_2 在模型中假定为一经产生就进入空气中，不涉及 CO_2 的扩散阶段（唐华俊 等，2004；Li et al.，1994、1997）。

表 5-4　DNDC 模型中分解参数

库	组成	最初的数值	C/N	分解速率（1/d）
残存物	易分解的	0.08	2.35	0.074
	可分解的	0.32	20	0.074
	难分解的	0.60	20	0.02
微生物	可分解的	0.90	8	0.33
	难分解的	0.10	8	0.04
腐殖质	可分解的	0.16	8	0.16
	难分解的	0.84	8	0.006

（二）模型的校验

模型建立后必须经过复杂的验证和校正，才能投入进一步的应用研究。验证和校正是模型使用的前提，不可或缺，在不同气候、土壤背景和土地利用条件下进行全面的验证和对模型的校正是多多益善的。同样，引进任何一个外来的模型在本地区使用，更需要进行必要的验证和本土化工作，即修改模型中不适合当地实际情况的部分，校正有关体现地域特色的参数，建立应用地点的实际数据库。DNDC 模型已经在世界各地得到了广泛的验证，取得了令人满意的效果。目前，DNDC 模型基本实现了不同气候带、不同土地类型和不同种植方式下的验证，其科学性已被广泛证实，并开展了相关的应用研究（Li et al.，1992；Tang，2004；邱建军 等，2004；唐华俊 等，2004）。

本研究利用中国科学院海伦农业生态实验站、国家黑土肥力与肥料效益监测基地——公主岭长期定位试验和辽宁凌海土壤碳氮循环监测定位试验 3 个试验点的监测数据对 DNDC 模型进行验证，重点考察模型在作物产量、土壤有机碳和土壤呼吸方面的表现。本研究主要采用平均绝对误差、相对均方根误差和决定系数来表示模拟值与实测值之间的拟合程度（贺美，2017）。

1. 海伦农业生态实验站长期定位试验　　选择海伦农业生态实验站长期定位试验 NPK 处理 1990—2008 年产量与土壤有机碳田间试验数据对 DNDC 模型进行验证。从产量来看，模型基本反映出产量随气象条件波动的变化态势，两者数值相差不大（图 5-3）。

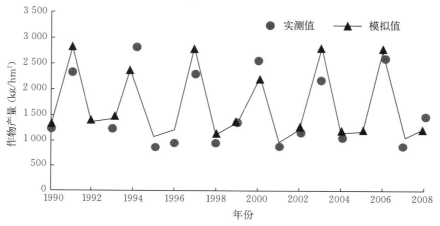

图 5-3　海伦农业生态实验站 NPK 处理产量实测值与模拟值的比较

模型模拟值基本再现了试验开始至 2008 年土壤有机碳含量逐渐下降的趋势，虽然实测值不是连续的，但仍可看出模型模拟结果与试验实测数据之间具有较好的一致性（图 5-4）。

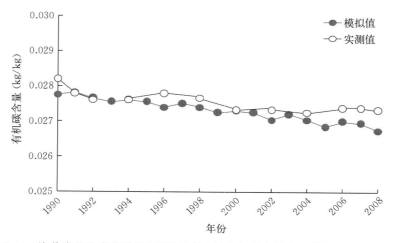

图 5-4　海伦农业生态实验站 NPK 处理土壤有机碳含量实测值与模拟值的比较

2. 国家黑土肥力与肥料效益监测基地——公主岭长期定位试验 选择试验中 1990—2012 年的 5 个施肥处理和 1 个对照（贺美，2016）进行对比分析，即①对照处理（CK）：未施肥；②单施化肥（NPK）；③化肥配施低量有机肥（NPK＋M1）；④1.5 倍化肥配施低量有机肥（1.5NPK＋M1）；⑤化肥配施高量有机肥（NPK＋M2）；⑥化肥配施秸秆（NPK＋S）。

春玉米产量的模型模拟值和实测值比较接近（图 5-5）。除 CK 外，其他处理的相对均方根误差以及平均绝对误差均在 20％以内，且各处理间模拟值与实测值之间的相关性均达到极显著水平。这说明 DNDC 模型可以很好地模拟作物产量，能够反映农田作物产量的实际波动趋势。

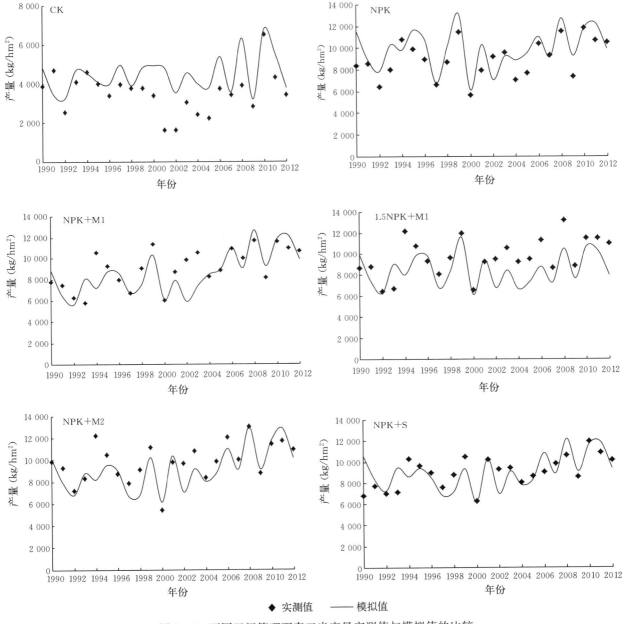

图 5-5 不同田间管理下春玉米产量实测值与模拟值的比较

各个处理有机碳含量模拟值与实测值比较如图 5-6 所示，各个处理模拟值和实测值的相对均方根误差都在小于 15％，平均绝对误差都在 10％以内，并且各施肥处理模拟值与实测值的相关性均达到显著水平。以上表明，DNDC 模型能够很好地模拟不同施肥管理措施下土壤有机碳含量的变化趋势。

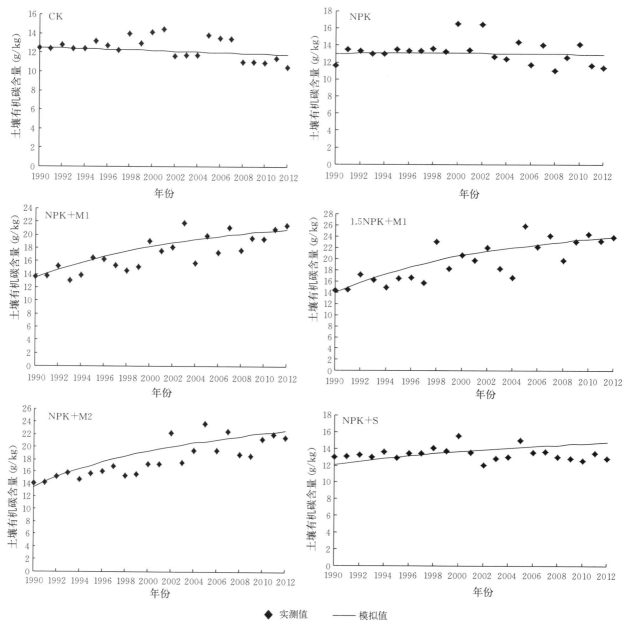

图 5-6　不同田间管理措施下土壤有机碳实测值与模拟值的比较

3. 辽宁凌海土壤碳氮循环监测定位试验　本研究利用 2010 年和 2011 年春玉米生长季不同施氮处理，如农民常规施肥处理（FP）、优化施肥处理（OPT）、缓控施肥处理（CRF）、优化施肥添加硝化抑制剂处理（OPT＋DCD）和秸秆还田处理（OPTS），土壤呼吸、玉米产量对 DNDC 模型进行验证（YANG et al.，2014）。

2010 年，FP、OPT、OPTS、CRF 处理下春玉米产量观测结果分别为 9.81 t/hm²、9.75 t/hm²、10.70 t/hm²、10.30 t/hm²，与之对应的模拟结果分别为 10.6 t/hm²、10.0 t/hm²、10.5 t/hm²、10.6 t/hm²。2011 年，FP、OPT、OPTS、OPT＋DCD 处理下观测结果分别为 10.50 t/hm²、9.98 t/hm²、10.60 t/hm²、10.60 t/hm²，相对应的模拟结果分别为 10.5 t/hm²、10.0 t/hm²、10.5 t/hm²、10.5 t/hm²。2010 年和 2011 年各处理下玉米产量模拟值与实测值的相对均方根误差为 0%～8%（表 5-5），这表明 DNDC 模型模拟的各处理下供试农田春玉米产量与观测结果基本一致。观测结果显示，各处理间玉米产量略有差别，表现为 OPT 处理产量略低；但处理间统计无显著差异。

表 5-5　土壤呼吸和春玉米产量的实测值与模拟值的比较

年份	处理	土壤呼吸			玉米产量		
		模拟值 （kg/hm²）	实测值 （kg/hm²）	相对均方根误差 %	模拟值 （t/hm²）	实测值 （t/hm²）	相对均方根误差 （%）
2010	FP	2 083	2 202±108	5	10.6	9.81±0.16	8
	OPT	2 046	2 263±46	10	10.0	9.75±0.16	3
	OPTS	2 615	2 598±122	1	10.5	10.70±0.19	2
	CRF	2 149	2 306±143	7	10.6	10.30±0.21	3
2011	FP	2 069	1 929±127	7	10.5	10.50±0.07	0
	OPT	2 034	1 967±125	3	10.0	9.98±0.11	0
	OPTS	2 166	2 208±50	2	10.5	10.60±0.17	1
	OPT+DCD	2 074	1 959±152	6	10.5	10.60±0.51	1

注：实测值为 3 个重复的平均值；玉米产量以干物质量计。

与田间观测结果相比，DNDC 模型能较好地再现各处理下土壤呼吸的季节变化趋势（图 5-7）。模拟结果表明，土壤呼吸强度季节变化趋势与作物生长、土壤温度和秸秆还田密切相关。玉米生长前期，根系不发达且土壤温度相对较低，土壤呼吸强度较弱；此后，随着植株生长和温度升高，

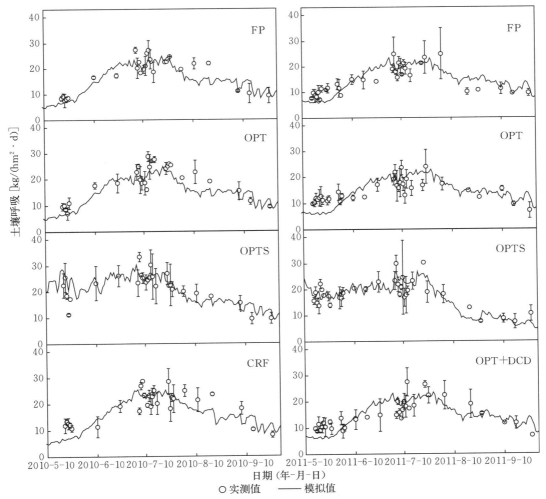

图 5-7　不同处理下春玉米农田土壤呼吸实测值与模拟值的比较

注：图中观测数据为 3 个重复的平均值，误差线为标准误差。

根系呼吸和微生物异养呼吸皆有所增加，土壤呼吸强度逐渐升高；玉米生长中后期，根系生物量逐渐降低，因此土壤呼吸强度呈现逐渐下降的趋势。在 OPTS 处理下，玉米生长前期土壤呼吸强度相对较高的原因主要是秸秆还田能促进土壤有机碳分解。模拟结果与观测结果的比较表明，DNDC 模型能较好地模拟气象条件、玉米生长和秸秆还田对供试农田土壤呼吸强度季节变化趋势的影响。

2010 年和 2011 年各处理下土壤呼吸季节总量模拟值与实测值的相对均方根误差均不超过 10%（表 5-5）。以上结果表明，DNDC 模型模拟的供试春玉米农田土壤呼吸季节总量与田间观测结果接近。模拟结果显示，OPTS 处理下土壤呼吸季节总量高于其他无秸秆还田处理，该结果与观测结果一致。

在过去的研究中，DNDC 模型被广泛应用于模拟不同环境条件和管理措施下土壤有机碳含量的变化动态，且取得了理想的结果（如 Li et al.，1994；邱建军 等，2004）。在本研究中，DNDC 模型模拟 3 个不同纬度带不同处理下春玉米农田土壤呼吸、作物产量和土壤有机碳含量结果与田间观测结果也基本一致。这些研究充分表明，DNDC 模型能较可靠地模拟农田生态系统土壤有机碳周转。因此，进一步应用于定量分析农田尺度与区域尺度农田土壤有机碳循环及平衡均具有一定可行性。

二、黑土耕地土壤有机质平衡的模拟

（一）东北三省耕地土壤有机碳平衡分析

1. 区域数据库的建立与模型运行方案　DNDC 模型的结构、功能及其验证和应用已在前文做了详细的介绍，不再赘述。运用 DNDC 模型模拟分析东北三省农业生态系统的土壤有机碳储量及平衡状况，基本思路是根据东北三省农作制度特点编制运行 DNDC 区域模型的 GIS 数据库，在数据库的支持下运行模型，再结合实际分析模拟结果。与唐华俊等（2004）一样，区域数据库的建立，以1990 年和 1998 年的区县设置和县界地图为标准。①根据东北三省的农作制度重新编制作物种类数据库（主要是一熟制）。②以 1990 年和 1998 年为模拟年份，把东北三省县级各种土地利用类型的面积及氮肥施用量、有效灌溉面积和耕地面积，以及牲畜数量和农业人口编入农业数据库。③气象数据库选取 1998 年东北三省 60 个县气象站逐日气象资料（包括最高温度、最低温度和降水），各县采取就近共享。④东北三省县级农业土壤特性背景值数据库（包括容重、黏粒含量、初始有机碳含量及 pH 的最值）沿用第二次全国土壤普查的数据（区间值不会有太大变化）。

区域模型以县为最小区域单元，其中各县又以每一土地利用类型为一个最小运行单位。所有土地利用类型（与各自面积的乘积）的某一指标总和为该指标的县值，各县总和为整个国家的结果。每一土地利用类型以土壤有机质最高背景值、最低背景值分别运行模型 2 次，取平均值。区域模拟以现有实情为本底案例，同时设置运行了免耕、增加秸秆还田比例、未施化肥、未施有机肥和全球变暖等替代案例，以考察各自的效应。本底案例的一些基本参数设置如下：①所施化肥中假设 40% 为尿素、40% 为碳酸氢铵和 20% 为磷酸铵；②除去籽粒后地上部秸秆还田的比例是15%，根茬全部还田；③20% 畜禽粪便和 10% 的人粪便还田，其中假设每年每头牲畜所产粪便中含氮总量为牛 50 kg、马 40 kg、羊 12 kg、猪 16 kg，人粪便为 4 kg；④每茬耕作 2 次，即播前翻地20 cm，收获后翻地 10 cm。

2. 区域耕地土壤有机碳储量测算　据模型估算，1998 年东北三省 1 523 万 hm² 耕地土壤的总碳储量（0～30 cm）为 665.548×10⁶～1 821.411×10⁶ t（土壤有机碳含量最高背景值和最低背景值两个方案运行的结果），平均值为 1 243.48×10⁶ t（表 5-6），占全国土壤总有机碳储量的 31.33%。平均每公顷耕地土壤有机碳储量为 81.65 t，大约是全国平均每公顷耕地土壤有机碳储量（40.99 t）的 2倍。在东北三省中，以黑龙江有机碳储量最多，为 725.271×10⁶ t，占东北三省耕地总有机碳储量的58%。黑龙江的耕地面积占东北三省的 50% 左右，平均每公顷耕地土壤碳储量为 95.90 t，高于全区的平均水平。这是黑龙江黑土地面积大的主要原因（唐华俊 等，2004）。

表 5-6　东北地区及其主要县市耕地土壤有机碳储量及其年变化（1998）

地区	耕地面积（hm²）	有机碳储量（×10⁶ t）			有机碳储量年变化（×10⁶ t）	单位耕地面积有机碳储量年变化（kg/hm²）
		最大值	最小值	平均值		
黑龙江省	7 562 733	1 035.194	415.348	725.271	−18.523 0	−2 449.25
呼兰区	151 909	21.913	8.635	15.274	−0.493 8	−3 250.63
讷河市	265 121	25.732	15.033	20.382	−0.636 5	−2 400.79
克山县	178 773	17.335	10.123	13.729	−0.445 2	−2 490.31
拜泉县	243 381	23.742	13.861	18.801	−0.496 0	−2 037.95
杜尔伯特蒙古族自治县	91 682	21.674	0.806	11.239	−0.413 8	−4 513.43
依安县	205 057	19.912	11.634	15.772	−0.483 8	−2 359.34
甘南县	137 905	27.446	7.889	17.667	−0.506 0	−3 669.15
五常市	162 271	23.487	9.246	16.366	−0.484 0	−2 982.66
宾县	141 872	20.509	8.087	14.297	−0.429 7	−3 028.78
嫩江县	128 340	25.394	7.299	16.346	−0.567 3	−4 420.28
集贤县	118 951	23.579	11.612	17.595	−0.563 6	−4 738.08
绥化市	173 487	25.150	9.944	17.547	−0.455 8	−2 627.28
海伦市	273 166	39.669	15.646	27.657	−0.699 4	−2 560.34
肇东市	201 497	19.652	11.502	15.577	−0.414 7	−2 058.09
北安市	92 030	18.182	5.233	11.707	−0.409 1	−4 445.28
巴彦县	179 616	25.895	10.184	18.039	−0.611 7	−3 405.59
吉林省	3 860 933	468.398	166.727	317.562	−8.079 0	−2 092.49
农安县	290 998	28.175	16.459	22.317	−0.773 3	−2 657.41
德惠市	212 316	20.697	12.125	16.410	−0.425 7	−2 005.03
扶余市	225 336	21.947	12.838	17.392	−0.491 1	−2 179.41
镇赉县	95 415	22.543	0.851	11.697	−0.431 5	−4 522.34
公主岭市	219 428	29.989	6.350	18.169	−0.573 5	−2 613.61
辽宁省	3 805 340	317.819	83.472	200.645	−4.620 0	−1 214.08
庄河市	124 646	19.666	2.736	11.201	−0.435 7	−3 495.49
海城市	99 657	15.817	2.208	9.012	−0.298 9	−2 999.28
凌海市	102 050	16.873	1.669	9.270	−0.414 5	−4 061.73
阜新市	228 884	10.374	3.728	7.051	−0.221 7	−968.61
昌图县	278 060	29.728	6.123	17.925	−0.499 9	−1 797.81
凤城市	65 256	12.515	1.886	7.200	−0.294 3	−4 509.93
合计	15 229 006	1 821.411	665.547	1 243.475	−31.222 0	−2 050.04

注：表中所列只是东北三省的部分地区，其之和不等于各省的数值，但各市的数值为各自所属县旗之和。

　　表 5-6 还列出了各省主要县市的土壤有机碳储量和有机碳的年变化量。从黑龙江来看，呼兰等 16 个县市的农田有机碳储量为 252.719×10⁶ t，占整个黑龙江耕地有机碳储量的 35%。其中，以海伦农田有机碳储量为最多，达到 27.657×10⁶ t，平均每公顷耕地土壤有机碳储量为 101.25×10³ kg，大于东北三省和黑龙江的平均储量；但平均每公顷耕地土壤有机碳储量最多的是集贤，达到 148.37×

10^3 kg/hm^2。吉林农安等 5 个县市的有机碳储量为 85.985×10^6 t，占吉林有机碳储量的 27％。其中，以农安有机碳储量为最多，达到 22.317×10^6 t，平均每公顷耕地土壤有机碳储量为 76.69×10^3 kg；但平均每公顷耕地土壤有机碳储量最多的是镇赉，为 122.59×10^3 kg。辽宁庄河等 6 个县市的有机碳储量为 61.659×10^6 t，占辽宁有机碳储量的 31％。其中，以昌图的有机碳储量为最多，达到 17.925×10^6 t；但平均每公顷耕地土壤有机碳储量最多的是凤城，为 110.33×10^3 kg。

3. 耕地土壤有机碳储量平衡状况　从土壤有机碳平衡的角度来看，东北三省主要表现为作物残茬与秸秆还田以及有机肥投入不足，使土壤中有机碳的来源不多，同时高有机质下土壤呼吸释放 CO_2 的形式支出有机碳过多，使得有机碳入不敷出，整体表现为负平衡。

1998 年东北三省农业土壤有机碳平衡状况见图 5-8。模型模拟结果显示，整个东北三省的有机碳储量年度变化为−31.22×10^6 t，即本年度有机碳亏损 31.22×10^6 t，处于严重的土壤碳亏缺状态，占全国有机碳储量年度变化总量的 40％。可见，东北三省有机碳储量年度变化在全国占有极其重要的地位。主要表现为每年土壤以释放 CO_2 的形式支出 44.49×10^6 t，而从秸秆还田中仅得到 9.948×10^6 t，收支极不平衡。而其中亏损最大的是黑龙江，1998 年有机碳年减少 18.52×10^6 t，占整个东北三省的 59％，同时该省单位面积耕地有机碳年减少量达 2 449.25 kg/hm^2，嫩江、集贤等地单位面积耕地有机碳年减少量高达 4 000 kg/hm^2 以上。无论从丢失总量还是单位面积丢失量来看，都表明黑龙江的土壤有机碳正在大量流失，土壤质量在不断下降。这主要是因为人们肆意开荒、乱砍滥伐、不注重土壤培肥造成的，长此以往下去，黑土将不复存在。

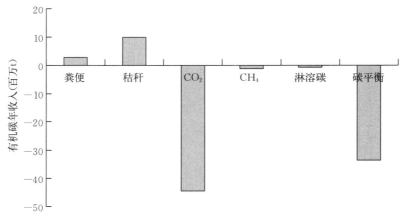

图 5-8　1998 年东北三省农业土壤有机碳平衡状况

（二）土地利用变化对耕地土壤碳储量的影响

土地利用方式的变化不仅直接影响土壤有机碳的含量与分布，而且通过影响与土壤有机碳形成和转化的因子而间接影响土壤有机碳的含量及分布。定量分析评价土地利用和土地覆盖变化对陆地生态系统碳平衡的影响是当前全球变化和全球陆地表层碳循环研究的重点内容。DNDC 区域模型以县为最小区域单元，其中各县又以每一土地利用类型为一个最小运行单位，因此可以考察不同土地利用类型耕地土壤的有机碳状况。由表 5-7 可以看出，东北三省耕地（主要为一熟区）有机碳主要储存在春玉米、大豆、春小麦、休闲地、马铃薯等土地利用类型的耕地中（占 73.17％），同时这些土地利用类型耕地有机碳年减少量也占到总减少量的 85.50％。其中，春玉米地面积最大，占总耕地面积的40.12％，玉米地有机碳量也最大（占 37.81％），有机碳年减少量也最大（占 42.15％）。这说明要想提高东北三省土壤有机碳的积累，首先要从重视春玉米地的土壤培肥开始。

比较 1990 年和 1998 年东北三省土地利用变化可知（表 5-7、表 5-8 和图 5-9），1998 年总耕地面积比 1990 年增加了 120.37 万 hm^2，休闲地增加了 63.19 万 hm^2，春玉米地增加了 61.97 万 hm^2，春小麦地减少了 32.12 万 hm^2。土壤有机碳储量和年变化量也相应发生改变。与 1990 年相比，由于耕地面积增加，1998 年休闲地有机碳储量增加了近 1 倍，在总有机碳储量中所占比例也由 4.11％增加到 7.19％；春小麦地有机碳储量由 1990 年的 105.76×10⁶ t 下降到 1998 年的 69.42×10⁶ t，在总有机碳储量中所占比例由 9.26％下降到 5.58％。

表 5-7　1998 年东北三省不同土地利用类型耕地 SOC 及其年变化情况

指标	项目	休闲地	春玉米	春小麦	大豆	马铃薯	其他	总计/平均
有机碳年变化	数量（百万 t）	−1.88	−13.11	−1.97	−8.43	−1.20	−4.51	−31.1
	比例（％）	6.05	42.15	6.33	27.11	3.86	14.50	100.00
有机碳	数量（百万 t）	89.35	470.18	69.42	244.75	36.17	333.61	1 243.48
	比例（％）	7.19	37.81	5.58	19.68	2.91	26.83	100.00
耕地	面积（万 hm²）	113.24	610.92	83.03	262.15	44.84	408.72	1 522.90
	比例（％）	7.44	40.12	5.45	17.21	2.94	26.84	100.00
单位面积耕地有机碳年变化量（t/hm²）		−1.66	−2.15	−2.37	−3.22	−2.68	−1.10	−2.04

表 5-8　1990 年东北三省不同土地利用类型耕地 SOC 及其年变化情况

指标	项目	休闲地	春玉米	春小麦	大豆	马铃薯	其他	总计/平均
有机碳年变化	数量（百万 t）	−0.97	−11.98	−3.03	−6.21	−0.94	−4.88	−28.01
	比例（％）	3.46	42.77	10.82	22.17	3.36	17.42	100.00
有机碳	数量（百万 t）	46.89	424.67	105.76	198.36	29.52	336.55	1 141.75
	比例（％）	4.11	37.19	9.26	17.37	2.59	29.48	100.00
耕地	面积（万 hm²）	50.05	548.95	115.15	221.53	36.63	430.22	1 402.53
	比例（％）	3.57	39.14	8.21	15.80	2.61	30.67	100.00
单位面积耕地有机碳年变化量（t/hm²）		−1.94	−2.18	−2.63	−2.80	−2.57	−1.13	−2.00

由于耕地总量和不同作物种植面积的变化，耕地土壤有机碳的总储量及其分布的差异是显而易见的。同时，不同作物生长过程中土壤有机碳的平衡过程也是有很大的区别。单位耕地面积不同种植方式土壤有机碳丢失情况表明，由于生物量少（在相同的秸秆还田比例下还田量就少），种植大豆的土地与其他土地利用类型的耕地相比，土壤有机碳的下降速率大得多（比玉米地高 30％～50％），故大豆地更应注意土壤培肥。大豆是东北三省主要种植的作物之一，种植面积一般维持在 15％左右，

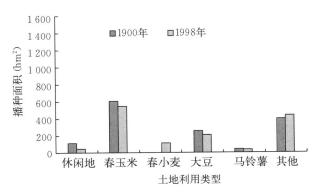

图 5-9　东北三省 1990 年和 1998 年作物种植情况

探讨如何持续保持和提高大豆地的土壤肥力，对东北三省整个地区的土壤培肥将起到积极的促进作用。

农业土壤的有机质含量取决于其年生成量和年分解量的相对值，并受各种自然成土因素的影响。土地利用方式的变化，尤其是近半个世纪以来，在巨大的人口压力下放牧方式和放牧强度的变化以及

农田开垦面积的增加，对资源环境尤其是土壤有机碳的影响也十分强烈。从前文利用 DNDC 模型对东北地区不同土地利用方式所引起的土壤有机碳储量及平衡的研究，也证明了这一点。可见，农田开垦后由于重用轻养，导致土壤有机碳含量下降，从而影响了土壤质量的提高，也制约了东北地区农业的可持续发展。土壤碳（氮）平衡作为农业可持续发展的一个重要指标，它的变化可为农业结构调整提供有力的依据。由于区域数据收集整理的滞后与准确性的判定，区域尺度的定量分析依然是目前我国研究的"短板"。本研究只是利用农业生态系统生物地球化学模型对未来东北三省农业土地利用变化所引起的土壤有机碳效应进行的一些粗浅评价，随着农业供给侧结构性改革的发展和结构调整的深入进行，今后东北三省农业结构调整和土地利用应本着以提高地区土壤质量和保障粮食安全为重点，合理安排种植业布局和轮作休耕，尽量减少温室气体的排放和增加土壤有机碳的储量。多种作物种植并存，开展"精准农业"的推广，并加强对作物残落物与秸秆还田、合理轮作、合理施肥技术的试验示范研究，为东北地区农业决策和广大农民开展土壤肥力管理提供辅助决策支持，促进当地农业的健康持续发展。

（三）不同施肥措施对土壤有机碳的长期影响

农业生态系统中土壤有机碳的变化是一个渐变的过程，土壤有机质的大部分组分在土壤中转化需要几十年甚至几百年的时间，通过机制性的模拟模型可以研究考察不同农田管理措施和种植方式对土壤有机碳的长期效应。邱建军等（2004）利用 DNDC 模型得出，不同农田管理措施对土壤有机碳含量影响的长期效应也截然不同（图 5-10），无论在土壤初始有机碳含量高（5%）还是低（1%）的情况下，不同的农田管理措施使土壤有机碳趋于各自平衡所需的时间基本相同，大约为 200 年。模拟结果表明，与当前的田间管理措施（重施化肥、少施有机肥、秸秆还田比例小）相比，增施有机

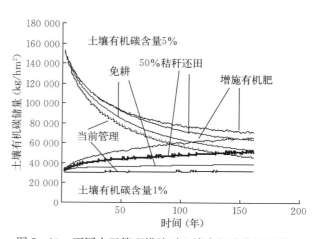

图 5-10 不同农田管理措施对土壤有机碳含量的影响

肥、增加秸秆还田比例和采取免耕方式（30%地上秸秆还田）均可有效增加土壤有机碳的积累。而土壤有机碳的持续积累是土壤保持长期肥力的根本，对农业生产的可持续发展意义重大。因此，对增加土壤有机碳的措施必须长期坚定不移地实施下去。

各个地区由于气候条件及人为管理措施等不同，对土壤有机碳的影响也有所差别。本研究利用国家黑土肥力与肥料效益监测基地——公主岭长期定位试验进行了 60 年的长期模型模拟，结果表明，CK 与 NPK 处理下，0~20 cm 土壤有机碳含量总体都呈下降趋势，且 CK 降幅更显著，至 2050 年土壤有机碳含量为 10.2 g/kg，比 1990 年试验开始下降了 22.55%，平均每年降低 0.37%；NPK 处理降幅较低，前 35 年相对平稳地下降了 4.00%，后 25 年降速增大，土壤有机碳从 12.5 g/kg 下降至 11.6 g/kg，下降了 7.20%，降幅约是前 35 年的 2 倍。施用化肥能够提高作物的生物量，进而增加归还土壤的根茬量，使得最初几年有机碳含量下降不明显。长期来看，单施化肥（NPK）处理最终表现为土壤碳的输出高于输入，土壤有机碳出现明显亏缺，不利于土壤有机碳的保持。NPK+S 处理的土壤有机碳含量变化趋势在整个模拟期间相对比较稳定，从 1990 年的 12.1 g/kg 增长至 2050 年的 14.4 g/kg，平均每年递增 0.31%。而 3 个化肥有机肥配施处理在未来 40 年里（2011—2050 年）呈稳定增长态势，以 1.5 NPK+M1 处理增势最为显著。2010—2050 年，NPK+M1 处理土壤有机碳含量增加 13.65%，1.5 NPK+M1 处理土壤有机碳含量增加 15.74%，NPK+M2 处理土壤有机碳含量增加 15.84%。可见，化肥有机肥配施和秸秆还田可以保持和提高土壤有机碳含量（图 5-11）。

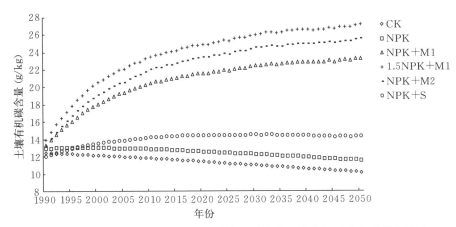

图 5-11　公主岭长期定位试验不同管理措施对土壤有机碳变化的长期影响

（四）东北三省耕地土壤碳平衡对全球气候变化的响应及应对策略

在全球气候变化的研究过程中，全球问题与区域问题的结合更加紧密，并逐渐达成共识。全球性问题的研究需要由区域研究来完成，区域性研究必须体现全球性问题。我国位于地球环境变化速率最大的季风区，其环境具有空间上的复杂性与时间上的易变性，对外界变化的响应和承受力具有敏感性和脆弱性的特点。我国又处于经济高速发展、人口压力剧增的时期，人类活动对环境的扰动显得尤为突出。当前，我国面临干旱与河流断流、荒漠化、水土资源保障程度不够及灾害频繁发生等问题，成为我国经济与社会可持续发展的严重阻碍。在国际环境外交日益激烈的今天，不能不引起高度重视。我国全球变化研究具有独特的地域优势，典型区域全球变化的响应研究显得尤为重要。因为变暖是全球气候变化的主要表现形式，因此本章节主要针对全球变暖的响应开展研究。

1. 对全球变暖的响应　随着全球变暖的加剧，陆地生态系统的碳氮循环会发生相应的变化。应用 DNDC 模型模拟结果表明，随着全球变暖，东北三省耕地土壤有机碳的丢失会加剧，农田土壤 CO_2 和 N_2O 释放也会显著增加。在全球气温升高 2 ℃和 4 ℃的情况下（其他条件与 1998 年相同），东北三省耕地土壤有机碳的丢失分别会显著增加 15.5% 和 27.4%，农田土壤释放 CO_2 分别会增加 6.3% 和 12.6%，N_2O 释放也分别会相应增加 4.7% 和 18.5%。因此，必须研究应对全球变暖的农业措施。

2. 对全球变暖的应对策略　东北三省是我国重要的粮、畜、林生产基地，向全国提供大量商品粮、大豆、畜禽产品和木材等重要的农副产品。这里具有全国最丰富的土壤有机碳储量，是世界上有名的四大黑土带之一；并且有诸多的森林、草原和湿地，对于全球变化能起到一定的调节作用。针对东北三省农业耕地的变化、利用现状及 DNDC 模型对该地区农业土壤碳氮平衡特点和温室气体排放量的模拟，提出如下对全球变化响应的应对策略。

（1）选育和推广优良的作物品种。据任国玉（1993）和丁一汇（1997）的研究表明，全球变化对农业生产特别是粮食生产至关重要。我国东部地区作物的分布比世界其他地区更接近于可能种植的边界。未来全球气候变化形势对农业生产的影响可能更多还是有利的，这与 CO_2 本身促进光合作用及水热条件更为适宜有一定的关系。但全球变化尤其是气候变暖会加重作物病虫害的发生。马树庆（1996）提出，当气温增高 1.5～2.0 ℃后，吉林、黑龙江南部地区的黏虫、玉米螟将由一代增加到二代，而辽宁中、南部由二代增加为三代；病虫害越冬存活量将增加，发生期也会提前。因此，有必要加强农业基础研究，储备和培育一批高产、优质、抗病虫害的作物品种，并且有选择地从国外引进一些优良品种。针对提高碳氮利用率、减少碳氮损失（温室气体排放），可把提高肥料利用率作为育种目标培育一批高产的作物新品种。

（2）增加有机肥投入，提高土地覆盖程度。东北三省由于土壤有机质含量比较高，农民一般都是靠天靠地"吃饭"，没有形成施用有机肥的耕作习惯，秸秆还田率也只有 10%～15%。至于秸秆发酵后还田、过腹还田等则少之又少，土地覆盖程度比较低。对耕地物质投入的不足，已经使该地区耕地质量退化，持续供给作物养分的土壤肥力下降，并使耕地有机碳大量流失，成为温室气体排放的重要源。据 DNDC 模型模拟分析，在正常情况下，1998 年东北三省农业土壤有机碳减少了 31 Tg，如果增加秸秆还田比例，在 50% 秸秆还田的情况下，土壤有机碳含量则会增加 9 Tg。这充分说明增加有机肥投入，提高土地覆盖程度，既可提高土壤肥力，又可减少 CO_2 的大量释放。

（3）减少化肥用量，采用科学施肥技术，提高肥料利用率。不施肥或少施肥是减少温室气体排放，特别是 N_2O 的最佳措施。据 DNDC 模型模拟，不施化肥可使温室气体排放减少 25.77%，减少 50% 化肥用量则温室气体排放总量下降 12.32%。但是，针对我国的国情来说，可以逐步减少化肥施用量，采取深施化肥、平衡施肥、有机肥与化肥相结合、施用长效缓释肥等科学施肥措施，提高肥料利用率，减少肥料损失，进而实现减少对环境的污染和温室气体的排放。

（4）积极调整农业结构，优化土地利用与土地覆盖。东北三省的农业发展，一方面，应根据国内和国际市场情况，本着农业增效和农民增收的目的，积极调整农业结构，使粮、油、经、饲的种植达到一个优化的布局，使土地逐步达到最高效的利用；另一方面，要坚持用地养地相结合，实行粮草间作、套种、休闲和轮作，增加绿肥的播种面积，增加地面覆盖，提高土壤有机碳储量，减少温室气体的排放，实现农业的可持续发展。

第三节　黑土耕地土壤有机质提升（维持）关键技术与模式

有机碳贫乏作为我国耕地土壤的基本特点，一方面，为我国农田土壤有机质提升（维持）提供了较大的空间；另一方面，也体现了我国实施农业固碳的必要性和紧迫性。根据目前东北地区尤其是黑土农田土壤碳平衡研究的现状和今后保持生产与生态双重安全的需求，本研究在定位试验监测和过程模型相结合的研究基础上，参考前人研究的技术，总结提出如下可行的提升（维持）农田土壤有机质的措施。

一、秸秆还田技术模式

（一）生产中的实际问题

秸秆还田技术是我国传统保持地力的农业措施。东北属于高寒地区，秸秆还田腐解所需时间较长，且秸秆还田下的土壤碳固定效应在不同地区具有提升、不变和下降等不同效应（张庆忠 等，2005；黄斌 等，2006；刘武仁 等，2011）。但是长期试验与模型模拟结果均表明，秸秆还田技术是一项保持或提升土壤有机质含量的实用技术（王立刚 等，2016；邱建军 等，2004）。东北春玉米区作为我国玉米主产区，年产玉米秸秆 1 亿 t 以上。玉米秸秆作为燃料、饲料和肥料分别占总量的 35.4%、30.8% 和 19.8%（王如芳 等，2011），其中作为燃料焚烧比例最大，既造成能源浪费、环境污染、生态破坏，同时还会对交通运输造成干扰。目前，国家大力提倡的秸秆利用方式，玉米秸秆还田是一项培肥地力的增产措施，一般可增产 5%～10%（郑金玉 等，2014）。长期坚持秸秆还田的增产效果更显著，可高达 20% 以上（周怀平 等，2013）。另外，还能增加土壤有机质，改善土壤结构，提高微生物活性和增强作物根系发育，在提高肥料利用率、节本增效、保护环境、促进农业可持续发展等方面起到重要作用。

（二）主要技术内容

东北温带季风性气候区（以吉林公主岭为监测点）春玉米秸秆还田技术模式是在雨养条件下实现作物高产、资源高效利用和环境友好相统一的综合增产固碳技术体系。主要技术要点如下。

1. 秸秆还田选择合理的还田方式与时间　根据当地土壤肥力特点及耕作管理习惯，采用秸秆粉碎全量连年还田的方式，即用秸秆粉碎机将摘穗后的玉米秸秆就地粉碎，均匀抛撒在地表，随即翻耕入土，使之腐烂分解。秸秆粉碎的长度应小于 10 cm，并且要撒匀。建议在连年还田的条件下采用秋季秸秆还田的方式，更有利于保证玉米的出苗率。土壤有机质含量较高、土壤含水量较好的条件下，也可以采取春季还田的方式，将秸秆粉碎并添加适量的腐熟剂，并比播种时间至少提前 15 d 将秸秆还田，以免影响玉米出苗。秸秆还田比例控制在 50%～75% 相对比较适宜。

2. 均衡施用氮磷钾肥　由于本地区土壤肥力综合水平位于第二次全国土壤普查标准的二级以上，同时当地农户施肥量普遍偏大，因此可根据土壤养分状况和农民的施肥习惯，利用秸秆全量连年还田补充的有机氮代替无机氮。在当前农民习惯氮肥施用量的基础上，合理减少氮肥用量 20%～50%，即把氮肥用量控制在（180±30）kg/hm² 范围内，其中基肥：追肥＝1:2，追肥最佳时期为大喇叭口期。在这种情况下，既可以保证玉米产量，又能显著提高氮肥利用率（氮肥当季利用率可达 40%～60%），同时还可以降低氮素的污染流失。另外，磷肥（P_2O_5）和钾肥（K_2O）的施用量均为 90 kg/hm²。

（三）取得的效益

相比当地农民施肥习惯量，该技术模式可以减少肥料投入量 20%～50%，提高了肥料利用率，土壤肥力水平提高，同时比农民传统施肥模式增加产量 3%～8%。另外，多年田间观测试验研究表明，该技术比农民传统施肥提升土壤有机质含量 0.5 g/kg，差异达到显著性水平。

二、有机无机肥配施技术模式

（一）生产中的实际问题

土壤有机质含量主要受施入土壤的有机肥性质的影响，且有机无机肥配施对培肥地力、增加土壤有机质含量的作用较明显（孙宏德 等，2002；徐志强 等，2008）。唐继伟等（2006）研究表明，化肥的主要作用是增加土壤速效养分的供给，有机肥的主要功能是改善土壤养分库容，有机肥与化肥相结合后可以集二者之所长，在培肥地力和提高产量方面优于二者单独施用，在农业管理上是保证作物增产以及推动土壤资源持续发展的重要措施。当前，由于种植业与养殖业的脱节、实用机械的缺乏和培肥意识的淡化，东北大田粮食作物种植过程中施用有机肥者少之又少，只是在少数经济作物和蔬菜种植中施用，进而导致该地区土壤有机质下降、碳氮比例失衡、土壤供肥能力难以持续等问题发生。本研究以春玉米为例，综合考虑春玉米需肥规律、土壤供肥能力，制订有机肥和化肥的施用量及施用时期方案，研究集成并推广春玉米有机无机肥配施技术。

（二）主要技术内容

本技术包括优化施肥、有机肥施入技术体系（图 5-12）。

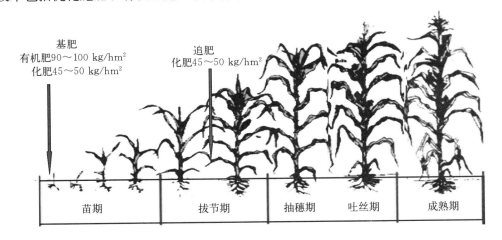

图 5-12　春玉米有机无机肥（氮）配施技术

1. 施肥量　氮肥总体控制在 180～200 kg/hm²，磷肥 90～110 kg/hm²，钾肥 90～110 kg/hm²。

2. 有机肥选择　有机肥选择腐熟有机肥 10～15 t/hm²，总氮含量为 90～100 kg/hm²。一般作底肥施用，可沟施、穴施或撒施，施肥时需避开植物根茎。

3. 化肥施用　施肥方式采用基肥与追肥分次施入，基肥：追肥＝1：1。

（三）取得的效益

本研究结果显示，与农户施肥模式相比，有机无机肥配施技术模式使玉米增产 10%～14%，解决了该区域由于耕层质量下降引起后期肥料供应不足、玉米早衰等问题；并且，研究还发现，该技术模式从长期尺度来看，不仅能减少温室气体（N_2O 等）的排放，还能起到农田土壤固碳的效应，达到"固碳"和"减排"同步的效果，是今后当地发展低碳农业的可选技术模式。

三、合理耕层构建技术模式

（一）生产中的实际问题

黑土由于长期采用浅耕、浅松的表层耕作方式，土壤耕层不足 15 cm，犁底层坚硬度达 2～6 kg/cm^2，厚度为 7～11 cm，导致土壤保水保肥能力降低，严重影响春玉米的生长发育，进而限制了玉米产量潜力的进一步挖掘（李华 等，2013）。土壤退化与不合理的农业耕作及管理方式关系密切，开垦年限越长，黑土层越薄，土壤理化性质越差。不合理的耕作方式加速了有机质的流失（范昊明 等，2004），影响土壤质量的保持；而适宜的耕作方法可以改善土壤通透性，提高土壤保水保肥能力，进而提高土壤的生产性能，有利于作物的生长发育，从而提高作物产量。近年来，合理耕层的构建已经成为生产实际和科研关注的热点（王立春 等，2008），深松（翻）是近年来在深松耕技术基础上发展起来的一项新型耕作技术。该方法采用专用耕作机械，通过旋磨深松土壤，在打破犁底层的同时还能不打乱主体土层而使土壤松软，集合了深松、旋耕和翻耕 3 种耕作方法的优点，成为目前合理耕层构建的主要技术模式。另外，国家也非常重视土壤耕地质量问题，针对土壤耕层逐渐变薄的问题，专门出台了"深松作业补贴"政策，积极鼓励此项技术的推广应用。

（二）主要技术内容

本技术模式包括深松（翻）、秸秆还田和交替休闲相结合等内容，具体要求如下。

1. 隔年深松　采用隔年深松的方式，宽幅深松的宽度为 25～35 cm，深度为 25～30 cm。

2. 秸秆还田或施用有机肥　秸秆还田比例为 30%～50%，比例过高，不容易当季腐熟。如果秸秆还田不容易实施，建议增施有机肥，选择腐熟有机肥 10～15 t/hm^2。

3. 苗带和茬带交替休闲　苗带和茬带隔年轮换形成了交替休闲的耕种方式，具有恢复地力的作用，保证了苗带的良好环境状态。

（三）取得的效益

试验研究表明，在典型平地黑土区，该技术模式可以显著提高春玉米产量 5%～10%，能够提高土壤有机质含量与氮素养分含量。其机制是改变了土壤易氧化活性有机碳与溶解性有机碳的含量，并提高了相应土壤酶的活性。

第六章 黑土养分管理与高效利用 >>>

美国农业部自然资源保护服务中心（Natural Resource Conservation Service）提出农田养分管理的概念：平衡和供给作物生产所需植物养分，合理利用植物养分，保持和提高土壤质量，保护水、空气、植物、动物和人类资源。20世纪90年代初，我国提出的概念：从农田生态系统的观点出发，利用自然和人工的养分资源，通过有机肥与化肥投入、土壤培肥与保护、生物固氮、植物品种改良和农艺措施等有关技术的综合运用，协调农业生态系统中养分的输入、输出和投入产出平衡，调节养分循环与再利用强度，实现养分的高效利用，使生产、生态、环境和经济效益协调发展。农田养分管理的目标是高产、优质、环境友好及生态安全。养分高效利用是采用科学施肥、挖掘土壤养分潜力、提高土壤养分有效性、加强养分的循环利用等。2009年以来，国际植物营养研究所（International Plant Nutrition Institute，IPNI）和国际肥料工业协会（International Fertilizer Industry Association，IF-IA）创新提出并逐步完善了"4R"养分管理的概念。所谓"4R"养分管理，可简单归纳为选择正确的肥料品种（right source）、采用正确的肥料用量（right rate）、在正确的时间（right time）将肥料施用在正确的位置（right place）。近年来，由于气候变化和长期掠夺式经营，黑土层变薄、土壤质量下降、土壤养分降低，影响作物产量。养分管理与高效利用对于提高土壤肥力、增加粮食产量、保障粮食安全及实现农业可持续发展具有重要的作用。

第一节 玉米养分管理与高效利用

玉米是重要的粮食作物、饲料作物和工业原料作物，也是世界上种植最广泛的谷类作物之一。自2001年起，玉米成为全球第一大作物。目前，全球玉米种植面积达1.3亿 hm² 以上，总产量7亿 t 左右，约占全球粮食总产量的35%。玉米是我国播种面积第一、总产量第二的作物。1949—2009年，玉米播种面积由1 107万 hm² 增加到2 900万 hm²；总产量由1 175万 t 增加到16 300万 t，增长了近13倍。新中国成立以来，黑龙江的玉米生产有了巨大发展。1949—2010年，玉米播种面积由151万 hm² 增加到520万 hm²，增长了2.44倍；总产量由198万 t 提高到2 324万 t，增长了10.74倍；单产平均从1 308 kg/hm² 提高到4 470 kg/hm²，增长2.42倍（苏俊，2011）。黑龙江是全国最大的玉米主产区和生产基地，玉米总产量、商品率均居全国首位，每年调出玉米125亿~150亿 kg，玉米商品率达70%以上。2014年，黑龙江玉米播种面积772.3万 hm²，占作物播种面积的52.2%；总产量3 544.1万 t，占粮食总产量的56.0%。玉米对黑龙江农业及经济社会发展乃至国家粮食安全都起到至关重要的作用。然而，黑龙江玉米平均单产仅为5.0 t/hm²，远远低于美国玉米的平均单产（10.4 t/hm²），我国玉米的平均单产为5.6 t/hm²。因此，黑土养分管理与高效利用对于最大限度地发挥土壤增产潜力、提高肥料利用率、提高玉米产量、改善玉米品质、实现节本增效及农业可持续发展具有重要的意义。

一、化肥在粮食生产中的作用及黑土区玉米施肥现状

（一）化肥在粮食生产中的作用

随着人口的增加和耕地的减少，我国粮食安全与资源消耗和环境保护的矛盾日益尖锐。化肥作为粮食增产的决定因子在我国农业生产中发挥了举足轻重的作用（张福锁 等，2008）。Bockman 等（1990）指出，1950 年谷物所需的养分主要来自土壤的"自然肥力"和加入的有机肥，仅有很少部分来自化肥；然而，2020 年谷物产量的 70% 依赖于化肥。著名育种学家 Borlaug 在全面分析了 20 世纪农业生产发展的各相关因素之后得出结论："20 世纪全世界所增加的作物产量中一半是来自化肥的施用"。据联合国粮食及农业组织的资料可知，在发展中国家，施肥可提高粮食作物单产 55%～57%、总产量 30%～31%。20 世纪 80 年代，在我国粮食增产中，化肥的作用占 30%～50%（金继运 等，2006）。王旭（2010）通过对我国主要农业生态区粮食作物化肥增产效应的研究表明，化肥在我国各区域粮食作物增产中发挥了重要作用，其中玉米化肥增产率为 28.5%～43.0%，化肥贡献率为 22.2%～30.1%。

虽然肥料在农业生产中对粮食的增产发挥了不可替代的作用，但是大量化肥的投入对地下水、大气等环境造成巨大的负面影响，已经成为一个亟待解决的环境问题。统计数据表明，发达国家氮肥利用率为 40%～60%，磷肥为 10%～20%，钾肥为 50%～60%；而我国氮肥利用率平均为 30%～40%，磷肥为 10%～25%，钾肥为 35%～60%（朱兆良，1998；林葆 等，1997；谷洁 等，2000）。Baligar 等（2001）指出，亚洲地区主要作物施用氮肥多而单产低的主要原因之一是氮肥利用率低。平均计算，施入土壤的常规化肥有 45% 的氮素通过不同途径损失。我国每年氮肥施用量平均为 2 600 万 t，每年损失的氮肥达 1 170 万 t，仅氮肥经济损失近 330 亿元。

（二）黑土区玉米施肥现状及存在问题

1. 限制玉米单产提高的因素 玉米产量的提高受品种、气候、耕作栽培措施、施肥、农田管理等多种因素的影响和制约。齐晓宁等（2002）提出制约黑龙江玉米单产提高的主要因素如下：种植品种单一，品种更新周期长；保苗密度不合理；玉米连作病虫害加重；整地质量差；肥料施用不合理，导致土壤肥力下降等。王崇桃等（2010）采用参与式方法，对我国玉米主产省份和东北春玉米与黄淮海春、夏播玉米以及西南山地玉米三大主产区生产限制因素进行评估，研究结果表明，耕作栽培管理粗放、施肥方法不科学、技术不规范和到位率低等栽培管理技术方面的问题在不同生态区造成的玉米产量损失占 28.8%～57.7%，按玉米区试产量潜力计算，每公顷损失 974.76～2 230.34 kg。玉米单产的不断提高，主要依赖农业科技水平的提高，其中玉米品种的更新、栽培新技术的逐步推广，尤其是肥料的投入对玉米单产提高的贡献率高达 50%～60%（曹国军 等，2008）。

2. 玉米生产施肥现状及存在问题 据统计，20 世纪 80 年代化肥在粮食增产中的作用占 30%～50%（林葆，1991；金继运 等，2006）。王旭（2010）等通过对我国主要农业生态区粮食作物化肥增产效应的研究表明，化肥在我国各区域粮食作物增产中仍然发挥了重要作用，其中玉米化肥增产率为 28.5%～43.0%，化肥贡献率为 22.2%～30.1%。当前，玉米施肥方法主要有一次性施肥和分次施肥。玉米一次性施肥方法劳动效率高，被越来越多的农民所接受。一次性施肥法主要是指结合整地在原垄沟一次性把全部肥料施入垄沟后覆土，施肥深度一般为 10～15 cm，整个生育期内不再追肥（高强 等，2008）。近年来，有人提出了氮肥后移技术（王激清 等，2008），即氮肥分多次施用，以更好地实现养分供应与作物吸收同步（赵士诚 等，2010）。肥料对玉米产量的提高起到了至关重要的作用，虽然人们越来越重视肥料施用的方式方法，但东北春玉米生产土壤及施肥中仍然存在许多问题。

（1）有机质下降，耕层变薄，土壤养分恶化，土壤保水保肥能力下降。耕层浅的问题在东北春玉米区表现严重（王崇桃 等，2010）。目前，黑龙江耕地质量逐年下降，水土流失严重（刘兴土等，2009），尤其是随着化肥施用量的逐年增加、农肥施用量的减少以及小型农机具的大量使用，土壤板

结、犁底层上移，理化性质变劣，耕层变浅。由于连年的掠夺式生产，土壤肥力逐年下降，加之肥料施用不合理，有机肥施用量少，重用轻养，使得土壤有机质入不敷出，土壤有机质含量平均已下降到3%左右，严重影响了玉米产量的提高。

（2）盲目施肥，肥料施用比例不合理，偏施氮磷肥，轻钾肥、微生物肥及有机肥现象严重。高强等（2010）在2008年采用随机抽样的方法对东北地区443个农户进行问卷调查，通过分析施肥调查资料得出：东北地区春玉米氮肥（N）、磷肥（P_2O_5）、钾肥（K_2O）的平均施用量分别为207 kg/hm^2、100 kg/hm^2、65 kg/hm^2，比例为1∶0.5∶0.3；农户玉米肥料施用量不合理的突出问题是磷肥用量偏高，钾肥用量偏低。调查区农户绝大多数不施有机肥，施用有机肥的农户仅占总调查农户数量的6%，根据习惯、地力和技术手册来确定肥料用量的比例分别为69%、37%和3%。

（3）施肥结构不合理、肥料利用率低、环境污染严重。张福锁等（2008）总结了在全国粮食主产区进行的1 333个田间试验结果指出，相对于朱兆良的研究结果，我国主要粮食作物的氮磷钾肥利用率均呈逐渐下降趋势，产生这一现象的主要原因是肥料用量的增加。当前，东北春玉米生产施肥技术中存在施肥量大、重施基肥，追肥时期、追肥比例不合理及肥料利用率低等缺点。东北地区大部分农户采用的玉米施肥方式主要是沟施和穴施，二者的比例分别为62%和33%（高强 等，2010）。玉米追肥肥料流失量大，覆土浅，深翻问题还没有得到很好的解决。黑龙江玉米施肥"一炮轰"占2/3。这种施肥方式往往造成前期生长过旺，中后期脱肥，远远不能满足穗分化和灌浆期等对养分的需求，致使穗小、粒少、抗性差，产量低而不稳（王振华 等，2008）。从玉米生产实践来看，肥料施用方式不合理，不仅造成土壤板结，而且肥料也难以被玉米吸收，使得肥料利用率降低。盲目增施化肥不仅造成玉米产量不稳定、农业生产成本上升，而且对生态环境造成严重威胁。

二、春玉米氮、磷、钾养分吸收特性

氮是玉米生长发育必需的营养元素之一，它在植物体组成和生理代谢上有十分重要的作用，对作物产量和品质的影响最为直接，施用效果十分显著。一般情况下，氮肥施用量与产量基本呈抛物线关系（王建国 等，2011）。也有研究表明，在一定氮肥用量条件下，玉米成熟期干物质积累量和产量随着氮肥用量增加而增大（陈远学 等，2014）。氮肥施用不当，会使作物产量和品质下降，而且氮肥的流失又是大气、水体的主要污染源之一（Schwab，1990；朱兆良，2000）。

磷是玉米生长发育必需的营养元素之一，是构成核酸和磷脂等大分子物质的重要成分，直接参与植物体内的代谢过程。合理施用磷肥能提高作物的抗逆性和适应能力，达到提高产量、改善品质的作用（王伟妮 等，2011；黄绍文 等，2004）。此外，磷肥本身含有多种有害杂质（如重金属镉），大量施用磷肥会造成重金属元素在土壤和水体中积累，直接威胁人类的健康（陈宝玉 等，2010）。

钾是玉米生长发育必需的营养元素之一，可以促进植物体内酶的活化，增强光合作用，促进糖代谢和蛋白质合成，增强植物抗旱、抗寒、抗盐碱、抗病虫害等能力，同时钾在改善植物产品品质方面也起着重要作用。合理施用钾肥不仅可以提高玉米产量、增加养分吸收总量，还有利于土壤钾素的收支平衡，提高土壤速效钾含量，对维持土壤钾素肥力的稳定具有重要的作用（谢佳贵 等，2014）。过量施钾不但影响氮、钙、镁、硼的吸收，也会影响作物产量、品质，造成钾肥资源浪费。

氮、磷、钾是玉米正常生长必不可少的肥料三要素。充足的养分供应是玉米获得高产的关键（何萍 等，1998）。随着玉米产量的增加，氮、磷、钾的吸收量也在增大（张颖，1997；郭景伦 等，1997）。施肥是调控作物群体发育的主要方法之一。玉米对氮、磷、钾的吸收利用因品种、土壤的养分水平、气候条件、肥料用量及施肥时期的不同而异。合理进行玉米氮磷钾肥运筹有助于保证玉米氮磷钾素吸收与最佳氮磷钾素供给同步，从而通过形成合适的群体质量以提高产量与品质。研究不同施肥条件下玉米对氮、磷、钾养分的吸收和累积规律，有助于采取有效施肥措施，调控玉米生长发育，提高玉米产量和肥料利用率，为玉米合理施肥提供依据（田立双 等，2014）。

（一）吸氮特性

玉米一生中体内的氮素含量在不断发生变化，不同生育时期对氮素的吸收量及吸收效率也不相同。在营养生长阶段，随着生育进程推进，玉米地上部的叶片、茎秆营养器官的氮素吸收量不断增大。春玉米氮素养分累积吸收曲线呈典型的 S 形（图 6-1），在苗期—营养生长期—生殖生长期，氮素吸收速率呈现慢—快—慢的趋势。也就是说，在苗期，春玉米主要的营养靠胚乳供应，氮素吸收量很少；苗期过后，六叶期—小喇叭口期，玉米正处于营养生长旺盛期，吸氮量增加，吸收速度明显增快，吸收的氮量快速累积；大喇叭口期至散粉期，玉米营养生长与生殖生长并

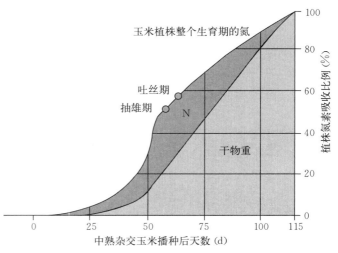

图 6-1　玉米生育期氮素吸收曲线变化

进，所吸收的氮素主要向籽粒转移；散粉期以后，玉米的氮素吸收速度缓慢下降。

王海生等（1994）研究表明，苗期至拔节期，春玉米氮素积累量仅占总量的 13% 左右；拔节期至吐丝期是春玉米的吸氮高峰期，平均每天吸氮 3.750 kg/hm²，氮素积累则达 75%；吐丝期后吸氮逐渐下降。刘景辉等（1994）研究表明，玉米氮素供应主要集中在营养期约 60 d 的时间内。Amon 认为，玉米抽雄期前 10 d 至抽雄期后 25～30 d 是玉米吸收氮素最多的时期，吸氮量占总氮量的 70%～75%。刘克礼等（1994）对春玉米需氮规律进行研究后认为，春玉米整个生育期氮素的分配随着生长重心的改变而改变。在散粉之前，氮素在叶片中累积量最多，占整株的 50% 以上，其次是分配在茎秆中。随着玉米的生长发育，生长重心发生转移，散粉以后，氮素的分配重心转移到籽粒。在灌浆期，雌穗中氮素的分配量占整个玉米植株总氮量的 40% 左右。因此，氮素的施用需根据玉米氮肥需求规律进行，春玉米在生殖生长阶段不需要过多的氮素，若施用量过多，会造成贪青晚熟而减产。

施肥对玉米氮素吸收具有一定的影响。胡田田等（1999）的试验结果表明，在不施肥情况下，春玉米穗期吸氮量很大，吸氮量占全生育期总量的 47.1%。在施肥情况下，穗期吸氮绝对量虽然增加，但其相对量减小，仅为 25.2%～37.7%；而花粒期不仅绝对吸氮量急剧增大，相对吸氮量也迅速升高，可达全生育期总量的 49.5%～58.5%。施肥提高了春玉米的吸氮强度，尤其是生长发育后期的吸氮强度。不施肥处理春玉米一生中只有 1 个吸氮高峰，在拔节期至喇叭口期；而施肥处理有 2 个吸氮高峰，第一个同样出现在拔节期至喇叭口期，第二个出现在吐丝期至灌浆期，且后者峰值高于前者（低肥除外）。

（二）吸磷特性

玉米对磷的吸收与生育进程间呈 S 形曲线变化。磷的吸收速度在其生长发育期间呈单峰曲线变化，峰值在出苗后 78 d 左右（时值散粉期）。每生产 100 kg 籽粒需吸收磷（P_2O_5）1.05 kg（刘景辉等，1995）。王贵平等（2000）认为，植株在苗期吸收量少，地上部吸收量分别占全生育期总量的 1.68% 和 1.32%，吸收速度也较慢，分别为 1.037 kg/(hm²·d) 和 1.015 kg/(hm²·d)；苗期至拔节期，磷素累积量有所增加。Sayre 认为，玉米整个生育时期内都有磷素的积累，最大吸收速度是在出苗后第 3～6 周。Hanway 指出，玉米苗期吸收磷比干物质累积稍快，而中、后期两者平行，到乳熟期以后吸磷停止。Bromfield 研究认为，玉米出苗后 4 周至收获前，植株吸磷直线上升，平均每公顷每天可达 0.13 kg；穗中的磷从 10～12 周增加，之后 2 周趋于稳定，从 14 周至收获期前明显增加。磷素在各器官的分配随生长中心转移而变化，小喇叭口期之前主要分配在叶片中，小喇叭口期至散粉期主要分配在叶片、茎秆中，散粉之后分配中心转向果穗，供籽粒生长发育。春玉米在散粉期之后，磷素吸收量占总量的 50% 左右，因此在春玉米生育后期，必须保证供给足够的磷素。

春玉米苗期、拔节期至喇叭口期、喇叭口期至吐丝期 3 个阶段吸磷量均随施肥水平提高而增大；但后两个生长阶段中，相对吸磷量均随施肥水平提高而减小。进入吐丝期以后，吸磷量急剧增加，增加幅度随施肥水平增大而变大；相对吸磷量也随之提高，并随施肥水平提高而增大。施肥增加了玉米各生长阶段，特别是吐丝期至灌浆期的磷素吸收强度，从而加大了后期磷素绝对吸收量和相对吸收量。

（三）吸钾特性

玉米对钾吸收累积的速度，在前 30 d 生长期内超过氮、磷养分。春玉米对钾的吸收前期较快，至乳熟末期停止吸收，并开始有"外渗"现象，其与生育进程间呈二次曲线变化。钾的吸收速度在玉米生育期间呈单峰曲线变化，峰值在出苗后 50 d 左右。在玉米一生中，散粉以前钾素主要分配在叶片中，之后转入茎秆中。每生产 100 kg 籽粒需吸收钾（K_2O）2.24 kg（刘景辉 等，1996）。玉米培养试验证明，出苗后 28 d 玉米对氮、磷吸收速度最快，而钾在玉米发芽后不久即达到最大吸收速度。何萍等（1999）也认为，玉米在生长前期钾素吸收较快，至灌浆期已积累了总量的 82.18%～95.15%，此后仅有少量吸收。也有研究认为，钾素在三叶期吸收百分率为 20% 左右，拔节后增至 40%～50%，抽雄吐丝期钾素累积吸收已达 80%～90%（樊智翔 等，2003）。

春玉米吸钾主要集中在吐丝期以前，施肥的影响也主要表现在这一阶段。不同施肥处理均为苗期吸钾速度慢，拔节期至喇叭口期吸钾迅速加快，达到一生中吸钾速度的峰值；进入喇叭口期以后，春玉米吸钾的速度逐渐下降。施肥均不同程度增大了各阶段吸钾速率和吸钾量，尤其是显著增加了吐丝期以前的吸钾速度、绝对吸钾量和相对吸钾量。吸钾高峰期即拔节期至喇叭口期，施肥处理吸钾速度是对照的 1.69～2.13 倍。截至吐丝期，施肥处理绝对吸钾量是对照的 1.73～2.11 倍，相对吸钾量前者为 74.21%～81.42%，后者为 68.4%。钾的吸收量、吸收速率和吸收比例峰值均出现在拔节期至喇叭口期，除拔节期至喇叭口期高量施肥低于减量施肥外，其他生育阶段均为减量施肥低于高量施肥。钾的吸收速率在吐丝后下降明显，说明开花后玉米对钾的吸收量减少，钾转移到落叶和死根中是造成其积累量下降的主要原因。

三、黑土区玉米施肥指标体系的建立

玉米吸收的营养绝大部分来自土壤，土壤养分丰缺状况是玉米推荐施肥的基本依据。20 世纪 80 年代，我国土壤肥料科技工作者根据第二次全国土壤普查的结果，分土类、分作物开展了主要作物测土推荐施肥参数的研究，建立了适合当时生产条件的土壤养分丰缺指标体系（中国农业科学院土壤肥料研究所，1994）。生产实践对施肥精度的需要是土壤肥力分级主要的依据（章明清 等，2009）。以往的研究人员对土壤肥力等级划分方法不同。周鸣铮等（1987）将土壤肥力划分为 5 级，即极低、低、中、高和极高；黄德明等（1988）认为，作物年际间的产量变幅足够大，足以掩盖过细的肥力级差，故划分 3 个肥力等级。由于理化性质、水文及气候等因素的差异，不同区域土壤氮磷钾养分丰缺指标也各异（张福锁，2006；陈新平 等，2006）。通过土壤养分测试和田间肥效试验结果，建立不同作物、不同区域的土壤养分丰缺指标是进行测土推荐施肥的关键（白由路 等，1993）。然而，随着国家社会经济的快速发展，作物品种、栽培技术、土壤状况、生产条件和分析测试技术等都发生了巨大的变化，原有的参数和资料已经不能适应新形势下测土推荐施肥的要求（张福锁，2006）。许多报道均指出（姬景红 等，2010；邢月华 等，2009），盲目施用化肥，不仅会造成土壤板结、营养比例失调、肥料利用率降低，还会造成农业污染，从而影响玉米的产量和品质。

测土配方施肥是根据土壤的供肥性能、作物需肥规律的肥料效应，提出肥料的施用数量、养分比例、施用时期和施用方法的技术，以达到增产、节本、提高化肥利用率、改善农产品品质、防止农业资源污染的目的（刘顺国 等，2008）。而施肥指标体系的建立是提高测土配方施肥技术水平的重要基础，也是长期推广应用测土配方施肥的技术支撑（孙义祥 等，2009）。当前的测土配方施肥目标已由单一追求高产向实现作物高产、肥料高效、环境友好和农业可持续发展转变，而建立当前我国不同生态区作物土壤养分分级指标并确定作物相应的推荐施肥量是实现以上目标的关键（王圣瑞 等，

2002）。"3414"试验方案既吸收了回归最优设计处理少、效率高的优点，又符合肥料试验和施肥决策的专业要求。采用"3414"试验设计，其试验结果不仅可以用三元二次肥料效应函数拟合，而且可以用二元或一元肥料效应函数拟合。当三元二次模型不能对其进行拟合时，如采用一元或二元施肥模型可挖掘更多的信息，从而使结果更完整和全面（戴林 等，2008）。目前，国内许多学者应用"3414"田间试验数据分别建立了水稻、小麦、油菜、花生等作物不同生态区的施肥指标体系（娄春荣 等，2008；成金华 等，2009；朱克保 等，2007；刘芬 等，2013；王兴仁 等，1998）。

（一）施肥指标体系建立的依据和步骤

根据"3414"试验方案，各处理的作物相对产量结果和土壤速效养分测试结果建立土壤养分丰缺指标具体步骤如下：将黑龙江（一定年限内）黑土、黑钙土所有玉米的"3414"肥料试验数据进行汇总，根据缺素区产量与全量区产量相比较计算相对产量。

无氮相对产量＝无氮区产量（$N_0P_2K_2$）/全量区产量（$N_2P_2K_2$）×100

无磷相对产量＝无磷区产量（$N_2P_0K_2$）/全量区产量（$N_2P_2K_2$）×100

无钾相对产量＝无钾区产量（$N_2P_2K_0$）/全量区产量（$N_2P_2K_2$）×100

具体步骤如下：

（1）利用 Excel 软件，绘出土壤速效养分测试值与玉米相对产量的散点图。

（2）利用 Excel 软件的添加趋势线功能，获得相对产量与土壤速效养分测试值的对数数学关系，并绘出趋势线。

（3）以相对产量 65％、70％、75％、80％为标准，获得土壤碱解氮养分丰缺指标；以相对产量80％、85％、90％、95％为标准，获得土壤有效磷、速效钾养分丰缺指标。

就黑龙江目前情况而言，以相对产量＜65％，土壤速效氮测试值为极低等，65％～70％为低等，70％～75％为中等，75％～80％为高等，＞80％为极高等。以相对产量＜80％，土壤有效磷、速效钾测试值为极低等，80％～85％为低等，85％～90％为中等，90％～95％为高等，＞95％为极高等。

（二）推荐施肥量模型的选择与计算

近年来国内外普遍认为，应根据具体情况选择适宜的施肥模型，而线性加平台模型与二次加平台模型更能反映当前生产条件下，由于高产耐肥品种的推广应用，在一定的施肥量范围内，即使过量施肥，产量也不下降的效应趋势。本研究在建立土壤速效养分测试值与相对产量丰缺指标以后，对黑龙江白浆土、黑土、黑钙土区玉米"3414"试验数据分别用三元二次、一元二次和线性加平台模型模拟，根据散点图趋势和不同方程拟合决定系数选择最适模型。结果表明，三元二次、一元二次模型可通过边际效益分析确定每个试验点的最佳氮、磷、钾施用量，而线性加平台模型可直接给出施肥量。

1. 模型选择　对于不同施肥量和产量的关系，要选择不同的模型。

（1）既适合线性加平台模型又适合一元二次模型。当前 3 个施肥水平下作物产量随施肥量增加而增加，第 4 个施肥水平与第 3 个施肥水平相差不大时，既可采用线性加平台模型，又可采用一元二次模型（图 6-2）。

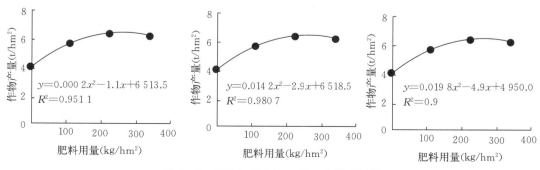

图 6-2　线性加平台和一元二次模型图例

（2）仅适合线性加平台模型和仅适合一元二次模型。当第 2 个施肥水平已接近或达到最高产量时，应用一元二次模型拟合最佳产量施肥量明显高于应用线性加平台模型计算施肥量，故应该选用线性加平台模型（图 6-3）；当在前 3 个施肥水平下产量随施肥量增加而增加，第 4 个施肥水平与第 3 个施肥水平相比，产量有明显降低时，应该选用一元二次模型拟合最佳产量施肥量（图 6-4）。

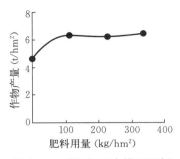
图 6-3　线性加平台模型图例

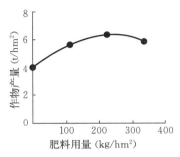
图 6-4　一元二次模型图例

2. 施肥量的计算

（1）采用三元二次模型进行拟合时，方程为：

$$y = b_0 + b_1 x_1 + b_2 x_1^2 + b_3 x_2 + b_4 x_2^2 + b_5 x_3 + b_6 x_3^2 + b_7 x_1 x_2 + b_8 x_1 x_3 + b_9 x_2 x_3$$

式中，x_1、x_2、x_3 分别为氮（N）、磷（P_2O_5）、钾（K_2O）肥的用量。如果上述方程拟合成功（二次项前系数为负值，一次项前系数为正值，F 检验显著），根据边际收益等于边际成本的原则计算经济最佳施肥量，分别以 x_1、x_2、x_3 为变量，对方程两边求偏导，得到方程组：

$$b_1 + 2b_2 x_1 + b_7 x_2 + b_8 x_3 = \partial x_1 / \partial y$$
$$b_3 + 2b_4 x_2 + b_7 x_1 + b_9 x_3 = \partial x_2 / \partial y$$
$$b_5 + 2b_6 x_3 + b_8 x_1 + b_9 x_2 = \partial x_3 / \partial y$$

式中，∂x_1、∂x_2、∂x_3 和 ∂y 分别为氮（N）、磷（P_2O_5）、钾（K_2O）肥和玉米的价格，把三元二次方程系数 b_1、b_2、b_3、b_4、b_5、b_6、b_7、b_8、b_9 的值和肥料的价格带入上述方程组，解方程组即可获得氮、磷、钾最佳施用量。

（2）采用一元二次模型进行拟合时，方程为：

$$y = a + bx + cx^2$$

式中，y 为作物产量（kg/hm²）；x 为肥料用量（kg/hm²）；a 为截距；b 为一次回归系数；c 为二次回归系数。选用处理 2（$N_0P_2K_2$）、处理 3（$N_1P_2K_2$）、处理 6（$N_2P_2K_2$）、处理 11（$N_3P_2K_2$）的产量结果模拟氮肥推荐施用量，选用处理 4（$N_0P_0K_2$）、处理 5（$N_2P_1K_2$）、处理 6（$N_2P_2K_2$）、处理 7（$N_2P_3K_2$）的产量结果模拟磷肥推荐施用量，选用处理 6（$N_2P_2K_2$）、处理 8（$N_2P_2K_0$）、处理 9（$N_2P_2K_1$）、处理 10（$N_2P_2K_3$）的产量结果模拟钾肥推荐施用量。根据边际收益等于边际成本的原则，计算经济最佳施肥量。

（3）采用直线加平台模型进行拟合时，方程为：

$$y = a + bx \quad (x \leqslant C)$$
$$y = P \quad (x > C)$$

式中，y 为作物产量（kg/hm²）；x 为肥料用量（kg/hm²）；a 为截距；b 为一次回归系数；C 为直线与平台的交点；P 为平台产量（kg/hm²）。当 $b > \mathrm{d}x/\mathrm{d}y$ 时，C 为优化施肥量；当 $b \leqslant \mathrm{d}x/\mathrm{d}y$ 时，此时的推荐施肥量为 0。此模型实际是两个直线方程联立后所得。

计算时氮、磷、钾肥单价以 N、P_2O_5、K_2O 价格计算，直线加平台模型拟合采用 SAS 软件计算。当计算结果表明施肥不增产时，直接给出推荐施肥量为 0。如果推荐施肥量高于试验最高施肥量，则以试验最高施肥量为推荐施肥量。

黑土养分丰缺指标体系对于制定合理的玉米施肥指标体系具有重要的意义。因此，将黑龙江黑土区 2005—2013 年玉米的"3414"肥料试验数据进行汇总，根据全量区产量与缺素区产量相比较计算相对产量，并划分土壤肥力等级，建立黑龙江黑土养分丰缺指标体系。

（三）黑土玉米氮、磷、钾养分指标体系的建立

1. 氮肥指标体系的建立 通过测定 2005—2013 年黑龙江黑土区不同试验点玉米种植前土壤碱解氮含量，与收获后所对应的相对产量建立对数关系。然后，根据不同的相对产量对土壤氮素养分等级进行分级，从而建立该区域的氮肥指标体系，如图 6-5 所示。

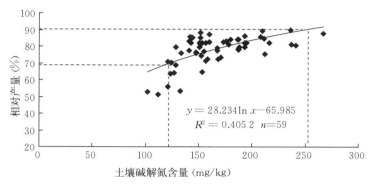

图 6-5 黑龙江黑土区土壤碱解氮含量与玉米相对产量的关系

结果表明，黑龙江黑土玉米种植区 50% 左右试验点土壤碱解氮含量为 143.0~187.4 mg/kg。双城大部分地区试验点黑土碱解氮含量均较低，其中双城区新兴乡新胜村试验点土壤碱解氮含量仅为 102.3 mg/kg；拜泉和呼兰各试验点黑土碱解氮含量均较高，其中拜泉县龙泉镇群富村试验点土壤碱解氮含量最高，达到 266.7 mg/kg。

从土壤碱解氮含量和相对产量的相关性可以看出，二者之间呈非线性正相关关系。碱解氮含量反映了土壤供氮能力，土壤供氮能力越高，未施氮肥处理（$N_0P_2K_2$）的相对产量越高。以相对产量 <65%、65%~70%、70%~75%、75%~80% 和 >80% 为划分标准，通过 $X = \exp[(y + 65.985)/28.234]$ 计算出土壤氮素养分划分等级标准的临界值，在此基础上把该种植区供氮肥力分为 5 个等级，如表 6-1 所示。通过土壤氮素分级可以看出，当黑土碱解氮含量 <104 mg/kg 时，为极低水平；当含量为 104~124 mg/kg 时，为低水平；当含量为 124~147 mg/kg 时，为中等水平；当含量为 147~176 mg/kg 时，为高水平；当含量 >176 mg/kg 时，为极高水平。黑龙江黑土玉米种植区土壤氮素含量水平不均匀，各个等级均有分布。在所有试验点中，有 5 个试验点碱解氮含量 <124 mg/kg（极低和低水平），所占比例为 8.5%；有 14 个试验点碱解氮含量为 124~147 mg/kg（中等水平），所占比例为 23.7%；有 40 个试验点碱解氮含量 >147 mg/kg（高和极高水平），所占比例为 67.8%。可见，黑龙江黑土碱解氮含量绝大多数处于高或极高水平。应根据土壤氮含量水平的不同，采取相应的施氮措施，使黑龙江黑土区玉米达到高产稳产。

表 6-1 黑龙江黑土玉米种植区土壤氮（碱解氮）养分分级

相对产量（%）	碱解氮含量（mg/kg）	氮素等级	试验点数（个）	所占比例（%）
<65	<104	极低	1	1.7
65~70	104~124	低	4	6.8
70~75	124~147	中	14	23.7
75~80	147~176	高	20	33.9
>80	>176	极高	20	33.9

在不同氮素水平下，"3414"试验具体体现为处理 2（$N_0P_2K_2$）、处理 3（$N_1P_2K_2$）、处理 6（$N_2P_2K_2$）、处理 11（$N_3P_2K_2$）。利用各个处理不同的施氮水平与其相对应的产量进行回归分析，建立施肥模型。在肥料边际效应等于 0 和等于肥料价格与玉米价格之比基础上，分别求得最大施氮量和最佳施氮量。对不同有效氮素养分等级内各点施肥量进行统计，当黑土碱解氮含量＜124 mg/kg 时，黑龙江黑土玉米种植区最大施氮量范围为 178～233 kg/hm²，均值为 198 kg/hm²；最佳施氮量范围为 170～197 kg/hm²，均值为 185 kg/hm²。当黑土碱解氮含量为 124～147 mg/kg 时，最大施氮量范围为 168～213 kg/hm²，均值为 181 kg/hm²；最佳施氮量范围为 160～188 kg/hm²，均值为 169 kg/hm²。当黑土碱解氮含量为 147～176 mg/kg 时，最大施氮量范围为 163～203 kg/hm²，均值为176 kg/hm²；最佳施氮量范围为 148～190 kg/hm²，均值为 164 kg/hm²。当黑土碱解氮含量＞176 mg/kg 时，最大施氮量范围为 143～190 kg/hm²，均值为 165 kg/hm²；最佳施氮量范围为 135～172 kg/hm²，均值为152 kg/hm²。可见，随着土壤碱解氮含量增加，最大施氮量和最佳施氮量均呈现递减趋势。如表 6-2 所示，比较各个等级土壤氮素养分含量和施肥量可以看出，土壤氮素养分含量越高，土壤可以供应作物生长的养分就相对较多，养分的投入量相对减少，推荐施肥量呈下降趋势，土壤养分含量和施肥量之间呈非线性负相关关系。

表 6-2　黑龙江黑土区不同氮素养分等级玉米氮肥推荐施用量

碱解氮含量 （mg/kg）	养分级别	最大施氮量		最佳施氮量	
		范围（kg/hm²）	均值（kg/hm²）	范围（kg/hm²）	均值（kg/hm²）
＜124	低	178～233	198	170～197	185
124～147	中	168～213	181	160～188	169
147～176	高	163～203	176	148～190	164
＞176	极高	143～190	165	135～172	152

2. 磷肥指标体系的建立　通过测定 2005—2013 年黑龙江黑土区不同试验点玉米种植前土壤有效磷含量，并与收获后所对应的相对产量建立对数关系。然后，根据不同的相对产量对土壤磷素养分等级进行分级，从而建立该区域的磷肥施肥指标体系，如图 6-6 所示。结果表明，黑龙江黑土玉米种植区内 50％以上试验点土壤有效磷含量为 25.3～36.8 mg/kg。呼兰和双城地区土壤有效磷含量较高，拜泉和巴彦地区土壤有效磷含量变异系数较大。

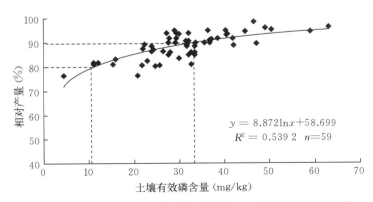

$$y = 8.872\ln x + 58.699$$
$$R^2 = 0.539\,2 \quad n = 59$$

图 6-6　黑龙江黑土区土壤有效磷含量与玉米相对产量的关系

从土壤有效磷含量和相对产量相关性可以看出，二者之间呈非线性正相关关系。有效磷含量反映了土壤供磷能力，土壤供磷能力越高，未施磷肥处理（$N_2P_0K_2$）的相对产量越高。从玉米相对产量所对应的土壤有效磷含量可以看出，玉米相对产量小于 80％，土壤有效磷含量都极低。因此，以相对产量＜80％、80％～85％、85％～90％、90％～95％和＞95％为划分标准，通过 $X = \exp\left[(y - 58.699)/8.872\right]$ 计算出土壤磷素养分划分等级标准的临界值。在此基础上，把该种植区供磷肥力分为5个等级，如表6-3所示。通过土壤磷素分级可以看出，当黑土有效磷含量<11.0 mg/kg时，为极低水平；当含量为11.0～19.4 mg/kg时，为低水平；当含量为19.4～34.1 mg/kg时，为中等水平；当含量为34.1～59.8 mg/kg时，为高水平；当含量>59.8 mg/kg时，为极高水平。黑龙江黑土玉米种植区土壤磷素含量水平不均匀，各个等级均有分布。在所有试验点中，有35个试验点有效磷含量为19.4～34.1 mg/kg（中等水平），所占比例为59.3%；有17个试验点有效磷含量为34.1～59.8 mg/kg（高水平），所占比例为28.8%。可见，黑龙江黑土有效磷含量以中等和高水平居多，占整个试验点的88.1%。

表6-3 黑龙江黑土玉米种植区土壤磷（有效磷）养分分级

相对产量（%）	有效磷含量（mg/kg）	磷素等级	试验点数（个）	所占比例（%）
<80	<11.0	极低	1	1.7
80～85	11.0～19.4	低	5	8.5
85～90	19.4～34.1	中	35	59.3
90～95	34.1～59.8	高	17	28.8
>95	>59.8	极高	1	1.7

在不同磷素水平下，"3414"试验具体体现为处理4（$N_2P_0K_2$）、处理5（$N_2P_1K_2$）、处理6（$N_2P_2K_2$）、处理7（$N_2P_3K_2$）。利用各个处理不同施磷水平与其相对应的产量进行回归分析，建立施肥模型。在肥料边际效应等于0和等于肥料价格与玉米价格之比基础上，分别求得最大施磷量和最佳施磷量。对不同有效磷养分等级内各点施肥量进行统计，当黑土有效磷含量<19.4 mg/kg时，黑龙江黑土玉米种植区最大施磷量范围为80～119 kg/hm²，均值为102 kg/hm²；最佳施磷量范围为68～101 kg/hm²，均值为88 kg/hm²。当黑土有效磷含量为19.4～34.1 mg/kg时，最大施磷量范围为71～100 kg/hm²，均值为87 kg/hm²；最佳施磷量范围为62～95 kg/hm²，均值为75 kg/hm²。当黑土有效磷含量>34.1 mg/kg时，最大施磷量范围为63～93 kg/hm²，均值为81 kg/hm²；最佳施磷量范围为57～85 kg/hm²，均值为69 kg/hm²，如表6-4所示。比较各个等级土壤磷素养分含量和施肥量可以看出，土壤磷素养分含量越高，土壤可以供应作物生长的养分就相对较多，养分投入量相对减少，推荐施肥量呈下降趋势，土壤养分含量和施肥量之间呈非线性负相关关系。

表6-4 黑龙江黑土区不同磷素养分等级玉米磷肥推荐施用量

有效磷含量（mg/kg）	养分级别	最大施磷量		最佳施磷量	
		范围（kg/hm²）	均值（kg/hm²）	范围（kg/hm²）	均值（kg/hm²）
<19.4	低	80～119	102	68～101	88
19.4～34.1	中	71～100	87	62～95	75
>34.1	高	63～93	81	57～85	69

3. 钾肥指标体系的建立 通过测定2005—2013年黑龙江黑土区不同试验点玉米种植前土壤速效钾含量，并与收获后所对应的相对产量建立对数关系。然后，根据不同的相对产量对土壤钾素养分等级进行分级，从而建立该区域的钾肥施肥指标体系，如图6-7所示。结果表明，在黑龙江黑土玉米种植区内50%以上试验点土壤速效钾含量为124.5～199.2 mg/kg。巴彦试验点土壤速效钾含量均较低，平均为100.6 mg/kg，其中巴彦县龙泉村试验点的土壤速效钾含量仅为

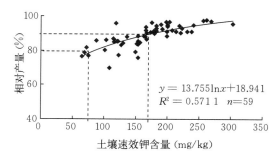

$y = 13.755\ln x + 18.941$
$R^2 = 0.5711$ $n=59$

图6-7 黑龙江黑土区土壤速效钾含量与玉米相对产量的关系

65.3 mg/kg；呼兰、明水、拜泉、依安、双城等绝大部分试验点土壤速效钾含量均较高，其中拜泉县拜泉镇民乐村试验点土壤速效钾含量最高，可达 268.4 mg/kg。

从土壤速效钾含量和相对产量相关性可以看出，二者之间呈非线性正相关关系。速效钾含量反映了土壤供钾能力，土壤供钾能力越高，未施钾肥处理（$N_2P_2K_0$）相对产量越高。以相对产量<80%、80%~85%、85%~90%、90%~95%和>95%为划分标准，通过 $X = \exp\ [(y-18.941)/13.755]$ 计算出土壤钾素养分划分等级标准的临界值，在此基础上把该种植区供钾肥力分为 5 个等级，如表 6-5 所示。通过土壤钾素分级可以看出，当黑土速效钾含量<86 mg/kg 时，为极低水平；当含量为 86~124 mg/kg 时，为低水平；当含量为 124~178 mg/kg 时，为中等水平；当含量为 178~257 mg/kg 时，为高水平；当含量>257 mg/kg 时，为极高水平。黑龙江黑土玉米种植区土壤钾素含量水平不均匀，各个等级均有分布。在所有试验点中，有 19 个试验点速效钾含量为 124~178 mg/kg，所占比例为 32.2%；有 25 个试验点速效钾含量>178 mg/kg，所占比例为 42.4%。可见，黑土速效钾含量以中高以上水平居多，占整个试验点的 74.6%。

表 6-5　黑龙江黑土玉米种植区土壤钾（速效钾）养分分级

相对产量（%）	速效钾含量（mg/kg）	钾素等级	试验点数（个）	所占比例（%）
<80	<86	极低	4	6.8
80~85	86~124	低	11	18.6
85~90	124~178	中	19	32.2
90~95	178~257	高	22	37.3
>95	>257	极高	3	5.1

在不同钾素水平下，"3414"试验具体体现为处理 8（$N_2P_2K_0$）、处理 9（$N_2P_2K_1$）、处理 6（$N_2P_2K_2$）、处理 10（$N_2P_2K_3$）。利用各个处理不同施钾水平与其相对应的产量进行回归分析，建立施肥模型。在肥料边际效应等于 0 和等于肥料价格与玉米价格之比基础上，分别求得最大施钾量和最佳施钾量。对不同速效钾养分等级内各点施肥量进行统计，当黑土速效钾含量<124 mg/kg 时，黑龙江黑土玉米种植区最大施钾量范围为 110~150 kg/hm²，均值为 129 kg/hm²；最佳施钾量范围为 90~121 kg/hm²，均值为 99 kg/hm²。当黑土速效钾含量为 124~178 mg/kg 时，最大施钾量范围为 84~135 kg/hm²，均值为 105 kg/hm²；最佳施钾量范围为 67~105 kg/hm² 时，均值为 85 kg/hm²。当黑土速效钾含量>178 mg/kg 时，最大施钾量范围为 58~115 kg/hm²，均值为 88 kg/hm²；最佳施钾量范围为 47~90 kg/hm²，均值为 70 kg/hm²，如表 6-6 所示。可见，随着土壤速效钾含量的增加，最大施钾量和最佳施钾量均表现出下降的趋势，土壤养分含量和施肥量之间呈非线性负相关关系。

表 6-6　黑龙江黑土区不同钾素养分等级玉米钾肥推荐施用量

有效钾含量（mg/kg）	养分级别	最大施钾量		最佳施钾量	
		范围（kg/hm²）	均值（kg/hm²）	范围（kg/hm²）	均值（kg/hm²）
<124	低	110~150	129	90~121	99
124~178	中	84~135	105	67~105	85
>178	高	58~115	88	47~90	70

（四）黑钙土玉米氮、磷、钾施肥指标体系的建立

1. 氮肥指标体系的建立　黑龙江草甸土总面积为 802.49 万 hm²，其中耕地面积 302.50 万 hm²，占全省耕地面积的 26.2%。草甸土是在地形低平、地下水位较高、土壤水分较多、草甸植被生长繁茂的条件下发育形成的非地带性土壤。通过测定 2005—2013 年黑龙江黑钙土区不同试验点玉米种植前土壤碱解氮含量，并与收获后所对应的相对产量建立对数关系，然后根据不同的相对产量对土壤氮

素养分等级进行分级，从而建立该区域的氮肥施肥指标体系，如图 6-8 所示。结果表明，黑龙江黑钙土玉米种植区 50％左右试验点土壤碱解氮含量为 126.6～179.0 mg/kg。林甸、安达、肇东和肇州大部分地区试验点黑钙土碱解氮含量均较低，其中肇州县永胜乡书才村试验点土壤碱解氮含量仅为 83.2 mg/kg；依安和明水黑钙土碱解氮含量均较高，最低为 162.2 mg/kg，最高为 273.4 mg/kg；兰西和富裕等地黑钙土碱解氮含量变异较大。

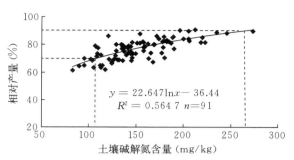

图 6-8　黑龙江黑钙土区土壤碱解氮含量
与玉米相对产量的关系

从土壤碱解氮含量和相对产量相关关系可以看出，二者之间呈非线性正相关关系。土壤碱解氮含量反映了土壤供氮能力，土壤供氮能力越高，未施氮肥处理（$N_0P_2K_2$）的相对产量越高。以相对产量＜65％、65％～70％、70％～75％、75％～80％和＞80％为划分标准，通过 $X = \exp[(y+36.44)/22.647]$ 计算出土壤氮素养分划分等级标准的临界值。在此基础上，把该种植区供氮肥力分为 5 个等级，如表 6-7 所示。通过土壤氮素分级可以看出，黑钙土在各养分级别上均较黑土碱解氮含量低。当黑钙土碱解氮含量＜88 mg/kg 时，为极低水平；当含量为 88～110 mg/kg 时，为低水平；当含量为 110～137 mg/kg 时，为中等水平；当含量为 137～171 mg/kg 时，为高水平；当含量＞171 mg/kg 时，为极高水平。黑龙江黑钙土玉米种植区土壤氮素含量水平不均匀，各个等级均有分布。在所有试验点中，有 12 个试验点碱解氮含量＜110 mg/kg（极低和低水平），所占比例为 13.2％；有 24 个试验点碱解氮含量为 110～137 mg/kg（中等水平），所占比例为 26.4％；有 55 个试验点碱解氮含量＞137 mg/kg（高和极高水平），所占比例为 60.4％。可见，黑钙土碱解氮含量绝大多数（86.8％）在中等、高和极高级别内。应根据土壤氮含量水平的不同，采取相应的施氮措施，使黑龙江黑钙土区玉米实现高产稳产。

表 6-7　黑龙江黑钙土玉米种植区土壤氮（碱解氮）养分分级

相对产量（％）	碱解氮含量（mg/kg）	氮素等级	试验点数（个）	所占比例（％）
＜65	＜88	极低	1	1.1
65～70	88～110	低	11	12.1
70～75	110～137	中	24	26.4
75～80	137～171	高	27	29.7
＞80	＞171	极高	28	30.7

在不同氮素水平下，"3414"试验具体体现为处理 2（$N_0P_2K_2$）、处理 3（$N_1P_2K_2$）、处理 6（$N_2P_2K_2$）、处理 11（$N_3P_2K_2$）。利用各个处理不同的施氮水平与其相对应的产量进行回归分析，建立施肥模型。在肥料边际效应等于 0 和等于肥料价格与玉米价格之比基础上，分别求得最大施氮量和最佳施氮量。对不同氮素养分等级内各点施肥量进行统计，当黑钙土碱解氮含量＜110 mg/kg 时，黑龙江黑钙土玉米种植区最大施氮量范围为 170～227 kg/hm²，均值为 190 kg/hm²；最佳施氮量范围为 168～194 kg/hm²，均值为 181 kg/hm²。当含量为 110～137 mg/kg 时，最大施氮量范围为 166～205 kg/hm²，均值为 178 kg/hm²；最佳施氮量范围为 162～178 kg/hm²，均值为 170 kg/hm²。当含量为 137～171 mg/kg 时，最大施氮量范围为 158～186 kg/hm²，均值为 165 kg/hm²；最佳施氮量范围为 152～181 kg/hm²，均值为 160 kg/hm²。当含量＞171 mg/kg 时，最大施氮量范围为 145～181 kg/hm²，均值为 160 kg/hm²；最佳施氮量范围为 140～168 kg/hm²，均值为 147 kg/hm²。可见，随着土壤碱解氮含量增加，最大施氮量和最佳施氮量均呈递减趋势。如表 6-8 所示，比较各个等级土壤

氮素养分含量和施肥量可以看出，土壤氮素养分含量越高，土壤可以供应作物生长养分就相对较多，养分的投入量相对减少，推荐施肥量呈下降趋势，土壤养分含量和施肥量之间呈非线性负相关关系。

表 6 - 8　黑龙江黑钙土区不同氮素养分等级玉米氮肥推荐施用量

碱解氮含量（mg/kg）	养分级别	最大施氮量		最佳施氮量	
		范围（kg/hm²）	均值（kg/hm²）	范围（kg/hm²）	均值（kg/hm²）
<110	低	170～227	190	168～194	181
110～137	中	166～205	178	162～178	170
137～171	高	158～186	165	152～181	160
>171	极高	145～181	160	140～168	147

2. 磷肥指标体系的建立　通过测定 2005—2013 年黑龙江黑钙土区不同试验点玉米种植前土壤有效磷含量，并与收获后所对应的相对产量建立对数关系，然后根据不同的相对产量对土壤磷素养分等级进行分级，从而建立该区域的磷肥施肥指标体系，如图 6 - 9 所示。结果表明，黑龙江黑钙土玉米种植区内 50% 以上试验点土壤有效磷含量为 12.4～24.9 mg/kg。安达、兰西和依安黑钙土有效磷含量较低，其中依安县依龙镇庆丰村试验点有效磷含量仅为 4.2 mg/kg；龙江、肇东等地黑钙土

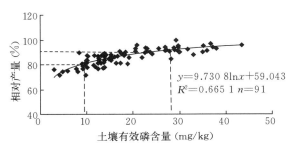

图 6 - 9　黑龙江黑钙土区土壤有效磷含量
与玉米相对产量的关系

有效磷含量均较高，其中肇东市昌五乡昌五村试验点有效磷含量最高达，38.0 mg/kg；林甸、明水等地黑钙土有效磷含量变异较大。

从土壤有效磷含量和相对产量相关性可以看出，二者之间呈非线性正相关关系。土壤有效磷含量反映了土壤供磷能力，土壤供磷能力越高，未施磷肥处理（$N_2P_0K_2$）的相对产量越高。从玉米相对产量所对应的土壤有效磷含量可以看出，玉米相对产量小于 75%，土壤有效磷含量都极低。因此，以相对产量<80%、80%～85%、85%～90%、90%～95% 和>95% 为划分标准，通过 $X = \exp[(y - 59.043)/9.731]$ 计算出土壤磷素养分划分等级标准的临界值。在此基础上，把该种植区供磷肥力分为 5 个等级，如表 6 - 9 所示。通过土壤磷素分级可以看出，黑钙土在各养分级别上均较黑土有效磷含量低。当黑钙土有效磷含量<8.6 mg/kg 时，为极低水平；当含量为 8.6～14.4 mg/kg 时，为低水平；当含量为 14.4～24.1 mg/kg 时，为中等水平；当含量为 24.1～40.2 mg/kg 时，为高水平；当含量>40.2 mg/kg 时，为极高水平。黑龙江黑钙土玉米种植区土壤磷素含量相对较低。在所有试验点中，有 40 个试验点有效磷含量≤14.4 mg/kg（极低或低等水平），所占比例为 43.9%；有 28 个试验点有效磷含量为 14.4～24.1 mg/kg（中等水平），所占比例为 30.8%；有 23 个试验点有效磷含量>24.1 mg/kg，所占比例为 25.3%。可见，黑钙土有效磷含量以中低以下水平居多，占整个试验点的 74.7%。

表 6 - 9　黑龙江黑钙土玉米种植区土壤磷（有效磷）养分分级

相对产量（%）	有效磷含量（mg/kg）	磷素等级	试验点数（个）	所占比例（%）
<80	<8.6	极低	7	7.7
80～85	8.6～14.4	低	33	36.2
85～90	14.4～24.1	中	28	30.8
90～95	24.1～40.2	高	22	24.2
>95	>40.2	极高	1	1.1

在不同磷素水平下，"3414"试验具体体现为处理4（$N_2P_0K_2$）、处理5（$N_2P_1K_2$）、处理6（$N_2P_2K_2$）、处理7（$N_2P_3K_2$）。利用各个处理不同施磷水平与其相对应的相对产量进行回归分析，建立施肥模型。在肥料边际效应等于0和等于肥料价格与玉米价格之比基础上，分别求得最大施磷量和最佳施磷量。对不同有效磷养分等级内各点施肥量进行统计，当黑钙土有效磷含量<14.4 mg/kg时，黑龙江黑钙土玉米种植区最大施磷量范围为78～135 kg/hm²，均值为85 kg/hm²；最佳施磷量范围为70～105 kg/hm²，均值为78 kg/hm²。当黑钙土有效磷含量为14.4～24.1 mg/kg时，最大施磷量范围为65～105 kg/hm²，均值为76 kg/hm²；最佳施磷量范围为55～90 kg/hm²，均值为65 kg/hm²。当黑钙土有效磷含量>24.1 mg/kg，最大施磷量范围为60～96 kg/hm²，均值为70 kg/hm²；最佳施磷量范围为45～75 kg/hm²，均值为55 kg/hm²，如表6-10所示。比较各个等级土壤磷素养分含量和施肥量可以看出，土壤磷素养分含量越高，土壤可以供应作物生长的养分就相对较多，养分投入量相对减少，推荐施肥量呈下降趋势，土壤养分含量和施肥量之间呈非线性负相关关系。

表6-10　黑龙江黑钙土区不同磷素养分等级玉米磷肥推荐施用量

有效磷含量（mg/kg）	养分级别	最大施磷量		最佳施磷量	
		范围（kg/hm²）	均值（kg/hm²）	范围（kg/hm²）	均值（kg/hm²）
<14.4	低	78～135	85	70～105	78
14.4～24.1	中	65～105	76	55～90	65
>24.1	高	60～96	70	45～75	55

3. 钾肥指标体系的建立　通过测定2005—2013年黑龙江黑钙土区不同试验点玉米种植前土壤速效钾含量，并与收获后所对应的相对产量建立对数关系，然后根据不同的相对产量对土壤钾素养分等级进行分级，从而建立该区域的钾肥施肥指标体系，如图6-10所示。结果表明，黑龙江黑钙土玉米种植区内50%以上试验点土壤速效钾含量为141.5～196.8 mg/kg。各地区速效钾含量高低不均，范围为93.7～303.9 mg/kg。

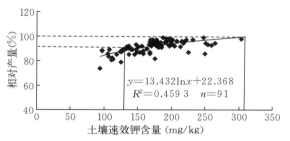

图6-10　黑龙江黑钙土区土壤速效钾含量
与玉米相对产量的关系

$$y=13.432\ln x+22.368$$
$$R^2=0.4593 \quad n=91$$

从土壤速效钾含量和相对产量相关性可以看出，二者之间呈非线性正相关关系。土壤速效钾含量反映了土壤供钾能力，土壤供钾能力越高，未施钾肥处理（$N_2P_2K_0$）相对产量越高。以相对产量<80%、80%～85%、85%～90%、90%～95%和>95%为划分标准，通过$X=\exp[(y-22.368)/13.432]$计算出土壤钾素养分划分等级标准的临界值。在此基础上，把该种植区供钾肥力分为5个等级，如表6-11所示。通过土壤钾素分级可以看出，黑钙土在各养分级别上均较黑土速效钾含量低。当黑钙土速效钾含量<73 mg/kg时，为极低水平；当含量为73～106 mg/kg时，为低水平；当含量为106～154 mg/kg时，为中等水平；当含量为154～223 mg/kg时，为高水平；当含量>223 mg/kg时，为极高水平。黑龙江黑钙土玉米种植区土壤钾素含量水平不均匀。在所有试验点中，有4个试验点速效钾含量<106 mg/kg（低水平），所占比例为4.4%；有25个试验点速效钾含量为106～154 mg/kg（中等水平），所占比例为27.8%；有52个试验点速效钾含量为154～223 mg/kg（高水平），所占比例为57.8%；有9个试验点速效钾含量>223 mg/kg，所占比例为10.0%。可见，黑钙土速效钾含量以中高水平居多，占整个试验点的85.6%，尤其是高水平占试验点的1/2以上（57.8%）。

表 6-11　黑龙江黑钙土玉米种植区土壤钾（速效钾）养分分级

相对产量（%）	速效钾含量（mg/kg）	钾素等级	试验点数（个）	所占比例（%）
<80	<73	极低	0	0
80～85	73～106	低	4	4.4
85～90	106～154	中	25	27.8
90～95	154～223	高	52	57.8
>95	>223	极高	9	10.0

在不同钾素水平下，"3414"试验具体体现为处理 8（$N_2P_2K_0$）、处理 9（$N_2P_2K_1$）、处理 6（$N_2P_2K_2$）、处理 10（$N_2P_2K_3$）。利用各个处理不同施钾水平与其相对应的相对产量进行回归分析，建立施肥模型。在肥料边际效应等于 0 和等于肥料价格与玉米价格之比基础上，分别求得最大施钾量和最佳施钾量。对不同速效钾养分等级内各点施肥量进行统计，当黑钙土速效钾含量小于 106 mg/kg 时，黑龙江黑钙土玉米种植区最大施钾量范围为 105～150 kg/hm²，均值为 120 kg/hm²；最佳施钾量范围为 98～119 kg/hm²，均值为 102 kg/hm²。当黑钙土速效钾含量为 106～154 mg/kg 时，最大施钾量范围为 86～135 kg/hm²，均值为 95 kg/hm²；最佳施钾量范围为 68～97 kg/hm² 范围内，均值为 82 kg/hm²。当黑钙土速效钾含量>154 mg/kg 时，最大施钾量范围为 55～105 kg/hm²，均值为 80 kg/hm²；最佳施钾量范围为 45～90 kg/hm²，均值为 63 kg/hm²，如表 6-12 所示。可见，随着土壤速效钾含量的增加，最大施钾量和最佳施钾量均呈下降趋势，土壤养分含量和施肥量之间呈非线性负相关关系。

表 6-12　黑龙江黑钙土区不同钾素养分等级玉米钾肥推荐施用量

速效钾含量（mg/kg）	养分级别	最大施钾量		最佳施钾量	
		范围（kg/hm²）	均值（kg/hm²）	范围（kg/hm²）	均值（kg/hm²）
<106	低	105～150	120	98～119	102
106～154	中	86～135	95	68～97	82
>154	高	55～105	80	45～90	63

四、玉米养分专家（NE）系统的应用及区域平衡施肥技术

（一）NE 系统推荐施肥技术研究

1. NE 系统推荐施肥技术的原理　先进施肥体系体现为合理的施肥技术。NE 系统推荐施肥基于作物产量反应和农学效率，是一种简单的易于掌握的作物增产增收、提高肥料利用率和保护环境的新方法。其原则是：以改进的 SSNM（site-specific nutrient management）和热带土壤肥力定量评价（quantitative evaluation of the fertility of tropical soils，QUEFTS）模型参数来指导养分管理和推荐施肥，同时考虑大量、中量和微量元素的全面平衡，并应用计算机软件把复杂和综合的养分管理原则智能化形成可被当地技术推广人员掌握的 NE 系统。NE 系统推荐施肥是在现有试验基础上，通过农户施肥和产量调查，根据目标产量、施肥农学效率等主要指标，通过计算机模拟，给出施肥方案和施肥效益分析。具有简单、便捷、准确的特点，尤其是在不具备测土条件或不需要测土的情况下使用，是测土配方施肥的另一种体现和补充。针对我国目前农业发展现状，有必要进一步研究完善 NE 系统（图 6-11、图 6-12）。

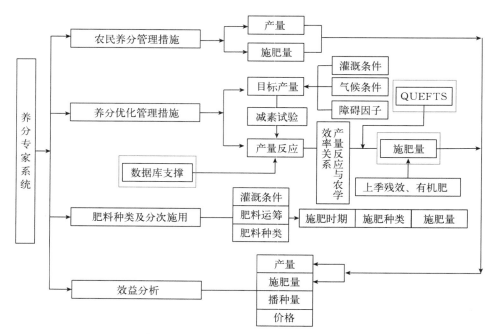

图 6-11　养分专家系统推荐施肥实施原理

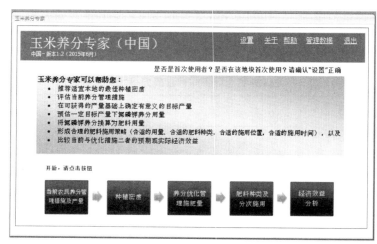

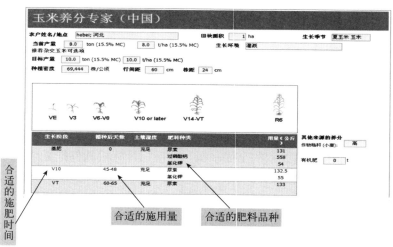

图 6-12　NE 系统推荐施肥界面

2. NE 系统推荐施肥在黑龙江的应用　2010—2015 年，在黑龙江不同肥力玉米产区进行了 43 点次 NE 系统推荐施肥的验证试验。试验结果表明，专家推荐施肥较当地推荐施肥和农民习惯施肥在维持土壤氮磷钾平衡方面具有一定的优势，但尚须改进。总体来看，黑龙江农民习惯施肥中氮磷肥用量不同地区有高有低，钾肥用量严重不足，对玉米高产稳产带来了不利影响。在专家推荐施肥中，钾肥用量比农民习惯施肥钾肥用量有所提高。

（1）不同施肥处理玉米产量、效益。推荐施肥对玉米产量和经济效益有明显的促进作用（表 6-13）。与专家推荐施肥（OPT_E）相比，未施氮肥平均减产 27.4%，未施磷肥平均减产 13.5%，未施钾肥平均减产 13.2%，CK 减产 31.9%，农民习惯施肥减产 5.6%，当地推荐施肥减产 2.1%。未施肥玉米减产严重，未施氮肥对产量影响最大，其次是磷肥、钾肥。与 OPT_E 处理相比，未施氮肥平均减少收入 3 915 元/hm^2；未施磷肥平均减少收入 1 950 元/hm^2；未施钾肥平均减少收入 1 725 元/hm^2；未施肥平均减少收入 3 780 元/hm^2；农民习惯施肥平均减少收入 915 元/hm^2；当地推荐施肥平均减少收入 405 元/hm^2。专家推荐施肥与农民习惯施肥和当地推荐施肥相比，能提高玉米产量、增加效益。

表 6-13　黑龙江 43 个农户不同处理对玉米产量、效益及氮肥回收率的影响

处理	施肥量（kg/hm^2）			平均产量（kg/hm^2）	氮肥农学效率（kg/kg）	氮肥回收率（%）	效益（元/hm^2）
	N	P_2O_5	K_2O				
OPT_E	162	58.5	79.5	9 668	16.5	32.7	—
OPT_E-N	0	58.5	79.5	7 016	—	—	−3 915
OPT_E-P	162	0	79.5	8 364	—	—	−1 950
OPT_E-K	162	58.5	0	8 393	—	—	−1 725
CK	0	0	0	6 581	—	—	−3 780
FP	177	60	49.5	9 125	12.5	27.2	−915
OPT_S	163.5	61.5	67.5	9 464	14.9	30.3	−405

注：OPT_E 为基于 NE 推荐量；OPT_E-N 为在 NE 推荐量基础上，未施氮肥；OPT_E-P 为在 NE 推荐量基础上，未施磷肥；OPT_E-K 为在 NE 推荐量基础上，未施钾肥；CK 为未施任何肥料；FP 为农民习惯施肥；OPT_S 为基于土壤测试优化的施肥，指当地推荐施肥。下同。

（2）氮肥农学效率及氮肥回收率分析。OPT_E、FP、OPT_S 处理氮肥农学效率范围分别为 15.9～21.4 kg/kg、9.0～19.9 kg/kg、9.3～21.3 kg/kg，平均分别为 16.5 kg/kg、12.5 kg/kg、14.9 kg/kg；氮肥回收率范围分别为 25.9%～37.1%、16.9%～32.3%、21.7%～38.4%，平均分别为 32.7%、27.2% 和 30.3%。与 FP 相比，OPT_E 和 OPT_S 分别平均增加氮肥农学效率 4.0 kg/kg 和 2.4 kg/kg，分别增加氮肥回收率 5.5% 和 3.1%（图 6-13）。以上表明，无论是专家推荐施肥还是当地推荐施肥，均提高了氮肥农学效率和氮肥回收率，以 OPT_E 处理效果最佳。

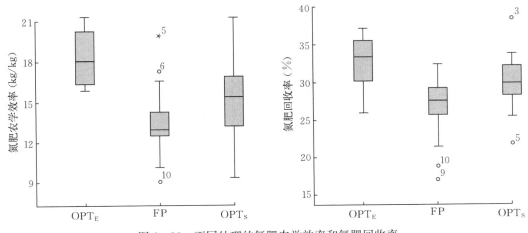

图 6-13　不同处理的氮肥农学效率和氮肥回收率

（3）土壤养分平衡系数。用平衡系数表示养分投入和养分支出的比值。OPT_E、FP 和 OPT_S 处理氮的平衡系数平均分别为 0.88、0.99 和 0.91；磷的平衡系数平均分别为 0.91、0.99 和 0.95；钾的平衡系数平均分别为 0.47、0.33 和 0.41（表 6-14）。专家推荐施肥较当地推荐施肥和农民习惯施肥在维持土壤氮磷钾平衡方面具有一定的优势，但尚须改进。总体来看，黑龙江农民习惯施肥中氮磷肥用量不同地区有高有低，钾肥用量严重不足；专家推荐施肥中钾肥用量较农民习惯施肥钾肥用量有所提高。

表 6-14 黑龙江 43 户玉米养分平衡概算

处理	养分投入（kg/hm²）			养分支出（kg/hm²）			平衡系数		
	N	P_2O_5	K_2O	N	P_2O_5	K_2O	N	P_2O_5	K_2O
OPT_E	162	58.5	79.5	184.5	67.5	171	0.88	0.91	0.47
FP	177	60	49.5	177	64.5	157.5	0.99	0.99	0.33
OPT_S	163.5	61.5	67.5	181.5	67.5	165	0.91	0.95	0.41

（二）黑土区玉米区域平衡施肥技术研究

2008—2014 年进行了 81 点次的田间平衡施肥试验，通过对比优化施肥与农民习惯施肥效果，探讨玉米产量与施肥量之间的关系，结合土壤氮磷钾养分平衡系数，给出各地区玉米施肥的最佳方案，为黑龙江黑土区的玉米增产、农民增效提供数据支撑和理论依据。

1. 平衡施肥对玉米产量和经济效益的影响 黑龙江各地区平衡施肥对玉米产量和经济效益有明显的促进作用（表 6-15）。在中南部哈尔滨地区（7 年 40 点试验），与农民习惯施肥（FP）相比，专家推荐施肥（OPT_E）平均增产 7.5%，效益增加 1 139 元/hm²；当地推荐施肥（OPT_S）平均增产 4.3%，效益增加 742 元/hm²。在中部绥化地区（17 点试验），与农民习惯施肥（FP）相比，专家推荐施肥（OPT_E）平均增产 8.7%，效益增加 964 元/hm²；当地推荐施肥（OPT_S）平均增产 4.7%，效益增加 497 元/hm²。在西部三肇地区（12 点试验），与农民习惯施肥（FP）相比，专家推荐施肥（OPT_E）平均增产 10.6%，效益增加 1 135 元/hm²；当地推荐施肥（OPT_S）平均增产 5.8%，效益增加 652 元/hm²。在西北部齐齐哈尔地区（6 点试验），与农民习惯施肥（FP）相比，专家推荐施肥（OPT_E）平均增产 8.5%，效益增加 1 049 元/hm²；当地推荐施肥（OPT_S）平均增产 5.2%，效益增加 691 元/hm²。在东部佳木斯地区（6 点试验），与农民习惯施肥（FP）相比，专家推荐施肥（OPT_E）平均增产 8.0%，效益增加 1 224 元/hm²；当地推荐施肥（OPT_S）平均增产 1.3%，效益增加 413 元/hm²。以上研究结果说明，目前农民习惯施肥不合理现象比较普遍。

表 6-15 2008—2014 年黑龙江不同地区玉米产量及经济效益分析

区域（样本数）	地点（样本数）	处理	产量（kg/hm²）	增产（kg/hm²）	相对产量（%）	增效（元/hm²）
中南部哈尔滨地区（40）	宾县（17）	OPT_E	10 451	704	7.2	1 034
		FP	9 747	—	—	—
		OPT_S	10 406	659	6.8	935
	双城（17）	OPT_E	10 974	694	6.8	917
		FP	10 280	—	—	—
		OPT_S	10 611	331	3.2	710
	哈尔滨（6）	OPT_E	11 921	915	8.3	1 465
		FP	11 006	—	—	—
		OPT_S	11 337	331	3.0	580
	平均	OPT_E	11 115	771	7.5	1 139
		FP	10 344	—	—	—
		OPT_S	10 785	441	4.3	742

（续）

区域（样本数）	地点（样本数）	处理	产量 （kg/hm²）	增产 （kg/hm²）	相对产量 （%）	增效 （元/hm²）
中部绥化地区（17）	庆安、海伦（17）	OPT_E	10 208	821	8.7	964
		FP	9 387	—	—	—
		OPTs	9 832	445	4.7	497
西部三肇地区（12）	肇州、肇源、安达	OPT_E	8 733	839	10.6	1 135
		FP	7 894	—	—	—
		OPTs	8 349	455	5.8	652
西北部齐齐哈尔 地区（6）	依安、赵光农场（6）	OPT_E	10 506	821	8.5	1 049
		FP	9 685	—	—	—
		OPTs	10 184	499	5.2	691
东部佳木斯 地区（6）	桦川（6）	OPT_E	10 354	771	8.0	1 224
		FP	9 583	—	—	—
		OPTs	9 705	122	1.3	413

2. 各地区玉米农学效率及养分回收率 对黑龙江不同玉米主产区 75 点试验进行统计，结果表明，平衡施肥对提高肥料利用率有积极的促进作用。无论是专家推荐施肥还是当地推荐施肥，均提高了氮肥农学效率和氮肥利用率，以 OPT_E 处理效果最佳（表 6-16）。西北部齐齐哈尔地区、中部绥化地区 OPT_E 处理氮肥农学效率（分别平均为 28.4 kg/kg、18.9 kg/kg）和氮肥回收率（分别平均为 39.8% 和 36.3%）高于中南部哈尔滨地区氮肥农学效率（3 个地点分别平均为 17.9 kg/kg、18.4 kg/kg 和 17.2 kg/kg）和氮肥回收率（3 个地点分别平均为 33.5%、33.3% 和 34.2%），这主要是西北部依安和赵光农场、中部庆安施氮量较低（分别平均为 150 kg/hm²、168 kg/hm²），而中南部宾县、双城、哈尔滨施氮量较高的缘故（分别平均为 190 kg/hm²、181 kg/hm² 和 180 kg/hm²）。其中，东部桦川地区虽然氮肥用量较高，但氮肥回收率仍较低，可能与该区气候条件及玉米品种的差异而产生的养分吸收量相对较低有关。总体来看，黑龙江西北部依安地区氮肥利用率较高，中南部宾县、双城、哈尔滨地区磷肥利用率较高，东部桦川地区钾肥利用率较高，西部三肇地区氮肥农学效率和氮磷钾肥回收率均低于其他地区。可见，不同地区不同土壤条件下肥料利用率有一定的差别，应采取合理的施肥措施，最大限度地发挥土壤的增产潜力。

表 6-16 2008—2014 年黑龙江不同地区玉米氮肥农学效率及氮磷钾肥回收率

区域	地点	样本数	施肥量（kg/hm²）			处理	氮肥农学效 率（kg/kg）	氮肥回收 率（%）	磷肥回收 率（%）	钾肥回收 率（%）
			N	P₂O₅	K₂O					
中南部 哈尔滨地区	宾县	16	190	71	79	OPT_E	17.9	33.5	17.2	46.2
			214	52	52	FP	10.9	19.8	15.3	40.6
			176	68	73	OPTs	15.7	33.5	16.5	42.1
	双城	17	181	71	87	OPT_E	18.4	33.3	18.5	45.7
			172	70	59	FP	14.7	26.3	14.2	41.9
			182	68	81	OPTs	17.9	31.3	17.5	44.3
	哈尔滨	6	180	73	79	OPT_E	17.2	34.2	16.9	48.6
			177	65	60	FP	13.5	24.9	15.4	45.1
			185	55	70	OPTs	16.2	30.2	16.4	47.4
	平均		184	72	82	OPT_E	18.5	33.6	17.5	46.8
			188	62	57	FP	13.0	23.7	15.0	42.5
			181	63	74	OPTs	16.6	31.7	16.8	44.6

（续）

区域	地点	样本数	施肥量（kg/hm²）			处理	氮肥农学效率（kg/kg）	氮肥回收率（%）	磷肥回收率（%）	钾肥回收率（%）
			N	P₂O₅	K₂O					
中部绥化地区	庆安	16	168	63	80	OPT$_E$	18.9	36.3	16.5	42.1
			155	44	44	FP	15.8	33.1	15.9	39.8
			163	59	71	OPT$_S$	18.8	35.4	16.2	41.6
西部三肇地区	肇州、肇源、安达	8	151	58	73	OPT$_E$	14.5	29.4	13.2	39.7
			200	80	47	FP	12.2	27.7	10.8	38.6
			176	64	51	OPT$_S$	13.7	28.3	11.9	39.1
西北部齐齐哈尔地区	依安、赵光农场	6	150	92	78	OPT$_E$	28.4	39.8	14.1	46.8
			135	98	53	FP	22.7	32.7	12.9	42.7
			150	83	60	OPT$_S$	25.1	36.9	13.4	43.9
东部佳木斯地区	桦川	6	161	62	80	OPT$_E$	19.0	34.1	14.9	51.3
			135	72	54	FP	16.6	30.9	11.7	48.9
			161	56	38	OPT$_S$	12.8	33.4	14.1	50.7

3. 不同地区土壤养分平衡系数 黑龙江庆安、肇州、肇源、桦川、宾县、双城、民主、赵光75农户（农场）试验结果表明（表6-17），OPT$_E$、FP和OPT$_S$处理氮的平衡系数范围分别为0.82～0.92、0.73～1.05、0.87～0.92，平均为0.87、0.93和0.90；磷的平衡系数平均分别为0.98、0.97和0.99；钾的平衡系数平均分别为0.46、0.32和0.41。与当地推荐施肥和农民习惯施肥相比，专家推荐施肥在维持土壤氮磷钾平衡方面具有一定的优势，但尚须改进和提高。

表6-17 2008—2014年黑龙江土壤养分平衡系数

年份	地点	样本数	处理	平衡系数		
				N	P₂O₅	K₂O
2008	双城、肇源、宾县、肇东	4	OPT$_E$	0.84	0.80	0.42
			FP	1.05	1.13	0.35
2010	集贤、安达、宾县、肇源	4	OPT$_E$	0.82	0.95	0.51
			FP	0.73	0.76	0.23
2011	庆安、肇州、宾县、双城	26	OPT$_E$	0.85	0.85	0.41
			FP	1.01	1.00	0.29
			OPT$_S$	0.92	0.89	0.37
2012	庆安、桦川、宾县、双城、民主	17	OPT$_E$	0.91	1.09	0.53
			FP	0.97	1.13	0.37
			OPT$_S$	0.90	1.12	0.46
2013	庆安、宾县、双城、民主、赵光	12	OPT$_E$	0.86	1.04	0.44
			FP	0.90	0.81	0.31
			OPT$_S$	0.87	0.90	0.40
2014	庆安、宾县、双城、民主、赵光	12	OPT$_E$	0.92	1.18	0.47
			FP	0.92	1.01	0.36
			OPT$_S$	0.92	1.03	0.42
合计		75	OPT$_E$	0.87	0.98	0.46
			FP	0.93	0.97	0.32
			OPT$_S$	0.90	0.99	0.41

　　黑龙江农民习惯施肥中氮磷肥用量不同地区有高有低，钾肥用量严重不足。由于本试验中氮素平衡系数只考虑施氮量，忽略了大气中氮沉降等外源氮素的投入量（目前大气中氮沉降所占比例逐渐升高），使得专家推荐施肥中氮的平衡系数均小于1。研究结果也证实，专家推荐施肥玉米产量效益最高，说明采用专家推荐施氮量已经能够满足玉米植株氮素的吸收。由于近年来磷酸氢二铵肥料和高磷复合肥的持续投入，磷素的投入量基本满足作物需求。本地区养分平衡的主要矛盾在于钾肥投入的不足，其中农民习惯施肥的钾肥投入最低，说明农民还没有意识到钾肥的重要性。综上所述，在维持现有氮磷施肥量的同时，加大钾肥的施入量对维持黑龙江玉米主产区土壤养分平衡具有重要意义。

　　2008—2014 年，黑龙江不同地区 75 个农户试验结果表明，农民习惯施肥中氮磷肥用量不同地区有高有低，钾肥用量严重不足（表 6-18）。中部庆安农民习惯施肥中氮、磷、钾肥施入量均不足（16 点试验结果平均，农民习惯施肥中氮、磷、钾的平衡系数分别为 0.82、0.73、0.26，均小于 1），特别是磷钾肥投入量严重不足；中南部宾县农民已经认识到氮肥的重要性，对磷肥和钾肥在提高玉米产量的重要性上重视程度不够，哈尔滨和双城氮肥用量适宜，磷肥用量略高；西部三肇地区氮磷肥用量偏高；北部依安、赵光农场和东部桦川地区磷肥用量过高，氮钾肥用量有待提高。专家推荐施肥中钾肥用量较农民习惯施肥钾肥用量均有所提高。

表 6-18　黑龙江不同地区土壤养分平衡系数

区域	地点（样本数）	处理	养分投入（kg/hm²）			养分支出（kg/hm²）			平衡系数		
			N	P₂O₅	K₂O	N	P₂O₅	K₂O	N	P₂O₅	K₂O
中南部哈尔滨地区	宾县（16）	OPTE	190	71	79	214	73	183	0.89	0.98	0.43
		FP	214	52	52	197	67	163	1.09	0.78	0.32
		OPTS	176	68	73	210	72	181	0.84	0.95	0.40
	双城（17）	OPTE	181	71	87	201	69	163	0.90	1.03	0.53
		FP	172	70	59	189	63	150	0.91	1.11	0.39
		OPTS	182	68	81	197	67	161	0.92	1.01	0.50
	哈尔滨（6）	OPTE	180	73	79	202	62	162	0.89	1.17	0.49
		FP	177	65	60	183	59	146	0.97	1.11	0.41
		OPTS	185	55	70	196	63	157	0.94	0.88	0.45
	平均	OPTE	184	72	82	206	68	170	0.89	1.06	0.48
		FP	188	62	57	190	63	153	0.99	0.99	0.37
		OPTS	181	63	74	201	67	166	0.90	0.94	0.44
中部绥化地区	庆安（16）	OPTE	168	63	80	203	65	183	0.83	0.98	0.44
		FP	155	44	44	188	60	167	0.82	0.73	0.26
		OPTS	163	59	71	199	63	177	0.82	0.93	0.40
西部三肇地区	肇州、肇源、安达（8）	OPTE	151	58	73	173	68	178	0.87	0.85	0.41
		FP	200	80	47	169	45	142	1.18	1.78	0.33
		OPTS	176	64	51	176	64	165	1.00	0.94	0.29
西北部齐齐哈尔地区	依安、赵光农场（6）	OPTE	150	92	78	149	57	144	1.01	1.37	0.54
		FP	135	98	53	127	50	132	1.06	1.06	0.40
		OPTS	150	83	60	137	56	142	1.09	1.07	0.42
东部佳木斯地区	桦川	OPTE	161	62	80	169	58	151	0.95	1.11	0.51
		FP	135	72	54	158	52	142	0.85	1.36	0.37
		OPTS	161	56	38	161	54	147	1.00	1.08	0.27

4. 肥料用量与产量之间的关系　通过对 7 年 13 个县 81 个田间平衡施肥试验数据进行分析，结果显示（图 6-14 至图 6-16），随着氮磷钾肥施用量的增加，产量均呈先增长后降低的趋势。氮肥施用量与产量之间的关系为 $y=-0.329\,8x^2+125.39x-1\,830.1$，当氮肥施用量为 190 kg/hm² 时，达到最高产量 10 088 kg/hm²；磷肥施用量与产量之间的关系为 $y=-0.479\,1x^2+81.53x+6\,718.3$，当磷肥施用量为 85 kg/hm² 时，达到最高产量 10 187 kg/hm²；钾肥施用量与产量之间的关系为 $y=-0.479\,1x^2+81.53x+6\,718.3$，当钾肥施用量为 119 kg/hm² 时，达到最高产量 10 444 kg/hm²（由钾肥施用量与产量之间的关系式计算得出，图 6-16 并未显示）。说明氮磷钾肥的过量施用并不能提高产量，合理施肥才能取得最佳的产量和效益。

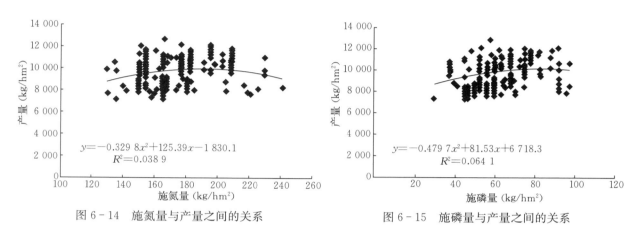

图 6-14　施氮量与产量之间的关系　　　　图 6-15　施磷量与产量之间的关系

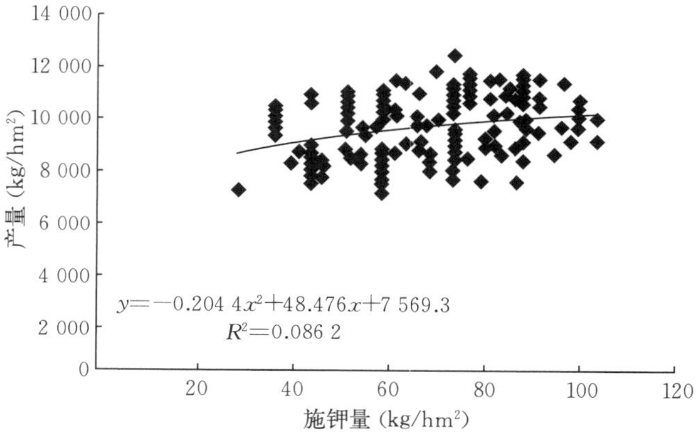

图 6-16　施钾量与产量之间的关系

5. 各地区平衡施肥技术　通过对 7 年 13 个县 81 个田间平衡施肥试验数据进行分析，结果列入表 6-19。

表 6-19　黑龙江各地区最佳平衡施肥量

单位：kg/hm²

区域	地点	年限	处理	产量	施肥量		
					N	P₂O₅	K₂O
中南部哈尔滨地区	双城	2008—2014	OPT	10 268	174	69	88
	宾县	2008—2010	OPT	10 049	166	60	74
	民主	2012—2014	OPT	11 208	180	73	79
	平均			10 508	173	67	80

（续）

区域	地点	年限	处理	产量	施肥量		
					N	P_2O_5	K_2O
中部绥化地区	兰西	2008	OPT	8 979	150	53	78
	庆安	2011—2014	OPT	10 424	174	65	90
	海伦	2009	OPT	8 460	150	75	90
	平均			9 288	158	64	86
西部三肇地区	肇源	2010—2011	OPT	9 957	152	61	72
	安达	2008—2007	OPT	7 173	160	60	60
	平均			8 565	156	61	66
北部齐齐哈尔地区	依安	2009—2010	OPT	8 801	150	55	75
北安	赵光	2012—2013	OPT	12 098	150	92	78

哈尔滨地区平衡施肥处理的产量平均为 10 508 kg/hm²，最优施肥处理为氮肥 173 kg/hm²、磷肥 67 kg/hm²、钾肥 80 kg/hm²，其中双城最优产量为 10 268 kg/hm²，宾县为 10 049 kg/hm²，民主为 11 208 kg/hm²；绥化地区平衡施肥处理的产量平均为 9 288 kg/hm²，最优施肥处理为氮肥158 kg/hm²、磷肥 64 kg/hm²、钾肥 86 kg/hm²，其中兰西最优产量为 8 979 kg/hm²，庆安为10 424 kg/hm²，海伦为 8 460 kg/hm²；三肇地区平衡施肥处理的产量平均为 8 565 kg/hm²，最优施肥处理为氮肥 156 kg/hm²、磷肥 61 kg/hm²、钾肥 66 kg/hm²，其中肇源最优产量为 9 957 kg/hm²，安达为 7 173 kg/hm²；齐齐哈尔地区平衡施肥处理的产量平均为 8 801 kg/hm²，最优施肥处理为氮肥 150 kg/hm²、磷肥 55 kg/hm²、钾肥 75 kg/hm²；北安地区平衡施肥处理的产量平均为12 098 kg/hm²，最优施肥处理为氮肥 150 kg/hm²、磷肥 92 kg/hm²、钾肥 78 kg/hm²。试验结果显示，黑龙江玉米产量呈东南向西北逐渐下降的趋势。

五、玉米施肥技术研究及展望

（一）国内外玉米施肥技术研究

先进施肥体系体现为合理的施肥技术，而施肥技术的先进与否关键是所施的肥料能否具有较高的利用率以及肥料能否最大限度地满足作物对养分的需求。20 世纪 60 年代产生了化肥深施理论，后来又发展为在肥料总量不变的前提下，减少基肥、增加追肥比例，特别是增加后期追肥比例的 V 形施肥理论。20 世纪 70 年代又提出了水稻以水带氮施肥法。随着施肥理论的不断进步，肥效和肥料利用率不断提高。另据报道，化肥深施比表施肥料利用率可提高 20% 左右。这些施肥理论的形成使施肥体系日趋完善。

近几十年来，在我国土壤农化界若干先辈科技工作者的辛勤劳动和科学研究下，在经济合理施肥方面形成了丰富的理论和大量的科研成果，其中有很多成果已进入实用性阶段，如配方施肥、测土施肥、诊断施肥等平衡施肥理论。严格按照平衡施肥原理和方法操作是能够提高肥料利用率的，但是从近十多年来化肥发展和施肥量增长幅度与粮食增产率的关系来看，肥料利用率增加仍不显著。近年来，在平衡施肥原理与技术的指导下，国内肥料市场上复混肥和专用复混肥发展很快。然而，除一些专业生产厂家以外，很多一般生产厂家不同程度地缺乏平衡施肥原理的专业知识，也不了解土壤肥力与植物营养状况，从而致使一些肥料产品存在质量低劣的现象，平衡施肥理论与技术的推广应用在不同程度上受到负面影响。

1. 平衡施肥技术 平衡施肥是将作物的需肥规律、土壤的供肥性能与肥料效应综合在一起，通过在施肥过程中保持氮磷钾和中微量元素的用量适宜与比例合适，采用相应的施肥技术，来促使作物均衡吸收各种养分，维持并提高土壤肥力水平，缓解养分的流失，减少环境污染，达到平衡施肥的目的，即高产、优质和高效。国际上至今没有关于平衡施肥中确定施肥量的统一标准，养分平衡法（测土施肥）、田间试验法（肥料效应函数）和作物营养诊断法三大系统是我国普遍应用的 3 种方法。我国关于平衡施肥的工作起步比较晚，起点也比较低，现阶段在推荐施肥工作中主要以大量元素养分氮、磷、钾肥为主，而中微量元素养分的推荐施肥涉及较少，仅仅只处于"经验施肥"的初级阶段，还没有做到真正意义上的推荐施肥。

平衡施肥是获得作物高产的必要措施。只有合理施肥才能提高肥料利用率，增加玉米产量，使肥料的投入产出比例最大化。若氮肥投入过量，会使得农田的养分与作物所需的养分之间存在静态不平衡（养分投入总量超过作物所需量）与动态不平衡（肥料养分释放曲线与作物养分需求曲线不吻合，氮肥的养分释放高峰往往早于作物养分需求高峰），从而导致多余氮肥淋溶至地下造成污染。研究表明，灌溉、排水良好的集约化农业区，地下水硝态氮污染风险较高，浅层地下水更容易受到污染。而长期缺乏养分投入或投入不足，则会导致土壤养分匮乏。如肯尼亚长期肥料试验表明，肥沃的红壤上连续 18 年进行玉米-豆类作物轮作不施肥，土壤会损失有机氮 1 000 kg/hm²、有机磷 100 kg/hm²、玉米产量由 3 000 kg/hm² 下降至 1 000 kg/hm²。

可见，养分的不平衡投入，导致土壤养分失衡，显著影响玉米产量，危及环境安全。目前，我国科研工作者已经对作物的施肥技术工作做了大量的研究和应用，在农业生产中发挥了巨大的推动作用。东北春玉米施肥的研究均表明，平衡施肥能促进玉米对养分的吸收和利用，提高玉米肥料利用率、产量和效益。邢月华等在辽宁新民的草甸土上进行玉米（郑单 958）平衡施肥的试验结果表明，平衡施肥能促进玉米对养分的吸收和利用，每形成 100 kg 玉米籽粒吸收 N 1.95 kg、P₂O₅ 1.05 kg、K₂O 1.96 kg；与农民习惯施肥相比，平衡施肥可以增产、增效。佟玉欣等试验结果表明，平衡施肥对黑龙江双城、海伦和依安玉米生长发育及产量、效益有明显的正效应，双城氮、磷、钾肥农学效率分别为 23.9 kg/kg、48.2 kg/kg 和 31.5 kg/kg；海伦氮、磷、钾肥农学效率分别为 11.4 kg/kg、16.9 kg/kg 和 21.7 kg/kg；依安氮、磷、钾肥农学效率分别为 13.1 kg/kg、29.6 kg/kg 和 13.1 kg/kg。

玉米是高产作物，对肥料需求量大，但并非施肥量越多越好。不同地区玉米氮磷钾肥适宜用量及施用比例研究得出的结果对当地玉米施肥具有重要的指导意义。石玉海在吉林黑土区 3 种不同肥力土壤上研究平衡施肥效果，结果表明，平衡施肥对玉米具有较好的增产增收效果。高肥力黑土施肥适宜用量分别为 N 90 kg/hm²、P₂O₅ 69 kg/hm²、K₂O 60 kg/hm²；中肥力黑土施肥适宜用量分别为 N 145 kg/hm²、P₂O₅ 46 kg/hm²、K₂O 90 kg/hm²；低肥力黑土施肥适宜用量分别为 N 200 kg/hm²、P₂O₅ 92 kg/hm²、K₂O 30 kg/hm²。玉米籽粒吸收的养分随施肥量的增加而增加，肥料利用率随施肥量的增加而降低。平衡施肥不仅要求肥料用量合理，也要求肥料施用比例适宜。褚清河等按照同步增加氮磷用量和以磷定氮两种施肥量确定方法设置氮磷施肥量，结果表明，氮磷施用比例是影响玉米最大施氮量及其肥效的重要因素，根据土壤养分平衡供应特征调整施肥比例可能是作物高产施肥且提高肥料利用率的重要途径。张明怡等对黑龙江双城、宾县、甘南等玉米主产区氮肥适宜用量进行研究，试验结果表明，黑龙江玉米生产氮（N）的适宜用量为 100~180 kg/hm²，可增产 24.3%~72.9%，平均增收 1 624~3 088 元/hm²。

不同施肥方式对玉米产量、物质积累及肥料利用率影响不同。尹彩侠等通过田间试验，研究了不同施肥方式和不同氮磷肥用量对玉米干重、养分吸收及产量的影响。结果表明，施肥量为 800 kg/hm²（施入种子侧下方 6 cm）处理的玉米地上部生物量和根系生物量最高，成熟期根系和地上部的吸氮、吸磷量也最高，籽粒产量也较高；在肥力相对较高的土壤，减施 20%~40% 氮磷肥至少可以维持玉米当年的产量，施肥方式对玉米籽粒产量影响很小。关于玉米一次性施肥，存在许多争议。一些研究认为，玉米一次性施肥相对于习惯施肥，在降水充足的年份产量差异不显著，干旱年份一次性施肥产量降低；另一些研究则认为，一次性深施肥与常规施肥相比，不会影响玉米对养分的吸收，而且有助于养分的吸收，氮肥利用率提高，产量没有显著差异或小幅提高。高强等通过两年田间试验研究了不同施肥方式（推荐施肥、农民习惯施肥、一次性施肥）对玉米产量、吸氮量及氮素效率的影响。研究结果表明，一次性施肥处理受年际间降水量影响较大，易产生植株后期脱氮现象；农民习惯施肥处理基肥施用量过高，造成氮肥表观利用率降低；一次性施肥处理和农民习惯施肥处理下，0～90 cm 土层土壤残留氮分别为 201 kg/hm² 和 278 kg/hm²，会对地下水体产生潜在威胁。推荐施肥处理下，玉米产量、生物量和吸氮量均较稳定，同时氮素利用率较高，是较合理的施肥方式。由于"一炮轰"施肥方式不能满足玉米整个生育期的养分需求，越来越多的研究集中于前氮后移技术，涉及较多的作物有小麦、玉米、水稻，且细化到叶龄等指标。战秀梅等通过田间试验研究了农民习惯施肥、氮肥减量及减量后移、氮肥一次性深施对春玉米产量、效益、花后干物质和氮素积累与转移情况及氮的吸收和利用的影响。结果表明，与习惯施肥处理相比，氮肥减量后移处理增产 3.91%，增收 592 元/hm²；氮肥一次性深施处理增产 11.48%，增收 2 032 元/hm²。由此可知，氮肥一次性深施方式替代农民习惯施肥还有待于继续深入研究；而氮肥减量后移是一种科学的施肥方式。

2. 控释氮肥施用技术　控释肥料的研究始于 20 世纪 60 年代中期的美国，我国于 20 世纪 70 年代初期开始研究。日本研制的控释肥料 POCU‑S100 在水稻同位施肥措施下，总氮回收率为 79%，远远高于常规撒施尿素或硫酸铵的回收率（20%～23%）。在我国，缓控释肥的施用没有严格的限定，往往是一种缓控释肥料施用在不同地点的土壤上，而没有考虑气候和土壤类型的差异，且缓控释肥的施用还处在起步阶段，肥料利用率也较低。氮肥用量过高、运筹不当、养分供求不同步是氮素利用率低的主要原因。为了提高氮肥利用率和减少氮素损失，除了采用氮肥深施、加强水肥综合管理和平衡施肥等农艺措施外，缓控释肥的开发与应用是目前研究的热点。缓控释肥技术的核心是控制肥料逐步释放，以满足作物全生育期生长发育对养分的需要，可以解决作物中后期对养分的需求。尽管目前缓控释肥的价格是普通肥料的几倍，但缓控释肥在提高作物产量和减少环境污染等方面优于普通尿素，将有利于农业生产的可持续性发展。

许多研究表明，施用缓控释肥料能够在确保粮食安全的基础上，实现既减轻环境污染又提高氮肥利用率，尤其在干旱的沙质土壤地区，施用缓控释肥可以增加作物氮素吸收，减少氮素损失，提高产量。朱红英等研究表明，缓控释肥料的施用比普通肥料明显提高玉米产量，增幅为 1.98%～19.02%。在玉米大田生产中，建议缓控释肥料投入量为常规肥料施用量的 2/3。李红光的研究结果表明，配方缓控释肥有明显的增产效果，玉米缓控释肥处理较同等含量普通复合肥处理增产 1 758.0 kg/hm²，增产幅度为 28.4%。缓控释肥还具有全生育期所需肥料一次性基施，接触施肥而不烧苗和伤根，适合不同类型的土壤和植物，有效防止土壤板结等优点。在缓控释肥的研究过程中，包膜肥料的养分释放期虽然延长，但有的包膜肥料也出现了前期供肥不足的问题。因此，可将速效养分和缓控释肥配比进行施用，此方面研究成为热点之一。赵杰等通过田间试验方法研究了不同控氮比掺混肥（非控、半控和全控）和运筹方式（基施、基施与追施结合）对土壤硝态氮、玉米产量和氮素利用率的影响。研究结果表明，控氮比 52.5% 掺混肥在基施的运筹方式下与其他控氮比掺混肥和运筹方式相比，增产幅度为 6.45%～19.70%，氮素利用率最高能达到 65.38%，是玉米种植实践中最佳控氮比掺混肥和运筹方式。

（二）玉米施肥技术研究展望

国内外许多学者的研究表明，玉米获得高产优质的关键措施是秸秆还田，施用有机肥，推广营养诊断技术，增施优质化肥，做到科学合理施肥。虽然人们已经对玉米施肥进行了广泛的研究，但玉米生产施肥技术中仍有许多需要解决的问题。

1. 增施有机肥，提高土壤肥力；稳定氮磷肥用量，适当增加微肥投入　积极开辟有机肥源，充分利用动物粪肥及作物秸秆、绿肥等，因地制宜做好根茬及秸秆还田，重视中微量元素的施入，建立科学的有机‑无机结合的施肥体系，从而保证玉米优质高产。

2. 合理调整施用时期和方法　氮肥用量过高、运筹不当、养分供应不同步是氮素利用率低的主要原因。因此，应调整氮、磷、钾肥比例，实现养分均衡供应；改进施肥方式，提高化肥利用率，充分发挥肥料的肥效，降低玉米生产成本。按玉米生长的需肥特性，采取深施方式，定量、定期进行施肥。

3. 推广平衡施肥技术及简化高效施肥技术　在土壤营养诊断的基础上，实行测土配方施肥，加快新型缓控释肥料的研制与示范推广，以充分发挥肥料的增产作用。

总之，玉米平衡施肥技术的应用对于最大限度地发挥土壤增产潜力，提高肥料利用率，增加玉米产量，实现节本增效及农业可持续发展，保障国家粮食安全具有广阔的应用前景。目前，许多地区农民施肥仍然存在盲目性，认为高投入就会获得高产量。长期投入高量化肥，不注重平衡施肥，施肥结构不合理，存在重氮磷肥、轻钾肥及其他中微量元素的现象，使土壤有机质下降、耕层变薄、土壤养分恶化、营养消耗单一，造成土壤养分不平衡，氮、磷、钾比例失衡。这不仅限制了玉米产量、效益的提高，也造成了肥料浪费和环境污染。平衡施肥和简化施肥是解决上述问题的有效措施。

第二节　水稻养分管理与高效利用

一、黑土区水稻生产土壤及施肥现状

黑龙江主要种植作物为玉米、水稻、大豆、马铃薯和甜菜等。其中，水稻是高产作物，在保障黑龙江粮食安全方面具有极其重要的作用。黑龙江水稻种植面积居全国第一位，2009 年达到 263.6 万 hm²，占全国粳稻面积的 43%；商品量超过 100 亿 kg，占全国水稻商品量的 28%。粳稻品质好、口感佳，"东北大米"享誉全国。黑龙江水稻的发展对我国稻米产业具有深远的影响。自 1980 年以来，黑龙江水稻播种面积年均为 99.5 万 hm²，并呈逐年上升趋势；2000—2011 年，播种面积为 211.1 万 hm²，并呈逐年上升趋势；至 2015 年，播种面积已达 384.3 万 hm²。随着水稻播种面积的增加，水稻总产量也呈同步上升趋势，单产呈波浪式上升趋势，总体呈现出单产不高、总产量不稳的趋势。这说明黑龙江水稻产量还有很大的提升空间。制约黑龙江水稻单产提高的主要因素有机械整地质量差、耕层变薄、有机质含量下降、稻瘟病害加重、水资源短缺和分布不平衡、水利工程基础薄弱、水资源利用率低（于清涛 等，2001）。

（一）水稻生产中存在的主要土壤问题

黑龙江稻区大部分分布于三江、松嫩两大平原。适合种植水稻的土壤主要有 7 种类型，土壤养分比较丰富，腐殖质含量较高。虽然黑龙江农业自然条件较好，土地面积大、土壤相对肥沃，但经过多年开垦，土壤质量退化不容乐观。土壤侵蚀、过度垦殖和掠夺式经营以及农业生产造成的土壤污染等问题导致大部分土壤养分状况恶化（陆继龙 等，2002；徐晓斌 等，2005）。李玉影（1999）研究表明，黑龙江农田土壤主要限制因子是氮、磷、钾、硫和锌。王建国等（2000）研究发现，20 世纪 90 年代后黑龙江土壤氮素平衡、磷素盈余，而钾素亏缺。黑龙江中部黑土区（如海伦和北安地区）有效锌、有效锰、有效铜和有效铁的平均含量均高于缺素的临界值（汪景宽 等，2002）。史文娇等（2005）研究表明，黑龙江北部黑土区（如克山、五大连池、嫩江）的有效锌和有效铜含量均达适中和丰富水平，有效铁和有效锰达到丰富和很丰富水平。黑龙江北部黑土区（双城）4 种有效态微量元素含量在不同土壤类型中表现出较为一致的规律，一般为强度侵蚀黑土和典型黑土最高，其次为黑钙土、草甸土和冲积土，沼泽土与风沙土最低。水田的有效态微量元素含量（有效铜除外）平均值普遍低于旱地，表明人为的土地利用对有效态微量元素有影响（史文娇 等，2009）。黑龙江水稻生产中主要存在以下土壤问题。

1. 有机质下降，耕层变薄，土壤养分恶化　目前，黑龙江耕地质量逐年下降，水土流失严重，尤其是随着化肥施用量的逐年增加、农肥施用量的减少以及小型农机具的大量使用，土壤板结、犁底层上移，理化性质变劣，耕层变浅（李明贤，2004）。据调查，桦川土壤有机质含量 30 年间由 4% 降至 2.1%，庆安水稻种植区耕层变浅 8~9 cm，严重影响了水稻产量的提高。

2. 土壤养分不平衡现象加剧，限制水稻产量提高　当前，黑龙江水稻田土壤养分不平衡现象加剧（张明怡，2009），氮磷钾养分比例失调，磷素供应相对过剩，钾素极为缺乏（彭显龙 等，2008），有机无机比例失调。据调查，黑龙江 80% 以上农户不施有机肥，部分地区水稻早衰、瘪粒、萎黄现象严重，影响了水稻产量和品质的提高。

（二）水稻生产中存在的主要施肥问题

目前，黑龙江许多地区施肥结构不合理现象仍然存在，盲目增施化肥不仅造成水稻产量不稳定、土壤结构恶化、肥力下降、农业生产成本上升、肥料利用率低，而且对生态环境造成严重威胁。黑龙江水稻生产中主要施肥问题如下。

1. 水稻生产施肥技术存在施肥次数多、施肥量大、施肥时期不明确、肥料利用率低等缺点。

2. 从目前水稻生产实践来看，化肥用量增加，但肥效却明显下降。一些地区氮磷肥严重过量，一些地区氮磷肥用量不足，钾肥用量普遍偏低。

3. 黑龙江水稻氮肥：磷肥：钾肥为 2：1：0.3，氮肥用量过多，钾肥不足，易倒伏。庆安有些地区水稻氮肥用量高达 $350 \sim 400 \ kg/hm^2$。

4. 黑龙江水稻施肥大多采用基肥加一次追肥或两次追肥，且基本在 6 月中下旬完成施肥，造成"大头肥"现象，使水稻后期易脱肥。

5. 目前 80% 以上农民施用复合肥，肥料种类繁杂，比例不合理，氮肥用量多，钾肥用量低。

6. 少部分农户在孕穗期和灌浆期施叶面肥（磷酸二氢钾类、腐殖酸类）。

（三）水稻生产施肥技术研究现状

施肥是影响水稻产量和品质的重要因素，有关黑龙江水稻施肥技术方面的研究较多。近年来，笔者所在课题组在肥料合理施用及提高肥料利用率等方面进行了研究，为合理运筹肥料，实现水稻高产、高效施肥提供了重要的理论依据。也有一些研究者研究了水稻前氮后移施肥技术、不同类型氮肥的施用方法、施氮量及施用时期对产量和品质影响等方面的内容。研究结果表明，在减少 20% 以上氮肥基础上，水稻增产 10% 以上，氮肥利用率达到 50% 左右（范立春 等，2005；李广宇 等，2009；宋添星 等，2007）。针对寒地稻田磷钾收支状况，提出了部分稻田减磷增钾的施肥策略，在水稻抗病、抗倒伏和增产中发挥了重要的作用（刘玲玲 等，2008；张明聪 等，2010）。

1. 施肥原则　重施底肥。底肥不仅可以源源不断地供给水稻各个生育阶段对养分的需要，而且可以改良土壤、提高肥力。为使底肥持久，一般底肥用量占总施肥量 50%～80%，并且应在插秧之前施入。底肥要坚持以有机肥为主、化肥为辅。优化施肥中氮的调控原则是适当控制移栽至拔节前的氮肥用量，增加穗分化期至抽穗期的氮肥用量。

2. 施肥量　寒地水稻氮磷钾肥用量（李玉影 等，2007）以及硅肥的施用效果方面（李玉影 等，2009）均有较多研究。黑龙江多年多点试验表明，水稻氮肥（N）、磷肥（P_2O_5）、钾肥（K_2O）每公顷用量为 150 kg、60 kg、75 kg，氮基本可以维持平衡，磷钾缺乏（彭显龙 等，2008）。

3. 施肥时期　氮肥前氮后移技术，即将水稻生长期的分蘖肥减少、穗肥增加，达到很好的田间效果。但是，该项技术的普及率较低。据调查，前氮后移技术农户实施仅占 10% 左右，追施钾肥农户仅占 6% 左右。

（四）水稻生产土壤施肥需进一步解决的技术问题

1. 加深耕作层，打破犁底层　建立"以深松为主、翻耕耙结合"的耕作制度，打破犁底层，保持原来的土层，每 2～3 年深耕 1 次，使耕作层达到 25 cm 左右。

2. 秸秆还田，培肥地力，实施水稻高产栽培　一是因地制宜推广应用稻田秸秆翻压、覆盖还田技术；二是推广秸秆快速腐熟生物发酵技术；三是搞好秸秆过腹还田；四是加大人畜禽粪便工厂化处理，实现有机肥产业化、商品化、降低价格。

3. 水稻优化施肥技术　依据土壤供肥能力和水稻的目标产量来确定氮、磷、钾肥的用量。另外，还应加强以下几方面的研究：①氮肥用量、前氮后移技术的具体时期及数量。②水稻高效配肥技术。

氮磷钾合理配比、有机无机配比、氮肥基追比例及追施次数。③水稻简化施肥技术。④水稻养分需求与肥料供应同步，解决水稻肥料利用率低等问题。

总之，分析限制黑龙江水稻单产提高的因素，建立合理预警系统，把现有的栽培技术、土壤耕作及培肥技术进行优化和组装，充分发挥各自的作用，达到农业节本增效、农民增收的目的，已成为黑龙江水稻研究的重点。

二、水稻需肥特性

施肥是调控作物群体发展的主要方法之一，合理进行水稻磷钾肥运筹有助于保证水稻磷钾素吸收与最佳磷钾素供给同步，从而通过形成合适的群体质量以提高产量与品质（王伟妮 等，2010）。氮、磷、钾是水稻正常生长必不可少的肥料三要素。研究不同施肥条件下水稻植株对氮、磷、钾的吸收、积累和分配，有助于理解施肥对水稻产量形成的影响，为水稻的合理施肥提供依据。关于不同施肥条件下水稻养分吸收和分配的研究已有不少。晏娟等（2008）运用^{15}N 示踪法研究发现，增加施氮量降低了^{15}N 在水稻稻谷中的分配比例，提高了稻草中的分配比例。胡泓等（2003）认为，钾肥的施用能促进杂交水稻将氮和磷向穗部积累，从而提高氮和磷的养分利用效率。宇万太等（2007）研究发现，水稻植株吸收的氮和磷主要集中在稻谷中，钾则主要集中在稻草中。

氮是水稻生长发育必需的营养元素之一。它在植物体组成和生理代谢上具有十分重要的作用，对作物产量和品质的影响最为直接，施用效果十分显著。一般情况下，氮肥施用量与产量基本呈抛物线关系。氮肥施用不当，不但会使作物产量和品质下降，而且氮肥的流失又成为大气、水体的主要污染源之一（鲁如坤，1998；陈防 等，2000）。

磷是水稻生长发育必需的营养元素之一，是构成核酸和磷脂等大分子物质的重要成分，直接参与植物体代谢。合理施用磷肥能提高作物的抗逆性和适应能力，达到提高产量、改善品质的作用（胡霭堂，2004；王巧兰 等，2007）。此外，磷肥本身含有多种有害杂质如重金属镉，大量施用磷肥会造成重金属元素在土壤和水体中积累，直接威胁人类的健康（甲卡拉铁 等，2009；陈宝玉 等，2010）。

钾是水稻生长必需的营养元素之一。水稻对钾的吸收量高于氮和磷（陈防 等，2000；张选怀 等，2003）。关于水稻施用钾肥的研究已有很多，钾肥施用在水稻生产中发挥了重要作用。近年来，由于水稻品种的改良和栽培技术水平的提高，水稻产量大幅度提高，水稻主产区稻田土壤缺钾已成为作物产量和农产品品质提高的限制因素之一。黑龙江是我国最大的粳稻产区，水稻需肥特性与土壤、气候与南方地区都有很大差别。因此，研究水稻氮磷钾肥适宜用量具有重要意义。李玉影等（2008）研究表明，黑龙江水稻氮肥的适宜用量为 $135\sim165\ kg/hm^2$，磷为 $52.5\sim67.5\ kg/hm^2$，钾为 $60\sim75\ kg/hm^2$；施氮肥平均增产 26.2%，施磷肥平均增产 12.1%，施钾肥平均增产 10.33%（李玉影 等，2008）。

氮、磷、钾是水稻需要量大的 3 个元素，单纯依靠土壤供给不能满足水稻生长发育的需要，必须依靠施肥（卢燕 等，2008；周士良 等，2005）。施肥的关键在于根据水稻不同生育时期的需肥、吸肥规律，因地制宜施用不同种类的肥料，把握施肥时期、数量，采用适宜且有效的施用技术，以获得最佳的施用效果，最终实现水稻高产、优质、高效生产。

水稻对氮素营养十分敏感，氮素是水稻产量最重要的决定因素。水稻一生中植株体内的氮素浓度较高，这是高产水稻所具有的营养生理特性。水稻对氮素的吸收有 2 个明显的高峰：一是水稻分蘖期，即插秧后 2 周；二是插秧后 7～8 周，此时如果氮素供应不足，常会引起颖花退化，不利于高产。水稻对磷的吸收量较小，远比氮少，磷肥用量平均约为氮肥用量的 1/2；但是，磷对水稻的生长比较关键，尤其在水稻生育后期需求较多。水稻生长的全生育期都需要磷素，对磷的吸收规律与氮素相似。在幼苗期和分蘖期吸收最多，插秧后 21 d 左右为吸收高峰。此时，磷素在水稻体内的积累量约占全生育期总磷量的 54%，如果此时磷素缺乏，会影响水稻的有效分蘖数及地上部与地下部干物质的积累。水稻在幼苗期吸收的磷，可以在整个生育过程中反复多次从衰老器官向新生器官转移，直至水稻成熟时，会有 $60\%\sim80\%$ 磷转移集中到籽粒中，而抽穗后水稻吸收的磷则大多残留于根部。钾素吸收量高于氮素，表明水稻需要较多钾素，但在水稻抽穗开花前其对钾的吸收已基本完成。钾的吸收高峰在分蘖盛期至拔节期，此时茎、叶中钾含量保持在 2% 以上（王鹏 等，2009；马德福 等，2010）。

2007 年，在庆安县平安镇设置试验，处理为 CK、NP、NK、PK、NPK。试验结果表明，随着生育期的推进，水稻植株养分含量逐渐降低，尤其是氮的含量降低幅度较大，主要原因是养分从植株体向籽粒转移，并储存在籽粒中。成熟期水稻植株中全钾含量最高，其次是全氮含量，全磷含量最低（表 6-20）。

表 6-20　水稻不同生育时期植株养分含量（平安镇）

单位：%

时期	处理	全氮（N）		全磷（P₂O₅）		全钾（K₂O）	
		植株	籽粒	植株	籽粒	植株	籽粒
分蘖期	CK	1.868	—	0.675	—	0.991	—
	NP	2.206	—	0.739	—	0.943	—
	NK	1.949	—	0.653	—	1.196	—
	PK	1.622	—	0.676	—	1.610	—
	NPK	2.182	—	0.727	—	1.413	—
孕穗期	CK	1.628	—	0.680	—	0.951	—
	NP	1.814	—	0.789	—	1.099	—
	NK	1.439	—	0.765	—	1.245	—
	PK	1.342	—	0.704	—	1.637	—
	NPK	1.941	—	0.795	—	1.284	—
开花期	CK	1.211	—	0.683	—	1.005	—
	NP	1.615	—	0.861	—	0.990	—
	NK	1.312	—	0.778	—	1.101	—
	PK	1.176	—	0.687	—	1.396	—
	NPK	1.704	—	0.735	—	1.191	—
灌浆期	CK	0.520	—	0.407	—	1.148	—
	NP	0.889	—	0.720	—	1.188	—
	NK	0.814	—	0.644	—	1.234	—
	PK	0.521	—	0.592	—	1.405	—
	NPK	0.739	—	0.603	—	1.582	—
成熟期	CK	0.464	1.184	0.392	0.514	0.896	0.293
	NP	0.590	1.290	0.460	0.561	1.028	0.314
	NK	0.566	1.207	0.456	0.482	1.034	0.376
	PK	0.505	1.085	0.390	0.568	1.353	0.341
	NPK	0.532	1.196	0.370	0.557	1.247	0.360

水稻需肥高峰期主要为孕穗期—灌浆期，尤其是磷肥和钾肥。水稻整个生育期对氮肥的吸收均呈上升趋势，在开花之前吸收速度显著增加，开花期—成熟期吸收速度逐渐降低（图 6-17）。磷肥和钾肥由分蘖期—灌浆期持续增加，至灌浆期达到高峰（图 6-18、图 6-19）。尤其是钾肥，灌浆期是钾素累积吸收量最多的时期，收获后部分钾素外流，钾的吸收量反而降低。未施肥、未施氮肥、未施磷肥、未施钾肥各处理均会影响水稻对氮、磷、钾养分的吸收。

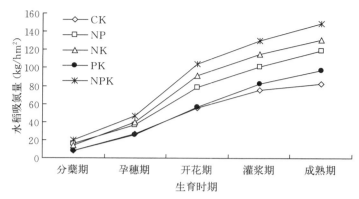

图 6-17 水稻不同生育时期累积吸氮量

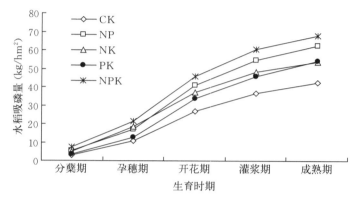

图 6-18 水稻不同生育时期累积吸磷量

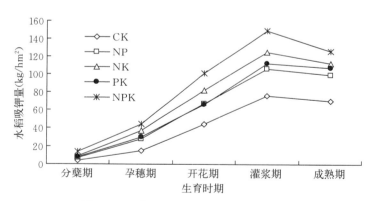

图 6-19 水稻不同生育时期累积吸钾量

三、水稻施肥指标体系的建立

就黑龙江目前情况而言，以相对产量＜65％，土壤速效氮测试值为极低，相对产量为65％～70％范围内为低，70％～75％范围内为中等，75％～80％为高，＞80％为极高。以相对产量＜75％，土壤有效磷、速效钾测试值为极低，相对产量为75％～80％为低，80％～85％为中等，85％～90％为高，＞90％为极高（以相对产量65％、70％、75％、80％、85％和90％为临界值，获得土壤养分丰缺指标）。

（一）白浆土水稻氮、磷、钾养分指标体系的建立

黑龙江白浆土总面积331.74万hm²，其中耕地面积116.36万hm²，占全省耕地面积的10.07％

（何万云 等，1992），仅次于黑土和草甸土。白浆土主要分布在三江平原和东部山区，这两个地区白浆土的面积占全省白浆土总面积的86%。由于白浆土土质黏重，亚表层有一个贫瘠的白浆土层，土壤肥力较低，有机质有时低至1.5%，而且养分不均衡，一般将其视为低产土壤（丛万彪，2006）。然而，白浆土开发种稻可变低产田为高产田，能发挥土壤的生产潜力，使作物高产稳产。研究白浆土养分丰缺指标体系是确定合理施肥的根本依据。因此，将黑龙江白浆土区2003—2011年水稻的"3414"肥料试验数据进行汇总，根据全量区产量与缺素区产量相比较计算相对产量，并划分土壤肥力等级，建立黑龙江白浆土养分丰缺指标体系。

1. 氮肥指标体系的建立 通过测定黑龙江白浆土区不同试验点水稻种植前土壤碱解氮含量，并与收获后所对应的相对产量建立对数关系。然后，根据不同的相对产量对土壤氮素养分等级进行分级，从而建立该区域的氮肥施肥指标体系，如图6-20所示。结果表明，黑龙江白浆土水稻种植区50%左右试验点土壤碱解氮含量为138.3～220.3 mg/kg。庆安、方正和五常大部分地区试验点白浆土碱解氮含量

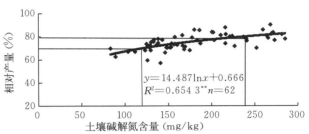

图6-20 黑龙江白浆土区土壤碱解氮含量与水稻相对产量的关系

均较低，其中庆安县大罗镇东阳村试验点土壤碱解氮含量仅为83.0 mg/kg；虎林、尚志地区试验点白浆土碱解氮含量均较高，其中尚志市尚志镇良种场试验点土壤碱解氮含量最高，达285.2 mg/kg。从土壤碱解氮含量和相对产量相关性可以看出，二者之间呈非线性正相关关系。土壤碱解氮含量反映了土壤供氮能力，土壤供氮能力越高，未施氮肥处理（$N_0P_2K_2$）的相对产量越高。

以相对产量<65%、65%～70%、70%～75%、75%～80%和>80%为划分标准，通过$X = \exp[(y-0.666)/14.487]$计算出土壤氮素养分划分等级标准的临界值，在此基础上把该种植区供氮肥力分为5个等级，如表6-21所示。通过土壤氮素分级可以看出，当白浆土碱解氮含量<85 mg/kg时，为极低水平；当含量为85～120 mg/kg时，为低水平；当含量为120～169 mg/kg时，为中等水平；当含量为169～239 mg/kg时，为高水平；当含量>239 mg/kg时，为极高水平。黑龙江白浆土水稻种植区土壤氮素含量水平不均匀，各个等级均有分布。在所有试验点中，有28个试验点碱解氮含量为120～169 mg/kg（中等水平），所占比例为45.2%；有30个试验点碱解氮含量>169 mg/kg（高水平和极高水平），所占比例为48.4%。可见，白浆土碱解氮含量以中高水平居多，占整个试验点的93.6%。因此，应根据土壤氮含量水平的不同，采取相应的施氮措施，使黑龙江白浆土区水稻实现高产稳产。

表6-21 黑龙江白浆土水稻种植区土壤氮（碱解氮）养分分级

相对产量（%）	碱解氮含量（mg/kg）	氮素等级	试验点数（个）	所占比例（%）
<65	<85	极低	1	1.6
65～70	85～120	低	3	4.8
70～75	120～169	中	28	45.2
75～80	169～239	高	18	29.0
>80	>239	极高	12	19.4

在不同氮素水平下，"3414"试验具体体现为处理2（$N_0P_2K_2$）、处理3（$N_1P_2K_2$）、处理6（$N_2P_2K_2$）、处理11（$N_3P_2K_2$）。利用各个处理不同的施氮水平与其相对应的产量进行回归分析，建立施肥模型。在肥料边际效应等于0和等于肥料价格与水稻价格之比基础上，分别求得最大施氮量和最佳施氮量。对不同有效氮素养分等级内各点施肥量进行统计，当白浆土碱解氮含量<120 mg/kg

时，黑龙江白浆土水稻种植区最大施氮量范围为 $158\sim185\ kg/hm^2$，均值为 $172\ kg/hm^2$；最佳施氮量范围为 $120\sim160\ kg/hm^2$，均值为 $147\ kg/hm^2$。当白浆土碱解氮含量为 $120\sim169\ mg/kg$ 时，最大施氮量范围为 $105\sim179\ kg/hm^2$，均值为 $145\ kg/hm^2$；最佳施氮量范围为 $82\sim165\ kg/hm^2$，均值为 $132\ kg/hm^2$。当白浆土碱解氮含量为 $169\sim239\ mg/kg$ 时，最大施氮量范围为 $70\sim165\ kg/hm^2$，均值为 $113\ kg/hm^2$；最佳施氮量范围为 $60\sim112\ kg/hm^2$，均值为 $90\ kg/hm^2$。当白浆土碱解氮含量 $>239\ mg/kg$ 时，最大施氮量范围为 $68\sim125\ kg/hm^2$，均值为 $95\ kg/hm^2$；最佳施氮量范围为 $58\sim92\ kg/hm^2$，均值为 $83\ kg/hm^2$。随着土壤碱解氮含量增加，最大施氮量和最佳施氮量均呈递减趋势。如表 6-22 所示，比较各个等级土壤氮素养分含量和施肥量可以看出，土壤氮素养分含量越高，土壤可以供应作物生长养分就相对较多，养分的投入量相对减少，推荐施肥量呈下降趋势，土壤养分含量和施肥量之间呈非线性负相关关系。

表 6-22　黑龙江白浆土区不同氮素养分等级水稻氮肥推荐施用量

碱解氮含量 (mg/kg)	养分级别	最大施氮量		最佳施氮量	
		范围 (kg/hm²)	均值 (kg/hm²)	范围 (kg/hm²)	均值 (kg/hm²)
<120	低	158~185	172	120~160	147
120~169	中	105~179	145	82~165	132
169~239	高	70~165	113	60~112	90
>239	极高	68~125	95	58~92	83

2. 磷肥指标体系的建立　通过测定黑龙江白浆土区不同试验点水稻种植前土壤有效磷含量，并与收获后所对应的相对产量建立对数关系。然后，根据不同的相对产量对土壤磷素养分等级进行分级，从而建立该区域的磷肥施肥指标体系。结果表明，黑龙江白浆土水稻种植区内 50% 以上试验点土壤有效磷含量为 $20.6\sim32.5\ mg/kg$。虎林等地白浆土有效磷含量较低；五常、方正、桦川、尚志等地白浆土有效磷含量较高，尚志市河东镇南兴村试验点土壤有效磷含量最高达 $56.5\ mg/kg$，而马延镇沙沟子试验点土壤有效磷含量仅为 $8.6\ mg/kg$。可见，尚志地区白浆土有效磷变异系数较大。从土壤有效磷含量和相对产量相关性可以看出，二者之间呈非线性正相关关系（图 6-21）。土壤有效磷含量反映了土壤供磷能力，土壤供磷能力越高，不施磷肥处理（$N_2P_0K_2$）的相对产量越高。

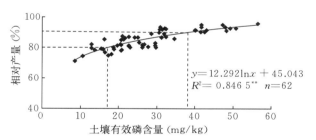

图 6-21　黑龙江白浆土区土壤有效磷含量与水稻相对产量的关系

$$y=12.292\ln x+45.043$$
$$R^2=0.846\ 5^{**}\quad n=62$$

从水稻相对产量所对应的土壤有效磷含量可以看出，水稻相对产量小于 75%，土壤有效磷含量都极低。因此，以相对产量 $<75\%$、$75\%\sim80\%$、$80\%\sim85\%$、$85\%\sim90\%$ 和 $>90\%$ 为划分标准，通过 $X=\exp[(y-45.043)/12.292]$ 计算出土壤磷素养分划分等级标准的临界值，在此基础上把该种植区供磷肥力分为 5 个等级，如表 6-23 所示。通过土壤磷素分级可以看出，当白浆土有效磷含量 $<11.4\ mg/kg$ 时，为极低水平；当含量为 $11.4\sim17.2\ mg/kg$ 时，为低水平；当含量为 $17.2\sim25.8\ mg/kg$ 时，为中等水平；当含量为 $25.8\sim38.8\ mg/kg$ 时，为高水平；当含量 $>38.8\ mg/kg$ 时，为极高水平。黑龙江白浆土水稻种植区土壤磷素含量水平不均匀，各个等级均有分布。在所有试验点中，有 21 个试验点有效磷含量为 $17.2\sim25.8\ mg/kg$（中等水平），所占比例为 33.9%；有 32 个试验点有效磷含量 $\geq25.8\ mg/kg$（高水平和极高水平），所占比例为 51.6%。可见，白浆土有效磷含量以中高水平居多，占整个试验点的 85.5%。因此，应根据土壤磷含量水平的不同，采取相应的施磷措施，使黑龙江白浆土区水稻实现高产稳产。

表 6 - 23　黑龙江白浆土水稻种植区土壤磷（有效磷）养分分级

相对产量（%）	有效磷含量（mg/kg）	磷素等级	试验点数（个）	所占比例（%）
<75	<11.4	极低	2	3.2
75～80	11.4～17.2	低	7	11.3
80～85	17.2～25.8	中	21	33.9
85～90	25.8～38.8	高	18	29.0
>90	>38.8	极高	14	22.6

在不同磷素水平下，"3414"试验具体体现为处理 4（$N_2P_0K_2$）、处理 5（$N_2P_1K_2$）、处理 6（$N_2P_2K_2$）、处理 7（$N_2P_3K_2$）。利用各个处理不同施磷水平与其相对应的相对产量进行回归分析，建立施肥模型。在肥料边际效应等于 0 和等于肥料价格与水稻价格之比基础上，分别求得最大施磷量和最佳施磷量。对不同有效磷养分等级内各点施肥量进行统计，当白浆土有效磷含量<11.4 mg/kg 时，黑龙江白浆土水稻种植区最大施磷量范围为 110～124 kg/hm²，均值为 118 kg/hm²；最佳施磷量范围为 95～108 kg/hm²，均值为 102 kg/hm²。当白浆土有效磷含量为 11.4～17.2 mg/kg 时，最大施磷量范围为 73～95 kg/hm²，均值为 83 kg/hm²；最佳施磷量范围为 70～91 kg/hm²，均值为 78 kg/hm²。当白浆土有效磷含量为 17.2～25.8 mg/kg 时，最大施磷量范围为 66～89 kg/hm²，均值为 78 kg/hm²；最佳施磷量范围为 60～81 kg/hm² 范围内，均值为 72 kg/hm²。当白浆土有效磷含量为 25.8～38.8 mg/kg 时，最大施磷量范围为 55～75 kg/hm²，均值为 66 kg/hm²；最佳施磷量范围为 51～71 kg/hm²，均值为 60 kg/hm²。当白浆土有效磷含量>38.8 mg/kg 时，最大施磷量范围为 44～56 kg/hm²，均值为 49 kg/hm²；最佳施磷量范围为 37～50 kg/hm²，均值为 43 kg/hm²，如表 6 - 24 所示。比较各个等级土壤磷素养分含量和施肥量可以看出，土壤磷素养分含量越高，土壤可以供应作物生长的养分就相对较多，养分投入量相对减少，推荐施肥量呈下降趋势，土壤养分含量和施肥量之间呈非线性负相关关系。

表 6 - 24　黑龙江白浆土区不同磷素养分等级水稻磷肥推荐施用量

有效磷含量（mg/kg）	养分级别	最大施磷量		最佳施磷量	
		范围（kg/hm²）	均值（kg/hm²）	范围（kg/hm²）	均值（kg/hm²）
<11.4	极低	110～124	118	95～108	102
11.4～17.2	低	73～95	83	70～91	78
17.2～25.8	中	66～89	78	60～81	72
25.8～38.8	高	55～75	66	51～71	60
>38.8	极高	44～56	49	37～50	43

3. 钾肥指标体系的建立　通过测定黑龙江白浆土区不同试验点水稻种植前土壤速效钾含量，并与收获后所对应的相对产量建立对数关系，然后根据不同的相对产量对土壤钾素养分等级进行分级，从而建立该区域的钾肥施肥指标体系。结果表明，在黑龙江白浆土水稻种植区内 50% 左右试验点土壤速效钾含量为 120～183 mg/kg。尚志、延寿、五常等大部分试验点土壤速效钾含量较低，其中尚志市尚志镇良种场试验点的土壤速效钾含量仅为 76.3 mg/kg；虎林大部分试验点土壤速效钾含量较高，最高可达 243.3 mg/kg。从土壤速效钾含量和相对产量相关性可以看出，二者之间呈非线性正相关关系（图 6 - 22）。速效钾含量反映了土壤供钾能力，土壤供钾能力越高，不施钾肥处理（$N_2P_2K_0$）的相对产量越高。

以相对产量<75%、75%～80%、80%～85%、85%～90% 和>90% 为划分标准，通过 $X = \exp[(y+2.967)/17.604]$ 计算出土壤钾素养分划分等级标准的临界值，在此基础上把该种植区供钾肥力分为 5 个等级，如表 6-25 所示。通过土壤钾素分级可以看出，当白浆土速效钾含量＜84 mg/kg 时，为极低水平；当含量为 84～111 mg/kg 时，为低水平；当含量为 111～148 mg/kg 时，为中等水平；当含量为 148～197 mg/kg 时，为高水平；当含量＞197 mg/kg 时，为极高水平。黑龙江白浆土水稻种植区土壤钾素含量水平不均匀，各个等级均有分布。在所有试验点中，有 21 个试验点速效钾含量为 111～148 mg/kg（中等水平），所占比例为 33.9％；有 29 个试验点速效钾含量

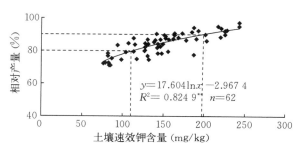

$$y = 17.604\ln x - 2.9674$$
$$R^2 = 0.8249^{**} \quad n = 62$$

图 6-22　黑龙江白浆土区土壤速效钾含量与水稻相对产量的关系

＞148 mg/kg（高水平和极高水平），所占比例为 46.7％。可见，白浆土速效钾含量以中高水平居多，占整个试验点的 80.6％。因此，黑龙江白浆土水稻种植区土壤钾含量状况比较好。可见，大部分地区需要施用适量钾肥，以维持现有土壤钾含量水平，满足作物生长。对于钾含量高的地区，应适当补充有机肥，以促进土壤中缓效钾的释放，增加经济效益。

表 6-25　黑龙江白浆土水稻种植区土壤钾（速效钾）养分分级

相对产量（%）	速效钾含量（mg/kg）	钾素等级	试验点数（个）	所占比例（%）
＜75	＜84	极低	6	9.7
75～80	84～111	低	6	9.7
80～85	111～148	中	21	33.9
85～90	148～197	高	18	29.0
＞90	＞197	极高	11	17.7

在不同钾素水平下，"3414"试验具体体现为处理 8（N₂P₂K₀）、处理 9（$N_2P_2K_1$）、处理 6（$N_2P_2K_2$）、处理 10（$N_2P_2K_3$）。利用各个处理不同施钾水平与其相对应的相对产量进行回归分析，建立施肥模型。在肥料边际效应等于 0 和等于肥料价格与水稻价格之比基础上，分别求得最大施钾量和最佳施钾量。对不同速效钾养分等级内各点施肥量进行统计，当白浆土速效钾含量＜84 mg/kg 时，黑龙江白浆土水稻种植区最大施钾量范围为 91～118 kg/hm²，均值为 107 kg/hm²；最佳施钾量范围为 84～113 kg/hm²，均值为 101 kg/hm²。当白浆土速效钾含量为 84～111 mg/kg 时，最大施钾量范围为 87～111 kg/hm²，均值为 98 kg/hm²；最佳施钾量范围为 82～103 kg/hm²，均值为 93 kg/hm²。当白浆土速效钾含量为 111～148 mg/kg 时，最大施钾量范围为 69～106 kg/hm²，均值为 85 kg/hm²；最佳施钾量范围为 66～100 kg/hm²，均值为 79 kg/hm²。当白浆土速效钾含量为 148～197 mg/kg 时，最大施钾量范围为 66～88 kg/hm²，均值为 79 kg/hm²；最佳施钾量范围为 62～85 kg/hm²，均值为 75 kg/hm²。当白浆土速效钾含量＞197 mg/kg 时，最大施钾量范围为 43～59 kg/hm²，均值为 52 kg/hm²；最佳施钾量范围为 41～57 kg/hm²，均值为 48，如表 6-26 所示。可见，随着土壤速效钾含量的增加，最大施钾量和最佳施钾量均呈现下降的趋势，土壤养分含量和施肥量之间呈非线性负相关关系。

表 6-26　黑龙江白浆土区不同钾素养分等级水稻钾肥推荐施用量

速效钾含量（mg/kg）	养分级别	最大施钾量		最佳施钾量	
		范围（kg/hm²）	均值（kg/hm²）	范围（kg/hm²）	均值（kg/hm²）
＜84	极低	91～118	107	84～113	101
84～111	低	87～111	98	82～103	93

（续）

速效钾含量 (mg/kg)	养分级别	最大施钾量		最佳施钾量	
		范围（kg/hm²）	均值（kg/hm²）	范围（kg/hm²）	均值（kg/hm²）
111～148	中	69～106	85	66～100	79
148～197	高	66～88	79	62～85	75
>197	极高	43～59	52	41～57	48

（二）黑土水稻氮、磷、钾养分指标体系的建立

黑龙江黑土总面积为 482.47 万 hm²，其中耕地面积 360.62 万 hm²，占全省耕地面积的 31.24%。黑土主要分布在滨北、滨长铁路沿线的两侧，北界直到黑龙江右岸，南界由双城、五常一带延伸到吉林，西界与松嫩平原的黑钙土和盐渍土接壤，东界则可延伸到小兴安岭和长白山等山间谷地以及三江平原的边缘（何万云 等，1992）。黑土腐殖质含量高，土层深厚，团粒结构好，阳离子交换量大，营养元素丰富，土壤肥力水平高，能够为水稻生长提供良好的水肥气热条件。研究黑土养分丰缺指标体系对于制定合理的水稻施肥体系具有重要的意义。因此，将黑龙江黑土区 2003—2011 年水稻的"3414"肥料试验数据进行汇总，根据全量区产量与缺素区产量相比较计算相对产量，并划分土壤肥力等级，建立黑龙江黑土养分丰缺指标体系。

1. 氮肥指标体系的建立 通过测定黑龙江黑土区不同试验点水稻种植前土壤碱解氮含量，并与收获后所对应的相对产量建立对数关系。然后，根据不同的相对产量对土壤氮素养分等级进行分级，从而建立该区域的氮肥施肥指标体系，如图 6-23 所示。结果表明，黑龙江黑土水稻种植区 50% 左右试验点土壤碱解氮含量为 130.7～179.5 mg/kg。庆安大部分地区和桦川部分地区试验点黑土碱解氮含量均较低，其中庆安县庆安镇保安村试验点土壤碱解氮含量仅为 69.1 mg/kg；阿城、五常、铁力和绥化

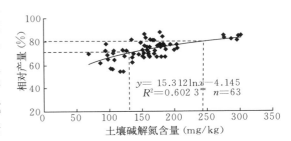

图 6-23 黑龙江黑土区土壤碱解氮含量与水稻相对产量的关系

各地试验点黑土碱解氮含量均较高，其中铁力市王杨乡护林村试验点土壤碱解氮含量最高，达到 302.0 mg/kg。从土壤碱解氮含量和相对产量相关性可以看出，二者之间呈非线性正相关关系。碱解氮含量反映了土壤供氮能力，土壤供氮能力越高，不施氮肥处理（$N_0P_2K_2$）的相对产量越高。

以相对产量 <65%、65%～70%、70%～75%、75%～80% 和 >80% 为划分标准，通过 $X=\exp[(y+4.145)/15.312]$ 计算出土壤氮素养分划分等级标准的临界值，在此基础上把该种植区供氮肥力分为 5 个等级，如表 6-27 所示。通过土壤氮素分级可以看出，当黑土碱解氮含量 <91 mg/kg 时，为极低水平；当含量为 91～127 mg/kg 时，为低水平；当含量为 127～176 mg/kg 时，为中等水平；当含量为 176～244 mg/kg 时，为高水平；当含量 >244 mg/kg 时，为极高水平。黑龙江黑土水稻种植区土壤氮素含量水平不均匀，各个等级均有分布。在所有试验点中，有 16 个试验点碱解氮含

表 6-27 黑龙江黑土水稻种植区土壤氮（碱解氮）养分分级

相对产量（%）	碱解氮含量（mg/kg）	氮素等级	试验点数（个）	所占比例（%）
<65	<91	极低	2	3.2
65～70	91～127	低	14	22.2
70～75	127～176	中	27	42.9
75～80	176～244	高	14	22.2
>80	>244	极高	6	9.5

量<127 mg/kg（极低和低水平），所占比例为 25.4%；有 27 个试验点碱解氮含量为 127～176 mg/kg（中等水平），所占比例为 42.9%；有 20 个试验点碱解氮含量>176 mg/kg（高和极高水平），所占比例为 31.7%。因此，应根据土壤氮含量水平的不同，采取相应的施氮措施使黑龙江黑土区水稻实现高产稳产。

在不同氮素水平下，"3414"试验具体体现为处理 2（$N_0P_2K_2$）、处理 3（$N_1P_2K_2$）、处理 6（$N_2P_2K_2$）、处理 11（$N_3P_2K_2$）。利用各个处理不同的施氮水平与其相对应的相对产量进行回归分析，建立施肥模型。在肥料边际效应等于 0 和等于肥料价格与水稻价格之比基础上，分别求得最大施氮量和最佳施氮量。对不同有效氮素养分等级内各点施肥量进行统计，当黑土碱解氮含量<91 mg/kg 时，黑龙江黑土水稻种植区最大施氮量范围为 181～232 kg/hm²，均值为 195 kg/hm²；最佳施氮量范围为 156～188 kg/hm²，均值为 165 kg/hm²。当黑土碱解氮含量为 91～127 mg/kg，最大施氮量范围为 155～226 kg/hm²，均值为 180 kg/hm²；最佳施氮量范围为 145～175 kg/hm²，均值为 155 kg/hm²。当黑土碱解氮含量为 127～176 mg/kg 时，最大施氮量范围为 130～197 kg/hm²，均值为 158 kg/hm²；最佳施氮量范围为 123～157 kg/hm²，均值为 130 kg/hm²。当黑土碱解氮含量为 176～244 mg/kg 时，最大施氮量范围为 119～170 kg/hm²，均值为 149 kg/hm²；最佳施氮量范围为 97～138 kg/hm²，均值为 110 kg/hm²。当黑土碱解氮含量>244 mg/kg 时，最大施氮量范围为 81～110 kg/hm²，均值为 95 kg/hm²；最佳施氮量范围为 79～105 kg/hm²，均值为 89 kg/hm²。可见，随着土壤碱解氮含量增加，最大施氮量和最佳施氮量均呈递减趋势。如表 6-28 所示，比较各个等级土壤氮素养分含量和施肥量可以看出，土壤氮素养分含量越高，土壤可以供应作物生长的养分就相对较多，养分的投入量相对减少，推荐施肥量呈下降趋势，土壤养分含量和施肥量之间呈非线性负相关关系。

表 6-28　黑龙江黑土区不同氮素养分等级水稻氮肥推荐施用量

碱解氮含量（mg/kg）	养分级别	最大施氮量		最佳施氮量	
		范围（kg/hm²）	均值（kg/hm²）	范围（kg/hm²）	均值（kg/hm²）
<91	极低	181～232	195	156～188	165
91～127	低	155～226	180	145～175	155
127～176	中	130～197	158	123～157	130
176～244	高	119～170	149	97～138	110
>244	极高	81～110	95	79～105	89

2. 磷肥指标体系的建立　通过测定黑龙江黑土区不同试验点水稻种植前土壤有效磷含量，并与收获后所对应的相对产量建立对数关系。然后，根据不同的相对产量对土壤磷素养分等级进行分级，从而建立该区域的磷肥施肥指标体系，如图 6-24 所示。结果表明，黑龙江黑土水稻种植区内 50% 以上试验点土壤有效磷含量为 24.0～46.7 mg/kg。桦川 50% 以上地区黑土有效磷含量低于 25 mg/kg；除个别地点外，阿城、铁力、庆安、绥化、五常等地黑土有效磷含量均较高，其中阿城区玉泉镇红光村试

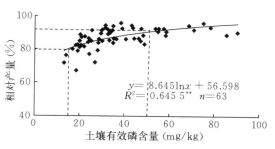

图 6-24　黑龙江黑土区土壤有效磷含量与水稻相对产量的关系

验点土壤有效磷含量高达 90.3 mg/kg，而料甸街道红新村试验点土壤有效磷含量仅为 19.2 mg/kg。可见，阿城区黑土有效磷变异系数较大。从土壤有效磷含量和相对产量相关性可以看出，二者之间呈现非线性正相关关系，土壤有效磷含量反映了土壤供磷能力，土壤供磷能力越高，未施磷肥处理（$N_2P_0K_2$）的相对产量越高。

从水稻相对产量所对应的土壤有效磷含量可以看出，水稻相对产量小于 75%，土壤有效磷含量都极低。因此，以相对产量 $<75\%$、$75\%\sim80\%$、$80\%\sim85\%$、$85\%\sim90\%$ 和 $>90\%$ 为划分标准，通过 $X=\exp\left[(y-56.598)/8.645\right]$ 计算出土壤磷素养分划分等级标准的临界值，在此基础上把该种植区供磷肥力分为 5 个等级，如表 6-29 所示。通过土壤磷素分级可以看出，当黑土有效磷含量 $<8.4\,\mathrm{mg/kg}$ 时，为极低水平；当含量为 $8.4\sim15.0\,\mathrm{mg/kg}$ 时，为低水平；当含量为 $15.0\sim26.7\,\mathrm{mg/kg}$ 时，为中等水平；当含量为 $26.7\sim47.6\,\mathrm{mg/kg}$ 时，为高水平；当含量 $>47.6\,\mathrm{mg/kg}$ 时，为极高水平。黑龙江黑土水稻种植区土壤磷素含量水平不均匀，各个等级均有分布。在所有试验点中，有 16 个试验点有效磷含量为 $15.0\sim26.7\,\mathrm{mg/kg}$（中等水平），所占比例为 25.4%；有 29 个试验点有效磷含量为 $26.7\sim47.6\,\mathrm{mg/kg}$（高水平），所占比例为 46.0%，有 14 个试验点有效磷含量 $>47.6\,\mathrm{mg/kg}$，所占比例为 22.2%。可见，黑土有效磷含量以高水平以上居多，占整个试验点的 68.2%。

表 6-29 黑龙江黑土水稻种植区土壤磷（有效磷）养分分级

相对产量（%）	有效磷含量（mg/kg）	磷素等级	试验点数（个）	所占比例（%）
<75	<8.4	极低	2	3.2
75~80	8.4~15.0	低	2	3.2
80~85	15.0~26.7	中	16	25.4
85~90	26.7~47.6	高	29	46.0
>90	>47.6	极高	14	22.2

在不同磷素水平下，"3414"试验具体体现为处理 4（$N_2P_0K_2$）、处理 5（$N_2P_1K_2$）、处理 6（$N_2P_2K_2$）、处理 7（$N_2P_3K_2$）。利用各个处理不同施磷水平与其相对应的相对产量进行回归分析，建立施肥模型。在肥料边际效应等于 0 和等于肥料价格与水稻价格之比基础上，分别求得最大施磷量和最佳施磷量。对不同有效磷养分等级内各点施肥量进行统计，当黑土有效磷含量 $<8.4\,\mathrm{mg/kg}$ 时，黑龙江黑土水稻种植区最大施磷量范围为 $101\sim110\,\mathrm{kg/hm^2}$，均值为 $106\,\mathrm{kg/hm^2}$；最佳施磷量范围为 $99\sim103\,\mathrm{kg/hm^2}$，均值为 $100\,\mathrm{kg/hm^2}$。当黑土有效磷含量为 $8.4\sim15.0\,\mathrm{mg/kg}$ 时，最大施磷量范围为 $90\sim96\,\mathrm{kg/hm^2}$，均值为 $93\,\mathrm{kg/hm^2}$；最佳施磷量范围为 $85\sim91\,\mathrm{kg/hm^2}$，均值为 $87\,\mathrm{kg/hm^2}$。当黑土有效磷含量为 $15.0\sim26.7\,\mathrm{mg/kg}$ 时，最大施磷量范围为 $60\sim94\,\mathrm{kg/hm^2}$，均值为 $79\,\mathrm{kg/hm^2}$；最佳施磷量范围为 $58\sim92\,\mathrm{kg/hm^2}$，均值为 $75\,\mathrm{kg/hm^2}$。当黑土有效磷含量为 $26.7\sim47.6\,\mathrm{mg/kg}$ 时，最大施磷量范围为 $40\sim78\,\mathrm{kg/hm^2}$，均值为 $58\,\mathrm{kg/hm^2}$；最佳施磷量范围为 $37\sim74\,\mathrm{kg/hm^2}$，均值为 $54\,\mathrm{kg/hm^2}$。当黑土有效磷含量 $>47.6\,\mathrm{mg/kg}$ 时，最大施磷量范围为 $38\sim61\,\mathrm{kg/hm^2}$，均值为 $47\,\mathrm{kg/hm^2}$；最佳施磷量范围为 $30\sim53\,\mathrm{kg/hm^2}$，均值为 $41\,\mathrm{kg/hm^2}$，如表 6-30 所示。比较各个等级土壤磷素养分含量和施肥量可以看出，土壤磷素养分含量越高，土壤可以供应作物生长的养分就相对较多，养分投入量相对减少，推荐施肥量呈下降趋势，土壤养分含量和施肥量之间呈非线性负相关关系。

表 6-30 黑龙江黑土区不同磷素养分等级水稻磷肥推荐施用量

有效磷含量（mg/kg）	养分级别	最大施磷量		最佳施磷量	
		范围（kg/hm²）	均值（kg/hm²）	范围（kg/hm²）	均值（kg/hm²）
<8.4	极低	101~110	106	99~103	100
8.4~15.0	低	90~96	93	85~91	87
15.0~26.7	中	60~94	79	58~92	75
26.7~47.6	高	40~78	58	37~74	54
>47.6	极高	38~61	47	30~53	41

3. 钾肥指标体系的建立 通过测定黑龙江黑土区不同试验点水稻种植前土壤速效钾含量，并与收获后所对应的相对产量建立对数关系。然后，根据不同的相对产量对土壤钾素养分等级进行分级，从而建立该区域的钾肥施肥指标体系，如图 6-25 所示。结果表明，在黑龙江黑土水稻种植区内 50％ 以上试验点土壤速效钾含量为 134.9～168.8 mg/kg。庆安、桦川等地近 1/2 试验点土壤速效钾含量低于 134.9 mg/kg，其中桦川县悦来镇万升村试验点的土壤速效钾含量仅为 108.2 mg/kg；阿城、五常、绥

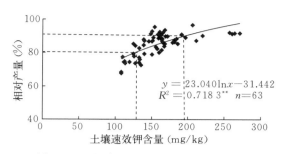

图 6-25　黑龙江黑土区土壤速效钾含量
与水稻相对产量的关系

$$y = 23.040 \ln x - 31.442$$
$$R^2 = 0.718\,3^{**} \quad n = 63$$

化、铁力等绝大部分试验点土壤速效钾含量高于 168.8 mg/kg，其中铁力市桃山镇新丰村试验点土壤速效钾含量最高，可达 271.0 mg/kg。从土壤速效钾含量和相对产量相关性可以看出，二者之间呈非线性正相关关系。土壤速效钾含量反映了土壤供钾能力，土壤供钾能力越高，未施钾肥处理（$N_2P_2K_0$）相对产量越高。

以相对产量<75％、75％～80％、80％～85％、85％～90％和>90％为划分标准，通过 $X = \exp[(y + 36.062)/24.102]$ 计算出土壤钾素养分划分等级标准的临界值，在此基础上把该种植区供钾肥力分为 5 个等级，如表 6-31 所示。通过土壤钾素分级可以看出，当黑土速效钾含量<102 mg/kg 时，为极低水平；当含量为 102～126 mg/kg 时，为低水平；当含量为 126～157 mg/kg 时，为中等水平；当含量为 157～195 mg/kg 时，为高水平；当含量>195 mg/kg 时，为极高水平。黑龙江黑土水稻种植区土壤钾素含量水平不均匀，各个等级均有分布。在所有试验点中，有 20 个试验点有效钾含量为 126～157 mg/kg，所占比例为 31.7％；有 25 个试验点有效钾含量为 157～195 mg/kg，所占比例为 39.7％。可见，黑土有效钾含量以高水平以上居多，占整个试验点的 52.4％。

表 6-31　黑龙江黑土水稻种植区土壤钾（有效钾）养分分级

相对产量（％）	速效钾含量（mg/kg）	钾素等级	试验点数（个）	所占比例（％）
<75	<102	极低	2	3.2
75～80	102～126	低	8	12.7
80～85	126～157	中	20	31.7
85～90	157～195	高	25	39.7
>90	>195	极高	8	12.7

在不同钾素水平下，"3414"试验具体体现为处理 8（$N_2P_2K_0$）、处理 9（$N_2P_2K_1$）、处理 6（$N_2P_2K_2$）、处理 10（$N_2P_2K_3$）。利用各个处理不同施钾水平与其相对应的相对产量进行回归分析，建立施肥模型。在肥料边际效应等于 0 和等于肥料价格与水稻价格之比基础上，分别求得最大施钾量和最佳施钾量。对不同速效钾养分等级内各点施肥量进行统计，当黑土速效钾含量<102 mg/kg 时，黑龙江黑土水稻种植区最大施钾量范围为 135～146 kg/hm²，均值为 140 kg/hm²；最佳施钾量范围为 124～136 kg/hm²，均值为 130 kg/hm²。当黑土速效钾含量为 102～126 mg/kg 时，最大施钾量范围为 84～122 kg/hm²，均值为 99 kg/hm²；最佳施钾量范围为 81～115 kg/hm²，均值为 93 kg/hm²。当黑土速效钾含量为 126～157 mg/kg 时，最大施钾量范围为 65～105 kg/hm²，均值为 85 kg/hm²；最佳施钾量范围为 53～98 kg/hm²，均值为 79 kg/hm²。当黑土速效钾含量为 157～195 mg/kg 时，最大施钾量范围为 44～98 kg/hm²，均值为 80 kg/hm²；最佳施钾量范围为 38～94 kg/hm²，均值为 74 kg/hm²。当黑土速效钾含量>195 mg/kg 时，最大施钾量范围为 35～65 kg/hm²，均值为 58 kg/hm²；最佳施钾量范围为 31～61 kg/hm²，均值为 51 kg/hm²，如表 6-32 所示。可见，随着土

壤速效钾含量的增加，最大施钾量和最佳施钾量均呈现下降的趋势，土壤养分含量和施肥量之间呈非线性负相关关系。

表 6-32　黑龙江黑土区不同钾素养分等级水稻钾肥推荐施用量

速效钾含量 (mg/kg)	养分级别	最大施钾量		最佳施钾量	
		范围 (kg/hm²)	均值 (kg/hm²)	范围 (kg/hm²)	均值 (kg/hm²)
<102	极低	135～146	140	124～136	130
102～126	低	84～122	99	81～115	93
126～157	中	65～105	85	53～98	79
157～195	高	44～98	80	38～94	74
>195	极高	35～65	58	31～61	51

（三）草甸土水稻氮、磷、钾养分指标体系的建立

黑龙江草甸土总面积为 802.49 万 hm²，其中耕地面积 302.50 万 hm²，占全省耕地面积的 26.20%。草甸土是在地形低平、地下水位较高、土壤水分较多、草甸植被生长繁茂的条件下发育形成的非地带性土壤（何万云 等，1992）。研究草甸土养分丰缺指标体系可为该类型土壤合理施肥提供理论依据。将黑龙江草甸土区 2006—2008 年水稻的"3414"肥料试验数据进行汇总，根据全量区产量与缺素区产量相比较计算相对产量，并划分土壤肥力等级，建立黑龙江草甸土养分丰缺指标体系。

1. 氮肥指标体系的建立　通过测定黑龙江草甸土区不同试验点水稻种植前土壤碱解氮含量，并与收获后所对应的相对产量建立对数关系，然后根据不同的相对产量对土壤氮素养分等级进行分级，从而建立该区域的氮肥施肥指标体系，如图 6-26 所示。结果表明，黑龙江草甸土水稻种植区 50% 左右试验点土壤碱解氮含量为 115.7～168.6 mg/kg。肇源和绥化大部分地区试验点草甸土碱解氮含量均较低，其中肇源县薄荷台乡前台村试验点土壤碱解氮含量仅为 100.1 mg/kg；方正和海林大部分地区试验点碱解氮含量均较高，其

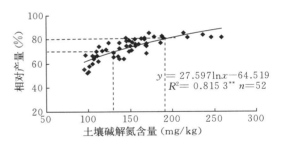

图 6-26　黑龙江草甸土区土壤碱解氮含量与水稻相对产量的关系

$$y = 27.597\ln x - 64.519$$
$$R^2 = 0.815\ 3^{**} \quad n = 52$$

中海林市海南乡沙虎村试验点土壤碱解氮含量最高达 258.6 mg/kg。通河草甸土碱解氮变异系数较大，最低为 94.9 mg/kg，最高为 218.3 mg/kg。从土壤碱解氮含量和相对产量相关性可以看出，二者之间呈非线性正相关关系。土壤碱解氮含量反映了土壤供氮能力，土壤供氮能力越高，未施氮肥处理（$N_0P_2K_2$）的相对产量越高。

以相对产量 <65%、65%～70%、70%～75%、75%～80% 和 >80% 为划分标准，通过 $X = \exp\left[(y+67.9)/27.141\right]$ 计算出土壤氮素养分划分等级标准的临界值，在此基础上把该种植区供氮肥力分为 5 个等级，如表 6-33 所示。通过土壤氮素分级可以看出，当草甸土碱解氮含量 <109 mg/kg 时，为极低水平；当含量为 109～131 mg/kg 时，为低水平；当含量为 131～157 mg/kg 时，为中等水平；当含量为 157～188 mg/kg 时，为高水平；当含量 >188 mg/kg 时，为极高水平。黑龙江草甸土水稻种植区土壤氮素含量水平不均匀，各个等级均有分布。在所有试验点中，有 18 个试验点碱解氮含量 <131 mg/kg（极低和低水平），所占比例为 34.6%；有 16 个试验点碱解氮含量为 131～157 mg/kg（中等水平），所占比例为 30.8%；有 18 个试验点碱解氮含量 >157 mg/kg（高和极高水平），所占比例为 34.6%。因此，应根据土壤氮含量水平的不同，采取相应的施氮措施使黑龙江草甸土水稻种植实现高产稳产。

表 6-33　黑龙江草甸土水稻种植区土壤氮（碱解氮）养分分级

相对产量（%）	碱解氮含量（mg/kg）	氮素等级	试验点数（个）	所占比例（%）
＜65	＜109	极低	9	17.3
65～70	109～131	低	9	17.3
70～75	131～157	中	16	30.8
75～80	157～188	高	12	23.1
＞80	＞188	极高	6	11.5

在不同氮素水平下，"3414"试验具体体现为处理 2（$N_0P_2K_2$）、处理 3（$N_1P_2K_2$）、处理 6（$N_2P_2K_2$）、处理 11（$N_3P_2K_2$）。利用各个处理不同的施氮水平与其相对应的产量进行回归分析，建立施肥模型。在肥料边际效应等于 0 和等于肥料价格与水稻价格之比基础上，分别求得最大施氮量和最佳施氮量。对不同氮素养分等级内各点施肥量进行统计，当草甸土碱解氮含量＜109 mg/kg 时，黑龙江草甸土水稻种植区最大施氮量范围为 132～225 kg/hm²，均值为 162 kg/hm²；最佳施氮量范围为 110～150 kg/hm²，均值为 128 kg/hm²。当草甸土碱解氮含量为 109～131 mg/kg 时，最大施氮量范围为 125～203 kg/hm²，均值为 149 kg/hm²；最佳施氮量范围为 105～143 kg/hm²，均值为 120 kg/hm²。当草甸土碱解氮含量为 131～157 mg/kg 时，最大施氮量范围为 105～192 kg/hm²，均值为141 kg/hm²；最佳施氮量范围为 83～135 kg/hm²，均值为 114 kg/hm²。当草甸土碱解氮含量为157～188 mg/kg 时，最大施氮量范围为 93～180 kg/hm²，均值为 134 kg/hm²；最佳施氮量范围为 78～126 kg/hm²，均值为 105 kg/hm²。当草甸土碱解氮含量＞188 mg/kg 时，最大施氮量范围为 87～153 kg/hm²，均值为 122 kg/hm²；最佳施氮量范围为 75～122 kg/hm²，均值为 99 kg/hm²。可见，随着土壤碱解氮含量增加，最大施氮量和最佳施氮量均呈递减趋势。如表 6-34 所示，比较各个等级土壤氮素养分含量和施肥量可以看出，土壤氮素养分含量越高，土壤可以供应作物生长的养分就相对较多，养分的投入量相对减少，推荐施肥量呈下降趋势，土壤养分含量和施肥量之间呈非线性负相关关系。

表 6-34　黑龙江草甸土区不同氮素养分等级水稻氮肥推荐施用量

碱解氮含量（mg/kg）	养分级别	最大施氮量		最佳施氮量	
		范围（kg/hm²）	均值（kg/hm²）	范围（kg/hm²）	均值（kg/hm²）
＜109	极低	132～225	162	110～150	128
109～131	低	125～203	149	105～143	120
131～157	中	105～192	141	83～135	114
157～188	高	93～180	134	78～126	105
＞188	极高	87～153	122	75～122	99

2. 磷肥指标体系的建立　通过测定黑龙江草甸土区不同试验点水稻种植前土壤有效磷含量，并与收获后相对应的相对产量建立对数关系，然后根据不同的相对产量对土壤磷素养分等级进行分级，从而建立该区域的磷肥施肥指标体系，如图 6-27 所示。结果表明，黑龙江草甸土水稻种植区内 50% 以上试验点土壤有效磷含量为 16.1～32.7 mg/kg。肇源地草甸土有效磷含量较低，其中肇源县新站镇新站村试验点有效磷含量仅为 10.2 mg/kg；延寿、方正、庆安、通河、绥化、海林

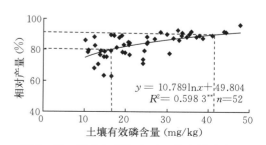

$$y = 10.789\ln x + 49.804$$
$$R^2 = 0.5983^{**} \quad n = 52$$

图 6-27　黑龙江草甸土区土壤有效磷含量与水稻相对产量的关系

等地草甸土有效磷含量均较高，其中延寿县延寿镇双金村试验点有效磷含量最高，达 47.6 mg/kg。从土壤有效磷含量和相对产量相关性可以看出，二者之间呈非线性正相关关系。土壤有效磷含量反映了土壤供磷能力，土壤供磷能力越高，未施磷肥处理（$N_2P_0K_2$）的相对产量越高。

从水稻相对产量所对应的土壤有效磷含量可以看出，水稻相对产量小于 75%，土壤有效磷含量都极低。因此，以相对产量<75%、75%~80%、80%~85%、85%~90%和>90%为划分标准，通过 $X=\exp[(y-49.804)/10.789]$ 计算出土壤磷素养分划分等级标准的临界值，在此基础上把该种植区供磷肥力分为 5 个等级，如表 6-35 所示。通过土壤磷素分级可以看出，当草甸土有效磷含量<10.3 mg/kg 时，为极低水平；当含量为 10.3~16.4 mg/kg 时，为低水平；当含量为 16.4~26.1 mg/kg 时，为中等水平；当含量为 26.1~41.5 mg/kg 时，为高水平；当含量>41.5 mg/kg 时，为极高水平。黑龙江草甸土水稻种植区土壤磷素含量水平不均匀，各个等级均有分布。在所有试验点中，有 15 个试验点有效磷含量<16.4 mg/kg（极低或低水平），所占比例为 28.8%；有 18 个试验点有效磷含量为 16.4~26.1 mg/kg（中等水平），所占比例为 34.6%；有 16 个试验点有效磷含量为 26.1~41.5 mg/kg（高水平），所占比例为 30.8%；有 3 个试验点有效磷含量>41.5 mg/kg，所占比例为 5.8%。可见，草甸土有效磷含量以中高水平以上居多，占整个试验点的 71.2%。

表 6-35　黑龙江草甸土水稻种植区土壤磷（有效磷）养分分级

相对产量（%）	有效磷含量（mg/kg）	磷素等级	试验点数（个）	所占比例（%）
<75	<10.3	极低	1	1.9
75~80	10.3~16.4	低	14	26.9
80~85	16.4~26.1	中	18	34.6
85~90	26.1~41.5	高	16	30.8
>90	>41.5	极高	3	5.8

在不同磷素水平下，"3414"试验具体体现为处理 4（$N_2P_0K_2$）、处理 5（$N_2P_1K_2$）、处理 6（$N_2P_2K_2$）、处理 7（$N_2P_3K_2$）。利用各个处理不同施磷水平与其相对应的相对产量进行回归分析，建立施肥模型。在肥料边际效应等于 0 和等于肥料价格与水稻价格之比基础上，分别求得最大施磷量和最佳施磷量。对不同有效磷养分等级内各点施肥量进行统计，当草甸土有效磷含量<16.4 mg/kg 时，黑龙江草甸土水稻种植区最大施磷量范围为 71~156 kg/hm²，均值为 99 kg/hm²；最佳施磷量范围为 68~113 kg/hm²，均值为 86 kg/hm²。当草甸土有效磷含量为 16.4~26.1 mg/kg 时，最大施磷量范围为 66~143 kg/hm²，均值为 93 kg/hm²；最佳施磷量范围为 62~128 kg/hm²，均值为 81 kg/hm²。当草甸土有效磷含量>26.1 mg/kg，最大施磷量范围为 60~134 kg/hm²，均值为 89 kg/hm²；最佳施磷量范围为 54~125 kg/hm²，均值为 75 kg/hm²，如表 6-36 所示。比较各个等级土壤磷素养分含量和施肥量可以看出，土壤磷素养分含量越高，土壤可以供应作物生长的养分就相对较多，养分投入量相对减少，推荐施肥量呈下降趋势，土壤养分含量和施肥量之间呈非线性负相关关系。

表 6-36　黑龙江草甸土区不同磷素养分等级水稻磷肥推荐施用量

有效磷含量（mg/kg）	养分级别	最大施磷量		最佳施磷量	
		范围（kg/hm²）	均值（kg/hm²）	范围（kg/hm²）	均值（kg/hm²）
<16.4	低	71~156	99	68~113	86
16.4~26.1	中	66~143	93	62~128	81
>26.1	高	60~134	89	54~125	75

3. 钾肥指标体系的建立　通过测定黑龙江草甸土区不同试验点水稻种植前土壤速效钾含量，并与收获后所对应的相对产量建立对数关系，然后根据不同的相对产量对土壤钾素养分等级进行分级，

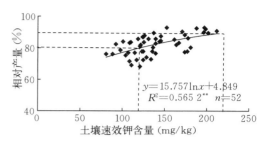

从而建立该区域的钾肥施肥指标体系，如图 6-28 所示。结果表明，黑龙江草甸土水稻种植区内 50% 以上试验点土壤速效钾含量为 118.0～164.5 mg/kg。各地区速效钾含量高低不均，肇源速效钾含量相对较低，其中二站镇新发村速效钾含量最低，为 80.9 mg/kg；方正速效钾含量较高，其中宝兴乡太平村速效钾含量最高，达 211.7 mg/kg。从土壤速效钾含量和相对产量相关性可以看出，二者之间呈非线性正相关关系。土壤速效钾含量反映了土壤供钾能力，土壤供钾能力越高，未施钾肥处理（$N_2P_2K_0$）的相对产量越高。

图 6-28 黑龙江草甸土区土壤速效钾含量与水稻相对产量的关系

以相对产量 <75%、75%～80%、80%～85%、85%～90% 和 >90% 为划分标准，通过 $X = \exp[(y-4.849)/15.757]$ 计算出土壤钾素养分划分等级标准的临界值，在此基础上把该种植区供钾肥力分为 5 个等级，如表 6-37 所示。通过土壤钾素分级可以看出，当草甸土速效钾含量 <86 mg/kg 时，为极低水平；当含量为 86～118 mg/kg 时，为低水平；当含量为 118～162 mg/kg 时，为中等水平；当含量为 162～222 mg/kg 时，为高水平；当含量 >222 mg/kg 时，为极高水平。黑龙江草甸土水稻种植区土壤钾素含量水平不均匀。在所有试验点中，有 13 个试验点有效钾含量 <118 mg/kg（极低和低水平），所占比例为 25.0%；有 25 个试验点有效钾含量为 118～162 mg/kg（中等水平），所占比例为 48.1%；有 14 个试验点有效钾含量 >162 mg/kg，所占比例为 26.9%。可见，草甸土有效钾含量以中高水平居多，占整个试验点的 75.0%。

表 6-37　黑龙江草甸土水稻种植区土壤钾（有效钾）养分分级

相对产量（%）	速效钾含量（mg/kg）	钾素等级	试验点数（个）	所占比例（%）
<75	<86	极低	1	1.9
75～80	86～118	低	12	23.1
80～85	118～162	中	25	48.1
85～90	162～222	高	14	26.9
>90	>222	极高	0	0

在不同钾素水平下，"3414"试验具体体现为处理 8（$N_2P_2K_0$）、处理 9（$N_2P_2K_1$）、处理 6（$N_2P_2K_2$）、处理 10（$N_2P_2K_3$）。利用各个处理不同施钾水平与其相对应的相对产量进行回归分析，建立施肥模型。在肥料边际效应等于 0 和等于肥料价格与水稻价格之比基础上，分别求得最大施钾量和最佳施钾量。对不同速效钾养分等级内各点施肥量进行统计，当草甸土速效钾含量 <118 mg/kg 时，黑龙江草甸土水稻种植区最大施钾量范围为 83～167 kg/hm²，均值为 107 kg/hm²；最佳施钾量范围为 74～152 kg/hm²，均值为 93 kg/hm²。当草甸土速效钾含量为 118～162 mg/kg 时，最大施钾量范围为 77～146 kg/hm²，均值为 104 kg/hm²；最佳施钾量范围为 60～137 kg/hm²，均值为 89 kg/hm²。当草甸土速效钾含量 >162 mg/kg 时，最大施钾量范围为 71～129 kg/hm²，均值为 96 kg/hm²；最佳施钾量范围为 50～113 kg/hm²，均值为 83 kg/hm²，如表 6-38 所示。可见，随着土壤速效钾含量的增加，最大施钾量和最佳施钾量均呈现下降的趋势，土壤养分含量和施肥量之间呈非线性负相关关系。

表 6-38　黑龙江草甸土区不同钾素养分等级水稻钾肥推荐施用量

速效钾含量（mg/kg）	养分级别	最大施钾量		最佳施钾量	
		范围（kg/hm²）	均值（kg/hm²）	范围（kg/hm²）	均值（kg/hm²）
<118	低	83～167	107	74～152	93
118～162	中	77～146	104	60～137	89
>162	高	71～129	96	50～113	83

四、水稻施肥技术研究及展望

在水稻栽培中，根据水稻的需肥规律，做到科学施肥、合理分配和运筹肥料是关键（施振云 等，2000）。与主要水稻生产国相比，我国水稻生产中肥料施用量较高但利用率较低。如何合理施用肥料已成为当前农业持续稳定发展的制约因素，也是整个水稻栽培体系中不可或缺的环节。为了实现水稻高产高效的目标，国内外学者针对水稻施肥技术进行了大量研究。

（一）国内外水稻施肥技术研究

1. 国外水稻施肥技术

（1）V形施肥法。该施肥法是日本学者松岛省三根据水稻追施氮肥时期与成熟粒百分率和产量的关系提出的。该方法认为：水稻抽穗前21～45 d，一次施用大量氮肥籽粒成熟率和产量最低，应在抽穗前45 d以后和抽穗前21 d前一次大量施用氮肥。前、中、后期的施肥比例为4：0：6。V形施肥法可促进水稻分蘖，以保证穗数和保持后期叶片功能，有利于灌浆结实（解保胜，2000），是经济、高产、早熟的施肥途径。但在我国，许多地区不适宜采用该施肥法。因为该方法在后期施肥偏多，而这些地区水稻生长中、后期高温多雨，施肥偏多易导致徒长倒伏，易诱发稻瘟病、纹枯病等，不利于水稻的高产。

（2）深层施肥法。该施肥法由日本的田中稔提出，具体施用措施：施肥总量的1/3作基肥施入土壤，余下的2/3在抽穗前35 d作追肥深施入耕层土壤10～12 cm。以成穗率85％～95％、结实率85％以上作为目标，如果成穗率低于80％，则基肥过多；如果结实率低于80％，则追肥过多，此时应调整基肥、追肥数量。

（3）片仓施肥法。该施肥法由日本的一个肥料生产公司提出，认为提高结实率和粒重才是增产的途径。因此，在抽穗前40 d，少施氮、增施钾，施氮量占总量的20％；抽穗前30 d施促花肥，抽穗前10～15 d施保花肥，这两次施氮量占总量的50％；余下的30％在抽穗后施，以孕穗期的叶色为标准，自抽穗至收获前10 d叶色褪绿，每隔1周施1次，每次施10 kg/hm²，至少施3次。

（4）桥川潮施肥法。该施肥法也称逆V形施肥法。重点是大量减少氮肥基施量，以追肥为主。要点是基肥氮素减半或基肥无氮素，在最高分蘖期追施大量氮肥（水稻移栽后40 d最安全），在幼穗分化形成期将花肥与粒肥合并一次施入。

（5）侧深施肥法。侧深施肥法是在水稻插秧的同时，将肥料施于秧苗一侧。该法促进水稻早期发育，适宜寒地水稻栽培。寒地水稻的高产稳产，重要的是促进前期营养生长，确保充足的茎数（黄志毅，2001）。侧深施肥法可以解决低温、地凉、冷水灌溉、早期栽培及稻草还田造成的初期生育营养不足问题，是常规施肥法难以做到的（刘杏兰 等，1996）。北方水稻种植区宜采取此法。

2. 国内水稻施肥技术

（1）前轻-中重-后补。该法在南方单季晚稻和迟熟中稻区多采用。其特点：在保证足够穗数的基础上，兼攻大穗和粒重。

（2）前稳-攻中。该法是一种省肥且高产稳产的施肥法。其特点：壮株大蘖小群体，前期控蘖壮秆强根，中攻大穗，中后攻结实率和穗重。

（3）前促-中控-后补。该法类似于V形施肥法。其特点：主攻穗数，适当争取粒数和粒重。

（4）前稳-中保-后养。该法由贾贵重等根据辽宁稻区施肥情况提出。水稻施肥一般分5个时期施用，这种施肥法正逐渐得到认可，生产上已开始大面积推广应用，取得了显著的经济效益和社会效益。

3. 近年来国内外主要采用的水稻施肥方法

（1）水稻一次性施肥。水稻一次性施肥或称水稻一次性全层施肥法在湖南醴陵研制成功（张杨珠等，1997）。一次性施用专用肥，其中的速效肥料被缓化，肥效逐步释放，能满足水稻各个生育时期对营养的需要，促进水稻生长发育，从而达到高产目的。这项技术不仅适用于水稻，在其他作物上也值得推广，目前已逐步在棉花、蔬菜上应用。这也是肥料施用技术和肥料制作方法的一大改革，填补了国内空白，达到了世界领先水平。

（2）水稻"三控"施肥技术。该技术由广东省农业科学院水稻研究所和国际水稻研究所（IRRI）合作研制成功。水稻"三控"施肥技术是以控肥、控苗、控病虫（简称"三控"）为主要内容的高效安全施肥及配套技术体系。控制总施氮量和基蘖肥施氮量，是提高氮肥利用率、减少环境污染的基础；控制无效分蘖，提高成穗率和群体质量，是实现高产稳产的基础；而控制无效分蘖、改善株型，是提高群体通透性、减少病虫害发生并减少农药用量的前提（钟旭华 等，2007）。2007年后，该技术在广东各地迅速推广，并辐射到部分邻近省份，取得了显著的节本、增产、增收效果（黄农荣 等，2010）。

（3）叶龄诊断施肥法。叶龄诊断施肥法根据水稻品种、生育时期、特征特性等来确定施肥量与施肥时期，且根据叶龄进展及叶片长势来判断水稻生育进程，及时采取有效措施（聂守军 等，2008）。水稻叶龄诊断技术为解决寒地水稻生产中的安全抽穗期问题提供了可靠的依据，可准确掌握水稻的生育进程，科学判断水稻的长势长相，及时采取有效的调控措施，使水稻生产发挥最大的潜能。

（4）前氮后移施肥技术。寒地水稻前氮后移技术由东北农业大学刘元英教授提出。根据水稻需肥规律和土壤养分供应能力，在减少氮肥总施用量30%左右的基础上，前氮后移技术将穗粒肥比例增加至30%～40%，充分满足水稻生育后期对氮素的需求，提高水稻群体质量。研究表明，前氮后移促进了水稻碳氮代谢的协调，增加了根系可溶性糖含量，提高了水稻根系吸氮能力，增加了氮素积累量，因此提高了氮肥利用率和水稻产量（郁燕 等，2011）。

（5）测土配方施肥。测土配方施肥是根据作物需肥规律、土壤供肥特性与肥料效应，使有机肥与化肥相结合、大量营养元素与微量元素适当配比以及采用相应肥料施用方法的一套施肥技术体系。该施肥法是目前我国乃至世界公认的一种科学合理的施肥技术。

（6）实地、实时施肥管理模式（SSNM）。国际水稻研究所发展了实地、实时施肥管理模式，应用计算机决策支持系统和叶绿素快速测定仪（SPAD）或叶色卡（LCC）。该模式的要点：依据土壤养分的有效供给量、水稻产量和稻草对养分的吸收量以及当地稻谷价格等参数经综合分析后为用户提供经济有效的施肥方案；依据叶片含氮量与光合速率及干物质增长的相关关系，确定水稻叶片含氮量的施肥阈值，利用叶绿素快速测定仪或叶色卡观测叶片氮素情况并依此指导施肥，实现氮肥施用时间和施用量与作物对氮素吸收协调一致。

（7）基于作物产量反映和农学效率的推荐施肥。基于作物产量反映和农学效率的推荐施肥新方法的原则：以改进的实时、实地施肥管理模式（Site-specific Nutrient Management，SSNM）和热带土壤肥力的定量评价（Quantitative Evaluation of the Fertility of Tropical Soils，QUEFTS）模型参数来指导养分管理和推荐施肥，同时考虑大、中微量元素的全面平衡，并应用计算机软件把复杂和综合的养分管理原则智能化形成可被当地技术推广人员掌握的养分专家推荐施肥系统。通过跨区域田间多点验证试验证明，基于作物产量反映和农学效率的推荐施肥法是一种简单的易于掌握的作物增产增收、提高肥料利用率和保护环境的新方法。

（二）水稻施肥技术研究展望

1. NE系统推荐施肥研究　在现有试验基础上，通过农户施肥和产量调查，根据目标产量、施肥农学效率等主要指标，通过计算机模拟，给出施肥方案和施肥效益分析。具有简单、便捷、准确的特点，尤其是在没有条件测土或不需要测土的情况下使用，是测土配方施肥的另一种体现和补充。针对目前我国农业发展现状，有必要进一步研究完善养分专家推荐施肥系统。

2. 机插侧深施一体化施肥技术　改变传统耙地时的施肥方法，通过引进日本插秧机技术，开展插秧侧深施一体化施肥技术，可以减少肥料损失，提高水稻施肥效率，减少环境污染，降低劳动强度，具有增产、降耗、高效的特点。目前，该技术在水稻生产上尚缺乏系统的研究，应针对不同土壤、不同区域有针对性地开展机插侧深施一体化施肥技术研究。

3. 缓控释肥施用　肥料释放养分的时间和强度与作物需求之间的不平衡是导致化肥利用率低的重要原因之一。缓控释肥是采用各种机制对常规肥料的水溶性进行控制，通过对肥料本身进行改性，有效延缓或控制了肥料养分的释放，使肥料养分释放时间和强度与作物养分吸收规律相吻合（何绪生等，1998；Mikkelsen，1994）。以往的研究结果表明，水稻生产中施用缓控释肥，不仅省工省时，也能提高氮素的利用率。但同时存在着一些急需解决的问题。我国目前生产的缓控释肥还不能很好地解决养分释放与作物需求相吻合的难题，达不到自控缓释，技术含量较低，加之缓控释肥生产成本远高于常规肥料，限制了其在水稻生产中的应用和推广（庞桂斌 等，2010）。

4. 平衡施肥技术　平衡施肥技术是综合运用现代农业科技成果，根据作物需肥规律、土壤供肥性能与肥料效应，在以有机肥为基础的条件下，提出氮磷钾和微量元素肥料的适宜用量和比例及相应的施肥技术（潘国君 等，2007）。平衡施肥技术具有增产增收、效益明显、培肥地力、保护生态、协调养分、提高品质、营养调控和防治病虫害的作用。为了提高水稻产量及品质，应当做到氮磷钾肥和有机肥的平衡施用，同时合理施用硅肥、生物菌肥等。对于水稻平衡施肥，微量元素肥料对其影响的研究还不多。微量元素的施用原则是因缺补缺，不能盲目施用。如何在水稻生产中做到合理施用微量元素，是值得进一步研究的方向（易小林 等，2009）。

总之，水稻施肥方法需要根据水稻品种特性及不同地区气候条件、环境条件等因素而制定。这对于指导农业生产具有很高的现实意义，需要进一步研究。水稻科学施肥应以有机肥作底肥为主；做到有机肥与化肥结合，氮肥与磷、钾肥结合，微量元素肥料与有机无机肥结合；追肥重点在于促蘖和攻穗，以促蘖为主。

第三节　大豆养分管理与高效利用

我国是大豆原产国，大豆生产历史悠久。近代以后，我国大豆生产以东北地区为主，东北大豆的年总产量占世界总产量的 $60\%\sim70\%$。东北作为我国大豆的主产区，主要种植区域分布于黑龙江、吉林、辽宁三省及内蒙古东部三市一盟，为北方春作大豆区，在我国大豆产业的发展中占有重要的位置。

一、黑土区大豆生产中存在的问题

（一）干旱

东北地区春旱发生频率高、旱情严重。春旱往往造成播种期推迟、保苗质量差，影响该区域大豆产量的提高，造成生产波动较大。

据统计，东北地区大豆苗期（5月中旬至6月中旬）干旱频率为 $2\%\sim96\%$，平均为 47%。辽宁西部和南部、吉林西部和黑龙江西南部地区干旱频率为 $60\%\sim96\%$，其中吉林白城地区干旱频率最高（80% 以上），辽宁朝阳、阜新、营口与吉林松原和黑龙江齐齐哈尔南部、大庆地区干旱频率为 $70\%\sim80\%$。20 世纪 60 年代，特旱区分布在辽宁和吉林西部，重旱区主要在辽宁中部、吉林中部和黑龙江西南部、东南部，其他地区为中旱区。20 世纪 70 年代，特旱区集中分布在吉林白城、通榆和黑龙江泰来一带，辽宁、吉林东部和黑龙江中东部为中旱区，其他地区为重旱区。20 世纪 80 年代，重旱区分布在辽宁西部、吉林西部和黑龙江西南部，轻旱区分布在辽宁东部、吉林东部和黑龙江东部，其他地区为中旱区。20 世纪 90 年代，黑龙江西南部为特旱区，辽宁西北部、吉林和黑龙江西部为重旱区，辽宁和吉林东部为轻旱区，个别地区为无旱区，其他地区为中旱区。2000—2007 年，特旱区分布在吉林西部，重旱区分布在辽宁和黑龙江，辽宁岫岩、丹东、宽甸、桓仁和吉林通化、敦化等地为轻旱区，其他地区为中旱区。

东北地区的干旱从大豆开始播种的 4 月持续到 5 月或 6 月，夏季干旱一般出现于 7—8 月。个别年份春旱接着夏旱，则影响更为严重。降水量从 4 月下旬至 7 月下旬逐渐增加，7 月下旬达到峰值，8 月上旬至 9 月下旬逐渐减少。

（二）有效耕层浅

土壤是大豆生产的重要物质条件，耕层结构直接关系大豆的高产稳产。东北地区由于农村、农垦系统机械化水平存在明显差异，区域间土壤耕层深度差异较大。其中，东北农村大豆田耕层深度仅15.1 cm；黑龙江垦区由于采用大型机械进行深翻整地作业，耕层较深，达 30.0 cm 以上，但远低于美国平均耕层深度（35 cm）。耕层的浅化长期制约着土壤的水肥供给能力，导致产量下降。由于黑龙江垦区普遍采用大型机械进行深翻整地、深松作业，土壤容重（1.12 g/cm³）处于大豆根系生长的适宜范围内，而一般农户为 1.43 g/cm³。农垦犁底层处的土壤容重为 1.27 g/cm³，但一般农户达到1.51 g/cm³。这会严重阻碍大豆根系向下伸展，明显降低土壤的纳雨保墒保肥能力，导致大豆倒伏早衰等，对产量影响较大。

（三）除草剂药害严重

东北地区尤其是连作严重地区，大豆封闭除草药害严重。农村地区缺乏对药械的维修、维护，造成设备性能不良，同时行车速度不一致，在封闭除草时，由于多个喷嘴的流量不一致，重喷、滴漏、漏喷现象严重，往往造成除草效果差、药害严重。为提高除草效果，又因地多人少、杂草数量较多且密度较大、春季干旱等，农户用药"宁多勿少"，往往使用活性较高、用量较少、用量限度较严的除草剂，用药过量引起药害。在东北地区由于大豆重茬种植，常年使用残效期长的除草剂如咪唑啉酮等，因上一年过量使用而对重茬大豆造成药害，或过量使用异噁草松对下茬小麦产生药害，致使减产。

（四）局部地区连作严重

东北地区的北部是我国连片大豆种植规模最大的地区，面积占全国大豆播种面积的 40% 左右，由于缺乏适合的玉米品种，大豆连作比重较大。大豆不耐连作，重茬一般减产 20%～30% 或更多，迎茬减产 5%～7%。大豆重迎茬减产的主要原因：根部病虫草害如大豆孢囊线虫病、根腐病与根潜蝇、菟丝子等加重，根系分泌物和根茬腐解物积累，根际微生物区系发生变化，导致土壤环境恶化，影响了大豆根系的正常生理活动，降低了根系活力，破坏了共生固氮系统，抑制了根系吸收能力，使植株代谢减弱，发育迟缓，干物质累积量减少，产量和质量下降。

二、黑土区大豆栽培技术特点

东北大豆栽培区无霜期由北到南为 90～170 d，≥10 ℃活动积温为 2 000～4 000 ℃，年均气温低于 10 ℃，年降水量由西向东为 350～1 200 mm，年日照时数为 2 300～3 100 h。一年一熟，4 月下旬至 5 月中旬播种，9 月成熟。品种全生育期 95～140 d。夏天日照时数 15 h 以上。其中，松嫩平原、三江平原和辽河平原是我国高油大豆的集中产地。该区大豆在 4 月下旬至 5 月中旬播种，9 月中下旬收获，全生育期为 90～150 d。

（一）黑土区大豆主要栽培方式

东北地区生态条件、生产水平不同，种植方式也不同。干旱地块采用行间覆膜、原垄卡种、少耕免耕技术；坡地或降水集中、不易排水的田块采用"大垄密"栽培模式；平坦、易排水的田块可采用"深窄密"窄行密植栽培模式；洼地或易受涝的田块采用"垄三"等垄作栽培模式。

1. 黑土区农垦栽培方式　黑龙江垦区是东北大豆产区之一，年种植大豆面积占全国的 7.0%，总产量占全国的 11.0%。2011 年，平均每 667 m² 产量达到 181.1 kg，比全国最高年份的平均每 667 m²产量（124.0 kg）高 57.1 kg。黑龙江垦区大豆产量实际经历了 3 个大的跨越：20 世纪 80 年代末至90 年代初，每 667 m² 产量从 100 kg 以下提高到 120～130 kg，主要原因是解决了大豆施肥问题，使单产有了大幅度的增长；进入 2000 年以后，由于耕作制度的改革及机械和除草剂的应用，大豆每667 m² 产量提高到 150 kg 以上；2008 年以后，通过规模化、模式化、标准化生产的大力推广，垦区依据不同生态种植模式形成了"二密一膜一卡"模式化栽培技术，使大豆单产提高到每 667 m² 180 kg 以上。由于模式化、标准化的发展，现代大豆的管理技术也发生了根本性变化，技术的精准化、无公害化和农业的可持续化替代了过去粗放、无序、残留等技术上的弊病。例如，过去在大豆生产上应用的间苗、机械播前灭草、蒙头土灭草、旋转锄灭草、使用有残留的除草剂等技术措施在现代大豆生产中不再提倡，甚至已被禁用。

黑龙江垦区从 20 世纪 70 年代起就创造了大豆"早、晚、窄"的窄行密植栽培模式；80 年代由于亚有限型品种的出现和以改善大豆施肥的"垄三"栽培技术的推广，垦区大豆产量有了飞跃式提高；"早、晚、窄"栽培模式由于除草、品种等问题不断萎缩，加上 90 年代由于化学除草技术和以深松为主体的耕作制度的推广，以及先进技术的引进，大豆窄行密植技术得到了充分的发展和升华，形成了目前垦区在大豆生产上推广的"二密一膜"主要栽培模式。"二密一膜"指的是"深窄密"、"大垄密"、行间覆膜，其中"深窄密"和"大垄密"栽培技术是大豆窄行密植栽培技术的发展和升华。

"深窄密""大垄密"机械化大豆综合栽培技术体系，是在吸收、消化、利用、提高、移栽国外大豆窄行密植技术的基础上，以矮秆品种为突破口，吸收大豆深松与分层施肥栽培技术而逐步形成的新大豆栽培技术。"深窄密"栽培技术是以矮秆品种为突破口，以气吸式播种机与通用机为载体，结合"深"即深松与分层施肥、"窄"即窄行、"密"即增加密度综合配套技术。在条件允许的情况下可采取平播，平播行距 30～35 cm，双条精量点播，即行距平均为 15～17.5 cm，株距为 11 cm；在低洼地可采取"大垄密"，即把原先 70 cm 或 65 cm 的大垄，二垄合一垄，形成 140 cm 或 130 cm 的大垄，在垄上种植 3 行双条播，即 6 行。目前，由于早熟玉米的突破，大豆主产区前茬玉米 110 cm 的大垄已经演变成 110 cm 的行距，垄上种植 3 行的大豆"大垄密"。这种"大垄密"种植方式将成为东北地区大豆种植的主要栽培模式。

2. 东北区域农村大豆栽培方式

（1）窄行密植技术。包括小垄窄行密植（45 cm 双条精量点播）、垄上 3 行窄沟密植等综合配套模式。目前，在东北北部地区大面积推广。

大豆窄行密植技术创造了有利于充分利用光能的群体结构，窄行密植植株分布均匀，大豆封垄早，叶面积指数和光能利用率提高；充分利用地力，由于缩小行距，株距相对扩大，植株群体根系分布均匀，改善了营养条件，增加了植株吸肥能力和范围，因而产量增加。

（2）"垄三"栽培技术。20 世纪 80 年代初，黑龙江八一农垦大学采用农机与农艺相结合，逐步形成了一整套行之有效的大豆机械化高产综合配套栽培技术体系，称为"垄三"栽培技术。所谓"垄三"，是指在垄作基础上采用 3 种机械化操作技术：一是垄体、垄沟分期间隔深松；二是分层深施底肥；三是垄上双条精播。以上 3 项作业由机械一次性完成。此项技术推广后，各地根据具体情况做了一些改进，如缩小行距、垄上 3 行精播等。

大豆"垄三"栽培技术改善耕层结构，扩大土壤容量，改善土壤通透性，提高地温，进而协调了土壤、水、肥、气、热的关系，促进大豆根系的生长；增加绿色面积，提高光能利用率。垄上双条精播，使植株分布匀度更佳，克服以往条播出苗不匀的现象；分层施肥提高了肥料利用率，改变了原来浅施肥的做法，大豆根系接触肥料的面积增加，保证了大豆花荚期对养分的需求，防止植株早衰。据统计，该栽培技术较普通的垄作增产 10% 以上。

（3）原垄卡种技术。原垄卡种技术是一项省工、节本的技术，一般前茬应为玉米茬。准备原垄卡种的玉米茬，要在玉米收获后，搞好田间清理；然后在结冻后、下雪前，用钢轨耢子耢垄除茬；春播前再耢一次，耢后随即播种。另外，对于紧实的土壤，还可在玉米收获后或结冻前，进行垄体深松，深松深度 15 cm 左右，在深松的同时进行垄上除茬；然后垄体整形扶垄，搞好镇压，为卡种标准化打下基础。在前茬为玉米茬、整地条件较好、土壤较干旱地区可以利用此技术。

（4）垄上三行窄沟密植技术。该技术是在"垄三"栽培技术的基础上，在 65 cm 垄上将苗带间距加宽至 22～24 cm，用垄上三行精量播种机播种，垄上三苗带，各行苗带间距为 11～12 cm，两边单行每米落粒 10～12 粒，中行每米落粒 8～11 粒，三行平均每米落粒 30～35 粒。该技术比常规垄作播种密度增加 35% 左右，每 667 m² 保苗半矮秆品种 3.1 万～3.3 万株，高秆品种 2.8 万～3.1 万株。

（二）黑土区大豆主要耕作制度

1. 大豆轮作技术特点与优势

（1）养分均衡，培肥土壤。我国农民通过长期的耕作经验总结出了大豆茬口能够肥沃土壤，大豆可以通过根瘤固氮，为下季作物提供丰富的养分。大豆的合理轮作制度能够有效平衡由于不同作物养分吸收引起的土壤养分失调情况，避免了连作引起的某一元素过度消耗，从而预防作物养分吸收不均衡的情况发生。大豆秸秆本身氮含量要高于其他禾本科作物，落叶与秸秆、根茬还田能够有效提高土壤中氮的含量。韩晓增等研究表明，大豆连作与正茬大豆相比对土壤有效养分消耗显著，同时土壤中脲酶、转化酶和磷酸酶活性显著降低。另外，与大豆配套轮作的小麦、玉米属于禾本科作物，而禾本科作物属于须根系，作物根系分布较浅，通常为 10~40 cm，常年连作会造成土壤结构紧实、土壤板结严重，根系扎根深度越来越浅，土壤耕性变差；而大豆属于直根系作物，根系最深能达到150 cm，对疏松土壤、提高土壤通气性都有较好的作用。所以，大豆轮作在培肥土壤上具有其他作物不可比拟的优势。

（2）减少病虫草害发生。大豆茬俗称"软茬"，田间杂草少，大豆封垄以后由于叶片遮挡减少田间杂草光合作用的发生，能有效抑制杂草滋生。同时，合理轮作能够有效减少病虫害的发生。大豆的主要病虫害是霜霉病、根腐病、褐斑病、孢囊线虫病、根结线虫病，大多数病菌在土壤中存活期为3~5年，有的病菌能够存活更长时间，而选择适当的轮作制度，延长大豆种植年限间隔，会使病原菌菌群优势降低，不会对大豆种植造成影响。大豆的主要害虫包括蛀心虫、豆天蛾、豆小卷叶蛾、豇豆荚螟等，一般情况下不会对禾本科作物造成危害。如果没有有效的寄主存在，翌年大多数病原菌都会由于没有合适的寄主存在而死亡。所以，大豆与禾本科作物轮作能够有效降低连作对下季作物的病虫害威胁，同时大豆茬能有效降低杂草对下季作物的影响。

2. 东北地区作物主要轮作方式　大豆与粮食作物轮作方式主要有大豆-小麦-小麦、玉米-玉米-大豆、玉米-大豆-小麦，其中大豆-小麦-小麦轮作体系主要集中在黑龙江的小麦主要产区。由于小麦面积非常小，现在大多以玉米-大豆轮作体系为主；同时，由于玉米种植效益明显好于大豆，所以大部分地区以玉米连作为主。大豆与经济作物轮作方式主要有大豆-烤烟、大豆-亚麻-玉米。

3. 大豆间套作技术特点与优势　为了满足农业增收、农民增效的需要，各地在传统农业种植结构的基础上，利用时间与空间上农田"闲置"的特点，通过合理的轮作、间作或套作等形式，调整现有的农业种植结构，发展养殖业，可以达到事半功倍的效果。它不仅可以提高产量，增加产值，而且可以实现用养结合，培肥地力，防止土壤退化。

如果同一块地连年种植同一种作物，就会造成同种代谢物质的积累或某种养分的缺乏而产生"重茬病"。长期连作对土壤肥力和作物生长造成不利的影响，主要表现：①养分比例失调，微量元素缺乏。多年连作某一种作物，该作物大量吸收某一种或几种营养元素后，就会造成该养分在土壤中偏耗和连续性消耗，导致养分比例严重失调。如禾谷类作物对氮、磷、硅吸收较多，而豆科作物对钙、磷、氮吸收较多。②病虫害加剧。连作使寄生病虫害在土壤中积累增多，危害加重。如玉米黑粉病、棉花黄枯萎病、高粱黑穗病等病菌，都能在土壤中存活 2 年以上，连作重茬会使病虫害基数连年扩大，危害会逐步升级。③作物化感作用的发生。多年单一作物种植，作物分泌的有毒物质积累，打破了土壤微生物区系平衡，削弱了农田生态系统的自我调节功能，不利于地力的恢复和培肥。

间套作是指在同一田地上，生长季节相近或相似的两种或两种以上作物按一定比例分行或分带种植。据记载，间套作在汉代已有萌芽，南北朝时期得到了初步发展，是我国农业生产的传统栽培方法。合理的间套作可以提高光、温、水、气、肥等各项因子的利用率，比单作得到更多的收获量；抑制杂草滋生和病虫害的蔓延，减少农药使用，起到生态防治的作用；在劳动密集的地方，还可以提高劳动就业率。我国人多地少，耕地逐年减少，通过间套作种植方式，不仅能使单位面积土地产值提高，增加农民收入，而且对我国农业的可持续发展有很大的促进作用。

合理轮作或间套作，不仅是农田用地养地相结合、培肥土壤、提高产量的一项重要农业措施，也是改善农田生态环境效应、增加土壤生物多样性、防治病虫草害的一项重要举措。我国典型的轮作与间套作方式有多种，主要有水旱轮作、粮经作物和草（肥）的轮作与间套作。水旱轮作包括水稻-绿肥、水稻-小麦、水稻-烟草、水稻-油菜、水稻-蔬菜等；粮经作物和草（肥）的轮作与间套作包括粮草（肥）轮作与间套作、粮经和豆类作物的轮作与间套作、旱田间套作绿肥等。

（三）黑土区大豆主要栽培技术模式

1. 大豆"大垄密"栽培技术　"大垄密"是一项垄平结合、宽窄结合、旱涝综防的大豆栽培模式，主要解决阶段性降水多或土壤库容小而不能存放多余水分的大豆栽培技术。与 70 cm 垄作相比，能增产 20％以上，常年大豆每公顷产量能稳定保持在 3 000 kg 以上。技术要点如下。

（1）土地准备。选择地势平坦、土壤疏松肥沃、地面干净的地块，要求地表秸秆少，秸秆长度为 3～5 cm。对整地质量要求很高，要做到耕层土壤细碎、地平。提倡深松起垄，垄向要直，垄宽一致。要努力做到伏秋精细整地，有条件的也可以秋施化肥，在上冻前 7～10 d 深施化肥较好。在整地方法上，要大力推行以深松为主体的松、耙、旋、翻相结合的整地方法。无深翻、深松基础的地块，可采用伏秋翻同时深松或旋耕同时深松，或耙茬深松。耕翻深度 18～20 cm，翻耙结合，无大土块和暗坷垃，耙茬深度 12～15 cm，深松深度 25 cm 以上。有深翻、深松基础的地块，可进行秋耙茬，耙茬深度 12～15 cm。春整地的玉米茬要顶浆扣垄并镇压。有深翻、深松基础的玉米茬，早春需将玉米茬清理干净并耢平茬坑，或用灭茬机灭茬，达到待播状态。进行"大垄密"播种地块的整地要在伏秋整地后，秋起平头大垄，并及时镇压。

（2）品种选择与种子处理。选择秆强、抗倒伏的矮秆或半矮秆品种。由于机械精播对种子要求严格，所以种子在播种前要进行机械精选。种子质量标准要求纯度大于 99％，净度大于 98％，发芽率大于 95％，水分含量小于 13.5％，粒型均匀一致。精选后的种子要进行包衣，包衣要包全、包匀。包衣好的种子要及时晾晒、装袋。

（3）播期。以当地日均气温稳定通过 5 ℃的 80％保证率的日期作为当地始播期为宜。在播种适期内，要根据据品种类型、土壤墒情等条件确定具体播期。如中晚熟品种应适当早播，以便保证其在霜前成熟；早熟品种应适当晚播，以便使花雨相遇，提高产量。土壤墒情较差的地块，应当抢墒早播，播后及时镇压；土壤墒情较好的地块，应选定最佳播期。播种时间应根据大豆栽培的地理位置、气候条件、栽培制度以及大豆生态类型确定。就东北地区来说，春大豆播期为 4 月 25 日至 5 月 15 日。

（4）播种方法。"大垄密"播种方法是在秋季采用专用大垄宽台起垄机起垄，垄底宽 110 cm 或 130 cm，垄台宽 70 cm 或 90 cm。在 110 cm 行距垄上种植 3 行；在 130 cm 行距垄上种植 5 行，宽行距 33 cm，窄行距 12 cm（130 cm 大垄）。

（5）播种标准。在播种前要对播种机进行调整，将播种机与拖拉机悬挂连接好后，要求机具的前后、左右调整水平，要与拖拉机对中。气吸式播种机风机的转速应调整到以播种盘能吸住种子为准，风机皮带的松紧度要适度。过紧对风机轴及轴承影响较大，易损坏；过松转速下降，易产生空穴。精量播种机通过更换中间传动轴或地轮上的链轮实现播量调整，并通过改变外槽轮的工作长度来实现施肥量的调整。调整时，松开排肥轴端头传动套的顶丝，转动排肥轴，以增加或减少外槽轮的工作长度。要求种子量和施肥量流量一致，播量准确。对施肥铲进行调整，松开施肥铲的顶丝，上下窜动调整施肥的深度，深施肥为 10～12 cm，浅施肥为 5～7 cm。通过松开长孔调整板上的螺栓，使行距调整到要实施的行距，锁紧即可。播种时要求播量准确，正负误差不超过 1％，百米偏差不超过 5 cm，播到头、播到边。

（6）种植密度。现有品种的适宜密度为 33 万～36 万株/hm²。整地质量好、肥力水平高的地块，要降低播量 10％；整地质量差、肥力水平低的地块，要增加播量 10％。内蒙古东部的三市一盟和吉林东部地区可参照这个密度，辽宁和吉林的其他地区播种密度可在 32 万～34 万株/hm²。

（7）施肥。经验施肥的氮、磷、钾比例一般可按 1：（1.15～1.5）：（0.5～0.8），分层深施于种下 5 cm 和 12 cm。肥料商品量每公顷尿素为 50 kg，磷酸氢二铵为 150 kg，钾肥为 100 kg。另外，氮、磷肥充足条件下，应注意增加钾肥的用量。叶面肥一般喷施 2 次，第一次在大豆开花初期，第二次在大豆盛花期和结荚初期，可用尿素加磷酸二氢钾喷施，一般每公顷用量尿素 5～10 kg 加磷酸二氢钾 2.5～4.5 kg。

（8）化学灭草。①秋季土壤处理。采用混土施药法施用除草剂，秋施药可结合大豆的秋施肥来进行。②播前土壤处理。为了使土壤形成 5～7 cm 药层，可选用丙炔氟草胺、乙草胺或精异丙甲草胺混用。③播后苗前土壤处理。主要控制一年生杂草，可同时消灭已出土的杂草。药效受降水影响较大。大豆播后苗前可选用乙草胺、精异丙甲草胺与异噁草松、丙炔氟草胺等混用。

喷药时要注意以下几点：一是药剂喷洒要均匀，坚持标准作业，喷洒均匀，不重、不漏；二是整地质量要好，土壤要平细；三是混土要彻底，混土的时间与深度应根据除草剂的种类而定。

（9）化学调控。大豆植株生长旺盛，要在分枝期与开花初期选用多效唑、三碘苯甲酸等化学调控剂进行调控，控制大豆徒长，防止后期倒伏。

（10）收获。大豆叶片全部脱落、茎秆草枯、籽粒归圆呈本品种色泽且含水量低于 18% 时，用带有挠性割台的联合收获机进行机械直收。收获的标准要求割茬不留底荚，不丢枝，田间损失小于 3%，收割综合损失小于 1.5%，破碎率小于 3%，"泥花脸"小于 5%。

（11）注意事项。一是要有深松基础；二是要选择秆强、抗倒伏的品种；三是要搞好除草剂的应用，尤其在杂草较多的地块，不宜采用此项技术；四是在不同土壤条件下播种密度有所不同，应根据具体情况进行调整，每公顷收获 32 万～36 万株；五是后期一定要喷施 2 次叶面肥。

2. 大豆"深窄密"栽培技术 大豆"深窄密"技术是一种平作栽培技术，其要点是以矮秆品种为突破口，以精量播种机为载体，结合"深"即深松与分层施肥、"窄"即窄行、"密"即增加密度。与 70 cm 的宽行距相比，能增产 20% 以上，常年大豆每公顷产量能稳定保持在 3 000 kg 以上。技术要点如下。

（1）土地准备。选用地势平坦、土壤疏松肥沃、地面干净的地块，要求地表秸秆少，秸秆长度为 3～5 cm。前茬的处理以深松或浅翻深松为主。土壤耕层总体要求要达到深、松、平、碎。进行"深窄密"播种地块的秋整地要达到播种状态。

（2）品种选择和种子处理。选择秆强、抗倒伏的矮秆或半矮秆品种。由于机械精播对种子要求严格，所以种子在播种前要进行机械精播。种子质量标准要求纯度大于 99%，净度大于 98%，发芽率大于 95%，水分含量小于 13.5%，粒形均匀一致，精选后的种子要进行包衣。

（3）播期。以当地日均气温稳定通过 5 ℃的 80% 保证率的日期作为当地始播期为宜。在播种适期内，要根据品种类型、土壤墒情等条件确定具体播期。就东北地区来说，春大豆播期为 4 月 25 日至 5 月 15 日。

（4）播种方法。在土壤生产水平较高的条件下，可采取"深窄密"播法。"深窄密"采取平播的方法。行距 30～35 cm，双条精量点播，即行距为 15.0～17.5 cm，株距为 11 cm，播深 3～5 cm。以大机械一次完成作业为好。

（5）种植密度。目前品种的播种密度在黑龙江为 40 万～45 万株/hm²，以每公顷 42 万株为基础。各方面条件优越、肥力水平高的地区，降低播量 10%；整地质量差、肥力水平低的地区，增加播量 10%。内蒙古东部三市一盟和吉林的东部地区可参照这个密度，辽宁和吉林的其他地区播种密度为 35 万～40 万株/hm²。

（6）施肥。进行土壤养分的测定，按照测定的结果动态调节施肥比例。在没有进行平衡施肥的地块，经验施肥的氮、磷、钾比例一般可按 1：（1.15～1.5）：（0.5～0.8）。分层深施于种下 5 cm 和 12 cm。肥料商品量每公顷尿素为 50 kg，磷酸氢二铵为 150 kg，钾肥为 100 kg。另外，氮、磷肥充足条件下，应注意增加钾肥的用量。叶面肥一般喷施 2 次，第一次在大豆盛花期，第二次在开花初期和结荚初期，可用尿素加磷酸二氢钾喷施，一般每公顷用量尿素 5～10 kg 加磷酸二氢钾 2.5～4.5 kg。喷施时最好采用飞机航化作业，喷洒效果最理想。

（7）化学灭草。化学灭草应采取秋季土壤处理、播前土壤处理和播后苗前土壤处理，选用原则是：一是把安全性放在首位，选择安全性好的除草剂及混配配方；二是根据杂草种类选择除草剂和合适的混用配方；三是根据土壤质地、有机质含量、pH 和自然条件选择除草剂；四是除了选择除草剂外，还必须选择好的喷洒机械，配合好的施药技术；五是要采用 2 种以上的混合除草剂，同一地块不同年份间除草剂的配方要有所改变。

（8）化学调控。大豆植株生长旺盛，要在分枝期选用多效唑、三碘苯甲酸等化学调控剂进行调控，控制大豆徒长，防止后期倒伏。

（9）收获。大豆叶片全部脱落、茎秆草枯、籽粒归圆呈本品种色泽且含水量低于 18% 时，用带有挠性割台的联合收获机进行机械直收。收获的标准要求割茬不留底荚，不丢枝，田间损失小于 3%，收割综合损失小于 1.5%，破碎率小于 3%，"泥花脸"小于 5%。

（10）注意事项。一是要有深松基础；二是要选择秆强、抗倒伏的品种；三是可根据当地实际情况，因地制宜，采取不同行距，一般单条平均为 15～20 cm；四是要搞好除草剂的应用，尤其在杂草较多的地块，不宜采用此项技术；五是在不同土壤条件下密度有所不同，应根据具体情况，收获株数为 38 万～42 万株/hm²。

3. 大豆大垄垄上行间覆膜技术　大豆大垄垄上行间覆膜技术是针对东北大豆产区连年干旱、低温同时出现而形成的一项抗旱栽培技术。这项技术通过覆膜充分利用地下水，变无效水为有效水，在干旱地区和干旱年份表现了极大的增产潜力。该技术同时具有抗旱、增温、保墒、提质、增产、增效作用。技术要点如下。

（1）整地。伏秋整地，严禁湿整地。对没有深松基础的地块采取深松，深松深度 35 cm 以上；对有深松基础的地块采取耙茬或旋耕，耙茬深度 15～18 cm，旋耕深度 14～16 cm。秋起 130 cm 大垄，垄面宽 80 cm，并镇压。

（2）品种选择。选择审定推广的优质、高产、抗逆性强且当地能正常成熟的品种，不宜选择跨区种植的品种。

（3）地膜选择。选用厚度为 0.01 mm、宽度为 60 cm 的地膜。

（4）播期。当 5～10 cm 土层地温稳定通过 5 ℃ 时即可播种，比正常播种可提早 5～7 d。东北中东部地区可在 4 月 25 日至 5 月 1 日，北部地区可在 4 月 28 日至 5 月 5 日。

（5）种植密度。遵循肥地宜稀、瘦地宜密的原则，每公顷保苗 22 万～26 万株。

（6）播种方法。选用 2BM-3 覆膜通用耕播机或 2BM-1 行间覆膜通用耕播机，垄上膜外单苗带气吸精量点播。苗带距膜 2～3 cm，不宜超过 5 cm。一次完成施肥、覆膜、播种、镇压等作业。

（7）覆膜标准。覆膜笔直，百米偏差不超过 5 cm，两边压土各 10 cm。东部地区每间隔 10～20 m 膜上横向压土，西部地区每间隔 1.3～1.4 m 膜上横向压土，防止大风掀膜。

（8）播种标准。播量准确，正负误差不超过 1%，播到头、播到边。

（9）施肥。每公顷施氮、磷、钾纯量 120～150 kg，黑土地氮：磷：钾为 1:1.5:0.6、白浆土地为 1:1.2:0.6。采用分层侧深施肥，1/3 施于种侧膜下 5～7 cm、2/3 施于种侧膜下 7～12 cm。

（10）叶面追肥。在大豆初花期、结荚初期分别进行叶面追肥，参考配方为每公顷施尿素 4.5 kg 加磷酸二氢钾 2.25 kg。第一次机车或航化喷施均可，第二次以航化为主，要做到计量准确，喷液量充足，不重、不漏。

（11）化学灭草。灭草方式以播前土壤处理为主、茎叶处理为辅。播前土壤处理和茎叶处理应根据杂草的种类和当时的土壤条件选择施药品种和施药量。茎叶处理可采用苗带喷雾器进行苗带施药，药量要减 1/3。土壤处理每公顷喷液量 150～200 L，茎叶处理每公顷喷液量 150 L。要达到雾化良好、喷洒均匀，喷量误差小于 5%。

（12）中耕管理。在大豆生育期内中耕 3 次。第一次在大豆出苗期进行，深度 15～18 cm，或于垄沟深松 18～20 cm，使垄沟和垄帮有较厚的活土层；第二次在大豆 2 片复叶时进行，深度 8～12 cm；第三次在封垄前，深度 8～12 cm。

（13）化学调控。按照大豆长势，生长过于旺盛时，要在分枝期选用多效唑、三碘苯甲酸等化学调控剂进行调控，防止后期倒伏。

（14）残膜回收。在大豆封垄前，将膜全部清除、回收，防止污染。起膜后覆膜的行间进行中耕。

（15）注意事项。一是不能选择过晚品种，应选择在当地能正常成熟的品种。种植密度每公顷应控制在 25 万株左右；二是要选用拉力强度大的膜，以利于膜的回收，防止污染环境；三是要喷施叶面肥，以防止后期脱肥；四是大豆行间覆膜技术应选择适宜的区域应用，在干旱地区或干旱年份应用有极大的增产潜力，不宜在水分充足的地块应用此项技术。

（四）大豆"垄三"栽培技术

大豆"垄三"栽培技术最早形成于 20 世纪 80 年代初。截至目前，该技术在一些具体措施上有了新的发展。技术要点如下。

1. 伏秋整地、秋起垄　"垄三"栽培技术由于采用精播，对整地质量要求很高。要做到伏秋精细整地，耕层土壤细碎、平整。深松起垄，垄向要直，垄宽一致，一般垄宽 60～70 cm。翌年春天在垄上直接播种，整地和播种也可均在春季完成。

2. 分层施肥　播种时将肥料分两层施在两行苗的中间部位。第一层施肥量占施肥总量 30％～40％，施在种下 4～5 cm 处；第二层占施肥总量的 60％～70％，施于种下 8～15 cm 处。在施肥量偏少的情况下，第二层施在种下 8～10 cm 处即可。

3. 品种选择与合理密植　选用喜肥水、秆强抗倒伏的品种。播种密度依据地区、施肥水平和品种特性确定，东北地区通常每公顷保苗在 22 万～30 万株。

4. 配套耕播机具　目前，定型的耕播机有以下几种型号，所需牵引力各不相同。大型拖拉机牵引的有 2BTGL - 12 型，中型拖拉机牵引的有 2BTGL - 6 型和 LFBT - 6 型，小型拖拉机牵引的有 2BTGL - 2 型和 2BT - 2 型等。

5. 注意事项　一是该技术适宜在土壤冷凉、含水量较高的低湿地区应用，风沙多、干旱、年降水量较低的地区不宜采用；二是在地势低洼、含水量充足的平川地可以采用深松播种，但在春旱严重的地区和旱岗地、跑风地不宜采用深松播种，以免因失墒影响春播保苗；三是深松深度要根据耕作基础和土壤墒情来确定。在没有耕翻和深松基础的地块，深松时一次不能过深，以打破犁底层为原则，然后逐渐加深。墒情不好，耕层干硬，春季深松时易起大块，垄体架空跑墒。因此，深松深度要浅些，以能达到深施肥的深度（20 cm 左右）为宜。

（五）大豆 45 cm 双条密植栽培技术

大豆 45 cm 双条密植栽培技术是在垄作栽培技术的基础上，为增加匀度，行距由 65～70 cm 缩小至 45 cm，采用垄上双条播的栽培方法。技术要点如下。

1. 精细整地　进行伏、秋翻或耙茬深松整地，要达到耕层深度，做到地表平整、土壤细碎。

2. 品种选择　筛选应用半矮秆、抗倒伏、耐密植的品种。

3. 播种方法　大豆 45 cm 双条密植栽培技术是在"三垄"栽培技术的基础上，为增加匀度，行距由 65～70 cm 缩小至 45 cm，采用双条播种。

4. 增施农家肥，合理施用化肥　中等肥力地块每 667 m² 施优质有机肥 2 t，化肥采取测土配方法分层测深施肥，要做到氮磷钾搭配，施肥量比常规垄作增加 15％以上。

5. 搞好化学除草　机械化程度高，可结合秋整地进行秋施药。春季干旱区提倡苗后除草，如果土壤墒情好，可采取土壤封闭处理。

6. 确定适宜的密度，保证播种质量　目前，东北地区中部、中南部或高肥力地块保苗 30 万～33 万株/hm²，中北部、西北部、平地或中等肥力地块保苗 35 万～38 万株/hm²，北部、岗地或贫瘠地块保苗 38 万～42 万株/hm²。

7. 促控结合 植株生长过旺，可喷施多效唑等药剂，防止倒伏。大豆前期长势较弱时，可在初花期喷施尿素与磷酸二氢钾的混合液，并根据需要加入微量元素。

8. 注意事项 不宜在低洼和雨水大的区域种植。

（六）大豆垄上三行窄沟栽培技术

大豆垄上三行窄沟栽培技术是在垄作栽培技术的基础上，为增加匀度，在原行距不变的情况下，由原垄上两行变为垄上三行种植的栽培方法。技术要点如下。

1. 选地与备耕 选择地势平坦、土层深厚、井渠配套、保水保肥较好的地块。秋收后及时灭茬，每 667 m² 施优质有机肥 1 500 kg 以上；松、翻深度在 20 cm 以上，将根茬、有机肥翻入土壤下层；耕翻后及时耙碎坷垃，做到上虚下实、深浅一致、地平土碎、无坷垃，力争进行秋起垄，垄距 65 cm。

2. 品种选择 选用适应性强，增产潜力大，高产、优质、多抗、耐密植、抗倒伏的品种。播前进行机械或人工精选，种子纯度 99% 以上，净度 98% 以上，发芽率 95% 以上，含水量不高于 13%。播前 3～5 d 进行种子包衣。种衣剂应针对当地病虫害和土壤微量元素含量选定，种衣剂中微量元素不足时应增加相应微肥拌种，药种比一般为 1∶（40～50）。宜用 20 mL 云大-120 与适量大豆种衣剂混用拌种 25 kg，3 d 内播完。

3. 播种 当耕层土壤温度稳定通过 8 ℃ 时即可播种，东北地区北部一般在 5 月上中旬完成播种。播种方法是在 65 cm 垄宽的基础上，将苗带间距加宽至 22～24 cm，用垄上三行精量播种机播种（靴体式或圆盘式），垄上三苗带，各行苗带间距为 11～12 cm，两边单行米间落粒 10～12 粒，中行米间落粒 8～11 粒，三行平均米间落粒 30～35 粒。播种密度比常规垄作增加 30% 左右，半矮秆品种每 667 m² 保苗 2.7 万～3 万株，高秆品种保苗 2.6 万～2.8 万株。积温较高地区每 667 m² 保苗密度降低 0.3 万～0.5 万株。播种深度 4～5 cm。

4. 施肥 测土平衡施肥，种下施肥（有机肥、化肥）和叶面喷施追肥相结合，施肥总量比常规垄作增加 15% 以上。氮、磷肥充足的地块应注意增加钾肥施用量，改一次垄上单条施肥为行间侧深施肥。一般情况下每 667 m² 施磷酸氢二铵 8～9 kg、尿素 3～4 kg、钾肥 2～3 kg 或每 667 m² 用大豆专用肥 13～15 kg 作种肥，农家肥和化肥必须做到种下深施或种下分层施。追肥在大豆封垄前（结荚期前），每 667 m² 用尿素 0.5 kg 加磷酸二氢钾 0.2 kg，兑水 13 kg。出现药害、冻害、涝害、雹灾时，每 667 m² 施 0.000 2% 羟烯腺·烯腺 30 mL 加多元素叶面肥 20 mL，兑水 13 kg，视药害程度间隔 7 d 喷施 1～2 次。

5. 收获 当植株落叶即可人工收割，机械收获可在适期内抢收、早收。割茬要低，不留底荚，田间损失不超过 5%，破碎粒不超过 3%。

6. 适宜区域 该技术适用于生育期较短、积温偏低、土壤较为干旱的内蒙古自治区呼伦贝尔市莫力达瓦达斡尔族自治旗、阿荣旗、扎兰屯市、鄂伦春自治旗和大兴安岭农场管理局以及兴安盟扎赉特旗、科尔沁右翼前旗等。

（七）大豆原垄卡种栽培技术

原垄卡种技术是保护性耕作的重要措施之一，它是在不翻动土壤的免耕情况下，配合前作秸秆还田，在原垄上直接播种的一项技术措施。这项技术具有保护耕层、抗旱保墒、省工省时、节本增效等优点。技术要点如下。

1. 选茬 在秋季收获时，有计划地选择垄形较好的玉米或其他茬作为来年大豆卡种的良好茬口。收获前茬作物时不要破坏垄体，不翻动土壤，原茬越冬。准备原垄卡种的玉米茬，可在玉米收获后，搞好田间清理。然后，在结冻后、下雪前，用钢轨耢子耢垄除茬；春播前再耢 1 次，耢后随即播种。

2. 整地 有条件的地区可以视土壤状况进行秋季垄沟深松（30～35 cm）。翌年春季播前要耢茬管，即耢出平台为卡种做准备，可封墒防止水分蒸发。对于紧实的土壤，还可在玉米收获后、结冻前，进行垄体深松，深松深度在 15 cm 左右。在深松的同时进行垄上除茬，然后整形扶垄，搞好镇压，为卡种标准化打下基础。前茬为玉米茬、整地条件较好、土壤较干旱地区可以利用该技术。

3. 播种　应选择适合于当地的、能够安全成熟的优质专用品种。种子质量要达到国家标准。种子播前要进行包衣，防治病虫害。当地地温稳定通过 5 ℃ 时即可播种。一般情况下，大豆的播种和施肥作业一次完成。大豆播种覆土 3～5 cm，种子与肥料间距应保持在 5 cm 以上。

4. 合理密植　播种密度依据地区、施肥水平和品种特性确定，东北地区北部通常每 667 m² 保苗在 1.5 万～2 万株。

5. 施肥　测土平衡施肥，种下施肥（有机肥、化肥）和叶面喷施追肥相结合，施肥总量比常规垄作增加 15% 以上。氮、磷肥充足的地块应注意增加钾肥施用量，改一次垄上单条施肥为行间侧深施肥。一般情况下施磷酸氢二铵 120～135 kg/hm²，尿素 45～60 kg/hm²，钾肥 30～45 kg/hm²，化肥必须做到种下深施或种下分层施。叶面肥一般喷施 2 次，第一次在大豆盛花期，第二次在开花初期和结荚初期，可用尿素加磷酸二氢钾喷施，一般每公顷用量尿素 5～10 kg 加磷酸二氢钾 2.5～4.5 kg。

6. 中耕　第一次中耕在大豆出苗后进行，垄沟深松 30 cm 以上，以达到增温防寒蓄水的目的；第二次在大豆分枝期进行；第三次在大豆封垄前结合培土进行。

7. 除草　大豆田的杂草控制一般以化学控制为主、人工控制为辅。春季土壤封闭施药，宜选乙草胺、精异丙甲草胺、异丙甲草胺、异丙草胺、异噁草松、异辛酯、唑嘧磺草胺、嗪草酮等，在大豆播种前或播种后出苗前进行土壤喷雾施药。苗后茎叶处理，在大豆出苗后 1～2 片复叶期，杂草 2～4 叶期，防除禾本科杂草宜选精喹禾灵、精吡氟禾草灵、高效氟吡甲禾灵、烯禾啶等药剂，防除阔叶杂草宜选氟磺胺草醚、异噁草松、灭草松等进行苗后叶面喷雾处理。

喷药时应注意以下 3 点：一是药剂喷洒要均匀，坚持标准作业，喷洒均匀，不重、不漏；二是整地质量要好，土壤要平细；三是混土要彻底，混土的时间与深度，应根据除草剂的种类而定。

8. 收获　当植株落叶即可人工收割，机械收获可在适期内抢收、早收。割茬要低，不留底荚，田间损失不超过 5%，破碎粒不超过 3%。

9. 注意事项　一是对黏重、排水性能差的土壤要慎重；二是由于地表不平整、覆盖物分布不均等原因，有可能出现播种深浅不一、种子分布不均，甚至缺苗断垄等问题，必须注意从改进播种机性能与改善地表状态两方面来解决；三是翻耕有翻埋杂草作用，保护性耕作相对来说失去了一项控制杂草的手段，而且受秸秆遮盖，药液不易直接喷到杂草上，对杀草效果有一定影响；四是冷凉风沙区，保护性耕作重点在控制沙尘暴和农田沙漠化，减少地表破坏是主要矛盾，不能采用旋耕等耕作作业；五是适用于地势平坦、杂草基数较小、易干旱的大豆生产区。

（八）大豆膜下滴灌栽培技术

膜下滴灌栽培技术是以机械化精量播种和膜下滴灌技术为核心，集成先进的播种机械与大豆高密度栽培、非充分灌溉、随水施肥、化学调控等技术，形成的一项大豆高产综合栽培技术，在新疆得到普遍应用。技术要点如下。

1. 播前处理　①深施基肥。秋施腐熟的羊粪，每 667 m² 3～5 t 或施复合肥 25 kg，伏翻或秋翻。②化学除草。播前结合耙地每 667 m² 喷施二甲戊灵 105～180 g，喷洒均匀，不重、不漏。

2. 播种　①精选良种。选用高产、优质大豆品种。精选种子，保证种子大小均匀，发芽率高。每 667 m² 播量 5～6 kg，保苗 2.0 万～2.4 万株。②适期播种。5 cm 耕层温度连续 5 d 通过 8 ℃ 时播种，底墒不足时可在播后灌水出苗。③播种。采用气吸式精量点播机一次性完成铺设滴灌带、铺设地膜、膜上精量点播。两膜 16 行模式，膜宽 2 m，播幅宽 4.6 m。每幅膜上播种 4 个双行、铺 2 条滴灌带，平均行距 28.8 cm，穴距 9.5 cm。每穴播种 1～2 粒，深 3～4 cm。

3. 田间管理　①滴水出苗。底墒不足时可在播后 3～5 d 每 667 m² 灌 40～50 m³ 出苗水。②及时定苗。在大豆出齐苗、第一片复叶展开前结束定苗，拔除弱苗、病苗。③节水滴灌。开花后适时灌第一水，以后每 8～10 d 灌一水，每次每 667 m² 灌水量 25～30 m³，全生育期灌水 10～11 次。④随水施肥。结合灌水，每次每 667 m² 分别施氮（N）、磷（P₂O₅）、钾（K₂O）0.98 kg、0.12 kg、0.42 kg，生育期每 667 m² 施氮（N）、磷（P₂O₅）、钾（K₂O）14.35 kg、2.58 kg、4.5 kg。⑤叶面追肥。初花期、初荚期和鼓粒期用尿素、磷酸二氢钾、硼肥、锌肥、锰肥进行叶面喷肥，以保花、保荚、增粒重。⑥人工除草。人工拔除大草 2～3 次。⑦化学调控。根据植株生长情况用多效唑或缩节胺进行调控，预防倒伏。⑧防治病虫害。防治叶螨、棉铃虫可采用阿维菌素等生物制剂，对于霜霉病、叶斑病等可采用多菌灵、代森锰锌等杀菌剂。在防治病虫害的过程中，同时加入氮（N）1.4 kg/hm²、钾（K₂O）0.9 kg/hm²，以及其他多元微肥进行叶面喷施。⑨适时收获。叶全落、荚全干时进行收获。机械割茬降低在 15 cm 以下，保证破碎率不超过 3%，田间损失率不超过 4%。

4. 注意事项　要避免在中午灌水，灌水前不能有大风、大雨天气。

三、大豆施肥方法

大豆的施肥技术应根据大豆的需肥特性和根系的活动范围，结合当地的土壤条件，以及各地的耕作、轮作方式，采取相应的施肥技术，以提高大豆产量和改善品质。

测土配方施肥是被联合国粮食及农业组织重点推荐的一项先进农业技术，也是我国当前大力推广的科学施肥技术。通过对土壤采样和化验分析，以土壤测试和田间试验为基础，根据作物需肥规律、土壤供肥性能和肥料效应，在合理施用有机肥的基础上，提出氮、磷、钾及中微量元素等肥料的施用品种、数量、时间和方法，以最经济的肥料用量和配比，获取最好的农产品产出。实践证明，推广测土配方施肥技术，可以提高化肥利用率 5%～10%，增产率一般为 10%～15%，高的可达 20% 以上。实行测土配方施肥不但能提高化肥利用率，获得高产稳产，还能提高农产品质量，是一项增产、节肥、节支、增收的有效措施。

大豆施肥要考虑其需肥特点和它本身的固氮能力。大豆根部共生着根瘤固氮菌，能固定空气中的氮，提供本身所需大约 2/3 的氮素。因此，氮肥的施用量一般以大豆总需肥量的 1/3 来计算。磷、钾肥对大豆具有良好的增产作用，应注意合理配施。目前，我国确定作物合理施肥量的方法有三大类 5 种方法。

（一）土壤地力分级（区）法

地力分级（区）法就是按土壤肥力高低分成若干等级，即把土壤肥力均等的田块作为一个配方区。利用土壤测试资料和田间试验结果，结合群众的实践经验，确定各配方区内比较适宜的肥料品种及施用量。在具体应用时，以县为单位，将自然区域分为几个区，每个区按地力水平分为 2～3 级，每级按土壤养分含量状况、田间试验结果，结合当地群众施肥经验，分别选定这一级配方区比较适宜大豆的肥料品种和施肥量。这种方法针对性强，提出的施肥量和措施接近当地的经验，易被农民接受，推广阻力小，同时有利于区域生产和供应配方肥料。不同土壤养分含量与施肥量可参见表 6-39。

表 6-39　不同土壤养分含量与施肥量推荐参考

土壤速效养分含量（mg/kg）			每 667 m² 推荐施肥量（kg）		
碱解氮	有效磷	速效钾	氮（N）	磷（P₂O₅）	钾（K₂O）
40	<5	<80	5～5.7	>7	5
40	5～18	80～120	5～5.7	3～7	2～5
40	>18	>120	5～5.7	<3	<2
40～65	<5	<80	2～5	>7	5
40～65	5～18	80～120	2～5	3～7	2～5
40～65	>18	>120	2～5	<3	<2
>65	<5	<80	2～3	>7	5
>65	5～18	80～120	2～3	3～7	2～5
>65	>18	>120	2～3	<3	<2

（二）养分平衡法

根据目标产量需肥量与土壤供肥量之差估算目标产量的施肥量，通过施肥补足土壤供应不足的那部分养分。

1. 养分平衡法的计算公式

$$施肥量 = \frac{目标产量 \times 作物需肥量 - 土壤供肥量}{肥料中有效养分含量 \times 肥料利用率}$$

养分平衡法涉及目标产量、作物需肥量、土壤供肥量、肥料利用率和肥料中有效养分含量五大参数。土壤供肥量即不施肥作物养分的吸收量。目标产量确定后因土壤供肥量的确定方法不同，形成了地力差减法和土壤有效养分校正系数法两种。

2. 养分平衡法有关参数

（1）地力差减法是根据作物目标产量与基础产量之差来计算施肥量的一种方法。其计算公式为：

$$施肥量 = \frac{(目标产量 - 基础产量) \times 单位产量养分吸收量}{肥料中养分含量 \times 肥料利用率}$$

式中，基础产量即试验中不施肥处理（"3414"方法中处理1）的产量。

（2）土壤有效养分校正系数法是通过测定土壤有效养分含量来计算施肥量。其计算公式为：

$$施肥量 = \frac{单位产量养分吸收量 \times 目标产量 - 土壤测试值 \times 0.15 \times 有效养分校正系数}{肥料中养分含量 \times 肥料利用率}$$

（三）目标产量法

1. 目标产量 采用平均单产法来确定。平均单产法是利用施肥区前3年平均单产和年递增率（一般为10%～15%）为基础确定目标产量，其计算公式为：

$$目标产量 = (1 + 递增率) \times 前3年平均单产$$

2. 养分吸收量 单位产量养分吸收量就是作物形成100 kg经济产量的养分需要量。大豆100 kg经济产量吸收的养分量，可以通过查阅资料，100 kg大豆氮（N）、磷（P_2O_5）、钾（K_2O）的吸收量分别为7.2 kg、1.8 kg、4 kg（高祥照 等，2005）；也可以通过"3414"试验获得，在模拟氮、磷、钾完全满足的条件下（"3414"试验方案中处理6试验），并测定作物茎叶部分与果实部分的氮、磷、钾含量，计算单位产量养分吸收量。

$$单位产量养分吸收量 = \frac{果实产量 \times 果实中元素含量 - 茎叶产量 \times 茎叶中元素含量}{经济产量}$$

式中，经济产量为主要收获物大豆的籽粒产量。

注意植株的氮、磷、钾养分测试值一般以单质养分百分数表示。在计算单位产量养分吸收量时，要注意将磷、钾的测试值换算成氧化物含量进行计算。

3. 土壤供肥量 可以通过测定基础产量、土壤有效养分校正系数两种方法估算。

通过基础产量估算：试验中不施养分区作物所吸收的养分量作为土壤供肥量。

$$土壤供肥量 = \frac{不施养分区作物产量}{经济产量} \times 100 \text{ kg}产量所需养分量$$

通过土壤养分校正系数估算：将土壤有效养分含量测定值乘以一个校正系数，以表达土壤"真实"供肥量。该系数称为土壤养分的校正系数，即：

$$校正系数 = \frac{缺素区作物地上部吸收该元素量}{该元素土壤测定值 \times 0.15} \times 100$$

土壤有效养分含量测定值代表的是土壤中可供作物吸收利用的养分量，不一定100%被作物吸收。每种有效养分的测定值都需要一个校正系数进行校正，因受土壤肥力状况影响较大，并不是一个固定值。土壤有效养分含量测定值校正系数的确定是决定测土配方施肥成功的关键。据资料介绍：土壤有效氮测定值的校正系数一般为0.3～0.8，土壤有效磷测定值的校正系数一般为0.4～3.0，土壤有效钾测定值的校正系数一般为0.3～0.6。

土壤有效养分含量测定值的校正系数与土壤中有效养分含量往往呈负相关关系。例如：

土壤碱解（有效）氮含量>100 mg/kg 以上时，其校正系数一般<0.6；土壤碱解氮含量为 60～100 mg/kg 时，其校正系数为 0.6～0.7；土壤碱解氮含量<60 mg/kg 时，其校正系数一般>0.7。

土壤有效磷含量>20 mg/kg 时，其校正系数往往为 0.4～0.5；土壤有效磷含量为 10～20 mg/kg 时，其校正系数一般为 0.5～0.8；土壤有效磷含量<10 mg/kg 时，其校正系数往往>0.8，甚至高达 4.0。

土壤有效钾含量>120 mg/kg 时，其校正系数往往<0.5；有效含量为 80～120 mg/kg 时，其校正系数一般为 0.5～0.7；有效钾含量<80 mg/kg 时，其校正系数往往>0.7，一般可以达到 0.85。

4. 肥料利用率　一般通过差减法来计算。施肥区作物吸收养分量减去不施肥区（缺素区）作物吸收养分量，其差值视为肥料供应的养分量，再除以所用肥料养分量就是肥料利用率。

$$肥料利用率=\frac{施肥区作物吸收养分量-缺素区作物吸收养分量}{肥料施用量\times 肥料中养分含量}\times 100$$

5. 肥料养分含量　供施肥料包括化肥与有机肥。化肥、商品有机肥含量按其标明量，不明养分含量的有机肥的养分含量可参照当地不同类型有机肥养分平均含量获得。

（四）田间试验法

1. 肥料效应函数法　根据田间试验结果建立当地大豆肥料效应函数，直接获得某一区域大豆作物的氮、磷、钾肥的最佳施用量，为肥料配方和施肥推荐提供依据。目前，在测土配方施肥中多采用"3414"方案进行田间试验，获得基础数据，通过统计分析，建立肥料效应函数。通过肥料效应方程式可以直接看出不同元素肥料的增产效应，以及配合施用的联应效果，分别计算出经济施肥量（最佳施肥量）、施肥上限与下限，作为建议施肥量的依据。

2. 土壤养分丰缺指标法　利用土壤养分测定值和作物吸收养分之间的相关性，通过田间试验，把土壤测定值以一定的级差分等，制成养分丰缺及应施肥数量检索表。获得土壤测定值，就可以参照检索表按级确定肥料施用量。

首先在 30 个以上不同土壤肥力水平，即不同土壤养分测定值的田块安排试验，每个试验点都要测定土壤速效养分含量。田间试验可采用"3414"部分实施方案，设无肥区（CK）、氮磷钾区（NPK）、缺肥区（即 PK、NK 和 NP）等处理。收获后计算产量，用缺肥区作物产量占全肥区作物产量百分数即相对产量的高低来反映土壤养分的丰缺状况。相对产量计算公式如下：

$$相对产量=\frac{缺肥区作物产量}{全肥区作物产量}\times 100$$

相对产量<50% 的土壤养分为极低；相对产量 50%～75% 为低；75%～95% 为中；>95% 为高。从而确定出适于某一区域、某种作物的土壤养分丰缺指标及对应的肥料施用数量。对该区域其他田块，通过土壤养分测定就可以了解土壤养分的丰缺状况，提出相应的推荐施肥量。

3. 氮磷钾比例法　在不同土壤肥力水平下，通过布置多点（≥30）二因素（或三因素）多水平氮、磷、钾肥肥效试验，得出氮、磷、钾肥的适宜用量，然后计算出二者（或三者）之间的比例关系。在应用中，只确定其中一种养分的施用数量，就可以按养分之间的比例关系确定出另外一种或两种养分的施用量。如以氮定磷、钾等。鉴于氮肥在生产中的重要性，大多数地区的做法是用养分平衡式确定氮肥用量，然后根据作物需肥比例、肥料利用率和土壤供肥水平确定磷、钾肥用量。

以上是大豆测土配方施肥确定肥料用量的几种方法，在生产中具体确定施肥量时，应根据土壤肥力进行适当调整，一般实际施肥量比计算施肥量偏大。如中等肥力土壤，养分状况为有机质 14～15 mg/kg、碱解氮 740～800 mg/kg、有效磷（P_2O_5）35～40 mg/kg、有效钾（K_2O）130～140 mg/kg。目标产量达到每 667 m² 150 kg 时，施肥量为每 667 m² 在基施有机肥 1 000～1 500 kg 的基础上，施氮（N）2～3 kg、磷（P_2O_5）3～4 kg、钾（K_2O）2～3 kg，折合尿素 4.3～6.5 kg、

过磷酸钙 $25\sim33\,kg$、氯化钾 $3.3\sim5.0\,kg$。大豆常用钼酸铵拌种，每千克大豆种子用钼酸铵 $1.5\,g$。追肥：开花初期追施氮（N）$2\sim3\,kg$，折合尿素 $4.3\sim6.5\,kg$。另外，根据实际需要叶面喷施硼、钼肥。

（五）基于作物反应的施肥法

1. 作物营养诊断法　通过植物即时养分状况对是否需肥进行判断，根据作物体内养分情况判定施肥时间。作物营养诊断法能够对作物养分做到有效管理，减少肥料的投入量；但是，由于检测手段的限制，可能会造成判断的不确定性，所以方法还有待改进。

2. 实地实时施肥管理方法　国际水稻研究所最早在水稻养分管理中提出了实地养分管理，通过不同时期作物地上部的叶色来对氮素进行实时调整施肥，按作物实际需要进行肥料施用。这样可确保作物在关键时期，吸收到合理用量的肥料，将养分吸收利用效果发挥到最好。

3. NE 养分管理专家系统　基于 QUEFTS 模型的，根据 SSNM 养分管理的原则，利用 QUEFTS 模型在大数据支持下对作物进行推荐施肥，应用计算机软件技术建成作物专家系统。该推荐施肥系统不仅优化了化肥用量、施肥时间、种植密度，还结合生育期降水、气候等优化了施肥次数，并进行了经济效益分析。

四、东北地区大豆 NE 养分管理

（一）大豆地上部养分吸收特征

对东北地区大豆主要产区大豆产量、收获指数、籽粒吸氮量、籽粒吸磷量、籽粒吸钾量、秸秆吸氮量、秸秆吸磷量、秸秆吸钾量进行了统计与分析，具体数据见表 6-40。

表 6-40　东北地区大豆地上部养分吸收

参数	单位	样本数（个）	平均值	标准差	最小值	25%值	中间值	75%值	最大值
产量	kg/hm^2	8 024	2 439.4	644.8	567.0	2 001.4	2 431.5	2 870.3	5 067.0
收获指数	—	5 233	0.46	0.06	0.26	0.42	0.47	0.49	0.66
籽粒吸氮量	kg/hm^2	2 173	109.9	31.4	36.0	87.1	105.6	131.0	226.8
籽粒吸磷量	kg/hm^2	2 188	14.8	5.9	2.8	11.0	14.0	17.3	47.5
籽粒吸钾量	kg/hm^2	2 173	27.9	12.0	6.1	19.7	24.3	33.5	89.9
秸秆吸氮量	kg/hm^2	2 267	19.6	7.7	4.4	14.9	18.8	23.1	70.2
秸秆吸磷量	kg/hm^2	2 268	7.0	4.4	0.3	4.2	6.3	8.6	40.6
秸秆吸钾量	kg/hm^2	2 286	19.4	11.6	1.0	12.6	17.2	22.9	115.5

统计有产量数据的样本总计 8 024 个，平均产量为 2 439.4 kg/hm^2，产量范围为 567.0~5 067.0 kg/hm^2。有收获指数数据的样本 5 233 个，收获指数平均值是 0.46，变化范围为 0.26~0.66。籽粒吸氮量样本 2 173 个，平均值是 109.9 kg/hm^2，变化范围为 36.0~226.8 kg/hm^2；籽粒吸磷量样本 2 188 个，平均值是 14.8 kg/hm^2，变化范围为 2.8~47.5 kg/hm^2；籽粒吸钾量样本 2 173 个，平均值是 27.9 kg/hm^2，变化范围为 6.1~89.9 kg/hm^2；秸秆吸氮量样本 2 267 个，平均值是 19.6 kg/hm^2，变化范围为 4.4~70.2 kg/hm^2；秸秆吸磷量样本 2 268 个，平均值是 7.0 kg/hm^2，变化范围为 0.3~40.6 kg/hm^2；秸秆吸钾量样本 2 286 个，平均值是 19.4 kg/hm^2，变化范围为 1.0~115.5 kg/hm^2。

（二）大豆植株养分含量

对东北地区大豆籽粒含氮量、籽粒含磷量、籽粒含钾量、秸秆含氮量、秸秆含磷量、秸秆含钾量进行了统计和分析，具体数据见表 6-41。

表 6-41　东北地区大豆植株养分分析

单位：g/kg

参数	样本数（个）	平均值	标准差	最小值	25%值	中间值	75%值	最大值
籽粒含氮量	2 204	53.4	5.0	30.2	50.4	52.0	55.3	81.1
籽粒含磷量	2 210	7.2	2.2	1.7	6.1	7.3	8.2	27.9
籽粒含钾量	2 195	13.4	3.4	8.4	11.0	12.3	14.7	28.2
秸秆含氮量	2 190	8.8	2.6	2.2	7.0	8.5	10.5	20.3
秸秆含磷量	2 187	3.2	1.9	0.3	2.1	2.9	3.6	15.0
秸秆含钾量	2 182	8.4	3.5	0.6	6.7	8.2	9.5	28.8

其中，大豆籽粒含氮量样本 2 204 个，籽粒含氮量平均值为 53.4 g/kg，变化范围 30.2～81.1 g/kg；籽粒含磷量样本 2 210 个，籽粒含磷量平均值为 7.2 g/kg，变化范围 1.7～27.9 g/kg；籽粒含钾量样本 2 195 个，籽粒含钾量平均值为 13.4 g/kg，变化范围 8.4～28.2 g/kg；秸秆含氮量样本 2 190 个，秸秆含氮量平均值为 8.8 g/kg，变化范围 2.2～20.3 g/kg；秸秆含磷量样本 2 187 个，秸秆含磷量平均值为 3.2 g/kg，变化范围 0.3～15.0 g/kg；秸秆含钾量样本 2 182 个，秸秆含钾量平均值为 8.4 g/kg，变化范围 0.6～28.8 g/kg。

（三）大豆养分吸收量

对东北地区大豆地上部氮吸收量、地上部磷吸收量、地上部钾吸收量、氮收获指数、磷收获指数、钾收获指数进行了统计和分析，具体数据见表 6-42。

表 6-42　东北地区大豆地上部养分吸收量及收获指数情况分析

参数	单位	样本数（个）	平均值	标准差	最小值	25%值	中间值	75%值	最大值
地上部氮吸收量	kg/hm²	2 158	129.5	34.6	21.1	104.9	125.4	151.2	271.2
地上部磷吸收量	kg/hm²	2 170	21.5	8.3	5.6	16.0	20.3	25.9	60.8
地上部钾吸收量	kg/hm²	2 158	47.7	21.5	8.2	33.7	42.4	56.4	194.4
氮收获指数	—	2 140	0.84	0.04	0.64	0.82	0.85	0.87	0.94
磷收获指数	—	2 138	0.68	0.11	0.23	0.63	0.69	0.74	0.95
钾收获指数	—	2 145	0.59	0.09	0.30	0.53	0.56	0.64	0.90

其中，大豆地上部氮吸收量样本 2 158 个，地上部氮吸收量平均值为 129.5 kg/hm²，变化范围 21.1～271.2 kg/hm²；地上部磷吸收量样本 2 170 个，地上部磷吸收量平均值为 21.5 kg/hm²，变化范围 5.6～60.8 kg/hm²；地上部钾吸收量样本 2 158 个，地上部钾吸收量平均值为 47.7 kg/hm²，变化范围 8.2～194.4 kg/hm²；氮收获指数样本 2 140 个，氮收获指数平均值为 0.84，变化范围 0.64～0.94；磷收获指数样本 2 138 个，磷收获指数平均值为 0.68，变化范围 0.23～0.95；钾收获指数样本 2 145 个，钾收获指数平均值为 0.59，变化范围 0.30～0.90。

（四）大豆养分特征参数

1. 大豆养分内在效率　大豆地上部养分吸收的利用效率可以通过养分内在效率（internal efficiency，IE）来表征。养分内在效率定义为每吸收 1 kg 养分所生产的籽粒产量，即经济产量与地上部养分吸收量的比值。养分内在效率倒数（reciprocal internal efficiency，RIE）定义为生产 1 t 籽粒植株地上部吸收的养分，即 IE 的倒数。这两个养分吸收特征参数可以很好地反映地上部吸收养分的效率。表 6-43 中列出了大豆氮、磷和钾的 IE 和 RIE 值。

表 6 - 43　东北地区大豆养分内在效率情况分析

参数	样本数（个）	平均值	标准差	最小值	25%值	中间值	75%值	最大值
IE - N（kg/kg）	2 157	18.3	2.5	10.9	17.5	18.4	19.4	96.0
IE - P（kg/kg）	2 169	120.7	48.1	39.8	95.3	107.5	136.3	441.8
IE - K（kg/kg）	2 157	53.3	12.2	20.9	46.3	54.2	60.4	105.9
RIE - N（kg/t）	2 157	55.4	6.2	10.4	51.7	54.2	57.3	91.7
RIE - P（kg/t）	2 169	9.3	3.2	2.3	7.3	9.3	10.5	25.2
RIE - K（kg/t）	2 157	20.0	5.7	9.4	16.6	18.5	21.6	47.8

由表 6 - 43 可以看出，所有大豆氮的养分内在效率和养分内在效率倒数样本为 2 157 个，平均值分别为 18.3 kg/kg 和 55.4 kg/t，变化范围 10.9～96.0 kg/kg 和 10.4～91.7 kg/t。大豆磷的养分内在效率和养分内在效率倒数样本为 2 169 个，平均值分别为 120.7 kg/kg 和 9.3 kg/t，变化范围 39.8～441.8 kg/kg 和 2.3～25.2 kg/t。大豆钾的养分内在效率和养分内在效率倒数样本为 2 157 个，平均值分别为 53.3 kg/kg 和 20.0 kg/t，变化范围 20.9～105.9 kg/kg 和 9.4～47.8 kg/t。

2. 大豆产量反应、肥料农学效率及养分利用率　这 3 个指标是作物施肥的 3 个重要参数指标。

产量反应即最佳处理小区产量与缺素小区的产量差。产量反应可以反映地块的养分丰缺及肥料效应情况。随着施肥量的不断增加，土壤中养分不断累积，产量反应也不断降低。

肥料农学效率指特定施肥条件下，单位施肥量所增加的作物经济产量。它是施肥增产效应的综合体现，施肥量、作物种类和管理措施都会影响肥料的农学效率。在具体应用中，施肥量通常用纯养分（如 N、P_2O_5 和 K_2O）来表示，即氮肥农学效率通常指投入每千克 N 所增加的经济产量，磷肥农学效率通常指投入每千克 P_2O_5 所增加的经济产量，钾肥农学效率通常指投入每千克 K_2O 所增加的经济产量。

肥料利用率是指作物利用的肥料占投入肥料的百分比。

计算公式如下：

$$产量反应 = 最佳施肥处理产量 - 减素施肥处理产量$$
$$AE = (Y_f - Y_0)/F$$

式中，AE 为肥料农学效率（kg/kg）；Y_f 为某一特定的化肥施用下作物的经济产量（kg/hm²）；Y_0 为对照（不施特定化肥条件下）作物的经济产量（kg/hm²）；F 为肥料纯养分（指 N、P_2O_5 和 K_2O）投入量（kg/hm²），一般通过田间试验测算肥料农学效率。

$$肥料利用率 = 吸收养分量/投入养分量$$

表 6 - 44 中列出大豆氮的产量反应样本数为 436 个，平均值为 423.8 kg/hm²。磷的产量反应样本数为 429 个，平均值为 399.3 kg/hm²。钾的产量反应样本数为 434 个，平均值为 422.4 kg/hm²。

表 6 - 44　东北地区大豆养分利用情况分析

参数	样本数（个）	平均值	标准差	最小值	25%值	中间值	75%值	最大值
产量反应 - N	436	423.8	319.7	2.4	210.0	333.0	558.4	1 876.5
产量反应 - P	429	399.3	326.7	4.5	165.0	300.0	540.0	1 999.5
产量反应 - K	434	422.4	330.2	2.1	184.1	345.0	567.4	2 524.5
农学效率 - N（kg/kg）	419	9.6	7.5	0.1	4.7	7.5	12.4	44.1
农学效率 - P（kg/kg）	411	8.0	6.9	0.2	3.1	5.9	10.8	40.3
农学效率 - K（kg/kg）	412	9.1	8.4	0.3	3.4	6.8	12.6	62.3

（续）

参数	样本数（个）	平均值	标准差	最小值	25%值	中间值	75%值	最大值
肥料利用率-N	168	0.37	0.16	0.02	0.26	0.37	0.46	0.89
肥料利用率-P	170	0.19	0.12	0.02	0.11	0.17	0.25	0.81
肥料利用率-K	170	0.25	0.17	0.05	0.13	0.19	0.31	0.87

大豆氮的农学效率样本数为 419 个，平均值为 9.6 kg/kg，变化范围 0.1～44.1 kg/kg。大豆磷的农学效率样本数为 411 个，平均值为 8.0 kg/kg，变化范围 0.2～40.3 kg/kg。大豆钾的农学效率样本数为 412 个，平均值为 9.1 kg/kg，变化范围 0.2 g～62.3 kg/kg。

大豆氮肥利用率样本数为 168 个，平均值为 0.37，变化范围 0.02～0.89。大豆磷肥利用率样本数为 170 个，平均值为 0.19，变化范围 0.02～0.81。大豆钾肥利用效率样本数为 170 个，平均值为 0.25，变化范围 0.05～0.87。

（五）大豆最佳养分需求预估

1990 年，Janssen 等通过预估热带地区玉米空白产量养分吸收与地力养分供应构建了 QUEFTS 模型。后来，经过大量试验对 QUEFTS 模型进行了修正、调整，构建了玉米养分吸收最佳曲线模型。模型将作物养分吸收分为 3 个阶段：实际产量达到潜在目标产量的 50%以下时，养分吸收与产量都呈直线；当产量逐步提高时，养分吸收呈抛物线；当产量达到目标产量，养分吸收即呈平台状，即使提高养分施用，产量也并不显著提高。

本研究使用的分析数据包括 2002—2012 年黑龙江、吉林、辽宁、内蒙古大豆主要产区"3414"试验数据、国际植物营养研究所（IPNI）试验数据、黑龙江省农业科学院土壤肥料与环境研究所历年试验数据，以及国内已发表的论文等 8 000 多个大豆产量、养分吸收数据。其中，包含了东北地区大豆产区的各类试验，所收集的大豆数据处理包括最佳施肥处理、减氮处理、减磷处理、减钾处理、空白处理、农民习惯施肥以及在农民习惯施肥基础上的减素处理等。

1. 大豆数据最佳养分吸收估测 基于大豆地上部最大积累边界和最大稀释边界参数设置（表 6-45），通过 QUEFTS 养分吸收模型模拟大豆养分吸收状况。为了确保数据合理性，笔者通过大量数据设定出养分的最大积累边界（a）和最大稀释边界（d）。最大累积即在作物某种养分过量吸收时作物单位产量中所含养分量，这种情况是作物对营养的奢侈吸收；最大稀释即当某种养分供给不充分时，作物单位产量中所含养分量。两种情况下产量与作物养分吸收的比值通过大量数据产生的斜率即为最大累积边界和最大稀释边界。为了验证数据的灵敏度与可靠性，笔者对数据范围进行 2.5%、5.0% 和 7.5% 的有效性验证，以此确定数据模拟是否合理。

表 6-45 大豆地上部最大积累边界和最大稀释边界参数设置

养分参数	Set 1		Set 2		Set 3	
	a (2.5 th)	d (97.5 th)	a (5.0 th)	d (95.0 th)	a (7.5 th)	d (92.5 th)
氮	13.8	21.4	14.7	20.7	15.3	20.3
磷	60.7	234.8	65.9	206.8	69.1	191.3
钾	27.8	77.2	30.6	72.8	33.5	70.2

注：Set 1、Set 2、Set 3 分别指 3 种置信区间水平下；a 指最大积累边界，b 指最大稀释边界。

笔者通过设定 3 组参数对模型模拟出的数据进行验证，得到各组的养分吸收曲线。验证结果发现，虽然数据范围进行了不同的模拟，但是 3 组养分吸收曲线中的直线部分十分接近，在后期产量上升到拐点处出现变化。这说明在合理目标产量范围内，数据具有合理性。

2. 养分吸收评价 由模拟的不同目标产量下籽粒养分吸收结果可以得出（表 6-46），每吨籽粒形成吸收的氮、磷和钾分别为 54.8 kg/t、7.9 kg/t 和 20.5 kg/t，氮∶磷∶钾为 6.9∶1∶2.6。

表 6-46　大豆不同目标产量下经模型计算的氮、磷和钾的平衡养分吸收量

产量（kg/hm²）	氮（kg/t）	磷（kg/t）	钾（kg/t）
0	0	0	0
500	54.8	7.9	20.5
1 000	54.8	7.9	20.5
1 500	54.8	7.9	20.5
1 875	54.8	7.9	20.5
2 000	54.8	7.9	20.5
2 250	54.8	7.9	20.5
2 400	54.9	7.9	20.5
2 625	55.4	8.0	20.7
2 850	56.1	8.1	20.9
3 000	56.5	8.1	21.1
3 100	57.0	8.2	21.3
3 200	58.3	8.4	21.8
3 300	59.9	8.6	22.4
3 375	61.3	8.8	22.9
3 475	63.6	9.2	23.7
3 575	66.6	9.6	24.9
3 675	71.8	10.3	26.8
3 750	81.7	11.8	30.5

3. 基于产量反应和农学效率施肥专家系统界面　根据以上养分管理和推荐施肥原则，应用计算机软件建成大豆养分专家系统。该推荐施肥系统不仅优化了化肥用量、施肥时间，还结合生育期降水、气候等优化了施肥次数，最后进行了效益分析。

五、东北地区大豆营养与施肥

大豆生长发育要经过苗期、分枝期、花期、结荚期、鼓粒期，而后进入成熟期。全生育期大多为 90~130 d，但因品种特性、种植区域或播期而异。有的全生育期为 70~80 d，也有的在 140 d 以上。大豆营养生长与生殖生长并进的时间较长。大豆总的营养特点：①对主要营养元素的吸收较多。每形成 100 kg 大豆籽实，需要氮（N）6.6 kg、磷（P_2O_5）1.3 kg、钾（K_2O）1.8 kg，相当于 19.4 kg 硝酸铵、7.2 kg 过磷酸钙、3.6 kg 硫酸钾。②大豆根瘤固定的氮，能满足大豆所需要氮素的 1/3~1/2。③大豆在不同生育时期吸收氮、磷、钾的数量不同。出苗至开花期吸收的氮占一生吸收氮量的 20.4%，磷占 13.4%，钾占 32.2%；开花期至鼓粒期吸收的氮为 54.6%，磷为 51.9%，钾为 61.9%；鼓粒期至成熟期吸收的氮为 25.0%，磷为 34.7%，钾为 5.9%。④大豆成熟阶段营养器官的养分向籽粒转移率高，氮、磷、钾分别达到 58%~77%、60%~75%、45%~75%。由此可见，大豆各生育时期都需要相当数量的氮、磷、钾营养。

除氮、磷、钾外，钼在大豆生长发育中也有重要的作用，主要是促进大豆根瘤形成和发育，增强其固氮能力，还能增强对氮、磷的吸收和转化。大豆需钙也较多，钙的作用主要是促进生长点细胞分裂，加速幼嫩组织的形成和生育，同时钙还能消除大豆体内草酸过多带来的毒害作用。

（一）大豆营养与需肥特性

1. 大豆的氮素营养

（1）氮素的生理作用。氮素是构成大豆体内蛋白质的主要成分，参与细胞质、细胞核、酶的组成。缺氮直接影响叶绿素、电子传递体、辅酶、三磷酸腺苷等物质的形成，也直接影响硝酸还原酶的合成。一部分植物激素（如生长素、细胞分裂素）也是含氮化合物，它们对促进植物生长发育过程有重要作用。没有氮素大豆就不能进行生命活动，缺少氮素大豆生长发育就受到影响。据资料介绍，氮素在大豆植株各器官中的含量也比较高，成长的植株平均含氮量为 2％ 左右。其中，根和茎含量较少，在 1％ 以下；叶片和绿色的荚含氮 3％ 左右；籽粒和根瘤中含氮量最高，可达 6％～7％。大豆开花结荚期是需氮最多的时期，这个时期氮的供应量与干物质积累密切相关，植株获得氮素多则干物质积累的量也多，可为大豆高产优质提供丰富的物质基础。

（2）氮素的吸收规律。大豆与其他作物不同，根部有根瘤菌共生。因此，大豆氮素营养有 3 种来源，土壤、施肥和根瘤固定大气中的氮，三者之间既相辅相成，又相互制约，共同为大豆提供生长发育所需要的氮素营养。大豆种子萌发时，氮素来源于子叶。随着大豆出土进行光合作用之后，大豆吸收受子叶及根系吸收的影响；待到 3 周左右，大豆子叶养分消耗殆尽，大豆氮素就主要来自根系吸收和根系结瘤固氮；后期大豆根瘤活性降低，主要氮素来源于土壤肥料。

根瘤菌能固定空气中的游离态氮素，供给大豆氮素营养。所以有人认为，种植大豆不必施用氮肥。但是试验证明，根瘤菌固定的氮素，只能满足大豆需要氮素的 1/3～1/2。所以，在多数情况下，靠根瘤的固氮作用不能获得高产，为了获得高产还是需要施用氮肥。但是，氮肥施用不当往往会影响根瘤结瘤，降低根瘤菌的固氮能力。如果氮肥施用过多，会使大豆因生育过于繁茂，而落花落荚或贪青倒伏。所以，施用氮肥必须因地制宜。一般来说，地力瘠薄的地块或者生育不繁茂的矮棵早熟大豆品种，需要施用氮肥；而肥力较高、水分充足的地块，或生育茂盛的中晚熟品种，可不需施用氮肥。大豆施用氮肥以作种肥和花期追肥为好，但作种肥一般用量要少，追肥要注意深施。为了防止氮肥对根瘤固氮作用产生不利影响，最好多施农家肥来满足大豆对氮素的需要，氮肥配合农家肥施用也会提高肥效。

（3）氮肥的施用效果。大豆幼苗所需要的氮素营养，可以由子叶中所储藏的蛋白质发生异化作用来供应，幼苗出土后即迅速从土壤中吸收速效性氮化物。一般在大豆幼苗出现第一片复叶时，根瘤虽已形成，但固氮能力尚未充分发挥。此时需要的氮量虽然不多，但土壤中的氮素供应不足往往出现缺氮的症状，从而影响正常生长。大豆开花结荚期是需氮量最多的时期，此时根瘤菌固氮能力虽然很强，但也满足不了需要。所以，这个阶段必须以施肥来补充其需要。这个时期氮素供应量与干物质积累密切相关，植株获得氮素多则干物质积累也多。但大量施用氮肥，大豆增产不显著，有时甚至施肥而不增产。

在以下两种情况下可以用氮肥作大豆种肥：一是土壤肥力较低，不能保证大豆达到正常的繁茂度；二是早熟秆强的大豆品种，在幼苗期需要促进营养生长。大豆植株积累氮素最多、最快的时期在开花结荚阶段，因此花期追肥效果较好。

2. 大豆的磷素营养

（1）磷素的生理作用。磷是大豆必需的大量元素之一，对大豆生长和结瘤固氮有促进作用。磷参与大豆籽粒蛋白质的组成，在糖类、脂肪酸、甘油酯和主要代谢中间产物的形成与运输中起着重要作用。大豆缺磷，限制结瘤和固氮能力，导致作物减产。

（2）磷素的吸收规律。大豆是需磷较多的一种作物。随着大豆产量的提高，吸收磷的量几乎成比例增加。大豆早期可利用种子中的磷。随着植株生长发育，植株中磷的含量逐渐增加，至结荚鼓粒期达到高峰，以后保持平稳或略有下降。据研究，出苗期至初花期吸磷量仅为总量的 15％，开花结荚期吸磷量占 60％，结荚至鼓粒期吸收 20％，鼓粒后期则很少吸收磷素。

大豆的整个生育期内都要求较高的磷营养水平。出苗至盛花期对磷的需求最为迫切，特别是在苗期，缺磷会使大豆营养器官生长受到严重抑制。如果苗期至开花期缺磷，即使在生育后期供应充足的磷素也很难恢复。大豆植株如在前8周获得足够的磷素，以后即使缺磷也不致显著减产。因为豆荚中的磷可依靠营养器官中的磷输入来满足，在土壤缺磷时这种转移尤为强烈。

（3）磷素的施用效果。大豆施磷肥会明显提高籽粒产量。大豆氮磷钾肥肥效试验结果表明，每667 m² 施氮（N）2 kg、磷（P₂O₅）4 kg、钾（K₂O）4 kg，其增产率分别为 10.5%、14.0%、5.8%，即施磷肥增产幅度最高。磷肥与氮、钾肥配合施用是中低产区大豆增产的关键性措施之一。

施用磷肥的增产效果，在很大程度上取决于土壤的有效磷含量。在缺磷的土壤中施用，大豆增产效果显著；而在含磷丰富的土壤中施用，效果表现不佳。据报道，当每千克土壤中的速效磷（P_2O_5）含量为 10～30 mg 时，大豆施磷效果显著；当每千克土壤中的速效磷（P_2O_5）含量为 100 mg 时，大豆施磷也表现出增产效果。有效磷含量越低，施磷肥增产幅度越大。

在缺磷的土壤中，在一定范围内，大豆施磷肥的增产效果随着施磷量的增加而提高；超过一定范围后，增施磷肥的效果减弱。从单位施磷量的增产率来看，呈随施磷量增加而降低的趋势。另外，磷肥的增产效果与土壤墒情有很大关系。干旱地区施用磷肥往往无效或效果差，而在湿润条件下施磷肥则增产效果显著。磷肥的增产效果还与其他元素有关，其中与氮素关系最密切，氮有促进植株吸磷等作用。

3. 大豆的钾素营养

（1）钾素的生理作用。钾在植物体内的功能主要是作为激活酶，调节植物水分平衡，促进蛋白质合成等。钾能使作物体内可溶性氨基酸和单糖减少，纤维素增多，细胞壁加厚。钾通过在根系累积产生渗透压梯度能增强水分吸收，在干旱缺水时使作物叶片气孔关闭以防水分损失。因此，钾在增强作物的抗病、抗寒、抗旱、抗倒伏及抗盐能力方面具有显著作用。

（2）钾素的吸收规律。在大豆生育期间，对钾的吸收主要集中在幼苗期至开花结荚期。大豆体内钾的含量比较集中分布在幼嫩组织中，以幼苗、生长点及叶片中较高。大豆植株对钾的吸收主要在幼苗期至开花结荚期，在出苗后第8周至第9周对钾的吸收达到高峰。大豆结荚期和成熟期对钾的吸收速度降低，主要是茎叶中的钾向荚粒中转移。

（3）钾素的施用效果。我国土壤中钾的分布总趋势是由北向南、由西向东，各种形态的钾素含量均下降。也就是说，我国东南部地区施用钾肥，比其他地区更重要。试验表明，在缺钾的土壤上施用钾肥，增产效果极为显著，增产率达到 15% 以上。在生产大豆时，要注意氮磷钾肥的配合施用，提高肥料利用率。

土壤速效性钾包括交换性钾和水溶性钾两部分。它们的量只占土壤全钾的 1%～2%。其中，交换性钾约占土壤速效性钾的 90%，水溶性钾约占 10%。土壤中水溶性钾是大豆根系吸收钾的主要来源，而交换性钾是水溶性钾的供应者。当大豆根系吸收土壤中水溶性钾后，土壤胶体上吸附的交换性钾能很快释放，以补充土壤中水溶性钾的消耗。为了保证土壤有充足的钾素供应，必须使土壤中有效钾保持一定的平衡状态。土壤中速效钾的补充主要有3个来源，即植株残茬、厩肥、秸秆等有机肥与化肥以及土壤缓效性钾的转移。在多数有机肥中，钾化合物含量较高。增施有机肥，土壤中的钾素可以得到补充。近年来，随着农业生产水平的不断提高，大豆单产也在上升，种植大豆施氮肥、磷肥的量在增加，因此要重视对钾肥的施用。我国化肥的钾素资源主要是氯化钾，但也进口大量的硫酸钾来满足市场需求，要合理利用钾肥资源。

4. 大豆的钙素营养 钙是细胞壁的主要成分，能增强机械组织的发育，使茎秆健壮，增强大豆对病虫害的抵抗力。大豆需钙也较多，钙的作用主要是促进生长点细胞分裂，加速幼嫩组织的形成和生育，同时钙还能消除大豆体内草酸过多带来的毒害作用。

大豆缺钙时，新的细胞不能形成，细胞分裂受到阻碍，根容易腐烂；茎和根的生长点及幼叶首先表现出症状，生长点死亡，植株呈簇生状。在酸性土壤中施少量的石灰，在碱性土壤中施少量的石膏，对补充钙素有良好的作用。在钙充足的土壤中，大豆植株生长繁茂，根瘤生长的数量多且体积大，固氮作用强。土壤中的钙含量丰富，能促进对磷和铵态氮的吸收；但土壤含钙过多，会影响钾和镁的吸收比例，使土壤呈碱性反应，这对多种微量元素的有效性有阻碍作用，使大豆表现缺铁、硼、锰等症状。在一些呈酸性、微酸性和缺钙的土壤中，每 667 m² 施石灰 15～25 kg 可起到明显的增产效果。

5. 大豆的微量元素营养

（1）钼。大豆属于对钼反应中等的作物。钼、氮之间的关系比较复杂。施用硝态氮肥时，大豆吸收的钼比施用铵态氮时多。随着铵态氮施用量的增加，植株的钼含量减少。钼肥与磷肥同时施用可使肥效大增。钼与硫、钼与铜、钼与铁的关系都表现为拮抗。

大豆对钼的需要量很低，每生产 100 kg 大豆只需钼 308 mg 左右。土壤缺钼的临界值为 0.15 mg/kg，低于此值时大豆施钼有效。由于钼在土壤中不容易被淋溶损失，如果经常施用钼肥会使钼在土壤中积累，而钼过量又会带来毒害，因此一般补充钼肥都采用拌种或叶面喷施的方法。应用较多的钼肥是钼酸铵和钼酸钠。拌种时，每千克大豆种子用钼酸铵 1.5 g，用液量为种子量的 1% 即可，加水不宜过多，否则容易涨破种皮，带来不利影响。钼酸铵叶面喷施效果较好，浓度以 0.01%～0.1% 为好，第一次在初花期喷施，隔 7～10 d 再喷 2 次，每 667 m² 用液量 25～50 kg。

（2）锰。锰对大豆的光合作用、呼吸作用、生长发育来说都不可缺少。锰的作用在于它是多种酶系统的催化剂，直接参与氧化还原过程，促进固氮作用。锰参与硝态氮还原成氨的过程，在根瘤的形成和固氮以及叶绿素的合成中起着重要作用。

大豆对锰高度敏感。石灰性土壤、富含钙的冲积土和排水不良且含有较多有机质的土壤以及沙质土壤容易缺锰。经常施用酸性肥料、防止土壤过度干燥、施用容易分解的有机肥，以保持土壤处于还原环境等方法，都有助于土壤中锰的活化。锰与铁之间存在拮抗关系。如果细胞内存在过多的锰，会阻碍三价铁还原，并引起缺铁症。

大豆只能吸收水溶性锰和代换性锰。土壤中无机盐的含量虽然很充足，但是有效性的水溶性锰的含量常常不足。石灰性土壤的锰含量和有效性锰含量都比较低，尤其是质地轻、有机质含量少、通透性良好的土壤，施用锰肥的效果多表现良好。根区 pH 大于 6.5 的土壤，锰的有效性较差，常表现缺锰。在酸性土壤中则富含锰，锰的有效性强，一般不需要施锰肥。

锰肥有硫酸锰、氧化锰、碳酸锰、磷酸铵锰等，最常用的是硫酸锰。硫酸锰既适于土壤施用，每667 m² 用量 1～2 kg；也适于叶面喷施，以 0.05%～0.10% 的硫酸锰溶液每 667 m² 喷施 50 kg 即可。试验表明，在有石灰性反应的土壤上，每 667 m² 施硫酸锰 0.3 kg 作种肥，大豆平均增产 8.2%；而在无石灰性反应的土壤上，平均增产 5.8%。

（3）锌。锌是脱氧酶（如乙醇脱氧酶、谷氨酸脱氧酶等）、蛋白酶等的组分，这些酶对植株体内的物质水解和氧化还原过程以及蛋白质合成起着重要的作用。大豆缺锌，植株失去由吲哚乙酸和丝氨酸合成色氨酸的能力，而色氨酸是生成吲哚乙酸的前体，因此缺锌会造成植物体内生长素含量降低。

大豆属于对锌敏感的作物。在缺锌土壤上施用锌，能起到明显的增产效果，增产率可达14.25%。我国目前常用的锌肥是硫酸锌。它易溶于水，可施入土壤作基肥，每 667 m² 用量 1.0～2.5 kg；作追肥，用量 1 kg 左右。锌在土壤中的移动性差，施锌肥当年被作物吸收少，大部分残留在土壤中，一次施用后效可维持 2～3 年。叶面喷施一般为 0.1%～0.3%，每 667 m² 约需要液量 50 kg。从施肥方式和时期来看，基施、始花期追施和花荚期喷施分别比未施锌肥的对照增产 13.7%、12.1% 和 10.1%。另外，磷肥、锌肥配施的试验证实，锌的增产效果与磷的施用量有密切的关系。当磷水平低时，高锌量容易造成锌的危害，导致减产；而在磷水平高时，则可在一定程度上抑制锌的危害，但施锌量过高还不如不施锌。锌肥若同氮、磷肥合理配合施用，可以获得更大的增产效果。试验结果表明，每 667 m² 施硫酸锌 2 kg 比对照增产 8.0%，每 667 m² 施磷肥（P_2O_5）6 kg 比对照增产15.8%，而每 667 m² 施硫酸锌 2 kg、磷肥（P_2O_5）6 kg 比对照增产 29.0%。

（4）硼。硼是大豆不可缺少的微量元素之一。硼多集中在细胞壁和细胞间隙里，生长点和生殖器官中也比较多。硼在植株体内比较集中分布于茎尖、根尖、叶片和花器官中，因此硼对大豆的生长、生殖起着重要作用。硼能提高体内蔗糖转化酶的活性，促进糖类的运输，从而促进根的生长，提高大豆根瘤菌的固氮活性，增加固氮量。硼能促进花荚的形成和种子的发育。硼还能增强大豆的抗逆性，如抗寒、抗旱的能力。

大豆含硼量比小麦和玉米高许多，对硼有良好的反应。当土壤水溶性硼含量达到 0.5 mg/kg 时，就能满足大豆对硼的需要。氮对硼的吸收有很大的影响，氮供给过量时，植株对硼的吸收减少；而磷和硼有相互促进的作用。

我国应用的硼肥主要是硼砂和硼酸，部分地区也应用生产硼砂的下脚料如硼泥或硼镁肥，目前市场上有很多速溶硼肥和液体硼肥等。大豆需硼量很小，而硼又很容易致毒，因此硼肥要慎用。常用的施硼方法为作基肥施入土壤和叶面喷施。据我国施硼综合丰产技术协作组的试验结果可知，每667 m²用 0.25 kg 硼砂作基肥施用，可使大豆增产 9.3%；而用 666 mg/kg 浓度的硼砂喷洒，比对照增产 10.8%。硼砂溶液的喷施浓度不同，增产效果也不一样。浓度为 800 mg/kg 时，增产 10.1%；浓度为 100 mg/kg 时，增产 9.4%；浓度过大（1 500 mg/kg），则增产仅为 2.2%。研究还证明，硼砂拌种是一项经济有效的方法，用 10 g 硼砂加水 0.25 kg，拌种 5 kg，增产可达 23.3%。

（5）铁。铁在叶绿素的合成过程中是不可缺少的。大豆对缺铁比较敏感，且容易发生缺绿病。新生叶和茎会因缺铁而叶绿素形成受阻，致使这些部分成为黄色和黄白色，但叶脉仍为绿色。铁是大豆根瘤固氮酶中铁蛋白和钼铁蛋白的金属成分，铁的存在与固氮作用有很大的关系。

除了土壤因子能影响铁的供给外，施用各种肥料也可能影响铁的吸收。例如，施用大量的硝态氮肥会导致作物缺铁；当土壤中磷的浓度过高时，也会出现缺铁失绿症状。此外，铁与锰、铁与铜之间都存在着拮抗关系，而锌比铜、锰、钾、钙更能影响铁的吸收以及向地上部运转。

大豆缺铁一般采取无机铁化合物补充铁营养。为了增加铁的吸收、运转和利用率，目前开始采用乙二胺四乙酸铁（Ⅲ）钠（NaFeEDTA）等螯合铁。

（6）铜。铜是多酚氧化酶、抗坏血酸氧化酶的成分，参与植株体内氧化还原过程。大豆对铜肥低度敏感，在缺铜或近于缺铜的土壤上增施氮肥会加重缺铜的程度。铜与磷之间存在拮抗关系，重施磷肥或者经常施用磷肥可能导致缺铜或使铜含量降低。

6. 大豆的需肥规律　大豆生产中依靠自身根瘤菌获取氮素量占大豆需氮总量的 50%～60%。因此，大豆生产除施用磷、钾肥外，还必须施用一定数量的氮肥，才能满足其正常生长发育的需求。大豆不同生育阶段的需肥量存在差异。开花至鼓粒期是大豆吸收养分最多的时期，开花前和鼓粒后吸收养分较少。由于大豆通过吸收土壤、肥料中所含的氮素和根瘤菌的共生固氮来满足需要，所以在施用氮肥时要注意处理好两者的关系。若氮肥施用量过多，根瘤数减少，固氮率降低，会增加大豆生产成本。一般认为，在缺氮的地方，早期施氮可促进幼苗迅速生长。大豆幼苗期是需氮关键期，播种时施用少量的氮肥能促进幼苗的生长。磷具有促进大豆根瘤发育的作用，能达到"以磷增氮"的效果。在大豆生育初期，磷的功能主要是促进根系生长，在开花前磷可以促进茎叶等营养体的生长。开花期磷供应充足，可缩短生殖器官的形成过程；若磷供应不足，则会使落花落荚率显著增加。钾能促进大豆幼苗生长，使茎秆强壮、抗倒伏。试验表明，播种期增施化肥能提高根的吸收能力，促进营养体生长，增加分枝数和节数；花期增施化肥可以增大叶面积，增进营养体的生长和花器官的形成；结荚鼓粒期养分充足，有利于籽粒饱满。大豆对氮的吸收量，从始花至结荚期，占一生总吸收量的 1/2。所以，花期追施氮肥有明显的增产效果。大豆对磷的吸收虽然以开花结荚期最多，但苗期磷素营养十分重要，所以磷多作底肥和种肥施用。大豆幼苗至开花结荚期对钾的吸收量占总吸收量的 90%，所以钾肥也应作基肥或种肥施用。

（二）大豆施肥基本原理

大豆合理施肥应遵循的 3 项基本原理，即养分归还学说、最小养分律和报酬递减律，需要掌握确定的施肥量、施肥时间和施肥方法 3 项技术。针对目前大豆产量不高，肥料增产率下降，中微量元素镁、硼、钼和锌缺乏的问题，提出下列施肥原则：一是依据土壤肥力条件，适当调减氮磷肥；二是提倡秸秆还田；三是氮肥分期施用，增加生育期氮肥比例；四是依据土壤钾素状况，增施钾肥，适当补充镁肥；五是根据测土结果，注意硼、钼和锌与大量元素的配合施用；六是肥料施用应与高产栽培技术相结合。

具体来说，大豆施肥应以经济有效为原则，要坚持做到配方施肥。基肥施有机肥 30 000 kg/hm²，配合化肥、菌肥、生物肥等，每公顷施尿素 75 kg 左右、磷酸氢二铵 120～150 kg、钾肥 47.5～112.5 kg，施用菌肥和生物肥可适当减少化肥施用量。大豆封垄时，每公顷用化学调控剂或叶面肥适量兑水均匀喷在叶片上，可促使大豆生长稳健，提高单株结荚数。开花结荚期，每公顷用 7.5 kg 尿素、3.0～4.3 kg 磷酸二氢钾兑水 750 kg，进行叶面喷施，达到花期补氮、提高籽粒品质和产量的目的。总之，在大豆栽培过程中，肥料的配合施用是提高肥料利用率、改良土壤结构、提高单产的重要举措。大豆施肥应在测土配方施肥的基础上，采用有机肥、化肥、生物肥、叶面肥"四肥"联用，以达到增产、增收的效果。

第七章 黑土耕地地力评价 >>>

第一节　耕地地力评价方法与步骤

耕地地力评价方法有很多，即使对同一个特定的指标，耕地地力评价也有不同的方法，所以确定方法对开展耕地地力评价至关重要。考虑到与县域耕地地力评价相关成果的衔接，本次黑土区耕地地力汇总评价基本沿用了县域耕地地力评价的技术路线及方法，主要工作步骤包括：①收集数据及图件资料；②进行补充调查；③筛选审核耕地地力评价数据；④建立耕地地力评价数据库；⑤确定评价单元；⑥确定耕地地力评价指标体系及权重；⑦确定耕地地力等级；⑧建立区域耕地资源信息管理系统；⑨形成文字及图件成果。

本次评价的数据主要源于县域耕地地力评价数据，并进行了筛选审核。同时，进行了适当的补充调查，以满足本次评价的需求。在评价过程中，应用 GIS 空间分析、层次分析、模糊数学等方法，形成了评价单元划分、评价因素选取与权重确定、评价等级图生成等评价流程。与传统评价方法相比，评价信息更准确，评价过程更快速，评价结果更可靠。

一、资料收集与整理

耕地地力评价资料主要包括耕地的理化性质、剖面性状、土壤管理、立地条件等。通过野外调查、室内化验分析和资料收集，获取了大量耕地地力基础信息，经过严格的数据筛选、审核与处理，保障了数据信息的科学准确。

（一）软硬件准备及资料收集

1. 软硬件准备　硬件准备主要包括高档微型计算机、数字化仪、扫描仪、喷墨绘图仪等。计算机主要用于数据和图件处理分析，数字化仪、扫描仪用于图件的输入，喷墨绘图仪用于成果的输出。软件准备主要包括 Windows 操作系统软件，FoxPro 数据库管理、SPSS 数据统计分析等应用软件，ArcGIS、MAPINFO、ArcVIEW 等 GIS 软件，以及 ENVI 遥感图像处理等专业分析软件。

2. 资料收集　本次评价广泛收集了与评价有关的各类自然和社会经济因素资料，主要包括参与耕地地力评价的野外调查资料及分析测试数据、各类图件、相关统计资料等。收集的资料主要包括以下 4 个方面。

（1）野外调查资料。野外调查点从参与县域耕地地力评价的点位筛选获取，野外调查资料主要包括地理位置、地貌类型、成土母质、土壤类型、气候条件、有效土层厚度、表层质地、耕层厚度、耕地利用现状、灌排条件、施肥水平、水文条件、作物产量及管理措施等。

（2）图件资料。主要包括各省（自治区、农垦总局）级 1：100 万比例尺的土壤图、土地利用现状图、地貌图、土壤质地图、行政区划图、降水量图、有效积温图等。其中，土壤图、土地利用现状图、行政区划图主要用于叠加生成评价单元；土壤质地图、地貌图用于提取评价单元信息；降水量图、有效积温图统一从国家气象单位获取，用于提取评价单元信息，也用于耕地生产能力分析。

（3）文字资料。收集了以行政区划为基本单位的人口、土地面积、耕地面积，近3年主要种植作物面积、粮食单产与总产量，以及肥料投入等社会经济指标数据；最近30年土壤改良试验、肥效试验及示范资料；水土保持、生态环境建设、农田基础设施建设、水利区划等相关资料；项目区范围内的耕地地力评价资料，包括技术报告、专题报告等；第二次全国土壤普查基础资料，包括土壤志、土种志、土壤普查专题报告等。

（4）测定方法。主要收集和确定土壤pH、有机质、全氮、碱解氮、有效磷、全磷、速效钾、缓效钾、全钾、交换性钙、交换性钠、交换性镁、有效锌、有效硼、有效铜、有效铁、有效钼、有效锰、有效硅、阳离子交换量以及容重等化验分析资料（农业部全国土壤肥料总站，1993）。

（二）评价样点的选取

1. 评价样点选取原则 在耕地地力调查工作中，布点和采样原则应注意以下5个方面：一是布点要有广泛的代表性、兼顾均匀性，要考虑土种类型及面积、种植作物的种类。二是耕地地力调查布点与污染调查（面源污染与点源污染）布点要兼顾，适当加大污染源点密度。三是尽可能在第二次全国土壤普查的取样点上布点，确保测定结果的可比性。四是样品的采集要具有典型性。采集样品要具有所在评价单元所表现特征最明显、最稳定、最典型的性质，要避免各种非调查因素的影响，要在具有代表性的一个农户的同一田块取样。五是样品点位要有标识（经纬度），应在电子图件上进行标识，为开发专家咨询系统提供数据。

2. 评价样点确定 县级耕地地力评价样点是本次区域耕地地力汇总评价的选择基础，首先根据样点密度、耕地面积比例，将评价样点数量分配到各省（自治区、农垦总局），再逐级分配到各县市。县级耕地地力评价点位数量一般为1 000～2 000个，先按照分配的评价样点数量，在参与县域评价的样点中进一步筛选。筛选样点时，兼顾土壤类型、行政区划、地貌类型、地力水平等因素，筛选的样点限定在大田中。对土壤类型及地形条件复杂的区域，适当加大点位密度。最终选取本次用于耕地地力评价的样点总计36 372个。

3. 筛选样点数据项 在样点选取的基础上，进一步筛选样点信息进行耕地地力评价分析。具体数据项的筛选主要依据评价内容，同时考虑本区域影响粮食产量的相关因素，并做了适当的补充调查，主要包括基本信息、立地条件、土壤理化性质、土壤管理以及土壤养分元素5个方面。筛选出的样点信息达到了信息齐全、准确、不缺项的要求。黑土区耕地地力评价样点信息见表7-1。

表7-1 黑土区耕地地力评价样点信息

项目	项目	项目	项目
统一编号	土属	灌溉方式	有效锌（mg/kg）
省级名称	土种	水稻产量（kg/hm²）	有效硼（mg/kg）
地级市名称	成土母质	大豆产量（kg/hm²）	有效铜（mg/kg）
县级名称	有效土层厚度（cm）	土壤pH	有效铁（mg/kg）
乡镇名称	耕层厚度（cm）	有机质（g/kg）	有效锰（mg/kg）
村名称	耕层质地	全氮（g/kg）	有效钼（mg/kg）
采样年份	障碍层次类型	全钾（g/kg）	有效硅（mg/kg）
经度	障碍层出现位置	全磷（g/kg）	交换性钠（cmol/kg）
纬度	障碍层厚度（cm）	碱解氮（mg/kg）	交换性钙（cmol/kg）
采样深度（cm）	常年种植制度	有效磷（mg/kg）	交换性镁（cmol/kg）
农户姓名	玉米产量（kg/hm²）	速效钾（mg/kg）	阳离子交换量（cmol/kg）
土类	灌溉能力	缓效钾（mg/kg）	容重（g/cm³）
亚类	排涝能力		

样点（调查点）基本信息：包括统一编号、省级名称、地级市名称、县级名称、乡镇名称、村名称、采样年份、经度、纬度、采样深度、农户姓名等。

立地条件：包括土类、亚类、土属、土种、成土母质等。

理化性质：包括耕层厚度、有效土层厚度、耕层质地及 pH、容重、阳离子交换量等。

土壤管理：包括常年种植制度、大豆产量、玉米产量、水稻产量、灌溉方式、灌溉能力、排涝能力等。

土壤养分：包括土壤有机质、全氮、碱解氮、有效磷、全磷、速效钾、缓效钾、全钾、交换性钙、交换性钠、交换性镁、有效锌、有效硼、有效铜、有效铁、有效钼、有效锰、有效硅等。

（三）数据资料审核处理

数据的准确与否直接关系到耕地地力评价的精度、养分含量分布图的准确性，并对成果应用的效益发挥有很大影响。为保证数据的可靠性，在进行耕地地力评价之前，需要对数据进行检查和预处理。数据资料审核处理主要是对参评点位资料的审核处理，采取人工检查和计算机编程相结合的方式进行，以确保数据资料的完整性和准确性。其中，人工检查是由县级专业人员在测土配方施肥项目采样分析点位中，按照点位资料代表性、典型性、时效一致性、数据完整性的原则，再按照样点密度要求从中筛选点位资料，进行数据检查和审核；而计算机编程检查就是利用 GIS 软件的数据库结构化查询语言（SQL）查询功能，采用"2 倍标准差法"编写异常值检验语句，系统自动完成异常值检验，是一种高效的可视化数据处理方法，处理后的样本数据具有较好的代表性。

二、评价指标体系建立

（一）指标选取原则

参评指标是指参与评价耕地地力等级的耕地诸多属性。正确进行参评指标选取是科学评价耕地地力的前提，直接关系到评价结果的正确性、科学性和社会可接受性。选取的指标之间应该相互补充，上下层次分明。选取指标的主要原则如下。

1. 主导性原则 选取对耕地地力水平起主导作用的因素作为评价因素，如地形因素、土壤因素和灌排条件等。

2. 差异性原则 选取的指标能反映出耕地地力不同等级之间的差异性和等级内部的相对一致性。

3. 稳定性原则 选取的指标时间序列上具有相对稳定性。

4. 综合性原则 评价因素的选择和评价标准的确定要考虑当地的自然地理特点和社会经济因素及其发展水平，既要反映当前的布局和单项的特征，又要反映长远的、全局的和综合的特征。本次评价选取了气候条件、立地条件、剖面性状、土壤理化性质、土壤养分和土壤管理等方面的相关因素，形成了综合性的评价指标体系。

5. 可操作性原则 建立的评价指标体系尽可能简明，选取的指标充分考虑各指标资料获取的可行性与可利用性，既要保证评价成果的质量，又要保证可操作性强。

6. 定量与定性相结合的原则 选择的指标应易于量化，对于难以量化的指标应给予分级定性描述。

（二）指标选取方法

根据以上指标选取原则，针对黑土区耕地地力评价要求和特点，在评价指标的选取中，采用了定量与定性相结合的方法，既体现专家意见，又尽量避免主观判断。

1. 系统聚类分析方法 系统聚类分析方法用于筛选影响耕地地力的理化性质等定量指标，通过聚类将类似的指标进行归并，辅助选取相对独立的主导因子。本研究应用此方法筛选出有机质和有效磷作为该区相对独立的定量指标。

2. 德尔菲法 在应用系统聚类分析方法选取定量指标的基础上，采用德尔菲法重点进行了影响耕地地力的立地条件、理化性质等定性指标的筛选，同时对化学养分指标提出选取意见，最后由专家组确定。

具体流程如下：首先，在各省（自治区、农垦总局）土壤肥料站业务人员参加的专题会上征集讨论拟选取的评价指标。在此基础上，分别向从事土壤肥料、栽培等有关专家进行意见征询。其次，由全国农业技术推广服务中心组织土壤农业化学专家，大豆、玉米、水稻栽培专家及评价区域相关土壤肥料站业务人员组成的专家组，对指标的征集及各省（自治区、农垦总局）专家意见进行会商，统一各方意见。综合考虑各因素对耕地地力的影响，确定最终的评价指标：≥10 ℃有效积温、降水量、地貌类型、成土母质、有机质、耕层质地、灌溉能力、有效土层厚度、耕层厚度、剖面构型、土壤pH、有效磷、排涝能力 13 项指标。所选取的 13 项评价指标中，≥10 ℃有效积温、降水量为气候条件指标；地貌类型、成土母质为立地条件指标；有效土层厚度、耕层厚度、剖面构型为剖面性状指标；土壤 pH、耕层质地为土壤理化性质指标；有机质、有效磷为土壤养分指标；灌溉能力、排涝能力为耕地土壤管理条件指标。

气候条件因素对黑土区耕地地力和作物生长状况有较大的影响。区域内不同区位的有效积温、降水量有着较大的差异，其中有效积温分布特点总体上呈现由西南部向东北部逐渐递减，降水量呈现南多北少。所以，这两个气象指标的选取与不同区域作物的生长有着密切的联系。

黑土区存在平原、丘陵和山地三大地貌特征，其中包含 10 种地貌类型。不同地貌类型的耕地利用现状及其作物产量水平也存在较大的差异，而不同母质类型对耕地生产力也有一定的影响。所以，立地条件中的地貌类型和成土母质两项指标也是本次评价所选的重要指标。

剖面性状中的有效土层厚度、耕层厚度和剖面构型指标会对作物的生长状况产生直接或间接影响。其中，黑土区的耕层厚度近年来由于机械耕作原因逐渐变浅，直接影响了作物的生长，所以加深耕层厚度成为保证耕地地力的必要措施之一；而有效土层厚度由于黑土区南北深度有所差异，各地域剖面构型的类型不同等都会间接影响耕地生产能力的水平。所以，这 3 项指标也需要列在本次评价指标的范围之内。

土壤养分中的有机质和有效磷是非常重要的土壤肥力指标，是黑土区土壤肥力的综合体现。黑土区土壤的有机质含量对耕地地力水平有较大的影响，有机质含量的多少直接关系到耕地生产水平的高低，而有效磷是作物生长不可缺少的养分元素。所以，这两项指标也是衡量地力水平的体现。

土壤理化性质包括耕层质地和 pH。不同的耕层质地体现了耕地土壤不同的养分丰缺水平以及不同的保水保肥能力，对耕地地力会产生直接的影响。pH 是耕地土壤酸碱性的体现，区域内不同地域土壤酸碱性的不同直接影响作物的生长，从而影响耕地生产能力。有些地区酸化、碱化严重，必须加以改善才能保证作物的正常生长。因此，选择耕层质地和 pH 这两项指标作为本次评价的指标。

土壤管理包括灌溉能力和排涝能力。其中，灌溉能力是影响水稻、玉米、大豆产量的重要因素，黑土区内有些地方降水不充分，致使作物对于水的需求量较大。所以，灌溉能力对作物的生长及产量起着很重要的作用，保证灌溉条件是粮食高产的前提。区域内有些地区排水措施不够完善，这直接会影响沟渠内排水条件，致使作物不能进行正常的有氧呼吸，进而会直接影响作物的生长。排涝能力的强弱直接影响涝害等发生，提高排涝能力可以确保作物正常生长从而保证作物产量。所以，灌溉能力和排涝能力作为此次评价的关键指标。

（三）耕地地力主要性状分级标准确定

通过对评价区域土壤有机质及主要营养元素进行数理统计分析，根据各指标数据的分布得到了其分布的频率，同时参考相关已有的分级标准，并结合当前区域土壤养分的实际状况、丰缺指标和生产需求，确定科学合理的养分分级标准（表 7 - 2）。

表 7-2　黑土区土壤养分指标分级标准及统计

养分指标	统计项	一级	二级	三级	四级	五级	合计/平均值
有机质	分级标准（g/kg）	>50	35~50	20~35	10~20	<10	
	样本数（个）	4 369	7 904	12 663	9 696	1 740	36 372
	分布频率（%）	12.01	21.73	34.82	26.66	4.78	100
	平均值（g/kg）	64.22	41.30	27.14	15.18	7.72	30.56
全氮	分级标准（g/kg）	>3.0	1.8~3.0	1.0~1.8	0.6~1.0	<0.6	
	样本数（个）	2 735	10 884	14 148	6 981	1 624	36 372
	分布频率（%）	7.52	29.92	38.90	19.20	4.46	100
	平均值（g/kg）	3.72	2.24	1.38	0.82	0.44	1.66
有效磷	分级标准（mg/kg）	>40	25~40	15~25	10~15	<10	
	样本数（个）	7 704	8 283	9 342	6 852	4 191	36 372
	分布频率（%）	21.18	22.77	25.68	18.84	11.53	100
	平均值（mg/kg）	62.60	31.45	19.59	12.13	6.56	28.49
速效钾	分级标准（mg/kg）	>250	180~250	120~180	60~120	<60	
	样本数（个）	3 189	6 453	11 902	13 208	1 620	36 372
	分布频率（%）	8.77	17.74	32.72	36.31	4.46	100
	平均值（mg/kg）	305.89	208.39	146.11	91.19	48.62	146.89
缓效钾	分级标准（mg/kg）	>1 000	700~1 000	500~700	300~500	<300	
	样本数（个）	1 934	9 678	13 067	9 065	2 628	36 372
	分布频率（%）	5.32	26.61	35.93	24.92	7.22	100
	平均值（mg/kg）	1 223.94	814.14	603.02	408.55	234.08	617.08
交换性钙	分级标准（cmol/kg）	>40	20~40	10~20	5~10	<5	
	样本数（个）	2 027	8 547	20 338	4 087	1 373	36 372
	分布频率（%）	5.57	23.50	55.92	11.24	3.77	100
	平均值（cmol/kg）	48.68	25.32	14.39	8.36	2.39	17.74
交换性镁	分级标准（cmol/kg）	>6.0	4.0~6.0	2.5~4.0	1.5~2.5	<1.5	
	样本数（个）	5 923	7 131	14 033	6 391	2 894	36 372
	分布频率（%）	16.28	19.61	38.58	17.57	7.96	100
	平均值（cmol/kg）	10.10	4.71	3.18	2.04	0.97	4.23
有效铁	分级标准（mg/kg）	>80	40~80	20~40	10~20	<10	
	样本数（个）	6 310	10 225	10 457	5 438	3 942	36 372
	分布频率（%）	17.35	28.11	28.75	14.95	10.84	100
	平均值（mg/kg）	160.85	56.48	29.18	14.55	6.47	55.05
有效锰	分级标准（mg/kg）	>70	40~70	20~40	10~20	<10	
	样本数（个）	3 386	7 810	11 269	8 735	5 172	36 372
	分布频率（%）	9.31	21.47	30.98	24.02	14.22	100
	平均值（mg/kg）	106.54	53.00	28.50	14.95	6.77	34.68
有效铜	分级标准（mg/kg）	>3.0	2.0~3.0	1.0~2.0	0.5~1.0	<0.5	
	样本数（个）	4 379	7 894	16 074	5 988	2 037	36 372
	分布频率（%）	12.04	21.70	44.19	16.46	5.61	100
	平均值（mg/kg）	4.87	2.36	1.48	0.76	0.28	1.89

（续）

养分指标	统计项	一级	二级	三级	四级	五级	合计/平均值
有效锌	分级标准（mg/kg）	>3.0	1.0~3.0	0.5~1.0	0.3~0.5	<0.3	
	样本数（个）	3 686	18 836	9 539	2 641	1 670	36 372
	分布频率（%）	10.13	51.79	26.23	7.26	4.59	100
	平均值（mg/kg）	5.24	1.67	0.74	0.40	0.20	1.63
有效钼	分级标准（mg/kg）	>0.2	0.1~0.2	0.05~0.10	0.03~0.05	<0.03	
	样本数（个）	6 527	8 673	10 675	4 972	5 525	36 372
	分布频率（%）	17.95	23.85	29.35	13.67	15.18	100
	平均值（mg/kg）	0.580	0.140	0.067	0.037	0.011	0.160
有效硼	分级标准（mg/kg）	>2.0	1.0~2.0	0.5~1.0	0.2~0.5	<0.2	
	样本数（个）	1 453	5 404	14 402	13 087	2 026	36 372
	分布频率（%）	3.99	14.86	39.60	35.98	5.57	100
	平均值（mg/kg）	2.83	1.27	0.70	0.36	0.12	0.71
有效硅	分级标准（mg/kg）	>400	300~400	200~300	100~200	<100	
	样本数（个）	7 061	8 573	10 774	8 509	1 455	36 372
	分布频率（%）	19.41	23.57	29.62	23.39	4.01	100
	平均值（mg/kg）	546.38	339.14	247.74	155.67	79.10	298.97

三、数据库建设

黑土区耕地资源管理信息系统数据库建设工作，是区域耕地地力评价的重要成果之一，是实现评价成果资料统一化、标准化以及实现综合农业信息资料共享的重要基础。耕地资源管理信息系统数据库是对各省（自治区、农垦总局）项目区最新的土地利用现状调查的土壤养分资料、地貌、成土母质、降水量、有效积温以及县域耕地地力评价采集的土壤化学分析成果的汇总，并且是集空间数据库和属性数据库的储存、管理、查询、分析、显示于一体的数据库，能够实现数据库的实时更新，快速、有效地检索，能为各级决策部门提供信息支持，也将大大提高耕地资源管理及应用水平。

（一）主要工作阶段

黑土区耕地资源管理信息系统数据库建设流程涉及资料收集、资料整理与预处理、数据采集、拓扑关系建立、属性数据输入、数据入库6个工作阶段。

1. 资料收集阶段 为满足数据库建设工作的需要，收集了黑土区内各省（自治区、农垦总局）的电子版1∶100万数字地理底图、1∶100万土地利用现状图、1∶100万行政区划图、1∶100万地貌图、1∶100万≥10℃有效积温和降水量分布图，以及各项目区点位图及相应的点位属性表。

2. 资料整理与预处理阶段 为提高数据库建设的质量，按照统一化和标准化的要求，对收集的资料进行了规范化检查与处理。

（1）电子版资料检查。对各区域提供的电子版资料进行严格检查，判定是否符合区域汇总和数据库建设要求，对符合要求的资料进行统一符号库和色标库处理。按照区域汇总和数据库建设的要求，规范化处理点、线、面内容。将电子版资料全部配准到各省（自治区、农垦总局）1∶100万数字地理底图上。

（2）点位属性资料检查。在本区域系统甄别养分异常值的基础上，重点对区域的采样点位重号、采样地名重复、采样点位图中的点位数与点位属性表中的点位数的一致性等内容进行了系统检查和处理。

（3）底图投影与中央子午线检查。各区域的跨度较大，每个省（自治区、农垦总局）1∶100万地理底图的投影和中央子午线选择也不一致。为使各项目区的编图符合数据库建设要求，参照国家东北区地理地图的投影和中央子午线参数，形成黑土区理论坐标值的地理底图框。然后，将各区域已编辑好的所有资料全部配准到该底图框上，通过进一步编辑，形成黑土区系列成果图。

3. 数据采集阶段　一是将电子版资料首先配准到各省（自治区、农垦总局）1∶100 万地理底图上，再按照数据库建设要求分层编辑点、线、面文件。二是将图片格式的资料全部配准到各省（自治区、农垦总局）1∶100 万地理底图上，按照数据库建设的要求，分层矢量化点和线的内容。

4. 拓扑关系建立阶段　对所有数据采集的线内容，进行拓扑检查处理，形成自动拓扑处理的成果图。

5. 属性数据输入阶段　依据《县域耕地资源管理信息系统数据字典》（张炳宁 等，2008）等资料，对所有成果图按相关要求输入属性代码和相关的属性内容。

6. 数据入库阶段　在对所有矢量数据和属性数据质量检查等有关问题处理后，进行属性数据库与空间数据库连接处理，按照有关要求形成所有成果的数据库。

（二）数据库建设的依据及平台

数据库建设主要是依据和参考《县域耕地资源管理信息系统数据字典》《耕地地力调查与质量评价技术规程》，以及有关黑土区区域汇总技术要求完成的。建库前期工作采用 ArcGIS 平台，对电子版资料进行点、线、面文件的规范化处理和拓扑处理，将所有资料首先配准到各省（自治区、农垦总局）1∶100 万地理底图上，最后配准到黑土区 1∶100 万地理底图框上。空间数据库成果为 ArcGIS 点、线、面的 Shape 格式文件，属性数据库成果为 Excel 格式。最后，将数据库资料导入区域耕地资源管理信息系统中运行，或在 ArcGIS 平台上运行。

（三）数据库建设的引用标准

GB/T 2260—2007　中华人民共和国行政区划代码

NY/T 1634—2008　耕地地力调查与质量评价技术规程

GB/T 33469—2016　耕地质量等级

NY/T 309—1996　全国耕地类型区、耕地地力等级划分

NY/T 310—1996　全国中低产田类型划分与改良技术规范

GB/T 17296—2009　中国土壤分类与代码

GB/T 13989—2012　国家基本比例尺地形图分幅与编号

GB/T 13923—2022　基础地理信息要素分类与代码

GB/T 17798—2007　地理空间数据交换格式

GB 3100—1993　国际单位制及其应用

GB/T 16831—2013　基于坐标的地理点位置标准表示法

GB/T 10113—2003　分类与编码通用术语

（四）空间数据库建立

1. 空间数据库内容　空间数据库建设基础图件包括土地利用现状图、行政区划图、土壤图、地貌图、耕地地力调查点位图、有效积温和降水量分布图、耕地地力评价等级图、土壤养分系列图等 27 幅。

2. 点、线、面图层建立　考虑数据库建设及相关图件编制的需要，将空间数据库图层分为以下几类：地理底图、点位图、土地利用现状图、地貌图与有效积温、降水量和养分图等专题图。地理底图按照空间数据库建设的分层原则，所有成果的空间数据库均采用统一地理底图，即地理底图单独存放一个文件夹。地理底图分为 5 个图层，其中地理内容点、线、面 3 个图层，工作区外围内容点和线 2 个图层。

3. 空间数据库比例尺、投影和空间坐标系　依据国家测绘部门 1∶100 万省（自治区、农垦总局）级数字地理底图的坐标系，黑龙江、吉林、辽宁、内蒙古东部三市一盟和黑龙江省农垦总局每个区域的 1∶100 万数字地理底图投影与空间坐标系不统一，为满足黑土区区域汇总和数据库建

设的需要，黑土区 1：100 万数字地理底图采用国家测绘部门东北区的空间坐标系，即采用西安 1980 坐标系、1956 年黄海高程系双标准纬度割圆锥等积投影（Albers 区域等积投影，第一标准纬度：42.425°，第二标准纬度：49.875°，中央经度：125.306°）。按照点、线、面要素的次序，将评价单元图层、行政区划图层、其他基础地理信息图层（道路、河流、各类注记等）按照 GIS 技术要求，将各类要素组织为黑土区耕地地力专题数据库。在各类数据整理过程中，采用统一的坐标系和投影。

（五）属性数据库建立

1. 属性数据库内容 属性数据库内容参照《县域耕地资源管理信息系统数据字典》和有关专业的属性代码标准填写。在《县域耕地资源管理信息系统数据字典》中，属性数据库的数据项包括字段代码、字段名称、字段短名、英文名称、释义、数据类型、数据来源、量纲、数据长度、小数位、取值范围、备注等内容。属性数据库内容全部按照数据字典或有关专业标准要求填写。

2. 属性数据库导入 属性数据库导入主要采用外挂数据库的方法进行，通过空间数据与属性数据的相同关键字段进行属性连接。在具体工作中，先在编辑或矢量化空间数据时，建立面要素层和点要素层的统一赋值 ID 号。在 Excel 表中第一列为 ID 号，其他列按照属性数据项格式内容填写，最后利用命令统一赋属性值。由于黑土区属性数据采用的是县域评价时全国统一的格式和属性内容，本次评价属性数据库录入重点是对参与评价的点位属性内容进行审核与规范化处理。

3. 属性数据库格式 属性数据库前期存放在 Excel 表格中，后期通过外挂数据库的方法，在 ArcGIS 平台上与空间数据库进行连接。

四、耕地地力评价方法

耕地地力是由耕地土壤的地形地貌条件、成土母质特征、农田基础设施及培肥水平、土壤理化性质等综合因素构成的耕地生产能力。耕地地力评价是根据影响耕地地力的基本因子对耕地的基础生产能力进行的评价。通过耕地地力评价可以掌握区域耕地地力状况及分布，摸清影响区域耕地生产的主要障碍因素，提出有针对性的对策措施与建议，对进一步加强耕地地力建设与管理、保障国家粮食安全和农产品有效供给具有十分重要的意义。

（一）评价原理

耕地地力是耕地自然要素相互作用所表现出来的潜在生产能力。耕地地力评价方法由于学科和研究目的的不同，各种评价系统的评价目的、评价方法、工作程序和表达方式也不同。归纳起来，耕地地力评价大体上可以分为以气候要素为主的潜力评价和以土壤要素为主的潜力评价。在一个区域范围内（省域），气候要素相对差异性较小，耕地地力评价可以根据所在区域的地形地貌、成土母质、土壤理化性质、农田基础设施等要素相互作用表现出来的综合特征，揭示耕地的综合生产力。

耕地地力评价可用以下两种表达方法。

1. 用单位面积产量来表示 其关系式为：

$$Y=b_0+b_1x_1+b_2x_2+\cdots+b_nx_n \tag{7-1}$$

式中，Y 为单位面积产量；x_n 为耕地自然属性（参评因素）；b_n 为该属性对耕地地力的贡献率（解多元回归方程求得）。

单位面积产量表示法的优点是一旦上述函数关系建立，就可以根据调查点自然属性的数值直接估算耕地的单位面积产量。但是，在农业生产实际中，除了耕地的自然要素外，单位面积产量还因农民的技术水平、经济能力的差异而产生很大的变化。如果耕种者技术水平比较低，肥沃的耕地实际产量不一定高；如果耕种者具有较高的技术水平，并采用精耕细作的农事措施，自然条件较差的耕地仍然可获得较高的产量。因此，上述关系理论上成立，但实践上却难以做到。

2. 用耕地自然要素评价的指数来表示 其关系式为：

$$IFI = b_1x_1 + b_2x_2 + \cdots + b_nx_n \tag{7-2}$$

式中，IFI 为耕地地力综合指数；x_i 为耕地自然属性（参评因素）；b_i 为该属性对耕地地力的贡献率（层次分析法或德尔菲法求得）。

根据耕地地力综合指数的大小及其组成，不仅可以了解耕地地力的高低，而且可以揭示影响耕地地力的障碍因素及其影响程度。采用合适的方法，也可将耕地地力综合指数转换为单位面积产量，更直观地反映耕地的质量。本次评价采用这种方法。

（二）评价原则与依据

1. 评价原则

（1）综合因素和主导因素相结合。土壤是一个自然经济综合体，对耕地地力的鉴定涉及自然和社会经济多个方面，耕地地力也是各类要素的综合体现。综合因素研究是指对地形地貌、土壤理化性质、相关社会经济因素等进行研究、分析与评价，以全面了解耕地地力状况。主导因素是指对耕地地力起决定作用的相对稳定的因子，在评价中重点对其进行研究分析。因此，把综合因素与主导因素结合起来进行评价可以对耕地地力做出科学准确的评定。

（2）定量和定性相结合。土壤系统是一个复杂的灰色系统，定量因素和定性因素共存。因此，为保证评价结果的客观合理，需采用定量和定性相结合的评价方法，且尽量采用定量评价方法。对可定量化的评价因子，如土壤各养分含量、有效土层厚度等，按其数值参与运算，对非数量化的定性因子（如土壤质地、剖面土体构型等）则进行量化处理，确定其相应的指数，建立评价数据库，用计算机进行运算和处理，尽量避免人为随意性因素的影响。在评价因子筛选、权重确定、评价标准、等级确定等评价过程中，尽量采用定量化的数学模型，同时运用专业知识对评价中间过程和评价结果进行必要的定性调整。定量和定性相结合，保证评价结果的准确合理。

（3）统一性和相对性相结合。参评因子选取和评价指标的确定直接影响评价结果的科学性和准确性，因此在同一评价区域内，同种土壤质量的参评因素选取及评价指标的划分要统一标准，才能使评价结果具有可比性。

（4）采用GIS支持的自动化评价方法。自动化、定量化的耕地地力评价技术方法是当前发展的重要方向之一。近年来，随着计算机技术，特别是GIS技术的不断应用、发展和成熟，耕地地力评价的精度和效率大大提高。本次评价工作通过数据库建立与GIS空间叠加等分析模型的结合，实现了数字化、自动化的评价流程，在一定程度上代表了当前耕地地力评价的最新技术。

2. 评价依据 耕地地力反映耕地本身的生产能力，因此耕地地力的评价应依据与此相关的各类自然和社会经济要素，具体包括以下3个方面。

（1）自然环境要素。自然环境要素指耕地所处的自然环境条件，主要包括耕地所处的气候条件、地形地貌条件、水文地质条件、成土母质条件以及土地利用状况等。耕地所处的自然环境条件对耕地地力具有重要的影响。

（2）土壤理化性质要素。包括剖面构型、耕层质地、耕层厚度、有效土层厚度、土壤容重、土壤pH等。耕地的土壤理化性质不同，其耕地地力也存在较大的差异。

（3）农田基础设施与管理水平。包括耕地的灌排条件、水土保持工程建设、培肥管理条件、施肥水平等。良好的农田基础设施与较高的管理水平对耕地地力提升具有重要作用。

（三）评价流程

收集黑龙江、吉林、辽宁、内蒙古东部三市一盟及黑龙江省农垦总局地区的图件、文本及数据资料，进行数字标准化整理，从而获得基础图件信息；以土地利用现状图、土壤图和行政区划图为基础，进行样点规划，确定评价单元；由各省（自治区、农垦总局）内专家确定指标，通过指标的野外调查、分析测试后，进而建立评价指标体系，建立评价数据库；通过德尔菲法进行隶属函数拟合，确定单因素指标评语，通过德尔菲法与层次分析法相结合的方法确定权重；应用累加法计算耕地地力综合指数，根据累积频率曲线法划分耕地地力等级，形成评价区域耕地地力等级分布图；最终分别对评价结果专题图进行制作，完成评价报告的撰写。评价流程如图7-1所示。

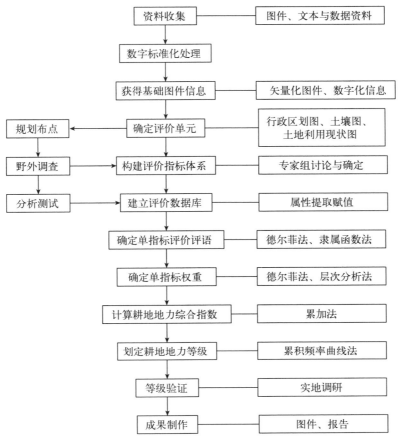

图7-1 黑土区耕地地力评价流程

（四）评价单元确定

1. 评价单元划分原则 评价单元是由对耕地地力具有关键影响的各要素组成的空间实体，是耕地地力评价的基本单位、对象和基础图斑。同一评价单元内的耕地自然基本条件、个体属性和经济属性基本一致。不同评价单元之间，既有差异性，又有可比性。耕地地力评价就是通过对每个评价单元的评价，确定其耕地地力等级，把评价结果落实到实地和编绘的耕地地力等级分布图上。因此，评价单元划分的合理，直接关系评价结果的正确性及工作量。进行评价单元划分时应遵循以下原则。

（1）因素差异性原则。影响耕地地力的因素很多，但各因素的影响程度不尽相同。在某一区域内，有些因素对耕地地力起决定性影响，区域内变异较大；而另一些因素的影响较小，且指标值变化不大。因此，应结合实际情况，选择在区域内分异明显的主导因素作为划分评价单元的基础，如土壤条件、地貌特征、土地利用类型等。

（2）相似性原则。评价单元内部的自然因素、社会因素和经济因素应相对均一，单元内同一因素的分值差异应满足相似性统计检验。

（3）边界完整性原则。耕地地力评价单元要保证边界闭合，形成封闭的图斑，同时对面积过小的零碎图斑进行适当归并。

2. 评价单元建立 耕地地力评价单元是具有专门特征的耕地单元，属于评价系统中用于制图的区域，并在生产上用于实际的农事管理，是耕地地力评价的基础。因此，科学确定耕地地力评价单元是做好耕地地力评价工作的关键环节。目前，对耕地评价单元的划分尚无统一的方法，通常有以下几种类型：一是基于单一专题要素类型的划分，如以土壤类型、土地利用类型、地貌类型划分等。该方法相对简便有效，但在多因素均呈较大变异的情况下，其单元的代表性有一定偏差。二是基于行政区划单元的划分。以行政区划单元作为评价单元，便于对评价结果的行政区分析与管理，但对耕地自然属性的差异性反映不足。三是基于地理区位的差异，以方里网、栅格划分。该方法操作简单，但网格或栅格的大小直接影响评价的精度高低及工作量大小。四是基于耕地地力关键影响因素的组合叠置方法进行划分。该方法可较好地反映耕地自然与社会经济属性的差异，有较好的代表性，但操作相对较为复杂。

考虑评价区域的地域面积、耕地利用管理及土壤属性的差异性，本次耕地地力评价中评价单元的划分采用土壤图、土地利用现状图和行政区划图的组合叠置方法。相同土壤单元、土地利用现状类型及行政区的地块组成一个评价单元，即表示为"土地利用现状类型-土壤类型-行政区划"的格式。其中，土壤类型划分到亚类，土地利用现状类型划分到二级利用类型，行政区划分到县级。为了保证土地利用现状的准确性，基于野外实地调查，对耕地利用现状进行了修正。同一评价单元内的土壤类型相同、利用方式相同、所属行政区相同，交通、水利、经营管理方式等基本一致。用这种方法划分评价单元，可以反映单元之间的空间差异性，既保障了土地利用类型、土壤基本性质的均一性，又保障了土壤类型有确定的地域边界线，使评价结果更具综合性、客观性，可以较容易地将评价结果落到实地。

3. 评价单元赋值　评价单元图的每个图斑都必须有符合评价指标的属性数据。笔者采取将评价单元与各专题图件相叠加后采集参评因素信息的方法进行赋值，具体做法如下：第一，按照唯一标识原则为评价单元编号；第二，生成评价信息空间和属性数据库；第三，从图形库中调出评价因子的专题图后与评价单元图进行叠加；第四，保持评价单元的几何形状不变，直接对叠加后形成的图形属性库进行操作，按面积加权平均汇总评价单元各评价因素数值。由此便能得到图形与属性相连并以评价单元为基本单位的信息数据库，为耕地地力评价的后续工作奠定基础。

依据不同种类数据的特点，采用以下 3 种方法为评价单元获取属性数据。

（1）点位图。对于点位分布图，先进行插值形成栅格图，再与评价单元图叠加后采用加权统计的方法为评价单元赋值。如土壤有机质、有效磷等。

（2）矢量图。对于矢量图，直接与评价单元图叠加，再采用加权统计的方法为评价单元赋值。对于土壤质地、土层厚度等较稳定的土壤理化性质，可用一个乡镇范围内同一土种的平均值直接赋值。

（3）等值线图。对于等值线图，先采用地面高程模型生成栅格图，再与评价单元图叠加后采用分区统计的方法为评价单元赋值。如无霜期、积温、降水量等。

本次评价构建了由≥10 ℃有效积温、降水量、地貌类型、成土母质、耕层质地、剖面构型、耕层厚度、有效土层厚度、有机质、pH、有效磷、灌溉能力、排涝能力 13 个参评因素组成的评价指标体系。其中，≥10 ℃有效积温、降水量、耕层厚度、有效土层厚度、有机质、pH 和有效磷的赋值方法为插值后属性提取；地貌类型、成土母质、剖面构型、耕层质地、灌溉能力和排涝能力的赋值方法为以点带面提取属性。

（五）评价指标权重确定

本次评价采用了德尔菲法与层次分析法相结合的方法确定各参评指标的权重。首先采用德尔菲法，由专家对评价指标及其重要性进行赋值。在此基础上，以层次分析法计算各指标权重。其步骤如下。

1. 建立层次结构模型　在深入分析所面临的问题之后，将问题中所包含的因素划分为不同层次，如目标层、准则层、指标层、方案层、措施层等，用框图形式说明层次的递阶结构与因素的从属关系。当某个层次包含的因素较多时（如超过 9 个），可将该层次进一步划分为若干子层次。

根据各省份资深专家研讨的结果，从全国耕地地力评价指标体系框架中选择了 13 个因素作为黑土区耕地地力评价的指标，并根据各个要素间的关系构造了层次结构模型，如表 7-3 所示。

表 7-3 黑土区耕地地力评价指标体系

目标层	准则层	指标层
耕地地力	气候条件	≥10 ℃有效积温 降水量
	立地条件	地貌类型 成土母质
	剖面性状	有效土层厚度 耕层厚度 剖面构型
	土壤养分	有机质 有效磷
	土壤理化性质	耕层质地 pH
	土壤管理	灌溉能力 排涝能力

2. 构造判断矩阵 判断矩阵元素的值反映了人们对各因素相对重要性（或优劣、偏好、强度等）的认识，一般采用 1~9 及其倒数的标度方法。当相互比较因素的重要性能够用具有实际意义的比值说明时，判断矩阵相应元素的值则可以取这个比值。请各资深专家比较同一层次各因素对上一层次的相对重要性，给出数量化的评估。专家们评估的初步结果经合适的数学处理后（包括实际计算的最终结果——组合权重）再反馈给各位专家，请专家重新修改或确认。经多轮反复，最终形成黑土区层次结构模型判断矩阵，见表 7-4 至表 7-10。

表 7-4 黑土区目标层层次结构模型判断矩阵

耕地地力指标	土壤管理	土壤理化性质	土壤养分	剖面性状	立地条件	气候条件
土壤管理	1	0.909 1	0.847 5	0.653 6	0.645 2	0.568 2
土壤理化性质	1.1	1	0.934 6	0.719 4	0.709 2	0.625
土壤养分	1.18	1.07	1	0.769 2	0.757 6	0.666 7
剖面性状	1.53	1.39	1.3	1	0.980 4	0.869 6
立地条件	1.55	1.41	1.32	1.02	1	0.885
气候条件	1.76	1.6	1.5	1.15	1.13	1

特征向量：[0.123 1, 0.135 5, 0.144 9, 0.188 3, 0.191 4, 0.216 7]

最大特征根：6.000 0

$CI=1.23\times10^{-6}$；$RI=1.24$；$CR=CI/RI=0.99\times10^{-6}<0.1$

一致性检验通过，此判断矩阵的权数分配是合理的。

表 7-5 黑土区准则层（土壤管理）层次结构模型判断矩阵

土壤管理指标	排涝能力	灌溉能力
排涝能力	1	0.714 3
灌溉能力	1.4	1

特征向量：$[0.416\,7,\ 0.583\,3]$

最大特征根：2.000 1

$CI=0$；$RI=0$；$CR=CI/RI=0<0.1$

一致性检验通过，此判断矩阵的权数分配是合理的。

表 7-6　黑土区准则层（土壤理化性质）层次结构模型判断矩阵

土壤理化性质指标	pH	耕层质地
pH	1	0.769 2
耕层质地	1.3	1

特征向量：$[0.434\,8,\ 0.565\,2]$

最大特征根：2.000 3

$CI=0$；$RI=0$；$CR=CI/RI=0<0.1$

一致性检验通过，此判断矩阵的权数分配是合理的。

表 7-7　黑土区准则层（土壤养分）层次结构模型判断矩阵

土壤养分指标	有效磷	有机质
有效磷	1	0.645 2
有机质	1.55	1

特征向量：$[0.392\,2,\ 0.607\,8]$

最大特征根：2.000 0

$CI=0$；$RI=0$；$CR=CI/RI=0<0.1$

一致性检验通过，此判断矩阵的权数分配是合理的。

表 7-8　黑土区准则层（剖面性状）层次结构模型判断矩阵

剖面性状指标	剖面构型	耕层厚度	有效土层厚度
剖面构型	1	0.925 9	0.862 1
耕层厚度	1.08	1	0.934 6
有效土层厚度	1.16	1.07	1

特征向量：$[0.308\,7,\ 0.333\,8,\ 0.357\,6]$

最大特征根：3.000 4

$CI=1.23\times10^{-6}$；$RI=0.58$；$CR=CI/RI=2.12\times10^{-6}<0.1$

一致性检验通过，此判断矩阵的权数分配是合理的。

表 7-9　黑土区准则层（立地条件）层次结构模型判断矩阵

立地条件指标	成土母质	地貌类型
成土母质	1	0.909 1
地貌类型	1.1	1

特征向量：$[0.467\,2,\ 0.523\,8]$

最大特征根：2.000 3

$CI=0$；$RI=0$；$CR=CI/RI=0<0.1$

一致性检验通过，此判断矩阵的权数分配是合理的。

表 7 - 10　黑土区准则层（气候条件）层次结构模型判断矩阵

气候条件指标	降水量	≥10 ℃有效积温
降水量	1	0.892 9
≥10 ℃有效积温	1.12	1

特征向量：[0.471 7, 0.528 3]

最大特征根：2.000 0

$CI=0$；$RI=0$；$CR=CI/RI=0<0.1$

一致性检验通过，此判断矩阵的权数分配是合理的。

3. 层次单排序及其一致性检验　建立比较矩阵后，就可以求出各个因素的权重值。采取的方法是用和积法计算出各矩阵的最大特征向量根（λ_{max}）及其对应的特征向量（W），并用 $CR=CI/RI$ 进行一致性检验。特征向量 W 就是各个因素的权重值。随机一致性指标值（RI）如表 7 - 11 所示。

表 7 - 11　随机一致性指标值

项目	1	2	3	4	5	6	7	8	9	10	11
RI	0	0	0.58	0.9	1.12	1.24	1.32	1.41	1.45	1.49	1.51

4. 层次总排序及各因子权重确定　计算同一层次所有因素对于最高层（总目标）相对重要性的排序权重值，称为层次总排序。这一过程是最高层次到最低层次逐层进行的。最终确定黑土区耕地地力评价各参评因子的权重（表 7 - 12）。

表 7 - 12　黑土区层次总排序

	土壤管理	土壤理化性质	土壤养分	剖面性状	立地条件	气候条件	组合权重
层次 A	0.123 1	0.135 5	0.144 9	0.188 3	0.191 4	0.216 7	$\sum C_i A_i$
排涝能力	0.416 7						0.051 3
灌溉能力	0.583 3						0.071 8
pH		0.434 8					0.058 9
耕层质地		0.565 2					0.076 6
有效磷			0.392 2				0.056 8
有机质			0.607 8				0.088 1
剖面构型				0.308 7			0.058 1
耕层厚度				0.333 8			0.062 8
有效土层厚度				0.357 6			0.067 3
成土母质					0.476 2		0.091 2
地貌类型					0.523 8		0.100 3
降水量						0.471 7	0.102 2
≥10 ℃有效积温						0.528 3	0.114 5

5. 层次总排序的一致性检验　这一步骤也是从高到低逐层进行的。类似地，当 $CR<0.1$ 时，认为层次总排序结果具有满意的一致性；否则，需要重新调整判断矩阵的元素取值。黑土区参评因子层

次总排序的一致性检验：$CI=1.23\times10^{-6}$；$RI=1.24$；$CR=CI/RI=0.99\times10^{-6}<0.1$。

（六）评价指标处理

获取的评价资料可以分为定量指标和定性指标两大类，其中定量指标包括≥10 ℃有效积温、降水量、有效土层厚度、耕层厚度、有机质、有效磷和 pH，而定性指标包括耕层质地、灌溉能力、排涝能力、剖面构型、地貌类型和成土母质。对这两类指标进行标准化处理后，确定各评价指标隶属度及隶属函数。

1. 评价指标隶属度的确定　隶属函数的确定是评价过程的关键环节。评价过程需要在确定各评价因素的隶属度基础上，计算各评价单元分值，从而确定耕地地力等级。对定性指标和定量指标进行量化处理后，应用德尔菲法评估各参评因素等级或实测值对耕地地力及作物生长的影响，确定其相应分值对应的隶属度。应用相关统计分析软件，绘制这两组数值的散点图，并根据散点图进行曲线模拟，寻求参评因素等级或实际值与隶属度的关系方程，从而构建各参评因素隶属函数。各参评因素分值及隶属度汇总见表7-13。

表7-13　参评因素分值及隶属度汇总

≥10 ℃有效积温（℃）	3 050	2 940	2 830	2 720	2 610	2 500	2 390
分值	100	95	89	82	74	63	55
隶属度	1	0.95	0.89	0.82	0.74	0.63	0.55
降水量（mm）	600	560	510	460	410	370	340
分值	100	90	80	70	60	50	40
隶属度	1	0.9	0.8	0.7	0.6	0.5	0.4
耕层厚度（cm）	25	24	23	22	21	19	18
分值	100	95	89	82	74	63	54
隶属度	1	0.95	0.89	0.82	0.74	0.63	0.54
有效土层厚度（cm）	100	80	70	60	50	40	30
分值	100	80	70	60	50	40	30
隶属度	1	0.8	0.7	0.6	0.5	0.4	0.3
有机质（g/kg）	40	35	30	25	20	15	10
分值	100	90	80	65	50	35	20
隶属度	1	0.9	0.8	0.65	0.5	0.35	0.2
有效磷（mg/kg）	40	35	30	25	20	15	10
分值	100	90	80	65	50	40	20
隶属度	1	0.9	0.8	0.65	0.5	0.4	0.2
pH	9	8.5	8	7.5	7	6.5	6
分值	30	50	70	90	100	90	80
隶属度	0.3	0.5	0.7	0.9	1	0.9	0.8
pH	5.5	5	4.5				
分值	70	55	40				
隶属度	0.7	0.55	0.4				
耕层质地	壤土	黏壤土	黏土	沙土			
分值	100	80	60	50			
隶属度	1	0.8	0.6	0.5			

（续）

灌溉能力	充分满足	基本满足	不满足				
分值	100	80	50				
隶属度	1	0.8	0.5				
排涝能力	充分满足	基本满足	不满足				
分值	100	70	30				
隶属度	1	0.7	0.3				
剖面构型	上松下紧	海绵型	紧实型	夹层型	上紧下松	薄层型	松散型
分值	100	90	80	70	60	50	40
隶属度	1	0.9	0.8	0.7	0.6	0.5	0.4
地貌类型	平原中阶	平原低阶	平原高阶	丘陵下部	山地坡下、丘陵中部	丘陵上部	山地坡中、河漫滩	山地坡上
分值	100	85	80	75	70	60	55	40
隶属度	1	0.85	0.8	0.75	0.7	0.6	0.55	0.4
成土母质	冲积物、黄土及黄土状母质	沉积物、河湖冲积物	冰川沉积、坡积物	残积物、风积物、结晶盐类、红土母质			
分值	100	80	70	50			
隶属度	1	0.8	0.7	0.5			

2. 评价指标隶属函数的确定　模糊数学的概念与方法在农业系统数量化研究中得到广泛的应用，模糊子集、隶属函数与隶属度是模糊数学的 3 个重要概念。应用模糊子集、隶属函数与隶属度的概念，可以将农业系统中大量模糊性的定性概念转化为定量表示。对不同类型的模糊子集，可以建立不同类型的隶属函数关系。所以，本研究可以用模糊评价法来构建参评指标的隶属函数，然后根据其隶属函数来计算单因素评价评语。数值型评价指标函数类型及其隶属函数如表 7 - 14 所示。

表 7 - 14　数值型评价指标函数类型及其隶属函数

函数类型	项目	隶属函数	c	u_t
戒上型	≥10 ℃有效积温（℃）	$Y=1/[1+1.553\,356\,376\,7\times10^{-6}\times(u-c)^2]$	3 107.61	2 800
戒上型	降水量（mm）	$Y=1/[1+2.046\,364\,169\times10^{-5}\times(u-c)^2]$	610.03	340
戒上型	耕层厚度（cm）	$Y=1/[1+0.015\,165\,5\times(u-c)^2]$	25.61	13.21
戒上型	有效土层厚度（cm）	$Y=1/[1+0.000\,362\,1\times(u-c)^2]$	104.57	60
戒上型	有机质（g/kg）	$Y=1/[1+0.003\,164\,9\times(u-c)^2]$	39.04	8
戒上型	有效磷（mg/kg）	$Y=1/[1+0.002\,851\times(u-c)^2]$	39.55	10
峰型	pH	$Y=1/[1+0.312\,758\,98\times(u-c)^2]$	6.77	$u_{t1}=4.35$, $u_{t2}=9.69$

（七）耕地地力等级确定

1. 计算耕地地力综合指数　采用累加法计算每个评价单元的耕地地力综合指数。

$$IFI = \sum F_i \cdot C_i$$

式中，IFI 为耕地地力综合指数；F_i 为第 i 个因素评语；C_i 为第 i 个因素的组合权重。

利用耕地资源管理信息系统，在"专题评价"模块中编辑层次分析模型以及各评价因子的隶属函数模型，然后选择"耕地生产潜力评价"功能进行耕地地力综合指数的计算。

2. 确定最佳的耕地地力等级数目　在获取各评价单元耕地地力综合指数的基础上，选择累计频率曲线法进行耕地地力等级数目的确定。首先，根据所有评价单元的综合指数形成耕地地力综合指数分布曲线图；然后，根据曲线斜率的突变点（拐点）来确定等级的数目和划分综合指数的临界点；最后，将黑土区耕地地力划分为 10 个等级。黑土区耕地地力综合指数及分级见表 7-15，黑土区耕地地力综合指数分布曲线见图 7-2。

表 7-15　黑土区耕地地力综合指数及分级

耕地地力综合指数	＞0.817 7	0.791 9～0.817 7	0.766 1～0.791 9	0.740 3～0.766 1	0.714 5～0.740 3
耕地地力等级	一等	二等	三等	四等	五等
耕地地力综合指数	0.688 6～0.714 5	0.662 8～0.688 6	0.637 0～0.662 8	0.611 2～0.637 0	＜0.611 2
耕地地力等级	六等	七等	八等	九等	十等

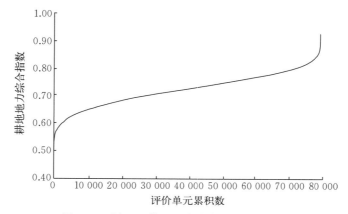

图 7-2　黑土区耕地地力综合指数分布曲线

根据黑土区耕地地力特点，一般把一、二、三等耕地归为高等级耕地（高产田），把四、五、六、七等耕地归为中等级耕地（中产田），把八、九、十等耕地归为低等级耕地（低产田）。以后章节有关高、中、低等级耕地都是按此标准划分。

（八）耕地地力等级图编制

为了提高制图的效率和准确性，采用地理信息系统软件 ArcGIS 进行黑土区耕地地力等级图及相关专题图件的汇编处理。其步骤为扫描并矢量化各类基础图—编辑点、线—点、线校正处理—统一坐标系—区编辑并对其赋属性—根据属性赋颜色—根据属性加注记—图幅整饰—图件输出。在此基础上，利用软件空间分析功能，将评价单元图与其他图件进行叠加，从而生成其他专题图件。

1. 专题图地理要素底图编制　专题图的地理要素内容是专题图的重要组成部分，用于反映专题内容的地理分布，也是图幅叠加处理等的重要依据。地理要素的选择应与专题内容相协调，考虑图面的负载量和清晰度，应选评价区域内基本的、主要的地理要素。以黑土区最新的土地利用现状图为基础，进行制图综合处理，选取的主要地理要素包括居民点、交通道路、水系、境界线等及其相应的注记，进而编辑生成与各专题图件要素相适应的地理要素底图。

2. 耕地地力等级图编制　以耕地地力评价单元为基础，根据各单元的耕地地力评价等级结果，对相同等级的相邻评价单元进行归并处理，得到耕地地力等级图斑。在此基础上，分 2 个层次进行耕地地力等级的表达：一是颜色表达，即赋予不同耕地地力等级以相应的颜色。二是代号表达，用阿拉伯数字 1、2、3、4、5、6、7、8、9、10 表示相应的耕地地力等级，并在评价图相应的耕地地力图斑上注明。将评价专题图与以上的地理要素底图复合，整饰获得黑土区耕地地力等级分布图。

（九）评价结果验证方法

为保证评价结果科学合理，需要对评价形成的耕地地力等级分布等结果进行审核验证，使其符合实际，更好地指导农业生产与管理，具体采用了以下方法进行耕地地力评价结果的验证。

1. 产量验证法 作物产量是耕地地力的直接体现。在通常状况下，高等级耕地地力水平的耕地一般对应相对较高的作物产量水平；低等级耕地地力水平的耕地则受相关限制因素的影响，作物产量水平也较低。因此，可将评价结果中各等级耕地地力对应的作物调查产量进行对比统计，分析不同耕地地力等级的产量水平。通过产量的差异来判断评价结果是否科学合理。

表7-16为黑土区耕地地力等级、综合指数和作物平均产量，图7-3反映了综合指数与作物平均产量的关系。可以看出，耕地地力评价的等级结果与各作物平均产量具有较好的关联性。高等级耕地地力对应较高的综合指数，同时拥有较高的作物产量水平。这说明评价结果较好地符合了黑土区不同作物耕地的实际产量水平，具有较好的科学性和可靠性。

表7-16 黑土区耕地地力等级、综合指数和作物平均产量

耕地等级	综合指数均值	作物平均产量（kg/hm²）
1	0.838 9	8 628.54
2	0.803 4	8 333.82
3	0.778 1	8 129.68
4	0.753 1	7 568.27
5	0.727 2	7 091.89
6	0.702 3	7 030.76
7	0.675 9	6 587.42
8	0.650 6	6 321.04
9	0.626 0	5 525.44
10	0.587 6	5 256.25

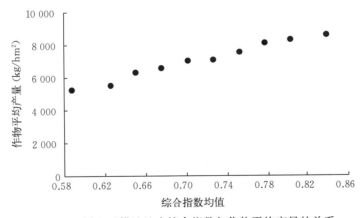

图7-3 黑土区耕地地力综合指数与作物平均产量的关系

2. 对比验证法 不同的耕地地力等级应与其相应的评价指标值相对应。高等级的耕地地力应体现较优的耕地理化性质，而低等级耕地则会对应较劣的耕地理化性质。因此，可汇总分析评价结果中不同耕地地力等级对应的评价指标值，通过比较不同等级的指标差异，分析耕地地力评价结果的合理性。

以地貌类型为例，一、二、三等地的地貌类型都是以"平原低阶""平原中阶""平原高阶"为主，四等地至七等地的地貌类型主要以平原和丘陵为主，而八等地至十等地虽然主要地貌类型以平原和丘陵为主，但是山地的比例明显增大。可见，评价结果与地貌类型指标有相应的对应关系，说明评价结果较为合理（表 7 - 17）。

表 7 - 17　黑土区耕地地力各等级对应的地貌类型占比情况

单位：%

耕地等级	平原低阶	平原中阶	平原高阶	丘陵下部	山地坡下	丘陵中部	丘陵上部	河漫滩	山地坡中	山地坡上
1	50.20	29.57	4.34	7.66	3.80	2.57	0.11	1.74	0.00	0.00
2	43.60	20.26	4.61	14.63	3.93	9.06	0.52	3.30	0.08	0.01
3	31.86	17.48	4.14	21.19	3.95	13.60	5.40	1.88	0.47	0.03
4	22.89	14.82	4.92	21.81	2.77	17.15	13.16	1.54	0.90	0.04
5	21.82	12.29	3.68	14.50	3.27	17.23	21.55	1.87	3.14	0.65
6	19.86	13.75	4.08	14.57	3.07	18.25	18.46	2.76	4.32	0.88
7	23.59	7.55	2.61	18.84	2.48	20.12	13.87	3.20	6.06	1.69
8	22.49	12.83	3.98	12.62	2.98	17.34	12.70	1.64	4.91	8.50
9	24.47	17.13	8.05	6.54	1.81	9.72	18.85	2.23	3.48	7.72
10	24.15	27.04	7.41	5.64	2.82	10.34	8.18	3.64	6.83	3.96

3. 专家验证法　专家经验的验证也是判定耕地地力评价结果科学性的重要方法。应邀请熟悉区域情况及相关专业的专家，会同参与评价的专业人员，共同对评价指标的选取、权重的确定、等级的划分、评价过程及评价结果进行系统的验证。本次评价先后组织了熟悉黑土区情况的土壤学、土地资源学、作物学、植物营养学、气象学、地理系信息系统等领域的 10 余位专家，以及各省（自治区、农垦总局）土壤肥料站的工作技术人员，通过召开多次专题会议，对评价结果进行验证，确保了评价结果符合黑土区耕地实际状况。

4. 实地验证法　以评价得到的耕地地力等级分布图为依据，随机或系统选取各等级耕地的验证样点，逐一到对应的评价地区实际地点进行调查分析，实地获取不同等级耕地的自然及社会经济信息指标数据，通过相应指标的差异，综合分析评价结果的科学性、合理性。本次评价的实地验证工作由各省（自治区、农垦总局）土壤肥料站分别组织人员开展。首先，根据各个等级耕地的空间分布状况，选取代表性的典型样点，各省（自治区、农垦总局）每一个等级耕地选取 15～20 个样点，进行实地调查并查验相关的土壤理化性质指标。在此基础上，实地查看各样点的土地利用状况、地貌类型、管理情况，以及土壤耕层质地、耕层厚度、剖面土体构型等性状，调查近 3 年的作物产量、施肥、灌水等生产管理情况，查阅土壤有机质、有效磷含量等养分性状，通过综合考虑实际土壤环境要素、土壤理化性质及作物产量、施肥量、经济效益等相关信息，全面分析实地调查和化验分析数据与评价结果各等级耕地属性数据，验证评价结果是否符合实际情况。

第二节　黑土区耕地综合生产能力分析

一、黑土区耕地地力等级面积与分布

（一）黑土区耕地地力等级面积

黑土区耕地地力评价区域总耕地面积 3 583.67 万 hm²。其中，一等地 209.42 万 hm²，占 5.84%；二等地 300.25 万 hm²，占 8.38%；三等地 483.07 万 hm²，占 13.48%；四等地 642.96 万 hm²，占 17.94%；五等地 682.40 万 hm²，占 19.04%；六等地 511.70 万 hm²，占 14.28%；七等地 324.82 万 hm²，占 9.06%；八等地 235.32 万 hm²，占 6.57%；九等地 107.20 万 hm²，占 2.99%；十等地 86.53 万 hm²，占 2.42%。其中，一等地、二等地、三等地面积较小，共计 992.74 万 hm²，占总评价区的 27.70%；而四至十等地共计 2 590.93 万 hm²，占总评价区的 72.30%（表 7 - 18）。

表 7 - 18 黑土区各耕地地力等级面积与比例

指标	一等地	二等地	三等地	四等地	五等地	六等地	七等地	八等地	九等地	十等地	总计
面积（万 hm²）	209.42	300.25	483.07	642.96	682.40	511.70	324.82	235.32	107.20	86.53	3 583.67
比例（%）	5.84	8.38	13.48	17.94	19.04	14.28	9.06	6.57	2.99	2.42	100

（二）耕地主要土壤类型地力等级面积

黑土区以黑土、暗棕壤、黑钙土、草甸土、白浆土、棕壤等耕地土壤类型为主。土壤类型与耕地地力等级关系见表 7 - 19。

表 7 - 19 耕地主要土壤类型与耕地地力等级关系

土类	指标	一等地	二等地	三等地	四等地	五等地	六等地	七等地	八等地	九等地	十等地	总计
黑土	面积（万 hm²）	47.49	43.70	68.23	104.56	121.83	57.50	19.36	7.91	5.18	0.51	476.27
	比例（%）	9.97	9.18	14.33	21.95	25.58	12.07	4.06	1.66	1.09	0.11	100.00
黑钙土	面积（万 hm²）	6.09	14.88	33.03	59.34	84.54	70.82	44.72	32.48	13.35	11.59	370.84
	比例（%）	1.64	4.01	8.91	16.00	22.79	19.10	12.06	8.76	3.60	3.13	100.00
暗棕壤	面积（万 hm²）	20.20	38.64	75.13	112.46	111.24	103.42	60.98	44.87	20.44	13.43	600.81
	比例（%）	3.36	6.43	12.50	18.72	18.52	17.21	10.15	7.47	3.40	2.24	100.00
棕壤	面积（万 hm²）	11.32	20.69	54.19	53.07	43.03	20.92	12.15	3.89	1.01	0.09	220.36
	比例（%）	5.14	9.39	24.59	24.08	19.53	9.50	5.51	1.76	0.46	0.04	100.00
草甸土	面积（万 hm²）	45.42	54.64	87.31	119.78	140.34	105.65	68.45	41.84	23.56	18.70	705.69
	比例（%）	6.44	7.74	12.37	16.97	19.89	14.97	9.70	5.93	3.34	2.65	100.00
白浆土	面积（万 hm²）	33.83	40.89	43.36	71.36	56.90	36.33	21.11	16.06	1.83	1.41	323.08
	比例（%）	10.47	12.66	13.42	22.09	17.61	11.24	6.53	4.97	0.57	0.44	100.00

黑土的高等地占本土类总耕地面积的 33.48%，中等地占 63.66%，低等地占 2.86%，总体来说耕地地力呈中高等；暗棕壤的高等地占本土类总耕地面积的 22.29%，中等地占 64.60%，低等地占 13.11%，总体来说耕地地力呈中高等；黑钙土的高等地和低等地占本土类总耕地面积的比例相当，分别为 14.56% 和 15.49%，中等地占 69.95%，总体来说耕地地力呈中等；草甸土的高等地占本土类总耕地面积的 26.55%，中等地占 61.53%，低等地占 11.92%；棕壤和白浆土的高等地占本土类总耕地面积的比例分别为 39.12% 和 36.55%，中等地分别占 58.62% 和 57.47%，低等地分别占 2.26% 和 5.98%，总体来说耕地地力均较好。

从各土类来看，中等地所占的比例最高。黑钙土、暗棕壤、黑土、草甸土、棕壤、白浆土的中等地占本土类总耕地面积比例分别为 69.95%、64.60%、63.66%、61.53%、58.62%、57.47%。

二、耕地地力等级特征

（一）一等地

1. 区域分布 黑土区一等地面积 209.42 万 hm²，占黑土区耕地面积的 5.84%。一等地主要集中分布在三江平原、松嫩平原和辽河平原区，其他地区也有少量分布。其中，黑龙江省一等地 34.59 万 hm²，占一等地总面积的 16.52%；黑龙江省农垦总局一等地 56.19 万 hm²，占 26.83%；吉林省一等地 86.45 万 hm²，占 41.28%；辽宁省一等地 29.80 万 hm²，占 14.23%；内蒙古东部三市一盟一等地 2.39 万 hm²，占 1.14%（表 7 - 20）。

表 7-20 黑土区一等地面积与比例

省（自治区、农垦总局）	市（区、管理局）	面积（万 hm²）	比例（%）	省（自治区、农垦总局）	市（区、管理局）	面积（万 hm²）	比例（%）
黑龙江省		34.59	16.52	吉林省	四平市	8.12	3.88
	哈尔滨市	12.24	5.85		松原市	1.87	0.89
	鹤岗市	0.22	0.11		通化市	1.23	0.59
	鸡西市	2.04	0.97		延边朝鲜族自治州	1.87	0.89
	佳木斯市	4.94	2.36		长春市	56.84	27.14
	齐齐哈尔市	0.35	0.17	辽宁省		29.80	14.23
	双鸭山市	2.92	1.39		本溪市	0.15	0.07
	绥化市	11.86	5.66		大连市	5.93	2.83
	伊春市	0.02	0.01		丹东市	0.16	0.08
黑龙江省农垦总局		56.19	26.83		抚顺市	0.54	0.26
	宝泉岭管理局	6.12	2.92		阜新市	0.54	0.26
	北安管理局	0.03	0.01		葫芦岛市	0.36	0.17
	哈尔滨管理区	0.64	0.31		锦州市	5.34	2.55
	红兴隆管理局	10.79	5.15		辽阳市	1.07	0.51
	建三江管理局	15.12	7.22		沈阳市	7.63	3.64
	牡丹江管理局	23.24	11.10		铁岭市	8.08	3.86
	齐齐哈尔管理局	0.00	0.00	内蒙古东部三市一盟		2.39	1.14
	绥化管理局	0.25	0.12		赤峰市	0.31	0.15
吉林省		86.45	41.28		呼伦贝尔市	0.68	0.32
	白城市	0.42	0.20		通辽市	0.19	0.09
	吉林市	8.43	4.03		兴安盟	1.21	0.58
	辽源市	7.67	3.66	总计		209.42	100

2. 主要土壤类型　分析质量等级和土壤类型的关系不难发现，一等地分布的土类中，白浆土和黑土在同土类中所占的比例相对较多，分别为 10.47% 和 9.97%；其次为草甸土和棕壤，它们在同土类中所占的比例分别为 6.44% 和 5.14%；其余土类相对较少（表 7-21）。

表 7-21 一等地主要土壤类型耕地面积与比例

土 类	面积（万 hm²）	占同土类比例（%）
黑土	47.49	9.97
黑钙土	6.09	1.64
暗棕壤	20.20	3.36
棕壤	11.32	5.14
草甸土	45.42	6.44
白浆土	33.83	10.47

3. 产量水平　黑土区一等地粮食产量平均水平约为 8 629 kg/hm²。由表 7-22 可知，按统计量从低到高进行频数与频率统计，一等地的平均产量主要集中在 8 250～10 500 kg/hm²。若以频数最高的平均值（9 375 kg/hm²）为标准，则增产约 746 kg/hm²，增产幅度约 8.6%。

表 7 - 22　黑土区一等地粮食产量频率分布

产量（kg/hm²）	频数	频率（%）	产量（kg/hm²）	频数	频率（%）
750～1 500	2	0.09	8 250～9 000	496	22.06
1 500～2 250	20	0.89	9 000～9 750	819	36.44
2 250～3 000	56	2.49	9 750～10 500	230	10.23
3 000～3 750	2	0.09	10 500～11 250	73	3.25
3 750～4 500	0	0.00	11 250～12 000	61	2.71
4 500～5 250	2	0.09	12 000～12 750	7	0.31
5 250～6 000	3	0.13	12 750～13 500	1	0.04
6 000～6 750	34	1.51	13 500～14 250	0	0.00
6 750～7 500	104	4.63	14 250～15 000	0	0.00
7 500～8 250	338	15.04	总计	2 248	100.00

（二）二等地

1. 区域分布　黑土区二等地面积 300.25 万 hm²，占黑土区耕地面积的 8.38%。二等地与一等地分布特征类似，主要集中分布于三江平原、松嫩平原和辽河平原区，内蒙古北部也有少量分布。其中，黑龙江省二等地 75.84 万 hm²，占二等地总面积的 25.26%；黑龙江省农垦总局二等地 55.77 万 hm²，占 18.57%；吉林省二等地 79.69 万 hm²，占 26.54%；辽宁省二等地 64.84 万 hm²，占 21.60%；内蒙古东部三市一盟二等地 24.12 万 hm²，占 8.03%（表 7 - 23）。

表 7 - 23　黑土区二等地面积与比例

省（自治区、农垦总局）	市（区、管理局）	面积（万 hm²）	比例（%）	省（自治区、农垦总局）	市（区、管理局）	面积（万 hm²）	比例（%）
黑龙江省		75.84	25.26	黑龙江省农垦总局	齐齐哈尔管理局	0.23	0.08
	大庆市	0.07	0.02		绥化管理局	0.63	0.21
	哈尔滨市	28.66	9.55	吉林省		79.69	26.54
	鹤岗市	1.89	0.63		白城市	0.48	0.16
	黑河市	2.01	0.67		白山市	0.05	0.02
	鸡西市	1.98	0.66		吉林市	12.77	4.25
	佳木斯市	12.00	4.00		辽源市	4.86	1.62
	牡丹江市	0.07	0.02		四平市	15.79	5.26
	七台河市	0.12	0.04		松原市	1.58	0.53
	齐齐哈尔市	1.79	0.60		通化市	3.49	1.16
	双鸭山市	6.98	2.32		延边朝鲜族自治州	4.92	1.64
	绥化市	19.40	6.46		长春市	35.75	11.91
	伊春市	0.87	0.29	辽宁省		64.84	21.60
黑龙江省农垦总局		55.77	18.57		鞍山市	5.97	1.99
	宝泉岭管理局	10.08	3.36		本溪市	0.82	0.27
	北安管理局	3.79	1.26		朝阳市	0.26	0.09
	哈尔滨管理区	0.23	0.08		大连市	4.55	1.52
	红兴隆管理局	10.37	3.45		丹东市	0.40	0.13
	建三江管理局	22.91	7.62		抚顺市	0.79	0.26
	九三管理局	0.87	0.29		阜新市	3.38	1.13
	牡丹江管理局	6.66	2.22		葫芦岛市	3.20	1.07

（续）

省 （自治区、农垦总局）	市（区、管理局）	面积 （万 hm²）	比例 （%）	省 （自治区、农垦总局）	市（区、管理局）	面积 （万 hm²）	比例 （%）
辽宁省	锦州市	10.01	3.33	内蒙古东部三市一盟		24.11	8.03
	辽阳市	2.77	0.92		赤峰市	3.89	1.30
	盘锦市	0.03	0.01		呼伦贝尔市	4.94	1.65
	沈阳市	26.56	8.85		通辽市	0.97	0.32
	铁岭市	5.88	1.96		兴安盟	14.31	4.76
	营口市	0.22	0.07	总计		300.25	100

二等地在市（区、管理局）分布上有很大的差异。二等地面积占全市（区、管理局）耕地面积比例为 30%～40% 的有辽宁省的沈阳市、黑龙江省农垦总局的建三江管理局、宝泉岭管理局；比例为 20%～30% 的有吉林省的吉林市、辽源市、长春市和黑龙江省农垦总局的红兴隆管理局；比例为 10%～20% 的有黑龙江省农垦总局的牡丹江管理局、辽宁省的大连市、吉林省的通化市等；比例为 0～10% 的有辽宁省的抚顺市、吉林省的白山市、黑龙江省的鸡西市、黑龙江省农垦总局的九三管理局、内蒙古东部三市一盟的呼伦贝尔市等。

2. 耕地主要土壤类型　分析质量等级和土壤类型的关系不难发现，二等地上分布的土类中，白浆土、棕壤和黑土在同土类中所占的比例相对较多，分别为 12.66%、9.39% 和 9.18%，其余土类相对较少（表 7-24）。

表 7-24　二等地主要土壤类型耕地面积与比例

土　类	面积（万 hm²）	占同土类比例（%）
黑土	43.70	9.18
黑钙土	14.88	4.01
暗棕壤	38.64	6.43
棕壤	20.69	9.39
草甸土	54.64	7.74
白浆土	40.89	12.66

3. 产量水平　二等地的平均产量为 8 334 kg/hm²。由表 7-25 可知，按统计量从低到高进行频数与频率统计，二等地的平均产量主要集中在 7 500～9 750 kg/hm²。若按提升一个质量等级平均产量计算，二等地提升到一等地，需提升约 295 kg/hm²，增产幅度约 3.5%。

表 7-25　黑土区二等地粮食产量频率分布

产量（kg/hm²）	频数	频率（%）	产量（kg/hm²）	频数	频率（%）
750～1 500	2	0.06	8 250～9 000	733	23.81
1 500～2 250	54	1.75	9 000～9 750	819	26.62
2 250～3 000	103	3.35	9 750～10 500	246	7.99
3 000～3 750	1	0.03	10 500～11 250	135	4.39
3 750～4 500	0	0.00	11 250～12 000	74	2.40
4 500～5 250	6	0.19	12 000～12 750	22	0.71
5 250～6 000	15	0.49	12 750～13 500	7	0.23
6 000～6 750	55	1.79	13 500～14 250	0	0.00
6 750～7 500	175	5.69	14 250～15 000	2	0.06
7 500～8 250	629	20.44	总计	3 078	100.00

（三）三等地

1. 区域分布 黑土区三等地面积 483.07 万 hm²，占黑土区耕地面积的 13.48%。三等地主要分布于三江平原、松嫩平原、辽河平原区，黑龙江与吉林西部、内蒙古北部等有少量分布。其中，黑龙江省三等地 171.82 万 hm²，占三等地总面积的 35.57%；黑龙江省农垦总局三等地 59.50 万 hm²，占 12.32%；吉林省三等地 92.79 万 hm²，占 19.21%；辽宁省三等地 112.14 万 hm²，占 23.21%；内蒙古东部三市一盟三等地 46.82 万 hm²，占 9.69%（表 7-26）。

表 7-26 黑土区三等地面积与比例

省 （自治区、农垦总局）	市（区、管理局）	面积 （万 hm²）	比例 （%）	省 （自治区、农垦总局）	市（区、管理局）	面积 （万 hm²）	比例 （%）
黑龙江省		171.82	35.57	吉林省	辽源市	7.40	1.53
	大庆市	0.77	0.16		四平市	17.24	3.58
	哈尔滨市	58.68	12.14		松原市	10.48	2.17
	鹤岗市	10.32	2.14		通化市	5.89	1.22
	黑河市	8.93	1.85		延边朝鲜族自治州	9.05	1.87
	鸡西市	6.85	1.42		长春市	22.87	4.73
	佳木斯市	27.27	5.65	辽宁省		112.14	23.21
	牡丹江市	4.49	0.93		鞍山市	9.37	1.94
	七台河市	0.14	0.03		本溪市	1.13	0.23
	齐齐哈尔市	8.28	1.71		朝阳市	1.66	0.34
	双鸭山市	10.82	2.24		大连市	5.46	1.13
	绥化市	32.92	6.81		丹东市	1.07	0.22
	伊春市	2.35	0.49		抚顺市	9.88	2.05
黑龙江省农垦总局		59.50	12.32		阜新市	5.21	1.08
	宝泉岭管理局	7.59	1.57		葫芦岛市	7.46	1.54
	北安管理局	4.18	0.87		锦州市	10.34	2.14
	哈尔滨管理区	0.94	0.19		辽阳市	3.65	0.76
	红兴隆管理局	8.59	1.78		盘锦市	4.70	0.97
	建三江管理局	23.81	4.93		沈阳市	20.93	4.33
	九三管理局	3.09	0.64		铁岭市	30.29	6.28
	牡丹江管理局	4.42	0.91		营口市	0.99	0.20
	齐齐哈尔管理局	3.47	0.72	内蒙古东部三市一盟		46.82	9.69
	绥化管理局	3.41	0.71		赤峰市	6.34	1.31
吉林省		92.79	19.21		呼伦贝尔市	13.94	2.89
	白城市	2.74	0.57		通辽市	2.53	0.52
	白山市	0.45	0.09		兴安盟	24.01	4.97
	吉林市	16.67	3.45	总计		483.07	100

三等地在市（区、管理局）分布上有很大的差异。三等地面积占全市（区、管理局）耕地面积比例高于 50% 的有辽宁省的抚顺市；比例为 40%～50% 的有辽宁省的铁岭市；比例为 30%～40% 的有黑龙江省农垦总局的哈尔滨管理局、辽宁省的鞍山市、吉林省的辽源市等；比例为 20%～30% 的有

黑龙江省农垦总局的齐齐哈尔管理局、吉林省的吉林市、辽宁省的盘锦市等；比例为 10％～20％的有黑龙江省农垦总局的红兴隆管理局、辽宁省的辽阳市、吉林省的通化市等；比例为 0～10％的有辽宁省的丹东市、吉林省的白城市、黑龙江省的大庆市、黑龙江省农垦总局的牡丹江管理局、内蒙古东部三市一盟的呼伦贝尔市等。

2. 主要土壤类型 分析质量等级和土壤类型的关系不难发现，三等地分布的土类中，棕壤在同土类中所占比例较多，为 24.59％；其次为黑土、白浆土、暗棕壤和草甸土，它们在同土类中所占比例分别为 14.33％、13.42％、12.50％和 12.37％；黑钙土相对较少（表 7-27）。

表 7-27 三等地主要土壤类型耕地面积与比例

土　类	面积（万 hm²）	占同土类比例（％）
黑土	68.23	14.33
黑钙土	33.03	8.91
暗棕壤	75.13	12.50
棕壤	54.19	24.59
草甸土	87.31	12.37
白浆土	43.36	13.42

3. 产量水平 黑土区三等地的平均产量为 8 130 kg/hm²。由表 7-28 可知，按统计量从低到高进行频数与频率统计，三等地的平均产量主要集中在 7 500～9 750 kg/hm²。若按提升一个质量等级平均产量计算，三等地提升到二等地，需提升约 204 kg/hm²，增产幅度约 2.51％。

表 7-28 黑土区三等地粮食产量频率分布

产量（kg/hm²）	频数	频率（％）	产量（kg/hm²）	频数	频率（％）
750～1 500	4	0.08	8 250～9 000	1 041	20.26
1 500～2 250	207	4.03	9 000～9 750	1 397	27.17
2 250～3 000	197	3.83	9 750～10 500	482	9.38
3 000～3 750	7	0.14	10 500～11 250	222	4.32
3 750～4 500	0	0.00	11 250～12 000	98	1.91
4 500～5 250	5	0.10	12 000～12 750	31	0.60
5 250～6 000	28	0.54	12 750～13 500	8	0.16
6 000～6 750	101	1.97	13 500～14 250	2	0.04
6 750～7 500	327	6.36	14 250～15 000	2	0.04
7 500～8 250	980	19.07	总计	5 139	100.00

（四）四等地

1. 区域分布 黑土区四等地面积 642.96 万 hm²，占黑土区耕地面积的 17.94％。四等地分布比较分散，在三江平原、松嫩平原、辽河平原、长白山区等 8 个区都有分布，松嫩平原较为集中。其中，黑龙江省四等地 327.92 万 hm²，占四等地总面积的 51.00％；黑龙江省农垦总局四等地 37.28 万 hm²，占 5.80％；吉林省四等地 76.95 万 hm²，占 11.97％；辽宁省四等地 113.26 万 hm²，占 17.61％；内蒙古东部三市一盟四等地 87.55 万 hm²，占 13.62％（表 7-29）。

表 7 - 29　黑土区四等地面积与比例

省 (自治区、农垦总局)	市（区、 管理局）	面积 （万 hm²）	比例 （%）	省 (自治区、农垦总局)	市（区、 管理局）	面积 （万 hm²）	比例 （%）
黑龙江省		327.92	51.00	吉林省	辽源市	3.27	0.51
	大庆市	11.36	1.77		四平市	12.96	2.02
	哈尔滨市	90.09	14.01		松原市	21.65	3.37
	鹤岗市	11.76	1.83		通化市	7.61	1.18
	黑河市	34.70	5.40		延边朝鲜族自治州	8.95	1.39
	鸡西市	22.34	3.47		长春市	8.95	1.39
	佳木斯市	21.44	3.33	辽宁省		113.26	17.61
	牡丹江市	7.98	1.24		鞍山市	7.25	1.13
	七台河市	3.56	0.55		本溪市	1.52	0.23
	齐齐哈尔市	45.76	7.12		朝阳市	7.20	1.12
	双鸭山市	20.02	3.11		大连市	13.84	2.15
	绥化市	54.95	8.55		丹东市	4.54	0.70
	伊春市	3.96	0.62		抚顺市	3.12	0.49
黑龙江省农垦总局		37.28	5.80		阜新市	6.99	1.08
	宝泉岭管理局	4.72	0.73		葫芦岛市	7.29	1.13
	北安管理局	4.09	0.64		锦州市	10.14	1.58
	哈尔滨管理区	0.73	0.11		辽阳市	3.05	0.47
	红兴隆管理局	5.03	0.78		盘锦市	10.01	1.56
	建三江管理局	6.27	0.98		沈阳市	14.45	2.25
	九三管理局	6.66	1.03		铁岭市	17.77	2.77
	牡丹江管理局	5.70	0.89		营口市	6.09	0.95
	齐齐哈尔管理局	1.39	0.22	内蒙古东部三市一盟		87.55	13.62
	绥化管理局	2.69	0.42		赤峰市	12.64	1.97
吉林省		76.95	11.97		呼伦贝尔市	36.38	5.65
	白城市	4.65	0.72		通辽市	12.00	1.87
	白山市	0.56	0.09		兴安盟	26.53	4.13
	吉林市	8.35	1.30	总计		642.96	100

　　四等地在市（区、管理局）分布上有很大的差异。四等地面积占全市（区、管理局）耕地面积比例高于50%的有辽宁省的盘锦市和营口市；比例为30%～40%的有辽宁省的大连市、黑龙江省的七台河市；比例为20%～30%的有黑龙江省农垦总局的哈尔滨管理局、吉林省的通化市、辽宁省的铁岭市等；比例为10%～20%的有黑龙江省农垦总局的宝泉岭管理局、辽宁省的辽阳市、吉林省的松原市等；比例为0～10%的有吉林省的白城市、黑龙江省的牡丹江市、黑龙江省农垦总局的建三江管理局、内蒙古东部三市一盟的通辽市等。

　　2. 耕地主要土壤类型　分析质量等级和土壤类型的关系不难发现，四等地分布的土类中，棕壤、白浆土、黑土在同土类中所占的比例相对较多，分别为24.08%、22.09%、21.95%；其次为暗棕壤、草甸土、黑钙土，它们在同土类中所占的比例分别为18.72%、16.97%、16.00%（表7-30）。

表 7-30　四等地主要土壤类型耕地面积与比例

土　类	面积（万 hm²）	占同土类比例（%）
黑土	104.56	21.95
黑钙土	59.34	16.00
暗棕壤	112.46	18.72
棕壤	53.07	24.08
草甸土	119.78	16.97
白浆土	71.36	22.09

3. 四等地产量水平　黑土区四等地的平均产量为 7 568 kg/hm²。由表 7-31 可知，按统计量从低到高进行频数与频率统计，四等地的平均产量主要集中在 6 750～9 750 kg/hm²。若按提升一个质量等级平均产量计算，四等地提升到三等地，需提升约 562 kg/hm²，增产幅度约 7.43%。

表 7-31　黑土区四等地粮食产量频率分布

产量（kg/hm²）	频数	频率（%）	产量（kg/hm²）	频数	频率（%）
750～1 500	12	0.18	8 250～9 000	1 482	22.48
1 500～2 250	293	4.45	9 000～9 750	1 219	18.50
2 250～3 000	351	5.33	9 750～10 500	447	6.78
3 000～3 750	12	0.18	10 500～11 250	231	3.51
3 750～4 500	0	0.00	11 250～12 000	92	1.40
4 500～5 250	22	0.33	12 000～12 750	45	0.68
5 250～6 000	60	0.91	12 750～13 500	36	0.55
6 000～6 750	188	2.85	13 500～14 250	19	0.29
6 750～7 500	601	9.12	14 250～15 000	2	0.03
7 500～8 250	1 478	22.43	总计	6 590	100.00

（五）五等地

1. 区域分布　黑土区五等地面积 682.40 万 hm²，占黑土区耕地面积的 19.04%。五等地在大小兴安岭、松嫩平原、三江平原区分布最为集中。其中，黑龙江省五等地 374.42 万 hm²，占五等地总面积的 54.87%；黑龙江省农垦总局五等地 33.40 万 hm²，占 4.89%；吉林省五等地 73.12 万 hm²，占 10.72%；辽宁省五等地 79.70 万 hm²，占 11.68%；内蒙古东部三市一盟五等地 121.76 万 hm²，占 17.84%（表 7-32）。

表 7-32　黑土区五等地面积与比例

省（自治区、农垦总局）	市（区、管理局）	面积（万 hm²）	比例（%）	省（自治区、农垦总局）	市（区、管理局）	面积（万 hm²）	比例（%）
黑龙江省		374.42	54.87	黑龙江省	双鸭山市	19.03	2.79
	大庆市	16.36	2.40		绥化市	37.67	5.52
	哈尔滨市	57.32	8.40		伊春市	2.52	0.37
	鹤岗市	10.74	1.57	黑龙江省农垦总局		33.40	4.89
	黑河市	31.92	4.68		宝泉岭管理局	2.89	0.42
	鸡西市	38.47	5.64		北安管理局	6.81	1.00
	佳木斯市	38.98	5.71		哈尔滨管理区	0.06	0.01
	牡丹江市	23.87	3.50		红兴隆管理局	6.45	0.94
	七台河市	1.52	0.22		建三江管理局	4.71	0.69
	齐齐哈尔市	96.02	14.07		九三管理局	6.30	0.92

（续）

省（自治区、农垦总局）	市（区、管理局）	面积（万 hm²）	比例（%）	省（自治区、农垦总局）	市（区、管理局）	面积（万 hm²）	比例（%）
黑龙江省农垦总局	牡丹江管理局	3.69	0.54	辽宁省	大连市	9.05	1.33
	齐齐哈尔管理局	1.14	0.17		丹东市	7.88	1.15
	绥化管理局	1.35	0.20		抚顺市	2.75	0.40
吉林省		73.12	10.72		阜新市	8.12	1.19
	白城市	10.48	1.54		葫芦岛市	6.06	0.89
	白山市	0.52	0.08		锦州市	12.32	1.81
	吉林市	6.84	1.00		辽阳市	3.88	0.57
	辽源市	0.76	0.11		盘锦市	2.14	0.31
	四平市	8.20	1.20		沈阳市	6.00	0.88
	松原市	27.64	4.06		铁岭市	2.62	0.38
	通化市	7.04	1.03		营口市	2.95	0.43
	延边朝鲜族自治州	7.13	1.04	内蒙古东部三市一盟		121.76	17.84
	长春市	4.51	0.66		赤峰市	24.48	3.58
辽宁省		79.70	11.68		呼伦贝尔市	51.50	7.55
	鞍山市	2.79	0.41		通辽市	22.88	3.35
	本溪市	2.56	0.38		兴安盟	22.90	3.36
	朝阳市	10.58	1.55	总计		682.40	100

五等地在市（区、管理局）分布上有很大的差异。五等地面积占本市总耕地面积比例为 40%～50% 的市（区、管理局）有黑龙江省的鸡西市；比例为 30%～40% 的有辽宁省的丹东市、黑龙江省的齐齐哈尔市；比例为 20%～30% 的有黑龙江省农垦总局的九三管理局、吉林省的松原市、辽宁省的营口市等；比例为 10%～20% 的有黑龙江省农垦总局的北安管理局、辽宁省的朝阳市、吉林省的白城市等；比例为 0～10% 的有吉林省的四平市、黑龙江省农垦总局的齐齐哈尔管理局等。

2. 耕地主要土壤类型　分析质量等级和土壤类型的关系不难发现，五等地分布的土类中，黑土、黑钙土在同土类中所占的比例相对较多，分别为 25.58%、22.79%；其次为草甸土、棕壤、暗棕壤和白浆土，它们在同土类中所占的比例分别为 19.89%、19.53%、18.52% 和 17.61%（表 7-33）。

表 7-33　五等地主要土壤类型耕地面积与比例

土　类	面积（万 hm²）	占同土类比例（%）
黑土	121.83	25.58
黑钙土	84.54	22.79
暗棕壤	111.24	18.52
棕壤	43.03	19.53
草甸土	140.34	19.89
白浆土	56.90	17.61

3. 产量水平　黑土区五等地的平均产量为 7 092 kg/hm²。由表 7-34 可知，按统计量从低到高进行频数与频率统计，五等地的平均产量主要集中在 6 750～9 750 kg/hm²。若按提升一个质量等级平均产量计算，五等地提升到四等地，需提升约 476 kg/hm²，增产幅度约 6.71%。

表 7 - 34　黑土区五等地粮食产量频率分布

产量（kg/hm²）	频数	频率（%）	产量（kg/hm²）	频数	频率（%）
750～1 500	10	0.15	8 250～9 000	1 661	24.36
1 500～2 250	436	6.39	9 000～9 750	1 083	15.88
2 250～3 000	526	7.71	9 750～10 500	407	5.97
3 000～3 750	8	0.12	10 500～11 250	161	2.36
3 750～4 500	1	0.01	11 250～12 000	93	1.36
4 500～5 250	39	0.57	12 000～12 750	78	1.14
5 250～6 000	85	1.25	12 750～13 500	25	0.37
6 000～6 750	279	4.09	13 500～14 250	31	0.45
6 750～7 500	826	12.11	14 250～15 000	3	0.04
7 500～8 250	1 069	15.67	总计	6 821	100.00

（六）六等地

1. 区域分布　黑土区六等地面积共计 511.70 万 hm²，占黑土区耕地面积的 14.28%。六等地在长城沿线、黑龙江与吉林西部、松嫩平原、三江平原区分布较为集中。其中，黑龙江省六等地 280.07 万 hm²，占六等地总面积的 54.74%；黑龙江省农垦总局六等地 24.32 万 hm²，占 4.75%；吉林省六等地 62.07 万 hm²，占 12.13%；辽宁省六等地 46.53 万 hm²，占 9.09%；内蒙古东部三市一盟六等地 98.71 万 hm²，占 19.29%（表 7 - 35）。

表 7 - 35　黑土区六等地面积与比例

省（自治区、农垦总局）	市（区、管理局）	面积（万 hm²）	比例（%）	省（自治区、农垦总局）	市（区、管理局）	面积（万 hm²）	比例（%）
黑龙江省		280.07	54.74	黑龙江省农垦总局	牡丹江管理局	1.54	0.30
	大庆市	21.11	4.13		齐齐哈尔管理局	3.03	0.59
	哈尔滨市	54.97	10.75		绥化管理局	0.63	0.12
	鹤岗市	6.47	1.26	吉林省		62.07	12.13
	黑河市	17.43	3.41		白城市	16.93	3.31
	鸡西市	8.77	1.71		白山市	1.37	0.27
	佳木斯市	37.75	7.38		吉林市	4.97	0.97
	牡丹江市	23.79	4.65		辽源市	0.17	0.03
	七台河市	1.66	0.32		四平市	6.56	1.28
	齐齐哈尔市	52.50	10.26		松原市	23.65	4.63
	双鸭山市	18.57	3.63		通化市	2.89	0.56
	绥化市	31.31	6.12		延边朝鲜族自治州	4.34	0.85
	伊春市	5.74	1.12		长春市	1.19	0.23
黑龙江省农垦总局		24.32	4.75	辽宁省		46.53	9.09
	宝泉岭管理局	1.42	0.28		鞍山市	3.57	0.70
	北安管理局	6.99	1.36		本溪市	1.70	0.33
	红兴隆管理局	4.87	0.95		朝阳市	12.23	2.40
	建三江管理局	0.54	0.11		大连市	2.28	0.45
	九三管理局	5.30	1.04		丹东市	6.06	1.18

（续）

省 （自治区、农垦总局）	市（区、管理局）	面积 （万 hm²）	比例 （%）	省 （自治区、农垦总局）	市（区、管理局）	面积 （万 hm²）	比例 （%）
辽宁省	抚顺市	0.96	0.19	辽宁省	营口市	1.48	0.29
	阜新市	7.68	1.50	内蒙古东部三市一盟		98.71	19.29
	葫芦岛市	4.10	0.80		赤峰市	21.18	4.14
	锦州市	1.54	0.30		呼伦贝尔市	37.16	7.26
	辽阳市	2.63	0.51		通辽市	29.42	5.75
	盘锦市	0.01	0.00		兴安盟	10.95	2.14
	沈阳市	0.89	0.17	总计		511.70	100
	铁岭市	1.40	0.27				

　　六等地在市（区、管理局）分布上有很大的差异。六等地面积占全市（区、管理局）总耕地面积比例为20%～30%的有黑龙江省农垦总局的齐齐哈尔管理局、吉林省的白山市、辽宁省的丹东市、内蒙古东部三市一盟的通辽市等；比例为10%～20%的有黑龙江省农垦总局的九三管理局、辽宁省的阜新市、吉林省的白城市等；比例为0～10%的有吉林省的通化市、黑龙江省农垦总局的绥化管理局、辽宁省的大连市、内蒙古东部三市一盟的兴安盟等。

　　2. 耕地主要土壤类型　分析质量等级和土壤类型的关系不难发现，六等地分布的土类中，黑钙土、暗棕壤、草甸土在同土类中所占的比例相对较多，分别为19.10%、17.21%、14.97%；其次为黑土和白浆土，它们在同土类中所占的比例分别为12.07%、11.24%；棕壤相对较少（表7-36）。

表7-36　六等地主要土壤类型耕地面积与比例

土　类	面积（万 hm²）	占同土类比例（%）
黑土	57.50	12.07
黑钙土	70.82	19.10
暗棕壤	103.42	17.21
棕壤	20.92	9.50
草甸土	105.65	14.97
白浆土	36.33	11.24

　　3. 产量水平　黑土区六等地的平均产量为7 031 kg/hm²。由表7-37可知，按统计量从低到高进行频数与频率统计，六等地的平均产量主要集中在6 750～9 750 kg/hm²。若按提升一个质量等级平均产量计算，六等地提升到五等地，需提升约61 kg/hm²，增产幅度约0.87%。

表7-37　黑土区六等地粮食产量频率分布

产量（kg/hm²）	频数	频率（%）	产量（kg/hm²）	频数	频率（%）
750～1 500	8	0.16	8 250～9 000	742	14.69
1 500～2 250	253	5.01	9 000～9 750	606	12.00
2 250～3 000	345	6.83	9 750～10 500	232	4.59
3 000～3 750	8	0.16	10 500～11 250	174	3.44
3 750～4 500	1	0.02	11 250～12 000	85	1.68
4 500～5 250	28	0.55	12 000～12 750	68	1.35
5 250～6 000	59	1.17	12 750～13 500	28	0.55

（续）

产量（kg/hm²）	频数	频率（%）	产量（kg/hm²）	频数	频率（%）
6 000～6 750	415	8.21	13 500～14 250	37	0.73
6 750～7 500	675	13.36	14 250～15 000	4	0.08
7 500～8 250	1 284	25.42	总计	5 052	100.00

（七）七等地

1. 区域分布　黑土区七等地面积 324.82 万 hm²，占黑土区耕地面积的 9.06%。七等地在黑龙江省与吉林省西部分布最为集中，其他地区有零散分布。其中，黑龙江省七等地 151.83 万 hm²，占七等地总面积的 46.74%；黑龙江省农垦总局七等地 10.45 万 hm²，占 3.22%；吉林省七等地 36.70 万 hm²，占 11.30%；辽宁省七等地 32.01 万 hm²，占 9.85%；内蒙古东部三市一盟七等地 93.83 万 hm²，占 28.89%（表 7 - 38）。

表 7 - 38　黑土区七等地面积与比例

省（自治区、农垦总局）	市（区、管理局）	面积（万 hm²）	比例（%）	省（自治区、农垦总局）	市（区、管理局）	面积（万 hm²）	比例（%）
黑龙江省		151.83	46.74	吉林省	辽源市	0.02	0.01
	大庆市	7.85	2.42		四平市	4.80	1.48
	大兴安岭地区	0.66	0.20		松原市	9.34	2.87
	哈尔滨市	9.73	3.00		通化市	1.75	0.54
	鹤岗市	2.05	0.63		延边朝鲜族自治州	0.83	0.26
	黑河市	28.30	8.71		长春市	0.58	0.18
	鸡西市	9.52	2.93	辽宁省		32.01	9.85
	佳木斯市	21.98	6.77		鞍山市	1.00	0.31
	牡丹江市	17.06	5.25		本溪市	0.43	0.13
	七台河市	1.77	0.54		朝阳市	12.34	3.79
	齐齐哈尔市	32.47	10.00		大连市	0.74	0.23
	双鸭山市	11.73	3.61		丹东市	3.49	1.07
	绥化市	6.65	2.05		抚顺市	0.41	0.13
	伊春市	2.06	0.63		阜新市	9.93	3.06
黑龙江省农垦总局		10.45	3.22		葫芦岛市	0.84	0.26
	宝泉岭管理局	0.14	0.04		锦州市	1.13	0.35
	北安管理局	3.02	0.93		辽阳市	1.18	0.36
	红兴隆管理局	1.82	0.56		沈阳市	0.20	0.06
	建三江管理局	0.02	0.01		铁岭市	0.00	0.00
	九三管理局	2.76	0.85		营口市	0.32	0.10
	牡丹江管理局	1.17	0.36	内蒙古东部三市一盟		93.83	28.89
	齐齐哈尔管理局	1.11	0.34		赤峰市	27.66	8.52
	绥化管理局	0.41	0.13		呼伦贝尔市	27.60	8.50
吉林省		36.70	11.30		通辽市	24.67	7.59
	白城市	17.11	5.26		兴安盟	13.90	4.28
	白山市	1.20	0.37	总计		324.82	100
	吉林市	1.07	0.33				

七等地在市（区、管理局）分布上有很大的差异。七等地面积占全市（区、管理局）总耕地面积比例为20%～30%的有吉林省的白山市、辽宁省的朝阳市等；比例为10%～20%的有黑龙江省农垦总局的九三管理局、辽宁省的丹东市、吉林省的白城市等；比例为0～10%的有黑龙江省的鹤岗市、吉林省的四平市、黑龙江省农垦总局的红兴隆管理局、辽宁省的营口市等。

2. 耕地主要土壤类型　分析质量等级和土壤类型的关系不难发现，七等地分布的土类中，黑钙土和暗棕壤在同土类中所占的比例相对较多，分别为12.06%和10.15%；其次为草甸土，所占比例为9.70%；其余土类相对较少（表7-39）。

表7-39　七等地主要土壤类型耕地面积与比例

土　类	面积（万 hm²）	占同土类比例（%）
黑土	19.36	4.06
黑钙土	44.72	12.06
暗棕壤	60.98	10.15
棕壤	12.15	5.51
草甸土	68.45	9.70
白浆土	21.11	6.53

3. 产量水平　黑土区七等地的平均产量为6 587 kg/hm²。由表7-40可知，按统计量从低到高进行频数与频率统计，七等地的平均产量主要集中在6 000～9 750 kg/hm²。若按提升一个质量等级平均产量计算，七等地提升到六等地，需提升约444 kg/hm²，增产幅度约为6.74%。

表7-40　黑土区七等地粮食产量频率分布

产量（kg/hm²）	频数	频率（%）	产量（kg/hm²）	频数	频率（%）
750～1 500	9	0.27	8 250～9 000	383	11.51
1 500～2 250	250	7.51	9 000～9 750	333	10.01
2 250～3 000	218	6.55	9 750～10 500	138	4.15
3 000～3 750	5	0.15	10 500～11 250	90	2.71
3 750～4 500	3	0.09	11 250～12 000	72	2.16
4 500～5 250	39	1.17	12 000～12 750	38	1.14
5 250～6 000	68	2.04	12 750～13 500	8	0.24
6 000～6 750	566	17.02	13 500～14 250	8	0.24
6 750～7 500	749	22.52	14 250～15 000	1	0.03
7 500～8 250	349	10.49	总计	3 327	100.00

（八）八等地质量特征

1. 区域分布　黑土区八等地面积235.32万 hm²，占黑土区耕地面积的6.57%。八等地在长城沿线区和黑龙江省与吉林省西部分布较为集中。其中，黑龙江省八等地121.20万 hm²，占八等地总面积的51.51%；黑龙江省农垦总局八等地7.14万 hm²，占3.03%；吉林省八等地28.85万 hm²，占12.26%；辽宁省八等地19.19万 hm²，占8.15%；内蒙古东部三市一盟八等地58.94万 hm²，占25.05%（表7-41）。

表 7-41　黑土区八等地面积与比例

省（自治区、农垦总局）	市（区、管理局）	面积（万 hm²）	比例（%）	省（自治区、农垦总局）	市（区、管理局）	面积（万 hm²）	比例（%）
黑龙江省		121.20	51.51	吉林省	白城市	8.81	3.74
	大庆市	7.00	2.97		白山市	0.49	0.21
	大兴安岭地区	1.12	0.48		吉林市	0.44	0.19
	哈尔滨市	18.04	7.67		四平市	8.08	3.43
	鹤岗市	2.05	0.87		松原市	9.87	4.19
	黑河市	33.85	14.39		通化市	0.91	0.39
	鸡西市	0.99	0.42		延边朝鲜族自治州	0.25	0.11
	佳木斯市	24.11	10.25	辽宁省		19.19	8.15
	牡丹江市	5.46	2.32		鞍山市	0.39	0.17
	七台河市	1.91	0.81		本溪市	0.07	0.03
	齐齐哈尔市	19.79	8.41		朝阳市	8.33	3.54
	双鸭山市	0.27	0.11		大连市	0.01	0.00
	绥化市	4.72	2.01		丹东市	0.96	0.41
	伊春市	1.89	0.80		抚顺市	0.01	0.00
黑龙江省农垦总局		7.14	3.03		阜新市	9.21	3.91
	宝泉岭管理局	0.00	0.00		葫芦岛市	0.02	0.01
	北安管理局	3.81	1.62		辽阳市	0.18	0.08
	红兴隆管理局	0.01	0.00		铁岭市	0.01	0.00
	建三江管理局	0.30	0.13	内蒙古东部三市一盟		58.94	25.05
	九三管理局	1.49	0.63		赤峰市	25.23	10.73
	牡丹江管理局	0.02	0.01		呼伦贝尔市	11.26	4.78
	齐齐哈尔管理局	1.20	0.51		通辽市	17.42	7.40
	绥化管理局	0.31	0.13		兴安盟	5.03	2.14
吉林省		28.85	12.26	总计		235.32	100

　　八等地在市（区、管理局）分布上有很大的差异。八等地面积占全市（区、管理局）总耕地面积比例为 10%～20% 的有黑龙江省农垦总局的北安管理局、辽宁省的朝阳市、吉林省的白山市等；比例为 0～10% 的有黑龙江省的齐齐哈尔市、吉林省的松原市、黑龙江省农垦总局的齐齐哈尔管理局、辽宁省的丹东市等。

　　2. 耕地主要土壤类型　分析质量等级和土壤类型的关系不难发现，八等地分布的土类中，黑钙土在同土类中所占的比例相对较多，为 8.76%；其余土类相对较少（表 7-42）。

表 7-42　八等地主要土壤类型耕地面积与比例

土　类	面积（万 hm²）	占同土类比例（%）
黑土	7.91	1.66
黑钙土	32.48	8.76
暗棕壤	44.87	7.47
棕壤	3.89	1.76
草甸土	41.84	5.93
白浆土	16.06	4.97

3. 产量水平 黑土区八等地的平均产量为 6 321 kg/hm²。由表 7-43 可知，按统计量从低到高进行频数与频率统计，八等地的平均产量主要集中在 6 000～9 000 kg/hm²。若按提升一个质量等级平均产量计算，八等地提升到七等地，需提升约 266 kg/hm²，增产幅度约 4.21%。

表 7-43 黑土区八等地粮食产量频率分布

产量（kg/hm²）	频数	频率（%）	产量（kg/hm²）	频数	频率（%）
750～1 500	6	0.28	8 250～9 000	232	10.89
1 500～2 250	162	7.61	9 000～9 750	168	7.89
2 250～3 000	150	7.04	9 750～10 500	62	2.91
3 000～3 750	8	0.38	10 500～11 250	72	3.38
3 750～4 500	3	0.14	11 250～12 000	72	3.38
4 500～5 250	38	1.78	12 000～12 750	23	1.08
5 250～6 000	47	2.21	12 750～13 500	4	0.19
6 000～6 750	269	12.63	13 500～14 250	1	0.05
6 750～7 500	413	19.38	14 250～15 000	0	0.00
7 500～8 250	400	18.78	总计	2 130	100.00

（九）九等地

1. 区域分布 黑土区九等地面积 107.20 万 hm²，占黑土区耕地面积的 2.99%。九等地在长城沿线、大小兴安岭及黑龙江省与吉林省西部有较为集中分布，其他农业区少量零星分布。其中，黑龙江省九等地 58.53 万 hm²，占九等地总面积的 54.61%；黑龙江省农垦总局九等地 2.76 万 hm²，占 2.57%；吉林省九等地 18.69 万 hm²，占 17.42%；辽宁省九等地 2.96 万 hm²，占 2.76%；内蒙古东部三市一盟九等地 24.26 万 hm²，占 22.64%（表 7-44）。

表 7-44 黑土区九等地面积与比例

省（自治区、农垦总局）	市（区、管理局）	面积（万 hm²）	比例（%）	省（自治区、农垦总局）	市（区、管理局）	面积（万 hm²）	比例（%）
黑龙江省		58.53	54.61	黑龙江省农垦总局	红兴隆管理局	0.01	0.01
	大庆市	3.44	3.21		九三管理局	0.19	0.18
	大兴安岭地区	3.43	3.20		牡丹江管理局	0.01	0.01
	哈尔滨市	0.65	0.61		齐齐哈尔管理局	0.43	0.40
	鹤岗市	1.45	1.35		绥化管理局	0.04	0.04
	黑河市	21.42	19.98	吉林省		18.69	17.42
	鸡西市	0.42	0.39		白城市	7.07	6.60
	佳木斯市	13.42	12.53		白山市	0.17	0.16
	牡丹江市	2.78	2.59		吉林市	0.09	0.08
	七台河市	0.15	0.14		四平市	3.36	3.13
	齐齐哈尔市	10.26	9.57		松原市	7.82	7.28
	双鸭山市	0.01	0.01		通化市	0.15	0.14
	绥化市	0.20	0.19		延边朝鲜族自治州	0.03	0.03
	伊春市	0.90	0.84	辽宁省		2.96	2.76
黑龙江省农垦总局		2.76	2.57		本溪市	0.16	0.15
	北安管理局	2.08	1.93		朝阳市	1.42	1.32

（续）

省 （自治区、农垦总局）	市（区、管理局）	面积 （万 hm²）	比例 （%）	省 （自治区、农垦总局）	市（区、管理局）	面积 （万 hm²）	比例 （%）
辽宁省	丹东市	0.21	0.20		赤峰市	10.20	9.53
	抚顺市	0.20	0.19	内蒙古东部三市一盟	呼伦贝尔市	1.65	1.54
	阜新市	0.88	0.82		通辽市	8.00	7.46
	辽阳市	0.09	0.08		兴安盟	4.41	4.11
内蒙古东部三市一盟		24.26	22.64	总计		107.20	100

　　九等地在市（区、管理局）分布上有很大的差异。九等地面积占全市（区、管理局）总耕地面积比例为 40%～50% 的有黑龙江省的大兴安岭市；比例为 10%～20% 的有黑龙江省的黑河市；比例为 0～10% 的有吉林省的白城市、黑龙江省农垦总局的齐齐哈尔管理局、黑龙江省的大庆市、辽宁省的本溪市、内蒙古东部三市一盟的兴安盟等。

　　2. 耕地主要土壤类型　分析质量等级和土壤类型的关系不难发现，九等地分布的土类中，黑钙土、暗棕壤、草甸土分布相对较多，但所占比例也比较低；其余土类分布更少（表 7-45）。

表 7-45　九等地主要土壤类型耕地面积与比例

土　类	面积（万 hm²）	占同土类比例（%）
黑土	5.18	1.09
黑钙土	13.35	3.60
暗棕壤	20.44	3.40
棕壤	1.01	0.46
草甸土	23.56	3.34
白浆土	1.83	0.57

　　3. 产量水平　黑土区九等地的平均产量为 5 525 kg/hm²。由表 7-46 可知，按统计量从低到高进行频数与频率统计，九等地的平均产量主要集中在 6 000～9 000 kg/hm²。若按提升一个质量等级平均产量计算，九等地提升到八等地，需提升约 796 kg/hm²，增产幅度约 14.41%。

表 7-46　黑土区九等粮食产量频率分布

产量（kg/hm²）	频数	频率（%）	产量（kg/hm²）	频数	频率（%）
750～1 500	4	0.35	8 250～9 000	116	10.02
1 500～2 250	104	8.98	9 000～9 750	43	3.71
2 250～3 000	120	10.36	9 750～10 500	20	1.73
3 000～3 750	1	0.09	10 500～11 250	26	2.25
3 750～4 500	0	0.00	11 250～12 000	24	2.07
4 500～5 250	24	2.07	12 000～12 750	11	0.95
5 250～6 000	44	3.80	12 750～13 500	3	0.26
6 000～6 750	323	27.88	13 500～14 250	0	0.00
6 750～7 500	86	7.43	14 250～15 000	1	0.09
7 500～8 250	208	17.96	总计	1 158	100.00

　　（十）十等地

　　1. 区域分布　黑土区十等地面积 86.53 万 hm²，占黑土区耕地面积的 2.42%。十等地在大小兴安岭区和长城沿线区分布稍微集中，其他农业区也有少量分布。其中，黑龙江省十等地 27.06 万 hm²，占十等地总面积的 31.27%；黑龙江省农垦总局十等地 0.63 万 hm²，占 0.73%；吉林省十等地 28.59 万 hm²，占 33.05%；辽宁省十等地 0.93 万 hm²，占 1.07%；内蒙古东部三市一盟十等地 29.32 万 hm²，占 33.88%（表 7-47）。

表 7-47　黑土区十等地面积与比例

省（自治区、农垦总局）	市（区、管理局）	面积（万 hm²）	比例（%）	省（自治区、农垦总局）	市（区、管理局）	面积（万 hm²）	比例（%）
黑龙江省		27.06	31.27	吉林省		28.59	33.05
	大庆市	6.35	7.33		白城市	21.91	25.33
	大兴安岭地区	2.66	3.07		白山市	0.06	0.07
	鹤岗市	0.04	0.05		吉林市	0.03	0.03
	黑河市	13.48	15.58		四平市	0.10	0.12
	鸡西市	0.19	0.22		松原市	6.49	7.50
	佳木斯市	1.39	1.61	辽宁省		0.93	1.07
	牡丹江市	0.29	0.34		朝阳市	0.90	1.04
	七台河市	0.87	1.01		阜新市	0.03	0.03
	齐齐哈尔市	1.50	1.73	内蒙古东部三市一盟		29.32	33.88
	绥化市	0.01	0.01		赤峰市	8.63	9.97
	伊春市	0.28	0.32		呼伦贝尔市	0.36	0.42
黑龙江省农垦总局		0.63	0.73		通辽市	16.65	19.24
	北安管理局	0.48	0.56		兴安盟	3.68	4.25
	齐齐哈尔管理局	0.06	0.07	总计		86.53	100
	绥化管理局	0.09	0.10				

十等地在市（区、管理局）分布上有很大的差异。十等地面积占全市（区、管理局）总耕地面积比例为 30%～40% 的有黑龙江省的大兴安岭市；比例为 20%～30% 的有吉林省的白城市；比例为 10%～20% 的有内蒙古东部三市一盟的通辽市；比例为 0～10% 的有黑龙江省的大庆市、吉林省的白山市、黑龙江省农垦总局的齐齐哈尔管理局、辽宁省的朝阳市、内蒙古东部三市一盟的呼伦贝尔市等。

2. 耕地主要土壤类型　分析质量等级和土壤类型的关系不难发现，十等地分布的土类中，黑钙土在同土类中所占的比例相对较多，但仅占 3.13%；其余土类分布更少（表 7-48）。

表 7-48　十等地主要土壤类型耕地面积与比例

土　类	面积（万 hm²）	占同土类比例（%）
黑土	0.51	0.11
黑钙土	11.59	3.13
暗棕壤	13.43	2.24
棕壤	0.09	0.04
草甸土	18.70	2.65
白浆土	1.41	0.44

3. 产量水平　黑土区十等地的平均产量为 5 256 kg/hm²。由表 7-49 可知，按统计量从低到高进行频数与频率统计，十等地的平均产量主要集中 6 000～8 250 kg/hm²。若按提升一个质量等级平均产量计算，十等地提升到九等地，需提升约 269 kg/hm²，增产幅度约 5.12%。

表 7 - 49　黑土区十等粮食产量频率分布

产量（kg/hm²）	频数	频率（%）	产量（kg/hm²）	频数	频率（%）
750～1 500	1	0.12	8 250～9 000	57	6.88
1 500～2 250	65	7.84	9 000～9 750	21	2.53
2 250～3 000	54	6.51	9 750～10 500	32	3.86
3 000～3 750	0	0.00	10 500～11 250	29	3.50
3 750～4 500	21	2.53	11 250～12 000	14	1.69
4 500～5 250	26	3.14	12 000～12 750	9	1.09
5 250～6 000	77	9.29	12 750～13 500	3	0.36
6 000～6 750	199	24.01	13 500～14 250	6	0.72
6 750～7 500	119	14.35	14 250～15 000	1	0.12
7 500～8 250	95	11.46	总计	829	100.00

第三节　耕地土壤有机质及主要营养元素

土壤有机质及主要营养元素是作物生长发育所必需的物质基础，其含量直接影响作物生长发育及产量与品质。土壤有机质及主要营养元素状况是土壤肥力的核心内容，是土壤生产力的物质基础，农业生产上通常以耕层土壤养分含量作为衡量土壤肥力的主要依据。通过对黑土区耕地土壤有机质及主要营养元素状况分析测定评价，以期为该区域作物科学施肥制度建立、高产高效及环境安全、实现可持续发展提供技术支撑。

通过对评价区域土壤有机质及主要营养元素进行数理统计分析，根据各指标数据的分布得到了其分布的频率。同时，参考相关已有的分级标准，并结合当前区域土壤养分的实际状况、丰缺指标和生产需求，确定科学合理的养分分级标准。

一、土壤有机质

有机质是土壤的重要组成部分。一般来说，土壤有机质含量的多少，是土壤肥力高低的一个重要指标。有机质在土壤肥力上的作用是多方面的。它不仅含有作物生长所需的各种营养元素，是土壤微生物生命活动的能源，而且通过影响土壤物理、化学和生物学性质而改善土壤肥力特征。土壤有机质与土壤发生演变、肥力水平和诸多属性密切相关，而且对于土壤结构的形成、熟化，改善土壤物理性质，调节水肥气热状况也起着重要作用，是评价耕地地力的重要指标。

（一）黑土区土壤有机质含量及分布

黑土区 0～20 cm 耕层土壤（土壤样品 36 372 个）平均有机质含量为 30.56 g/kg（图 7 - 4）。黑

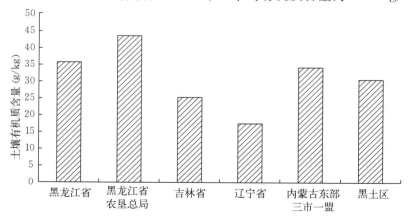

图 7 - 4　黑土区耕层土壤有机质平均含量分析

龙江省农垦总局土壤有机质含量最高，平均有机质含量为 43.63 g/kg；黑龙江省和内蒙古东部三市一盟次之，平均有机质含量分别为 35.76 g/kg 和 34.20 g/kg；第三为吉林省，平均有机质含量为 25.24 g/kg；辽宁省有机质含量最低，平均为 17.48 g/kg。

（二）土壤有机质含量与耕地主要土壤类型关系

黑土区耕地主要土壤类型有机质平均含量从大到小依次为暗棕壤＞黑土＞白浆土＞黑钙土＞草甸土＞棕壤（表 7-50）。其中，以暗棕壤土壤有机质含量最高，为 42.40 g/kg；黑土和白浆土土壤有机质含量次之，分别为 38.71 g/kg 和 37.17 g/kg；草甸土和棕壤土壤有机质含量平均值相对较低。

表 7-50　黑土区耕地主要土壤类型耕层土壤有机质含量分析

耕地主要土壤类型	点位数（个）	有机质含量（g/kg）		变异系数（%）
		平均值	标准差	
黑土	6 089	38.71	14.89	38.47
黑钙土	4 176	29.09	16.76	57.62
暗棕壤	3 294	42.40	17.65	41.63
棕壤	3 249	18.33	6.89	37.58
草甸土	8 762	28.21	15.72	55.72
白浆土	3 591	37.17	13.23	35.60

耕地主要土壤类型土壤有机质含量的变异系数均＞30%，其中以黑钙土、草甸土最大，分别为 57.62%、55.72%。

（三）土壤有机质含量变化情况

根据黑土区土壤有机质含量实际状况，参考相关已有的分级标准，确定科学合理的养分分级标准。本次评价将土壤有机质含量划分为 5 个水平，黑土区耕地土壤有机质含量分级面积与比例见图 7-5。

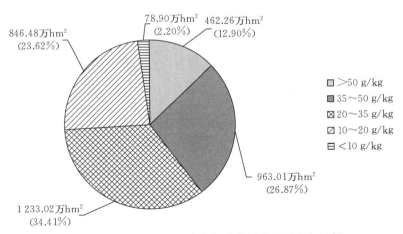

图 7-5　黑土区耕地土壤有机质含量分级面积与比例

土壤有机质含量＞50 g/kg 的面积共计 462.26 万 hm²，占全区耕地总面积的 12.90%；土壤有机质含量 35～50 g/kg 共 963.01 万 hm²，占全区耕地总面积 26.87%；土壤有机质含量 20～35 g/kg 分布最广，共计 1 233.02 万 hm²，占全区耕地总面积 34.41%；土壤有机质含量 10～20 g/kg 共 846.48 万 hm²，占全区耕地总面积 23.62%；有机质含量＜10 g/kg 分布面积最少，仅 78.90 万 hm²，占全区耕地总面积的 2.20%。

本次黑土区土壤有机质分级面积与 20 世纪 80 年代第二次土壤普查时对比结果见表 7-51。第二次土壤普查时，土壤有机质含量以＞40 g/kg 分布面积最广，占全区耕地总面积的 34.65%，20～

30 g/kg 水平次之，占全区耕地总面积的 22.41%；再次为 10～20 g/kg 和 30～40 g/kg，分别占全区耕地总面积的 19.83% 和 14.07%；分布面积最少的是 <10 g/kg 水平，占全区耕地总面积的 9.04%。本次调查土壤有机质水平在不同等级的分布发生了不同程度的变化，其中 30～40 g/kg 水平增加幅度最为显著，增加幅度为 11.15 个百分点；10～20 g/kg 水平也有所增加，增加幅度为 3.79 个百分点；>40 g/kg 和 <10 g/kg 水平分布面积所占比例显著下降，降低幅度分别为 6.54 个百分点和 6.84 个百分点；而 20～30 g/kg 水平分布面积变化相对较小。总体看来，在本次调查中，>40 g/kg 和 30～40 g/kg 水平有机质分布面积所占比例总和有了显著提升，提升 4.61%。

表 7 - 51　黑土区本次评价与第二次土壤普查时土壤有机质分级比较

有机质含量（g/kg）	第二次普查占总耕地比例（%）	本次评价占总耕地比例（%）
>40	34.65	28.11
30～40	14.07	25.22
20～30	22.41	20.85
10～20	19.83	23.62
<10	9.04	2.20

二、土壤全氮

土壤中的氮素可分为有机氮和无机氮，二者之和称为全氮。土壤中的氮素绝大部分以有机态氮存在，对于大多数的耕层土壤，有机氮占全氮的 90% 以上。有机氮又可以分为半分解的有机质、微生物躯体和腐殖质。有机氮大部分必须经过土壤微生物的转化作用变成无机氮，才能被作物吸收利用。无机氮主要包括铵态氮和硝态氮，有时有少量的亚硝态氮存在。我国耕地土壤的氮素含量不高，全氮量一般为 1.0～2.0 g/kg。其中，黑土区土壤中的氮素含量最高，全氮含量一般为 1.5～3.5 g/kg。

（一）黑土区土壤全氮含量及分布

黑土区 0～20 cm 耕层土壤（土壤样品 36 372 个）平均全氮含量为 1.66 g/kg（图 7 - 6）。黑龙江省农垦总局和黑龙江省含量最高，平均含量分别为 2.24 g/kg 和 1.90 g/kg；其次为内蒙古东部三市一盟和吉林省，平均含量分别为 1.54 g/kg 和 1.49 g/kg；辽宁省的全氮平均含量最低，为 1.01 g/kg。

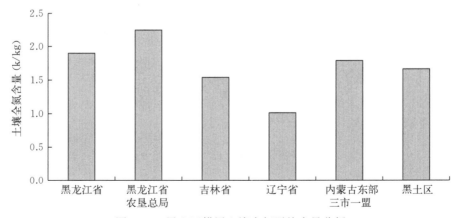

图 7 - 6　黑土区耕层土壤全氮平均含量分析

（二）土壤全氮含量与耕地主要土壤类型关系

黑土区耕地主要土壤类型全氮含量从大到小依次为暗棕壤>白浆土>黑土>黑钙土>草甸土>棕壤（表 7 - 52）。其中，暗棕壤和白浆土全氮平均含量最高，分别为 2.24 g/kg 和 2.01 g/kg；其他土壤类型的全氮平均含量分别为黑土（1.95 g/kg）、黑钙土（1.71 g/kg）、草甸土（1.56 g/kg）、棕壤

（1.03 g/kg）。耕地主要土壤类型全氮含量的变异系数最大的是草甸土，为52.34%。

表 7 - 52　黑土区耕地主要土壤类型耕层土壤全氮含量分析

耕地主要土壤类型	点位数（个）	全氮含量（g/kg）		变异系数（%）
		平均值	标准差	
黑土	6 089	1.95	0.77	39.53
黑钙土	4 176	1.71	0.83	48.60
暗棕壤	3 294	2.24	0.96	42.66
棕壤	3 249	1.03	0.35	34.23
草甸土	8 762	1.56	0.81	52.34
白浆土	3 591	2.01	0.73	36.32

（三）土壤全氮含量变化情况

根据黑土区全氮含量实际状况，参考相关已有的分级标准，确定科学合理的养分分级标准。本次评价将土壤全氮含量划分为5个水平，黑土区耕地土壤全氮含量分级面积与比例见图7-7。

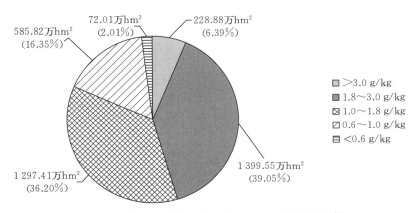

图 7 - 7　黑土区耕地土壤全氮含量分级面积与比例

土壤全氮含量＞3.0 g/kg 面积共 228.88 万 hm²，占全区耕地总面积的 6.39%；全氮含量 1.8～3.0 g/kg 面积共 1 399.55 万 hm²，占全区耕地总面积的 39.05%，为 5 个水平中分布最多的水平；全氮含量 1.0～1.8 g/kg 面积共 1 297.41 万 hm²，占全区耕地总面积 36.20%；全氮含量 0.6～1.0 g/kg 面积共 585.82 万 hm²，占全区耕地总面积的 16.35%；全氮含量＜0.6 g/kg 面积较少，全区共 72.01 万 hm²，仅占全区耕地总面积的 2.01%。

本次黑土区土壤全氮分级面积与 20 世纪 80 年代第二次土壤普查时对比结果见表 7 - 53。第二次土壤普查时，土壤全氮含量以＞2.0 g/kg 水平分布面积最大，占全区耕地总面积的 35.69%；其次为 1.0～1.5 g/kg 水平，占全区耕地总面积的 25.24%；再次为 1.5～2.0 g/kg 和＜0.75 g/kg，分别占

表 7 - 53　黑土区本次评价与第二次土壤普查时土壤全氮分级比较

全氮含量（g/kg）	第二次普查占总耕地比例（%）	本次评价占总耕地比例（%）
＞2.0	35.69	33.79
1.5～2.0	17.02	27.05
1.0～1.5	25.24	20.80
0.75～1.0	9.33	12.56
＜0.75	12.72	5.80

全区耕地总面积的 17.02％和 12.72％；分布面积较少的是 0.75～1.0 g/kg，占全区耕地总面积的 9.33％。本次调查 1.5～2.0 g/kg 水平分布面积所占比例增加最多，由原来的 17.02％增加为现在的 27.05％；0.75～1.0 g/kg 水平也有所增加，增加幅度为 3.23 个百分点；而＞2.0 g/kg、1.0～1.5 g/kg 和＜0.75 g/kg 水平所占比例均出现了不同程度的下降，下降幅度分别为 1.90 个百分点、4.44 个百分点和 6.92 个百分点。总体来看，＞2.0 g/kg 和 1.5～2.0 g/kg 水平全氮分布面积所占比例总和增加明显，增加 8.13％。

三、土壤有效磷

土壤有效磷是土壤中可被作物吸收的磷组分，包括全部水溶性磷、部分吸附态磷及有机态磷，有些土壤中还包括某些沉淀态磷。土壤磷素含量在一定程度上反映了土壤中磷素的储量和供应能力。土壤有效磷含量低于 3 mg/kg 时，土壤往往表现缺少有效磷。磷是作物必需的三大营养元素之一，而有效磷是土壤磷素养分供应水平的指标。

（一）黑土区土壤有效磷含量及分布

黑土区 0～20 cm 耕层土壤（土壤样品 36 372 个）平均有效磷含量为 28.50 mg/kg（图 7-8）。其中，黑龙江省土壤有效磷平均含量最高，为 34.91 mg/kg；内蒙古东部三市一盟有效磷平均含量最低，为 15.88 mg/kg；黑龙江省农垦总局、辽宁省以及吉林省有效磷含量平均值分别为 32.35 mg/kg、25.71 mg/kg 和 24.56 mg/kg。

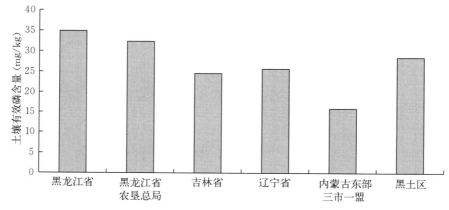

图 7-8　黑土区耕层土壤有效磷平均含量分析

（二）有效磷含量与耕地主要土壤类型关系

黑土区耕地主要土壤类型有效磷含量从大到小依次为黑土＞暗棕壤＞白浆土＞棕壤＞草甸土＞黑钙土（表 7-54）。黑土土壤有效磷含量最高，为 35.88 mg/kg；黑钙土含量最低，为 20.98 mg/kg。各土壤类型有效磷含量变异系数均较大。

表 7-54　黑土区耕地主要土壤类型耕层土壤有效磷含量分析

耕地主要土壤类型	点位数（个）	有效磷含量（mg/kg）		变异系数（％）
		平均值	标准差	
黑土	6 089	35.88	24.92	69.45
黑钙土	4 176	20.98	14.21	67.74
暗棕壤	3 294	33.80	26.06	77.08
棕壤	3 249	29.59	22.22	75.07
草甸土	8 762	28.07	23.28	82.93
白浆土	3 591	33.22	21.85	65.75

（三）土壤有效磷含量变化情况

根据黑土区土壤有效磷含量实际状况，参考相关已有的分级标准，确定科学合理的养分分级标准。本次评价将土壤有效磷含量划分为 5 个水平，黑土区耕地土壤有效磷含量分级面积与比例见图 7-9。

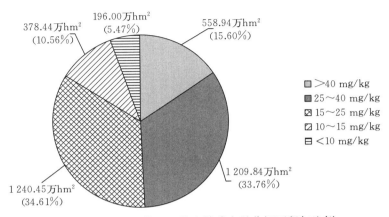

图 7-9　黑土区耕地土壤有效磷含量分级面积与比例

土壤有效磷含量 15～25 mg/kg 面积最多，共 1 240.45 万 hm²，占全区耕地总面积的 34.61%；有效磷含量 25～40 mg/kg 面积共 1 209.84 万 hm²，占全区耕地总面积的 33.76%；有效磷含量＞40 mg/kg 面积共 558.94 万 hm²，占全区耕地总面积的 15.60%；有效磷含量 10～15 mg/kg 面积共 378.44 万 hm²，占全区耕地总面积的 10.56%；有效磷含量＜10 mg/kg 面积较少，为 196.00 万 hm²，占全区耕地总面积的 5.47%。

本次黑土区土壤有效磷分级面积与 20 世纪 80 年代第二次土壤普查时对比结果见表 7-55。第二次土壤普查时，黑土区有效磷含量以 10～20 mg/kg 和 5～10 mg/kg 水平分布面积最多，分别占全区耕地总面积的 26.39% 和 23.80%；其次为 3～5 mg/kg 和 20～40 mg/kg，分别占耕地总面积的 18.65% 和 15.02%；分布较少的是＞40 mg/kg 和＜3 mg/kg，分别占耕地总面积的 9.21% 和 6.93%。本次调查土壤有效磷含量提升效果明显，其中 20～40 mg/kg 水平增加幅度最为显著，增加幅度为 39.32 个百分点，成为分布面积最大的级别。另外，本次调查土壤有效磷含量＜3 mg/kg 分布面积极少，主要集中分布在＞40 mg/kg、20～40 mg/kg 和 10～20 mg/kg 水平。

表 7-55　黑土区本次评价与第二次土壤普查时土壤有效磷分级比较

级　别	第二次普查占总耕地比例（%）	本次评价占总耕地比例（%）
＞40 mg/kg	9.21	16.39
20～40 mg/kg	15.02	54.34
10～20 mg/kg	26.39	25.48
5～10 mg/kg	23.80	3.55
3～5 mg/kg	18.65	0.24
＜3 mg/kg	6.93	0.00

四、土壤速效钾

土壤交换性钾是指由静电引力而吸附于土壤胶体表面并能被加入土壤中的盐溶液的阳离子在短时间内交换的那部分钾。作物一般从土壤中吸收水溶性钾，但交换性钾可以很快与水溶性钾达到平衡。因此，速效钾包括交换性钾和水溶性钾。土壤速效钾一般占全钾的 1%～2%，可以被当季作物吸收利用，是最能反映土壤供钾能力的指标之一，同时也是反映土壤肥力的标志之一。

（一）黑土区土壤速效钾含量及分布

黑土区 0～20 cm 耕层土壤（土壤样品 36 372 个）平均速效钾含量为 146.89 mg/kg（图 7-10）。总体来看，不同黑土区土壤速效钾平均含量存在一定差异。黑龙江省农垦总局最高，为 181.49 mg/kg；辽宁省最低，为 108.64 mg/kg；其他各黑土区平均含量为 126.58～165.71 mg/kg。

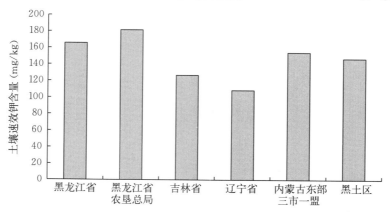

图 7-10　黑土区耕层土壤速效钾平均含量分析

（二）土壤速效钾与耕地主要土壤类型关系

耕地主要土壤类型的耕层土壤速效钾平均含量以黑土最高，棕壤最低。土壤速效钾平均含量水平从大到小依次为黑土＞黑钙土＞暗棕壤＞草甸土＞白浆土＞棕壤（表 7-56）。耕地主要土壤类型速效钾含量变异系数范围为 39.80%～49.43%，以草甸土最大，黑钙土最小。

表 7-56　黑土区耕地主要土壤类型耕层土壤速效钾含量分析

耕地主要土壤类型	点位数（个）	速效钾含量（mg/kg）		变异系数（%）
		平均值	标准差	
黑土	6 089	180.18	74.99	41.62
黑钙土	4 176	169.53	67.48	39.80
暗棕壤	3 294	150.26	70.96	47.22
棕壤	3 249	100.15	42.10	42.04
草甸土	8 762	143.31	70.83	49.43
白浆土	3 591	141.23	69.15	48.97

（三）土壤速效钾含量变化情况

根据黑土区土壤速效钾含量实际状况，参考相关已有的分级标准，确定科学合理的养分分级标准。本次评价将土壤速效钾含量划分为 5 个水平，黑土区耕地土壤速效钾含量分级面积与比例见图 7-11。

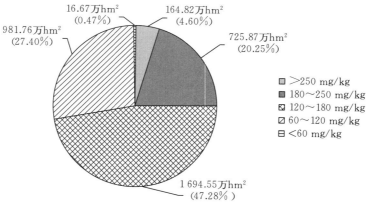

图 7-11　黑土区耕地土壤速效钾含量分级面积与比例

　　土壤速效钾含量＞250 mg/kg 面积共计 164.82 万 hm²，占全区耕地总面积的 4.60%；速效钾含量 180～250 mg/kg 面积共 725.87 万 hm²，占全区耕地总面积的 20.25%；速效钾含量120～180 mg/kg 面积最多，共 1 694.55 万 hm²，占全区耕地总面积的 47.28%；速效钾含量 60～120 mg/kg 面积共 981.76 万 hm²，占全区耕地总面积的 27.40%；速效钾含量＜60 mg/kg 面积较少，共 16.67 万 hm²，占全区耕地总面积的 0.47%。

　　本次黑土区土壤速效钾分级面积与 20 世纪 80 年代第二次土壤普查时对比结果见表 7－57。第二次土壤普查时，黑土区速效钾含量以＞200 mg/kg 和 100～150 mg/kg 水平为主，分别占全区耕地总面积的 31.65% 和 31.67%；其次为 150～200 mg/kg，占全区耕地总面积的 20.10%；再次是 50～100 mg/kg，占全区耕地总面积的 14.15%；分布面积较少的是 30～50 mg/kg 和＜30 mg/kg，分别占全区耕地总面积的 1.69% 和 0.74%。本次调查显示，土壤速效钾不同水平发生了不同程度的变化，其中 150～200 mg/kg 和 100～150 mg/kg 水平分布面积所占比例增加显著，增加幅度分别为 5.37 个百分点和 14.13 个百分点；其他水平则出现了不同程度的下降，＞200 mg/kg、50～100 mg/kg、30～50 mg/kg 和＜30 mg/kg 水平下降幅度分别为 13.79 个百分点、3.37 个百分点、1.60 个百分点和 0.74 个百分点。

表 7－57　黑土区本次评价与第二次土壤普查时土壤速效钾分级面积比较

级　别	第二次普查占总耕地比例（%）	本次评价占总耕地比例（%）
＞200 mg/kg	31.65	17.86
150～200 mg/kg	20.10	25.47
100～150 mg/kg	31.67	45.80
50～100 mg/kg	14.15	10.78
30～50 mg/kg	1.69	0.09
＜30 mg/kg	0.74	0.00

五、土壤交换性钙

　　钙是作物生长所必需的中量元素，是构成植物细胞壁的成分之一。糖类和氨基酸的运输也与钙的作用关系密切。钙还是转化酶的构成成分之一。钙的形态可分为矿物态、非交换态、交换态、水溶态和有机态 5 种。土壤交换性钙含量对于了解土壤发生、发展、分类及土壤保肥保水的能力以及制定改良措施均有重要意义。

（一）黑土区土壤交换性钙含量及分布

　　黑土区 0～20 cm 耕层土壤（土壤样品 36 372 个）交换性钙平均含量为 17.74 cmol/kg（图 7－12）。

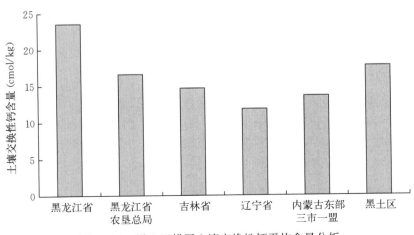

图 7－12　黑土区耕层土壤交换性钙平均含量分析

黑龙江省平均含量最高，平均为 23.57 cmol/kg；辽宁省交换性钙平均值最低，为 11.84 cmol/kg；黑龙江省农垦总局、吉林省和内蒙古东部三市一盟交换性钙平均值分别为 16.61 cmol/kg、14.69 cmol/kg 和 13.62 cmol/kg。

（二）交换性钙与耕地土壤类型关系

黑土区耕地主要土壤类型交换性钙含量从大到小依次为黑钙土＞黑土＞暗棕壤＞草甸土＞白浆土＞棕壤（表 7-58）。黑钙土交换性钙平均含量为 27.07 cmol/kg；棕壤平均含量最低，为 11.54 cmol/kg；其余土壤类型交换性钙含量则介于二者之间。

表 7-58 黑土区耕地主要土壤类型耕层土壤交换性钙含量分析

耕地主要土壤类型	点位数（个）	交换性钙含量（cmol/kg）		变异系数（%）
		平均值	标准差	
黑土	6 089	22.10	8.66	39.19
黑钙土	4 176	27.07	15.35	56.70
暗棕壤	3 294	17.74	7.64	43.08
棕壤	3 249	11.54	2.13	18.44
草甸土	8 762	17.22	9.92	57.61
白浆土	3 591	15.69	5.59	35.61

（三）土壤交换性钙含量变化情况

根据黑土区土壤交换性钙含量实际状况，参考相关已有的分级标准，确定科学合理的养分分级标准。本次评价将土壤交换性钙含量划分为 5 个水平，黑土区耕地土壤交换性钙含量分级面积与比例见图 7-13。

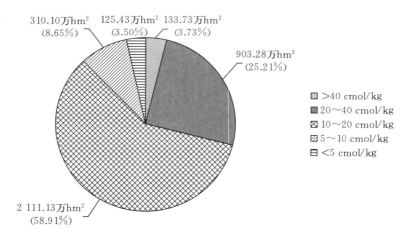

图 7-13 黑土区耕地土壤交换性钙含量分级面积与比例

土壤交换性钙含量＞40 cmol/kg 面积共 133.73 万 hm²，占全区耕地总面积的 3.73%；交换性钙含量 20～40 cmol/kg 面积共 903.28 万 hm²，占全区耕地总面积的 25.21%；交换性钙含量 10～20 cmol/kg 面积最多，共 2 111.13 万 hm²，占全区耕地总面积的 58.91%；交换性钙含量 5～10 cmol/kg 面积共 310.10 万 hm²，占全区耕地总面积的 8.65%；交换性钙含量＜5 cmol/kg 面积最少，共 125.43 万 hm²，占全区耕地总面积的 3.50%。

六、土壤交换性镁

土壤中镁的形态分为矿物态、非交换态、交换态、水溶态和有机复合态 5 种形态。作物吸收的镁主要来自土壤交换态镁，土壤交换态镁含量是评价镁素供应水平的主要指标，其含量的分布因成土母质、全镁含量、土壤类型、土壤理化性质等因素而异。我国土壤交换性镁含量分布特征是自北向南、自西向东呈逐渐降低的趋势，而剖面土壤交换性镁含量有随土壤层次加深呈现增加的趋势。

（一）黑土区土壤交换性镁含量及分布

黑土区 0～20 cm 耕层土壤（土壤样品 36 372 个）平均交换性镁含量为 4.23 cmol/kg。黑龙江省农垦总局交换性镁平均含量最高，为 8.57 cmol/kg；黑龙江省交换性镁平均含量次之，为 4.93 cmol/kg；吉林省交换性镁含量最低，为 2.25 cmol/kg；内蒙古东部三市一盟和辽宁交换性镁含量分别为 3.77 cmol/kg 和 3.08 cmol/kg（图 7 - 14）。

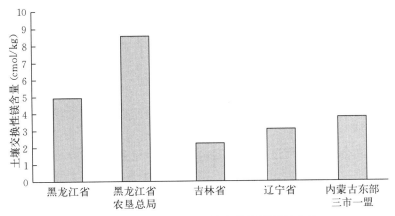

图 7 - 14　黑土区耕层土壤交换性镁平均含量

（二）土壤交换性镁与耕地主要土壤类型关系

黑土区耕地主要土壤类型交换性镁含量从大到小依次为白浆土＞黑土＞黑钙土＞暗棕壤＞草甸土＞棕壤（表 7 - 59）。其中，白浆土交换性镁平均含量最高，为 6.29 cmol/kg；变异系数也最大，为 135.43％。棕壤交换性镁平均含量最低，变异系数最小。

表 7 - 59　黑土区耕地主要土壤类型耕层土壤交换性镁含量

耕地主要土壤类型	点位数（个）	交换性镁含量（mg/kg）		变异系数（％）
		平均值	标准差	
黑土	6 089	5.41	3.82	70.69
黑钙土	4 176	4.23	2.59	61.41
暗棕壤	3 294	4.10	2.78	67.84
棕壤	3 249	2.98	0.58	19.47
草甸土	8 762	3.94	2.61	66.14
白浆土	3 591	6.29	8.52	135.43

（三）土壤交换性镁含量变化情况

根据黑土区土壤交换性镁含量实际状况，参考相关已有的分级标准，确定科学合理的养分分级标准。本次评价将黑土区土壤交换性镁划分为 5 个水平，黑土区耕地土壤交换性镁含量分级面积与比例见图 7 - 15。

土壤交换性镁含量＞6.0 cmol/kg 面积共 554.72 万 hm²，占全区耕地总面积的 15.48％；土壤交换性镁含量 4.0～6.0 cmol/kg 面积共 841.27 万 hm²，占全区耕地总面积的 23.48％；土壤交换性镁含量 2.5～4.0 cmol/kg 面积最大，共 1 292.96 万 hm²，占全区耕地总面积的 36.07％；土壤交换性镁含量 1.5～2.5 cmol/kg 面积共 716.25 万 hm²，占全区耕地总面积的 19.99％；土壤交换性镁含量＜1.5 cmol/kg 面积最少，共 178.47 万 hm²，占全区耕地总面积的 4.98％。

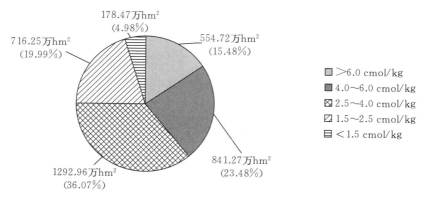

图 7-15　黑土区耕地土壤交换性镁含量分级面积与比例

七、土壤有效锌

锌作为作物生长必需的微量元素之一，是一些酶的重要组成成分。这些酶在缺锌的情况下活性会大大降低。绿色植物的光合作用，必须要有含锌的碳酸酐酶参与。它主要存在于叶绿体中，催化二氧化碳的水合作用，提高光合强度，促进糖类转化。锌能促进氮素代谢。缺锌植株体内的氮素代谢发生紊乱，造成氨的大量蓄积，抑制了蛋白质合成。植株的失绿现象在很大程度上与蛋白质合成受阻有关。施锌促进植株生长发育效果显著，并能增强抗病、抗寒能力，可防治水稻赤枯Ⅱ型病（即缺锌坐蔸症）、玉米花叶白苗病、柑橘小叶病，减轻小麦条锈病、大麦和冬黑麦坚黑穗病、冬黑麦秆黑粉病、向日葵白腐病和灰腐病，能增强玉米植株耐寒性。因此，锌在土壤中的含量及变化状况直接影响作物产量和产品品质。

（一）黑土区土壤有效锌含量及分布

黑土区 0～20 cm 耕层土壤（土壤样品 36 372 个）有效锌平均含量为 1.63 mg/kg。黑龙江省农垦总局平均有效锌含量最多，为 2.18 mg/kg；吉林省有效锌平均含量次之，为 2.10 mg/kg；内蒙古东部三市一盟有效锌含量最低，为 1.13 mg/kg；黑龙江省和辽宁省有效锌含量分别为 1.60 mg/kg 和 1.44 mg/kg（图 7-16）。

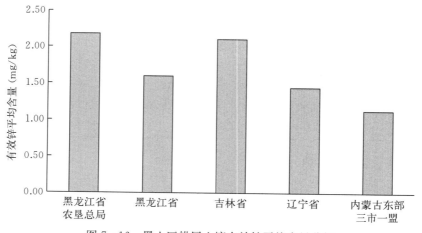

图 7-16　黑土区耕层土壤有效锌平均含量分析

（二）有效锌与耕地土壤类型关系

黑土区耕地主要土壤类型有效锌含量从大到小依次为白浆土＞暗棕壤＞黑土＞草甸土＞棕壤＞黑钙土（表 7-60）。白浆土的有效锌平均含量最高，为 2.35 mg/kg；黑钙土平均含量最低，为 1.43 mg/kg。各土壤类型变异系数均较大。

表7-60　黑土区耕地主要土壤类型有效锌含量分析

耕地主要土壤类型	点位数（个）	有效锌含量（mg/kg）		变异系数（%）
		平均值	标准差	
黑土	6 089	1.59	1.42	88.94
黑钙土	4 176	1.43	1.25	87.09
暗棕壤	3 294	1.90	1.99	104.97
棕壤	3 249	1.52	1.39	91.62
草甸土	8 762	1.54	1.47	95.57
白浆土	3 591	2.35	2.68	114.26

（三）有效锌含量变化情况

根据黑土区土壤有效锌含量实际状况，参考相关已有的分级标准，确定科学合理的养分分级标准。本次评价将土壤有效锌含量划分为5个水平，黑土区耕地土壤有效锌含量分级面积与比例见图7-17。

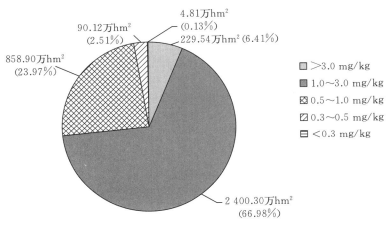

图7-17　黑土区耕地土壤有效锌含量分级面积与比例

土壤有效锌含量＞3.0 mg/kg面积共229.54万hm²，占全区耕地总面积的6.41%；土壤有效锌含量1.0～3.0 mg/kg面积最大，共2 400.30万hm²，占全区耕地总面积的66.98%；土壤有效锌含量0.5～1.0 mg/kg面积共858.90万hm²，占全区耕地总面积的23.97%；土壤有效锌含量0.3～0.5 mg/kg面积共90.12万hm²，占全区耕地总面积的2.51%；土壤有效锌含量＜0.3 mg/kg面积最少，共4.81万hm²，占全区耕地总面积的0.13%。

以吉林省为例，本次吉林省土壤有效锌分级面积与20世纪80年代第二次土壤普查时对比结果见表7-61。第二次土壤普查时，吉林省有效锌含量以0.5～1.0 mg/kg水平为主，占全区耕地总面积的0.06%；其次为含量＜0.3 mg/kg和1.0～3.0 mg/kg，均占全区耕地总面积的0.05%；分布较少

表7-61　吉林省本次评价与第二次土壤普查时土壤有效锌分级比较

有效锌含量（mg/kg）	第二次土壤普查占全区总耕地比例（%）	本次评价占全区总耕地比例（%）
＜0.3	0.05	0.00
0.3～0.5	0.04	0.01
0.5～1.0	0.06	0.95
1.0～3.0	0.05	13.55
＞3.0	0.01	1.78

的是含量＞3.00 mg/kg，占全区耕地总面积的 0.01％。本次调查土壤有效锌含量 1.0～3.0 mg/kg 面积显著增加，占全区耕地总面积的 13.55％，分布面积最多；但有效锌含量＜0.3 mg/kg 和 0.3～0.5 mg/kg 面积有所下降，含量 0.5～1.0 mg/kg 和＞3.0 mg/kg 有所上升。

第四节　其他耕地指标

一、土壤 pH

土壤 pH 指土壤酸碱度，又称土壤反应。土壤之所以有酸碱性，是因为土壤中存在少量的氢离子和氢氧根离子。当氢离子的浓度大于氢氧根离子的浓度时，土壤呈酸性；反之呈碱性；两者相等时则为中性。土壤 pH 主要取决于土壤溶液中氢离子的浓度，以 pH 表示。pH 小于 7，为酸性反应；pH 大于 7，为碱性反应。

（一）土壤 pH 分布情况

内蒙古东部三市一盟土壤 pH 均值最大，为 7.29，其中 pH 为 7.5～8.5 分布面积最大，为 245.36 万 hm²，占该区域耕地面积的 41.75％；其次是吉林省，均值为 6.72，其中 pH 为 7.5～8.5 分布面积最大，为 201.78 万 hm²，占该区域耕地面积的 34.56％；辽宁省 pH 均值排第三，为 6.60，其中 pH 为 5.5～6.5 分布面积最大，为 207.15 万 hm²，占该区域耕地面积的 41.32％；黑龙江省 pH 均值排第四，为 6.42，其中 pH 为 5.5～6.5 分布面积最大，为 891.27 万 hm²，占该区域耕地面积的 54.90％；黑龙江省农垦总局 pH 均值最低，为 5.90，其中 pH 为 5.5～6.5 分布面积最大，为 216.77 万 hm²，占该区域耕地面积的 75.41％。黑土区耕地土壤 pH 分布和分级比例情况分别见图 7-18、表 7-62。

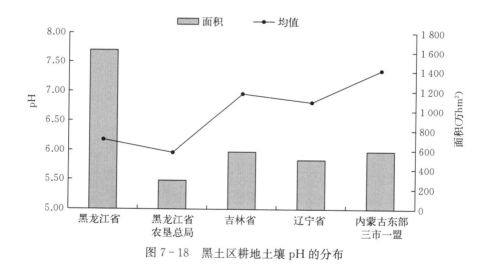

图 7-18　黑土区耕地土壤 pH 的分布

表 7-62　黑土区不同 pH 级别的耕地面积统计

省（自治区、农垦总局）	pH 分级	pH 均值	面积（万 hm²）	比例（％）
黑龙江省	＞8.5	8.67	3.08	0.19
	7.5～8.5	7.88	157.43	9.70
	6.5～7.5	6.85	424.54	26.15
	5.5～6.5	5.98	891.27	54.90
	＜5.5	5.12	147.00	9.06
均值/汇总		6.42	1 623.32	100.00

（续）

省（自治区、农垦总局）	pH 分级	pH 均值	面积（万 hm²）	比例（%）
黑龙江省农垦总局	>8.5	8.59	0.05	0.02
	7.5~8.5	7.94	12.66	4.41
	6.5~7.5	6.80	21.86	7.61
	5.5~6.5	5.89	216.77	75.41
	<5.5	5.29	36.07	12.55
均值/汇总		5.90	287.41	100.00
吉林省	>8.5	8.70	21.06	3.61
	7.5~8.5	8.01	201.78	34.56
	6.5~7.5	7.00	94.65	16.21
	5.5~6.5	5.93	191.35	32.76
	<5.5	5.15	75.08	12.86
均值/汇总		6.72	583.92	100.00
辽宁省	>8.5	8.63	2.93	0.58
	7.5~8.5	7.90	95.73	19.10
	6.5~7.5	6.92	176.62	35.23
	5.5~6.5	5.94	207.15	41.32
	<5.5	5.30	18.89	3.77
均值/汇总		6.60	501.32	100.00
内蒙古东部三市一盟	>8.5	8.64	59.73	10.16
	7.5~8.5	8.12	245.36	41.75
	6.5~7.5	6.96	102.20	17.39
	5.5~6.5	5.97	173.86	29.58
	<5.5	5.25	6.55	1.12
均值/汇总		7.29	587.70	100.00

（二）土壤 pH 分级与变化

根据黑土区 pH 状况，参考已有的分级标准，确定当前 pH 分级标准，将 pH 划分为 5 级。

pH>8.5 的面积全区共 86.85 万 hm²，占黑土区耕地面积的 2.42%（表 7-63）。其中，黑龙江省耕地面积为 3.08 万 hm²，占该区耕地面积的 0.19%，占全区该级耕地面积的 3.54%；黑龙江省农垦总局耕地面积为 0.05 万 hm²，占该区耕地面积的 0.02%，占全区该级耕地面积的 0.06%；吉林省耕地面积为 21.06 万 hm²，占该区耕地面积的 3.61%，占全区该级耕地面积的 24.25%；辽宁省耕地面积为 2.93 万 hm²，占该区耕地面积的 0.58%，占全区该级耕地面积的 3.37%；内蒙古东部三市一盟耕地面积为 59.73 万 hm²，占该区耕地面积的 10.16%，占全区该级耕地面积的 68.78%。

表 7-63 黑土区不同 pH 下的耕地面积统计

省（自治区、农垦总局）	项 目	pH				
		>8.5	7.5~8.5	6.5~7.5	5.5~6.5	<5.5
黑龙江省	耕地面积（万 hm²）	3.08	157.43	424.54	891.29	147.00
	占该区耕地（%）	0.19	9.70	26.15	54.90	9.06
	占全区该级耕地（%）	3.54	22.08	51.78	53.03	51.84

（续）

省（自治区、农垦总局）	项　目	pH				
		>8.5	7.5～8.5	6.5～7.5	5.5～6.5	<5.5
黑龙江省农垦总局	耕地面积（万 hm²）	0.05	12.66	21.86	216.76	36.07
	占该区耕地（%）	0.02	4.41	7.61	75.42	12.54
	占全区该级耕地（%）	0.06	1.78	2.67	12.90	12.72
吉林省	耕地面积（万 hm²）	21.06	201.78	94.65	191.35	75.08
	占该区耕地（%）	3.61	34.56	16.21	32.77	12.85
	占全区该级耕地（%）	24.25	28.30	11.54	11.39	26.47
辽宁省	耕地面积（万 hm²）	2.93	95.73	176.62	207.15	18.89
	占该区耕地（%）	0.58	19.10	35.23	41.32	3.77
	占全区该级耕地（%）	3.37	13.43	21.54	12.33	6.66
内蒙古东部三市一盟	耕地面积（万 hm²）	59.73	245.35	102.20	173.86	6.55
	占该区耕地（%）	10.16	41.75	17.39	29.58	1.12
	占全区该级耕地（%）	68.78	34.41	12.47	10.35	2.31
黑土区	耕地面积（万 hm²）	86.85	712.95	819.87	1 680.41	283.59
	占全区耕地（%）	2.42	19.89	22.88	46.89	7.92

　　pH 为 7.5～8.5 的面积全区共 712.95 万 hm²，占黑土区耕地面积的 19.89%。其中，黑龙江省耕地面积为 157.43 万 hm²，占该区耕地面积的 9.70%，占全区该级耕地面积的 22.08%；黑龙江省农垦总局耕地面积为 12.66 万 hm²，占该区耕地面积的 4.41%，占全区该级耕地面积的 1.78%；吉林省耕地面积为 201.78 万 hm²，占该区耕地面积的 34.56%，占全区该级耕地面积的 28.30%；辽宁省耕地面积为 95.73 万 hm²，占该区耕地面积的 19.10%，占全区该级耕地面积的 13.43%；内蒙古东部三市一盟耕地面积为 245.35 万 hm²，占该区耕地面积的 41.75%，占全区该级耕地面积的 34.41%。

　　pH 为 6.5～7.5 的面积全区共 819.87 万 hm²，占黑土区耕地面积的 22.88%。其中，黑龙江省耕地面积为 424.54 万 hm²，占该区耕地面积的 26.15%，占全区该级耕地面积的 51.78%；黑龙江省农垦总局耕地面积为 21.86 万 hm²，占该区耕地面积的 7.61%，占全区该级耕地面积的 2.67%；吉林省耕地面积为 94.65 万 hm²，占该区耕地面积的 16.21%，占全区该级耕地面积的 11.54%；辽宁省耕地面积为 176.62 万 hm²，占该区耕地面积的 35.23%，占全区该级耕地面积的 21.54%；内蒙古东部三市一盟耕地面积为 102.20 万 hm²，占该区耕地面积的 17.39%，占全区该级耕地面积的 12.47%。

　　pH 为 5.5～6.5 的面积全区共 1 680.41 万 hm²，占黑土区耕地面积的 46.89%。其中，黑龙江省耕地面积为 891.29 万 hm²，占该区耕地面积的 54.90%，占全区该级耕地面积的 53.03%；黑龙江省农垦总局耕地面积为 216.76 万 hm²，占该区耕地面积的 75.42%，占全区该级耕地面积的 12.90%；吉林省耕地面积为 191.35 万 hm²，占该区耕地面积的 32.77%，占全区该级耕地面积的 11.39%；辽宁省耕地面积为 207.15 万 hm²，占该区耕地面积的 41.32%，占全区该级耕地面积的 12.33%；内蒙古东部三市一盟耕地面积为 173.86 万 hm²，占该区耕地面积的 29.58%，占全区该级耕地面积的 10.35%。

　　pH<5.5 的面积全区共 283.59 万 hm²，占黑土区耕地面积的 7.92%。其中，黑龙江省耕地面积为 147.00 万 hm²，占该区耕地面积的 9.06%，占全区该级耕地面积的 51.84%；黑龙江省农垦总局耕地面积为 36.07 万 hm²，占该区耕地面积的 12.54%，占全区该级耕地面积的 12.72%；吉林省耕地面积为 75.08 万 hm²，占该区耕地面积的 12.85%，占全区该级耕地面积的 26.47%；辽

宁省耕地面积为 18.89 万 hm²，占该区耕地面积的 3.77%，占全区该级耕地面积的 6.66%；内蒙古东部三市一盟耕地面积为 6.55 万 hm²，占该区耕地面积的 1.12%，占全区该级耕地面积的 2.31%。

参照第二次土壤普查土壤 pH 的分级标准，对本次评价和第二次土壤普查 pH 进行对比分析。

针对吉林省，土壤 pH>9.0 的面积占第二次土壤普查面积的 0.50%，而本次评价没有在此 pH 范围内的土壤；土壤 pH 为 8.5~9.0 的面积占第二次土壤普查面积的 4.42%，而本次评价的面积占 3.61%；土壤 pH 为 7.5~8.5 的面积占第二次土壤普查面积的 36.90%，而本次评价的面积占 34.55%；土壤 pH 为 6.5~7.5 的面积占第二次土壤普查面积的 22.05%，而本次评价的面积占 16.21%；土壤 pH 为 5.5~6.5 的面积占第二次土壤普查面积的 25.58%，而本次评价的面积占 32.77%；土壤 pH 为 4.5~5.5 的面积占第二次土壤普查面积的 9.55%，而本次评价的面积占 12.84%；土壤 pH<4.5 的面积占第二次土壤普查面积的 1.00%，而本次评价的面积占 0.02%（表 7-64）。

表 7-64 本次评价与第二次土壤普查土壤 pH 分级面积比例

pH	省份	占本次评价面积的比例（%）	占第二次土壤普查面积的比例（%）
>9.0	吉林	—	0.50
	辽宁	—	—
8.5~9.0	吉林	3.61	4.42
	辽宁	0.58	0.58
7.5~8.5	吉林	34.55	36.90
	辽宁	19.10	41.66
6.5~7.5	吉林	16.21	22.05
	辽宁	35.23	29.27
5.5~6.5	吉林	32.77	25.58
	辽宁	41.32	28.47
4.5~5.5	吉林	12.84	9.55
	辽宁	3.77	0.02
<4.5	吉林	0.02	1.00
	辽宁	—	—

针对辽宁省，土壤 pH 为 8.5~9.0 的面积占第二次土壤普查和本次评价的面积均为 0.58%；土壤 pH 为 7.5~8.5 的面积占第二次土壤普查面积的 41.66%，而本次评价的面积占 19.10%；土壤 pH 为 6.5~7.5 的面积占第二次土壤普查面积的 29.27%，而本次评价的面积占 35.23%；土壤 pH 为 5.5~6.5 的面积占第二次土壤普查面积的 28.47%，而本次评价的面积占 41.32%；土壤 pH 为 4.5~5.5 的面积占第二次土壤普查面积的 0.02%，而本次评价的面积占 3.77%。

(三) 土壤 pH 与耕地土壤类型

土壤都是在特定的自然环境条件下形成的，由于不同类型的耕地土壤成土条件不同、人为影响的程度不同，土壤 pH 具有差异。黑土区主要耕地土壤类型有黑土、黑钙土、暗棕壤、棕壤、草甸土、栗钙土、白浆土、沼泽土、潮土、褐土和水稻土。

从全区来看，黑土 pH 的均值为 6.20。其中，pH 为 5.5~6.5 等级的面积最大，其面积为 301.06 万 hm²，其 pH 的均值为 5.98；其次是 pH 为 6.5~7.5 等级，其面积为 135.58 万 hm²，其 pH 的均值为 6.83；再次是 pH<5.5 等级，其面积为 26.65 万 hm²，其 pH 的均值为 5.24；面积最小的是 pH 为 7.5~8.5 等级，其面积为 13.00 万 hm²，其 pH 的均值为 7.72（表 7-65）。

表 7-65　黑土区耕地主要土壤类型各 pH 等级的面积统计

土类	pH 分级	pH 均值	面积（万 hm²）	比例（%）
黑土	7.5~8.5	7.72	13.00	2.73
	6.5~7.5	6.83	135.58	28.47
	5.5~6.5	5.98	301.06	63.21
	<5.5	5.24	26.65	5.59
均值/汇总		6.20	476.29	100.00
黑钙土	>8.5	8.68	5.13	1.39
	7.5~8.5	7.95	192.13	51.81
	6.5~7.5	7.09	113.19	30.52
	5.5~6.5	6.09	60.30	16.26
	<5.5	5.24	0.09	0.02
均值/汇总		7.53	370.84	100.00
暗棕壤	7.5~8.5	7.92	0.13	0.02
	6.5~7.5	6.75	79.26	13.19
	5.5~6.5	5.93	440.47	73.31
	<5.5	5.18	80.94	13.48
均值/汇总		5.91	600.80	100.00
棕壤	>8.5	8.64	0.38	0.17
	7.5~8.5	7.78	12.95	5.88
	6.5~7.5	6.86	62.72	28.46
	5.5~6.5	5.93	130.91	59.42
	<5.5	5.29	13.38	6.07
均值/汇总		6.26	220.34	100.00
草甸土	>8.5	8.67	14.80	2.10
	7.5~8.5	7.98	134.76	19.10
	6.5~7.5	6.90	160.72	22.76
	5.5~6.5	5.96	325.65	46.15
	<5.5	5.18	69.77	9.89
均值/汇总		6.70	705.70	100.00
白浆土	7.5~8.5	7.82	0.02	0.01
	6.5~7.5	6.70	58.14	18.00
	5.5~6.5	5.92	215.09	66.57
	<5.5	5.14	49.83	15.42
均值/汇总		5.84	323.08	100.00

从全区来看，黑钙土 pH 的均值为 7.53。其中，pH 为 7.5~8.5 等级的面积最大，其面积为 192.13 万 hm²，其 pH 的均值为 7.95；其次是 pH 为 6.5~7.5 等级，其面积为 113.19 万 hm²，其 pH 的均值为 7.09；再次是 pH 为 5.5~6.5 等级，其面积为 60.30 万 hm²，其 pH 的均值为 6.09；面积最小的是 pH<5.5 等级，其面积为 0.09 万 hm²，其 pH 的均值为 5.24。

从全区来看，暗棕壤 pH 的均值为 5.91。其中，pH 为 5.5～6.5 等级的面积最大，其面积为 440.47 万 hm²，其 pH 的均值为 5.93；其次是 pH 为<5.5 等级，其面积为 80.94 万 hm²，其 pH 的均值为 5.18；再次是 pH 为 6.5～7.5 等级，其面积为 79.26 万 hm²，其 pH 的均值为 6.75；面积最小的是 pH 为 7.5～8.5 等级，其面积为 0.13 万 hm²，其 pH 的均值为 7.92。

从全区来看，棕壤 pH 的均值为 6.26。其中，pH 为 5.5～6.5 等级的面积最大，其面积为 130.91 万 hm²，其 pH 的均值为 5.93；其次是 pH 为 6.5～7.5 等级，其面积为 62.72 万 hm²，其 pH 的均值为 6.86；再次是 pH<5.5 等级，其面积为 13.38 万 hm²，其 pH 的均值为 5.29；面积最小的是 pH>8.5 等级，其面积为 0.38 万 hm²，其 pH 的均值为 8.64。

从全区来看，草甸土 pH 的均值为 6.70。其中，pH 为 5.5～6.5 等级的面积最大，其面积为 325.65 万 hm²，其 pH 的均值为 5.96；其次是 pH 为 6.5～7.5 等级，其面积为 160.72 万 hm²，其 pH 的均值为 6.90；再次是 pH 为 7.5～8.5 等级，其面积为 134.76 万 hm²，其 pH 的均值为 7.98；面积最小的是 pH>8.5 等级，其面积为 14.80 万 hm²，其 pH 的均值为 8.67。

从全区来看，白浆土 pH 的均值为 5.84。其中，pH 为 5.5～6.5 等级的面积最大，其面积为 215.09 万 hm²，其 pH 的均值为 5.92；其次是 pH 为 6.5～7.5 等级，其面积为 58.14 万 hm²，其 pH 的均值为 6.70；再次是 pH<5.5 等级，其面积为 49.83 万 hm²，其 pH 的均值为 5.14；面积最小的是 pH 为 7.5～8.5 等级，其面积为 0.02 万 hm²，其 pH 的均值为 7.82。

二、灌排能力

灌排能力包括灌溉能力和排涝能力。灌排能力涉及灌排设施、灌排技术和灌排方式等。灌溉能力直接影响作物的长势和产量，尤其对干旱地区的耕地影响更大。在降水量极少的干旱、半干旱地区，有些农业需要完全依靠灌溉才能存在。然而，降水形成的地面积水影响作物正常生长，在雨水过多或过于集中的地区，健全的田间排水系统极其重要。

（一）灌排能力分布情况

1. 不同黑土区灌溉能力 从全区来看，灌溉能力充分满足的耕地面积有 919.02 万 hm²，基本满足的耕地面积有 291.70 万 hm²，不满足的耕地面积有 2 372.95 万 hm²。灌溉能力最高等级即充分满足的最大面积分布在黑龙江省，其面积为 358.44 万 hm²；最低等级即不满足的最大面积也分布在黑龙江省，其面积为 1 178.18 万 hm²。不同黑土区灌溉能力差异较大（图 7-19、表 7-66）。

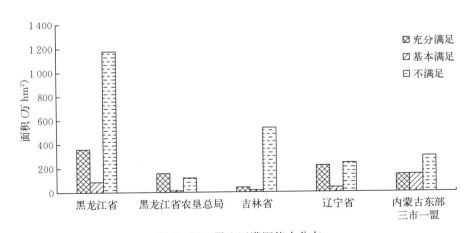

图 7-19　黑土区灌溉能力分布

从各黑土区来看，黑龙江省灌溉能力充分满足的面积为 358.44 万 hm²，占全区该等级的 39.00%；灌溉能力基本满足的面积为 86.71 万 hm²，占全区该等级的 29.72%；灌溉能力不满足的面积为 1 178.18万 hm²，占全区该等级的 49.65%。总体来看，黑龙江省灌溉能力面积最大的为不满足。

表 7-66　黑土区灌溉能力统计

省（自治区、农垦总局）	充分满足		基本满足		不满足	
	面积（万 hm²）	比例（%）	面积（万 hm²）	比例（%）	面积（万 hm²）	比例（%）
黑龙江省	358.44	39.00	86.71	29.72	1 178.18	49.65
黑龙江省农垦总局	156.44	17.02	12.55	4.30	118.42	4.99
吉林省	39.79	4.33	7.52	2.58	536.60	22.61
辽宁省	220.28	23.97	38.84	13.32	242.19	10.21
内蒙古东部三市一盟	144.07	15.68	146.08	50.08	297.56	12.54
黑土区	919.02	100.00	291.70	100.00	2 372.95	100.00

黑龙江省农垦总局灌溉能力充分满足的面积为 156.44 万 hm²，占全区该等级的 17.02%；灌溉能力基本满足的面积为 12.55 万 hm²，占全区该等级的 4.30%；灌溉能力不满足的面积为 118.42 万 hm²，占全区该等级的 4.99%。总体来看，黑龙江省农垦总局灌溉能力面积最大的为充分满足。

吉林省灌溉能力充分满足的面积为 39.79 万 hm²，占全区该等级的 4.33%；灌溉能力基本满足的面积为 7.52 万 hm²，占全区该等级的 2.58%；灌溉能力不满足的面积为 536.60 万 hm²，占全区该等级的 22.61%。总体来看，吉林省灌溉能力面积最大的为不满足。

辽宁省灌溉能力充分满足的面积为 220.28 万 hm²，占全区该等级的 23.97%；灌溉能力基本满足的面积为 38.84 万 hm²，占全区该等级的 13.32%；灌溉能力不满足的面积为 242.19 万 hm²，占全区该等级的 10.21%。总体来看，辽宁省灌溉能力面积最大的为不满足。

内蒙古东部三市一盟灌溉能力充分满足的面积为 144.07 万 hm²，占全区该等级的 15.68%；灌溉能力基本满足的面积为 146.08 万 hm²，占全区该等级的 50.08%；灌溉能力不满足的面积为 297.56 万 hm²，占全区该等级的 12.54%。总体来看，内蒙古东部三市一盟灌溉能力面积最大的为不满足。

综上所述，各黑土区（除黑龙江省农垦总局外）灌溉能力面积最大的均为不满足。可见，黑土区灌溉能力较低。

2. 不同黑土区排涝能力　从全区来看，排涝能力充分满足的耕地面积有 666.23 万 hm²，基本满足的耕地面积有 2 057.38 万 hm²，不满足的耕地面积有 860.06 万 hm²。排涝能力最高等级即充分满足的最大面积分布在内蒙古东部三市一盟，其面积为 315.02 万 hm²；最低等级即不满足的最大面积分布在黑龙江省，其面积为 468.60 万 hm²。不同黑土区排涝能力差异较大（图 7-20、表 7-67）。

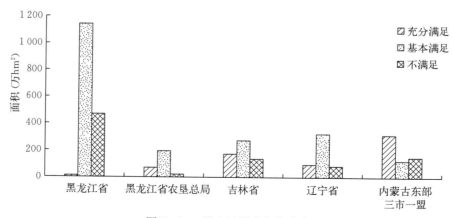

图 7-20　黑土区排涝能力分布

表 7-67　黑土区排涝能力统计

省（自治区、农垦总局）	充分满足		基本满足		不满足	
	面积（万 hm²）	比例（%）	面积（万 hm²）	比例（%）	面积（万 hm²）	比例（%）
黑龙江省	12.19	1.83	1 142.56	55.54	468.60	54.48
黑龙江省农垦总局	70.96	10.65	194.70	9.46	21.75	2.53
吉林省	173.32	26.01	273.38	13.29	137.20	15.95
辽宁省	94.74	14.22	323.43	15.72	83.15	9.67
内蒙古东部三市一盟	315.02	47.29	123.31	5.99	149.36	17.37
黑土区	666.23	100.00	2 057.38	100.00	860.06	100.00

从各黑土区来看，黑龙江省排涝能力充分满足的面积为 12.19 万 hm²，占全区该等级的 1.83%；排涝能力基本满足的面积为 1 142.56 万 hm²，占全区该等级的 55.54%；排涝能力不满足的面积为 468.60 万 hm²，占全区该等级的 54.48%。总体来看，黑龙江省排涝能力面积最大的为基本满足。

黑龙江省农垦总局排涝能力充分满足的面积为 70.96 万 hm²，占全区该等级的 10.65%；排涝能力基本满足的面积为 194.70 万 hm²，占全区该等级的 9.46%；排涝能力不满足的面积为 21.75 万 hm²，占全区该等级的 2.53%。总体来看，黑龙江省农垦总局排涝能力面积最大的为基本满足。

吉林省排涝能力充分满足的面积为 173.32 万 hm²，占全区该等级的 26.01%；排涝能力基本满足的面积为 273.38 万 hm²，占全区该等级的 13.29%；排涝能力不满足的面积为 137.20 万 hm²，占全区该等级的 15.95%。总体来看，吉林省排涝能力面积最大的为基本满足。

辽宁省排涝能力充分满足的面积为 94.74 万 hm²，占全区该等级的 14.22%；排涝能力基本满足的面积为 323.43 万 hm²，占全区该等级的 15.72%；排涝能力不满足的面积为 83.15 万 hm²，占全区该等级的 9.67%。总体来看，辽宁省排涝能力面积最大的为基本满足。

内蒙古东部三市一盟排涝能力充分满足的面积为 315.02 万 hm²，占全区该等级的 47.29%；排涝能力基本满足的面积为 123.31 万 hm²，占全区该等级的 5.99%；排涝能力不满足的面积为 149.36 万 hm²，占全区该等级的 17.37%。总体来看，内蒙古东部三市一盟排涝能力面积最大的为充分满足。

（二）灌溉能力与耕地土壤类型

从不同土类来看，灌溉能力充分满足以白浆土面积最大，其面积为 162.33 万 hm²，占黑土区灌溉能力充分满足耕地面积的 17.66%；其次是草甸土，其面积为 157.21 万 hm²，占黑土区灌溉能力充分满足耕地面积的 17.11%（表 7-68）。

表 7-68　黑土区耕地主要土壤类型灌溉能力

土类	充分满足		基本满足		不满足	
	面积（万 hm²）	比例（%）	面积（万 hm²）	比例（%）	面积（万 hm²）	比例（%）
黑土	42.90	4.67	7.87	2.70	425.52	17.93
黑钙土	27.19	2.96	68.15	23.36	275.50	11.61
暗棕壤	104.76	11.40	22.68	7.78	473.36	19.95
棕壤	67.13	7.30	18.05	6.19	135.16	5.70
草甸土	157.21	17.11	58.82	20.17	489.67	20.64
白浆土	162.33	17.66	0.92	0.32	159.83	6.74

灌溉能力基本满足以黑钙土面积最大，其面积为 68.15 万 hm²，占黑土区灌溉能力基本满足耕地面积的 23.36%；其次是草甸土，其面积为 58.82 万 hm²，占黑土区灌溉能力基本满足耕地面积的 20.17%。

灌溉能力不满足以草甸土面积最大，其面积为 489.67 万 hm²，占黑土区灌溉能力不满足耕地面积的 20.64%；其次是暗棕壤，其面积为 473.36 万 hm²，占黑土区灌溉能力不满足耕地面积的 19.95%。

（三）排涝能力与耕地土壤类型

从不同土类来看，排涝能力充分满足以黑钙土面积最大，其面积为 100.08 万 hm²，占黑土区排涝能力充分满足耕地面积的 15.02%；其次是草甸土，其面积为 69.27 万 hm²，占黑土区排涝能力充分满足耕地面积的 10.40%（表 7 - 69）。

表 7 - 69　黑土区耕地主要土壤类型排涝能力

土类	充分满足		基本满足		不满足	
	面积（万 hm²）	比例（%）	面积（万 hm²）	比例（%）	面积（万 hm²）	比例（%）
暗棕壤	43.89	6.59	399.68	19.43	157.23	18.28
白浆土	51.50	7.73	213.65	10.38	57.93	6.74
草甸土	69.27	10.40	415.66	20.20	220.77	25.67
黑钙土	100.08	15.02	158.74	7.72	112.02	13.02
黑土	27.62	4.15	343.94	16.72	104.73	12.18
棕壤	49.48	7.43	127.95	6.22	42.91	4.99

排涝能力基本满足以草甸土面积最大，其面积为 415.66 万 hm²，占黑土区排涝能力基本满足耕地面积的 20.20%；其次是暗棕壤，其面积为 399.68 万 hm²，占黑土区排涝能力基本满足耕地面积的 19.43%；黑土排第三，其面积为 343.94 万 hm²，占黑土区排涝能力基本满足耕地面积的 16.72%。

排涝能力不满足以草甸土面积最大，其面积为 220.77 万 hm²，占黑土区排涝能力不满足耕地面积的 25.67%；其次是暗棕壤，其面积为 157.23 万 hm²，占黑土区排涝能力不满足耕地面积的 18.28%；黑钙土排第三，其面积为 112.02 万 hm²，占黑土区排涝能力不满足耕地面积的 13.02%。

三、有效土层厚度

有效土层厚度是指土壤层和松散母质层之和。依据满足作物生长对土壤土层深度的要求，将耕地有效土层厚度分为 3 个级别，分别为<30 cm、30～60 cm 和>60 cm。

（一）有效土层厚度分布情况

不同黑土区以辽宁省有效土层较厚，平均为 106.77 cm；吉林省次之，有效土层厚度平均为 72.67 cm；黑龙江省农垦总局排第三，有效土层厚度平均为 50.91 cm；内蒙古东部三市一盟排第四，有效土层厚度平均为 48.84 cm；黑龙江省有效土层厚度最低，平均为 32.32 cm（图 7 - 21、表 7 - 70）。

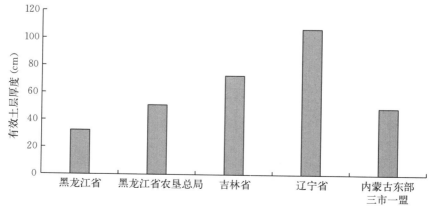

图 7 - 21　黑土区土壤平均有效土层厚度分布

表 7-70 黑土区土壤有效土层厚度面积统计

省（自治区、农垦总局）	有效土层厚分级	平均值（cm）	面积（万 hm²）	比例（%）
黑龙江省	<30 cm	23.90	698.69	43.04
	30～60 cm	44.11	914.88	56.36
	>60 cm	67.20	9.76	0.60
均值/汇总		32.32	1 623.33	100.00
黑龙江省农垦总局	<30 cm	27.53	24.00	8.35
	30～60 cm	44.65	204.73	71.23
	>60 cm	74.48	58.68	20.42
均值/汇总		50.91	287.41	100.00
吉林省	30～60 cm	52.16	90.99	15.58
	>60 cm	82.60	492.92	84.42
均值/汇总		72.67	583.91	100.00
辽宁省	30～60 cm	52.17	0.01	0.00
	>60 cm	107.75	501.30	100.00
均值/汇总		106.77	501.31	100.00
内蒙古东部三市一盟	<30 cm	25.15	92.80	15.79
	30～60 cm	49.10	353.88	60.21
	>60 cm	82.92	141.03	24.00
均值/汇总		48.84	587.71	100.00

（二）有效土层厚度分级

根据黑土区有效土层厚度状况，将有效土层厚度分为 3 级。全区耕地土层厚度分级与面积见表 7-71。

表 7-71 黑土区土壤有效土层厚度分级与面积

省（自治区、农垦总局）	项目	有效土层厚度分级		
		<30 cm	30～60 cm	>60 cm
黑龙江省	耕地面积（万 hm²）	698.69	914.88	9.76
	占该区耕地（%）	43.04	56.36	0.60
	占全区该级耕地（%）	85.68	58.47	0.81
黑龙江省农垦总局	耕地面积（万 hm²）	24.00	204.73	58.68
	占该区耕地（%）	8.35	71.23	20.42
	占全区该级耕地（%）	2.94	13.09	4.87
吉林省	耕地面积（万 hm²）	—	90.99	492.92
	占该区耕地（%）	—	15.58	84.42
	占全区该级耕地（%）	—	5.82	40.95
辽宁省	耕地面积（万 hm²）	—	0.01	501.30
	占该区耕地（%）	—	—	100.00
	占全区该级耕地（%）	—	—	41.65
内蒙古东部三市一盟	耕地面积（万 hm²）	92.80	353.88	141.03
	占该区耕地（%）	15.79	60.21	24.00
	占全区该级耕地（%）	11.38	22.62	11.72

（续）

省（自治区、农垦总局）	项目	有效土层厚度分级		
		<30 cm	30～60 cm	>60 cm
黑土区	耕地面积（万 hm²）	815.49	1 564.49	1 203.69
	占全区该级耕地（%）	22.76	43.66	33.58

有效土层厚度<30 cm 的面积全区共 815.49 万 hm²，占黑土区该级耕地面积的 22.76%。其中，黑龙江省耕地面积为 698.69 万 hm²，占该区耕地面积的 43.04%，占全区该级耕地面积的 85.68%；黑龙江省农垦总局耕地面积为 24.00 万 hm²，占该区耕地面积的 8.35%，占全区该级耕地面积的 2.94%；内蒙古东部三市一盟耕地面积为 92.80 万 hm²，占该区耕地面积的 15.79%，占全区该级耕地面积的 11.38%。

有效土层厚度为 30～60 cm 的面积全区共 1 564.49 万 hm²，占黑土区该级耕地面积的 43.66%。其中，黑龙江省耕地面积为 914.88 万 hm²，占该区耕地面积的 56.36%，占全区该级耕地面积的 58.47%；黑龙江省农垦总局耕地面积为 204.73 万 hm²，占该区耕地面积的 71.23%，占全区该级耕地面积的 13.09%；吉林省耕地面积为 90.99 万 hm²，占该区耕地面积的 15.58%，占全区该级耕地面积的 5.82%；内蒙古东部三市一盟耕地面积为 353.88 万 hm²，占该区耕地面积的 60.21%，占全区该级耕地面积的 22.62%。

有效土层厚度>60 cm 面积全区共 1 203.69 万 hm²，占黑土区该级耕地面积的 33.58%。其中，黑龙江省耕地面积为 9.76 万 hm²，占该区耕地面积的 0.60%，占全区该级耕地面积的 0.81%；黑龙江省农垦总局耕地面积为 58.68 万 hm²，占该区耕地面积的 20.42%，占全区该级耕地面积的 4.87%；吉林省耕地面积为 492.92 万 hm²，占该区耕地面积的 84.42%，占全区该级耕地面积的 40.95%；辽宁省耕地面积为 501.30 万 hm²，占该区耕地面积的 100%，占全区该级耕地面积的 41.65%；内蒙古东部三市一盟耕地面积为 141.03 万 hm²，占该区耕地面积的 24.00%，占全区该级耕地面积的 11.72%。

（三）有效土层厚度与耕地土壤类型

由表 7-72 可以看出，不同土类以草甸土有效土层厚度最高，其有效土层厚度均值为 62.21 cm；暗棕壤的有效土层厚度最低，其有效土层厚度均值为 35.98 cm。

表 7-72　黑土区耕地主要土壤类型有效土层厚度

土类	有效土层厚分级	平均值（cm）	面积（万 hm²）	比例（%）
黑土	<30 cm	25.91	66.29	13.92
	30～60 cm	47.51	312.99	65.71
	>60 cm	86.29	97.01	20.37
均值/汇总		46.54	476.29	100.00
黑钙土	<30 cm	24.96	63.64	17.16
	30～60 cm	45.79	162.59	43.84
	>60 cm	83.63	144.61	39.00
均值/汇总		54.50	370.84	100.00
暗棕壤	<30 cm	22.64	238.61	39.71
	30～60 cm	47.42	265.53	44.20
	>60 cm	70.17	96.67	16.09
均值/汇总		35.98	600.80	100.00

（续）

土类	有效土层厚分级	平均值（cm）	面积（万 hm²）	比例（%）
棕壤	<30 cm	25.00	2.22	1.01
	30～60 cm	102.55	1.67	0.75
	>60 cm	101.31	216.46	98.24
均值/汇总		59.55	220.34	100.00
草甸土	<30 cm	25.18	191.31	27.11
	30～60 cm	44.68	366.76	51.97
	>60 cm	98.16	147.63	20.92
均值/汇总		62.21	705.70	100.00
白浆土	<30 cm	22.45	118.49	36.67
	30～60 cm	45.02	119.24	36.91
	>60 cm	75.23	85.35	26.42
均值/汇总		43.83	323.08	100.00

四、耕层厚度

耕层是经耕种熟化的表土层，一般厚度为 15～20 cm，养分含量比较丰富，作物根系最为密集，呈粒状、团粒状或碎块状结构。耕层常受农事活动干扰和外界自然因素的影响，其物理性质和速效养分含量的季节性变化较大。要获得作物高产，必须注重保护与培肥耕层土壤。

（一）耕层厚度分布情况

不同黑土区以辽宁省耕层较厚，平均为 25.45 cm；其次是黑龙江省农垦总局，耕层厚度平均为 25.27 cm；内蒙古东部三市一盟排第三，耕层厚度平均为 22.02 cm；吉林省排第四，耕层厚度平均为 19.54 cm；黑龙江省耕层厚度最低，平均为 18.7 cm（图 7-22）。

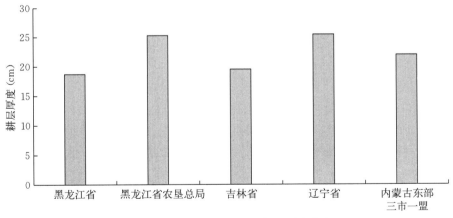

图 7-22　黑土区土壤平均耕层厚度分布

根据黑土区耕层厚度状况，将耕层厚度分为 4 级，分别为 10～15 cm、15～20 cm、20～25 cm 和 >25 cm。全区耕地耕层厚度分级与面积见表 7-73。

耕层厚度为 10～15 cm 的面积全区共 36.09 万 hm²，黑龙江省占 86.77%，吉林省占 9.22%，黑龙江省农垦总局占 2.29%，内蒙古东部三市一盟占 1.72%。黑龙江省耕层厚度为 10～15 cm 的面积 31.31 万 hm²，占该区耕地的 1.93%；吉林省耕层厚度为 10～15 cm 的面积 3.33 万 hm²，占该区耕地的 0.57%；黑龙江省农垦总局耕层厚度为 10～15 cm 的面积 0.83 万 hm²，占该区耕地的 0.29%；内蒙古东部三市一盟耕层厚度为 10～15 cm 的面积 0.62 万 hm²，占该区耕地的 0.11%。

表 7 - 73　黑土区土壤耕层厚度分级与面积

省（自治区、农垦总局）	项　目	耕层厚度分级			
		10～15 cm	15～20 cm	20～25 cm	>25 cm
黑龙江省	耕地面积（万 hm²）	31.31	1 088.12	441.80	62.10
	占该区耕地（%）	1.93	67.03	27.22	3.82
	占全区该级耕地（%）	86.77	67.54	31.01	12.15
黑龙江省农垦总局	耕地面积（万 hm²）	0.83	36.49	136.86	113.24
	占该区耕地（%）	0.29	12.69	47.62	39.40
	占全区该级耕地（%）	2.29	2.26	9.61	22.14
吉林省	耕地面积（万 hm²）	3.33	349.71	223.17	7.69
	占该区耕地（%）	0.57	59.89	38.22	1.32
	占全区该级耕地（%）	9.22	21.70	15.66	1.50
辽宁省	耕地面积（万 hm²）	—	0.16	237.56	263.60
	占该区耕地（%）	—	0.03	47.39	52.58
	占全区该级耕地（%）	—	0.01	16.67	51.53
内蒙古东部三市一盟	耕地面积（万 hm²）	0.62	136.82	385.38	64.88
	占该区耕地（%）	0.11	23.28	65.57	11.04
	占全区该级耕地（%）	1.72	8.49	27.05	12.68
黑土区	耕地面积（万 hm²）	36.09	1 611.30	1 424.77	511.51
	占全区该级耕地（%）	1.01	44.96	39.76	14.27

　　耕层厚度为 15～20 cm 的面积全区共 1 611.30 万 hm²，黑龙江省占 67.54%，吉林省占 21.70%，内蒙古东部三市一盟占 8.49%，黑龙江省农垦总局占 2.26%，辽宁省占 0.01%。黑龙江省耕层厚度为 15～20 cm 的面积 1 088.12 万 hm²，占该区耕地的 67.03%；吉林省耕层厚度为 15～20 cm 的面积 349.71 万 hm²，占该区耕地的 59.89%；黑龙江省农垦总局耕层厚度为 15～20 cm 的面积 36.49 万 hm²，占该区耕地的 12.69%；内蒙古东部三市一盟耕层厚度为 15～20 cm 的面积 136.82 万 hm²，占该区耕地的 23.28%；辽宁省耕层厚度为 15～20 cm 的面积 0.16 万 hm²，占该区耕地的 0.03%。

　　耕层厚度为 20～25 cm 的面积全区共 1 424.77 万 hm²，黑龙江省占 31.01%，吉林省占 15.66%，内蒙古东部三市一盟占 27.05%，黑龙江省农垦总局占 9.61%，辽宁省占 16.67%。黑龙江省耕层厚度为 20～25 cm 的面积 441.80 万 hm²，占该区耕地的 27.22%；吉林省耕层厚度为 20～25 cm 的面积 223.17 万 hm²，占该区耕地的 38.22%；黑龙江省农垦总局耕层厚度为 20～25 cm 的面积 136.86 万 hm²，占该区耕地的 47.62%；内蒙古东部三市一盟耕层厚度为 20～25 cm 的面积 385.38 万 hm²，占该区耕地的 65.57%；辽宁省耕层厚度为 20～25 cm 的面积 237.56 万 hm²，占该区耕地的 47.39%。

　　耕层厚度>25 cm 的面积全区共 511.51 万 hm²，黑龙江省占 12.15%，吉林省占 1.50%，内蒙古东部三市一盟占 12.68%，黑龙江省农垦总局占 22.14%，辽宁省占 51.53%。黑龙江省耕层厚度>25 cm 的面积 62.10 万 hm²，占该区耕地的 3.82%；吉林省耕层厚度>25 cm 的面积 7.69 万 hm²，占该区耕地的 1.32%；黑龙江省农垦总局耕层厚度>25 cm 的面积 113.24 万 hm²，占该区耕地的 39.40%；内蒙古东部三市一盟耕层厚度>25 cm 的面积 64.88 万 hm²，占该区耕地的 11.04%；辽宁省耕层厚度>25 cm 的面积 263.60 万 hm²，占该区耕地的 52.58%。

（二）耕层厚度与耕地土壤类型

　　由表 7 - 74 可以看出，不同土类以棕壤耕层厚度最高，其耕层厚度均值为 25.03 cm；其次是草甸土，其耕层厚度均值为 22.41 cm；黑钙土的耕层厚度最低，其耕层厚度均值为 19.44 cm。

表 7 - 74　黑土区耕地主要土壤类型耕层厚度

土类	耕层厚度分级	平均值（cm）	面积（万 hm²）	比例（%）
黑土	10~15 cm	14.37	0.12	0.03
	15~20 cm	18.54	249.08	52.30
	20~25 cm	23.79	174.71	36.67
	>25 cm	31.10	52.38	11.00
均值/汇总		20.71	476.29	100.00
黑钙土	10~15 cm	14.46	10.63	2.87
	15~20 cm	18.53	220.49	59.45
	20~25 cm	23.96	116.49	31.41
	>25 cm	29.62	23.24	6.27
均值/汇总		19.44	370.84	100.00
暗棕壤	10~15 cm	13.98	8.79	1.46
	15~20 cm	18.63	351.00	58.43
	20~25 cm	23.89	183.68	30.57
	>25 cm	29.54	57.33	9.54
均值/汇总		19.73	600.80	100.00
棕壤	15~20 cm	19.96	5.44	2.47
	20~25 cm	24.93	103.39	46.92
	>25 cm	30.07	111.51	50.61
均值/汇总		25.03	220.34	100.00
草甸土	10~15 cm	13.85	10.24	1.45
	15~20 cm	18.74	403.92	57.24
	20~25 cm	23.97	239.03	33.87
	>25 cm	32.28	52.52	7.44
均值/汇总		22.41	705.70	100.00
白浆土	10~15 cm	14.18	0.49	0.15
	15~20 cm	18.52	193.05	59.75
	20~25 cm	23.54	103.61	32.07
	>25 cm	28.83	25.93	8.03
均值/汇总		20.41	323.08	100.00

（三）耕层厚度与有效土层厚度

黑土区有效土层厚度在<30 cm 等级中，其耕层厚度在 10~15 cm 等级的面积为 23.42 万 hm²，占该等级的 2.87%；耕层厚度在 15~20 cm 等级的面积为 576.89 万 hm²，占该等级的 70.74%；耕层厚度在 20~25 cm 等级的面积为 208.58 万 hm²，占该等级的 25.58%；耕层厚度在>25 cm 等级的面积为 6.59 万 hm²，占该等级的 0.81%（表 7 - 75）。

有效土层厚度在 30~60 cm 等级中，其耕层厚度在 10~15 cm 等级的面积为 9.95 万 hm²，占该等级的 0.63%；耕层厚度在 15~20 cm 等级的面积为 761.70 万 hm²，占该等级的 48.69%；耕层厚度在 20~25 cm 等级的面积为 611.81 万 hm²，占该等级的 39.11%；耕层厚度在>25 cm 等级的面积为 181.04 万 hm²，占该等级的 11.57%。

表 7-75　黑土区不同有效土层厚度的耕层厚度分布情况

耕层厚度	有效土层厚度及所占比例					
	<30 cm		30～60 cm		>60 cm	
	面积（万 hm²）	比例（%）	面积（万 hm²）	比例（%）	面积（万 hm²）	比例（%）
10～15 cm	23.42	2.87	9.95	0.63	2.72	0.23
15～20 cm	576.89	70.74	761.70	48.69	336.26	27.93
20～25 cm	208.58	25.58	611.81	39.11	556.45	46.23
>25 cm	6.59	0.81	181.04	11.57	308.26	25.61
总计	815.48	100.00	1 564.50	100.00	1 203.69	100.00

有效土层厚度在>60 cm 等级中，其耕层厚度在 10～15 cm 等级的面积为 2.72 万 hm²，占该等级的 0.23%；耕层厚度在 15～20 cm 等级的面积为 336.26 万 hm²，占该等级的 27.93%；耕层厚度在 20～25 cm 等级的面积为 556.45 万 hm²，占该等级的 46.23%；耕层厚度在>25 cm 等级的面积为 308.26 万 hm²，占该等级的 25.61%。

五、剖面土体构型

土壤剖面是一个具体土壤的垂直断面。一个完整的土壤剖面应包括土壤形成过程中所产生的发生学层次以及母质层。不同类型的土壤具有不同形态的土壤剖面。土壤剖面可以表示土壤的外部特征，包括土壤的若干发生层次、颜色、质地、结构、新生体等。剖面土体构型就是指土壤剖面中不同质地土层的排列次序。

（一）剖面土体构型分布情况

黑土区剖面土体构型主要有薄层型、海绵型、夹层型、紧实型、上紧下松型、上松下紧型和松散型 7 种。其中，紧实型的面积最大，为 1 608.42 万 hm²；其次是上松下紧型，其面积为 498.33 万 hm²；海绵型排第三，其面积为 451.16 万 hm²；面积最小的是夹层型，其面积为 223.27 万 hm²（图 7-23、表 7-76）。

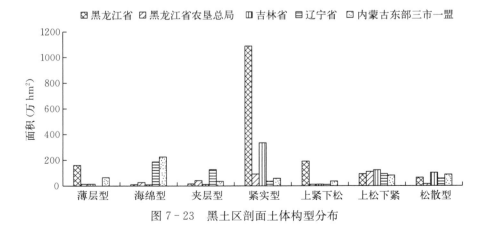

图 7-23　黑土区剖面土体构型分布

表 7-76　黑土区剖面土体构型面积统计

单位：万 hm²

省（自治区、农垦总局）	剖面土体构型						
	薄层型	海绵型	夹层型	紧实型	上紧下松型	上松下紧型	松散型
黑龙江省	159.91	10.45	16.21	1 088.67	191.39	92.28	64.41
黑龙江省农垦总局	6.29	26.99	41.42	91.33	4.11	109.88	7.39

（续）

省（自治区、农垦总局）	剖面土体构型						
	薄层型	海绵型	夹层型	紧实型	上紧下松型	上松下紧型	松散型
吉林省	7.00	1.69	4.31	334.23	12.38	122.40	101.89
辽宁省	—	186.81	126.30	35.70	2.97	92.91	56.64
内蒙古东部三市一盟	64.66	225.22	35.03	58.49	36.12	80.86	87.33
总计	237.86	451.16	223.27	1 608.42	246.97	498.33	317.66

不同黑土区剖面土体构型也不同。黑龙江省主要有薄层型、海绵型、夹层型、紧实型、上紧下松型、上松下紧型和松散型 7 种剖面土体构型。其中，紧实型面积最大，为 1 088.67 万 hm²；面积最小的是海绵型，为 10.45 万 hm²。

黑龙江省农垦总局主要有薄层型、海绵型、夹层型、紧实型、上紧下松型、上松下紧型和松散型 7 种剖面土体构型。其中，上松下紧型面积最大，为 109.88 万 hm²；面积最小的是上紧下松型，为 4.11 万 hm²。

吉林省主要有薄层型、海绵型、夹层型、紧实型、上紧下松型、上松下紧型和松散型 7 种剖面土体构型。其中，紧实型面积最大，为 334.23 万 hm²；面积最小的是海绵型，为 1.69 万 hm²。

辽宁省主要有海绵型、夹层型、紧实型、上紧下松型、上松下紧型和松散型 6 种剖面土体构型。其中，海绵型面积最大，为 186.81 万 hm²；面积最小的是上紧下松型，为 2.97 万 hm²。

内蒙古东部三市一盟主要有薄层型、海绵型、夹层型、紧实型、上紧下松型、上松下紧型和松散型 7 种剖面土体构型。其中，海绵型面积最大，为 225.22 万 hm²；面积最小的是夹层型，为 35.03 万 hm²。

（二）剖面土体构型分类

根据黑土区剖面特点，将黑土区剖面土体划分为 7 个构型。全区剖面土体构型分类面积见图 7-24。

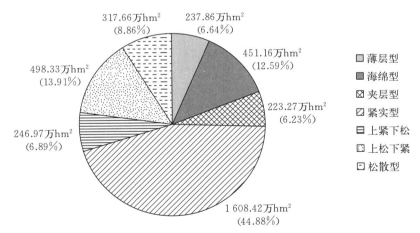

图 7-24 黑土区剖面土体构型分类面积统计分析

（三）剖面土体构型与耕地土壤类型

不同地区人为影响和自然因素的不同导致剖面土体构型不同。从剖面土体构型来看，薄层型以暗棕壤、黑土和黑钙土面积较大，其面积分别为 77.80 万 hm²、32.98 万 hm² 和 32.51 万 hm²。海绵型以棕壤和黑钙土面积较大，其面积分别为 78.60 万 hm² 和 55.24 万 hm²。夹层型以棕壤面积较大，其面积为 75.65 万 hm²。紧实型以草甸土、黑土和暗棕壤面积较大，其面积分别为 439.40 万 hm²、279.00 万 hm² 和 266.44 万 hm²。上紧下松型以草甸土、暗棕壤和黑土面积较大，其面积分别为

66.97 万 hm²、58.82 万 hm² 和 38.65 万 hm²。上松下紧型以暗棕壤、黑土和草甸土面积较大,其面积分别为 109.03 万 hm²、93.04 万 hm² 和 68.87 万 hm²。松散型以草甸土和黑钙土面积较大,其面积分别为 57.12 万 hm² 和 42.50 万 hm²(表 7-77)。

表 7-77 黑土区耕地主要土壤类型剖面土体构型面积统计

单位:万 hm²

耕地主要土壤类型	剖面土体构型						
	薄层型	海绵型	夹层型	紧实型	上紧下松	上松下紧	松散型
黑土	32.98	14.41	10.09	279.00	38.65	93.04	8.11
黑钙土	32.51	55.24	7.98	181.36	13.91	37.34	42.50
暗棕壤	77.80	42.78	17.77	266.44	58.82	109.03	28.16
棕壤	1.41	78.60	75.65	14.44	1.81	30.74	17.69
草甸土	26.71	29.54	17.09	439.40	66.97	68.87	57.12
白浆土	23.37	10.74	15.48	203.45	28.36	32.80	8.88

六、耕层质地

耕层质地是指耕层中不同大小直径的矿物颗粒的组合状况。耕层质地与土壤通气、保水、保肥状况及耕作的难易有密切关系。耕层质地状况是拟定土壤利用、管理和改良措施的重要依据。肥沃的土壤不仅要求耕层的质地良好,还要求有良好的质地剖面。虽然耕层质地主要取决于成土母质类型,有相对的稳定性,但耕作层的质地仍可通过耕作、施肥等活动进行调节。

(一)耕层质地分布情况

黑土区采集土壤样品主要有壤土、沙土、黏壤土和黏土 4 种质地的土壤。其中,黏壤土的面积最大,为 1 757.07 万 hm²;其次是壤土,其面积为 992.40 万 hm²;黏土排第三,其面积为 632.24 万 hm²;面积最小的是沙土,其面积为 201.96 万 hm²(图 7-25、表 7-78)。

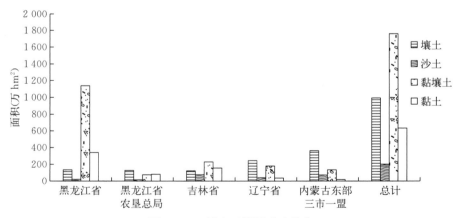

图 7-25 黑土区耕层质地分布

表 7-78 黑土区耕层质地面积统计

省(自治区、农垦总局)	耕层质地							
	壤土		沙土		黏壤土		黏土	
	面积(万 hm²)	比例(%)	面积(万 hm²)	比例(%)	面积(万 hm²)	比例(%)	面积(万 hm²)	比例(%)
黑龙江省	134.61	13.56	9.60	4.75	1 137.92	64.76	341.19	53.97
黑龙江省农垦总局	127.54	12.85	3.37	1.67	75.10	4.27	81.41	12.87

（续）

省（自治区、农垦总局）	耕层质地							
	壤土		沙土		黏壤土		黏土	
	面积（万 hm²）	比例（%）	面积（万 hm²）	比例（%）	面积（万 hm²）	比例（%）	面积（万 hm²）	比例（%）
吉林省	122.58	12.35	76.29	37.77	229.11	13.04	155.92	24.66
辽宁省	244.62	24.66	40.15	19.88	180.41	10.27	36.14	5.72
内蒙古东部三市一盟	363.05	36.58	72.55	35.93	134.53	7.66	17.58	2.78
总计	992.40	100.00	201.96	100.00	1 757.07	100.00	632.24	100.00

不同黑土区，耕层质地也不同。其中，在黑龙江省，黏壤土面积最大，为 1 137.92 万 hm²，面积最小的是沙土，为 9.60 万 hm²；在黑龙江省农垦总局，壤土的面积最大，为 127.54 万 hm²，面积最小的是沙土，为 3.37 万 hm²；在吉林省，黏壤土的面积最大，为 229.11 万 hm²，面积最小的是沙土，为 76.29 万 hm²；在辽宁省，壤土的面积最大，为 244.62 万 hm²，面积最小的是黏土，为 36.14 万 hm²；在内蒙古东部三市一盟，壤土的面积最大，为 363.05 万 hm²，面积最小的是黏土，为 17.58 万 hm²。

（二）耕层质地类型及分布面积

根据黑土区耕层质地分类标准，将耕地质地等级划分为 4 个类型。全区耕地质地分类面积见图 7-26。

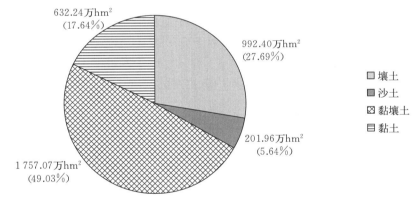

图 7-26　黑土区耕层质地分类面积统计分析

耕层质地为壤土的面积全区共 992.40 万 hm²，占黑土区面积的 27.69%。其中，黑龙江省耕地面积 134.61 万 hm²，占该区耕地面积的 8.29%，占全区壤土面积的 13.57%；黑龙江省农垦总局耕地面积 127.54 万 hm²，占该区耕地面积的 44.37%，占全区壤土面积的 12.85%；吉林省耕地面积 122.58 万 hm²，占该区耕地面积的 20.99%，占全区壤土面积的 12.35%；辽宁省耕地面积 244.62 万 hm²，占该区耕地面积的 48.80%，占全区壤土面积的 24.65%；内蒙古东部三市一盟耕地面积 363.05 万 hm²，占该区耕地面积的 61.77%，占全区壤土面积的 36.58%（表 7-79）。

表 7-79　黑土区土壤耕层质地面积统计

省（自治区、农垦总局）	项目	耕层质地			
		壤土	沙土	黏壤土	黏土
黑龙江省	耕地面积（万 hm²）	134.61	9.60	1 137.92	341.18
	占该区耕地（%）	8.29	0.59	70.10	21.02
	占全区该耕层质地类型耕地（%）	13.57	4.75	64.76	53.97

（续）

省（自治区、农垦总局）	项　目	耕层质地			
		壤土	沙土	黏壤土	黏土
黑龙江省农垦总局	耕地面积（万 hm²）	127.54	3.37	75.10	81.42
	占该区耕地（%）	44.37	1.17	26.13	28.33
	占全区该耕层质地类型耕地（%）	12.85	1.67	4.27	12.87
吉林省	耕地面积（万 hm²）	122.58	76.28	229.12	155.92
	占该区耕地（%）	20.99	13.07	39.24	26.70
	占全区该耕层质地类型耕地（%）	12.35	37.77	13.04	24.66
辽宁省	耕地面积（万 hm²）	244.62	40.15	180.41	36.14
	占该区耕地（%）	48.80	8.01	35.98	7.21
	占全区该耕层质地类型耕地（%）	24.65	19.88	10.27	5.72
内蒙古东部三市一盟	耕地面积（万 hm²）	363.05	72.56	134.52	17.58
	占该区耕地（%）	61.77	12.35	22.89	2.99
	占全区该耕层质地类型耕地（%）	36.58	35.93	7.66	2.78
黑土区	耕地面积（万 hm²）	992.40	201.96	1 757.07	632.24
	占全区该耕层质地类型耕地（%）	27.69	5.64	49.03	17.64

耕层质地为沙土的面积全区共 201.96 万 hm²，占黑土区面积的 5.64%。其中，黑龙江省耕地面积 9.60 万 hm²，占该区耕地面积的 0.59%，占全区沙土面积的 4.75%；黑龙江省农垦总局耕地面积 3.37 万 hm²，占该区耕地面积的 1.17%，占全区沙土面积的 1.67%；吉林省耕地面积 76.28 万 hm²，占该区耕地面积的 13.07%，占全区沙土面积的 37.77%；辽宁省耕地面积 40.15 万 hm²，占该区耕地面积的 8.01%，占全区沙土面积的 19.88%；内蒙古东部三市一盟耕地面积 72.56 万 hm²，占该区耕地面积的 12.35%，占全区沙土面积的 35.93%。

耕层质地为黏壤土的面积全区共 1 757.07 万 hm²，占黑土区面积的 49.03%。其中，黑龙江省耕地面积 1 137.92 万 hm²，占该区耕地面积的 70.10%，占全区黏壤土面积的 64.76%；黑龙江省农垦总局耕地面积 75.10 万 hm²，占该区耕地面积的 26.13%，占全区黏壤土面积的 4.27%；吉林省耕地面积 229.12 万 hm²，占该区耕地面积的 39.24%，占全区黏壤土面积的 13.04%；辽宁省耕地面积 180.41 万 hm²，占该区耕地面积的 35.98%，占全区黏壤土面积的 10.27%；内蒙古东部三市一盟耕地面积 134.52 万 hm²，占该区耕地面积的 22.89%，占全区黏壤土面积的 7.66%。

耕层质地为黏土的面积全区共 632.24 万 hm²，占黑土区面积的 17.64%。其中，黑龙江省耕地面积 341.18 万 hm²，占该区耕地面积的 21.02%，占全区黏土面积的 53.97%；黑龙江省农垦总局耕地面积 81.42 万 hm²，占该区耕地面积的 28.33%，占全区黏土面积的 12.87%；吉林省耕地面积 155.92 万 hm²，占该区耕地面积的 26.70%，占全区黏土面积的 24.66%；辽宁省耕地面积 36.14 万 hm²，占该区耕地面积的 7.21%，占全区黏土面积的 5.72%；内蒙古东部三市一盟耕地面积 17.58 万 hm²，占该区耕地面积的 2.99%，占全区黏土面积的 2.78%。

（三）耕层质地与土壤类型

不同地区人为影响和自然因素的不同导致土壤类型和耕层质地不同。从耕层质地来看，壤土主要分布在草甸土、暗棕壤、棕壤和黑钙土中，面积分别为 139.46 万 hm²、129.90 万 hm²、120.85 万 hm² 和 115.13 万 hm²。沙土主要分布在黑钙土、草甸土中，面积分别为 29.46 万 hm²、25.33 万 hm²。黏壤土主要分布在草甸土、黑土、暗棕壤和黑钙土中，面积分别为 420.65 万 hm²、353.25 万 hm²、313.92 万 hm² 和 167.48 万 hm²。黏土主要分布在暗棕壤、白浆土和草甸土中，面积分别为 152.09 万 hm²、136.46 万 hm² 和 120.26 万 hm²（表 7-80）。

表 7-80　黑土区耕地主要土壤类型耕层质地面积统计

单位：万 hm²

耕地主要土壤类型	耕层质地			
	壤土	沙土	黏壤土	黏土
黑土	68.46	3.34	353.25	51.24
黑钙土	115.13	29.46	167.48	58.78
暗棕壤	129.90	4.90	313.92	152.09
棕壤	120.85	19.79	68.49	11.22
草甸土	139.46	25.33	420.65	120.26
白浆土	36.35	0.05	150.21	136.46

第八章 作物适宜性评价 >>>

第一节 东北玉米优势区耕地地力评价

一、东北玉米优势区的划分及区域概况

（一）地理位置和行政区划

东北玉米优势区的划分是依照《全国优势玉米区种植规划（2012—2015 年）》划分，东北玉米优势区主要分布在我国东北部的松辽平原、松嫩平原和三江平原三大黑土平原上，南北长约 1 108.12 km，东西长约 1 322.36 km，总面积约 299 313.15 km²。行政区划包括辽宁、吉林、黑龙江、黑龙江省农垦总局及内蒙古东部三市一盟，其中辽宁包括 12 个市 43 个县（市、区），吉林包括 8 个市（区）34 个县（市、区），黑龙江包括 10 个市 66 个县（市、区），黑龙江省农垦总局包括 8 个管理区或管理局 59 个农场，内蒙古东部三市一盟包括 24 个旗（县、区）。具体情况见表 8-1。

表 8-1　东北玉米优势区行政区划

省（自治区、农垦总局）	市（盟、管理局）	县（市、区、旗、农场）
黑龙江省	大庆市	肇源县、杜尔伯特蒙古族自治县、肇州县、大同区、林甸县、让胡路区、红岗区、龙凤区、萨尔图区
	哈尔滨市	五常市、双城区、道里区、木兰县、巴彦县、道外区、阿城区、南岗区、尚志市、香坊区、平房区、呼兰区、依兰县、延寿县、宾县、松北区
	鹤岗市	东北区
	鸡西市	密山市、鸡东县
	佳木斯市	富锦市、汤原县、郊区、桦南县、东风区、向阳区、前进区
	牡丹江市	东宁市、穆棱市、林口县、宁安市、海林市
	七台河市	勃利县、茄子河区
	齐齐哈尔市	泰来县、龙江县、昂昂溪区、碾子山区、甘南县、梅里斯达斡尔族区、富拉尔基区、拜泉县、龙沙区、铁锋区、建华区、富裕县、依安县、讷河市
	双鸭山市	宝清县、集贤县
	绥化市	肇东市、海伦市、望奎县、安达市、兰西县、青冈县、明水县、宝山区
黑龙江省农垦总局	宝泉岭管理局	汤原农场、新华农场、依兰农场、梧桐河农场
	哈尔滨管理局	红旗农场、闫家岗农场、香坊实验农场、青年农场、阿城原种场、四方山农场、松花江农场
	红兴隆管理局	五九七农场、八五二农场、八五三农场、友谊农场、红旗岭农场、二九一农场、曙光农场、宝山农场、佳南实验农场、双鸭山农场

省（自治区、农垦总局）	市（盟、管理局）	县（市、区、旗、农场）
黑龙江省农垦总局	建三江管理局	大兴农场、七星农场、前进农场、创业农场、红卫农场、青龙山农场
	九三管理局	哈拉海农场、七星泡农场、鹤山农场、尖山农场、红五月农场、荣军农场
	牡丹江管理局	八五五农场、八五七农场、八五六农场、兴凯湖农场、八五一一农场、八五一〇农场、双峰农场、八五四农场、宁安农场、海林农场、山市种奶牛场
	齐齐哈尔管理局	泰来农场、大山种羊场、绿色草原牧场、富裕牧场、齐齐哈尔种畜场、巨浪牧场、依安农场
	绥化管理局	和平牧场、肇源农场、红光农场、海伦农场、绥棱农场
吉林省	白城市	通榆县、洮南市、洮北区、大安市、镇赉县
	吉林市	舒兰市、桦甸市、磐石市、蛟河市、永吉县
	辽源市	东丰县、东辽县
	四平市	铁东区、公主岭市、梨树县、双辽市、伊通满族自治县、铁西区
	松原市	长岭县、扶余市、宁江区、前郭尔罗斯蒙古族自治县、乾安县
	通化市	梅河口市、辉南县、柳河县、通化县
	延边朝鲜族自治州	敦化市、龙井市
	长春市	九台区、双阳区、农安县、德惠市、榆树市
辽宁省	鞍山市	岫岩县、台安县、海城市
	朝阳市	北票市、朝阳县、建平县、凌源市、喀喇沁左翼蒙古族自治县
	大连市	庄河市、长海县、普兰店区、瓦房店市
	丹东市	东港市、凤城市、宽甸满族自治县
	抚顺市	清原满族自治县、抚顺县、新宾满族自治县
	阜新市	阜新蒙古族自治县、彰武县
	葫芦岛市	建昌县、绥中县、连山区、龙港区、南票区、兴城市
	锦州市	凌海市、黑山县、北镇市、义县
	辽阳市	辽阳县、灯塔市
	沈阳市	法库县、新民市、康平县、辽中区
	铁岭市	开原市、铁岭县、昌图县、西丰县、调兵山市
	营口市	大石桥市、盖州市
内蒙古东部三市一盟	赤峰市	阿鲁科尔沁旗、敖汉旗、翁牛特旗、松山区、元宝山区、宁城县、巴林右旗、巴林左旗、林西县、克什克腾旗、喀喇沁旗
	呼伦贝尔市	扎兰屯市、阿荣旗
	通辽市	扎鲁特旗、科尔沁区、科尔沁左翼后旗、库伦旗、奈曼旗、开鲁县、科尔沁左翼中旗
	兴安盟	科尔沁右翼中旗、突泉县、扎赉特旗、科尔沁右翼前旗

（二）地形地貌

东北玉米优势区的东、北、西三面为低山和中山，中部是广阔的大平原。全区山脉走向大多为东北向，海拔为 1 000～2 000 m。西有大兴安岭和辽西山地，东有以长白山为主的多数平行山岭，北部是小兴安岭。三面群山大体呈马蹄形环抱着东北大平原，主要包括辽河平原、松嫩平原和三江平原，形成三面环山、南部中开的地形格局。本区地貌主要由山地、丘陵、台地、平原和水域等构成，主要河流有松花江、乌苏里江、黑龙江、嫩江、辽河、额尔古纳河等，主要湖泊有兴凯湖、达赉湖、镜泊湖、查干湖等。区域内河流分布广泛，为粮食生产以及沼泽湿地发育提供了有利的条件。然而，西部内蒙古地区气候干旱，是北方典型草原和荒漠草原的分布区；西南地区是科尔沁沙漠的重要分布区；东北地区山地、丘陵和平原形成了典型的起伏台地地貌。在大兴安岭以西，地势升高至 600 m 以上，属于内蒙古平原的一部分；最南部是辽东半岛插入黄海和渤海之间，沿海平原狭窄，高程在 100 m 以下，海岸线长 1 650 km。

（三）土壤类型

东北玉米优势区土壤类型繁多，条件优越，大部分比较肥沃，有机质和养分储量比全国其他地区高 2～5 倍。大部分土壤利用价值较高，土壤结构好，有机质丰富，适于作物生长。按照《中国土壤分类与代码》，东北玉米优势区耕地土壤可分为 18 个土类，主要土壤类型为黑土、黑钙土、白浆土、草甸土、暗棕壤、棕壤、褐土、潮土、水稻土、风沙土等。各土壤类型分布情况如表 8 - 2 所示。

表 8 - 2　各土类的分布面积及占优势区总面积的比例

土类	面积（万 hm²）	比例（%）	土类	面积（万 hm²）	比例（%）
黑土	347.12	11.59	黑钙土	424.64	14.17
白浆土	137.25	4.58	草甸土	553.99	18.49
暗棕壤	317.40	10.59	棕壤	258.97	8.64
褐土	223.38	7.46	潮土	219.88	7.34
风沙土	242.99	8.11	栗钙土	128.46	4.29
水稻土	47.15	1.57	沼泽土	80.43	2.68
草甸盐土	2.58	0.09	滨海盐土	5.22	0.17
黄棕壤	0.47	0.02	棕钙土	3.15	0.11
灰色森林土	2.57	0.09	漂灰土	0.30	0.01

（四）气候条件

本区平均气温随纬度的增加而降低，海陆分布和地势高低也有显著影响。一般高温出现于平原，低温出现于山岭。等温线在山地大致与山脉的走向平行，近海处则与海岸线平行。西、北、东三面外围温度低，中央部分温度高。全区年均温度主要为 0～8 ℃。辽东半岛南端气温最高，为 9～10 ℃；辽河平原为 5～9 ℃；松嫩平原为 1～5 ℃；东部山地温度分布复杂，随高度增加而递减，在长白山主峰温度可在 0 ℃ 以下；大兴安岭北坡为本区温度最低地区，为 −3 ℃ 以下。平均降水量一般为 350～1 000 mm，其分布地域差异较大，等降水量线呈东北—西南走向。500 mm 等降水量线经黑河、哈尔滨西、朝阳贯穿本区南北。此线以东，年降水量多于 500 mm；此线以西，则少于 500 mm，泰来、白城、通榆以西年降水量在 400 mm 以下，内蒙古东部三市一盟的降水量多为 350～450 mm。东北玉米优势区有较为丰富的太阳辐射资源，日照时数为 2 200～3 100 h，日照百分率为 51%～70%，其总体分布是由东北、东南向西南逐渐增加，平原大于山地。

二、东北玉米优势区耕地适宜性评价方法

（一）资料收集与整理

本次评价是在 2007—2009 年全国县域耕地地力评价项目的采样点数据上，筛选整理出与本区东北玉米优势区适宜性耕地地力评价有关的各类自然因素和社会经济因素资料，主要包括：①野外调查资料包括地理位置、地貌类型、成土母质、土壤类型、气候条件、土层厚度、表层质地、耕层厚度、耕地利用现状、灌排条件、施肥水平、水文条件、作物产量及管理措施等。②分析化验资料包括土壤有机质、阳离子交换量、容重及土壤养分等。③基础及专题图件资料包括省级 1：（50 万～100 万）比例尺的土壤图、土地利用现状图、地貌图、土壤质地图、行政区划图、降水量图、有效积温图等。

④其他资料包括人口、土地面积、耕地面积，近3年玉米种植面积、单产、总产量，以及肥料投入等社会经济指标数据；近几年土壤改良试验、肥效试验及示范资料；土壤、植株、水样检测资料；水土保持、生态环境建设、农田基础设施建设、水利区划等相关资料；区内县域耕地地力评价资料，包括技术报告、专题报告等。

（二）数据甄别遴选与补充调查

共筛选整理23 911个采样点的相关调查分析数据，主要包括的信息为样点编号、位置、采样时间等基本信息，以及立地条件、理化性质、障碍因素、耕作管理等数据。同时，考虑到本次评价的特点，鉴于以上数据不能完全满足要求，开展了补充调查，完善样点数据内容。

（三）数据资料审查

对所获得的图件与属性数据资料进行了集中审查，重点对参评点位资料进行审核处理，确保数据资料的完整性和准确性。

（四）数据库的建立

一是构建区域空间数据库。主要包括土地利用现状图、行政区划图、土壤图、地貌图、调查点位图、有效积温和降水量分布图、优势辖区内已完成的县域耕地地力评价等级图、土壤养分分级图等系列图件29幅。所有图件统一采用1∶100万比例尺、Albers双标准纬度正轴割圆锥投影、1980年西安坐标系和1956年黄海高程系。二是参照《县域耕地资源管理信息系统数据字典》和属性代码标准，通过关键字段采用外挂数据库的方法进行属性连接，形成点位属性数据库。属性数据共计74条记录、4.6万余项次。

（五）评价单元的划分与数据获取

一是划分评价单元。采用土壤图、土地利用现状图和行政区划图的组合叠置方法，划分评价单元。其中，土壤类型划分到土属，土地利用现状类型划分到二级利用类型（耕地等），行政区划分到县级。通过图件叠置和检索，编制形成评价单元图。二是获取评价单元数据。对土壤养分含量、土壤pH等定量数据，采用空间插值法将点位数据转为栅格数据，叠加到评价单元图上获取各单元数据信息；对灌溉能力、耕层质地等定性因子，采用"以点代面"方法，将点位中的属性连入评价单元图；对地貌类型、降水量、积温等专题图形式的因子，则直接将专题图与评价单元图进行叠加，获取相应数据。

（六）评价指标选取与权重确定

对本区玉米种植耕地地力具有关键影响的各类因子，采用系统聚类分析法和德尔菲法，通过专家论证确定成土母质、地貌类型、剖面土体构型、耕层厚度、有效土层厚度、年降水量、有效积温、pH、土壤质地、有效锌、有效磷、有机质、排涝能力和灌溉能力14个指标，作为东北玉米优势区适宜性耕地地力评价的参评因素，并划分耕地地力主要性状指标的分级标准，最后采用层次分析法确定各参评因素的权重（表8-3）。

表8-3 层次分析结果

| 层次 A | 层次 C | | | | | 组合权重 $\sum C_i A_i$ |
	理化性质 0.304 5	气候条件 0.222 6	剖面性状 0.173 0	立地条件 0.187 7	土壤管理 0.112 2	
有效锌	0.048 5					0.014 8
有效磷	0.154 1					0.046 9
pH	0.210 1					0.064 0
土壤质地	0.273 2					0.083 2
有机质	0.314 2					0.095 7
年降水量		0.471 6				0.105 0

（续）

层次A	层次C					
	理化性质 0.304 5	气候条件 0.222 6	剖面性状 0.173 0	立地条件 0.187 7	土壤管理 0.112 2	组合权重 $\sum C_iA_i$
有效积温		0.528 4				0.117 6
剖面土体构型			0.308 7			0.053 4
耕层厚度			0.333 7			0.057 7
有效土层厚度			0.357 6			0.061 9
成土母质				0.476 2		0.089 4
地貌类型				0.523 8		0.098 3
排涝能力					0.416 7	0.046 8
灌溉能力					0.583 3	0.065 5

（七）指标隶属度确定与隶属函数构建

应用德尔菲法，评估各参评因素等级分值或实测值对玉米优势区耕地地力的影响，确定其对应的隶属度。在此基础上，绘制各参评因素两组数值的散点图和模拟曲线，得到各参评因素等级分值或实际值与隶属度的关系方程（戒上型、戒下型、峰型等），从而构建各参评因素隶属函数（表8-4和表8-5）。

表8-4　概念型指标隶属函数

指标	类型	隶属度	指标	类型	隶属度	指标	类型	隶属度	指标	类型	隶属度
成土母质	冲击物	1	地貌类型	平原中阶	1	质地	壤土	1	剖面构型	上松下紧型	1
	黄土母质	1		平原低阶	0.85		黏壤土	0.8		海绵型	0.9
	沉积物	0.8		平原高阶	0.8		黏土	0.6		紧实型	0.8
	河湖沉积	0.8		丘陵下部	0.75		沙土	0.5		夹层型	0.7
	冰川沉积	0.7		丘陵中部	0.7	灌溉能力	充分满足	1		上紧下松型	0.6
	坡积物	0.7		山地坡下	0.7		基本满足	0.8		薄层性	0.5
	残积物	0.5		丘陵上部	0.6		不满足	0.5		松散型	0.4
	结晶岩类	0.5		河漫滩	0.55	排涝能力	充分满足	1			
	风积物	0.5		山地坡中	0.55		基本满足	0.7			
	红土母质	0.5		山地坡上	0.4		不满足	0.3			

表8-5　数值型指标隶属函数

数值型指标	隶属度与隶属函数												
有效积温（℃）	3 050	2 940	2 830	2 720	2 610	2 500	2 390	2 280	2 170	2 060			
隶属度	1	0.95	0.89	0.82	0.74	0.63	0.55	0.48	0.42	0.37			
隶属函数	$Y=1/[1+1.588\,334\times10^{-6}\times(X-3\,100.218\,152\,138\,7)^2]$												
年降水量（mm）	910	860	810	760	710	660	600	560	510	460	410	360	310
隶属度	0.3	0.45	0.6	0.7	0.8	0.9	1	0.9	0.8	0.7	0.6	0.45	0.3
隶属函数	$Y=1/[1+2.046\,364\,3\times10^{-5}\times(X-609.986\,138\,41)^2]$												
耕层厚度（cm）	25	24	23	22	21	19	18	17	16	15			
隶属度	1	0.95	0.89	0.82	0.74	0.63	0.54	0.47	0.41	0.36			
隶属函数	$Y=1/[1+0.014\,242\,362\times(X-25.852\,200\,15)^2]$												
有效土层厚度（cm）	100	80	70	60	50	40	30						

（续）

数值型指标	隶属度与隶属函数									
隶属度	1	0.8	0.7	0.6	0.5	0.4	0.3			
隶属函数	$Y=1/[1+0.000\ 362\ 198\ 7\times(X-104.568\ 819\ 689\ 7)^2]$									
有机质（g/kg）	40	35	30	25	20	15	10			
隶属度	1	0.9	0.8	0.65	0.5	0.35	0.2			
隶属函数	$Y=1/[1+0.003\ 164\ 924\ 2\times(X-39.040\ 809\ 899\ 4)^2]$									
有效磷（mg/kg）	40	35	30	25	20	15	10			
隶属度	1	0.9	0.8	0.65	0.5	0.4	0.2			
隶属函数	$Y=1/[1+0.002\ 850\ 175\ 0\times(X-39.551\ 501\ 631\ 3)^2]$									
pH	9	8.5	8	7.5	7	6.5	6	5.5	5	4.5
隶属度	0.3	0.5	0.7	0.9	1	0.9	0.8	0.7	0.55	0.4
隶属函数	$Y=1/[1+0.312\ 758\ 882\ 4\times(X-6.768\ 284\ 426\ 4)^2]$									
有效锌（mg/kg）	0.3	0.4	0.6	0.8	1					
隶属度	0.3	0.5	0.8	0.9	1					
隶属函数	$Y=1/[1+4.158\ 941\ 390\ 6\times(X-0.911\ 473\ 721\ 5)^2]$									

（八）耕地地力等级划分

利用综合指数法，绘制耕地地力等级综合指数分布曲线图，如图 8-1 所示。根据每个评价单元的综合指数确定等级评价单元数目，采用等距离法将东北玉米优势区耕地地力等级共划分为十级，如表 8-6 所示。综合指数计算公式按式 8-1 计算。

$$IFI = \sum F_i \times C_i \qquad (8-1)$$

式中，IFI 为耕地地力综合指数；F_i 为第 i 个因素的评语（隶属度）；C_i 为第 i 个因素的组合权重。

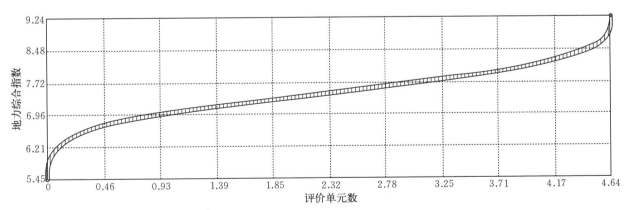

图 8-1 耕地地力等级综合指数分布

表 8-6 耕地地力等级综合指数分级

综合指数	>0.885	0.847~0.885	0.808~0.847	0.774~0.808	0.740~0.774
地力等级	一等地	二等地	三等地	四等地	五等地
综合指数	0.705~0.740	0.671~0.705	0.629~0.671	0.587~0.629	<0.587
地力等级	六等地	七等地	八等地	九等地	十等地

（九）耕地土壤主要性状指标及分级标准确定

对评价区域耕地土壤主要性状指标进行了数理统计分析，计算各指标的平均值、中位数、众数、最大值、最小值和标准差等统计参数（表8-7），绘制指标值分布直方图。在此基础上，划分各指标分级标准。指标划分时，一方面，充分考虑与第二次土壤普查分级标准的对比与衔接，部分保留了第二次土壤普查时期分级标准级别值，并对其做进一步细分和扩展；另一方面，结合当前区域土壤养分实际状况、丰缺指标和生产需求，以及玉米的需肥特性，合理确定各指标分级标准（表8-8）。

表8-7 东北玉米优势区耕地土壤主要性状指标统计参数

土壤养分	平均值	最大值	最小值	标准差	中位数	众数
有机质（g/kg）	25.87	183.00	0.70	14.25	22.90	16.01
全氮（g/kg）	1.44	9.15	0.10	0.73	1.31	0.98
全磷（g/kg）	0.90	5.37	0.03	0.66	0.80	0.38
全钾（g/kg）	21.88	62.00	0.57	5.16	22.20	21.00
有效磷（mg/kg）	26.42	196.00	0.26	21.62	20.40	11.00
速效钾（mg/kg）	140.34	699.00	11.00	66.38	128.00	120.00
缓效钾（mg/kg）	617.95	2 443.00	55.00	239.22	612.00	400.00
有效铜（mg/kg）	1.84	39.23	0.01	1.63	1.55	1.20
有效铁（mg/kg）	45.71	1 000.00	0.13	62.09	29.00	123.00
有效锌（mg/kg）	1.54	26.30	0.01	1.51	1.20	0.60
有效锰（mg/kg）	29.00	351.94	0.08	24.81	21.20	10.60
有效钼（mg/kg）	0.18	6.50	0.00	0.32	0.09	0.05
有效硼（mg/kg）	0.88	20.20	0.01	1.26	0.56	0.43

表8-8 东北玉米优势区耕地土壤主要性状指标分级标准

土壤养分	分级标准				
	一级	二级	三级	四级	五级
有机质（g/kg）	＞50	35～50	20～35	10～20	＜10
全氮（g/kg）	＞3	1.8～3	1～1.8	0.6～1	＜0.6
全磷（g/kg）	＞1.5	1～1.5	0.5～1	0.25～0.5	＜0.25
有效磷（mg/kg）	＞40	25～40	15～25	10～15	＜10
全钾（g/kg）	＞30	20～30	15～20	10～15	＜10
速效钾（mg/kg）	＞250	180～250	120～180	60～120	＜60
缓效钾（mg/kg）	＞1 000	700～1 000	500～700	300～500	＜300
有效硼（mg/kg）	＞2	1～2	0.5～1	0.2～0.5	＜0.2
有效铁（mg/kg）	＞80	40～80	20～40	10～20	＜10
有效锰（mg/kg）	＞70	40～70	20～40	10～20	＜10
有效铜（mg/kg）	＞3	2～3	1～2	0.5～1	＜0.5
有效锌（mg/kg）	＞3.0	1.0～3.0	0.5～1.0	0.3～0.5	＜0.3
有效钼（mg/kg）	＞0.2	0.1～0.2	0.05～0.1	0.03～0.05	＜0.03

三、东北玉米优势区耕地适宜性评价

（一）等级分布

1. 各等级耕地面积分布情况 东北玉米优势区耕地总面积2 995.94万 hm²，耕地地力等级共分为 10 个等级，其分布情况见表 8-9。其中，一、二、三等地可划分为高产高适宜性田，总面积为854.58 万 hm²，占总面积的 28.52%；四、五、六等地划分为中产中适宜性田，总面积为 1 419.52 万 hm²，占总面积的 47.38%；七、八、九、十等地划分为低产低适宜性田，总面积为 721.84 万 hm²，占总面积的 24.10%。

表 8-9 东北玉米优势区各耕地地力等级面积及比例

地力等级	面积（万 hm²）	比例（%）
一等地	178.05	5.94
二等地	250.42	8.36
三等地	426.11	14.22
高产高适宜性田	854.58	28.52
四等地	473.32	15.80
五等地	538.16	17.96
六等地	408.04	13.62
中产中适宜性田	1 419.52	47.38
七等地	288.02	9.61
八等地	236.22	7.88
九等地	135.63	4.53
十等地	61.97	2.08
低产低适宜性田	721.84	24.10

2. 各省（自治区、农垦总局）分布情况 全区耕地总面积约 2 996 万 hm²。其中，黑龙江省969.8 万 hm²，占总面积的 32.37%；黑龙江省农垦总局 112.2 万 hm²，占总面积的 3.75%；吉林省709.5 hm²，占总面积的 23.68%；辽宁省 585.7 hm²，占总面积的 19.55%；内蒙古东部三市一盟618.8 万 hm²，占总面积的 20.65%。各省（自治区、农垦总局）耕地地力等级分布情况见表 8-10。

表 8-10 不同地区耕地地力等级分布面积及比例

地力等级	黑龙江省		黑龙江省农垦总局		吉林省		辽宁省		内蒙古东部三市一盟	
	面积（万 hm²）	比例（%）	面积（万 hm²）	比例（%）	面积（万 hm²）	比例（%）	面积（万 hm²）	比例（%）	面积（万 hm²）	比例（%）
一等地	17.6	1.8	12.0	10.7	35.7	5.0	112.3	19.2	0.4	0.0
二等地	26.1	2.7	22.0	19.6	88.5	12.5	106.7	18.2	7.1	1.1
三等地	111.8	11.5	28.1	25.1	112.1	15.8	136.0	23.2	38.1	6.2
高产高适宜性田	155.5	16.0	62.1	55.4	236.3	33.3	355.0	60.6	45.6	7.3
四等地	164.4	17.0	17.4	15.5	104.4	14.7	107.3	18.3	79.9	12.9
五等地	220.7	22.8	11.4	10.2	108.1	15.2	63.5	10.9	134.4	21.7
六等地	186.1	19.2	12.5	11.1	67.6	9.5	38.7	6.6	103.2	16.7
中产中适宜性田	571.2	59.0	41.3	36.8	280.1	39.4	209.5	35.8	317.5	51.3
七等地	107.8	11.1	4.8	4.3	63.6	9.0	16.2	2.8	95.6	15.5
八等地	80.4	8.3	3.1	2.7	62.2	8.8	4.6	0.7	86.1	13.9
九等地	44.9	4.6	0.8	0.7	40.0	5.6	0.4	0.1	49.5	8.0
十等地	10.0	1.0	0.1	0.1	27.3	3.9	0.0	0.0	24.5	4.0
低产低适宜性田	243.1	25.0	8.8	7.8	193.1	27.3	21.2	3.6	255.7	41.4
总计	969.8	100.0	112.2	100.0	709.5	100.0	585.7	100.0	618.8	100.0

3. 东北玉米优势区主要土壤类型耕地地力等级分布 东北玉米优势区内耕地共分布 18 个土壤类型，其主要土壤类型耕地地力适宜性分布情况见表 8 - 11。

表 8 - 11 东北玉米优势区不同土壤类型耕地地力等级分布的面积及比例

土类	项目	一等地	二等地	三等地	四等地	五等地	六等地	七等地	八等地	九等地	十等地	总计
黑土	面积（万 hm²）	20.98	51.72	69.01	59.14	67.56	52.75	15.01	7.28	3.67	0	347.12
	比例（%）	6.0	14.9	19.9	17.0	19.5	15.2	4.3	2.1	1.1	0	
黑钙土	面积（万 hm²）	3.08	16.32	32.60	57.63	92.36	82.45	56.61	43.80	32.69	7.10	424.64
	比例（%）	0.6	3.9	7.7	13.6	21.8	19.4	13.3	10.3	7.7	1.7	
白浆土	面积（万 hm²）	3.24	21.97	29.82	21.73	22.79	19.06	8.03	9.56	0.53	0.52	137.25
	比例（%）	2.3	16.0	21.7	15.8	16.6	13.9	5.9	7.0	0.4	0.4	
草甸土	面积（万 hm²）	29.27	30.31	61.56	89.33	122.38	83.66	56.34	37.83	26.25	17.06	553.99
	比例（%）	5.3	5.5	11.1	16.1	22.1	15.1	10.2	6.8	4.7	3.1	
暗棕壤	面积（万 hm²）	5.31	14.15	45.98	66.23	63.73	38.04	37.33	32.12	13.28	1.23	317.40
	比例（%）	1.6	4.5	14.5	20.9	20.0	12.0	11.8	10.1	4.2	0.4	
棕壤	面积（万 hm²）	31.96	51.61	70.12	58.50	27.67	12.83	4.29	1.63	0.29	0.07	258.97
	比例（%）	12.4	19.9	27.1	22.6	10.7	4.9	1.7	0.6	0.1	0	
褐土	面积（万 hm²）	10.39	13.64	20.71	28.43	39.83	37.43	39.55	14.38	8.76	10.26	223.38
	比例（%）	4.6	6.1	9.3	12.7	17.8	16.8	17.7	6.4	4.0	4.6	
潮土	面积（万 hm²）	55.76	33.60	41.99	25.52	27.34	15.34	7.54	8.40	3.98	0.41	219.88
	比例（%）	25.4	15.2	19.1	11.6	12.4	7.0	3.4	3.8	1.8	0.3	
风沙土	面积（万 hm²）	1.27	1.45	8.68	22.24	33.9	38.65	33.73	49.31	31.33	22.43	242.99
	比例（%）	0.5	0.6	3.6	9.1	14.0	15.9	13.9	20.3	12.9	9.2	
栗钙土	面积（万 hm²）	0.00	0.45	12.64	18.72	22.53	12.93	22.72	26.19	10.37	1.91	128.46
	比例（%）	0.0	0.3	9.8	14.6	17.5	10.1	17.7	20.4	8.1	1.5	
水稻土	面积（万 hm²）	9.28	2.88	14.01	10.53	4.19	3.22	1.97	1.09	0	0	47.17
	比例（%）	19.7	6.1	29.7	22.3	8.9	6.8	4.2	2.3	0	0	
沼泽土	面积（万 hm²）	7.12	9.22	16.6	12.56	12.71	9.73	3.96	3.11	4.44	0.98	80.43
	比例（%）	8.9	11.5	20.6	15.6	15.8	12.1	4.9	3.9	5.5	1.2	
草甸盐土	面积（万 hm²）	0.00	0	0	0.02	0.10	0.68	0.77	1.01	0	0	2.58
	比例（%）	0	0	0	1.1	3.8	26.5	29.7	38.9	0	0	
滨海盐土	面积（万 hm²）	0.40	2.99	1.07	0.77	0	0	0	0	0	0	5.23
	比例（%）	7.5	57.3	20.5	14.7	0	0	0	0	0	0	
黄棕壤	面积（万 hm²）	0.00	0.04	0.20	0.06	0.17	0	0	0	0	0	0.47
	比例（%）	0.0	8.0	42.5	12.5	37.0	0	0	0	0	0	
棕钙土	面积（万 hm²）	0.00	0.07	1.1	1.54	0.37	0.07	0	0	0	0	3.15
	比例（%）	0.0	2.1	35.0	48.9	11.7	2.3	0	0	0	0	
灰色森林土	面积（万 hm²）	0.00	0.00	0.04	0.36	0.54	1.04	0.05	0.50	0.04	0	2.57
	比例（%）	0.0	0	1.1	14.1	21.1	40.5	2.0	19.5	1.7	0	
棕色针叶林土（漂灰土）	面积（万 hm²）	0.00	0.00	0.00	0.00	0.00	0.16	0.11	0.02	0	0	0.29
	比例（%）	0.0	0.0	0.0	1.2	0.0	52.6	38.2	8	0	0	

黑土：总面积为 347.12 万 hm²。其中，高产高适宜性田面积为 141.71 万 hm²，占总面积的 40.8%；中产中适宜性田面积为 179.45 万 hm²，占总面积的 51.7%；低产低适宜性田面积为 25.96 万 hm²，占总面积的 7.5%。

黑钙土：总面积为 424.64 万 hm²。其中，高产高适宜性田面积为 52.00 万 hm²，占总面积的 12.2%；中产中适宜性田面积为 232.44 万 hm²，占总面积的 54.8%；低产低适宜性田面积为 140.20 万 hm²，占总面积的 33.0%。

白浆土：总面积为 137.25 万 hm²。其中，高产高适宜性田面积为 55.03 万 hm²，占总面积的 40.0%；中产中适宜性田面积为 63.58 万 hm²，占总面积的 46.3%；低产低适宜性田面积为 18.64 万 hm²，占总面积的 13.7%。

草甸土：总面积为 553.99 万 hm²。其中，高产高适宜性田面积为 121.14 万 hm²，占总面积的 21.9%；中产中适宜性田面积为 295.37 万 hm²，占总面积的 53.3%；低产低适宜性田面积为 137.48 万 hm²，占总面积的 24.8%。

暗棕壤：总面积为 317.40 万 hm²。其中，高产高适宜性田面积为 65.44 万 hm²，占总面积的 20.6%；中产中适宜性田面积为 168.00 万 hm²，占总面积的 52.9%；低产低适宜性田面积为 83.96 万 hm²，占总面积的 26.5%。

棕壤：总面积为 258.97 万 hm²。其中，高产高适宜性田面积为 153.69 万 hm²，占总面积的 59.4%；中产中适宜性田面积为 99.00 万 hm²，占总面积的 38.2%；低产低适宜性田面积为 6.28 万 hm²，占总面积的 2.4%。

褐土：总面积为 223.38 万 hm²。其中，高产高适宜性田面积为 44.74 万 hm²，占总面积的 20.0%；中产中适宜性田面积为 105.69 万 hm²，占总面积的 47.3%；低产低适宜性田面积为 72.95 万 hm²，占总面积的 32.7%。

潮土：总面积为 219.88 万 hm²。其中，高产高适宜性田面积为 131.35 万 hm²，占总面积的 59.7%；中产中适宜性田面积为 68.20 万 hm²，占总面积的 31.0%；低产低适宜性田面积为 20.33 万 hm²，占总面积的 9.3%。

风沙土：总面积为 242.99 万 hm²。其中，高产高适宜性田面积为 11.40 万 hm²，占总面积的 4.7%；中产中适宜性田面积为 94.79 万 hm²，占总面积的 39.0%；低产低适宜性田面积为 136.80 万 hm²，占总面积的 56.3%。

水稻土：总面积为 47.17 万 hm²。其中，高产高适宜性田面积为 26.17 万 hm²，占总面积的 55.5%；中产中适宜性田面积为 17.94 万 hm²，占总面积的 38.0%；低产低适宜性田面积为 3.06 万 hm²，占总面积的 6.5%。

（二）东北玉米优势区耕地地力等级特征

1. 一等地

（1）面积与分布。一等地分布面积为 178.05 万 hm²，占整个优势区总面积的 5.94%。一等地主要分布在潮土、棕壤、草甸土和黑土，所占比例分别为 31.32%、17.95%、16.44%、11.78%。辽宁省一等地占其总面积的 19.17%，黑龙江省农垦总局一等地占其总面积的 10.70%，其他地区一等地占其总面积的 6% 以下。

（2）主要特征与属性。一等地高产优势明显，地势平坦，地貌类型主要是平原低阶地，光热资源丰富，≥10 ℃ 有效积温为 3 000 ℃ 以上。耕层质地一般为壤土和黏壤土，耕层厚度多在 20 cm 以上，有机质含量一般为 20~25 g/kg。一等地土壤养分情况见表 8 - 12。

表 8 - 12　一等地各种养分平均值分布情况

指标	黑龙江省	黑龙江省农垦总局	吉林省	辽宁省	内蒙古东部三市一盟
阳离子交换量（cmol/kg）	26.87	27.47	21.65	15.70	13.13
有机质（g/kg）	35.62	45.44	30.04	19.18	21.34
全氮（g/kg）	1.81	1.92	1.74	1.09	1..17

（续）

指标	黑龙江省	黑龙江省农垦总局	吉林省	辽宁省	内蒙古东部三市一盟
全磷（g/kg）	884.79	165.06	0.16	1.22	1.13
全钾（g/kg）	21.04	19.58	22.02	22.84	23.88
碱解氮（mg/kg）	175.21	167.11	144.49	114.19	121.00
有效磷（mg/kg）	40.51	33.03	30.89	30.18	25.76
速效钾（mg/kg）	145.93	195.63	130.91	110.09	117.88
缓效钾（mg/kg）	621.26	501.92	601.49	516.71	464.25
有效锌（mg/kg）	1.58	1.77	2.08	1.67	1.67
有效硼（mg/kg）	0.85	0.44	1.35	0.51	0.63
有效铜（mg/kg）	1.58	1.73	2.60	1.82	3.75
有效铁（mg/kg）	45.85	89.46	56.89	68.36	36.38
有效钼（mg/kg）	0.01	0.02	0.26	0.00	0.00
有效锰（mg/kg）	36.03	37.24	36.04	25.65	25.75
有效硅（mg/kg）	332.64	185.74	278.10	294.35	249.25
交换性钙（cmol/kg）	20.42	14.66	17.45	12.09	9.38
交换性镁（cmol/kg）	3.91	4.32	2.38	3.12	2.25
交换性钠（cmol/kg）	0.59	0.52	0.23	0.16	0.09

（3）利用与管理。一等地是东北玉米优势区耕地地力适宜性最好的耕地，各类土壤属性都较好。耕地多处于平原区中，灌溉能力强，有效积温完全能满足玉米生长的需求。利用管理应以保护为主，推广保护性耕作等技术，注意培肥地力，防止土壤退化。

2. 二等地

（1）面积与分布。二等地分布面积为 250.42 万 hm²，占整个优势区总面积的 8.36%。二等地主要分布黑土、棕壤、潮土和草甸土等土壤类型，所占比例分别为 20.65%、20.61%、13.42% 和 12.10%。黑龙江省农垦总局二等地占其总面积的 9.61%，辽宁省占 18.23%，吉林省占 12.47%，其他地区分布面积均在 3%。

（2）主要特征与属性。二等地主要地貌类型是平原低阶、平原中阶和丘陵下部，≥10 ℃ 有效积温多为 3 000~3 800 ℃，耕层质地一般为壤土和黏壤土，耕层厚度均在 15 cm 以上，有机质含量一般为 20~25 g/kg。二等地土壤养分情况见表 8-13。

表 8-13　二等地各种养分平均值分布情况

指标	黑龙江省	黑龙江省农垦总局	吉林省	辽宁省	内蒙古东部三市一盟
阳离子交换量（cmol/kg）	22.99	25.99	20.78	15.98	13.13
有机质（g/kg）	40.44	41.65	29.51	18.76	36.64
全氮（g/kg）	1.82	2.09	1.71	1.04	1.83
全磷（g/kg）	690.40	422.26	12.43	1.20	0.94
全钾（g/kg）	20.33	20.20	22.45	22.85	22.72
碱解氮（mg/kg）	172.98	172.36	148.40	113.13	171.91
有效磷（mg/kg）	38.20	32.13	29.36	27.08	17.77
速效钾（mg/kg）	173.87	201.99	127.04	109.47	166.63
缓效钾（mg/kg）	605.87	596.54	595.78	517.02	639.13

（续）

指标	黑龙江省	黑龙江省农垦总局	吉林省	辽宁省	内蒙古东部三市一盟
有效锌（mg/kg）	2.40	1.99	2.17	1.61	1.47
有效硼（mg/kg）	0.57	0.53	1.33	0.57	0.71
有效铜（mg/kg）	1.92	1.94	2.80	1.71	1.67
有效铁（mg/kg）	34.98	89.24	60.78	76.95	48.99
有效钼（mg/kg）	0.00	0.07	0.24	0.00	0.00
有效锰（mg/kg）	32.92	35.91	33.36	26.24	40.01
有效硅（mg/kg）	239.47	211.21	272.80	287.27	270.46
交换性钙（cmol/kg）	17.32	16.17	16.51	12.01	6.63
交换性镁（cmol/kg）	3.77	4.18	2.50	3.18	2.40
交换性钠（cmol/kg）	0.53	0.62	0.23	0.16	0.09

（3）利用与管理。二等地也属于较好的耕地，高产广适性，各种评价指标和各类属性均属良好。地势平坦或者略有倾斜，灌溉能力较强，土壤供肥水平高，适宜玉米生长。利用管理应增施有机肥，提高耕层有机质含量，改善耕层土壤结构。

3. 三等地

（1）面积与分布。三等地分布面积为 426.11 万 hm²，占整个优势区总面积的 14.22%。三等地主要分布棕壤、黑土、草甸土和暗棕壤等土壤类型，其所占比例分别为 16.46%、16.19%、14.45% 和 10.79%。黑龙江省农垦总局三等地占其总面积的 25.06%，辽宁省占 23.22%，吉林省占 15.80%，黑龙江省占 11.53%，内蒙古东部三市一盟占 6.16%。

（2）主要特征与属性。三等地主要分布在平原低阶、平原中阶、丘陵中部和丘陵下部，≥10 ℃ 有效积温多为 2 600 ℃ 以上，耕层质地主要是壤土和黏壤土，耕层厚度均在 15 cm 以上，有机质含量为 20～25 g/kg。三等地土壤养分情况见表 8 - 14。

表 8 - 14　三等地各种养分平均值分布情况

指标	黑龙江省	黑龙江省农垦总局	吉林省	辽宁省	内蒙古东部三市一盟
阳离子交换量（cmol/kg）	25.81	26.27	19.07	15.29	16.23
有机质（g/kg）	37.30	41.19	30.61	18.05	33.30
全氮（g/kg）	1.87	1.99	1.77	1.02	1.80
全磷（g/kg）	917.38	449.71	8.07	1.25	27.74
全钾（g/kg）	21.52	21.92	22.20	22.92	22.25
碱解氮（mg/kg）	185.05	197.13	160.75	112.33	153.90
有效磷（mg/kg）	37.29	30.76	29.80	26.16	18.23
速效钾（mg/kg）	157.62	183.64	122.44	103.61	162.29
缓效钾（mg/kg）	641.08	595.55	593.27	496.67	630.79
有效锌（mg/kg）	1.66	1.84	2.30	1.44	1.35
有效硼（mg/kg）	0.72	0.45	1.04	0.65	0.79
有效铜（mg/kg）	1.83	2.06	2.45	1.80	1.64
有效铁（mg/kg）	47.20	84.13	62.24	57.48	40.74
有效钼（mg/kg）	0.03	0.05	0.27	0.00	0.02
有效锰（mg/kg）	35.04	40.48	33.28	25.07	34.24

（续）

指标	黑龙江省	黑龙江省农垦总局	吉林省	辽宁省	内蒙古东部三市一盟
有效硅 （mg/kg）	307.42	232.61	251.75	305.07	257.02
交换性钙 （cmol/kg）	19.97	17.38	14.93	11.75	7.01
交换性镁 （cmol/kg）	4.05	4.71	2.37	3.05	2.74
交换性钠 （cmol/kg）	0.59	0.50	0.17	0.16	0.07

（3）利用与管理。大部分土壤耕层较厚或厚，耕性良好，土壤养分含量多属中等或较丰富的水平，积温和降水适宜，灌溉能力较强。耕地利用与管理的主要措施：一是深耕深松，加深耕层厚度；二是保持水土，增强保水保肥的性能；三是合理施肥，多施有机肥等。

4. 四等地

（1）面积与分布。四等地分布总面积为 473.32 万 hm²，占整个优势区总面积的 15.80%。其中，草甸土占总面积的 18.87%，暗棕壤为 13.99%，黑钙土、黑土和棕壤均大于 12%。辽宁省四等地占其总面积的 18.32%，黑龙江省占 16.95%，黑龙江省农垦总局占 15.48%，吉林省占 14.72%，内蒙古东部三市一盟占 12.92%。

（2）主要特征与属性。四等地主要分布在平原低阶、平原中阶、丘陵下部和丘陵中部，≥10 ℃有效积温多在 2 600 ℃以上，耕层质地主要是壤土和黏壤土，耕层厚度均在 15 cm 以上，有机质含量一般为 20~25 g/kg。四等地土壤养情况见表 8-15。

表 8-15 四等地各种养分平均值分布情况

指标	黑龙江省	黑龙江省农垦总局	吉林省	辽宁省	内蒙古东部三市一盟
阳离子交换量 （cmol/kg）	26.42	26.85	18.43	14.66	17.79
有机质 （g/kg）	36.89	41.08	29.44	17.47	32.38
全氮 （g/kg）	1.89	1.96	1.78	0.98	1.78
全磷 （g/kg）	1 017.17	330.62	9.25	1.28	15.90
全钾 （g/kg）	21.21	21.63	22.31	23.14	22.64
碱解氮 （mg/kg）	188.09	197.77	147.37	105.64	146.31
有效磷 （mg/kg）	37.05	28.42	26.97	25.12	16.98
速效钾 （mg/kg）	161.31	180.81	126.86	97.56	163.44
缓效钾 （mg/kg）	647.33	625.64	577.44	491.81	651.50
有效锌 （mg/kg）	1.70	1.70	2.30	1.29	1.22
有效硼 （mg/kg）	0.76	0.47	1.22	0.68	0.67
有效铜 （mg/kg）	1.88	2.05	2.47	1.79	1.37
有效铁 （mg/kg）	46.57	73.79	58.82	48.38	39.39
有效钼 （mg/kg）	0.11	0.04	0.33	0.00	0.02
有效锰 （mg/kg）	34.08	35.20	31.33	23.28	30.17
有效硅 （mg/kg）	315.61	251.19	263.92	317.54	270.77
交换性钙 （cmol/kg）	20.66	17.80	14.31	11.03	9.62
交换性镁 （cmol/kg）	4.29	5.62	2.33	2.91	3.19
交换性钠 （cmol/kg）	0.68	0.54	0.23	0.14	0.05

（3）利用与管理。四等地多分布于丘陵和平原，耕层质地较好，耕层厚度多为厚或较厚，有一定的灌溉能力。利用与管理应提高土壤有机质含量，增强耕地的保水保肥能力，加强作物秸秆还田，合

理施肥，提倡测土配方施肥。

5. 五等地

（1）面积与分布。五等地分布面积为 538.16 万 hm²，占整个优势区总面积的 17.96%。其中，草甸土占其总面积的 22.74%，黑钙土为 17.16%，黑土和暗棕壤为 12% 左右。黑龙江省五等地占其总面积的 22.76%，内蒙古东部三市一盟占 21.73%，吉林省占 15.24%，其他地区少于 15%。

（2）主要特征与属性。五等地主要分布在平原低阶、平原中阶、丘陵上部和丘陵中部，≥10 ℃有效积温绝大部分为 2 200～3 800 ℃，耕层质地主要是壤土和黏壤土，耕层厚度均在 15 cm 以上，有机质含量主要为 10 g/kg 以上。五等地土壤养分情况见表 8-16。

表 8-16　五等地各种养分平均值分布情况

指标	黑龙江省	黑龙江省农垦总局	吉林省	辽宁省	内蒙古东部三市一盟
阳离子交换量（cmol/kg）	28.39	28.30	17.80	14.10	17.96
有机质（g/kg）	35.97	37.14	27.38	17.11	27.36
全氮（g/kg）	1.94	1.96	1.70	0.93	1.50
全磷（g/kg）	1 123.30	437.99	6.38	1.24	13.92
全钾（g/kg）	20.27	19.42	22.32	23.18	23.74
碱解氮（mg/kg）	187.69	189.62	152.29	107.16	125.46
有效磷（mg/kg）	33.86	27.00	26.87	20.82	14.42
速效钾（mg/kg）	162.37	177.72	124.59	104.77	151.14
缓效钾（mg/kg）	674.87	639.20	580.07	558.49	649.02
有效锌（mg/kg）	1.79	1.50	2.44	1.33	1.11
有效硼（mg/kg）	0.78	0.54	1.01	0.72	0.65
有效铜（mg/kg）	1.97	2.58	2.24	1.85	1.37
有效铁（mg/kg）	42.68	58.11	60.35	34.72	36.58
有效钼（mg/kg）	0.22	0.20	0.25	0.00	0.03
有效锰（mg/kg）	33.61	34.07	30.92	25.63	25.55
有效硅（mg/kg）	321.66	267.45	259.55	306.27	270.75
交换性钙（cmol/kg）	22.40	22.94	13.82	10.85	11.64
交换性镁（cmol/kg）	4.67	5.93	2.25	2.82	3.39
交换性钠（cmol/kg）	0.69	0.62	0.21	0.14	0.12

（3）利用与管理。五等地多分布于丘陵，耕层质地较好，耕层厚度较厚，土壤养分含量中等或者丰富。利用与管理的主要措施：一是加强水土保持；二是大力倡导土壤培肥和平衡施肥，推广秸秆还田；三是因土因地种植。

6. 六等地

（1）面积与分布。六等地分布面积为 408.04 万 hm²，占整个优势区总面积的 13.62%。其中，草甸土占其总面积的 20.50%，黑钙土占 20.21%，黑土占 12.93%。黑龙江省六等地占其总面积的 19.19%，内蒙古东部三市一盟占 16.66%，黑龙江省农垦总局占 11.14%，吉林省和辽宁省不足 10%。

（2）主要特征与属性。六等地主要分布在平原低阶、平原中阶、丘陵下部和丘陵中部，≥10 ℃有效积温绝大部分为 2 200～3 800 ℃，耕层质地主要是壤土和黏壤土，耕层厚度均在 15～25 cm，有机质含量绝大部分在 10 g/kg 以上。六等地土壤养分情况见表 8-17。

表 8-17　六等地各种养分平均值分布情况

指标	黑龙江省	黑龙江省农垦总局	吉林省	辽宁省	内蒙古东部三市一盟
阳离子交换量（cmol/kg）	29.17	26.64	17.60	14.12	16.71
有机质（g/kg）	35.50	41.10	23.11	16.92	22.90
全氮（g/kg）	2.00	2.03	1.53	0.92	1.19
全磷（g/kg）	1 260.78	388.53	0.15	1.16	1.11
全钾（g/kg）	20.33	21.43	22.56	22.69	23.53
碱解氮（mg/kg）	187.29	181.39	125.96	98.23	106.31
有效磷（mg/kg）	32.31	25.75	23.77	18.66	13.17
速效钾（mg/kg）	160.17	177.15	130.56	107.37	143.63
缓效钾（mg/kg）	673.73	570.17	560.54	547.61	665.82
有效锌（mg/kg）	1.72	1.39	2.16	1.19	0.98
有效硼（mg/kg）	0.81	0.64	1.21	0.89	0.69
有效铜（mg/kg）	1.74	2.42	2.28	1.61	1.23
有效铁（mg/kg）	45.35	63.75	44.57	32.55	30.20
有效钼（mg/kg）	0.24	0.09	0.35	0.00	0.03
有效锰（mg/kg）	34.79	35.80	28.86	26.59	20.39
有效硅（mg/kg）	317.12	241.96	284.25	349.93	261.67
交换性钙（cmol/kg）	22.69	22.06	13.89	10.71	9.67
交换性镁（cmol/kg）	4.75	5.05	2.08	2.83	2.86
交换性钠（cmol/kg）	0.80	0.54	0.39	0.14	0.13

（3）利用与管理。六等地多分布于丘陵，降水较适宜，土壤养分含量大部分中等或者丰富。利用管理主要措施：一是增施有机肥，提高耕层有机质含量，改善土壤结构性能；二是推广秸秆还田；三是加深耕作层，提高土壤蓄水保肥能力。

7. 七等地

（1）面积与分布。七等地分布面积为 288.02 万 hm²，占整个优势区总面积的 9.61%。其中，黑钙土占其总面积的 19.66%，草甸土占 19.56%，褐土占 13.73%，暗棕壤占 12.96%。内蒙古东部三市一盟七等地占其总面积的 15.45%，黑龙江省占 11.11%，其他地区均少于 10%。

（2）主要特征与属性。七等地主要分布在平原低阶、平原中阶、丘陵上部和丘陵下部，≥10 ℃有效积温绝大部分为 2 600～3 800 ℃，耕层质地主要是壤土和黏壤土，耕层厚度均为 15～25 cm，很大一部分耕地有机质含量在 25 g/kg 以上。七等地土壤养分情况见表 8-18。

表 8-18　七等地各种养分平均值分布情况

指标	黑龙江省	黑龙江省农垦总局	吉林省	辽宁省	内蒙古东部三市一盟
阳离子交换量（cmol/kg）	28.15	29.29	16.89	14.00	15.30
有机质（g/kg）	32.73	35.83	24.96	15.18	17.71
全氮（g/kg）	1.98	1.69	1.56	0.86	0.97
全磷（g/kg）	1 278.36	289.72	0.20	1.09	4.29
全钾（g/kg）	21.23	21.43	21.47	22.80	23.75
碱解氮（mg/kg）	182.10	169.51	137.42	87.03	87.54
有效磷（mg/kg）	28.87	22.73	24.15	16.23	10.80

（续）

指标	黑龙江省	黑龙江省农垦总局	吉林省	辽宁省	内蒙古东部三市一盟
速效钾 （mg/kg）	147.38	150.56	119.39	115.78	123.29
缓效钾 （mg/kg）	658.88	628.20	551.60	599.66	575.93
有效锌 （mg/kg）	1.59	1.31	2.13	1.06	0.85
有效硼 （mg/kg）	0.82	0.49	1.19	1.11	0.79
有效铜 （mg/kg）	1.60	2.06	2.40	1.42	1.12
有效铁 （mg/kg）	46.15	57.48	56.99	36.52	21.24
有效钼 （mg/kg）	0.24	0.22	0.30	0.00	0.05
有效锰 （mg/kg）	32.92	28.65	26.51	24.19	17.18
有效硅 （mg/kg）	310.97	251.34	270.98	382.26	239.25
交换性钙 （cmol/kg）	21.99	19.75	13.12	10.48	7.24
交换性镁 （cmol/kg）	4.60	4.48	2.12	2.76	2.47
交换性钠 （cmol/kg）	0.82	0.63	0.25	0.14	0.12

（3）利用与管理。七等地多分布在西部平原区，降水偏少，光热资源丰富，积温较适宜，土壤养分含量大部分中等。利用与管理的主要措施：一是提升农田灌溉能力；二是实施有机质提升工程，提高土壤有机质含量；三是合理施肥，提倡施用有机肥。

8. 八等地

（1）面积与分布。八等地分布面积为236.22万 hm²，占整个优势区总面积的7.88%。其中，风沙土占其总面积的20%以上，草甸土和黑钙土为15%～20%，暗棕壤和栗钙土为10%～15%。内蒙古东部三市一盟八等地占其总面积的13.91%，黑龙江省和吉林省分别占8.29%和8.76%，其他地区占5%以下。

（2）主要特征与属性。八等地主要分布在平原低阶、平原中阶和丘陵上部，≥10 ℃有效积温绝大部分为2 600～3 800 ℃，耕层质地主要是壤土和黏壤土，耕层厚度均为15～25 cm，有机质含量绝大部分在10 g/kg以上。八等地土壤养分情况见表8-19。

表8-19 八等地各种养分平均值分布情况

指标	黑龙江省	黑龙江省农垦总局	吉林省	辽宁省	内蒙古东部三市一盟
阳离子交换量 （cmol/kg）	26.70	24.97	16.39	13.42	13.62
有机质 （g/kg）	30.02	26.55	26.65	14.91	17.90
全氮 （g/kg）	1.78	1.99	1.66	0.84	0.96
全磷 （g/kg）	1 109.30	397.41	3.45	1.17	3.69
全钾 （g/kg）	20.30	21.78	21.95	22.29	23.35
碱解氮 （mg/kg）	173.49	197.96	149.30	83.36	86.65
有效磷 （mg/kg）	28.33	18.33	25.08	14.67	10.69
速效钾 （mg/kg）	126.70	131.92	119.39	111.90	126.43
缓效钾 （mg/kg）	642.08	576.13	547.77	574.64	572.50
有效锌 （mg/kg）	1.53	1.09	2.24	0.86	0.77
有效硼 （mg/kg）	0.73	0.25	1.04	1.00	0.63
有效铜 （mg/kg）	1.56	1.59	2.08	1.47	1.10
有效铁 （mg/kg）	43.78	27.11	49.09	65.29	16.69

（续）

指标	黑龙江省	黑龙江省农垦总局	吉林省	辽宁省	内蒙古东部三市一盟
有效钼（mg/kg）	0.34	0.11	0.36	0.00	0.05
有效锰（mg/kg）	31.76	20.53	26.66	24.87	16.39
有效硅（mg/kg）	289.46	254.87	273.32	301.09	221.75
交换性钙（cmol/kg）	20.96	17.82	12.63	10.03	6.93
交换性镁（cmol/kg）	4.19	2.93	2.05	2.60	2.66
交换性钠（cmol/kg）	0.72	0.49	0.28	0.13	0.08

（3）利用与管理。八等地主要分布在平原和丘陵地带，积温较适宜，降水较少，沙土和黏土占的比例稍大，大部分耕层厚度偏薄，土壤养分含量中等或者偏少。利用与管理的主要措施：一是提高灌溉能力，实施节水灌溉，提高灌溉保障能力；二是增施有机肥，实行秸秆还田，增强耕层保水保肥能力。

9. 九等地

（1）面积与分布。九等地分布面积为 135.63 万 hm²，占整个优势区总面积的 4.53%。其中，黑钙土占其总面积的 24.10%，风沙土占 23.10%，草甸土占 19.35%。内蒙古东部三市一盟九等地占其总面积的 8.01%，吉林省占 5.64%，黑龙江省占 4.63%，其他地区不足 1%。

（2）主要特征与属性。九等地主要分布在平原低阶、平原中阶和丘陵上部，≥10 ℃有效积温绝大部分在 3 000 ℃以上，耕层质地主要是沙土和黏壤土，耕层厚度均为 15～25 cm，有机质含量绝大部分为 10～20 g/kg。九等地土壤养分情况见表 8-20。

表 8-20 九等地各种养分平均值分布情况

指标	黑龙江省	黑龙江省农垦总局	吉林省	辽宁省	内蒙古东部三市一盟
阳离子交换量（cmol/kg）	23.96	16.82	14.24	12.25	12.66
有机质（g/kg）	25.32	16.92	18.46	15.11	15.45
全氮（g/kg）	1.47	1.13	1.22	1.01	0.86
全磷（g/kg）	834.10	625.61	6.45	1.13	0.29
全钾（g/kg）	20.05	21.37	21.14	22.75	23.02
碱解氮（mg/kg）	162.60	130.23	107.09	81.63	73.05
有效磷（mg/kg）	22.56	19.08	18.58	13.45	9.55
速效钾（mg/kg）	123.04	110.05	110.56	96.13	124.55
缓效钾（mg/kg）	615.12	454.72	501.20	509.25	658.17
有效锌（mg/kg）	1.48	0.82	1.89	0.84	0.72
有效硼（mg/kg）	0.50	0.02	1.03	0.75	0.73
有效铜（mg/kg）	1.63	1.02	1.98	2.00	1.08
有效铁（mg/kg）	35.53	18.10	35.95	33.75	15.41
有效钼（mg/kg）	0.26	0.00	0.18	0.00	0.02
有效锰（mg/kg）	27.82	14.96	22.84	29.63	15.04
有效硅（mg/kg）	254.91	134.32	248.90	381.75	227.33
交换性钙（cmol/kg）	19.30	14.24	10.92	9.38	6.65
交换性镁（cmol/kg）	3.54	1.56	1.71	2.00	1.80
交换性钠（cmol/kg）	0.61	0.25	0.63	0.11	0.32

（3）利用与管理。九等地分布地区降水偏少，有不同程度的风沙和盐碱化等障碍因素，耕层质地多为沙土和黏土，耕层厚度中等或偏薄。利用与管理的主要措施：一是改变灌溉方式，根据地形特征采用滴灌形式；二是保持水土，促进生态环境的改善；三是对于耕层浅、养分低的地区，推行深耕制度，增加活土层；四是提倡种植耐盐作物。

10. 十等地

（1）面积与分布。十等地分布面积为 61.97 万 hm^2，占整个优势区总面积的 2.08%。其中，风沙土占其总面积的 36.19%，草甸土为 27.53%，褐土为 16.55%，黑钙土为 11.45%。其他土壤类型分布均不超过 4%。

（2）主要特征与属性。十等地主要分布在平原低阶、平原中阶，≥10 ℃有效积温绝大部分为 3 000～3 800 ℃，耕层质地绝大部分是沙土，耕层厚度均为 15～20 cm，有机质含量绝大部分为 6～15 g/kg。十等地土壤养分情况见表 8-21。

表 8-21　十等地各种养分平均值分布情况

指标	黑龙江省	黑龙江省农垦总局	吉林省	内蒙古东部三市一盟
阳离子交换量（cmol/kg）	18.07	14.10	10.27	10.09
有机质（g/kg）	18.77	16.73	11.76	11.44
全氮（g/kg）	1.20	1.00	0.82	0.65
全磷（g/kg）	498.51	335.00	0.04	0.37
全钾（g/kg）	22.98	30.20	22.09	21.96
碱解氮（mg/kg）	142.41	97.85	67.10	56.93
有效磷（mg/kg）	16.65	19.78	15.73	8.25
速效钾（mg/kg）	110.18	95.75	77.80	106.89
缓效钾（mg/kg）	459.44	394.75	415.41	629.29
有效锌（mg/kg）	0.88	0.84	1.26	0.70
有效硼（mg/kg）	0.29	0.10	1.10	0.66
有效铜（mg/kg）	1.46	1.90	1.27	0.84
有效铁（mg/kg）	20.19	14.00	16.30	12.77
有效钼（mg/kg）	0.09	0.00	0.10	0.04
有效锰（mg/kg）	16.50	20.50	11.73	10.83
有效硅（mg/kg）	201.96	171.10	313.94	184.39
交换性钙（cmol/kg）	14.93	12.00	8.10	5.93
交换性镁（cmol/kg）	2.32	1.65	1.19	1.16
交换性钠（cmol/kg）	0.34	0.16	0.37	0.20

（3）利用与管理。十等地分布于风沙盐碱土区，降水量大部分都少于 600 mm，地势较低，90% 以上的耕层质地为沙土，多为盐碱地，土壤养分含量低，大部分有机质含量不超过 15 g/kg。利用与管理的主要措施：一是对于地势低、易产生盐渍化的地区，加强田间灌溉与排水的配套建设，降低地下水位；二是实行浅翻深松、草炭改土和秸秆还田，以增加土壤有机质含量；三是实施土壤培肥和平衡施肥技术；四是采取合理轮作制度，选择耐盐作物。

（三）不同耕地地力玉米产能潜力分析

以区域 23 911 个调查点的玉米产量平均值与耕地地力综合指数建立拟合函数，通过综合指数与产量的相关函数关系，计算出每个评价单元的玉米产量。

统计计算得知，目前东北玉米优势区耕地玉米生产能力每个地力等级平均相差 43.47 kg/667 m^2。如果通过加强农田基础设施、深耕深松、增施有机肥、秸秆还田、测土配方施肥等综合措施，挖掘东北玉米优势区的生产潜力，二至十等地各提高一个地力等级，区内总共可增产粮食 183.6 亿 kg，见表 8-22。

表 8-22　各等级耕地增产潜力分析

耕地地力等级	耕地面积（万 hm²）	平均产量（kg/667 m²）	增产（kg/667 m²）	总增产量（亿 kg）
一等地	178.05	795.9		
二等地	250.42	741.2	54.7	20.6
三等地	426.11	690.9	50.3	32.1
四等地	473.32	653.4	37.4	26.6
五等地	538.16	617.0	36.5	29.4
六等地	408.04	583.4	33.5	20.5
七等地	288.02	546.8	36.7	15.8
八等地	236.22	480.4	66.4	23.5
九等地	135.63	430.6	49.8	10.1
十等地	61.97	376.6	54.0	5.0

四、东北玉米优势区耕地土壤主要性状

（一）有机质

1. 土壤有机质含量现状　全区耕地有机质含量平均值为 25.87 g/kg，范围为 0.70~183.00 g/kg。各地区以黑龙江省农垦总局最高，平均值为 46.90 g/kg，范围为 10~99 g/kg；黑龙江省、内蒙古东部三市一盟次之，平均值分别为 33.23 g/kg、28.17 g/kg，范围分别为 3~114 g/kg 和 1~134 g/kg；辽宁省最低，平均值仅为 17.01 g/kg，范围为 7~50 g/kg（表 8-23）。

表 8-23　各地区土壤有机质含量平均值及范围

单位：g/kg

项目	黑龙江省	黑龙江省农垦总局	吉林省	辽宁省	内蒙古东部三市一盟
平均值	33.23	46.90	24.42	17.01	28.17
范围	3~114	10~99	1~183	7~50	1~134

2. 土壤有机质含量分布情况　从土壤类型看，以沼泽土和暗棕壤的有机质含量最高，平均值分别为 37.9 g/kg 和 37.3 g/kg；其次是白浆土和黑土，平均值分别为 36.7 g/kg 和 33.9 g/kg，范围分别为 11.8~172.2 g/kg 和 7.8~74.0 g/kg；有机质含量最低的 4 种土壤类型是棕壤、潮土、风沙土和褐土，平均值分别仅为 19.0 g/kg、15.7 g/kg、15.2 g/kg 和 13.1 g/kg，范围分别为 5.3~47.2 g/kg、4.7~39.7 g/kg、3.4~56.6 g/kg 和 2.8~36.4 g/kg。

3. 土壤有机质含量等级频率分布情况　从各地区土壤有机质含量等级频率分布情况来看，达到有机质含量一级（>50 g/kg）的耕地大多数分布在黑龙江省，占样本总数的 46%；其次是黑龙江省农垦总局，为 27%；辽宁省最少，没有有机质含量为一级的耕地（表 8-24）。

表 8-24　土壤有机质含量各等级频率分布

单位：%

分级	黑龙江省农垦总局	黑龙江省	吉林省	辽宁省	内蒙古东部三市一盟
一级（>50 g/kg）	27	46	19	0	8
二级（35~50 g/kg）	9	67	10	4	10

（续）

分级	黑龙江省农垦总局	黑龙江省	吉林省	辽宁省	内蒙古东部三市一盟
三级（20~35 g/kg）	2	48	25	17	8
四级（10~20 g/kg）	0	11	20	55	14
五级（<10 g/kg）	0	6	22	36	36

有机质含量为五级（<10 g/kg）的耕地大多分布在辽宁省和内蒙古东部三市一盟，均占样本总数的 36%；黑龙江省农垦总局没有有机质含量为五级的耕地。

（二）全氮

1. 土壤全氮含量现状　全区耕地全氮含量平均为 1.44 g/kg，范围为 0.10~9.15 g/kg。各地区相比，以黑龙江省农垦总局全氮含量最高，平均值为 2.24 g/kg，范围为 0.2~8.3 g/kg；黑龙江省、吉林省次之，平均值分别为 1.77 g/kg、1.50 g/kg，范围分别为 0.3~6.8 g/kg、0.1~9.2 g/kg；辽宁省最低，平均值仅为 1.00 g/kg，范围为 0.1~2.6 g/kg（表 8-25）。

表 8-25　各地区土壤全氮含量平均值及范围

单位：g/kg

项目	黑龙江省	黑龙江省农垦总局	吉林省	辽宁省	内蒙古东部三市一盟
平均值	1.77	2.24	1.50	1.00	1.18
范围	0.3~6.8	0.2~8.3	0.1~9.2	0.1~2.6	0.1~5.1

2. 土壤全氮含量分布情况　从土壤类型看，以暗棕壤和沼泽土的全氮含量最高，平均值分别为 2.05 g/kg 和 2.03 g/kg，范围分别为 0.22~8.36 g/kg 和 0.23~6.82 g/kg；其次是白浆土和水稻土，平均值分别为 1.92 g/kg 和 1.76 g/kg，范围分别为 0.30~8.72 g/kg、0.57~5.74 g/kg；全氮含量最低的 4 种土壤类型是棕壤、褐土、风沙土和潮土，全氮含量平均值分别仅为 1.03 g/kg、0.91 g/kg、0.88 g/kg 和 0.66 g/kg，范围分别为 0.10~2.58 g/kg、0.10~2.38 g/kg、0.10~4.21 g/kg 和 0.26~1.04 g/kg。

3. 土壤全氮含量等级频率分布情况　从土壤全氮含量等级频率分布情况来看，达到土壤全氮含量一级（>3 g/kg）大多分布在黑龙江省，占样本总数的 45%；其次是吉林省，为 27%；辽宁省最少，没有有机质含量为一级的耕地（表 8-26）。

表 8-26　土壤全氮含量各等级频率分布

单位：%

分级	黑龙江省农垦总局	黑龙江省	吉林省	辽宁省	内蒙古东部三市一盟
一级（>3 g/kg）	20	45	27	0	8
二级（1.8~3 g/kg）	10	59	17	5	9
三级（1~1.8 g/kg）	3	39	25	25	9
四级（0.6~1 g/kg）	1	11	13	60	15
五级（<0.6 g/kg）	0	9	21	29	40

全氮含量为五级（<0.6 g/kg）大多分布在内蒙古东部三市一盟和辽宁省，分别占样本总数的 40% 和 29%；黑龙江省农垦总局没有。

（三）碱解氮

1. 土壤碱解氮含量现状　全区耕地碱解氮含量平均值为 143.92 mg/kg，范围为 10.00~574.10 mg/kg。黑龙江省农垦总局碱解氮含量最高，平均值为 211.24 mg/kg，范围为 60.50~

443.60 mg/kg；黑龙江省、吉林省次之，平均值分别为 186.16 mg/kg、129.56 mg/kg，范围分别为 30.00～574.10 mg/kg 和 11.00～299.00 mg/kg；内蒙古东部三市一盟最低，平均值仅为 103.49 mg/kg，范围为 10.00～414.00 mg/kg（表 8 - 27）。

表 8 - 27　各地区土壤碱解氮含量平均值及范围

单位：mg/kg

项目	黑龙江省	黑龙江省农垦总局	吉林省	辽宁省	内蒙古东部三市一盟
平均值	186.16	211.24	129.56	109.41	103.49
范围	30.00～574.10	60.50～443.60	11.00～299.00	30～400.00	10.00～414.00

2. 土壤碱解氮含量分布情况　从土壤类型看，以白浆土和暗棕壤的碱解氮含量最高，平均值分别为 191.82 mg/kg 和 190.98 mg/kg，范围分别为 22.00～517.50 mg/kg 和 30.00～568.00 mg/kg；其次是水稻土和沼泽土，平均值分别为 186.05 mg/kg 和 183.45 mg/kg，范围分别为 74.55～442.00 mg/kg 和 15.00～492.00 mg/kg；黑土、黑钙土、草甸土和棕壤的碱解氮含量水平也比较高，平均值分别为 176.04 mg/kg、151.35 mg/kg、135.50 mg/kg 和 116.31 mg/kg，范围分别为 30.00～514.50 mg/kg、20.00～540.00 mg/kg、10.00～574.10 mg/kg 和 30.00～400.00 mg/kg；碱解氮含量最低的 4 种土壤类型是栗钙土、风沙土、褐土和潮土，平均值分别为 107.20 mg/kg、97.03 mg/kg、90.00 mg/kg 和 77.02 mg/kg，范围分别为 11.00～328.00 mg/kg、11.00～532.80 mg/kg、11.30～387.00 mg/kg 和 31.00～164.00 mg/kg。

（四）全磷

1. 土壤全磷含量现状　全区耕地全磷含量平均值为 0.90 g/kg，范围为 0.03～5.37 g/kg。辽宁省全磷含量最高，平均值为 1.27 g/kg，范围为 0.40～2.00 g/kg；黑龙江省、黑龙江省农垦总局次之，平均值分别为 1.02 g/kg、0.88 g/kg，范围分别为 0.10～4.50 g/kg 和 0.09～5.37 g/kg；吉林省最低，平均值仅为 0.33 g/kg，范围为 0.03～1.70 g/kg（表 8 - 28）。

表 8 - 28　各地区土壤全磷含量平均值及范围

单位：g/kg

项目	黑龙江省	黑龙江省农垦总局	吉林省	辽宁省	内蒙古东部三市一盟
平均值	1.02	0.88	0.33	1.27	0.61
范围	0.10～4.50	0.09～5.37	0.03～1.70	0.40～2.00	0.10～4.12

2. 土壤全磷含量分布情况　从土壤类型看，以棕壤和褐土的全磷含量最高，平均值分别为 1.32 g/kg 和 1.06 g/kg，范围分别为 0.16～2.00 g/kg 和 0.10～1.85 g/kg；其次是沼泽土和草甸土，平均值均为 0.99 g/kg，范围分别为 0.10～4.20 g/kg、0.07～4.50 g/kg；全磷含量最低的 4 种土壤类型是黑钙土、风沙土、栗钙土和潮土，平均值分别为 0.71 g/kg、0.60 g/kg、0.59 g/kg 和 0.46 g/kg，范围分别为 0.03～4.50 g/kg、0.03～4.50 g/kg、0.05～4.12 g/kg 和 0.30～0.70 g/kg。

3. 土壤全磷含量等级频率分布情况　从土壤全磷含量等级频率分布情况来看，达到全磷含量一级（>1.5 g/kg）的土壤大多分布在辽宁省，占样本总数的 53%；其次是黑龙江省，为 43%；吉林省没有土壤全磷含量为一级的耕地（表 8 - 29）。

表 8 - 29　土壤全磷含量各等级频率分布

单位：%

分级	黑龙江省农垦总局	黑龙江省	吉林省	辽宁省	内蒙古东部三市一盟
一级（>1.5 g/kg）	1	43	0	53	3
二级（1～1.5 g/kg）	4	30	0	58	8

（续）

分级	黑龙江省农垦总局	黑龙江省	吉林省	辽宁省	内蒙古东部三市一盟
三级（0.5～1 g/kg）	8	49	8	23	12
四级（0.25～0.5 g/kg）	1	22	55	0	22
五级（<0.25 g/kg）	2	17	66	0	15

全磷含量为五级（<0.25 g/kg）的土壤大多分布在吉林省和黑龙江省，分别占样本总数的66%和17%；辽宁省没有全磷含量为五级的耕地。

（五）有效磷

1. 土壤有效磷含量现状　全区耕地有效磷含量平均值为26.42 mg/kg，范围为0.26～196.00 mg/kg。黑龙江省有效磷含量最高，平均值为31.51 mg/kg，范围为1～196 mg/kg；黑龙江省农垦总局、辽宁省次之，平均值分别为28.51 mg/kg、26.97 mg/kg，范围分别为4.3～81.4 mg/kg和10～174 mg/kg；内蒙古东部三市一盟最低，平均值仅为13.23 mg/kg，范围为1.7～93.5 mg/kg（表8-30）。

表8-30　各地区土壤有效磷含量平均值及范围

单位：mg/kg

项目	黑龙江省	黑龙江省农垦总局	吉林省	辽宁省	内蒙古东部三市一盟
平均值	31.51	28.51	24.42	26.97	13.23
范围	1～196	4.3～81.4	0.26～104.22	10～174	1.7～93.5

2. 土壤有效磷含量分布情况　从土壤类型看，以水稻土和黑土的有效磷含量最高，平均值分别为34.9 mg/kg和33.4 mg/kg，范围分别为1.5～159.8 mg/kg和1.2～194.0 mg/kg；其次是暗棕壤和白浆土，平均值分别为32.5 mg/kg和31.3 mg/kg，范围分别为1.0～191.7 mg/kg、0.5～178.8 mg/kg；有效磷含量最低的4种土壤类型是褐土、风沙土、栗钙土和潮土，平均值分别为18.55 mg/kg、16.97 mg/kg、13.15 mg/kg和12.88 mg/kg，范围分别为3.1～142.0 mg/kg、0.3～152.0 mg/kg、1.8～93.4 mg/kg和3.2～46.6 mg/kg。

3. 土壤有效磷含量等级频率分布情况　从土壤有效磷含量等级频率分布情况来看，达到有效磷含量一级（>40 mg/kg）的土壤大多分布在黑龙江省，占样本总数的45%；其次是辽宁省，为29%；内蒙古东部三市一盟仅为3%（表8-31）。

表8-31　土壤有效磷含量各等级频率分布

单位：%

分级	黑龙江省农垦总局	黑龙江省	吉林省	辽宁省	内蒙古东部三市一盟
一级（>40 mg/kg）	4	45	19	29	3
二级（25～40 mg/kg）	8	43	15	30	4
三级（15～25 mg/kg）	5	40	17	30	8
四级（10～15 mg/kg）	2	24	18	44	12
五级（<10 mg/kg）	1	19	34	0	46

有效磷含量为五级（<10 mg/kg）的土壤大多分布在内蒙古东部三市一盟和吉林省，分别占样本总数46%和34%；辽宁省没有有效磷含量为五级的耕地。

（六）全钾

1. 土壤全钾含量现状　全区耕地全钾含量平均值为21.88 g/kg，范围为0.57～62.00 g/kg。内蒙古东部三市一盟全钾含量最高，平均值为23.20 g/kg，范围为0.57～62.00 g/kg；辽宁省、吉林省次之，平均值分别为 23.06 g/kg、22.15 g/kg，范围分别为 14.33～28.37 g/kg 和 13.60～34.51 g/kg；黑龙江省最低，平均值仅为 20.38 g/kg，范围为 3.1～55.9 g/kg（表 8 - 32）。

表 8 - 32　各地区土壤全钾含量平均值及范围

单位：g/kg

项目	黑龙江省	黑龙江省农垦总局	吉林省	辽宁省	内蒙古东部三市一盟
平均值	20.38	21.22	22.15	23.06	23.20
范围	3.1～55.9	2.6～41.7	13.60～34.51	14.33～28.37	0.57～62.00

2. 土壤全钾含量分布情况　从土壤类型看，以潮土和栗钙土的全钾含量最高，平均值分别为 27.30 g/kg 和 24.21 g/kg，范围分别为 25.30～32.00 g/kg 和 0.57～49.00 g/kg；其次是棕壤和褐土，平均值分别为 23.58 g/kg 和 22.96 g/kg，范围分别为 14.33～38.80 g/kg 和 12.00～34.80 g/kg；全钾含量最低的 4 种土壤类型是暗棕壤、白浆土、黑钙土和水稻土，平均值分别为 20.93 g/kg、20.62 g/kg、20.57 g/kg 和 18.60 g/kg，范围分别为 1.70～52.60 g/kg、2.60～51.50 g/kg、3.30～47.00 g/kg 和 4.60～34.20 g/kg。

3. 土壤全钾含量等级频率分布情况　从全钾含量等级频率分布情况来看，达到全钾含量一级（＞30 g/kg）的土壤大多分布在黑龙江，占样本总数的 44%；其次是内蒙古东部三市一盟，为 29%；辽宁没有全钾含量为一级的耕地（表 8 - 33）。

表 8 - 33　土壤全钾含量各等级频率分布

单位：%

分级	黑龙江省农垦总局	黑龙江省	吉林省	辽宁省	内蒙古东部三市一盟
一级（＞30 g/kg）	4	44	23	0	29
二级（20～30 g/kg）	3	25	19	40	13
三级（15～20 g/kg）	8	51	29	4	8
四级（10～15 g/kg）	4	76	10	0	10
五级（＜10 g/kg）	3	81	0	0	16

全钾含量为五级（＜10 g/kg）的土壤大多分布在黑龙江省，占样本总数高达 81%；辽宁省和吉林省没有全钾含量为五级的耕地。

（七）速效钾

1. 土壤速效钾含量现状　全区耕地速效钾含量平均值为 140.34 mg/kg，范围为 11.00～699.00 mg/kg。黑龙江省农垦总局速效钾含量最高，平均值为 194.48 mg/kg，范围为 50～463.81 mg/kg；黑龙江省、内蒙古东部三市一盟次之，平均值分别为 170.61 mg/kg、139.49 mg/kg，范围分别为 16～699 mg/kg 和 32～568 mg/kg；辽宁省最低，平均值仅为 105.63 mg/kg，范围为 11～372 mg/kg（表 8 - 34）。

表 8 - 34　各地区土壤速效钾含量平均值及范围

单位：mg/kg

项目	黑龙江省	黑龙江省农垦总局	吉林省	辽宁省	内蒙古东部三市一盟
平均值	170.61	194.48	126.33	105.63	139.49
范围	16～699	50～463.81	45～300	11～372	32～568

2. 土壤速效钾含量分布情况　从土壤类型看，以黑土和黑钙土的速效钾含量最高，平均值分别为 179.04 mg/kg 和 162.09 mg/kg，范围分别为 21～699 mg/kg 和 19～564 mg/kg；其次是沼泽土和

水稻土，平均值分别为 151.66 mg/kg 和 147.37 mg/kg，范围分别为 22～420 mg/kg、16～577 mg/kg；速效钾含量最低的 4 种土壤类型是褐土、潮土、风沙土和棕壤，平均值分别为 131.36 mg/kg、125.69 mg/kg、102.15 mg/kg 和 99.76 mg/kg，范围分别为 30～563 mg/kg、63～269 mg/kg、29～385 mg/kg 和 11～470 mg/kg。

3. 土壤速效钾含量等级频率分布情况 从土壤速效钾含量等级频率分布情况来看，达到速效钾含量一级（＞250 mg/kg）的土壤大多分布在黑龙江省，占样本总数的 64%，其次是吉林省和黑龙江省农垦总局，均为 11%；辽宁省速效钾一级的耕地仅占 4%（表 8 - 35）。

表 8 - 35　土壤速效钾含量各等级频率分布

单位：%

分级	黑龙江省农垦总局	黑龙江省	吉林省	辽宁省	内蒙古东部三市一盟
一级（＞250 mg/kg）	11	64	11	4	10
二级（180～250 mg/kg）	10	55	14	10	11
三级（120～180 mg/kg）	4	40	21	22	13
四级（60～120 mg/kg）	1	20	26	41	12
五级（＜60 mg/kg）	0	14	6	71	9

速效钾含量为五级（＜60 mg/kg）的土壤大多分布在辽宁省，占样本总数的 71%；黑龙江省农垦总局没有此级耕地。

（八）缓效钾

1. 土壤缓效钾含量现状 全区耕地缓效钾含量平均值为 617.95 mg/kg，范围为 55.00～2 443.00 mg/kg。黑龙江省农垦总局缓效钾含量最高，平均值为 744.34 mg/kg，范围为 105～1 798 mg/kg；黑龙江省、内蒙古东部三市一盟次之，平均值分别为 688.78 mg/kg、665.63 mg/kg，范围分别为 193～1 696 mg/kg 和 78～2 443 mg/kg；辽宁省最低，平均值仅为 522.21 mg/kg，范围为 55～996 mg/kg（表 8 - 36）。

表 8 - 36　各地区土壤缓效钾含量平均值及范围

单位：mg/kg

项目	黑龙江省	黑龙江省农垦总局	吉林省	辽宁省	内蒙古东部三市一盟
平均值	688.78	744.34	575.46	522.21	665.63
范围	193～1 696	105～1 798	120～1 007	55～996	78～2 443

2. 土壤缓效钾含量分布情况 从土壤类型看，以黑土和水稻土的缓效钾含量最高，平均值分别为 724.13 mg/kg 和 656.24 mg/kg，范围分别为 132.08～1 798 mg/kg 和 280～1 662 mg/kg；其次是沼泽土和黑钙土，平均值分别为 650.04 mg/kg 和 649.02 mg/kg，范围分别为 212.74～1 933 mg/kg、132～1 284 mg/kg；缓效钾含量最低的 4 种土壤类型是栗钙土、潮土、风沙土和棕壤，平均值分别为 594.26 mg/kg、563.31 mg/kg、508.63 mg/kg 和 502.71 mg/kg，范围分别为 126～2 179 mg/kg、318～794 mg/kg、78～2 265 mg/kg 和 55～1 022 mg/kg。

3. 土壤缓效钾含量等级频率分布情况 从土壤缓效钾含量等级频率分布情况来看，达到缓效钾含量一级（＞1 000 mg/kg）的土壤大多分布在黑龙江省，占样本总数的 50%；其次是内蒙古东部三市一盟，占样本总数的 28%；辽宁省没有土壤缓效钾含量为一级的耕地（表 8 - 37）。

缓效钾含量为五级的土壤大多分布在辽宁省和吉林省，分别占样本总数的 58% 和 23%；黑龙江省农垦总局最少，仅为 2%。

表 8 - 37　土壤缓效钾含量各等级频率分布

单位:%

分级	黑龙江省农垦总局	黑龙江省	吉林省	辽宁省	内蒙古东部三市一盟
一级（>1 000 mg/kg）	16	50	6	0	28
二级（700～1 000 mg/kg）	5	45	19	21	10
三级（500～700 mg/kg）	3	40	20	25	12
四级（300～500 mg/kg）	3	21	23	39	14
五级（<300 mg/kg）	2	8	23	58	19

（九）有效铜

1. 土壤有效铜含量现状　全区耕地有效铜含量平均值为 1.84 mg/kg，范围为 0.01～39.23 mg/kg。吉林省有效铜含量最高，平均值为 2.27 mg/kg，范围为 0.01～39.23 mg/kg；黑龙江省农垦总局、黑龙江省次之，平均值分别为 2.10 mg/kg 和 1.80 mg/kg，范围分别为 0.19～8.26 mg/kg 和 0.10～19.27 mg/kg；内蒙古东部三市一盟最低，平均值仅为 1.29 mg/kg，范围为 0.01～15.02 mg/kg（表 8 - 38）。

表 8 - 38　各地区土壤有效铜含量平均值及范围

单位：mg/kg

项目	黑龙江省	黑龙江省农垦总局	吉林省	辽宁省	内蒙古东部三市一盟
平均值	1.80	2.10	2.27	1.79	1.29
范围	0.10～19.27	0.19～8.26	0.01～39.23	0.04～36.1	0.01～15.02

2. 土壤有效铜含量分布情况　从土壤类型看，以水稻土和白浆土的有效铜含量最高，平均值分别为 2.54 mg/kg 和 2.15 mg/kg，范围分别为 0.15～13.46 mg/kg 和 0.1～28.08 mg/kg；其次是黑土和暗棕壤，平均值分别为 2.14 mg/kg 和 1.94 mg/kg，范围分别为 0.02～32.07 mg/kg、0.07～39.23 mg/kg；有效铜含量最低的 4 种土壤类型是褐土、风沙土、栗钙土和潮土，平均值分别为 1.70 mg/kg、1.51 mg/kg、1.10 mg/kg 和 0.87 mg/kg，范围分别为 0.06～36.1 mg/kg、0.03～16.6 mg/kg、0.02～9.1 mg/kg 和 0.15～3.6 mg/kg。

3. 土壤有效铜含量等级频率分布情况　从土壤有效铜含量等级频率分布情况来看，达到有效铜含量一级（>3 mg/kg）的土壤大多分布在吉林省，占样本总数的 40%；其次是辽宁省，占样本总数的 26%；内蒙古东部三市一盟最少，仅为 6%（表 8 - 39）。

表 8 - 39　土壤有效铜含量各等级频率分布

单位:%

分级	黑龙江省农垦总局	黑龙江省	吉林省	辽宁省	内蒙古东部三市一盟
一级（>3 mg/kg）	7	21	40	26	6
二级（2～3 mg/kg）	7	40	17	30	6
三级（1～2 mg/kg）	3	44	15	28	10
四级（0.5～1 mg/kg）	2	19	21	33	25
五级（<0.5 mg/kg）	4	26	33	16	21

有效铜含量为五级（<0.5 mg/kg）的土壤大多分布在吉林省和黑龙江省，分别占样本总数的 33% 和 26%；黑龙江省农垦总局最少，仅为 4%。

（十）有效铁

1. 土壤有效铁含量现状 全区耕地有效铁含量平均值为 45.71 mg/kg，范围为 0.13～1 000.00 mg/kg。黑龙江省农垦总局有效铁含量最高，平均值为 86.45 mg/kg，范围为 1.3～601 mg/kg；辽宁省、吉林省次之，平均值分别为 58.09 mg/kg 和 43.96 mg/kg，范围分别为 0.4～1 000 mg/kg 和 0.13～460 mg/kg；内蒙古东部三市一盟最低，平均值仅为 24.40 mg/kg，范围为 0.5～293.4 mg/kg（表 8-40）。

表 8-40　各地区土壤有效铁含量平均值及范围

单位：mg/kg

项目	黑龙江省	黑龙江省农垦总局	吉林省	辽宁省	内蒙古东部三市一盟
平均值	39.31	86.45	43.96	58.09	24.40
范围	0.8～179.8	1.3～601	0.13～460	0.4～1 000	0.5～293.4

2. 土壤有效铁含量分布情况 从土壤类型看，以白浆土和棕壤的有效铁含量最高，平均值分别为 69.94 mg/kg 和 69.00 mg/kg，范围分别为 0.51～454 mg/kg 和 0.40～1 000 mg/kg；其次是暗棕壤和水稻土，平均值分别为 60.92 mg/kg 和 60.49 mg/kg，范围分别为 0.33～460 mg/kg 和 1.07～205 mg/kg；有效铁含量最低的 4 种土壤类型是黑钙土、风沙土、潮土和栗钙土，平均值分别为 26.97 mg/kg、22.63 mg/kg、13.44 mg/kg 和 13.44 mg/kg，范围分别为 0.13～290 mg/kg、0.55～294 mg/kg、4.20～111 mg/kg 和 1.60～190 mg/kg。

3. 土壤有效铁含量等级频率分布情况 从土壤有效铁含量等级频率分布情况来看，达到有效铁含量一级（>80 mg/kg）的土壤大多分布在辽宁省，占样本总数的 34%；其次是吉林省，占样本总数的 26%；内蒙古东部三市一盟最少，仅为 5%（表 8-41）。

表 8-41　土壤有效铁含量各等级频率分布

单位：%

分级	黑龙江省农垦总局	黑龙江省	吉林省	辽宁省	内蒙古东部三市一盟
一级（>80 mg/kg）	13	22	26	34	5
二级（40～80 mg/kg）	4	42	12	35	7
三级（20～40 mg/kg）	4	48	15	27	6
四级（10～20 mg/kg）	1	29	25	29	16
五级（<10 mg/kg）	1	17	31	16	35

有效铁含量为五级（<10 mg/kg）的土壤大多分布在内蒙古东部三市一盟和吉林省，分别占样本总数的 35% 和 31%；黑龙江省农垦总局最少，仅为 1%。

（十一）有效锌

1. 土壤有效锌含量现状 全区耕地有效锌含量平均值为 1.54 mg/kg，范围为 0.01～26.30 mg/kg。吉林省土壤有效锌含量最高，平均值为 2.08 mg/kg，范围为 0.01～26.30 mg/kg；黑龙江省、辽宁省次之，平均值分别为 1.53 mg/kg 和 1.44 mg/kg，范围分别为 0.11～19.46 mg/kg 和 0.12～8.86 mg/kg；内蒙古东部三市一盟最低，平均值仅为 0.98 mg/kg，范围为 0.02～7.67 mg/kg（表 8-42）。

表 8-42　各地区土壤有效锌含量平均值及范围

单位：mg/kg

项目	黑龙江省	黑龙江省农垦总局	吉林省	辽宁省	内蒙古东部三市一盟
平均值	1.53	1.43	2.08	1.44	0.98
范围	0.11～19.46	0.07～5.66	0.01～26.3	0.12～8.86	0.02～7.67

2. 土壤有效锌含量分布情况　从土壤类型看，以暗棕壤和水稻土的有效锌含量最高，平均值分别为 2.100 mg/kg 和 2.093 mg/kg，范围分别为 0.03～21.93 mg/kg 和 0.1～10.13 mg/kg；其次是白浆土和黑土，平均值分别为 2.022 mg/kg 和 1.627 mg/kg，范围分别为 0.09～26.3 mg/kg 和 0.07～18.24 mg/kg；有效锌含量最低的 4 种土壤类型是褐土、风沙土、栗钙土和潮土，平均值分别为 1.182 mg/kg、1.124 mg/kg、0.941 mg/kg 和 0.823 mg/kg，范围分别为 0.08～8.49 mg/kg、0.02～12.7 mg/kg、0.04～9.93 mg/kg 和 0.21～3.82 mg/kg。

3. 土壤有效锌含量等级频率分布情况　从土壤有效锌含量等级频率分布情况来看，达到有效锌含量一级（＞3.0 mg/kg）的土壤大多分布在吉林省，占样本总数的 39%；其次是辽宁省，为 32%；黑龙江省农垦总局仅为 2%（表 8 - 43）。

表 8 - 43　土壤有效锌含量各等级频率分布

单位：%

分级	黑龙江省农垦总局	黑龙江省	吉林省	辽宁省	内蒙古东部三市一盟
一级（＞3.0 mg/kg）	2	23	39	32	4
二级（1.0～3.0 mg/kg）	5	43	20	24	8
三级（0.5～1.0 mg/kg）	3	33	16	29	19
四级（0.3～0.5 mg/kg）	5	18	14	36	27
五级（＜0.3 mg/kg）	2	13	15	49	21

有效锌含量为五级（＜0.3 mg/kg）的土壤大多分布在辽宁省和内蒙古东部三市一盟，分别占样本总数的 49% 和 21%；黑龙江省农垦总局分布最少，仅为 2%。

（十二）有效锰

1. 土壤有效锰含量现状　全区耕地有效锰含量平均值为 29.00 mg/kg，范围为 0.08～351.94 mg/kg。黑龙江省农垦总局有效锰含量最高，平均值为 34.42 mg/kg，范围为 0.6～127.6 mg/kg；黑龙江省、吉林省次之，平均值分别为 33.36 mg/kg 和 28.30 mg/kg，范围分别为 1.0～239.7 mg/kg 和 0.3～351.9 mg/kg；内蒙古东部三市一盟最低，平均值仅为 22.58 mg/kg，范围为 0.9～125.8 mg/kg（表 8 - 44）。

表 8 - 44　各地区土壤有效锰含量平均值及范围

单位：mg/kg

项目	黑龙江省	黑龙江省农垦总局	吉林省	辽宁省	内蒙古东部三市一盟
平均值	33.36	34.42	28.30	26.15	22.58
范围	1.0～239.7	0.6～127.6	0.3～351.9	0.1～89.73	0.9～125.8

2. 土壤有效锰含量分布情况　从土壤类型看，以暗棕壤和黑土的有效锰含量最高，平均值分别为 39.51 mg/kg 和 37.98 mg/kg，范围分别为 0.76～342.32 mg/kg 和 1.00～351.94 mg/kg；其次是白浆土和水稻土，平均值分别为 37.83 mg/kg 和 37.39 mg/kg，范围分别为 0.59～337.00 mg/kg 和 3.07～154.50 mg/kg；有效锰含量最低的 4 种土壤类型是黑钙土、风沙土、栗钙土和潮土，平均值分别为 23.16 mg/kg、17.23 mg/kg、15.83 mg/kg 和 11.07 mg/kg，范围分别为 0.74～301.53 mg/kg、0.30～261.19 mg/kg、2.28～153.12 mg/kg 和 6.30～19.80 mg/kg。

3. 土壤有效锰含量等级频率分布情况　从土壤有效锰含量等级频率分布情况来看，达到有效锰含量一级（＞70 mg/kg）的土壤大多分布在黑龙江省，占样本总数的 45%；其次是吉林省，占样本总数的 26%；黑龙江省农垦总局最少，仅为 4%（表 8 - 45）。

有效锰含量为五级（＜10 mg/kg）的土壤大多分布在吉林省和辽宁省，分别占样本总数的 35%

和29%；黑龙江省农垦总局最少，仅为3%。

表8-45 土壤有效锰含量各等级频率分布

单位：%

分级	黑龙江省农垦总局	黑龙江省	吉林省	辽宁省	内蒙古东部三市一盟
一级（>70 mg/kg）	4	45	26	17	8
二级（40~70 mg/kg）	7	45	14	26	8
三级（20~40 mg/kg）	6	38	17	32	7
四级（10~20 mg/kg）	2	36	16	29	17
五级（<10 mg/kg）	3	15	35	29	18

（十三）有效钼

1. 土壤有效钼含量现状 全区耕地有效钼含量平均值为0.18 mg/kg，范围为0.00~6.50 mg/kg。吉林省有效钼含量最高，平均值为0.34 mg/kg，范围为0.01~6.50 mg/kg；黑龙江省农垦总局、黑龙江省次之，平均值分别为0.19 mg/kg和0.17 mg/kg，范围分别为0.01~1.37 mg/kg和0.00~2.79 mg/kg；辽宁省最低，平均值仅为0.08 mg/kg，范围为0.01~1.00 mg/kg（表8-46）。

表8-46 各地区土壤有效钼含量平均值及范围

单位：mg/kg

项目	黑龙江省	黑龙江省农垦总局	吉林省	辽宁省	内蒙古东部三市一盟
平均值	0.17	0.19	0.34	0.08	0.16
范围	0.00~2.79	0.01~1.37	0.01~6.50	0.01~1.00	1.00~1.71

2. 土壤有效钼含量分布情况 从土壤类型看，以白浆土和沼泽土的有效钼含量最高，平均值分别为0.39 mg/kg和0.38 mg/kg，范围分别为0.00~6.50 mg/kg和0.00~2.79 mg/kg；其次是暗棕壤和水稻土，平均值均为0.33 mg/kg，范围分别为0.00~6.50 mg/kg和0.01~2.78 mg/kg；有效钼含量最低的4种土壤类型是草甸土、风沙土、褐土和棕壤，平均值分别为0.15 mg/kg、0.14 mg/kg、0.10 mg/kg和0.08 mg/kg，范围分别为0.00~2.79 mg/kg、0.01~1.38 mg/kg、0.01~1.10 mg/kg和0.01~1.20 mg/kg。

3. 土壤有效钼含量等级频率分布 从土壤有效钼含量等级频率分布情况来看，达到有效钼含量一级（>0.2 mg/kg）的土壤大多分布在吉林省，占样本总数的52%；其次是黑龙江省，为21%；黑龙江省农垦总局最少，为5%（表8-47）。

表8-47 土壤有效钼含量各等级频率分布

单位：%

分级	黑龙江省农垦总局	黑龙江省	吉林省	辽宁省	内蒙古东部三市一盟
一级（>0.2 mg/kg）	5	21	52	9	13
二级（0.1~0.2 mg/kg）	5	40	19	19	17
三级（0.05~0.1 mg/kg）	3	45	9	34	9
四级（0.03~0.05 mg/kg）	2	34	8	44	12
五级（<0.03 mg/kg）	6	26	7	53	8

有效钼含量为五级（<0.03 mg/kg）的土壤大多分布在辽宁省和黑龙江省，分别占样本总数的53%和26%；黑龙江省农垦总局最少，仅为6%。

（十四）有效硼

1. 土壤有效硼含量现状　全区耕地有效硼含量平均值为 0.88 mg/kg，范围为 0.01～20.20 mg/kg。吉林省有效硼含量最高，平均值为 1.40 mg/kg，范围为 0.01～20.20 mg/kg；内蒙古东部三市一盟、辽宁省次之，平均值分别为 0.77 mg/kg 和 0.76 mg/kg，范围分别为 0.01～3.93 mg/kg 和 0.02～5.18 mg/kg；黑龙江省农垦总局最低，平均值仅为 0.57 mg/kg，范围为 0.11～1.94 mg/kg（表 8-48）。

表 8-48　各地区土壤有效硼含量平均值及范围

单位：mg/kg

项目	黑龙江省	黑龙江省农垦总局	吉林省	辽宁省	内蒙古东部三市一盟
平均值	0.75	0.57	1.40	0.76	0.77
范围	0.01～2.266	0.11～1.94	0.01～20.20	0.02～5.18	0.01～3.93

2. 土壤有效硼含量分布情况　从土壤类型看，以黑钙土和水稻土的有效硼含量最高，平均值分别为 1.09 mg/kg 和 1.05 mg/kg，范围分别为 0.01～19.40 mg/kg 和 0.04～16.30 mg/kg；其次是褐土和风沙土，平均值分别为 1.00 mg/kg 和 0.94 mg/kg，范围分别为 0.02～5.18 mg/kg 和 0.01～10.90 mg/kg；有效硼含量最低的 4 种土壤类型是暗棕壤、沼泽土、棕壤和潮土，平均值分别为 0.74 mg/kg、0.72 mg/kg、0.69 mg/kg 和 0.68 mg/kg，范围分别为 0.01～10.30 mg/kg、0.06～3.03 mg/kg、0.02～10.80 mg/kg 和 0.24～1.72 mg/kg。

3. 土壤有效硼含量等级频率分布情况　从土壤有效硼含量等级频率分布情况来看，达到有效硼含量一级（＞2 mg/kg）的土壤大多分布在辽宁省，占样本总数的 51%；其次是吉林省，占样本总数的 40%；黑龙江省农垦总局没有有效硼含量为一级的耕地（表 8-49）。

表 8-49　土壤有效硼含量各等级频率分布

单位：%

分级	黑龙江省农垦总局	黑龙江省	吉林省	辽宁省	内蒙古东部三市一盟
一级（＞2 mg/kg）	0	2	40	51	7
二级（1～2 mg/kg）	2	58	14	14	12
三级（0.5～1 mg/kg）	5	48	12	19	16
四级（0.2～0.5 mg/kg）	5	20	22	42	11
五级（＜0.2 mg/kg）	3	24	51	15	7

有效硼含量为五级的（＜0.2 mg/kg）土壤大多分布在吉林省和黑龙江省，分别占样本总数的 51% 和 24%；黑龙江省农垦总局分布最少，仅为 3%。

（十五）土壤 pH

全区耕地土壤 pH 差异很大。黑龙江省、黑龙江省农垦总局和辽宁省土壤 pH 5.5～6.5 分布面积最大，耕地面积分别为 447.39 万 hm²、80.76 万 hm² 和 238.80 万 hm²；吉林省、内蒙古东部三市一盟 pH 7.5～8.5 分布面积最大，耕地面积分别为 267.63 万 hm²、363.63 万 hm²。

（十六）灌排能力

如表 8-50 所示，东北玉米优势区属于雨养农业区，耕地灌溉能力不强，不满足灌溉条件的耕地面积为 1 956.12 万 hm²，占全区总面积的 65.3%。其中，吉林省所占比例最高，占全省面积的 91.9%；其次为黑龙江省，为 74.6%。

表 8-50　东北玉米优势区耕地灌溉能力情况

项目	充分满足		基本满足		不满足		合计
	面积（万 hm²）	比例（%）	面积（万 hm²）	比例（%）	面积（万 hm²）	比例（%）	
黑龙江省	143.37	14.8	103.35	10.7	723.04	74.5	969.76
黑龙江省农垦总局	62.59	55.8	5.69	5.1	43.89	39.1	112.17
吉林省	47.55	6.7	9.68	1.4	652.31	91.9	709.54
辽宁省	239.85	41.0	46.87	8.0	298.93	51.0	585.65
内蒙古东部三市一盟	197.38	31.9	183.51	29.6	237.95	38.5	618.84
合计	690.74	23.1	349.10	11.6	1 956.12	65.3	2 995.96

如表 8-51 所示，东北玉米优势区大多属于半干旱地区，涝灾较为少见，除了气候原因外，耕地有一定的排涝能力也是重要因素。全区具有基本排涝能力以上的耕地面积为 2 337.76 万 hm²，占总耕地面积的 78%。其中，黑龙江省农垦总局具有基本排涝能力以上的耕地占其总耕地面积的 90.67%。

表 8-51　东北玉米优势区耕地排涝能力情况

项目	充分满足		基本满足		不满足		合计
	面积（万 hm²）	比例（%）	面积（万 hm²）	比例（%）	面积（万 hm²）	比例（%）	
黑龙江省	4.06	0.42	666.08	68.69	299.63	30.89	969.76
黑龙江省农垦总局	24.50	21.84	77.21	68.83	10.47	9.33	112.17
吉林省	212.70	29.98	323.48	45.59	173.35	24.43	709.54
辽宁省	107.31	18.32	385.99	65.91	92.34	15.77	585.65
内蒙古东部三市一盟	442.31	71.47	94.12	15.21	82.41	13.32	618.84
合计	790.88	26.40	1 546.88	51.60	658.20	22.00	2 995.96

（十七）有效土层厚度

东北玉米优势区平均有效土层厚度为 59.13 cm，有效土层最厚达 168.20 cm，最薄仅为 20.00 cm。辽宁省多为平原区，有效土层较厚，平均为 107.30 cm，范围为 54.17～168.20 cm；黑龙江省多山地，有效土层最薄，平均为 31.66 cm，范围为 20.00～92.62 cm。

有效土层厚度＞100 cm 的面积全区共 442.14 万 hm²，辽宁省最多，占 95.7%；有效土层厚度为 50～100 cm 的面积全区共 1 151.69 万 hm²，吉林省最多，占 59.14%；有效土层厚度为 30～50 cm 的面积全区共 869.13 万 hm²，黑龙江省最多，占 64.54%；有效土层厚度为 15～30 cm 的面积全区共 532.98 万 hm²，黑龙江省最多，占 70.40%。

（十八）耕层厚度

东北玉米优势区平均耕层厚度为 21.87 cm，耕层最厚达 41.98 cm，最薄仅为 11.34 cm。辽宁省耕层较厚，平均为 25.83 cm，范围为 16.94～41.98 cm；黑龙江省耕层最薄，平均为 19.01 cm，范围为 11.34～37.49 cm。

全区耕层厚度为 10～15 cm 的面积共 41.57 万 hm²，黑龙江省最多，占 87.13%；耕层厚度为 15～20 cm 的面积共 1 375.21 万 hm²，黑龙江省最多，占 52.82%；耕层厚度为 20～25 cm 的面积共 198.44 万 hm²，内蒙古东部三市一盟最多，占 35.16%；耕层厚度＞25 cm 的面积共 411.39 万 hm²，辽宁省最多，占 77.47%。

（十九）耕层质地

东北玉米优势区耕地土壤质地主要以壤土、沙土、黏土和黏壤土四大类为主，占全区耕地总面积的 70.20%。其中，壤土的面积共 89.80 万 hm²，占全区耕地的 2.88%；沙土的面积共 265.27 万 hm²，占全区耕地的 8.85%；黏土的面积共 447.97 万 hm²，占全区耕地的 14.97%；黏壤土的面积共

1 302.10 万 hm²，占全区耕地的 43.50％。

五、东北玉米优势区耕地质量管理

（一）耕地土壤养分管理

东北玉米优势区的高产高适宜性田和中产中适宜性田、低产低适宜性田在土壤肥力方面存在明显差异。高适宜性耕地土壤与一般土壤的养分状况存在明显差异，这种差异首先表现在各种营养物质在数量上，其次是营养物质的比率上。针对东北玉米优势区的土壤特点，培肥高产土壤的养分管理建议如下。

1. 增施有机肥　增施有机肥是培育玉米高产高适宜性土壤的主要技术之一，特别是对生产有机农产品至关重要。有机肥营养全面，养分释放均匀持久，可以培肥地力，解除土壤板结，改善土壤状况，提高土壤活性，增强土壤保水保肥能力。增施有机肥可以刺激作物生长，提高作物的抗逆性。长期施入有机肥，还可以有效缓解作物重茬给土壤带来的危害。

2. 深松与深翻　深松与深翻是改善土壤物理性质的主要耕作措施。深松可以在秋季、收获后或苗期进行，可选用局部深松、行间深松和全方位深松等形式。玉米局部深松间隔为 40～80 cm，最好与当地玉米种植行距相同，深松深度为 23～30 cm，可在播前进行。行间深松主要在作物苗期进行，深松间隔与行垄距相同，深松深度为 25～30 cm。全方位深松根据不同的作物和不同土壤条件进行相应的深松作业，通常在秋季或收获后进行，深松深度一般为 35～50 cm，一般 2～4 年深松 1 次。

3. 秸秆还田　秸秆还田是培肥地力、充分利用资源、降低农产品生产成本的最佳技术措施。秸秆还田后在土壤中分解，随着秸秆的不断分解，土壤中产生大量的有机物质，并释放出其中的矿质养分，改善土壤理化性质。

玉米秸秆和根茬还田均可采用。玉米秸秆还田方式可选用堆沤、垫圈、过腹、直接还田等。

4. 合理施肥

（1）一次施肥法。一次性施肥适合黑土或黑钙土、白浆土和草甸土等中性或弱酸性土壤。这种施肥方法是结合秋季或春季打垄施基肥时，将全部氮、磷和钾肥作为底肥一次施入，而后在播种和整个生育期间不再施肥。目前，春玉米一次性施肥应用面积较大。采用一次施肥法的优点：对干旱、半干旱地区而言，可以避免由于干旱或连续降水无法追肥的风险，同时省工省时。但一次施肥法不适合淡黑钙土、风沙土和盐碱土。

（2）分次施肥法。根据玉米不同生育时期对氮肥需求规律进行多次施肥。基肥在播种前结合土壤耕作施入。在中、低等级地块上施基肥效果更好，将氮肥总量的 20％左右、磷肥和钾肥总量的 80％左右作为基肥或全部磷、钾肥施入。基肥既可撒施也可条施，如地力等级高或施肥量大，可以撒施；土壤肥力低或施肥量小，则条施效果好。基肥通常施在种子下方 18～20 cm 处。种肥在播种时一同施入。种肥以速效肥料为主，以优质腐熟好的有机肥和速效氮、磷、钾肥为主。种肥的施用量以磷肥和钾肥施用量占总量的 20％左右和少量氮肥为宜。如果地力水平高，施入磷酸氢二铵即可；如果地力水平低，可再施入 25～30 kg/hm² 尿素或 35～40 kg/hm² 硝酸铵。追肥在玉米出苗后进行，以氮素为主。追肥时期与追肥次数应与玉米需肥时期相符合，春玉米追肥一般在拔节期进行，如玉米幼苗长势旺盛，土壤供肥能力强，基肥和种肥充足，可推后追肥，在大喇叭口期施用；如肥量大，可在拔节前和大喇叭口期分两次施用。中、低等级耕地应按照"前重后轻"的原则，即拔节期占 2/3，大喇叭口期占 1/3；高等级耕地应"先轻后重"，即拔节期占 1/3，大喇叭口期占 2/3。追肥以速效氮肥为主，施用量占总量的 80％左右。追肥应在距秆基部垂直距离 20 cm 以内，深度 10～12 cm，覆土要严。

（3）适宜施肥量。根据土壤基础肥力、肥料利用率和目标产量等因素，测土配方综合确定玉米的肥料用量。一般来说，黑土区春玉米在高等级耕地条件下推荐的适宜施氮（N）量为 150～200 kg/hm²，适宜施磷（P_2O_5）量为 46～70 kg/hm²，适宜施钾（K_2O）量为 50～70 kg/hm²；而对于中等级耕地而言，推荐的适宜施氮（N）量为 170～220 kg/hm²，适宜施磷（P_2O_5）量为 60～90 kg/hm²，适宜施钾（K$_2$O）量为 80～100 kg/hm^2；低等级耕地条件下推荐的适宜施氮（N）量为 180～250 kg/hm^2，适宜施磷（P$_2$O$_5$）量为 70～100 kg/hm^2，适宜施钾（K$_2$O）量为 90～110 kg/hm^2。

（二）耕地土壤水分管理

降水和农田排灌能力是决定耕地地力适宜性的重要指标，因此加强东北玉米优势区耕地土壤水分管理，对提高耕地地力等级至关重要。东北玉米优势区的降水量在时间上存在年际间和年内各月份间分配不均的现象，同时在空间上也存在分配不均的现象。年内降水的变异较大且在各区域分布不均匀的现象，对玉米生产不利。针对区域特点，东北玉米优势区耕地土壤水分管理的建议如下。

1. 自然降水的有效利用

（1）截住"天上水"。通过搞好农田基本建设，提高农田排灌能力，因地制宜，采取横坡打垄、修梯田、丰产沟、沟谷修水库、塘坝等措施。

（2）蓄住"地中水"。采取的措施主要有整地、中耕等；也可覆盖地表，覆盖材料有泥沙、卵石、秸秆、粪肥、地膜和草纤维膜等。

整地：依据实施时间的不同分为春季整地和秋季整地。春季整地主要采取的措施是顶浆打垄，重施基肥。根据气温和土壤解冻情况及时灭茬整地，在春季地表解冻到 10～15 cm 的返浆初期进行灭茬和打垄、镇压，尽量减少土壤水蒸发，保住返浆水。结合打垄，重施基肥。顶浆打垄适合没有秋翻的地块及秋翻后没有及时耙的地块。需要注意的是，春季打垄应该在当地土壤返浆前进行，在风沙易旱地区不宜进行春季整地。黑土区土壤含水量为 18%～22% 时是秋翻地比较适宜的土壤条件，而沙土地的含水量要比黑土地略低一些，适宜秋翻地整地，黏土地的含水量则要比黑土地略高一些，春天整地可以起到散墒作用。秋翻地通常的翻地深度为 18～25 cm，一般采用轮翻制度，即每 2～3 年翻地 1 次，以充分利用深翻后效。但是，在低洼地、草荒地和过水地，应每年进行深翻作业。秋翻地在耕翻的基础上要及时耙耢、平整，使表面有一层细碎的干土，既可以阻断水分以毛细管现象上升到地表蒸发，又可以防止下层水汽从大孔隙中跑掉。在内蒙古干旱地区、吉林西部和吉林东部山区，耙耢后要及时镇压。在不具备大型农机具进行秋翻的地块，可以采用秋季灭茬同时起垄的方法进行整地。通常灭茬深度以 15 cm 以上为宜，且碎茬长度要小于 5 cm。在灭茬起垄后，要配合镇压操作。镇压要选择重镇压，以避免土壤失墒。①耙耢保墒。耙耢的主要作用是使土块碎散，地面平整，从而使耕作层上虚下实，以利于保墒和作物出苗生长。耙耢保墒主要在秋季和春季进行。②镇压提墒。使用镇压器进行镇压。对于墒情较差的壤土、沙壤土以及一般类型的土壤，最好是随播种镇压；对于土壤水分适宜的轻壤土，可在播后半天之内进行镇压；土质黏重或含水量较高的土壤，则应在播后地表稍干时进行轻镇压。

中耕：中耕主要在玉米出苗之后、封垄之前进行。中耕深度应视作物生长状况而适度操作。通常苗期中耕不宜过深。中耕的时间一般宜在伏天和早秋进行。中耕可选在雨前、雨后、地干、地湿时进行，也可根据田间杂草及作物的生长情况而定。深耕可在主要降水来临前的 6 月中下旬进行。

秸秆覆盖：玉米秸秆覆盖方式，第一种是半耕整秆半覆盖。玉米立秆收获，收获后一边割秆一边顺行覆盖，采用盖一垄空一垄的方法。翌年春天，在未覆盖秸秆的空行内进行耕作和施肥。第二种是全耕整秆半覆盖。玉米收获后，将玉米秆收集，耕耙后将整株玉米秆进行顺行覆盖。第三种是免耕整秆覆盖。在玉米收获后，不翻耕、不灭茬，将玉米整秆顺垄割倒或用机具压倒，均匀铺在地上，形成全覆盖。翌年春天，播种前 2～3 d，把播种行内的秸秆搂到垄背上形成半覆盖。第四种是地膜、秸秆二元覆盖。在旱、寒、薄的高寒冷凉区中一般推广此覆盖方式。

地膜覆盖：地膜覆盖种植的整地应在秋季进行，前茬如果是玉米，就要彻底灭茬、深翻，深施基肥。选用裸地种植玉米的，可以选择生育期晚 7～15 d、积温多的品种。一般选择地势平坦、土层深厚、质地疏松、保水保肥能力强、中上等肥力的平地、缓坡山地或肥力较高的旱地，中轻度盐碱地也可以，以充分发挥其生产潜力。覆膜后不宜追肥，因此要施足基肥。此外，地膜覆盖栽培玉米要及时引苗和揭膜。

（3）用好"土壤水"。在截住"天上水"、蓄住"地中水"的基础上，采取有效措施用好"土壤水"。"以肥调水"是提高旱作玉米自然降水利用率的有效途径。合理增施肥料以提高土地生产力，采用耐旱品种以挖掘增产潜力等。通过利用和开发生物体自身的生理及基因潜力，在同等水供应条件下争取获得更多的农业产出。

2. 合理灌溉

（1）灌溉时期的确定。一是根据土壤水分状况确定。当土壤含水量下降到玉米各生育时期的下限值时，即可进行灌溉。二是根据植株的外观形态，主要是根据叶片的萎蔫状态确定灌溉。

（2）灌水量的确定。灌水量要因地制宜，根据土壤质地、土壤含水量、水源等状况，各地区间差异较大，遵循原则是既不浪费水源又能满足需要。通常情况下，以每次灌水量相当于一次透雨量为宜，一次透雨量夏季一般为 20～25 mm，所以每次灌水量应为 225 t/hm²。

（3）灌水的几个关键时期。播前灌水（底墒水）。春玉米宜采用冬灌或早春灌，通常冬灌比早春灌增产 10%，灌水量每 667 m² 为 60～80 m³；如不能冬灌，则在早春解冻后进行春灌，一般每 667 m² 灌水量约为 60 m³。大喇叭口期灌水。此时期灌水可结合追肥适时进行，防止"卡脖旱"的出现，灌水量应该掌握在 0～80 cm 土壤水分保持在田间最大持水量的 70%～75%。抽穗开花期灌水。这一阶段灌水使土壤水分保持在田间最大持水量的 80% 左右为好。粒期灌水。这一阶段灌水使土壤水分保持在最大田间持水量的 70%～75% 为好。

（4）灌溉方法。主要有以下几种灌溉方式。

坐水播种技术：我国黑土区的干旱、半干旱地区，可以采用坐水播种技术。其作业程序是挖穴（或开沟）、注水、点种、施肥、覆土和镇压。坐水量主要依据土壤的干旱程度来确定；注水深度一方面要考虑播种深度，另一方面要考虑土壤的干旱程度。一般播种深度约为 5 cm。

一条龙坐水保墒耕种：在春季风沙干旱地区可以采用此方式。四轮车上装水箱，车后开沟，人工操纵放水管向沟内注水，随后一人播种、一人覆土，一次性完成开沟、灌水、播种、覆土全过程。

滴灌：滴灌能够实现对作物进行精量灌溉。局部湿润灌溉。改进传统的地面灌溉全部湿润方式，进行隔沟或畦交替灌溉或局部湿润灌溉，不仅可以减少玉米棵间土壤蒸发，使田间土壤水的利用效率得以显著提高，而且可以较好地改善玉米根区土壤的通透性，促进根系深扎，有利于根系利用深层土壤储水，兼具节水和增产双重特点。分根区交替灌溉。分根区交替灌溉在田间可通过水平方向和垂直方向交替对局部根系进行供水来实现，这种灌溉主要包括田间控制性分区交替隔沟灌溉系统、交替滴灌系统、水平分区交替隔管地下滴（渗）灌系统、垂向分区交替灌溉系统等方式。膜上灌。膜上灌是将地膜平铺于畦中或沟中，畦、沟全部被地膜覆盖，从而实现利用地膜输水，并通过放苗孔和专业灌水孔入渗给玉米的灌溉方法。

生育期补充灌溉技术：从春玉米蓄水规律和需水量出发，在玉米缺水时期及时补充。

水肥耦合高效利用技术：主要是灌水和施肥措施之间以及不同肥料（氮肥和磷肥）之间的配合。

（三）中低产田土壤改良

东北玉米优势区中低产田按障碍因素主要划分为渍涝型、瘠薄型、侵蚀型、盐碱型、风沙型、干旱型。侵蚀型所占比例最高，达到 32.3%；其次为渍涝型，占 24.9%；再次为盐碱型和瘠薄型，分别占 16.2% 和 15.2%；最后是风沙型和干旱型，分别占 6.4% 和 5.0%。

1. 侵蚀型中低产田改良措施 侵蚀型（坡耕地）中低产田主要分布在典型黑土区丘陵漫岗地形区，坡度一般在 7°以下，并以 2°～5°居多，坡长较长。改良侵蚀型中低产田首先要调整用地结构，对于不宜被开垦的农田实施退耕还林还草，大力营造防护林；其次要加强基本农田建设，改善不合理的耕作制度，把防止水土流失、改善生态环境与提高农业生产力结合起来。通过在坡面修筑梯田，变坡面为平面，调整垄向，改顺坡垄为横坡垄，使年内和年际间分布不均匀的降水得到拦蓄和利用，达到稳定持续提高作物产量的目的。调整作物种植结构，实行轮作、少耕深松、合理密植等措施，使粮食产量稳步增长。

2. 渍涝型中低产田改良措施 渍涝型中低产田主要分布在三江平原、松嫩平原，包括平地及低洼地白浆土、草甸土、沼泽土、盐碱土等。由于土壤质地黏重、持水性强、渗透性弱，往往形成秋涝、春涝相接，以及岗涝、洼涝等。采用改土排涝，以工程措施和农业改土措施相结合的方法进行改良。邻近江河受洪水影响的中低产田，首先要修建或加固堤防，用以杜绝外水。在涝区内部要建立完善的排水系统，以加速地表径流，排涝降渍。对土质黏重有渍涝危害的中低产田，采取鼠道、暗管等地下排水措施，以排除过饱和的土壤水分。在治水和排水降渍的同时，实施适宜的农业措施，改良土壤结构，使土壤的物理性质好转，以利于提高土壤的抗涝能力。如采用浅翻深松、秸秆还田、玉米与草木樨间作、绿肥改土等措施，增加土壤有机质含量，改善土壤物理性质。

3. 盐碱型中低产田改良措施 盐碱型中低产田主要分布在松嫩平原和三江平原，其特点是低洼易涝，表土含有碳酸盐类，作物产量低而不稳。排盐、隔盐、防盐，同时要积极培肥土壤，把盐碱地改造成为高产稳产的良田。植树造林，营造防风林、护田林、草原林等，是改善生态环境、防治盐渍化的重要途径。建设草原，科学轮牧，合理利用草原。对于已经耕种的土壤，要采用深沟密网的排水系统，可以加速排出地表径流和降低地下水位，控制盐碱化的发生、发展。在区域盐碱化地区，要配备区域性的排水工程，治理无尾河川，使盐碱有出路而不反复移动并逐渐减小，实现对区域盐碱化的源头治理。耕作方面实行浅翻深松，增施有机肥，草炭改土和秸秆还田以增加土壤有机质含量，采用客施沙土、施用工业副产品含磷石膏等措施改良。

4. 瘠薄型中低产田改良措施 瘠薄型中低产田主要分布在风沙土区、盐碱土区和白浆土区。主要以土壤培肥和平衡施肥为主。可采用有机培肥，增施有机肥、种植绿肥、秸秆还田、秸秆堆沤造肥还田、秸秆喂奶牛过腹厩肥还田等措施，还可以采用少耕、免耕以及合理轮作等，均能使中低产田土壤肥力明显提高。可采用平衡施肥，通过测土配方施肥、适期施肥、适量施肥和合理追肥等措施，在合理施用有机肥的基础上，根据作物对养分的需求，合理施入氮、磷、钾以及微量元素等，在提高肥料利用率的同时，降本增效。

5. 风沙型中低产田改良措施 风沙型中低产田分布地区土质疏松、瘠薄，养分含量低，跑水、跑肥，风蚀严重，旱灾频繁。应推行以深松为基础、以少耕不动土为核心的耕作制。风沙地区种植玉米可以采用秋季整地、秸秆覆盖技术、玉米高留茬技术以及结合高留茬的免耕技术，即在玉米收获时根茬保留在 10 cm 以上的高度，实施垄间施肥播种，利用玉米根茬的挡风作用，减少土壤风蚀。另外，可以采取合理的轮作制度，培肥地力。有条件的农田，应引水灌溉，以水固沙，防止沙化蔓延。

同时，采取工程措施，大力营造防风林、农田防护林，以涵养水源、防风固土。在风蚀严重的地区，实行退耕还林还草。林带在沙地生长良好，可以选择种植经济林木，这对控制风沙蔓延和促进经济发展是极为有利的。在草原地区，要保护草原，种草固沙。

6. 干旱型中低产田改良措施 干旱型中低产田主要分布在黑龙江西部的松嫩平原、丘陵漫岗黑土区及以暗棕壤、草甸白浆土、壤质草甸土为主的岗坡地和高平地。降水不足是导致干旱的主要原因；其次是土壤结构不良，保水能力低，透水速度快。营造农田防护林，调节农田气候，对改善干旱起着重要作用。有水源条件的易旱中低产田，在平整土地的基础上，可以发展旱灌，以达到抗旱作用。采用抗旱耕法，适当采用深松、伏秋翻地蓄墒、耢茬保墒、抢墒播种、耙茬播种、原垄卡种、镇压引墒等措施，以及免耕、少耕等。其目的是增加土壤蓄水量，改善土壤水肥气热状况，提高土壤抗旱能力。

第二节 东北水稻优势区耕地地力评价

一、东北水稻优势区的划分及区域概况

（一）地理位置和行政区划

东北地区，按行政区划划分包括辽宁省、吉林省、黑龙江省和内蒙古东部三市一盟，地处欧亚大陆东部，包括大小兴安岭和长白山诸山脉从东、北、西三面环抱的广阔平原部分，从北至南有三江平

原、松嫩平原、辽河平原等。

依据农业农村部水稻优势产区规划，内蒙古东部三市一盟所辖县（市、区）均不是东北水稻优势产区。因此，东北地区水稻优势产区全部分布于黑龙江、辽宁和吉林，即东北三省。东北三省地理位置为 $38°43'\sim53°33'N$，$118°53'\sim135°50'E$，南北纵跨近 $15°$，东西横跨近 $17°$，总面积为 78.73 万 km²。北、东侧隔黑龙江和乌苏里江与俄罗斯相望，东南隔图们江和鸭绿江与朝鲜为邻，西与蒙古交界，西南与我国内蒙古自治区接壤，南临渤海和黄海。东北三省区域辽阔，土壤肥沃，耕地后备资源丰富，农业生产潜力大，是我国重要的粮食主产区和农副产品生产基地。

东北水稻优势区共包含 79 个县（市、区）。其中，黑龙江省包括五常市、依兰县、勃利县、北林区、双城区、同江市、呼兰区、宁安市、宝清县、密山市、富锦市、尚志市、巴彦县、庆安县、延寿县、方正县、木兰县、杜尔伯特蒙古族自治县、桦南县、桦川县、汤原县、泰来县、海伦市、甘南县、绥棱县、绥滨县、肇东市、肇源县、虎林市、讷河市、通河县、铁力市、阿城区、集贤县、鸡东县、龙江县。

吉林省包括东丰县、丰满区、九台区、伊通满族自治县、公主岭市、前郭尔罗斯蒙古族自治县、双辽市、双阳区、和龙市、德惠市、扶余市、敦化市、昌邑区、柳河县、梅河口市、梨树县、榆树市、永吉县、洮北区、珲春市、磐石市、舒兰市、船营区、蛟河市、辉南县、镇赉县、龙潭区。

辽宁省包括东港市、凌海市、台安县、大洼区、大石桥市、庄河市、开原市、新民市、昌图县、海城市、灯塔市、盘山县、苏家屯区、辽中区、辽阳县、铁岭县。

按照气候、地貌、水文、土壤等方面的区域差异，东北水稻优势区分为大小兴安岭区、三江平原区、松嫩平原区、长白山地区、辽河平原区、黑吉西部区和长城沿线区 7 个区。

1. 大小兴安岭区　该区位于黑龙江省的北部，主要特点是山体浑圆广阔，河谷宽浅，气候冷凉湿润，地广人稀。

2. 三江平原区　该区地形以平原为主，河湖沼泽密布，兼有丘陵山地，土地利用主要以农业种植为主。主要自然灾害为洪涝、干旱，其次是低温冷害、冰雹、大风。土壤以黑土、棕壤、白浆土、草甸土和沼泽土为主，土地的自然肥力较高。

3. 松嫩平原区　该区主要包括嫩江、西流松花江及洮儿河等河流中下游广大地区，以河谷冲积平原为主要地貌类型，地势平坦。土地利用类型以农业种植为主，是东北地区主要粮食生产基地。主要灾害有洪涝、干旱，其次是盐渍化和低温冷害。

4. 长白山地区　该区包括长白山及小兴安岭山脉、大兴安岭中北部地区，以中、低山地自然景观占绝对优势。土地利用类型以森林为主，山沟谷地兼有农业种植。主要自然灾害有森林大火、林业病虫害、洪涝和水土流失等。本区山地占优势，大部分地区海拔在 750 m 以上，山间形成一些小盆地和河谷平原。山区多云少日照，低温冷害严重，多霜冻。

5. 辽河平原区　该区位于辽宁省中南部，位于长大铁路以东，是长白山脉的西南延伸部分，构成辽河与鸭绿江水系的分水岭，根据地形和高程，可进一步划分为东北部山地区和辽东半岛丘陵区。东北部山地区湿润多雨，林木茂盛，是辽宁省主要林业区；辽东半岛丘陵区主要包括千山山脉，是辽宁省主要苹果及柞蚕产区。土壤多为草甸土、棕壤。地下水资源丰富。自然条件优越，气候温和，光照充足。主要自然灾害是暴雨泥石流、干旱及水土流失。

6. 黑吉西部区　该区位于黑龙江省及吉林省西部，行政区划上包括黑龙江省 5 个县（区）、吉林省 9 个县（市、区）。该区光照资源丰富，属半干旱地区，为农牧结合地带。

7. 长城沿线区　该区位于辽宁省境内铁岭市附近，土地利用类型以农业种植为主，是东北地区主要粮食生产基地。该区自然条件优越，气候温和，光照充足。

（二）地形地貌

东北地区是我国一个比较完整而相对独立的自然地理区域，东、西、北三面环山，北起嫩江中游，南至辽东湾。在山系环抱中，是沃野千里、一望无际的东北大平原，包括三江平原、松嫩平原和辽河平原。西部是我国著名的科尔沁草原和呼伦贝尔草原。南部有蜿蜒曲折的海岸线、宽广的大陆架浅海以及众多的天然港湾。在黄海和渤海中，散布着星罗棋布的岛屿。总体来说，大兴安岭靠西，小兴安岭近中，长白山系居东，它们相连成向南开口的马蹄形，镶嵌在四大平原（松嫩平原、松辽平原、三江平原和呼伦贝尔高原）之间，呈东、西、北三面被中、低山环抱，平原中开的"簸箕状"地貌。

（三）土壤类型

东北水稻优势区耕地土壤的主要类型有黑土、草甸土、黑钙土、白浆土、沼泽土、暗棕壤、黏土、棕壤、潮土等。黑土主要分布于黑龙江省和吉林省的中部地区、黑龙江省东部的三江平原以及辽宁省北部昌图部分地区。黑土在东北水稻优势区的分布面积较为广阔，为 270.34 万 hm²，占全区耕地面积的 16.20%。暗棕壤主要分布于大兴安岭东坡、小兴安岭、张广才岭和长白山等地，面积达 242.97 万 hm²，占全区耕地面积的 14.56%。黑钙土分布于大兴安岭中南段山地的东西两侧，松嫩平原的中部和松花江、辽河的分水岭地区，面积为 142.01 万 hm²，占全区耕地面积的 8.51%。白浆土主要见于黑龙江省和吉林省东部，面积为 209.10 万 hm²，占全区耕地面积的 12.53%。草甸土主要分布于温带湿润半湿润地区，如松嫩平原、三江平原、兴凯湖平原，以及辽河平原河滩地及沿河两岸滩地与低阶地，常与黑土呈复区分布，面积为 364.96 万 hm²，占全区耕地面积的 21.87%。潮土主要分布在辽宁鞍山、朝阳、大连、丹东、阜新、葫芦岛、锦州、辽阳、盘锦、沈阳、铁岭，以及内蒙古赤峰、通辽等地，面积为 103.96 hm²，占全区耕地面积的 6.23%。沼泽土主要分布于黑龙江省大兴安岭地区、鹤岗、佳木斯、双鸭山，黑龙江省农垦总局的宝泉岭管理局、红兴隆管理局，辽宁省鞍山、丹东和内蒙古呼伦贝尔，面积为 107.63 hm²，占全区耕地面积的 6.45%。

（四）气候条件

东北地区位于东亚季风的最北端，属于温带大陆性季风气候，从北向南依次跨越了寒温带、中温带和暖温带。该地区是我国湿润的东部季风区和干旱的内陆区之间的过渡带，夏季高温多雨，冬季严寒干燥，大陆性气候由东向西逐渐增强。其气候类型属寒温带湿润、半湿润气候带，冬季低温干燥，夏季温暖湿润。区域内夏季平均气温为 20～25 ℃，≥10 ℃ 的有效积温为 1 700～3 200 ℃。平均初霜期为 9 月中旬、终霜期为 4 月下旬，无霜期为 140～170 d，全年降水量为 400～1 000 mm，其中 80% 集中发生在 5—9 月。

二、东北水稻优势区耕地适宜性评价方法

（一）资料收集与整理

地力评价方法流程与技术路线相同，内容详见玉米资料收集与整理部分。

（二）数据甄别遴选与补充调查

根据东北水稻优势区耕地质量评价需求，遵循广泛代表性，兼顾均匀性、时效一致性、数据完整性原则，兼顾土壤类型、行政区划、地貌类型、地力水平等因素，在 2007—2009 年县域耕地质量评价数据基础上，考虑数据的准确性、均匀性和代表性，共筛选出 4 067 个样点，用于耕地质量区域汇总评价。筛选出的样点信息主要包括样点编号、位置、采样时间等基本信息，以及立地条件、理化性质、障碍因素、耕作管理等数据。同时，考虑相关数据的现时性要求，根据拾漏补缺的原则，开展了实地补充调查。

补充调查主要有产量调查、土壤理化性质调查和农田基础设施条件调查。粮食作物产量水平是评价耕地质量等级的重要因素，掌握每个土种当下的粮食作物产量是准确进行耕地质量评价的基础。按照土壤分布状况，把典型区域土壤普查资料中的土壤理化性质与现状土种的土壤理化性质进行对比调查。而农田基础设施条件调查则主要针对以土壤改良为内容的农业项目的农田基础设施状况。经过补充调查之后，对经过改良地力要素发生变化的土种，要重新命名并进行面积的分割测算，并且利用 ArcGIS 对土壤图中发生变化土种的图斑进行面积分割，修改或输入新土种的属性，以与原土种加以

区别。

（三）数据资料审查

数据的准确性直接关系到耕地质量评价的精度、养分含量分布图的准确性，并对成果应用的效益发挥产生很大影响。为保证数据的准确性，全国农业技术推广服务中心在沈阳和哈尔滨分别召开"东北水稻优势区耕地质量区域汇总评价结果会"和"东北水稻优势区及长江中游水稻优势产区耕地地力区域汇总评价报告审查会"，组织对筛选数据、补充调查数据及相关图件资料进行了审查处理。

数据资料审核处理主要是对参评点位资料的审核处理，采取人工检查和计算机编程检查相结合的方式，以确保数据资料的完整性和准确性。人工检查是由专业人员在测土配方施肥项目采样分析点位中，根据点位资料代表性、典型性、时效一致性、数据完整性的原则，按照样点密度要求从中筛选点位资料进行数据检查和审核。计算机编程检查是对基本统计量、计算方法、频数分布类型检验、异常值的判断与剔除以及所有调查数据的计算机处理等。经过两次审核后进行录入。在录入过程中两人一组，采用边录入、边对照的方法分组进行录入。

（四）数据库的建立

1. 数据建库引用标准　建立东北地区水田耕地质量评价系统数据库，包括属性数据库和空间数据库，以国家和东北地区的相关技术规范为依据。参照技术规范、标准和文件如下。

（1）GB/T 2260—2007　中华人民共和国行政区划代码

（2）NY/T 1634—2008　耕地质量调查与质量评价技术规程

（3）NY/T 309—1996　全国耕地类型区、耕地质量等级划分标准

（4）NY/T 310—1996　全国中低产田类型划分与改良技术规范

（5）GB/T 17296—2000　中国土壤分类与代码

（6）GB/T 13989—1992　国家基本比例尺地形图分幅与编号

（7）GB/T 13923—1992　国土基础信息数据分类与代码

（8）GB/T 17798—1999　地球空间数据交换格式

（9）GB 3100—1993　国际单位制及其应用

（10）GB/T 16831—1997　地理点位置的纬度、经度和高程表示方法

（11）GB/T 10113—2003　分类编码通用术语

（12）《县域耕地资源管理信息系统数据字典》（张炳宁、彭世琪等主编）

2. 空间数据库建立　空间数据库的内容包括地形图、土壤图、土地利用现状图、地貌图、行政区划图、降水量分布图、有效积温图等14幅（表8-52）。依据国家测绘部门1：100万省级数字地理底图的坐标系，因黑龙江、吉林、辽宁的1：100万数字地理底图投影和空间坐标系不统一，为满足东北水稻优势区区域汇总和数据库建设的需要，东北水稻优势区1：100万数字地理底图采用国家测绘部门东北区的空间坐标系。

形成该区理论坐标图框，将3个省的1：100万电子版地理底图、土地利用现状图等或纸介质扫描后的所有资料配准到东北水稻优势区的空间坐标系中。东北水稻优势区成果比例尺为1：100万，投影方式为Albers双标准纬度正轴割圆锥投影，坐标系为1980年西安坐标系，高程系统采用1956年黄海高程系。

表8-52　东北水稻优势区空间数据库主要图件

序　号	名　称	比例尺
1	东北土壤图	1：100万
2	东北水稻优势区土地利用现状图	1：100万

序　号	名　称	比例尺
3	东北水稻优势区行政区划图	1：100 万
4	东北水稻优势区地貌图	1：100 万
5	东北水稻优势区≥10 ℃有效积温分布图	1：100 万
6	东北水稻优势区降水量分布图	1：100 万
7	东北水稻优势区耕地质量调查点点位图	1：100 万
8	东北水稻优势区耕地质量评价等级图	1：100 万
9	东北水稻优势区土壤有机质含量分布图	1：100 万
10	东北水稻优势区土壤 pH 分布图	1：100 万
11	东北水稻优势区土壤全钾含量分布图	1：100 万
12	东北水稻优势区土壤速效钾含量分布图	1：100 万
13	东北水稻优势区土壤缓效钾含量分布图	1：100 万
14	东北水稻优势区土壤有效硼含量分布图	1：100 万

3. 属性数据库建立　属性数据库内容是参照《县域耕地资源管理信息系统数据字典》和有关专业的属性代码标准填写，主要包括有机质含量、有效土层厚度、排涝能力、成土母质等，共计 4 067 条记录 23.2 万余项次。

（五）评价单元划分与数据获取

一方面，根据因素差异性、相似性和边界完整性原则，采用土壤图、土地利用现状图和行政区划图的组合叠置方法，划分评价单元。其中，土壤类型划分到亚类，土地利用现状类型划分到二级利用类型，行政区划划分到乡级。通过图件叠置和检索，编制形成评价单元图。另一方面，科学获取评价单元数据。对土壤养分等数值型数据，采用空间插值法，为各评价单元赋值；对灌溉能力、耕层质地等定性因子，采用"以点代面"方法，将点位中的属性连入评价单元图；对地貌类型、降水量、积温等专题图形式的因子，则直接将专题图与评价单元图进行叠加，获取相应数据。

（六）评价指标选取与权重确定

参评指标遵循科学性、综合性、主导性、可比性和可操作性等原则，采用系统聚类分析法和德尔菲法，结合东北水稻优势区的自然因素、社会因素以及当前农业生产中耕地存在的突出问题等，并根据农业农村部的总体工作方案和《耕地质量调查评价指南》的要求，按照全国农业技术推广服务中心组织土壤农业化学专家、水稻栽培专家及评价区域相关土壤肥料站业务人员组成的专家组，通过探讨与协商，统一各方意见。综合考虑各因素对耕地质量的影响确定最终的评价指标为≥10 ℃积温、地貌类型、水源类型、有效土层厚度、有机质、质地、剖面土体构型、排涝能力、有效硅、速效钾、成土母质 11 项指标。

所选取的 11 项评价指标中，≥10 ℃积温、地貌类型、成土母质、水源类型为耕地自然因素指标；排涝能力为反映耕地管理条件的指标；有效土层厚度、质地为土壤物理性质指标；有机质、有效硅、速效钾等为耕地土壤养分性状指标。最后，通过多轮专家对评价指标进行赋值，并运用层次分析法确定各参评指标的权重（表 8-53）。2015 年 6 月，全国农业技术推广服务中心在沈阳承办的全国耕地质量评价技术培训班上，组织专家在充分征询教学、科研、推广单位意见的基础上，对东北水稻优势区耕地质量评价指标体系进行了论证。

表 8-53　评价指标权重

指标名称	指标权重
排涝能力	0.062 6
水源类型	0.095 1
速效钾	0.039 6
有效硅	0.055 3
有机质	0.059 2
质地	0.063 6
剖面土体构型	0.129 8
有效土层厚度	0.133 7
成土母质	0.081 5
地貌类型	0.137 8
≥10 ℃积温	0.141 9

（七）指标隶属度确定与隶属函数构建

1. 指标隶属度的确定　评价资料通常包括定性和定量两种数据。为了尽量减少人为因素的干扰以及使数据便于处理，需要先对定性因子进行定量化处理，根据各因素对耕地质量影响的级别状况赋予相应的数值。对于养分等按调查点获取数据的因子，应先进行插值处理，生成各类养分专题图。另外，将有效积温等定量数据同定性因子的量化处理方法一样，使用德尔菲法确定其各分值及隶属度（表 8-54、表 8-55、表 8-56、表 8-57），为构建指标隶属函数做铺垫。

表 8-54　成土母质隶属度

指　标	类　型	隶属度
成土母质	冲积物	1
	黄土母质	1
	沉积物	0.8
	河湖冲积	0.8
	冰川沉积	0.7
	坡积物	0.7
	残积物	0.5
	结晶岩类	0.5
	风积物	0.5
	红土母质	0.5

表 8-55　剖面构型隶属度

指　标	类　型	隶属度
剖面构型	上松下紧	1
	海绵型	0.9
	紧实型	0.8
	夹层性	0.7
	上紧下松	0.6
	薄层型	0.5
	松散型	0.4

表 8-56 质地、灌溉保证率和排涝能力的隶属度

指 标	类 型	隶属度
质地	壤土	1
	黏壤土	0.8
	黏土	0.6
	沙土	0.5
灌溉保证率	充分满足	1
	基本满足	0.8
	不满足	0.5
排涝能力	充分满足	1
	基本满足	0.7
	不满足	0.3

表 8-57 地貌类型隶属度

指 标	类 型	隶属度
地貌类型	平原中阶	1
	平原低阶	0.85
	平原高阶	0.8
	丘陵下部	0.75
	丘陵中部	0.7
	山地坡下	0.7
	丘陵上部	0.6
	河漫滩	0.55
	山地坡中	0.55
	山地坡上	0.4

2. 隶属函数的构建 在定性指标和定量指标进行量化且得到隶属度后，应用相关的统计分析软件，寻求参评因素等级或实际值与隶属度的关系方程，从而构建各参评因素的隶属函数。

各因子对耕地质量的影响程度是一个模糊概念，在模糊评价中通常以隶属度来划分客观事物中的模糊界限。隶属度可用隶属函数来表达。采用德尔菲法和隶属函数法确定各评价因子的隶属函数，将各评价因子的实测值代入隶属函数后计算相应的隶属度。按照选定的 11 个评价指标与耕地生产力的关系，可分为戒上型函数、戒下型函数、峰形函数、直线型函数和概念型函数 5 种类型，并对评价指标进行评估，确定各因素的隶属关系。

某类指标与耕地生产力之间是一种非线性的关系，如抗旱能力、排涝能力、质地、坡向等，直接采用德尔菲法给出隶属度。

对于东北水稻优势区，主要采用通过上述模拟得到的概念型、戒上型两种类型的隶属函数，其中水源类型、地貌类型、成土母质、质地、剖面土体构型、排涝能力等描述性的因素构建了概念型隶属函数，≥10 ℃积温、有效土层厚度、有机质、速效钾、有效硅等定量指标因素构建了戒上型隶属函数（表 8-58），然后根据隶属函数计算各参评因素的单因素评价评语。

表 8-58 东北水稻优势区耕地质量评价戒上型指标函数

函数类型	项　目	隶属函数
戒上型	速效钾	$Y=1/[1+5.233\,011\,667 \cdot (X-243.582\,718\,19)^2]$
戒上型	有效硅	$Y=1/[1+8.110\,669\,33 \cdot (X-447.262\,773\,7)^2]$
戒上型	$\geq 10\,℃$ 积温	$Y=1/[1+1.553\,356\,376\,7 \cdot (X-3\,107.608\,304\,191\,9)^2]$
戒上型	有效土层厚度	$Y=1/[1+0.002\,020\,486\,48\,678 \cdot (X-51.698\,610\,569\,6)^2]$
戒上型	有机质	$Y=1/[1+0.002\,135\,529 \cdot (X-53.909\,686\,834)^2]$

（八）耕地质量等级划分

首先根据指数和法确定耕地质量的综合指数，然后在已获取各评价单元耕地质量综合指数的基础上，根据全国地力等级划分标准和地力综合指数分布，采用等距离法确定分级方案以划分地力等级，确定等级的数目以及综合指数临界点的划分。将东北水稻优势区耕地质量共划分为十级（表 8-59），绘制耕地质量等级图。耕地质量综合指数计算公式为：

$$IFI = \sum F_i \cdot C_i$$

式中，IFI 为耕地质量综合指数；F_i 为第 i 个因素的隶属度；C_i 为第 i 个因素的组合权重。

表 8-59 东北水稻优势区耕地质量综合指数及分级

耕地质量综合指数	＞0.809 3	0.774 2～0.809 3	0.738 9～0.774 2	0.703 8～0.738 9	0.668 6～0.703 8
耕地质量等级	一等	二等	三等	四等	五等
耕地质量综合指数	0.633 5～0.668 6	0.598 3～0.633 5	0.563 1～0.598 3	0.527 9～0.563 1	＜0.527 9
耕地质量等级	六等	七等	八等	九等	十等

（九）耕地土壤主要性状指标分级标准确定

首先，对评价区域的土壤主要性状指标（有机质、全氮、有效磷、速效钾、有效硼、pH、有效锌、有效硅、有效锰、有效铜、有效铁、有效钼）进行数理统计分析，计算各指标的平均值、最大值、最小值和标准差等统计参数，具体见表 8-60。以此为依据，同时参考已有的分级评价标准，并结合东北水稻主产区土壤养分的实际状况、丰缺指标和生产需求，确定科学合理的养分分级标准，具体见表 8-61。

表 8-60 东北水稻优势区耕地质量主要性状描述性统计

指标	平均值	最大值	最小值	标准差	变异系数
有机质（g/kg）	34.24	259.03	5.76	11.66	0.34
全氮（g/kg）	1.88	4.17	0.42	0.54	0.29
有效磷（mg/kg）	32.02	122.76	9.07	12.42	0.39
速效钾（mg/kg）	141.75	422.63	27.47	45.00	0.32
有效硼（mg/kg）	0.74	4.29	0.01	0.43	0.59
有效锌（mg/kg）	1.80	9.63	0.36	0.90	0.50
有效锰（mg/kg）	35.48	306.84	1.70	19.72	0.56
有效铜（mg/kg）	2.07	11.90	0.15	0.89	0.43
有效铁（mg/kg）	57.95	375.71	7.61	33.21	0.57
有效钼（mg/kg）	0.18	2.73	0.00	0.24	1.34
有效硅（mg/kg）	280.55	987.03	35.21	100.46	0.36
pH	6.20	8.52	4.53	0.66	0.11

表 8 - 61　东北水稻优势区土壤养分指标分级标准及统计

指标	等　级				
	1	2	3	4	5
有机质（g/kg）	>50	35～50	20～35	10～20	<10
全氮（g/kg）	>3.0	1.8～3.0	1.0～1.8	0.6～1.0	<0.6
有效磷（mg/kg）	>40	25～40	15～25	10～15	<10
速效钾（mg/kg）	>250	180～250	120～180	60～120	<60
有效硼（mg/kg）	>2.0	1.0～2.0	0.5～1.0	0.2～0.5	<0.2
有效锌（mg/kg）	>3.0	1.0～3.0	0.5～1.0	0.3～0.5	<0.3
有效锰（mg/kg）	>70	40～70	20～40	10～20	<10
有效铜（mg/kg）	>3.0	2.0～3.0	1.0～2.0	0.5～1.0	<0.5
有效铁（mg/kg）	>80	40～80	20～40	10～20	<10
有效钼（mg/kg）	>0.2	0.1～0.2	0.05～0.1	0.03～0.05	<0.03
有效硅（mg/kg）	>400	300～400	200～300	100～200	<100
pH	>8.5	7.5～8.5	6.5～7.5	5.5～6.5	<5.5

三、东北水稻优势区耕地适宜性评价

（一）东北水稻优势区耕地质量等级

1. 东北水稻优势区耕地质量等级划分　根据各评价单元耕地质量综合指数和等距方法确定单元的耕地质量综合指数，确定等级的数目和划分综合指数的临界点，将项目区耕地质量划分为十等（表 8 - 62）。

表 8 - 62　东北水稻优势区耕地质量等级划分（等间距法）

耕地质量综合指数	>0.809 3	0.774 2～0.809 3	0.738 9～0.774 2	0.703 8～0.738 9	0.668 6～0.703 8	
耕地质量等级	一等地	二等地	三等地	四等地	五等地	
面积（万 hm²）	88.98	249.56	153.39	85.35	161.72	
各等级地所占比例（%）	5.33	14.95	9.19	5.12	9.69	
耕地质量综合指数	0.633 5～0.668 6	0.598 3～0.633 5	0.563 1～0.598 3	0.527 9～0.563 1	<0.527 9	合计
耕地质量等级	六等地	七等地	八等地	九等地	十等地	
面积（万 hm²）	266.59	312.12	210.14	103.25	37.68	1 668.78
各等级地所占比例（%）	15.97	18.70	12.59	6.19	2.27	100.00

　　东北水稻优势区耕地质量评价区域总耕地面积为 1 668.78 万 hm²，其中一等地 88.98 万 hm²，占耕地总面积的 5.33%；二等地 249.56 万 hm²，占耕地总面积的 14.95%；三等地 153.39 万 hm²，占耕地总面积的 9.19%；四等地 85.35 万 hm²，占耕地总面积的 5.12%；五等地 161.72 万 hm²，占耕地总面积的 9.69%；六等地 266.59 万 hm²，占耕地总面积的 15.97%；七等地 312.12 万 hm²，占耕地总面积的 18.70%；八等地 210.14 万 hm²，占耕地总面积的 12.59%；九等地 103.25 万 hm²，占耕地总面积的 6.19%；十等地 37.68 万 hm²，占耕地总面积的 2.27%。

　　评价区域主要地貌是平原和丘陵，少数为山地和河漫滩。本次评价将地貌类型主要归纳为平原、丘陵、山地和河漫滩 4 种类型。其中，平原区耕地占 69.67%，丘陵区占 20.50%，山地区占 3.93%，河漫滩区占 5.90%。评价区域内耕地共有土壤类型 15 种，分别是暗棕壤、栗钙土、棕壤、棕钙土、水稻土、沼泽土、滨海盐土、漂灰土、潮土、白浆土、草甸土、褐土、风沙土、黑土、黑钙土。在北温带季风气候区，降水量为 $400\sim800$ mm，$\geqslant10$ ℃积温在 $4\,500$ ℃以上。就评价结果而言，耕地质量等级分布没有明显随气候带变化的特征，也没有明显的地带性规律。

从各等级耕地分布情况来看，评价区域大体可以划分为三江平原区、大小兴安岭区、松嫩平原区、辽河平原区、长城沿线地区、长白山区、黑吉西部区。一等地分布在松嫩平原区、长白山区、黑吉西部区、辽河平原区、长城沿线地区；二等地分布在松嫩平原区、长白山区、黑吉西部区、辽河平原区、长城沿线地区；三等地分布在松嫩平原区、三江平原区、黑吉西部区、长白山区、辽河平原区；四等地分布在黑吉西部区、松嫩平原区、三江平原区、长白山区、辽河平原区；五等地、六等地、七等地和八等地均分布在黑吉西部区、松嫩平原区、三江平原区、长白山区；九等地分布在长白山区、黑吉西部区、三江平原区、松嫩平原区；十等地分布在长白山区、三江平原区、松嫩平原区。从各等级耕地分布来看，高等地主要分布在松嫩平原区、长白山区、三江平原区和辽河平原区；中等地主要分布在长白山区、三江平原区、松嫩平原区；低等地主要分布在三江平原区、长白山区、大小兴安岭区、长城沿线地区（表 8 - 63）。

表 8 - 63　东北水稻优势区耕地质量等级划分（区域划分）

耕地质量综合指数	＞0.798	0.753～0.798	0.664～0.709	0.620～0.664	0.574～0.620	0.530～0.574	0.485～0.530	0.440～0.485	0.395～0.440	＜0.395
耕地质量等级	一等地	二等地	三等地	四等地	五等地	六等地	七等地	八等地	九等地	十等地
主要分区	松嫩平原区、长白山区、黑吉西部区、辽河平原区、长城沿线地区	松嫩平原区、长白山区、黑吉西部区、辽河平原区、长城沿线地区	松嫩平原区、三江平原区、黑吉西部区、长白山区、辽河平原区	黑吉西部区、松嫩平原区、三江平原区、长白山区、辽河平原区	黑吉西部区、松嫩平原区、三江平原区、长白山区	黑吉西部区、松嫩平原区、三江平原区、长白山区	黑吉西部区、松嫩平原区、三江平原区、长白山区	黑吉西部区、松嫩平原区、三江平原区、长白山区	长白山区、黑吉西部区、三江平原区、松嫩平原区	长白山区、三江平原区、松嫩平原区

2. 东北水稻优势区耕地质量地域分布特征　东北水稻优势区由黑龙江省水稻优势区、黑龙江省农垦总局水稻优势区、吉林省水稻优势区、辽宁省水稻优势区组成，总面积为 $1\,668.78$ 万 hm^2。各优势区耕地质量等级面积及各等级占该优势区耕地面积的比例见表 8 - 64。

表 8 - 64　东北水稻优势区耕地质量等级面积与比例

耕地质量等级	指标	黑龙江省水稻优势区	黑龙江省农垦总局水稻优势区	吉林省水稻优势区	辽宁省水稻优势区	东北水稻优势区
一	面积（万 hm^2）	0.06	0	80.23	8.69	88.98
	所占比例（%）	0.01	0	16.58	3.84	5.33
二	面积（万 hm^2）	17.12	0	143.41	89.03	249.56
	所占比例（%）	2.24	0	29.64	39.30	14.95
三	面积（万 hm^2）	18.67	0.24	45.19	89.29	153.39
	所占比例（%）	2.44	0.12	9.34	39.42	9.19
四	面积（万 hm^2）	29.16	7.50	29.62	19.07	85.35
	所占比例（%）	3.81	3.87	6.12	8.42	5.12
五	面积（万 hm^2）	66.59	20.02	59.41	15.70	161.72
	所占比例（%）	8.70	10.35	12.28	6.93	9.69
六	面积（万 hm^2）	121.77	54.45	85.63	4.74	266.59
	所占比例（%）	15.92	28.15	17.70	2.09	15.97

（续）

耕地质量等级	指标	黑龙江省水稻优势区	黑龙江省农垦总局水稻优势区	吉林省水稻优势区	辽宁省水稻优势区	东北水稻优势区
七	面积（万 hm²）	211.41	67.88	32.83	0	312.12
	所占比例（%）	27.63	35.10	6.78	0	18.70
八	面积（万 hm²）	173.24	29.41	7.49	0	210.14
	所占比例（%）	22.65	15.21	1.55	0	12.59
九	面积（万 hm²）	90.69	12.55	0.01	0	103.25
	所占比例（%）	11.85	6.49	0.001	0	6.19
十	面积（万 hm²）	36.30	1.37	0.01	0	37.68
	所占比例（%）	4.75	0.71	0.001	0	2.27
总计	面积（万 hm²）	765.01	193.42	483.83	226.52	1 668.78

黑龙江省水稻优势区总耕地面积为 765.01 万 hm²。其中，一等地 0.06 万 hm²，占 0.01%；二等地 17.12 万 hm²，占 2.24%；三等地 18.67 万 hm²，占 2.44%；四等地 29.16 万 hm²，占 3.81%；五等地 66.59 万 hm²，占 8.70%；六等地 121.77 万 hm²，占 15.92%；七等地 211.41 万 hm²，占 27.63%；八等地 173.24 万 hm²，占 22.65%；九等地 90.69 万 hm²，占 11.85%；十等地 36.30 万 hm²，占 4.75%。

黑龙江省农垦总局水稻优势区总耕地面积为 193.42 万 hm²，区域内没有一等地和二等地。其中，三等地 0.24 万 hm²，占 0.12%；四等地 7.50 万 hm²，占 3.87%；五等地 20.02 万 hm²，占 10.35%；六等地 54.45 万 hm²，占 28.15%；七等地 67.88 万 hm²，占 35.10%；八等地 29.41 万 hm²，占 15.21%；九等地 12.55 万 hm²，占 6.49%；十等地 1.37 万 hm²，占 0.71%。

吉林省水稻优势区总耕地面积为 483.83 万 hm²。其中，一等地 80.23 万 hm²，占 16.58%；二等地 143.41 万 hm²，占 29.64%；三等地 45.19 万 hm²，占 9.34%；四等地 29.62 万 hm²，占 6.12%；五等地 59.41 万 hm²，占 12.28%；六等地 85.63 万 hm²，占 17.70%；七等地 32.83 万 hm²，占 6.78%；八等地 7.49 万 hm²，占 1.55%；九等地 0.01 万 hm²，占 0.001%；十等地 0.01 万 hm²，占 0.001%。

辽宁省水稻优势区总耕地面积为 226.52 万 hm²，区域内没有低等地分布，主要是一等地至六等地。其中，一等地 8.69 万 hm²，占 3.84%；二等地 89.03 万 hm²，占 39.30%；三等地 89.29 万 hm²，占 39.42%；四等地 19.07 万 hm²，占 8.42%；五等地 15.70 万 hm²，占 6.93%；六等地 4.74 万 hm²，占 2.09%。

3. 主要土壤类型耕地质量等级分布 区域内耕地共有土壤类型为 15 种。其中，主要的土壤类型有 4 种，分别是暗棕壤、白浆土、草甸土、黑土，所占比例分别为 14.56%、12.53%、21.87%、16.20%。

暗棕壤分布在一等地上的面积为 10.87 万 hm²，分布在二等地上的面积为 25.13 万 hm²，分布在三等地上的面积为 3.36 万 hm²，分布在四等地上的面积为 5.07 万 hm²，分布在五等地上的面积为 13.15 万 hm²，分布在六等地上的面积为 36.64 万 hm²，分布在七等地上的面积为 54.80 万 hm²，分布在八等地上的面积为 47.68 万 hm²，分布在九等地上的面积为 35.63 万 hm²，分布在十等地上的面积为 10.63 万 hm²，所占比例分别为 4.47%、10.34%、1.39%、2.08%、5.41%、15.08%、22.56%、19.63%、14.66%、4.38%。白浆土分布在一等地上的面积为 1.77 万 hm²，分布在二等地上的面积为 11.29 万 hm²，分布在三等地上的面积为 0.93 万 hm²，分布在四等地上的面积为 1.84 万 hm²，分布在五等地上的面积为 24.30 万 hm²，分布在六等地上的面积为 58.03 万 hm²，分布在七等地上的面积为 59.37 万 hm²，分布在八等地上的面积为 29.13 万 hm²，分布在九等地上的面积为 19.53 万 hm²，分布在十等地上的面积为 2.83 万 hm²，所占比例分别为 0.84%、5.40%、0.43%、

0.88%、11.62%、27.77%、28.41%、13.94%、9.35%、1.36%。草甸土分布在一等地上的面积为8.08万hm²，分布在二等地上的面积为36.74万hm²，分布在三等地上的面积为22.48万hm²，分布在四等地上的面积为22.37万hm²，分布在五等地上的面积为38.26万hm²，分布在六等地上的面积为61.44万hm²，分布在七等地上的面积为72.56万hm²，分布在八等地上的面积为68.58万hm²，分布在九等地上的面积为25.89万hm²，分布在十等地上的面积为8.52万hm²，所占比例分别为2.22%、10.07%、6.16%、6.13%、10.49%、16.84%、19.88%、18.79%、7.09%、2.33%。黑土分布在一等地上的面积为20.92万hm²，分布在二等地上的面积为39.83万hm²，分布在三等地上的面积为11.51万hm²，分布在四等地上的面积为1.56万hm²，分布在五等地上的面积为38.56万hm²，分布在六等地上的面积为47.28万hm²，分布在七等地上的面积为56.69万hm²，分布在八等地上的面积为37.63万hm²，分布在九等地上的面积为14.14万hm²，分布在十等地上的面积为2.25万hm²，所占比例分别为7.74%、14.73%、4.26%、0.57%、14.26%、17.49%、20.97%、13.92%、5.23%、0.83%（表8-65）。

表8-65　东北水稻优势区土壤主要类型耕地质量等级面积与比例

土类	一等地		二等地		三等地		四等地		五等地		六等地	
	面积 （万hm²）	比例（%）	面积 （万hm²）	比例（%）	面积 （万hm²）	比例（%）	面积 （万hm²）	比例（%）	面积 （万hm²）	比例（%）	面积 （万hm²）	比例（%）
暗棕壤	10.87	4.47	25.13	10.34	3.36	1.39	5.07	2.08	13.15	5.41	36.64	15.08
白浆土	1.77	0.84	11.29	5.40	0.93	0.43	1.84	0.88	24.30	11.62	58.03	27.77
草甸土	8.08	2.22	36.74	10.07	22.48	6.16	22.37	6.13	38.26	10.49	61.44	16.84
黑土	20.92	7.74	39.83	14.73	11.51	4.26	1.56	0.57	38.56	14.26	47.28	17.49

土类	七等地		八等地		九等地		十等地		合计 （万hm²）
	面积 （万hm²）	比例（%）	面积 （万hm²）	比例（%）	面积 （万hm²）	比例（%）	面积 （万hm²）	比例（%）	
暗棕壤	54.80	22.56	47.68	19.63	35.63	14.66	10.63	4.38	242.96
白浆土	59.37	28.41	29.13	13.94	19.53	9.35	2.83	1.36	209.02
草甸土	72.56	19.88	68.58	18.79	25.89	7.09	8.52	2.33	364.92
黑土	56.69	20.97	37.63	13.92	14.14	5.23	2.25	0.83	270.37

（二）耕地质量等级分述

1. 一等地

（1）面积与分布。东北水稻优势区一等地总面积88.98万hm²，占东北水稻优势区面积的5.33%。从土壤类型看，东北水稻优势区一等地的土壤类型主要是黑土，占一等地面积的23.51%；其次是风沙土和黑钙土，所占比例分别为18.12%和17.34%。从行政区划看，一等地所占比例较多的是吉林省，占东北水稻优势区一等地面积的90.16%；其次是辽宁省，占9.77%；黑龙江省占0.07%。从农业二级分区看，一等地主要分布在松嫩平原区，占71.67%；其次是黑吉西部区，占16.99%。

（2）主要属性。一等地的地形地貌主要为平原低阶；≥10℃活动积温多在3 260℃以上；排涝能力达到充分满足的占93.58%，基本满足的占6.42%；水源类型来自地表水的占99.53%，地下水占0.47%；耕层质地以壤土为主，占45.35%；有效土层厚度平均为80.00 cm；耕层厚度平均为20.26 cm。一等地耕地土壤养分平均含量在该区域中较佳，土壤养分含量情况详见表8-66。

表 8-66　一等地耕地土壤养分含量平均值

主要养分指标	松嫩平原区	辽河平原区	长城沿线地区	长白山区	黑吉西部区	全区	东北区
有机质（g/kg）	27.28	23.10	16.58	29.79	18.60	25.85	34.24
有效磷（mg/kg）	27.21	24.69	23.52	34.53	20.84	26.58	32.02
速效钾（mg/kg）	121.37	121.90	110.50	124.14	141.87	123.55	141.75
有效铁（mg/kg）	51.11	79.36	37.98	68.40	27.80	54.90	57.95
有效铜（mg/kg）	2.44	2.61	1.53	2.60	1.64	2.40	2.07
有效锌（mg/kg）	2.09	1.74	0.79	2.59	1.55	2.00	1.80
有效硅（mg/kg）	328.83	524.14	469.69	312.77	393.32	368.74	280.55
有效锰（mg/kg）	28.51	28.67	18.68	35.36	18.37	27.96	35.48
有效钼（mg/kg）	0.35	0.07	0.07	0.38	0.20	0.29	0.18

（3）对策建议。一等地是区内耕地质量最高的耕地，各类属性都较为理想，是东北水稻优势区的高产稳产区。耕地多位于平原区，排涝能力好，水源主要来自地表水，积温完全能满足大于 3 100 ℃的需求，有效硅、有效锌等土壤养分平均值高于东北区平均值，但有机质、速效钾等土壤养分平均值低于东北区平均值。这是由于长期的掠夺式种植，透支土壤养分，致使有机质含量降低。为保障并进一步提高一等地耕地生产力，应积极提高耕地质量，进行保护性耕作，施用有机肥，增加土壤养分含量。

2. 二等地

（1）面积与分布。东北水稻优势区二等地总面积 249.56 万 hm²，占东北水稻优势区面积的 14.95%。从土壤类型看，东北水稻优势区二等地的土壤类型主要是潮土，占二等地面积的 17.18%；其次是黑土和草甸土，所占比例分别为 15.96% 和 14.72%。从行政区划看，二等地所占比例较多的是吉林省，占东北水稻优势区二等地面积的 57.47%；其次是辽宁省，占 35.68%；其余分布在黑龙江省，占 6.85%。从农业二级分区看，二等地主要分布在松嫩平原区，占 51.62%；其次是辽河平原，占 35.39%。

（2）主要属性。二等地的地形地貌主要为平原低阶，面积占 74.74%；≥10 ℃ 活动积温多在 3 150 ℃以上；排涝能力达到充分满足的占 68.43%，基本满足的占 31.57%；水源类型来自地表水的占 99.10%，地下水占 0.90%；耕层质地以黏壤土为主，占 60.19%；有效土层厚度平均为 84.90 cm；耕层厚度平均为 21.53 cm。土壤养分含量情况详见表 8-67。

表 8-67　二等地耕地土壤养分含量平均值

主要养分指标	三江平原区	松嫩平原区	辽河平原区	长城沿线地区	长白山区	黑吉西部区	全区	东北区
有机质（g/kg）	39.28	27.19	18.36	26.71	31.51	20.60	24.04	34.24
有效磷（mg/kg）	23.28	27.88	24.09	23.31	30.34	22.98	26.40	32.02
速效钾（mg/kg）	276.16	130.88	105.09	128.41	106.87	140.18	120.89	141.75
有效铁（mg/kg）	24.51	46.49	63.23	35.29	80.47	24.49	53.42	57.95
有效铜（mg/kg）	2.22	2.40	2.27	1.60	2.68	1.71	2.33	2.07
有效锌（mg/kg）	1.36	1.96	1.34	0.86	2.55	1.52	1.76	1.80
有效硅（mg/kg）	504.99	262.24	325.64	305.18	277.60	304.07	284.72	280.55
有效锰（mg/kg）	53.11	28.39	27.48	21.78	43.25	16.21	28.44	35.48
有效钼（mg/kg）	0.17	0.33	0.08	0.06	0.35	0.20	0.23	0.18

（3）对策建议。二等地是区内耕地质量较高的耕地，是东北水稻优势区高等质量耕地的主要组成

部分，各类属性都处于较佳范围。耕地多位于平原低阶，排涝能力较好，水源主要来自地表水，积温完全能满足大于2 620 ℃的需求，有效硅、有效钼等土壤养分平均值高于东北区平均值，但速效钾、有机质等土壤养分平均值低于东北区平均值，有较大的提升和改善空间。为保障与进一步提高二等地耕地生产力，应积极保障与提高耕地排涝能力，提高耕地质量，进行保护性耕作，施用有机肥，调节保障土壤各项养分供给。

3. 三等地

（1）面积与分布。东北水稻优势区三等地总面积153.39万hm²，占东北水稻优势区面积的9.19%。从土壤类型看，东北水稻优势区三等地的土壤类型主要是棕壤，占三等地面积的33.29%；其次是潮土和草甸土，所占比例分别为20.09%和14.66%。从行政区划看，三等地所占比例较多的是辽宁省，占东北水稻优势区三等地面积的58.21%；其次是吉林省，占29.46%。从农业二级分区看，三等地主要分布在辽河平原区，占53.99%；其次是松嫩平原区和黑吉西部区，分别占21.85%和21.47%。

（2）主要属性。三等地的地形地貌主要为平原低阶；≥10 ℃活动积温多在3 040 ℃以上；排涝能力达到充分满足的占62.59%，基本满足的占37.41%；水源类型来自地表水的占60.95%，地下水占39.05%；耕层质地以黏壤土为主，占60.90%；有效土层厚度平均为88.42 cm；耕层厚度平均为23.16 cm。土壤养分含量情况详见表8-68。

表8-68　三等地耕地土壤养分含量平均值

主要养分指标	三江平原区	松嫩平原区	辽河平原区	长白山区	黑吉西部区	全区	东北区
有机质（g/kg）	36.13	22.78	20.45	36.97	23.65	22.43	34.24
有效磷（mg/kg）	38.85	25.98	23.55	30.46	22.00	24.11	32.02
速效钾（mg/kg）	264.24	165.18	108.77	113.51	135.43	127.44	141.75
有效铁（mg/kg）	56.79	38.74	78.13	89.09	21.95	58.39	57.95
有效铜（mg/kg）	2.66	2.04	2.15	2.63	1.58	2.03	2.07
有效锌（mg/kg）	1.79	1.87	1.53	2.64	1.26	1.57	1.80
有效硅（mg/kg）	443.48	352.89	337.03	378.93	259.41	325.03	280.55
有效锰（mg/kg）	70.74	24.27	26.44	37.44	17.46	25.13	35.48
有效钼（mg/kg）	0.10	0.21	0.07	0.36	0.19	0.13	0.18

（3）对策建议。三等地是区内耕地质量较高的耕地，各类属性都处于较佳范围。耕地多位于平原低阶区，排涝能力较强，水源主要来自地表水，积温完全能满足大于2 240 ℃的需求。为进一步保障与提高三等地耕地生产力，应积极保障与提高耕地排涝能力，提高耕地质量，实行秸秆还田和测土配方施肥，调节保障土壤各项养分供给。

4. 四等地

（1）面积与分布。东北水稻优势区四等地总面积85.35万hm²，占东北水稻优势区面积的5.12%。从土壤类型看，东北水稻优势区四等地的土壤类型主要是草甸土，占四等地面积的26.22%；其次是黑钙土和风沙土，所占比例分别为16.19%和14.26%。从行政区划看，四等地所占比例较多的是吉林省，占东北水稻优势区四等地面积的34.71%；其次是黑龙江省，占34.17%。从农业二级分区看，四等地主要分布在黑吉西部区，占33.13%；其次是松嫩平原区，占30.11%。

（2）主要属性。四等地的地形地貌主要为平原低阶，平原中阶面积也较大；≥10 ℃活动积温多在3 000 ℃以上；排涝能力达到充分满足的占43.92%，基本满足的占56.08%；水源类型来自地表水的占64.09%，地下水占35.91%；耕层质地以黏土为主，占45.14%；有效土层厚度平均为55.61 cm；耕层厚度平均为20.66 cm。土壤养分含量情况详见表8-69。

表 8-69 四等地耕地土壤养分含量平均值

主要养分指标	黑吉西部区	三江平原区	松嫩平原区	辽河平原区	长白山区	全区	东北区
有机质（g/kg）	20.33	42.14	20.70	21.72	47.03	26.64	34.24
有效磷（mg/kg）	19.12	30.24	24.93	24.98	34.89	25.43	32.02
速效钾（mg/kg）	145.15	147.60	197.95	112.74	133.51	160.54	141.75
有效铁（mg/kg）	24.14	62.91	33.66	77.42	72.96	46.55	57.95
有效铜（mg/kg）	1.83	1.59	1.82	2.34	2.26	1.88	2.07
有效锌（mg/kg）	1.80	2.27	1.90	1.48	2.66	1.93	1.80
有效硅（mg/kg）	224.84	218.21	328.15	337.60	404.01	291.46	280.55
有效锰（mg/kg）	17.83	42.60	23.94	26.24	40.38	27.76	35.48
有效钼（mg/kg）	0.17	0.04	0.19	0.08	0.45	0.16	0.18

（3）对策建议。四等地是区内耕地质量中等的耕地，各类属性都处于中等范围。耕地多位于平原区，排涝能力一般，水源主要来自地表水，积温完全能满足大于 2 190 ℃的需求，速效钾、有效硅等土壤养分平均值高于东北区平均值，但有机质等土壤养分平均值低于东北区平均值。为提高四等地耕地生产力，应积极提高耕地排涝能力；深松深耕，增加耕层厚度；采取秸秆还田，施有机肥，增加土壤有机质含量；进行测土配方施肥，调节保障土壤各项养分供给。

5. 五等地

（1）面积与分布。东北水稻优势区五等地总面积 161.72 万 hm²，占东北水稻优势区面积的 9.69%。从土壤类型看，东北水稻优势区五等地的土壤类型主要是黑土，占五等地面积的 23.84%；其次是草甸土，占 23.66%。从行政区划看，五等地所占比例较多的是黑龙江省，占五等地面积的 41.17%；其次是吉林省，占 36.73%。从农业二级分区看，五等地主要分布在松嫩平原区，占 41.06%。

（2）主要属性。五等地的地形地貌主要为平原低阶；≥10 ℃活动积温多在 2 870 ℃以上；排涝能力达到充分满足的占 49.83%，基本满足的占 50.17%；水源类型来自地表水的占 77.72%，地下水占 22.28%；耕层质地以黏壤土为主，占 50.80%；有效土层厚度平均为 55.56 cm；耕层厚度平均为 20.47 cm。土壤养分含量情况详见表 8-70。

表 8-70 五等地耕地土壤养分含量平均值

主要养分指标	黑吉西部区	三江平原区	松嫩平原区	辽河平原区	长白山区	全区	东北区
有机质（g/kg）	20.69	43.87	31.71	15.71	49.56	34.47	34.24
有效磷（mg/kg）	17.76	34.51	28.43	21.98	34.64	28.45	32.02
速效钾（mg/kg）	137.01	199.63	146.94	86.47	130.41	150.81	141.75
有效铁（mg/kg）	23.03	77.99	52.83	69.75	63.18	57.16	57.95
有效铜（mg/kg）	1.84	2.19	2.37	1.70	1.99	2.09	2.07
有效锌（mg/kg）	1.39	1.61	1.83	1.10	2.25	1.69	1.80
有效硅（mg/kg）	196.15	258.31	291.57	313.49	372.62	279.75	280.55
有效锰（mg/kg）	17.52	43.39	33.97	18.49	36.01	32.19	35.48
有效钼（mg/kg）	0.12	0.11	0.28	0.07	0.39	0.20	0.18

（3）对策建议。五等地是区内耕地质量中等的耕地，各类属性都处于中等范围。耕地多位于平原区，排涝能力一般，水源一般来自地表水，积温完全能满足大于 2 050 ℃的需求，有机质、速效钾等土壤养分平均值高于东北区平均值，但有效硅等土壤养分平均值低于东北区平均值。为提高五等地耕地生产力，应进行深松深耕，增加耕层厚度；改善农田水利设施，提高耕地排涝能力；采取秸秆还

田，施有机肥，增加土壤有机质含量；进行测土配方施肥，增施硅肥，调节保障土壤各项养分供给。

6. 六等地

（1）面积与分布。东北水稻优势区六等地总面积 266.59 万 hm²，占东北水稻优势区面积的 15.97%。从土壤类型看，东北水稻优势区六等地的土壤类型主要是草甸土，占六等地面积的 23.05%；其次是白浆土和黑土，所占比例分别为 21.77% 和 17.73%。从行政区划看，六等地所占比例较多的是黑龙江省，占东北水稻优势区六等地面积的 45.68%；其次是吉林省，占 32.12%。从农业二级分区看，六等地主要分布在松嫩平原区，占 37.53%。

（2）主要属性。六等地的地形地貌主要为平原低阶；≥10 ℃ 活动积温多在 2 520 ℃ 以上；排涝能力达到充分满足的占 43.41%，基本满足的占 56.59%；水源类型来自地表水的占 82.20%，地下水占 17.80%；耕层质地以黏壤土为主，占 57.63%；有效土层厚度平均为 51.84 cm；耕层厚度平均为 20.38 cm。土壤养分含量情况详见表 8 - 71。

表 8 - 71　六等地耕地土壤养分含量平均值

主要养分指标	黑吉西部区	三江平原区	松嫩平原区	辽河平原区	长白山区	全区	东北区
有机质（g/kg）	27.79	41.02	38.90	18.45	33.52	37.55	34.24
有效磷（mg/kg）	19.73	34.47	34.91	20.79	31.66	33.11	32.02
速效钾（mg/kg）	159.64	183.42	145.13	161.98	128.38	154.37	141.75
有效铁（mg/kg）	36.87	71.81	65.05	52.90	60.42	64.73	57.95
有效铜（mg/kg）	1.98	2.14	2.38	2.17	2.14	2.21	2.07
有效锌（mg/kg）	1.48	1.68	1.94	1.02	2.31	1.93	1.80
有效硅（mg/kg）	319.89	227.61	321.72	231.27	301.00	283.42	280.55
有效锰（mg/kg）	21.60	38.03	49.28	24.60	36.43	40.52	35.48
有效钼（mg/kg）	0.12	0.15	0.19	0.05	0.37	0.22	0.18

（3）对策建议。六等地是区内耕地质量中等的耕地，各类属性都处于中等范围。耕地多位于平原区，排涝能力一般，水源主要来自地表水，积温均大于 1 860 ℃，土壤养分含量较好，土壤养分平均值均高于东北区平均值。为提高六等地耕地生产力，应进行深松深耕，增加耕层厚度；改善农田水利设施，提高耕地排涝能力；合理设置水稻育秧大棚，以弥补积温不足的缺陷。

7. 七等地

（1）面积与分布。东北水稻优势区七等地总面积 312.12 万 hm²，占东北水稻优势区面积的 18.70%。从土壤类型看，东北水稻优势区七等地的土壤类型主要是草甸土，占七等地面积的 23.25%；其次是白浆土和黑土，所占比例分别为 19.02% 和 18.16%。从行政区划看，七等地所占比例较多的是黑龙江省，占七等地面积的 67.74%；其次是黑龙江省农垦总局，占 21.75%。从农业二级分区看，七等地主要分布在三江平原区，占 39.06%；其次是松嫩平原区，占 37.90%。

（2）主要属性。七等地的地形地貌主要为平原低阶；≥10 ℃ 活动积温多在 2 600 ℃ 以上；排涝能力达到充分满足的占 17.08%，基本满足的占 82.92%；水源类型来自地表水的占 78.96%，地下水占 21.04%；耕层质地以黏壤土为主，占 64.22%；有效土层厚度平均为 41.78 cm；耕层厚度平均为 20.43 cm。土壤养分含量情况详见表 8 - 72。

表 8 - 72　七等地耕地土壤养分含量平均值

主要养分指标	长白山区	黑吉西部区	三江平原区	松嫩平原区	全区	东北区
有机质（g/kg）	31.76	27.54	39.54	40.95	38.20	34.24
有效磷（mg/kg）	32.90	21.68	33.32	37.35	34.10	32.02

（续）

主要养分指标	长白山区	黑吉西部区	三江平原区	松嫩平原区	全区	东北区
速效钾（mg/kg）	128.01	128.58	167.29	139.00	149.60	141.75
有效铁（mg/kg）	48.86	28.09	67.85	63.83	61.63	57.95
有效铜（mg/kg）	1.84	1.94	2.23	2.44	2.22	2.07
有效锌（mg/kg）	2.19	1.17	1.73	1.87	1.83	1.80
有效硅（mg/kg）	281.12	245.23	228.83	325.93	270.81	280.55
有效锰（mg/kg）	31.07	17.03	37.20	53.28	40.70	35.48
有效钼（mg/kg）	0.29	0.11	0.24	0.10	0.20	0.18

（3）对策建议。七等地是区内耕地质量中等的耕地，面积占比较大。耕地多位于平原区，排涝能力较差，水源主要来自地表水，积温均大于 1 990 ℃，土壤养分含量（除有效硅外）平均值均大于东北区平均值。为提高七等地耕地生产力，重点在于改善农田水利设施，提高耕地排涝能力；进行深松深耕，增加耕层厚度；合理设置水稻育秧大棚，以弥补积温不足的缺陷。

8. 八等地

（1）面积与分布。东北水稻优势区八等地总面积 210.14 万 hm²，占东北水稻优势区面积的 12.59%。从土壤类型看，东北水稻优势区八等地的土壤类型主要是草甸土，占八等地面积的 32.64%；其次是暗棕壤和黑土，所占比例分别为 22.69% 和 17.91%。从行政区划看，八等地所占比例较多的是黑龙江省，占八等地面积的 82.44%；其次是黑龙江省农垦总局，占 14.00%。从农业二级分区看，八等地主要分布在三江平原区，占 48.58%；其次是松嫩平原区，占 33.51%。

（2）主要属性。八等地的地形地貌主要为丘陵下部；≥10 ℃活动积温多在 2 470 ℃ 以上；排涝能力达到充分满足的占 7.27%，基本满足的占 92.73%；水源类型来自地表水的占 87.11%，地下水占 12.89%；耕层质地以黏壤土为主，占 62.22%；有效土层厚度平均为 32.56 cm；耕层厚度平均为 19.90 cm。土壤养分含量情况详见表 8-73。

表 8-73　八等地耕地土壤养分含量平均值

主要养分指标	长白山区	黑吉西部区	三江平原区	大小兴安岭区	松嫩平原区	全区	东北区
有机质（g/kg）	34.93	25.77	37.64	58.36	39.54	37.29	34.24
有效磷（mg/kg）	35.93	19.50	31.89	45.00	41.64	34.84	32.02
速效钾（mg/kg）	117.54	132.21	156.29	138.11	126.73	140.55	141.75
有效铁（mg/kg）	40.54	30.84	62.32	88.01	68.44	58.60	57.95
有效铜（mg/kg）	1.26	1.40	2.09	1.16	2.43	1.99	2.07
有效锌（mg/kg）	1.34	1.12	1.74	2.32	2.02	1.71	1.80
有效硅（mg/kg）	278.74	182.41	244.35	285.94	307.05	265.42	280.55
有效锰（mg/kg）	28.96	18.07	37.00	72.32	51.57	38.45	35.48
有效钼（mg/kg）	0.10	0.09	0.25	0.06	0.09	0.17	0.18

（3）对策建议。八等地是区内耕地质量低等的耕地，各类属性都处于低等范围。耕地多位于丘陵下部，排涝能力较差，水源主要来自地表水，积温均大于 2 050 ℃，有机质等土壤养分平均值高于东北区平均值，但速效钾、有效硅等土壤养分平均值低于东北区平均值。为改善八等地耕地生产力，应通过土地平整等措施改善耕地耕作条件；建设和完善农田水利设施，提高耕地排涝能力；进行深松深耕，增加耕层厚度；合理设置水稻育秧大棚，以弥补积温不足的缺陷；科学合理施肥，调整土壤养分比例，保障各项土壤养分供给。

9. 九等地

（1）面积与分布。东北水稻优势区九等地总面积 103.25 万 hm²，占东北水稻优势区面积的 6.19%。从土壤类型看，东北水稻优势区九等地的土壤类型主要是暗棕壤，占九等地面积的 34.51%；其次是草甸土和白浆土，所占比例分别为 25.08% 和 18.92%。从行政区划看，九等地所占比例较多的是黑龙江省，占九等地面积的 87.83%；其次是黑龙江省农垦总局，占 12.16%。从农业二级分区看，九等地主要分布在三江平原区，占 55.19%；其次是长白山区，占 29.50%。

（2）主要属性。九等地的地形地貌主要为丘陵下部；≥10 ℃活动积温多在 2 440 ℃以上；排涝能力达到充分满足的占 2.69%，基本满足的占 97.31%；水源类型来自地表水的占 78.70%，地下水占 21.30%；耕层质地以黏壤土为主，占 56.22%；有效土层厚度平均为 28.99 cm；耕层厚度平均为 19.37 cm。土壤养分含量情况详见表 8-74。

表 8-74　九等地耕地土壤养分含量平均值

主要养分指标	长白山区	黑吉西部区	三江平原区	松嫩平原区	全区	东北区
有机质（g/kg）	34.25	23.00	33.45	39.83	34.47	34.24
有效磷（mg/kg）	33.99	20.86	33.16	43.89	34.74	32.02
速效钾（mg/kg）	116.99	133.83	143.59	114.86	128.70	141.75
有效铁（mg/kg）	41.47	42.09	57.83	63.42	51.59	57.95
有效铜（mg/kg）	1.18	1.30	1.78	3.24	1.72	2.07
有效锌（mg/kg）	1.30	1.09	2.09	2.29	1.78	1.80
有效硅（mg/kg）	284.49	159.48	271.08	269.63	274.87	280.55
有效锰（mg/kg）	26.92	29.64	32.91	48.03	32.38	35.48
有效钼（mg/kg）	0.07	0.09	0.10	0.08	0.09	0.18

（3）对策建议。九等地是区内耕地质量低等的耕地，各类属性都处于低等范围。耕地多位于丘陵下部，排涝能力较差，水源主要来自地表水，积温均大于 2 060 ℃，土壤养分（除有机质和有效磷外）平均值均低于东北区平均值。为改善九等地耕地生产力，应通过土地平整等措施改善耕地耕作条件；建设和完善农田水利设施，提高耕地排涝能力；进行深松深耕，增加耕层厚度；科学合理施肥，调整土壤养分比例，保障各项土壤养分供给。

10. 十等地

（1）面积与分布。东北水稻优势区十等地总面积 37.68 万 hm²，占东北水稻优势区面积的 2.27%。从土壤类型看，东北水稻优势区十等地的土壤类型主要是暗棕壤，占 28.22%；其次是黑钙土和草甸土，所占比例分别为 24.97% 和 22.60%。从行政区划看，十等地所占比例较多的是黑龙江省，占十等地面积的 96.32%。从农业二级分区看，十等地主要分布在黑吉西部区，占 36.32%；其次是三江平原区，占 33.66%。

（2）主要属性。十等地的地形地貌主要为山地坡下；≥10 ℃活动积温多在 2 390 ℃以上；排涝能力达到充分满足的占 1.70%，基本满足的占 98.30%；水源类型来自地表水的占 62.67%，地下水占 37.33%；耕层质地主要是黏壤土，占 43.68%；有效土层厚度平均为 26.70 cm；耕层厚度平均为 18.73 cm。土壤养分含量情况详见表 8-75。

表 8-75　十等地耕地土壤养分含量平均值

主要养分指标	黑吉西部区	长白山区	三江平原区	松嫩平原区	全区	东北区
有机质（g/kg）	24.86	35.99	33.32	37.29	34.80	34.24
有效磷（mg/kg）	23.79	33.86	43.43	35.86	36.44	32.02

（续）

主要养分指标	黑吉西部区	长白山区	三江平原区	松嫩平原区	全区	东北区
速效钾（mg/kg）	108.60	102.48	146.70	100.48	116.01	141.75
有效铁（mg/kg）	47.30	45.83	53.81	64.37	49.13	57.95
有效铜（mg/kg）	1.14	1.15	1.94	3.18	1.48	2.07
有效锌（mg/kg）	1.24	1.59	2.75	1.98	1.95	1.80
有效硅（mg/kg）	110.14	282.66	249.93	294.43	266.44	280.55
有效锰（mg/kg）	23.61	26.54	33.07	45.03	29.22	35.48
有效钼（mg/kg）	0.08	0.12	0.14	0.07	0.12	0.18

（3）对策建议。十等地是区内耕地质量最差的耕地，各类属性都处于最低范围。耕地多位于山地坡下，排涝能力较差，耕层质地保水保肥性差，大多数耕地土壤养分平均值均低于东北区平均值。为改良十等地耕地生产力，应通过土地平整等措施改善耕地耕作条件；建设和完善农田水利设施，提高耕地排涝能力；进行深松深耕，增加耕层厚度；改善耕地土壤结构，增强耕地保水保肥能力；科学合理施肥，调整土壤养分比例，保障各项土壤养分供给。

四、东北水稻优势区耕地主要土壤性状

（一）土壤有机质

1. 土壤有机质含量空间差异　东北水稻优势区耕层（0～20 cm）土壤有机质平均含量为 34.2 g/kg，范围为 5.8～259.0 g/kg（图 8-2）。不同地区土壤有机质含量以黑龙江省农垦总局最高，平均含量为 39.7 g/kg，范围为 13.0～78.6 g/kg；黑龙江省、吉林省次之，平均含量分别为 36.1 g/kg、29.8 g/kg，范围分别为5.8～75.2 g/kg 和 7.5～259.0 g/kg；辽宁省最低，平均含量为 19.6 g/kg，范围为 8.5～42.5 g/kg。

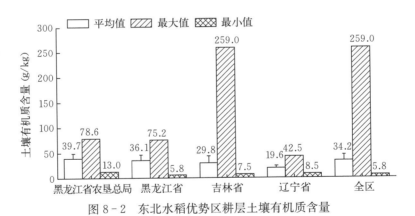

图 8-2　东北水稻优势区耕层土壤有机质含量

2. 耕层土壤有机质含量及其影响因素

（1）土壤类型与土壤有机质含量。东北水稻优势区主要土壤类型有机质含量顺序为棕色针叶林土＞沼泽土＞暗棕壤＞白浆土＞黑土＞草甸土＞水稻土＞栗钙土＞棕钙土＞黑钙土＞棕壤＞风沙土＞滨海盐土＞潮土＞褐土（图 8-3）。其中，以棕色针叶林土和沼泽土有机质含量最高，其范围分别为38.6～56.9 g/kg 和 15.8～75.2 g/kg，平均分别为 43.3 g/kg 和 40.0 g/kg；其次是暗棕壤、白浆土和黑土，平均分别为 37.9 g/kg、36.5 g/kg 和 35.3 g/kg，范围分别为 11.1～165.6 g/kg、10.9～259.0 g/kg 和 5.8～78.6 g/kg；然后是草甸土和水稻土，平均分别为 33.6 g/kg 和 31.3 g/kg，范围分别为 7.2～74.9 g/kg 和 11.1～90.1 g/kg。

（2）地貌类型与土壤有机质含量。不同地貌类型以山地坡下的土壤有机质含量最高，平均为38.6 g/kg，范围为 10.9～85.4 g/kg；其次是平原高阶、丘陵下部和平原低阶，平均分别为 35.5 g/kg、

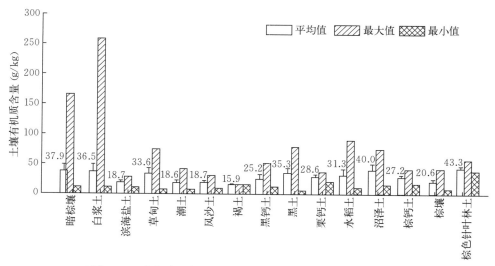

图 8-3 东北水稻优势区不同土壤类型耕层土壤有机质含量

35.4 g/kg 和 34.5 g/kg，范围分别为 7.2～63.3 g/kg、5.8～92.2 g/kg 和 7.5～259.0 g/kg；含量较低的为河漫滩和平原中阶，平均分别为 33.1 g/kg 和 30.6 g/kg，范围分别为 10.4～72.1 g/kg 和 10.3～66.9 g/kg（表 8-76）。

表 8-76　东北水稻优势区不同地貌类型耕层土壤有机质含量

地貌类型	平均值（g/kg）	最大值（g/kg）	最小值（g/kg）	标准差（g/kg）	变异系数（%）
河漫滩	33.1	72.1	10.4	11.9	36.1
平原低阶	34.5	259.0	7.5	13.2	38.4
平原高阶	35.5	63.3	7.2	12.9	36.5
平原中阶	30.6	66.9	10.3	10.2	33.4
丘陵下部	35.4	92.2	5.8	8.7	24.7
山地坡下	38.6	85.4	10.9	12.1	31.3

（3）成土母质与土壤有机质含量。各成土母质类型中坡积物的土壤有机质含量平均值最高，为 48.2 g/kg；结晶岩类和冲积物母质的土壤有机质含量居于第二梯队，分别为 42.2 g/kg 和 40.0 g/kg；残积物、黄土母质和河湖冲沉母质的土壤有机质含量居于第三梯队，分别为 35.8 g/kg、35.0 g/kg 和 33.2 g/kg；平均含量最低的为风积物母质，为 17.7 g/kg。土壤有机质含量最大值出现在沉积物母质上，为 259.0 g/kg；最小值出现在河湖冲沉母质上，为 5.8 g/kg（表 8-77）。

表 8-77　东北水稻优势区不同成土母质耕层土壤有机质含量

成土母质	平均值（g/kg）	最大值（g/kg）	最小值（g/kg）	标准差（g/kg）	变异系数（%）
残积物	35.8	63.8	12.0	7.4	20.6
沉积物	31.3	259.0	7.8	28.8	92.1
冲积物	40.0	74.9	15.4	9.1	22.7
风积物	17.7	34.5	7.2	4.4	25.0
河湖冲沉	33.2	94.8	5.8	11.0	33.1
红土母质	18.9	24.8	14.2	4.2	22.2
黄土母质	35.0	73.5	12.1	8.8	25.2
结晶岩类	42.2	72.2	20.7	7.4	17.4
坡积物	48.2	63.4	18.7	5.6	11.7

（4）土壤质地与土壤有机质含量。土壤质地影响土壤水热状况和保肥供肥能力，从而影响土壤有机质含量。质地黏重的土壤，其土壤有机质含量往往较高。东北区沙土、壤土、黏壤土、黏土的有机质含量平均值分别为 22.1 g/kg、34.0 g/kg、33.8 g/kg 和 35.7 g/kg，其范围分别为 10.2～63.8 g/kg、7.2～105.9 g/kg、5.8～94.8 g/kg、10.8～259.0 g/kg（图 8-4）。

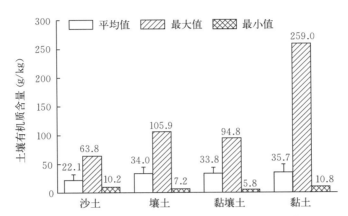

图 8-4　东北水稻优势区不同质地耕层土壤有机质含量

（二）土壤全氮

1. 土壤全氮含量空间差异　东北水稻优势区耕层（0～20 cm）土壤全氮平均含量为 1.9 g/kg，范围为 0.4～4.2 g/kg。不同地区以黑龙江省农垦总局含量最高，平均含量为 2.1 g/kg，范围为 0.9～3.9 g/kg；黑龙江省、吉林省次之，平均含量分别为 2.0 g/kg、1.7 g/kg，范围分别为 0.7～3.9 g/kg 和 0.5～4.2 g/kg；辽宁省最低，平均含量为 1.0 g/kg，范围为 0.4～1.7 g/kg（图 8-5）。

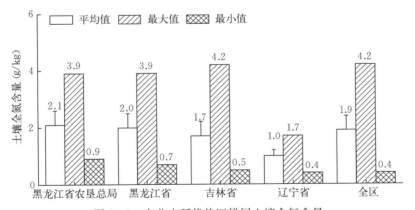

图 8-5　东北水稻优势区耕层土壤全氮含量

2. 耕层土壤全氮含量及其影响因素

（1）土壤类型与土壤全氮含量。东北水稻优势区主要土壤类型全氮含量顺序为棕色针叶林土＞白浆土＞暗棕壤＞沼泽土＞黑土＞草甸土＞栗钙土＞水稻土＞风沙土＞黑钙土＞棕钙土＞褐土＞棕壤＞潮土＞滨海盐土（图 8-6）。其中，以棕色针叶林土含量最高，其范围为 1.6～2.7 g/kg，平均含量为2.4 g/kg；其次是暗棕壤、白浆土和沼泽土，平均含量分别为 2.1 g/kg、2.1 g/kg 和 2.0 g/kg，范围分别为 0.8～4.2 g/kg、1.2～4.0 g/kg 和 0.7～3.9 g/kg；然后是黑土和草甸土，平均含量均为 1.9 g/kg，范围分别为 0.8～3.3 g/kg 和 0.5～3.8 g/kg。

（2）地貌类型与土壤全氮含量。不同地貌类型以山地坡下和平原高阶的土壤全氮平均含量最高，分别为 2.2 g/kg 和 2.1 g/kg，范围分别为 1.1～3.6 g/kg 和 0.9～3.5 g/kg；平原低阶和丘陵下部平均含量均为 1.9 g/kg，范围分别为 0.4～4.2 g/kg 和 0.7～3.6 g/kg；然后是河漫滩和平原中阶，平

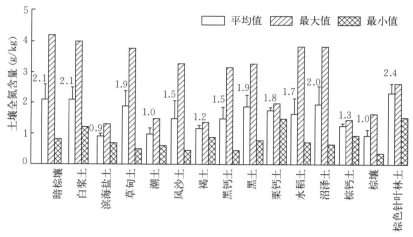

图 8-6　东北水稻优势区不同土壤类型耕层土壤全氮含量

均含量均为 1.8 g/kg，范围分别为 0.6～3.6 g/kg 和 0.5～3.4 g/kg（表 8-78）。

表 8-78　东北水稻优势区不同地貌类型耕层土壤全氮含量

地貌类型	平均值（g/kg）	最大值（g/kg）	最小值（g/kg）	标准差（g/kg）	变异系数（%）
河漫滩	1.8	3.6	0.6	0.6	35.0
平原低阶	1.9	4.2	0.4	0.6	32.8
平原高阶	2.1	3.5	0.9	0.6	31.3
平原中阶	1.8	3.4	0.5	0.5	26.6
丘陵下部	1.9	3.6	0.7	0.4	22.4
山地坡下	2.2	3.6	1.1	0.4	19.0

（3）成土母质与土壤全氮含量。坡积物、结晶岩类和冲积物母质的土壤全氮含量平均值最高，分别为 2.3 g/kg、2.2 g/kg 和 2.1 g/kg；黄土母质和河湖冲沉母质的土壤全氮含量居第二位，分别为 1.9 g/kg 和 1.8 g/kg；残积物和沉积物母质的土壤全氮含量居第三位，分别为 1.7 g/kg 和 1.5 g/kg；平均含量最低的为风积物母质和红土母质，分别为 1.2 g/kg 和 1.3 g/kg。各成土母质中土壤全氮含量的最大值出现在河湖冲沉和沉积物母质上，含量分别为 4.2 g/kg 和 4.0 g/kg；最小值为 0.4 g/kg，出现在河湖冲沉母质上。变异系数较大的为沉积物母质和风积物母质，分别为 47.2% 和 45.7%；其余成土母质的变异系数均小于 30%，最小值出现在坡积物母质，为 12.4%（表 8-79）。

表 8-79　东北水稻优势区不同成土母质耕层土壤全氮含量

成土母质	平均值（g/kg）	最大值（g/kg）	最小值（g/kg）	标准差（g/kg）	变异系数（%）
残积物	1.7	2.5	0.8	0.3	16.1
沉积物	1.5	4.0	0.6	0.7	47.2
冲积物	2.1	3.5	1.2	0.5	22.5
风积物	1.2	2.9	0.5	0.6	45.7
河湖冲沉	1.8	4.2	0.4	0.5	29.6
红土母质	1.3	1.6	0.9	0.2	17.3
黄土母质	1.9	3.9	0.5	0.5	24.0
结晶岩类	2.2	3.6	1.3	0.3	15.1
坡积物	2.3	3.0	1.3	0.3	12.4

（4）土壤质地与土壤全氮含量。不同质地土壤全氮平均含量以沙土最低，为1.2 g/kg；壤土、黏壤土及黏土的全氮含量相近且较高，均为1.9 g/kg，其范围分别为0.6～4.0 g/kg、0.4～4.2 g/kg和0.5～4.0 g/kg。不同质地间变异系数最大的为沙土和壤土，分别为38.1%和31.2%；黏壤土和黏土的变异系数均为28.1%（图8-7）。

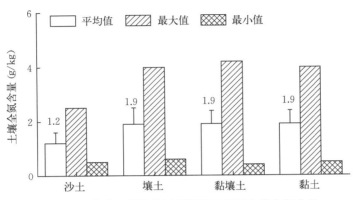

图8-7　东北水稻优势区不同质地耕层土壤全氮含量

（三）土壤有效磷

1. 土壤有效磷含量空间差异　东北水稻优势区耕层（0～20 cm）土壤有效磷平均含量为32.0 mg/kg，范围为9.1～122.8 mg/kg（图8-8）。不同地区以黑龙江省含量最高，平均含量为34.7 mg/kg，范围为9.8～122.8 mg/kg；黑龙江省农垦总局、吉林省次之，平均含量分别为31.1 mg/kg和27.6 mg/kg，范围分别为10.7～117.0 mg/kg和9.1～51.6 mg/kg；辽宁省最低，平均含量为23.8 mg/kg，范围为10.6～55.5 mg/kg。

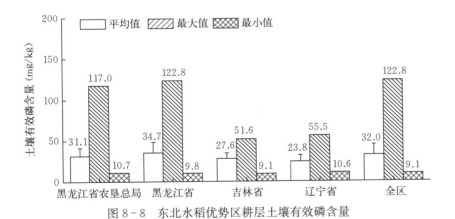

图8-8　东北水稻优势区耕层土壤有效磷含量

2. 耕层土壤有效磷含量及其影响因素

（1）土壤类型与土壤有效磷含量。东北水稻优势区主要土壤类型有效磷含量顺序为棕钙土＞暗棕壤＞黑土＞沼泽土＞褐土＞棕色针叶林土＞白浆土＞草甸土＞栗钙土＞水稻土＞棕壤＞黑钙土＞潮土＞风沙土＞滨海盐土（图8-9）。其中，以棕钙土有效磷含量最高，范围为20.8～72.6 mg/kg，平均含量为39.9 mg/kg；其次是暗棕壤、黑土和沼泽土，范围分别为14.9～83.8 mg/kg、12.1～82.4 mg/kg和9.8～122.8 mg/kg，平均分别为34.7 mg/kg、34.4 mg/kg和34.0 mg/kg；然后是褐土、棕色针叶林土和白浆土，平均分别为33.0 mg/kg、32.9 mg/kg和32.4 mg/kg，范围分别为23.7～38.6 mg/kg、27.9～38.8 mg/kg和14.5～113.4 mg/kg。

（2）地貌类型与土壤有效磷含量。不同地貌类型以山地坡下和丘陵下部土壤有效磷含量最高，平均含量分别为33.8 mg/kg和33.5 mg/kg，范围分别为14.3～73.0 mg/kg和12.2～80.9 mg/kg；其次是平原低

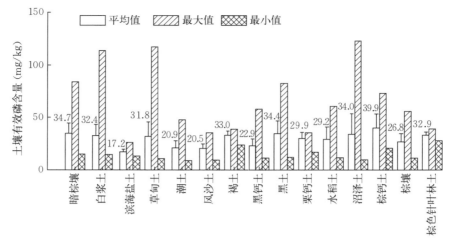

图 8-9　东北水稻优势区不同土壤类型耕层土壤有效磷含量

阶、平原高阶和平原中阶，平均含量分别为 31.7 mg/kg、31.4 mg/kg 和 31.0 mg/kg，范围分别为 9.5～122.8 mg/kg、14.9～59.1 mg/kg 和 9.1～91.4 mg/kg；河漫滩最低，平均含量为 28.1 mg/kg（表 8-80）。

表 8-80　东北水稻优势区不同地貌类型耕层土壤有效磷含量

地貌类型	平均值（mg/kg）	最大值（mg/kg）	最小值（mg/kg）	标准差（mg/kg）	变异系数（%）
河漫滩	28.1	59.9	9.6	7.8	27.9
平原低阶	31.7	122.8	9.5	14.1	44.3
平原高阶	31.4	59.1	14.9	8.1	25.9
平原中阶	31.0	91.4	9.1	13.7	44.1
丘陵下部	33.5	80.9	12.2	10.4	31.2
山地坡下	33.8	73.0	14.3	9.4	27.8

（3）成土母质与土壤有效磷含量。残积物母质的土壤有效磷含量平均值最高，为 38.8 mg/kg；结晶岩类、黄土母质、河湖冲沉和冲积物母质的土壤有效磷含量居第二位，分别为 37.2 mg/kg、34.3 mg/kg、32.0 mg/kg 和 31.3 mg/kg；坡积物、红土母质和沉积物母质的土壤有效磷含量居第三位，分别为 27.3 mg/kg、24.9 mg/kg 和 23.3 mg/kg；平均含量最低的为风积物母质，为 19.1 mg/kg。各成土母质土壤有效磷含量最大值出现在河湖冲沉和冲积物母质上，分别为 122.8 mg/kg 和 117.6 mg/kg；最小值出现在河湖冲沉和风积物母质上，分别为 9.5 mg/kg 和 9.1 mg/kg（表 8-81）。

表 8-81　东北水稻优势区不同成土母质耕层土壤有效磷含量

成土母质	平均值（mg/kg）	最大值（mg/kg）	最小值（mg/kg）	标准差（mg/kg）	变异系数（%）
残积物	38.8	73.2	13.0	9.6	24.6
沉积物	23.3	40.9	10.6	6.8	29.3
冲积物	31.3	117.6	11.7	11.0	35.2
风积物	19.1	37.7	9.1	4.4	23.3
河湖冲沉	32.0	122.8	9.5	12.9	40.5
红土母质	24.9	29.1	20.8	2.8	11.1
黄土母质	34.3	90.2	12.1	11.7	34.1
结晶岩类	37.2	69.4	27.4	5.5	14.9
坡积物	27.3	37.5	16.9	3.1	11.5

（4）土壤质地与土壤有效磷含量。东北水稻优势区的土壤有效磷含量平均值有随质地不同而规律变化的趋势，其含量顺序为沙土＜壤土＜黏土＜黏壤土，平均分别为 21.9 mg/kg、29.0 mg/kg、30.6 mg/kg 和 33.7 mg/kg，范围分别为 9.1～59.9 mg/kg、9.5～111.2 mg/kg、11.3～89.7 mg/kg 和 9.8～122.8 mg/kg（图 8-10）。变异系数最大的为沙土，为 51.4%；其次为黏壤土和黏土，分别为 41.5% 和 33.1%；最小值出现在壤土上，为 28.9%。

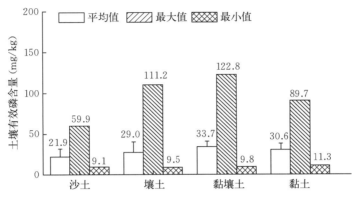

图 8-10　东北水稻优势区不同质地耕层土壤有效磷含量

（四）土壤速效钾

1. 土壤速效钾含量空间差异　东北水稻优势区耕层（0～20 cm）土壤速效钾平均含量为141.8 mg/kg，范围为 27.5～422.6 mg/kg（图 8-11）。不同地区以黑龙江省农垦总局最高，平均含量为 161.2 mg/kg，范围为 58.8～380.8 mg/kg；黑龙江省、吉林省次之，平均含量分别为145.5 mg/kg 和127.5 mg/kg，范围分别为 27.5～422.6 mg/kg 和 60.5～279.7 mg/kg；辽宁省最低，平均含量为 107.3 mg/kg，范围为 33.3～295.9 mg/kg。

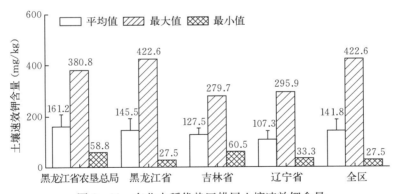

图 8-11　东北水稻优势区耕层土壤速效钾含量

2. 耕层土壤速效钾含量及其影响因素

（1）土壤类型与土壤速效钾含量。东北水稻优势区主要土壤类型速效钾含量顺序为沼泽土＞风沙土＞棕钙土＞草甸土＞黑钙土＞白浆土＞黑土＞滨海盐土＞水稻土＞暗棕壤＞栗钙土＞褐土＞潮土＞棕色针叶林土＞棕壤（图 8-12）。其中，以沼泽土速效钾含量最高，范围为 51.2～376.7 mg/kg，平均含量为 175.6 mg/kg；其次是风沙土，平均含量为 157.0 mg/kg，范围为 79.6～262.9 mg/kg；然后是棕钙土和草甸土，平均含量分别为 152.7 mg/kg 和 152.1 mg/kg，范围分别为 84.9～190.2 mg/kg和37.4～422.6 mg/kg。

（2）地貌类型与土壤速效钾含量。不同地貌类型以平原中阶土壤速效钾含量最高，平均含量为158.7 g/kg，范围为 37.4～380.8 mg/kg；其次是河漫滩和平原低阶，平均含量分别为 150.0 mg/kg和140.4 mg/kg，范围分别为 62.1～351.4 mg/kg 和 33.3～393.4 mg/kg；然后是丘陵下部和山地坡下，

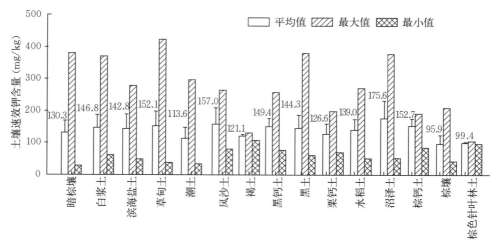

图 8-12　东北水稻优势区不同土壤类型耕层土壤速效钾含量

平均含量分别为 134.8 mg/kg 和 133.3 mg/kg，范围分别为 27.5～422.6 mg/kg 和 56.5～369.4 mg/kg；含量最低的为平原高阶，平均含量为 131.6 g/kg，范围为 60.5～296.9 mg/kg（表 8-82）。

表 8-82　东北水稻优势区不同地貌类型耕层土壤速效钾含量

地貌类型	平均值（mg/kg）	最大值（mg/kg）	最小值（mg/kg）	标准差（mg/kg）	变异系数（%）
河漫滩	150.0	351.4	62.1	38.6	25.7
平原低阶	140.4	393.4	33.3	42.2	30.1
平原高阶	131.6	296.9	60.5	36.1	27.4
平原中阶	158.7	380.8	37.4	51.0	32.2
丘陵下部	134.8	422.6	27.5	44.4	32.9
山地坡下	133.3	369.4	56.5	43.1	32.3

（3）成土母质与土壤速效钾含量。坡积物和冲积物的土壤速效钾含量平均值最高，分别为 169.7 mg/kg 和 162.4 mg/kg；红土母质和黄土母质的土壤速效钾含量居第二位，分别为 157.7 mg/kg 和 148.2 mg/kg；河湖冲沉、残积物和风积物母质的土壤速效钾含量居第三位，分别为 137.8 mg/kg、137.2 mg/kg 和 137.1 mg/kg；平均含量最低的为结晶岩类母质，为 107.3 mg/kg。各成土母质中土壤速效钾含量最大值出现在河湖冲沉母质和冲积物母质上，分别为 422.6 mg/kg 和 380.8 mg/kg；最小值分别为 27.5 mg/kg 和 33.3 mg/kg，分别出现在结晶岩类和河湖冲沉母质上（表 8-83）。

表 8-83　东北水稻优势区不同成土母质耕层土壤速效钾含量

母质类型	平均值（mg/kg）	最大值（mg/kg）	最小值（mg/kg）	标准差（mg/kg）	变异系数（%）
残积物	137.2	292.3	39.7	39.3	28.7
沉积物	125.3	293.2	45.1	36.2	28.9
冲积物	162.4	380.8	61.5	49.7	30.6
风积物	137.1	262.9	76.6	49.1	35.8
河湖冲沉	137.8	422.6	33.3	43.1	31.3
红土母质	157.7	209.4	122.6	24.2	15.3
黄土母质	148.2	378.0	50.5	46.2	31.2
结晶岩类	107.3	194.3	27.5	22.9	21.4
坡积物	169.7	218.2	120.3	23.7	14.0

（4）土壤质地与土壤速效钾含量。黏土速效钾含量平均值最大，为 149.6 mg/kg；其次是壤土和黏壤土，分别为 139.7 mg/kg 和 138.8 mg/kg；沙土最小，为 113.4 mg/kg。土壤速效钾含量最大值出现在黏壤土上，为 422.6 mg/kg；最小值为 27.5 mg/kg，出现在壤土上（图 8 - 13）。变异系数最大的为黏土，为 32.3%；其次是壤土和黏壤土，分别为 31.8% 和 31.0%；最小值出现在沙土，为 24.2%。

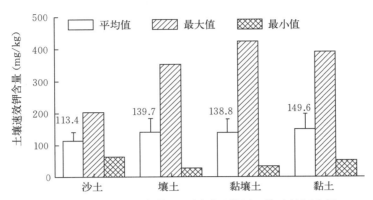

图 8 - 13　东北水稻优势区不同质地耕层土壤速效钾含量

（五）土壤有效硅

1. 土壤有效硅含量空间差异　东北水稻优势区耕层（0～20 cm）土壤有效硅平均含量为 280.6 mg/kg，范围为 35.2～987.0 mg/kg（图 8 - 14）。不同地区以辽宁省含量最高，平均含量为 341.0 mg/kg，范围为 85.8～987.0 mg/kg；黑龙江省、吉林省次之，平均含量分别为 292.3 mg/kg 和 271.9 mg/kg，范围分别为 60.5～847.8 mg/kg 和 73.6～727.8 mg/kg；黑龙江省农垦总局最低，平均含量为 215.5 mg/kg，范围为 35.2～767.4 mg/kg。

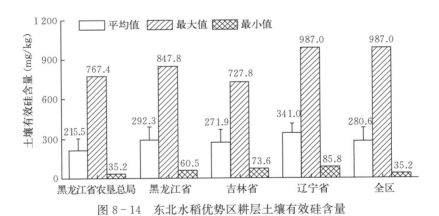

图 8 - 14　东北水稻优势区耕层土壤有效硅含量

2. 耕层土壤有效硅含量及其影响因素

（1）土壤类型与土壤有效硅含量。东北水稻优势区主要土壤类型有效硅含量顺序为滨海盐土＞潮土＞棕壤＞褐土＞棕钙土＞黑土＞棕色针叶林土＞黑钙土＞草甸土＞水稻土＞暗棕壤＞栗钙土＞风沙土＞白浆土＞沼泽土（图 8 - 15）。其中，以滨海盐土有效硅含量最高，范围为 291.1～673.2 mg/kg，平均含量为 379.3 g/kg；其次是潮土、棕壤和褐土，平均含量分别为 342.2 mg/kg、336.2 mg/kg 和 335.2 mg/kg，范围分别为 124.1～758.0 mg/kg、196.9～987.0 mg/kg 和 316.7～375.5 mg/kg；然后是棕钙土和黑土，平均含量分别为 325.4 mg/kg 和 321.8 mg/kg，范围分别为 157.8～542.5 mg/kg 和 119.9～847.8 mg/kg。

（2）地貌类型与土壤有效硅含量。不同地貌类型以平原高阶和丘陵下部的土壤有效硅含量最高，平均含量分别为 297.5 mg/kg 和 289.2 mg/kg，范围分别为 79.4～727.8 mg/kg 和 81.7～987.0 mg/kg；其

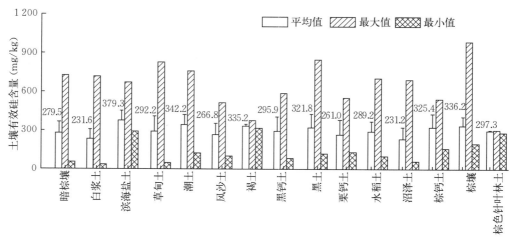

图 8 - 15 东北水稻优势区不同土壤类型耕层土壤有效硅含量

次是平原低阶、山地坡下和平原中阶，平均含量分别为 281.2 mg/kg、275.5 mg/kg 和 275.0 mg/kg，范围分别为 35.2～847.8 mg/kg、120.8～632.7 mg/kg 和 55.4～692.5 mg/kg；含量最低的为河漫滩，平均含量为 229.0 mg/kg，范围为 52.2～593.7 mg/kg（表 8 - 84）。

表 8 - 84　东北水稻优势区不同地貌类型耕层土壤有效硅含量

地貌类型	平均值（mg/kg）	最大值（mg/kg）	最小值（mg/kg）	标准差（mg/kg）	变异系数（%）
河漫滩	229.0	593.7	52.2	88.6	38.7
平原低阶	281.2	847.8	35.2	102.0	36.3
平原高阶	297.5	727.8	79.4	101.5	34.1
平原中阶	275.0	692.5	55.4	102.4	37.2
丘陵下部	289.2	987.0	81.7	100.7	34.8
山地坡下	275.5	632.7	120.8	68.9	25.0

（3）成土母质与土壤有效硅含量。红土母质、沉积物和结晶盐类母质的土壤有效硅平均含量最高，分别为 379.0 mg/kg、306.9 mg/kg、303.7 mg/kg；河湖冲沉和黄土母质的土壤有效硅平均含量居第二位，分别为 295.6 mg/kg 和 285.7 mg/kg；风积物、残积物和冲积物母质的土壤有效硅平均含量居第三位，分别为 198.6 mg/kg、194.9 mg/kg 和 193.5 mg/kg；平均含量最低的为坡积物母质，为 184.6 mg/kg。土壤有效硅含量的最大值出现在河湖冲沉母质上，为 987.0 mg/kg；最小值为 35.2 mg/kg，出现在冲积物母质上（表 8 - 85）。

表 8 - 85　东北水稻优势区不同成土母质耕层土壤有效硅含量

成土母质	平均值（mg/kg）	最大值（mg/kg）	最小值（mg/kg）	标准差（mg/kg）	变异系数（%）
残积物	194.9	454.9	102.1	63.3	32.5
沉积物	306.9	673.2	127.3	77.8	25.4
冲积物	193.5	458.9	35.2	69.8	36.1
风积物	198.6	373.4	79.2	72.4	36.4
河湖冲沉	295.6	987.0	71.8	100.6	34.0
红土母质	379.0	519.7	257.9	76.8	20.3
黄土母质	285.7	728.9	79.4	92.2	32.3
结晶岩类	303.7	632.7	205.4	63.8	21.0
坡积物	184.6	244.0	127.7	22.1	12.0

（4）土壤质地与土壤有效硅含量。不同质地土壤有效硅平均含量以壤土最低，为 244.8 mg/kg；其次为沙土，平均含量为 263.4 mg/kg；黏壤土和黏土的有效硅含量相近且最高，平均含量分别为 289.8 mg/kg 和 281.3 mg/kg。土壤有效硅含量最大值出现在黏壤土上，为 987.0 mg/kg；最小值出现在壤土上，为 35.2 mg/kg（图 8-16）。

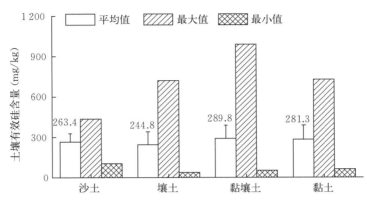

图 8-16　东北平原水稻优势区不同质地耕层土壤有效硅含量

（六）土壤有效锌

1. 土壤有效锌含量空间差异　东北水稻优势区耕层（0～20 cm）土壤有效锌平均含量为 1.8 mg/kg，范围为 0.4～9.6 mg/kg（图 8-17）。不同地区以吉林省最高，平均含量为 2.3 mg/kg，范围为 0.6～5.7 mg/kg；黑龙江省和黑龙江省农垦总局次之，平均含量分别为 1.8 mg/kg 和 1.6 mg/kg，范围分别为 0.4～9.6 mg/kg 和 0.5～8.3 mg/kg；辽宁省最低，平均含量为 1.4 mg/kg，范围为 0.4～4.1 mg/kg。

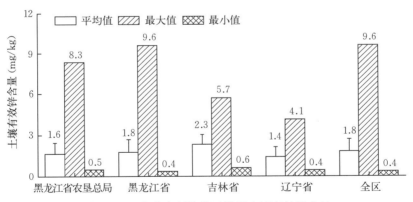

图 8-17　东北水稻优势区耕层土壤有效锌含量

2. 耕层土壤有效锌含量及其影响因素

（1）土壤类型与土壤有效锌含量。东北水稻优势区主要土壤类型有效锌含量顺序为棕色针叶林土＞褐土＞栗钙土＞沼泽土＞黑钙土＞白浆土＞暗棕壤＞棕钙土＞草甸土＞水稻土＞滨海盐土＞黑土＞棕壤＞风沙土＞潮土（图 8-18）。其中，以棕色针叶林土有效锌含量最高，范围为 1.8～2.9 mg/kg，平均含量为 2.3 mg/kg；其次是褐土和栗钙土，平均含量为 2.2 mg/kg，范围分别为 1.4～3.3 mg/kg 和 1.0～2.7 mg/kg；然后是沼泽土、黑钙土和白浆土，平均含量分别为 2.1 mg/kg、2.0 mg/kg 和 2.0 mg/kg，范围分别为 0.7～9.6 mg/kg、0.6～9.0 mg/kg 和 0.5～9.6 mg/kg。

（2）地貌类型与土壤有效锌含量。不同地貌类型以山地坡下和平原高阶的土壤有效锌含量最高，平均含量分别为 2.3 mg/kg 和 2.2 mg/kg，范围分别为 0.6～5.7 mg/kg 和 0.9～4.7 mg/kg；其次是平原低阶、平原中阶和丘陵下部，平均含量分别为 1.9 mg/kg、1.7 mg/kg 和 1.7 mg/kg，范围分别为 0.4～9.6 mg/kg、0.4～9.0 mg/kg 和 0.4～4.7 mg/kg；含量最低的为河漫滩，平均含量为 1.5 mg/kg，范

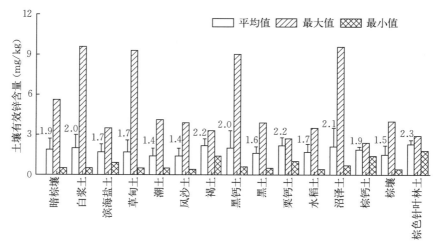

图 8-18　东北水稻优势区不同土壤类型耕层土壤有效锌含量

围为 0.4～5.6 mg/kg（表 8-86）。

表 8-86　东北水稻优势区不同地貌类型耕层土壤有效锌含量

地貌类型	平均值（mg/kg）	最大值（mg/kg）	最小值（mg/kg）	标准差（mg/kg）	变异系数（%）
河漫滩	1.5	5.6	0.4	0.6	40.2
平原低阶	1.9	9.6	0.4	1.1	57.2
平原高阶	2.2	4.7	0.9	0.7	31.5
平原中阶	1.7	9.0	0.4	0.8	47.1
丘陵下部	1.7	4.7	0.4	0.7	40.8
山地坡下	2.3	5.7	0.6	0.9	38.5

　　（3）成土母质与土壤有效锌含量。结晶岩类和红土母质的土壤有效锌平均含量最高，分别为 2.1 mg/kg 和 2.0 mg/kg；沉积物、河湖冲沉、冲积物和黄土母质的土壤有效锌平均含量居第二位，分别为 1.9 mg/kg、1.8 mg/kg、1.8 mg/kg 和 1.8 mg/kg；残积物和风积物母质的土壤有效锌平均含量居第三位，分别为 1.7 mg/kg 和 1.6 mg/kg；平均含量最低的为坡积物母质，为 1.1 mg/kg。土壤有效锌含量的最大值出现在河湖冲沉和黄土母质上，分别为 9.6 mg/kg 和 8.6 mg/kg；最小值出现在河湖冲沉、沉积物、冲积物和黄土母质上，分别为 0.4 mg/kg、0.5 mg/kg、0.5 mg/kg 和 0.5 mg/kg（表 8-87）。

表 8-87　东北水稻优势区不同成土母质耕层土壤有效锌含量

成土母质	平均值（mg/kg）	最大值（mg/kg）	最小值（mg/kg）	标准差（mg/kg）	变异系数（%）
残积物	1.7	3.5	0.7	0.4	22.6
沉积物	1.9	4.7	0.5	0.8	42.7
冲积物	1.8	7.9	0.5	1.0	54.8
风积物	1.6	4.8	0.8	0.8	51.7
河湖冲沉	1.8	9.6	0.4	0.9	52.6
红土母质	2.0	2.7	1.4	0.3	17.2
黄土母质	1.8	8.6	0.5	0.7	40.4
结晶岩类	2.1	3.9	0.6	0.6	26.9
坡积物	1.1	1.6	0.8	0.1	13.2

（4）土壤质地与土壤有效锌含量。不同质地土壤以黏土有效锌含量平均值最高，为 1.9 mg/kg；其次为黏壤土和壤土，均为 1.8 mg/kg；沙土平均含量最低，为 1.3 mg/kg。土壤有效锌含量最大值出现在黏壤土上，含量为 9.6 mg/kg；最小值出现在壤土及黏壤土上，含量均为 0.4 mg/kg（图 8-19）。不同质地间变异系数较大的为黏壤土，为 54.8%；沙土变异系数最小，为 26.3%。

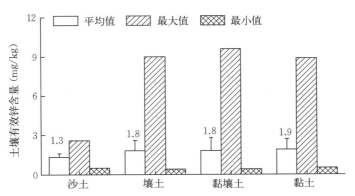

图 8-19 东北平原水稻优势区不同质地耕层土壤有效锌含量

（七）土壤有效铁

1. 土壤有效铁含量空间差异 东北水稻优势区耕层（0～20 cm）土壤有效铁平均含量为 58.0 mg/kg，范围为 7.6～375.7 mg/kg（图 8-20）。不同地区以黑龙江省农垦总局和辽宁省最高，平均含量分别为 76.7 mg/kg 和 71.5 mg/kg；吉林省次之，平均含量为 57.4 mg/kg，范围为 8.3～142.4 mg/kg；黑龙江省最低，平均含量为 51.3 mg/kg，范围为 7.6～240.3 mg/kg。

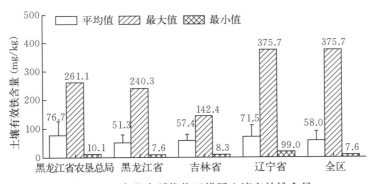

图 8-20 东北水稻优势区耕层土壤有效铁含量

2. 耕层土壤有效铁含量及其影响因素

（1）土壤类型与土壤有效铁含量。东北水稻优势区主要土壤类型有效铁含量顺序为滨海盐土＞棕壤＞白浆土＞棕钙土＞暗棕壤＞潮土＞棕色针叶林土＞沼泽土＞草甸土＞水稻土＞褐土＞黑土＞栗钙土＞黑钙土＞风沙土（图 8-21）。其中，以滨海盐土有效铁含量最高，范围为 47.1～174.8 mg/kg，平均含量为 90.6 mg/kg；其次是棕壤和白浆土，平均含量分别为 78.5 mg/kg 和 71.3 mg/kg，范围分别为 20.8～375.7 mg/kg 和 11.0～227.2 mg/kg；然后是棕钙土和暗棕壤，平均含量分别为 62.0 mg/kg 和 61.9 mg/kg，范围分别为 30.0～126.0 mg/kg 和 11.2～184.9 mg/kg。

（2）地貌类型与土壤有效铁含量。不同地貌类型以河漫滩土壤有效铁含量最高，平均含量为 77.0 mg/kg，范围为 8.3～261.1 mg/kg；其次是平原高阶、山地坡下和平原低阶，平均含量分别为 66.8 mg/kg、64.2 mg/kg 和 60.7 mg/kg，范围分别为 7.8～142.4 mg/kg、13.2～126.5 mg/kg 和 8.6～357.1 mg/kg；有效铁含量最低的为平原中阶，平均含量为 43.9 mg/kg，范围为 7.6～182.4 mg/kg（表 8-88）。

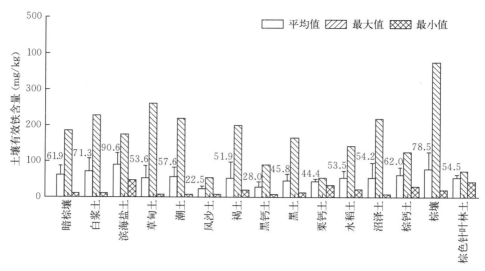

图 8-21 东北水稻优势区不同土壤类型耕层土壤有效铁含量

表 8-88 东北水稻优势区不同地貌类型耕层土壤有效铁含量

地貌类型	平均值（mg/kg）	最大值（mg/kg）	最小值（mg/kg）	标准差（mg/kg）	变异系数（%）
河漫滩	77.0	261.1	8.3	57.3	74.5
平原低阶	60.7	357.1	8.6	36.1	59.4
平原高阶	66.8	142.4	7.8	25.1	37.5
平原中阶	43.9	182.4	7.6	25.0	57.0
丘陵下部	57.1	375.7	7.6	28.4	49.7
山地坡下	64.2	126.5	13.2	15.9	24.7

（3）成土母质与土壤有效铁含量。各成土母质以坡积物、残积物和冲积物的有效铁平均含量最高，分别为 87.1 mg/kg、78.6 mg/kg 和 71.5 mg/kg；沉积物和黄土母质的土壤有效铁平均含量居第二位，分别为 65.3 mg/kg 和 62.5 mg/kg；结晶岩类和河湖冲沉母质的土壤有效铁平均含量居于第三位，分别为 54.8 mg/kg 和 54.0 mg/kg；平均含量最低的为风积物和红土母质，分别为 27.6 mg/kg 和 32.9 mg/kg。土壤有效铁含量的最大值出现在黄土母质和河湖冲沉母质上，分别为 375.7 mg/kg 和 340.4 mg/kg；最小值出现在河湖冲沉、风积物和黄土母质上，分别为 7.6 mg/kg、7.8 mg/kg 和 7.8 mg/kg（表 8-89）。

表 8-89 东北水稻优势区不同成土母质耕层土壤有效铁含量

成土母质	平均值（mg/kg）	最大值（mg/kg）	最小值（mg/kg）	标准差（mg/kg）	变异系数（%）
残积物	78.6	124.1	20.9	21.9	27.8
沉积物	65.3	219.5	14.3	31.2	47.7
冲积物	71.5	220.0	11.1	47.5	66.5
风积物	27.6	63.5	7.8	11.9	43.1
河湖冲沉	54.0	340.4	7.6	27.9	51.6
红土母质	32.9	44.8	27.3	5.2	15.8
黄土母质	62.5	375.7	7.8	38.3	61.2
结晶岩类	54.8	97.7	13.2	13.8	25.1
坡积物	87.1	134.3	36.3	22.3	25.6

（4）土壤质地与土壤有效铁含量。不同质地以壤土和黏土的有效铁含量平均值最高，分别为66.0 mg/kg、62.2 mg/kg；其次为黏壤土，为54.1 mg/kg；沙土最低，为36.9 mg/kg。土壤有效铁含量最大值出现在黏壤土上，含量为375.7 mg/kg；最小值出现在壤土及黏土上，含量均为7.6 mg/kg（图8-22）。

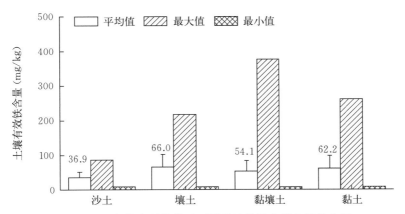

图8-22　东北水稻优势区不同质地耕层土壤有效铁含量

（八）土壤有效锰

1. 土壤有效锰含量空间差异　东北水稻优势区耕层（0～20 cm）土壤有效锰平均含量为35.5 mg/kg，范围为1.7～306.8 mg/kg（图8-23）。不同地区以黑龙江省农垦总局和黑龙江省最高，平均含量分别为37.3 mg/kg 和37.0 mg/kg，范围分别为1.7～153.5 mg/kg 和4.7～141.2 mg/kg；吉林省次之，平均含量为33.2 mg/kg，范围为4.9～306.8 mg/kg；辽宁省最低，平均含量为26.1 mg/kg，范围为3.4～77.9 mg/kg。

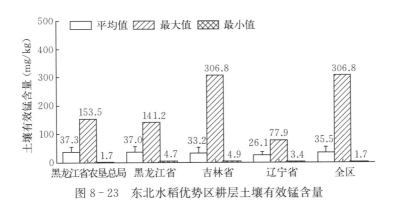

图8-23　东北水稻优势区耕层土壤有效锰含量

2. 耕层土壤有效锰含量及其影响因素

（1）土壤类型与土壤有效锰含量。东北水稻优势区主要土壤类型有效锰含量顺序为栗钙土＞棕钙土＞暗棕壤＞黑土＞草甸土＞沼泽土＞白浆土＞褐土＞水稻土＞棕壤＞潮土＞黑钙土＞棕色针叶林土＞风沙土＞滨海盐土（图8-24）。其中，以栗钙土和棕钙土土壤有效锰含量最高，范围分别为14.1～110.7 mg/kg 和15.3～138.4 mg/kg，平均含量分别为58.7 mg/kg 和58.1 mg/kg；其次是暗棕壤和黑土，平均含量均为38.9 mg/kg，范围分别为6.4～306.8 mg/kg 和5.1～178.1 mg/kg；然后是草甸土、沼泽土和白浆土，平均含量分别为36.5 mg/kg、36.4 mg/kg 和34.6 mg/kg，范围分别为4.4～274.0 mg/kg、1.7～139.9 mg/kg 和3.5～238.1 mg/kg。

（2）地貌类型与土壤有效锰含量。不同地貌类型以平原高阶和山地坡下的土壤有效锰含量最高，平均含量分别为47.1 mg/kg 和40.5 mg/kg，范围分别为8.7～274.0 mg/kg 和8.3～232.3 mg/kg；其次是丘陵下部、平原低阶和平原中阶，平均含量分别为35.1 mg/kg、34.5 mg/kg 和34.0 mg/kg，

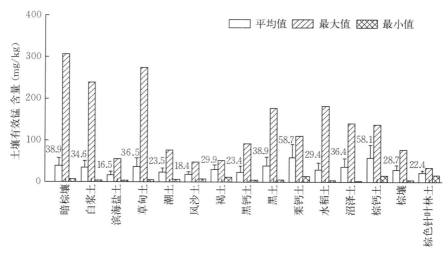

图 8-24　东北水稻优势区不同土壤类型耕层土壤有效锰含量

范围分别为 5.8~238.1 mg/kg、3.4~306.8 mg/kg 和 1.7~153.5 mg/kg；含量最低的为河漫滩，平均含量为 33.3 mg/kg，范围为 5.6~120.7 mg/kg（表 8-90）。

表 8-90　东北水稻优势区不同地貌类型耕层土壤有效锰含量

地貌类型	平均值（mg/kg）	最大值（mg/kg）	最小值（mg/kg）	标准差（mg/kg）	变异系数（%）
河漫滩	33.3	120.7	5.6	18.4	55.4
平原低阶	34.5	306.8	3.4	17.1	49.6
平原高阶	47.1	274.0	8.7	26.4	56.2
平原中阶	34.0	153.5	1.7	22.7	66.7
丘陵下部	35.1	238.1	5.8	18.2	52.0
山地坡下	40.5	232.3	8.3	22.8	56.2

（3）成土母质与土壤有效锰含量。各成土母质以残积物和黄土母质的土壤有效锰平均含量最高，分别为 57.5 mg/kg 和 40.6 mg/kg；河湖冲沉和冲积物母质的土壤有效锰平均含量居第二位，分别为 34.8 mg/kg 和 33.3 mg/kg；结晶岩类和坡积物母质的土壤有效锰平均含量居第三位，分别为 31.7 mg/kg 和 30.3 mg/kg；平均含量最低的为风积物母质，为 19.0 mg/kg。土壤有效锰含量的最大值出现在河湖冲沉和黄土母质上，分别为 306.8 mg/kg 和 238.1 mg/kg；最小值出现在冲积物和河湖冲沉母质上，分别为 1.7 mg/kg 和 3.4 mg/kg（表 8-91）。

表 8-91　东北水稻优势区不同成土母质耕层土壤有效锰含量

成土母质	平均值（mg/kg）	最大值（mg/kg）	最小值（mg/kg）	标准差（mg/kg）	变异系数（%）
残积物	57.5	97.1	11.4	20.2	35.2
沉积物	28.6	178.1	3.6	18.2	63.9
冲积物	33.3	124.5	1.7	15.1	45.3
风积物	19.0	60.1	5.6	8.2	43.2
河湖冲沉	34.8	306.8	3.4	19.6	56.2
红土母质	20.4	44.0	12.9	9.4	46.3
黄土母质	40.6	238.1	5.1	21.8	53.7
结晶岩类	31.7	95.6	12.6	13.0	41.0
坡积物	30.3	72.7	8.1	10.8	35.7

（4）土壤质地与土壤有效锰含量。不同质地以黏壤土有效锰含量平均值最高，为 36.7 mg/kg；其次为壤土和黏土，分别为 35.3 mg/kg 和 33.8 mg/kg；沙土最低，为 20.3 mg/kg。土壤有效锰含量最大值出现在壤土上，含量为 306.8 mg/kg；最小值出现在黏土上，含量为 1.7 mg/kg（图 8-25）。

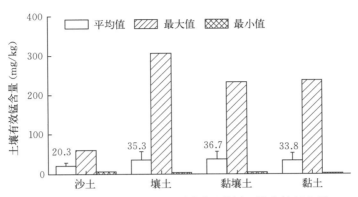

图 8-25 东北水稻优势区不同质地耕层土壤有效锰含量

（九）土壤有效硼

1. 土壤有效硼含量空间差异 东北水稻优势区耕层（0～20 cm）土壤有效硼平均含量为 0.7 mg/kg，范围为 0.0～4.3 mg/kg（图 8-26）。不同地区以吉林省最高，平均含量为 1.3 mg/kg，范围为 0.2～4.3 mg/kg；黑龙江省和辽宁省次之，平均含量分别为 0.7 mg/kg 和 0.6 mg/kg，范围分别为 0.0～2.1 mg/kg 和 0.3～1.9 mg/kg；黑龙江省农垦总局最低，平均含量为 0.5 mg/kg，范围为 0.2～1.6 mg/kg。

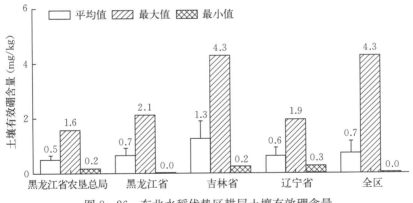

图 8-26 东北水稻优势区耕层土壤有效硼含量

2. 耕层土壤有效硼含量及其影响因素

（1）土壤类型与土壤有效硼含量。东北水稻优势区主要土壤类型有效硼含量顺序为栗钙土＞暗棕壤、黑钙土、黑土、棕色针叶林土＞白浆土、滨海盐土、草甸土、潮土、风沙土、水稻土、棕壤＞沼泽土＞褐土、棕钙土（图 8-27）。其中，以栗钙土有效硼含量最高，范围为 0.6～2.6 mg/kg，平均含量为 1.1 mg/kg；其次是暗棕壤、黑钙土、黑土和棕色针叶林土，平均含量为 0.8 mg/kg，范围分别为 0.2～3.7 mg/kg、0.1～3.8 mg/kg、0.2～4.1 mg/kg 和 0.7～0.8 mg/kg；然后是白浆土、滨海盐土、草甸土、潮土、风沙土、水稻土和棕壤，平均含量均为 0.7 mg/kg，范围分别为 0.2～3.3 mg/kg、0.3～1.7 mg/kg、0.0～4.3 mg/kg、0.3～3.5 mg/kg、0.1～2.4 mg/kg、0.3～3.2 mg/kg 和 0.3～2.4 mg/kg。

（2）地貌类型与土壤有效硼含量。不同地貌类型以河漫滩、平原高阶、丘陵下部和山地坡下的土壤有效硼含量最高，平均含量均为 0.8 mg/kg，范围分别为 0.2～3.9 mg/kg、0.0～3.0 mg/kg、0.1～4.1 mg/kg 和 0.3～3.3 mg/kg；其次是平原低阶，平均含量为 0.7 mg/kg，范围为 0.1～4.3 mg/kg；

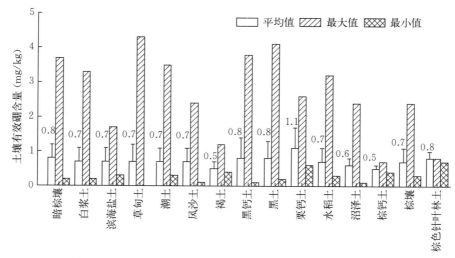

图 8-27　东北水稻优势区不同土壤类型耕层土壤有效硼含量

含量最低的为平原中阶，平均含量为 0.6 mg/kg，范围为 0.0～3.0 mg/kg（表 8-92）。

表 8-92　东北水稻优势区不同地貌类型耕层土壤有效硼含量

地貌类型	平均值（mg/kg）	最大值（mg/kg）	最小值（mg/kg）	标准差（mg/kg）	变异系数（%）
河漫滩	0.8	3.9	0.2	0.6	76.0
平原低阶	0.7	4.3	0.1	0.5	61.9
平原高阶	0.8	3.0	0.0	0.5	54.3
平原中阶	0.6	3.0	0.0	0.3	52.8
丘陵下部	0.8	4.1	0.1	0.4	52.7
山地坡下	0.8	3.3	0.3	0.4	54.2

（3）成土母质与土壤有效硼含量。各成土母质以红土母质和沉积物母质的土壤有效硼平均含量最高，分别为 1.8 mg/kg 和 1.0 mg/kg；河湖冲沉和黄土母质的土壤有效硼平均含量居第二位，均为 0.8 mg/kg；风积物和结晶岩类母质的土壤有效硼平均含量居第三位，均为 0.7 mg/kg；含量最低的为冲积物母质，为 0.5 mg/kg。土壤有效硼含量的最大值出现在河湖冲沉和黄土母质上，分别为 4.3 mg/kg 和 4.1 mg/kg；最小值出现在风积物和河湖冲沉母质上，均为 0.0 mg/kg（表 8-93）。

表 8-93　东北水稻优势区不同成土母质耕层土壤有效硼含量

成土母质	平均值（mg/kg）	最大值（mg/kg）	最小值（mg/kg）	标准差（mg/kg）	变异系数（%）
残积物	0.6	1.8	0.3	0.3	39.0
沉积物	1.0	3.9	0.2	0.6	62.3
冲积物	0.5	1.2	0.2	0.2	33.8
风积物	0.7	2.9	0.0	0.6	74.7
河湖冲沉	0.8	4.3	0.0	0.4	58.2
红土母质	1.8	3.8	0.4	1.3	75.7
黄土母质	0.8	4.1	0.2	0.4	56.7
结晶岩类	0.7	1.1	0.3	0.1	13.8
坡积物	0.6	2.6	0.3	0.2	43.8

（4）土壤质地与土壤有效硼含量。不同质地以沙土有效硼含量平均值最高，为1.0 mg/kg；其次为壤土和黏土，均为0.8 mg/kg；黏壤土最低，为0.7 mg/kg。土壤有效硼含量最大值出现在壤土上，为4.3 mg/kg；最小值出现在壤土及黏壤土上，均为0.0 mg/kg（图8-28）。不同质地间变异系数最大的为黏壤土，为54.8%；沙土变异系数最小，为26.3%。

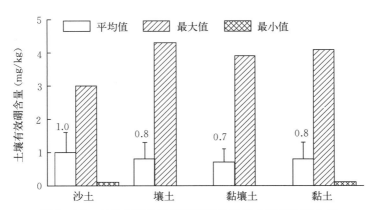

图8-28　东北水稻优势区不同质地耕层土壤有效硼含量

（十）土壤有效钼

1. 土壤有效钼含量空间差异　东北水稻优势区耕层（0～20 cm）土壤有效钼平均含量为0.2 mg/kg，范围为0.0～2.7 mg/kg（图8-29）。不同地区以吉林省最高，平均含量为0.4 mg/kg，范围为0.1～2.3 mg/kg；黑龙江省次之，平均含量为0.2 mg/kg，范围为0.0～2.7 mg/kg；辽宁省和黑龙江省农垦总局最低，平均含量为0.1 mg/kg，范围分别为0.0～0.2 mg/kg和0.0～2.4 mg/kg。

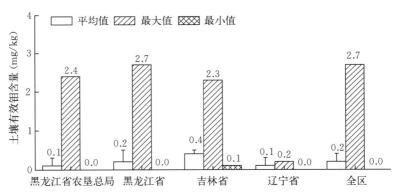

图8-29　东北水稻优势区耕层土壤有效钼含量

2. 耕层土壤有效钼含量及其影响因素

（1）土壤类型与土壤有效钼含量。东北水稻优势区主要土壤类型有效钼含量顺序为栗钙土、水稻土＞暗棕壤、白浆土、草甸土、黑钙土、棕色针叶林土＞滨海盐土、潮土、风沙土、褐土、黑土、沼泽土、棕壤＞棕钙土（图8-30）。其中，以栗钙土和水稻土有效钼含量最高，范围分别为0.2～0.4 mg/kg和0.0～1.8 mg/kg，平均含量均为0.3 mg/kg；其次是暗棕壤、白浆土、草甸土、黑钙土和棕色针叶林土，平均含量均为0.2 mg/kg；然后是滨海盐土、潮土、风沙土、褐土、黑土、沼泽土和棕壤，平均含量均为0.1 mg/kg。

（2）地貌类型与土壤有效钼含量。不同地貌类型以山地坡下的土壤有效钼含量最高，平均含量为0.4 mg/kg，范围为0.0～2.6 mg/kg；其余地貌类型的土壤有效钼平均含量相等，均为0.2 mg/kg。变异系数以平原中阶和丘陵下部最大，分别为155.8%和149.5%；平原低阶次之，为120.3%；平原高阶的变异系数最小，为78.0%（表8-94）。

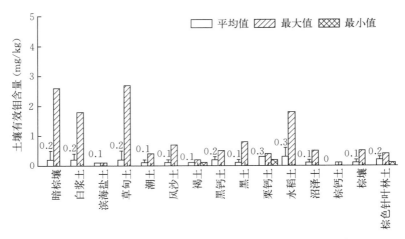

图 8-30 东北水稻优势区不同土壤类型耕层土壤有效钼含量

表 8-94 东北水稻优势区不同地貌类型耕层土壤有效钼含量

地貌类型	平均值（mg/kg）	最大值（mg/kg）	最小值（mg/kg）	标准差（mg/kg）	变异系数（%）
河漫滩	0.2	0.5	0.0	0.1	80.9
平原低阶	0.2	2.5	0.0	0.2	120.3
平原高阶	0.2	1.6	0.0	0.2	78.0
平原中阶	0.2	2.6	0.0	0.3	155.8
丘陵下部	0.2	2.7	0.0	0.3	149.5
山地坡下	0.4	2.6	0.0	0.4	104.7

（3）成土母质与土壤有效钼含量。各成土母质以沉积物、红土母质和坡积物母质的土壤有效钼平均含量最高，均为 0.3 mg/kg；河湖冲沉、黄土母质和结晶岩类母质的土壤有效钼平均含量居第二位，均为 0.2 mg/kg；残积物和风积物母质的土壤有效钼平均含量居第三位，均为 0.1 mg/kg；平均含量最低的为冲积物母质，为 0.0 mg/kg。土壤有效钼含量的最大值出现在河湖冲沉和黄土母质上，均为 2.7 mg/kg。变异系数最大的为冲积物和残积物母质，分别为 155.1% 和 149.6%；其次为河湖冲沉和黄土母质，变异系数分别为 138.8% 和 101.3%；最小值出现在坡积物母质上，为 28.0%（表 8-95）。

表 8-95 东北水稻优势区不同成土母质耕层土壤有效钼含量

成土母质	平均值（mg/kg）	最大值（mg/kg）	最小值（mg/kg）	标准差（mg/kg）	变异系数（%）
残积物	0.1	0.5	0.0	0.1	149.6
沉积物	0.3	2.3	0.0	0.2	80.7
冲积物	0.0	0.6	0.0	0.1	155.1
风积物	0.1	0.4	0.1	0.1	47.9
河湖冲沉	0.2	2.7	0.0	0.3	138.8
红土母质	0.3	0.5	0.2	0.1	35.9
黄土母质	0.2	2.7	0.0	0.2	101.3
结晶岩类	0.2	0.7	0.0	0.1	74.8
坡积物	0.3	0.5	0.0	0.1	28.0

（4）土壤质地与土壤有效钼含量。不同质地土壤有效钼平均含量均相等且为 0.2 mg/kg，沙土、

壤土、黏壤土和黏土的范围分别为 0.0~0.6 mg/kg、0.0~1.6 mg/kg、0.0~2.7 mg/kg 和 0.0~2.6 mg/kg（图 8-31）。不同质地间变异系数最大的为黏壤土和黏土，分别为 141.9％和 135.0％；沙土变异系数最小，为 81.4％。

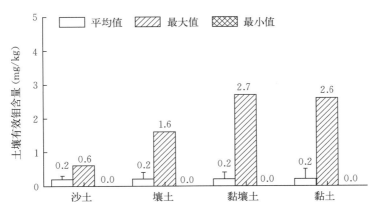

图 8-31　东北水稻优势区不同质地耕层土壤有效钼含量

（十一）土壤有效铜

1. 土壤有效铜含量空间差异　东北水稻优势区耕层（0~20 cm）土壤有效铜平均含量为 2.1 mg/kg，范围为 0.2~11.9 mg/kg（图 8-32）。不同地区以吉林省最高，平均含量为 2.4 mg/kg，范围为 0.5~11.2 mg/kg；黑龙江省农垦总局和辽宁省次之，平均含量均为 2.2 mg/kg，范围分别为 0.3~5.7 mg/kg 和 0.7~7.4 mg/kg；黑龙江省最低，平均含量为 1.9 mg/kg，范围为 0.2~11.9 mg/kg。

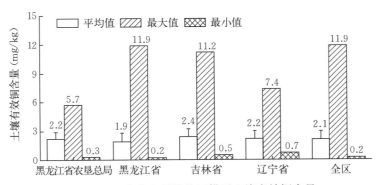

图 8-32　东北水稻优势区耕层土壤有效铜含量

2. 耕层土壤有效铜含量及其影响因素

（1）土壤类型与土壤有效铜含量。东北水稻优势区主要土壤类型有效铜含量顺序为棕钙土＞滨海盐土＞栗钙土＞水稻土＞白浆土＞潮土＞草甸土、沼泽土＞暗棕壤、棕壤＞黑钙土、褐土＞黑土＞风沙土＞棕色针叶林土（图 8-33）。其中，以棕钙土和滨海盐土有效铜含量最高，范围分别为 1.5~6.0 mg/kg 和 0.8~6.0 mg/kg，平均含量分别为 3.2 mg/kg 和 3.0 mg/kg；其次是栗钙土和水稻土，平均含量分别为 2.9 mg/kg 和 2.5 mg/kg；然后是白浆土和潮土，平均含量分别为 2.3 mg/kg 和 2.2 mg/kg。

（2）地貌类型与土壤有效铜含量。不同地貌类型以平原高阶的土壤有效铜含量最高，平均含量为 2.3 mg/kg，范围为 0.7~5.5 mg/kg；其次为平原低阶和平原中阶，平均含量均为 2.2 mg/kg；然后为河漫滩和山地坡下，平均含量均为 2.1 mg/kg；含量最低的为丘陵下部，平均含量为 1.8 mg/kg。变异系数丘陵下部最大，为 52.3％；平原中阶和山地坡下次之，分别为 41.4％和 40.6％；平原高阶的变异系数最小，为 26.4％（表 8-96）。

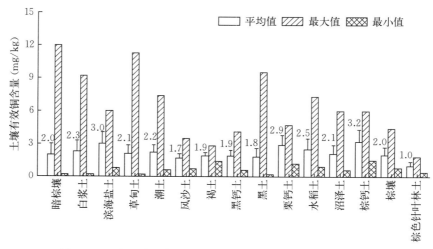

图 8-33 东北水稻优势区不同土壤类型耕层土壤有效铜含量

表 8-96 东北水稻优势区不同地貌类型耕层土壤有效铜含量

地貌类型	平均值（mg/kg）	最大值（mg/kg）	最小值（mg/kg）	标准差（mg/kg）	变异系数（%）
河漫滩	2.1	5.2	0.6	0.6	26.8
平原低阶	2.2	11.2	0.2	0.9	39.9
平原高阶	2.3	5.5	0.7	0.6	26.4
平原中阶	2.2	11.9	0.3	0.9	41.4
丘陵下部	1.8	9.7	0.2	0.9	52.3
山地坡下	2.1	8.1	0.2	0.8	40.6

（3）成土母质与土壤有效铜含量。各成土母质以残积物和坡积物的土壤有效铜平均含量最高，分别为 2.7 mg/kg 和 2.6 mg/kg；沉积物和红土母质的土壤有效铜含量居第二位，均为 2.4 mg/kg；黄土母质和冲积物母质的土壤有效铜含量居第三位，分别为 2.2 mg/kg 和 2.1 mg/kg；含量最低的为结晶岩类母质，为 1.6 mg/kg。土壤有效铜含量的最大值出现在河湖冲沉和黄土母质上，分别为 11.9 mg/kg 和 11.3 mg/kg；最小值也出现在河湖冲沉和黄土母质上，均为 0.2 mg/kg。变异系数最大的为结晶岩类和河湖冲沉母质，分别为 62.4% 和 45.4%；其次为沉积物和黄土母质，分别为 39.7% 和 37.9%；变异系数最小为坡积物母质，为 18.2%（表 8-97）。

表 8-97 东北水稻优势区不同成土母质耕层土壤有效铜含量

成土母质	平均值（mg/kg）	最大值（mg/kg）	最小值（mg/kg）	标准差（mg/kg）	变异系数（%）
残积物	2.7	4.6	0.7	0.6	23.7
沉积物	2.4	9.5	0.7	1.0	39.7
冲积物	2.1	5.7	0.4	0.8	36.3
风积物	1.8	4.2	0.6	0.6	32.3
河湖冲沉	2.0	11.9	0.2	0.9	45.4
红土母质	2.4	3.1	1.5	0.5	19.7
黄土母质	2.2	11.3	0.2	0.8	37.9
结晶岩类	1.6	9.7	0.2	1.0	62.4
坡积物	2.6	3.8	1.4	0.5	18.2

（4）土壤质地与土壤有效铜含量。不同质地的土壤有效铜平均含量以沙土最低，为 2.0 mg/kg；其他质地的土壤有效铜平均含量相等，为 2.1 mg/kg，沙土、壤土、黏壤土和黏土的范围分别为 0.6～4.2 mg/kg、0.6～11.2 mg/kg、0.2～11.3 mg/kg 和 0.2～11.9 mg/kg（图 8 - 34）。不同质地间变异系数最大的为黏壤土和黏土，分别为 44.3% 和 42.7%；沙土变异系数最小，为 32.0%。

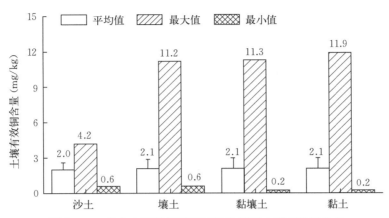

图 8 - 34 东北水稻优势区不同质地耕层土壤有效铜含量

（十二）土壤 pH

1. 土壤 pH 空间差异 东北水稻优势区耕层（0～20 cm）土壤 pH 平均为 6.2，范围为 4.5～8.5（图 8 - 35）。不同地区土壤 pH 以辽宁省最高，平均为 6.5，范围为 5.3～8.1；黑龙江省和吉林省次之，平均分别为 6.3 和 6.1，范围分别为 4.5～8.3 和 5.1～8.5；黑龙江省农垦总局最低，平均为 6.0，范围为 4.7～7.9。

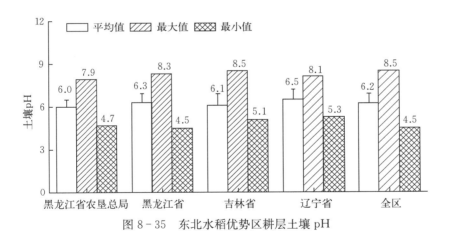

图 8 - 35 东北水稻优势区耕层土壤 pH

2. 耕层土壤 pH 及其影响因素

（1）土壤类型与土壤 pH。东北水稻优势区主要土壤类型土壤 pH 顺序为滨海盐土＞风沙土＞黑钙土＞潮土＞褐土＞草甸土、沼泽土＞黑土＞水稻土、棕色针叶林土＞棕钙土、棕壤＞暗棕壤、栗钙土＞白浆土（图 8 - 36）。其中，以滨海盐土 pH 最高，范围为 6.7～8.0，平均为 7.7；其次是风沙土，平均为 7.6，范围为 6.0～8.5；然后是黑钙土和潮土，平均分别为 7.2 和 6.9，范围分别为 5.9～8.5 和 5.3～8.1。

（2）地貌类型与土壤 pH。不同地貌类型以河漫滩和平原中阶土壤 pH 最高，平均含量均为 6.5，范围为 5.3～8.5 和 5.1～8.5；其次是平原低阶和丘陵下部，平均含量分别为 6.2 和 6.1，范围分别为 4.5～8.5 和 5.1～8.2；平原高阶和山地坡下最低，平均含量均为 5.9，范围分别为 5.1～8.1 和 5.3～7.0（表 8 - 98）。

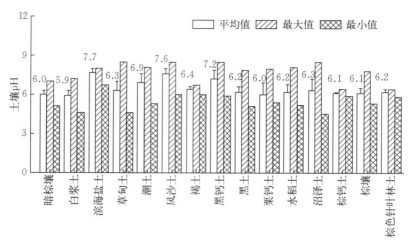

图 8-36　东北水稻优势区不同土壤类型耕层土壤 pH

表 8-98　东北水稻优势区不同地貌类型耕层土壤 pH

地貌类型	平均值	最大值	最小值	标准差	变异系数（％）
河漫滩	6.5	8.5	5.3	1.1	16.2
平原低阶	6.2	8.5	4.5	0.6	10.4
平原高阶	5.9	8.1	5.1	0.6	10.5
平原中阶	6.5	8.5	5.1	0.8	12.3
丘陵下部	6.1	8.2	5.1	0.4	6.7
山地坡下	5.9	7.0	5.3	0.3	4.4

（3）成土母质与土壤 pH。风积物的土壤 pH 平均值最高，为 7.5；红土母质和沉积物母质的土壤 pH 居第二位，分别为 6.9 和 6.6；河湖冲沉、残积物和黄土母质的土壤 pH 居第三位，分别为 6.3、6.1、6.1；最低的是冲积物母质，为 5.9。土壤 pH 最大值出现在风积物、河湖冲沉、黄土母质和沉积物母质上，分别为 8.5、8.5、8.5 和 8.4；最小值为 4.5，出现在河湖冲沉母质上。变异系数整体小于 20％，其中变异系数最大的为沉积物母质，为 16.4％；变异系数最小的为结晶岩类母质，为 4.3％（表 8-99）。

表 8-99　东北水稻优势区不同成土母质耕层土壤 pH

成土母质	平均值	最大值	最小值	标准差	变异系数（％）
残积物	6.1	6.7	5.4	0.3	4.8
沉积物	6.6	8.4	5.3	1.1	16.4
冲积物	5.9	7.9	4.8	0.5	9.1
风积物	7.5	8.5	5.7	0.5	6.4
河湖冲沉	6.3	8.5	4.5	0.6	10.4
红土母质	6.9	7.5	6.1	0.6	8.8
黄土母质	6.1	8.5	5.1	0.5	9.0
结晶岩类	6.0	6.8	5.3	0.3	4.3
坡积物	6.0	7.6	5.6	0.3	4.6

（4）土壤质地与土壤 pH。不同质地耕层土壤 pH 平均值以沙土最高，为 6.9；黏土、黏壤土和

壤土的土壤 pH 相近，分别为 6.2、6.2 和 6.1。土壤 pH 最大值出现在沙土和黏壤土中，均为 8.5；最小值出现在黏壤土中，为 4.5（图 8-37）。

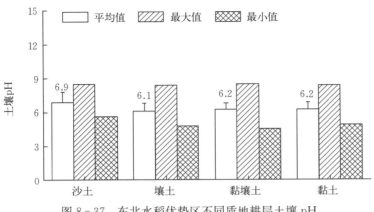

图 8-37　东北水稻优势区不同质地耕层土壤 pH

五、东北水稻优势区耕地质量管理

（一）高等级地耕地质量的制约因素

一至三等地是东北水稻优势区耕地地力最高的区域，总面积 491.93 万 hm²，占东北水稻优势区面积的 29.47%。该区主要分布在吉林省和辽宁省，且以松嫩平原区和辽河平原区分布最广。从自然条件来看，该区积温充足，≥10 ℃活动积温多在 3 040 ℃以上；土壤类型主要有黑土、潮土、草甸土等；耕层质地好，以壤土为主；有效土层厚度平均大于 80 cm；耕层厚度平均大于 20 cm。其自然条件优越，有利于水稻高产优质栽培。但由于该区种植强度大，养分归还力度不够，土壤养分长期透支，致使土壤有机质、速效钾等养分平均值低于优势区平均值。为进一步维护及提升高等级地的地力，应加强农化服务意识，积极落实测土配方施肥，同时配合增施有机肥、秸秆还田等多种方式提高土壤有机质及土壤养分含量。从农田灌溉水源来看，一、二等地的水源类型 99% 以上来自地表水，地下水灌溉比例小于 1%，灌溉水来源合理；而三等地地下水灌溉比例为 39.05%，地下水盲目开发，会破坏地下水平衡，甚至形成地下水漏斗区，应大力推广配套节水灌溉技术，既有利于水、肥、气、热等因素的协调，又有利于水稻的优质高产。

（二）中等级地耕地质量的制约因素

四至七等地是东北水稻优势区耕地地力中等的区域，总面积 825.78 万 hm²，占东北水稻优势区面积的 49.48%。该区主要分布在黑龙江省和吉林省，且以松嫩平原区、黑吉西部区和三江平原区分布最广。从自然条件来看，该区≥10 ℃活动积温多在 2 600 ℃以上，部分地区积温偏低，建议合理选择水稻品种，设置水稻育秧大棚，以弥补积温不足的影响；土壤类型主要有草甸土、黑土、白浆土、黑钙土和风沙土等；耕层质地以黏壤土和黏土为主；有效土层厚度普遍大于 50 cm；耕层厚度平均大于 20 cm。该区土壤养分相对充足，但部分地区也存在土壤有机质、有效硅、有效锌含量低于优势区平均水平的现象。为进一步提高中等地的地力水平，应积极开展测土配方施肥，增施有机肥，并配合实施秸秆还田等，在注重大量元素补充的同时，增加土壤有效硅、有效锌等养分的供给。从农田灌溉水源来看，该区约 30% 区域采用地下水灌溉，应尽量选择地表水灌溉，同时大力推广配套节水灌溉技术，节约水源，促进水稻的优质高产。

（三）低等级地耕地质量的制约因素

八至十等地是东北水稻优势区耕地地力低等的区域，总面积 351.07 万 hm²，占东北水稻优势区面积的 21.05%。该区主要分布在黑龙江省，且以三江平原区、松嫩平原区和黑吉西部区分布最广。从自然条件来看，该区积温偏低，≥10 ℃活动积温多在 2 390 ℃以上，建议选择抗寒性强的早熟优质品种，并合理设置水稻育秧大棚，以弥补积温不足的影响；土壤类型主要有草甸土、暗棕壤、黑土、白浆土、黑钙土等；耕层质地以黏壤土为主；有效土层厚度偏薄，约为 30 cm；耕层厚度平均约为 20 cm。该区土壤养分普遍缺乏，大部分养分指标低于平均水平，应进一步加强化肥及有机肥的施用，配合秸秆还田等方式，提高该区域土壤养分的整体水平。从农田灌溉水源来看，该区仍有相当区域采用地下水灌溉，应尽量选择地表水灌溉，同时大力推广配套节水灌溉技术，节约水源，促进水稻的优质高产。

（四）适用各等级地耕地质量提升的对策与建议

1. 大力推进稻田配套节水技术　农民在水稻生产中，由于缺乏科学理论指导，为获取高产而大量投入农药和化肥，盲目开发地下水，破坏了地下水平衡，形成地下水漏斗区，造成土壤盐渍化、水质污染、水体富营养化等环境问题。传统种植从水稻浸种到收获一直大量供水，而产量和效益却常常适得其反。水稻根系需要良好的土壤通透条件，有机质分解与微生物活动在适宜水分条件下才能正常进行。节水灌溉因减少了灌水次数和灌水量，土壤含水率降低，有利于协调土壤水、肥、气、热等因素，改善水稻生长环境，促进水稻优质高产。

20 世纪 80 年代以来，我国各地根据当地自然条件，在试验研究的基础上发展了水稻控制灌溉、"薄、浅、湿、晒"灌溉、薄露灌溉、间歇灌溉等多种水稻节水灌溉技术。"薄、浅、湿、晒"灌溉技术：薄水插秧，浅水返青，分蘖前期湿润，分蘖后期晒田，拔节孕穗期回灌薄水，抽穗开花期保持薄水，乳熟期湿润，黄熟期湿润落干；"浅、湿"灌溉技术采用间断淹水，浅水灌溉与湿润交替进行，适时晒田。采用节水灌溉技术后，由于田间水层降低或无水层，棵间蒸发一般降低 25%～35%，田间渗漏一般降低 30%～40%。在节水灌溉条件下，水稻生长期一部分时间处于水分亏缺阶段，相对于淹灌植株的奢侈耗水，植株蒸腾一般也降低 15%左右。一般情况下，水稻采用节水灌溉技术，田间用水量减少 25%～45%。

2. 促进土壤有机质含量提高

（1）增施有机肥。有机肥是很好的土壤改良剂，既能熟化土壤，保持土壤的良好结构，又能增强土壤的保肥供肥能力，不断供给作物生长需要的养分，为作物生长创造良好的土壤条件。有机肥来源广泛，种类包括堆肥、沤肥、饼肥、人畜粪肥、河泥等。施用有机肥并合理经济施用化肥，不仅可以改善土壤物理性质，而且还能培肥土壤，提升土壤有机质含量。

（2）实施秸秆还田。推广秸秆还田既能有效利用资源，又能改善土壤结构，增强土壤保肥供肥性能，节约化肥投入，降低生产成本。作物秸秆主要成分是纤维素、半纤维素、蛋白质和糖等，这些物质经过发酵、分解，转化为土壤有机质。作物从土壤中吸收氮、磷、钾等矿质元素，可通过施肥得到补充，而有机质很难通过化学方法迅速补充。因此，秸秆还田是提升土壤有机质的重要举措。

秸秆还田的配套技术主要有：①与深翻整地相结合的综合配套技术。对于耕作层薄的区域，利用拖拉机牵引五铧翻转犁进行深翻整地，用拖拉机牵引水稻秸秆粉碎还田机对水稻秸秆进行粉碎，粉碎长度小于 10 cm，把粉碎加入氮肥的秸秆结合深翻整地全部还田，翻压至耕层 20～25 cm。②与旋地打浆相结合的综合配套技术。用拖拉机牵引旋地机进行旋地，再利用拖拉机牵引水稻秸秆粉碎还田机对水稻秸秆进行粉碎，粉碎长度小于 10 cm，秸秆粉碎加入氮肥结合旋地全部还田，通过旋地犁旋入耕层 0～20 cm。

（3）开展测土配方施肥。测土配方施肥以土壤养分测试和肥料田间试验为基础，根据作物需肥规律、土壤供肥性能和肥料效应，在合理施用有机肥的基础上，提出氮、磷、钾及中微量元素的施用数量、施肥时间和施肥方法。它能满足作物均衡吸收各种养分要求，达到有机与无机养分平衡，减少养分流失和环境污染，大幅提高作物产量。

3. 推广寒地水稻旱育稀植高产栽培技术　寒地水稻旱育稀植高产栽培技术是一项将旱育秧和合理稀植相结合的高产栽培技术。旱育秧是在接近旱地条件下培育水稻秧苗，旱地土壤中氧气充足，水、热、气、肥容易协调，有利于培育壮秧。利用壮秧优势，适当降低本田栽插密度，多利用分蘖成穗，加上科学的肥水调控，可实现穗大粒多、高产稳产，具有省水、省工、省种、省秧田、节本、增产、增收等优点。

4. 推广水稻前氮后移机械化优化施肥技术 该技术优化了水稻氮肥施用量和施用时期，实现了氮肥的准确定量和其他肥料的因土诊断施用，应用以前氮后移为核心的施肥新技术，能显著减少水稻无效分蘖，提高分蘖成穗率，改善水稻群体质量，显著减少水稻病害和倒伏的发生，还能提早抽穗3~5 d，水稻穗型整齐、穗大，结实率提高 5 个百分点以上，千粒重增加 0.7 g 左右，产量提高 15% 左右。应用该技术可减少氮肥用量 20% 以上，氮肥利用率平均提高 18 个百分点左右，实现了寒地水稻高产优质、资源高效和生态安全的统一。

5. 注重水稻硅、锌等营养元素的补充 硅和锌两种元素对水稻的产量和品质影响较大。近年来，随着复种指数的提高和氮磷钾肥用量的增大，在水稻产量进一步提高的同时，土壤中被吸收带走的硅、锌等元素越来越多。因此，硅肥、锌肥的施用显得越来越重要。施用硅肥能增强水稻抗倒伏能力和对病虫害的抵抗能力，起到增产作用，并能提高稻米品质；锌肥能增加水稻有效穗数、穗粒数、千粒重等，降低空秕率，起到增产作用，在石灰性土壤上作用较明显。硅肥、锌肥施用在新改水田、酸性土壤以及冷浸田中的作用更为明显。

硅肥、锌肥的施用方法主要有根部施用和叶面喷施。一般而言，水溶性硅肥叶面喷施的方法可节省肥料用量，减少肥料损失，在施用时间上要注意前期施用，以早日促进水稻细胞的硅质化，提高对逆境的抵抗能力和协调其他营养元素的吸收利用。东北水稻优势区有效硅含量低于 100 mg/kg 的土壤主要分布在三江平原区和黑吉西部区，面积约为 16.50 万 hm²，可于水稻拔节期和抽穗期喷施 2 次硅肥；土壤有效锌含量小于 0.5 mg/kg 的土壤主要分布在辽河平原区，面积为 2.16 万 hm²，锌肥基施有利于促进水稻保苗壮秧，增加分蘖数和提高成穗率，在水稻生长中后期，叶面喷施锌肥能保证各生育阶段的锌供应，促进穗分化和提高结实率。

第三节　东北大豆优势区耕地地力评价

一、东北大豆优势区的划分及区域概况

（一）地理位置和行政区划

东北大豆优势区主要分为两部分，分别是东北高油大豆优势区和东北中南部兼用大豆优势区。东北高油大豆优势区包括内蒙古东部三市一盟和黑龙江的三江平原、松嫩平原第二积温带以北地区，2007 年种植面积 420 万 hm²，占全国的 48% 以上；总产量 500 万 t，约占全国的 40%，是我国最大的大豆优势区。该区属中、寒温带大陆性季风气候，雨热同季，适宜大豆生长。特别是大豆鼓粒期，昼夜温差大，光照充足，有利于油脂积累。该区人均耕地 0.57 hm²，户均种植大豆面积在 2.33 hm²以上，大户户均种植面积 7.67 hm²，具备规模种植的优势，符合油脂加工企业对高油大豆批量大、品质好的要求。此外，该区农业机械化程度较高，生产成本相对较低。近年来，随着气候变暖，干旱发生频率增加，成为该区大豆高产稳产的主要制约因素。此外，北部高纬度地区重迎茬严重，也影响大豆单产水平的提高。东北中南部兼用大豆优势区包括黑龙江南部、内蒙古通辽、赤峰以及吉林与辽宁大部，常年种植大豆面积在 56.67 万 hm² 以上，约占全国大豆面积的 6%，总产量 137 万 t，占全国大豆总产量的 9% 左右。该区与美国大豆-玉米带纬度相近，光热条件充足，极适宜大豆生长。但该区是我国玉米的集中产区，大豆种植规模偏小，分布相对集中。该区大豆既用于当地及周边地区居民豆制品需要，也用于榨油，区域内有一批中小型大豆加工企业。

1. 东北高油大豆优势区

（1）黑龙江高油大豆优势区有 44 个：嘉荫县、铁力市、五大连池市、爱辉区、北安市、孙吴县、逊克县、嫩江市、勃利县、饶河县、林甸县、密山市、虎林市、宁安市、海伦市、拜泉县、克山县、讷河市、巴彦县、通河县、五常市、依安县、甘南县、富裕县、萝北县、绥滨县、集贤县、宝清县、

桦南县、桦川县、汤原县、抚远市、同江市、富锦市、东宁市、林口县、海林市、穆棱市、望奎县、青冈县、庆安县、依兰县、明水县、绥棱县。

（2）黑龙江省农垦总局高油大豆优势区有 7 个：宝泉岭管理局、红兴隆管理局、建三江管理局、北安管理局、九三管理局、牡丹江管理局、绥化管理局。

（3）内蒙古高油大豆优势区有 8 个：扎兰屯市、阿荣旗、鄂伦春自治旗、莫力达瓦达斡尔族自治旗、扎赉特旗、科右沁右翼前旗、海拉尔农牧场管理局、大兴安岭农场管理局。

2. 东北中南部兼用大豆优势区

（1）黑龙江兼用大豆优势区有 6 个：尚志市、延寿县、宾县、阿城区、呼兰区、木兰县。

（2）吉林兼用大豆优势区有 13 个：榆树市、农安县、德惠市、舒兰市、磐石市、蛟河市、桦甸市、梨树县、双辽市、扶余市、敦化市、汪清县、安图县。

（3）辽宁兼用大豆优势区有 1 个：阜新蒙古族自治县。

（4）内蒙古兼用大豆优势区有 2 个旗：科尔沁左翼后旗、巴林左旗。

具体分布情况见表 8-100。

表 8-100　东北大豆优势区分布

类型	省（自治区、农垦总局）	分布数	具体名称
东北高油大豆优势区	内蒙古东部三市一盟	8	扎兰屯市、阿荣旗、鄂伦春自治旗、莫力达瓦达斡尔族自治旗、扎赉特旗、科右沁右翼前旗、海拉尔农牧场管理局、大兴安岭农场管理局
	黑龙江省	44	嘉荫县、铁力市、五大连池市、爱辉区、北安市、孙吴县、逊克县、嫩江市、勃利县、饶河县、林甸县、密山市、虎林市、宁安市、海伦市、拜泉县、克山县、讷河市、巴彦县、通河县、五常市、依安县、甘南县、富裕县、萝北县、绥滨县、集贤县、宝清县、桦南县、桦川县、汤原县、抚远市、同江市、富锦市、东宁市、林口县、海林市、穆棱市、望奎县、青冈县、庆安县、依兰县、明水县、绥棱县
	黑龙江省农垦总局	7	宝泉岭管理局、红兴隆管理局、建三江管理局、北安管理局、九三管理局、牡丹江管理局、绥化管理局
东北中南部兼用大豆优势区	内蒙古东部三市一盟	2	科尔沁左翼后旗、巴林左旗
	辽宁省	1	阜新蒙古族自治县
	吉林省	13	榆树市、农安县、德惠市、舒兰市、磐石市、蛟河市、桦甸市、梨树县、双辽市、扶余市、敦化市、汪清县、安图县
	黑龙江省	6	尚志市、延寿县、宾县、阿城区、呼兰区、木兰县

（二）气候条件

气候是本区土壤形成的主要因素之一，特别是降水和气温，不仅影响土壤形成过程中土体内物质的转化、迁移和聚集，而且影响土壤层次分化和剖面的发育。

东北大豆优势区基本属于温带大陆性季风气候区。其特点是四季分明，冬季寒冷漫长，夏季温热短促。夏季，大陆明显增热，在东北低压的控制下，太平洋高压脊西部边缘伸到我国大陆东部，东南季风增强，南来暖湿空气向北输入，降水量急剧增多，形成雨季。春秋两季是过渡季节，在变性的极地大陆气团的影响下，春季变性极地大陆气团不断减弱；而秋季不断增强，高压形势与夏季相似，但低层形势发生了巨大变化，9 月下旬由于较强的冷空气影响，受冷高压控制，气候转凉。昼夜温差大有利于大豆油脂的积累。

（三）耕地利用情况

东北大豆优势区是我国最大的大豆优势区，全区耕地面积 2 160.44 万 hm²。东北大豆优势区种植面积呈现出由北向南减少的趋势，其中以黑龙江省最多，为 1 334.71 万 hm²；内蒙古东部三市一盟、黑龙江省农垦总局和吉林省次之，分别为 295.79 万 hm²、261.05 万 hm² 和 236.85 万 hm²；分布面积较少的是辽宁省，为 32.04 万 hm²。

（四）大豆生产概况

近年来，我国大豆产业整体形势日趋严峻，消费需求不断增长，国内生产滑坡，国际依存度过高。我国大豆的主要产区基本集中在东北平原、黄淮平原、长江三角洲和江汉平原。根据品种和耕作制度的不同，我国大豆分为 5 个产区，其中北方春大豆区，包括黑龙江、吉林、辽宁、内蒙古、宁夏、新疆及河北、山西、陕西、甘肃等省份，是我国最大的大豆集中产区。特别是东北大豆优势区，区域生态条件特别适合大豆的生长。东北大豆优势区在大豆鼓粒期昼夜温差大、光照充足，有利于油脂积累，同时具备规模种植的优势，符合加工企业对高油大豆批量大、品质好的要求，是我国高油大豆主产区。

东北大豆优势区种植制度为一年一熟，20 世纪 80 年代之后，大豆种植面积缓慢增加，2009 年的种植面积升至 555.0 万 hm²，此后大豆种植面积急剧下降，2014 年种植面积为 322.5 万 hm²，较 2009 年下降 41.89%。黑龙江是我国大豆的最大生产省份，大豆种植面积一直占全国面积的 40% 以上，但由于种植结构调整，所占比重下降。相关数据表明：2009 年，黑龙江大豆种植面积为 400.8 万 hm²，占全国种植面积的 43.61%；2010 年，大豆种植面积减少至 354.8 万 hm²，降幅为 11.48%，占全国种植面积的 41.66%；2011 年，大豆种植面积为 320.2 万 hm²，占全国种植面积的 40.59%；2012 年，大豆种植面积为 266.4 万 hm²，较 2011 年减少 53.8 万 hm²，减幅 16.80%，占全国种植面积的 37.14%；2013 年，大豆种植面积为 243.0 万 hm²，较 2012 年减少 23.4 万 hm²，减幅 8.78%，占全国种植面积的 36.27%；2014 年，降速有所放缓，大豆种植面积为 240.0 万 hm²，较 2013 年减少 3.0 万 hm²，减幅 1.23%，占全国种植面积的 35.82%。黑龙江的大豆种植面积占东北大豆种植面积的 70%。黑龙江大豆种植面积的走势与东北和全国走势一致，因此黑龙江大豆种植面积的变化直接影响全国的大豆生产。

二、东北大豆优势区耕地地力评价方法

耕地地力是耕地的生产能力。耕地地力评价是在可获得数据和材料的基础上，将耕地各项属性数字化，并通过地理信息系统将耕地生产能力表征出来。以下是在黑土区耕地地力汇总评价工作的基础上，针对东北大豆优势区耕地地力状况进行评价。评价工作沿用县域耕地地力评价的技术路线及方法，收集数据及图件资料—样点补充调查—审核耕地地力评价数据—建立耕地地力评价数据库—确定划分评价单元—建立耕地地力评价指标体系及确定权重—确定耕地地力等级—建立区域性耕地资源信息系统—完成文字及图件成果。本次耕地地力评价数据来源于县域耕地地力评价数据，同时根据专项作物及地区特点进行了样点及评价要素的补充调查，以满足专项评价的要求。在评价过程中，采用层次分析法、德尔菲法等，通过地理信息系统空间分析进行评价单元划分、评价因素选取和权重确定，形成评价等级和耕地生产潜力表达。

（一）评价指标体系建立

1. 指标选取的原则　参评因素是指参与评价耕地地力等级的耕地基本属性。选取参评因素是保证评价工作正确、有效、科学的关键步骤，是耕地地力评价工作的前提。选取的指标应能够充分体现耕地生产潜力，指标之间既能够独立体现耕地地力某方面的影响因素，又能够相互关联，指标之间层次分明、条理清晰。在东北大豆优势区耕地地力评价中，根据大豆耕地区域性特点，按照以下原则对耕地地力指标进行选取。

（1）科学性原则。选取的耕地地力指标能够客观反映耕地地力综合质量水平，由于是专项作物评价指标，选取评价指标应与评价尺度、区域特点、作物因素等有密切的关系，因此应选取与评价尺度相应的、与评价区域性相符合的、与作物特点相关联的指标进行评定。所以，本次东北大豆优势区耕地地力评价既考虑积温、降水、地貌类型等大尺度影响因素，又考虑具有地域性特点的成土母质、土

壤质地因素，同时还兼顾影响大豆产量的土壤养分因素。

（2）主导性原则。选取对耕地地力水平起主导作用的因素作为评价指标，如地形因素、土壤养分因素等。

（3）定量与定性相结合的原则。选取的指标应易于量化，对于难以量化的指标应给予分级定性描述。

（4）差异性原则。选取的指标应能反映出东北大豆优势区耕地地力不同等级之间的差异性和等级内部的相对一致性。

（5）可操作性原则。建立的评价指标体系尽可能简明，选取的指标充分考虑各指标资料获取的可行性与可利用性，而且应符合评价区域特点，既要保证评价成果的质量，又要保证可操作性强。

2. 指标选取方法　东北大豆优势区耕地地力评价中，耕地土壤的各类属性即为参评因子。根据本次东北大豆优势区耕地地力评价特点，以及区域性特点与作物生长特点，依据稳定性、差异性、重要性等原则采用定量、定性相结合的方式对参评因子进行选取。

（1）聚类分析法。聚类分析法以大豆产量为核心，通过各个参评因子要素的相关性进行整理归类，选出相对独立的评价因子，合并归纳为一类。利用 SPSS 统计软件进行参评因子系统聚类，获得以下结果：降水量、有效硅、缓效钾归为一类，因为降水对缓效钾和有效硅一类缓慢释放元素具有较大影响；碱解氮、速效钾、海拔归为一类，主要是因为东北大豆优势区地势相对比较平缓，海拔高的地方大都为山地，速效养分含量受直接影响；其余全氮、全磷、全钾、有效磷、有机质、有效铜、有效锌、有效铁、有效锰、有效钼、有效硼、交换性钙、交换性镁、交换性钠等都归为一类。

（2）德尔菲法。本次东北大豆优势区评价综合考虑各因素对耕地地力的影响，确定最终的评价指标为：≥10 ℃有效积温、降水量、地貌类型、成土母质、有机质、耕层质地、有效硼、有效土层厚度、耕层厚度、障碍因素、pH、有效磷、有效钼 13 项指标。所选取的 13 项评价指标中，≥10 ℃有效积温、降水量为气候条件指标；地貌类型、成土母质为立地条件指标；有效土层厚度、耕层厚度、障碍因素为剖面性状指标；有机质、pH、耕层质地为土壤理化性质指标；有效磷、有效硼、有效钼为土壤养分指标。选取这些指标的原因如下。

东北大豆优势区大豆产量受温度影响比较大，不同积温地区大豆产量潜在生产能力不同；东北大豆优势区部分区域处于干旱半干旱地区，降水量直接影响大豆产量，部分地区降水量只有 300 mm，直接影响大豆生长。所以，≥10 ℃有效积温和降水量是影响大豆评价的重要指标。

东北大豆优势区围绕着松嫩平原、三江平原、辽河平原三大平原，周围有大兴安岭、小兴安岭、完达山、长白山脉等，地貌类型众多。不同地区耕地情况复杂多变，根据不同地貌类型与地形部位，对耕地生产能力的影响也有较大的差异。作为地域性跨度大的耕地地力评价指标，成土母质在不同地区发生发育也完全不同，不同成土母质对应的耕地属性也有着较大差别。从成土母质发生学角度看，不同成土母质土壤各类养分元素含量与结构特性都对大豆生产产生重要影响。所以，选取地貌类型和成土母质作为本次耕地地力评价的重要指标，对东北大豆优势区进行评价。

有效土层厚度决定未来土壤耕作潜力和可消耗土壤储备，是土壤资源的一种财富储备；耕层厚度反映一个地区的耕作水平。连年不合理的耕作，导致土壤耕层逐步变浅，作物根系在土壤中发育不良，作物生长受到影响，导致产量下降，增加耕层厚度有利于地力提升。东北地区耕地开发年限比南方地区晚，但是近些年由于农业发展迅速，以往大部分非耕地都被人们开垦种植。耕地质量较好的土地由于农民养地意识薄弱，造成部分耕地产生退化、贫瘠、酸化等不同障碍，而这些障碍因素的发生恰恰影响了大豆生产。所以，选取有效土层厚度、耕层厚度和障碍因素作为本次耕地地力评价的指标。

不同土壤耕层质地对应的土壤理化性质也不相同，不同的土壤质地对大豆生长产生不同的影响。土壤中性偏微酸适合大豆生长，而土壤酸碱度过大或者过小都不利于大豆生长，因此适宜的 pH 有利于大豆的生长。土壤有机质含量能够反映土壤综合生产能力，有机质含量高的土壤团聚体结构性能好，能提高土壤保水保墒能力，对外界不利因素起到缓冲作用。所以，土壤理化性质中的耕层质地、pH 和有机质是衡量此次东北大豆优势区耕地地力水平的关键指标。

磷对大豆生长具有重要作用，但是东北地区春季温度较低，使土壤中的磷素活性降低，导致春天大豆对磷吸收能力变差，因此土壤有效磷在东北大豆优势区大豆生长中具有重要作用。大豆是双子叶植物，在大豆生长过程中，硼能够影响大豆开花结荚，缺少硼会造成大豆落花落荚或者开花但不结籽实；在大豆生长过程中，需要根瘤共生固氮，而根瘤固氮需要钼，土壤中钼含量低会导致大豆根瘤活性下降，固氮能力降低。因此，土壤养分中的有效磷、有效硼和有效钼是此次东北大豆优势区中反映大豆生长状况的关键指标。

3. 耕地质量主要性状分级标准确定 通过对东北大豆优势区土壤有机质及主要营养元素进行数理统计分析，根据各指标数据的分布得到其分布频率，同时参考相关分级标准，并结合当前区域土壤养分的实际状况、丰缺指标和生产需求，确定科学合理的养分分级标准（表 8-101）。

表 8-101　东北大豆优势区土壤养分指标分级标准及统计

指标	项目	等级					合计
		1	2	3	4	5	
有机质	分级标准（g/kg）	>50	35~50	20~35	10~20	<10	
	样本数（个）	2 167	2 461	1 681	316	54	6 679
	分布频率（%）	32.44	36.85	25.17	4.73	0.81	100
全氮	分级标准（g/kg）	>3	1.8~3	1~1.8	0.6~1	<0.6	
	样本数（个）	1 264	3 244	1 889	201	81	6 679
	分布频率（%）	18.92	48.57	28.28	3.01	1.22	100
有效磷	分级标准（mg/kg）	>40	25~40	15~25	10~15	<10	
	样本数（个）	5 094	1 048	362	130	45	6 679
	分布频率（%）	76.27	15.69	5.42	1.95	0.67	100
速效钾	分级标准（mg/kg）	>250	180~250	120~180	60~120	<60	
	样本数（个）	1 799	1 811	1 891	1 137	41	6 679
	分布频率（%）	26.94	27.11	28.31	17.03	0.61	100
缓效钾	分级标准（mg/kg）	>1 000	700~1 000	500~700	300~500	<300	
	样本数（个）	602	2 081	2 347	1 466	183	6 679
	分布频率（%）	9.01	31.16	35.14	21.95	2.74	100
交换性钙	分级标准（cmol/kg）	>40	20~40	10~20	5~10	<5	
	样本数（个）	107	3 312	2 992	142	126	6 679
	分布频率（%）	1.60	49.59	44.80	2.12	1.89	100
交换性镁	分级标准（cmol/kg）	>6	4~6	2.5~4	1.5~2.5	<1.5	
	样本数（个）	2 143	1 689	1 914	693	240	6 679
	分布频率（%）	32.09	25.29	28.66	10.38	3.58	100
有效铁	分级标准（mg/kg）	>80	40~80	20~40	10~20	<10	
	样本数（个）	1 490	2 609	2 021	386	173	6 679
	分布频率（%）	22.31	39.06	30.26	5.78	2.59	100
有效锰	分级标准（mg/kg）	>70	40~70	20~40	10~20	<10	
	样本数（个）	734	2 357	2 508	791	289	6 679
	分布频率（%）	10.99	35.29	37.55	11.84	4.33	100
有效铜	分级标准（mg/kg）	>3	2~3	1~2	0.5~1	<0.5	
	样本数（个）	435	1 769	3 073	906	496	6 679
	分布频率（%）	6.51	26.49	46.01	13.56	7.43	100

（续）

指标	项目	等级					合计
		1	2	3	4	5	
有效锌	分级标准（mg/kg）	＞3.0	1.0～3.0	0.5～1.0	0.3～0.5	＜0.3	
	样本数（个）	612	3 725	1 648	465	229	6 679
	分布频率（%）	9.16	55.77	24.67	6.96	3.44	100
有效硼	分级标准（mg/kg）	＞2	1～2	0.5～1	0.2～0.5	＜0.2	
	样本数（个）	23	835	3 234	2 260	327	6 679
	分布频率（%）	0.34	12.50	48.42	33.84	4.90	100
有效钼	分级标准（mg/kg）	＞0.2	0.1～0.2	0.05～0.1	0.03～0.05	＜0.03	
	样本数（个）	816	1 732	2 286	1 057	788	6 679
	分布频率（%）	12.22	25.93	34.23	15.82	11.80	100
有效硅	分级标准（mg/kg）	＞400	300～400	200～300	100～200	＜100	
	样本数（个）	1 278	1 498	1 970	1 662	271	6 679
	分布频率（%）	19.13	22.43	29.50	24.88	4.06	100

（二）数据库建设

东北大豆优势区耕地资源管理系统数据库建设工作，是区域耕地地力评价的重要成果之一，是实现评价成果资料统一化、标准化以及实现综合农业信息资料共享的重要基础。耕地资源信息系统数据库是对各省（自治区、农垦总局）项目区最新的土地利用现状调查的土壤养分、地形地貌、成土母质、降水量、有效积温以及县域耕地地力评价采集的土壤化学分析成果的汇总，还是集空间数据库和属性数据库的储存、管理、查询、分析、显示于一体的数据库，能够实现数据库的实时更新，快速、有效地检索，能为各级决策部门提供信息支持，也将大大提高耕地资源管理及应用水平。

（三）耕地地力等级评价方法

1. 评价原则 根据评价目的的要求，在本次东北大豆优势区耕地地力评价中遵循以下基本原则。

（1）区域性综合评价与作物专题评价相结合。本次耕地地力评价是以东北大豆优势区耕地为主要评价单位，包括黑龙江省、黑龙江省农垦总局、吉林省、辽宁省以及内蒙古东部三市一盟，以区域性大豆作物生产为评价准则，通过研究气候因素、立地条件、耕层理化性质、耕层养分性状、土壤剖面构型等因素进行综合评价。以影响东北大豆优势区大豆产量的主要因素为评价指标，将区域性综合因素与能够决定大豆产量的专题因素结合，能够为此次耕地地力评价提供更科学的评价依据。

（2）共性因素与差异性因素相结合。东北大豆优势区耕地地力评价由于区域性跨度大，涉及的大豆种植品种、耕作措施、耕层养分、地貌类型、土壤类型、气候条件等都有较大的差异。这些差异性因素决定了本次耕地地力评价存在难度，是区别于县域耕地地力评价和省级耕地地力评价的一次大尺度评价项目，而在作物栽培种类上以大豆为主要评价作物，在大豆生产上有许多共性，如耕层土壤养分状况、大豆连作障碍因素、土壤管理措施等。所以，提出了以区域性差异和作物生长共性相结合的评价方式，对实际生产有更重要的应用价值。

（3）数值型指标与概念型指标相结合。东北大豆优势区耕地地力评价因子中包含 13 个准则层指标，其中概念型的准则层指标 4 个，数值型的准则层指标 9 个。数值型指标虽然已有定量化的数值表示，但对于大豆生产的各项要素，不但要有具体数值，还要对各个指标进行分等划级。各个级别分等原则不仅要根据作物自身的养分需求特点、生长特点进行分等划级，同时还要考虑耕地地力评价的区域性原则，要考虑到本次耕地地力评价的所有区域。为了区分概念型指标所表示的不同耕地属性对大豆生产的影响，笔者利用德尔菲法对 4 个概念型指标进行赋值打分，提出了不同土壤属性的影响权重因子。同时，数值型指标与概念型指标还有相互联系的共同属性，不同指标还相互作用、相互影响。所以，指标筛选、指标权重确定、评价体系建立都采用特定的评价方法，减少人为因素对本次评价的影响。

（4）科学评价体系与数字化软件相结合。本次评价采用层次分析法和德尔菲法相结合的方式，结合各个地方大豆生产的相关经验，建立科学完善的评价体系，同时利用地理信息系统等相关软件进行评价，保障了本次评价的科学性、正确性和完整性。

2. 评价流程 东北大豆优势区耕地地力评价总体可以分为4个步骤：

（1）资料收集。

（2）资料整理。

（3）耕地地力评价。

（4）评价结果分析。

3. 评价单元确定

（1）评价单元的划分。

（2）评价单元信息的提取。

（3）评价单元赋值。

4. 评价指标权重确定 在东北大豆优势区耕地地力评价中，利用层析分析法对本次评价指标进行权重确定，同时结合德尔菲法对各类定量数据和定性数据进行权重赋值。这种方法既能满足农业生产问题决策与各类专家决策的一致性，同时又能将具体的量化数据通过作物生长需求进行判定解决。在建立层次分析的过程中，以耕地地力为目标，以确定大豆生长为依据的准则层下分13个指标层。此次评价的层次结构模型和各评价因子指标权重，见表8-102。

表8-102 层次结构模型和各评价因子指标权重

目标层	准则层	准则层权重	指标层	指标层权重
耕地地力评价	气象因素	0.272	≥10℃有效积温	0.142
			降水量	0.130
	立地条件	0.196	地貌类型	0.116
			成土母质	0.080
	剖面性状	0.178	有效土层厚度	0.051
			障碍因素	0.063
			耕层厚度	0.064
	土壤理化性质	0.184	有机质	0.067
			pH	0.034
			耕层质地	0.060
	养分性状	0.17	有效磷	0.050
			有效硼	0.034
			有效钼	0.028

5. 评价指标处理 获取的评价资料可以分为定量指标和定性指标两大类，其中定量指标包括≥10℃有效积温、降水量、有效土层厚度、耕层厚度、有机质、有效硼、有效钼、有效磷和pH，而定性指标包括耕层质地、障碍因素、地貌类型和成土母质。对这两类指标进行标准化处理后，确定各评价指标隶属度及隶属函数。

（1）评价指标隶属度的确定。隶属函数的确定是评价过程的关键环节。评价过程需要在确定各评价因素的隶属度基础上，计算各评价单元分值，从而确定耕地地力等级。在定性指标和定量指标进行量化处理后，应用德尔菲法评估各参评因素等级或实测值对耕地地力及作物生长的影响，确定其相应分值对应的隶属度。应用相关的统计分析软件，绘制这两组数值的散点图，并根据散点图进行曲线模拟，寻求参评因素等级或实际值与隶属度的关系方程，从而构建各参评因素隶属函数。各参评因素的专家赋值及隶属度汇总见表 8 - 103。

表 8 - 103　各参评因素的专家赋值及隶属度汇总

地貌类型	平原中阶	平原低阶	平原高阶	丘陵下部	丘陵中部	山地坡下	丘陵上部	河漫滩	山地坡中	山地坡上
赋值	100	85	80	75	70	70	60	55	55	40
隶属度	1	0.85	0.8	0.75	0.7	0.7	0.6	0.55	0.55	0.4

成土母质类型	冲积物	黄土母质	沉积物	河湖冲沉	冰川沉积	坡积物	残积物	结晶岩类	风积物	红土母质
赋值	100	100	80	80	70	70	50	50	50	50
隶属度	1	1	0.8	0.8	0.7	0.7	0.5	0.5	0.5	0.5

障碍因素	无	白浆化	白僵化	酸化	渍涝	瘠薄	盐碱	沙化
赋值	100	80	70	60	60	50	40	30
隶属度	1	0.8	0.7	0.6	0.6	0.5	0.4	0.3

质地类型	壤土	黏壤土	黏土	沙土
赋值	100	80	60	50
隶属度	1	0.8	0.6	0.5

≥10 ℃有效积温（℃）	3 050	2 940	2 830	2 720	2 610	2 500	2 390	2 280	2 170	2 060
赋值	100	95	89	82	74	63	55	48	42	37
隶属度	1	0.95	0.89	0.82	0.74	0.63	0.55	0.48	0.42	0.37

降水量（mm）	910	860	810	760	710	660	600	560	510	460	410	360	310
赋值	30	45	60	70	80	90	100	90	80	70	60	45	30
隶属度	0.3	0.45	0.6	0.7	0.8	0.9	1	0.9	0.8	0.7	0.6	0.45	0.3

耕层厚度（cm）	25	24	23	22	20	18	15	12	10	5
赋值	100	95	89	82	74	63	54	47	41	36
隶属度	1	0.95	0.89	0.82	0.74	0.63	0.54	0.47	0.41	0.36

有效土层厚度（cm）	100	80	70	60	50	40	30
赋值	100	80	70	60	50	40	30
隶属度	1	0.8	0.7	0.6	0.5	0.4	0.3

有机质（g/kg）	60	55	50	45	35	25	20	15	10
赋值	100	95	90	85	80	70	50	30	20
隶属度	1	0.95	0.9	0.85	0.8	0.7	0.5	0.3	0.2

有效磷（mg/kg）	40	35	30	25	20	15	10
赋值	100	90	80	65	50	40	20
隶属度	1	0.9	0.8	0.65	0.5	0.4	0.2

pH	9	8.5	8	7.3	6.7	6.5	6	5.5	5	4.5
赋值	30	50	70	90	100	90	80	70	55	40
隶属度	0.3	0.5	0.7	0.9	1	0.9	0.8	0.7	0.55	0.4

有效钼（mg/kg）	0.2	0.18	0.16	0.15	0.12	0.1	0.05	0.03
赋值	100	90	80	50	40	30	20	10
隶属度	1	0.9	0.8	0.5	0.4	0.3	0.2	0.1

有效硼（mg/kg）	2	1.5	1	0.75	0.5	0.35	0.2	0.1
赋值	100	85	70	60	50	45	40	30
隶属度	1	0.85	0.7	0.6	0.5	0.45	0.4	0.3

（2）评价指标隶属函数的确定。模糊数学的概念与方法在农业系统数量化研究中得到广泛应用，模糊子集、隶属函数与隶属度是模糊数学的 3 个重要概念。应用模糊子集、隶属函数与隶属度的概念，可以将农业系统中大量模糊性的定性概念转化为定量的表示，对不同类型的模糊子集，可以建立不同类型的隶属函数关系。所以，本研究可以用模糊评价法来构建参评指标的隶属函数，然后根据其隶属函数来计算单因素评价评语。各参评因素类型及其隶属函数如表 8-104 所示。

表 8-104　各参评因素类型及其隶属函数

评价因子	函数类型	隶属函数
降水量	峰型	$Y=1/[1+0.000\,020\,463\,6\,416\,858\times(X-610.030\,433\,87)^2]$
pH	峰型	$Y=1/[1+0.312\,758\,98\times(X-6.768\,284\,704\,4)^2]$
≥10 ℃有效积温	戒上型	$Y=1/[1+0.000\,001\,553\,3\,563\,767\times(X-3\,107.608\,304\,191\,9)^2]$
耕层厚度	戒上型	$Y=1/[1+0.015\,165\,546\,31\times(X-25.614\,418\,577\,7)^2]$
有效土层厚度	戒上型	$Y=1/[1+0.000\,362\,198\,8\times(X-104.568\,812\,885\,562)^2]$
有机质	戒上型	$Y=1/[1+0.003\,164\,917\,06\,877\times(X-39.040\,833\,97)^2]$
有效磷	戒上型	$Y=1/[1+0.002\,850\,17\times(X-39.551\,520\,16)^2]$
有效钼	戒上型	$Y=1/[1+239.259\,106\times(X-0.201\,322\,1)^2]$
有效硼	戒上型	$Y=1/[1+0.456\,304\,8\times(X-2.028\,328)^2]$
地貌类型	概念型	
成土母质	概念型	
耕层质地	概念型	
障碍因素	概念型	

6. 耕地地力等级确定

（1）计算耕地地力综合指数。采用累加法计算每个评价单元的耕地地力综合指数。

$$IFI = \sum F_i \cdot C_i$$

式中，IFI 为耕地地力综合指数；F_i 为第 i 个因素评语；C_i 为第 i 个因素的组合权重。

利用耕地管理信息系统，在"专题评价"模块中编辑层次分析模型以及各评价因子的隶属函数模型，然后选择"耕地生产潜力评价"功能进行耕地地力综合指数的计算。

（2）确定最佳的耕地地力等级数目。在获取各评价单元耕地地力综合指数的基础上，选择累计频率曲线法进行耕地地力等级数目的确定。首先根据所有评价单元的综合指数，形成耕地地力综合指数分布曲线图，然后根据曲线斜率的突变点（拐点）来确定等级的数目和划分耕地地力综合指数的临界点。最终，将东北大豆优势区耕地地力划分为 10 个等级。各等级耕地地力综合指数见表 8-105。

表 8-105　东北大豆优势区耕地地力综合指数分级

耕地地力综合指数	＞0.854 2	0.831 2～0.854 2	0.808 2～0.831 2	0.785 3～0.808 2	0.762 3～0.785 3
耕地地力等级	一等地	二等地	三等地	四等地	五等地
耕地地力综合指数	0.739 4～0.762 3	0.716 4～0.739 4	0.693 5～0.716 4	0.670 5～0.693 5	＜0.670 5
耕地地力等级	六等地	七等地	八等地	九等地	十等地

7. 耕地地力等级图编制　为了提高制图的效率和准确性，采用地理信息系统软件（ArcGIS）进行东北大豆优势区耕地地力等级图及相关专题图件的汇编处理。其步骤如下：扫描并矢量化各类基础图—编辑点、线—点、线校正处理—统一坐标系—区编辑并对其赋属性—根据属性赋颜色—根据属性加注记—图幅整饰—图件输出。在此基础上，利用软件空间分析功能，将评价单元图与其他图件进行叠加，从而生成其他专题图件。

（1）专题图地理要素底图编制。专题图的地理要素内容是专题图的重要组成部分，用于反映专题内容的地理分布，也是图幅叠加处理等的重要依据。地理要素的选择应与专题内容相协调，考虑图面的负载量和清晰度，应选择评价区域内基本的、主要的地理要素。以东北大豆优势区最新的土地利用现状图为基础，进行制图综合处理，选取的主要地理要素包括居民点、交通道路、水系、境界线等及其相应的注记，进而编辑生成与各专题图件要素相适应的地理要素地图。

（2）耕地地力等级图编制。以耕地地力评价单元为基础，根据各单元的耕地地力评价等级结果，对相同等级的相邻评价单元进行归并处理，得到耕地地力等级图斑。在此基础上，分2个层次进行耕地地力等级的表达：一是颜色表达，即赋予不同耕地地力等级以相应的颜色；二是代号表达，用阿拉伯数字1、2、3、4、5、6、7、8、9、10表示不同的耕地地力等级，并在评价图相应的耕地地力图斑上注明。最后，将评价专题图与以上的地理要素底图复合。

8. 评价结果验证方法　为保证评价结果的科学合理，需要对评价形成的耕地地力等级分布等结果进行审核验证，使其符合实际，更好地指导农业生产与管理，具体采用了以下方法进行耕地地力评价结果的验证。

（1）产量验证法。作物产量是耕地地力的直接体现。在通常状况下，高等级耕地地力水平的耕地一般对应相对较高的作物产量水平；低等级耕地地力水平的耕地则受相关限制因素的影响，作物产量水平也较低。因此，可将评价结果中各等级耕地地力对应的大豆产量进行对比统计，分析不同耕地地力等级的产量水平，通过产量的差异来判断评价结果是否科学合理。

表8-106和图8-38为东北大豆优势区耕地地力等级、各等级综合指数均值和大豆平均产量。可以看出，耕地地力评价的等级结果与大豆平均产量具有较好的关联性。高等级耕地地力对应较高的综合指数，同时拥有较高的产量水平。这说明评价结果符合东北大豆优势区大豆的实际产量水平，具有较强的科学性和可靠性。

表8-106　东北大豆优势区耕地地力等级、综合指数与产量

地力等级	综合指数均值	大豆平均产量（kg/hm²）
1	0.867 4	3 525
2	0.844 7	3 360
3	0.826 7	3 180
4	0.810 4	2 985
5	0.792 7	2 805
6	0.775 4	2 655
7	0.758 9	2 490
8	0.740 7	2 325
9	0.723 4	2 115
10	0.668 3	1 920

（2）对比验证法。不同的耕地地力等级应与其相应的评价指标值相对应。高等级的耕地地力对应较为优良的耕地理化性质，而低等级耕地则会对应较劣的耕地理化性质。因此，可汇总分析评价结果中不同耕地地力等级对应的评价指标值，通过比较不同等级的指标差异，分析耕地地力评价结果的合理性。

以障碍因素为例，一、二、三等地的障碍因素以"无"为主，在障碍因素中占

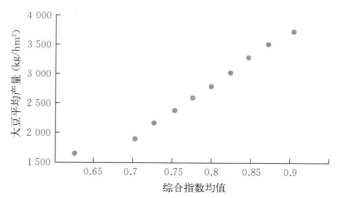

图8-38　耕地地力评价的等级结果与大豆平均产量的关系

的比例较大；四、五、六等地以"无"和"白浆化"为主；七、八、九、十等地主要以"渍涝"和"贫瘠"为主。可见，评价结果与地貌类型指标有相应的对应关系，说明评价结果较为合理。

（3）专家验证法。专家经验的验证也是判定耕地地力评价结果科学性的重要方法。应邀请熟悉东北大豆优势区情况及相关专业的专家，会同参与评价的专业人员，共同对评价指标的选取、权重的确定、等级的划分、评价过程及评价结果进行系统的验证。本次评价先后组织了熟悉东北大豆优势区情况的土壤学、土地资源学、作物学、植物营养学、气象学、地理信息系统等领域的 10 余位专家，以及各省（自治区、农垦总局）的土壤肥料站工作技术人员，通过多次召开专题会议，对评价结果进行验证，确保了评价结果符合东北大豆优势区的耕地实际状况。

（4）实地验证法。本次东北大豆优势区评价以黑龙江为例，在不同等级耕地内各选取约 20 个样点进行实地调查，收集样点自然状况、土壤物理性质及社会经济等方面资料，通过比较不同等级耕地间差异性及与评价结果相符性，验证评价结果是否符合实际情况。

表 8-107 为部分典型样点的实地调查信息对照情况，可以看出，不同等级耕地在地貌类型、耕层质地、障碍因素等方面均表现出明显的差异性，且与不同评价等级特征相符。1 号、2 号、3 号样点地貌类型分别为平原中阶、平原中阶和丘陵下部，障碍因素均为"无"，有效土层厚度均较厚，质地分别为壤土、黏壤土和黏壤土，有机质含量均较丰富，该结果符合一、二、三等地地力特征。4 号、5 号、6 号样点地貌类型分别为丘陵上部、丘陵中部和丘陵下部，障碍因素均为"白浆化"，但障碍因素不是很明显，质地分别为黏壤土、黏土，有效土层厚度均较薄，虽然有机质含量较丰富，但是耕层厚度较浅，因此该结果符合四、五、六等地地力特征。7 号、8 号、9 号、10 号样点地貌类型分别为山地坡下、丘陵上部、山地坡下和丘陵上部，障碍因素影响地力等级较为明显，所以地貌类型和障碍因素是导致地力等级低的主要原因，该结果符合七、八、九、十等地地力特征，以上均符合实际情况。

表 8-107 黑龙江大豆优势区不同等级耕地典型地块实地调查信息对照情况

样点编号	评价等级	地点	土类	地貌类型	障碍因素	有效土层厚度	耕层厚度	有机质含量	耕层质地
1	一	阿城区	草甸土	平原中阶	无	42.64	21.36	33.58	壤土
2	二	巴彦县	草甸土	平原中阶	无	36.19	18.16	30.72	黏壤土
3	三	望奎县	黑钙土	丘陵下部	无	47.98	17.92	41.69	黏壤土
4	四	五常市	黑土	丘陵上部	白浆化	33.37	19.03	29.59	黏壤土
5	五	东宁市	暗棕壤	丘陵中部	白浆化	22.34	19.21	30.93	黏土
6	六	汤原县	暗棕壤	丘陵下部	白浆化	25.31	16.36	44.23	黏土
7	七	逊克县	草甸土	山地坡下	渍涝	20.13	16.16	34.8	黏土
8	八	双鸭山市	沼泽土	丘陵上部	渍涝	43.95	23.81	42.31	黏土
9	九	宝清县	草甸土	山地坡下	渍涝	38.75	35	43.36	黏土
10	十	绥滨县	暗棕壤	丘陵上部	渍涝	34.11	18	26.91	沙土

为进一步验证评价结果中各等级耕地养分及理化性质是否符合实际，在进行实地调查的同时，采集了部分土样并做化验分析。表 8-108 为部分典型样点的采样化验数据与评价单元信息对照情况，可以看出，不同等级耕地的有机质、有效磷、有效硼、有效钼、pH 等养分及理化性质表现出明显的差异性。样点所处的地块评价等级越高，土壤养分含量总体较高。对比采样化验数据与评价单元信息，二者基本一致。通过对不同等级耕地的土壤理化性质进行对比，验证了评价结果与化验数据有较好的一致性，符合实际情况。

表 8-108　黑龙江大豆优势区不同等级耕地典型地块采样化验数据与评价单元信息对照情况

样点编号	评价等级	数据来源	有机质（g/kg）	有效磷（mg/kg）	有效硼（mg/kg）	有效钼（mg/kg）	pH
1	一	采样化验	46.6	60.6	1.96	2.67	6.97
		评价单元	46.3	60.4	1.93	2.64	6.95
2	二	采样化验	42.1	57.3	1.64	2.28	6.83
		评价单元	42.5	57.1	1.65	2.24	6.88
3	三	采样化验	38.7	49.6	1.47	1.89	6.72
		评价单元	38.4	49.8	1.49	1.84	6.71
4	四	采样化验	33.9	42.2	1.19	1.41	7.11
		评价单元	33.8	42.6	1.17	1.42	7.08
5	五	采样化验	30.1	37.5	0.92	1.17	6.7
		评价单元	30.3	37.9	0.96	1.16	6.68
6	六	采样化验	27.6	33.4	0.77	0.83	7.36
		评价单元	27.9	33.9	0.78	0.87	7.34
7	七	采样化验	23.2	28.5	0.59	0.62	6.55
		评价单元	23.4	28.4	0.61	0.67	6.58
8	八	采样化验	21.7	24.3	0.35	0.34	6.42
		评价单元	21.6	24.4	0.33	0.36	6.38
9	九	采样化验	19.3	19.8	0.17	0.18	7.48
		评价单元	19.8	19.5	0.13	0.19	7.44
10	十	采样化验	16.4	14.7	0.04	0.08	6.14
		评价单元	16.5	14.3	0.02	0.06	6.09

三、东北大豆优势区耕地质量评价

（一）黑龙江耕地地力等级

黑龙江大豆优势区总耕地面积 1 334.71 万 hm²，包括 13 个市（表 8-109）。其中，高等级耕地占比达到 30% 以上的有鹤岗市、鸡西市，分别占各市总耕地面积的 45.60% 和 33.98%；占比 20%～30% 的为双鸭山市，占 21.01%；占比 10%～20% 的为佳木斯市，占 13.39%。黑龙江大豆优势区耕地主要集中分布在中等级耕地，大庆市、绥化市等 6 个市的中等级耕地面积占本市总耕地面积比例超过 50%。

表 8-109　黑龙江各等级耕地面积与比例

名称	指标	总计	一等	二等	三等	四等	五等	六等	七等	八等	九等	十等
大庆市	面积（万 hm²）	16.90	0.00	0.00	0.00	0.00	16.51	0.21	0.00	0.16	0.02	0.00
	比例（%）	100.00	0.00	0.00	0.00	0.00	97.65	1.27	0.00	0.97	0.11	0.00
大兴安岭地区	面积（万 hm²）	7.87	0.00	0.10	0.01	0.03	1.02	0.35	0.44	0.10	0.24	5.58
	比例（%）	100.00	0.00	1.24	0.10	0.41	12.89	4.46	5.74	1.23	2.99	70.94
哈尔滨市	面积（万 hm²）	299.60	2.65	1.84	24.27	25.13	40.09	24.84	38.19	28.62	22.44	91.53
	比例（%）	100.00	0.88	0.61	8.10	8.39	13.38	8.29	12.75	9.55	7.49	30.56
鹤岗市	面积（万 hm²）	46.99	12.91	2.00	6.52	3.79	5.36	1.34	1.71	4.77	6.44	2.15
	比例（%）	100.00	27.49	4.25	13.86	8.06	11.40	2.85	3.64	10.14	13.72	4.59

（续）

名称	指标	总计	一等	二等	三等	四等	五等	六等	七等	八等	九等	十等
黑河市	面积（万 hm²）	192.06	0.55	0.44	1.62	8.72	18.39	39.43	27.42	20.77	9.02	65.70
	比例（%）	100.00	0.29	0.23	0.84	4.54	9.58	20.53	14.27	10.81	4.70	34.21
鸡西市	面积（万 hm²）	78.75	21.35	0.75	4.66	23.04	9.15	8.26	3.13	3.22	1.78	3.41
	比例（%）	100.00	27.11	0.95	5.92	29.27	11.61	10.48	3.97	4.09	2.26	4.34
佳木斯市	面积（万 hm²）	193.06	6.95	7.28	11.62	13.11	12.05	24.27	58.53	26.95	7.75	24.55
	比例（%）	100.00	3.60	3.77	6.02	6.79	6.24	12.57	30.32	13.96	4.01	12.72
牡丹江市	面积（万 hm²）	78.79	0.03	0.08	1.53	0.86	8.83	13.56	10.36	5.95	9.91	27.68
	比例（%）	100.00	0.04	0.11	1.95	1.09	11.21	17.20	13.15	7.55	12.57	35.15
七台河市	面积（万 hm²）	11.69	0.00	0.00	0.00	0.32	3.55	2.79	1.18	0.13	1.17	2.56
	比例（%）	100.00	0.00	0.00	0.00	2.72	30.31	23.89	10.12	1.08	9.98	21.87
齐齐哈尔市	面积（万 hm²）	181.16	0.01	0.01	0.01	10.67	44.55	40.19	26.50	14.72	24.66	19.84
	比例（%）	100.00	0.01	0.01	0.00	5.89	24.59	22.18	14.63	8.13	13.61	10.95
双鸭山市	面积（万 hm²）	88.55	8.80	1.84	7.96	18.81	7.96	20.47	12.22	1.50	0.32	8.67
	比例（%）	100.00	9.94	2.08	8.99	21.25	8.99	23.11	13.80	1.69	0.36	9.79
绥化市	面积（万 hm²）	118.71	1.68	6.57	10.82	23.19	42.98	10.24	5.08	4.97	5.21	7.97
	比例（%）	100.00	1.41	5.54	9.11	19.53	36.21	8.63	4.28	4.19	4.39	6.71
伊春市	面积（万 hm²）	20.58	0.00	0.00	0.00	0.07	2.62	2.46	3.49	5.60	2.33	4.01
	比例（%）	100.00	0.00	0.00	0.02	0.36	12.72	11.95	16.95	27.17	11.34	19.49

（二）黑龙江省农垦总局耕地地力等级

黑龙江省农垦总局大豆优势区总耕地面积为 261.05 万 hm²，包括 9 个管理局单位（表 8 - 110）。其中，高等级耕地比例高于 50% 的为牡丹江管理局，占总耕地面积的 66.35%；宝泉岭管理局和红兴隆管理局占 49.23% 和 47.14%；哈尔滨管理局和齐齐哈尔管理局大豆优势区的高等级耕地面积非常少，只占 0.94% 和 0.10%。

表 8 - 110　黑龙江省农垦总局各等级耕地面积与比例

名称	指标	总计	一等	二等	三等	四等	五等	六等	七等	八等	九等	十等
宝泉岭管理局	面积（万 hm²）	30.02	4.49	3.54	6.75	2.08	1.90	2.08	5.87	1.85	0.52	0.94
	比例（%）	100.00	14.94	11.81	22.48	6.91	6.31	6.94	19.56	6.18	1.75	3.12
北安管理局	面积（万 hm²）	34.37	0.00	0.64	1.03	2.88	5.89	6.00	3.77	4.62	2.00	7.54
	比例（%）	100.00		1.85	3.00	8.38	17.13	17.47	10.97	13.44	5.83	21.93
哈尔滨管理局	面积（万 hm²）	1.44	0.00	0.00	0.01	0.00	0.23	0.45	0.16	0.19	0.07	0.33
	比例（%）	100.00			0.94		15.99	30.75	11.13	13.44	5.21	22.54
红兴隆管理局	面积（万 hm²）	32.93	7.65	2.46	5.42	2.91	4.80	5.03	2.82	1.11	0.01	0.72
	比例（%）	100.00	23.21	7.46	16.47	8.85	14.59	15.27	8.56	3.37	0.04	2.18
建三江管理局	面积（万 hm²）	73.67	0.05	2.32	13.33	9.89	12.03	10.54	18.77	4.42	0.84	1.48
	比例（%）	100.00	0.07	3.15	18.09	13.42	16.33	14.31	25.48	6.00	1.14	2.01
九三管理局	面积（万 hm²）	25.88	0.00	0.62	0.52	2.83	4.94	3.66	5.00	3.93	2.33	2.05
	比例（%）	100.00	0.01	2.41	2.01	10.93	19.11	14.09	19.31	15.19	9.01	7.93
牡丹江管理局	面积（万 hm²）	44.24	22.74	3.49	3.13	3.27	3.21	2.70	1.34	0.74	0.42	3.20
	比例（%）	100.00	51.38	7.89	7.08	7.39	7.25	6.11	3.03	1.67	0.96	7.24

（续）

名称	指标	总计	一等	二等	三等	四等	五等	六等	七等	八等	九等	十等
齐齐哈尔管理局	面积（万 hm²）	10.53	0.00	0.00	0.01	0.10	2.03	1.45	0.86	2.61	3.44	0.03
	比例（%）	100.00	0.00	0.00	0.10	0.94	19.30	13.78	8.16	24.72	32.67	0.33
绥化管理局	面积（万 hm²）	7.97	0.14	0.02	1.04	0.86	1.10	1.05	1.78	0.63	0.24	1.11
	比例（%）	100.00	1.80	0.22	13.03	10.77	13.74	13.22	22.39	7.84	3.00	13.99

（三）吉林耕地地力等级

吉林大豆优势区耕地面积共计 236.85 万 hm²，包括 5 个市（州）（表 8-111）。在吉林大豆优势区中，耕地地力等级分布不均。长春市耕地地力等级普遍较高，其中高等级耕地占总耕地面积的 92.70%，中等级耕地占总耕地面积的 7.05%，低等级耕地只占 0.25%。松原市高等级耕地占优势，高等级耕地面积占 44.99%，中等级耕地和低等级耕地所占比例相近，分别为 19.41% 和 35.60%。四平市中等级耕地占绝对优势，中等级耕地面积占 51.33%，高等级耕地只占 7.03%。吉林市和延边朝鲜族自治州高等级耕地都非常少，耕地面积所占比例分别为 0.41% 和 0.05%；低等级耕地所占比例较大，分别为 71.75 和 78.61%。

表 8-111　吉林各等级耕地面积与比例

名称	指标	总计	一等	二等	三等	四等	五等	六等	七等	八等	九等	十等
吉林市	面积（万 hm²）	41.53	0.08	0.04	0.06	0.61	3.96	6.98	3.39	4.46	3.82	18.13
	比例（%）	100.00	0.19	0.09	0.13	1.47	9.54	16.83	8.17	10.73	9.19	43.66
四平市	面积（万 hm²）	38.81	0.00	0.64	2.09	3.03	8.96	7.93	9.06	3.92	1.33	1.85
	比例（%）	100.00	0.00	1.64	5.39	7.82	23.07	20.44	23.34	10.10	3.43	4.77
松原市	面积（万 hm²）	32.09	0.01	2.60	11.83	2.60	0.00	3.63	2.72	3.63	0.16	4.91
	比例（%）	100.00	0.02	8.09	36.88	8.09	0.00	11.32	8.47	11.31	0.49	15.33
延边朝鲜族自治州	面积（万 hm²）	26.06	0.00	0.00	0.01	0.11	1.89	3.57	2.76	1.35	2.22	14.15
	比例（%）	100.00	0.00	0.00	0.05	0.43	7.24	13.67	10.60	5.19	8.52	54.30
长春市	面积（万 hm²）	98.36	41.74	36.61	12.81	4.77	2.04	0.14	0.07	0.01	0.02	0.15
	比例（%）	100.00	42.46	37.22	13.02	4.84	2.07	0.14	0.07	0.01	0.02	0.15

（四）辽宁耕地地力等级

辽宁参评县只有一个，且障碍因素较多，因此大豆优势区只有十等地分布，分布面积为 32.04 万 hm²。

（五）内蒙古耕地地力等级

内蒙古大豆优势区耕地面积共计 295.79 万 hm²，包括东部三市一盟（表 8-112）。内蒙古东部三市一盟的耕地分布情况为：赤峰市、呼伦贝尔市、通辽市、兴安盟的高等级耕地占本市的比例分别为 1.80%、2.84%、0.00%、3.49%，中等级耕地分别为 42.27%、21.61%、18.20%、57.82%，低等级耕地分别为 55.93%、75.55%、81.80%、38.69%。

表 8-112　内蒙古东部三市一盟各等级耕地面积与比例

名称	指标	总计	一等	二等	三等	四等	五等	六等	七等	八等	九等	十等
赤峰市	面积（万 hm²）	11.88	0.00	0.06	0.15	0.07	0.81	4.15	2.22	2.90	1.30	0.22
	比例（%）	100.00	0.00	0.54	1.26	0.57	6.81	34.89	18.68	24.44	10.97	1.84
呼伦贝尔市	面积（万 hm²）	185.46	0.26	1.40	3.59	6.65	11.82	21.61	25.80	33.50	23.79	57.04
	比例（%）	100.00	0.14	0.76	1.94	3.59	6.37	11.65	13.91	18.05	12.83	30.76

（续）

名称	指标	总计	一等	二等	三等	四等	五等	六等	七等	八等	九等	十等
通辽市	面积（万 hm²）	24.71	0.00	0.00	0.00	0.78	3.18	0.54	4.22	2.85	3.79	9.35
	比例（%）	100.00	0.00	0.00	0.00	3.14	12.88	2.18	17.07	11.54	15.35	37.84
兴安盟	面积（万 hm²）	73.74	0.44	0.84	1.29	10.01	18.95	13.68	8.08	3.33	6.99	10.13
	比例（%）	100.00	0.60	1.14	1.75	13.58	25.68	18.56	10.96	4.51	9.48	13.74

（六）主要土壤类型的耕地地力等级

东北大豆优势区主要土壤类型为黑土、黑钙土、暗棕壤、棕壤、草甸土、栗钙土、白浆土、沼泽土、潮土、褐土等，详见表 8-113。

表 8-113　东北大豆优势区主要土类耕地面积与比例

土壤类型	指标	总计	一等	二等	三等	四等	五等	六等	七等	八等	九等	十等
黑土	面积（万 hm²）	292.59	22.48	14.23	29.76	31.73	71.64	44.93	20.95	15.40	18.63	22.84
	比例（%）	100.00	7.68	4.86	10.17	10.85	24.48	15.36	7.16	5.26	6.37	7.81
黑钙土	面积（万 hm²）	130.39	2.00	12.08	5.42	11.48	29.03	13.90	9.14	5.56	5.81	35.97
	比例（%）	100.00	1.53	9.26	4.16	8.80	22.26	10.66	7.01	4.26	4.46	27.60
暗棕壤	面积（万 hm²）	668.68	8.69	6.44	22.69	38.96	69.61	96.78	98.35	78.43	56.54	192.19
	比例（%）	100.00	1.30	0.96	3.39	5.83	10.41	14.47	14.71	11.73	8.46	28.74
棕壤	面积（万 hm²）	4.30	0.00	0.00	0.00	0.40	0.50	0.06	0.00	0.00	0.00	3.34
	比例（%）	100.00	0.00	0.00	0.00	9.34	11.55	1.31	0.00	0.00	0.00	77.80
草甸土	面积（万 hm²）	487.39	45.93	26.67	29.06	48.33	69.08	64.90	65.68	42.02	21.05	74.67
	比例（%）	100.00	9.42	5.47	5.96	9.92	14.17	13.32	13.48	8.62	4.32	15.32
栗钙土	面积（万 hm²）	25.35	0.01	0.02	1.92	10.30	3.10	0.44	2.09	1.56	5.91	
	比例（%）	100.00	0.00	0.05	0.07	7.57	40.66	12.22	1.75	8.23	6.15	23.30
白浆土	面积（万 hm²）	237.32	35.01	8.92	18.39	20.59	25.75	30.62	42.31	26.56	21.30	7.87
	比例（%）	100.00	14.75	3.76	7.75	8.67	10.85	12.90	17.83	11.19	8.98	3.32
沼泽土	面积（万 hm²）	201.06	16.77	6.75	22.08	25.73	11.97	17.79	39.68	9.51	10.85	39.93
	比例（%）	100.00	8.34	3.36	10.98	12.80	5.95	8.85	19.73	4.73	5.40	19.86
潮土	面积（万 hm²）	18.42	0.00	0.00	0.00	1.60	6.29	3.94	0.01	0.07	0.81	5.70
	比例（%）	100.00	0.00	0.00	0.00	8.70	34.15	21.38	0.06	0.36	4.38	30.97
褐土	面积（万 hm²）	23.42	0.00	0.00	0.00	0.00	0.00	0.00	0.00	0.00	0.00	23.42
	比例（%）	100.00	0.00	0.00	0.00	0.00	0.00	0.00	0.00	0.00	0.00	100.00

潮土、褐土和棕壤没有高等级耕地分布。其中，褐土全部为低等级耕地；潮土中等级耕地占 64.23%，低等级耕地占 35.77%；棕壤低等级耕地占优势，低等级耕地占 77.80%，中等级耕地为 22.20%。

黑土、沼泽土、白浆土、草甸土高中低等级耕地分布类似，高等级耕地分别占本土类大豆优势区总耕地面积的 22.71%、22.68%、26.26%、20.85%，中等级耕地分别占 50.69%、27.60%、32.42%、37.41%，低等级耕地分别占 26.60%、49.72%、41.32%、41.74%。

其他土类大豆优势区高等级耕地面积分布少，中低等级耕地分布广泛，且中低等级耕地分布面积相差不多。

四、东北大豆优势区耕地土壤有机质及主要养分含量状况

土壤养分是指由土壤提供给作物生长所必需的营养元素，能被作物直接吸收或者转化后吸收。而

有机质作为各种营养元素的主要载体之一，对作物生长具有重要作用。土壤养分大致分为大量元素、中量元素和微量元素，包括氮、磷、钾、钙、镁、硫、铁、硼、钼、锌、锰、铜和氯13种元素。在自然土壤中，土壤养分主要来源于土壤矿物质和土壤有机质，其次是大气降水、坡渗水和地下水。在耕作土壤中，还来源于施肥和灌溉。一般而言，土壤有效养分含量占土壤养分总储量的千分之几至百分之几或更少。本次耕地地力评价大豆专题项目通过对东北大豆优势区土壤有机质及养分含量状况进行分析，明确各养分在大豆生产中分布情况及丰缺状况。

（一）土壤有机质含量状况

黑龙江省农垦总局各个管理局中以北安管理局土壤有机质含量平均值最大，为 62.30 g/kg；其次分别是绥化管理局和九三管理局，这 3 个管理局都分布在以黑土土类为耕地土壤的区域。有机质含量范围为 10.10～99.40 g/kg。其中，变异系数最大的是宝泉岭管理局，为 41.29%。黑龙江省以大兴安岭地区有机质含量平均值最大，为 60.07 g/kg。由于大兴安岭地区开垦年限晚，土壤类型以黑土、森林草甸土等有机质含量高的土壤为主，所以有机质含量较高。其次是伊春、鹤岗地区，都是以大小兴安岭周边地区围绕的高有机质地区。有机质含量平均值最小的是七台河市，为 30.93 g/kg。黑龙江省有机质含量范围为 5.30～125.30 g/kg，其中七台河市土壤有机质含量变异系数最大。吉林省土壤有机质含量平均值最大的是白山市，为 45.06 g/kg；其次是延边朝鲜族自治州和通化市；平均值最小的是松原市，为 18.68 g/kg。吉林省有机质含量范围为 6.93～84.00 g/kg。辽宁省阜新市有机质含量平均值为 13.95 g/kg，范围为 7.26～38.63 g/kg，变异系数为 35.65%。内蒙古有机质含量平均值最大的是呼伦贝尔市，为 56.69 g/kg；平均值最小的是赤峰市，为 11.81 g/kg。内蒙古东部三市一盟有机质含量范围为 5.10～122.00 g/kg（表 8 - 114）。

表 8 - 114　东北大豆优势区耕地土壤有机质含量

省（自治区、农垦总局）	名称	点位数（个）	平均值（g/kg）	最大值（g/kg）	最小值（g/kg）	标准差（g/kg）	变异系数（%）
黑龙江省农垦总局	宝泉岭管理局	18	35.98	69.10	18.70	14.86	41.29
	北安管理局	282	62.30	89.80	13.30	14.70	23.59
	红兴隆管理局	182	42.45	79.80	13.00	11.99	28.25
	建三江管理局	12	35.78	46.80	15.10	10.59	29.60
	九三管理局	197	49.37	74.30	15.43	12.23	24.78
	牡丹江管理局	104	38.51	99.40	10.10	15.03	39.03
	齐齐哈尔管理局	4	28.84	36.01	25.47	4.85	16.83
	绥化管理局	57	59.62	98.90	30.20	18.11	30.38
黑龙江省	大兴安岭地区	111	60.07	108.40	11.10	21.80	36.29
	哈尔滨市	272	32.81	56.00	12.70	7.93	24.18
	鹤岗市	20	51.27	125.30	30.90	22.01	42.93
	黑河市	905	45.84	96.90	5.80	14.41	31.43
	鸡西市	5	42.60	48.20	37.60	4.11	9.65
	佳木斯市	577	37.53	112.30	5.30	15.25	40.64
	牡丹江市	288	32.75	95.10	12.30	10.95	33.45
	七台河市	77	30.93	77.10	6.80	15.77	50.97
	齐齐哈尔市	729	41.12	76.60	13.00	9.29	22.58
	双鸭山市	22	45.40	80.30	23.40	17.16	37.79
	绥化市	123	40.13	77.80	10.50	11.15	27.78
	伊春市	95	48.71	78.60	16.10	15.49	31.80

（续）

省（自治区、农垦总局）	名称	点位数（个）	平均值（g/kg）	最大值（g/kg）	最小值（g/kg）	标准差（g/kg）	变异系数（%）
吉林省	白山市	34	45.06	84.00	10.80	17.70	39.27
	吉林市	19	19.55	38.23	9.50	6.27	32.06
	辽源市	6	21.45	31.11	14.60	6.52	30.39
	松原市	3	18.68	25.06	11.90	6.59	35.28
	通化市	4	35.82	75.94	8.18	33.35	93.10
	延边朝鲜族自治州	113	39.88	79.59	6.93	17.64	44.24
	长春市	30	25.05	47.70	13.26	8.44	33.70
辽宁省	阜新市	372	13.95	38.63	7.26	4.97	35.65
内蒙古东部三市一盟	赤峰市	72	11.81	29.90	5.10	4.91	41.53
	呼伦贝尔市	1 105	56.69	122.00	15.10	16.95	29.90
	通辽市	49	25.52	42.10	7.20	9.08	35.55
	兴安盟	112	36.41	69.90	8.30	13.63	37.43

（二）土壤全氮含量状况

黑龙江省农垦总局以北安管理局土壤全氮含量平均值最大，为 2.87 g/kg；其次分别是九三管理局和宝泉岭管理局，这 3 个管理局都分布在以黑土土类为耕地土壤的区域。全氮含量范围为 0.66～8.27 g/kg。其中，变异系数最大的是宝泉岭管理局，为 41.78%。黑龙江省以大兴安岭地区全氮含量平均值最大，为 3.12 g/kg。由于大兴安岭地区开垦年限晚，土壤类型以黑土、森林草甸土等全氮含量高的土壤为主，所以全氮含量较高。其次是伊春、黑河地区，都是大小兴安岭周边地区围绕的高全氮地区。全氮含量平均值最小的是 1.63 g/kg，全氮含量范围为 0.30～6.79 g/kg，其中鹤岗市土壤全氮含量变异系数最大。吉林省土壤全氮含量平均值最大的是白山市，为 2.70 g/kg；其次是延边朝鲜族自治州和通化市；平均值最小的是松原市，为 1.02 g/kg。吉林省土壤全氮含量范围为 0.41～4.75 g/kg。辽宁省阜新市全氮含量平均值是 0.83 g/kg，范围为 0.16～2.56 g/kg，变异系数为 30.85%。内蒙古东部三市一盟全氮含量平均值最大的是呼伦贝尔市，为 2.85 g/kg；平均值最小的是赤峰市，为 0.67 g/kg。内蒙古东部三市一盟全氮含量范围为 0.29～7.84 g/kg（表 8 - 115）。

表 8 - 115　东北大豆优势区耕地土壤全氮含量

省（自治区、农垦总局）	名称	点位数（个）	平均值（g/kg）	最大值（g/kg）	最小值（g/kg）	标准差（g/kg）	变异系数（%）
黑龙江省农垦总局	宝泉岭管理局	18	2.17	4.28	1.21	0.91	41.78
	北安管理局	282	2.87	4.63	1.18	0.68	23.86
	红兴隆管理局	182	2.14	8.27	0.88	0.78	36.30
	建三江管理局	12	2.15	3.09	1.20	0.68	31.42
	九三管理局	197	2.43	4.62	0.75	0.64	26.41
	牡丹江管理局	104	2.14	4.99	0.66	0.78	36.69
	齐齐哈尔管理局	4	1.63	2.09	1.32	0.32	19.76
	绥化管理局	57	2.04	2.91	1.12	0.50	24.56
黑龙江省	大兴安岭地区	111	3.12	5.38	0.57	0.87	27.87
	哈尔滨市	272	1.81	4.36	0.61	0.60	33.02
	鹤岗市	20	1.66	4.50	0.89	0.88	53.12
	黑河市	905	2.43	6.79	0.70	0.85	35.03

（续）

省（自治区、农垦总局）	名称	点位数（个）	平均值（g/kg）	最大值（g/kg）	最小值（g/kg）	标准差（g/kg）	变异系数（%）
黑龙江省	鸡西市	5	1.63	1.95	0.52	0.62	38.23
	佳木斯市	577	1.87	5.77	0.45	0.81	43.52
	牡丹江市	288	1.91	5.65	0.30	0.81	42.13
	七台河市	77	1.85	4.52	0.48	0.62	33.56
	齐齐哈尔市	729	1.86	3.20	0.72	0.47	25.16
	双鸭山市	22	1.92	2.93	1.49	0.42	22.15
	绥化市	123	2.04	4.24	0.95	0.66	32.32
	伊春市	95	2.25	4.38	0.98	0.97	43.15
吉林省	白山市	34	2.70	4.74	0.74	0.95	35.19
	吉林市	19	1.35	2.19	0.88	0.42	30.81
	辽源市	6	1.50	2.30	1.18	0.46	30.63
	松原市	3	1.02	1.26	0.84	0.22	21.35
	通化市	4	2.04	3.80	0.80	1.48	72.31
	延边朝鲜族自治州	113	2.28	4.75	0.41	0.96	41.88
	长春市	30	1.78	2.78	0.80	0.48	26.86
辽宁省	阜新市	372	0.83	2.56	0.16	0.26	30.85
内蒙古自治区	赤峰市	72	0.67	1.62	0.29	0.23	34.32
	呼伦贝尔市	1 105	2.85	7.84	0.53	0.98	34.31
	通辽市	49	1.42	2.58	0.45	0.56	39.21
	兴安盟	112	2.00	3.46	0.80	0.55	27.72

（三）土壤全磷含量状况

黑龙江省农垦总局以建三江管理局土壤全磷含量平均值最大，为 1.15 g/kg；其次分别是北安管理局和齐齐哈尔管理局，这 3 个管理局都分布在以黑土土类为耕地土壤的区域。全磷含量范围为 0.09～3.60 g/kg。其中，变异系数最大的是牡丹江管理局，为 72.54%。黑龙江省哈尔滨市全磷含量平均值最大，为 1.75 g/kg；其次是绥化、鹤岗市；全磷含量平均值最小的是鸡西市，为 0.73 g/kg。黑龙江省全磷含量范围为 0.1～4.8 g/kg，其中伊春土壤全磷含量变异系数最大。吉林省土壤全磷含量平均值最大的是白山市，为 0.53 g/kg；其次是延边朝鲜族自治州和通化市；全磷含量平均值最小的是松原市，为 0.26 g/kg。吉林省土壤全磷含量范围为 0.15～0.92 g/kg。内蒙古东部三市一盟全磷含量平均值最大的是兴安盟，为 1.26 g/kg；平均值最小的是赤峰市，为 0.36 g/kg。内蒙古东部三市一盟全磷含量范围为 0.10～3.80 g/kg（表 8-116）。

表 8-116　东北大豆优势区耕地土壤全磷含量

省（自治区、农垦总局）	名称	点位数（个）	平均值（g/kg）	最大值（g/kg）	最小值（g/kg）	标准差（g/kg）	变异系数（%）
黑龙江省农垦总局	宝泉岭管理局	18	0.95	1.64	0.29	0.37	39.18
	北安管理局	282	0.97	3.60	0.24	0.69	70.78
	红兴隆管理局	195	0.86	1.52	0.20	0.31	35.92
	建三江管理局	11	1.15	1.45	0.87	0.23	20.25
	九三管理局	197	0.74	1.24	0.45	0.18	23.94

（续）

省（自治区、农垦总局）	名称	点位数（个）	平均值（g/kg）	最大值（g/kg）	最小值（g/kg）	标准差（g/kg）	变异系数（%）
黑龙江省农垦总局	牡丹江管理局	104	0.45	1.26	0.09	0.33	72.54
	齐齐哈尔管理局	4	0.96	1.19	0.74	0.18	19.11
	绥化管理局	57	0.77	1.18	0.51	0.19	24.77
黑龙江省	大兴安岭地区	155	1.17	4.8	0.2	0.77	66.00
	哈尔滨市	371	1.75	2.9	0.1	0.58	33.23
	鹤岗市	183	1.61	4.5	0.1	0.83	51.61
	黑河市	1 155	0.85	4.1	0.1	0.58	67.80
	鸡西市	8	0.73	1.3	0.3	0.39	54.05
	佳木斯市	815	1.25	4.7	0.2	0.78	62.46
	牡丹江市	352	1.11	3.7	0.1	0.64	57.89
	七台河市	95	1.17	2.8	0.3	0.53	44.87
	齐齐哈尔市	776	1.25	3.8	0.1	0.76	60.79
	双鸭山市	28	1.13	1.5	0.6	0.21	18.32
	绥化市	182	1.40	2.8	0.2	0.49	34.83
	伊春市	157	1.07	3.3	0.2	0.74	69.12
吉林省	白山市	34	0.53	0.80	0.15	0.20	36.92
	吉林市	19	0.29	0.52	0.18	0.11	38.66
	辽源市	6	0.32	0.46	0.24	0.09	28.54
	松原市	3	0.26	0.38	0.20	0.10	38.42
	通化市	4	0.47	0.72	0.20	0.29	62.42
	延边朝鲜族自治州	113	0.47	0.92	0.15	0.18	38.95
	长春市	30	0.39	0.52	0.16	0.08	21.17
内蒙古东部三市一盟	赤峰市	72	0.36	0.55	0.20	0.08	23.01
	呼伦贝尔市	1 105	0.61	3.30	0.10	0.39	64.42
	通辽市	50	0.66	3.80	0.25	0.65	98.40
	兴安盟	112	1.26	3.62	0.26	0.50	39.44

（四）土壤全钾含量状况

黑龙江省农垦总局以红兴隆管理局土壤全钾含量平均值最大，为 24.90 g/kg；其次分别是宝泉岭管理局和九三管理局，这 3 个管理局都分布在以黑土土类为耕地土壤的区域。全钾含量范围为 2.60～39.80 g/kg。其中，变异系数最大的是牡丹江管理局，为 30.29%。黑龙江省哈尔滨市全钾含量平均值最大，为 28.57 g/kg；其次是伊春、鸡西市；全钾含量平均值最小的是佳木斯市，为 13.72 g/kg。黑龙江省全钾含量范围为 1.7～57.7 g/kg，其中大兴安岭地区土壤全钾含量变异系数最大。吉林省土壤全钾含量平均值最大的是辽源市，为 23.96 g/kg；其次是白山市和通化市；平均值最小的是松原市，为 17.83 g/kg。吉林省土壤全钾含量范围为 12.50～34.50 g/kg。辽宁省阜新市全钾含量平均值为 21.79 g/kg，范围为 20.15～25.46 g/kg，变异系数为 5.13%。内蒙古东部三市一盟全钾含量平均值最大的是通辽市，为 29.97 g/kg；平均值最小的是呼伦贝尔市，为 19.37 g/kg。内蒙古东部三市一盟全钾含量范围为 1.3～77.8 g/kg（表 8 - 117）。

表 8 - 117　东北大豆优势区耕地土壤全钾含量

省（自治区、农垦总局）	名称	点位数（个）	平均值（g/kg）	最大值（g/kg）	最小值（g/kg）	标准差（g/kg）	变异系数（%）
黑龙江省农垦总局	宝泉岭管理局	18	22.71	36.70	13.70	4.71	20.74
	北安管理局	282	18.40	24.30	10.00	2.38	12.93
	红兴隆管理局	182	24.90	39.80	13.88	5.26	21.11
	建三江管理局	12	17.18	20.44	13.36	2.13	12.39
	九三管理局	197	22.33	31.00	11.10	4.20	18.78
	牡丹江管理局	104	20.07	32.00	2.60	6.08	30.29
	齐齐哈尔管理局	4	21.48	22.81	19.65	1.38	6.42
	绥化管理局	57	19.69	27.50	13.23	3.80	19.28
黑龙江省	大兴安岭地区	111	17.11	50.3	3.7	9.86	57.59
	哈尔滨市	272	28.57	39.9	13.1	4.70	16.46
	鹤岗市	20	21.29	32.9	15.6	3.37	15.85
	黑河市	905	21.79	57.7	3.1	7.16	32.85
	鸡西市	5	25.30	27.4	23.9	1.57	6.21
	佳木斯市	577	13.72	31.1	1.7	6.59	48.04
	牡丹江市	288	17.39	38.2	4.8	6.17	35.48
	七台河市	77	19.85	35.1	7.0	7.19	36.21
	齐齐哈尔市	729	23.55	42.7	7.9	6.61	28.07
	双鸭山市	22	20.71	46.6	9.7	9.55	46.12
	绥化市	123	17.15	27.9	6.5	4.80	28.00
	伊春市	95	25.86	51.9	3.3	11.46	44.29
吉林省	白山市	34	23.10	31.00	14.11	4.08	17.67
	吉林市	19	21.82	33.68	14.40	4.93	22.59
	辽源市	6	23.96	33.10	15.48	6.52	27.22
	松原市	3	17.83	19.88	14.60	2.83	15.87
	通化市	4	22.30	28.02	14.90	6.40	28.72
	延边朝鲜族自治州	113	21.55	34.50	14.00	4.61	21.40
	长春市	30	19.92	24.20	12.50	2.83	14.20
辽宁省	阜新市	372	21.79	25.46	20.15	1.12	5.13
内蒙古东部三市一盟	赤峰市	72	24.29	35.3	11.2	4.48	18.43
	呼伦贝尔市	1 105	19.37	77.8	1.3	11.65	60.18
	通辽市	49	29.97	43.8	8.1	7.49	24.97
	兴安盟	112	25.68	53.0	11.3	7.73	30.10

（五）土壤碱解氮含量状况

黑龙江省农垦总局以北安管理局土壤碱解氮含量平均值最大，为 294.84 mg/kg；其次分别是建三江管理局和绥化管理局，这 3 个管理局都分布在以黑土土类为耕地土壤的区域。碱解氮含量范围为 60～490 mg/kg。其中，变异系数最大的是宝泉岭管理局，为 39.40%。黑龙江省大兴安岭地区碱解氮含量平均值最大，为 241.77 mg/kg。由于大兴安岭地区开垦年限晚，土壤类型以黑土、森林草甸土等碱解氮含量高的土壤为主，所以碱解氮含量较高。其次是鸡西、黑河市，都是大小兴安岭周边地区围绕的高碱解氮地区。碱解氮含量平均值最小的是鹤岗市，为 160.05 mg/kg。黑龙江省碱解氮含量范围为 30～574 mg/kg，其中黑河市土壤碱解氮含量变异系数最大。吉林省土壤碱解氮含量平均值最大的是白山市，为 215.46 mg/kg；其次是通化市和延边朝鲜族自治州；碱解氮含量平均值最小的是长春市，为 124.05 mg/kg。吉林省土壤碱解氮含量范围为 27～298 mg/kg。辽宁省阜新市碱解氮含量平均值为 82.90 mg/kg，范围为 22～190 mg/kg，变异系数为 35.93%。内蒙古东部三市一盟碱解氮含量平均值最大的是呼伦贝尔市，为 238.64 mg/kg；平均值最小的是赤峰市，为 73.08 mg/kg。内蒙古东部三市一盟碱解氮含量范围为 28～431 mg/kg（表 8 - 118）。

表 8 - 118 东北大豆优势区耕地土壤碱解氮含量

省（自治区、农垦总局）	名称	点位数（个）	平均值（mg/kg）	最大值（mg/kg）	最小值（mg/kg）	标准差（mg/kg）	变异系数（%）
黑龙江省农垦总局	宝泉岭管理局	18	184.61	321	84	72.73	39.40
	北安管理局	282	294.84	490	60	69.64	23.62
	红兴隆管理局	182	172.47	297	82	41.74	24.20
	建三江管理局	12	215.50	322	105	68.78	31.92
	九三管理局	197	195.25	363	68	60.56	31.02
	牡丹江管理局	104	192.58	412	62	60.86	31.60
	齐齐哈尔管理局	4	162.63	189	131	24.17	14.86
	绥化管理局	57	195.91	326	81	50.65	25.85
黑龙江省	大兴安岭地区	111	241.77	538	70	90.73	37.53
	哈尔滨市	272	185.76	396	62	53.83	28.98
	鹤岗市	20	160.05	272	89	50.16	31.34
	黑河市	905	210.34	574	30	90.26	42.91
	鸡西市	5	221.60	281	150	49.86	22.50
	佳木斯市	577	205.01	540	55	80.09	39.07
	牡丹江市	288	198.88	458	30	68.42	34.40
	七台河市	77	173.48	358	48	62.10	35.80
	齐齐哈尔市	729	183.93	385	31	57.97	31.52
	双鸭山市	22	174.77	209	110	23.44	13.41
	绥化市	123	192.28	370	70	60.88	31.66
	伊春市	95	188.56	495	34	73.78	39.13
吉林省	白山市	34	215.46	294	100	61.35	28.47
	吉林市	19	140.52	198	66	26.99	19.21
	辽源市	6	160.26	214	115	34.07	21.26
	松原市	3	157.00	175	140	17.52	11.16
	通化市	4	177.83	276	77	97.71	54.94
	延边朝鲜族自治州	113	175.58	298	27	69.60	39.64
	长春市	30	124.05	176	31	29.97	24.16
辽宁省	阜新市	372	82.90	190	22	29.79	35.93
内蒙古自治区	赤峰市	72	73.08	144	28	27.35	37.42
	呼伦贝尔市	1 105	238.64	431	60	67.36	28.23
	通辽市	49	114.92	189	36	44.74	38.93
	兴安盟	112	153.82	298	54	47.39	30.81

（六）土壤有效磷含量状况

黑龙江省农垦总局以牡丹江管理局土壤有效磷含量平均值最大，为 34.71 mg/kg；其次分别是宝泉岭管理局和北安管理局，这 3 个管理局都分布在以黑土土类为耕地土壤的区域。有效磷含量范围为 5.7～81.4 mg/kg。其中，变异系数最大的是红兴隆管理局，为 49.55%。黑龙江省双鸭山市有效磷含量平均值最大，为 77.40 mg/kg；有效磷含量平均值最小的是鸡西市，为 28.96 mg/kg。黑龙江省有效磷含量范围为 1.3～197.7 mg/kg，其中鸡西市土壤有效磷含量变异系数最大。吉林省土壤有效磷含量平均值最大的是白山市，为 40.78 mg/kg；其次是辽源市和通化市；平均值最小的是长春市，为 19.01 mg/kg。吉林省土壤有效磷含量范围为 1.6～99.9 mg/kg。辽宁省阜新市有效磷含量平均值为 18.63 mg/kg，范围为 10.0～83.0，变异系数为 67.43%。内蒙古东部三市一盟有效磷含量平均值最大的是呼伦贝尔市，为 22.66 mg/kg；平均值最小的是通辽市，为 7.00 mg/kg。内蒙古东部三市一盟有效磷含量范围为 3.0～103.0 mg/kg（表 8 - 119）。

表 8 - 119　东北大豆优势区耕地土壤有效磷含量

省（自治区、农垦总局）	名称	点位数（个）	平均值（mg/kg）	最大值（mg/kg）	最小值（mg/kg）	标准差（mg/kg）	变异系数（%）
黑龙江省农垦总局	宝泉岭管理局	18	32.32	66.3	13.5	14.50	44.87
	北安管理局	282	31.76	81.4	5.7	10.87	34.24
	红兴隆管理局	182	24.82	73.8	7.8	12.30	49.55
	建三江管理局	12	26.21	34.0	15.1	7.19	27.42
	九三管理局	197	30.12	55.5	15.0	8.25	27.40
	牡丹江管理局	104	34.71	72.1	11.6	13.02	37.50
	齐齐哈尔管理局	4	14.23	20.3	6.7	5.81	40.88
	绥化管理局	57	28.77	36.9	20.2	4.53	15.74
黑龙江省	大兴安岭地区	111	62.07	169.0	11.2	33.10	53.32
	哈尔滨市	272	43.65	143.1	3.9	23.68	54.25
	鹤岗市	20	60.87	107.0	26.7	26.59	43.68
	黑河市	905	45.66	187.5	2.5	34.51	75.57
	鸡西市	5	28.96	94.3	10.7	36.56	126.23
	佳木斯市	577	35.64	197.7	2.3	32.71	91.79
	牡丹江市	288	47.26	195.3	3.9	27.20	57.54
	七台河市	77	31.76	61.3	5.2	15.80	49.74
	齐齐哈尔市	729	38.19	98.5	2.7	18.65	48.82
	双鸭山市	22	77.40	174.0	10.2	58.78	75.95
	绥化市	123	39.96	96.6	5.2	18.88	47.24
	伊春市	95	31.35	122.3	1.3	20.45	65.24
吉林省	白山市	34	40.78	99.9	8.3	25.49	62.51
	吉林市	19	20.86	63.2	4.0	16.11	77.24
	辽源市	6	33.89	79.0	8.6	27.19	80.24
	松原市	3	21.16	35.3	12.8	12.31	58.17
	通化市	4	31.84	59.8	13.9	22.08	69.35
	延边朝鲜族自治州	113	26.22	93.6	1.6	19.92	75.98
	长春市	30	19.01	51.2	2.2	12.46	65.56
辽宁省	阜新市	372	18.63	83.0	10.0	12.56	67.43

（续）

省（自治区、农垦总局）	名称	点位数（个）	平均值（mg/kg）	最大值（mg/kg）	最小值（mg/kg）	标准差（mg/kg）	变异系数（%）
内蒙古东部三市一盟	赤峰市	72	9.87	37.8	3.1	7.47	75.64
	呼伦贝尔市	1 105	22.66	103.0	4.4	14.59	64.41
	通辽市	49	7.00	21.5	3.0	4.11	58.74
	兴安盟	112	11.87	29.9	4.9	5.20	43.79

（七）土壤速效钾含量状况

黑龙江省农垦总局以九三管理局土壤速效钾含量平均值最大，为216.81 mg/kg；其次分别是北安管理局和红兴隆管理局，这3个管理局都分布在以黑土土类为耕地土壤的区域。速效钾含量范围为50～464 mg/kg。其中，变异系数最大的是宝泉岭管理局，为43.66%。黑龙江省双鸭山市速效钾含量平均值最大，为244.68 mg/kg。由于双鸭山市开垦年限晚，土壤类型以黑土、森林草甸土等速效钾含量高的土壤为主，所以速效钾含量较高。其次是大兴安岭地区和齐齐哈尔市，都是大小兴安岭周边地区围绕的高速效钾地区。速效钾含量平均值最小的是牡丹江市，为125.90 mg/kg。黑龙江省速效钾含量范围为18～660 mg/kg，其中佳木斯市土壤速效钾含量变异系数最大。吉林省土壤速效钾含量平均值最大的是长春市，为135.20 mg/kg；其次是白山市和延边朝鲜族自治州；平均值最小的是辽源市，为100.33 mg/kg。吉林省土壤速效钾含量范围为60～300 mg/kg。辽宁省阜新市速效钾含量平均值为93.26 mg/kg，范围为29～292 mg/kg，变异系数为41.78%。内蒙古东部三市一盟速效钾含量平均值最大的是呼伦贝尔市，为166.27 mg/kg；平均值最小的是赤峰市，为120.40 mg/kg。内蒙古东部三市一盟速效钾含量范围为52～589 mg/kg（表8-120）。

表8-120 东北大豆优势区耕地土壤速效钾含量

省（自治区、农垦总局）	名称	点位数（个）	平均值（mg/kg）	最大值（mg/kg）	最小值（mg/kg）	标准差（mg/kg）	变异系数（%）
黑龙江省农垦总局	宝泉岭管理局	18	135.22	295	66	59.04	43.66
	北安管理局	282	212.95	464	50	58.40	27.42
	红兴隆管理局	182	201.28	455	66	76.52	38.02
	建三江管理局	12	182.24	252	128.75	33.32	18.28
	九三管理局	197	216.81	403	70	57.12	26.35
	牡丹江管理局	104	167.24	387	56	62.14	37.15
	齐齐哈尔管理局	4	178.75	204	143	26.90	15.05
	绥化管理局	57	165.83	222.52	122	22.64	13.65
黑龙江省	大兴安岭地区	111	228.46	549	45	109.29	47.84
	哈尔滨市	272	134.91	610	37	60.24	44.65
	鹤岗市	20	194.55	388	84	88.33	45.40
	黑河市	905	181.56	660	18	82.64	45.51
	鸡西市	5	141.80	224	109	47.29	33.35
	佳木斯市	577	145.55	585	26	83.35	57.27
	牡丹江市	288	125.90	427	50	58.23	46.25
	七台河市	77	152.03	390	27	77.69	51.10
	齐齐哈尔市	729	221.63	484	66	68.71	31.00
	双鸭山市	22	244.68	559	116	116.18	47.48
	绥化市	123	141.50	432	34	58.38	41.26
	伊春市	95	144.40	321	64	61.45	42.56

（续）

省（自治区、农垦总局）	名称	点位数（个）	平均值（mg/kg）	最大值（mg/kg）	最小值（mg/kg）	标准差（mg/kg）	变异系数（%）
吉林省	白山市	34	125.53	280	60	54.70	43.58
	吉林市	19	101.35	175	60	35.72	35.24
	辽源市	6	100.33	148	60	31.01	30.91
	松原市	3	103.33	124	75	25.38	24.56
	通化市	4	115.50	167	73	46.26	40.06
	延边朝鲜族自治州	113	122.21	300	60	50.78	41.55
	长春市	30	135.20	224	66	45.64	33.76
辽宁省	阜新市	372	93.26	292	29	38.97	41.78
内蒙古东部三市一盟	赤峰市	72	120.40	285	68	41.77	34.69
	呼伦贝尔市	1 105	166.27	589	52	73.54	44.23
	通辽市	49	134.69	238	52	47.83	35.51
	兴安盟	112	142.59	420	55	58.67	41.14

（八）土壤有效铜含量状况

黑龙江省农垦总局以绥化管理局土壤有效铜含量平均值最大，宝泉岭管理局最小。其中，变异系数最大的是宝泉岭管理局，为 52.71%。黑龙江省以鹤岗市有效铜含量平均值最大，为 2.73 mg/kg；平均值最小的是大兴安岭地区，为 0.89 mg/kg。其中，佳木斯市土壤有效铜变异系数最大，为 93.03%。吉林省土壤有效铜含量平均值最大的是通化市，为 3.54 mg/kg；平均值最小的是白山市，为 1.93 mg/kg。辽宁省阜新市有效铜含量平均值为 1.36 mg/kg，范围为 0.23～8.78 mg/kg，变异系数为 71.44%。内蒙古东部三市一盟有效铜含量平均值最大的是通辽市，为 1.54 mg/kg；平均值最小的是赤峰市，为 0.78 mg/kg（表 8 - 121）。

表 8 - 121　东北大豆优势区耕地土壤有效铜含量

省（自治区、农垦总局）	名称	点位数（个）	平均值（mg/kg）	最大值（mg/kg）	最小值（mg/kg）	标准差（mg/kg）	变异系数（%）
黑龙江省农垦总局	宝泉岭管理局	18	1.38	2.94	0.28	0.73	52.71
	北安管理局	282	1.98	5.41	0.19	1.04	52.55
	红兴隆管理局	182	2.45	8.26	0.10	1.13	45.98
	建三江管理局	12	1.96	2.66	1.22	0.45	22.92
	九三管理局	197	2.37	3.95	0.68	0.85	36.05
	牡丹江管理局	104	2.39	6.00	0.50	1.09	45.64
	齐齐哈尔管理局	4	2.55	2.92	1.66	0.60	23.61
	绥化管理局	57	2.82	3.91	1.42	0.67	23.76
黑龙江省	大兴安岭地区	111	0.89	2.34	0.16	0.33	37.53
	哈尔滨市	272	1.59	8.18	0.31	0.83	52.29
	鹤岗市	20	2.73	9.1	0.56	2.14	78.58
	黑河市	905	2.19	9.31	0.15	1.32	60.49
	鸡西市	5	1.94	3.24	1.05	0.80	40.98
	佳木斯市	577	0.98	2.73	0.15	0.91	93.03
	牡丹江市	288	1.85	8.69	0.32	1.05	57.11

（续）

省（自治区、农垦总局）	名称	点位数（个）	平均值（mg/kg）	最大值（mg/kg）	最小值（mg/kg）	标准差（mg/kg）	变异系数（%）
黑龙江省	七台河市	77	1.88	2.66	0.68	0.38	20.45
	齐齐哈尔市	729	1.70	6.96	0.43	0.70	41.24
	双鸭山市	22	1.78	2.37	0.14	0.45	25.18
	绥化市	123	2.09	4.39	0.98	0.52	25.08
	伊春市	95	1.43	4.73	0.47	0.55	38.43
吉林省	白山市	34	1.93	8.50	0.20	1.82	94.47
	吉林市	30	2.91	9.85	0.16	2.24	77.05
	辽源市	19	1.99	3.60	0.21	0.95	47.81
	松原市	6	3.01	8.90	0.41	3.24	107.60
	通化市	3	3.54	6.30	1.92	2.40	67.86
	延边朝鲜族自治州	4	2.78	6.76	1.09	2.66	95.75
	长春市	113	2.36	25.35	0.20	3.11	131.89
辽宁省	阜新市	372	1.36	8.78	0.23	0.97	71.44
内蒙古东部三市一盟	赤峰市	72	0.78	2.7	0.13	0.37	48.19
	呼伦贝尔市	1 105	1.42	8.5	0.13	0.64	44.90
	通辽市	49	1.54	14.6	0.40	2.02	131.36
	兴安盟	112	1.33	3.3	0.10	0.80	60.23

（九）土壤有效锌含量状况

黑龙江省农垦总局以建三江管理局土壤有效锌含量平均值最大，齐齐哈尔管理局最小。其中，变异系数最大的是北安管理局，为62.00%。黑龙江省以鹤岗市有效锌含量平均值最高，为2.71 mg/kg；平均值最低的是齐齐哈尔市，为1.11 mg/kg。其中，佳木斯市土壤有效锌含量变异系数最大，为124.10%。吉林省土壤有效锌含量平均值最大的是松原市，为3.85 mg/kg；平均值最小的是通化市，为1.47 mg/kg。辽宁省阜新市有效锌含量平均值是1.35 mg/kg，范围为0.12~8.51 mg/kg，变异系数为91.27%。内蒙古东部三市一盟有效锌含量平均值最大的是呼伦贝尔市，为1.47 mg/kg；平均值最小的是赤峰市，为0.72 mg/kg（表8-122）。

表8-122　东北大豆优势区耕地土壤有效锌含量

省（自治区、农垦总局）	名称	点位数（个）	平均值（mg/kg）	最大值（mg/kg）	最小值（mg/kg）	标准差（mg/kg）	变异系数（%）
黑龙江省农垦总局	宝泉岭管理局	18	0.81	1.62	0.32	0.34	42.20
	北安管理局	282	1.35	3.81	0.12	0.84	62.00
	红兴隆管理局	182	1.54	5.66	0.06	0.86	55.70
	建三江管理局	12	2.69	3.76	1.53	0.72	26.57
	九三管理局	197	1.70	2.99	0.57	0.56	32.90
	牡丹江管理局	104	1.33	4.34	0.16	0.67	50.76
	齐齐哈尔管理局	4	0.58	0.86	0.38	0.20	35.51
	绥化管理局	57	1.71	2.32	0.46	0.56	32.51
黑龙江省	大兴安岭地区	111	1.80	5.3	0.47	0.81	45.10
	哈尔滨市	272	1.42	6.28	0.12	0.97	68.30
	鹤岗市	20	2.71	8.81	0.54	2.32	85.59

（续）

省（自治区、农垦总局）	名称	点位数（个）	平均值（mg/kg）	最大值（mg/kg）	最小值（mg/kg）	标准差（mg/kg）	变异系数（%）
黑龙江省	黑河市	905	1.51	9.6	0.1	0.96	63.63
	鸡西市	5	2.63	6.72	1.05	2.33	88.62
	佳木斯市	577	2.57	19.65	0.1	3.19	124.10
	牡丹江市	288	1.95	13.34	0.14	1.45	74.37
	七台河市	77	1.36	4.36	0.56	0.71	52.35
	齐齐哈尔市	729	1.11	12.67	0.13	0.78	69.78
	双鸭山市	22	1.85	3.84	0.89	0.98	53.03
	绥化市	123	1.72	5.67	0.17	0.78	45.17
	伊春市	95	1.46	4.12	0.65	0.73	49.63
吉林省	白山市	34	3.56	23.1	0.43	4.07	114.54
	吉林市	30	1.72	5.18	0.38	1.00	57.94
	辽源市	19	2.03	8.70	0.13	2.24	109.99
	松原市	6	3.85	12.8	0.79	4.48	116.34
	通化市	3	1.47	2.64	0.72	1.03	69.84
	延边朝鲜族自治州	4	3.70	7.91	1.07	2.94	79.39
	长春市	113	2.08	12.50	0.12	1.85	88.89
辽宁省	阜新市	372	1.35	8.51	0.12	1.23	91.27
内蒙古东部三市一盟	赤峰市	72	0.72	3.52	0.21	0.59	82.50
	呼伦贝尔市	1 105	1.47	7.21	0.09	1.13	76.64
	通辽市	49	0.82	1.80	0.31	0.32	39.47
	兴安盟	112	1.03	3.20	0.10	0.67	65.43

（十）土壤有效铁含量状况

　　黑龙江省农垦总局以绥化管理局土壤有效铁含量平均值最大，建三江管理局最小。其中，变异系数最大的是九三管理局，为107.48%。黑龙江省以大兴安岭地区有效铁含量平均值最高，为79.60 mg/kg；平均值最低的是双鸭山市，为29.31 mg/kg。其中，双鸭山市土壤有效铁含量变异系数最大，为67.84%。吉林省土壤有效铁含量平均值最大的是延边朝鲜族自治州，为79.44 mg/kg；平均值最小的是通化市，为38.04 mg/kg。辽宁省阜新市有效铁含量平均值是40.00 mg/kg，变异系数为115.41%。内蒙古东部三市一盟有效铁含量平均值最大的是呼伦贝尔市，为78.59 mg/kg；平均值最小的是赤峰市，为8.31 mg/kg（表8-123）。

表8-123　东北大豆优势区耕地土壤有效铁含量

省（自治区、农垦总局）	名称	点位数（个）	平均值（g/kg）	最大值（g/kg）	最小值（g/kg）	标准差（g/kg）	变异系数（%）
黑龙江省农垦总局	宝泉岭管理局	18	84.76	265.0	8.5	82.08	96.84
	北安管理局	282	121.41	296.0	14.9	74.68	61.51
	红兴隆管理局	182	91.12	319.0	1.3	64.67	70.97
	建三江管理局	12	43.56	57.3	28.3	8.22	18.88
	九三管理局	197	49.21	601.0	21.1	52.89	107.48
	牡丹江管理局	104	100.84	332.6	17.8	53.96	53.52
	齐齐哈尔管理局	4	96.54	103.3	92.0	5.17	5.36
	绥化管理局	57	163.39	253.3	75.0	43.79	26.80

（续）

省（自治区、农垦总局）	名称	点位数（个）	平均值（g/kg）	最大值（g/kg）	最小值（g/kg）	标准差（g/kg）	变异系数（%）
黑龙江省	大兴安岭地区	111	79.60	154.3	12.1	30.22	37.96
	哈尔滨市	272	41.95	161.4	18.6	18.39	43.82
	鹤岗市	20	54.39	128.3	23.6	25.33	46.58
	黑河市	905	51.29	177.6	2.0	33.42	65.16
	鸡西市	5	44.18	63.5	20.4	18.46	41.78
	佳木斯市	577	39.62	90.6	7.6	17.93	45.25
	牡丹江市	288	66.53	165.4	8.1	34.02	51.13
	七台河市	77	67.60	166.0	21.1	41.71	61.70
	齐齐哈尔市	729	36.98	86.3	8.0	13.57	36.69
	双鸭山市	22	29.31	61.3	7.2	19.89	67.84
	绥化市	123	54.13	126.5	20.4	22.37	41.32
	伊春市	95	57.00	124.2	18.1	32.06	56.26
吉林省	白山市	34	69.17	419.0	1.2	80.35	116.17
	吉林市	30	69.58	292.0	4.4	74.97	107.74
	辽源市	19	57.72	171.0	9.2	41.42	71.76
	松原市	6	72.00	232.0	15.1	80.87	112.33
	通化市	3	38.01	52.2	20.4	16.19	42.58
	延边朝鲜族自治州	4	79.44	140.3	5.9	55.60	69.99
	长春市	113	56.09	400.0	3.8	66.19	118.00
辽宁省	阜新市	372	40.00	693.5	0.4	46.16	115.41
内蒙古自治区	赤峰市	72	8.31	31.4	3.8	5.58	67.08
	呼伦贝尔市	1 105	78.59	328.9	15.2	51.73	65.82
	通辽市	49	11.43	47.9	3.4	8.60	75.27
	兴安盟	112	31.23	101.4	1.0	25.49	81.62

（十一）土壤有效锰含量状况

黑龙江省农垦总局以牡丹江管理局土壤有效锰含量平均值最大，齐齐哈尔管理局最小。其中，变异系数最大的是齐齐哈尔管理局，为80.65%。黑龙江省以鹤岗市有效锰含量平均值最大，为80.06 mg/kg；平均值最小的是双鸭山市，为17.28 mg/kg。其中，伊春市土壤有效锰含量变异系数最大，为78.77%。吉林省土壤有效锰含量平均值最大的是白山市，为46.05 mg/kg；平均值最小的是吉林市，为28.42 mg/kg。辽宁省阜新市有效锰含量平均值为30.13 mg/kg，范围为1.4~87.5 mg/kg，变异系数为89.65%。内蒙古东部三市一盟有效锰含量平均值最大的是呼伦贝尔市，为50.17 mg/kg；平均值最小的是通辽市，为13.38 mg/kg（表8-124）。

表8-124 东北大豆优势区耕地土壤有效锰含量

省（自治区、农垦总局）	名称	点位数（个）	平均值（mg/kg）	最大值（mg/kg）	最小值（mg/kg）	标准差（mg/kg）	变异系数（%）
黑龙江省农垦总局	宝泉岭管理局	18	27.83	79.5	11.3	21.69	77.94
	北安管理局	282	30.33	76.8	1.0	15.55	51.28
	红兴隆管理局	182	41.81	120.0	1.6	22.61	54.07

（续）

省（自治区、农垦总局）	名称	点位数（个）	平均值（mg/kg）	最大值（mg/kg）	最小值（mg/kg）	标准差（mg/kg）	变异系数（%）
黑龙江省农垦总局	建三江管理局	12	44.11	54.2	26.0	8.04	18.22
	九三管理局	197	38.81	67.5	15.4	10.75	27.70
	牡丹江管理局	104	47.22	118.0	9.2	24.55	51.99
	齐齐哈尔管理局	4	24.66	51.1	6.5	19.89	80.65
	绥化管理局	57	38.78	51.5	20.0	7.27	18.73
黑龙江省	大兴安岭地区	111	42.52	126.5	12.0	15.21	35.77
	哈尔滨市	272	29.65	118.4	7.2	16.21	54.68
	鹤岗市	20	80.06	117.9	10.3	31.31	39.11
	黑河市	905	33.02	97.8	2.6	15.32	46.39
	鸡西市	5	22.44	28.8	17.6	4.53	20.18
	佳木斯市	577	38.50	93.4	2.4	17.10	44.42
	牡丹江市	288	58.11	151.3	5.1	29.21	50.28
	七台河市	77	32.48	99.5	8.7	23.39	72.01
	齐齐哈尔市	729	38.91	95.7	7.9	17.39	44.70
	双鸭山市	22	17.28	21.9	3.3	4.86	28.12
	绥化市	123	63.02	126.0	8.2	22.55	35.78
	伊春市	95	32.10	119.3	10.7	25.29	78.77
吉林省	白山市	34	46.05	295.0	5.0	57.73	125.35
	吉林市	30	28.42	75.2	5.0	18.57	65.35
	辽源市	19	31.03	74.4	3.4	18.07	58.23
	松原市	6	43.35	100.0	14.2	33.34	76.92
	通化市	3	29.89	50.2	18.0	17.68	59.13
	延边朝鲜族自治州	4	38.94	77.0	4.8	29.58	75.95
	长春市	113	31.89	250.6	3.5	42.15	132.17
辽宁省	阜新市	372	30.13	87.5	1.4	27.01	89.65
内蒙古东部三市一盟	赤峰市	72	16.15	135.8	4.1	16.14	99.94
	呼伦贝尔市	1 105	50.17	179.0	2.9	20.18	40.22
	通辽市	49	13.38	35.8	3.1	7.02	52.45
	兴安盟	112	29.24	87.2	3.5	17.91	61.24

（十二）土壤有效钼含量状况

黑龙江省农垦总局以牡丹江管理局土壤有效钼含量平均值最大，绥化管理局最小。其中，变异系数最大的是牡丹江管理局，为95.95%。黑龙江省以鸡西市有效钼含量平均值最大，为0.72 mg/kg；平均值最小的是哈尔滨市和伊春市，为0.05 mg/kg。其中，牡丹江市土壤有效钼含量变异系数最大，为201.64%。吉林省土壤有效钼含量平均值最大的是通化市，为0.72 mg/kg；平均值最低的是吉林市和延边朝鲜族自治州，为0.35 mg/kg。辽宁省阜新市有效钼含量平均值为0.09 mg/kg，范围为0.01~1.00 mg/kg，变异系数为107.70%。内蒙古东部三市一盟有效钼含量平均值最大的是兴安盟，为0.25 mg/kg；平均值最小的是通辽市，为0.02 mg/kg（表8-125）。

表 8 - 125　东北大豆优势区耕地土壤有效钼含量

省（自治区、农垦总局）	名称	点位数（个）	平均值（mg/kg）	最大值（mg/kg）	最小值（mg/kg）	标准差（mg/kg）	变异系数（%）
黑龙江省农垦总局	宝泉岭管理局	18	0.14	0.27	0.02	0.11	80.97
	北安管理局	282	0.09	0.20	0.01	0.03	32.28
	红兴隆管理局	179	0.27	1.14	0.02	0.19	68.99
	建三江管理局	—	—	—	—	—	—
	九三管理局	197	0.15	0.35	0.01	0.09	57.72
	牡丹江管理局	96	0.35	1.37	0.03	0.34	95.95
	齐齐哈尔管理局	4	0.11	0.13	0.09	0.02	15.18
	绥化管理局	57	0.06	0.13	0.01	0.03	40.98
黑龙江省	大兴安岭地区	111	0.10	0.13	0.08	0.01	14.64
	哈尔滨市	272	0.05	0.13	0.00	0.02	42.17
	鹤岗市	20	0.06	0.10	0.01	0.04	62.20
	黑河市	905	0.06	0.71	0.00	0.06	101.53
	鸡西市	5	0.72	2.54	0.12	1.04	145.62
	佳木斯市	577	0.09	0.70	0.01	0.06	65.82
	牡丹江市	288	0.48	2.79	0.00	0.96	201.64
	七台河市	77	0.48	2.79	0.03	0.96	201.39
	齐齐哈尔市	729	0.07	0.32	0.03	0.04	50.92
	双鸭山市	22	0.16	0.20	0.13	0.02	14.10
	绥化市	123	0.08	0.46	0.04	0.06	78.26
	伊春市	95	0.05	0.66	0.02	0.07	132.68
吉林省	白山市	34	0.36	1.30	0.03	0.33	92.47
	吉林市	30	0.35	0.87	0.05	0.24	70.44
	辽源市	19	0.37	0.81	0.03	0.26	69.13
	松原市	6	0.38	0.88	0.10	0.32	82.75
	通化市	3	0.72	1.00	0.15	0.49	68.48
	延边朝鲜族自治州	4	0.35	0.88	0.06	0.38	109.42
	长春市	113	0.36	1.75	0.02	0.32	90.43
辽宁省	阜新市	372	0.09	1.00	0.01	0.09	107.70
内蒙古东部三市一盟	赤峰市	72	0.17	1.58	0.02	0.25	144.02
	呼伦贝尔市	1 105	0.17	2.40	0.01	0.15	83.79
	通辽市	49	0.02	0.05	0.01	0.01	60.31
	兴安盟	112	0.25	1.07	0.05	0.18	74.12

（十三）土壤有效硼含量状况

　　黑龙江省农垦总局以九三管理局土壤有效硼含量平均值最大，为 0.83 mg/kg。其中，变异系数最大的是牡丹江管理局，为 58.42%。黑龙江省以哈尔滨市有效硼含量平均值最大，为 1.03 mg/kg；平均值最小的是鹤岗市，为 0.44 mg/kg。其中，鸡西市土壤有效硼含量变异系数最大。吉林省土壤有效硼含量平均值最大的是通化市，为 3.81 mg/kg；其次是延边朝鲜族自治州和辽源市；平均值最小的是松原市，为 0.41 mg/kg。吉林省土壤有效硼含量范围为 0.05～11.30 mg/kg。辽宁省阜新市有效硼含量平均值为 2.07 mg/kg，范围为 0.24～4.95 mg/kg，变异系数为 28.63%。内蒙古东部三市一盟有效硼含量平均值最大的是兴安盟，为 0.82 mg/kg；平均值最小的是赤峰市，为 0.46 mg/kg（表 8-126）。

表 8-126　东北大豆优势区耕地土壤有效硼含量

省（自治区、农垦总局）	名称	点位数（个）	平均值（mg/kg）	最大值（mg/kg）	最小值（mg/kg）	标准差（mg/kg）	变异系数（%）
黑龙江省农垦总局	宝泉岭管理局	18	0.46	0.88	0.13	0.20	43.58
	北安管理局	282	0.63	1.31	0.11	0.23	36.26
	红兴隆管理局	182	0.47	1.34	0.07	0.23	50.06
	建三江管理局	12	0.80	1.25	0.44	0.25	31.62
	九三管理局	197	0.83	1.58	0.18	0.27	32.31
	牡丹江管理局	104	0.52	1.83	0.13	0.31	58.42
	齐齐哈尔管理局	4	0.65	0.76	0.52	0.10	15.44
	绥化管理局	57	0.57	0.92	0.26	0.14	23.89
黑龙江省	大兴安岭地区	111	0.76	1.36	0.35	0.42	55.80
	哈尔滨市	272	1.03	1.80	0.21	0.35	33.60
	鹤岗市	20	0.44	0.75	0.24	0.21	47.95
	黑河市	905	0.49	1.18	0.01	0.26	53.50
	鸡西市	5	0.60	1.30	0.31	0.42	69.96
	佳木斯市	577	0.68	1.47	0.18	0.25	36.25
	牡丹江市	288	0.85	2.07	0.17	0.48	56.50
	七台河市	77	0.81	1.17	0.31	0.29	36.48
	齐齐哈尔市	729	0.67	1.77	0.10	0.30	44.11
	双鸭山市	22	0.86	1.29	0.76	0.15	17.19
	绥化市	123	0.58	1.35	0.30	0.23	39.08
	伊春市	95	0.80	1.46	0.17	0.36	45.37
吉林省	白山市	34	0.78	7.99	0.11	1.38	177.19
	吉林市	30	1.56	8.23	0.06	2.54	162.79
	辽源市	19	1.85	9.80	0.06	2.93	158.94
	松原市	6	0.41	0.74	0.14	0.20	48.93
	通化市	3	3.81	11.30	0.05	6.49	170.48
	延边朝鲜族自治州	4	2.57	8.78	0.12	4.15	161.93
	长春市	113	1.23	10.90	0.05	2.09	170.27
辽宁省	阜新市	372	2.07	4.95	0.24	0.59	28.63
内蒙古东部三市一盟	赤峰市	72	0.46	1.44	0.07	0.23	50.46
	呼伦贝尔市	1 105	0.52	4.64	0.05	0.28	54.40
	通辽市	49	0.68	1.45	0.21	0.26	38.53
	兴安盟	112	0.82	1.65	0.18	0.37	45.15

（十四）土壤有效硅含量状况

　　黑龙江省农垦总局以九三管理局土壤有效硅含量平均值最大，为 464.76 mg/kg；其次是北安管理局。其中，变异系数最大的是九三管理局，为 40.25%。黑龙江省以大兴安岭地区有效硅含量平均值最大，为 432.92 mg/kg；七台河市平均值最小。黑龙江省有效硅含量范围为 25.1～863.4 mg/kg。吉林省土壤有效硅含量平均值最大的是延边朝鲜族自治州，为 410.86 mg/kg；平均值最小的是通化市，为 126.67 mg/kg。吉林省土壤有效硅含量范围为 58.3～890.0 mg/kg。辽宁省阜新市有效硅含量平均值为 323.74 mg/kg，范围为 64.1～1 062.1，变异系数为 40.73%。内蒙古东部三市一盟有效硅含量平均值最大的是兴安盟，为 333.63 mg/kg；平均值最小的是赤峰市，为 191.80 mg/kg。内蒙古东部三市一盟有效硅含量范围为 45.0～745.9 mg/kg（表 8-127）。

表 8-127　东北大豆优势区耕地土壤有效硅含量

省（自治区、农垦总局）	名称	点位数（个）	平均值（mg/kg）	最大值（mg/kg）	最小值（mg/kg）	标准差（mg/kg）	变异系数（%）
黑龙江省农垦总局	宝泉岭管理局	9	120.22	183.0	73.0	43.07	35.83
	北安管理局	282	308.28	514.0	89.0	61.66	20.00
	红兴隆管理局	110	183.39	299.7	76.0	49.59	27.04
	建三江管理局	12	122.88	146.1	103.6	15.28	12.44
	九三管理局	197	464.76	808.5	189.0	187.09	40.25
	牡丹江管理局	104	150.89	317.0	20.1	57.00	37.77
	齐齐哈尔管理局	4	184.40	216.0	150.3	31.00	16.81
	绥化管理局	57	245.60	367.0	92.0	95.30	38.80
黑龙江省	大兴安岭地区	111	432.92	775.6	151.1	241.22	55.72
	哈尔滨市	272	318.49	836.7	108.5	147.35	46.26
	鹤岗市	20	390.36	532.9	223.3	146.74	37.59
	黑河市	905	283.39	712.1	25.1	116.70	41.18
	鸡西市	5	214.96	298.6	94.5	78.54	36.54
	佳木斯市	577	319.01	582.1	129.3	96.10	30.13
	牡丹江市	288	367.33	845.8	100.6	192.81	52.49
	七台河市	77	202.68	383.1	105.6	85.00	41.94
	齐齐哈尔市	729	413.52	863.4	100.7	179.75	43.47
	双鸭山市	22	324.17	685.2	184.0	96.64	29.81
	绥化市	123	309.16	628.2	100.8	79.98	25.87
	伊春市	95	234.70	390.0	134.4	42.88	18.27
吉林省	白山市	34	272.03	624.0	61.2	166.33	61.15
	吉林市	30	238.25	562.3	67.0	132.54	55.63
	辽源市	19	233.27	573.1	78.5	124.36	53.31
	松原市	6	174.25	342.9	100.2	94.14	54.03
	通化市	3	126.67	187.0	89.0	52.79	41.67
	延边朝鲜族自治州	4	410.86	840.0	130.0	330.73	80.50
	长春市	113	254.93	890.0	58.3	155.90	61.15
辽宁省	阜新市	372	323.74	1 062.1	64.1	131.87	40.73
内蒙古东部三市一盟	赤峰市	72	191.80	431.0	66.1	78.37	40.86
	呼伦贝尔市	1 105	199.93	544.0	45.0	78.41	39.22
	通辽市	49	268.92	450.0	61.0	99.80	37.11
	兴安盟	106	333.63	745.9	157.9	106.77	32.00

（十五）土壤 pH 状况

黑龙江省农垦总局以齐齐哈尔管理局土壤 pH 平均值最大，为 8.50。其中，变异系数最大的是红兴隆管理局，为 11.15％。黑龙江省以齐齐哈尔市土壤 pH 平均值最高，为 6.52；其次是绥化市。其中，佳木斯市土壤 pH 变异系数最大。吉林省土壤 pH 平均值最高的是松原市，为 6.68；其次是辽源市和长春市；平均值最小的是通化市，为 5.42。辽宁省阜新市土壤 pH 平均值是 6.69，变异系数为 13.76％。内蒙古东部三市一盟土壤 pH 平均值最大的是赤峰市，为 8.29；平均值最小的是呼伦贝尔市，为 6.08。内蒙古东部三市一盟土壤 pH 范围为 4.80～8.70（表 8-128）。

表 8-128　东北大豆优势区耕地土壤 pH

省（自治区、农垦总局）	名称	点位数（个）	平均值	最大值	最小值	标准差	变异系数（%）
黑龙江省农垦总局	宝泉岭管理局	18	6.06	6.71	5.00	0.41	6.76
	北安管理局	282	5.70	6.70	4.57	0.30	5.26
	红兴隆管理局	182	6.15	8.33	4.70	0.69	11.15
	建三江管理局	12	5.87	6.80	5.10	0.58	9.91
	九三管理局	197	6.01	6.80	5.00	0.35	5.77
	牡丹江管理局	104	5.62	6.58	4.57	0.35	6.30
	齐齐哈尔管理局	4	8.50	8.60	8.40	0.12	1.36
	绥化管理局	57	5.79	7.54	5.39	0.34	5.79
黑龙江省	大兴安岭地区	111	5.86	6.80	5.00	0.31	5.37
	哈尔滨市	272	6.04	7.30	4.70	0.52	8.54
	鹤岗市	20	5.85	6.70	5.30	0.35	5.99
	黑河市	905	5.72	7.60	4.30	0.47	8.16
	鸡西市	5	5.84	5.90	5.60	0.13	2.30
	佳木斯市	577	5.88	8.20	4.00	0.82	13.89
	牡丹江市	288	5.93	8.30	4.80	0.55	9.24
	七台河市	77	6.21	7.10	5.10	0.50	8.04
	齐齐哈尔市	729	6.52	8.50	4.80	0.57	8.75
	双鸭山市	22	6.10	7.00	5.30	0.49	7.98
	绥化市	123	6.25	7.80	4.70	0.59	9.45
	伊春市	95	5.66	6.70	4.50	0.56	9.95
吉林省	白山市	34	5.89	6.97	5.13	0.45	7.71
	吉林市	19	5.69	6.60	4.30	0.71	12.53
	辽源市	6	6.37	6.65	6.00	0.27	4.20
	松原市	3	6.68	7.67	5.92	0.90	13.41
	通化市	4	5.42	6.50	4.87	0.76	14.06
	延边朝鲜族自治州	113	5.74	7.38	4.35	0.59	10.21
	长春市	30	6.14	8.13	5.00	0.75	12.19
辽宁省	阜新市	372	6.99	9.25	5.20	0.96	13.76
内蒙古自治区	赤峰市	72	8.29	8.70	7.10	0.25	3.01
	呼伦贝尔市	1 105	6.08	7.80	4.80	0.59	9.74
	通辽市	49	7.92	8.50	6.30	0.51	6.44
	兴安盟	112	7.07	8.30	5.60	0.79	11.19

第九章 | 黑土区粮食生产能力 >>>

黑土地被认为是世界上最宝贵的耕地资源。我国黑土区是世界四大黑土区之一，主要分布在黑龙江、吉林全部以及辽宁大部和内蒙古东部地区。黑土耕地面积分别为黑龙江 0.159 亿 hm²、吉林 0.070 亿 hm²、辽宁 0.042 亿 hm²、内蒙古 0.043 亿 hm²（刘国辉 等，2016）。我国黑土区主要位于松嫩平原中东部，其有机质含量是黄土的 10 倍，肥力较高，比较适宜耕作。因此，黑土区是我国重要的粮食生产基地、工业基地和饲料、甜菜、薯类等农产品基地，在保障和落实国家粮食安全战略方面具有不可替代的作用（尹哲睿，2016）。黑土区各种粮食作物占全国的比例为玉米 29.9%、大豆 56.2%；每年提供粮食总量 3 500 万 t，约占全国商品粮供给总量的 33.33%（张孝存，2013）。

但是，多年来对黑土地资源的开发和利用导致黑土区土壤结构变差，耕作层变薄，犁底层上移，水土流失严重，土壤有机质下降，进一步危害作物生长（刘登高 等，2004）。有研究表明，吉林黑土区随着机械化的生产，农民增收增产，但黑土层由于水土流失严重，导致黑土层变薄，肥力下降，抗灾能力日趋减弱（王艳丽 等，2010）。众所周知，黑土中有机质对维持土壤生产力起着重要的作用。有研究表明，黑龙江土壤有机质比 1982 年第二次全国土壤普查时相对下降 41%，而土壤有机质含量每下降 1 个百分点，土壤生产力平均下降 12.7%（刘国辉 等，2016）。除此之外，有数据显示，黑龙江耕地土壤有机质平均含量为 2.68%，下降明显，土壤贫钾问题日益突出（吴殿峰，2015）。基于此，许多土壤肥料专家对黑土做了多年全方位的研究，取得了很好的成绩，但对于黑土区土壤质量的状况，作物的生产潜力还有多少挖掘的可能，是需要研究的。只有依靠科技进步，提高土地单位面积产量，才能更好地发挥黑土区的粮食生产潜力。因而，从客观上准确估算作物生产潜力，并且研究其分布和变化情况，为进一步提高生产潜力提供技术和经济支持显得尤为重要。

第一节 黑土区作物生产潜力分析

粮食问题是影响人类生存发展的基本问题之一。随着人口的增长和人民生活水平的提高，以及气候变化和土壤侵蚀等环境问题的出现，粮食生产能力及地区人口承载力等问题日益引起人们的重视。因此，弄清一个地区当前及今后的作物生产潜力，对评价该地区粮食的生产能力和人口承载能力，进而指导粮食生产具有重要意义。

一、作物生产潜力的概念与层次

作物生产潜力（crop potential productivity）是指某一地区的农田在特定农业资源组合条件下，人们种植作物应能实现的最大生产能力，也称产量潜势、最高产量。

研究作物生产潜力不仅对准确评价农业资源系统的基本特征、揭示影响作物产量的限制因素、合理开发和利用农业资源、提高农田生产能力具有指导意义，而且对于科学制定农业发展规划、确定合理的作物布局和种植制度、选择适宜的作物播期和种植方式、拟定作物灌水和施肥方案有重要的应用价值。

受光照、热量和降水 3 个气候因素以及土壤因素的制约，农田作物的生产潜力可划分为光合生产潜力、热量生产潜力、降水生产潜力、气候-土壤生产潜力 4 个层次。

（一）光合生产潜力

光合生产潜力又称光合潜力、光能潜力，是指当植物群体及其各种环境因素处于最佳状态时，由光能资源所决定的产量潜力。它是由光能资源和植物光合效率决定的，是植物生产力的最高层次。也就是说，把光照作为唯一的考察因素，而假设其他因素都不起作用，即假设作物对生长的温度环境完全适应，水分供应充足又不过湿，空气中二氧化碳含量正常，土壤的给水性能、养分含量都较好，甚至风速也有利于作物生长。显然，光合生产潜力是一个理想值，在实际大田生产中是不可能实现的，可用式（9-1）表示。

$$Y_L = f(Q) \tag{9-1}$$

式中，Y_L 为光合生产潜力；Q 为光辐射。

（二）热量生产潜力

热量生产潜力又称光温生产潜力，是指农田在水、肥、劳力和技术等得到充分保证时，单位面积理想作物群体在当地光、热资源条件下可以实现的最高产量。它是由光照和热量两因素共同决定的，是在特定光、温条件和高投入水平下一个地区可能达到的作物产量上限。对灌溉农田而言，光照和热量条件一般尚不构成作物生长发育的限制因素，若采用合理的灌溉制度，水分也可以得到充分满足，这样肥力水平和田间管理技术成为生产力的制约因素。因而，热量生产潜力可视为灌溉农田的最高产量水平，通常由光合生产潜力与温度订正函数的乘积求得，见式（9-2）。

$$Y_{LT} = f_1(Q) \cdot f_2(T) \tag{9-2}$$

式中，Y_{LT} 为热量生产潜力；$f_2(T)$ 为温度订正函数，一般采用线性订正模型 $0 < f_2(T) < 1$。

（三）降水生产潜力

降水生产潜力又称水分生产潜力、光温水生产潜力、气候生产潜力，是指农田在肥料、劳力和技术得到充分保证时，单位面积理想作物群体在当地光、热、水（自然降水）气候资源条件下可以实现的最高产量。它是由光、热、水三因素共同决定的，是在优化管理及自然降水条件下一个地区可能达到的作物产量上限。对于广大旱作地区而言，降水通常有限，水分的供给经常不能满足作物需求，从而成为作物充分利用光、热资源的制约因素，作物的生产潜力主要取决于水分供应程度。因而，降水生产潜力可视为旱作农田的最高产量水平，是在对热量生产潜力进行水分订正的基础上得出的，见式（9-3）。

$$Y_{LTW} = f_1(Q) \cdot f_2(T) \cdot f_3(W) \tag{9-3}$$

式中，Y_{LTW} 为降水生产潜力；$f_3(W)$ 为降水有关的订正函数，$0 < f_3(W) < 1$。湿润多雨或低洼地区，水分季节性供过于求，致使作物产生湿害，限制降水生产潜力的实现，故需进行水分订正。

（四）气候-土壤生产潜力

气候-土壤生产潜力又称光温水土生产潜力，是指在特定的气候生产潜力条件下，因土壤所限应能实现的生产能力。土壤作为作物及其生长必需的矿物质营养和水分的载体，它的库容、持水与供肥能力制约着气候生产潜力的发挥。现代科学技术对土壤肥力的替代率可以逼近 100%，但是在生产实践中，受制于经济代价，土壤因素将长期对作物生产起重要作用。因此，对于农田生产潜力测算，需进行土壤订正，见式（9-4）。

$$Y_{LTWS} = f_1(Q) \cdot f_2(T) \cdot f_3(W) \cdot f_4(S) \tag{9-4}$$

式中，Y_{LTWS} 为气候-土壤生产潜力。依照联合国粮食及农业组织提供的方法，最好的土壤订正系数 $f_4(S)$ 为 0.95，取值范围是 $0 < f_4(S) < 1$。

上述 4 个层次的生产潜力可归纳为土地物质、能量的收入过程、调节过程和合成过程。如果这个过程中，要素之间有一个高度协调的量比关系，则会获得较高产量；但客观事实并非如此，一个区域内各种要素间存在着限制关系。因此，农田生产潜力由光合生产潜力、热量生产潜力、降水生产潜力、气候-土壤生产潜力依次衰减。在此衰减过程中，有的要素可以人为进行干预调控，而有些则无法调控或至少目前还无法调控。这种调控能力在实际生产中就表现为一定的农田生产水平。所谓"一定条件下的农田生产能力"实际上就是指在一定的人为调控、干预水平下，各种限制要素对光温潜力发生"衰减"之后的生产力水平。

二、作物生产潜力的研究方法

作物生产潜力的研究中，普遍采用的是数学模型推导的方法。由于作物生产潜力的研究受到国内外学者的广泛重视，不同学者所处的环境不同，研究思路各异。因而，所采用的数学模型和有关参数订正值存在明显差异，形成了种类繁多的研究方法。归纳起来可分为机制法、经验法和趋势外推法 3 种，其中机制法是最常用的生产潜力研究方法。

（一）机制法

机制法是根据作物生产力形成的机制，考虑光、温、水、土等自然生态因子以及灌水、肥料、技术、植保、耕作、育种等农业生产条件，从作物截获特征和光合作用入手，依据作物能量转化及粮食产量形成过程，进行逐步"衰减"来估算粮食生产潜力。机制法研究粮食生产潜力，又可分为传统机制法和生态区域法两种。

传统机制法诞生于 20 世纪 60 年代初，Black 和 Watson 首先发表了《光合作用与获取作物最高产量的理论》论文；殷红章、竺可桢分别从光合作用和气候的角度率先在国内探讨了作物生产潜力。自 20 世纪 60 年代以来，世界各国对于作物生产潜力的研究逐步深入，诸多学者从不同的角度对作物生产潜力进行了研究，大量计算公式不断问世，相关计算参数逐步精确，并对我国作物生产潜力的空间分布进行了较多的探讨。然而，上述研究多集中在光、温、水三要素上，使气候生产潜力的计算趋于成熟和完善。80 年代以来，随着世界性"土地人口承载力"研究的开展，关于农业生产潜力、土地生产潜力、耕地生产潜力及粮食生产潜力的概念相继出现，研究重点转向土壤有效系数的获取和光、温、水、土生产潜力的估算。梁荣欣等针对我国整体及部分地区的状况，就土壤有效系数的计算进行了有益的研究，将传统机制法和作物生产潜力的研究推入一个新的阶段。

机制法（潜力递减法）建立在生理生态学研究的基础上，对光合生产潜力进行逐级订正来确定气候-土壤生产潜力。其物理意义清晰、因果关系明确，是目前应用最广泛的作物生产潜力研究方法，模型如式（9-5）。

$$
\begin{aligned}
Y_F &= Q \cdot f(Q) \cdot f(T) \cdot f(W) \cdot f(S) \cdot f(M) \\
&= Y_Q \cdot f(T) \cdot f(W) \cdot f(S) \cdot f(M) \\
&= Y_T \cdot f(W) \cdot f(S) \cdot f(M) \\
&= Y_W \cdot f(S) \cdot f(M) \\
&= Y_S \cdot f(M)
\end{aligned}
\tag{9-5}
$$

式中，Y_F 为作物生产潜力；Q 为太阳总辐射；$f(Q)$ 为光合有效系数；Y_Q 为光合生产潜力；$f(T)$ 为温度有效系数；Y_T 为光温生产潜力；$f(W)$ 为水分有效系数；Y_W 为气候生产潜力；$f(S)$ 为土壤订正系数；Y_S 为气候-土壤生产潜力；$f(M)$ 为社会有效系数。

1. 光合生产潜力 光合生产潜力是指当温度、水分、土壤、肥力和农业技术因子等均处于最适宜条件，只考虑太阳辐射所确定的生产潜力。其一般模型见式（9-6）（于沪宁 等，1982）。

$$
\begin{aligned}
Y_Q &= \sum QP(1-\alpha)(1-\beta)(1-\rho)(1-\gamma)(1-d)(1-e)/(1-X)H \\
&= \sum Qf(Q)
\end{aligned}
\tag{9-6}
$$

式中，$\sum Q$ 为太阳总辐射量，每年投射到单位面积上的太阳总辐射量（J/cm^2）。P 为光合有效辐射率，能够用于光合作用的光合有效辐射占总辐射的比例，因地区而异。α 为照射率，到达植物叶面上的太阳辐射，一部分被叶面反射回大气层，造成反射损失。β 为透射率，太阳辐射一部分穿过叶层，进入地面即透射；它因叶面积指数、植物群体密度等而有显著变化。ρ 为无效吸收率，到达植物群落的太阳辐射，其中一部分被非光合器官吸收，称为无效吸收，一般为 0.1。γ 为光饱和限制率，因作物光合速率差异不同而定。d 为光量子损失率，光合作用中每吸收 44 mg 二氧化碳就固定 4.69×10^5 J 光能，按理论计算，同化一个二氧化碳至少需要 3 个光量子，但实际还原一个二氧化碳需要 8～12 个光量子。若取其平均值 10 个，把太阳光谱中各波长的平均能量取 2.09 J，则光量子损失率：$d = [1 - 112/(50 \times 10)] \times 100\% = 77.6\%$。$e$ 为呼吸消耗率，呼吸作用是植物光合作用的逆反应，是对光合产物的损耗，随温度变化而变化。X 为有机物中的水分含量，一般取 0.14，但因作物而异。H 为干物质热转换率，即植物每生产 1 g 干物质平均需要的热量。

黄秉维（1978）根据我国的气候特点，对上述参数进行偏保守估计，在订正和修改多项参数后，得出适合我国的光合有效系数为 0.123，称黄秉维系数。截至目前，此系数仍在广泛应用。

2. 光温生产潜力　光温生产潜力指当水分、土壤、品种及其他农业技术条件均处于适宜条件，仅由光照、温度条件作为作物产量的决定因素时所确定的作物生产潜力，是灌溉农业产量上限。计算公式为式（9-7）。

$$Y_T = Y_Q \cdot f(T) \tag{9-7}$$

沈思渊等（1991）把作物分为喜凉作物和喜温作物，并分别提出了温度修正系数的估算，见式（9-8）、式（9-9）。

喜凉作物：
$$f(T) = \begin{cases} 0 & T < 0 \\ T/20 & 0 \leqslant T \leqslant 20 \\ 1 & T > 20 \end{cases} \tag{9-8}$$

喜温作物：
$$f(T) = \begin{cases} 0.33T - 0.2 & 6 \leqslant T < 21 \\ 0.0714T - 1.00 & 21 \leqslant T < 28 \\ 1.00 & 28 \leqslant T < 32 \\ -0.083T + 3.67 & 32 \leqslant T \leqslant 44 \\ 0 & T < 6, T > 44 \end{cases} \tag{9-9}$$

除此之外，针对东北地区实际情况，马树庆（1995、1996）利用月平均温度对温度修正函数进行分段订正，见式（9-10）。

$$f(T) = [(T_1 - T_2) \times (T_2 - T)]^B / [(T_0 - T_1) \times (T_2 - T_0)]^B \tag{9-10}$$

式中，$B = (T_2 - T_0)/(T_0 - T_1)$；$T$ 为 5—9 月的平均气温，T_1、T_2 和 T_0 分别为作物生育期三基点温度，即下限温度、上限温度和最适温度。黑龙江主要作物的三基点温度见表 9-1。

表 9-1　黑龙江主要作物的三基点温度

单位：℃

月份	玉米			水稻			大豆		
	T_0	T_1	T_2	T_0	T_1	T_2	T_0	T_1	T_2
5	20.0	8.0	27.0	21.0	9.0	28.0	18.5	7.5	26.0
6	24.5	11.5	30.0	25.0	12.5	32.0	23.5	10.0	30.0
7	27.0	14.0	33.0	27.8	15.0	33.0	26.0	13.0	32.0
8	25.5	14.0	32.0	26.3	15.0	33.0	24.5	14.0	30.5
9	19.0	10.0	30.0	19.3	10.5	30.0	18.0	10.0	30.0

许多学者对温度修正函数进行多次修订，如龙斯玉（1983）、邓根云（1986）、丁德俊（1993）、侯光良等（1985）。

3. 气候生产潜力　在光温生产潜力基础上，进一步进行水分订正得到的便是气候水生产潜力。仅考虑自然条件下水分对作物生产的影响，忽略人为灌溉所补充的水分，此时的光温水生产潜力又称为气候生产潜力，见式（9-11）。

$$Y_W = Y_T \cdot f(w) \qquad (9-11)$$

式中，$f(w) = 1 - K_y \times (1 - ET_a/ET_m)$；$K_y$ 为产量反应系数；ET_a 和 ET_m 分别为作物的实际蒸散量和作物的蓄水量。

4. 气候-土壤生产潜力　气候-土壤生产潜力即土壤因素对作物产量的影响，由气候生产潜力乘以土壤有效系数得出。气候-土壤生产潜力计算见式（9-12）。

$$Y_s = Y_W \cdot f(S) \qquad (9-12)$$

目前，土壤修正系数的计算方法采用累加模型，已得到很多学者的认可，各土壤因子因土地限制作用的影响程度不同，采用加权累加模型计算更为合理（段晓凤，2009），将各个肥力因子指标值采用乘法进行合成，求出土壤质量指数，即土壤订正系数。计算见式（9-13）。

$$f(S) = W_{ir} \cdot F(X_i) \qquad (9-13)$$

式中，W_{ir} 为各项肥力因子的综合权重，采用层次分析法计算得到（齐善忠 等，2003；周红艺 等，2003）。$F(X_i)$ 为各肥力因子的隶属度值，确定评价指标隶属度方法有两种：隶属度函数曲线法（杨广林，1984；周红艺 等，2003）和连续性隶属度函数（丁美花 等，2006；李双异 等，2006）。

5. 现实生产潜力　以上作物生产潜力主要是以自然生产潜力为主，在社会生产条件、经济状况、生产水平等因素相同的条件下，各种作物实际单产与其自然生产潜力具有同等的可比性；但现实生产中，作物生产潜力还受社会生产条件、经济状况、生产水平等因素制约。因此，基于作物自然生产潜力的估算，通过建立各种作物生产中社会因子等级估算和评价体系，诸多学者引入社会有效系数 $[f(M)]$ 对其进行估算，见式（9-14）。

$$Y_M = Y_S \cdot f(M) \qquad (9-14)$$

式中，Y_M 为社会生产潜力；$f(M)$ 为社会有效系数。

利用层次分析法计算社会有效系数，计算见式（9-15）。

$$f(M) = \sum_{i=1}^{10} W_i \times A_i \qquad (9-15)$$

式中，W_i 为第 i 个社会因子的权重系数；A_i 为第 i 个社会因子的评分值。

农业生态区域法是联合国粮食及农业组织于1981年推荐的一种农业生产潜力估算的方法，属机制法范畴。该方法不仅同时涉及了光、温、水、土等10余个影响生物产量形成的因素及指标，还考虑了作物类型在不同生长条件下产量形成的差异，使计算结果更接近实际，因而不少国家采用此方法。在我国，刘巽浩和韩湘玲在"黄淮海作物生产潜力与商品粮基地选建"课题中运用了生态区域法，并首次考虑了光、温、水、土以外的肥料方面的订正。王宏广在"我国粮食生产潜力及挖掘战略"研究中应用了生态区域法，并在原有方法基础上追加了经济、技术和社会因素，绘制了生产潜力金字塔，直观地表达了粮食生产潜力逐级衰减的过程。石玉林和陈台明则在"中国土地资源生产能力及人口承载量"研究中，以生态区域法计算的潜在产量为基础，考虑灌溉及旱作生产条件和土壤性状等进行综合订正，获取最大可能粮食生产能力。高光明和吴连海在"全国土地粮食生产潜力及人口承载力"研究中，以生态区域法为基础，结合我国自然条件、生产条件的特点等进行了技术性修改和补充，使气候资源、土地资源、作物资源和社会经济资源均反映在粮食生产潜力的计算中。通过上述应用和发展，生态区域法更具有我国特色。同时，对我国粮食生产潜力有了深入认识，所取得的成果被应用于全国土地利用规划、农业发展战略制定等。

采用联合国粮食及农业组织提供的生态区域法计算作物光温生产潜力，其计算见式（9-16）。

$$Y_p = C_H \times C_L \times C_N \times b_{gm} \times N/RI \times 1/15 \qquad (9-16)$$

式中，Y_p 为作物光温生产潜力。C_H 为所计算作物的收获指数，$C_H = 0.72/(1 + 0.25 \times C_T \times N)$。

C_T 为维持呼吸订正系数，取决于整个生育期间日平均温度（T，℃），C_{30} 为温度达到 30 ℃时干物质的生产率。$C_T = C_{30} \times (0.044 + 0.001\,9 \times T + 0.001\,0 \times T^2)$。N 为作物生育期。$C_L$ 为叶面积校正系数，$C_L = 2.475\,8 \times 10^{-3} + 0.322\,4 \times \text{LAIm} + 8.636\,2 \times 10^{-3} \times \text{LAIm}^2 - 0.013\,3 \times \text{LAIm}^3 + 1.330\,5 \times 10^{-3} \times \text{LAIm}^4$。$C_N$ 为作物的净干物质订正系数，当平均温度<20 ℃时为 0.6，当平均温度>20 ℃时为 0.5。b_{gm} 为叶面积指数＝5 时作物的最大总生长率，取决于作物的最大光合速率和天气状况，见式（9-17）、式（9-18）。

当 $P_m > 20$ 时

$$b_{gm} = F \times (0.8 + 0.01 \times P_m) \times b_o + (1 - F) \times (0.5 + 0.025 \times P_m) \times b_c \qquad (9-17)$$

当 $P_m < 20$ 时

$$b_{gm} = F \times (0.5 + 0.025 \times P_m) \times b_o + (1 - F) \times (0.05 \times P_m) \times b_c \qquad (9-18)$$

式中，P_m 为作物在不同温度下光饱和时的最大光合速率 [kg/(hm²·h)]，取决于白天温度（表 9-2）。F 为阴天数，取决于天气状况：$F = (A_C - 0.5 \times R_g)/(0.8 \times A_C)$。$A_C$ 为全晴天最大光合有效辐射量 [J/(cm²·d)]，取决于当地纬度。R_g 为实际短波辐射 [J/(cm²·d)]，计算公式：$R_g = (0.25 + 0.45 \times S_D) \times R_A \times 59$。$S_D$ 为日照百分率（%）。R_A 为大气顶短波辐射量（mm/d），取决于纬度。RI 为种子含水量，按 14% 计。计算时，R_A、S_D、A_C、T、b_o、b_c 等均取全生育期平均值。b_c 为全晴天标准作物最大干物质生产率 [kg/(hm²·d)]。b_o 为全阴天标准作物最大干物质生产率 [kg/(hm²·d)]。

表 9-2 不同作物白天温度干物质生产率

（王宏广，1993）

单位：kg/(hm²·h)

白天温度（℃）	喜凉作物 A	喜凉作物 B	喜温作物 A	喜温作物 B
5	8.41	0.00	0.00	0.00
10	25.45	5.00	0.00	0.00
15	33.96	45.00	20.00	5.25
20	33.96	65.00	37.50	47.25
25	25.45	65.00	37.50	47.25
30	8.41	65.00	40.00	68.25
35	0.00	45.00	37.50	68.25
40	0.00	5.00	10.00	47.25
45	0.00	0.00	0.00	5.25

当前对作物生产潜力的研究基本上都针对一般作物品种和常规技术条件，因此一些参数的取值与高产品种和高产栽培技术相比偏低，如大多数研究中规定小麦收获指数为 0.40、玉米为 0.45、大豆为 0.35、水稻为 0.45。但是，高产田和超高产田的玉米、小麦和水稻收获指数均可达到 0.50，甚至 0.55；叶面积指数比一般作物品种与常规技术条件也有了较大幅度的提高，如一般玉米品种与常规技术条件的最大叶面积指数是 5，超高产田玉米可达到 6～7。经参考各区主要粮食作物的超高产研究结果发现，作物叶面积指数和收获指数均有提高。

近年来，作物生产潜力模型不仅局限于气候潜力的研究，而且扩展到其他相关领域。接下来的气候-土壤生产潜力经历了从光合潜力到光温潜力、气候潜力再到土壤潜力和现实潜力的发展，由单因素到多因素再到综合因素的研究，由静态的数据计算到动态的模拟模型，研究方法日趋成熟和完善。国内对气候-土壤生产潜力研究较多，但现实运用不够成熟。邓根云（1986）曾对土壤生产潜力进行模拟计算，考虑的土壤要素有限，不能代表土壤中所有影响生产潜力的因子；孙玉亭等（1988）的研究针对黑龙江计算和分析了当地气候-土壤生产潜力，因带有主观判断方法而不可取；段晓凤等

（2009）曾利用非洲已建立的模型对黑龙江黑土区作物品种和生长实际情况进行修正，但计算的精确性降低。20世纪90年代以来，随着地理信息系统被逐渐应用于作物生产潜力的研究中，基于具有强大空间分析能力的GIS建立了福建双季稻生产空间数据库和属性数据库，计算结果精准快速，成果展示直观，使生产潜力分析更全面，GIS在今后生产潜力研究中也将越来越重要（牛振国 等，2003；高瑞 等，2008）。相关学者（Theocharoploulos，1995；Das et al.，2004；熊伟，2004；陈惠 等，2011）利用GIS与模型结合的方法研究气候-土壤生产潜力发现，其有利于对作物生长过程中的时间变量和空间变量进行分析，也是目前估算作物生产潜力较为理想的方法。

（二）经验法

经验法主要是通过对历史资料进行统计分析，得出某种因子与产量的关系而建立相关公式，主要用于计算气候生产潜力。采用经验法确定土地生产潜力的方法很多，其中较著名的有迈阿密（Miami）模型，利用降水量和平均温度估算；利用生物产量与生长长度的格里纳-里斯（Gessner-Lieth）模型；利用蒸散量模拟作物产量的桑斯维特（Thortwaite）模型。这些模型虽然操作简单，适用性广泛，但准确率较低，比较适宜测算大区域内的生物生产量。

（三）趋势外推法

以历年粮食产量的统计数据为基础得出历史发展规律，并利用指数平滑、自然增长、logistic曲线等模型进行延伸外推。此方法根据诸因子对产量的综合影响，进而推算出粮食产量的增长趋势，因为操作简便、不需要详尽的基础资料而被广泛应用。但一般仅用于短期的产量估算，对于中长期的产量估算效果并不理想。

三、黑土区主要作物生产潜力

我国作为农业和人口大国，粮食需求量大，气候变化背景下的农业生产状况是维护粮食安全和社会稳定的关键。粮食主产区越来越集中，而黑土区是生产主力军，其生产潜力分析具有一定现实意义。目前，作物生产潜力总体上形成了由光合生产潜力、光温生产潜力、气候生产潜力到土地生产潜力的经验机制模型和成熟的计算流程，并被广泛应用到不同尺度的土地生产潜力评价中，对指导生产实践起重要作用（段晓凤，2009）。

（一）东北黑土区主要作物生产潜力分析

1991年，王宏广教授对常规条件下我国12个耕作制度主要粮食作物光温生产潜力及其他潜力进行了系统的研究，根据全国气象站的分布及农业类型的代表性，选出671个样板县，选用30年平均的气象资料和全国累计20年以上400多个站点的作物生育期资料，以春小麦、冬小麦、春玉米、夏玉米、早稻、中稻、晚稻、春大豆、夏大豆9种主要作物为代表进行了作物生产潜力的逐级估算。

由表9-3可知，小麦的超高产生产潜力在青藏高原区最大，为14 438 kg/hm²；在长江中游区和东南沿海区较小，分别为9 467 kg/hm²和9 158 kg/hm²。玉米的超高产生产潜力在新疆和黄土高原区最大，分别为16 442 kg/hm²和15 802 kg/hm²；在长江中游区和东南沿海区较小。有关水稻的超高产生产潜力，全国的水平差异不大，东北黑土区、黄土高原区、新疆和黄淮海区分别为13 688 kg/hm²、12 865 kg/hm²、12 719 kg/hm²、12 792 kg/hm²，略高于其他地区。大豆超高产生产潜力在东北黑土区、新疆和黄土高原区分别为5 538 kg/hm²、5 935 kg/hm²、5 911 kg/hm²，明显高于其他地区。因此，东北黑土区发展大豆还是有潜力的。

表9-3 超高产条件下主要作物光温生产潜力

单位：kg/hm²

名称	小麦	春玉米	夏玉米	早稻	中稻	晚稻	春大豆	夏大豆
东北黑土区	12 148	14 649	13 542	—	13 688	—	5 519	5 557
黄土高原区	12 334	16 086	15 518	—	12 865	—	5 717	6 105

（续）

名称	小麦	春玉米	夏玉米	早稻	中稻	晚稻	春大豆	夏大豆
青藏高原区	14 438	—	—	—				
新疆	12 189	17 367	15 518	—	12 719	—	5 765	6 105
黄淮海区	12 684	15 738	13 396	—	12 737	12 847	5 027	5 198
西南地区	12 076	13 981	13 569	11 758	12 188	12 142	4 262	5 056
长江中游区	9 467	13 798	13 249	11 858	11 383	12 060	4 253	4 952
东南沿海区	9 158	13 460	13 149	11 904	12 105	11 950	4 130	4 347
全国	12 499	15 262	13 835	11 767	13 451	12 023	6 218	5 500

根据信乃诠等（1998）主编的《中国北方旱区农业》，将我国北方地区不同降水类型主要作物生产潜力进行归纳。其中，东北三省主要作物生产潜力见表9-4。

表9-4 东北三省主要作物生产潜力

单位：kg/hm²

作物	热量生产潜力			降水生产潜力		
	半干旱区	半湿润偏旱区	半湿润区	半干旱区	半湿润偏旱区	半湿润区
春小麦	7 192	7 040	6 966	3 367	3 937	4 623
春玉米	16 898	16 032	16 740	9 533	10 748	12 402
夏玉米	9 804	7 291	—	7 943	6 096	—
大豆	5 969	5 654	—	4 005	4 780	—
马铃薯	—	—	5 886	—	—	4 742

由于东北地区作物受热量和水分条件的制约较大，所以关于东北主要作物生产潜力研究较为集中，根据刘博等（2012）总结东北三省71个气象站点1981—2007年逐日气象资料，采用联合国粮食及农业组织推荐的农业生态区域法及逐步订正法，将东北主要作物生产潜力进行研究计算，结果如表9-5所示。

表9-5 东北（辽宁、吉林、黑龙江）主要作物生产潜力

单位：kg/hm²

生产潜力	作物	最高值	最低值	平均值	最高值/最低值
光合生产潜力	玉米	30 579	25 072	27 946	1.22
	水稻	27 623	22 648	25 245	1.22
	大豆	8 149	6 681	7 450	1.22
光温生产潜力	玉米	22 710	7 320	17 171	3.10
	水稻	19 807	5 339	14 334	3.71
	大豆	6 076	2 342	4 876	2.59
气候生产潜力	玉米	16 280	7 630	12 467	2.13
	水稻	12 015	4 743	8 317	2.53
	大豆	4 568	2 360	3 423	1.94

1. 玉米生产潜力 东北为我国最大的玉米优势种植区，一般种植春玉米。辽宁、吉林、黑龙江三省的播种面积占全国玉米种植面积的26.6%，玉米年产量约占全国玉米总产量的1/3，居全国各区域首位（马树庆 等，2008）。东北地区玉米的光合生产潜力、光温生产潜力、气候生产潜力平均值分

别为 27 946 kg/hm²、17 171 kg/hm²、12 467 kg/hm²，范围分别为 25 072～30 579 kg/hm²、7 320～22 710 kg/hm²、7 630～16 280 kg/hm²。黑龙江的玉米生产潜力始终最高，近 50 年间增长幅度为黑龙江＞吉林＞辽宁；但黑龙江玉米生产潜力的波动较为剧烈，吉林和辽宁相对稳定（杜国明 等，2016）。

2. 水稻生产潜力　水稻是我国三大粮食作物之一，占全国粮食总播种面积的 27%，产量则达到粮食总产量的 35%（陈浩 等，2016）。东北是我国重要的商品粮生产基地，其水稻的种植面积占全国总面积的 15%（侯雯嘉 等，2015）。东北地区水稻的光合生产潜力、光温生产潜力、气候生产潜力平均值分别为 25 245 kg/hm²、14 334 kg/hm²、8 317 kg/hm²，范围分别为 22 648～27 623 kg/hm²、5 339～19 807 kg/hm²、4 743～12 015 kg/hm²。

3. 大豆生产潜力　大豆在北方地区以春播为主，东北是大豆的主产区，其生产潜力也较高（王立祥 等，2003）。辽宁、吉林、黑龙江三省大豆的平均光合生产潜力为 7 450 kg/hm²，范围为 6 681～8 149 kg/hm²；大豆的平均光温生产潜力为 4 876 kg/hm²，范围为 2 342～6 076 kg/hm²；大豆的平均气候生产潜力为 3 423 kg/hm²，范围为 2 360～4 568 kg/hm²。

（二）内蒙古黑土区主要作物生产潜力分析

全区拥有黑土地面积 17.15 万 km²，主要分布在呼伦贝尔市、兴安盟、赤峰市、通辽市。呼伦贝尔市黑土地总面积约为 10.41 万 km²，占全区黑土地面积的 60.07%，其他 3 个盟（市）总面积为 6.74 万 km²（赤峰市 1.11 万 km²、通辽市 2.07 万 km²、兴安盟 3.56 万 km²），占 39.93%。内蒙古黑土区现有耕地面积 223.76 万 hm²，占黑土区面积的 13.04%。其中，呼伦贝尔市 111.62 万 hm²，兴安盟 48.59 万 hm²，通辽市 50.39 万 hm²，赤峰市 13.16 万 hm²。

内蒙古东部三市一盟的黑土地主要分布在大兴安岭两侧，覆盖植被多数以森林资源为主。其中，林地覆盖有大型乔木、灌木等，草地覆盖主要以草甸草原为主，农田以栽培作物为主。内蒙古黑土区种植的作物主要包括大豆、玉米、马铃薯、小麦、油菜、向日葵等，其中以玉米、大豆、油菜为主要栽培作物，面积和产量都较其他作物高（表 9-6、表 9-7）。

表 9-6　内蒙古东部三市一盟玉米播种面积和产量

地区	播种面积		总产量	
	数量（hm²）	比例（%）	数量（t）	比例（%）
内蒙古	2 485 605	100.00	14 657 015	100.00
赤峰市	408 020	16.41	2 470 140	16.85
通辽市	668 440	26.89	4 364 622	29.77
兴安盟	371 280	14.93	1 780 184	12.14
呼伦贝尔市	343 280	13.81	2 241 068	15.29

表 9-7　内蒙古东部三市一盟大豆播种面积和产量

地区	播种面积		总产量	
	数量（hm²）	比例（%）	数量（t）	比例（%）
内蒙古	812 015	100.00	1 333 877	100.00
赤峰市	53 601	6.64	54 997	4.12
通辽市	31 998	3.94	59 413	4.45
兴安盟	112 408	13.84	138 484	10.38
呼伦贝尔市	580 461	71.48	1 165 460	87.37

内蒙古东部三市一盟的黑土地有机质含量较为丰富，土壤肥沃，一直都是重要的粮食生产地。随着改革开放以来国家对粮食生产重视程度的不断提高，东部三市一盟多数土地经年累月的耕作，土壤

的适耕性下降，再加上不合理的耕作措施和人为影响，黑土地的生产能力已经降低，急需改良保护。

1. 内蒙古黑土地现状　　内蒙古黑土地主要存在以下问题。

（1）养分流失。养分流失是土壤遭到破坏的主要标志之一，由于不合理的种植结构和耕作方式的影响，内蒙古黑土区土壤肥力已经出现了不同程度的下降，主要表现在：①多年栽培同一种作物，土壤中矿质营养元素过量消耗，大量元素逐渐缺乏；②施肥结构单一，破坏了土壤原有的养分平衡，加速了土壤养分的淋失；③长效性养分补充不及时，导致部分良田因损失较重表现出单一缺素症而无法耕种；④有机质含量下降明显，耕作性变差。

（2）水肥含蓄能力降低。耕作措施不当引发的土壤结构改变导致土壤水肥含蓄能力迅速降低，结构改变主要表现在容重增加、腐殖质层厚度减少、土壤毛管断裂重组等。优良的土壤结构具有较好的水肥含蓄能力，土壤结构一旦遭到破坏，其团粒结构和土壤微管就会失去原有的对水肥的续存能力，继而发生土壤板结，水、气、热的协调能力明显降低等问题，同时出现表土层流失严重的现象。机械化耕作机具的缺乏，导致犁底层上移的现象普遍存在。有研究显示，犁底层已经从开垦初期的 $25\sim35\ cm$ 上移到 $10\sim20\ cm$，犁底层的抬高加上表层土壤松动，极易造成表土流失。

（3）侵蚀严重。随着耕作年限的不断增加，土壤表层的机械性搅动越来越重，大颗粒的土壤逐步变成小颗粒，而且呈松散状态，土壤粒径的缩小加速了水蚀和风蚀作用。相关研究表明，黑土区土壤特别是典型黑土，随着开垦时间的增加，表层（$0\sim20\ cm$）和表土下层（$20\sim40\ cm$）的机械组成并未呈规律性变化，但是细小颗粒会呈指数级增加，从而影响土壤的通透性，同时也增加了自然侵蚀的速度。对黑土地研究显示，水土流失带来一系列连锁反应，土壤有机质以每年 0.13% 的速率下降，蓄渗水和保供肥的能力大大降低，出现被当地人称为"朽泥岗""破皮黄"的水土流失地貌。

（4）农田碳排放改变。气候变暖的危害日趋凸显，全球对二氧化碳排放的控制已经到了空前严峻的地步，关于农田土壤对温室气体排放的影响研究也越来越多。黑土是一种有机质含量非常高的土壤，在受到外来扰动和环境改变的影响时，其内部包含的有机质在微生物的作用下会迅速发生反应，从而释放出大量二氧化碳，尤其是长期进行耕作的土地上，这种现象更加明显。

（5）生产能力降低。黑土地退化的最终结果是生产能力下降。研究显示，大兴安岭东部地区耕地地力水平 2000 年比 1970 年下降了 $20\%\sim35\%$，耕地地力的降低导致农业生产投入逐年增加，当前的投入是 20 世纪 70 年代的 $7\sim10$ 倍。20 世纪 70 年代的平均产投比是（$5.0\sim8.0$）：1，目前是（$1.5\sim3$）：1，效益下降非常明显。

不同土壤类型黑土地速效氮含量变化见表 9-8，有效磷含量分级见表 9-9。

表 9-8　不同土壤类型黑土地速效氮含量变化

土壤类型	速效氮含量（mg/kg）				变化幅度（%）
	1981 年	1993 年	2002 年	增减值	
黑土	233.3	215.2	197.7	-35.6	-15.3
暗棕壤	197.0	196.1	167.2	-29.8	-15.1
草甸土	212.0	221.4	194.3	-17.7	-8.3
平均	214.1	210.9	186.4	-27.7	-12.9

表 9-9　不同土壤类型黑土地有效磷含量分级

土壤类型	指标	极丰富（>40 mg/kg）	丰富（20~40 mg/kg）	适量（10~20 mg/kg）	缺少（5~10 mg/kg）
黑土	面积（km²）	4 362.6	111 289.1	136 405.3	2 690.6
	比例（%）	1.71	43.69	53.55	1.06
暗棕壤	面积（km²）	9 694.9	193 438.3	231 210.9	2 595.2
	比例（%）	2.21	44.28	52.93	0.58

（续）

土壤类型	指标	极丰富（>40 mg/kg）	丰富（20～40 mg/kg）	适量（10～20 mg/kg）	缺少（5～10 mg/kg）
草甸土	面积（km²）	2 884.0	76 185.9	69 831.1	1 864.8
	比例（%）	1.91	50.54	46.32	1.23

2. 内蒙古黑土地退化原因 黑土地退化是由自然因素和人为因素造成的，其中人为因素占主导地位。不合理的人为耕作和土壤表层扰动，是近年来内蒙古地区黑土地生产能力降低和土壤退化的主要原因。

（1）农业过度开发。内蒙古地区的黑土地开发时间为 30～100 年不等，以扎兰屯市、阿荣旗、莫力达瓦达斡尔族自治旗为例，1949 年的耕地面积仅为 9.70 万 hm²，1980 年增加到 31.13 万 hm²，到 2000 年开垦面积已经达到 84.87 万 hm²。50 年间耕地面积增加了 775%，过度开发利用是导致黑土地退化的主要原因之一。

（2）不合理的耕作制度。从家庭承包经营实施以来，我国农业机械的种类在很长一段时间内都以小型机械为主，这就直接导致耕地犁底层上移、耕作层变浅、土壤蓄水保肥能力变差等问题发生，同时也加速了耕作层土壤的流失速度，而且也加重了荒漠化的发展速度。当前，这些问题已严重困扰生产。不合理的耕作制度也是导致黑土地退化的主要原因之一。众所周知，多年连作会对土壤产生极其不利的影响，连作导致病虫草害高发，土壤中分泌物过量，微生物种类和数量失衡，这都加速了黑土地的退化速度。

（3）盲目施肥。黑土地本身含有大量的有机质，其肥力高、适耕性好与有机质含量具有密切的关系。近年来，随着化肥的大量施用，黑土区粮食作物的产量成倍增长。农民为了追求高产，盲目增加化肥施用量，忽略了土壤有机质的适量补充。研究显示，当前土壤有机质含量平均仅为 45.7 g/kg，比第二次全国土壤普查时的平均值（70.3 g/kg）低 24.6 g/kg，下降了 35.0%。

（4）农业生产管理对黑土退化的影响。农业生产管理措施是保证作物产量有效提升的关键，适宜的管理措施不仅能够有效提高作物产量，同时还能够控制土壤退化。内蒙古东部地区的农业基础设施非常薄弱，多数丘陵山区的黑土地基本属于雨养农业区，多数地区雨水集中在夏末秋初，春季干旱严重。农民开垦出来的坡耕地由于春季干旱导致无法播种或者播种后无法出苗等现象非常普遍，很多土地翻耕后在夏季雨水到来之前没有足够的植被覆盖，直接导致水蚀加重。

第二节 耕地生产能力测定

耕地是土地资源的精华，生产能力是耕地资源最重要的功能之一。保护和提高耕地的生产能力是实现粮食安全的基础和保障，对维护社会经济稳定、持续发展具有非常重要的意义。

一、耕地生产能力

耕地生产能力指耕地资源的粮食或经济作物产出能力。耕地是农业生产的基本要素，加强耕地质量建设、提高耕地生产能力是实现社会经济可持续发展、保障国家粮食安全、保障土地资源安全的重要途径。而耕地生产能力是衡量耕地质量的重要指标，其中从作物生产潜力入手也是耕地质量研究的主要方法，而耕地质量的评价结果也是核算耕地生产能力的基础。伍育鹏等（2008）对耕地综合生产能力进行准确定义，耕地综合生产能力又可称为耕地产能，是耕地资源价值的体现，是耕地自然及社会质量的综合反映，是在给定的不同社会、经济背景值下，特定区域内耕地资源的粮食或经济作物产出能力。耕地产能分为农用地理论产能、可实现产能和实际产能 3 个层次，并依据农用地自然质量等指数核算远景理论生产能力，依据农用地利用等指数核算当前理论生产能力，依据农业统计数据核算实际生产能力（郧文聚 等，2007；王洪波 等，2008）。

耕地生产能力取决于耕地的数量和质量两个因素。蒋承菘（2006）曾谈到保护耕地就是要保护耕地生产能力，而耕地生产能力不仅取决于耕地的数量，而且还取决于耕地的质量，两者缺一不可。目前，我国耕地数量提升空间很小，而我国耕地质量提升空间还很大。耕地质量取决于两大因素：一是内在因素，如耕地的成分、所含的各种地球化学元素及其含量、耕地的腐殖层厚度及肥力、耕地的颗粒度及平整程度、耕地的酸碱度等；二是外部条件，如降水量、温度及日照等。

二、耕地生产能力的测定方法

（一）理论产能核算

耕地分等单元是耕地分等评价的最小空间单位（分等单元边界一般为河流、道路、水坝、沟渠、权属界线、地貌分界线等地物界线）。根据调查分等单元指定作物审定品种的区域试验单产，按照标准粮换算系数折算为调查分等单元标准粮理论单产，建立二级区调查分等单元耕地标准粮理论单产和对应单元的耕地自然质量等指数的关系模型，见式（9-19）。

$$y_i = aR_i + b \qquad (9-19)$$

式中，y_i 为第 i 个分等单元标准粮理论单产样本值（kg/hm²）；R_i 为第 i 个分等单元自然质量等指数；a、b 为回归系数。

经过数理分析和论证检验，确定各二级区理论单产模型。将各二级区内所有分等单元的耕地自然质量等指数代入模型，可获取它们的耕地理论单产。然后核算分等单元理论生产能力，见式（9-20）。

$$WF_i = YF_i \times S_i \qquad (9-20)$$

式中，WF_i 为第 i 个分等单元理论生产能力（kg）；YF_i 为第 i 个分等单元理论单产（kg/hm²）；S_i 为第 i 个分等单元耕地面积（hm²）。

（二）可实现产能核算

依据耕地利用等指数核算农用地可实现生产能力，以二级指标区为单位，建立抽样单元的可实现单产和相应的分等单元的耕地利用等指数函数方程，见式（9-21）。

$$y_i' = cY_i' + d \qquad (9-21)$$

式中，y_i' 为第 i 个分等单元标准粮可实现单产样本值（kg/hm²）；Y_i 为第 i 个分等单元利用等指数；c、d 为回归系数。将所有分等单元的耕地利用等指数代入函数方程，可以核算出耕地可实现单产，继续核算分等单元可实现生产能力，见式（9-22）。

$$WP_i = YP_i \times S_i \qquad (9-22)$$

式中，WP_i 为第 i 个分等单元可实现生产能力（kg）；YP_i 为第 i 个分等单元可实现单产（kg/hm²）；S_i 为第 i 个分等单元耕地面积（hm²）。

（三）实际产能核算

以乡镇为单位，将各指定作物的农业统计单产作为实际单产。然后根据标准粮换算系数，将指定作物的实际单产换算为标准粮实际单产。根据耕作制度，用标准粮实际单产乘以乡镇耕地面积，得到各乡镇耕地的实际产能。各二级区内乡镇实际产能之和即为该二级区的实际产能。

（四）耕地单产潜力核算和强度评价

（1）耕地单产潜力值。耕地单产潜力包括理论单产潜力和可实现单产潜力，耕地理论单产潜力等于理论单产与可实现单产的差值，耕地可实现单产潜力为可实现单产与实际单产的差值，见式（9-23）。

$$Gap_{1i} = YF_i - YP_i; \quad Gap_{2i} = YP_i - YO_i \qquad (9-23)$$

式中，Gap_{1i} 为第 i 个分等单元的理论单产潜力（kg/hm²）；YF_i 为第 i 个分等单元的理论单产（kg/hm²）；YP_i 为第 i 个分等单元的可实现单产（kg/hm²）；Gap_{2i} 为第 i 个分等单元的可实现单产潜力（kg/hm²）；YO_i 为第 i 个分等单元的实际单产（kg/hm²）。

（2）耕地理论强度评价。耕地理论强度可分为理论产能利用强度和可实现产能利用强度，耕地理论产能利用强度为可实现单产与理论单产的比值，耕地可实现产能利用强度为实际单产与可实现单产的比值，见式（9-24）。

$$ST_i = YP_i / YF_i ; \quad SA_i = YO_i / YP_i \qquad (9-24)$$

式中，ST_i 为第 i 个分等单元的理论产能利用强度；YP_i 为第 i 个分等单元的可实现单产（kg/hm²）；YF_i 为第 i 个分等单元的理论单产（kg/hm²）；SA_i 为第 i 个分等单元的可实现产能利用强度；YO_i 为第 i 个分等单元的实际单产（kg/hm²）。

（五）耕地生产能力分区评价管理

一个区域的耕地生产潜力和利用强度可以反映出该区域在近期可实现的增产潜力以及因政策、农业投入水平等因素所决定的对耕地的可利用程度。为了能够使耕地生产能力的测算结果切实应用于耕地保护和农业生产，促进区域范围内耕地产能提升，运用区域比较分析中常用的生产规模和产能优劣指标的计算与分析方法，采用耕地数量与规模、耕地实际产出能力、可实现生产能力水平等相关指标建立了一套评价体系。针对耕地生产的可提升潜力，在耕地的生产利用和管理中，根据耕地的生产实际情况，有针对性地进行分区分片生产管理，确保可实现生产潜力和生产优势的发挥。有研究采用以下指标对各县（市、区）进行比较和生产力优势分析（周应江，2011；王景新，2005；李林蔚 等，2015）。

1. 产能优劣指标　耕地产能优劣指标衡量耕地可实现产能的优劣程度，其计算方法为各县（市、区）耕地可实现生产能力与同期全省所有县（市、区）可实现生产能力平均水平的比值，能反映各县（市、区）耕地生产可实现生产能力的优劣情况。计算见式（9-25）。

$$CMI_i = \frac{C_i \times n}{\sum_1^n C_i} \qquad (9-25)$$

式中，CMI_i 为 i 县（市、区）产能优劣指标数值；C_i 为 i 县（市、区）耕地可实现生产能力；n 为研究区域县（市、区）个数。

2. 规模优劣指标　耕地规模优劣指标衡量耕地生产规模大小程度，其计算方法为各县（市、区）耕地面积与全省所有县（市、区）平均耕地面积的比值，能反映各县（市、区）耕地产能的影响力。计算见式（9-26）。

$$SMI_i = \frac{M_i \times n}{\sum_1^n M_i} \qquad (9-26)$$

式中，SMI_i 为 i 县（市、区）产能规模优劣指标数值；M_i 为 i 县（市、区）耕地面积；n 为研究区域县（市、区）个数。

3. 增产潜力指标　耕地增产潜力指标衡量耕地的可增长潜力程度，其计算方法为各县（市、区）的耕地可实现利用强度与同期全省所有县（市、区）平均耕地可实现利用强度之间的比值，能反映各县（市、区）耕地的利用强度和可以增产的程度，并且能在一定程度上对比出各县（市、区）的耕作生产技术和耕作管理能力之间的差异。计算见式（9-27）、式（9-28）。

$$SA_i = \frac{YQ_i}{YM_i} \qquad (9-27)$$

$$YPI_i = \frac{SA_i \times n}{\sum_1^n SA_i} \qquad (9-28)$$

式中，SA_i 为 i 县（市、区）可实现利用强度；YO_i 为 i 县（市、区）实际单产；YM_i 为 i 县（市、区）可实现单产；YPI_i 为 i 县（市、区）增产潜力指标数值；n 为研究区域县（市、区）个数。

第三节　粮食生产能力估算与空间分布特征

耕地生产潜力反映的是特定区域的资源禀赋状态，这种潜力是否能够充分转化为粮食现实产量，很大程度上受人类活动因子影响。本节在耕地生产能力的基础上估算粮食生产能力，并对东北地区耕地粮食生产能力空间格局特征进行分析。

一、粮食生产能力测算与数据来源

粮食单产受农业投入，如有效灌溉面积、农业机械化水平、化肥用量等因素的制约。程叶青等（2005）研究发现，东北地区粮食播种面积是影响县际粮食总产量产生差异的首要因素，而化肥用量对粮食产量区域差异有重要影响。故本研究以投入施肥量所增加的产量来估算粮食生产能力，其中化肥增产效力采用式（9-29）、式（9-30）进行计算（周治国 等，2005；陈锡康 等，1996）。

$$\Delta Y_F = 2.2875X(6.58e^{-0.047991X} + 1.08) \tag{9-29}$$

$$Y_F = LPP + \Delta Y_F \tag{9-30}$$

式中，ΔY_F 为化肥增产效力（kg/hm²）；X 为化肥折纯量（kg/hm²）；Y_F 为粮食生产能力；LPP 为耕地生产能力。

本研究采用 GeoDa 软件计算常用的全局 Moran's I 和局部 Moran's I（陈丽 等，2015）统计量进行粮食生产能力的空间关联分析，探索空间上某一位置的粮食生产能力与相邻空间位置上生产能力的关联性（李慧 等，2011），分析区域属性值的分布模式及空间相对差异。

二、粮食生产能力状况分析

粮食生产能力是在耕地生产能力的基础上，假设其他社会经济因素不变，施肥增产效力修正后的结果。东北地区粮食生产能力为 2.97～12.10 t/hm²。对比耕地生产能力和粮食生产能力可以发现，由于化肥施用量的不同，东北地区耕地生产能力在转化为粮食生产能力过程中有所差异。吉林中部、辽宁东南部地区以及内蒙古东部三市一盟南部地区施肥增产效力明显，粮食生产能力增加 2.15 t/hm²。

从空间特征来看，东北地区粮食单产能力总体呈现东高西低的趋势，即东部生产能力高，西部生产能力低。结合实地地形条件可以看出：东部地区地形平坦、土壤肥沃、水热条件好；而西部地区地处内陆，受季风影响较弱，水热条件相对较差。不同地区粮食生产能力顺序依次为吉林（9.13 t/hm²）＞辽宁（9.05 t/hm²）＞黑龙江（6.74 t/hm²）＞内蒙古东部三市一盟（5.52 t/hm²）。

实际产量不仅依靠气候条件、种植习惯、作物管理实践，与社会经济因素也有重要联系。实际产量在东北地区的中部较高，一般为 6～8 t/hm²，在吉林北部、内蒙古东部三市一盟大部分地区较低。粮食生产能力是对现有的农业水平下粮食产量的估计。从结果来看，东北地区粮食生产能力主要集中在 6～8 t/hm²，约占东北地区耕地总面积的 49.74%；其次为 4～6 t/hm² 和 8～10 t/hm²。东北地区平均粮食生产能力为 7.65 t/hm²，是实际粮食平均产量（5.23 t/hm²）的 1.46 倍。从两者的拟合结果来看（图9-1），

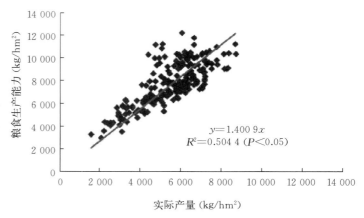

图 9-1 粮食生产能力与实际产量的拟合结果

各县域粮食生产能力与实际产量的相关性显著（$R^2 = 0.5044$，$P < 0.05$，$n = 218$），但数值上仍存在一定差距，说明粮食生产能力有较大的增产潜力。

从空间分布来看，粮食生产能力和实际产量存在不均衡现象。在县域水平下，实际产量远低于生产能力，为 0.35～6.76 t/hm² 不等。实际产量与粮食生产能力之间的最大差距主要分布在东北地区的东南部和东北部，即主要分布在辽宁、吉林南部及黑龙江东北部，实际产量未达到粮食生产能力的 50%；其次分布在辽宁东部、吉林南部、黑龙江北部、内蒙古东部三市一盟西部，实际产量达到粮食

生产能力的 50%～65%。然而，在东北地区中部，实际产量和粮食生产能力之间的差距相对较小，最低的实际产量达到粮食生产能力的 92.34%。平均来看，东北地区实际产量达到粮食生产能力的 68%，说明通过提高当地农业管理、调整社会经济因素，粮食生产能力仍有 32% 的增产潜力。

三、粮食生产能力空间分布特征

利用 GeoDa 软件计算了东北地区县域粮食生产能力的全局自相关系数 Moran's I（图 9-2）。东北地区县域粮食生产能力大部分落在第一象限和第三象限内，Moran's I 指数为 0.84，在 $P=0.05$ 显著性条件下，其结果均通过检验，为正相关关系。这表明东北地区县域粮食生产能力的空间分布存在显著的空间自相关性，空间格局表现为相似属性的集聚。为进一步探索区域粮食增产的局部空间集聚特征，利用 Moran 散点图和 LISA 集聚图分析粮食生产能力的空间特性。

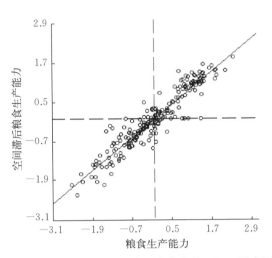

图 9-2　东北地区县域粮食生产能力的 Moran 散点图

由图 9-2 可以看出，东北地区县域粮食生产能力的空间集聚类型主要为高高聚集型和低低聚集型。高高聚集型主要在东北地区东南部（辽宁东部和吉林中部），呈葫芦状分布。该区域光热水土资源匹配较好，地力水平较高，化肥投入量大，粮食生产能力较强。但从影响农业生产发展来看，各区域情况又有所不同。辽宁东部地区水资源丰富，但耕地较少，光、热资源不足，限制了水资源潜力的发挥。中部平原区耕地质量较好，适于发展农业；但因城市集中、工业发达、人口密度大导致工业、农业及城市用水矛盾突出，从而影响农业生产发展。吉林水资源调控能力不足，表现为东多西少、南多北少，东部的河川径流较丰富，占全省的 81.5%，耕地主要分布在中西部地区。长期以来，农业灌水主要依靠开采地下水，造成地下水位持续下降；同时，部分地区城市发展用水需求增长加快，大量挤占农业用水，农业用水效率普遍偏低，以致中产田比例仍然较高。

显著的低低聚集型在东部地区的北部，主要集中在内蒙古东部三市一盟地区。近年来，因受人为活动和气候变化的影响，生态环境恶化趋势明显；同时，该区域受水热资源限制，耕地地力较差，农田基础建设滞后，粮食生产能力低。

显著的低高类型区和高低聚集型分布的县域较少，主要分布在黑龙江大部、吉林和辽宁西部。黑龙江耕地面积为 1 173 万 hm²，但粮食生产基础条件薄弱，表现为旱涝灾害频繁，土壤肥力下降，水土流失严重，农业投入不足，耕地灌溉率低。吉林西部是农牧结合地区，年均蒸发量是降水量的 4 倍。由于长期的不合理开发利用，土壤有机质含量减少，养分含量和保肥性能下降。辽宁西部地区热量资源丰富，但降水少、水资源匮乏，限制了土壤资源潜力的发挥。故该区域空间规律不明显，但土壤质量不佳，作物单产低，总产量不稳定。

第四节　粮食增产潜力与粮食安全保障能力分析

作为我国粮食主产区，东北地区在保障国家粮食安全中承担更为重要的任务（程叶青 等，2006）。在当前区域发展和保障粮食安全的压力下，了解粮食增产潜力及分布对进一步提高粮食产量、保护国家粮食安全有重要意义。本节在第六章、第七章的基础上，用气候生产潜力与粮食实际单产的差异估算东北地区粮食增产潜力，分析粮食增产潜力的主要限制因素，明确整治类型区，以指导农业生产。同时，以县域土地、人口、粮食安全为主线，引用人均粮食指数和剩余生产力指标来分析东北地区的粮食安全保障能力。

一、增产潜力测算

较好地理解增产潜力及空间分布可以帮助政府、决策者、农民等指导农业生产。气候生产潜力是在充分利用光、温、水等资源，其他土壤、地形等资源在合理条件下，耕地可实现的最高单产（Qin et al.，2013）。本研究采用气候生产潜力与实际产量之间的差额（Lobell et al.，2009；Liu et al.，2016；Jiang et al.，2013）来估算增产潜力。具体计算见式（9-31）。

$$Y = CPP - AP \tag{9-31}$$

式中，Y 为总增产潜力（t/hm²）；CPP 为气候生产潜力（t/hm²）；AP 为实际产量（t/hm²）。

为进一步探讨增产潜力的组成部分，根据影响因素将总增产潜力分为两部分：第一部分主要是由于自然条件及基础设施等差异引起的气候生产潜力与粮食生产能力之间的差值；第二部分主要是由社会经济因素，如技术、农民的投入和耕作习惯等引起的粮食生产能力与实际生产能力的差值（Liu et al.，2016）。具体计算见式（9-32）、式（9-33）。

$$Y_1 = CPP - FPP \tag{9-32}$$
$$Y_2 = FPP - AP \tag{9-33}$$

式中，Y_1 为增产潜力组分一；Y_2 为增产潜力组分二；FPP 为粮食生产潜力。

（一）限制因素聚类

本研究是基于气候、土壤、施肥投入等条件测算的东北地区耕地粮食生产能力及潜力。为进一步提高作物产量，选择耕层厚度、有机质、排涝能力、灌溉保证率、剖面构型、质地、地貌类型共7个可调整地力因素，利用 K-means 聚类算法对上述因素进行聚类分析，寻找限制因素类型。结合东北地区以玉米、水稻、大豆为主的种植结构及相关文献，确定耕层厚度＜20 cm 为限制因素；因土壤有机质含量为 1% 是产量的转折点（熊杰，2012；孟凡乔 等，2000），故设低于 1% 的有机质含量为限制因素；根据作物的耐淹时间（胡新民 等，1997），将无排水条件作为限制因素；灌溉保证率中基本满足和不满足为限制因素；剖面构型中夹层型、上紧下松型、薄层型、松散型为限制因素（周建 等，2014）；土壤质地中黏土、沙土为限制因素（朱晓玲 等，2013）；根据地貌类型，将地形坡度在 5° 以上，即山地坡下、丘陵中部、丘陵上部、山地坡中、河漫滩、山地坡上为限制因素。在以上确定结果的基础上，设限制因素属性分值为 0，非限制因素属性分值为 1，具体见表 9-10。

表 9-10　东北地区耕地地力限制因素聚类指标及限制值

聚类指标	指标属性及限制值						
耕层厚度	＜20 cm 为限制因素						
有机质	＜1%						
排涝能力		充分满足	基本满足	不满足			
		1	1	0			
灌溉保证率		充分满足	基本满足	不满足			
		1	0	0			
剖面构型	上松下紧型	海绵型	紧实型	夹层型	上紧下松型	薄层型	松散型
	1	1	1	0	0	0	0
质地		壤土	黏壤土	黏土	沙土		
		1	1	0	0		
地貌类型	平原中阶	平原低阶	平原高阶	丘陵下部	山地坡下、丘陵中部	丘陵上部	山地坡中、河漫滩	山地坡上
	1	1	1	1	0	0	0	0

（二）粮食安全保障能力

以粮食剩余生产力来表征当前粮食潜在生产能力在保障区域标准人口粮食供给量后的余额，反映东北地区对全国粮食供给的保障能力。依据联合国粮食及农业组织衡量粮食安全的标准之一"年人均粮食达到 400 kg 以上"（何秀丽 等，2012），本研究以 400 kg 作为标准人均粮食占有量。具体计算如下：

人均粮食指数＝人均粮食占有量/标准人均粮食占有量（人均粮食占有量＝实际粮食产量/人口数量）

最大人口承载量＝耕地粮食生产能力/标准人均粮食占有量

剩余生产力＝粮食生产能力－人口×标准人均粮食占有量

二、增产潜力分析

经测算，东北地区县域增产潜力为 $0.90 \sim 8.82$ t/hm²，平均为 3.44 t/hm²。辽宁东南部、吉林北部增产潜力最大，大于 6 t/hm²；其次为东北地区东南部和东北部，增产潜力为 $4 \sim 6$ t/hm²；东北地区中部平原，特别是吉林、辽宁西北部以及内蒙古东部三市一盟部分地区增产潜力最低，不到 2 t/hm²。从各省份平均增产潜力来看，辽宁（3.99 t/hm²）＞吉林（3.59 t/hm²）＞黑龙江（3.34 t/hm²）＞内蒙古东部三市一盟（2.60 t/hm²）。

从增产潜力各组分来看，组分一增产潜力为 $0.72 \sim 4.06$ t/hm²，平均为 2.04 t/hm²，辽宁（2.41 t/hm²）＞吉林（2.01 t/hm²）＞黑龙江（1.90 t/hm²）＞内蒙古东部三市一盟（1.85 t/hm²）。增产潜力空间分布大体呈环形，外部增产潜力大、中部增产潜力小。出现这一现象主要是因为东北地区水热资源由东向西、由东南向西北依次降低；而从地力综合影响因素来看，东北地区中部平原的地力水平相对较高，两边的低山丘陵地区的地力水平较低，故受水土资源约束，不同区域增产潜力状况有所差异。

黑土区是我国重要粮食生产基地。近年来，由于自然因素和人类不合理的生产经营活动，黑土地面积减少、质量下降，直接威胁着国家商品粮基地建设和社会经济的发展（李双异 等，2006）。此外，由于水利基础设施建设总体滞后问题依然十分突出（刘小宁 等，2013），部分地区存在农田排涝能力差，现有农田水利基础设施不配套、老化失修严重等问题。据统计，2013 年东北地区有效灌溉面积 733.85 万 hm²，占总播种面积的 25%，远低于全国平均水平（38%）。东北地区水土匹配系数 0.74，虽高于全国水土匹配系数（0.60），但还未达到最优，有较大的提升空间（程叶青 等，2006）。因此，结合当地气候条件，通过中低产田改造、农业基础设施建设等土地整治措施可有效提高耕地生产能力。

组分二增产潜力为 $0.01 \sim 4.80$ t/hm²，平均为 1.40 t/hm²，辽宁（1.59 t/hm²）＞吉林（1.58 t/hm²）＞黑龙江（1.44 t/hm²）＞内蒙古东部三市一盟（0.75 t/hm²）。从空间布局来看，东部高、西部低，辽宁和吉林东部、黑龙江北部潜力值较高。该组分下，农民增收缓慢，缺乏积极性，政策、投入是限制耕地生产能力的主要因素（Zuo et al.，2014）。

第二次全国土壤普查黑龙江和吉林黑土总面积仅为 592 万 hm²，比新中国成立初期减少了约 400 万 hm²。为了追求高产，农民通过过量施用化肥来维持农业生产，造成黑土退化现象日益严重，综合生产能力下降（刘小宁 等，2013）。此外，东北地区农业经营成本和机会成本上升压力不断加大。2012 年 2 月中旬，黑龙江氮肥（尿素）每吨达 2 240 元，比上年同期增长 7%；磷肥（磷酸氢二铵）每吨 3 450 元，与上年同期持平，但后市价格出现小涨；钾肥每吨 3 400 元，比上年同期上涨 8%；氯基复合肥每吨 2 850 元，比上年同期增长 3.4%（刘小宁等，2013）。虽同期粮食价格有所上涨，然而难以弥补生产资料和人工成本上升所导致的利润损失，农民粮食生产积极性受到一定程度的抑制，从而影响粮食增产。所以，可通过提高农业补贴、促进农业机械化管理来提高农民的积极性，增加粮食产量；政府加大宏观调控和政策支农力度，改善农业发展的政策环境。

经聚类处理，东北地区共存在 8 种限制因素组合类型（表 9-11）。其中，5 个组合类型含灌溉因素，说明灌溉是东北地区占主导地位的限制因素；耕层厚度-灌溉、灌溉-地貌类型的耕地面积比例较大，占东北地区总耕地面积的 21.02%、24.09%，主要分布在吉林和黑龙江；无限制因素类型耕地面积 326.22 万 hm²，主要分布在辽宁中部和黑龙江东北部，说明该区域的耕地地力水平较高。根据粮食增产潜力集聚空间分布状况，并结合东北地区地力和限制因素组合，将东北地区耕地划分为全面型整治、选择型整治和提升型整治 3 种类型，并与东北地区农业区划进行叠加。根据限制因素分析各整治类型内的适宜整治措施，以实现保护生态环境、提升耕地质量的目标（周建 等，2014）。

表 9-11　东北地区耕地地力限制因素聚类结果

限制因素类型	耕地		耕地地块（块）	限制因素类型	耕地		耕地地块（块）
	面积（万 hm²）	比例（%）			面积（万 hm²）	比例（%）	
质地	284.82	7.95	6 014	灌溉-排涝-剖面构型	383.89	10.71	8 184
耕层厚度-灌溉	753.15	21.02	12 948	灌溉-地貌类型-剖面构型	218.04	6.08	5 673
耕层厚度-剖面构型	406.58	11.35	11 313	耕层厚度-灌溉-排涝-质地-剖面构型	347.56	9.70	8 495
灌溉-地貌类型	863.41	24.09	19 049	无限制因素	326.22	9.10	7 561

全面型整治区域共 1 360.96 万 hm²，占东北地区耕地总面积的 37.98%，主要分布在长城沿线地区、黑吉西部区、辽河平原丘陵区的北部和松嫩平原区的部分地块。结合限制因素类型，该区域耕层厚度-灌溉-排涝-质地-剖面构型、灌溉-排涝-剖面构型、灌溉-地貌类型-剖面构型、耕层厚度-灌溉作为主要限制因素类型的耕地分别占此类型耕地面积的 25.27%、25.85%、15.70% 和 11.73%。整治方向主要是利用生物修复技术、农业节水灌溉技术、土壤培肥和深翻松根技术等手段涵养水分、保持土壤肥力，改善生态环境（程叶青 等，2006）。

选择型整治区域耕地 1 873.02 万 hm²，占东北地区耕地总面积的 52.26%，在各个区域均有较大面积分布，主要集中在三江平原区、松嫩平原区北部及辽河平原丘陵区。该区域耕地的主要限制因素类型是质地、耕层厚度-灌溉、耕层厚度-剖面构型、灌溉-地貌类型，分别占该类型耕地面积的 11.97%、28.86%、13.62% 和 35.47%。地貌类型作为限制因素的耕地主要分布在山区，灌溉作为限制因素的耕地在山区和平原均有分布。对于该类型土地的整治，可以通过改善地形坡度，进行土地整理、增加耕层厚度，提高有机质含量，进一步完善农田基础设施以提高土地利用能力。

提升型整治区域耕地 349.69 万 hm²，占东北地区耕地总面积的 9.76%，主要分布在辽河平原丘陵区、松嫩平原的南部和三江平原。该区域耕地地力水平较高，限制因素类型较少，质地、耕层厚度-灌溉、耕层厚度-剖面构型、灌溉-地貌类型仅分别占此类型耕地面积的 9.01%、15.12%、7.62% 和 18.98%。采取深耕深松、保护性耕作、合理施肥、轮作等综合措施来保证其地力水平；强化农田保护与土壤培肥技术的推广应用，构建养分健康循环通道，促进农业可持续发展。

三、粮食安全保障能力分析

为了定量反映东北地区粮食安全保障能力，笔者测算了粮食剩余生产力，指的是粮食生产能力对于保障区域标准人口粮食供给的余额。结果显示，东北地区粮食生产能力为 17 840 万 t，平均为 7.43 t/hm²，总人口 1.046 亿人。以标准人均粮食占有量 400 kg 为依据，进一步计算东北地区粮食剩余生产力为 13 656 万 t，在保障当地经济发展的前提下，可保证全国其他地区 3.414 亿人的粮食供给。从各省份来看（图 9-3），黑龙江粮食剩余生产力为 6 230 万 t，占东北地区总量的 45.62%。黑龙江土地广阔，人均耕地多，是国家重要的商品粮生产基地。20 世纪 90 年代以后，黑龙江大力发展优势农业，同时受作物种植效益以及技术进步等因素影响，国有农场利用自身优势发展水稻生产，开垦荒地增加种植面积等，使黑龙江粮食产量大幅提高。其次为吉林，粮食剩余生产力为 3 933 万 t，占东北地区总量的 28.80%。辽宁粮食剩余生产力 1 622 万 t，占东北地区总量的 11.88%。内蒙古东部三市

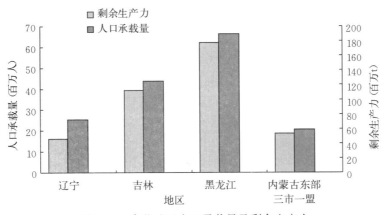

图 9-3 东北地区人口承载量及剩余生产力

一盟地区粮食剩余生产力 1 871 万 t，占东北地区总量的 13.70%。另外，在最大人口承载量方面，黑龙江＞吉林＞辽宁＞内蒙古东部三市一盟。

对各县（市、区）的各项指标进行分析，结果显示，哈尔滨、大连等 31 个城市市辖区的人均粮食指数＜1。说明随着经济的发展，城市建设用地需求不断扩张，人地供需矛盾日益紧张。其余地区粮食增产空间较大，人均粮食指数最高的是吉林的西部平原区、黑龙江的松嫩平原、三江平原以及内蒙古的大部分地区，均超过了 7，说明在标准人均粮食占有量的条件下，这些区域可以承载目前 7 倍数量的人口；粮食剩余生产力在该区域也相对较高，然而粮食单产水平相对较低，故应改良区域限制因素以提高粮食生产能力，从而扩大粮食生产，同时考虑在稳定区域粮食供应的基础上适当加大供给。

四、粮食生产保障措施

粮食安全关乎区域经济发展和社会稳定。近年来，我国实施了一系列强农惠农政策，并取得了巨大成就。2009—2013 年，东北地区农业投资增加 900 亿元，粮食播种面积从 2009 年的 2 353 万 hm² 增加到 2013 年的 2 616 万 hm²，有效灌溉面积从 665 万 hm² 增加到 734 万 hm²，农业机械化率平均每年增加 7.8%。除此之外，第一产业的国内生产总值所占比例由 0.11% 增加到 0.12%。同时，农业发展中也存在一些问题，如土壤耕作水平低、耕地用养失调、农田面源污染加重、农业基础设施建设滞后等。为此，《全国农业可持续发展规划（2015—2030 年）》提出了农业可持续发展阶段性目标：到 2020 年，农业科技进步贡献率达到 60% 以上，主要作物耕种收综合机械化水平达到 68% 以上；全国测土配方施肥技术推广覆盖率达到 90% 以上，化肥利用率提高到 40%，全国作物病虫害统防统治覆盖率达到 40%，实现化肥、农药施用量零增长；修复农业生态，提升生态功能等。可见，实现耕地生产力稳定持续增产，保障粮食安全，防止耕地地力退化，发挥耕地最大生产力，是农业可持续发展的目标。东北地区如何利用自身资源的比较优势，探索因地制宜的农业可持续发展之路值得关注。

1. 构建农业增产与农民增收的长效机制　针对东北粮食主产区的实际情况，完善相关支农政策，深化体制改革和制度创新，保障粮食生产的稳定增长和农民收入的持续提高。一方面，研究制定或修订土壤污染防治法以及耕地质量保护、黑土地保护、农药管理、肥料管理、农业环境监测等法律规章；制定或修订耕地质量、土壤环境质量、农用地膜、饲料添加剂重金属含量等标准，为生态环境保护与建设提供依据。另一方面，完善扶持政策。健全农业可持续发展投入保障措施体系，推动投资方向由生产领域向生产与生态并重转变，投资重点向保障粮食安全和推动农业可持续发展方向倾斜。支持优化粮饲种植结构，开展青贮玉米和苜蓿种植、粮豆粮草轮作；支持秸秆还田、深耕深松、生物炭改良土壤、施用有机肥、种植绿肥；支持推广使用高标准农膜，开展农膜和农药包装废弃物回收再利用（程叶青 等，2006）。

2. 加强农业水土资源可持续性建设　东北地区属温带大陆性季风气候，春季干旱少雨，制约作物的高产稳产。加强农田基础设施建设，尤其以三江平原、松嫩平原和辽河流域为重点区域，加大对现有水库、水渠及防洪坝修复投入，新建水利枢纽工程，完善农田灌溉系统（石淑芹 等，2008）。着重加大农业节水灌溉、人畜饮水、农村水电、灌区改造等方面中小型水利工程的资金投入和技术体系的构建，缓解水资源区域供需矛盾，全面提高农业水土利用效率。依靠科技进步，增加物质、资金和科学技术投入改造中低产田，促进粮食增产；合理施肥，改良土壤，提高地力；改善农田生态环境，提高耕地质量，强化农田保护与土壤培肥技术的推广，挖掘潜力，提高中低产田的粮食生产能力。

3. 强化科技人才支撑　加强科技体制机制创新，在种子创新、耕地地力提升、化肥农药减施、高效节水、农田生态等方面推动协同攻关，组织实施好相关重点课题。此外，依托高校、科研机构和企业，加快农机技术创新、研究、开发与推广，构建合理农业技术推广体系，提高机耕、机播、机收和机械运输等农机田间作业机械化程度，推进生产经营的企业化、基地化、标准化、规模化和专业化，实现传统农业向现代农业转变（程叶青 等，2006）。

第十章 黑土保护机械及农化产品 >>>

第一节 黑土保育配套机械创制与应用

农业机械在农业生产中具有重要地位。农业机械化是一个以机械逐步代替人力、畜力进行农业生产、技术改造和经济发展的过程，是实现农业现代化的前提，在农业的可持续发展中具有重要作用和地位。农业机械化是提高土地产出率与资源利用率的重要手段，可以抵御干旱、渍涝等自然灾害，也是持续、合理利用农业资源的重要手段，可以保护环境，有助于防治农业污染。

农业机械与农业现代化生产是不可分割的整体，已经渗透到农业的各个领域。其分类主要包括土壤耕作机械、播种施肥机械、育苗移栽机械、中耕及植物保护机械、节水灌溉机械、收获机械及种子加工机械等，其中与土壤密不可分的机械是土壤耕作机械。土壤耕作机械种类较多，根据耕作的深度和用途可以把土壤耕作机械分为两大类：一是耕地机械，它是对整个耕作层进行耕作的机具，常用的有各种耕作犁、深松机等。针对近年来黑土存在的问题，又有新的耕作犁产生，如深耕犁、土层置换犁等，国外也生产出耕深达1 m的大型耕作犁。二是整地机械，即对耕作后的浅层表土再进行耕作的机具，如耙地、镇压机械，除草、秸秆还田机械，灭茬机械等。

东北平原包括三江平原、松嫩平原、辽河平原三大平原，地势平坦，适合机械化作业。东北地区农业机械化水平较高，各类型农业机械在黑土上均得到了广泛应用。针对黑土区特殊的低产土壤，也有相应的新型耕作改土机械被研发和应用。下面介绍几种农业农村部公益性行业专项"东北地区黑土保育及有机质提升关键技术研究与示范"资助研发的黑土保育改良土壤机械。

一、心土层培肥耕作机械

1. 机械功能 该机械是一种亚表层培肥耕作犁，将耕翻表土、破碎和培肥心土层土壤3项作业有机结合为一体，实现改良心土层土壤不良物理性质同时培肥心土的目标。主要应用在改良培肥瘠薄黑土、黑钙土等贫瘠土壤。

2. 结构 包括犁架、牵引架、施肥箱、犁铧和心土犁等（图10-1）。铧式犁犁头与心土犁犁头高度差10～20 cm，犁组间横向距离45 cm；铧式犁耕幅宽45 cm，心土犁翼宽25 cm，施肥深度20～40 cm。

3. 田间作业方法及原理

（1）先将表层土壤侧翻扣在上次作业形成的犁沟上，形成一条宽40～50 cm、深20～25 cm的犁沟。

（2）将经步骤（1）作业后形成的犁沟再向下深

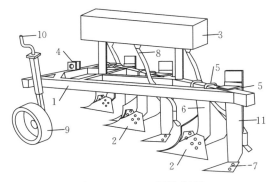

图10-1　心土层培肥犁

1. 犁架　2. 犁铧　3. 施肥箱　4. 牵引架
5. U形卡　6. 犁柱　7. 心土犁　8. 排肥管
9. 限深轮　10. 调节螺杆　11. 心土犁柱

松，形成深 10～20 cm 的内犁沟。

（3）取适当的肥料均匀撒施到经步骤（2）作业后形成的内犁沟中。

（4）然后在距离步骤（1）作业形成的犁沟一侧的 40～50 cm 处再开一条与其平行的宽 40～50 cm、深 20～25 cm 的犁沟，并将表层土壤侧翻扣在步骤（1）作业形成的犁沟之上。

（5）再将步骤（4）制得犁沟进行与步骤（1）犁沟相同的作业，如此反复，即完成心土层培肥。

二、土层置换犁

1. 机械功能 土层置换犁是针对农药残留土壤和连作障碍土壤研发的一种改土耕作机械，通过机械作业使受残留除草剂污染的土壤得到修复。在作物出苗、生长或产量受残留除草剂影响并产生严重药害的地以及连作障碍严重的土壤均可应用土层置换犁，使受到污染的耕层土壤与下层健康土壤位置转换，达到修复耕层土壤的目的。

2. 注意事项 该技术适合的土壤条件为黑土层厚度大于 40 cm。土层置换犁改土后种植作物，应适当增施 10% 氮、磷肥，以确保作物高产稳产。

3. 机械结构 机械结构如图 10 - 2 所示，包括犁架、牵引架、犁头、限深轮等，牵引架连接在犁架的前端和中后部犁架上，4 个犁头安装在犁架的下面。第 1 犁头耕幅 500 mm，犁身高度为 370 mm，犁尾高度为 710 mm，犁体长度为 1 670 mm；第 2 犁头耕幅 500 mm，犁身高度为 370 mm，犁尾高度为 500 mm，犁体长度为 850 mm；耕作作业深度最大可达到 500 mm。

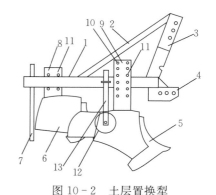

图 10 - 2 土层置换犁
1. 犁架 2. 牵引架 3. 中间架 4. 左右架
5. 第 1 犁头 6. 第 2 犁头 7. 支柱
8. 后犁柱 9. 前犁柱 10. 安装孔
11. U 形螺丝 12. 限深轮 13. 连接架

4. 作业方法及原理 土层置换犁作业原理如图 10 - 3 所示，其中图 10 - 3a 为作业前的土壤，分为表层土和下层土，土层厚度均为 20 cm。作业时，先悬空土层置换犁的第 2 犁，仅用第 1 犁耕作表层土，开出一条如图 10 - 3b 所示的深 20 cm、宽 50 cm 的堑沟；然后在下一次作业时，第 1 犁在前次开出的堑沟内再向下耕作 20～40 cm 的下层土，将堑沟内的下层土耕起、翻转扣在已翻转过来的表层土垡之上，并形成深 40 cm、宽 50 cm 的深堑沟（图 10 - 3c）。第 2 犁随之将邻近的表层土翻转扣在第 1 犁造成的深堑沟内，并在第 2 犁耕作面上形成一条同样的新堑沟（图 10 - 3d）。在耕作下一个耕幅时，第 1 犁在前次开出的新堑沟内向下耕作 20～40 cm 的下层土，将堑沟内的下层土耕起、翻转并扣在被翻扣深堑沟内的表层土之上（图 10 - 3e）。第 2 犁又将侧面邻近的表层土翻入第 1 犁形成的堑沟内，为下次耕作做好准备（图 10 - 3f）。如此反复实现上下土层的位置转换，达到土层置换的目的。

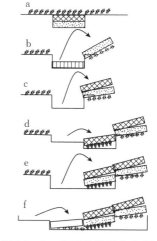

图 10 - 3 土层置换犁作业原理

三、双联式土层置换犁

1. 机械功能 双联式土层置换犁是在土层置换犁的基础上，为提高作业效率而研发的土壤改良机械。功能与土层置换犁一致，主要用于改良农药污染土壤及连作障碍土壤，作业效率比土层置换犁提高 1 倍。

2. 机械结构 机械结构如图 10 - 4 所示，包括犁架、牵引架、犁头、限深轮等，牵引架连接在犁架的前端和中后部犁架上，4 个犁头安装在犁架的下面。第 1、3 犁头耕幅 50 cm，犁身高度为

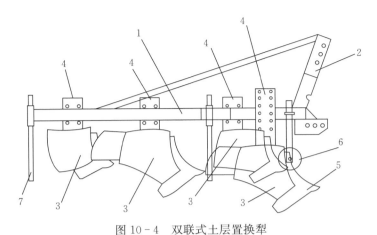

图 10 - 4　双联式土层置换犁
1. 犁架　2. 牵引架　3. 犁头　4. 犁柱　5. 犁铧　6. 限深轮　7. 支柱

37 cm，犁尾高度为 71 cm，犁体长度为 167 cm；第 2、4 犁头耕幅 50 cm，犁身高度为 37 cm，犁尾高度为 50 cm，犁体长度为 85 cm；耕作作业深度最大可达 50 cm。

四、耕地深松犁

1. 机械功能　耕地深松犁利用矩形深松犁铲结合梯形铲深松土壤，能够实现深松 45 cm 改土目标，效果明显好于传统深松犁，特别是培肥心土的效果尤为突出。耕地深松犁的犁铲比传统深松犁宽，作业目的是将肥沃的耕层土壤引导到心土层，达到打破犁底层、增肥心土层的作业效果。

2. 机械结构　机械结构如图 10 - 5 所示，包括犁架、悬挂架、矩形深松犁铲等。在犁架的前端上方装有悬挂架，在犁架的前端设有一排等间隔设置的矩形深松犁铲，在犁架的后端对应于两个相邻的深松犁铲中间分别装有一个梯形铲，在犁架的后面装有滚笼式碎土器，两端的中心轴转动支撑在支架内，支架的上端通过悬臂与犁架连接。犁铲宽 10 cm，长 45 cm；犁铲上部向同一侧扭转 40°～50°，耕作深度 40～45 cm。

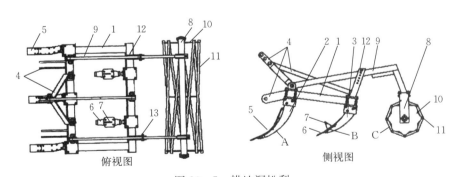

图 10 - 5　耕地深松犁
1. 犁架　2. 犁铲底托　3. 梯形铲底托　4. 悬挂架　5. 矩形深松犁铲　6. 梯形铲主体
7. 尖刀　8. N 形支架　9. 悬臂　10. 圆盘　11. 碎土杆　12. 支臂　13. 定位螺栓

3. 作业方法及原理　耕地深松犁具有不破坏土壤耕作层、可往复式作业、作业成本低、效率高、碎土好的优点。第一排具有一定转角和延长犁壁的深松铲耕作深度一般为 40～45 cm，作业时可将 20～30 cm 的心土上移至 10～20 cm 土层内，而在下方形成空洞。在自然重力和土壤水流作用下，空洞上面的黑土会下落到空洞内，并逐渐充满其中，形成培肥沟。种植作物后，根系在趋肥作用下聚集到培肥沟内，增强培肥心土的效果。

五、秸秆深埋犁

1. 机械功能　秸秆深埋犁利用其特殊结构可以将粉碎的秸秆以及 0~15 cm 的表层土壤翻入地表下 25~35 cm 土层内，避免由于秸秆留在浅表土层内或裸露于地表而影响耕种质量，防止土壤跑墒、播种出苗率低的现象发生。秸秆翻压到深层，不影响其他机械播种、施肥等作业，同时可以改善深层土壤不良物理性质，肥沃土层。

2. 机械结构　秸秆深埋犁结构如图 10-6 所示，包括犁架、牵引架、犁柱、犁头、限深轮、圆盘锯齿耙等，牵引架连接在犁架的前端和中部犁架上，3 个犁头安装在犁架下面。第 1 犁头耕幅 40 cm，能够通过改变 U 形螺栓在第 1 犁柱上的穿孔位置而调节作业深度。第 3 犁头底端高于第 1 犁头底端一个耕作层厚度的距离，第 3 犁头的底端与第 1 犁头的底端的最大差值为 20 cm；第 2 犁头底端与第 3 犁头底端最大差值为 20 cm，第 2 犁头高度调节幅度为 10 cm。矩形框架的后端横向延伸出一根横梁以连接圆盘锯齿耙，用于碎土；前端连接限深轮，用于控制翻土深度。

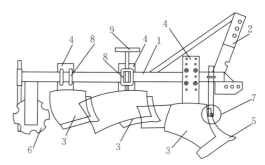

图 10-6　秸秆深埋犁
1. 犁架　2. 牵引架　3. 犁头　4. 犁柱　5. 延长翻土板
6. 圆盘锯齿耙　7. 限深轮　8. U 形螺栓　9. 转丝

3. 作业方法及原理　作业原理如图 10-7 所示。第 1 次作业时，先卸下第 1 犁头、第 2 犁头，仅用第 3 犁头开出深 15 cm、宽 50 cm 的耕作层堑沟，做好置换土层的作业准备（步骤 1、2）；然后安装其他两个犁头，在原始的方向开始土层置换作业，第 1 犁头在刚刚开出的耕作层堑沟内向下耕作，将心土层土壤耕起、翻转，扣在耕翻的耕作层土垡上，第 2 犁头将地表的粉碎秸秆刮到犁沟内（步骤 3、4）；第 3 犁头将邻近的耕作层土壤翻转扣在犁沟秸秆之上（步骤 5、6）。然后开始下一次作业，第 1 犁头将邻近的心土层土壤耕起、翻转，扣在耕翻的耕作层土垡之上，第 2 犁头将邻近的粉碎秸秆刮到犁沟内，同时第 3 犁头将耕作层土壤翻转扣在犁沟内粉碎秸秆上。如此往复作业，达到作物秸秆深埋的目的。

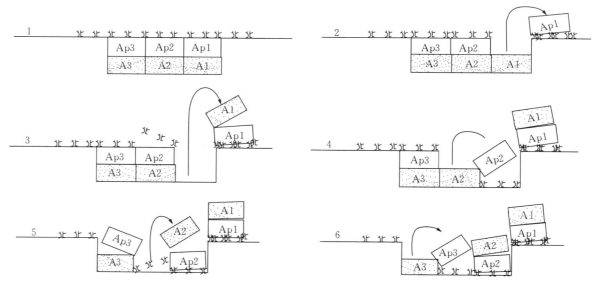

图 10-7　秸秆深埋犁作业原理

六、秸秆还田装备

1. 机械功能　该机型适合于我国北方旱田作物区春秋季使用。一次进地即可完成作物秸秆粉碎还田、根茬粉碎还田和镇压联合作业功能，实现用一种机型解决秸秆、根茬还田两种机型的通用问题。机具作业后，细碎的秸秆和根茬既有利于物料的腐熟还田，提高土壤有机质含量，又不影响播种机的播种质量，是实现保护性耕作、提高土壤肥力和作物产量的理想机型。

2. 结构及作用 4JGH-220 型秸秆根茬还田机（图 10-8）是由传动轴总成、小变速箱总成、机架总成、粉碎部分、灭茬部分、镇压轮装配等组成，主要参数见表 10-1。

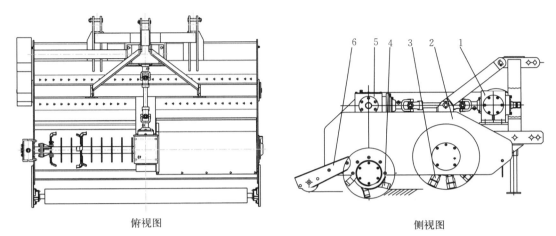

俯视图　　　　　　　　　　　　　　　　　　侧视图

图 10-8　4JGH-220 型秸秆根茬还田机结构

1. 传动轴总成　2. 机架总成　3. 粉碎部分　4. 灭茬部分　5. 小变速箱总成　6. 镇压轮装配

表 10-1　4JGH-220 型秸秆根茬还田机械参数

项目		参数
配套动力（kW）		≥117
耕幅（cm）		220
与拖拉机连接形式		三点悬挂
动力输出轴转数（r/min）		540
秸秆粉碎作业	刀轴转数（r/min）	1 900
	刀片型号	秸秆粉碎刀
	刀片数量（把）	56
灭茬作业	刀辊转数（r/min）	410～440
	刀片型号	L 形短刀
	刀片数量（把）	左右各 57
	灭茬深度（cm）	5～10
作业速度（km/h）		5～10
生产率（hm²/h）		1.0～1.5
秸秆粉碎长度合格率（%）		≥85
秸秆抛撒不均匀度（%）		≤30
外形尺寸（cm）	长	193.2
	宽	242.7
	高	112.8
整机重量（kg）		1 200

七、深松碎土联合整地装备

1. 机械功能 该系列机型主要用于我国北方旱田作物区的秋季整地作业。与117～147 kW 或132～191 kW 拖拉机配套，一次进地即可对整个工作幅宽内的土壤进行深松、合墒碎土作业。作业后的土壤表层细碎、平整，可以打破犁底层，有利于蓄水保墒，为作物生长创造良好的种床环境。该系列机型是少耕法耕作技术的载体，是保护性耕作技术的理想配套机具，图10-9为实物图。

2. 结构及作用 1DSL-3100/3600型深松碎土联合整地机主要是由机架装配、支承轮装配、深松铲装配、圆盘部件装配等组成（图10-10），主要技术参数见表10-2。

图 10-9 深松碎土联合整地装备

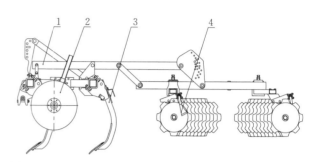

图 10-10 1DSL-3100/3600 型深松碎土联合整地机结构
1. 机架装配 2. 支承轮装配 3. 深松铲装配 4. 圆盘部件装配

表 10-2 1DSL-3600 型深松碎土联合整地机技术参数

项目	参数
结构质量（kg）	1 200
外形尺寸（cm）	381×376×154
配套动力（kW）	132～191
工作幅宽（cm）	360
深松深度（cm）	25～35
合墒深度（cm）	8～12
作业速度（km/h）	5～10
生产率（hm²/h）	1.8～3.6
挂接方式	三点全悬挂
运输间隙（cm）	≥35

八、气吸式精量播种机

1. 机械功能 2BQD-4型大垄气吸式精量播种机（图10-11）适用于我国北方旱田作物区的精密播种作业，既可实现4个大垄（垄距110 cm、垄上40 cm双条），又可实现7个正常垄（垄距65 cm）的播种功能，农艺技术先进、适用性强、通用性广。通过更换工作部件和改变安装方式，既可大垄上免耕播种，又可耕整地后播种；既可进行大垄垄上玉米2行、大豆3行精量播种作业，又可进行垄距为45～75 cm 垄上玉米、大豆等作物的单条播种作业。一次进地即可完成：弹性柄双圆盘开沟施肥→圆盘切茬→双圆盘开沟播种→橡胶轮同位仿形→覆土镇压。

2. 结构及作用 2BQD-4型大垄气吸式精量播种机主要由风机总成、支承轮总成、肥箱总成、施肥部件、划印器总成、机架总成、传动系统、播种单体总成等组成（图10-12），主要技术参数见表10-3。其中，播种单体总成是播种机的核心工作部件，其功能是完成除障、开沟、播种、限深、覆土

图 10-11　2BQD-4 型大垄气吸式精量播种机

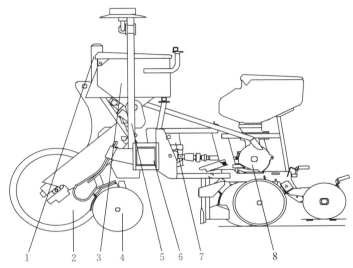

图 10-12　2BQD-4 型大垄气吸式精量播种机结构

1. 风机总成　2. 支承轮总成　3. 肥箱总成　4. 施肥部件　5. 划印器总成　6. 机架总成　7. 传动系统　8. 播种单体总成

表 10-3　2BQD-4 型大垄气吸式精量播种机技术参数

项目		参数
配套动力（kW）		91.9～154.4
动力输出轴转数（r/min）		540
风机转数（r/min）		4 800
轮胎	规格	6.5/80-15
	充气压力（kPa）	250
外形尺寸（m）		2.58×5.25×1.52
结构质量（kg）		2 500
挂接方式		三点全悬挂
作业行数		4
行距（cm）		110
工作幅宽（m）		4.4
施肥量（kg/hm²）		150～750
施肥部位及深度		苗侧 4～5 cm，施肥深度 8～12 cm
播种量（株/hm²）		玉米：5 万～13 万
		大豆：18 万～50 万

（续）

项目	参数
播种深度（cm）	3～7
种箱容积（L）	36×苗带行数
肥箱容积（L）	330×2
种子破损率	≤1.5%
粒距合格率	玉米≥80%　大豆≥60%
漏播率	玉米≤8%　大豆≤15%
作业速度（km/h）	6～10
生产率（hm²/h）	3～5
运输间隙（cm）	≥30

镇压等播种作业工序。该总成主要由四杆仿形机构、除障器、单体支架焊合、开沟圆盘、排种器、种箱、播种限深部件、覆土镇压机构等组成（图10-13）。排种器的作用是将种子按照农艺要求，均匀地排出，保证株距的均匀性。开沟圆盘的作用是在土壤中切开一定宽度和深度的沟，为种子提供一个良好的着床环境。在双圆盘两侧采用橡胶轮左右同位限深，可根据需要调节播种深度，有效保证播种深度一致。覆土镇压机构的功能是在已经播入种沟的种子上覆盖一层适当厚度的土壤并压实，以保证种子充分接墒，为种子出芽创造良好的环境。

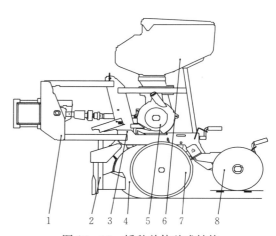

图10-13　播种单体总成结构
1. 四杆仿形机构　2. 除障器　3. 单体支架焊合
4. 开沟圆盘　5. 排种器　6. 种箱　7. 播种限深部件
8. 覆土镇压机构

　　以上介绍的机械是在黑土保育课题研究中研发的主要耕作机械。其中，土层置换犁、双联式土层置换犁是针对农药污染土壤和连作障碍土壤研发的机械，可以有效改良此类型土壤障碍因素，也可应用在秸秆还田和土壤深翻的耕作中。心土层培肥犁是一种培肥心土的耕作机械，机械作业时翻耕耕层土壤，同时培肥心土层土壤，适合应用在养分比较瘠薄的薄层黑土、白浆土、黑钙土等土壤。秸秆粉碎机、深松碎土联合整地机和秸秆深埋犁主要是针对秸秆还田问题研发的机械，目的使秸秆翻埋到25～30 cm土层，是适合黑土区秸秆还田的有效方法和机械。气吸式精量播种机是针对改良后的土壤提升精量播种作业效果研发的机械，目的是提升黑土地机械化播种质量，适合秋整地后的玉米、大豆精量播种作业。本书介绍的机械与农业机械设计、生产、加工企业的农机具可能还存在差距，因为这些机械主要针对黑土存在的问题而设计，属于低产土壤改良机械和保护性耕作机械。

第二节　农化产品

一、微生物肥料

　　农业生产中化肥和农药的大量施用造成土壤退化、农作物品质下降、生态环境恶化等问题。在此背景下，微生物肥料因其环境友好、资源节约、绿色安全而受到关注。作为农用生物制品的重要一员，微生物肥料的推广与应用成为保护土壤健康的重要手段，在可持续农业发展和绿色农产品生产中具有极其重要的作用。

（一）微生物肥料的定义

微生物肥料是以微生物的生命活动及其产物导致作物得到特定肥料效应的一种制品，也称生物肥料、菌肥或接种剂。它是通过生物工程技术，将某些具有特殊功能的微生物制成肥料应用于农业生产，通过其中所含微生物的生命活动，增加植物养分的供应量或促进植物生长，提高产量，改善农产品品质及农业生态环境。目前，微生物肥料包括微生物菌剂、复合微生物肥料和生物有机肥。

（二）微生物肥料的种类及功能

微生物肥料在农业生产上的功效表现为：它利用微生物的生命活动及代谢产物，改善作物养分供应，为农作物提供营养元素、生长物质，达到调控生长、增强抗逆性、提高产量、改善品质、减少化肥使用、提高土壤肥力的目的。通过微生物肥料中微生物的生命活动，改善作物营养条件，如固定空气中的氮素，参与养分的转化，促进作物对养分的吸收；分泌各种激素刺激作物根系发育，抑制有害微生物的活动等。不同微生物肥料中的核心微生物种类不同，其功能也不尽相同。目前，农业农村部登记的微生物肥料产品共有9个菌剂类品种（根瘤菌剂、固氮菌剂、溶磷菌剂、硅酸盐菌剂、菌根菌剂、光合菌剂、有机物料腐熟剂、复合菌剂和土壤修复菌剂）和2个菌肥类品种（复合生物肥料和生物有机肥）。在剂型上分为液体和固体，固体又分为粉末和颗粒等。

1. 微生物菌剂 指目标微生物（有效菌）经过工业化生产扩繁后加工制成的活菌制剂，它具有直接或间接改良土壤、恢复地力，维持根际微生物区系平衡，降解有毒、有害物质等作用；应用于农业生产，通过其中所含微生物的生命活动，增加植物养分的供应量或促进植物生长、改善农产品品质及农业生态环境。微生物菌剂按内含的微生物种类或功能特性可分为根瘤菌菌剂、固氮菌菌剂、解磷类微生物菌剂、硅酸盐微生物菌剂、光合细菌菌剂、有机物料腐熟剂、促生菌剂、菌根菌剂、生物修复菌剂等。

2. 复合微生物肥料 指特定微生物与营养物质复合而成，能提供、保持或改善植物营养，提高农产品产量或改善农产品品质的活体微生物制品。产品剂型分为液体、粉状和粒状。

微生物菌剂里面单纯的就是活菌制剂，里面没有其他营养物质（$N+P_2O_5+K_2O$、中微量元素、生物菌体蛋白、有机质、活性炭、活性钙、腐殖酸等），这是微生物菌剂与微生物肥料的最明显区别。微生物菌剂里面的菌种纯度高，有效活菌数含量≥50亿/g。而微生物肥料一般是有效活菌数≥2 000万/g。

3. 生物有机肥 指特定功能微生物经工业化生产增殖后与主要动植物残体（如畜禽粪便、农作物秸秆等）为来源并经无害化处理、腐熟的有机物料复合而成的活菌制剂，是一类兼具微生物肥料和有机肥效应的肥料。既发挥了生物菌"解"的作用，本身又供应了各种营养，是生物菌应用上的一大进步。

（三）微生物肥料在农业生产中的应用

微生物肥料中含有大量的有益微生物，施入土壤后，它们可以在土壤中迅速繁殖扩散，增加了土壤中有益微生物的数量，增强土壤中微生物的活性，在农业生产发挥的作用归纳为如下几个方面：①具有改善土壤的团粒结构，增强土壤的通透性、亲水性和保水保肥的能力；②微生物肥料具有恢复、维持和提高土壤肥力和生产力，保持土壤健康的作用；③对秸秆等有机物有快速腐熟功效，促进其有效利用；④有固氮和促进养分转化，提高化肥利用率，实现减量施肥、高效施肥和经济施肥的作用；⑤有克服作物连作障碍、降低农作物病害发生和提高作物品质的独特作用；⑥有提高作物抗旱、抗涝、抗寒、抗病等功能；⑦抑制农作物对硝态氮、重金属、农药的吸收，净化和修复土壤，保护农田环境以及提高农作物产品品质和食品安全。

生产实践证明，微生物肥料在提升耕地土壤肥力、维持耕地土壤结构、保持耕地土壤健康、降低耕地土壤污染、提高耕地农产品品质上效果显著，在耕地质量提升的需求中具有广阔的应用前景。

（四）施用微生物肥料的注意事项

为了使微生物肥料在农业生产中充分发挥作用，施用过程中应注意以下事项。

1. 施用时期 微生物肥料对土壤条件要求比较严格。肥料施用到土壤后，需要一个适应、生长、供养和繁殖的过程，一般 10~15 d 后可以发挥作用，而且长期均衡地供给作物营养。微生物肥料适宜施用的时间是清晨、傍晚或无雨的阴天，这样可以避免阳光中的紫外线将微生物杀死。

2. 施用环境温度及湿度 微生物肥料应避免高温干旱条件下施用。施用微生物肥料时要注意温湿度的变化。在高温干旱条件下，微生物生存和繁殖会受到影响，不能充分发挥其作用。微生物肥料不能长期泡在水中，在水田里施用应干湿交替，促进微生物活动。以好气性微生物为主的产品，尽量不要用在水田。严重干旱的土壤会影响微生物的生长繁殖，微生物肥料适合的土壤含水量为 50%~70%。

3. 施用方法 微生物肥料可以单独施用，也可以与其他肥料混合施用。避免盲目施用微生物肥料，因为微生物肥料主要是提供有益的微生物群落，而不是以提供矿质营养为主，所以微生物肥料不可能完全代替常用肥料。避免与未腐熟的农家肥混用。与未腐熟的有机肥混用，会因高温杀死微生物，从而影响肥效。同时，要注意避免与过酸或过碱的肥料混合施用。避免与农药同时使用，化学农药都会不同程度地抑制微生物的生长和繁殖，甚至杀死微生物。不能用拌过杀虫剂、杀菌剂的工具装微生物肥料。

4. 微生物肥料的肥效 微生物肥料不宜久放，拆包后要及时施用，一次用完，包装袋打开后，其他菌就可能侵入，使微生物菌群发生改变，影响其使用效果。微生物肥料肥效的发挥受其自身因素的影响，如肥料中所含有效菌数、活性大小等质量因素；又受到外界其他因子的制约，如土壤水分、有机质、pH 等影响，因此微生物肥料从选择到应用都应注意合理性。

（五）我国微生物肥料的研究与产业化发展

近年来，我国微生物肥料研究与产业化发展迅速，从根瘤菌剂、细菌肥料到微生物肥料，从名称上的演变已说明我国微生物肥料逐步发展的过程。微生物肥料产业基本形成，但也面临着不少制约因素。

1. 微生物肥料的研究现状

（1）微生物肥料核心菌株。国家级微生物肥料菌种资源库的成立，为我国微生物肥料产业发展提供支撑。中国农业微生物菌种保藏管理中心（Agricultural Culture Collection of China，ACCC），是国家级农业微生物菌种保藏管理专门机构、国际科技基础条件平台及国家微生物资源平台之一，保藏的菌株超过 3 万株，菌种库资源高度共享，大部分微生物肥料企业的菌种都由该保藏管理中心提供。中国农业大学根瘤菌研究中心拥有国际上数量最大和宿主种类最多的根瘤菌资源库。此外，国内其他科研机构也分别建立了根际促生微生物资源库、秸秆腐熟菌种资源库和土壤修复微生物资源库等专门的微生物肥料菌种保藏机构，共同为我国微生物肥料产业发展提供菌种资源平台。

随着现代分子生物技术的不断发展，利用基因工程原理和技术筛选培育出具有营养促生、降解修复、拮抗病原微生物及腐熟转化等功能的优良菌株是未来微生物肥料核心菌株的发展趋势。此外，需根据我国地域土壤和气候的差异，筛选与之相适应的微生物菌株并生产专用的微生物肥料，才能做到微生物肥料的因地制宜。

（2）微生物肥料作用机制。我国在微生物肥料作用机制的研究中非常重视根瘤菌的固氮作用，在此方面花费了大量的人力、物力，同时也取得了不错的研究成果。但是，对于自然界中一些较为普遍的菌株研究却较为匮乏，如解磷菌、硅酸盐类细菌、自生固氮菌等其他促生菌的研究。特别是应进一步加强对于解钾机制的探究，将其功能基因的结构及位置加以明确。同时，应采用基因工程技术加以利用，使微生物能够实现解磷、固氮等效能。此外，对于微生物肥料中的功能微生物如何在土壤与根际定植的机制也值得深入研究。

（3）微生物肥料的生产发酵工艺。我国微生物肥料质量的提升和应用效果的稳定，需要全行业采用现代发酵工程和自动控制技术，以提高产品中功能微生物密度；采用保护剂和包装新材料，工艺流程趋于合理，能准确确定运行参数的量化指标；同时，降低生产成本等。

（4）微生物肥料的产品登记。随着微生物肥料标准体系建设基本建成，产品的生产应用及其质量监督有据可依，大力推动了我国微生物肥料行业的快速发展。截至 2018 年 8 月 31 日，我国已正式登记的 2 362 个微生物肥料产品，微生物菌剂产品占一半以上（图 10 - 14）。2018 年前 8 个月登记的微生物肥料数量已超过 2000—2017 年登记产品数量的总和（图 10 - 15）。按照这个趋势，在国家产业政策对微生物肥料行业发展给予的重视和支持下，微生物肥料将会在农业生产中发挥更大的作用。

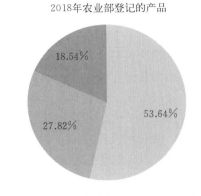

2018年农业部登记的产品

■ 微生物菌剂　■ 生物有机肥　■ 复合微生物肥料

图 10 - 14　2018 年 1—8 月我国微生物肥料登记情况

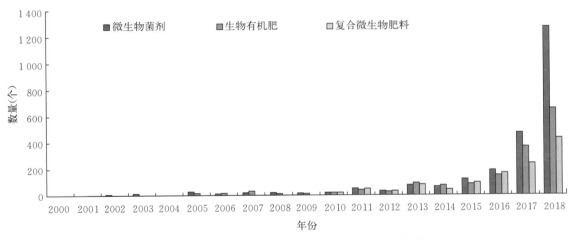

图 10 - 15　2000—2018 年我国微生物肥料登记情况

2. 微生物肥料产业发展的前景与展望　从我国农业发展的战略高度来说，发展微生物肥料产业是可持续农业、生态农业的要求，也是我国目前安全农产品和绿色食品生产的现实需要，更是减少化肥和农药用量、降低环境污染的必然选择。

二、生物炭肥料

生物炭肥料是一种以生物质炭为基质，根据不同区域土地特点、不同作物生长特点以及科学施肥原理，添加有机质或/和无机质配制而成的生态环保型肥料。

（一）生物炭原料制备

秸秆生物炭的制备方法主要有水热裂解法和热裂解法。水热裂解法是将生物质在湿热环境中进行高温裂解，裂解温度一般为 150～350 ℃，制备原料无须干燥。相对于水热裂解法，热裂解法可制备 100～900 ℃ 的生物炭，要求生物质在裂解前进行干燥处理。

传统木炭是采用土窑、砖窑或钢制窑生产的，是隔绝氧气的闷燃烧，是慢速热解过程，目的是取得最大产量的木炭。然而，工业热裂解是生物炭生产的主流方向，热裂解是在缺氧或有限供氧环境中热分解有机材料，生物质在不同温度及升温速度下热裂解都可产生生物炭，只是生物炭的产量、性质及特征有所不同，而慢速热裂解工艺的生物炭产率最大。生物质热裂解除了获得生物炭外，还可获得生物油及合成气，这些都可进一步升级加工成氢气、生物柴油或其他化学品。

快速热裂解（fast pyrolysis）或闪速热裂解（flash pyrolysis）及气化以获得生物油或混合气等生物能源为主，这也是目前大部分生物质热裂解和气化研究与开发的主要兴趣所在，但其生物炭产率偏低。生物质及生物质基前体（碳水化合物）在高温水蒸气（160 ℃＜T＜220 ℃）及高压作用处理后的炭化是热水炭化或热水热裂解，也称为湿法热裂解，其生物炭产率很高，但生物炭挥发有机物含量高。热裂解通常都是采用热能直接或间接加热生物质，而微波热裂解是采用微波能对生物质加热，由于微波加热速度较慢、温度较低、蒸汽驻留时间长，因此微波热裂解是典型慢速热裂解，但原料颗粒度较大，可用于生产大颗粒生物炭。此外，微波热裂解需要生物质具有一定的含水量，才可获得较佳的加热效率。热裂解装置或设备制造简单、成本低，适于在生物质原材料地附近建设小型热裂解厂。生物炭生产工艺及工艺参数决定或影响生物炭的特征或性质，高温热裂解比低温热裂解的生物炭具有较高的 pH、灰分含量、生物学稳定性和含碳量，但高温热裂解保留原生物质中的碳要比低温热裂解少。而生物炭的孔隙度及比表面积、阳离子交换量是在一定温度范围内热裂解方可获得最大值。生产生物炭的原料生物质种类及预处理也影响生物炭的性质或特征。通常木本植物生物炭具有较高的含碳量及较低灰分含量，而草本植物及禾本科植物生物质生产的生物炭具有较高的灰分含量及较低的含碳量。而畜禽粪便生产的生物炭具有较高的灰分含量及较低的含碳量。酸碱处理或添加化学品后的生物质生产的生物炭的特征或性质显著不同于未处理生物质生产的生物炭，这是设计生产所需目标性质或特征生物炭的基础。

表 10-4　生物炭产率与生产工艺的关系

裂解方法	温度	加热速率	蒸汽残留时间	原料粒度	生物炭	生物油	气体
慢速热裂解	400～660 ℃	低加热速率	5～30 min	不严格	35%	30%	35%
中速热裂解	400～550 ℃	中等加热速率	10～20 s	较严格	20%	50%	30%
快速热裂解	400～550 ℃，>204 ℃	1 000 ℃/s	1～2 s	<2 mm	12%	75%	13%
闪速热裂解	1 050～1 300 ℃	1 000 ℃/s	<1 s	<0.2 mm	10%～25%	50%～75%	10%～30%
气化	750～1 500 ℃	100～200 ℃/min	10～20 s	<6 mm	10%或焦油	5%	85%
水热炭化	160～220 ℃/300～350 ℃，12～20 MPa 热水	—	无蒸汽残留，1～12 h 处理时间或 30 min	含水量高的原料，如畜禽粪便、微藻	37%～60%	5%～20%（溶解在工艺水中）	2%～5%

（二）生物炭原料功能属性（农业环境）

1. 生物炭对土壤物理性质的影响　生物炭多孔且孔之间的间隙大，具有良好的亲水性。所以，生物炭对于土壤有良好的疏通作用，能降低土壤的硬度。将生物炭作用于土壤中，土壤的渗水速度减缓，水分充分浸润土壤，让土壤中的水趋于饱和，以提高土壤中的水含量。而且，生物炭可以促进微生物的活性，进而提高微生物对于土壤的分解，软化土壤，使土壤更适合于耕种。

2. 生物炭对土壤化学性质的影响　生物炭中灰分含有较多的盐基离子，如钾、钠、钙、镁等，可提高土壤的 pH。因此，生物炭可以作为改良剂来中和酸性土壤的酸度。生物炭对低阳离子交换量、酸性土壤的阳离子交换量改善作用十分明显。虽然生物炭的化学结构不同于有机质和土壤腐殖质，但是生物炭与有机质和腐殖质一样可以改良培肥土壤。由于不同类型的生物炭对土壤化学性质的影响不同，因此通过设计生物炭的特性可以选择性地改善土壤的化学性质。

3. 生物炭对土壤生物性状的影响　生物炭的孔隙可以储存大量的水分和养分，因此成为微生物栖息生活的微环境，为许多重要的微生物生长和繁殖提供了有利条件，进而增加微生物的数量及活性。适量的生物炭可以提高豆科作物的结瘤和固氮量等，但生物炭施用量过高，反而降低固氮量。因此，生物炭对土壤微生物的影响是多方面的，其复杂的作用机制尚不完全清楚。

4. 生物炭对作物生长的影响　生物炭对许多作物生长和产量具有促进作用。生物炭有很好的物理性质和养分调控效果，能显著促进种子萌发和生长，从而促进作物生产力。生物炭的用量影响其对作物生长及产量的效应，在一些土壤上，低量的生物炭可促进作物生长和增产，而在高用量下作物生物量及产量则降低，这种减产效应易出现在有效养分低或低氮土壤上。在大部分土壤中施入生物炭可增产，多与其对土壤理化性状及微生物活性改善的间接作用以及降低土壤肥料养分淋失作用有关。

5. 生物炭对农田温室气体排放影响　将生物炭施入土壤中可增加土壤中的"碳库"，并且由于生物炭的稳定性很高，可以将碳元素长期封存在土壤中，这将有利于减缓温室效应。生物炭的形成与累积不仅是全球碳循环系统中大气 CO_2 的一个长期碳汇，同时也被认为可能是全球碳平衡中"迷失碳汇"的重要部分，具有很大的"固碳"潜力与空间。减少土地利用中温室气体排放，增加陆地生态系统碳汇，是应对与减缓气候变化的重要措施之一，而农田增汇减排对缓解温室效应具有重要作用。在排放"源"总量不变的前提下，如何减少或避免农田生物质燃烧等产生的直接碳排放，同时减缓农业土地自身的温室气体排放，增强农田生态系统的碳汇功能，成为农业固碳减排的必然选择。而由生物质炭化而成的生物炭，可以固定稳定的碳而进行储存，对大气、土壤碳循环、陆地碳储存等都会起到重要作用。生物炭的土壤输入，被认为可能是唯一的以输入稳定性碳源而改变环境生态系统中土壤碳库自然平衡、提高土壤碳库容量的技术方式。

综上所述，生物炭施入农田后，可有效地改善土壤理化性质，促进耕地可持续生产；应用于生态与环境领域，可固碳减排，是一种有效的农业"碳汇"技术；与农业、林业相结合，可解决农林废弃物污染与温室气体排放问题；应用于环保领域，可实现污染治理、水体净化等方面；应用于能源领域，可成为替代煤、石油、天然气的清洁能源。生物炭应用具有很大的空间和潜力，生物炭的综合利用在很大程度上可以解决可持续发展、节能降耗、环境保护与治理等领域面临的复杂问题，有助于构建低碳高效的经济发展模式，对保障国家环境、能源、粮食安全意义重大。

（三）炭基肥料产品开发及模式

1. 炭基有机肥模式　生物炭与牲畜粪便通过混合发酵后，快速烘干，掺上木醋液，可以制成优质的炭基有机肥。我国人口众多，养殖业要追求高品质和高产出，必须走规模化经营的道路。但是，一方面，我国的土地资源十分紧张，规模化养殖场周边很难有足够的耕地来消化利用养殖场排出的粪便，如果大量的养殖污水和养殖粪便无法得到安全处理和有效利用，容易引发一系列环境问题。另一方面，我国在大力发展有机农业、生态农业的过程中，需要大量的有机肥，有机肥市场广阔，发展前景良好。因此，用牲畜粪便做有机肥符合生态农业的发展模式。但牲畜粪便含水量大，做有机肥需要烘干，经过调查，烘干费用在有机肥的生产成本中占到约 15%，可用刚出炉的炽热的生物炭与湿的牲畜粪便混合先使一部分水分气化，然后再干燥。生物炭的多孔结构使与粪便混合干燥过程中的传热性能得到提高，减少了能量的消耗，降低了生产成本，产品也更具价格优势。生物炭多孔结构，有利于微生物生长和繁殖，可以有效缩短发酵时间，提高发酵质量；木醋液具有毒杀作用，可以杀死寄生虫卵，可谓一举两得。生物炭和木醋液本身也含有较高的有机质，这对土壤有机质的提升也很有帮助，符合现代生态农业、绿色农业对肥料的要求。

2. 炭基有机-无机复混肥模式　生物炭与市面销售的各种元素化肥（如氮肥、磷肥和钾肥等）按照一定比例进行混合（按不同农作物需求）造粒，制成新型的炭基有机-无机复合肥料。

农作物的高产离不开化肥，但目前作物对化肥的吸收利用率普遍较低。我国在农业生产上不科学施肥，易造成化肥流失、土壤板结和水体污染等严重问题。生物炭与化肥掺混造粒后，化肥与生物炭紧密结合在一起，既可减少化肥的流失又可缓效释放，从而提高化肥的利用效率，减少肥料用量，减少环境污染。多处田间试验表明，农田土壤施用生物炭达到 20 t/hm^2 时，可以减少 10% 左右的化肥施用量；在残留化肥量较多的农田土壤中，当季甚至可以只用生物炭不用化肥就可达到高产的效果。化肥的生产需要耗费大量的煤、石油、天然气等不可再生能源，所以间接地节约了大量的化石能源，对环境也有利。化肥是农业生产最基础、最重要的物质投入，化肥在农业生产成本中占 25% 左右，占全部物资费用约 50%。然而，肥料利用效率低下，全球禾谷类作物氮利用效率平均仅为 33% 左右。

以 2007 年价格估算，我国每年氮肥流失高达 280 亿元。利用效率每提高 1 个百分点就可节省 4.25 亿元。此外，大量施用化肥，既增加粮食生产成本，还会引起地下水硝酸盐超标、地表水体富营养化等面源污染。由此可见，提高化肥利用率、减少化肥使用量具有重要意义，而这当中生物炭功不可没。

3. 改良土壤的模式　生物炭的强吸附性可以吸附大气中的部分水分和减少降雨时的雨水流失，最大量地把雨水吸附到它所在的可耕层，供作物的生长需要，使缺水地区的土壤能够长出植被，防止沙漠化。木醋液作为生物炭生产过程中的主要副产品之一，生产每吨生物炭能够产生约 250 kg 木醋液，数量巨大，假设不安全合理地处理，会造成二次污染。经过研究发现，木醋液可以用来改良盐碱土壤。

4. 土壤重金属污染治理的模式　随着我国工业化进程的加快，土壤重金属污染问题正日益加重。土壤重金属污染主要是因为工业废弃物中重金属在土壤中过量沉积而引起的土壤污染。污染土壤的重金属包括汞、铅、镉、铬和类金属砷等生物毒性元素，以及有一定毒性的锌、铜、镍等元素。过量重金属容易引起植物生理功能紊乱、营养失调，镉、汞等元素在作物籽实中富集系数比较高。此外，汞、砷能减弱和抑制土壤中硝化、氨化细菌活动，影响氮素供应。重金属污染物在土壤中移动性很小，不易随水淋滤，微生物也无法降解，通过食物链进入人体后，潜在危害极大，大量的生物炭施入被污染的土壤后，利用生物炭的强吸附性，可以将土壤中的重金属离子有效固持，降低重金属的有效态含量，减少重金属对微生物的胁迫。

（四）生物炭产业发展的市场潜力与政策保障

生物炭产业的发展，是以秸秆的开发和利用为基础，随着科学的进步和发展，生物炭工艺的改造，与生物炭对农业、工业、能源及人类生活等不同领域的有利作用发展起来的。因此，生物炭产业发展的市场潜力和发展方向，也是基于对秸秆开发和利用的政策之上。

国家发展改革委办公厅和农业农村部办公厅要求各省份依据各自资源禀赋、利用现状和发展潜力编制秸秆综合利用实施方案，明确秸秆开发利用方向和总体目标，统筹安排好秸秆综合利用建设内容，完善各项配套政策，破解秸秆综合利用重点和难点问题，在全国建立较完善的秸秆还田、收集、储存、运输社会化服务体系，基本形成布局合理、多元利用、可持续运行的综合利用格局，秸秆综合利用率达到 85％以上。

1. 东北区生物炭产业发展的市场潜力　据调查统计，2015 年全国秸秆理论资源量为 10.4 亿 t，可收集资源量约为 9 亿 t，利用量约为 7.2 亿 t，秸秆综合利用率达到 80.1％；其中，肥料化占 43.2％、饲料化占 18.8％、燃料化占 11.4％、基料化占 4.0％、原料化占 2.7％，秸秆综合利用途径不断拓宽、科技水平明显提高、综合效益快速提升。虽然秸秆综合利用工作取得积极成效，露天焚烧现象得到有效遏制，但是还面临着一些问题。

（1）扶持政策有待完善。在秸秆综合利用相应环节，还缺少政策支持和资金投入，导致秸秆加工转化能力不强，农民和企业直接受益的不多，不利于形成完整的产业链。

（2）科技研发力度仍需加大。部分关键技术相对薄弱，专用设备不配套，秸秆利用投入高、产出低，一些综合利用技术还存在技术标准和规范不明确的问题。

（3）收储运体系不健全。秸秆收储运服务体系尚处于起步阶段，经纪人、合作社等服务组织力量较弱，基础设施建设跟不上，加上茬口紧、时间短，致使离田利用能力差。

（4）龙头企业培育不足。秸秆综合利用可推广、可持续的秸秆利用商业模式较少，龙头企业数量缺乏，带动作用明显不足，综合利用产业化发展缓慢。

依据不同地区秸秆资源禀赋、利用现状和发展潜力，明确秸秆开发利用方向和总体目标，因地制宜、合理布局、统筹安排好秸秆综合利用建设内容，不断完善各项配套政策，破解秸秆综合利用重点和难点问题，有利于形成秸秆资源开发利用的良性循环，有利于促进秸秆综合利用的长效运行，有利于推动农村经济社会可持续协调发展，对推动农业清洁生产、绿色发展和生态环境保护均具有十分重要的意义。

2. 东北区生物炭产业发展的政策保障 围绕秸秆肥料化、饲料化、能源化、基料化、原料化和收储运体系建设等领域，大力推广秸秆用量大、技术成熟和附加值高的综合利用技术，因地制宜地实施重点建设工程，推动秸秆综合利用试点示范。

（1）秸秆综合利用基本能力建设。秸秆科学还田工程以推进耕地地力保护、秸秆资源化利用和农业可持续发展为目标，科学制定区域秸秆还田能力，通过发展专业化农机合作社，配备秸秆粉碎机、大马力秸秆还田机、深松机等相关农机设备，大力推进秸秆机械化粉碎还田和快速腐熟还田，继续推广保护性耕作技术。鼓励有条件的地方加大秸秆还田财政补贴力度。

秸秆收储运体系工程根据秸秆离田利用产业化布局和农用地分布情况，建设秸秆收储场（站、中心），扶持秸秆经纪人专业队伍，配备地磅、粉碎机、打捆机、叉车、消防器材、运输车等设备设施，实现秸秆高效离田、收储、转运、利用。

产学研技术体系工程围绕秸秆综合利用中的关键技术瓶颈，遴选优势科研单位和龙头企业开展联合攻关，提升秸秆综合利用技术水平。引进消化吸收适合我国国情的国外先进装备和技术，提升秸秆产业化水平和升值空间。尽快形成与秸秆综合利用技术相衔接、与农业技术发展相适宜、与农业产业经营相结合、与农业装备相配套的技术体系，规范生产和应用。

（2）秸秆产业化利用示范工程建设。秸秆土壤改良示范工程以提升耕地质量为发展目标，推广秸秆炭化还田改土、秸秆商品有机肥实施，重点支持建设连续式热解炭化炉、翻抛机、堆腐车间等设备设施，加大秸秆炭基肥和商品有机肥施用力度，推动化肥使用减量化，提升耕地地力。

秸秆种养结合示范工程是在秸秆资源丰富和牛羊养殖量较大的粮食主产区，扶持秸秆青（黄）贮、压块颗料、蒸汽喷爆等饲料专业化生产示范建设，重点支持建设秸秆青贮氨化池、购置秸秆处理机械和饲料加工设备，增强秸秆饲用处理能力，保障畜禽养殖的饲料供给。

秸秆清洁能源示范乡镇（园区）建设是在秸秆资源丰富和农村生活生产能源消费量较大的区域，大力推广秸秆燃料代煤、炭气油联产、集中供气工程，配套秸秆预处理设备、固化成型设备、生物质节能炉具等相关设备，推动城乡节能减排和环境改善。

秸秆工农复合型利用示范工程是以秸秆高值化、产业化利用为发展目标，推广秸秆代木、清洁制浆、秸秆生物基产品、秸秆块墙体日光温室、秸秆食用菌种植、作物育苗基质、园艺栽培基质等，实现秸秆高值利用。

三、稳定性肥料

稳定性肥料是指在肥料的生产过程中，经过一定工艺加入脲酶抑制剂或硝化抑制剂，或者同时添加两种抑制剂的肥料，施入土壤后能通过脲酶抑制剂来抑制尿素的水解，通过硝化抑制剂来抑制铵态氮的硝化，使肥效期得到延长的一类含氮素肥料。脲酶抑制剂和硝化抑制剂是稳定性肥料的技术核心。

（一）稳定性肥料的分类

稳定性肥料在行业标准出台之前，被称为长效缓释肥或长效肥。2013 年，国家将稳定性肥料纳入生产许可管理时，对稳定性肥料作出了分类。只在肥料中添加脲酶抑制剂的肥料叫做稳定性肥料Ⅰ型；只在肥料中添加硝化抑制剂的肥料叫做稳定性肥料Ⅱ型；同时添加两种抑制剂的肥料叫做稳定性肥料Ⅲ型。

（二）抑制剂的作用机制

1. 脲酶抑制剂 尿素施入土壤后，经土壤脲酶作用被迅速水解成氨，容易引起氨挥发及积累大量铵，经硝化作用转化成硝酸盐，易导致硝酸盐淋失或氮氧化物排放。因此，想要提高尿素利用率，就要将关注点放在通过抑制脲酶活性来延缓尿素水解，进而延长尿素在土壤中存留的时间。土壤脲酶抑制剂是对土壤脲酶活性有抑制作用的化合物或元素。

脲酶抑制剂的作用机制有以下 3 种：①氧化脲酶的巯基，降低脲酶活性。醌类和酚类脲酶抑制剂对土壤脲酶的抑制作用具有相同的机制，主要作用于对脲酶活性具有重要意义的巯基（—SH）。半胱氨酰的—SH 基被醌氧化脱氢形成 S—S 的胱氨酰，从而降低了脲酶的活性强度。②争夺配位体，降低脲酶活性。脲酶抑制剂是通过与尿素竞争脲酶活性部位起作用的，通过 N、O、H 原子与 Ni、O 原子形成三齿配位体，减少尿素与脲酶的接触，从而使脲酶抑制剂和脲酶活性部位有更多的接触机会。③抑制或延缓脲酶的形成。部分抑制剂能通过影响微生物等过程影响脲酶的形成，通过影响土壤 pH、水分状况、通气条件、有机物质数量影响脲酶的活性。

2. 硝化抑制剂　农业生产中氮肥的不合理施用，致使其对环境的负面影响日益突出。氮肥硝化作用形成的硝酸盐易于淋失和通过反硝化作用而损失。要想提高氮肥利用率，硝化抑制剂的应用是必要的。从广义上来讲，凡能对硝化过程中任一步或几步反应有抑制作用的化合物都可以称为硝化抑制剂。但由于 NO_2^- 在土壤中存留的时间较短，所以理想的硝化抑制剂是指能抑制亚硝化细菌的活性，从而抑制硝化作用第一步反应（氨氧化作用）的化合物。

硝化抑制剂的作用机制也被广泛研究。其抑制途径主要有：①通过直接影响亚硝化细菌呼吸作用过程中的电子转移和干扰细胞色素氧化酶的功能，使亚硝化细菌无法进行呼吸，从而抑制其生长繁殖，如 DCD；②通过螯合氨单加氧酶（AMO）活性位点的金属离子来抑制硝化反应，如 Nitrapyrin；③作为 AMO 底物参与催化，使催化氧化反应的蛋白质失活，从而抑制硝化作用，如乙炔；④影响土壤氮的矿化和固持过程，从而对土壤硝化过程表现出抑制作用，如单萜等萜类化合物。

3. 植物源抑制剂和生物硝化抑制剂　能够在农业生产中大规模应用的生化抑制剂品种非常有限，且多为化工产品，其应用不仅会增加农业生产成本，还可能对土壤环境和食品安全造成潜在威胁。因此，开发高效、廉价、环境友好、来源充足的新型抑制剂具有重要意义。

印度以天然资源作为抑制剂的研究较为突出，如凋落的茶树叶、杨树叶和楝树叶都可以作为脲酶/硝化抑制剂的原料。其中最为有效的是楝树，其提取物能有效抑制尿素水解和减缓硝化作用。木樨科、松科、樟科、桑科、茶科和胡桃科植物叶片水浸提液，对土壤脲酶活性的抑制率较高，水黄皮次素（来自豆科水黄皮属的半红树植物种子）的硝化抑制效果弱于 Nitrapyrin 但好于 DCD。用绿薄荷和黄花蒿油包裹的尿素，与 DCD 和对照处理相比，能显著增加日本薄荷草本和香精油的产量。十字花科植物的次生代谢产物葡萄糖异硫氰酸盐，其一系列低分子量的含硫降解产物可抑制硝化细菌的生长，进而抑制硝化作用。史云峰等在室内培养条件下，研究了 17 科 30 种芳香植物水浸提液对 3 种土壤中尿素水解和硝化作用的抑制效果，发现部分植物浸提液能够抑制脲酶活性和硝化作用，菊科植物洋甘菊和芸香科植物橘花既能有效抑制尿素水解，又能有效减缓硝化作用。

此外，植物的根系分泌物也被发现能够抑制硝化作用，该现象被科学家描述为 BNI，指的是植物根系所分泌的对土壤硝化细菌有特定抑制效果的有机分子或化合物及其抑制能力。日本学者 Subbara 团队报道了非洲湿生臂形牧草根系分泌物能有效抑制铵的氧化，之后进行了一系列的研究，并将有效物质命名为 "Brachialactone"。它是一种环二萜，与 Nitrapyrin 和 DCD 相比较后，发现 Brachialactone 可视为一种高效的硝化抑制剂。高粱根系分泌物也被发现能够抑制硝化作用，鉴定出的 MHPP（对羟基苯丙酸甲酯）为硝化抑制剂，是根系分泌物中抑制活性的一部分。2016 年，施卫明团队发现水稻根系分泌物可以调控氮素转化，并首次鉴定到 1,9 - 癸二醇这种硝化抑制剂，发现其主要通过抑制 AMO 过程来抑制硝化作用，并明确了 1,9 - 癸二醇是水稻根系分泌的天然物质，其抑制效果显著好于 DCD。

（三）稳定性肥料的生产工艺

应用于农业生产的稳定性肥料主要有稳定性尿素、稳定性复合氮肥、稳定性复合肥和稳定性掺混肥。稳定性尿素生产中实现了生化抑制剂与溶剂载体的复合、与尿素溶液的互溶与均匀分布，并进一步研发了稳定性大颗粒尿素的生产工艺。该工艺由锦西天然气化工股份有限公司设计，并在此基础上研发了稳定性复合（混）肥的生产工艺，即在生产流程中增设添加抑制剂的工序，所采用的是即时加入工艺。利用旋转离心分离技术，研发出添加剂即时加入系统，解决了添加剂的分解及设备腐蚀问题。

抑制剂的保活加入工艺通过研究抑制剂在稳定性肥料生产中新的加入途径、工艺和保活技术，解决了抑制剂在稳定性复混肥料生产中因高温条件的存在而容易损失的问题。而国际上对抑制剂的保活，主要是德国 BASF 研发的 LIMUS 产品，剂型配方采用了聚合物技术，其产品的保存期也大幅延长。

氨酸法工艺是近 10 年来国内出现的一种新的复合肥生产技术，由施可丰化工股份有限公司设计，与传统复混肥生产工艺相比，氨酸法工艺以其低成本、低能耗、高产量等特点得到了迅速发展，代表了复合肥工艺发展的一个方向，该工艺目前也被运用到稳定性复合肥的生产中。在稳定性复合肥料生产的基础上，结合现有的其他类新型缓释肥料，结合团粒法和氨酸法，研发了稳定性复混肥料的生产工艺。

（四）稳定性肥料的应用推广及效益

针对我国东北、黄淮海、南方红/黄壤地区的特点，结合不同作物需肥规律及生育期的不同，研制大区域专用型稳定性复混肥料，其中包括稳定性玉米、小麦、水稻专用复混肥和稳定性果菜专用肥。针对目前掺混肥料生产中存在的与稳定性肥料技术无法结合、配方单一的问题，开展了颗粒型抑制剂的研究及液态抑制剂的研究开发，以适应随时掺混的需要，此技术主要用于生产水稻专用肥。

分析发现，硝化抑制剂的施用可显著降低 N_2O 和 NO 的排放（均值分别为 44% 和 24%），减少硝酸盐淋溶损失（均值为 48%），增加氨挥发（均值为 20%），总计可减少排放 16.5% 的净全氮量，同时显著增加经济效益。以玉米为例，每公顷可增加 163 美元，经济效益相当于增加了 8.95%。

稳定性肥料具有肥效长、养分利用率高、增产效果明显、环境友好和成本低等特点。稳定性肥料一次性施即可，养分有效期可达 120 d，无需追肥，节省了成本。相较于普通复合肥，利用率有所提高，其中氮利用率提高 8.7 个百分点、磷提高 4 个百分点。施用稳定性肥料的作物秸秆成熟，平均增产 10%～18%。在东北春玉米生产中一次性施用稳定性肥料，在比常规施肥减少 20% 施用量的情况下，不减产，能秸秆成熟。在水稻、小麦、果树、棉花等生产中可以节氮 20%，同时不减产，并且减少追肥 1～2 次。稳定性肥料中添加的脲酶抑制剂和硝化抑制剂对环境安全，无残留。稳定性肥料的施用可以减少氮淋失，降少 N_2O 排放 64.7%。稳定性肥料的成本增加只有普通复合肥的 2%～3%，综合其产生的效益，相对来说，施用稳定性肥料的成本较低。

"十二五"期间，稳定性肥料已在我国 22 个省份的水稻、玉米、小麦、苹果、香蕉等 12 种作物上示范推广。肥料产品达 60 余个，累计推广面积已达 0.2 亿 hm^2，减少化肥投入 64 亿元，累计增收粮食 72 亿 kg。田间试验表明，水稻平均增产率为 6.5%，玉米平均增产率为 9.8%，小麦平均增长率为 11.2%。在主要作物上能够达到一次性施肥免追肥，省时省工，节约了大量的生产成本。

（五）肥料产品

国内外申请专利并应用于农业生产的稳定性肥料产品已经非常丰富，主要集中在美国、德国、日本和中国。其中，稳定性肥料在德国的 SKW 和 BASF 公司研究生产较多，包括 SKW 公司生产的 DIDIN®、DIDIN®-liquid、PLADIN®、Alzon47 和 Alzon27 等；BASF 公司生产的 Alzon®、Nitrophos® Stabi、Nitrophoska、Plasin28l 和 Basammon® Stabil 肥料产品。美国和加拿大的稳定性肥料产品均为单一抑制剂技术。美国主要有 Dow Elanco 公司生产的氮-吡啶，即 N-Serve®；IMC-Agrico 公司生产的 Agrotain®；Vigoro 工业公司、Freeport-Mc Mo Ran 公司和 Terra Nitrogen 公司经营的含 DCD 的氮肥。其中，Agrotain® 和 N-Serve® 在北美应用较多。

针对稳定性肥料，我国将脲酶抑制剂和硝化抑制剂在氮素转化调控中的协同增效技术用于肥料改性，解决了单一抑制剂作用时间短、氮肥转化释放过快的问题，实现了长效复混肥和缓释尿素一次性基施免追肥。2015 年，我国稳定性肥料生产企业约 30 家，产量约 145 万 t，其中稳定性尿素 33 万 t，稳定性复合（混）肥 112 万 t，年总产量已达世界稳定性肥料产量的 1/3 以上，居世界第一位。

（六）发展的市场潜力

环境友好、稳定高效、缓释控释、有机无机、生物促生是未来肥料发展的总趋势。如今稳定性肥料技术在不断集成创新中蓬勃发展，并且对稳定性肥料的更深入研究和开发是今后的工作要点。今后仍将继续研发环境友好的新型抑制剂，且需要具备环保、高效、经济的特点；开发生化抑制剂的保护技术；根据不同作物及地区的特点，将稳定性肥料的调控技术和增效剂的富集与促进吸收的增效技术等相结合，研发有针对性的、适合不同区域、不同作物的专用稳定性肥料。

四、缓控释肥料

缓控释肥料是指肥料中养分释放速率缓慢，释放期较长，在作物的整个生长期都可以满足作物生长需要的肥料。缓释肥又称长效肥料，主要指肥料施入土壤后转变为植物有效态养分的释放速率远远小于速溶肥料，在土壤中能缓慢释放其养分的肥料。其释放速率、方式和持续时间不能很好地控制，受施肥方式和环境条件的影响较大。缓释肥的高级形式为控释肥，是指通过各种机制措施预先设定肥料在作物生长季节的释放模式，使其养分释放规律与作物养分吸收基本同步，作物吸收养分多的时候就释放得多，吸收少的时候就释放得少，最大限度地提高了肥料的利用率。控释肥比普通肥料的科技含量高，具有智能控释的作用，所以也称为智能肥料。

（一）缓控释肥料特点

该肥料突出特点是按照作物生长规律曲线同步供给有效养分，从而使肥料养分有效利用率得到大幅度提高，在确保作物生长的前提下，与同浓度的肥料相比，肥料利用率可提高 30% 以上，在产量相同的情况下，施用包膜缓控释肥料可节肥 30%～40%，减轻肥料过度施用对环境的污染，同时还具有省工省时、节约运输和施用成本的优势。由于缓控释肥料具有减少施肥量、节约化肥生产原料（煤、电、天然气）、提高肥料利用率、减少生态环境污染等优点，因此被称为"21 世纪高科技环保肥料"，成为肥料产业的主要发展方向。

（二）缓控释肥料的分类

由于生产工艺和加工方式不同，缓控释肥料主要划分为化学合成微溶型、化学抑制型、物理阻碍型 3 种。

1. 化学合成微溶型　化学合成微溶型缓控释肥料具有较低的溶解度，在化学或微生物分解过程中可以缓慢释放出植物能够利用的物质，主要有两类：一类是微溶于水的合成有机氮化合物，典型的是脲甲醛复合肥，该类型肥料生产工艺简单，但是反应条件不易控制，使低分子量的聚合物提供的氮素远超过作物生长早期所需量，而高分子量的聚合物在后期提供的氮素又太慢。该类肥料的养分释放缓慢，可以有效地提高肥料利用率，其养分的释放速率受土壤水分、pH、微生物等各种因素的影响，人为调控的可能性小。另一类是微水溶性或柠檬酸溶性合成无机肥料，如部分酸化磷矿、熔融含镁磷肥、二价金属磷酸铵钾盐等。

2. 化学抑制型　通过化学反应将易溶性肥料变为缓控释肥料，将肥料直接或间接以共价或离子键接到预先形成的聚合物上构成一种新型的聚合物。化学抑制型缓控释肥料主要由中国科学院沈阳应用生态研究所于 1985 年开始研制，1996 年开始应用于生产。该技术通过调控土壤脲酶、亚硝化细菌生物活性，可有效稳定铵离子和提高磷活性，减少钾土壤固定，使生产的长效复合肥肥效期延长，提高肥料综合利用率，对延长叶绿素寿命、增强光合作用和促进根系生长有明显效果，并可降低收获物中的硝酸盐含量。

3. 物理阻碍型　包膜（裹）法是一种主要的控释技术。包膜（裹）肥料的原理主要是应用物理障碍因素阻碍水溶性肥料与土壤水接触，从而达到养分控释的目的。当肥料施入土壤后，土壤水分从膜孔进入，溶解了一部分养分，然后通过膜孔释放出来，当温度升高时，植物生长加快，养分需求量加大，肥料释放速率也随之加快；当温度降低时，植物生长缓慢或休眠，肥料释放速率也随之变慢或停止释放。另外，当作物吸收养分多时，肥料颗粒膜外侧养分浓度下降，造成膜内外浓度梯度增大，肥料释放速率加快，从而使养分释放模式与作物需肥规律相一致，使肥料利用率最大化。

（1）包裹型缓控释肥料。肥料用渗透性涂层包裹，以延缓其释放速度。这种肥料从制造角度看多是以粒状速效肥料为核心（如尿素、硝酸铵、重钙、钾肥等），以肥料包裹，如枸溶性的钙镁磷肥或其他类型的枸溶性磷肥为包裹层，添加无机酸复合物、缓溶剂为黏结材料的植物营养复合体。可溶性养分的释出速率取决于该种肥料的平均粒度、包裹层材料及理化特性、比表面积、包裹层厚度、黏结剂性质、制造工艺、水分、温度等多种复杂因素。正是上述原因，使得此类肥料难以达到可控释放的要求。但这类肥料价格低廉，一定程度上易被农民所接受。

（2）包膜型缓控释肥料。利用不渗透性涂层作为包膜材料，以延缓养分的释放。包膜内可溶性氮肥的释放是通过摩擦、化学或生物作用打开涂层后实现的，包膜材料主要有硫黄、金属氧化物和金属盐、无机化肥等。研究较多的主要是涂硫尿素，是最早诞生的无机包裹类缓控释肥料，具有以肥包肥的特点。涂硫尿素由于能够向植物提供其生长必需的中量元素硫，特别在缺硫地区较为适用，加之成本较为低廉（一般只比普通尿素的价格高 30%），在缓效肥料市场上拥有一定的占有率。

（3）包膜型可控释放肥料。这类肥料多采用非亲水性高分子聚合物作为包膜材料，如石蜡、石油等天然高分子材料、热固性高分子材料、热塑性高分子材料、不饱和油、改性天然橡胶等。包膜肥的膜耐磨损，缓释性能良好，入土后肥料的养分释放主要受温度的影响，其他因素影响较小，能够实现作物生育期内一次性施肥，明显减少了农业劳动量，提高了生产率。此类肥料，尽管能较好地达到养分可控释放的要求，但包膜材料的使用造成昂贵的价格和环境胁迫，极大地限制了此类肥料在农业生产方面的应用范围。

（三）缓控释肥料生产工艺

缓控释肥料其种类和加工形式多种多样，目前比较流行的是包膜缓控释肥料、腐殖酸缓控释肥料和脲甲醛缓释肥料。

1. 包膜缓控释肥料生产流程

（1）筛分待包膜的肥料，称量。

（2）把植物油、固化剂经计量泵送入包膜溶液连续制备装置，并加入计量的改性剂、增塑剂等助剂，搅拌均匀，在固定温度下反应，然后转入连续雾化喷涂装置中。同时，外部肥料用提升机加入连续加料系统，然后进入立式流化床中。连续雾化喷涂装置中的包膜溶液进入立式流化床中并喷淋到运动的肥料颗粒上，保持肥料温度在 50～55 ℃，利用运动肥料颗粒的相互摩擦，包膜材料在运动的肥料颗粒表面均匀铺展，最终固化形成光滑致密的膜层。

（3）立式流化床出来的气体经过复喷除尘器除尘、冷却和溶剂回收装置后，通过引风机和预热器返回至流化床中。

（4）根据控释期的需求，重复第二步制得不同包膜率、不同控释期的包膜缓控释肥料，经过自动卸料装置后进行包装。

2. 腐殖酸缓控释肥料生产工艺 该生产工艺是将颗粒状核心肥料筛分后转入鼓风流化床中；预热后喷涂黏结剂，使黏结剂在连续滚动的肥料颗粒表面涂布，逐渐包裹形成均匀的液层。然后将占颗粒肥料质量分数为 5%～15% 的风化煤喷洒到连续滚动的肥料颗粒上，保持物料温度在 70～80 ℃（70～80 ℃条件下制得的产品养分控释性能好），经 10～15 min，风化煤被包裹到运动的颗粒肥料上并固化后，形成抗冲击、耐磨的包膜层，重复上述操作步骤，直至风化煤全部包裹在肥料颗粒上，制得腐殖酸包膜缓控释肥料。

3. 脲甲醛缓释肥料生产工艺 该生产工艺是在脲甲醛配制罐中加入定量的尿素、水和氢氧化钠，使其形成碱性溶液并加热，再将定量的甲醛加入配制罐，同时进行混合搅拌。在一定时间内，尿素与甲醛溶液经过反应大部分生成羟甲基脲溶液。在一定温度下经过一段时间的充分反应生成脲甲醛溶液，反应终点为酸性，停止加热，通过脲甲醛输送泵输送至缓冲槽中，缓冲槽中的脲甲醛溶液经计量后送至造粒机与各物料混合后造粒，即为脲甲醛缓释肥料。

（四）缓控释肥料现状

目前，我国是世界最大的化肥生产国和消费国。根据中国农业大学测算，我国化肥的利用率只有20%～30%，随着化肥用量的增加，施用化肥带来的负面影响越来越突出。因此，开发新的肥料，提高化肥利用率势在必行。缓控释肥料就是一种比较好的新型肥料，我国自20世纪90年代开始开发，截至目前已达到工业规模生产。

目前，我国缓控释肥料的研发技术及包膜设备已位居世界前列，控释效果明显，施用范围广泛。我国已建立了多个权威研究院所，在生物抑制技术、缓控机制研究、包膜功能、缓释剂等方面取得了卓越的成效。我国已经成功开发树脂包膜肥料技术，并且可以利用废旧塑料作为包膜材料。

（五）缓控释肥料未来发展方向

1. 包膜材料的筛选、改性与研发　水溶性、热塑性、热固性树脂（聚合物）膜材料的筛选和改性，研发新型、高效、廉价、可降解的包膜材料。研究低价易得的材料作为缓释包膜材料，可降低成本、提高肥料利用率、解决环境污染等问题。

2. 包膜控释技术创新　除进一步研究和完善热塑性、热固性、水溶性膜材的包膜技术外，开展同质膜材异质核心肥料包膜控释技术、异质膜材同质核心肥料包膜控释技术、复式包膜技术、异粒变速控释技术、水基反应成膜技术和溶出调控释技术的研究。

3. 养分释放机制的研究　在实验室和田间条件下深入研究缓控释肥料养分释放的机制和影响因素，并建立数学模型，对肥料养分在实验室和田间条件下的释放率、释放模式、影响因素进行系统研究，同时注重缓释和促释相结合，着力研发具有"S"形释放曲线的控释肥料，使肥料养分释放速率和模式与作物养分吸收规律相匹配，从而限制和减少影响肥料发挥最大效应的限制性因素，最终使产品适应生产者的需要，并实现经济效益和环境效益的最大化。

4. 专用缓控释肥料的研发　针对不同作物的需肥特性、不同地区土壤养分状况，研究专用缓控释肥。

5. 缓控释肥料标准的制定　《缓控释肥料》标准（HG/T 3931—2007）已于2007年4月13日发布，标志着我国对缓控释肥料的管理进入正轨；但该标准仅仅是针对树脂包膜型缓释复混肥企业的行业标准，且仍有不足。因此，统一的、能被广泛认可的标准有待出台。

（六）发展的市场潜力与政策保障

《国家中长期科学和技术发展纲要（2006—2020年）》与中央1号文件均提出"重点研究开发环保型肥料、农药制剂关键技术、专用复混肥型缓控释肥料及施肥技术与相关设备。优化化肥结构，加快发展适合不同土壤、不同作物特点的专用肥、缓释肥"。近年来，国家相继颁布了一系列政策引导和扶持缓控释肥料行业的发展，农业农村部提出加大缓控释肥料等新型肥料的推广示范；科学技术部明确提出到2025年肥料减施20%的目标；工业和信息化部也提出鼓励开发缓控释肥料等新型肥料。这不仅为缓控释肥料产业发展提供了政策支持，也营造了良好的市场环境。

五、聚氨酸肥料

目前，由于我国肥料利用率较低，可以通过在肥料中添加抑制剂，利用有机、无机物包膜技术，或者加入聚合氨基酸等物质来减少损失，延长肥效期，提高养分利用率。在肥料生产过程中，通过一定的工艺添加具有增加肥效作用的聚氨酸即为聚氨酸肥料。由于该肥料所含的核心物质是聚氨酸，由高活性有机分子聚合而成，具有保水、保肥、提高土壤微生物活性的功能，从而促进作物生长，现在用作增效剂的聚氨酸主要为聚天冬氨酸和聚-γ-谷氨酸。美国、德国和日本对聚天冬氨酸作为增效剂的研究最为活跃。

由于作物种类、土壤性质和气候条件的差异，肥料生产时聚氨酸的添加量也不一样。为了提供更精确的用量，以节约资源和降低生产成本，必须进行大量的田间试验，开发各种专用肥，才能取得更好的经济效益和环境效益。

（一）聚氨酸肥料的功能

1. 运输车功能　可以将养分离子 Ca^{2+}、Mg^{2+}、NH_4^+ 运输到叶片，缠绕离子后减小了离子电性的影响，使养分运输更快。

2. 离子泵功能　可以将养分离子 Ca^{2+}、Mg^{2+}、NH_4^+ 缠绕，提高养分离子与作物根系的亲和力，利用生物相容性，将离子转移到根内。

3. 富集器功能　可以络合正、负价离子，防止养分固定和淋（损）失。

（二）聚氨酸肥料的特点

可以锁住肥料养分，提高有效浓度，提高有效氮 9.5%～10.7%、磷 3.2%～4.3%、钾 5.1%。施用聚氨酸肥料能够实现作物对养分的高效吸收，提高吸收氮 6.7%、磷 1.8%、钾 5.0%。肥料损失较少，肥料有效期延长，肥料养分利用效率提高（氮利用率提高 24%～32%，磷利用率提高 25%～30%，钾利用率提高 30%～35%）。同时，可降低肥料投入（减少肥料投入 15%～20%），降低生产成本。对比普通复合肥料，聚氨酸肥料显著提高作物产量 5.8%～22.6%，增强作物品质，增产明显。

（三）聚氨酸的增效机制

聚氨酸增效剂与氨基酸水溶肥增产机制有所不同，氨基酸水溶肥多数为氨基酸单体，分子量较小，常作叶面肥或滴灌和沟灌水溶肥，能被作物直接吸收利用而提供植物营养，促进作物增产。而聚氨酸是通过生化反应由氨基酸分子聚合而成，相对分子质量较大，如聚天冬氨酸的相对分子质量为 1 000～6 000。而聚-γ-谷氨酸通常由 5 000 个左右的谷氨酸单体组成，相对分子量在 10 万～200 万。

因此，常作肥料增效剂，其增效机制经过进一步研究认为包括以下方面：①聚氨酸具有优良的保水性能，作为一种高分子氨基酸聚合物，其分子上具有大量游离的亲水性羧基，具有超强的吸水性能，能够保持住土壤中的水分。如聚-γ-谷氨酸，最大自然吸水倍数可达到 1 108.4 倍，在干旱地区使用有明显的抗旱促苗效应，并能有效提高肥料的溶解、储存、输送和吸收。②具有络合养分功能，氨基酸高分子聚合物，其分子上具有大量带负电的游离羧基等基团，能够络合养分阳离子，提高作物根际周围养分浓度，防止养分流失。③能够激活土壤养分，提高土壤微生物量和土壤酶活性，氨基酸聚合物对金属离子具有极强的螯合性能，能够阻止磷酸根、硫酸根和金属元素产生沉淀作用，激活磷肥活性，并使作物更能有效地吸收土壤中的中微量元素，作物根部形成高浓度的养分环境，促进作物根系发育，加快养分的吸收和转化，提高作物抗性。同时，对酸、碱具有绝佳的缓冲能力，可有效平衡土壤酸碱度，避免因长期使用化肥所造成的土壤酸化及板结。④具有生物可降解性，在土壤酶的作用下，氨基酸聚合物能在当季完全降解成单体氨基酸，供作物吸收利用，促进作物生长。

（四）聚氨酸肥料的发展历程

1996 年，美国 Donlar 公司因在聚氨酸肥料合成技术研究方面的突出贡献被授予首届"总统绿色化学挑战奖"。随后，德国 Bayer 公司和 BASF 公司也相继实现了规模化生产。天津大学等教学和科研单位陆续开展了实验室研究，其后国内企业也陆续实现了工业化生产。2001 年，华中农业大学农业微生物国家重点实验室研究聚-γ-谷氨酸的制备与应用；2007 年，与武汉禾健生物工程有限公司联合攻关，在国内外率先开辟了聚-γ-谷氨酸在农业领域的应用，发现了聚-γ-谷氨酸具有节肥、增产和提高品质等功效。2009 年，中国科学院沈阳应用生态研究所与辽宁中科生物工程有限公司、中国农业科学院农业资源与农业区划研究所合作开展"聚谷氨酸生物合成及聚氨酸肥料技术研究"，2010 年获国家科技支撑项目，2012 年在北京通过成果鉴定。研发形成的聚离子生态肥、聚能珍珠肥已在东北、西北、西南及中原地区推广应用。

（五）聚氨酸肥料的效益

聚氨酸肥料适用于生育期短的作物、前期养分需求高的冬季作物。比较适用于蔬菜作物，施用聚氨酸肥料约 25 d 后，田间作物叶色及叶片大小都表现出差异，叶片宽大肥厚，叶色浓绿，植株粗壮。肥料中添加一定比例的聚氨酸增效剂，可以促进茄子和甘蓝生长，分别提高茄子和甘蓝平均产量 8.0％和 4.1％，说明聚氨酸能改善土壤环境，调节土壤养分供应状况以影响作物生长。可使茄子增产 1 500～4 500 kg/hm²，甘蓝增产 3 000～6 000 kg/hm²。以茄子的市场价格 3.0 元/kg 计算，则可增加经济收入 4 500～13 500 元/hm²；以甘蓝的市场价格 1.2 元/kg 计算，可增加经济收入 3 600～7 200 元/hm²，而聚氨酸增效剂的成本为 180～225 元/hm²。因此，使用聚氨酸增效剂增加了种植户的经济收入。

对于不同的作物品种和增效剂用量，其增效效果不同。许宗奇等研究表明，聚-γ-谷氨酸肥料增效剂能显著提高小青菜的叶绿素含量，最大增产达 8.8％。杜中军等研究表明，聚天门冬氨酸同源多肽使水稻增产 7.74％。李汉涛等报道，施用聚-γ-谷氨酸增效复合肥比普通复合肥提高油菜产量 3.3％～7.8％。本试验中，与传统对照比，茄子增产 3.1％～11.8％，甘蓝增产 2.5％～5.8％，与上述研究结果相似，说明聚氨酸的增产效果多数在 10％以下。而喻三保等报道，聚-γ-谷氨酸肥料增效剂可使草莓增产 19.9％～30.4％。姜雯等研究表明，施用聚天冬氨酸可以使玉米幼苗中叶绿素的含量增加，叶片中硝酸还原酶的活性增强，光合速率加快，进而加速光合产物的积累，单株地上部干重和总干重分别增加 19％和 16％。总之，含有氨基酸的新型肥料可提高蔬菜、粮食作物、多种经济作物的产量和品质，是一种环境友好型肥料。

（六）聚氨酸肥料的应用前景

由于聚氨酸是一种生物可降解性的新型高分子材料，本身无毒无污染，对人畜安全，无任何残留，无二次污染，是一种绿色、环保的新型增效剂，符合绿色农业生产的要求，具有广谱性。因此，在农业推广中具有重要意义。在肥料生产中常作添加剂，制成多肽肥料和聚氨酸肥料，可改善土壤环境，提高肥料利用率，提高作物产量和质量。雷全奎等报道，利用小麦做试验，生长期较长，一次施入聚天门冬氨酸肥料增效剂，土壤有机质提高了 10.43％，全氮含量提高 6.87％，土壤速效磷提高 11.76％，土壤速效钾提高 25.52％，可能是增效剂的保肥作用减少了肥料的损失。此外，聚氨酸还可用作农药增效剂。冷一欣等报道，聚天冬氨酸与破口药锐劲特混用，对稻飞虱的防治有明显的增效作用，说明可减少农药损失，延长药效时间。今后，聚氨酸肥料将向高效化、复合化和长效化发展，保证农业生产沿着高产、优质、低耗和高效的方向发展。

但是，聚氨酸肥料由于其加工工艺复杂、成本较高，推广使用起来有一定的难度。因此，应加快对聚氨酸肥料的研究及加工工艺的改进，降低生产成本，以加大推广力度。由于该肥料是一种绿色环保新型肥料，有望成为未来肥料发展的主流。将聚氨酸肥料和稳定性肥料（抑制剂型）配合施用，在有效促进作物生育前期快速吸收和转化养分的同时，养分的长效供给也解决了作物后期脱肥的问题。因此，聚氨酸肥料和稳定性肥料配合施用，不仅符合当前的市场定位，也将是未来肥料发展的方向。

第十一章 | 黑土培肥改良关键技术与模式 >>>

第一节　高肥力黑土保育关键技术与模式

我国黑土资源的地域分布：北起黑龙江右岸，南至辽宁昌图，西界直接与松辽平原的草原和盐渍化草甸草原接壤，东界可延伸至小兴安岭和长白山山区的部分山间谷地以及三江平原的边缘。在黑土区北部，开发历史短，土壤自然肥力较高，黑土有机质储量丰富，一般耕层有机质含量为 2.5%～6.5%。其典型区域是黑龙江北部的嫩江、五大连池等地，为高肥力黑土，垦种指数较高，耕地比重大，在黑龙江农业生产中的作用极大。该区域黑土耕地垦殖时间短，黑土肥力高，但近年来由于种植业结构调整，进一步挖掘黑龙江粮食生产潜力，导致黑土区耕地农业生产出现了一系列问题。

1. 土壤肥力不断下降　黑龙江黑土耕地肥力目前出现了明显下降趋势（表 11-1）。黑土开垦 20 年后土壤有机质含量下降 30%～40%，开垦 40 年后下降 50%～60%。与此同时，耕层土壤全氮和全磷的储量也下降了 30%～60% 和 16%～24%。土壤有机质由开垦初期 118.2 g/kg，到开垦 40 年后降到 59.4 g/kg，下降了 49.7%；全氮由 6.00 g/kg 降到 2.33 g/kg，下降了 61.2%；全磷由 2.62 g/kg 降到 2.00 g/kg，下降了 23.7%；田间持水量由 57.7% 降到 41.9%，下降了 15.8 个百分点。土壤供肥、供水能力减弱，土壤生物活性降低，严重影响粮食产量的提高。

表 11-1　黑龙江开垦黑土退化状况

时期	有机质（g/kg）	全氮（g/kg）	全磷（g/kg）	全钾（g/kg）	田间持水量（%）
开垦初期	118.2	6.00	2.62	1.84	57.7
开垦 20 年	75.4	4.02	2.20	1.89	51.5
开垦 40 年	59.4	2.33	2.00	1.89	41.9
1998 年	49.1	2.24	1.76	1.85	35.7

2. 养分投入与产出严重失调　保持黑土耕地养分投入与产出的科学比例，是维持农业生态平衡的关键措施。黑龙江是我国的商品粮主要输出基地。多年来，人们关心的是如何在黑土地上获得较高的产出，而忽略了对黑土地的科学投入，无形中造成了投入与产出不平衡的恶性循环。以黑龙江农村为例（不包括国有农场），主要种植作物为玉米、水稻、大豆和小麦，只有根茬还田，秸秆基本不还田。玉米秸秆 90% 用作燃料；水稻秸秆 70% 用作燃料；大豆秸秆 60% 用作燃料；小麦秸秆 95% 以上用作燃料。由于耕作习惯和秸秆还田机械推广力度小，农民在秋收后和春耕前大面积焚烧秸秆或将秸秆堆放于地头，造成了有机资源的严重浪费，同时对环境也造成了严重的污染。另外，养殖业的优质有机肥源十分有限，不能做到集中处理、集中加工。据统计，黑龙江现有 148 家肥料加工厂，这些企业大部分以生产无机复混肥为主，产品原料中缺少优质有机物质，有机与无机形态养分的不合理配合，降低了耕地土壤环境质量，造成了养分形态不均衡投入的恶性循环。

3. 土壤养分库容不断降低 尽管黑龙江化肥的投入水平已经达到了 300 kg/hm²，但是由于黑土的保水、保肥性能变差，肥料的利用率偏低，从而造成了黑土不同养分库容偏低的局面。黑龙江省农业科学院土壤肥料研究所的研究结果表明：黑土氮素库容 100％处于亏缺状态，磷素库容 58％处于亏缺状态，钾素库容 80％处于亏缺状态，62％的面积缺锌，56％的面积缺硫，缺铜、缺铁和缺锰的面积分别占 26.9％、23.1％和 19.2％。因此，提高黑土的养分库容，增加土壤保肥性能，是提高粮食产量的关键措施。

4. 土地的过度利用与不合理耕作 与对土壤形成具有的独特作用一样，人类活动对土壤的发育程度和发育方向在某种程度上具有决定意义，因而也是导致耕地退化并最终导致农业资源被破坏、失去平衡的重要原因。在人类活动的影响中，不合理的开垦利用对土壤退化的影响尤为显著。长期连续耕作，导致土壤养分失衡，有机质含量下降；连年种植同类作物，导致土壤酸化、盐碱化、微生物群落单一，土壤环境质量下降。不合理耕作导致水土流失，如黑土、坡耕地的黑土层变薄；不合理耕作导致耕层结构破坏、耕性变差等，可能使耕地质量退化并可能最终形成低产田；不合理土地开垦导致生态破坏等，最终可能使耕地失去使用价值。

为了维持和提高高肥力黑土的生产力，建立高肥力黑土保育模式，保护和合理利用高肥力黑土成为广大科研工作者最为关心的科学问题。

一、规模经营条件下玉米秸秆还田快速腐解技术

土壤是人类赖以生存和发展的基础，但随着人口的增多，人均耕地明显减少，加之土壤质量变劣，现有耕地土壤资源承受越来越大的压力。而目前黑土农田 60％以上的面积处于中下等肥力水平。因此，培肥土壤，提高农田生产能力，是农田优化管理的核心。黑土主要分布在我国北方，区域特点是气温低、属于雨养农业，土壤保育应以培肥土壤、提高土壤有机质为中心，采用合理耕作、增施有机肥、合理施用化肥、秸秆还田等关键技术，可在大尺度有机培肥、土壤微域环境改善和增加土壤养分库容等方面提高黑土区土壤蓄水保水能力，实现土壤保育、农业可持续发展。

针对黑土区秸秆还田过程中温度低、秸秆不易腐解以及规模经营条件下秸秆的还田方式等问题进行玉米秸秆快速腐解剂筛选；明确秸秆快速腐解的适宜条件，进行技术集成示范；针对黑土区玉米面积逐渐增加和玉米需肥特点，以土壤培肥和肥料高效施用为目标，针对不同生态区主栽玉米品种，确定与之相适应的施肥方法、肥料类型；针对黑土区农田土壤侵蚀严重、耕层浅、结构差和地力下降等亟待解决的问题，以发展保护性耕作技术为核心，通过玉米深松耕作技术、原垄卡种耕作技术和深松过程中的秸秆深施技术，扩大土壤养分库容，创建良好的土壤环境。重点解决玉米生长过程中保水、保苗、根系下扎难等瓶颈问题，提出区域保护性耕作技术模式和黑土合理耕层构建技术模式。通过这些关键技术与模式的应用，实现黑土培肥，提高黑土质量，为防止黑土退化提供科技支撑。

明确玉米残体的分解规律以及了解维持土壤有机质平衡的秸秆腐解规律及养分释放特征，对合理施用秸秆、节约能源、减少环境污染与培肥土壤都具有一定的理论意义和实际意义。与此同时，验证 7 种秸秆腐解剂产品的使用效果，筛选出适宜当地生产条件和耕作制度的秸秆腐熟剂，为土壤有机质提升项目的进一步实施提供技术支撑。

（一）寒地玉米秸秆腐解剂品种对秸秆生物量分解的影响

分解率是秸秆分解质量的评价标准之一，秸秆分解越多，说明其分解的效果越好。由表 11-2 可知，玉米秸秆生物量随着时间的延长逐渐减少，在整个分解周期内表现为前期分解快、后期分解慢的趋势。还田 100 d 时，玉米秸秆（对照）分解了 57.1％，玉米秸秆施用 1 号腐解剂分解了 58.3％～64.1％，说明秸秆生物腐解剂能显著促进玉米秸秆生物量的分解。

在最初始的 10 d 内，8 个处理的秸秆分解率接近，之后施用腐解剂的处理秸秆分解速率高于对照，一直持续到 8 月中旬。在第一个月内（5 月 10 日至 6 月 9 日），腐解剂处理月分解速率为

27.45％～43.05％，说明施用腐解剂在秸秆还田第一个月内能明显提高秸秆分解速率；第二个月（6月9日至7月8日）施用腐解剂处理与对照分解速率差别逐渐缩小，差异不明显；8月以后，施用5号、6号、7号腐解剂的处理与对照相比差异达到显著水平，其中5号腐解剂效果好于其他处理（表11-2）。

表11-2 不同处理各时期秸秆生物量分解率

单位:％

处理	还田时间						
	10 d	20 d	30 d	45 d	60 d	80 d	100 d
CK	14.42aA	11.91cB	24.70bB	41.37 aA	49.09 aA	49.89bB	57.06cC
1号	14.12aA	25.19abA	28.82bB	45.18 aA	50.87 aA	51.24bAB	58.26cBC
2号	21.21aA	23.93abA	31.16bB	47.79 aA	49.06 aA	51.89bAB	59.40bcABC
3号	19.57aA	26.06abA	30.21bB	45.26 aA	52.98 aA	54.98abAB	58.88cABC
4号	16.96aA	19.64bcAB	28.93bB	43.81 aA	50.65 aA	53.72abAB	59.50bcABC
5号	22.65aA	29.71aA	43.05aA	47.84 aA	54.55 aA	60.56aA	64.11aA
6号	16.22aA	22.44abAB	27.45bB	44.54 aA	50.63 aA	53.62abAB	63.21abAB
7号	15.33aA	26.14abA	30.85bB	47.89 aA	48.91 aA	55.56abAB	62.90abAB

注：小写字母为5％水平显著，大写字母为1％水平显著。1～7号分别表示1～7号腐解剂处理。

（二）不同腐解剂对玉米秸秆养分释放的影响

由于东北高寒区低温持续时间比较长，不利于微生物活动，秸秆在土壤中腐解非常缓慢。明确玉米残体的分解规律以及维持土壤有机质平衡的养分释放特征，找出能加速寒地秸秆腐解速率的腐解剂，以促进秸秆养分释放。

由图11-1可以看出，添加不同秸秆腐解剂后，玉米秸秆35.08％～57.19％的氮素被释放。各种腐解剂间氮素分解差异不明显，不加腐解剂氮素释放率最高，分解率为57.19％。氮素的释放特征为前10 d分解较快，而后进入较稳定过程。由此可以看出，腐解剂的加入减缓了氮素的释放。

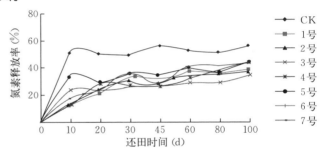

图11-1 不同腐解剂对秸秆氮素释放率的影响

由图11-2可以看出，添加不同腐解剂后，玉米秸秆磷素释放率随着时间的延长而增加。至100 d时，有44.19％～59.59％的磷素被释放出来。

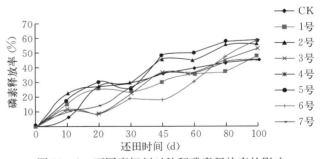

图11-2 不同腐解剂对秸秆磷素释放率的影响

由图11-3可以看出，添加不同腐解剂后，玉米秸秆钾素的释放随着时间的延长而增加。经过100 d的腐解过程，各处理玉米秸秆有77.38％～89.66％的钾素被释放出来。这表明添加秸秆腐解剂有利于作物在整个生育期逐渐吸收钾素。

作物秸秆的干物质有42％由有机碳组成，是一种碳源较丰富的能源物质。作物秸

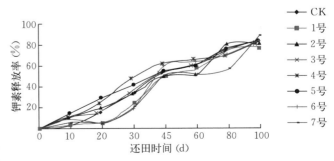

图11-3 不同腐解剂对秸秆钾素释放率的影响

秆施入土壤后，碳在微生物的作用下以二氧化碳的形式释放掉，且秸秆碳的释放主要在施入土壤后的前几个月内发生。如图 11-4 所示，8 个处理的有机碳分解率呈相同趋势，均随时间的延长逐渐增加，至 100 d 时，各处理有机碳分解率为 65.30%～69.08%，且各处理间差异不明显。

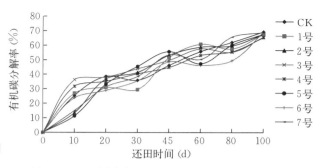

图 11-4 不同腐解剂对秸秆有机碳分解率的影响

（三）秸秆原位还田对土壤物理性质的影响

针对东北地区土壤板结、有机肥用量少、土壤物理性质变劣等问题，开展秸秆原位还田对土壤物理性质影响的研究，明确秸秆还田对提高土壤肥力和改善土壤结构的效果。试验设在嫩江中储粮北方公司科技园区，种植作物为玉米，试验采用玉米秸秆还田方式。土壤基本理化性质见表 11-3。

表 11-3 试验地点土壤基本理化性质

试验地点	有机质 （g/kg）	全氮 （g/kg）	全磷 （g/kg）	全钾 （g/kg）	碱解氮 （mg/kg）	有效磷 （mg/kg）	速效钾 （mg/kg）	pH
嫩江中储粮北方公司 科技园区	45.9	2.5	2.0	22.7	211.9	78.6	166.7	5.49

试验设计包括以下 6 个处理：①根茬还田（对照）；②秸秆全量还田（600 kg）；③秸秆半量还田（300 kg，隔垄还）；④秸秆 1/3 量还田（200 kg，3 垄还 1 垄）；⑤秸秆全量还田＋腐解剂；⑥秸秆覆盖还田。

土壤物理性质的好坏源于土壤结构的优劣，并最终影响到土壤物理质量。大量研究表明，以有机肥和秸秆还田为代表的有机物料在增加土壤有机质、改善土壤结构、提高土壤各级水稳性团聚体含量、增加土壤保水保肥等方面具有明显效果；而且，秸秆还田能够增加地表粗糙度，减少土壤水侵蚀，从而更有利于土壤物理质量的维持和提高，防止土壤质量退化。

1. 对土壤三相比的影响 土壤三相比可反映土壤的松紧程度、充水程度、充气程度以及水气容量等，也是衡量农田土壤物理性质的重要指标。通过 4 年的试验可以看出（图 11-5），不同秸秆还田方式较对照土壤固相率降低，液相率和气相率增加。平衡施肥＋秸秆半量还田土壤三相比更合理，其次是平衡施肥＋秸秆 1/3 量还田。这表明秸秆还田后可以改善土壤结构，增加土壤有效孔隙及水气容量。

2. 对土壤水分含量的影响 土壤水分是土壤的重要组成部分，也是重要的土壤肥力因素。土壤水分是作物水分的直接来源，作物吸收土壤中的水分、有机质等营养物质，完成生长发育。同时，土壤水分含量的多少，决定着作物生长状况的好坏。因此，测量土壤水分有着重要的实际意义。

收获后对不同秸秆还田处理土壤含水量进行分析测定，结果表明，秸秆半量还田较根茬还田（对照）增加土壤体积含水量最大，相对提高了 12.3%，全量还田较对照提高了 6.0%。秸秆全量还

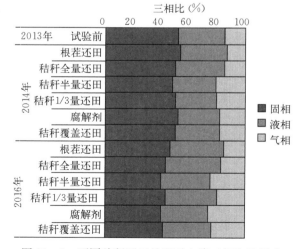

图 11-5 不同秸秆还田处理对土壤三相比的影响

田添加腐解剂处理较对照提高了土壤含水量。秸秆覆盖还田与对照土壤体积含水量基本相同，没有表现出差异。秸秆不同量还田方式与对照土壤体积含水量差异显著。因此，秸秆不同还田量均可增加土壤体积含水量，添加腐解剂没有表现出效果。不同处理含水量的顺序是秸秆半量还田＞秸秆全量还田＞秸秆 1/3 量还田＞秸秆全量还田＋腐解剂＞秸秆覆盖还田＞根茬还田（图 11-6）。

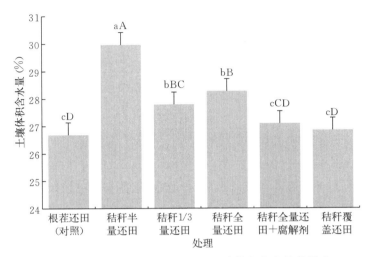

图 11-6　不同秸秆还田处理对土壤体积含水量的影响

土壤田间持水量是指土壤所能保持的最大含水量，是表征田间土壤保持水分能力的指标。由图 11-7 可以看出，经过 4 年的试验，2016 年各处理田间持水量均有随年份增加的趋势。不同秸秆还田方式土壤田间持水量较试验前有所增加，秸秆全量还田增加最多，其次是秸秆半量还田和 1/3 量还田，秸秆全量还田为 44.90%，秸秆半量还田为 44.68%。秸秆覆盖还田增加土壤水分不明显，添加腐解剂效果与常规施肥处理在 5% 水平下有差异。

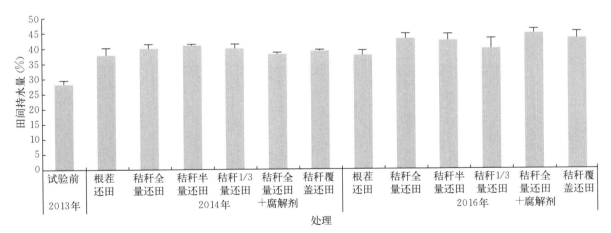

图 11-7　不同秸秆还田处理对土壤田间持水量的影响

3. 对土壤容重的影响　土壤容重是土壤重要的物理特性指标之一，反映了土壤的结构状况，预示着土壤水分和空气的运行、存在状态。通过 4 年的试验，从土壤容重的变化可以看出（图 11-8），土壤容重有随试验年份逐渐下降的趋势。平衡施肥＋秸秆 1/3 量还田和平衡施肥＋秸秆全量还田＋腐解剂处理土壤容重下降明显，较对照均下降 0.08 g/cm³；秸秆半量还田和秸秆全量还田土壤容重也较对照下降，差异显著。以上结果表明，不同秸秆还田方式均较对照土壤容重降低，说明秸秆还田处理可以改善土壤物理结构，增加土壤孔隙。

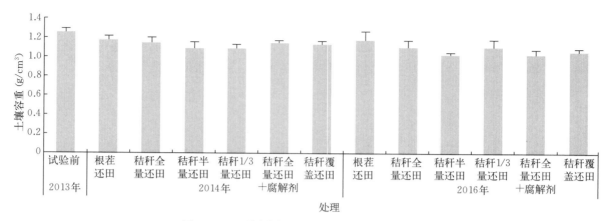

图 11-8 不同秸秆还田处理对土壤容重的影响

4. 对土壤结构的影响 土壤结构是调控土壤物理过程、生物过程和土壤有机质分布的重要因素之一。土壤是由大小不同的土粒按不同的比例组合而成，这些不同的粒级混合在一起表现出的土壤粗细状况，称为土壤机械组成或土壤质地。其影响着土壤水分、空气和热量运动，也影响养分的转化，还影响土壤结构类型。土壤质地以土壤中各粒级含量的相对百分比作为标准，划分为沙土、壤土、黏土。因此，良好的土壤结构能够综合反映土壤整体的肥力状况。

土壤粒径分布（particle size distribution，PSD）用 Malvern 2 000 激光粒度仪测定，依据国际制土壤粒级划分标准：黏粒（<0.002 mm）、粉粒（0.002~0.02 mm）、沙粒（0.02~2 mm）分别得到不同土壤粒径分布的百分含量。秸秆还田后，黏粒和沙粒较对照增加，粉粒含量下降（图 11-9）。秸秆半量还田黏粒较对照相对增加 44.3%，秸秆全量还田增加 29.3%；同时，粉粒相对增加 14.9%和 13.0%；沙粒下降 56.7%和 45%。其他秸秆还田处理也表现出相同趋势，黏粒和粉粒含量较对照增加，沙粒含量下降。这说明秸秆还田后增加土壤黏粒组成，同时也增加土壤沙粒，使土壤具有更好的结构。黏粒增加顺序为秸秆半量还田>秸秆全量还田>秸秆 1/3 量还田>秸秆全量还田+腐解剂>秸秆覆盖还田>根茬还田。

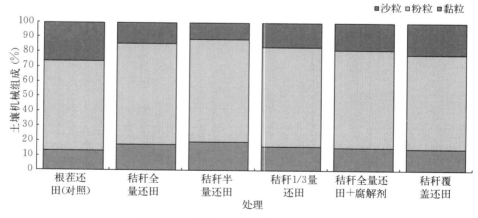

图 11-9 秸秆还田后土壤机械组成变化

将不同秸秆还田处理土壤（0~20 cm）进行团聚体颗粒分级，各级土壤团聚体的含量见图 11-10。土壤 0.25~2 mm 和 0.053~0.25 mm 团聚体为优势粒级，二者占土壤团聚体总量的 48.7%和24.5%，显著高于其他两个粒级，这与 Bongiovanni 的研究结果一致。秸秆半量还田、1/3 量还田和全量还田较对照>2 mm 大团聚体增加 17.8%、14.2%和 11%，秸秆覆盖还田增加较小，说明施入有机肥有助于土壤大团聚体（≥0.25 mm）的形成。

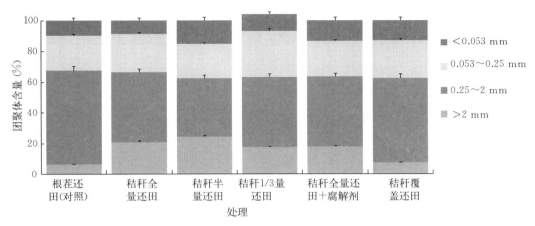

图 11-10　各粒级团聚体在土壤中的比例

各处理团聚体中有机碳含量因粒级而异（图 11-11）。随着土壤团聚体直径逐渐增大，其有机碳含量呈现出逐渐增加的趋势，这说明土壤团聚体的形成与土壤有机碳有直接关系。秸秆全量还田各粒级有机碳含量较对照不同程度增加，提高幅度为 3.2%～8.4%，其中以 0.053～0.25 mm 粒级增加最多。秸秆半量还田处理较对照在＞2 mm 和 0.053～0.25 mm 两个粒级有机碳含量增加，提高幅度为 6.3% 和 27.2%；秸秆覆盖还田处理与对照各粒级团聚体中有机碳含量基本相同；秸秆全量还田添加腐解剂处理在＞2 mm 和 0.053～0.25 mm 两个粒级有机碳含量有所增加，但增加较小，其他两个粒级基本相同。

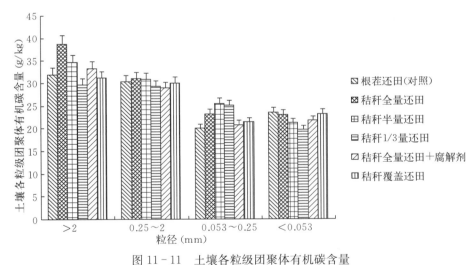

图 11-11　土壤各粒级团聚体有机碳含量

（四）秸秆原位还田对土壤化学性质的影响

1. 对土壤养分含量的影响　由表 11-4 可知：不同秸秆还田处理土壤有机质较对照均增加，秸秆全量还田较对照提高 3.8%，秸秆半量还田增加 2.1%；全量养分没有明显规律性，速效养分较对照有不同程度增加，pH 也提高。以上表明，秸秆还田可以增加土壤有机质的含量，对土壤 pH 进行调节。原因是有机质的组成主要是腐殖质等，其成分能有效吸附土壤中的正负离子，相当于酸碱缓冲剂，从而调节土壤酸碱度，所以在酸性环境中会使土壤 pH 上升。同时，秸秆还田后有利于促进团聚体的形成，并且团聚体内部的持水孔隙多，既可以保存随水进入团聚体的水溶性养分，又适宜厌氧微生物的活动，有机质分解快，产生的速效养分多，供肥性能良好。

表 11 - 4　不同秸秆还田处理对土壤化学性质的影响（2016）

处理	有机质 （g/kg）	全氮 （g/kg）	全磷 （g/kg）	全钾 （g/kg）	碱解氮 （mg/kg）	有效磷 （mg/kg）	速效钾 （mg/kg）	pH
2013 年试验前	45.9	2.50	2.00	22.7	211.9	78.6	166.9	5.49
根茬还田（对照）	47.3	2.71	2.27	23.6	156.8	80.7	161	5.52
秸秆全量还田	49.1	2.63	2.13	24.5	224.0	81.1	181	5.55
秸秆半量还田	48.3	2.78	2.18	23.7	197.4	83.8	161	5.53
秸秆 1/3 量还田	47.8	2.57	2.31	23.3	267.4	89.1	162	5.57
秸秆全量还田＋腐解剂	47.4	2.47	2.13	23.5	203.0	85.2	167	5.57
秸秆覆盖还田	47.9	2.44	2.11	24.0	205.1	82.2	160	5.58

2. 对土壤微生物量碳、氮的影响　土壤微生物是土壤生态系统的重要组成部分之一。微生物数量和土壤酶活性等可以作为评价土壤肥力的重要指标之一。秸秆还田后大量有机碳源的投入给土壤微生物的生长提供了碳和能源，并有效改善了土壤物理性质。由表 11 - 5 可知：与根茬还田（对照）相比，不同秸秆还田处理微生物量碳和微生物量氮都相应增加，秸秆全量还田＋腐解剂处理 C/N 最高，为 8.12。秸秆还田为土壤补充有机质，提高了土壤 C/N，进而增强了对氮的固持能力；秸秆还田还具有很强的持水能力，增加土壤水分含量，防止土壤氮素的挥发，土壤微生物量氮含量进而随之增加。

表 11 - 5　不同秸秆还田处理对土壤微生物量碳、氮的影响（2016）

处理	微生物量碳（mg/kg）	微生物量氮（mg/kg）	微生物量 C/N
2013 年试验前	165.21	22.42	7.37
根茬还田（对照）	174.28	22.19	7.85
秸秆全量还田	207.47	26.02	7.97
秸秆半量还田	237.51	31.33	7.58
秸秆 1/3 量还田	227.38	30.52	7.45
秸秆全量还田＋腐解剂	231.35	28.49	8.12
秸秆覆盖还田	182.41	22.25	8.10

（五）秸秆原位还田对作物产量性状的影响

表 11 - 6 表明，不同秸秆还田处理产量较对照增加。综合分析 3 年平均产量显示，秸秆半量还田和 1/3 量还田分别较对照产量提高 16.6％和 16.9％，秸秆全量还田较对照增加 5.7％，添加腐解剂处理和秸秆覆盖还田处理分别较对照增加 8.1％和 5.9％。各处理产量顺序为秸秆 1/3 量还田＞秸秆半量还田＞秸秆全量还田＋腐解剂＞秸秆覆盖还田＞秸秆全量还田＞根茬还田（对照）。

表 11 - 6　不同秸秆还田处理对产量的影响

处理	产量（kg/hm²）				增产（％）
	2014 年	2015 年	2016 年	平均	
根茬还田（对照）	9 628	7 154	5 594	7 459	—
秸秆半量还田	11 103	8 692	6 299	8 698	16.6
秸秆 1/3 量还田	11 321	8 487	6 355	8 721	16.9
秸秆全量还田	9 667	7 833	6 148	7 883	5.7
秸秆全量还田＋腐解剂	10 333	7 590	6 256	8 060	8.1
秸秆覆盖还田	10 372	7 615	5 706	7 898	5.9

以上研究结果表明：不同秸秆还田方式较对照土壤固相率降低，液相率和气相率增加。平衡施肥＋秸秆半量还田三相比更合理，其次是平衡施肥＋秸秆 1/3 量还田。这表明秸秆还田后，可以改善土壤结构，增加土壤有效孔隙及水气容量。秸秆还田处理可以改善土壤物理结构，增加土壤孔隙，各处理土壤容重顺序是根茬还田＞秸秆覆盖还田＞秸秆半量还田＞秸秆全量还田＞秸秆 1/3 量还田＞秸秆全量还田＋腐解剂。秸秆半量还田、1/3 量还田和全量还田分别较对照＞2 mm 大团聚体增加17.8％、14.2％和 11％，秸秆覆盖还田处理＞2 mm 的团聚体增加较小，说明施入有机肥有助于土壤大团聚体（≥0.25 mm）的形成。综合分析 3 年的平均产量显示，秸秆半量还田和 1/3 量还田分别较对照产量提高 16.6％和 16.9％，秸秆全量还田较对照增加 5.7％，添加腐解剂处理和秸秆覆盖还田处理分别较对照增加 8.1％和 5.9％。各处理产量顺序为秸秆 1/3 量还田＞秸秆半量还田＞秸秆全量还田＋腐解剂＞秸秆覆盖还田＞秸秆全量还田＞根茬还田（对照）。

二、黑土区保护性耕作关键技术与模式

（一）嫩江地区黑土耕层现状

2014 年，对嫩江地区周边农村及中储粮北方公司农场的土壤耕层现状展开调查。调查地点分别为中储粮北方公司二、四、六、七、八场，以及嫩江县农业推广中心园区（繁荣园区 1、嫩江县园区2）、科洛镇、伊拉哈镇 8 个调查地点，每个地点又分别选取高产地块和低产地块进行调查。

1. 黑土区土壤物理性质

（1）土壤孔隙度与含水量。由图 11 - 12 可以看出，嫩江黑土区 6 月土壤质量含水量为 25％～34％，其中嫩江西北部的二场、七场、八场含水量最高，均超过 32％；嫩江东南部的科洛、伊拉哈、园区含水量较低（低于 30％）。对于最大持水量和毛管持水量，结果显示，七场、二场的最大持水量最高，分别是 47.3％、45.8％；六场、园区 2 持水量最低，分别是 35.3％、36.4％。

不同地区最大持水量为 0～34％，毛管持水量为 0～42％。

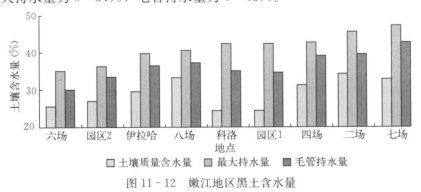

图 11 - 12　嫩江地区黑土含水量

各地区黑土土壤孔隙度的差异（图 11 - 13），与含水量差异规律基本一致，呈现出七场、四场、

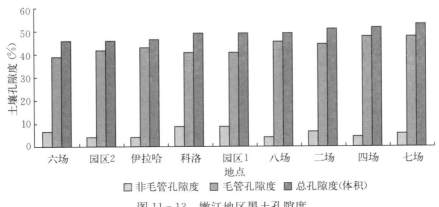

图 11 - 13　嫩江地区黑土孔隙度

二场土壤总孔隙度、毛管孔隙度较高，有利于土壤水分保持；六场总孔隙度、毛管孔隙度均较低，不利于土壤持水。对于非毛管孔隙度，科洛、园区 1 最大，均达到 8.6％，是最小值伊拉哈的 2 倍以上。

（2）土壤容重。嫩江黑土区土壤容重为 1.13～1.31 g/cm³（图 11-14），平均 1.20 g/cm³，土壤容重与土壤孔隙度、含水量表现出相反的变化规律。土壤容重变化不具有地域特点，同一地区根据其黑土成分的不同，差异也较大。其中，六场、园区 2 土壤容重最大，分别是 1.30 g/cm³、1.25 g/cm³；七场、二场土壤容重最小，分别是 1.13 g/cm³、1.14 g/cm³。

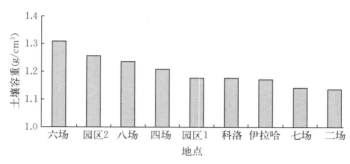

图 11-14　嫩江地区黑土容重

2. 黑土区不同产量水平土壤物理性质的差异

（1）土壤含水量的差异。土壤物理性质的不同，直接影响作物的产量，土壤持水能力将影响作物对土壤水分的吸收。嫩江黑土区 6 月的土壤质量含水量为 30％左右，高产田较低产田土壤质量含水量增加 0.59％；最大持水量增加 3.10％；毛管含持水量增加 1.21％（图 11-15）。这说明在一定范围内，土壤含水量越大，越能促进作物产量形成。

高产田与低产田不同土层含水量的变化规律并不一致，在 0～10 cm 土层，土壤含水量变化规律与其总含水量的变化规律正好相反，低产田的 3 项含水量指标均高于高产田；在 10～20 cm 土层，高产田与低产田含水量间的差异均减小，除最大持水量外，其他两项指标为低产田高于高产田。土壤耕层以下，在 20～30 cm 土层，土壤含水量的 3 项指标，均表现出高产田较低产田显著增加；在 30～40 cm

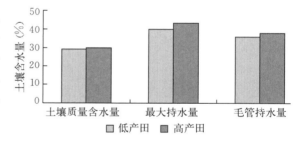

图 11-15　高产田与低产田土壤含水量

土层，高产田较低产田土壤最大持水量、毛管持水量显著增加，质量含水量有所降低（图 11-16）。

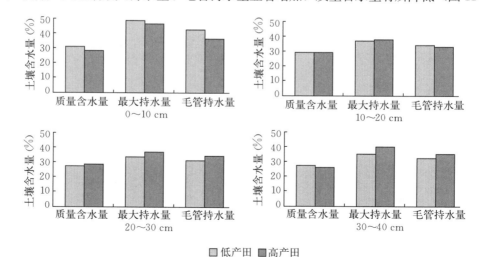

图 11-16　不同土层高产田与低产田土壤含水量

由以上结果可知，土壤耕层的含水量略低有利于作物向下扎根，促进根部生长；而水分过高，形成水分胁迫，不利于作物生长。在土壤耕层以下，特别是 20～30 cm 土层，土壤很好的持水能力能为后期作物生长提供充足的水分。

（2）土壤孔隙度的差异。土壤孔隙度与土壤含水量的变化规律相同。高产田较低产田，土壤总孔隙度、毛管孔隙度、非毛管孔隙度均呈增加趋势，其中总孔隙度增加 2.49%，毛管孔隙度增加 0.32%，非毛管孔隙度增加 2.17%。高产田和低产田土壤毛管孔隙度差异较小（图 11-17），说明土壤非毛管孔隙度增加有利于产量的形成。

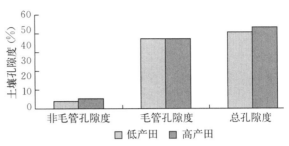

图 11-17　高产田与低产田土壤孔隙度

比较高产田与低产田土壤孔隙度不同土层的变化规律可知，无论是在土壤耕层（0～20 cm）还是在耕层以下，高产田土壤的多项孔隙度指标均大于低产田（图 11-18），说明土壤孔隙度适当增加可促进作物根系呼吸，有利于作物产量形成。

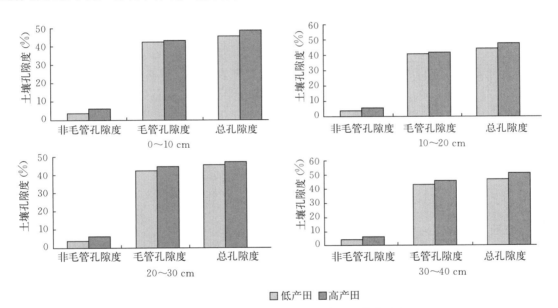

图 11-18　不同土层高产田与低产田土壤孔隙度

（3）土壤容重的差异。如图 11-19 所示，高产田较低产田的土壤容重平均减少 0.03 g/cm³，说明降低土壤容重可促进作物增产。不同土层土壤容重的变化规律不同，无论高产田还是低产田，土壤容重随着土壤深度的增加，呈现先升高后降低的趋势。高产田耕层（0～20 cm）土壤容重高于低产田，耕层以下则正好相反。这说明降低耕层以下土壤容重可促进根系生长，增加作物产量。

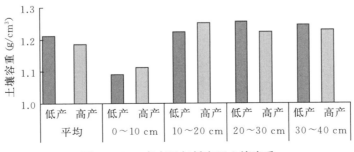

图 11-19　高产田与低产田土壤容重

3. 黑土区土壤养分现状

（1）不同黑土区土壤养分情况。嫩江各地黑土区土壤养分差异较大（表11-7），碱解氮含量以嫩江西北部的地区较高，都集中在农场，七场、八场、二场土壤碱解氮含量最高，含量为234.77～332.92 mg/kg；嫩江东南部地区偏低，都属于农耕地，科洛、嫩江园区、伊拉哈土壤碱解氮含量为133.74～161.87 mg/kg。

表11-7　不同黑土区养分情况

地点	碱解氮（mg/kg）	有效磷（mg/kg）	速效钾（mg/kg）	pH	有机质（g/kg）
二场	234.77	30.34	160.43	6.01	64.35
七场	332.92	28.71	152.23	5.95	49.71
八场	317.42	50.38	190.37	5.06	49.70
四场	173.35	30.79	215.20	6.05	46.90
六场	140.63	31.99	161.23	6.05	43.81
嫩江园区	141.78	19.94	180.70	6.25	42.17
科洛	133.74	27.56	255.63	6.01	39.16
伊拉哈	161.87	12.13	173.83	6.32	37.43

土壤有效磷含量与碱解氮含量的地域性差异基本相同，以嫩江西北部较高，都集中在农场，含量为28.71～50.38 mg/kg；以嫩江东南部地区偏低，都属于农耕地，科洛、嫩江园区、伊拉哈土壤有效磷含量为12.13～27.56 mg/kg。八场土壤有效磷含量是伊拉哈的4倍以上。

土壤速效钾含量与有效磷、碱解氮含量的地域性差异不同，以嫩江西北部较低，七场、二场、六场含量为152.23～161.23 mg/kg；以科洛、四场最高，均在200 mg/kg以上，科洛土壤速效钾含量较七场高68%。

土壤有机质含量表现出农场与农耕地存在明显差异，以嫩江西北部较高，含量为43.81～64.35 g/kg；以嫩江东南部较低，含量为37.43～42.17 g/kg。农场土壤有机质含量显著超过农耕地，二场的有机质含量较伊拉哈高72%。

调查结果显示（图11-20），农场（嫩江西北部）土壤碱解氮、有效磷、有机质含量均高于农耕地（集中在嫩江东南部），这与农场连年实施秸秆还田有一定关系。农场使用大型机械使秸秆全部还田，促使黑土能够保持较高养分含量。

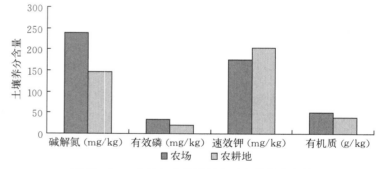

图11-20　农场与农耕地黑土区土壤养分含量

（2）不同产量水平黑土区土壤养分情况。如图11-21所示，高产田与低产田相比，土壤碱解氮和有机质含量以低产田高，有效磷和速效钾含量以高产田高。对于有效磷、速效钾含量，高产田较低产田分别高3.42 mg/kg、13.5 mg/kg，

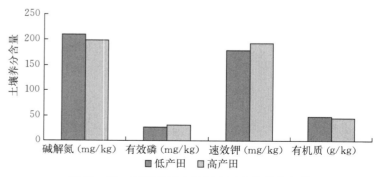

图11-21　不同产量水平黑土区土壤养分含量

说明有效磷和速效钾可能是制约产量形成的主要因素。

由图 11 - 22 可以看出，高产田耕层（0～20 cm）土壤碱解氮、有效磷、速效钾含量均显著高于低产田，分别是低产田的 1.13 倍、1.47 倍、1.15 倍；有机质含量低于低产田；在耕层以下，高产田各项土壤养分指标均显著低于低产田。

以上表明，耕层土壤养分是影响作物产量的主要因素，黑土区碱解氮和有机质含量丰富并不是制约产量的因素，进一步证明有效磷、速效钾含量较低是制约产量形成的主要因素。

（3）调查地区黑土区养分情况。本调查在 8 月又对耕层土壤进行了抽样调查，如图 11 - 23 所示，农场（六场）的高产田与低产田相比，土壤碱解氮和有机质含量以低产田高，有效磷和速效钾含量以高产田高。高产田有效磷、速效钾含量较低产田分别高 12.6 mg/kg、82.2 mg/kg。

对土壤耕层进行了抽样调查，如图 11 - 24 所示。农耕地（伊拉哈）的高产田与低产田相比，土壤碱解氮含量以低产田高，有效磷和速效钾含量以高产田高。高产田有效磷、速效钾含量较低产田分别高 12.8 mg/kg、23.6 mg/kg。通过 8 月对农场和农耕地又一次调查结果，进一步证明有效磷和速效钾含量是制约产量形成的主要因素。

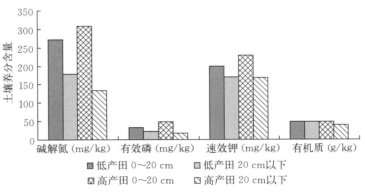

图 11 - 22　不同产量水平不同土层养分含量

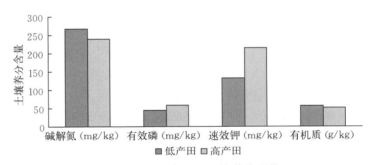

图 11 - 23　六场地区土壤养分现状

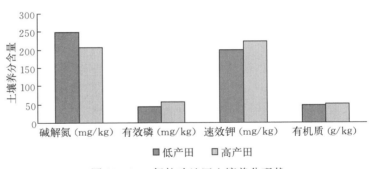

图 11 - 24　伊拉哈地区土壤养分现状

（二）耕作方式对黑土耕层的影响

1. 耕作方式　黑土区主要耕作方式有浅翻深松、常规耕作、原垄卡种、免耕等。耕作处理具体设置方法如下。

耕作方式 I：免耕，连续春季使用免耕播种机原垄卡种播种，生产中不进行其他耕作处理，秋季机械收获。

耕作方式 II：浅翻深松，春季垄上播种，中耕深松 25 cm，中耕 2 次，秋季浅翻，耙地、起垄。

耕作方式 III：原垄卡种，春季不打破原垄，垄上播种，中耕 2 次，秋季收获，不打破原垄。

耕作方式 IV：常规翻耕，春季垄上播种，中耕 2 次，秋季浅翻，耙地、起垄。

2. 耕作方式对土壤物理性质的影响

（1）耕作方式对土壤含水量的影响。不同耕作方式对土壤含水量的影响存在较大的差异。土壤含水量顺序依次是浅翻深松＞常规翻耕＞原垄卡种＞免耕（图 11 - 25）。从机械作业次数分析，在常规翻耕基础上，增加作业次数有助于土壤含水量的增加，但增加不显著；减少作业次数显著降低土壤含水量。

（2）耕作方式对土壤持水量的影响。不同耕作方式对土壤持水量的影响与土壤含水量的变化趋势一致。土壤持水量顺序依次是浅翻深松＞常规翻耕＞原垄卡种＞免耕，浅翻深松较免耕最大持水量增加 13％、毛管持水量增加 5％、最小持水量增加 6％（图 11-26）。从机械作业次数分析，在常规翻耕基础上，增加作业次数有助于土壤持水量的增加，但增加不显著；减少作业次数显著降低土壤持水量。

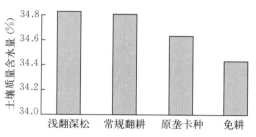

图 11-25　不同耕作方式对土壤含水量的影响

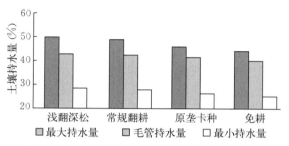

图 11-26　不同耕作方式对土壤持水量的影响

（3）耕作方式对土壤容重的影响。不同耕作方式对土壤容重的影响存在较大的差异。土壤容重顺序依次是免耕＞原垄卡种＞常规翻耕＞浅翻深松（图 11-27），浅翻深松较免耕土壤容重降低 7％。从机械作业次数分析，在常规翻耕基础上，增加作业次数显著降低土壤容重，但降低不显著；减少作业次数显著提高土壤容重。

（4）耕作方式对土壤总孔隙度的影响。不同耕作方式对土壤总孔隙度的影响存在较大的差异。土壤总孔隙度顺序依次是浅翻深松＞常规翻耕＞原垄卡种＞免耕（图 11-28），浅翻深松较免耕总孔隙度增加 21％。从机械作业次数分析，在常规翻耕基础上，增加作业次数显著增加土壤总孔隙度，减少作业次数显著降低土壤总孔隙度。

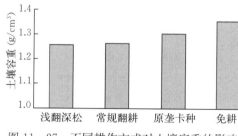

图 11-27　不同耕作方式对土壤容重的影响

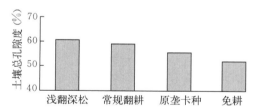

图 11-28　不同耕作方式对土壤总孔隙度的影响

（5）耕作方式对土壤排水能力的影响。不同耕作方式对土壤排水能力的影响与总孔隙度的变化趋势一致。土壤排水能力顺序依次是浅翻深松＞常规翻耕＞原垄卡种＞免耕（图 11-29），浅翻深松较免耕排水能力增加 14％。从机械作业次数分析，在常规翻耕基础上，增加作业次数显著提高土壤排水能力，减少作业次数显著降低土壤排水能力。

综上所述，在常规翻耕的基础上，增加机械作业次数，显著增加土壤排水能力和总孔隙度；减少机械作业次数显著提高土壤容重，降低土壤含水量、土壤持水量、土壤孔隙度、土壤排水量。

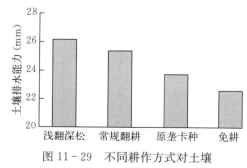

图 11-29　不同耕作方式对土壤排水能力的影响

3. 耕作方式对垄体土壤物理性质的影响

（1）耕作方式对垄体土壤持水状况的影响。不同耕作方式对垄体土壤持水状况的影响较大，垄沟和垄台变化趋势一致，但影响程度不同。从不同耕作方式对 0～20 cm 土层垄沟和垄台的持水状况可以看出（图 11-30），中耕时采取深松措施，可以增加垄台及垄沟的土壤最大持水量、毛管持水量和最小持水量。其中，垄台的最大持水量增加 2.68%，毛管持水量增加 1.41%，最小持水量变化较小；而垄沟的最大持水量增加 5.17%，毛管持水量增加 2.09%，最小持水量增加 1.97%。

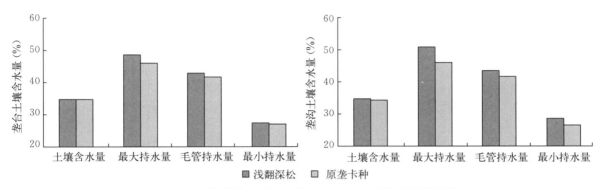

图 11-30　不同耕作方式对垄体 0～20 cm 土层持水状况的影响

综上所述，苗期垄沟深松可以改善 0～20 cm 土层土壤的持水状况。深松可以增加土壤最大持水量、毛管持水量和最小持水量，对土壤含水量的影响较小。

（2）耕作方式对垄体土壤容重的影响。耕作方式对垄体不同土层的土壤容重影响不同，深松并未对 0～10 cm 土层土壤容重产生明显影响；而对 10～20 cm 土层来说，深松明显降低了土壤容重，与对照相比，垄台和垄沟的土壤容重分别降低了 8.61% 和 7.04%（图 11-31）。

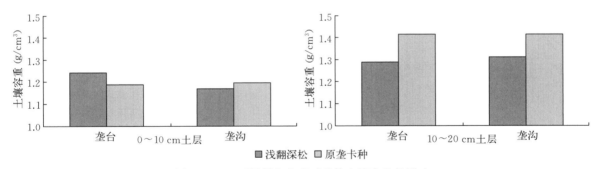

图 11-31　不同耕作方式对垄体土壤容重的影响

（3）耕作方式对垄体土壤孔隙度的影响。从不同耕作方式对垄体 0～20 cm 土层土壤孔隙度的影响可以看出（图 11-32），中耕时进行深松处理可以提高土壤的总孔隙度和非毛管孔隙度，但对毛管

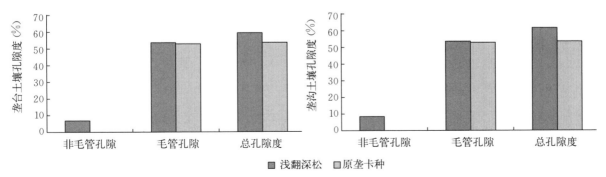

图 11-32　不同耕作方式对垄体 0～20 cm 土层土壤孔隙度的影响

孔隙度无影响。深松处理垄台的总孔隙度较对照提高 6.23%，非毛管孔隙度较对照提高 6.06%；深松处理垄沟的总孔隙度较对照提高 8.15%，非毛管孔隙度较对照提高 8.07%。

综上所述，中耕时进行深松可以显著提高土壤的总孔隙度，主要是增加了总孔隙度中的非毛管孔隙度，而对土壤的毛管孔隙度影响较小，佐证了适当深松可以改善土壤的通气状况。

（4）耕作方式对垄体土壤排水能力的影响。通过深松可以增加 0～20 cm 土层的土壤排水能力（图 11-33），深松使垄台的排水能力增加了 2.01 mm，垄沟的排水能力增加了 2.33 mm。

通过深松可以增加 0～10 cm 土层垄沟的土壤排水能力，深松较对照增加 1.22 mm；对垄台的土壤排水能力影响较小。通过深松可以增加 10～20 cm 土层的土壤排水能力，深松使垄台的土壤排水能力增加了 3.85 mm，使垄沟的排水能力增加了 3.44 mm（图 11-34）。

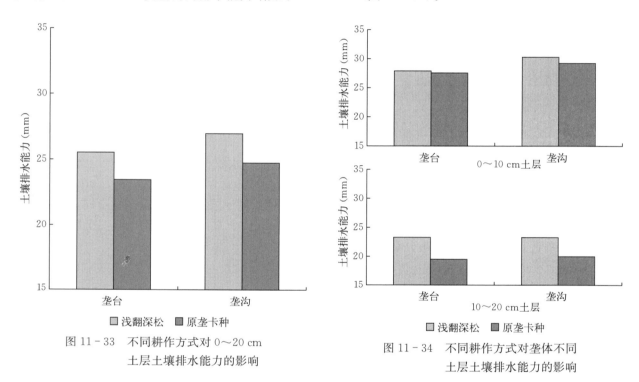

图 11-33　不同耕作方式对 0～20 cm
土层土壤排水能力的影响

图 11-34　不同耕作方式对垄体不同
土层土壤排水能力的影响

综上所述，在不同耕作方式下，浅翻深松处理苗期垄沟可以改善 0～20 cm 土层土壤的持水状况，对 10～20 cm 土层影响更为明显；深松可以增加土壤的最大持水量、毛管持水量及最小持水量，对土壤含水量的影响较小。深松并未对 0～10 cm 土层土壤容重产生明显影响；而对 10～20 cm 土层来说，深松明显降低了土壤容重。深松可以显著提高土壤总孔隙度，主要是增加了总孔隙度中的非毛管孔隙度，而对土壤的毛管孔隙度影响较小，佐证了适当深松可以改善土壤的通气状况。深松可以增加 0～20 cm 土层的土壤排水能力，深松使垄台的排水能力增加了 2.01 mm，使垄沟的排水能力增加了 2.33 mm。

（三）耕作方式与有机肥配施对黑土耕层的影响

1. 耕作方式与有机肥配施　在浅翻深松、原垄卡种两种耕作处理基础上，设置 6 个有机肥施肥水平，有机肥施用量分别为 0 kg/hm² （Ⅰ）、1 875 kg/hm² （Ⅱ）、3 750 kg/hm² （Ⅲ）、5 625 kg/hm²（Ⅳ）、7 500 kg/hm² （Ⅴ，相当于秸秆全部还田）、11 250 kg/hm² （Ⅵ）。

2. 有机肥配施对土壤养分的影响　从不同有机肥施用量对土壤速效养分影响中可以发现（图 11-35），施用有机肥可以提高土壤碱解氮和速效钾含量，且随着有机肥施用量的增加而逐渐增加；而有机肥的施用对土壤有效磷含量的影响不明显。

有机肥的施用对土壤 pH 没有影响，但是能够增加土壤有机质含量，有机肥施用量在 1 875～

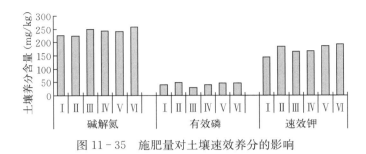

图 11-35 施肥量对土壤速效养分的影响

7 500 kg/hm² 时，有机质增加较为缓慢，当有机肥施用量达到 11 250 kg/hm² 时，有机质显著提高（图 11-36）。

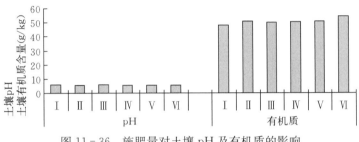

图 11-36 施肥量对土壤 pH 及有机质的影响

3. 耕作方式对土壤养分的影响 不同耕作方式对土壤有效养分（碱解氮、有效磷、速效钾）的影响如图 11-37 所示，浅翻深松增加了 0～20 cm 土层土壤碱解氮含量，对 0～10 cm 土层土壤有效磷含量影响较小，却降低了 10～20 cm 土层土壤有效磷及 10～20 cm 土层速效钾的含量。耕作方式对土壤 pH 无影响，浅翻深松使 0～20 cm 土层土壤有机质含量有所增加。

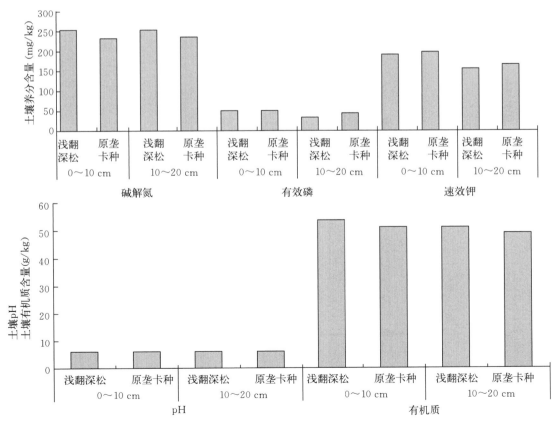

图 11-37 不同耕作方式对土壤养分的影响

　　不同耕作方式对垄台和垄沟土壤速效养分（碱解氮、有效磷、速效钾）的影响如图 11-38 所示，浅翻深松增加了垄台和垄沟土壤碱解氮的含量，降低了垄台土壤有效磷含量及垄沟土壤速效钾含量。不同耕作方式对垄台及垄沟土壤有机质含量有一定影响，浅翻深松增加了垄台及垄沟土壤有机质含量，垄沟土壤有机质含量增加较垄台更明显。

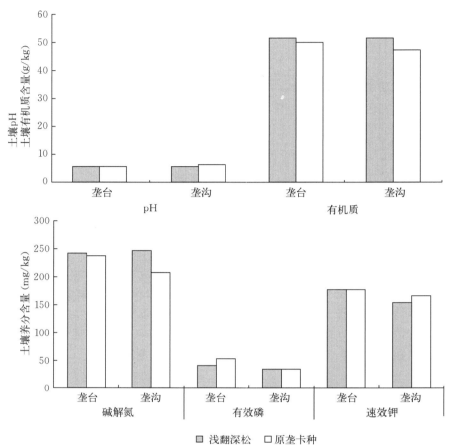

图 11-38　不同耕作方式对垄体土壤养分的影响

（四）不同耕作方式对秸秆腐解的影响

　　在浅翻深松、原垄卡种两种耕作处理内设置秸秆腐解试验，在原垄卡种处理内设置地表覆盖还田，在浅翻深松处理内设置翻耕还田，以测定不同耕作方式下玉米秸秆的腐解规律。

　　1. 不同耕作方式对秸秆腐解的影响　图 11-39 为玉米整个生长季前茬玉米秸秆腐解速率变化情况，可以看出，秸秆在第一个月腐解缓慢，至 10 月第一个生长季结束，秸秆腐解率地表覆盖处理为 45.88%，翻耕还田处理为 56.47%，翻耕还田的腐解率较地表覆盖处理高约 10 个百分点。2015 年

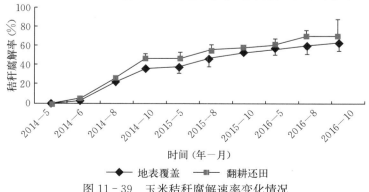

图 11-39　玉米秸秆腐解速率变化情况

10月第二个生长季结束后，累计秸秆腐解率地表覆盖处理为68.25%，翻耕还田处理为73.45%，翻耕还田的腐解率仍高于地表覆盖。2016年10月第三个生长季结束后，该季秸秆腐解率地表覆盖处理为13.61%，翻耕还田处理为14.67%，翻耕还田的腐解率仍然略高于地表覆盖。玉米秸秆经过3年后干物质已基本腐解，整个3年地表覆盖处理秸秆腐解率达到81.86%，而翻耕还田处理达到88.12%。

2. 不同耕作方式对秸秆养分释放规律的影响 玉米秸秆腐解过程中碳释放率（图11-40）受秸秆腐解质量的影响较大，呈现一直上升的趋势，取样结束时地表覆盖和翻耕还田分别释放碳89.05%、91.82%。其中，第一个生长季（2014年5—10月）地表覆盖释放碳50.42%，翻耕还田释放59.16%；第二个生长季（2015年5—10月）地表覆盖释放21.78%，翻耕还田释放16.95%；第三个生长季（2015年5—10月）地表覆盖释放16.85%，翻耕还田释放15.71%。两种秸秆还田方式相比，前期二者碳释放率相近，后期翻耕还田碳释放较高。取样结束时，翻耕还田较地表覆盖多释放碳2.77个百分点。

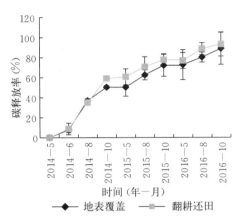

图11-40 玉米秸秆腐解碳释放动态

玉米秸秆腐解过程中氮素释放率（图11-41）同样受秸秆腐解质量的影响较大，呈现一直上升的趋势，地表覆盖处理略有波动。取样结束时，秸秆氮素释放率分别为地表覆盖84.58%、翻耕还田90.79%。其中，第一个生长季（2014年5—10月）地表覆盖释放氮素43.62%，翻耕还田释放42.16%；第三个生长季（2016年5—10月）地表覆盖释放23.23%，翻耕还田释放24.31%。取样结束时，翻耕还田较地表覆盖多释放氮素6.21个百分点。

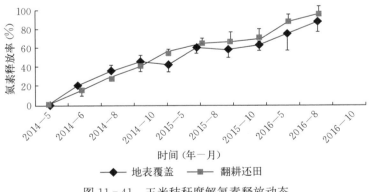

图11-41 玉米秸秆腐解氮素释放动态

玉米秸秆腐解过程中磷素释放率（图11-42）同样受秸秆腐解质量影响较大，呈现一直上升的

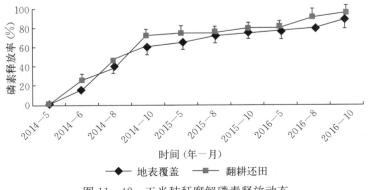

图11-42 玉米秸秆腐解磷素释放动态

趋势。取样结束时，秸秆磷素释放率分别为地表覆盖 84.48%、翻耕还田 92.44%，翻耕还田释放率略高。3 个生长季的释放率相比，第一年显著高于第二年和第三年。其中，第一个生长季（2014 年5—10 月）地表覆盖释放磷素 61.06%，翻耕还田释放 72.16%，翻耕还田方式释放较快；第二个生长季（2015 年 5—10 月）地表覆盖释放 13.06%，翻耕还田方式释放较慢，释放了 5.47%；第三个生长季（2016 年 5—10 月）地表覆盖释放 10.36%，翻耕还田方式释放较慢，释放了 14.81%。

玉米秸秆腐解过程中钾素释放率最快（图 11 - 43），取样结束时秸秆中的钾素释放率分别为地表覆盖 99.13%、翻耕还田 99.44%，几乎全部释放。3 个生长季的释放速率相比，第一年显著高于第二年和第三年。其中，第一个生长季（2014 年 5—10 月）地表覆盖释放钾素 93.63%，翻耕还田释放 97.53%，翻耕还田方式释放较快；第二个和第三个生长季（2015 年 5 月至 2016 年 10 月）地表覆盖释放 5.50%，翻耕还田仅释放 1.91%。

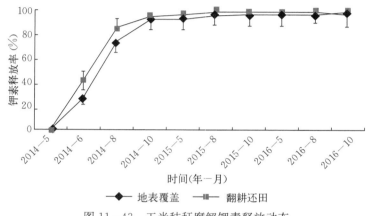

图 11 - 43　玉米秸秆腐解钾素释放动态

三、推广模式

根据以上研究结果，总结出 5 种秸秆还田和耕作模式，适合在国有农场和县域地方机械化条件不同的区域推广应用。

（一）秸秆全部还田技术模式

秸秆全部还田技术模式：秸秆机械粉碎＋秸秆腐熟剂＋深耕翻压＋耙地秋起垄。

适宜地区：在国有农场和机械化条件较好的乡镇，实施秸秆 100% 还田模式。

技术要点：①秋季玉米机收粉碎 100% 还田，秸秆含水量 30% 左右。②秸秆粉碎（切碎）长度最好小于 5 cm，勿超 10 cm，留茬高度越低越好，粉碎后的秸秆要抛撒均匀。③结合深耕作业，每 667 m² 施尿素 3～6 kg，调节 C/N（适宜秸秆腐烂的 C/N 为 20～25），配合优化施肥（玉米施肥中最佳氮肥用量为 135～165 kg/hm²）。④深耕整地，一般耕深在 20 cm 以上，保证秸秆翻入地下并盖严。⑤在墒情较好的南部地区，深耕翻压后可耙平起垄，待来年春天播种；在土壤水分较多的北部地区或秋天雨水较大的地区，深耕翻压后可等来年耙地平播。

（二）秸秆 1/3 还田技术模式

秸秆 1/3 还田技术模式：机械粉碎＋灭茬＋秸秆（70%）打捆＋深松翻压＋堆腐造肥。

适宜地区：在机械化水平较高的乡镇，实施秸秆 1/3 还田模式。

技术要点：①秋季玉米机收粉碎秸秆 1/3 还田，秸秆含水量 30% 以下；秸秆粉碎（切碎）长度最好小于 5 cm，勿超 10 cm；粉碎后的秸秆要抛撒均匀。②在留茬高度超过 10 cm 地块，用灭茬机将根茬粉碎。③先用特制的耙子把秸秆搂成行，再用打捆机打成捆，每捆 0.5 m³ 左右，打成捆的秸秆用平板车运回到积肥场地，秸秆回收率达到 70%～80%。④玉米秸秆和牲畜粪便按 8∶2 的比例，加适量水和秸秆腐熟剂堆沤发酵腐熟造肥，结合秋、春整地将有机肥翻埋到耕层中。

（三）秸秆 1/2 还田技术模式

秸秆 1/2 还田技术模式：机械粉碎＋灭茬＋自吸秸秆机直接回收（50%）＋堆腐造肥。

适宜地区：在机械化水平一般的乡镇，实施秸秆 1/2 还田模式。

技术要点：①秋季玉米机收粉碎 50% 还田，秸秆含水量 30% 以下；秸秆粉碎（切碎）长度最好小于 5 cm，勿超 10 cm；粉碎后的秸秆要抛撒均匀。②在留茬高度超过 10 cm 地块，用灭茬机把根茬粉碎。③用自吸秸秆机直接回收，2 台四轮同时并排作业，1 d 能吸 40 m³ 左右，秸秆回收率达到 50% 左右，吸收的秸秆运回积肥场地。④玉米秸秆和畜禽粪便按 8∶2 的比例，加适量水和秸秆腐熟剂堆沤发酵腐熟造肥，结合秋、春整地将有机肥翻埋到耕层中。

（四）玉米秸秆覆盖少耕免耕技术模式

玉米秸秆覆盖少免耕技术模式：秸秆机械粉碎＋灭茬＋春季原垄免耕播种玉米或原垄卡种大豆。

适宜地区：土壤熟化程度较高、土质松软、犁底层不明显的干旱地区。

技术要点：玉米收获时，通过机械作业直接将秸秆粉碎，均匀抛撒在地表，用灭茬机灭茬。翌年春播利用免耕播种机一次完成播种、施肥、覆土、镇压等作业，起到保墒保苗作用。

主要技术要求：①秸秆粉碎长度 8～10 cm，勿超 12 cm，秸秆抛撒要均匀。②用灭茬机将根茬粉碎，以免影响播种质量。③春季原垄免耕播种玉米或原垄卡种大豆。玉米茬不进行整地，利用免耕播种机在原垄上播种、施肥、覆土、镇压，实现保墒抗旱。

（五）轮耕作业＋秸秆还田＋有机肥技术模式

轮耕作业＋秸秆还田＋有机肥技术模式：1 年原垄卡种＋1 年浅翻深松＋秸秆还田＋有机肥。

适宜地区：玉米主产黑土区。

技术要点：①1 年原垄卡种后下一年浅翻深松。②秸秆粉碎后长度小于 15 cm；土壤理化性质适中。③秸秆还田条件下一次性增施有机肥 3 500 kg/hm²（3 年内不再施用），无机肥按照优化施肥水平施用。④原垄卡种。使用免耕播种机沿播种带播种玉米，由于地表秸秆覆盖及根茬的存在，要求播种具有良好的通过性，避免将玉米底茬翻上和秸秆拖堆，影响播种质量；播种后及时镇压，镇压后播深达到 3～4 cm，镇压做到不漏压、不拖堆；播种密度、施肥量与传统方式一致即可。⑤中耕。第一次中耕（深松）：在玉米苗期对垄沟进行深松，深度 25 cm 左右为宜，不宜过深，以免影响深松质量；第二次中耕（追肥）：第二次中耕结合追肥作业，由于地表存在秸秆，要求追肥作业机具通过性好，避免秸秆拖堆伤苗，且无明显伤根，追肥深度 5～10 cm。

①耕整地。利用浅翻深松机实现浅翻、深松联合作业，浅翻 15～20 cm，间隔 35 cm 左右深松 30～40 cm，翻后耙耢，按种植要求垄距起垄镇压。②播种。春季使用播种机沿垄精量点播，播种做到深浅一致、覆土均匀；播种后及时镇压，镇压后播深达到 3～4 cm。③中耕。共两次，第二次中耕结合追肥作业，要求无明显伤根，追肥深度 5～10 cm。

四、各种技术模式的示范效果

（一）规模经营条件下玉米秸秆还田快速腐解技术示范

秸秆在整个分解周期内表现为前期分解快、后期分解慢的趋势。施用不同种类的秸秆腐解剂，均能提高秸秆的腐解率及秸秆养分的释放率，其中以 5 号秸秆腐解剂的效果最好。

不同秸秆还田方式较对照土壤固相率降低，液相率和气相率增加；平衡施肥＋秸秆半量还田三相比更合理，其次是平衡施肥＋秸秆 1/3 量还田，2016 年效果更为明显。这表明秸秆还田后可以改善土壤结构，增加土壤有效孔隙及水气容量。秸秆还田处理可以改善土壤物理结构，增加土壤孔隙，各处理土壤容重顺序是根茬还田（对照）＞秸秆覆盖还田＞秸秆半量还田＞秸秆全量还田＞秸秆 1/3 量还田＞秸秆全量还田＋腐解剂。秸秆半量还田、1/3 量还田和全量还田分别较对照＞2 mm 大团聚体增加 17.8%、14.2% 和 11.0%，秸秆覆盖还田处理＞2 mm 的团聚体增加较小，说明施入有机肥有助于土壤大团聚体（≥0.25 mm）的形成。综合分析 3 年平均产量显示，秸秆半量还田和秸秆 1/3 量还田分别较对照产量提高 16.6％和 16.9％，秸秆全量还田较对照增加 5.7％，添加腐解剂处理和秸秆覆盖还田处理分别较对照产量增加 8.1％和 5.9％。各处理产量顺序为秸秆 1/3 量还田＞秸秆半量还田＞秸秆全量还田＋腐解剂＞秸秆覆盖还田＞秸秆全量还田＞根茬还田（对照）。

（二）黑土养分资源管理及玉米高效施肥技术示范

针对东北玉米种植区土壤养分资源不均衡，土壤类型不一致，部分地区耕作措施和施肥方式存在不合理现象，针对不同类型进行治理与合理利用，采用合理的土壤耕作和作物施肥方式，调节土壤物理、化学性质，合理进行玉米种植，进而提高粮食产量；玉米施肥以无机肥与有机肥配合施用方式为最佳；合理施用氮肥、有机肥与化肥合理配施有助于提高土壤有机质和全氮含量；有机肥对于调节土壤酸碱性，改善障碍性土壤具有重要意义；有机肥配施化肥处理有助于增加拔节期玉米生物量，增加玉米植株氮素累积量；同时，可以增加苗期玉米根系长度、体积、投影面积以及表面积；合理施氮肥处理有助于提高氮肥利用率和氮肥农学利用率；施肥处理均能显著提高玉米产量，以减量施用氮肥配施有机肥处理（N120＋M）玉米产量增加幅度最大。

（三）黑土区保护性耕作技术示范

根据黑土退化现状，提出了多种适合当地的推广模式，均有改善土壤理化性质、提高作物产量的效果。

（1）原垄卡种＋浅翻深松＋秸秆还田相结合的耕作模式，土壤理化性质适中，玉米产量提高 5％以上，综合效益较为理想。

（2）秸秆机械粉碎＋秸秆腐解剂＋深耕翻压＋耙地秋起垄，机械化条件好的国有农场和乡镇实施秸秆 100％还田模式。

（3）在机械化水平较高的乡镇实施秸秆 1/3 还田模式，机械粉碎＋灭茬＋秸秆打捆（70％）＋深松翻压＋堆腐造肥。

（4）机械粉碎＋灭茬＋自吸秸秆机直接回收（50％）＋堆腐造肥模式。

（5）玉米秸秆覆盖少耕免耕模式，秸秆机械粉碎＋灭茬＋春季原垄免耕播种玉米或原垄卡种大豆。

另外，确定了秸秆还田条件下黑土有机肥、无机肥的配施量，秸秆还田条件下每公顷一次性增施有机肥 3 500 kg（3 年内不再施用），无机肥按照当地生产水平施用，可使土壤有机质相对含量提高 7％左右，玉米产量提高 5％以上。

第二节　薄层瘠薄黑土培肥与玉米增产技术模式

一、薄层瘠薄黑土农田区域分布特征

薄层瘠薄黑土是黑土区中典型的低产土壤类型之一。根据第二次全国土壤普查分类标准，依据腐殖质层厚度进行分类主要限定在土属和土种一级。吉林在第二次全国土壤普查时的结果表明，薄层瘠薄黑土主要包括瘦黑土、破皮黄黑土、露黄黑土、瘦红黑土、破皮红黑土和露红黑土 6 个土种（吉林省土壤肥料总站，1998）。这几种土壤共同的特点是都分布在波状起伏台地的中上部、水土流失较为严重的部位，腐殖质层薄，一般在 17 cm 以下，耕层厚度为 13～15 cm，有机质含量不超过 15 g/kg，全氮低于 1 g/kg，全磷低于 0.5 g/kg，仅腐殖质层土壤具团块状和粒状结构，AB 层以下均为块状结构。玉米产量低且不稳，属低产土壤。

瘦黑土（薄腐黄土质黑土）：主要分布在吉林中部波状起伏台地的岗坡地中上部，主要见于公主岭、梨树和农安等地，耕地面积在 20 万 hm² 左右。破皮黄黑土（破皮黄黄土质黑土）：分布在吉林中部波状起伏台地的岗坡地上部，主要见于公主岭、梨树和农安等地，面积在 11 万 hm² 左右。露黄黑土（露黄黄土质黑土）：分布在吉林中部波状起伏台地的岗坡地顶部，主要见于公主岭和农安等地，耕地面积在 3 万 hm² 左右。瘦红黑土（薄腐红黏质黑土）：主要分布在吉林中部松辽平原起伏台地的岗坡顶部易侵蚀的部位，在长岭、梨树、双阳和农安等地有一定面积，耕地面积约 4 500 hm²，占这

一土种面积的 90%。破皮红黑土（破皮黄红黏质黑土）：属黑土亚类红黏质黑土土属，分布在起伏台地顶部受到强烈侵蚀的部位。露红黑土（露黄红黏质黑土）：分布在台地岗坡的顶部或陡坡处。这两种土壤仅分布于吉林中部的九台和长春郊区，面积总计 1 万 hm² 左右，耕地面积 0.7 万 hm² 左右。上述 6 个土种耕地面积总计约 35 万 hm²，占吉林黑土耕地面积的 32%。

（一）薄层瘠薄黑土形成的自然因素

薄层瘠薄黑土是在各成土因素相互作用下形成的，是黑土退化的产物。影响薄层瘠薄黑土形成的自然因素主要有气候因素、地形因素、土壤母质和冻融作用，它们是土壤侵蚀发生发展的潜在因素。一般单纯自然因素引起的地球表层土壤侵蚀过程的速度比较缓慢，表现也不显著，常与自然土壤形成过程处于相对稳定的平衡状态。

1. 气候因素　黑土分布区在气候上属于北温带半湿润大陆性季风性气候，本区的干燥度≤1，气候条件比较湿润。年降水量一般为 500～650 mm，绝大部分集中于作物生长季（4—9 月），占全年降水量的 70%～90%，其中以 7—9 月降水更为集中且时有高强度降水，因此容易造成水蚀。黑土区十年九春旱，每年有 100 d 以上风力在 4 级以上的大风天气，且多集中在春季，加上春季黑土覆盖物少，表土疏松，很容易造成风蚀。黑土表层肥沃的腐殖质层被侵蚀后形成薄层瘠薄黑土。孙继敏等的研究表明，黑土地荒漠化危机有加重的趋势。

此外，受全球变暖和厄尔尼诺现象加剧的影响，黑土土壤有机质矿化作用明显加剧。黑土成土过程中最重要的是腐殖质表聚过程。在黑土分布区南端，开垦前表层土壤有机质含量多为 30～60 g/kg，土壤有机质含量低于 30 g/kg 的面积比较少。当自然植被开垦为耕地后，土壤生态系统本身固有的有机质平衡被打破，在人类活动干扰下，土壤有机质含量开始大幅下降。据资料记载，在黑土开垦初期的前 20 年土壤有机质含量大约减少 1/3，开垦 40 年后大约减少 1/2，开垦 80 年后大约减少 2/3。目前，薄层瘠薄黑土耕地土壤有机质含量基本在 15 g/kg 以下。全球气候的变暖也将使肥沃的黑土资源不断减少，薄层瘠薄黑土面积不断扩大。

2. 地形因素　我国黑土地区的地形大都在现代新构造运动中间歇上升，多为波状起伏的漫岗，但坡度不大，一般为 1°～5°，个别可达 10°以上。大多耕作区的坡度较为平缓，多为 1°～3°。坡面长一般都大于 500 m，最长可达 4 000 m 以上。薄层瘠薄黑土多分布在波状起伏台地的中上部，地形在较大程度上直接影响土壤类型的演变和黑土肥力状况。地势起伏较大、切割比较严重的地方，或由于黏土层大部分被冲失，底部沙砾层距离地面比较近，土壤排水良好；或由于坡度大，地形排水迅速，土壤水分较少。另外，受侵蚀的影响，薄层瘠薄黑土层的厚度不同。在地势相对平缓的地方，黑土层一般为 15～25 cm，个别地方可达 30 cm 以上；在坡度较大的地方，黑土层厚度为 10～20 cm；在少数坡度特别大或耕作较久的地方，土壤侵蚀更严重，黑土层只有不足 10 cm，甚至黑土层完全丧失，形成破皮黄黑土甚至露黄黑土。

3. 土壤母质　薄层瘠薄黑土多分布在高位，成土母质以黄土状母质为主，主要有第三纪沙砾、黏土层，第四纪更新世沙砾黏土层和第四纪全新世沙砾、黏土层，其中以第四纪更新世沙砾黏土分布面积最广。其特点是母质质地黏重，颗粒大小较均一，以粗粉沙和黏粒为主，具黄土特征（黄土性黏土）。黑土表层疏松，如果自然植被一旦被破坏，极易造成水土流失。

4. 冻融作用　薄层瘠薄黑土主要发育在我国北方季节性冻土区。年均温度 0～6.7 ℃。1 月平均气温为 −20.0～−16.5 ℃，黑土区南部与北部相差较大。7 月平均气温 23.4 ℃，南北相差较小。由于冬季严寒少雪，土壤冻结深度较深，持续时间长达 4 个月以上，季节性冻层特别明显。冻融交替能够破坏土壤结构，使黑土变得更加疏松，抗冲蚀能力下降。春季冻融雪水沿坡易形成径流。冬季由于黑土质地重、自然含水量较高，容易形成裂隙，冻融以后裂缝处土体更为疏松，在地表径流的冲刷下极易形成冲蚀沟。因此，冻融作用是造成薄层瘠薄黑土形成的一个不容忽视的因素。Edwards 等研究证实，在人工控制降水量条件下的试验结果表明，经冻融交替的土壤比未经冻融交替的土壤流失量增加 24%～90%。Ssharratt 等研究表明，冻土降低了土壤的渗透能力，从而增加了地表径流，在春季解冻时节黑土易受侵蚀，造成黑土退化、土层变薄、地力下降。

（二）薄层瘠薄黑土形成的人为因素

薄层瘠薄黑土形成的人为因素很多，归纳起来主要有以下方面。

1. 耕作栽培和施肥模式不合理　从 20 世纪 70 年代末开始，随着农村改革的不断深化，黑土耕作、栽培和施肥模式等也在逐步发生变化。耕作、栽培和施肥模式由传统的以畜力为主、轮作换茬、连年秋翻及施用有机肥，逐步演化为以小型拖拉机为主要动力、大面积玉米连作、单施化肥。概括起来，目前在薄层瘠薄黑土分布区粮食生产中，主要有以下 5 个值得注意的问题。

（1）玉米连作普遍。尽管薄层瘠薄黑土土壤贫瘠，但其光、热等气候条件等非常适合栽培玉米，使得玉米栽培的历史、悠久。而且长期以来，栽培玉米的比较经济效益也一直相对较高，农民栽培技术熟练。同时，玉米秸秆既可作燃料，又可作冬季牲畜的粗饲料，栽培玉米一举多得。因此，玉米的播种面积一直保持很高的比例（占薄层瘠薄黑土总耕地面积的 80% 以上），从而也导致传统的轮作换茬种植制度几乎完全被玉米连作所代替。目前，连作年限长的已达 50 年以上，30 年以上极为普遍。

（2）化肥为主，有机肥很少。薄层瘠薄黑土土壤贫瘠，若想获得较高的玉米产量，只能增加化肥的投入，因此化肥用量呈现逐年增加的趋势。并且，随着化肥用量不断增加，有机肥用量急剧减少，有的地块已连续多年未施过有机肥。近几年，肥料市场上高氮复合肥的比例越来越大，"一炮轰"（作物全生育期需要的肥料在春季播种时一次性施入）施肥的面积也有逐年增大的趋势，而且用量也逐年增多。一些农户的施肥量已高达 900 kg/hm²，个别农户甚至高达 1 000 kg/hm² 以上。

（3）小型农机具为主。据调查，玉米从播种到收获的主要动力是小四轮拖拉机和畜力。近年来，虽然国家对购买大型农机具给予了一些优惠政策和补贴，但大型农机具的使用数量仍不足。由于缺少大功率动力和机械，薄层瘠薄黑土分布区大多数农田已有 20 多年未进行深翻。为了便于整地播种，农民普遍采用小型灭茬机将玉米根茬打碎还田，深度很浅，一般不超过 10 cm。

（4）玉米病虫害频发。近年来，薄层瘠薄黑土分布区的玉米缺素症及其生理病害、微生物病害、虫害频繁发生，特别是一些新的综合性病害屡屡出现，防治难度不断加大。这些病害的产生，与玉米连作年限过长、施肥制度和方法不合理及土壤养分不平衡均有关系。

（5）环境污染问题突出。多年来，由于氮肥的过度施用，环境污染问题特别是水体的富营养化问题也日显突出。同时，一些养殖大户产生的畜禽粪便得不到合理利用和有效处理，既造成肥料资源浪费，又污染环境。另外，受化肥、农药价格不断上涨等因素的影响，农民种粮成本不断增加。

上述问题都是薄层瘠薄黑土利用中亟待解决的问题。正是这些问题的存在，破坏了黑土的天然土壤结构，使耕地越种越瘦、越种越硬，黑土的土壤性能不断恶化，造成黑土质量下降。同时，薄层瘠薄黑土分布区土壤抗逆性和缓冲性减弱，易旱、易涝、易脱水、脱肥，玉米的缺素症、生理病害、微生物病害和养分失衡现象频繁发生，产量已连续多年出现徘徊不前甚至下降的局面。

2. 过度开垦、掠夺经营　薄层瘠薄黑土分布区在没有大规模进行农垦活动之前，其生态环境是良好的温带草原景观或温带森林草原景观。由于人口的增长和经济的发展，人们对粮食的需求急剧增长，为了满足需要，不断毁林开荒、毁草开荒，对黑土资源进行了过度开垦。据资料记载，吉林黑土区开垦历史约有 200 年，真正大面积的开垦只有短短几十年的时间，黑土区土壤开垦利用从岗平地逐渐向低平地、岗地及坡顶转变，垦殖指数达 70% 左右，个别地区达 80% 以上。这严重破坏了自然生态系统，农田蓄水能力变差，加速了水土流失。同时，在少投入、多产出的思想支配下，人们多采取广种薄收、掠夺式的经营，作物带走大量的土壤养分，使黑土区土壤养分不断流失，土壤肥力下降，逐渐形成薄层瘠薄黑土。

3. 忽视水土保持　黑土在未开垦的自然状况下，由于天然植被良好，自然修复能力强，水土流失现象轻。黑土在人口的压力下过度开垦，不合理的耕作制度破坏了黑土的天然土壤结构，恶化了黑土的土壤理化性质。由于缺乏生态意识，一些地区为了追求暂时的局部利益，盲目开矿、修路、滥伐林木，促使生态环境恶化。正是这种不合理的开发方式加剧了黑土的水土流失。目前，薄层瘠薄黑土区水土流失面积占该种土壤总面积的 90% 以上。雨季来临时，坡耕地水土流失现象随处可见，严重的还会出现冲蚀沟，使原本瘠薄的黑土地变得支离破碎，影响农耕，成为跑水、跑土、跑肥的"三跑田"。同时，还会污染下游水体，造成塘库的淤积，减少水面的利用率。

4. 不合理的城镇化及乡村建设 黑土区是东北工农业发达地区。随着我国经济的快速发展，城镇化速度的加快，有相当数量的农用黑土资源被非直接农业种植或一些基础设施建设占用，加之城镇扩张过程中某些不合理的土地利用方式，不仅加重了黑土区的土壤污染问题，也使土壤使用功能转移，部分黑土发生永久性退化。

二、薄层瘠薄黑土培育技术

薄层瘠薄黑土主要分布在波状漫岗起伏台地及岗坡地的中上部，受降水、风力、重力等因素影响，水土流失较为严重。其特点是腐殖质层薄，土壤有机质含量低，土壤结构发育不良。因此，薄层瘠薄黑土的培肥重点是增施有机物料进行土壤培肥和通过深耕、深施肥以加深耕层厚度。

众多研究资料表明，施用有机肥可以显著改善土壤物理性质、化学性质和生物学性质。有机肥的施用可将大量新鲜有机物质带入土壤，这些有机物质分解时会产生腐殖酸，通过酸溶作用可促进成土矿物的风化并释放养分，通过络合（螯合）作用提高矿质养分的有效性。有机物料的投入可明显增加土壤活性碳和活性氮组分，增强与养分转化有关的土壤微生物和酶的活性，从而提高土壤有效养分。有机物料进入土壤后，首先在土壤动物和微生物的作用下进行分解矿化，在能量转化中将有机物质分解为二氧化碳和水，同时释放出氮、磷、钾、钙等矿质养分。施入土壤中的有机物质在水、热等条件适宜时，会发生腐殖化过程，产生可以改善土壤理化性质的腐殖质（腐殖酸、胡敏酸、胡敏素等）。它们胶结土壤矿物颗粒形成良好的土壤团粒结构，从而增强土壤保水保肥的能力，提高土壤水分和养分的有效性。

土壤团聚体是由胶体和土壤原生颗粒凝聚、胶结而成，不同粒级团聚体的数量和空间排列方式决定了土壤孔隙的分布和连续性，进而决定了土壤的肥力性质，影响土壤的通气性、透水性、蓄水性和耕性。研究表明，有机物料的施入有利于土壤团聚体的形成和保持。有机质及其在分解转化过程中形成的腐殖质是土壤团聚体的主要胶结剂。施有机肥除了可直接增加有机质含量外，其残体分解能激发微生物活性，形成真菌多糖，这些物质也可以胶结土壤颗粒形成团聚体，增加土壤微团聚体的团聚度，使不同粒级团聚体的比例更趋合理，进而提高土壤的水肥调控能力和肥力水平。

（一）薄层瘠薄黑土有机培肥

增施有机肥是改良利用薄层瘠薄黑土最主要的培育技术之一。在整地时，增施有机肥对土壤物理性质、化学性质和生物学性质等指标以及玉米生长发育均有明显的促进作用。

1. 增施有机肥对薄层瘠薄黑土土壤肥力的影响

（1）土壤物理性质。施用不同数量（0 m³/hm²、20 m³/hm²、30 m³/hm²、40 m³/hm²、50 m³/hm²）的有机肥及不同的施用方法（深施、常规施用）对薄层瘠薄黑土土壤物理性质具有明显的影响（表 11-8）。随着有机肥用量的增加，土壤容重降低，田间持水量增加、自然含水量增加、持水能力增强，气相容积增加、液相容积增加、固相容积下降，总孔隙度增加，渗透系数增加。

表 11-8 施用有机肥对薄层瘠薄黑土土壤物理性质的影响

处理		取样深度 (cm)	容重 (g/cm³)	田间持水量 (%)	自然含水量 (%)	气相 (cm³)	液相 (cm³)	固相 (cm³)	总孔隙度 (%)	渗透系数 (mm/min)
深施	0 m³/hm²	10~15	1.27	30.37	11.76	28.45	14.97	56.58	51.45	0.89
		30~35	1.42	23.08	12.00	21.35	17.09	61.56	45.92	0.46
	20 m³/hm²	10~15	1.49	20.33	10.02	14.15	14.91	70.94	42.81	0.08
		30~35	1.36	25.05	14.32	26.45	19.52	54.03	48.42	0.32

（续）

处理		取样深度（cm）	容重（g/cm³）	田间持水量（%）	自然含水量（%）	气相（cm³）	液相（cm³）	固相（cm³）	总孔隙度（%）	渗透系数（mm/min）
深施	30 m³/hm²	10～15	1.33	26.35	7.30	24.75	9.68	65.57	48.90	0.89
		30～35	1.31	27.41	15.50	20.80	20.38	58.82	49.81	0.32
	40 m³/hm²	10～15	1.14	30.84	10.17	30.30	1.56	58.14	56.07	0.91
		30～35	1.20	24.33	12.83	33.65	15.39	50.96	54.50	1.30
	50 m³/hm²	10～15	0.87	38.69	17.36	41.00	15.14	43.86	66.05	2.58
		30～35	1.33	24.32	14.46	21.90	19.27	58.83	49.81	0.82
常规施	0 m³/hm²	10～15	1.55	22.13	9.64	17.50	14.90	67.60	41.06	0.19
		30～35	1.42	19.67	8.87	23.75	12.56	63.69	44.90	0.75
	20 m³/hm²	10～15	1.35	28.87	9.41	26.80	12.72	60.48	47.88	0.71
		30～35	1.34	23.32	13.16	22.20	17.67	60.13	48.57	0.32
	30 m³/hm²	10～15	1.22	24.91	11.08	20.35	13.53	66.12	52.82	0.89
		30～35	1.28	23.51	13.40	20.17	17.22	62.61	50.97	0.90
	40 m³/hm²	10～15	1.25	29.32	9.37	30.60	11.69	57.71	52.23	0.47
		30～35	1.31	26.09	14.29	22.30	18.71	58.99	50.01	0.38
	50 m³/hm²	10～15	1.34	25.77	12.99	22.80	17.44	59.76	48.51	0.28
		30～35	1.28	21.18	14.04	25.90	18.01	56.09	51.74	0.58

深施有机肥与常规施用处理相比，土壤容重降低，田间持水量增高、自然含水量增高、持水能力增高，气相容积增大、液相容积减小、固相容积减小，总孔隙度增高，渗透系数增高。

（2）土壤化学性质。施用不同数量的有机肥及不同施用方法对土壤化学性质具有明显的影响（表 11-9）。随着有机肥施用量的增加，土壤有机质含量明显增加，土壤速效性养分（氮、磷、钾）也呈明显的增加趋势，土壤 pH 基本没有变化。

表 11-9　施用有机肥对薄层瘠薄黑土土壤化学性质的影响

处理		取样深度（cm）	碱解氮（mg/kg）	有效磷（mg/kg）	速效钾（mg/kg）	有机质（%）	pH
深施	0 m³/hm²	0～20	117.8	18.6	108.9	1.92	7.1
		21～40	90.0	5.2	83.8	1.60	7.1
	20 m³/hm²	0～20	110.3	16.2	134.0	1.98	7.0
		21～40	95.3	3.4	88.8	1.76	7.1
	30 m³/hm²	0～20	98.7	17.5	137.0	2.00	7.1
		21～40	73.3	1.7	73.8	1.40	7.2
	40 m³/hm²	0～20	103.0	33.1	179.7	2.23	7.0
		21～40	91.7	1.9	93.8	1.98	7.0
	50 m³/hm²	0～20	98.8	27.6	139.8	2.06	6.9
		21～40	79.2	2.1	103.9	1.51	7.3
常规施	0 m³/hm²	0～20	92.3	21.9	169.1	1.78	7.2
		21～40	73.2	3.0	73.8	1.72	7.2
	20 m³/hm²	0～20	100.3	25.9	134.0	1.84	7.1
		21～40	92.1	3.9	73.8	1.67	7.1

（续）

处理		取样深度 （cm）	碱解氮 （mg/kg）	有效磷 （mg/kg）	速效钾 （mg/kg）	有机质 （%）	pH
常规施	30 m³/hm²	0～20	90.2	23.0	137.0	2.01	7.0
		21～40	85.5	4.4	78.8	2.01	7.0
	40 m³/hm²	0～20	113.1	48.5	164.3	2.18	6.8
		21～40	86.5	3.6	76.8	1.53	7.2
	50 m³/hm²	0～20	114.9	22.9	134.0	1.95	6.9
		21～40	73.3	3.02	68.8	1.38	7.0

（3）土壤生物学性质。施用不同数量的有机肥及不同的施用方法对薄层瘠薄黑土土壤生物学性质也具有明显影响（表11-10）。试验结果表明，施用不同数量有机肥对薄层瘠薄黑土土壤微生物数量及组成具有明显的影响，土壤微生物随着有机肥增加而呈增加趋势，并且有机肥深施土壤微生物数量比常规施肥增加20%以上。

表 11-10　施用有机肥对薄层瘠薄黑土土壤微生物数量的影响

处理		取样深度（cm）	放线菌（个/g）	真菌（个/g）	细菌（个/g）
深施	0 m³/hm²	0～20	155 291	1 364	629 559
		21～40	98 232	540	237 485
	20 m³/hm²	0～20	229 428	623	1 183 476
		21～40	138 694	108	325 065
	30 m³/hm²	0～20	128 804	532	745 147
		21～40	79 230	217	151 947
	40 m³/hm²	0～20	215 647	539	690 071
		21～40	16 228	216	238 017
	50 m³/hm²	0～20	189 850	1 055	1 508 253
		21～40	93 558	108	204 323
常规施	0 m³/hm²	0～20	254 067	953	624 581
		21～40	70 248	0	64 844
	20 m³/hm²	0～20	100 285	960	640 120
		21～40	76 681	540	118 801
	30 m³/hm²	0～20	210 063	1 050	619 687
		21～40	92 461	218	500 379
	40 m³/hm²	0～20	216 979	745	904 081
		21～40	121 259	218	382 349
	50 m³/hm²	0～20	170 922	855	491 402
		21～40	68 007	219	285 192

分析微生物组成可知，施用有机肥对放线菌、真菌和细菌数量产生了不同的影响。随着有机肥施用量的增加，放线菌和真菌数量呈下降趋势，而细菌数量呈明显的增加趋势。

由表11-11和表11-12可以看出，增施有机肥处理对玉米生长发育均有明显的促进作用，同时有机肥的施用方法也影响着玉米的各种产量性状。有机肥深施的增产效果明显好于常规施用，这可能与施肥量增加有关，也可能与深松深度不同有关。在同一施肥方式下，施肥效果呈二次曲线特性，深施与浅施的最佳施肥量分别是 30 m³/hm² 与 40 m³/hm²。

表 11-11　不同处理对玉米生长发育及产量性状的影响

处理		叶绿素含量 (SPAD)	穗长 (cm)	秃尖长 (cm)	穗行数 (行)	行粒数 (粒)	穗粒数 (粒)	百粒重 (g)	容重 (g/L)	产量 (kg/hm²)
深施	0 m³/hm²	41.4	11.90	0.45	12.3	22.7	279	723	22.7	3 526
	20 m³/hm²	44.1	14.53	1.15	13.4	27.5	369	727	24.4	4 105
	30 m³/hm²	43.3	13.95	0.65	13.6	26.5	360	738	26.2	4 644
	40 m³/hm²	46.2	16.15	0.60	13.1	30.6	401	744	24.6	4 881
	50 m³/hm²	43.4	13.28	0.95	13.8	26.0	359	734	23.8	4 202
浅施	0 m³/hm²	42.4	14.30	0.55	14.5	25.7	373	738	22.7	2 837
	20 m³/hm²	42.5	12.00	0.65	12.7	23.7	301	625	22.5	3 210
	30 m³/hm²	43.1	14.68	1.00	13.6	28.1	382	732	22.9	3 538
	40 m³/hm²	46.6	14.18	0.60	13.7	25.9	355	704	22.2	2 967
	50 m³/hm²	46.5	12.05	0.80	13.2	20.4	269	586	22.1	2 878

玉米最大产量深施有机肥量为 35.0 m³/hm²，最大效益产量深施有机肥量为 20.7 m³/hm²；最大产量常规施有机肥量为 26.1 m³/hm²，最大效益产量常规施有机肥量为 10.4 m³/hm²。深施无肥处理比常规施无肥处理增产 23.0%。

表 11-12　施肥量与产量效应方程式

处理	施肥量与产量效应方程	最大产量		最大效益产量	
		施肥量 (m³/hm²)	产量 (kg/hm²)	施肥量 (m³/hm²)	产量 (kg/hm²)
深施	$y=-0.937\ 1x^2+65.511x+3\ 449.3$ $R^2=0.801\ 3$	35.0	4 594	20.7	4 403
常规施	$y=-0.856\ 1x^2+44.661x+2\ 808.3$ $R^2=0.848\ 9$	26.1	3 391	10.4	3 181

2. 不同有机肥和有机-无机肥配施对玉米产量的影响　为探讨不同种类的有机肥和不同的有机-无机肥配施对薄层瘠薄黑土培肥的影响，笔者在薄层瘠薄黑土区连续进行了 5 年的土壤培肥试验。试验表明，连年施用不同有机肥进行土壤培肥，各处理均表现出明显的增产优势。施用有机肥并与氮磷钾肥配合，玉米籽粒产量、生物产量及百粒重、穗粒数等均较对照明显增加，玉米籽粒产量增加幅度在 3 倍以上，生物产量增加幅度在 3 倍左右；但增施有机肥各处理与单施氮磷钾肥相比，玉米籽粒产量、生物产量、百粒重、穗粒数变化不大（表 11-13）。

表 11-13　不同有机肥培肥对玉米产量的影响

处理	籽粒产量		生物产量		百粒重		穗粒数	
	数量 (kg/hm²)	增产 (%)	数量 (kg/hm²)	增产 (%)	数量 (g)	增加 (g)	数量 (个)	增加粒数 (个)
无肥	3 460.0	—	8 790.2	—	22.4	—	214.0	—
氮磷钾肥	9 619.2	178.0	19 876.4	126.1	37.1	14.7	482.4	268.4
鸡粪	9 990.0	188.7	21 522.2	144.8	37.4	15.0	498.1	284.1
猪粪	9 879.2	185.5	21 431.1	143.8	36.9	14.5	488.9	274.9
过腹肥	9 665.0	179.3	22 704.5	158.3	36.8	14.4	512.1	298.1
堆肥	9 646.7	178.8	21 412.0	143.6	36.8	14.4	512.0	298.0

3. 薄层瘠薄黑土秸秆还田培肥　秸秆还田是维持和提升薄层瘠薄黑土土壤肥力的重要措施之一。秸秆中含有大量的新鲜有机物料，归还土壤后，在土壤动物和土壤微生物作用下经过一段时间就会腐解转化成土壤有机质，不仅能增加土壤有机质含量，而且可以改良土壤结构，增加孔隙度，降低土壤容重，使土壤疏松，提高微生物活力，促进作物根系发育。

（1）秸秆还田可补充土壤养分。作物秸秆含有一定养分和纤维素、半纤维素、木质素、蛋白质、灰分元素，既有较多的有机质，又有氮、磷、钾等营养元素。如果把作物秸秆地上部全部从田间运走，那么残留在土壤中的有机物仅在 10% 左右，造成土壤肥力的下降。若想补充由于耕作和收获作物造成的地力损失，只有通过施肥或秸秆还田等途径。

（2）秸秆还田可提高土壤微生物活性。土壤微生物在整个农业生态系统中具有分解土壤有机质和净化土壤的重要作用。有机物的合成由植物叶绿素来完成，有机物的分解则由微生物来完成。秸秆还田给土壤微生物增加了大量的能源物质，各类微生物数量和酶活性也相应增加。秸秆还田可增加微生物 18.9%，接触酶活性可增加 33%，转化酶活性可增加 47%，脲酶活性可增加 17%。这就加速了对有机物质的分解和矿质养分的转化，使土壤中的氮、磷、钾等元素增加，土壤养分的有效性也有所提高。进入土壤中的纤维素、木质素、多糖等经过土壤微生物分解转化后产生腐殖酸等黑色胶状物质，具有黏结土壤矿物颗粒的能力，同黏土矿物胶结形成有机-无机复合体，促进土壤形成团粒结构，使土壤容重降低，提高土壤中水、肥、气、热的协调能力，提高土壤保水、保肥、供肥的能力，改善土壤理化性质。

（3）秸秆还田可减少化肥用量。目前世界上农业发达的国家都很注重施肥结构，如美国农业化肥的施用量一直控制在总施肥量的 1/3 以内，加拿大、美国大部分玉米、小麦的秸秆都还田。一般来说，在黑土区，作物所吸收的氮有 70%～80% 来自土壤中原有的氮素，来自化肥的仅占 20%～30%。这说明即使施用化肥，土壤有机物对作物生长仍是最重要的。所以，秸秆还田是弥补化肥长期施用缺陷的好办法。

（4）秸秆还田可改善农业生态环境。我国黑土区仍有秸秆随意处置情况，会破坏农业生态环境。所以，秸秆还田有利于实现农业废弃物的综合利用。

4. 薄层瘠薄黑土区玉米秸秆还田的主要途径　秸秆还田按途径分为直接还田和间接还田两种。

（1）直接还田。秸秆利用最简单的方法是粉碎后直接还田，这也是应用最多的还田模式。采取直接还田的方式，简单、方便、快捷、省工。还田数量较多，一般在黑土区采用直接还田的方式比较普遍。直接还田又分为翻压还田和覆盖还田两种。翻压还田是在作物收获后，将作物秸秆在下茬作物播种或移栽前翻入土壤。覆盖还田是将作物秸秆或残茬直接铺盖于土壤表面。

由于化肥的大量施用，有机肥的用量越来越少，不利于土壤肥力的保持和提高。而秸秆经粉碎后直接翻入土壤，可有效提高土壤有机质含量，增强土壤微生物活性，提高土壤肥力。但秸秆还田方法不当，也会出现各种问题，如跑墒争氮、影响出苗、病虫草鼠害发生加重等。针对这些问题，秸秆直接还田后需注意"防病虫害、补水补氮"。

秸秆翻压还田是利用机械将秸秆粉碎直接翻埋，也就是用秸秆粉碎机将摘穗后的玉米等作物秸秆就地粉碎，均匀抛撒在地表，随即翻耕入土，使之腐烂分解。这样能把秸秆的营养物质完全保留在土壤中，不仅增加土壤有机质含量，培肥地力，而且改良土壤结构，减少病虫害。秸秆翻压还田技术要求：①提高粉碎质量。秸秆粉碎的长度应小于 10 cm，并且要撒匀。②作物秸秆翻入土壤后，在其分解为有机质的过程中要消耗一部分氮肥，所以需配合施足速效氮肥。③注意压实保墒。夯实土壤，防止春秋土壤跑墒，加速秸秆腐化。

覆盖还田是秸秆粉碎后直接覆盖在地表，可以减少土壤水分的蒸发，达到保墒的目的，腐烂后可以增加土壤有机质，目前这种秸秆还田技术结合保护性耕作在黑土区已广为应用。秸秆覆盖一般有以下几种方式：①直接覆盖。秸秆直接覆盖和免耕播种相结合，蓄水、保水和增产效果明显。②高留茬覆盖还田。玉米收获时留高茬 20～30 cm，结合宽窄行换行栽培于第二年用犁翻入土壤。③带状免耕覆盖。用带状免耕播种机在秸秆直立状态下直接播种。④浅耕覆盖。用旋耕机或旋播机对秸秆覆盖地进行浅耕地表处理。

（2）间接还田。秸秆间接还田过去主要是指堆沤还田和过腹还田，目前秸秆间接还田内容仍在不断丰富，增加了炭化还田、废渣还田等。

秸秆堆沤还田是将秸秆简单处理后与畜禽粪便充分混合后堆制成有机肥。秸秆的腐熟标志为秸秆变成褐色或黑褐色，湿时用手握之柔软有弹性，干时很脆容易破碎，腐熟堆肥可直接施入田块。

秸秆过腹还田是将秸秆加工后饲喂牛、马、猪、羊等草食牲畜，秸秆先作饲料，经牲畜消化吸收后以粪、尿形式排出体外，牲畜粪尿经过堆腐后施入土壤实现还田。过腹还田是我国传统而有效的一种秸秆还田方式，目前将秸秆制成饲料的技术很多，主要有青贮、黄贮、微贮、氨化等，技术成熟。秸秆过腹还田，不仅可以增加动物产品，还可为种植业增加大量有机肥，降低农业成本，促进农业生态良性循环。

秸秆炭化还田是将充分风干的秸秆放入特制炭化炉中在缺氧环境下燃烧成生物炭颗粒，可单独施用，具有增加土壤碳含量、土壤孔隙度，提高保水保肥能力的作用；也可与其他营养元素混合制成复合肥，效果优于生物炭单独施用。生产生物炭过程中会产生少量的一氧化碳、甲烷和氢气，可回收利用。

废渣还田是将秸秆气化后的废渣用于还田。秸秆气化是一种生物质热能气化技术，秸秆气化生成的可燃性气体（沼气）可作为农村生活能源集中供气，气化后形成的废渣经处理作为肥料还田。

5. 薄层瘠薄黑土秸秆还田技术要求　薄层瘠薄黑土耕层薄，保水保肥能力弱，秸秆还田后由于水分限制腐解慢，一般应于秋季切碎后结合秋翻地翻压还田。秸秆还田数量要适中，一般秸秆还田量每公顷折合干重为 7 500 kg 左右为宜，在秸秆还田数量较多时，应配合相应耕作措施并增施适量氮肥。秸秆翻压要埋严压实，如果不埋严压实，易造成透风跑墒，造成作物出苗不匀等现象，应适当深翻深埋。适量深施速效氮肥，调节 C/N。一般玉米秸秆含碳量在 40% 以上，C/N 在 80 左右，而土壤中微生物以碳素为能源、以氮素为营养，而有机物对微生物的分解适宜的 C/N 为 25，因此秸秆腐解时由于碳多氮少而失衡，微生物就必须从土壤中吸取氮素而与作物争氮。因此，秸秆还田时增施氮肥显得尤为重要，它可以起到加速秸秆快速腐解及保证作物苗期生长旺盛的双重功效。

（二）深松与深翻在薄层瘠薄黑土培肥中的作用

1. 不同耕作措施对土壤物理性质的影响　深松和深翻是改善土壤物理性质的主要耕作措施，这项措施在薄层瘠薄黑土培肥中效果明显。调查结果表明，不同处理土壤物理性质发生了明显的改善，与常规耕作相比，秋翻处理耕层土壤物理性质明显改善，亚耕层变化不明显；而宽窄行深松处理耕层和亚耕层土壤物理性质均明显改善（表 11 - 14）。

表 11 - 14　不同耕作措施对土壤物理性质的影响

处理	深度 （cm）	总孔隙度 （%）	容重 （g/cm³）	三相比 （固∶液∶气）	渗透速度 （mm/min）	含水量 （%）
常规耕作	0～20	48.8	1.39	1∶0.53∶0.28	0.131	21.6
	21～40	45.8	1.45	1∶0.46∶0.22	0.119	19.7
秋翻	0～20	51.5	1.32	1∶0.63∶0.38	0.162	26.3
	21～40	46.3	1.40	1∶0.47∶0.25	0.115	20.6
宽窄行深松	0～20	51.8	1.28	1∶0.62∶0.37	0.158	25.0
	21～40	49.5	1.32	1∶0.51∶0.36	0.145	22.1

拔节期测定株高和叶片数，灌浆期测定叶绿素含量，调查结果与测产结果表明：不同处理间植株生长与产量水平差异较大，其中以宽窄行深松处理效果最好，增产幅度达到 5.4%（表 11 - 15）。

表 11 - 15　不同耕作措施对玉米生长发育及产量的影响

处理	株高（cm）	叶片	叶绿素含量（SPAD）	产量（kg/hm²）	增产（%）
常规耕作	95	8 叶	45.8	10 456.5	—
秋翻	106	9 叶	48.1	10 770.0	3.0
宽窄行深松	113	9 叶 1 心	49.4	11 014.5	5.4

2. 深松与深施肥对土壤肥力和玉米产量的影响　微区试验：深松深度 30 cm，基肥施用深度 30 cm，追肥深度 20 cm，在磷钾肥固定条件下研究氮肥不同施用方法对亚耕层的培肥效果。氮肥总施用量为 338 kg/hm²，其中基肥 75 kg/hm²，种肥 13 kg/hm²，追肥 250 kg/hm²。

大区试验：深松深度 25 cm，基肥施用深度 20 cm，追肥深度 15 cm。

试验结果表明：深松与深施肥技术可以明显改善薄层瘠薄黑土耕层及亚耕层土体物理性质和养分含量，且深施肥具有改善亚耕层土壤肥力的作用（表 11 - 16）。

表 11 - 16　亚耕层培肥对土壤肥力的影响

处理	取样深度	养分含量（mg/kg）			物理性质		
		速效氮	有效磷	速效钾	总孔隙度（%）	自然含水量（%）	三相比（固∶液∶气）
常规施肥	0～20 cm	143.4	21.3	154.8	48.8	21.6	1∶0.53∶0.28
	20～40 cm	89.6	7.4	97.2	45.8	19.7	1∶0.46∶0.22
基肥深施	0～20 cm	119.7	18.1	139.1	50.1	25.1	1∶0.60∶0.35
	20～40 cm	102.6	13.7	119.8	47.8	21.8	1∶0.48∶0.31
氮肥深追	0～20 cm	131.8	20.4	140.1	51.0	25.1	1∶0.61∶0.34
	20～40 cm	110.2	7.0	105.9	49.2	21.8	1∶0.47∶0.32
深松	0～20 cm	135.1	19.1	144.6	51.5	26.3	1∶0.63∶0.38
	20～40 cm	90.1	7.9	90.1	49.3	20.6	1∶0.50∶0.35
全处理区	0～20 cm	133.8	21.9	139.8	51.8	25.0	1∶0.62∶0.37
	20～40 cm	109.2	14.9	127.0	49.5	22.1	1∶0.51∶0.36

深松对改变耕层及亚耕层的土壤物理性质具有明显作用，深施肥措施对改变耕层及亚耕层的养分状况具有明显作用；同时，对改变土体的土壤物理性质具有一定作用，最佳组合是由深松＋深施肥构成的亚耕层培肥技术。

提高亚耕层土壤肥力对提高玉米产量具有明显的促进作用（图 11 - 44）。与常规施肥相比，基肥深施、氮肥深追、深松和全处理增产效果达到极显著水平，分别增产 10.4%、15.6%、15.3% 和 20.3%。生物试验与土壤分析结果表明，亚耕层土壤培肥对薄层瘠薄黑土壤肥力与玉米产量有明显的促进作用。

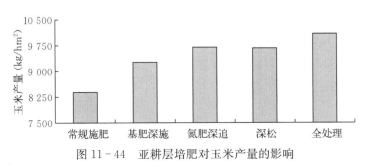

图 11 - 44　亚耕层培肥对玉米产量的影响

3. 薄层瘠薄黑土秸秆还田培肥效果 秸秆还田试验设宽窄行栽培和均匀垄栽培 2 个主处理，主处理下又设玉米秸秆全量隔年还田、全量隔 2 年还田、全量覆盖还田（简称全覆）和连年翻压还田（简称连翻）4 个处理（图 11-45），重点研究秸秆还田形式、还田方式（覆盖、翻耕）、还田数量（全量、隔年）等对土壤有机质和土壤肥力提升的影响。秸秆还田量平均为 7 500 kg/hm²，化肥施用量为氮（N）225 kg/hm²、磷（P₂O₅）82.5 kg/hm²、钾（K₂O）82.5 kg/hm²。

秸秆还田试验								不同有机肥培肥试验		
宽窄行栽培				均匀垄栽培				均匀垄栽培		
全覆	连翻	隔年还田	隔2年还田	全覆	连翻	隔年还田	隔2年还田	堆肥	鸡粪	化肥
								对照	猪粪	牛粪
隔2年还田		全覆	连翻	隔年还田	隔2年还田		全覆	连翻	隔年还田	生物炭
								化肥	堆肥	鸡粪
								猪粪	牛粪	对照
隔年还田		隔2年还田	全覆	连翻	隔年还田		隔2年还田	全覆	连翻	鸡粪	化肥	堆肥
								牛粪	对照	猪粪

图 11-45 薄层瘠薄黑土秸秆还田、有机培肥田间定位试验布置

（1）不同栽培模式下秸秆还田方式对耕层土壤理化性质的影响。试验选用 2 种栽培模式，一种是宽窄行栽培模式，其主要技术参数和操作程序是把现行的均匀垄（65 cm 左右）种植改成宽行 90 cm、窄行 40 cm 种植，追肥期可在 90 cm 宽带间结合追肥进行深松，秋收后用条带旋耕机对宽行进行旋耕，翌年春季在旋耕过的宽行播种，形成新的窄行苗带，追肥期再在新的宽行中耕深松追肥，即完成了隔年深松、苗带轮换、交替休闲的宽窄行耕种。宽窄行栽培主要解决的技术问题是追肥期可在宽带间进行深松，不影响作物正常生长。苗带间的深松可以有效打破多年耕作产生的坚硬犁底层，加深耕层，改善耕层物理性质，减少径流，接纳和储存更多的降水，形成耕层土壤水库，做到伏雨秋用和春用，提高自然降水利用率。同时，苗带隔年轮换后形成的宽窄行交替休闲，具有恢复地力的作用，保证苗带土壤理化、生化环境处于良好状态，通过土壤水库提供充足的水分，保证苗期生长，解决春季水分供需矛盾。另一种是均匀垄栽培模式，行距多在 65 cm 左右，追肥期的行间深松易造成伤苗，限制了深松耕作。

由表 11-17 可以看出，在宽窄行栽培和均匀垄栽培 2 种栽培方式下，秸秆全量覆盖还田和连年翻压还田对土壤有机质提升的效果明显优于全量隔年还田和全量隔 2 年还田。不同处理对土壤全氮、全磷、速效氮、有效磷等养分的影响规律不明显，但连年翻压还田处理土壤速效氮含量有明显增高的趋势。

表 11-17 0～20 cm 土层土壤理化性质和作物产量变化

栽培模式	还田方式	有机质 (g/kg)	全氮 (g/kg)	全磷 (g/kg)	速效氮 (mg/kg)	有效磷 (mg/kg)	容重 (g/cm³)	田间持水量 (%)	产量 (kg/hm²)
宽窄行栽培	全量隔年	18.5	1.04	0.46	110.1	32.6	1.20	18.4	8 760.4
	全量隔2年	19.4	0.95	0.53	123.8	33.7	1.18	19.3	8 645.0
	全量覆盖	19.9	0.97	0.56	122.0	42.1	1.15	21.2	8 740.3
	连年翻压	18.6	1.10	0.57	136.4	32.0	1.14	20.7	9 402.5
均匀垄栽培	全量隔年	18.6	1.05	0.50	122.3	29.4	1.21	19.3	8 890.4
	全量隔2年	18.3	1.11	0.63	146.2	22.4	1.18	18.2	8 760.5
	全量覆盖	19.2	0.99	0.66	125.3	32.1	1.17	20.8	9 025.6
	连年翻压	19.4	1.21	0.63	142.0	29.6	1.15	19.3	9 160.0

不同栽培模式下秸秆还田方式对耕层土壤物理性质的影响主要表现在耕层土壤容重和田间持水量两个方面。耕层土壤容重在两种栽培模式下表现出一致性，即秸秆隔年及隔2年还田处理耕层土壤容重明显高于全量覆盖还田和连年翻压还田处理。宽窄行栽培由于在玉米生育期间进行深松（结合追肥），土壤容重明显低于均匀垄栽培（图11-46）。不同处理耕层土壤田间持水量基本为18%～21%（图11-47），仍以全量覆盖还田和连年翻压还田处理较高，比秸秆隔年及隔2年还田处理高1～3个百分点。

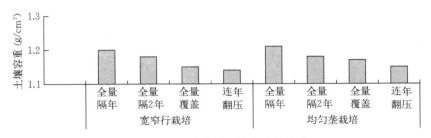

图11-46　对耕层土壤容重的影响

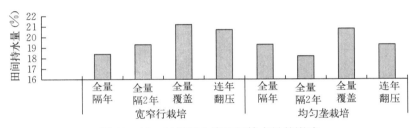

图11-47　对耕层土壤田间持水量的影响

（2）不同栽培模式下秸秆还田方式对玉米产量的影响。玉米秸秆还田的方式是玉米在用联合收割机收获的同时将玉米秸秆粉碎，长度<10 cm。全量翻埋还田处理是在玉米收获后立即利用深翻机械将粉碎秸秆翻压深埋，埋深>25 cm；全量覆盖还田处理则保持收割机收获后粉碎秸秆平铺在地表的状态。两种栽培模式下均表现为秸秆连年翻压还田处理玉米产量最高（图11-48）。

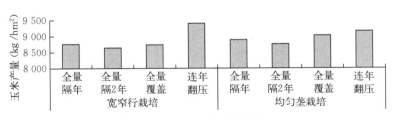

图11-48　对玉米产量的影响

4. 薄层黑土生物炭还田微区试验　土壤有机碳是黑土基础肥力的主要驱动因素，与土壤肥力呈显著正相关关系。在黑土区南部薄层瘠薄黑土区，土壤有机碳与土壤生产力的关系是土壤有机碳含量每增加1 g/kg，黑土基础产量可提高220 kg/hm² 左右。不合理施肥是导致土壤有机碳数量减少和质量下降，土地生产力下降的主要因素；合理施肥可保持和提高土壤有机碳数量，肥力可持续提高。玉米秸秆翻埋还田可保持和提高土壤有机碳数量与质量，施用等量的生物炭对提高土壤有机碳含量和保持土壤肥力也具有明显的贡献，并可提高玉米产量。试验结果表明，氮磷钾肥合理配施、在施用氮磷钾肥基础上配合全量秸秆还田及氮磷钾肥配施等量生物炭都可显著提高耕层（0～20 cm）土壤碱解氮和有效磷含量，降低土壤容重，增加土壤含水量，同时可有效缓解土壤酸化（表11-18）。

表 11 - 18　施不同物料对土壤理化性质的影响（0～20 cm）

处理	有机质 (g/kg)	碱解氮 (mg/kg)	有效磷 (mg/kg)	容重 (g/cm³)	自然 含水量（%）	pH
氮磷钾肥	27.4	124.0	22.4	1.31	24.4	6.7
生物炭	27.8	130.0	24.8	1.22	27.4	6.9
秸秆	28.1	123.0	25.1	1.25	26.1	6.8
对照	27.1	95.0	19.1	1.33	23.2	6.8

　　氮磷钾肥合理配施、在施用氮磷钾肥基础上配合秸秆还田及氮磷钾肥配施等量的生物炭都显著提高了玉米产量（表 11 - 19），氮磷钾肥配合秸秆还田较氮磷钾肥处理玉米产量提高 14.1%，配施生物炭处理较氮磷钾肥处理产量提高 5.1%。

表 11 - 19　施不同物料对玉米产量的影响

处理	百粒重（g）	平均产量（kg/m²）
氮磷钾肥	36.1	0.78
生物炭	35.5	0.82
秸秆	36.5	0.89
对照	24.6	0.12

三、薄层瘠薄黑土培肥与玉米增产技术集成及示范

（一）薄层瘠薄黑土玉米高产高效施肥技术

1. 玉米的营养特征　单位面积内玉米需要多少氮、磷、钾，这与产量有关，一般用生产 100 kg籽粒所需的数量来表示。据分析，东北春玉米生产 100 kg 籽粒需氮（N）2.5～3.0 kg、需磷（P_2O_5）0.86～1.25 kg、需钾（K_2O）2.0～2.1 kg，3 种元素的比例为 2.5∶1∶2。但这组数字与比例，一般不作为确定施肥量的依据，因为生产中玉米需肥量受多种因素影响，这一数据只能作为确定施肥量时的参考。

　　（1）氮的施用量。按玉米的营养特征数据估算，在薄层瘠薄黑土区若获得较高的玉米产量，也就是由 5 000 kg/hm² 左右提升到 8 000～9 000 kg/hm² 时，每公顷需施氮（N）190～200 kg，相当于560～590 kg 硝酸铵或 410～430 kg 尿素。在中、低肥力地块上，施用氮肥增产效果较好，但由于受各种因素（养分含量、土质、水分等）影响，可能达到的产量水平不高，所以施氮量不能过大。在生产中也曾出现过高肥地块上施肥量较少，但获得了较高的产量，主要原因：一是种植了产量潜力高的品种，二是有充足的水分保证，三是土壤中的氮弥补了施入氮量的不足。少施肥虽然实现了高产高效，但对保持和提高土壤肥力十分不利，并不可取。

　　氮的施用量还因品种而异，产量潜力高、喜肥品种施氮量应适当增加；对氮肥不敏感的品种不宜多施，当施氮过多或者磷、钾肥偏少时还会减产。种植密度增加时，意味着产量水平提高，要增加氮的施用量。

　　（2）磷的施用量。磷的适宜施用量有随产量提高而略增加的趋势，但是不同产量水平之间相差不大。玉米产量 8 000～9 000 kg/hm²，磷（P_2O_5）的施用量为 65～90 kg/hm²，相当于 140～195 kg/hm²磷酸氢二铵。磷的适宜施用量的增加幅度小于产量水平提高的幅度。

　　在薄层瘠薄黑土上，施磷肥的增产效果比施氮、钾肥好，主要原因是土壤中缺乏有效磷，所以适当增施磷肥，既有利于当季高产，又有利于培肥地力。在经济条件好的地方，施磷（P_2O_5）量可以达到 70 kg/hm²，相当于 150 kg/hm² 磷酸氢二铵。近年来，玉米高产区一些田块多年连续施磷量较

高，磷酸氢二铵施用量最高可达 170~200 kg/hm²。如果综合生产条件好，种植耐密型高产品种，有可能达到较高产量，仍需保持这个施用水平；如果生产条件差，耕种粗放，品种产量潜力不高，磷酸氢二铵施用量为 125~150 kg/hm² 就可满足需要。

（3）钾的施用量。吉林黑土区土壤有效钾含量比较丰富，可以满足一般产量水平所需，所以多数地方基本不施钾肥。近年来，在玉米高产区多数田块长期玉米连作，每年土壤中大量的钾素随收获物被带出田外，再加上种植耐密型玉米，产量水平高，因此需要施用钾肥。多年在吉林不同区域进行的钾肥试验表明，薄层瘠薄黑土施用钾肥具有显著的增产效果，当玉米产量达到 8 000 kg/hm² 以上时，需补施钾肥，一般底施硫酸钾或氯化钾 100 kg/hm² 左右。一般产量水平田块，当土壤中速效钾（K_2O）的含量低于 100 mg/kg 时，应施用钾肥。

（4）锌的施用量。在大面积生产中，通常以田间出现"花白苗"作为施用锌肥的依据。生产实践表明，当田间出现花白苗缺锌症状时，即使叶面喷施锌肥，幼苗得以挽救，但对产量已造成影响。所以，在玉米连作周期长或者连年大量施用磷肥地块，应该补施锌肥。方法、用量如下。

底肥或口肥：15 kg/hm² $ZnSO_4 \cdot 7H_2O$，条施或撒施。

叶面喷施：在苗期喷施 0.2% $ZnSO_4 \cdot 7H_2O$ 溶液，隔 7 d 一次，共喷两次。

拌种：$ZnSO_4 \cdot 7H_2O$ 与种子质量比为 0.4:100，将 $ZnSO_4 \cdot 7H_2O$ 用少量水溶解，均匀拌在种子上即可。

硫酸锌作口肥效果好，但与氮、磷肥混合时易潮解，影响施肥质量，因此最好与氮、磷肥分施。在没有用锌肥作底、口肥时，可采用拌种的方法。

2. 玉米施肥技术 薄层瘠薄黑土玉米施肥主要考虑的因素包括有玉米需肥特性、土壤质地、气候条件、土壤供肥能力和肥料种类等因素，因各产区情况不同，应因地制宜。根据薄层瘠薄黑土区的玉米生产特点，生产中可采取底肥、口肥、追肥和分层、分次相结合的施肥方法。

（1）底肥施用。底肥，也称基肥，是播种前结合耕地施用的肥料。底肥一般采用机械沟施，施肥深度为 20 cm 左右，可为玉米全生育期提供养分。施底肥能改善土壤结构，熟化耕层土壤，增加耕层土壤养分，培肥地力，提高产量。底肥最好是农家肥与氮、磷、钾肥配合施用。在中、低肥力地块，化肥与有机肥配合施用作底肥效果更好，可将氮肥总量的 15%~20%，磷、钾肥总量的 75%~80% 配合有机肥作底肥施入。土壤肥力高或者施肥量大时，可以撒施，也可以条施；如果土壤肥力低或者施肥量少时，条施效果好，如农民通常所说的"施肥一大片，不如一条线"。

目前，吉林有的地区农民为了省工，将计划在全生育期施用的氮肥连同磷、钾肥，在播种前或播种时一次施入，即"一炮轰"。这种做法的不利之处在于：会使局部土壤溶液浓度过高，对种子发芽、出苗及幼苗生长不利，影响保苗；施浅了容易造成肥料挥发损失；在质地较轻的土壤上，还容易造成养分淋失渗漏，生育后期脱肥，影响肥料作用的发挥和产量的提高。

（2）口肥施用。在播种时施在种子附近的肥料，有的地方称其为种肥。口肥应以玉米幼苗容易吸收的速效性肥料为主，即优质农家肥与氮、磷、钾、锌等化肥。口肥主要是供给玉米苗期所需养分，具有促进根系发育和培育壮苗的作用，在土质瘠薄或底肥不足的情况下效果更好。施口肥时，应注意不要与种子接触，并且数量不宜过大，否则会抑制种子发芽，影响出苗，出现小苗发锈等，严重时会出现"烧种"或"烧苗"现象。目前生产中多使用磷酸氢二铵作口肥，并配合施用少量尿素和氯化钾或硫酸钾等氮、钾肥，施用量为总量的 20%~25%。如果土壤肥力高，可不施尿素等氮肥，因为施入的磷酸氢二铵中含 18% 的氮，可满足苗期所需；如果土壤肥力低，每公顷可施入 25~30 kg 尿素或 35~40 kg 磷酸铵。尿素作口肥，每公顷施用量不宜超过 50 kg。因为尿素在溶化分解时产生的缩二脲，对种子及幼苗有毒害作用，施多了则毒害作用强，影响出苗。

（3）追肥施用。在生育期间施入的肥料。追肥主要是追施氮肥，可以追施硝酸铵，也可以追施尿素。追肥时期与次数应与玉米需肥较多的时期相吻合，还要考虑底肥、口肥的数量等因素。玉米一生中有 3 个需肥高峰，即拔节期、大喇叭口期和吐丝期。在生产中大多追一次肥，有些情况下需要进行两次追肥，追肥时期应视具体情况而定。

早期追肥与分次追肥：在土壤肥力低或者底肥、口肥不足，甚至没有施用的情况下，在 6 展叶期进行早期追肥效果较好，吉林在 6 月 15 日前后。如果用作追肥的数量较大，还可留一部分在大喇叭口期（中熟品种 10～11 展叶期、中晚熟品种 11～12 展叶期、晚熟品种 12～13 展叶期）进行第二次追肥。此时正是玉米雌穗小花分化期，养分充足有利于小花分化，增加有效花数。如果进行两次追肥，肥料的分配原则应是中、低产田"前重后轻"，即第一次应占追肥总量的 2/3，第二次占 1/3；高产田应该"前轻后重"，即第一次占 1/3，第二次占 2/3。分两次追肥的优点是第一次追肥能及时补给小苗所需的养分，促进早期发育；第二次追肥能促进雌穗发育，避免生育后期脱肥。在薄地上即使施足了底、口肥，进行一次追肥也不能过晚。

穗肥。土壤肥力高，底、口肥充足时，可在抽雄前 7～10 d 追穗肥。这样可以避免早追肥造成前期植株营养生长过于繁茂，又有利于延长生育后期叶片功能期，对增加穗粒数和提高千粒重有重要作用。目前，在生产中由于此期玉米已封垄，不便于田间操作，所以多数地区不在此期追肥；但薄层瘠薄黑土土壤供肥能力弱，玉米生长后期容易发生脱肥现象，故提倡追施穗肥。

分次追肥。沙性土壤，特别是沙石土，一次追肥数量不宜过大，应分次追肥，可避免渗漏和挥发损失。

（二）薄层瘠薄黑土玉米高产高效栽培技术

1. 玉米播种方式、栽培模式　吉林玉米播种形式较为稳定，播种期相对集中。玉米种植以垄作直播为主，也有小部分采用平作直播的种植方式，利用小型单体或双行播种机播种，播种深度为 5～8 cm，镇压后深 3～5 cm。每年 4 月中旬至 5 月上旬播种。种植的主要玉米品种有吉单、中科系列，其后引进了先玉 335、郑单 958、农大 108 等品种。单品种如先玉 335 种植面积有不断扩大的趋势，但生产中种植的品种仍然处于多、乱、杂的状态，适宜不同气候、土壤条件的当家品种少。在种植管理方面，多数地区较为简单粗放，主要环节有施肥、除草、定苗、中耕和灭茬等。施肥一般分为底肥、种肥和追肥，目前生产中也有采取一次性施肥的，个别情况采用拔节前期追施一次氮肥。底肥采用机械沟施，追施氮肥一般采用人工穴施和半机械化沟施。除草以人工或机械喷洒除草剂为主，目前很少有其他除草作业。根据使用除草剂的类型不同，喷洒时间一般在播种前或出苗后。当玉米苗长至 3～4 叶时进行间苗、定苗，去苗时一般留壮苗，缺苗断垄处留双苗，缺苗严重的移苗补栽。玉米间苗无论是机播还是人工点播都是人工间苗。由于除草剂的大面积使用，过去中耕、灭茬环节在一些地区多以人工作业为主，遭到弃用，目前多采用玉米灭茬免耕播种技术。

玉米灭茬免耕播种技术属于保护性耕作技术的范畴，是保护性耕作技术的一项内容。它是对农田实行免耕、少耕并用作物秸秆、残茬覆盖地表，减少土壤风蚀、水蚀，提高土壤肥力和抗旱能力的一项代替传统旱地农业耕作习惯的现代农耕技术，可涵养耕地，实现农田的可持续利用，促进人类与自然协调发展。近年来，在吉林中、西部玉米产区得到大面积推广应用。玉米灭茬播种时，播种机一次完成开沟、播种、施肥、覆土和镇压等多道工序。种、肥播量及播种深度调整应方便可靠，覆土效果良好，具有种肥分层或侧施的功能，可靠性高，保墒效果好，对玉米出苗、生长发育十分有利。植保环节一般以人工喷药为主防治病虫害，定苗后喷洒一次氧化乐果溶液防治玉米螟虫，小喇叭口期主要防治食叶害虫，大喇叭口期防治食心虫、玉米螟，抽穗期防治蚜虫。

2. 玉米生长发育时期与生长发育规律　吉林玉米播种时期一般从 4 月中旬开始至 5 月上旬结束，主要集中在 4 月下旬；玉米出苗期在 5 月 10 日左右，5 月 20 日前出齐苗；6 月中旬进入拔节期，6 月末进入大喇叭口期；7 月中旬进入抽雄吐丝期；8 月中旬灌浆，9 月中旬成熟，收获期在 9 月下旬至 10 月中旬。

播种—出苗阶段（4 月中旬至 5 月上旬）：如果没有采取措施，玉米种子播入土壤后约 20 d 出苗，一般以 95％幼苗出土的日期为出苗期。此期主攻目标是苗全、苗齐、苗壮，丰产长相是 95％以上的地块上有 95％以上的壮苗，幼苗茎扁粗、苗敦实、叶肥壮、叶色浓、根系发达。播种密度一般是稀植品种 4.5 万～5.0 万株/hm²，密植品种 5.5 万～6.0 万株/hm²，高密条件可达 8.0 万～10.0 万株/hm²。

出苗—拔节阶段（5月下旬至6月中旬）：玉米出齐苗后即进入出苗—拔节阶段，此阶段约 20 d。出苗—拔节阶段主要农事工作是早中耕、早定苗，合理密植、因品种地力确定保苗数，留苗要整齐，做到苗齐、苗壮、苗匀。

拔节—抽雄阶段（6月下旬至7月中旬）：此阶段主攻目标是秆壮、穗大、粒多。丰产长相是植株挺健、茎节短粗、叶片宽厚、根粗量多、叶色浓绿、雄雌穗发育良好。

开花授粉—灌浆—成熟阶段（7月下旬至9月中旬）：主攻目标是防止早衰、保持秆青叶绿，促进灌浆、争取粒重。丰产长相是全株活秆保持有较多的绿叶，授粉良好，穗大粒多、籽粒饱满。

3. 玉米田土壤耕作模式　吉林玉米田土壤耕作模式随着历史发展阶段而变化。1910 年以前属于移耕农业时期，以渔猎为主，玉米种植基本上是刀耕火种，人们把地上的草木砍下晾晒后点燃，烧成灰用作肥料，就地挖坑下种，种植少量的粮食，土地的生产功能很弱；从 20 世纪初至 20 世纪中叶的 50 年属于传统农业时期，但玉米种植仍以人、畜力结合为主，用畜力牵拉犁铧翻搅土壤，施用人畜粪便等有机肥为玉米提供养料，此期土地的生产功能仍然处于较低的水平；20 世纪 60—80 年代是前工业化农业时期，农业进入商品年代，国家需要大量粮食来满足人口日益增长的需求，大量移民涌入东北，吉林也开始大规模的农业开发，玉米种植有了飞跃式发展，此时作物生产产值已占农业生产产值的 90% 以上，其中玉米占 65% 以上，玉米单产和总产量水平也达到一个较高的阶段，但这一时期农田土壤耕作模式仍以人、畜力结合为主，土地生产功能的有效发挥主要依靠化肥的施用和作物育种技术的进步，为作物高产提供了良好的基本条件；进入 20 世纪 80 年代以后，属于现代农业时期，化肥的施用更加趋于合理，优良作物品种相继育成，耕作栽培技术不断完善，此期农田土壤耕作模式则有了突飞猛进的发展，机械化耕作代替了人、畜力结合的土壤耕作方式，玉米生产不断向机械化、现代化方向发展，土地的生产功能得到充分发挥，玉米产量水平不断升高。

4. 玉米施肥制度　受耕作制度影响，吉林施肥制度发生了很大的变化。施肥技术体系随着科学技术的进步和人们认识水平的提高而不断变化，从传统农业的刀耕火种到现代农业，经历了一个漫长的过程。20 世纪 70 年代以前，农业生产基本以不施肥和施有机肥为主，有机肥的来源主要是人畜粪尿及各种生活垃圾、农业生产有机废弃物等，土壤肥力在低水平的产出下相对稳定；进入 80 年代以后，吉林大部分地区施肥方式开始发生变化，从以施有机肥为主逐渐过渡到以化肥为主，并由以单施氮肥为主的施肥技术体系过渡到以氮、磷配合和多元素组合的施肥技术体系。目前，吉林的施肥技术体系与现行耕作栽培技术体系相配套，基本采用平衡施肥和配方施肥，根据作物的需肥规律而制定施肥方案。在玉米主产区，主要靠投入化肥来维持较高的粮食产量，这种掠夺式的利用方式导致土壤肥力迅速下降，化肥利用率及增产效益也逐年降低。

在大量研究工作基础上，明确了薄层瘠薄黑土玉米高产高效栽培技术原理及调控措施，将各单项技术研究集成了薄层瘠薄黑土区玉米高产高效栽培技术模式。主要技术措施：选择适宜高产品种，结合有机培肥进行土壤深翻、深松和深施肥加深耕层厚度，将土壤条件、气候条件、优化品种、高产群体构建、高效施肥技术、深耕深松、种子处理和生育期化控等充分结合，实现高产高效。具体技术如下。

（1）氮肥适宜施用技术。在不同栽培条件下研究了氮肥调控技术。常规栽培：播种密度 4.5 万～5.0 万株/hm²，设置 N_0 不施氮，N_1 180 kg/hm²（基施 1/3，拔节追施 2/3），N_2 200 kg/hm²（基施 1/4，拔节追施 1/2，抽雄追施 1/4）。高产高效栽培：设置 N_0 不施氮，N_1 150 kg/hm²（基肥 50 kg/hm²，拔节 50 kg/hm²，抽雄 50 kg/hm²），N_2 200 kg/hm²（基肥 50 kg/hm²，拔节肥100 kg/hm²，抽雄肥 50 kg/hm²）。

从试验结果来看，高产高效栽培处理的产量水平明显高于常规栽培，各处理的增产趋势与增产幅度规律性各异。但有一点可以肯定，当氮肥用量超过一定范围时，会制约产量的进一步提高，同时适量增加玉米中后期施氮水平对玉米产量的提高具有十分显著的作用。

在吉林薄层瘠薄黑土区，常规栽培模式高氮处理产量略高于低氮处理，但差异不显著；高产高效栽培模式低氮处理产量略高于高氮处理（图 11-49、图 11-50）。

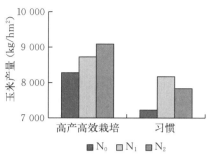

图 11-49　不同施氮水平条件下玉米产量变化（吉林中部）

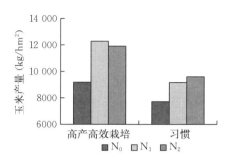

图 11-50　不同施氮水平条件下玉米产量变化（吉林西部）

（2）氮、磷、钾适宜配比。选择高产品种（郑单 958）研究高产条件下氮、磷、钾适宜量级，研究结果表明：根据本试验的施肥与产量结果建立二次方程，得出最佳产量及施肥量和最高产量及施肥量以及相关系数，最佳产量施肥量 $N：P_2O_5：K_2O$ 为 1：0.66：0.64，最高产量施肥量 $N：P_2O_5：K_2O$ 为 1：0.44：0.43。薄层瘠薄黑土区玉米高产高效在一定范围内需适当加大氮肥用量（表 11-20），玉米最佳产量 N、P_2O_5、K_2O 用量分别为 96.2 kg/hm^2、63.0 kg/hm^2、61.6 kg/hm^2，玉米最高产量 N、P_2O_5、K_2O 用量分别为 163.2 kg/hm^2、72.6 kg/hm^2、69.6 kg/hm^2。

表 11-20　氮磷钾肥量级试验效益分析

养分	最佳产量施肥量（kg/hm^2）	最佳产量（kg/hm^2）	最高产量施肥量（kg/hm^2）	最高产量（kg/hm^2）	相关系数
N	96.2	10 672.5	163.2	10 825.5	0.837 6
P_2O_5	63.0	11 166.0	72.6	11 187.0	0.946 9
K_2O	61.6	10 947.0	69.6	10 959.0	0.722 5

（3）中微量元素增产效果。薄层瘠薄黑土增施中微量元素效果试验结果表明，玉米增施锌、镁具有明显的增产作用，分别增产 6.8%、4.4%，均达到了显著水平；增施硫、铜、锰分别增产 2.9%、1.8%、1.6%，差异不显著。因此，薄层瘠薄黑土区保证玉米高产需要补施锌、镁、硫等中微量元素（图 11-51）。

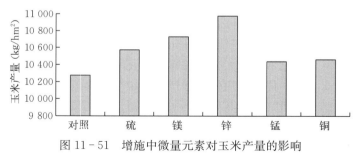

图 11-51　增施中微量元素对玉米产量的影响

5. 玉米灌溉制度　吉林中、东部玉米主产区玉米栽培以雨养为主，自然降水基本能够满足春玉米生育阶段对水分的需求。中部玉米主产区玉米补水主要是在苗期，在玉米生长发育的早期进行土壤水分的调控对玉米产量的形成和实现高产高效十分必要。玉米产量和水分利用效率高的措施是合理调控玉米种植密度，苗期适量灌水。

玉米灌溉在吉林西部半干旱气候区有一定面积。在半干旱地区实施玉米高产的节水灌溉技术研究表明，玉米各生长发育阶段对水分的需求量及敏感程度不同，这是由玉米的生理特性及外界环境条件变化而决定的。在补水条件下，玉米各生育阶段耗水量占总耗水量的比例为：播种—出苗占 4.6%；出苗—拔节占 21.1%；拔节—抽雄占 32.5%；抽雄—吐丝占 7.8%；吐丝—乳熟占 21.2%；乳熟—蜡熟占 7.2%；蜡熟—完熟占 5.6%。因各生育阶段经历的天数不同，耗水强度也不同。抽雄—吐丝期是耗水高峰期，达到 7.1 mm/d；其次为拔节—抽雄期，为 5.2 mm/d；播种—出苗期最少，为 1.7 mm/d。玉米苗期植株矮小，叶面积小，蒸腾量小，主要是株间蒸发耗水，因此需水较少。玉米进入拔节期后生长旺盛，叶面积指数迅速上升，需水量逐渐增多。玉米一般在出苗后 35～38 d 开始拔节。此期不仅营养生长旺盛，而且雌雄穗开始分化，向生殖生长转化，水分供应充足可促使植株高大健壮，叶面积大，雌雄穗发育良好，为后期产量的形成奠定良好的基础。玉米抽雄—吐丝期正值营养生长和生殖生长均十分旺盛的时期。此时，外界气温高，叶面蒸腾、株间蒸发量都很大，若土壤水分不足，会造成雌雄穗开花脱节，花粉寿命缩短，花丝枯萎，严重影响授粉受精过程。这一时期是玉米需水的关键时期，不仅需水多，而且对水分十分敏感。

在籽粒灌浆阶段，叶片的光合能力达到最强，能制造大量的糖类，根系吸收糖类。此时供水充足会延长叶片有效活动期，才能保证加速同化作用和大量的营养物质向籽粒运输，从而保证籽粒饱满。籽粒灌浆期是玉米需水的第二个关键时期。玉米进入乳熟之后需水量逐渐减少，从乳熟至完熟历经 31 d，耗水量只占全生育期耗水量的 12.8%。

6. 玉米病虫草害发生与防治 吉林玉米病虫害主要有锈病、叶斑病、丝黑穗病、黑粉病、黏虫、蓟马和玉米螟等。

（1）锈病防治。发病初期用 25% 粉锈宁可湿性粉剂 800～1 000 倍液，间隔 7 d 连喷两次。

（2）大、小斑病防治。大、小斑病是玉米的主要病害，国内外都曾先后流行，吉林曾在 20 世纪末发生严重，造成了较大损失。玉米大斑病主要危害叶片，多在玉米生长后期发病。发病初期，叶片先呈现青褐色水渍状斑点，之后扩大为暗褐色纺锤形条斑，条斑长宽分别在 5～55 mm，靠近叶片基部的病斑可延伸到叶鞘上，形成中部枯黄、边缘褐色的条状病斑。多个大斑融合后叶片即枯死，枯死的枯叶叶片上生出灰黑色霉层。大斑病病菌主要在病残植株体内越冬，翌年产生分生孢子，以风、雨为传播媒介，进行再侵染，发病适温为 20～28 ℃。

小斑病在玉米苗期至成熟期均可发病，花期发病严重。小斑病病菌主要危害叶片，也可危害叶鞘、苞叶及雄花。叶片被害主要有 3 种类型：一是病斑椭圆形或近长方形，受叶脉限制，中部黄褐色，边缘紫褐色，病斑长宽分别为 2～15 mm；二是病斑椭圆形或纺锤形，不受叶脉限制，灰褐色或黄褐色，无明显深色边缘，病斑有时呈现轮纹；三是以上两种类型在苗期遇高温时，高感类型玉米品种在病斑周围可呈现暗绿色浸润区，高抗类型玉米叶片出现黄褐色坏死小点，基本不扩大，周围有明显黄绿色晕圈。大小斑病的区别除上述症状外，小斑病一般从基部叶片开始发病，逐渐向上蔓延；而大斑病则没有明显规律。小斑病病菌也在病残植株体内越冬，翌年春季产生分生孢子，以风、雨为传播媒介，进行再侵染，发病适温为 26～30 ℃。所以，吉林春玉米发病异于夏玉米，大斑病先于小斑病，夏玉米区是小斑病先于大斑病。在高湿气候条件下，两者可能同时严重发病。发病还与品种抗性有关。

玉米大、小斑病的防治方法目前主要有物理方法和化学方法两种。①物理方法：一是选用抗病品种；二是减少菌源，在玉米收获后及时清除残叶，随即深翻，在发病严重地区，实行两年以上轮作，减少菌源。②化学方法是药物保护，在发病初期选用下列药剂喷药保护：40% 克瘟散乳油 0.5 kg 加水 250 kg；50% 立枯净乳油 0.5 kg 加水 500 kg；50% 胂·锌·福美双可湿性粉剂 1.5 kg 加水 400 kg。以上药剂每 667 m² 用药液 75 kg 喷雾，一周一次，共喷药 2～3 次。也可用 3% 立枯净粉剂每 667 m² 5 kg 喷粉、无碘 4 -碘苯氧乙酸每 667 m² 4 g 兑水 75 kg 喷雾。用药时，先将无碘 4 -碘苯氧乙酸溶于 50 ℃ 水中，然后加足水量。

（3）丝黑穗病。玉米黑粉病从苗期至抽穗期均可发生，拔节后期至开花期发病较重。玉米植株任何幼嫩组织均可发病，产生大小不一、形状不同的肿瘤。叶片和雄花上的肿瘤较小，一般为豆粒大小；果穗、根和茎节上的肿瘤较大，直径 5～15 cm 不等。肿瘤初期外表包有由寄主表皮组织形成的白色薄膜，后期瘤内充满黑粉，最后膜破裂，黑粉散出。雌穗可全部或部分籽粒受害；雄穗受害时可产生肿瘤，也可引起变态，出现两性花。黑粉病病菌活动温度为 8～38 ℃，最适温度为 26～34 ℃。

病菌在土壤、病残植株体内越冬，以土壤为主。

玉米黑粉病防治方法目前主要是使用含有戊唑醇或三唑酮（粉锈宁）的高效低毒玉米种衣剂（吉农4号）进行种子包衣，也可单独使用戊唑醇、三唑酮或福美双等药剂拌种，种衣剂及拌种剂的实际使用量应按照产品说明书进行。另外，也可经常进行田间检查，早期割除肿瘤，发现病瘤及早割除。同时，选用抗病品种，加强玉米螟防治，减少侵染机会。最新研究表明，合理施用氮肥，并适当施用磷钾肥，可增强玉米抗病能力。

（4）黏虫、蓟马。黏虫主要危害玉米、高粱、小麦、水稻等多种禾本科作物及许多禾本科杂草。黏虫发生严重时会形成暴发性灾害，2～3 d内就会将整块地的作物甚至杂草叶片吃光，造成严重损失。所以，必须注重黏虫防治工作。黏虫成虫喜欢半干枯叶片的味道，多产卵在玉米、谷子等中部叶片的尖端，产卵后叶尖卷曲呈棒状，用手摸时有硬感。黏虫三龄前幼虫多集在叶片取食，且抗药性差，所以黏虫施药期应掌握在三龄前。黏虫成虫盛发期可采用佳多频振式杀虫灯或高压汞灯诱杀，幼虫发生期可用25％灭幼脲悬浮剂、5％高效氯氰菊酯乳油或40％辛硫磷乳油等1 000～1 500倍液喷雾防治。蓟马可用5％吡虫啉乳油1 500～2 000倍液喷雾防治。

（5）玉米螟。玉米螟主要危害玉米、高粱、谷子、水稻、棉花、向日葵、辣椒、麻类等作物。玉米螟成虫产卵在玉米叶片背面，初孵幼虫取食幼嫩叶肉，玉米心叶期大部分幼虫会钻入心叶危害植株体，抽雄前大部分转入雄穗苞内危害雄穗。抽雄后幼虫蛀入雌穗以上的茎秆和雄穗柄，雌穗抽丝期大部分幼虫到雌穗尖端取食花丝，有的从穗顶蛀入穗轴或穗柄，也有的蛀茎。

玉米螟危害玉米最重要的阶段是抽丝期，因此玉米螟的药物防治要抓住心叶期和穗期，以物理防治和生物防治为主，化学防治为辅。在玉米螟成虫盛发期，可采用佳多频振式杀虫灯或高压汞灯诱杀。有条件的地方可选用生物防治，当田间百株卵块达3～4块时释放赤眼蜂，一般每公顷释放30万～45万头赤眼蜂，分两次释放，间隔5～7 d。也可在小喇叭口期（第9～10叶展开），用1.5％辛硫磷颗粒剂和细沙按1：6的比例混合，混匀后撒入心叶，每株1.5～2.0 g。穗期防治主要采用2.5％敌百虫粉剂在玉米授粉完毕雌穗受害之前，将药粉装于纱布袋内，逐株从雌穗顶部到穗柄扑粉保护，按每千克药粉1 600株左右用药。如雌穗已被虫蛀，可用50％敌敌畏乳油50 g加水50 kg，用大型注射器注射，每千克药液雌穗400个。

（6）杂草防治。玉米田杂草主要有马唐、狗尾草、马齿苋等。综合防治技术：一是通过精细整地，结合耕耙进行除草；二是秸秆覆盖免耕播种抑制杂草；三是用黑色塑料薄膜覆盖播种可有效控制杂草危害并增温增产；四是结合中耕培土，可以防除已长出的杂草。化学除草主要是在播种后有降水或者土壤墒情较好的条件下，选用40％乙·阿合剂3 000～3 750 mL/hm²，或33％二甲戊灵（施田补）乳油1 500 mL加72％异丙甲草胺乳油1 125 mL兑水750 kg进行封闭式喷雾。苗后除草以人工除草为主。除草剂灭草可选用20％百草枯水剂，春玉米覆膜揭膜后每667 m²用150～200 mL，兑水30～50 kg，用扇型雾喷头外加防护罩进行玉米行间定向喷雾。注意不要喷雾于玉米茎叶上，以免发生药害。

（7）玉米秃尖缺粒发生原因及预防。玉米缺粒表现为多种形式：一是果穗一侧自基部到顶部整行没有籽粒，穗形多向缺粒一侧弯曲；二是整个果穗籽粒很少，且在果穗上呈散乱分布；三是果穗顶部籽粒细小，呈白色或黄白色，称为秃尖，严重的秃尖可占整个果穗的1/2以上，果穗呈"啤酒瓶"形。秃尖是玉米缺粒的主要表现形式。玉米秃尖缺粒主要与气候、栽培管理、品种、土壤、营养与水肥、病虫害发生的严重程度密切相关。

不同品种对外界环境的适应能力以及对不良环境的抵抗能力不同。当不良的外界环境条件超过了品种的适应范围，就易发生秃尖缺粒。土壤蓄水保肥能力差，瘠薄的土壤供肥能力差，秃尖缺粒发生就会较重。同时，氮磷钾肥配合不当，不施或少施有机肥和微肥，尤其是土壤中磷肥、硼肥不足，或玉米生育中后期水分供应不足，尤其是玉米开花灌浆期缺水脱肥，影响有机物质的合成与运转，使玉米吐丝晚、花粉减少，花粉、花丝寿命缩短，也可导致玉米秃尖缺粒。气候对玉米秃尖缺粒的影响主要是生育期干旱或开花时遇高温干燥天气，土壤水分供应不足，影响了玉米雌雄穗的发育；连续的阴雨天气或授粉时无风造成玉米散粉不良，也可造成秃尖缺粒。种植密度过大会导致田间通风透光不良，光照不足，植株光合作用减弱，有机物质合成减少，影响玉米雌雄穗的发育，也可造成秃尖缺粒。此外，玉米各种叶斑病和玉米苗枯病、纹枯病、茎基腐病的发生，都会影响玉米正常的生长发育，致使玉米生长不良，尤其是玉米蚜虫在玉米抽雄时开始大量发生，致使玉米不能正常开花授粉，也可造成秃尖缺粒。

预防玉米秃尖缺粒的措施有：一是种植优良品种，根据当地的气候特点及栽培条件，选择种植抗病性、抗虫性和适应性强的品种。二是改良土壤，增强土壤保水保肥的能力。提倡施用有机肥和深耕、中耕技术，以改善土壤结构状况，促进玉米的生长发育，增强其对外界不良环境的抵抗能力。三是合理施肥用水，在增施有机肥的基础上，合理配合施用氮、磷、钾肥，做到配方施肥；在水分供应上，要防止旱害和涝害，玉米拔节后生殖器官发育旺盛，水分供应要适时、适量，以促进雌雄穗的发育。四是加强栽培管理，根据品种、地力和栽培方式，因地制宜确定栽培密度，合理密植，以创造良好的通风透光条件，促进雌雄穗的发育。目前，在吉林玉米主产区采用了一种新型耕作技术——宽窄行种植技术，可以有效改善田间的通风透光条件，降低玉米秃顶率。

7. 玉米灾害性天气及预防

（1）涝灾。玉米生长前期怕涝，淹水时间不应超过 12 h；生长后期对涝渍抗性增强，但淹水不得超过 24 h。

（2）雹灾。玉米苗期遭遇雹灾，应及时中耕散墒、通气、增温，并追施少量氮肥，也可喷施叶面肥，促使其恢复，减少损失；拔节后遭遇严重雹灾，应及时组织农技人员进行田间诊断，视灾害程度酌情采取相应措施。

（3）风灾。玉米小喇叭口期前遭遇大风而出现倒伏，可不采取措施，主要依靠植株自我调节能力恢复，基本不影响产量；小喇叭口期后遭遇大风而出现倒伏，应及时扶正，并浅培土，以促使根系下扎，增强抗倒伏能力，减小损失。

四、吉林黑土区玉米安全生产技术

联合国粮食及农业组织 1974 年 11 月于罗马召开的第一次世界粮食首脑会议上提出"粮食安全"的问题，并定义"粮食安全是指确保所有人在任何时候既买得到又买得起他们所需的基本食品"。也就是说，粮食安全有数量和质量两个方面的含义：一是要生产足够数量的粮食，保证每个人基本所需；二是粮食在质量上要符合食品卫生要求。粮食在品质上的安全控制包括从生产、加工到销售全过程，生产过程是最重要的一个环节。玉米是重要的粮食作物之一，吉林又是我国玉米生产大省和国家重要的玉米生产基地，玉米的生产在全省农村经济发展中占有非常重要的地位，玉米的品质显得尤为重要。

（一）土壤环境背景

1. 评价方法 土壤环境质量是玉米安全生产的基础和保障，要从源头上控制玉米的质量安全，首先就要明确玉米生产区土壤环境背景状况和土壤环境背景值。土壤环境背景值受人为活动干扰较少，以地球化学背景值为主。本部分所说的土壤环境背景值分析在样点布设上采用了以耕地为主的方法，在充分调查了解土壤开垦年限、施肥及耕作制度等人为活动干扰程度的前提下，选择吉林中西部玉米主产区主要耕作土壤（黑土、黑钙土）及东部山区、半山区的主要耕作土壤（白浆土、暗棕壤）为研究对象，公主岭、德惠、榆树玉米生产大市为研究案例中心区，以建于吉林省农业科学院公主岭的"国家黑土土壤肥力和肥料效益长期定位野外监测站"为研究平台，取 0～20 cm 耕层土壤分析土壤理化性质（有机质、全量养分、速效养分、pH、机械组成等）和汞、砷、铅、镉、铬、铜以及六六六和滴滴涕监测指标，并分别采用单项污染指数和综合污染指数进行评价。

首先以吉林土壤元素背景值作为评价标准，利用单因子评价模式，对各元素的可能污染程度加以分析，再用《绿色食品　产地环境质量》（NY/T 391—2021）中的评价体系进行评价。玉米品质采用国家统一规定的食品卫生评价标准进行评价。

单项污染指数：$P_i=C_i/S_i$。式中，P_i 为土壤中污染物 i 的单项污染指数；C_i 为土壤中污染物 i 的实测数据；S_i 为污染物 i 的评价标准。$P_i \leqslant 1$ 表示土壤未受污染物 i 污染；$P_i > 1$ 表示土壤受污染。P_i 值越大，污染程度也越重。

综合污染指数：$P = \sum P_i$。P 值越大，综合污染程度越重。

2. 土壤肥力分级参考指标　《绿色食品　产地环境质量》（NY/T 391—2021）对绿色食品产地环境质量标准的范围、引用标准、定义和环境质量要求都有明文规定，其中土壤环境质量标准将土壤按耕作方式不同分为旱田和水田两大类，并且规定了不同土壤肥力分级的参考标准（表 11-21）。通过对所采集的土壤进行土壤理化性质分析，结果见表 11-22。吉林中西部和东部地区土壤理化性质指标均符合上述标准，其中土壤有机质、土壤有效磷、土壤有效钾均可达到或超过Ⅰ级标准，土壤质地达到Ⅱ级标准，土壤全氮含量均可达到Ⅲ级。

表 11-21　绿色食品产地土壤肥力分级旱田土壤标准

标准等级	土壤有机质 （g/kg）	全氮 （g/kg）	有效磷 （mg/kg）	有效钾 （mg/kg）	土壤质地
Ⅰ级	>15	>1.0	>10	>120	轻壤、中壤
Ⅱ级	10~15	0.8~1.0	5~10	80~120	沙壤、重壤
Ⅲ级	<10	<0.8	<5	<80	沙土、黏土

表 11-22　吉林主要耕作土壤理化性质分析结果

土壤类型	有机质 （g/kg）	全氮 （g/kg）	有效磷 （mg/kg）	有效钾 （mg/kg）	阳离子交换量 （cmol/kg）	pH	土壤质地
暗棕壤	34.4	1.43	14.3	198.6	27.4	6.2	中壤
白浆土	25.6	1.05	10.1	144.5	22.5	6.0	重壤
黑钙土	20.2	0.82	8.4	130.4	24.3	7.8	中壤
黑　土	28.5	1.25	11.2	140.0	33.0	7.4	重壤

3. 旱田土壤污染物含量限值标准　表 11-23 中所列数据为旱田土壤各项重金属污染物含量的Ⅰ级限值标准。当重金属进入土壤后，可能有以下几种形态：①溶解在土壤溶液中；②吸附在土壤有机、无机组分的交换位上；③进入土壤矿物的晶格中；④沉淀。前两种形态对植物是有效的，但所有重金属元素的活性都与土壤 pH 有直接关系，因此土壤环境质量标准值考虑了土壤 pH。

表 11-23　旱田土壤污染物含量限值标准

单位：mg/kg

污染物名称	pH		
	<6.5	6.5~7.5	>7.5
镉*（Cd）	0.30	0.30	0.40
汞*（Hg）	0.25	0.30	0.35
砷*（As）	25	20	20
铅（Pb）	50	50	50
铬*（Cr）	120	120	120
铜（Cu）	50	60	60

注：*为严控环境指标，其他为一般控制环境指标。

4. 土壤环境背景状况

（1）铜。20世纪70年代，吉林土壤元素背景值调查结果表明（孟宪玺 等，1995），土壤含铜量（A层土壤）平均值为15.10 mg/kg，95％范围为6.75～33.79 mg/kg（表11-24），低于《绿色食品产地环境质量》（NY/T 391—2021）中土壤环境质量标准（50～60 mg/kg）。2005年采样分析的结果及单因子评价表明（表11-25、表11-26），4种耕作土壤的平均全铜含量都明显高于全省土壤元素背景值，以背景值为标准的评价指数（$P_{Cu背}$）均大于1，说明人为活动对土壤全铜含量有着明显的影响；以土壤环境质量标准的评价指数（$P_{Cu标}$）均小于1，说明吉林玉米主产区土壤铜环境质量符合绿色玉米产地环境标准。耕层土壤全铜含量顺序为黑土＞暗棕壤＞白浆土＞黑钙土，造成差异的原因主要是不同土壤类型的成土母质不同，发育于以残积物、坡积物等各种岩石风化母质上的土壤全铜含量高于发育于黄土母质上的土壤。

表11-24 吉林土壤元素背景值

单位：mg/kg

指标		暗棕壤	白浆土	黑钙土	黑土
铜	95％置信范围	8.17～31.51	9.20～28.01	7.15～26.08	11.49～29.41
	平均值	16.05	16.06	13.84	18.35
铬	95％置信范围	25.09～89.52	26.56～97.20	16.31～58.39	32.36～86.61
	平均值	47.39	50.81	30.86	52.94
砷	95％置信范围	0.44～30.05	0.64～38.06	2.58～33.50	4.61～26.60
	平均值	3.64	4.94	9.30	11.08
汞	95％置信范围	0.013～0.117	0.011～0.090	0.009～0.084	0.014～0.085
	平均值	0.038	0.032	0.027	0.019
镉	95％置信范围	0.048～0.279	0.038～0.298	0.055～0.151	0.024～0.279
	平均值	0.116	0.106	0.091	0.082
铅	95％置信范围	16.70～39.28	16.24～38.03	12.58～32.32	12.09～40.53
	平均值	25.61	24.85	22.20	22.14

表11-25 吉林玉米主产区主要土壤重金属含量测定结果

单位：mg/kg

指标		暗棕壤	白浆土	黑钙土	黑土
铜	95％置信范围	17.63～24.90	16.78～25.12	14.57～23.24	19.20～24.85
	平均值	21.24	20.74	16.53	21.26
铬	95％置信范围	42.10～48.36	39.43～56.07	24.00～32.47	37.14～52.47
	平均值	46.13	48.02	30.48	51.04
砷	95％置信范围	1.48～6.54	1.76～8.40	7.03～12.76	8.54～15.81
	平均值	3.28	6.03	11.18	14.70
汞	95％置信范围	0.016～0.062	0.016～0.050	0.017～0.042	0.014～0.016
	平均值	0.043	0.044	0.035	0.014
镉	95％置信范围	0.078～0.141	0.082～0.113	0.037～0.110	0.079～0.194
	平均值	0.100	0.110	0.100	0.149
铅	95％置信范围	22.14～35.33	33.40～38.48	19.76～24.82	20.28～28.54
	平均值	33.46	36.54	20.10	22.76

表 11 - 26　单因子评价结果

土壤类型	铜		铬		砷		汞		镉		铅	
	背景值	限值标准	背景值	限值标准	背景值	限值标准	背景值	限值标准	背景值	限值标准	背景值	限值标准
暗棕壤	1.3	0.4	0.9	0.4	0.9	0.1	1.1	0.2	0.9	0.3	1.3	0.7
白浆土	1.2	0.4	0.9	0.4	1.2	0.2	1.4	0.2	1.0	0.4	1.5	0.7
黑钙土	1.2	0.3	0.9	0.3	1.2	0.6	1.3	0.1	1.1	0.3	0.9	0.4
黑土	1.6	0.4	0.9	0.4	1.3	0.7	0.7	0.1	1.8	0.4	1.0	0.4

（2）铬。吉林土壤元素背景值调查结果表明，A 层土壤铬含量平均值为 42.3 mg/kg，95% 范围为 18.1~98.7 mg/kg，低于土壤环境质量标准（120 mg/kg）。东部地区土壤全铬平均含量高于中部平原区土壤，公主岭、四平一带的黑钙土耕层土壤全铬含量平均低于 33.4 mg/kg，也是全省的低值区。耕层土壤全铬含量顺序为黑土＞白浆土＞暗棕壤＞黑钙土。不同土壤类型 0~20 cm 土层土壤全铬含量的变化趋势与 20 世纪 70 年代全省土壤元素背景值调查结果基本相同，而且耕作土壤与受人类活动干扰较少的自然土壤间全铬含量的差异也不明显。单因子评价结果 $P_{Cr背}$、$P_{Cr标}$ 均小于 1，说明吉林玉米主产区 4 种主要耕作土壤未受铬污染。

（3）铅。铅是自然界常见的金属元素之一，也是一种有毒元素。铅在土壤中含量一般达 400~500 mg/kg 时，作物的生长就会受到抑制。在《绿色食品　产地环境质量》（NY/T 391—2021）中规定，土壤中铅的含量限制标准为 50 mg/kg。吉林土壤元素背景值调查结果表明，A 层土壤铅含量平均值为 22.16 mg/kg，平均含量为 23.08 mg/kg，95% 范围为 12.47~39.38 mg/kg，东部地区土壤铅含量平均较高，中部平原区土壤含铅量一般低于 30 mg/kg。耕层土壤全铅含量顺序为暗棕壤＞白浆土＞黑钙土＞黑土，总体水平低于土壤环境质量标准（50 mg/kg）。2005 年采样分析结果表明，以白浆土全铅含量最高，暗棕壤次之，黑钙土、黑土明显低于白浆土和暗棕壤。耕作土壤全铅含量高于土壤背景值，$P_{Pb背}$ 除黑钙土外均大于 1，人类的耕作活动使土壤全铅含量增加；$P_{Pb标}$ 均小于 1，符合绿色玉米产地土壤环境铅的含量限制标准。

（4）砷。砷通常被认为是有害元素，甚至是剧毒元素。但近年研究证明，砷的形态不同，其毒害作用差异很大，纯的砷元素无毒，引起中毒的一般为砷的氧化物。砷对环境的污染问题已越来越引起人们的关注，目前一些有机砷农药已被禁止使用。吉林土壤元素背景值调查结果表明，土壤砷含量（A 层土壤）平均值为 5.91 mg/kg，平均为 8.38 mg/kg，95% 范围为 0.88~41.99 mg/kg，低于土壤环境质量标准（20~25 mg/kg），达标率在 90% 以上。暗棕壤、白浆土土壤全砷平均含量低于黑钙土、黑土，土壤砷含量高值区（＞30 mg/kg）主要分布在西部平原北部的非耕作区。2005 年吉林中东部玉米主产区耕作土壤采样分析结果表明，耕作土壤全砷含量以黑土最高，其次为黑钙土、白浆土和暗棕壤，与 20 世纪 70 年代调查的土壤环境背景值略有差异。中部玉米主产区耕作土壤全砷含量明显高于土壤元素背景值，$P_{As背}$ 除暗棕壤外均大于 1，人类的耕作活动明显增加了土壤全砷含量；但 $P_{As标}$ 值均较小，仍符合绿色玉米产地土壤环境砷的含量限制标准。

（5）汞。汞是一种呈液态的金属元素，并且蒸气压较高，因此常以气态的形式迁移。汞是广泛分布在环境中的有毒元素，汞的污染主要是工矿业生产和施用含汞的农药所致，汞污染造成的环境问题已经受到人们的广泛关注。吉林土壤元素背景值调查结果表明，土壤全汞含量（A 层土壤）平均值为 0.035 mg/kg，95% 范围为 0.011~0.110 mg/kg，东部地区土壤全汞平均含量高于中部平原区土壤，总体水平低于土壤环境质量标准（0.250~0.350 mg/kg）。2005 年采样分析结果表明，在耕作土壤中，全汞含量以东部地区的白浆土最高，其次为暗棕壤、黑钙土，黑土最低。单因子污染评价指数 $P_{Hg背}$ 除黑土外均大于 1，说明人类的耕作活动增加了土壤汞含量；$P_{Hg标}$ 均小于 1，符合绿色玉米产地土壤环境汞的含量限制标准。

（6）镉。镉是有毒的微量元素，自 1968 年日本发生"骨痛病"被确认为是镉中毒之后，镉污染问题已越来越引起人们的关注。镉在地壳中的丰度很低，我国土壤表层镉的含量平均为 0.09 mg/kg 左右，远低于世界土壤镉含量平均值。吉林土壤元素背景值调查结果表明，A 层土壤镉含量平均值为 0.109 mg/kg，平均为 0.095 mg/kg，95％范围为 0.035～0.256 mg/kg，东部地区土壤全镉平均含量高于中部平原区土壤，耕层土壤全镉含量顺序为暗棕壤＞白浆土＞黑钙土＞黑土，总体水平低于绿色食品产地土壤环境质量标准，但长白山天池东北部地区土壤镉含量很高，平均高于 0.20 mg/kg。2005 年采样分析结果表明，耕作土壤全镉含量以黑土最高，白浆土、黑钙土、暗棕壤较低，耕作土壤与受人类活动干扰较少的自然土壤全镉含量的变化差异较显著，人类活动干扰较为强烈的中部平原区耕作土壤全镉含量明显增加。单因子污染评价结果表明，除暗棕壤 $P_{Cd背}$ 外其余均大于 1，黑土耕层土壤全镉的累积趋势更明显，说明人类的耕作活动增加了土壤镉含量；4 种土壤 $P_{Hg标}$ 均较小，符合绿色玉米产地土壤环境镉的含量限制标准。

5. 综合污染指数分析 主要耕作土壤综合污染指数表明，黑土为 7.4，白浆土为 7.3，黑钙土为 6.7，暗棕壤为 6.4，说明吉林中东西部玉米主产区耕地土壤 6 种重金属元素含量已明显高于土壤环境背景值，人类活动已增强了土壤环境的污染可能性。

6. 滴滴涕、六六六等污染物的含量 滴滴涕和六六六不是《绿色食品 产地环境质量》（NY/T 391—2021）中所规定的检测内容，但《绿色食品 产地环境质量》（NY/T 391—2021）对于土壤质量的执行标准对二者的规定为：滴滴涕、六六六土壤含量限量要求为≤0.1 mg/kg。对吉林中部平原玉米主产区和东部地区主要耕作土壤调查和采样分析结果表明，无论是中部松辽平原玉米主产区的土壤还是东部山区的耕作土壤，均可检测出滴滴涕和六六六，其含量范围为滴滴涕 0.010～0.098 mg/kg，六六六 0.010～0.093 mg/kg（表 11 - 27），符合《绿色食品 产地环境质量》（NY/T 391—2021）。

表 11 - 27 吉林中东部玉米主产区主要耕作土壤滴滴涕和六六六背景值

单位：mg/kg

土壤类型	范围		平均值	
	滴滴涕	六六六	滴滴涕	六六六
暗棕壤	0.010～0.018	0.010～0.011	0.013	0.010
白浆土	0.010～0.014	0.010～0.010	0.011	0.010
黑钙土	0.010～0.011	0.010～0.010	0.010	0.010
黑　土	0.010～0.098	0.010～0.093	0.042	0.057

（二）土壤环境与玉米质量

1. 栽培措施对玉米质量的影响 在吉林中部玉米主产区的黑土上，笔者调查了开垦时间和栽培措施，结果见表 11 - 28。取不同开垦年限的黑土耕地耕层土壤样品和其地上部的籽粒样品进行化验分析，比较不同开垦年限和栽培措施黑土耕地土壤重金属、农药环境背景值和地上产品质量之间的关系。

表 11 - 28 不同开垦年限黑土主要栽培措施调查

取土地点	开垦年限	肥料种类	施肥量（kg/hm²）	主栽作物	病虫草害防治措施
吉林省农业科学院公主岭试验地	60 年	尿素、磷酸氢二铵、硫酸钾、有机肥等	氮 150、磷 75、钾 75（连年施用有机肥）	玉米	1980 年后不施农药和除草剂
公主岭市刘房子	100 年	尿素、磷酸氢二铵、硫酸钾、氯化钾、复合肥	氮 200、磷 80、钾 50	玉米	种衣剂、除草剂
长春大屯	150 年	尿素、磷酸氢二铵、硫酸钾、复合肥	氮 200、磷 80、钾 50	玉米	种衣剂、除草剂

（续）

取土地点	开垦年限	肥料种类	施肥量（kg/hm²）	主栽作物	病虫草害防治措施
吉林省农业科学院公主岭试验地	60 年	—	1990 年后不施肥	1990 年后不种植	不耕作

不同开垦年限、不同施肥制度的黑土农田土壤重金属、农药残留量差异较大（表 11-29），铬、铅、镉、六六六、滴滴涕含量的变化趋势基本相同，即以连年施用有机肥（开垦年限为 60 年）和开垦年限较长（150 年）的黑土中残留量较大，而 1990 年后不耕作、不施肥的休闲地黑土中残留的重金属、农药量最低，说明土壤中残留的重金属、农药主要来源于施肥。另外，土壤汞含量的变化不大。

表 11-29 不同开垦年限黑土重金属、农药残留量

单位：mg/kg

取土地点	开垦年限	全汞	全铬	全镉	全铅	六六六	滴滴涕
吉林省农业科学院公主岭试验地	60 年	0.014	52.47	0.194	28.54	0.049	0.032
公主岭市刘房子	100 年	0.011	42.00	0.147	21.26	0.011	0.010
长春大屯	150 年	0.016	49.32	0.169	26.04	0.010	0.042
吉林省农业科学院公主岭试验地	60 年（休闲）	0.014	37.14	0.079	20.28	0.010	0.010

2. 施肥对玉米质量的影响 玉米籽粒中重金属、农药的残留量与开垦年限和施肥制度及土壤中重金属、农药的残留量之间并没有明显的相关性。汞、六六六、滴滴涕在玉米籽粒中没有检出，长年施用有机肥的黑土上所生产的玉米籽粒中铬、镉、铅含量略高于不施有机肥，存在施用有机肥导致土壤重金属污染的可能，尽管它们的含量仍处于食品安全范围内（表 11-30、表 11-31）。

表 11-30 不同开垦年限黑土玉米籽粒重金属、农药残留量

单位：mg/kg

取土地点	开垦年限	全汞	全铬	全镉	全铅	六六六	滴滴涕
吉林省农业科学院公主岭试验地	60 年	0	0.017	0.090	0.015	0	0
公主岭市刘房子	100 年	0	0.012	0.045	0.010	0	0
长春大屯	150 年	0	0.014	0.025	0.011	0	0
吉林省农业科学院公主岭试验地	60 年（休闲）	—	—	—	—	—	—

表 11-31 绿色玉米安全标准

指标	指标	单位
磷、氰、氯化苦、二硫化碳、对硫磷、甲拌磷、倍硫磷	不得检出	mg/kg
敌敌畏	≤0.05	mg/kg
六六六	≤0.05	mg/kg
滴滴涕	≤0.05	mg/kg
砷	≤0.40	mg/kg
汞	≤0.01	mg/kg
铅	≤0.20	mg/kg
镉	≤0.10	mg/kg

连年施用有机肥有增加黑土耕层土壤铅含量的趋势，但玉米籽粒中铅含量与土壤中铅的累积趋势并没有很好的相关性。施用有机肥可能增加土壤重金属离子的累积，但被作物吸收利用的有效性却下降，说明有机肥（有机质）具有螯合重金属离子使其有效性下降的功能。

与铅的变化趋势相同，人类活动有使黑土耕层土壤全镉累积的趋势，但玉米籽粒中镉含量也与土壤中镉的累积量之间无明显的相关性。

在玉米籽粒中没有检测出六六六、滴滴涕和汞3种成分，但不同耕作措施和开垦年限对这3种成分在土壤中累积的影响却不同，对耕层土壤全汞含量的影响不大，六六六和滴滴涕在耕层土壤中累积的趋势相同，以开垦年限较长、施肥水平较高累积较多。这说明人类活动对土壤污染的影响较大，应及时控制农业化学物质的过量使用。

3. 有机肥中污染物含量监测　　"九五"期间，笔者对公主岭国家黑土肥力和肥料效益长期（20年）定位监测基地不同施肥处理的土壤样品和施用的有机肥进行了研究与分析，结果表明，吉林玉米主产区土壤重金属污染主要污染源之一可以认定为与有机废弃物（重要的有机肥源）有关，污染物种类主要有铜、锌和砷。因此，笔者从2004年开始对吉林中部玉米主产区的传统有机肥（土粪）和集约养鸡场、猪场、牛场的有机废弃物进行了调查，并取样分析了有机质、铜、锌、砷、铅、镉和汞含量（汞用冷原子吸收法，砷用冷原子荧光法，铅、镉、铜、锌用石墨炉原子吸收法），结果见表11-32。铜含量以猪粪最高，为土壤铜含量的29～38倍；鸡粪、牛粪和土粪中铜含量也高于土壤，分别为6.3～8.2倍、1.4～1.8倍和1.7～2.2倍。锌、砷和铅含量基本与铜相同，猪粪＞鸡粪＞牛粪，土粪中砷和铅含量较高。以上结果可以从这些养殖场的饲料来源和有机废弃物的利用情况找到根源。

表11-32　吉林中部玉米主产区黑土及有机肥重金属含量调查结果

项目	有机质（g/kg）	重金属（mg/kg）					
		铜	锌	砷	汞	镉	铅
土壤	18.3～27.5	19.2～24.8	64.5～89.0	8.54～15.81	0.014～0.016	0.079～0.194	20.28～28.54
鸡粪	701.5	157.73	212.25	51.2	0.007	0.001	22.85
猪粪	452.3	722.56	256.72	72.3	0.004	0.004	27.54
牛粪	312.2	35.66	204.5	19.4	0.002	0.002	22.30
土粪	125.3	42.30	154.7	49.7	0.003	0.004	24.58

调查结果表明，吉林中部地区养鸡场和养猪场所用的饲料多以自配饲料为主，通常是在选用一种或几种固定的商品饲料基础上再添加一些辅料及饲料添加剂混制而成；而多数养牛场所用的饲料多来源于养殖场附近的作物秸秆和玉米及饲料添加剂。这些养殖场的有机废弃物（鸡粪、牛粪和猪粪）大多在当地进行转化处理，经过腐熟后直接施入农田。鸡、牛和猪的饲料添加剂不尽相同，但可以概括为以下几类：氨基酸、维生素、矿质元素、酶制剂、非蛋白氮等。目前可认为造成鸡、牛和猪排泄物中重金属含量较高的原因是添加剂中的矿质元素，如添加的磷和钙主要是磷酸氢二钙、磷酸二氢钙、磷酸三钙和碳酸钙等。尽管对这些矿质添加剂有一定的规范标准，但其中仍含有一定量的重金属元素，无法排除动物摄入。此外，在饲料添加剂中还直接加入铁、铜、锰、锌、钴、碘、镁、硒等微量元素（表11-33）。一些抑菌剂中含有一定量的铜，在饲料中添加铜有促进动物生长的作用，大量报道高铜（250 mg/kg）日粮可促进猪的生长。无公害生猪饲料标准中对铜的添加量作了规定：30 kg体重以下猪的配合饲料中铜的含量应不高于250 mg/kg；30～60 kg体重猪的配合饲料中铜的含量应不高于150 mg/kg；60 kg体重以上猪的配合饲料中铜的含量应不高于25 mg/kg。锌对于动物来说同样属于生命元素，饲料中添加锌有促进猪生长的作用。因此，不难看出动物排泄物中铜、锌等重金属元素超标的原因。

表 11－33　猪饲料中铜、锌、硒、镉添加量

单位：g

饲料添加剂成分	每千克饲料添加活性成分含量	配 100 kg 5％预混料
铜（CuSO₄·5H₂O）	0.012	96.18
锌（ZnSO₄·7H₂O）	0.100	897.06
硒（Na₂SeO₃）	0.000 5	2.24
镉（CrCl₃·6H₂O）	0.000 5	5.22

4. 重金属铅和锌对玉米品质及环境的影响　笔者在吉林省农业科学院公主岭院区的黑土生态环境重点野外科学观测试验站的温室，用盆栽方法进行了重金属铅和锌对玉米品质及环境影响的试验研究。盆栽用土为黑土（表 11-34），试验用盆为无底盆，每盆面积 0.38 m²，盆沿地上高度 0.2 m，土壤容重为 1.2 g/cm³，人工耕翻 20 cm 土层，将坷垃全部敲碎、铺平，将配好浓度的重金属溶液及肥料按方案进行喷洒或施用，喷好后混匀。

表 11-34　供试土壤理化性质

全氮 (g/kg)	全磷 (g/kg)	全钾 (g/kg)	速效氮 (mg/kg)	有效磷 (mg/kg)	速效钾 (mg/kg)	有机质 (g/kg)	pH	全锌 (mg/kg)	全铅 (mg/kg)
1.51	0.43	21.33	105.43	5.81	155.58	30.10	7.29	48.83	31.17

试验共设 10 个处理，3 次重复，随机排列。① CK₁（Zn）；② 常规（硫酸锌 10 kg/hm²），每盆施锌 0.38 g；③ 常规 5 倍，每盆施锌 1.9 g；④ 常规 10 倍，每盆施锌 3.8 g；⑤ 常规 20 倍，每盆施锌 7.6 g；⑥ CK₂（Pb）；⑦ 50 mg/kg 醋酸铅 8.35 g；⑧ 100 mg/kg 醋酸铅 16.7 g；⑨ 200 mg/kg 醋酸铅 33.39 g；⑩ 400 mg/kg 醋酸铅 66.78 g。供试玉米品种为吉单 209。

（1）取样与分析方法。每盆种植 3 株玉米，玉米生育期适时进行补水，每个处理约补水 8 000 mL，确保每个处理试验土壤在整个生育期内基本保持不干的状态，保证重金属能在土壤及玉米体内正常运输扩散。试验取土壤样品，在 9 月 21 日玉米完熟后取 0～20 cm 和 20～40 cm 土层土壤，取玉米根、茎、籽粒、穗轴样品分析锌和铅含量。

（2）试验结果。

影响玉米对锌和铅吸收的因素。影响锌、铅由生长介质向作物转移、积累的主要因素是可供根系直接吸收利用的形态与浓度以及土壤有机质、pH 和根系的阳离子交换量。铅在玉米体内分布的一般规律是根＞下叶＞茎＞上叶＞籽粒，且随着铅浓度增加植株各部位铅含量呈递增趋势。玉米积累锌的规律为土壤＞根＞茎叶＞籽粒。

不同浓度铅对玉米生长发育的影响。观察高浓度醋酸铅处理的玉米生长过程可知，在高浓度铅条件下，玉米在胚根刚伸出后就出现明显的抑制作用，但对地上部生长的影响较弱；在中、低浓度铅条件下，并不影响玉米胚根与种子根伸出，但表现为初生根和种子根以更低的速率生长。这可能是由种皮对铅盐的阻碍所致，细胞的分裂与伸长受到部分抑制，改变了根系的形态，但未影响侧根的出现与数量。

高铅处理下铅在玉米体内的分配特点：玉米根、茎、叶和籽粒中的铅含量有所升高（表 11-35），玉米籽粒铅含量高达 0.058 mg/kg，其余处理均小于 0.04 mg/kg，均未超过玉米籽粒中铅的允许含量（0.2 mg/kg）。此外，籽粒铅含量的变化规律是高浓度处理＞低浓度处理，这预示着环境中的铅含量对籽粒铅含量贡献大。铅在土壤中的临界浓度是 200～500 mg/kg，本试验中高铅处理投放量为 400 mg/kg，并未超出铅在土壤中的临界浓度，籽粒中铅含量也未超标。

表 11-35　铅在玉米体内的分配特点

单位：mg/kg

处理	根	茎	穗下叶	穗上叶	籽粒
CK$_2$	2.95	1.15	3.79	1.25	0.012
50 mg/kg	8.53	4.75	7.79	2.77	0.022
100 mg/kg	16.38	7.78	12.22	4.32	0.031
200 mg/kg	54.45	13.75	20.92	7.15	0.038
400 mg/kg	86.63	14.25	32.93	12.34	0.058

不同浓度锌对土壤及玉米各器官全锌含量的影响。土壤中锌的来源主要有 3 个方面：一是锌肥，二是土壤胶体吸附形成稳定的配合物和螯合物，三是农药、有机肥（通过畜禽粪便）的伴随离子等。由表 11-36 可以看出，土壤和根系中全锌含量随着锌施用量的增加而呈现出增加的趋势，说明施用锌肥不仅增加了土壤中的全锌含量，同时也增加了玉米根系中的全锌含量，二者表现为同步增加。

表 11-36　不同浓度锌对土壤及玉米各器官全锌含量的影响

单位：mg/kg

处理	土壤	根	茎叶	籽粒	穗轴
CK$_1$	41.66	29.00	22.67	21.30	23.33
常规	55.00	29.33	26.67	24.00	31.37
常规 5 倍	60.67	30.67	31.00	27.00	26.33
常规 10 倍	64.33	32.00	28.60	27.30	23.67
常规 20 倍	77.67	38.33	32.00	29.00	28.67

根、茎、籽粒锌含量所占总量的比例变化较为复杂（图 11-52）。随着锌用量的增加，玉米地上部籽粒与地下根系全锌含量增加，而茎中所占总量的比例先升高后降低。因为茎是作物运输营养的器官，锌水平再分配转移速率较大，所受影响也较大，既受根系供应源的影响，也受籽粒接收库的影响。

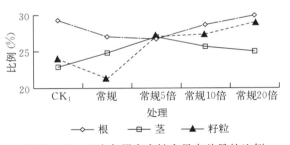

图 11-52　玉米各器官全锌含量占总量的比例

5. 不同施肥处理对土壤环境质量和玉米质量的影响　为明确不同施肥处理对土壤环境及玉米籽粒中重金属含量的影响，笔者分析了国家黑土肥力和肥料效益长期定位监测基地的对照（CK）、高量有机肥（M$_4$）、中量有机肥（M$_2$）、化肥（NPK）和高量有机肥＋化肥（M$_4$＋NPK）5 个经过 25 年处理的土壤和玉米籽粒中铜、锌、砷、铅、镉、汞的含量。随着有机肥施用量的增加，土壤中各种重金属含量也随之增加（表 11-37）。耕层土壤铬含量 M$_4$ 处理较 CK 增加近 1 倍（98.4%），较 M$_2$ 处理增加 39.4%；铜含量分别增加 87.9% 和 29.9%；锌含量分别增加 73.8% 和 17.0%；砷、铅、镉和汞含量也有增加，但不如铬、铜、锌明显。单施化肥与对照（CK）相比，土壤中 7 种重金属元素的变化特征与施用有机肥相反，即铬、铜、锌 3 种元素增加的幅度小于砷、铅、镉和汞。高量有机肥＋化肥（M$_4$＋NPK）处理土壤中 7 种重金属元素均比对照增加明显，也明显高于有机肥和化肥单独施用处理。可见，土壤中增加的砷、铅、镉和汞主要来源于化肥，而铬、铜、锌主要来源于有机肥，这与前文的调查分析结论相同。

分析不同处理玉米籽粒重金属含量可知，玉米籽粒中铬含量以单施化肥处理最高，顺序为

NPK>M_4+NPK>M_4>CK；铜含量也以单施化肥处理最高，施用高量有机肥次之，而高量有机肥+化肥处理最低，顺序为 NPK>M_4>CK>M_4+NPK；锌含量以单施有机肥处理最高，单施化肥处理次之，以高量有机肥+化肥处理最低，顺序为 M_4>NPK>CK>M_4+NPK；玉米籽粒中砷、铅含量较低，不同处理间的变化规律也不明显（表 11-37）。

表 11-37　不同处理土壤及玉米籽粒中重金属含量

单位：mg/kg

样品	处理	铬	铜	锌	砷	铅	镉	汞
土壤	CK	23.89	18.31	41.44	12.35	19.07	0.06	0.025
	M_2	33.99	26.49	61.57	12.64	23.39	0.07	0.027
	M_4	47.39	34.40	72.02	13.89	27.09	0.08	0.030
	NPK	31.76	20.61	56.17	18.27	30.11	0.08	0.032
	M_4+NPK	52.23	36.91	83.97	18.43	30.82	0.09	0.032
玉米籽粒	CK	0.26	0.67	7.82	0.005	0.17	<0.002	<0.000 1
	M_4	0.29	1.19	16.46	0.004	0.20	<0.002	<0.000 1
	NPK	0.49	1.37	11.99	0.009	0.21	<0.002	<0.000 1
	M_4+NPK	0.34	0.39	7.21	0.007	0.19	<0.002	<0.000 1

　　比较不同施肥处理土壤及玉米籽粒中重金属含量变化规律，可以看出，某些可能是导致土壤中重金属含量增加的施肥处理，其地上部也就是籽粒中重金属含量并没有增加的趋势，有的甚至降低，说明作物吸收利用的重金属可能与其在土壤中的浓度和形态有关。化肥相对于有机肥来说比较速效，随化肥进入土壤中的重金属也可以更直接被作物的地上部吸收利用而造成累积。相反，虽然施用高量有机肥也可能增加土壤中的重金属含量，但其形态发生了改变，降低了土壤中某些重金属的活性，这一点也与前文的研究结果相符。

（三）玉米安全生产技术规程

1. 安全生产的意义　玉米是重要的粮饲兼用作物，吉林年种植面积基本稳定在 300 万 hm² 以上，占全省粮食作物播种面积的 60%，总产量已达到 1 900 万 t 左右，占粮食作物总产量的 70% 以上，平均每年可向国内提供 150 亿 kg 以上的商品粮，约占全国商品粮总量的 1/5，全国 1 亿多人口依赖吉林提供的玉米及由此转化的肉、蛋、奶。因此，玉米的安全标准左右着全省农产品的总体质量，也影响食品安全和市场竞争力。

2. 安全生产技术　玉米生产环节多，涉及面广，造成污染的因素多。以玉米安全生产为目标，对玉米生产关键技术进行全面调查分析，研究改良措施，形成具有较高技术含量的、符合无公害生产标准的、切实可行的技术体系，在生产中推广应用尤为重要。

　　（1）玉米安全生产产地环境条件的选择。玉米安全生产是由许多栽培技术组合起来的一个系统工程，包括生产的环境条件、生产过程的各项技术措施以及产品的收获、储运、加工等环节都应符合国家规定的相关标准。确定玉米安全生产产地环境条件是进行玉米安全生产的先决条件。产地环境条件包括 6 个方面：一是产地必须选择生态环境良好、没有或不直接受工业"三废"及农业、城镇生活、医疗及养殖废弃物污染的农业生产区域。二是产地区域内没有对产地环境构成威胁的污染源。三是产地必须避开公路主干线。四是农田土壤金属背景值高的地区以及与水源有关的地方病高发区，不能作为产地。五是产地农田灌溉用水、农田土壤必须符合《绿色食品　产地环境质量》（NY/T 391—2021）。六是选择地势平坦、排灌方便、土壤结构良好、有机质含量高的地块。

　　（2）玉米安全生产栽培技术。

　　品种选择。选用优质、高产、抗病、抗倒伏、适应性广、商品性好的品种，种子质量符合国家标准二级以上的要求。

适期播种。光热是玉米生长发育所必需的基本条件，不仅要满足玉米生长对光热指标的要求，而且使各生育阶段所需自然条件与当地自然资源相吻合。一般中部平原区玉米安全播种期为 4 月 25 日至 5 月 5 日，东部山区玉米安全播种期为 5 月 1—10 日，西部平原区玉米安全播种期为 4 月 25 日至 5 月 10 日。全省玉米最迟播种期不晚于 5 月 10 日。

播种质量。提高玉米播种质量是确保苗全、苗齐、苗匀、苗壮的关键。严格筛选种子，必须选用纯度 98％以上、净度 98％以上、发芽率 95％以上的高质量的玉米种子；同时要精选，使种子大小均匀。足墒、匀墒播种，保持土壤相对持水量在 70％左右。墒情不足时，要播前造墒或播后灌水，人工造墒要做到均匀一致。机播或开沟条播，施足种肥，播深 3～5 cm，并做到播深一致。播种时要施足种肥并注意做到种肥隔离，以免烧种，播种要做到深浅一致、覆土压实。

合理密植。确定适宜的种植密度是玉米高产的重要因素，实践证明，玉米产量要达到 12 000 kg/hm² 以上，普通稀植大穗型品种密度要达到 45 000～55 000 株/hm²，种植耐密型品种要达到 60 000 株/hm² 以上。玉米产量要达到 13 500～15 000 kg/hm²，种植普通稀植大穗型品种已很难实现，只能选用耐密型品种，种植密度要达到 75 000～90 000 株/hm²，实收 70 000～85 000 穗/hm²。

田间管理。及时清苗、定苗。做到 3 叶清苗、5 叶定苗，做到四去四留。即留壮苗、留齐苗、留匀苗、留大苗，去黄白苗、去弱苗、去杂苗、去残苗。

及时中耕，追施苗肥。定苗前后，及时在玉米行间深松，打破犁底层增加耕层厚度，改善土壤理化性质，中耕时开沟追施苗肥。

合理补水。全生育期出现旱情要及时灌溉补水。

施肥技术。施用化肥是农业增产的重要措施，但不合理施用会破坏土壤结构，造成土壤板结和生物学性质恶化，影响作物的产量和质量。玉米安全生产的施肥原则应以保持或提高土壤肥力及促进土壤微生物活动为目的，以有机肥为主，所用肥料尤其是残留在土壤中的氮，应不对环境和作物（营养、食味品质和抗性）产生不良后果。

按每生产 100 kg 玉米籽粒需氮（N）2.6～3.0 kg、磷（P_2O_5）1.0～1.5 kg、钾（K_2O）2.0～3.0 kg 计算，在目前生产栽培条件下，玉米产量要达到 12 000 kg/hm²，需施氮（N）200～280 kg/hm²、磷（P_2O_5）80～120 kg/hm²、钾（K_2O）100～120 kg/hm²。肥料施用应掌握基肥、种肥、苗期施肥占总氮量的 40％，拔节期及孕穗期追施 60％；磷钾肥、微肥均一次基施。

病虫草害防治。农药能防治病、虫、草害，如果使用得当，可保证作物增产；但施用不当，会引起环境和农产品污染。喷施于作物体上的农药（粉剂、水剂、乳液等），除部分被作物吸收或逸入大气外，约有 1/2 掉落农田，这部分农药与直接施入田间的农药（如拌种消毒剂、地下害虫熏蒸剂和杀虫剂等）构成农田土壤中农药的基本来源。作物从土壤中吸收农药，在根、茎、叶和籽粒中积累，再通过食物、饲料可危害人体和牲畜的健康。此外，农药在杀虫、防病的同时，也使有益微生物、昆虫、鸟类遭到了伤害，破坏了生态系统，使作物遭受了间接损失。

玉米安全生产的病虫害防治要实行以防为主，综合防治，物理防治、生物防治、化学防治相结合，达到生产安全、优质高效无公害目的，不使用国家明令禁止的高毒、高残留、高生物突变性、高三致（致畸、致癌、致突变）农药及其混配农药。

生物防治：保护和利用好害虫天敌，创造有利于天敌生存的环境条件，选择对天敌杀伤力低的农药，释放天敌如寄生蜂等。对蚜虫、玉米螟等害虫采用苏云金杆菌制剂及白僵菌颗粒剂等进行生物防治。

化学防治：玉米安全生产使用农药的原则是一定要选择低毒、低残留农药，确保玉米的食用安全性。杀虫剂可选用敌百虫、辛硫磷、吡虫啉、苏云金杆菌、赤霉素、甲草胺，严格执行农药安全使用标准，控制喷药次数、用药浓度，注意用药安全间隔期等，严禁使用国家公布的高残、高毒农药，如砷酸钙、福美甲胂、福美胂、氯化锡、除草醚等，确保玉米卫生质量。

适时收获。目前吉林推广的玉米品种比较多，可以掌握活秆成熟时收获。玉米适期收获应以果穗籽粒硬化，中部籽粒着生部位产生色层，籽粒含水率小于 33% 为宜。另外，玉米储藏、运输、加工所用的场地、设备必须保证安全、卫生、无污染。

第三节　坡耕地黑土培肥与玉米增产技术模式

一、坡耕地农田区域分布

坡耕地是指分布在山坡上地面平整度差、跑水跑肥跑土严重、作物产量低的旱地。坡地一般是指 6°～25° 的地貌类型，开垦后多称为坡耕地。全国 25° 以上坡耕地面积见表 11 - 38。

表 11 - 38　全国 25° 以上坡耕地面积

地区	面积（万 hm²）	比例（%）
全国	549.6	100
东部地区	33.6	6.1
中部地区	75.6	13.8
西部地区	439.4	79.9
东北地区	1.0	0.2

我国是世界上水土流失灾害发生最严重的国家之一，土壤侵蚀遍布全国，而且强度大，成因复杂，危害严重，尤其以西北的黄土、南方的红壤和东北的黑土水土流失最为严重。据调查统计，全国土壤侵蚀面积达 367 万 km²，占国土面积的 38%，每年约流失土壤 5×10^9 t。水土流失是我国主要的生态环境问题，已成为社会经济可持续发展的制约因素。其中，坡耕地是我国重要的后备耕地资源，是发展粮食和亚热带经济作物及果、林、草的重要基地，也是水土流失的主要策源地。统计数据显示，截至 2008 年 12 月 31 日，我国现有耕地 1.22 亿 hm²，其中坡耕地 0.24 亿 hm²。这些坡耕地每年产生的土壤流失量约为 15 亿 t，占全国水土流失总量的 1/3。我国现有 2.39×10^7 hm² 坡耕地，分布于全国 30 个省份。坡耕地占全国水土流失面积的 6.7%，土壤流失量占全国土壤流失总量的近 1/3，是水土流失的主要策源地。我国水土流失总面积达 161 万 km²，年均土壤侵蚀总量 45.2 亿 t。近 50 年来，我国因水土流失而损失的耕地达 333.33 万 hm² 以上，年均损失 6.67 万 hm²。

坡耕地是我国耕地资源的重要组成部分，关系国家粮食安全、生态安全和防洪安全。但由于我国山丘区所占比重较大，加之自然历史和人口等原因，目前仍在耕种的坡耕地面积较多。据统计，在我国现有的 1.21 亿 hm² 耕地中，坡耕地有 0.24 亿 hm²，并且全为水土流失土地，产生的土壤流失量占全国的 28.3%，西南、西北等地区坡耕地土壤流失量占当地土壤流失总量的 50% 以上。据测算，目前我国山丘区仍有约 5.9 亿农业人口，坡耕地占山丘区耕地面积的 1/4，粮食产量低而不稳。坡耕地既是山丘区群众赖以生存的基本生产用地，也是水土流失的重点区域。多年实践表明，实施坡耕地改造后每公顷增产粮食 1 050～3 000 kg，一些地方采取地膜覆盖种植玉米，产量更高。如果逐步对全国现有坡耕地进行改造，那么多数省份山丘区粮食需求可实现自给。

黑土区土壤类型主要为黑土、黑钙土和暗棕壤（解运杰 等，2004）。黑土区多为波状起伏的漫岗地形，坡度一般为 1°～7°，很少达到 10°，坡长多为 500～2 000 m，坡耕地具有坡缓、坡长的特点（王玉玺 等，2002）。显著的地形特征导致面蚀成为黑土区最普遍的侵蚀方式。黑土区水土流失形式有多种，包括水力侵蚀、风力侵蚀、重力侵蚀和冻融侵蚀，但以前两种为主。据第二次土壤侵蚀遥感调查统计，黑土区水土流失面积达到 7.43×10^6 hm²，占全区土地总面积的 36.7%（王玉玺 等，2002）。

二、坡耕地黑土土壤肥力退化特征

土壤是人类赖以生存的最为重要的自然资源之一。我国人均耕地面积为 0.09 hm²，不到世界人均耕地面积的 1/2，且地区分布很不平衡。而水土流失严重、干旱缺水和沙尘暴等问题都严重制约着我国土地资源的利用。以云南为例，云南属典型山地结构地貌类型，山区、半山区面积占全省土地面积的 94%。据 1999 年遥感调查结果，云南水土流失面积 14.1 万 km²，占土地面积的 36.88%。云南的水土流失从侵蚀强度和面积分布上主要表现为轻度侵蚀和中度侵蚀，总共占全省水土流失面积的 93.85%。全省年土壤侵蚀总量为 5.14×10⁸ t，年均侵蚀模数 1 340 t/km²，年均侵蚀深度为 1 mm。云南地区土壤以红壤为主，质地疏松，抗蚀能力弱，且位于低纬度高海拔地区，属亚热带季风气候，雨量充沛，降水时间与空间分布不均衡，常导致旱涝灾害，水土流失加剧。云南山地多坝区少，粮食产量的增加远低于人口的快速增长，因而陡坡开荒成为扩大种植面积和提高粮食产量的一种方式；加上不合理的耕作栽培措施（顺坡种植），导致坡地植被大量毁坏，人为加剧了水土流失。因此，防治坡耕地水土流失、提高坡耕地质量，使生态效益和经济效益潜力得到最大的发挥是亟待解决的问题。黑龙江作为农业大省，其耕地面积占全国总耕地面积的 1/10，属于典型的寒地旱作农业大省。黑土资源开垦后，其土壤肥力性质发生了明显的变化，部分土壤向着不断培肥成熟化的方向发展，但比较普遍的现象是土壤肥力呈现出不断降低的趋势（蔡典雄 等，1993）。黑土的退化现象主要表现为：土壤有机质含量下降，水土流失严重、土壤理化性质恶化，动、植物的相应区系降低，作物的营养成分下降且失去平衡等，严重制约着黑龙江农业的可持续高效发展。黑土区坡耕地面积为 1 280 万 hm²，占耕地总面积的 60%，且多分布在 3°~15°坡面上，是产生水土流失的主要源地。所以，应进行寒地保护性耕作技术的有关研究，进而充分利用施肥与保护性耕作技术降低径流、提高肥力、提高抗风蚀能力、优化结构的优势。因此，充分利用施肥与保护性耕作技术对黑龙江黑土区的土壤保护与培肥，包括低平地、岗平地黑土尤其是坡耕地黑土优质高效农业的可持续发展具有重要的长远意义和现实意义。黑土区是我国商品粮生产基地，在保障国家粮食安全方面有着举足轻重的地位。黑土富含有机质，具有深厚的腐殖质层和良好的物理、化学、生物学特性，养分含量高，是我国重要的土壤资源。近年来，黑土层厚度已由 20 世纪 50 年代初的 60~70 cm 下降到 20~30 cm，而且仍在以每年 0.3~1.0 cm 的速度在减小，有些地区土壤已露出成土母质，丧失了一定的农业生产能力（李发鹏 等，2006）。据了解，每生成 1 cm 的黑土层需要 300~500 年的时间（张秀池，2000）。

（一）土壤养分

黑土中养分主要集中在上部腐殖质层和过渡层，表层土壤养分含量向深层递减较快。表层土壤流失越多，土壤养分含量就越少。经过 200 余年的垦殖和不合理的土地管理，严重破坏了土壤结构，造成土壤有机质含量和质量明显下降，保水保肥性能降低，导致水土流失面积增大，土壤养分减少，耕地生产力低下。同时，黑土区降水主要集中在夏季，占全年降水量的 90% 左右，降水量和降水强度都很大，使侵蚀强度增加。

降水是导致侵蚀过程中水土流失发生的主要原因。坡面表土在雨水的分散、剥离和搬运过程中极易流失，导致吸附于土壤颗粒中的养分随侵蚀泥沙流失而大量流失，加剧养分流失。降水因子有多个，其中关于降水强度与养分流失关系的研究较多。彭浩等（2004）发现，随着降水强度的增大，溶解态钾、速效钾和缓效钾流失量明显增加。王辉（2006）研究发现，养分流失量与降水强度呈指数函数关系，降水强度对径流中土壤硝态氮流失量影响不显著，土壤中硝态氮以淋失为主。李裕元等（2007）对黄绵土研究表明，径流中不同形态磷含量随着降水强度的增大而降低，而总流失量受降水强度与产流过程等多种因素共同影响；当降水量相同时，径流中溶解态磷含量随着降水强度的增大而降低。马琨等（2007）在对红壤坡耕地的研究中发现，当降水强度较小时，可溶态养分流失量随径流迁移的比例较高；当降水强度较大时，土壤养分以侵蚀泥沙形式流失为主。对红壤坡面高强度暴雨模拟试验表明，降水初期泥沙中养分流失浓度较高，随着降水历时呈现波形变化，波动幅度受降水强度及土壤物理状况等影响。Ramos 等（2004）研究表明，当总降水量为 215 mm，最大降水强度达到 170 mm/h 时，径流小区内土壤侵蚀量为 207 mg/hm²，其中氮、磷和钾的流失量分别为 108.5 kg/hm²、108.6 kg/hm² 和 35.5 kg/hm²。Francirose 等（2007）研究认为，当降水强度为 75 mm/h 时，径流中溶解态磷、颗粒态磷和全磷的含量显著高于降水强度为 25 mm/h 时。蔡崇法等（1996）研究发现，紫色土侵蚀泥沙养分流失与泥沙流失的趋势一致，在降水初期流失量小，随后逐渐增加，最后在一定幅度内趋于稳定。黄丽等（1998）对三峡库区紫色土研究发现，侵蚀泥沙的流失导致降水过程中坡耕地养分含量降低，泥沙中 <0.02 mm 粒级团聚体和 <0.002 mm 黏粒是养分流失的主要载体。黄满湘等（2001）研究室内模拟暴雨对农田氮素养分流失的影响表明，暴雨条件下径流中氮素流失量与累积径流量呈正相关关系，颗粒态氮是农田暴雨径流中氮素流失的主要方式。

（二）土壤团聚体

土壤团聚体是土壤的重要组成部分，土壤团聚体粒级分布和团聚体稳定性对地表径流蓄渗作用和抵抗侵蚀能力有重要影响。团聚体破坏方式有多种，其中坡面土壤侵蚀是一个很复杂的过程，主要包括雨滴溅蚀和径流冲刷引起的土壤剥离、径流泥沙输移和沉积三大过程。众多研究表明，坡面土壤侵蚀过程伴随着团聚体的破坏而发生（Roth et al.，1994；Le Bissonnais，1996），它不仅为雨滴溅蚀和径流冲刷过程提供材料，而且侵蚀泥沙也是养分的主要携带者（Douglas et al.，1997）。

方华军等（2007）研究表明，黑土土壤侵蚀破坏耕层大团聚体，相应地增加了微团聚体流失比例；在沉积区，微团聚体含量相对较高，说明微团聚体易被地表径流携带迁移，并在低洼部位沉积。申艳等（2008）研究表明，在对黑土侵蚀过程中，水力侵蚀倾向于破坏土壤大团聚体，优先迁移土壤中的微团聚体。周一杨等（2008）在对黑土溅蚀研究中发现，>1.0 mm 粒级的团聚体不易发生迁移，雨滴主要对其进行拆分，表现出各粒级团聚体流失比例变化的损耗特征；而 <1.0 mm 粒级团聚体易在雨滴作用下发生位移，表出明显的富集特征。这也进一步验证了降水过程中存在对迁移团聚体范围的优先选择性（Sutherland et al.，1996）和对大粒级团聚体迁移的滞后性（Parsons et al.，1991）。Hairsine 等（1991）认为，在侵蚀过程中雨滴剥离分散地表大团聚体，径流选择搬运细颗粒的同时，还存在较粗颗粒沉积甚至覆盖在地表的过程，使被选择搬运的侵蚀泥沙变粗。雨滴打击地表、径流选择搬运和沉积作用共同决定了侵蚀泥沙团聚体的粒级分布特征。郭志民（1999）研究发现，随着土壤侵蚀程度的加剧，>0.25 mm 粒级团聚体有减少趋势，特别是 >2 mm 粒级团聚体减少最明显，而 0.02～0.25 mm 粒级团聚体却有增加趋势。黄满湘等（2003b）研究指出，与原土壤团聚体组成相比，侵蚀泥沙中 >1 mm 粒级团聚体含量明显低于原土壤，<0.25 mm 粒级团聚体含量则高于原土壤，说明侵蚀泥沙团聚体的流失以 <0.25 mm 粒级为主。Young（1980）认为，0.02～0.20 mm 土壤团聚体易被分离和搬运。黄丽等（1999）对紫色土研究发现，侵蚀泥沙中 <0.02 mm 粒级团聚体和 <0.002 mm 黏粒大量富集。陈晓燕等（2010）基于人工模拟降水对紫色土研究发现，降水强度对土壤团聚体有明显的分散和破坏作用，降水强度越大则土壤团聚体分散作用越显著。

三、不同农艺措施对坡耕地培肥效果的影响

目前在坡耕地水土流失治理上，我国学者对不同耕作措施在控制土壤侵蚀方面的研究已有不少，且多集中于作物地上部对水土流失的影响。推行各种水土保持耕作措施，进而拦截地表径流，减少土壤冲刷，可为农业生产保土保水保肥。总体来说，将水土保持措施分为两大类：一类是以改变地面微地形、增加地面粗糙度为主的耕作措施，如等高种植、沟垄种植、水平沟种植、横坡种植；另一类是以增加地面覆盖和改良土壤为主的耕作措施，如秸秆还田、少免耕、间套混复种和草田轮作等。增加地表覆盖物和采用坡改梯等工程措施改变坡耕地的地表形态，可以有效减少坡耕地的水土流失，减少作物所需养分的损失，进而促进作物的生长，提高作物品质与产量，实现国家山区、半山区"三农""三增"的可持续发展，保障粮食安全。

试验区位于黑龙江省齐齐哈尔市克山县的沈阳军区（现为北部战区）空军后勤部克东农副业基

地，土壤属于典型黑土，属中温带大陆性季风气候，冬长夏短，四季分明（春季干旱多风，夏季炎热多雨，秋季短促霜早，冬季寒冷而漫长）。受地理环境、海陆气团和季风的交替影响，全县各季气候差异十分显著。克山县有效积温 2 503.6 ℃，属于第二积温带。春季（3—5 月）气温回升快，降水少，大风多，空气干燥，易干旱；夏季（6—8 月）气候温热，雨量充沛，光热水同季，有利于农业生产；秋季（9—10 月）气候由暖变寒。本试验地的坡度为 2°～3°。

（一）保护性耕作对坡耕地土壤理化性质的影响

1. 保护性耕作技术对坡耕地土壤含水量的影响 土壤含水量作为最为活跃的理化性质之一，且其他理化性质可能受含水量的影响，因此含水量在研究耕作技术时应用较广泛。作为典型的旱地作物之一，玉米前期、中期的生长受土壤持水能力的影响非常显著。试验田的土壤含水量测定结果如图 11 - 53 所示，可以看出，生长前期试验田的土壤含水量比较适宜。不同处理土壤含水量顺序为 A＜B＜D。9 月，作物进入生长后期，各处理间土壤含水量无显著差异。

D 处理土壤含水量在玉米的整个生育期中高于其他处理。这可能是因为一方面秸秆还田后明显阻挡了阳光对地面的照射，避免了风对地面的直接吹拂，坡耕地土壤水分因地表秸秆的覆盖而降低了蒸发速度，使得玉米在生长前期得到了充足的水分供应；另一方

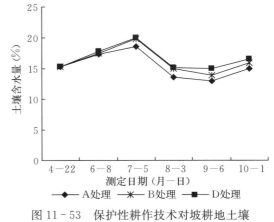

图 11 - 53　保护性耕作技术对坡耕地土壤
含水量的影响（0～20 cm）

面，秸秆还田能够减少地表径流的损失，而常规耕作的地表裸露，玉米生长前期在雨水的直接拍击下表面易结壳而产生径流。B 处理的土壤结构维持较好，由于土壤松动较大，进而使土壤拥有比较大的孔隙，这就使处理后的坡耕地土壤有利于水分的蒸发、下渗，造成丰水期坡耕地土壤地表径流的减少，水分可迅速下渗，因此 B 处理的土壤含水量与 D 处理相近；亏水期因 B 处理的土壤孔隙度比较大，水分蒸发速度快，B 处理土壤含水量低于其他处理。

2. 保护性耕作技术对坡耕地土壤容重的影响 容重作为土壤物理性质的主要指标之一，能够反映出土壤紧实度。适宜的土壤容重有利于作物根系的生长发育，促进作物对水分及养分的吸收。土壤质地、结构与有机肥的含量及各种人工管理措施、自然因素对土壤容重均产生影响。容重较高的土壤密而紧实；相反，有大量孔隙或疏松多孔的土壤，其容重比较低。

由图 11 - 54 可知，播种前期，A 处理的土壤容重比较高，达到 1.24 g/cm³，各处理差异并不显著。5 月 24 日，各处理土壤容重均最低，而 D 处理最低，为 1.10 g/cm³。

因受到土壤生物、植物根系、气候、土壤有机质含量等环境条件的影响，在玉米全生育期，坡耕地土壤容重呈现出先下降后升高的趋势。坡

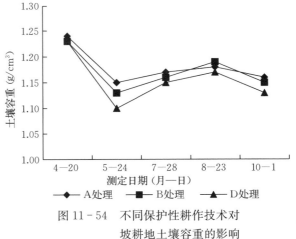

图 11 - 54　不同保护性耕作技术对
坡耕地土壤容重的影响

耕地土壤容重的测定在播种以前，此时的土壤容重相对较高。之后的耕作、播种作业使土壤容重有所降低。总体来看，A 处理的变化比较显著，因机械外力对土壤扰动较大，玉米播种初期土壤容重剧烈下降。随着玉米生育期的推进，土壤容重会恢复原状。土壤容重在玉米生长过程的中期、后期平稳下降，这种现象表明在土壤生物、作物根系、土壤有机质含量、气候等环境条件变化的共同影响下，

坡耕地土壤结构发生了变化，土壤孔隙度增加，土壤容重逐渐下降。B 处理对土壤的扰动相对较小，土壤容重的变化并不显著；而打破犁底层增强了坡耕地土壤的通透能力，这就造成在玉米生长过程的中、后期土壤容重低于 A 处理。因 D 处理将粉碎的秸秆还田使得土壤有机质、微生物数量等环境条件发生了不同程度的改变，土壤孔隙度增加，土壤容重降低。实施保护性耕作技术一年后，不同处理土壤容重顺序为 D＜B＜A。B、D 处理土壤容重分别比 A 处理降低了 0.36％、0.96％。各处理对坡耕地土壤容重的影响均不显著，但因试验时间比较短，所以本研究的结论并不可以完全揭示土壤容重受各保护性耕作技术处理的影响。

3. 保护性耕作技术对坡耕地土壤田间持水量的影响 田间持水量是指在排水良好和地下水比较深的土壤剖面上所能够维持相对最高的含水量，土壤含水量及蓄水能力均受到田间持水量的影响。墒情较好的土壤拥有比较高的土壤田间持水量，可以让玉米在比较好的环境中生长，从而提高玉米产量。本研究结果显示：不同保护性耕作技术对田间持水量的影响较大。由图 11 - 55 可以看出，在不同时期，保护性耕作技术处理后田间持水量变化规律不尽相同。耕作过程对坡耕地土壤扰动比较大，进而造成苗期的土壤孔隙度明显增大，田间持水量也比耕作前大。伴随着玉米的生长，不同保护性耕作技术下坡耕地土壤田间持水量的变化规律也不同。由于土壤逐渐恢复到原状，耕作后 A 处理土壤孔隙度逐渐减小，使得土壤田间持水量也逐渐减少到耕作前的状态。田间持水量伴随玉米的生长有一定程度的提升，但变化规律并不显著。B 处理田间持水量与 A 处理的演变规律相似。即耕作后田间持水量有所提升。虽然 B 处理并没有改变坡耕地土壤田间持水量的层次规律，

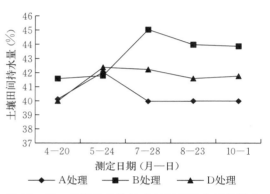

图 11 - 55 保护性耕作技术对田间持水量的影响

相对而言对土壤的扰动比较小，但 B 处理土壤疏松度和孔隙度提高比较明显，进而使得耕作结束后田间持水量迅速提升。土壤疏松度、孔隙度伴随玉米的生长有一定程度的下降，田间持水量也随之下降，B 处理下降幅度较 A 处理小。因 D 处理土壤中有很多的秸秆物质，进而造成孔隙度始终比其他处理大，土壤含水量偏高；再加上秸秆覆盖使水分蒸发缓慢，雨水下渗较快，进而提高了土壤保水能力，提高了微生物的活动能力，土壤田间持水量进一步提升。在玉米生长后期，D 处理田间持水量值呈现一定程度的下降。这是因为此时绝大部分秸秆已经腐败，微生物活动有所降低，孔隙度也有一定程度下降，进而使得田间持水量值呈现一定程度的降低但仍然大于同一时间的其他处理。不同保护性耕作方式之间，坡耕地土壤田间持水量差异显著。

以上数据表明，A 处理能较好地对坡耕地土壤进行疏松，而未能有效地维持耕层的田间持水量，所以 A 处理并不利于坡耕地土壤的持水、保水。B、D 处理虽均能比较有效地促进田间的保水、持水能力，但 D 处理的效果比 B 处理的效果要差一些。

4. 保护性耕作技术对坡耕地土壤碱解氮含量的影响 碱解氮也称有效氮，其含量揭示了近期氮元素的供应水平。碱解氮含量与有机物含量呈正相关关系，还与土壤质地、地形、地貌、海拔、植被情况、气候和耕作方式相关。这表明根据碱解氮含量能够显示出供氮能力受保护性耕作技术的影响。

图 11 - 56 显示出不同时间坡耕地土壤碱解氮含量受保护性耕作技术的影响特性，不同保护性耕作技术处理坡耕地 0～20 cm 土壤碱解氮含量的差异于 6 月 8 日表现为极显著（$P<0.01$），其顺序为 B＜D＜A；7 月 5 日表现为显著（$P<0.05$），碱解氮含量最低的是 D 处理，最高的是 A 处理；7 月 23 日表现为显著（$P<0.05$），碱解氮含量以 B、D 处理比较低，A 处理比较高；玉米成熟以后，碱解氮含量最低的是 A 处理，B、D 处理碱解氮含量显著提高，与 A 处理间的差异达极显著水平（$P<0.01$）。在玉米的整个生长期中，0～20 cm 碱解氮含量 A 处理的波动比较小，且呈现出逐渐降低的趋势，由 157 mg/kg 下降为 139 mg/kg；B 处理表现为先升高后降低然后继续升高的趋势，除 7

月 23 日碱解氮含量较低以外，其他测定时期的结果差异表现为不显著；D 处理在 0～20 cm 耕层变化幅度较大，表现为先降低再升高的趋势。以上结果表明，碱解氮含量受保护性耕作技术的影响并不相同。而且，导致各不同处理间存在差异的另一个原因是地表覆盖物质。在 7 月 23 日，D 处理的碱解氮含量出现最小值（118 mg/kg），之后得到提升且其最大值为 169 mg/kg，相差 51 mg/kg。其原因可能为：因生长旺盛的玉米消耗很多的营养且数量巨大的秸秆正处于降解的初期进而消耗氮元素，使碱解氮含量出现最低值；随着玉米生育期的推进，秸秆开始腐解且未腐解的秸秆数量开始下降，这就造成氮元素的大量释放，而其消耗速度又降低，所以碱解氮含量提升显著。

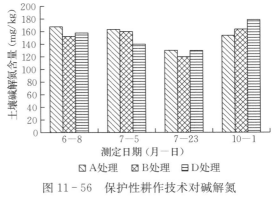

图 11 - 56　保护性耕作技术对碱解氮含量的影响

5. 保护性耕作技术对坡耕地土壤有效磷含量的影响　磷元素不仅能提高作物抗逆性和适应能力，还可以辅助作物根部的生长发育，对作物的生长发育具有极其重要的作用。磷含量标志着土壤肥力，而有效磷含量又是磷含量的主要组分，有效磷含量能间接显示土壤性质，是应用最广泛的指标之一，而有关有效磷含量受保护性耕作技术影响的研究结论至今尚不统一。本研究结果显示，有效磷含量随着玉米生长期的进行于 7 月 5 日呈现整个生育期的最大值。随着玉米生育期的变化，有效磷含量呈现先缓缓提升然后再缓缓下降的趋势，即不同保护性耕作处理耕层坡耕地土壤有效磷含量的波动大体相似。首先，玉米苗期以后气温开始升高，土壤温度也随之升高，无机磷元素的转化得以提升，且有机磷元素的矿化得到提高；其次，根系分泌能力的提升从而提高了根系对磷元素的吸附交换能力。随着玉米生育期的变化，玉米对磷的需求量提升很大，其土壤有效磷含量开始随之波动，有效磷含量逐步下降直到玉米成熟（图 11 - 57）。

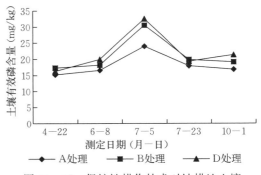

图 11 - 57　保护性耕作技术对坡耕地土壤有效磷含量的影响

　　因玉米生育前期土壤温度比较低，磷转化比较慢，有效磷含量受保护性耕作技术的影响不显著；0～20 cm 土层土壤有效磷含量在生育中期受保护性耕作技术的影响比较显著；而有效磷含量在成熟期受保护性耕作技术的影响并不显著。D 处理有效磷含量一直高于其他处理，而 B 处理又高于 A 处理。这说明 D 处理可提高有效磷含量，进而提高坡耕地土壤的肥力水平。

　　从总体趋势来看，保护性耕作技术对土壤有效磷含量有影响。而因为试验时间比较短，显现的波动规律并不十分显著，所以本研究的结论并不能完全揭示有效磷含量受各保护性耕作技术的影响，因而仍需进行相关定位试验的研究。

6. 保护性耕作技术对坡耕地土壤速效钾含量的影响　因作物对钾元素的需求量比较大，所以钾被誉为作物营养的三要素之一。含钾元素的矿物质是钾的主要来源，而含钾元素的原生矿物质、黏土矿物质则只代表了钾的提供潜力，钾元素真实的提供能力体现在含钾矿物质被降解成能被作物所利用的钾的数量、速度。钾元素因作物对其吸收的能力和钾元素存在的形式可分为水溶性钾、交换性钾、含钾矿物质和非交换性钾，其中前两种可被作物直接吸收而称为速效钾。因能直接被作物利用，所以速效钾可作为体现钾肥水平的指标之一。有关研究表明，速效钾的提供水平受保护性耕作技术的影响。对保护性耕作坡耕地土壤速效钾含量比较进行分析（图 11 - 58）可看出，6 月 8 日 D 处理土壤速效钾含量最高，各处理间的差异并不显著。7 月 5 日 B、D 处理土壤速效钾含量均显著高于 A 处理，而 D 处理最高。其原因可能为 7 月上旬雨量较大，而秸秆中钾又以离子形式存在，进而使得钾元素极易被淋洗出来。而 7 月末雨量骤减，各处理速效钾含量的差异并不显著。在玉米成熟以后，速效钾含量以 A 处理最低，且各处理间差异并不显著。以上结果表明，不同的保护性耕作技术是坡耕地土壤速效钾含量存在差异的一个原因，但是各处理间差异并不显著。

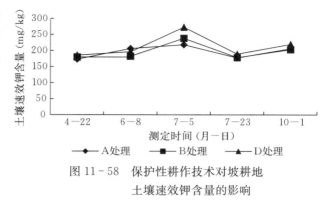

图 11-58　保护性耕作技术对坡耕地土壤速效钾含量的影响

（二）有机肥对坡耕地土壤理化性质的影响

1. 有机肥对坡耕地土壤含水量的影响

对于各耕作处理，施有机肥的作用并不十分显著，施有机肥处理与不施有机肥处理间的坡耕地土壤含水量无显著差异（图 11-59、图 11-60）。

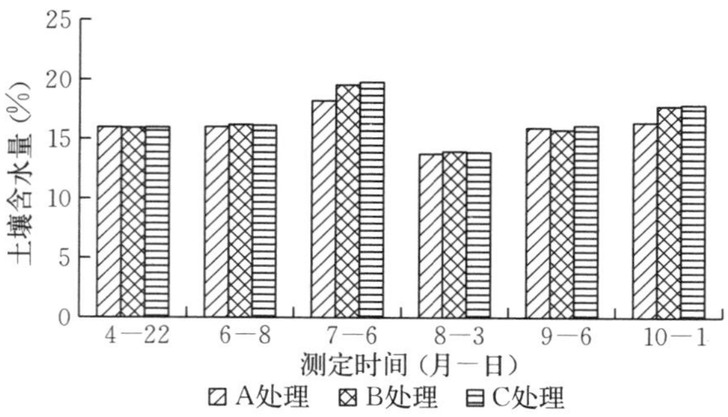

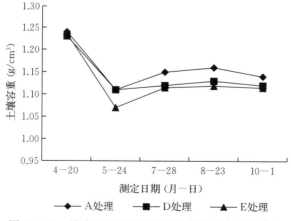

图 11-59　施有机肥对超深松处理土壤含水量的影响

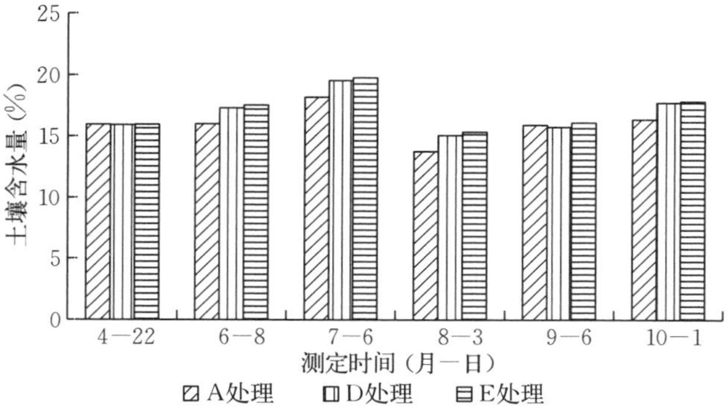

图 11-60　施有机肥对秸秆还田处理土壤含水量的影响

2. 有机肥对坡耕地土壤容重的影响

有机肥施用后，C 和 E 处理比未施有机肥的相应处理的坡耕地土壤容重平均分别下降了 0.87%、1.15%。其原因可能是有机肥施入后，坡耕地土壤有机质含量提高，进而易形成大的团聚体，提高了坡耕地土壤通水、通气状况和孔隙度，进而造成土壤容重有所下降（图 11-61、图 11-62）。

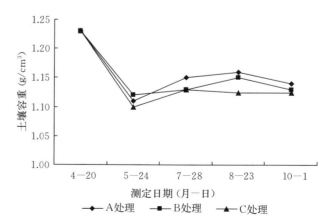

图 11-61　施有机肥对秸秆还田处理土壤容重的影响

图 11-62　施有机肥对超深松处理土壤容重值影响

3. 有机肥对坡耕地土壤田间持水量的影响

由图 11-63、图 11-64 可以看出，因有机质的吸水性比较高，致使施入有机肥后土壤田间持水量值有一定程度的提升。

4. 有机肥对坡耕地土壤温度的影响 玉米种子的出苗、萌发和根系吸收营养物质等过程均需适宜的土壤温度，温度过高或过低均会影响玉米根系吸收养分，从而进一步影响玉米的生长状况。本试验采用了曲管地温计法，测定了玉米各生育时期 1 d 中 8:00、14:00、20:00 3 个时间段不同的耕作处理坡耕地土壤的 5 cm、10 cm、15 cm、20 cm 的温度，结果分别列入表 11-39、表 11-40、表 11-41。相同处理、相同深度各时段的坡耕地土壤温度顺序为 8:00＜14:00＜20:00。不同时段坡耕地土壤温度的变化趋势基本一致。

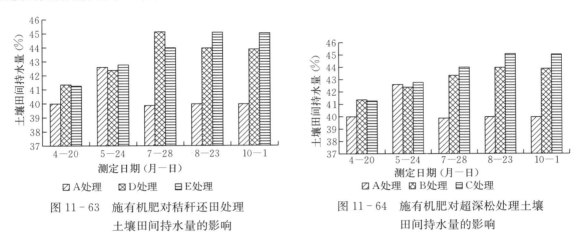

图 11-63 施有机肥对秸秆还田处理
土壤田间持水量的影响

图 11-64 施有机肥对超深松处理土壤
田间持水量的影响

表 11-39 各耕作处理坡耕地土壤温度（8:00）

单位：℃

土壤深度	处理	5月30日	6月14日	7月5日	7月23日	7月28日	8月5日	8月18日	8月30日	9月8日	9月28日
5 cm	A	16.77	20.13	19.83	17.37	20.50	19.27	20.33	17.17	15.80	8.63
	B	16.69	19.87	19.72	17.43	20.40	19.50	20.50	17.37	15.30	9.63
	D	16.30	19.23	19.14	17.07	19.90	19.17	20.30	17.07	15.10	8.57
	E	16.62	19.45	19.71	17.50	20.17	19.30	20.30	17.00	15.10	9.20
	C	16.93	20.16	19.81	17.03	20.10	19.67	20.53	17.17	15.00	9.13
10 cm	A	17.03	20.48	19.99	17.83	20.83	19.57	20.63	17.37	16.80	9.57
	B	17.23	20.32	20.16	17.93	20.73	19.67	20.67	17.50	16.00	10.07
	D	16.61	19.60	18.74	17.57	20.20	19.53	20.53	17.30	16.00	9.77
	E	16.98	19.71	19.81	18.03	20.37	19.67	20.63	17.23	15.90	9.80
	C	17.09	20.45	20.35	18.27	20.87	19.90	20.97	17.40	16.10	10.33
15 cm	A	17.43	20.76	20.41	18.70	21.07	19.67	20.73	17.50	17.10	10.33
	B	17.19	20.23	19.91	18.13	20.50	19.73	20.63	17.60	16.50	10.37
	D	17.57	20.46	20.32	18.47	20.87	19.83	20.83	17.70	16.90	10.40
	E	17.45	20.89	20.51	18.30	20.47	19.87	20.87	17.57	16.60	10.77
	C	17.48	21.17	20.63	18.70	21.03	20.00	21.00	17.83	17.00	10.17
20 cm	A	17.80	21.36	20.69	19.17	21.17	19.87	20.77	17.93	17.60	10.47
	B	17.70	20.98	20.21	18.30	20.57	19.90	20.77	17.83	17.20	10.47
	D	17.74	20.67	20.58	19.10	21.27	20.17	21.13	17.93	17.50	10.40
	E	17.62	21.31	20.68	18.43	20.67	20.07	21.07	17.83	17.30	10.73
	C	17.84	21.42	20.57	18.97	21.10	20.30	21.30	17.87	17.60	10.27

表 11 - 40　各耕作处理坡耕地土壤温度（14:00）

单位:℃

土壤深度	处理	5 月 30 日	6 月 14 日	7 月 5 日	7 月 23 日	7 月 28 日	8 月 5 日	8 月 18 日	8 月 30 日	9 月 8 日	9 月 28 日
5 cm	A	24.50	30.50	25.80	26.13	26.17	23.63	23.63	23.27	21.00	11.23
	D	21.10	26.10	25.07	24.40	23.87	23.67	23.27	23.53	20.50	11.47
	B	23.90	30.20	25.07	24.73	24.20	22.87	22.83	23.47	20.70	11.63
	E	21.50	25.70	24.50	24.13	23.27	22.73	23.00	23.40	20.30	11.40
	C	23.67	29.42	25.90	24.43	24.13	22.53	22.80	23.00	20.90	11.53
10 cm	A	22.90	28.90	24.67	24.80	24.27	22.10	22.80	22.37	20.20	11.00
	D	20.30	25.60	23.10	23.43	22.60	22.10	22.63	22.30	19.60	11.07
	B	22.50	29.00	22.90	24.07	23.03	21.30	21.93	22.40	19.90	11.00
	E	20.03	24.91	22.60	22.73	21.93	21.57	21.93	22.10	19.50	11.07
	C	22.32	27.90	24.90	23.83	23.03	21.53	22.10	21.87	19.90	11.27
15 cm	A	21.50	27.80	22.83	23.67	22.77	20.73	22.00	21.03	19.40	10.80
	B	19.80	25.20	21.76	22.03	21.53	20.93	21.57	21.40	19.10	10.60
	D	21.40	27.90	21.53	22.87	22.20	20.63	21.43	21.57	19.30	10.67
	E	19.67	25.36	21.60	21.60	21.07	20.37	21.43	20.70	18.80	10.97
	C	21.02	27.13	22.50	22.97	22.40	21.13	21.67	20.70	19.50	10.97
20 cm	A	21.20	27.20	21.17	22.83	21.97	20.73	21.30	20.80	19.00	10.57
	D	19.40	24.90	20.96	21.30	21.00	20.33	20.97	20.50	18.60	10.53
	B	21.20	27.40	21.50	22.13	21.50	20.20	21.07	20.93	18.90	10.60
	E	19.29	24.69	20.80	20.90	20.50	19.80	20.90	19.87	18.50	10.80
	C	21.55	26.83	22.00	22.57	21.63	20.67	21.33	20.20	18.80	10.77

表 11 - 41　各耕作处理坡耕地土壤温度（20:00）

单位:℃

土壤深度	处理	5 月 30 日	6 月 14 日	7 月 5 日	7 月 23 日	7 月 28 日	8 月 5 日	8 月 18 日	8 月 30 日	9 月 8 日	9 月 28 日
5 cm	A	21.05	25.24	23.54	22.13	25.43	23.30	23.40	20.07	19.00	10.93
	D	20.32	23.03	22.05	21.57	23.30	21.83	23.33	21.83	18.60	11.20
	B	20.72	23.52	22.22	21.90	23.77	22.00	22.93	21.8	18.80	11.30
	E	20.21	22.85	21.35	21.30	23.10	21.13	22.90	21.67	18.60	11.23
	C	20.61	23.42	22.47	21.80	23.83	22.07	22.97	21.33	18.90	11.27
10 cm	A	21.43	24.42	22.69	22.33	24.63	22.50	23.00	20.23	18.30	10.63
	D	20.10	22.63	21.45	21.10	22.97	21.13	22.87	20.37	17.90	10.83
	B	20.26	23.05	21.86	21.43	23.37	21.40	22.30	20.70	18.20	10.77
	E	20.65	22.25	21.15	20.90	22.50	20.80	22.50	20.60	17.90	10.90
	C	20.36	23.46	22.05	21.67	23.70	21.73	22.30	20.23	18.40	10.90
15 cm	A	21.76	23.55	22.65	21.83	23.77	22.43	22.47	19.10	18.10	10.57
	D	19.24	22.06	20.78	20.43	22.27	20.50	22.07	19.20	18.00	10.53
	B	19.83	22.65	21.24	20.93	22.83	21.10	21.87	19.10	18.10	10.70
	E	19.30	21.42	20.35	20.27	21.97	20.03	21.93	19.13	17.80	10.83
	C	20.25	22.63	21.15	21.03	22.77	20.77	21.90	18.50	18.20	10.87

（续）

土壤深度	处理	5月30日	6月14日	7月5日	7月23日	7月28日	8月5日	8月18日	8月30日	9月8日	9月28日
	A	21.17	22.64	21.89	21.17	22.97	21.67	21.87	18.03	18.00	10.53
	D	18.70	21.15	19.95	19.80	21.53	19.67	21.47	18.17	17.60	10.47
20 cm	B	19.85	22.30	20.73	20.90	22.53	20.53	21.33	18.03	17.70	10.47
	E	18.65	21.05	19.86	19.73	21.30	19.33	21.57	18.03	17.60	10.77
	C	19.85	22.15	20.55	20.40	22.33	20.33	21.50	18.07	17.60	10.50

5. 有机肥对坡耕地土壤碱解氮含量的影响　施用有机肥与保护性耕作技术相结合对土壤碱解氮含量有一定影响，C 处理有一定提升，为 6.97%；E 处理波动较小，为 1.86%（图 11-65）。

这就意味着碱解氮含量受保护性耕作技术的影响较明显；坡耕地土壤碱解氮含量也受施用有机肥与保护性耕作技术相结合一定的影响，但影响不显著。因此，保护性耕作技术是造成各处理间碱解氮含量变化的主要诱因。

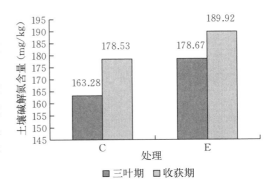

图 11-65　施有机肥对土壤碱解氮含量的影响

6. 有机肥对坡耕地土壤有效磷含量的影响　图 11-66、图 11-67 为各处理土壤有效磷含量受施有机肥的影响，施用有机肥与保护性耕作技术相结合后，各处理土壤有效磷含量波动趋势与不施有机肥的相应处理相同且在相同时期的差异并不显著。

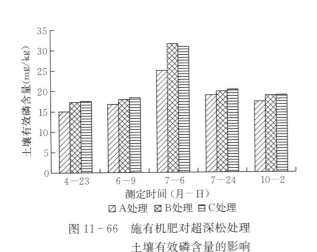

图 11-66　施有机肥对超深松处理
土壤有效磷含量的影响

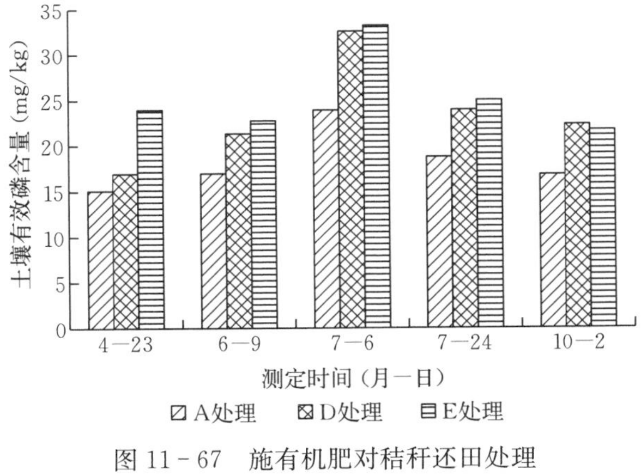

图 11-67　施有机肥对秸秆还田处理
土壤有效磷含量的影响

7. 有机肥对土壤有机质含量的影响　如图 11-68 所示，6月各坡耕地处理之间土壤有机质含量几乎没有变化。而 9 月土壤有机质含量的变化不尽相同，浅翻深松处理最高，达到 6.94 g/kg，与同处理的 6 月相比提高 95%，其次为秸秆还田、有机肥。

（三）坡耕地的高效、安全施肥技术研究

1. 玉米平衡施肥试验　玉米平衡施肥设 5 个处理〔OPT（当地最佳施肥量）、OPT-N、OPT-P、OPT-K、OPT-Zn〕，采用小区试验，设 3 次重复。小区面积：4（垄）×10 m×0.65 m =26 m²，共用地 390 m²。经调查当地玉米施肥量和测土结果确定 OPT 施肥量（表 11-42）为 N 150 kg/hm²、P_2O_5 90 kg/hm²、K_2O 75 kg/hm²、Zn 5 kg/hm²。种植品种为德美亚 1 号。

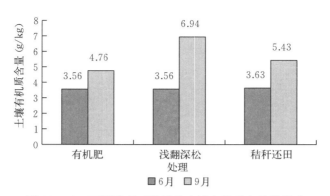

图 11 - 68　不同处理对坡耕地土壤有机质含量的影响

表 11 - 42　玉米平衡施肥试验施肥量

处理	N (kg/hm²)	尿素 [g/(4 垄·10 m)]		P₂O₅ (kg/hm²)	磷酸氢二铵 [g/(4 垄·10 m)]	K₂O (kg/hm²)	氯化钾 [g/(4 垄·10 m)]	Zn (kg/hm²)	硫酸锌 [g/(4 垄·10 m)]
		底肥 (70%)	追肥 (30%)						
OPT	150	454.1	194.6	90	508.7	75	325	5	58.4
OPT－N	0			90	508.7	75	325	5	58.4
OPT－P	150	593.5	254.3	0		75	325	5	58.4
OPT－K	150	454.1	194.6	90	508.7	0		5	58.4
OPT－Zn	150	454.1	194.6	90	508.7	75	325	0	

　　玉米平衡施肥试验测产结果显示（表 11 - 43）：各项指标以 OPT 处理表现最好；其次是 OPT 减氮处理，表明土壤中氮的含量较多，减氮处理对玉米的影响不大；OPT 减钾处理表现最差，穗长、穗粒数、百粒重、株高和产量较 OPT 处理明显下降，其中平均穗长下降 1.4 cm，百粒重下降 7.6 g，株高下降 13.1 cm，产量下降 2 505 kg/hm²，与 OPT 处理相比在 1% 水平上差异显著，其次是减锌处理较 OPT 处理差异明显。以上结果表明，缺钾和缺锌对玉米产量影响较大，因此种植该玉米品种应补充钾、锌等元素。

表 11 - 43　玉米平衡施肥试验测产结果

处理	株高 (cm)	穗长 (cm)	穗粒数 (个)	穗茎粗 (cm)	百粒重 (g)	产量 (kg/hm²)
OPT	189.2	19.6	656.7	4.7	38.0	7 095
OPT－N	174.7	19.3	611.6	4.6	34.8	6 300
OPT－P	180.0	19.0	634.4	4.6	32.8	5 835
OPT－K	176.1	18.2	615.4	4.4	30.4	4 590
OPT－Zn	180.1	19.0	600.3	4.6	31.7	5 190

2. 大豆平衡施肥试验

　　（1）大豆平衡施肥量。大豆平衡施肥设 6 个处理（OPT、OPT－N、OPT－P、OPT－K、OPT－S、OPT－B），小区试验，设 3 次重复。小区面积：4（垄）×10 m×0.65 m＝26 m²，共用地 468 m²。经调查当地大豆测土结果和施肥量确定 OPT 施肥量（表 11 - 44）为 N 45 kg/hm²、P₂O₅ 75 kg/hm²、K₂O 45 kg/hm²、S 35 kg/hm²、B 7.5 kg/hm²，大豆品种为华疆 3053。

表 11 - 44　大豆平衡施肥量

处理	N (kg/hm²)	尿素 [g/(4 垄·10 m)]	P₂O₅ (kg/hm²)	磷酸氢二铵 [g/(4 垄·10 m)]	K₂O (kg/hm²)	KCl [g/(4 垄·10 m)]	S (kg/hm²)	硫酸铵 [g/(4 垄·10 m)]	B (kg/hm²)	硼砂 [g/(4 垄·10 m)]
OPT	45	88.4	75	423.9	45	195	35	325	7.5	19.5
OPT-N	0		75	423.9	45	195	35	325	7.5	19.5
OPT-P	45	254.3	0		45	195	35	325	7.5	19.5
OPT-K	45	88.4	75	423.9	0		35	325	7.5	19.5
OPT-S	45	88.4	75	423.9	45	195	0		7.5	19.5
OPT-B	45	88.4	75	423.9	45	195	35	325	0	

（2）平衡施肥对大豆生长发育的影响。2009 年 7 月 4 日对大豆初花期叶绿素含量调查结果显示，叶绿素含量依次是 OPT-N＜OPT-K＜OPT-P＜OPT-S＜OPT-B＜OPT（图 11 - 69）。可见，在大豆生长发育时期，大量元素对大豆叶绿素含量的影响较大。

（3）平衡施肥对大豆产量的影响。由表 11 - 45 可以看出，OPT 处理较其他处理表现出明显优势；OPT 减硼处理也表现

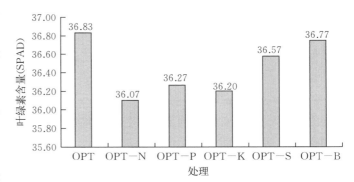

图 11 - 69　大豆初花期叶绿素含量

良好，说明土壤中硼元素的含量并不缺乏；表现最差的是 OPT 减钾处理，在 5％水平下与 OPT 处理差异显著，其他处理差异不显著。

表 11 - 45　大豆平衡施肥测产结果

处理	株高（cm）	百粒重（g）	产量（kg/hm²）
OPT	59.3	17.08	1 931.25
OPT-N	49.8	15.28	1 778.85
OPT-P	47.7	16.79	1 776.00
OPT-K	59.7	15.69	1 600.20
OPT-S	57.7	17.15	1 796.55
OPT-B	47.2	16.76	1 906.80

四、不同农艺措施对坡耕地作物产量的影响

（一）耕作措施对坡耕地作物产量的影响

以黑龙江省克山县沈阳军区（现为北部战区）空军后勤部克东农副业基地试验场内玉米定位试验为例，在玉米种植年限内，秸秆覆盖、横坡垄作＋生物篱、横坡垄作、垄向区田 4 个处理的年均百粒重分别比顺坡垄作增加了 6.22％、8.19％、11.09％、3.01％，其中以横坡垄作的百粒重最大（图 11 - 70）。

与顺坡垄作（对照）相比（表 11 - 46），大豆轮作周期内其余 4 个耕作处理的平均产量均有不同程度增加，增产幅度为 9.33％～19.03％，其中秸秆覆盖处理增产达到 19.03％。与顺坡垄作相比，垄向区田、横坡垄作＋生物篱、秸秆覆盖、横坡垄作的玉米增产幅度分别为 6.60％、14.05％、3.92％、24.42％。因此，各耕作措施均可以提高大豆、玉米产量。综合比较下，横坡垄作处理在大豆-玉米轮作周期中表现出更佳的增产效果。

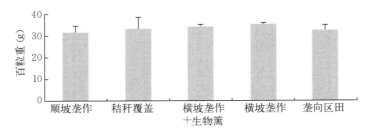

图 11-70 同一坡度不同耕作措施对玉米百粒重的影响

表 11-46 同一坡度不同耕作措施对坡耕地作物产量的影响

处理	大豆		玉米	
	产量（kg/hm²）	增产幅度（%）	产量（kg/hm²）	增产幅度（%）
顺坡垄作（对照）	2 285.85±24.99	—	7 413.69±1 400.33	—
秸秆覆盖	2 720.92±37.24	19.03	7 704.44±1 154.55	3.92
横坡垄作＋生物篱	2 499.17±35.80	9.33	8 455.24±697.99	14.05
横坡垄作	2 621.59±45.64	14.69	9 224.00±309.81	24.42
垄向区田	2 682.66±49.96	17.36	7 902.76±528.98	6.60

作物产量与百粒重密切相关，各处理以横坡垄作的百粒重和产量较好。横坡垄作一方面起到蓄水减流的效应，另一方面有效加快土壤水分入渗，调节土壤水环境，为作物生长提供了适宜的土壤水分条件，有效防止渍涝灾害和水土流失的发生，为作物的增产提供了先决条件。

（二）培肥措施对坡耕地作物产量的影响

在大豆种植年限内，生物炭施肥条件下的大豆百粒重最高。与单施化肥（对照）相比，有机肥、秸秆还田、生物炭处理的大豆百粒重分别增加 2.96%、0.82%、3.43%。在玉米种植年限内，有机肥施肥条件下的玉米百粒重最高，秸秆还田次之（图 11-71、图 11-72）。

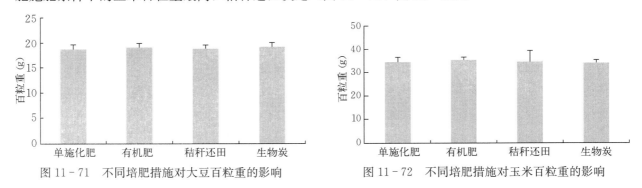

图 11-71 不同培肥措施对大豆百粒重的影响　　　图 11-72 不同培肥措施对玉米百粒重的影响

在大豆种植期内，与对照相比，各培肥措施均有不同程度增产，增产范围为 9.12%～16.03%，其中增产幅度最大的为有机肥处理。各施肥处理对玉米也有不同程度的增产作用，增产范围为 11.95%～13.34%。在 3 个培肥措施中，有机肥处理对大豆、玉米均表现出最佳的增产效果（表 11-47）。

表 11-47 不同培肥措施对坡耕地作物产量的影响

处理	大豆		玉米	
	产量（kg/hm²）	增产幅度（%）	产量（kg/hm²）	增产幅度（%）
单施化肥（对照）	2 520.36±154.81	—	7 810.53±668.76	—
有机肥	2 924.40±106.77	16.03	8 852.23±459.58	13.34
秸秆还田	2 750.14±129.36	9.12	8 754.69±726.87	12.09
生物炭	2 869.62±85.42	13.86	8 744.25±353.72	11.95

有机肥配施不仅可以提高肥料利用率，还能改善土壤结构，提高土壤保墒能力和植株抗逆性。在旱地种植中，有机肥施入能显著提高旱地春玉米产量和水分利用效率。本研究条件下，有机肥对坡耕地玉米、大豆有明显的增产效果，同时对提高大豆、玉米百粒重均有作用。

（三）固土保水措施对坡耕地作物产量的影响

不同固土保水措施下，大豆产量有不同程度的提升，与根茬还田（对照）相比，降解地膜覆盖、秸秆＋降解地膜覆盖、普通地膜覆盖、秸秆覆盖处理大豆产量分别增加了 27.90%、16.22%、18.37%、9.12%。其中，降解地膜覆盖处理下的大豆产量最高，增产幅度最大（表 11-48）。

表 11-48　不同固土保水措施对坡耕地大豆产量的影响

处理	产量（kg/hm²）	增产幅度（%）	百粒重（g）
普通地膜覆盖	2 983.41±123.19	18.37	18.36±1.10
秸秆＋降解地膜覆盖	2 929.20±124.04	16.22	18.11±0.52
降解地膜覆盖	3 223.62±139.50	27.90	18.82±0.89
秸秆覆盖	2 750.14±129.36	9.12	18.54±0.92
根茬还田（对照）	2 520.36±154.81	—	18.39±1.22

与根茬还田（对照）相比，降解地膜覆盖、秸秆＋降解地膜覆盖、普通地膜覆盖、秸秆覆盖处理玉米产量分别增加 4.72%、8.85%、2.08%、11.31%，秸秆覆盖处理对玉米的增产效果最佳。不同固土保水措施玉米百粒重均有不同程度增加，各处理百粒重与产量成正比（表 11-49）。

表 11-49　不同固土保水措施对坡耕地玉米产量的影响

处理	产量（kg/hm²）	增产幅度（%）	百粒重（g）
普通地膜覆盖	7 107.22±180.27	2.08	34.13±1.12
秸秆＋降解地膜覆盖	7 578.58±434.49	8.85	33.32±1.01
降解地膜覆盖	7 290.91±361.20	4.72	31.69±1.03
秸秆覆盖	7 750.10±355.75	11.31	34.98±3.68
根茬还田（对照）	6 962.47±252.75	—	32.39±0.76

不同固土保水措施促进了作物生长，为后期生殖生长奠定了良好的基础。不同的作物产量与水分利用效率都显著高于对照，提高了百粒重，而且秸秆覆盖、降解地膜覆盖、秸秆＋降解地膜覆盖均比普通地膜的增产效应好。

五、坡耕地黑土培肥与玉米增产技术集成及示范

（一）坡耕地综合治理方法

1. 保护性耕作技术及施肥对作物产量和经济效益的影响　保护性耕作技术对坡耕地玉米产量的影响经方差分析后可看出（表 11-50），不同保护性耕作技术对玉米产量的影响有所不同，各处理间差异达到了极显著水平；各区组间差异不显著，各区组间土壤肥力比较相似。各处理的产量差异达极显著水平，这意味着产量受保护性耕作技术的影响比较显著。

表 11-50　保护性耕作技术下坡耕地玉米产量方差分析

变异来源	平方和	自由度	均方	F	P
区组间	996 457.728 8	2	498 228.864 4	1.823	0.240 6
处理间	20 411 826.171 9	3	6 803 942.057 3	24.900	0.000 9
误差	1 639 492.779 8	6	273 248.796 6		
总变异	23 047 776.680 5	11			

对玉米产量进一步作比较，可以看出（表11-51），在5%的显著水平下，D处理与A、B处理玉米产量有显著差异，A处理与B处理间差异不显著；在1%显著水平下，D处理玉米产量最小且与其他处理差异极显著，这可能是因为D处理在苗期的土壤温度过低影响了玉米出苗率进而造成玉米产量过低。施用有机肥与保护性耕作技术相结合的玉米产量见表11-52，施用有机肥与保护性耕作技术相结合处理后的玉米产量稍大于相应的处理而但差异并不显著。

表11-51　保护性耕作技术下坡耕地玉米产量比较

处理	产量（kg/hm²）	显著水平		
		5%	1%	与常规相比
A	12 771	a	A	—
B	12 714	a	A	−0.45%
D	9 743	b	B	−23.71%

表11-52　施用有机肥与保护性耕作技术相结合对坡耕地玉米产量的影响

处理	产量（kg/hm²）	显著水平		
		5%	1%	与常规相比
A	12 771	a	A	—
C	12 788	a	A	0.13%
E	9 886	b	B	−22.60%

表11-53为玉米不同耕作处理的生产投入与产出，各处理经济效益顺序为A>B>C>D>E，除D、E处理外，B、C与A处理之间的经济效益无显著差异。施有机肥与不施有机肥的经济效益差异并不显著；D、E处理因产量较低，故经济效益也较低。

表11-53　玉米不同耕作处理的生产投入与产出

单位：元/hm²

项目	处理				
	A	D	E	B	C
化肥	1 495	1 495	1 435	1 495	1 435
种子	450	450	450	450	450
叶面肥	150	150	150	150	150
用工	600	800	900	700	900
耕地	480	480	480	480	480
播种	300	300	300	300	300
收获、脱粒	750	750	750	750	750
出售及运输	350	350	350	350	350
投入	4 575	4 460	4 815	4 675	4 815
产出	10 217	7 794	7 908	10 171	10 231
经济效益	5 642	3 334	3 093	5 496	5 416

不同处理对坡耕地大豆产量的影响见图11-73。有机肥处理和秸秆还田处理与浅翻深松处理相

比，分别增产 11.8% 和 12.3%。

2. 坡耕地耕层增厚与水肥供蓄能力的调控技术

本研究的目标是使单位面积上形成的浅穴能最大限度地拦截降水，即不计较单个浅穴能拦蓄多少降水。挡距越大，浅穴容积越大，但不一定全容积均能储水；挡距越小，垄沟中土挡数越多，相对全垄沟可储水的容积减少。因此，欲使单位面积拦蓄最多降水就应采取最佳挡距，而最佳挡距应使单位垄长（也就是单位面积）获得最大限度的蓄水容积。因为在坡耕地上的

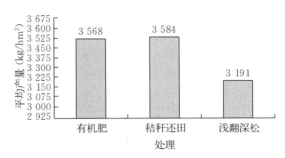

图 11-73　不同处理对坡耕地大豆产量的影响

浅穴能拦截到的降水量与耕地坡度相关，所以每个坡度都有一个最佳挡距。

根据黑龙江垄沟几何形状、垄沟深度、垄底宽度与土挡的高度、底部宽度、顶部厚度，可推导出浅穴容积的计算公式。当挡距等于挡高并与坡度成正比时，浅穴的容积最大。此时，这个土挡距离为最大挡距。具体来说就是浅穴上端将有储水，超过这个距离，浅穴上端将不会有储水。据此建立了数学模型，经计算得到不同坡度的最佳挡距如表 11-54 所示。

表 11-54　最佳挡距拦蓄降水能力

坡度 (°)	最佳挡距 (cm)	单个穴容积 (cm³)	汇水面积 (cm²)	可拦蓄降水量 (mm)	承受最大降水时间 (min)
0.1	531	232 145	37 186	62.4	21.5
0.5	231	93 185	16 631	56.0	19.3
1.0	168	60 649	11 760	51.6	17.8
2.0	118	38 011	8 315	45.7	15.8
3.0	96	28 200	6 789	41.5	14.3
4.0	84	22 467	5 880	38.2	13.2
5.0	75	18 627	5 259	35.4	12.2
6.0	68	15 842	4 801	32.9	11.3
7.0	63	13 713	4 444	30.8	10.6
8.0	59	12 024	4 157	29.0	10.0
9.0	56	10 645	3 920	27.1	9.3
10.0	53	9 496	3 718	25.5	8.8
15.0	43	5 733	3 036	18.9	6.5

因为本试验地的坡度为 2°~3°，所以根据试验点的坡度和表 11-53 中的技术参数，设置最佳挡距为 1 m。垄向区田大豆和玉米产量见表 11-55。

表 11-55　垄向区田大豆和玉米产量

坡度 (°)	作物	产量 (kg/hm²)		增产量 (kg/hm²)	增产 (%)
		超深松	对照		
2~3	大豆	2 035.0	1 575.0	460	29.2
	玉米	5 230.4	4 651.7	578.7	12.4

（二）大豆、玉米轮作试验综合技术研究与示范

1. 轮作模式下不同农艺措施对坡耕地土壤物理性质的影响

（1）不同农艺措施下土壤水分含量的变化。与模式 V（对照）相比，其他模式下的土壤含水量有

所提高。模式Ⅰ至Ⅳ中所施入的秸秆能够减少土壤水分蒸发，提高土壤含水量，有明显的保水效果（图11-74）。

（2）不同农艺措施下土壤容重的变化。试验第一年，土壤容重以模式Ⅴ最低；试验第二年，Ⅰ至Ⅳ培肥耕作模式下的土壤容重均低于对照。各水土保持措施能有效降低土壤容重，进入雨季后可以维持稳定的土壤容重，从而增加土壤的最大持水能力（图11-75）。

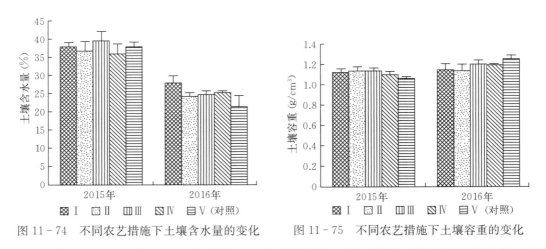

图11-74 不同农艺措施下土壤含水量的变化　　图11-75 不同农艺措施下土壤容重的变化

（3）不同农艺措施下土壤三相比的变化。两个试验年间，均以模式Ⅴ的气相比例最低，固相比例最高。土壤液相和气相一般呈现此消彼长的关系，不同耕作方式对土壤气相的影响与对液相的影响趋势相反。4个培肥耕作模式均不同程度优化了土壤三相比，使土壤气相增加，透水性增强，以模式Ⅰ的土壤三相比最佳（图11-76）。

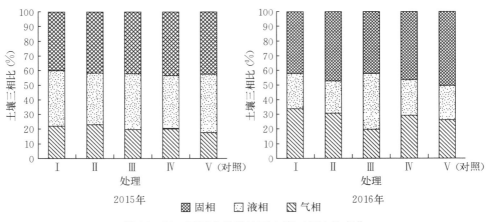

图11-76 不同农艺措施下土壤三相比的变化

（4）不同农艺措施下土壤团聚体的变化。土壤水稳性团聚体含量的高低能够反映土壤结构的好坏和供应养分能力的强弱，土壤>0.25 mm水稳性团聚体含量是影响土壤团聚特征和稳定性的主要因子，大团聚体比例越高，团聚体越稳定。土壤团聚体指数平均重量直径和几何平均直径是评价土壤团聚体稳定性的重要指标，平均重量直径和几何平均直径越大，表示团聚体的平均粒径团聚度越高，稳定性越强。

土壤>0.25 mm水稳性团聚体能合理调节土壤通气与持水、养分释放与保持之间的矛盾，是反映土壤结构性和土壤肥力的重要指标。施用有机肥处理的>0.25 mm水稳性团聚体含量增加最多，说明有机肥的施用促进了土壤大团聚体的形成。秸秆还田条件下>0.25 mm水稳性团聚体含量大于无秸秆还田处理，说明秸秆还田有利于微团聚体团聚成更大粒级的团聚体，并且秸秆还田可能会在耕作时增加扰动阻力，减少对团聚体的破坏。深松和深翻措施的平均重量直径和几何平均直径高于常规耕作（表 11-56）。

表 11-56　不同农艺措施下坡耕地土壤水稳性团聚体组成

| 处理 | 各粒级水稳性团聚体含量（%） | | | | | | | 平均重量直径（mm） | 几何平均直径（mm） |
	>2 mm	1.0～2.0 mm	0.5～1 mm	0.25～0.5 mm	0.106～0.25 mm	<0.106 mm	>0.25 mm		
Ⅰ	22.54	33.56	14.97	10.31	13.04	5.59	81.37	0.89	0.13
Ⅱ	27.36	25.82	12.70	7.95	22.35	3.81	73.83	0.89	0.13
Ⅲ	22.35	32.98	17.15	13.13	9.82	4.57	85.61	0.90	0.13
Ⅳ	28.13	28.18	11.63	8.17	18.25	5.64	76.11	0.92	0.13
Ⅴ（对照）	22.29	26.43	15.38	7.91	22.49	5.50	72.01	0.81	0.12

（5）不同农艺措施下土壤机械组成的变化。深松处理的沙粒和黏粒含量最高，能够疏松土壤，协调土壤粒间孔隙，增强土壤透气性，增加土壤含水量，具有保水保肥的能力（图 11-77）。

（6）不同农艺措施下土壤渗透性能的变化。土壤水分入渗是指水分通过地表向下流动进入土壤，在土壤中运动和存储，形成土壤水的过程。土壤水分入渗过程及渗透能力决定了降水的再分配，从而影响地表径流和土壤水分状况。土壤渗透性能是评价土壤水分调节能力的重要指标之一。研究表明，土壤渗透性能越好，地表径流就越小，水土保持效果比较明显。

模式Ⅴ的土壤水分入渗速率最大，由于模式Ⅴ采用垄作的栽培方式，垄上土质较为疏松，土壤孔隙度较大，便于水分下渗吸收。平窄密的栽培方式，机械对土壤有一定的压实作用，减弱了对土壤表面的破坏，入渗速率也随之下降（表 11-57）。

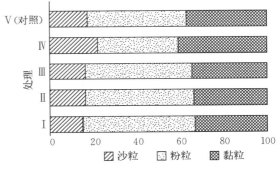

图 11-77　不同农艺措施下的土壤机械组成

表 11-57　不同农艺措施对土壤水分入渗速率的影响

处理	入渗速率（mm/min）	入渗量（mL/min）	入渗系数（cm/min）	变异系数
Ⅰ	0.53	33.88	0.27	0.31
Ⅱ	0.48	30.61	0.24	0.41
Ⅲ	0.52	33.34	0.26	0.45
Ⅳ	0.35	22.48	0.18	0.63
Ⅴ（对照）	0.64	40.66	0.32	0.32

2. 轮作模式下不同农艺措施对坡耕地土壤化学性质的影响

（1）不同农艺措施下土壤碳组分的变化。

土壤有机碳。在两年试验期内，各培肥耕作模式均不同程度提高了土壤有机碳含量。与模式Ⅴ相比，模式Ⅰ、Ⅱ对土壤有机碳的提升幅度分别为 7.04%、0.70%，模式Ⅲ、Ⅳ对土壤有机碳的提升幅度分别为 19.54%、3.38%。秸秆还田带来了外源有机物料，从而提升了土壤有机碳含量；有机肥的施入不仅带来了外源有机质，而且激发了秸秆的分解。在 5 个模式中，模式Ⅲ、Ⅳ与模式Ⅰ、Ⅱ相比，有机碳含量有所升高，说明深松措施更有利于土壤有机碳的提升（图 11-78）。

团聚体有机碳。与单施化肥模式相比，施用有机肥耕层土壤各粒级团聚体有机碳含量普遍增加。有机肥处理增加了＞2 mm 团聚体有机碳含量，其中模式Ⅲ增幅最大。1～2 mm 团聚体有机碳含量随着有机物料量的添加而增加，与对应的单施化肥模式相比，模式Ⅰ、Ⅲ增加 7.52％～9.71％。与对照相比，0.5～1 mm 团聚体有机碳含量随着有机物料的添加显著增加。在 6 个粒级的团聚体中，各处理＜0.106 mm 团聚体有机碳含量相对较低（表 11-58）。

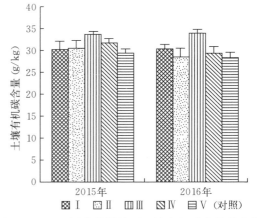

图 11-78　不同农艺措施下土壤有机碳含量的变化

表 11-58　不同农艺措施下土壤团聚体有机碳含量

单位：％

处理	粒径					
	＞2 mm	1～2 mm	0.5～1 mm	0.25～0.5 mm	0.106～0.25 mm	＜0.106 mm
Ⅰ	26.08±1.33	25.98±2.55	26.81±1.56	26.64±1.56	25.49±1.61	20.71±1.68
Ⅱ	23.71±1.09	23.68±2.57	22.56±0.76	23.23±0.17	23.5±1.34	17.72±1.49
Ⅲ	28.80±0.31	28.88±1.28	24.53±3.37	24.61±3.79	23.19±4.59	21.93±0.83
Ⅳ	25.90±1.11	26.86±4.5	25.83±4.73	24.66±3.53	23.73±2.45	20.49±3.21
Ⅴ（对照）	24.00±1.21	21.5±0.83	25.92±1.09	23.51±1.97	23.09±1.99	19.38±1.00

不同处理团聚体有机碳含量的提升一方面与有机碳与土壤矿物质复合后提高了有机碳的稳定性有关，另一方面也说明与土壤小颗粒结合的有机质主要是比较稳定的大分子腐殖质。秸秆还田对大团聚体稳定性有提高的作用，而对较小级别团聚体有降低作用。这与来源于秸秆残体的多糖、纤维素、半纤维素等有机物质或新形成的腐殖质参与团聚体的形成有关，既可以适当提高大团聚体中有机碳稳定性，使得大团聚体得以更好保持，又能适当降低小团聚体中有机碳的稳定性，提高其在肥力方面的调控能力。

土壤活性有机碳。土壤活性有机质是土壤有机质的活性部分，是指土壤中有效性较高、易被土壤微生物分解利用、对作物养分供应有直接作用的那部分有机质。土壤活性有机质在指示土壤质量和土壤肥力的变化时比总有机质更灵敏，能够更准确、更实际地反映土壤肥力和土壤物理性质的变化以及综合评价各种管理措施对土壤质量的影响。

与对照相比，有机肥处理的模式Ⅰ和Ⅲ土壤活性有机碳含量增加了 4.22％和 14.84％，其中模式Ⅲ的活性有机碳增加最大。模式Ⅱ和Ⅳ处理的活性有机碳含量比冻融前降低了 0.51％和 2.70％。以上表明，有机肥能加快秸秆腐解，促进活性有机碳的释放，提高土壤肥力（表 11-59）。

表 11-59　不同农艺措施对土壤活性有机碳的影响

处理	活性有机碳（mg/kg）	非活性有机碳（mg/kg）	碳库活度
Ⅰ	6.18ab	24.02ab	0.26
Ⅱ	5.90a	24.41b	0.24
Ⅲ	6.81b	26.82c	0.25
Ⅳ	5.77a	26.05d	0.22
Ⅴ（对照）	5.93a	23.52a	0.25

注：同一列数据后不同字母表示处理间差异达到显著水平（P＜0.05）。

（2）不同农艺措施下土壤 pH 的变化。各处理土壤 pH 的顺序为Ⅰ＞Ⅱ＞Ⅳ＞Ⅲ＞Ⅴ，各培肥耕作措施下的土壤 pH 均高于对照，但处理间的差异较小（图 11 - 79）。

（3）不同农艺措施下土壤养分的变化。土壤碱解氮含量与土壤氮素转化密切相关，能反映土壤当季供给作物氮素的能力。设置了 5 个大田模式进行示范研究，Ⅰ深翻＋旋耕＋秸秆还田＋平播（30 cm）＋有机肥＋NPK；Ⅱ深翻＋旋耕＋秸秆还田＋平播（30 cm）＋NPK；Ⅲ综合整地［灭茬＋深松整地（深松耙地）＋旋耕］＋秸秆还田＋平播（30 cm）＋有机肥＋NPK；Ⅳ综合整地＋秸秆还田＋平播（30 cm）＋有机肥＋NPK；Ⅴ综合整地＋养分管理（对照）。与对照相比，4 个模式的土壤碱解氮含量均有所增加，增加幅度为 3.52%～33.67%。与不施有机肥（模式Ⅱ和Ⅳ）相比，施有机肥（模式Ⅰ和Ⅲ）的土壤碱解氮含量大幅度增加。深翻处理较深松处理的土壤碱解氮含量略低，这可能是由于土壤深翻后，有机物料被埋入土壤 25～30 cm，被作物根系吸收利用。有机肥增加了土壤中有机氮的来源，同时促进了微生物在土壤中的繁殖，加速了土壤中氮的分解（图 11 - 80）。

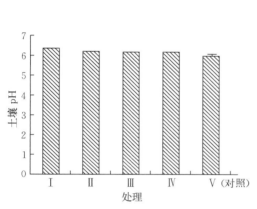

图 11 - 79　不同农艺措施下土壤 pH 的变化

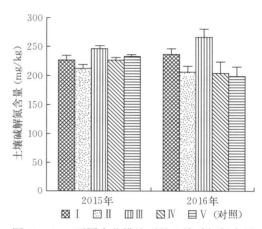

图 11 - 80　不同农艺措施下的土壤碱解氮含量

模式Ⅲ的土壤有效磷含量最高。有机肥施入土壤后可增加土壤有机质含量，进而减少无机磷的固定，同时促进无机磷的溶解。除模式Ⅱ对土壤有效磷的含量影响不明显外，其余处理均不同程度提升了土壤有效磷含量（图 11 - 81）。

与模式Ⅴ相比，模式Ⅰ至Ⅳ均提升了土壤速效钾含量。其中，模式Ⅲ的土壤速效钾含量最高，且深松＞深翻、有机肥＞化肥（图 11 - 82）。

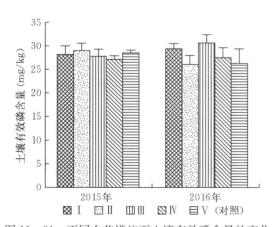

图 11 - 81　不同农艺措施下土壤有效磷含量的变化

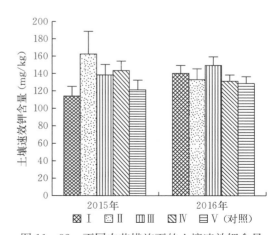

图 11 - 82　不同农艺措施下的土壤速效钾含量

3. 轮作模式下不同农艺措施对坡耕地作物产量的影响　在大豆种植年限内，与对照相比，平窄密栽培方式下的增产效果均比垄作高，增产 15.76%～23.73%。其中，模式Ⅰ增产效果最好，增产

23.73%；不同整地方式相比，模式Ⅱ比模式Ⅳ增产不显著，仅多增产1.39个百分点。有机培肥方式与施用化肥相比，有机肥增产1.85%～6.57%（表11-60）。

表11-60 不同农艺措施下坡耕地大豆产量

处理	产量（kg/hm²）	增产幅度（%）	百粒重（g）
Ⅰ	3 367.5±108.39b	23.73	19.72±0.42b
Ⅱ	3 188.4±180.03ab	17.15	18.35±0.37a
Ⅲ	3 200.8±166.77ab	17.61	19.47±0.56b
Ⅳ	3 150.6±217.08ab	15.76	19.00±0.47ab
Ⅴ（对照）	2 721.6±106.37a	—	19.39±0.81b

注：同一列数据后不同字母表示处理间差异达到显著水平（$P<0.05$）。

在玉米种植年限内，施用有机肥产量仍高于施用化肥，其与对照相比的增产幅度分别为26.71%、34.38%，玉米百粒重也较高。其中，模式Ⅲ综合整地［灭茬＋深松整地（深松耙地）＋旋耕］＋秸秆还田＋平播（30 cm）＋有机肥＋NPK的产量最高，增产效果最好（表11-61）。

表11-61 不同农艺措施下坡耕地玉米产量

处理	产量（kg/hm²）	增产幅度（%）	百粒重（g）
Ⅰ	7 391.03±206.65b	26.71	33.95±0.81a
Ⅱ	7 178.94±11.46b	23.08	30.47±0.98b
Ⅲ	7 838.11±800.12a	34.38	33.43±1.69a
Ⅳ	6 743.14±853.53b	15.61	32.27±1.82a
Ⅴ（对照）	5 832.90±389.12c	—	29.00±0.88c

注：同一列数据后不同字母表示处理间差异达到显著水平（$P<0.05$）。

在大豆、玉米轮作模式下，施用有机肥能显著提高两种作物的产量。有机肥能够显著提高黑土的生产能力，施用有机肥的土壤中含有丰富的有机质和各种养分。它不仅是作物养分的直接来源，又可活化土壤中潜在养分和增强生物学活性，增加作物的生物量。在施用化肥的条件下，综合整地的耕作模式对大豆和玉米的增产效应均高于深翻模式。4个培肥耕作模式的大豆、玉米产量均高于对照。除了有机肥施入带来的培肥效应外，秸秆还田也为土壤带来了有机物料，进一步提高了土壤生产能力。

障碍土壤培肥改良技术与模式 >>>

第一节 风沙土综合治理与玉米增产技术集成及示范

一、黑土区风沙土分布与利用现状

(一) 黑土区风沙土分布现状

风沙土是一种地带性不明显的幼年土壤,广泛分布在冲积平原、风积平原及河流沿岸。风沙土的性质主要受母质和气候条件的制约,其母质不利于土壤发育,风积过度频繁,多分布于干旱少雨、昼夜温差大和多沙暴的地区。

1. 分布 黑土区风沙土主要分布在草原、半荒漠草原及沿海、沿河地区,东起吉林省双辽县,西至内蒙古翁牛特旗巴林桥,南北介于燕山北部黄土丘陵和大兴安岭东麓丘陵之间。地理位置为 $42°41'$—$45°15'$N,$118°35'$—$123°30'$E。海拔 178.5(通辽)~631.9 m(乌丹)。风沙土主要分布在西辽河下游干支流沿岸的冲积平原,北部沙地零散分布在大兴安岭山前冲洪积台地上。行政区域集中分布在黑龙江西南部嫩江及其支流两岸的河湖漫滩和低阶地;吉林主要分布中西部嫩江、松花江及其支流两岸的河湖漫滩、低平阶地;辽宁西北部靠近内蒙古科尔沁沙地边缘,以及中部平原沿海区与内蒙古东部呼伦贝尔、兴安盟、通辽和赤峰(蒋德明 等,2003)。科尔沁沙地主要土地类型动态变化见表12-1。

表 12-1 科尔沁沙地主要土地类型动态变化

土地类型	1994 年		1999 年		变化率(%)
	面积(hm²)	占总面积(%)	面积(hm²)	占总面积(%)	
耕地	7 268.17	35.11	8 195.02	39.59	+12.75
草地	17.67	0.09	17.03	0.08	-3.62
固定沙地	6 407.57	30.96	5 075.08	24.52	-20.80
半固定沙地	1 607.57	7.77	2 080.70	10.05	+29.43
流动沙地	404.88	2.00	370.94	1.79	-8.38

2. 典型特征 风沙土的成土过程中经常受到风蚀和沙压,存在不稳定性,致使成土过程十分微弱,土壤理化性质与风沙堆积物相似。随沙地的自然固定和土壤形成阶段的发展,由流动风沙土转化为半固定风沙土和固定风沙土,土壤有机质含量逐渐增加。因此,只要增加土壤水分与养分,使植被逐步稳定生长,风沙土具备转化为农林牧用地的巨大潜力。

3. 类型 根据植被生长的疏密和沙性母质的流动性,风沙土可分为3个亚类,反映了风沙土的3个不同发育阶段。①流动风沙土。多半为仅生长极为稀疏的固沙先锋植物的流动沙丘。成土过程微弱,风蚀作用严重,土壤剖面的层次分化不明显。植物难以定居其上,基本无利用价值。多见于荒漠地区。②半固定风沙土。由流动风沙土发育而来。随着流动风沙土上着生植物的增多,沙面植物的覆盖度增大，风蚀作用趋缓，土壤表面变紧实并出现薄层结皮，流动性变小而呈半固定状态。土壤有机质含量也因植物残体的增多而有所增加，土壤剖面层次有所分化。③固定风沙土。由半固定风沙土发育而成。除生长沙生植物外，还常掺入一些地带性植物物种。沙丘的外貌更加平缓，地表结皮进一步增厚，沙面更加紧实，剖面分化明显，且有团块状结构出现，抗风能力增强，土壤理化性质发生明显变化。在流动风沙土向半固定风沙土和固定风沙土演变的过程中，土壤表层粉沙和黏粒含量增加，持水性能提高，有机质和盐分积累明显。

根据第二次全国土壤普查的土壤分类系统，风沙土作为初育土纲的一个土类，近似于美国土壤系统分类中石英沙质新成立土类（Quartisamment）的沙性土（Arenosols）。风沙土的亚类划分，主要考虑它由移动沙丘向固定沙丘发展的过程中受区域成立条件的影响较大，所以分为草原风沙土、荒漠风沙土和草甸风沙土。前两者有地带性差异，而草甸风沙土则主要发育在受地下潜水影响的区域。

（二）黑土区风沙土利用现状

黑土区各类风沙土总面积为 807.43 万 hm²，占全国风沙土总面积的 15.75%。其中，内蒙古东部为 634.10 万 hm²，黑龙江为 42.88 万 hm²，吉林为 104.93 万 hm²，辽宁为 25.52 hm²，主要包括草原风沙土和草甸风沙土两大类（表 12-2）（石元亮 等，2004）。

表 12-2　黑土区风沙土面积统计

区域	总面积（万 hm²）	草原风沙土		草甸风沙土	
		面积（hm²）	占总面积（%）	面积（hm²）	占总面积（%）
黑土区	807.43	4 861 726	60.21	3 212 495	39.79
内蒙古东部	634.10	3 959 757	62.45	2 381 251	37.55
黑龙江	42.88	0	0	428 757	100.00
吉林	104.93	689 610	65.72	359 658	34.28
辽宁	25.52	212 359	83.21	42 829	16.79

在黑土区，北方农牧交错区、草原区、沙漠的边缘地区及绿洲区是沙化最严重的地区。虽然近年来我国沙化土地扩展速度有所减缓，总的发展态势转入"治理与破坏相持"阶段，但土地沙化对我国的食品安全、生态安全和社会经济发展具有非常大的危害。加快防沙治沙步伐是保证沙区生态安全、实现区域农业可持续发展的根本要求，也是构建人与自然和谐、实现生态文明的重要举措。

目前，黑土区风沙土耕地利用绝大多数处于固定草原风沙土和半固定草原风沙土区，一般适宜种植耐瘠薄的杂粮、谷子、杂豆等作物，如小豆、糜子等，单产很低，一般为 1 500～2 250 kg/hm²（辽宁）；肥力稍高的固定草原风沙土可种植玉米、花生、高粱等，玉米产量为 750～1 125 kg/hm²。内蒙古部分地区也有种植马铃薯、苹果等作物（李新荣 等，2005）。风沙土耕地全剖面质地沙质，发小苗，无后劲，通气透水性能好，保水保肥能力差；耕层较薄，养分含量低，除全钾外其他养分含量均表现为缺失，或者急缺；抗旱性能很差，尤其是该土壤主要分布在半干旱地区，因此仅适合种植耐旱、耐瘠作物（贾文锦 等，1992）。

二、黑土区风沙土土壤肥力特征及障碍因子

（一）黑土区风沙土理化特征

风沙土质地粗，细沙粒占土壤矿质部分质量的 80%～90%，而粗沙粒、粉沙粒及黏粒的含量甚微。干旱是风沙土的又一重要性状，土壤表层多为干沙层，厚度不一，通常为 10～20 cm，土壤含水量也仅 2%～3%。有机质含量低，为 1～10 g/kg；有盐分和碳酸钙的积聚，前者由风力从别处运积而来，后者是植物残体分解和沙尘沉积的结果。风沙土由于所处的自然地带不同，土壤性质也表现出一定的地区性变异。通常是草原地区的风沙土有机质含量较高，盐分含量较低且无石灰积聚；半荒漠地区的风沙土有机质含量较低，有盐分及少量石灰的积聚；荒漠地区的风沙土有机质含量更低，盐分

及石灰的积聚作用明显增强。

（1）剖面形态。A 层：生草-结皮层或腐殖质染色层，厚度 5～30 cm 或更厚，浅黄色（2.5Y7/3）或淡棕色（7.5YR5/4），片状或弱团块状结构，沙土或沙壤土，根系较多。C 层：沙土，浅黄色（2.5Y7/3），单粒结构。

（2）物理及水分特征。由于风力的分选作用，风沙土的颗粒组成均一，细沙粒（0.05～0.25 mm）含量高达 80%。因植物的固定、尘土的堆积和成土作用，半固定风沙土、固定风沙土的粉粒和黏粒含量逐渐增加，可达 15%左右。随着有机质和黏粒的增加，土壤结构改善，微团聚体增加，容重减小，孔隙度提高。风沙土地区降水少，渗透快，蒸发强，土壤含水量低。流动风沙土的表层为疏松的干沙层，厚度一般为 5～20 cm，荒漠土地区可超过 1 m，含水量低于 1%。干沙层以下水分比较稳定，含水量为 2%～3%，对耐旱的沙生先锋植物的定居有利；降水多的季节可达 4%～6%，能满足耐旱的草灌和乔木的生长。半固定风沙土和固定风沙土由于植物吸收与蒸腾作用，上层土壤水分含量更低。

（3）化学特征。风沙土有机质含量低，一般为 1～6 g/kg，长期固定或耕种的风沙土有机质含量可达 5 g/kg 左右。腐殖质组成除东部草原地区外，以富里酸为主，胡敏酸与富里酸比值小于 1。土壤钾素丰富，氮、磷缺乏，阳离子交换量为 2～5 cmol/kg，供肥能力差，土壤贫瘠。pH 为 8～9，呈弱碱至碱性反应。石灰和盐分含量地域性差异明显，东部草原地区一般无石灰性，并有盐分积累，特别是有的荒漠地区已开始出现盐分和石膏聚积层。风沙土矿物组成中，石英、长石等轻矿物占 80%以上，重矿物含量较少，但种类较多，主要是角闪石、绿帘石、石榴子石和云母类矿物（张凤荣 等，2002）。

（二）黑土区风沙土形成影响因子

1. 自然影响因子　黑土区风沙土主要处在农牧交错带，形成有 3 个方面的自然原因：生态环境脆弱、土壤机制不稳定、风势强劲且劲风与干旱季节同期。

风沙土主要处于河湖漫滩、冲积平地、沙丘沙岗、风蚀洼地及大大小小的泡沼相互交错组成的冲积平原和风积平原，地形开阔，但起伏不平。海拔 135～155 m，相对高差 5～15 m。岗丘坡度一般为 2°～3°，少数达到 5°。成土母质多为第四季冲积物，又经风力搬运重新堆积的细沙和中沙，质地均匀，黏粒含量很低。气候属于温热半干旱区，年均气温 3.3～4.2 ℃，年降水量 350～400 mm，最低年份只有 226.8 mm，年蒸发量 1 400～1 500 mm，干燥指数>1.3。风沙土区多大风，各月均可出现，主要集中在春季（3—5 月）。每隔 2～3 d 就出现一次五级以上大风，且持续时间长。这种温热干旱和多风的气候条件，促进了风沙土的形成与分布。风沙土的风化作用和成土作用较弱，沙性大，土壤与母质的机械组成相近，生物积累作用微弱，土壤有机质含量低，大部分没有发育成明显的土壤层次。风沙土不仅成土过程微弱，不稳定，且常被风蚀、沙压等地质过程干扰。

风沙土的形成过程与流动的沙性母质上自然植被的出现、繁衍和演变紧密相关。当由流动的沙性母质构成的沙丘上出现稀疏植物时，风沙土的成土过程即开始。植物通过根系和地上部对沙性母质产生固结作用和表面覆盖作用，从而减弱了沙性母质的流动性；植物死亡后遗留下的残体转变为腐殖质，又使沙性母质的物理、化学和生物学性状发生变化并使之产生发生层次。随着植被的不断发展，上述作用日益强烈，流动的沙性母质逐渐趋于半固定或固定状态，从而形成半固定风沙土和固定风沙土。固定风沙土的进一步发展，可形成相应的地带性土壤。

2. 人为影响因子　随着人口增长，人类活动强度加大，人类施加给土地的压力超过了其所能承受的极限，导致生态系统脆弱，荒漠化问题突出。在草原草甸风沙土区，以草地畜牧业为主，植被经动物啃食长期处于逐渐恢复的状态；以种植业生产为主，疏于管理，环境趋于恶化，沙漠化急剧发展。风沙土形成的人为影响因子主要为人口过度增长、过度垦荒、过度放牧、过度樵采。

（1）人口过度增长。在脆弱的半干旱生态环境中，人口的大量增长往往引起各种过度的经济活动，从而成为造成环境退化的主要原因。20 世纪 70 年代以来，随着人口增长，人类活动强度加大，人们在有限的自然资源上为了生存，必须获取基本的能量和食品，从而使单位面积土地的压力增加。在经济技术水平较低的情况下，只有采用扩大耕地和增加牲畜数量的办法，才能满足农牧民日益增长的经济需求。其直接后果就是造成植被破坏、土地沙化，土地生产力进一步降低，使原本脆弱的沙地生态系统陷入无法逆转的恶性循环。

（2）过度垦荒。人口和牲畜数量的增加，对粮食和饲料的需求不断增多。人们片面追求收益，广种薄收，对于土地只用不养。尤其进入 20 世纪 80 年代后，粮价上涨，刺激了农民开垦荒地的积极性，使大量缓沙地、草地和草场被开垦为农田，条件较好的丘间地被开发为水田。过度垦荒使原生树林、草原遭到严重破坏。例如：1988—1996 年，内蒙古通辽市科尔沁左翼中旗原生榆树疏林草原平均每年减少 1 万 hm²。这种风沙环境的形成可简单表示为开垦种地→植被破坏→风蚀沙化→片状流沙形成→风沙环境形成。

（3）过度放牧。过度放牧是造成草地退化的主要原因。正常放牧、适当割草可促进牧草发育以及土壤生草化发育过程；当草场超载、过度放牧，牧草不能正常生长发育，植被没有恢复时间，逐渐遭到破坏。

草场超载的主要原因如下：耕地发展挤占了草场牧场；牲畜数量的增加；自然因素以及人为因素导致的草场退化，载畜能力减弱，草场面积减小；畜牧业管理水平低，就近放牧等原因。总体来看，居民点周围草场沙化、碱化面积不断扩大。

（4）过度樵采。随着人口增长，人们对薪材的需求量增加，灌木和半灌木植被遭到严重破坏。在人口密集区，大量固沙植被遭到砍伐，使沙丘失去了固沙能力。

国内外无数经验证实，土地开发在很多地区是导致沙漠化的重要原因之一，但土地开发与沙漠化并非孪生兄弟，它们之间并不存在必然的因果关系。在半干旱地区，无论是沙荒地还是天然牧场，如果没有补偿措施，土地一经开垦即沙漠化。科尔沁沙地原来是科尔沁草原，由于综合原因，草原演变成了沙地。在嘎达梅林"抗垦"前后，科尔沁草原就"出荒"11 次，造成 84 万 hm² 土地沙漠化。今天，大部分草原都已沙化，科尔沁草原成为科尔沁沙地，属于正在发展的沙漠化土地，以风蚀沙地半固定状态为主。科尔沁沙地正以每年 1.9％的速度在发展。1958—1973 年，内蒙古曾经两次开荒，最终造成 133.3 万 hm² 土地沙漠化。

三、黑土区风沙土土壤质量提升措施及效果

由于工业的发展和人口的不断增长，耕地面积越来越少，在人口、粮食、土地矛盾日益加剧的今天，充分开发利用低产土壤对我国农业可持续发展具有十分重要的意义。风沙土是东北三省及内蒙古东部三市一盟重要的商品粮生产基地低产土壤的主要类型，是困扰该区域粮食进一步增产的重要障碍因素之一。风沙土的主要特点是地力瘠薄、有机质含量低、黏粒及团聚体含量少，漏水漏肥、养分匮乏、易旱、易遭风蚀、低产。不合理的土地利用管理方式，对生产力本已非常低的风沙土，造成了日趋严重的荒漠化威胁（张柏习 等，2012）。因此，通过对风沙土的特征特性、生态环境、改良利用的探索与实践，提出合理的改良措施和可持续利用对策，促进风沙土团粒结构形成，增强风沙土保水保肥能力，为作物高产创造有利条件（陈伏生 等，2003；邢兆凯 等，1999；王桂荣 等，1998）。

（一）有机无机培肥技术

针对风沙土地力瘠薄、有机质含量低、黏粒及团聚体含量少等特点，采取不同施肥措施，以不施肥为对照，研究有机无机培肥技术对风沙土有机碳动态、团聚体含量等土壤理化性质的变化，明确其对风沙土团聚体形成效应和有机质提升机制。

对比 10 种不同的培肥方式：不施肥（CK）、单施氮肥（N）、单施磷肥（P）、氮磷肥配施（NP）、氮磷钾肥配施（NPK）、单施有机肥（牛粪 7 500 kg/hm²，M）、氮肥＋有机肥（MN）、磷肥＋有机肥（MP）、氮磷肥＋有机肥（MNP）、氮磷钾肥＋有机肥（MNPK）。施肥量如表 12-3 所示。

表 12 - 3　土壤培肥技术处理试验设计

处理	施肥量（kg/hm²）			
	氮（N）	磷（P）	钾（K）	有机肥
CK	0	0	0	0
M	0	0	0	7 500
N	300	0	0	0
P	0	120	0	0
NP	300	120	0	0
NPK	300	120	120	0
MN	300	0	0	7 500
MP	0	120	0	7 500
MNP	300	120	0	7 500
MNPK	300	120	120	7 500

1. 有机无机培肥技术对土壤物理性质的影响

（1）有机无机培肥技术对土壤含水量的影响。由图 12 - 1 可知，各处理 0～100 cm 土层土壤含水量随着土层深度的增加呈先上升后降低的趋势，土壤含水量在 20～40 cm 或 40～60 cm 土层达到最大值。收获期由于有机肥与化肥配施，玉米对土壤水分的吸收利用增强，导致有机肥与化肥配施处理土壤水分含量低于单施化肥及不施肥处理。2013—2016 年，0～100 cm 土层土壤含水量施肥处理较不施肥分别下降 5.66%～13.08%、10.68%～24.55%、6.83%～26.96%和 6.83%～15.78%。

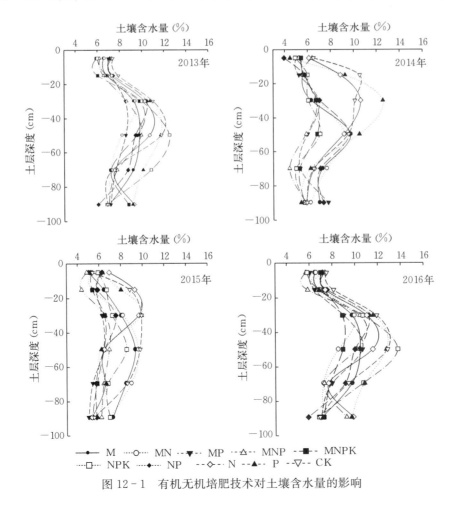

图 12 - 1　有机无机培肥技术对土壤含水量的影响

（2）有机无机培肥技术对土壤容重的影响。如图 12-2 所示，施肥对风沙土 0～20 cm 土层土壤容重影响最明显，其中有机无机配施土壤容重低于相应的化肥处理及不施肥处理。0～10 cm 土层每年均以不施肥处理土壤容重最高。施肥处理 0～20 cm 土层土壤容重 4 年较不施肥处理分别降低 1.27%～4.55%、0.63%～4.84%、0.64%～5.16%和 1.27%～7.05%。其中，0～20 cm 土层土壤容重整体以 MNPK 处理最低。

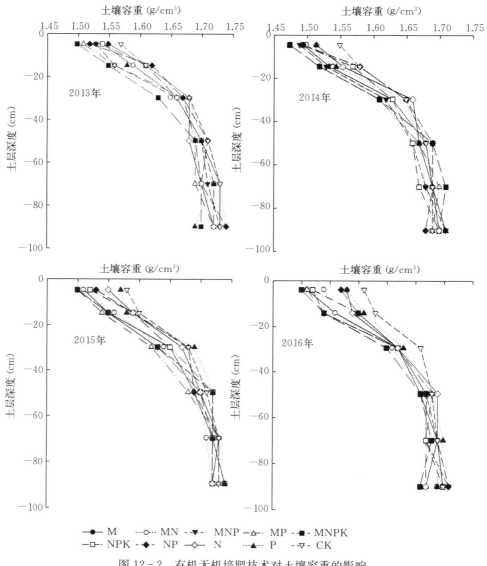

图 12-2　有机无机培肥技术对土壤容重的影响

2. 有机无机培肥技术对土壤化学性质的影响　如图 12-3 所示，施肥可提高土壤有机质含量，4 年后风沙土 0～40 cm 土层土壤有机质含量随着土层深度的加深而降低，有机肥与化肥配施土壤有机质含量较化肥处理有所提高，说明增施有机肥有利于土壤有机质的提升，且每个土层最低值出现在不施肥处理条件下。4 年施肥处理 0～40 cm 土层土壤有机质含量较不施肥处理分别提高 0.95%～7.19%、0.12%～12.74%、1.72%～18.96%和 1.33%～23.61%。

3. 有机无机培肥技术对玉米产量的影响　由图 12-4 可知，不同施肥条件下，玉米产量差别明显，整体表现为化肥和有机肥配施处理高于单施化肥处理。4 年玉米产量均以 MNPK 处理最高，施肥处理玉米产量较不施肥处理分别提高 8.06%～34.90%、7.24%～23.34%、3.40%～38.44%和 6.50%～33.69%。

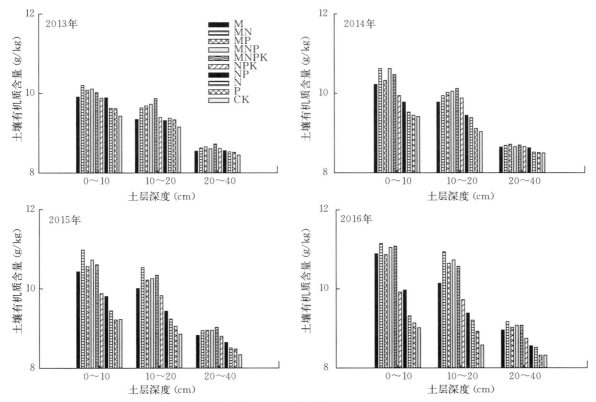

图 12-3　有机无机培肥技术对土壤有机质含量的影响

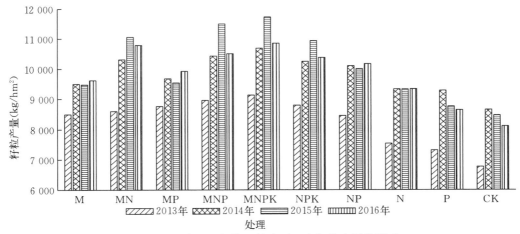

图 12-4　有机无机培肥技术对玉米籽粒产量的影响

（二）膜下滴灌持水培肥技术

鉴于风沙土漏水漏肥的特点，采用膜下滴灌和培肥措施提升风沙土有机质、改善土壤理化性质、保证玉米产量与品质。通过辽宁阜新彰武 4 年定位研究，在当地农民传统施肥基础上，配合等量碳源物质（碳量为 3 000 kg/hm²）研究膜下滴灌条件下有机培肥技术。设 5 个处理，处理 1：CK（对照），施肥量为 N 0 kg/hm²、P_2O_5 90 kg/hm²、K_2O 90 kg/hm²；处理 2：FP（常规施肥），施肥量为 N 262.5 kg/hm²、P_2O_5 90 kg/hm²、K_2O 90 kg/hm²；处理 3：FP+有机肥（牛粪），施碳量为 3 000 kg/hm²；处理 4：FP+秸秆，还田深度为 20 cm；处理 5：FP+生物炭。

1. 不同培肥措施对土壤物理性质的影响

（1）不同培肥措施对土壤温度的影响。如图 12-5 所示，玉米不同生育时期，各处理 0～25 cm

土层土壤温度的变化趋势相似，随着土层深度的增加而逐渐降低。FP 配施有机肥、秸秆和生物炭处理 0～10 cm 土层土壤温度均高于 FP 处理，平均增温 2～6 ℃，处理间温度变化不明显；10～25 cm 土层各处理土壤温度的变化无明显差异。

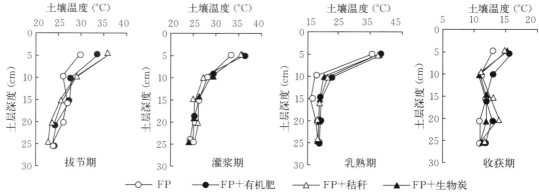

图 12-5　不同培肥措施对 0～25 cm 土层土壤温度的影响

（2）不同培肥措施对土壤容重的影响。如表 12-4 所示，不同培肥措施与常规施肥相比，除 FP＋有机肥处理外，2014 年 5～10 cm 土层土壤容重降低了 0.76％～1.53％，15～20 cm 土层土壤容重降低了 1.46％～4.38％；2016 年 5～10 cm 土层土壤容重降低了 0.76％～3.03％，15～20 cm 土层土壤容重降低了 1.47％～4.41％。由此可知，不同培肥措施土壤容重随着耕作年限的增加而呈现逐渐降低的趋势。

（3）不同培肥措施对土壤孔隙度和饱和含水量的影响。不同培肥措施与常规施肥相比，2014 年，5～10 cm 土层土壤孔隙度 FP＋有机肥、FP＋秸秆、FP＋生物炭分别降低 1.11％、增加 1.62％和 0.91％，15～20 cm 土层土壤孔隙度分别高 1.68％、4.76％、1.39％；5～10 cm 土层土壤饱和含水量分别降低 2.23％、增加 3.31％和 1.84％，15～20 cm 土层土壤饱和含水量分别高 3.29％、9.64％、2.75％。2016 年，5～10 cm 土层土壤孔隙度分别降低 1.12％、增加 2.07％和 1.03％，15～20 cm 土层土壤孔隙度分别高 1.81％、4.73％、1.40％；5～10 cm 土层土壤饱和含水量分别降低 2.24％、增加 4.28％和 2.09％，15～20 cm 土层土壤饱和含水量分别高 3.58％、9.63％、2.74％。其中，秸秆还田处理土壤孔隙度和饱和含水量均高于其他处理，这表明秸秆还田有利于改善土壤结构，提高土壤孔隙度，降低土壤容重。

表 12-4　不同培肥措施对土壤容重、孔隙度、饱和含水量和含水量的影响

时间	土层深度（cm）	处理	土壤容重（g/cm³）	土壤孔隙度（％）	土壤饱和含水量（％）	土壤含水量（％）
2014 年	5～10	CK	1.33a	49.92	37.61	12.35
		FP	1.31b	50.58	38.63	11.29
		FP＋有机肥	1.32ab	50.02	37.77	14.76
		FP＋秸秆	1.29c	51.40	39.91	12.27
		FP＋生物炭	1.30b	51.04	39.34	14.30
	15～20	CK	1.36ab	48.57	35.64	15.45
		FP	1.37a	48.32	35.28	15.46
		FP＋有机肥	1.35b	49.13	36.44	14.99
		FP＋秸秆	1.31c	50.62	38.68	17.83
		FP＋生物炭	1.35b	48.99	36.25	16.32

（续）

时间	土层深度 （cm）	处理	土壤容重 （g/cm³）	土壤孔隙度 （%）	土壤饱和含水量 （%）	土壤含水量 （%）
2016年	5～10	CK	1.34a	49.58	37.11	11.95
		FP	1.32ab	50.69	38.79	12.89
		FP＋有机肥	1.31b	50.12	37.92	14.86
		FP＋秸秆	1.28c	51.74	40.45	15.87
		FP＋生物炭	1.29c	51.21	39.60	15.30
	15～20	CK	1.37a	48.38	35.37	14.05
		FP	1.36ab	48.64	35.74	14.86
		FP＋有机肥	1.34b	49.52	37.02	15.59
		FP＋秸秆	1.30c	50.94	39.18	18.43
		FP＋生物炭	1.34b	49.32	36.72	16.92

注：同一列数据后不同字母表示处理间差异达到显著水平（$P<0.05$）。

2. 不同培肥措施对土壤化学性质的影响

（1）不同培肥措施对土壤有机质含量的影响。如图 12-6 所示，随着种植年限的增加，CK 土壤有机质含量呈逐年下降的趋势，试验区土壤有机质含量背景值为 6.4 g/kg。与土壤背景值相比，4 年间 CK 土壤有机质含量分别下降了 6.25%、15.63%、21.88%和 23.44%。不同培肥处理随着种植年限的增加，土壤有机质含量呈升高的趋势。2013 年，各施肥处理与 CK 相比，土壤有机质含量出现不同程度的下降，下降比例为 16.67%～23.33%。原因可能是土壤本身瘠薄，加上覆膜，提高了土壤温度，微生物活动旺盛，加速了土壤有机质的分解。2014—2016 年，不同培肥措施与常规施肥相比，土壤有机质含量分别提高了 1.82%～40.00%、13.85%～32.31%、17.11%～40.79%。其中，生物炭处理有机质提升效果最好，其次是有机肥和秸秆还田处理，这说明 3 种培肥措施对有机质的提升具有一定的效果。

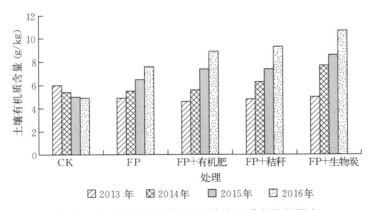

图 12-6 不同培肥措施对土壤有机质含量的影响

（2）不同培肥措施对土壤全氮含量的影响。如图 12-7 所示，不同施肥处理土壤全氮含量均高于 CK，随着施肥年限的增加均有不同程度的增加。与 CK 相比，不同处理全氮含量 4 年依次增加 2.38%～19.05%、16.00%～22.00%、18.00%～42.00%、15.38%～25.00%。2013 年、2014 年，各施肥处理年际间土壤全氮含量变化不明显；2015 年、2016 年，不同培肥措施与常规施肥相比，土壤全氮含量提高了 3.39%～20.34%、17.65%～27.45%。其中，FP＋生物炭处理土壤全氮含量最高，由于生物炭的输入带入大量的外源碳，提高土壤微生物活性，从而加速土壤有机质的矿化分解。

（3）不同培肥措施对土壤碱解氮含量的影响。如图 12-8 所示，不同施肥处理随着施肥年限的增加土壤碱解氮含量有所增加。与 CK 相比，不同施肥处理土壤碱解氮含量分别提高 4.17%～

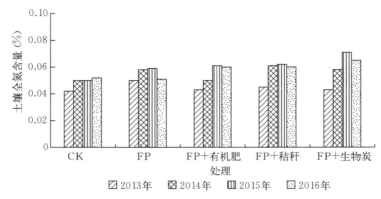

图 12-7　不同培肥措施对土壤全氮含量的影响

12.50%、25.53%~36.17%、39.13%~54.34%、46.67%~62.22%。不同年份各培肥措施土壤碱解氮含量变化略有不同，2013 年，土壤碱解氮含量处理间表现为 FP＋生物炭＞FP＋秸秆＞FP＋有机肥，与 FP 处理相比，不同培肥措施土壤碱解氮含量提高了 3.85%~7.41%；2014 年、2015 年，土壤碱解氮含量处理间表现为 FP＋秸秆＞FP＋有机肥＞FP＋生物炭，与 FP 处理相比，不同培肥措施土壤碱解氮含量分别提高了 3.39%~8.47%、3.13%~10.94%；2016 年，土壤碱解氮含量处理间表现为 FP＋秸秆＞FP＋生物炭＞FP＋有机肥，与 FP 处理相比，不同培肥措施土壤碱解氮含量提高了 4.55%~10.61%。

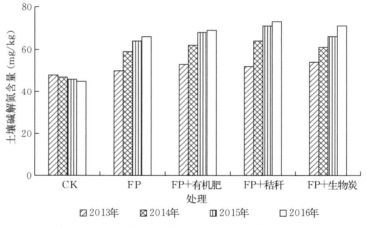

图 12-8　不同培肥措施对土壤碱解氮含量的影响

3. 不同培肥措施对玉米生长发育状况及产量的影响

（1）不同培肥措施对玉米生长发育状况的影响。如表 12-5 所示，玉米不同生育时期施氮处理的

表 12-5　不同培肥措施对玉米生长发育状况的影响

处理	拔节期			灌浆期			乳熟期			
	株高（m）	茎粗（cm）	SPAD 值	株高（m）	茎粗（cm）	SPAD 值	株高（m）	茎粗（cm）	SPAD 值	百粒重（g）
CK	0.45d	0.98d	38.26c	1.93d	2.29d	67.26e	2.71d	2.13c	46.64c	31.58d
FP	0.56b	1.02c	41.84b	2.04c	2.64bc	74.58d	2.80c	2.31bc	56.45ab	31.94d
FP＋有机肥	0.58a	1.04b	42.87a	2.11a	2.71a	88.88a	2.98a	2.52a	57.80a	34.13b
FP＋秸秆	0.53c	1.02c	41.73b	2.05c	2.61c	82.91c	2.83c	2.30bc	53.99b	32.60c
FP＋生物炭	0.59a	1.10a	42.59a	2.07b	2.67b	85.27b	2.90b	2.39b	55.21b	36.00a

注：同一列数据后不同字母表示处理间差异达到显著水平（$P<0.05$）。

株高、茎粗和 SPAD 值均高于 CK，这说明氮肥的施入对玉米生长发育影响较大。与常规施肥（FP）相比，FP＋有机肥和 FP＋生物炭处理的株高分别增加 3.43%～6.43%、1.47%～5.36%，茎粗分别增加 1.96%～9.10%、1.14%～7.84%，SPAD 值分别增加 2.39%～19.17%、－2.20%～14.33%，这表明常规施肥配施有机肥和生物炭有利于促进玉米的生长发育。百粒重是玉米产量构成要素之一，不同培肥措施的百粒重均高于常规施肥，增重 2.07%～12.71%。

（2）不同培肥措施对玉米产量的影响。如图 12－9 所示，不同培肥措施的玉米产量均高于 CK 和 FP 处理，4 年的趋势一致。与 FP 处理相比，2013 年增产 1.75%～7.70%，2014 年增产 4.21%～8.02%，2015 年增产 0.84%～7.54%，2016 年增产 8.00%～10.89%。4 年试验结果表明，不同培肥措施对玉米产量的影响以 FP＋有机肥处理最优，其次为 FP＋秸秆和 FP＋生物炭处理。

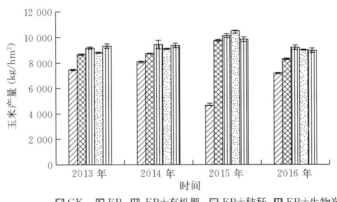

图 12－9　不同培肥措施对玉米产量的影响

（三）风沙土水肥一体持水保肥技术

玉米膜下滴灌技术具有节水节肥、增温保水及增产效果。试验地点在辽宁省阜新市彰武县西六乡忙海林子村，在等磷、钾肥基础上，采用膜下滴灌研究不同水肥一体化处理方式在风沙土上的应用。设 6 个处理，处理 1：CK（覆膜），N 0 kg/hm²；处理 2：FP（不覆膜），N 262.5 kg/hm²（底施 90 kg，追施 172.5 kg）；处理 3：FP（覆膜），N 262.5 kg/hm²（底施 90 kg，追施 172.5 kg）；处理 4：FPW（覆膜），N 262.5 kg/hm²（底施 90 kg，172.5 kg 随水追肥）；处理 5：OPTW（覆膜），N 223.1 kg/hm²（底施 77 kg，146.1 kg 随水追肥）；处理 6：UANW（覆膜），N 223.1 kg/hm²（同处理 5，追施尿素硝酸铵代替尿素）。

滴灌量根据降水量、田间持水量、土壤含水量计算；灌溉时期：苗期、拔节期、灌浆期。当地农民习惯施肥方式：底肥施复合肥（15－15－15）600 kg/hm²，追肥施尿素 375 kg/hm²。

1. 不同处理对土壤化学性质的影响

（1）不同处理对土壤全氮含量的影响。如图 12－10 所示，各施肥处理与 CK 相比，土壤全氮含量

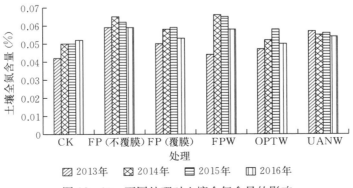

图 12－10　不同处理对土壤全氮含量的影响

有不同程度的增幅，4 年依次为 4.76%～40.48%、4.00%～32.00%、12.00%～30.00%、1.92%～13.46%。FP（覆膜）、FPW、OPTW 和 UANW 处理与 FP（不覆膜）处理相比，土壤全氮含量分别降低了 3.39%～20.34%、10.77%～20.00%、4.84%～9.67%、8.47%～10.17%。由于覆膜处理提高了土壤水分和温度，植物生长旺盛，根系发达，吸收大量土壤养分。

（2）不同处理对土壤碱解氮含量的影响。如图 12-11 所示，各施肥处理土壤碱解氮含量均高于 CK，4 年依次提高了 4.17%～29.17%、28.89%～53.33%、25.00%～68.18%、35.00%～97.50%。覆膜处理与 FP（不覆膜）处理相比，土壤碱解氮含量分别降低了 4.84%～19.35%、5.80%～15.94%、3.90%～28.57%、3.80%～31.65%。

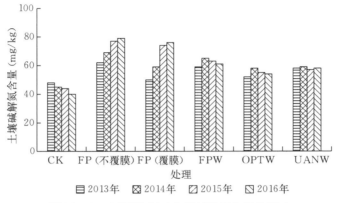

图 12-11　不同处理对土壤碱解氮含量的影响

（3）不同处理对土壤有机质含量的影响。如图 12-12 所示，各施肥处理土壤有机质含量与 CK 相比，均有不同程度的提高，4 年依次提高了 13.33%～31.67%、1.85%～35.19%、6.00%～48.00%、10.20%～34.69%。2013—2015 年，FPW、OPTW 和 UANW 处理与 FP（覆膜）处理相比，土壤有机质含量分别提高了 38.78%～61.22%、18.18%～32.73%、3.08%～13.85%。2016 年，土壤有机质含量顺序为 UANW＞FP（覆膜）＞FP（不覆膜）＞FPW、OPTW＞CK。

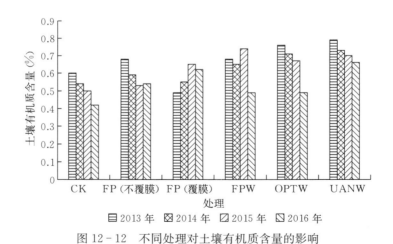

图 12-12　不同处理对土壤有机质含量的影响

2. 不同处理对玉米生长发育及产量的影响

（1）不同处理对玉米生长发育的影响。由表 12-6 可知，CK 株高、茎粗和 SPAD 值处于较低水平。拔节期，株高、茎粗和 SPAD 值各施氮处理间变化不明显；拔节期至灌浆期，玉米生长发育较快，株高、茎粗和 SPAD 值的变化顺序为 FPW、OPTW、UANW＞FP（覆膜）＞FP（不覆膜）＞CK；灌浆期至乳熟期，玉米生长发育进入生殖生长阶段，株高和 SPAD 值的变化趋势与灌浆期相似。

表 12-6 不同生育时期玉米生长发育状况

处理	拔节期			灌浆期			乳熟期		
	株高（m）	茎粗（cm）	SPAD值	株高（m）	茎粗（cm）	SPAD值	株高（m）	茎粗（cm）	SPAD值
CK	0.45c	0.88c	38.26c	1.93c	2.29b	67.26c	2.71b	2.13b	46.64c
FP（不覆膜）	0.51b	0.98b	40.55b	1.93c	2.48ab	56.25d	2.73b	2.26a	43.87c
FP（覆膜）	0.56a	1.02a	41.84a	2.04b	2.64a	74.58b	2.80ab	2.31a	56.45b
FPW	0.55a	1.07a	42.94a	2.45a	2.72a	83.79ab	2.93a	2.49a	56.04b
OPTW	0.56a	1.03a	42.58a	2.28a	2.74a	90.52a	2.96a	2.55a	64.19a
UANW	0.57a	1.06a	42.87a	2.58a	2.73a	93.06a	2.97a	2.55a	62.30a

注：同一列数据后不同字母表示处理间差异达到显著水平（$P < 0.05$）。

（2）不同处理对玉米产量的影响。如图 12-13 所示，不同施肥处理的玉米产量均高于 CK，且 4 年趋势表现一致。覆膜处理与 FP（不覆膜）处理相比，产量提高了 7.42%～19.51%、3.63%～13.18%、6.12%～11.74%、5.60%～15.53%；在覆膜条件下，水肥一体化处理与 FP（覆膜）相比，2013 年、2014 年和 2016 年产量提高了 1.85%～11.26%、3.37%～9.21% 和 2.64%～9.41%。不同施肥处理以 OPTW 处理产量最高，4 年平均产量为 9 536.55 kg/hm²。

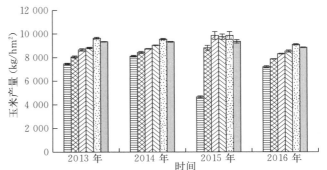

图 12-13 不同处理对玉米产量的影响

3. 不同处理对玉米籽粒全氮含量的影响 如图 12-14 所示，各施肥处理籽粒全氮含量均高于 CK，平均提高了 21.95%～36.93%。覆膜处理与 FP（不覆膜）相比，籽粒全氮含量提高了 10.00%～12.29%。由于覆膜处理提高了土壤水分和温度，植物根系发达、生长旺盛，可以吸收大量氮素。

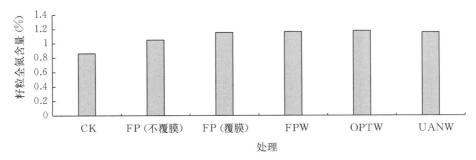

图 12-14 不同处理对玉米籽粒全氮含量的影响

（四）沙质土壤改良剂蓄水保肥技术

1. 沙质土壤改良剂对土壤物理性质的影响

（1）沙质土壤改良剂对土壤含水量的影响。由图 12-15 可知，0～100 cm 土层土壤含水量随着土层深度的增加呈先升高后降低的趋势，在 20～40 cm 土层达到最大值。施用沙质土壤改良剂对 0～60 cm 土层土壤含水量影响较大，2013—2016 年 0～60 cm 土层沙质土壤改良剂较对照土壤含水量分别提高 38.89%～59.65%、25.94%～48.63%、11.43%～81.55% 和 9.47%～33.28%。

（2）沙质土壤改良剂对土壤容重的影响。由图 12-16 可知，0～100 cm 土层土壤容重随着土层深度的增加而升高，沙质土壤改良剂对 0～20 cm 土层影响较大。2013 年，施用沙质土壤改良剂处理

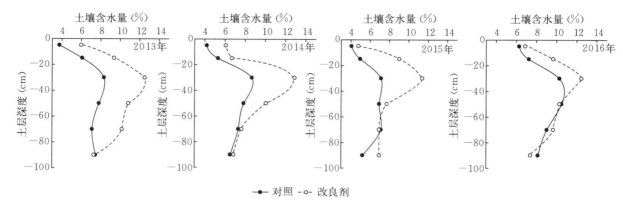

图 12-15　沙质土壤改良剂对土壤含水量的影响

0～20 cm 土层土壤容重较对照略高；但 2014—2016 年，施用沙质土壤改良剂处理先后降低 0～10 cm 土层土壤容重 2.04%、2.74% 和 2.72%，降低 10～20 cm 土层土壤容重 0.67%、2.00% 和 1.34%。

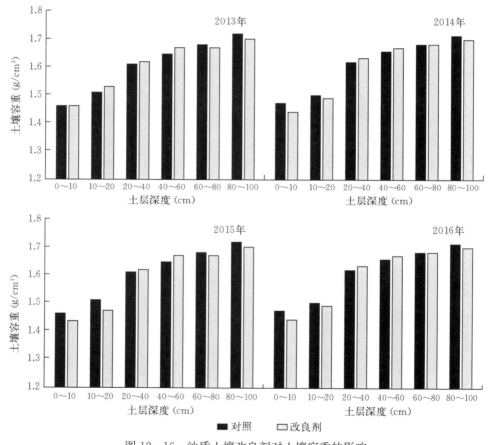

图 12-16　沙质土壤改良剂对土壤容重的影响

2. 沙质土壤改良剂对土壤养分含量的影响

（1）沙质土壤改良剂对土壤有机质含量的影响。由图 12-17 可知，各处理土壤有机质含量随着土层深度的增加而减少，各土层施加沙质土壤改良剂处理的有机质含量均显著高于对照。施用沙质土壤改良剂 2013—2016 年 0～40 cm 土层土壤有机质含量分别较对照提高 5.44%～10.37%、2.70%～10.70%、4.01%～10.42% 和 6.50%～8.88%。

（2）沙质土壤改良剂对土壤全氮含量的影响。由图 12-18 可知，各处理土壤全氮含量随着土层深度的增加而减少，各土层施加沙质土壤改良剂处理的土壤全氮含量均显著高于对照。施用沙质土壤

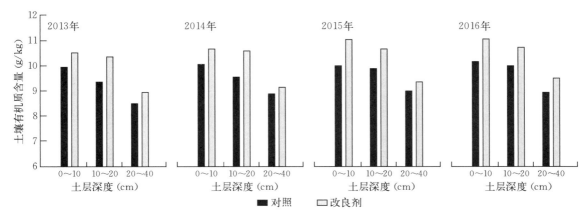

图 12-17 沙质土壤改良剂对土壤有机质含量的影响

改良剂 2013—2016 年 0～40 cm 土层土壤全氮含量分别较对照提高 5.01％～10.47％、4.68％～14.11％、4.33％～18.63％和 6.01％～19.13％。

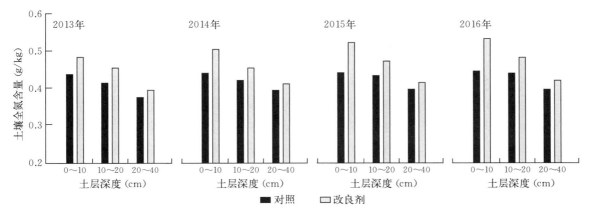

图 12-18 沙质土壤改良剂对土壤全氮含量的影响

（3）沙质土壤改良剂对土壤碱解氮含量的影响。由图 12-19 可知，土壤碱解氮含量均随着土层的加深而降低，施加沙质土壤改良剂 2013—2016 年 0～40 cm 土层土壤碱解氮含量分别较对照提高 10.37％～20.37％、12.65％～27.97％、11.66％～24.17％和 8.57％～17.47％。

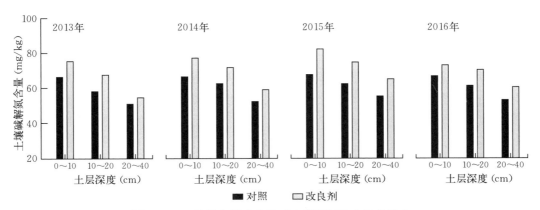

图 12-19 沙质土壤改良剂对土壤碱解氮含量的影响

3. 沙质土壤改良剂对玉米产量的影响　由表 12-7 可知，施用沙质土壤改良剂玉米籽粒产量和生物产量均显著高于对照，2013—2016 年施用沙质土壤改良剂处理玉米籽粒产量分别较对照提高 14.56％、31.01％、43.21％和 23.53％，生物产量分别较对照提高 9.14％、33.25％、45.34％和 12.04％。

表 12-7　沙质土壤改良剂对玉米产量的影响

时间	处理	籽粒产量（kg/hm²）	生物产量（kg/hm²）
2013 年	对照	7 499.80a	12 337.51b
	改良剂	8 591.60a	13 465.70a
2014 年	对照	8 641.62b	13 872.86b
	改良剂	11 321.05a	18 485.50a
2015 年	对照	9 629.41b	15 446.89b
	改良剂	13 789.93a	22 450.75a
2016 年	对照	9 369.43b	13 292.02b
	改良剂	11 573.97a	14 891.81a

注：同一列数据后不同字母表示处理间差异达到显著水平（$P<0.05$）。

（五）风沙土土壤质量提升其他相关技术

1. 干旱区风沙土水土保持技术　在易旱、易风蚀的农业生态系统，风沙土秋翻耕、秋旋耕和春旋耕（秋留茬）不同耕法也具备保土、保水效果。春旋耕（秋留茬）土壤风蚀量比秋翻耕和秋旋耕少1.3～1.6 cm，0～30 cm 耕层土壤含水量比秋翻耕和秋旋耕平均高 3 个百分点。可见，风沙土春整地是防止水土流失的一项有效措施（颜景波 等，2010）。

2. 半干旱区风沙土防风蚀技术　在半干旱区，农田防护林网主林带背风面距林缘 1～6 倍防护树高处削弱风速约 50%，随树高倍数的增加效果递减；林网内扁杏、花生间作增强了花生裸茬抗风蚀能力，土壤防风蚀效果达 90%；林网内玉米、花生间作玉米收获后秸秆站立（农田休闲期）玉米带完全不受风蚀，花生裸茬防风蚀效果达 95%；林网内作物残体平伏覆盖防风蚀效果达 120%，作物残体覆盖玉米秸秆站立的防风、保土和保水效果最佳（颜景波 等，2011）。

3. 风沙土区玉米不同耕作技术　在黑龙江西部风沙土区，干旱频繁发生，土壤风蚀严重。打茬播种、旋耕播种、免耕等不同风蚀防控技术措施与当地传统耕作的玉米相比，旋耕处理土壤结构较好，能够有效接纳降水，增大储水库容；免耕条件下对土壤水分的影响主要表现在玉米生长前期及中期，免耕处理耕作次数较其他处理少，春季可保持底层土壤水分。旋耕播种处理的玉米产量最高，与对照相比增加了 31.2%；其次为打茬播种处理，产量比对照增加了 13.0%；免耕处理的玉米产量最低，与对照相比产量降低了 20.4%。因此，旋耕措施对土壤含水量具有显著改善作用（王孟雪 等，2011）。

在黑龙江西部大庆风沙土区探讨破垄种、原垄卡种、旋耕原垄卡种、免耕 4 个玉米种植的耕作模式。旋耕能使表层土壤相对疏松，但 35 cm 以下土层由于受机械镇压作用，土壤紧实度明显高于表层；破垄种使得土体紧化的现象表现得较为明显，使得土壤质量不可持续；旋耕原垄卡种明显改善20 cm 以下土层土壤紧实度，而 0～20 cm 土层土壤紧实度与其他耕作措施的差异不大，这保证了土壤表层不受风蚀而根系层（20～40 cm）变得疏松，是值得推广和应用的一种耕作措施（张有利 等，2015）。

4. 不同外源添加物风沙土改良技术　在内蒙古风沙土区利用聚合物——磺化氨基树脂（SAF）作为土壤结构改良剂，对沙土颗粒有明显的联结作用，从而使其形成较大的团聚体结构。当磺化氨基树脂的磺化度为 14.0%～18.0%，氨基原料中三聚氰胺的用量占尿素质量的 20%，其施用剂量为风沙土干质量的 0.3% 时，对风沙土的结构改良效果与阴离子型聚丙烯酰胺（PAM）在施用剂量为0.1% 时的效果相当（李建法 等，2006）。

菌糠等不同物料对吉林西部风沙土溶解性有机质组分产生影响。以玉米为试材，菌糠施入土壤后，其溶解性有机质组分水溶性碳（WSOC）、热水溶性碳（HWSOC）、溶解性酚酸（DP）、可溶性糖（DS）含量均比对照增加，以施入时间 1 个月内增加效果明显，针对菌糠以调节 C/N 效果好。在整个试验培养期间，麦麸溶解性酚酸含量均高于菌糠。在生产实践中，以热水溶性碳、溶解性酚酸、可溶性糖含量评定微生物载体的质量标准，麦麸被认为是目前较好的微生物载体（谢修鸿 等，2012）。

在内蒙古毛乌素沙地，利用粉煤灰改良风沙土物理性质。风沙土中掺入粉煤灰可使土壤黏粒含量增多，土壤容重、孔隙度降低，风沙土与粉煤灰最优添加率为 30%。30%添加率可有效改良土壤物理性质，孔隙度为 50%～60%，具有壤土的特点，其含水量较沙土有明显提高，渗透性不断升高，有效水分滞留时间增加（李占宏 等，2011）。

在吉林风沙土区，选用泥炭、腐泥及其混合物 3 种天然有机物料作为风沙土改良剂。施入泥炭和腐泥后的风沙土，其物理结构、pH 有所改善，土壤有机质、速效氮、有效磷、速效钾和腐殖酸含量都有所增加；植株的高度、根长、鲜质量和干质量明显提高。因此，泥炭和腐泥可作为风沙土的优良改良剂（马云艳 等，2011）。

在内蒙古通辽科尔沁沙地探讨土壤改良剂组合（黏土、有机肥、腐殖酸）对风沙土的改良效果及玉米生长状况。土壤改良剂组合在施用黏土、有机肥、腐殖酸分别为 150 t/hm²、30 t/hm² 和 3.75 t/hm² 时，风沙土的持水性可以提高 46.61%、保肥性提高 197.59%，促进玉米植株生长，产量增加幅度为 70.08%（宋明元 等，2016）。

在内蒙古准格尔旗风沙土区，利用砒砂岩和风沙土 0∶100（L）、10∶90（LS₁）、25∶75（LS₂）、50∶50（LS₃）、75∶25（LS₄）、90∶10（LS₅）和 100∶0（S）（烘干质量比）7 个不同比例的改良模式。在生产实践中，砒砂岩可显著减小风沙土对磷的吸附固定，增加磷肥的有效性。当改良土壤恢复植被以后，磷肥施用初期，在砒砂岩添加比例较大的改良土壤中，磷肥肥效较好（摄晓燕 等，2015）。

5. 不同作物种植模式风沙土改良技术　在辽宁彰武风沙土区，对美国扁杏＋麻黄草、美国扁杏＋玉米、美国扁杏＋紫花苜蓿、无防护林花生地、樟子松林、有防护林玉米 6 种不同种植模式下土壤养分指标的测定表明，美国扁杏＋麻黄草模式土壤各养分指标的含量较高，表现出最好的土壤养分特征；而无防护林花生地的土壤则较贫瘠，养分含量最低。可见，经过人为治理过的风沙地土壤养分含量比未治理的风沙地明显提高（梁强 等，2007）。

四、黑土区风沙土培肥与玉米增产技术集成及示范

（一）风沙土地力提升技术集成及示范

针对风沙土区风蚀严重、土壤保水保肥能力低的问题，根据 2013—2015 年不同农艺措施对风沙土改良效果的研究，2016 年利用 3 种技术集成模式（深松＋秸秆覆盖、深松＋沙质土壤改良剂、秸秆覆盖＋沙质土壤改良剂），以传统耕作为对照，通过测定土壤水分、土壤有机质及其他土壤理化性质、土壤微生物性状、土壤酶活性，明确其对提高土壤保水保肥能力和玉米产量的作用机制。

试验于 2016 年 5—10 月在内蒙古通辽市科尔沁左翼后旗甘旗卡镇好力保村进行。设对照（A）、深松＋秸秆覆盖（B）、秸秆覆盖＋沙质土壤改良剂（C）、深松＋沙质土壤改良剂（D）4 个处理，采用随机区组排列。深松在播种前进行（4 月末），深松深度 35 cm；秸秆覆盖于玉米收获后进行，覆盖量为 7 500 kg/hm²；沙质土壤改良剂于播种前撒施并旋耕，使用量为 30 t/hm²。播种密度 72 000 株/hm²，行距 60 cm，株距 23.3 cm。混土后点种，开沟播种，播深 10 cm。种肥通过免耕播种机播种时施入，磷酸氢二铵施用量为 150 kg/hm²。其他田间管理根据当地种植习惯进行。

1. 不同技术集成模式对土壤物理性质的影响

（1）不同技术集成模式对土壤容重的影响。由图 12-20 可知，与对照相比，不同技术集成模式显著降低 0～20 cm 土层土壤容重，对 20 cm 以下土层土壤容重无显著影响。0～10 cm 与 10～20 cm 土层土壤容重处理间表现一致，均表现为深松＋秸秆覆盖＜秸秆覆盖＋沙质土壤改良剂＜深松＋沙质

土壤改良剂＜对照。与对照相比，深松＋秸秆覆盖、秸秆覆盖＋沙质土壤改良剂、深松＋沙质土壤改良剂分别降低 0～10 cm 土层土壤容重 3.42％、2.58％和 2.06％，分别降低 10～20 cm 土层土壤容重 3.16％、1.90％和 0.38％。

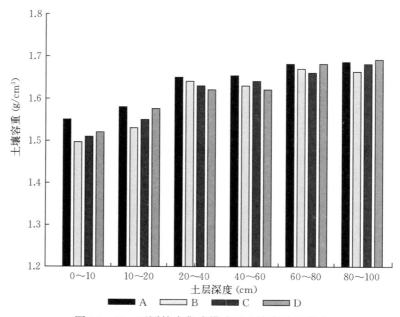

图 12 - 20　不同技术集成模式对土壤容重的影响

（2）不同技术集成模式对土壤含水量及储水量的影响。由图 12 - 21 可知，各种模式 0～100 cm 土层土壤含水量随着土层深度的增加均呈先增加后降低的趋势，20～40 cm 土层土壤含水量达最大，不同处理间 0～100 cm 土层土壤含水量表现为秸秆覆盖＋沙质土壤改良剂＞深松＋沙质土壤改良剂＞深松＋秸秆覆盖＞对照，分别较对照提高 29.47％、13.94％和 12.80％。不同技术集成模式均提高了 0～100 cm 土层土壤储水量，秸秆覆盖＋沙质土壤改良剂、深松＋沙质土壤改良剂、深松＋秸秆覆盖分别较对照提高了 20.06％、10.55％和 8.66％。

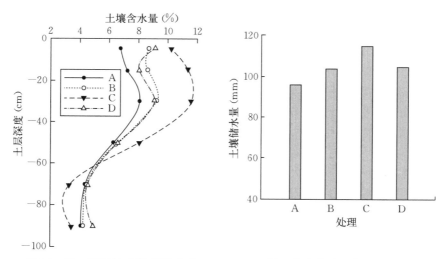

图 12 - 21　不同技术集成模式对 0～100 cm 土层土壤含水量及储水量的影响

2. 不同技术集成模式对土壤化学性质的影响

（1）不同技术集成模式对土壤有机质含量的影响。由图 12 - 22 可知，土壤有机质含量随着土层深度的增加而逐渐降低。0～10 cm 和 10～20 cm 土层土壤有机质含量表现为秸秆覆盖＋沙质土壤改良剂＞深松＋秸秆覆盖＞深松＋沙质土壤改良剂＞对照，20～40 cm 土层为深松＋秸秆覆盖＞秸秆覆盖＋沙质土壤改良剂＞深松＋沙质土壤改良剂＞对照。与对照相比，0～40 cm 土层土壤有机质含量深松＋秸秆覆盖、秸秆覆盖＋沙质土壤改良剂、深松＋沙质土壤改良剂分别提高 9.50%～15.20%、5.60%～18.37%、6.04%～10.42%。

（2）不同技术集成模式对土壤全氮含量的影响。由图 12-23 可知，土壤全氮含量随着土层深度的增加而逐渐降低。不同土层全氮含量与有机质含量处理间表现一致。与对照相比，0～40 cm 土层土壤全氮含量深松＋秸秆覆盖、秸秆覆盖＋沙质土壤改良剂、深松＋沙质土壤改良剂分别提高 8.42%～20.02%、15.17%～20.65%、5.96%～10.88%。

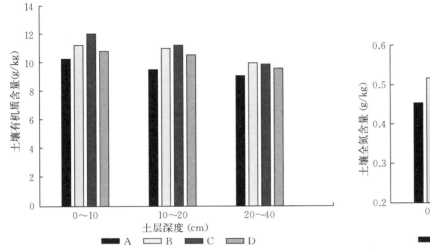

图 12-22 不同技术集成模式对土壤有机质含量的影响

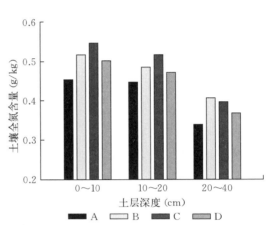

图 12-23 不同技术集成模式对土壤全氮含量的影响

（3）不同技术集成模式对土壤碱解氮含量的影响。由图 12-24 可知，不同技术集成模式均有助于提高 0～40 cm 土层土壤碱解氮含量，且各处理土壤碱解氮含量随着土层深度的增加而降低。0～40 cm 土层土壤碱解氮含量以秸秆覆盖＋沙质土壤改良剂处理最高，土壤碱解氮含量顺序为秸秆覆盖＋沙质土壤改良剂＞深松＋秸秆覆盖＞深松＋沙质土壤改良剂＞对照。秸秆覆盖＋沙质土壤改良剂处理 0～10 cm、10～20 cm、20～40 cm 土层土壤碱解氮含量较对照分别提高 9.37%、17.50% 和 13.59%；而深松＋秸秆覆盖、深松＋沙质土壤改良剂处理较对照分别提高 7.40%～10.24% 和 2.79%～9.38%。

3. 不同技术集成模式对玉米籽粒产量的影响 由图 12-25 可知，玉米籽粒产量表现为秸秆覆盖＋沙质土壤改良剂＞深松＋秸秆覆盖＞深松＋沙质土壤改良剂＞对照。与对照相比，各处理分别提高玉米籽粒产量 52.29%、43.79% 和 34.47%。

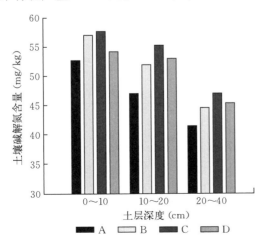

图 12-24 不同技术集成模式对土壤碱解氮含量的影响

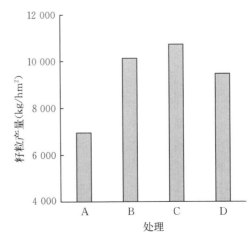

图 12-25 不同技术集成模式对玉米籽粒产量的影响

（二）风沙土土壤有机质提升及保水保肥技术集成与示范

2014—2016 年，利用 3 项关键技术在内蒙古通辽市科尔沁左翼后旗进行风沙土有机质提升和玉米增产技术示范研究，具体技术如下：①氮磷钾肥配施有机肥：氮、磷和钾肥施用量分别为 300 kg/hm²、120 kg/hm² 和 240 kg/hm²，有机肥 7 500 kg/hm²；②留茬＋深松：留茬高度为 20 cm，深松深度为 30 cm；③沙质土壤改良剂：蒙脱石 30 000 kg/hm²。示范玉米品种为 NK718，施肥方案：底施氮磷钾复合肥（N：P_2O_5：K_2O＝12：20：13）525 kg/hm²；大喇叭口期追施尿素，追肥量 450 kg/hm²。

由表 12-8 可知，不同示范处理玉米籽粒产量和生物产量较传统耕作均有不同幅度的提高，2014 年籽粒产量留茬＋深松、沙质土壤改良剂、氮磷钾肥配施有机肥较传统耕作分别提高 52.59%、52.64%、47.71%，生物产量分别提高 60.96%、41.91%、43.04%；2015 年籽粒产量分别提高 20.68%、12.65%、17.03%，生物产量分别提高 14.54%、5.97%、4.64%；2016 年籽粒产量和生物产量分别提高 7.88%、14.68%、15.47% 和 33.12%、29.34%、45.30%。

表 12-8　不同示范处理对玉米产量的影响

单位：kg/hm²

处理	2014 年		2015 年		2016 年	
	籽粒产量	生物产量	籽粒产量	生物产量	籽粒产量	生物产量
留茬＋深松	11 444.20	18 764.97	12 674.82	19 176.60	10 108.23	17 694.97
沙质土壤改良剂	11 447.38	16 543.33	11 830.95	17 741.40	10 745.46	17 193.33
氮磷钾肥配施有机肥	11 077.62	16 675.00	12 290.71	17 518.74	10 819.39	19 314.19
传统耕作	7 499.80	11 657.81	10 502.51	16 742.22	9 370.08	13 292.66

（三）玉米水肥高效利用技术集成与示范

2014—2016 年，在辽宁阜新风沙土区进行水肥一体化配合浅埋滴灌技术示范研究，玉米品种为良玉 99，采用玉米联合收割机收获后进行秸秆覆盖（7 500 kg/hm²），并进行旋耕（深度 15～20 cm），底肥施入 N 77 kg/hm²、P_2O_5 90 kg/hm²、K_2O 90 kg/hm²，玉米喇叭口期随水追施尿素 87.66 kg/hm²，灌浆期随水追施尿素 58.44 kg/hm²。

由表 12-9 可知，水肥一体化技术模式的 3 年平均产量为 9 808.13 kg/hm²，而常规施肥 3 年平均产量为 7 991.99 kg/hm²，水肥一体化技术模式产量增加 1 816.14 kg/hm²，增产 22.72%。氮素减施 15%，折合尿素减施 85.5 kg/hm²（尿素价格按 2 元/kg 计算），扣除滴灌带和人工等费用 1 500 元/hm²，纯增收 1 395.21 元/hm²（玉米价格按照 2 年平均价格 1.5 元/kg 计算），经济效益提高 10.21%。以上表明，水肥一体化技术模式是一项省工、省时、省水、减少投入、减少污染的农业技术模式。

表 12-9　不同示范处理对作物产量的影响

处理	作物产量（kg/hm²）		
	2014 年	2015 年	2016 年
水肥一体化技术	9 471.30	10 186.34	9 766.74
常规施肥	7 847.58	8 218.96	7 909.43

（四）无膜滴灌免耕试验示范

针对内蒙古通辽风沙区春季干旱、贫水区无法保全苗的难题，在科尔沁左翼后旗常胜镇梅林窝铺村开展了无膜滴灌免耕试验示范研究。2015—2016 年，试验示范田滴灌免耕模式单产平均为 12 225 kg/hm²，而常规种植平均为 7 788 kg/hm²，滴灌免耕模式较常规模式产量高 4 437 kg/hm²，增产 56.97%。扣除滴灌带和人工等费用 1 500 元/hm²，纯增效 5 155.5 元/hm²（玉米价格按照 2 年平均价格 1.5 元/kg 计算），经济效益提高 44.13%。这说明滴灌免耕模式是一项省工、省时、省水、减少投入、减少污染的农业技术模式，适合在东北风沙土区推广应用。

第二节　白浆土综合治理与增产技术集成及示范

一、黑土区白浆土分布与利用现状

(一)黑土区白浆土分布现状

白浆土是吉林、黑龙江的主要耕地土壤之一，主要分布在黑龙江和吉林的东北部，北起黑龙江的黑河，南到辽宁的丹东—沈阳铁路线附近，东起乌苏里江沿岸，西到小兴安岭及长白山等山地的西坡，局部抵达大兴安岭东坡。垂直分布高度为南部较高，北部较低，最低为海拔 $40\sim50$ m 的三江平原；最高在长白山，可达 $700\sim900$ m。白浆土分布面积 527.2 万 hm^2，其中吉林白浆土总面积 195.83 万 hm^2，耕地面积 50.32 万 hm^2，分别占该省总面积和总耕地面积的 10.5% 和 9.4%；黑龙江白浆土总面积 331.37 万 hm^2，耕地面积 116.36 万 hm^2，分别占全省总面积和总耕地面积的 7.47% 和 10.07%。

(二)黑土区白浆土利用现状

白浆土面积大，各类白浆土之间因地形、地貌不同等差异悬殊，土壤肥沃程度不一，利用现状不同。

1. 低平地白浆土主要用来发展水稻生产　近年来，水稻种植面积越来越大，主要有两个原因：一是受到经济效益的影响，二是种水稻使低产土壤变成了高产土壤。利用白浆土种水稻有如下优点：一是改水田后，白浆层变为有效的保水层，起到了节水作用，比草甸土种水稻每公顷节水 3 000 m^3，且产量高而稳定。二是有机质分解速度低，有利于有机质的积累和腐殖酸的形成，水田白浆土土壤有机质年矿化量可比旱田少 516 kg/hm^2。三是土壤氧化还原电位发生变化，原来土壤中与磷结合的铁、锰由高价变为低价，从而释放出一定量的被铁固定的磷，水田中有效磷比邻近旱田每 100 g 土高 2.18 mg。

2. 岗地白浆土主要用来种植玉米及其他经济作物　由于近年来受到国际粮食价格的冲击，之前种植大豆的地块现在大都改种玉米，其次是种植大豆，部分种植赤小豆、黑豆等经济作物。

二、黑土区白浆土土壤肥力特征及障碍因子

(一)黑土区白浆土土壤肥力特征

白浆土黑土层薄，黑土层厚度只有 $15\sim20$ cm，养分总量低。白浆土有机质平均含量黑土层为 3.55%，白浆层为 0.83%，相差 3.3 倍；全氮含量黑土层为 0.26%，白浆层为 0.12%，相差 1.2 倍；黑土层土壤全磷含量相对较高（0.29%），但有效磷含量相对较低，有效磷含量仅占全磷含量的 0.78%；白浆土土壤呈偏酸性（表 12 - 10）。

表 12 - 10　白浆土化学性质

土壤发生层次	全磷(%)	全氮(%)	有机质(%)	有效磷(mg/kg)	速效钾(mg/kg)	碱解氮(mg/kg)	pH(水浸)
Ap	0.29	0.26	3.55	22.50	68.00	6.10	6.30
Aw	0.22	0.12	0.83	2.50	49.00	5.80	6.40
B	0.23	0.13	0.72	2.50	69.00	4.90	6.60

(二)黑土区白浆土障碍因子

白浆土的主要障碍因子是白浆土土体构型差，土壤物理性质不良。

1. 白浆土土壤机械组成呈现两层性　通过测定土壤机械组成可以看出，耕层、白浆层土壤粉

沙含量高，黏粒含量低，沙黏比高达 1.6～3.8；而淀积层粉沙含量低，黏粒含量高，沙黏比只有 0.3～0.4（表 12-11）。上下土层间土壤沙黏比例不一，机械组成呈现两个层次，这是白浆土的一个重要特性。

表 12-11　白浆土土壤机械组成

土壤名称	土壤发生层次	各粒级含量（%）							沙（0.05～0.1 mm）黏（<0.001 mm）比
		>0.25 mm	0.05～0.25 mm	0.01～0.05 mm	0.005～0.01 mm	0.001～0.005 mm	<0.001 mm	0.001～0.01 mm	
草甸白浆土	Ap	3.69	1.97	42.50	18.66	19.70	13.48	51.84	3.2
	Aw	3.15	2.90	40.85	15.32	18.38	19.40	53.10	2.1
	B	0.31	1.84	20.43	9.68	17.20	50.54	77.42	0.4
潜育白浆土	Ap	2.07	2.74	48.12	18.83	15.69	12.55	47.07	3.8
	Aw	0.30	1.09	45.20	15.41	17.46	20.54	53.41	2.2
	B	0.18	0.86	21.75	2.70	11.96	56.55	77.21	0.4
岗地白浆土	Ap	2.44	2.51	33.06	19.63	21.70	20.66	61.49	1.6
	Aw	7.23	0.87	35.51	15.67	19.84	20.89	56.39	1.7
	B	0.98	0.24	13.47	13.47	20.19	44.90	78.57	0.3

2. 白浆层水浸容重大　根据白浆土不同层次的水浸容重结果可知（表 12-12），白浆层土壤水浸容重大，土壤易板结、淀浆。从土壤改良角度来看，土壤的水浸容重大，意味着耕作松土的持续效果短，影响作物根系下扎。

表 12-12　白浆土不同层次的水浸容重

土壤名称	发生层次	土层深度（cm）	水浸容重（g/cm³）
白浆土	Ap	0～25	0.79
	Aw	25～48	0.80
	B₁	48～88	0.73
	B₂	88～120	0.73
草甸白浆土	Ap	0～22	0.68
	Aw	22～53	0.81
	B₁	53～90	0.71
	B₂	90～140	0.70
潜育白浆土	Ap	0～14	0.68
	Aw	14～30	0.79
	B₁	30～62	0.54
	B₂	62～120	0.70

3. 白浆层土壤硬度大　一般来说，当土壤硬度超过 20 kg/cm² 时，根系就不能穿透。用贯入式硬度计测定的岗地白浆土的硬度曲线显示（图 12-26），耕层土壤硬度在 20 kg/cm² 以内，白浆层土壤硬度增加到 40～50 kg/cm²，淀积层硬度下降到 25～35 kg/cm²。土壤容重调查结果显示，耕层为

$1.02\sim1.18$ g/cm³，白浆层为 $1.47\sim1.61$ g/cm³，淀积层为 $1.41\sim1.49$ g/cm³。白浆层严重影响了作物根系下扎，阻碍了土壤水分上下运行，涝时水分渗不下去，旱时水分又供不上来，造成根系有效土层浅，土壤储水库容小，供水供肥能力低，是作物低产的一个重要原因。

4. 土壤三相率失调 白浆层粉沙含量高，土壤紧实，硬度大，必然造成土壤三相率失调。正常土壤固相率为 50％左右，水相率和气相率之和为 45％～55％（表 12－13）。白浆土除耕层三相率比接近正常土壤外，白浆层和淀积层固相率明显偏高，而液相率和气相率偏低。土壤水、气空间少，一是会造成土壤水气矛盾，二是会造成土壤自身调节水气能力下降，使土壤水分性状不良。

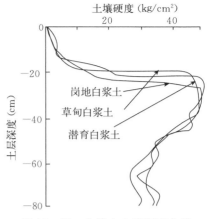

图 12－26 白浆土土壤硬度曲线

表 12－13 白浆土土壤三相率

土壤名称	土壤发生层次	土层深度（cm）	固相率（%）	液相率＋气相率（%）
白浆土	Ap	0～25	44.66	55.34
	Aw	25～48	54.83	45.17
	B₁	48～88	51.26	48.74
	B₂	88～120	58.19	41.81
草甸白浆土	Ap	0～22	45.45	54.55
	Aw	22～53	53.04	46.96
	B₁	53～90	50.93	49.07
	B₂	90～140	54.83	45.17
潜育白浆土	Ap	0～14	39.71	60.29
	Aw	14～30	52.89	47.11
	B₁	30～62	48.29	51.71
	B₂	62～120	52.82	47.18

三、黑土区白浆土土壤质量提升措施及效果

（一）生物改良白浆土技术

白浆土施用有机肥，可缓冲耕地土壤有机质下降速率，提高有机质和养分储量；通过深翻和施肥逐渐加深耕作层，使其达到 25 cm。研究表明，一次施入有机肥 177 t/hm²，相当于向土壤归还有机质 2.84 万 kg，当年增产效果显著。白浆土施用有机肥增产效果见表 12－14。

表 12－14 白浆土施用有机肥增产效果

地块	作物种类	施肥面积（hm²）	施肥量（t/hm²）	相当有机质（t/hm²）	相当全氮（kg/hm²）	相当全磷（kg/hm²）	产量（kg/hm²）未施肥	产量（kg/hm²）施肥	增产率（%）
1	大豆	20	121.5	19.4	729	412.5	3 180	3 735	17.5
2	大豆	30	144.0	23.0	864	489.0	2 055	3 810	85.4
3	玉米	30	150.0	24.0	900	510.0	5 400	8 205	51.9
4	玉米	80	181.5	29.0	1 089	616.5	4 395	9 135	107.8
5	大豆	20	244.5	39.1	1 467	831.0	3 600	4 200	16.7
6	大豆	30	275.0	43.4	1 629	922.5	3 840	4 935	28.5

秸秆还田是农田有机质的主要来源。秸秆还田除可以增加土壤有机质含量外，在很大程度上还可以改善土壤物理性质。目前，秸秆还田主要采用机械粉碎后直接还田，秸秆还田增产效果显著（表12-15）。

表12-15　秸秆还田增产效果

处理	下茬作物	产量（kg/hm²）	增产（%）
秸秆不还田	大豆	1 999.5	—
连续2年秸秆还田	大豆	2 100.0	5.03
连续3年秸秆还田	大豆	2 165.0	8.28

此外，秸秆还田应注意以下环节：一是提高秸秆还田的作业质量，最好粉碎后翻压；二是翻压时间宜早，边收边粉碎边翻压，利用高温和土壤水分加速腐解；三是适当深埋，耕翻压实；四是秸秆还田后及时耙压，消除架空，使秸秆与土壤紧密接触，以利于保蓄土壤水分，防止跑墒；五是秸秆C/N过大时，需要适当补充速效氮肥，以提高秸秆还田效果。

（二）石灰改良白浆土技术

白浆土是一种弱酸性土壤，水浸pH一般为5～6，盐浸pH一般为4～5。这一性质不利于土壤中钼元素的有效化，也就不利于大豆等作物的生长，所以需要进行调节。笔者以黑河36号大豆为指示作物进行试验，设置了不同量级的5个处理，将石灰施于耕层。测产结果表明，石灰施用量为75～150 kg/hm²时，对大豆产量有促进作用，增产率为5%左右（表12-16）。当石灰施用量继续增加时，出苗率降低，反而减产，如图12-27所示。

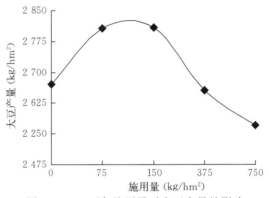

图12-27　石灰施用量对大豆产量的影响

表12-16　石灰施用效果试验

石灰施用量（kg/hm²）	株数（个/m²）	株高（cm）	荚数（个/株）	粒数（个/株）	生物产量（kg/m²）	产量（kg/hm²）	产量指数
750	30.7	55.0	23.2	43.3	0.97	2 571.0	96.3
375	32.3	37.0	25.8	53.4	0.80	2 656.5	99.5
150	36.7	41.7	19.0	44.9	1.05	2 809.5	105.2
75	34.3	49.0	24.0	48.9	2.23	2 808.0	105.2
0（CK）	34.7	47.0	20.2	52.6	1.90	2 670.0	100.0

（三）机械改良白浆土技术

1993年，在有关部门的支持下，与日本专修大学北海道短期大学环境科学研究所开展合作研究，于1995年研制出三段式心土混层犁。1996年，该机械获国家实用新型专利（专利号ZL 96203040.6）。1997年中日专家合作进行三段犁国产化研究并实现了国产化。2000年，开始进行三段犁小型化设计与制造，并研制出1LU-346B型三段式心土混层犁。

秸秆心土混合犁（图12-28）是在三段式心土混层犁的基础上，通过国家科技攻关与国际合作项目进行研制（Zhang et al.，2001a、2001b、2001c）。保持三段犁改良白浆土物理性质的良好效果，同时将根茬、秸秆及撒施在地表的其他物料混入心土，对低产土壤理化性质进行综合改良。作业原理为：作业时，第1犁翻耕20 cm表土层（Ap层）；第2犁随即将下一垡表层根茬3～5 cm刮入第1犁耕起的犁沟中；第3犁沿着第1犁的犁沟表面向下耕起约20 cm心土（Aw层）；同时，第4犁沿着第3犁犁沟表面再向下耕起10～15 cm心土（B层）。第2犁耕起的根茬与第3犁、第4犁耕起的两层心土，经第 4 犁的栅条末端落下，横垡变立垡，产生土层混拌和秸秆与心土随机混拌。重复作业时，下一垡已经被刮掉根茬的厚 15～17 cm 的表土层被翻扣在已经混拌和培肥的心土之上。

图 12-28 秸秆心土混合犁（张春峰 摄）

该技术将白浆土上翻 20 cm、下混 30～40 cm，同时将有机物料施入心土层。通过设置秸秆心土混合区（SSML）和浅翻深松区（CK）田间对比试验，调查机械作业后土壤理化性质、指示作物农艺性状以及产量指标。

1. 土壤含水量的变化　图 12-29 是秸秆心土混合犁改土 2 年后的土壤含水量调查结果。随着土层深度的加深，白浆土土壤含水量呈先增大后减小再增大趋势。改土 2 年内，0～20 cm 和 40～60 cm 土层土壤含水量与对照相比虽有提高，但变化不明显。20～40 cm 土层土壤含水量明显高于对照，与对照相比，第 1 年土壤含水量提高 4.90 个百分点，第 2 年提高 2.69 个百分点。这说明秸秆心土混合犁改土处理后，致密的白浆层被破碎并与心土层进行随机混拌，提高了土壤通透性，增大了 20～40 cm 土层土壤储水库容，提高了土壤含水量。

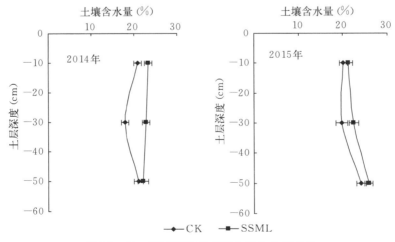

图 12-29 不同耕作方式下土壤含水量变化

2. 土壤硬度的变化　白浆土低产原因之一是土壤硬度过大，作物根系不易下扎，严重影响作物生长发育。图 12-30 是改土 2 年后土壤硬度测定结果，可以看出，秸秆心土混合犁改土后，改变了白浆土不同层次土壤硬度。对照 0～60 cm 土层土壤硬度先增大后减小，在 20～40 cm 土层内出现峰值，硬度最大值为 9 kg/cm²；秸秆心土混合区随着土层加深土壤硬度逐渐变大，20～40 cm 土层没有出现峰值，硬度最大值为 5 kg/cm²，秸秆心土混合区较对照土壤硬度值降低 44.44%；对照和秸秆心土混合区 0～20 cm 和 40～60 cm 土层土壤硬度变化不明显。这说明秸秆心土混合犁改土后打破了白浆土坚硬的白浆层，土壤硬度降低到了适合作物根系生长的范围内，有利于作物根系生长，改土 2 年内土壤硬度没有恢复原状，改土效果显著。

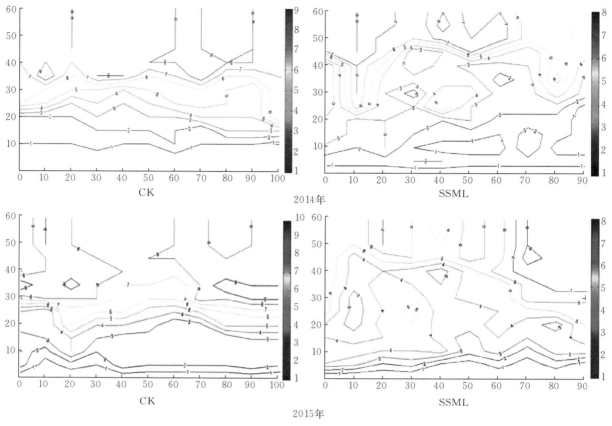

图 12-30　不同耕作方式下土壤硬度变化

3. 对土壤三相率和容重的影响　白浆土存在障碍层次白浆层，导致土壤物理性质差，水、气空间少，水分性状不良。秸秆心土混合犁能够使白浆层和淀积层进行随机混拌，彻底打破白浆层，改善其不良物理特性。2014 年 8 月和 2015 年 7 月用环刀取样，测定土壤三相率和容重，如表 12-17 所示。与对照相比，秸秆心土混合犁改土 2 年内 0～60 cm 土层土壤固相率减小、液相率和气相率增大，土壤容重降低；2 年内 20～40 cm 土层固相率分别降低 4.51 个百分点和 2.14 个百分点，液相率分别提高 4.13 个百分点和 1.17 个百分点，气相率分别提高 0.38 个百分点和 0.98 个百分点，容重分别降低 0.16 g/cm³ 和 0.11 g/cm³；40～60 cm 土壤三相虽有变化，但不明显。这说明经过秸秆心土混合犁处理过的土壤，土壤通透性得到提高，物理性质得到明显改善。

表 12-17　不同耕作方式下土壤三相率和容重变化

处理	时间	土层深度 (cm)	固相率 (%)	液相率 (%)	气相率 (%)	容重 (g/cm³)
CK	2014 年	0～20	51.25±1.75	26.88±1.31	21.88±0.66	1.29±0.05
		20～40	55.46±1.64	24.80±1.34	19.75±0.73	1.47±0.04
		40～60	52.41±1.86	28.85±1.76	18.75±1.01	1.37±0.04
	2015 年	0～20	50.59±1.54	28.22±1.15	21.20±1.04	1.20±0.05
		20～40	54.89±2.40	29.31±1.16	15.80±0.59	1.48±0.05
		40～60	53.77±1.73	34.08±1.34	12.16±0.88	1.41±0.04

（续）

处理	时间	土层深度 （cm）	固相率 （%）	液相率 （%）	气相率 （%）	容重 （g/cm³）
SSML	2014 年	0～20	47.33±1.52	29.62±1.56	23.05±0.94	1.27±0.04
		20～40	50.95±2.56	28.93±0.88	20.13±0.70	1.31±0.04
		40～60	52.72±1.96	26.07±1.31	21.21±0.60	1.33±0.05
	2015 年	0～20	47.90±2.35	30.73±1.56	21.38±0.93	1.25±0.04
		20～40	52.75±2.19	30.48±1.68	16.78±0.59	1.37±0.05
		40～60	52.61±2.08	34.89±1.01	12.50±0.40	1.39±0.03

4. 对土壤化学性质的影响　白浆土白浆层粉沙含量高，养分含量低，特别是有效磷含量低。利用秸秆心土混合犁把大豆秸秆还入心土层，达到提高心土层养分含量的目的。表 12-18 是秸秆心土混合犁改土 2 年后土壤养分含量测定结果，秸秆心土混合犁将地表秸秆还入 20～40 cm 心土层，使秸秆与心土随机混拌，20～40 cm 土层速效养分得到明显提高。与对照相比，碱解氮含量提高 17.33%，有效磷含量提高 116.39%，速效钾含量提高 37.86%，全氮、全磷含量分别提高 17.65%、16.67%，全钾含量变化不明显，有机质含量提高 36.66%，pH 也有所提高。这说明秸秆还入心土层后，显著提高了 20～40 cm 土层土壤养分供给能力。

表 12-18　不同耕作方式下土壤养分含量变化

处理	土层深度 （cm）	碱解氮 （mg/kg）	有效磷 （mg/kg）	速效钾 （mg/kg）	pH	有机质 （g/kg）	全氮 （g/kg）	全磷 （g/kg）	全钾 （g/kg）
CK	0～20	175.80±3.77	84.00±1.93	137.67±2.77	5.80±0.05	37.55±0.40	2.12±0.23	1.60±0.22	26.6±0.44
	20～40	143.31±3.36	30.50±1.33	111.07±3.05	5.59±0.07	27.44±0.40	1.70±0.12	1.20±0.13	27.1±0.30
	40～60	57.32±2.32	21.50±1.06	149.70±2.96	5.93±0.05	14.90±0.53	0.80±0.10	0.90±0.14	28.3±0.61
SSML	0～20	175.80±3.25	99.50±2.03	166.75±3.53	5.85±0.05	38.70±0.46	2.10±0.26	1.70±0.23	27.7±0.52
	20～40	168.15±3.73	66.00±1.41	153.12±2.51	5.84±0.05	37.50±0.36	2.00±0.25	1.40±0.15	27.0±0.35
	40～60	64.97±2.27	21.50±1.20	167.60±3.49	6.34±0.05	16.70±0.35	0.90±0.16	0.90±0.14	28.9±0.61

5. 对作物产量的影响　由表 12-19 可以看出，秸秆心土混合犁改土处理可提高大豆单株的株高、节数、荚数，增加单株粒数和百粒质量，提高大豆产量。改土后第 1 年秸秆心土混合区比对照增产 16.33%，第 2 年增产 15.77%。这说明秸秆心土混合犁改土后 2 个作物生育期内大豆增产在 15% 以上，改土效果显著。

表 12-19　大豆产量及产量性状

时间	处理	株高 （cm）	节数 （个/株）	荚数 （个/株）	粒数 （个/株）	百粒质量 （g）	产量 （kg/hm²）	增产 （%）
2014 年	CK	48.5±3.29b	13.8±0.44a	16.2±0.53b	37.8±1.10b	17.56±0.75b	2 041.2±34.96b	—
	SSML	50.1±3.03a	14.9±0.89a	20.4±0.61a	45.9±0.92a	18.27±1.15a	2 374.6±67.74a	16.33
2015 年	CK	80.4±6.15b	15.2±0.78a	31.6±0.92b	49.4±1.30b	22.07±0.72b	2 416.5±63.00b	—
	SSML	83.8±7.10a	16.7±0.56a	34.3±1.30a	58.3±1.14a	23.44±1.25a	2 797.5±51.48a	15.77

注：同一列数据后不同字母表示处理间差异达到显著水平（$P<0.05$）。

　　与浅翻深松相比，秸秆心土混合技术改善心土层土壤物理性质，20～40 cm 土层土壤含水量提高

2.69~4.90个百分点，硬度降低40%~50%，改善土壤通透性，固相率降低幅度为2.14~4.51个百分点，液相率增加幅度为1.17~4.13个百分点，气相率增加幅度为0.38~0.98个百分点，容重下降0.11~0.16 g/cm³；提高心土层养分含量，碱解氮含量提高17.33%，有效磷含量提高116.39%，速效钾含量提高37.86%，有机质含量提高36.66%，同时提高心土层全量养分含量，缓解土壤酸性。连续2年大豆产量，秸秆心土混合区比对照增产15.77%~16.33%，一次改土后效时间长，增产效果显著。这为白浆土及其同类低产土壤改良与作物高产提供技术支撑。

四、黑土区白浆土主要增产技术措施及潜力

白浆土白浆层土壤粉沙含量高，养分含量低（依艳丽 等，2012；李会彬 等，2014），容易沉实，造成土壤板结、紧实，水分上下运行困难，作物根系很难下扎，严重影响作物生长发育。所以，白浆土改良技术应以消除白浆层的障碍作用为突破口。众所周知，秸秆还田具有改善土壤结构（张志国 等，1998；苏衍涛 等，2008）、提高土壤有机质积累（王小彬 等，2000；董亮 等，2017）、增加营养元素含量（孟庆英 等，2017）的优点。普通深松机械主要是对土壤进行深松，不能打破白浆层，经过一个作物生育期后，土壤很可能恢复原状，需要年年深松，增加作业成本。秸秆心土混合犁能够实现在耕层土壤不变的情况下，对白浆层和淀积层进行随机混拌，改善白浆层不良物理性质（Araya et al.，1996a、1996b、1996c）；同时秸秆心土混合犁在改良白浆土不良物理性质的基础上，把前茬作物秸秆全部还入心土层，既解决土壤心土层养分贫瘠的问题，又克服土壤水气失调带来的不良影响，一次改土后效时间长，不需要年年深松。

淀积层混拌白浆层后，土壤机械组成由原来的两层性变为三层性，即耕层、混拌层和淀积层拥有不同的沙黏比，显著降低了白浆土白浆层土壤硬度，白浆层处没有出现峰值。增大储水库容，提高土壤含水量，降低土壤容重，同时能把有机物料及秸秆施入心土层，活化心土层（匡恩俊 等，2008）。

秸秆心土混合犁能够解决白浆土障碍因子，是改良低产白浆土最有效的方法之一。该技术得到当地推广部门的认可，作物平均产量提高15%左右，应用推广前景广阔。

第三节　除草剂残留污染土壤的治理与修复

近年来，化学除草技术在快速、高效防治田间杂草，确保粮食增产增收，提高农业生产效率，加快集约化机械种植进程方面已成为现代化农业发展的标准之一。任何一项没有与安全、高效的除草措施相配套的高产栽培模式或技术都可能会因为除草剂品种的选择不当或应用技术不合理而达不到预期的产量和效益指标，化学除草剂已成为各种作物高产栽培技术的必要组成之一。以黑龙江为例，每年农药销售额在18亿元左右，其中近15亿元为除草剂，除草剂使用量占黑龙江农药总用量的80%以上，大豆田、水稻田、小麦田化学除草普及率达100%。毫无疑问，除草剂的应用对于实现黑龙江商品粮基地建设起到了巨大的推动作用。

但是，除草剂即使在正常用量情况下，对当季及下茬作物也有一定的抑制作用。以玉米田、大豆田常用除草剂为例，莠去津（Atrazine）是我国玉米生产中常用的除草剂，每年使用量为7 350 t，使用面积达到33万hm²；异噁草松（Clomazone）是大豆田防治恶性杂草常用的除草剂，在土壤中的活性可长达16个月，半衰期长，使用年限越长，土壤残留量越大。异噁草松会对大部分物种产生影响，并且通过影响植物而对周围居住环境进一步产生影响。据统计，2011年黑龙江大豆播种面积355万hm²，133万hm²左右的大豆田施用了异噁草松，遭受异噁草松残留药害影响的下茬玉米田约20万hm²。因此，除草剂大量使用造成的环境污染问题日益突出，杂草抗药性增强、喷液量过大、多年生杂草危害加剧，尤其是长残效除草剂品种残留毒性对生态系统平衡产生威胁性影响，农副产品农药含量超标，或者即使不超标也由于食物链的生物富集最终进入人体而危害人体健康等现象，使除草剂的广泛使用正日益受到经济学和生态学方面的双重制约。

一、除草剂污染危害

除草剂种类繁多，使用量大，但除草剂对植物生长有不同程度的致畸（苯氧羧酸类除草剂如麦草畏）、矮化（酰胺类除草剂如乙草胺）、黄化（脲类除草剂如绿麦隆、灭草隆）、杀死（磺酰脲类如氯磺隆、苯磺隆）等后果。目前，我国农田的长残留除草剂使用面积超过 0.17 亿 hm²，严重污染粮食、土壤和地下水，危害人类健康。

（一）除草剂污染对作物危害

除草剂在正常用量情况下，对小麦、玉米、大豆、棉花等作物都有一定的抑制作用；若使用不合理，副作用更严重，可以抑制作物在 7～15 d 内停止生长或生长缓慢，影响作物正常发育和成熟，导致隐性减产。研究表明，除草剂副作用可导致水稻、小麦、大豆、玉米减产 10.5%～26.8%。而使用安全性不好的长残留除草剂，对当季作物及下茬作物均有影响。大豆喷施咪唑乙烟酸和氯嘧磺隆后如遇到持续 2 d 低温和多雨天气，会发生药害，导致作物减产 10%～50%。如果改种玉米、小麦、水稻、马铃薯等其他作物后，会造成 20%～50% 的减产甚至绝产；如果连续种植大豆，在产量降低的同时，也影响种植业结构的调整，形成恶性循环。在前茬施用过含二甲四氯或二氯喹啉酸成分的田地上种植蔬菜，可使植株生长异常、叶片皱缩扭曲、果实严重畸形，无商品价值。二氯喹啉酸施用后 309 d 内除水稻外不能种任何作物，12 个月之内不能种茄子、烟草，2 年内不能种番茄、胡萝卜；施用过二氯喹啉酸的田地不能种植伞形花科作物，如胡萝卜、芹菜、香菜等蔬菜。

莠去津虽作为低毒农药，但由于半衰期长和多年大量连续施用，生物蓄积性非常强，已形成水体、土壤的自然污染。研究发现，在施用莠去津 9 年的土壤中，50% 莠去津以结合态存在，这些残留物通过自然因素的相互作用根本无法去除。因此，法国、比利时、德国等欧洲国家早已禁用或限制使用。但是，目前莠去津仍是我国玉米生产中最重要的除草剂之一，每年使用量为 7 350 t，使用面积 0.033 亿 hm²。

（二）除草剂污染对土壤危害

任何除草剂在土壤中都有一定的残留期，有的甚至长达 3～5 年。根据调查，目前生产中普遍使用的除草剂中有 20%～70% 会长期残留于土壤中，在土壤中的残留期一般可达 36 个月以上，从而使土壤、地下水、粮食受到污染。被除草剂长期污染的土壤会出现明显的酸化现象，造成土壤养分流失，土壤的生物活性会降低，土壤微环境变差，造成土壤孔隙度变小，极易导致板结。除草剂影响土壤中的一些生化过程，如有机残体的降解、土壤呼吸作用、土壤氨化作用、土壤硝化作用、土壤固氮作用和土壤酶活性等。在较高使用浓度胁迫条件下，阿特拉津、丁草胺和甲磺隆 3 种除草剂都明显减少土壤微生物生物量碳、生物量氮及抑制土壤呼吸。植物纤维素的分解作用是土壤有机残体矿化的一个重要方面，其分解强度取决于土壤中纤维素分解菌的活性。乙酰苯胺除草剂可抑制纤维素的分解，降低纤维素酶的活性，并减少土壤中分解纤维素的细菌和真菌的数量。当土壤中含利谷隆有效成分 500 μg/g 时，可抑制棉花纤维的分解，但浓度如控制在田间用量小于 50 μg/g 则没有影响。当氯磺隆、甲磺隆、苄嘧磺隆 3 种除草剂用量为 1 mg/kg 时，均降低了微生物量氮的矿化量，尤其是在施用后的最初 10 d 降低幅度比较显著，氯磺隆的影响大于甲磺隆和苄嘧磺隆。

（三）除草剂污染对动物和人类危害

据世界卫生组织和联合国环境规划署报告，全世界每年有 100 多万人除草剂中毒，其中 10 万人死亡，在发展中国家情况更为严重。人类食用受除草剂残留污染的食品，对人体健康造成严重影响，可以引起脱发、白血病、肿瘤、肾坏死、股骨头坏死等多种疾病。动物食用受除草剂污染的饲料，侵害其肝、肾、消化器官，造成食欲下降，造血功能受损，动物逐渐消瘦而衰竭死亡，这些现象在牧区表现比较突出。除草剂在水生生物中残留富集尤为明显，如绿藻能把环境中 1 mg/kg 的滴滴涕富集 220 倍，水蚤能把 0.5 mg/kg 滴滴涕富集 10 万倍。美国明湖用滴滴涕防治蚊虫，湖水中含滴滴涕 0.02 mg/kg，湖内绿藻含滴滴涕 5.3 mg/kg，最后在食肉性鱼体中含量高达 1 700 mg/kg，富集 85 000 倍。

（四）除草剂污染破坏生态平衡

农田环境中有多种害虫和天敌，在自然环境条件下，它们相互制约，处于相对平衡的状态。除草剂的大量使用，也杀死了大量害虫天敌，严重破坏了农田生态平衡，并导致害虫抗药性增强。我国产生抗药性的害虫已遍及粮、棉、果、茶等作物，严重污染了生态环境，使自然生态平衡遭到破坏。

二、东北地区除草剂应用中存在的主要问题

东北是我国重要的商品粮生产基地，而黑土作为东北地区稀缺战略性资源，在保障国家粮食安全方面占有不可替代的重要地位。但随着开垦年限的增加，特别是在集约化农业管理措施下，化学除草剂的大量施用使后茬作物药害连年发生且日趋严重，成为玉米、大豆主产区作物轮作、种植业结构调整的主要障碍之一，阻碍了绿色食品生产及可持续农业的发展。

以黑龙江为例，黑龙江年均农田化学除草面积达 0.14 亿 hm²，是全国除草剂应用面积较大的省份之一。化学除草技术的广泛应用对促进农业增产增效、提高农业生产集约化程度、加快农村劳动力转移发挥了重要作用。但是，在大规模使用除草剂的过程中，出现了影响除草剂效果、作物安全以及生态环境平衡的诸多问题，主要表现在以下 4 个方面。

1. 高残留长残效除草剂品种的使用　以旱田除草剂莠去津（阿特拉津）为例，莠去津脱氯、脱烷基代谢产物成为美国、澳大利亚、南非以及许多欧洲国家江河及地下水的严重污染物，脱乙基与脱异丙基代谢产物对哺乳动物有致癌与免疫毒性作用。研究发现，在施用莠去津 9 年的土壤中，50% 的莠去津以结合态存在，这些残留物通过自然因素的相互作用根本无法除去。但是，目前莠去津仍是我国玉米生产中重要的除草剂之一，每年使用量为 7 350 t，使用面积 33 万 hm²。其他常用的除草剂还有乙草胺、烟嘧磺隆、氯嘧磺隆等，残效期达 3 年以上。因此，开发新的低毒低残留除草剂或以混合制剂取代单剂势在必行。

2. 忽视除草剂品种对作物的安全性　除草剂在正常用量情况下，对小麦、玉米、大豆、棉花等作物都有一定的抑制作用，而使用安全性不好的长残留除草剂，对当季作物及下茬作物均有影响。大豆喷施咪唑乙烟酸和氯嘧磺隆后如遇持续 2 d 低温和多雨天气易发生药害，可导致作物减产 10%～50%。如果改种玉米、小麦、水稻、马铃薯等其他作物后，会造成 20%～50% 的减产甚至绝产。在前茬施用过含二甲四氯或二氯喹啉酸成分的田地上种植蔬菜，可使植株生长异常，叶片皱缩扭曲、果实严重畸形，无商品价值。施用二氯喹啉酸 309 d 内除水稻外不能种任何作物，12 个月之内不能种茄子、烟草，2 年内不能种番茄、胡萝卜；施用过二氯喹啉酸的田地不能种伞形花科作物，如胡萝卜、芹菜、香菜等蔬菜。

不同除草剂品种对作物的安全幅度也存在差异，如嗪草酮的活性很高，杀草谱较广；但对玉米的安全性差，用量稍高便产生药害，特别是芽前土壤封闭处理时，由于其水溶性高及土壤吸附性低，造成在土壤中垂直移动性强，随着降水能产生 2～3 次性药害。玉米不同品种对除草剂的敏感性也存在差异，如有些甜玉米品种对烟嘧磺隆、氟嘧磺隆、砜嘧磺隆和甲基磺草酮比较敏感，因此除草剂混用时应特别注意作物安全性。

3. 除草剂使用量大　全国每年使用的农药量达 50 万～60 万 t，使用农药的土地面积在 2.8 亿 hm² 以上，农田平均施用农药 13.9 kg/hm²。黑龙江作为农业大省，每年农药使用量 3 万 t，居全国首位。而黑龙江地处高寒地区，特殊的地理环境又决定了病害、虫害发生相对较少。农民利用除草剂防治杂草的依赖程度不亚于对化肥的依赖程度。作为农业生产必需的生产资料，农民有时以超出正常用量 3～4 倍的剂量施用。除草剂的药效发挥与环境因素影响有较大关系，如果忽略环境影响，盲目加大除草剂用量，就会增加杂草抗药性，除草剂药效降低；同时，杂草群落结构也会发生演变，第二年杂草丛生，更不易防治，而生物富集、食品残留超标、土壤污染等潜在危害易悄然滋生。

4. 除草剂污染土壤危害严重　任何除草剂在土壤中都有一定的残留期，有的甚至长达 5 年以上。调查显示，我国农田长残留除草剂使用面积超过 0.17 亿 hm²。而目前生产中普遍使用的除草剂如

磺酰脲类（烟嘧磺隆、氯嘧磺隆、氯磺隆等）、酰胺类（乙草胺、丁草胺等）等有 20％～70％会长期残留于土壤中，且残留期一般可达 36 个月以上，从而使土壤、地下水、粮食受到污染，造成土地"癌化"。

三、除草剂污染土壤的修复

各级政府积极采取措施，加大宣传长残留除草剂使用存在的不安全问题，对于一些长残留除草剂（如咪唑乙烟酸、氯嘧磺隆等）限制其使用量或选择替代产品。而有些除草剂（如甲磺隆）即使用量为 17 g/kg，12 个月后在土壤中的残留量极低，依然会对下茬敏感作物（棉花、玉米、大豆、油菜等）产生药害。也就是说，除草剂作为人工合成的化学农药本身已经决定了其对生态环境污染的不可避免性和必然性，而控制除草剂作为环境面源污染源的根本途径就是消解长期残留于土壤中不易降解的长残效农药。

长期以来，科研工作者一直致力于除草剂污染土壤的修复工作。在对多种除草剂化学特性、土壤中的环境行为（化学作用、光解作用、生物作用、迁移、微生物降解等）、生态风险评价（对动物、人类健康的影响）等多方面进行研究后，提出采用物理、化学和生物技术处理等方法进行污染土壤修复。采用焚烧、填埋、冲刷、隔离、光降解、臭氧或次氯酸钙氧化降解等物理、化学方法虽然对农药污染治理率高，但是处理难度大，需要消耗大量资金和能源，化学处理技术还可引发二次污染，带来的环境问题日益突出，推行起来难度相当大。

经过近 40 年的努力，研究人员发现微生物对存在于土壤和水环境中的农药降解起着重要作用。尽管矿化环境异源物质的微生物占微生物总量的比例并不是很大，但是应用生物学方法对受污染的土壤和地下水进行原位修复，能够更好地恢复自然环境的原位状态，且具有成本低（仅为传统物理、化学修复的 30％～50％）、处理效果好（去除率达 90％以上）、不产生二次污染、对环境影响小等优点而逐渐受到重视。发达国家已经投入大量资金对受污染的环境进行生物修复，相关的修复技术在国外得到迅速发展。

（一）除草剂污染土壤的微生物修复技术

生物修复是指利用特定的生物（植物、微生物或原生动物）吸收、转化、清除或降解环境污染物，实现环境净化、生态效应恢复的生物措施，是近年来发展起来的一项清洁环境的低投资、高效益、便于应用、发展潜力较大的新技术。生物修复的基础是自然界中生物对有机污染物的降解作用。该技术的基础研究始于 20 世纪 80 年代，通过对水体、土壤和地下水环境中石油生物降解的实验室研究以及将基础研究的成果应用于大范围的污染环境治理，并取得成功，从而发展成为一种新的生物治理技术。

土壤污染特点不同，需要选择功能性不同的微生物进行修复。而功能性微生物的选择主要来源于土著微生物群落，通过强化土著微生物的代谢能力以活化土著微生物降解能力，从而达到农药降解目的。但当环境中农药残留较高或农药结构复杂难以降解时，仅利用土著微生物很难实现修复污染的初衷，必须从外界添加具有高效降解性的微生物，在特定环境下通过激发土著微生物群落的降解功能达到修复目的。这主要利用了微生物群落间的协同互作效应，每种微生物执行一种功能，多菌株复合能保证降解的完整性。外界添加的微生物可以是纯培养的微生物，也可以是混合培养的微生物。许多研究证实，通过接种外源微生物可以达到很好的生物修复效果。研究人员从氯乙异丙嗪污染的土壤中分离到混合培养物，接种到土壤中可将 0.14 mol 的氯乙异丙嗪在 25 d 内完全降解，使其矿化速度提高了 20 倍。在受除草剂阿特拉津污染的土壤中投加 Psuedomnoas Ps. ADP 进行生物强化，可使阿特拉津的降解率达到 90％～100％，将其接种到含大量阿特拉津降解菌的土壤中则缩短了降解的延滞时间。福建农林大学将分离出的有机氯农药（六六六、滴滴涕）降解菌株制成复合菌剂，应用于盆栽试验和田间小区试验，所得到的降解效应类似于纯培养试验，对有机氯的降解率达到了 50％～60％。裘娟萍等（2002）通过循环富集法筛得多效唑高效降解菌群，能彻底矿化多效唑至二氧化碳，并建立了受多效唑污染土壤的再生修复技术，第 35 天土壤中多效唑的降解率达 86.2％。张卫等（2004）从试验土壤中分离到 1 株高效降解阿维菌素的菌株，土壤接种该优势菌后有助于加快阿维菌素的降解。虞云龙等（2006）研究表明，将分离到的高效菌株弯孢霉属接种处理对丁草胺的降解具有显著的促进作用。经过多年的努力，微生物修复已在许多农药污染土壤的消除实践中取得了成功，应用微生物进行农药降解这一研究领域也日益引起人们的关注。

（二）利用生物炭修复污染土壤

近年来，人工合成的生物炭（木炭、黑炭）对有机污染物的吸附行为逐渐受到关注，向污染土壤中添加生物炭被认为是控制外源污染物迁移、转化并降低毒性的一种有效办法。早在 20 世纪 60 年代，美国夏威夷当地农民习惯在甘蔗田直接燃烧甘蔗秸秆，氧化除去土壤中腐殖酸等有机质后，土壤仍然对除草剂保持较高的吸附作用。有研究发现，水稻秸秆灰可明显降低苯甲硫醚和草达灭对作物受药害的程度。土壤有机质含量为 2.1％时，小麦秸秆灰对敌草隆的吸附能力是土壤吸附能力的 400～2 500 倍，这种高活性吸附能力在土壤中可保持长达 12 个月。当添加黑炭量超过 0.05％，土壤对有机物的吸附作用被黑炭控制。用稀释的 HCl - HF 溶液反复清洗秸秆燃烧灰，可获得具有响应吸附能力的炭组分。水稻秸秆灰对异噁草松的吸附能力是土壤吸附能力的 1 000～2 000 倍。提高秸秆灰用量，异噁草松土壤残留量降低。不添加秸秆灰，随着异噁草松施用浓度增大，稗草受药害程度增加。种植于含黑炭土壤中的植物吸附富集有机物量均低于未添加黑炭的对照土壤。农药含量和分子结构的不同，导致松针生物炭吸附能力低于秸秆炭。余向阳等（2020）认为，在较高温度下（大于 850 ℃）获得的生物炭比表面积和微孔性均较大，随着添加量增加，对敌草隆、毒死蜱的土壤吸附性增强，微生物降解效果则越弱。土壤施用小麦秸秆灰后，氰苯的生物降解率下降，随着黑炭含量增加，这种延缓农药降解效果越强。水稻秸秆灰添加量超过 0.5％，异噁草松完全失去药效。土壤添加秸秆炭灰 1 年左右，黑炭的吸附性能降低 50％～60％。

1. 生物炭的性质与特征　生物炭是指生物有机材料（生物质）在缺氧及低氧环境中经过热裂解后的固体产物，2007 年在澳大利亚第一届国际生物炭会议上被统一命名。国内外学者在生物炭的性质和特征及其对土壤物理性质、化学性质、微生物作用、作物肥效以及土壤固炭等方面展开了广泛的研究工作，并取得了一定进展。据估计，全球每年生物炭产量为 50～270 Tg，且 80％以上残留在土壤中。有国外学者系统分析了陆地系统中生物炭的截留情况后得出，将生物质转换为生物炭后，可以截留其最初生物炭含量的 50％，远高于焚烧后的残留量（约 3％）和生物降解后的剩余量（10％～20％，5～10 年后）。

生物炭含炭 40％～75％，含少量矿物质和挥发有机化合物，植物所需的营养元素（氮、磷、钾、钙和镁等）含量也较高。生物炭一般呈碱性，表面含有丰富的含氧官能团，其所产生的表面负电荷使生物炭具有较高的阳离子交换量；生物炭有巨大的表面积和较好的孔隙度，可影响土壤的通气性、保水能力以及生物质对分子的转移和吸附，同时也为微生物提供了生存和繁殖的场所；生物炭主要由单环和多环的芳香族化合物组成，这种性质决定了其具有更强的化学、生物学稳定性以及抗微生物分解的能力。生物炭在土壤中稳定存在的时间因土壤类型和生物炭的种类而有所差异。实际上，还有许多生物炭的特征尚待确定。

2. 生物炭对土壤理化性质的影响　生物炭含有的活性和可降解的炭组分施入土壤，不仅能快速提升土壤稳定性炭库，而且可明显提高土壤质量、提升作物生产力。向土壤中添加生物炭可以显著提高大豆的固氮能力。农田土壤施用 20 t/hm² 以上的生物炭大约可以减少 10％的肥料施用量。生物炭含有的灰分元素（钾、钙、镁）呈可溶态，施入土壤后可提高酸性土壤的盐基饱和度，从而提高土壤 pH，降低酸性土壤中铝的饱和度。沙土中施用 450 g/kg 阔叶树的生物炭后，盐基饱和度提高至原来的 10 倍，土壤 pH 从 5.4 增加到 6.6。黏土 pH 增加幅度比沙土和壤土大。在巴西亚马孙河流域，生物炭施入土壤后，表层土壤 pH 增加了 0.4。也有研究认为，火山灰土上施用 5 t/hm² 和 15 t/hm² 生物炭，土壤 pH 升高，降低了磷和某些微量元素的有效性，大豆和玉米表现减产。因此，生物炭的增产作用及适宜用量还需视农田作物类型、土壤类型和性质以及施肥情况而定。

3. 影响生物炭吸附外源污染物的因素 农药种类、环境酸碱度、土壤腐殖酸类型和生物炭特性等均影响生物炭吸附农药的效果。在 pH 为 5.90 的条件下，弱碱性农药扑灭通在黑炭上的吸附行为好于 pH 为 1.25。生物炭对两性农药毒莠定吸附性能随着 pH 增加，呈现先上升后下降的趋势。低 pH 条件对弱酸性农药吸附效果较好，而中性农药无酸碱依赖性。pH 影响生物炭吸附行为主要是通过引起农药分子形态和吸附剂表面电荷变化。在自然条件下，以单宁酸和没食子酸为代表的溶解性有机碳的存在会降低生物炭表面活性，从而对生物炭吸附农药行为产生重要的影响。有研究表明，溶解性有机碳分子中含有 25%～50% 的腐殖酸和富里酸，不仅可以为土壤微生物生长代谢和降解有机物的代谢过程提供炭源，而且可通过增溶、吸附-解析等过程直接或间接影响土壤有机污染物的环境行为。针对不同生物炭材料对有机污染物的吸附机制研究发现，低温（300 ℃）制备的炭化产物主要为无定型介质，具有相对较高的极性，对极性分子硝基苯、间二硝基苯和对硝基甲苯的吸附能力大于对非极性分子萘的吸附。高温（700 ℃）制备产物芳香性增强，极性降低，由"软炭质"过渡到"硬炭质"，对有机污染物吸附机制由"分配作用"过渡到"吸附作用"。

目前，利用生物炭进行土壤污染物消除主要存在以下几个方面的问题：①生物炭对有机污染物的吸附、解析受多种因素影响。②生物炭对有机污染物在土壤中对生物有效性的影响，以及生物炭对有机污染物的微生物降解的影响程度及机制需要深入探讨。③异噁草松降解与土壤有机质含量呈负相关关系，土壤酸性增强也不利于异噁草松的降解。土壤有机质作为环境污染物移动的载体，在大豆连作土壤中降低，伴随土壤酸性增大，二者单独作用还是相互协同作用，是否为引起农田土壤异噁草松残留不易消除的主要原因，需要结合生物炭调控残留药害的机制进行研究。

（三）生物炭修复土壤中异噁草松残留

异噁草松主要用于防治田间恶性、顽固性杂草，对目标作物大豆可见性损伤值在 10% 以上，挥发飘移可伤害 1.6 km 以外的非目标作物，土壤残留活性在 180 d 以上。美国有关部门规定，标准使用量对下茬作物玉米、水稻、马铃薯、甜菜安全周期为 9 个月，小麦、番茄为 12 个月，16 个月后对所有作物安全。由于大豆田杂草群落随土壤酸碱度变化而不断演变，黑龙江植保部门规定，大豆田喷施过异噁草松后，下茬不能种植玉米、水稻、小麦、亚麻、花生、向日葵等敏感作物。

1. 异噁草松降解特性 异噁草松水解速率随温度升高而加快，15 ℃ 和 45 ℃ 的水解半衰期分别为 17 d 和 117 d。pH 对异噁草松水解速率影响较小，在酸性条件下相对稳定。不同类型水稻土中异噁草松降解半衰期为 59～220 d，降解速率与土壤有机质含量呈显著负相关关系，随土壤 pH 升高而加快。异噁草松与土壤有中等程度的黏合性，不会流到 30 cm 土层以下。土壤沙性增强，异噁草松降解半衰期增加。使用年限越长，土壤残留量越大。低温下异噁草松矿化率最高。温度升高，挥发性增强；但与土壤湿度相关性不显著。施入 84 d 后，粉沙质黏壤土中仍可检测到 59% 以上的异噁草松。

异噁草松在土壤中不易发生光化学降解和热分解，依靠微生物降解是主要途径。因此，影响微生物生存及代谢的因素必然会潜在影响异噁草松的降解。目前，国内关于异噁草松微生物降解菌的研究报道并不多。有学者从长期施用异噁草松的大豆田土壤中筛选出 3 株降解菌。研究发现，土壤类型不同，异噁草松降解菌的环境适应性不同，以黑土生长量最大，其次为盐碱土、白浆土和沙壤土。赵长山等（2007）认为，中低剂量异噁草松污染土壤实施生物修复后，降解菌能完全修复异噁草松对大豆根瘤个数、鲜重和干重的影响；但高剂量不能完全修复。而且，降解菌发挥大豆根圈环境修复作用在 7 月中旬前进行，7 月中旬后土壤能够自然恢复污染对根圈生态环境的影响。以微量元素和氨基酸为活性载体的异噁草松抗性菌株施入田间后，能够缓解农药飘移对相间作物的药害。

2. 异噁草松对作物的安全性 异噁草松虽然为大豆田除草剂，但超过一定用量后，对大豆生长也有不同程度的药害。土壤中异噁草松浓度为 0.48 mg/kg 时，对大豆出苗和生长无影响；浓度为 0.96 mg/kg 时，对大豆出苗有轻微的抑制作用，表现为叶片轻度黄化；而浓度达到 1.44 mg/kg 时，自大豆出苗开始，叶片黄化、植株矮缩不生长，直至其他处理的大豆处于开花期，才重新发出新枝，进入生长旺盛期。

土壤中异噁草松浓度为 0～0.06 mg/kg，对玉米出苗指数影响不大。浓度达 0.12 mg/kg 后，玉米自出苗开始即表现出受害症状；浓度大于 0.48 mg/kg，受药害率达到 100%。土壤中异噁草松残留为 0.06 mg/kg、0.12 mg/kg 时，玉米 5 叶 1 心期的株高较对照（异噁草松无残留）分别增加 10.36%、8.79%，幼苗生物量分别增加 22.11%、26.25%（图 12-31、图 12-32），叶绿素略有降低。可见，低剂量异噁草松对玉米幼苗生长有促进作用，高剂量异噁草松对玉米幼苗生长有明显的抑制生长作用。

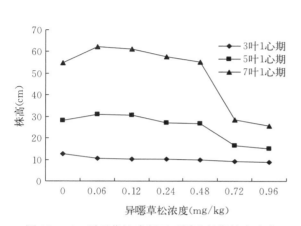

图 12-31　异噁草松残留下不同生长期株高变化

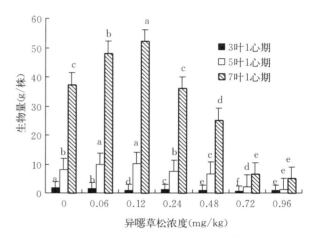

图 12-32　异噁草松残留下不同生长期幼苗生物量变化
注：图中不同字母表示处理间差异达到显著水平（P<0.05）。

3. 玉米受异噁草松药害的分级标准　按照生物测定方法，根据玉米受药害症状及表现程度，初步将异噁草松药害等级分为 6 级。

0 级：无受害现象。

1 级：10% 植株受害，叶片有轻微的白化或条纹，不影响生长（轻度药害）。

2 级：10%～30% 植株受害，叶片白化现象明显，在水分适宜情况下对植株生长影响不大，不影响产量（轻度药害）。

3 级：30%～60% 植株受害，植株表现症状明显，在土壤水分充足条件下能够恢复生长，对产量略有影响（中度药害）。

4 级：全部植株受害，植株生长缓慢，减产（重度药害）。

5 级：全部植株受害，植株生长缓慢至死亡，减产至绝产（重度药害）。

4. 生物炭消减异噁草松药害　研究表明，土壤中异噁草松残留量为 0.06～0.96 mg/kg 时，添加一定比例生物炭后，幼苗无任何受药害症状，受药害率为 0，植株生长旺盛。5 叶 1 心期，添加生物炭各处理株高平均增加 11.55%，叶绿素平均增加 22.16%，植株总生物量平均增加 14.82%。7 叶 1 心期，虽然土壤中异噁草松为高残留量 0.72 mg/kg、0.96 mg/kg，但生物炭对农药的消减作用反而更明显，植株总生物量较未添加生物炭处理分别增加 539.06%、772.81%，两者差异显著。

外界因素变化会引起生物体内氧的产生量增加，诱发 SOD 酶生物合成量的显著增加，伴随生物体代谢速度加强，进一步提高生物体内氧自由基浓度与含量，导致生物中毒甚至死亡。添加生物炭前后，SOD 和 POD 活性变化不同。叶片 POD 活性随异噁草松用量增加而升高，添加生物炭后，与相同浓度未添加生物炭处理相比，POD 活性下降，差异显著。未添加生物炭处理，叶片 SOD 活性随农药量增加呈先升高后降低趋势。当异噁草松残留量为 0.12～0.72 mg/kg 时，添加生物炭后，SOD 活性低于相同浓度未添加生物炭处理，并随异噁草松残留量增加 SOD 活性有增加趋势。这可能与生物炭改善土壤逆境环境、提高植物抗逆能力有关，其机制还有待于进一步研究。

生物炭降低异噁草松的生物有害性对改善玉米产量性状及提高产量有一定的影响。成熟期调查发现，添加生物炭处理平均株高 194 cm、穗位高 64.02 cm，未添加生物炭处理平均株高 185 cm、穗位高 59.52 cm，平均株高、穗位高分别降低 9.0 cm、4.5 cm。异噁草松残留量为 0.72 mg/kg、0.96 mg/kg 时，虽植株受药害症状较重，但平均株高、穗位高略高于添加生物炭处理。这与当季雨量较大，部分受害植株重新缓苗，造成植株营养生长期延长，平均株高和穗位高增加有关。从籽粒饱满度也可说明这一点，异噁草松高残留量未添加生物炭处理穗秃尖率大、结实率低、籽粒不饱满、成熟度差。添加生物炭后，玉米平均单株粒重 85.13 g，百粒重 26.45 g，产量较未添加炭处理增加 10.25%。异噁草松用量低于 0.12 mg/kg 时，平均单株粒重、百粒重分别较添加生物炭处理增加 13.28%、17.37%；异噁草松用量高于 0.48 mg/kg 时，添加生物炭处理单株粒重平均增加 35.36%，说明生物炭对土壤中较高浓度的异噁草松残留消除作用较显著。

(四) 农田土壤除草剂残留消减技术模式

在黑龙江黑河的嫩江、孙吴、逊克等地建立科技示范区，通过 GPS 定位取样，分析检测土壤中的农药残留水平，确定农药残留程度和药害等级，进行技术集成及示范，提出以下技术模式。

技术模式一：针对玉米发生轻度药害采取以下技术。

(1) 种子处理技术。在种子包衣基础上，采用生物菌剂或植物生长调节剂拌种。具体方法：100 kg 玉米种子用碧护 8 g＋禾生素 100 mL＋益护 100～200 mL＋1 500 mL 水混合拌种（注意：要把种衣剂中所含水量计算在内），具有预防药害、病害、虫害、低温、干旱等作用。

(2) 叶面处理技术。玉米 5～6 片叶时进行叶面喷施，具体方法：每公顷应用天丰素 50～80 mL，加入绿医生 200 g，兑水 200 kg，叶面喷施 1～2 次，每次间隔时间 7 d。

技术模式二：针对玉米发生中度药害采取以下技术。

(1) 叶面处理技术。玉米 5～6 片叶时进行叶面喷施，具体方法：每公顷用天丰素 80 mL＋绿医生 200 g＋金将 1 号 300 g，兑水 200 kg，叶面喷施 1～2 次，每次间隔时间 7 d。

每公顷用碧护 45 g＋禾生素 1 000 mL＋益护 450 mL，兑水 200 kg，叶面喷施 1～2 次，每次间隔时间 7 d 左右。

(2) 土壤改良技术。利用生物炭、有机肥等不同来源有机物料，进行土壤修复处理。具体方法：每公顷施用生物炭、有机肥或生物炭与有机肥混合物（生物炭与有机肥比例为 1：2）的有机物料 300～500 kg 秋施，在土壤墒情良好状况下也可以进行春施。

技术模式三：针对玉米发生重度药害采取以下技术。

(1) 耕作技术。在秋季或春季播种前，对土壤进行深翻（30 cm 以上），或采用土层置换犁进行土层置换耕作改土技术处理，将残留药害土层置换到 30～40 cm 土层，缓解除草剂残留对下茬作物的药害。

(2) 种子处理技术。在种子包衣基础上，进行生物菌剂或植物生长调节剂拌种。具体方法：100 kg 玉米种子用碧护 8 g＋禾生素 100 mL＋益护 100～200 mL＋1 500 mL 水混合拌种（注意：要把种衣剂中所含水量计算在内），具有预防药害、病害、虫害、低温、干旱等作用。

(3) 叶面喷施技术。玉米 5～6 片叶时进行叶面喷施，具体方法：每公顷用天丰素 80 mL＋绿医生 200 g＋金将 1 号 300 g，兑水 200 kg，叶面喷施 1～2 次，每次间隔时间 7 d。

每公顷用碧护 45 g＋禾生素 1 000 mL＋益护 450 mL，兑水 200 kg，叶面喷施 1～2 次，每次间隔时间 7 d 左右。

(4) 土壤改良技术。利用生物炭、有机肥等不同来源有机物料，进行土壤修复处理。具体方法：每公顷施用生物炭、有机肥或生物炭与有机肥混合物（生物炭与有机肥比例为 1：2）的有机物料 300～500 kg 秋施，在土壤墒情良好状况下也可以进行春施。

第四节　障碍土壤机械改土技术研究与示范

一、瘠薄黑土深耕培肥技术研究

(一)瘠薄黑土概况

瘠薄黑土包括多种类型,如退化黑钙土、变质黑钙土、淋溶黑钙土以及湿草原土等。

黑土土壤肥沃、有机质含量高,为农业生产提供了优越的土壤资源。黑土开垦后,土壤肥力向两种不同方向发展:一是由于施肥较多、耕作管理较好,土壤肥力得到保持和提高;二是虽然黑土资源肥沃,由于自然因素和人为因素综合作用结果,黑土环境发生了很大变化,土壤整体退化严重,低产土壤面积比例增大,约占总耕地面积的60%,土壤环境逐渐恶化,酸化、盐渍化程度加重,西部地区水土流失严重,黑土层变薄,耕层变浅,具体主要表现在以下几方面。

1. 土壤肥力不断下降　由于长期不合理利用及过度开垦,黑龙江黑土耕地肥力出现了明显下降趋势(表12-20)。黑土开垦20年后,土壤有机质含量下降36.21%;开垦40年后,下降49.75%。与此同时,耕层土壤全氮和全磷含量也下降了33%~61%和16%~24%。土壤有机质含量由开垦初期118.2 g/kg,到开垦40年后降至59.4 g/kg,下降了58.8 g/kg;全氮由6.00 g/kg降至2.33 g/kg,下降了3.67 g/kg;全磷由2.62 g/kg降至2.00 g/kg,下降了0.62 g/kg。土壤供肥、供水能力减弱,土壤生物活性降低,严重影响粮食产量的提高。

表12-20　黑龙江黑土开垦肥力性状退化状况

项目	有机质 (g/kg)	全氮 (g/kg)	全磷 (g/kg)	全钾 (g/kg)
开垦初期	118.2	6.00	2.62	18.4
开垦20年	75.4	4.02	2.20	18.9
开垦40年	59.4	2.33	2.00	18.9
1998年	49.1	2.24	1.76	18.5

2. 土壤养分库容不断降低　连年种植同类作物会导致土壤养分失衡,造成养分亏缺。黑龙江省农业科学院土壤肥料与环境资源研究所的研究结果表明,玉米形成105 kg的经济产量需要从土壤带走的养分数量为N 27 kg、P_2O_5 9 kg、K_2O 22.5 kg。尽管当地化肥的投入水平已经达到了300 kg/hm²,但是由于黑土的保肥、保水性能变差,肥料的利用率偏低,从而造成了黑土不同养分库容偏低的局面。黑土氮素库容100%处于亏缺状态,磷素库容58%处于亏缺状态,土壤钾素库容80%处于亏缺状态,62%的面积缺锌,56%的面积缺硫。此外,缺铜、缺铁和缺锰的面积分别占26.9%、23.1%和19.2%。

3. 土壤物理性质恶化　随着耕种年限延长,不仅土壤有机质和养分含量均明显下降,土壤物理性质也逐渐变劣,黑土开垦后土壤物理性质变化比较显著的是水稳性团聚体(表12-21)。受腐殖质减少和机械破损等因素影响,水稳性团聚体总量和大团粒逐渐减低,而小团粒则逐渐增高,开垦3年后>0.25 mm团聚体含量耕层下降24.3%,开垦10年后变化不大,说明土壤结构在开垦的最初几年变化最明显。开垦20年后与开垦初相比土壤容重升高8%,开垦40年后升高34%;开垦20年后土壤田间持水量下降11%,开垦40年后下降27%;土壤总孔隙度在最初开垦的20年变化不大,在开垦40年后土壤总孔隙度下降13%,幅度较大,在开垦接近50年时土壤总孔隙度下降22%;通气度在开垦最初的20年变化不大,开垦40年后下降35%(表12-22)。

表 12 – 21　不同开垦年限土壤团聚体变化

开垦年限	土层深度	>0.25 mm 团粒含量（%）	各粒级团粒含量（%）				
			>5 mm	2～5 mm	1～2 mm	0.5～1 mm	0.25～0.5 mm
荒地	0～20	81.9	7.2	27.2	28.2	20.4	17.2
	20～40	84.1	1.4	34.0	26.4	19.5	15.8
撂荒地	0～20	84.1	15.3	36.8	17.7	14.9	15.4
	20～40	84.5	4.8	44.0	20.0	15.7	15.7
开垦 3 年	0～20	62.0	2.9	16.7	17.8	26.5	36.2
	20～40	76.1	1.6	27.6	24.6	21.3	25.7
开垦 10 年	0～20	64.6	0	11.3	20.0	26.5	42
	20～40	78.8	1.1	17.8	28.8	27.2	25.3

表 12 – 22　不同开垦年限土壤物理性质变化

开垦年限	土层深度（cm）	容重（g/cm³）	田间持水量（%）	总孔隙度（%）	通气度（%）
荒地	0～30	0.79	57.7	67.9	22.3
开垦 20 年	0～30	0.85	51.5	66.6	22.8
开垦 40 年	0～30	1.06	41.9	58.9	14.5
1998 年	0～30	1.18	35.7	53.2	12.8

4. 土壤流失严重，黑土层不断变薄　黑土多分布在漫川、漫岗地区，由于地形坡度大、水利工程不配套、降水集中，土壤侵蚀现象十分严重。土壤侵蚀多集中在黑龙江克山、克东、拜泉、海伦的北部黑土地区和宾县、延寿等地的半山区黑土地带。

据统计，黑龙江水土流失面积 13.45 万 km²，占全省面积的 30%。其中，轻度侵蚀面积为 8.88 万 km²，中度侵蚀面积 4.06 万 km²，强度侵蚀面积 0.41 万 km²，极强侵蚀面积 0.10 万 km²，而土壤侵蚀的治理面积仅为 2.63 万 km²，为发生面积的 19.57%。水土流失造成的损失不仅是资源的浪费，农业生态环境也受到了严重的影响。

国家玉米产业技术体系 2008 年对全国玉米主产区土壤耕层进行的调查结果表明：①土壤耕层深度明显降低，已由 20 年前的 20 cm 降低至 16.5 cm。②有效耕层土壤量显著减少，全国平均有效耕层土壤量为 2.23×10⁶ kg/hm²，较 20 年前减少 14%。③土壤结构紧实，板结严重。犁底层土壤容重高达 1.52 g/cm³，远远超出适宜土壤容重（1.1～1.3 g/cm³）。这说明土壤耕层明显存在"浅、实、少"的问题，已成为稳定和进一步提高粮食产量的主要障碍因素。

（二）深耕培肥改良瘠薄黑土

深耕培肥改土技术是早年白浆土心土培肥技术的延伸和技术转移，是针对黑土层薄、养分贫瘠的薄层黑土开展的研究。通过试验发现，深耕培肥可以有效改善土壤物理性质，降低土壤容重、抗剪强度、硬度，提高通气、透水性，提高培肥土层磷的有效含量，提高作物产量，并有持续后效。

1. 深耕培肥改土机械　采用自主研发的心土培肥犁作业。心土培肥作业时，第 1 犁将 0～20 cm 土层土壤平移反转，第 2 犁再向下耕作心土，同时上方的肥料箱中的培肥物料通过排肥口排出，分布在 20～30 cm 土层内，达到培肥心土层的目的。工作原理如图 12 – 33 所示。

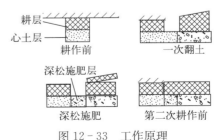

图 12 – 33　工作原理

2. 改土效果

（1）对土壤物理性质的影响。在黑龙江嫩江地区深耕培肥试验结果表明，与浅翻相比，深耕培肥降低了土壤容重，降低幅度为 4.00%～12.93%（表 12-23）。增加各层土壤含水量，第 1 年含水量增加 9.09%～53.50%，第 2 年水量增加 9.47%～93.28%。深耕培肥有利于土壤蓄水保墒，增加土壤通气性，0～10 cm 土层透气系数提高了 37.55%～54.48%，10～30 cm 土层透气系数提高了 135.51%～422.34%，而 30～40 cm 土层透气系数提高了 556.26%～653.19%，深耕培肥对下层土壤通气性有明显的改善作用，也可改善整个土层的土壤通气性。深耕培肥对土壤透水系数的影响主要以深层土壤效果明显。

表 12-23　深耕培肥对土壤物理性质的影响（嫩江）

处理	年限	土层深度 （cm）	容重 （g/cm³）	抗剪强度 （kPa）	透气系数 （cm/s）	透水系数 （cm/s）	含水量 （%）	温度 （℃）
浅翻	第1年	0～10	1.16	29.33	12.73×10⁻²	43.6×10⁻³	15.7	22.4
		10～20	1.25	61.67	10.7×10⁻²	5.26×10⁻³	30.1	21.7
		20～30	1.47	68.21	39.8×10⁻²	2.81×10⁻³	46.2	19.9
		30～40	1.48	76.00	17.9×10⁻²	0.06×10⁻³	47.3	18.6
	第2年	0～10	1.21	24.31	43.67×10⁻²	51.21×10⁻³	13.4	22.1
		10～20	1.36	62.63	21.03×10⁻²	15.36×10⁻³	26.7	22
		20～30	1.58	69.12	10.25×10⁻²	8.64×10⁻³	45.4	21.8
		30～40	1.59	74.34	13.46×10⁻²	4.59×10⁻³	48.6	21.1
深耕培肥	第1年	0～10	1.11	22.15	17.51×10⁻²	11.8×10⁻³	24.1	22.5
		10～20	1.20	65.01	25.2×10⁻²	4.3×10⁻³	40.6	21.8
		20～30	1.28	63.33	95×10⁻²	1.73×10⁻³	50.4	20.9
		30～40	1.42	77.33	117.47×10⁻²	0.04×10⁻³	53.5	19.7
	第2年	0～10	1.13	21.34	67.46×10⁻²	74.36×10⁻³	25.9	22.2
		10～20	1.25	63.59	79.16×10⁻²	18.67×10⁻³	39.7	22.1
		20～30	1.39	66.21	53.54×10⁻²	20.46×10⁻³	51.6	22
		30～40	1.43	77.54	101.38×10⁻²	13.57×10⁻³	53.2	21.7

黑龙江依安深耕培肥改土后的调查结果表明（表 12-24），改土后土壤抗剪强度、容重和硬度下降（图12-34），土壤透气性、饱和导水率提高。

表 12-24　深耕培肥对土壤物理性质的影响（依安）

处理	年限	土层深度 （cm）	薄层黑土			
			抗剪强度 （kPa）	容重 （g/cm³）	透气系数 （cm/s）	饱和导水率 （cm/s）
浅翻	第1年	0～10	29.33±3.45	1.21±0.03	(10.50±2.12)×10⁻⁵	(0.05±0.02)×10⁻⁴
		10～20	63.01±5.23	1.32±0.02	(0.69±0.14)×10⁻⁵	(0.02±0.01)×10⁻⁴
		20～30	72.70±4.35	1.49±0.02	(4.27±0.89)×10⁻⁵	(0.12±0.02)×10⁻⁴
		10～30	67.86±4.21	1.41±0.02	(2.48±0.56)×10⁻⁵	(0.07±0.02)×10⁻⁴
	第2年	0～10	22.33±2.16	1.23±0.03	(76.00±8.73)×10⁻⁵	(130.15±13.21)×10⁻⁴
		10～20	63.15±4.46	1.31±0.03	(9.08±1.23)×10⁻⁵	(2.24±0.57)×10⁻⁴
		20～30	73.33±5.33	1.47±0.04	(3.18±0.77)×10⁻⁵	(1.68±0.56)×10⁻⁴
		10～30	68.24±5.17	1.39±0.03	(6.13±1.21)×10⁻⁵	(1.96±0.46)×10⁻⁴

（续）

处理	年限	土层深度 （cm）	薄层黑土			
			抗剪强度 （kPa）	容重 （g/cm³）	透气系数 （cm/s）	饱和导水率 （cm/s）
深耕 培肥	第 1 年	0～10	28.67±2.67	1.02±0.02	(73.20±6.46)×10⁻⁵	(0.04±0.01)×10⁻⁴
		10～20	53.40±4.23	1.28±0.03	(2.04±0.23)×10⁻⁵	(0.42±0.05)×10⁻⁴
		20～30	66.67±4.88	1.36±0.03	(68.80±5.46)×10⁻⁵	(0.54±0.09)×10⁻⁴
		10～30	60.04±3.97	1.32±0.03	(35.42±3.43)×10⁻⁵	(0.48±0.09)×10⁻⁴
	第 2 年	0～10	22.50±2.67	1.13±0.02	(42.10±4.37)×10⁻⁵	(48.57±7.89)×10⁻⁴
		10～20	48.67±4.35	1.30±0.03	(27.50±3.13)×10⁻⁵	(5.69±0.78)×10⁻⁴
		20～30	65.20±3.22	1.38±0.03	(6.55±0.78)×10⁻⁵	(3.62±0.45)×10⁻⁴
		10～30	56.93±3.77	1.34±0.03	(17.02±2.34)×10⁻⁵	(4.66±0.76)×10⁻⁴

注：取样时间分别为 2014 年 6 月、2015 年 7 月。

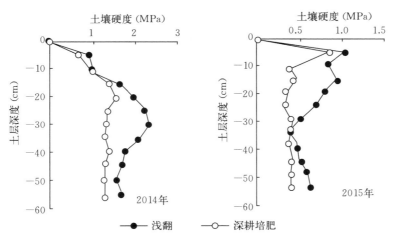

图 12-34　深耕培肥对土壤硬度的影响（依安）

　　从对土壤耗水量来看（土壤耗水量测定方法为某段时间内无大气降水补给时各层土壤水分消耗量，包括作物蒸腾＋土壤蒸发），下层土壤耗水量少，0～30 cm 土层耗水量浅翻高于深耕培肥，30 cm 以下土层耗水量深耕培肥高于浅翻。可见，深耕培肥提高了深层土壤水分的供给量和供给能力（图 12-35、图 12-36）。

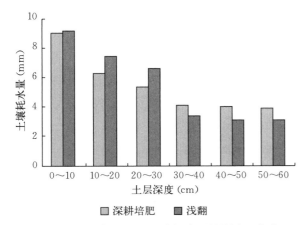

图 12-35　深耕培肥对土壤耗水量的影响（依安）

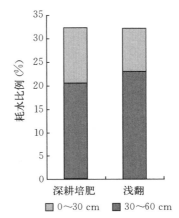

图 12-36　深耕培肥对土壤耗水比例的影响（依安）

（2）对土壤化学性质的影响。在黑龙江嫩江试验研究中（表12-25），深耕培肥处理各土层土壤有效磷和速效钾含量均明显提高，其中20～30 cm土层最显著，第1年有效磷含量提高369.97%，第2年有效磷含量提高409.23%，说明深耕培肥可以提高磷的有效性，而且磷肥肥效长，可以一次培肥达到多年持续后效的作用；第1年速效钾含量提高95.01%，第2年提高113.78%，原因不明。

表12-25　深耕培肥对土壤化学性质的影响（嫩江）

处理	土层深度（cm）	有效磷（mg/kg）		速效钾（mg/kg）	
		第1年	第2年	第1年	第2年
浅翻	0～10	26.6	25.13	114.8	109.28
	10～20	25.26	23.41	118.8	98.46
	20～30	18.15	16.91	92.2	86.17
	30～40	8.05	6.5	81.1	80.66
深耕培肥	0～10	32.16	33.49	125.4	135.44
	10～20	26.23	28.69	135.1	139.67
	20～30	85.3	86.11	179.8	184.21
	30～40	19.46	20.36	92.4	100.64

在黑龙江依安试验研究中，20～30 cm土层，深耕培肥处理土壤全磷和有效磷含量分别比浅翻提高0.09 g/kg和15.05 mg/kg，30～40 cm土层分别提高0.03 g/kg和9.2 mg/kg，20～30 cm土层和30～40 cm土层土壤供磷强度分别提高3.19倍和3.96倍（表12-26）。深耕培肥提高土壤磷含量和供磷强度在黑土上明显，在缺磷土壤上更明显（如碳酸盐黑钙土）。

表12-26　深耕培肥对土壤化学性质的影响（依安）

处理	土层深度（cm）	薄层黑土		
		全磷（g/kg）	有效磷（mg/kg）	供磷强度（%）
浅翻	0～10	1.38±0.15	25.39±2.56	1.84±0.23
	10～20	1.33±0.12	31.10±3.43	2.34±0.13
	20～30	1.19±0.14	4.30±0.46	0.36±0.04
	30～40	0.98±0.06	2.30±0.34	0.23±0.02
	平均	1.22±0.12	15.77±2.77	1.29±0.16
深耕培肥	0～10	1.36±0.16	23.21±2.33	1.71±0.14
	10～20	1.32±0.14	28.97±3.12	2.19±0.23
	20～30	1.28±0.12	19.35±1.57	1.51±0.25
	30～40	1.01±0.11	11.50±1.22	1.14±0.16
	平均	1.24±0.13	20.76±2.03	1.67±0.22

3. 对作物生长的影响　深耕培肥提高了植株干重、根干重，提高幅度分别为6.70%～7.50%和27.47%～37.99%（表12-27）。深耕培肥后，大豆根瘤个数增多，提高根部固氮能力，有利于植株生长，大豆株高增加（图12-37）。由图12-38看出，深耕培肥大豆根系粗且大，发育良好，为大豆高产提供了有利条件。

表12-27　深耕培肥对大豆生育性状的影响（嫩江）

处理	年限	植株干重（g/株）	根干重（g/株）	根长（cm/株）	根瘤个数（个）
浅翻	第1年	21.35±1.33	1.82±0.12	48.23±2.36	208±13
	第2年	21.48±1.26	1.79±0.11	49.12±2.41	218±12

（续）

处理	年限	植株干重（g/株）	根干重（g/株）	根长（cm/株）	根瘤个数（个）
深耕培肥	第1年	22.78±1.53	2.32±0.22	53.36±3.23	243±21
	第2年	23.09±1.46	2.47±0.18	58.47±2.58	251±19

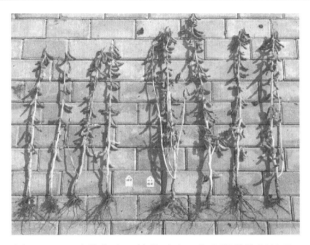

图 12-37 成熟期大豆性状对比（右为深耕培肥处理）

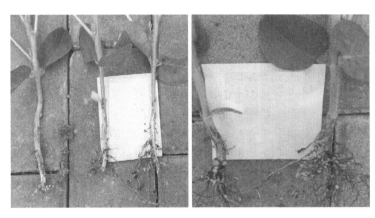

图 12-38 不同处理大豆根系对比（右为深耕培肥处理）

4. 对作物产量的影响 从产量结果来看（表12-28），深耕培肥可以提高大豆、玉米产量。黑龙江嫩江地区连续两年调查结果显示，深耕培肥处理第1年增产29.47%，第2年增产29.71%。黑龙江依安地区第1年大豆增产16.41%，第2年增产20.59%；玉米第1年增产6.45%，第2年增产11.18%，第3年无明显增产。由此初步确定深耕培肥1次，改土后效可持续2年。

表 12-28 作物产量及增产效果

地点	作物种类	年限	处理	产量（kg/hm²）	增产（%）
依安	玉米	第1年	浅翻	10 973.23	—
			深耕培肥	11 680.50	6.45
		第2年	浅翻	9 825.08	—
			深耕培肥	10 923.75	11.18
		第3年	浅翻	8 583.00	—
			深耕培肥	8 719.50	1.59

（续）

地点	作物种类	年限	处理	产量（kg/hm²）	增产（%）
依安	大豆	第1年	浅翻	2 845.6	—
			深耕培肥	3 312.7	16.41
		第2年	浅翻	2 932.4	—
			深耕培肥	3 536.3	20.59
嫩江	大豆	第1年	浅翻	2 433.3	—
			深耕培肥	3 150.4	29.47
		第2年	浅翻	2 488.7	—
			深耕培肥	3 228.2	29.71

二、秸秆心土还田改良碳酸盐黑钙土技术研究

（一）碳酸盐黑钙土概况

黑钙土是发育于温带半湿润、半干旱地区草甸草原和草原植被下的土壤。其主要特征是土壤中有机质的积累量大于分解量，土层上部有一黑色或灰黑色肥沃的腐殖质层，在此层以下或土壤中下部有一石灰富积的钙积层。黑钙土主要分布于欧亚大陆和北美洲的西部地区。我国大多分布在东北地区的西部和内蒙古东部。黑龙江黑钙土主要分布在松嫩平原中部，总面积232.18万hm²，占全省土壤总面积的5.23%；耕地面积158.91万hm²，占全省总耕地面积的13.4%。黑钙土包括典型黑钙土、碳酸盐黑钙土、草甸黑钙土、淋溶黑钙土，碳酸盐黑钙土与盐碱土呈复区分布。由于土壤含有Na^+和HCO_3^-，pH高达8.5以上。该区域特殊的半干旱气候条件导致土壤蒸发量大于降水量，在干旱季节大量的Na^+和HCO_3^-等盐离子随水分上移到地表层，表层发生石灰反应。虽然土壤肥力较肥沃，但是水分条件是该类土壤的主要限制因子。旱时板结僵硬，涝时黏朽，蓄水保墒能力低，尤其是近年来用地、养地失衡，土壤质量逐渐下降，黑土层变薄，有机质含量低，均是导致作物产量低的主要原因。

（二）秸秆心土还田改良碳酸盐黑钙土

碳酸盐黑钙土养分含量低，与盐碱土呈复区分布，养分贫瘠，pH较高。利用秸秆心土还田改土技术，一方面可以达到秸秆资源的有效利用，另一方面可改善土壤理化性质。

1. 秸秆心土还田机械　采用自主研发的土层置换犁（图12-39）实施秸秆心土还田作业。在玉米收获后，将玉米秸秆（15 t/hm²）粉碎成长度5～10 cm，均匀散布在试验区地表，用机械进行作业。土层置换犁作业时，通过前后上下错落、左右排列的第一犁和第二犁分层作业完成秸秆心土还田。作业前，先将粉碎好的玉米秸秆均匀散布在试验区地表，然后用机械作业。第一步：用第一犁开垡，将表土翻转扣在邻近地表，开出一条深10 cm、宽50 cm的垡沟；第二步：第一犁在前次耕开的垡沟内耕作，将沟内10～35 cm土层耕起、翻转，扣在上次作业形成的反转表层土垡上，形成一条深约35 cm、宽50 cm的深垡沟；第二犁将垡沟一侧地表秸秆连同0～5 cm表土层翻转扣在垡沟内，形成

图12-39　土层置换犁田间作业
（张春峰　摄）

一条深约5 cm、宽50 cm的新浅垡沟。在进行下一耕幅作业时，第一犁仍在前次形成的浅垡沟内作业，将下层土翻转扣在秸秆上。如此往返，将秸秆深埋入30～35 cm土层内。

2. 改土效果

(1) 对土壤物理性质的影响。秸秆心土还田、深松和秸秆心土还田＋鸡粪可以降低 20 cm 以下土层的土壤固相比例，秸秆心土还田和秸秆心土还田＋鸡粪处理下降明显，深松处理下降不明显（图 12 - 40），0～10 cm、10～20 cm 耕层土壤由于受耕作扰动大，土壤三相比变化无规律。

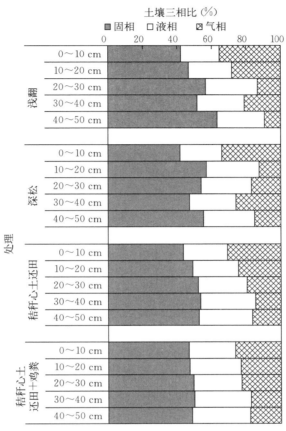

图 12 - 40　不同处理对土壤三相比的影响

　　秸秆心土还田可以增加土壤孔隙度和土壤含水量，20～30 cm、40～50 cm 土层中，土壤孔隙度表现为秸秆心土还田＋鸡粪处理好于单独的秸秆心土还田处理（表 12 - 29、图 12 - 41），均好于深松和浅翻；30～40 cm 土层中，深松处理土壤孔隙度最高，可能与调查点的深松深度有关。土壤孔隙度在 10 cm 土层以下不同处理间差异明显。在 35 cm、45 cm 土层，秸秆心土还田＋鸡粪处理与浅翻相比土壤含水量差异较大（图 12 - 41）。秸秆心土还田和秸秆心土还田＋鸡粪处理具有增加土体储水效果，对提高土壤抗旱能力有重要意义。

表 12 - 29　不同处理对土壤孔隙状况的影响

指标	土层深度 (cm)	浅翻	深松	秸秆 心土还田	秸秆心土 还田＋鸡粪
孔隙度 (%)	0～10	58.03±2.12	58.25±2.76	56.42±2.45	53.21±2.25
	10～20	53.16±1.98	43.02±1.75	51.30±2.23	52.89±2.31
	20～30	43.31±1.26	46.29±1.88	48.04±2.01	50.86±1.98
	30～40	48.24±1.75	52.88±2.65	46.73±1.96	50.02±2.03
	40～50	36.95±1.33	44.79±2.21	47.57±1.86	51.59±2.13

（续）

指标	土层深度（cm）	浅翻	深松	秸秆心土还田	秸秆心土还田+鸡粪
孔隙比	0～10	1.38±0.07	1.39±0.07	1.29±0.09	1.14±0.08
	10～20	1.13±0.05	0.76±0.03	1.05±0.08	1.12±0.06
	20～30	0.76±0.03	0.86±0.04	0.92±0.07	1.04±0.05
	30～40	0.93±0.04	1.12±0.06	0.88±0.06	1.00±0.04
	40～50	0.59±0.02	0.81±0.04	0.91±0.07	1.07±0.07

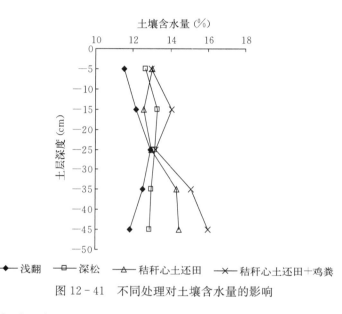

图 12-41　不同处理对土壤含水量的影响

从土壤饱和导水率来看（表 12-30），20～30 cm 土层秸秆心土还田和深松处理土壤饱和导水率均高于浅翻，依次为秸秆还田+鸡粪＞深松＞秸秆心土还田＞浅翻。

表 12-30　不同处理对土壤饱和导水率的影响

单位：cm/s

土层深度（cm）	浅翻	深松	秸秆心土还田	秸秆心土还田+鸡粪
0～10	15.0±0.12	5.90±0.63	13.9±0.15	13.8±0.26
10～20	3.88±0.43	4.28±0.46	7.35±0.89	3.40±0.57
20～30	1.40±0.21	6.61±0.74	4.19±0.56	7.34±1.02
30～40	2.64±0.34	5.83±0.52	1.99±0.23	2.36±0.39
40～50	1.66±0.25	3.53±0.38	1.71±0.27	2.64±0.44

从土壤容重和硬度来看，秸秆心土还田+鸡粪处理在 10～20 cm 土层土壤容重低于其他处理（表 12-31），单独的秸秆心土还田效果不明显，可能与有机肥和秸秆互作有关。秸秆心土还田、秸秆心土还田+鸡粪和深松处理在 10～30 cm 土层土壤硬度均低于浅翻（图 12-42），且以秸秆心土还田+鸡粪处理的土壤硬度最小。这说明对下层土进行耕作可使深层土壤变得疏松，50 cm 土层浅翻土壤硬度明显高于其他处理。

表 12 - 31　不同处理对土壤容重的影响

单位：g/cm³

土层深度（cm）	浅翻	深松	秸秆心土还田	秸秆心土还田＋鸡粪
0～10	1.11±0.07	1.08±0.06	1.13±0.05	1.21±0.02
10～20	1.23±0.09	1.44±0.12	1.25±0.07	1.18±0.03
20～30	1.44±0.11	1.38±0.08	1.35±0.04	1.25±0.04
30～40	1.32±0.08	1.22±0.04	1.37±0.06	1.27±0.04
40～50	1.48±0.12	1.45±0.09	1.29±0.04	1.26±0.03

（2）对土壤化学性质的影响。在碳酸盐黑钙土上，秸秆心土还田可以降低土壤 pH、Na^+ 及 HCO_3^- 的浓度，同时可以增加土壤剖面中 Ca^{2+} 含量，秸秆心土还田＋鸡粪或深松也有同样作用（图 12-43）。秸秆心土还田及秸秆心土还田＋鸡粪处理效果比深松明显，在碳酸盐黑钙土上改良效果好。

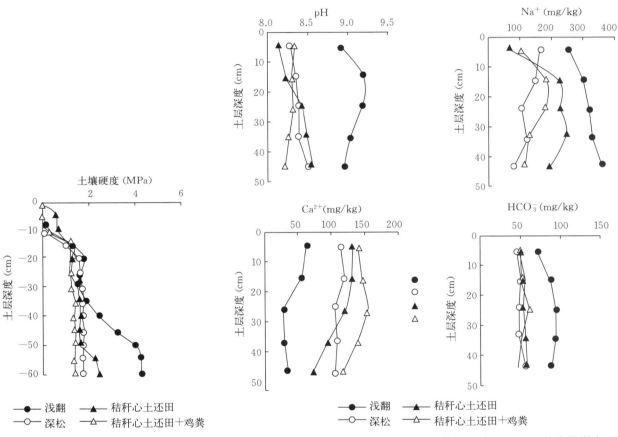

图 12-42　不同处理对土壤硬度的影响　　　图 12-43　不同处理对土壤 pH、Ca^{2+}、Na^+ 及 HCO_3^- 浓度的影响

（3）对玉米产量的影响。从 3 年产量数据可以看出（表 12-32），秸秆心土还田和秸秆心土还田＋鸡粪处理与浅翻相比增产效果明显，秸秆心土还田 3 年平均增产 13.00%，秸秆心土还田＋鸡粪处理 3 年平均增产 32.34%，深松处理 3 年平均增产 6.22%。

表 12 - 32　不同处理对玉米产量的影响

处理	玉米产量（kg/hm²）			平均增产（%）
	2012 年	2013 年	2014 年	
浅翻	7 848.9	7 333.2	7 465.2	—
深松	7 697.1	7 794.7	8 531.7	6.22
秸秆心土还田	8 728.2	8 051.3	8 810.1	13.00
秸秆心土还田＋鸡粪	11 545.9	9 179.4	9 312.5	32.34

（4）讨论。耕作方式是影响土壤物理性质发生变化的主要因素，秸秆心土还田是在传统耕层秸秆还田的基础上，针对心土层开展的秸秆还田技术，可以解决黑钙土心土层土壤质地坚硬、通气保水能力差的问题。

对于质地坚硬的土壤，国内外通过免耕、秸秆覆盖、增施肥料来提高耕层土壤温度、水分和肥力水平。但是，对于土壤的改良既要注重耕层土壤，更要注重下层土壤。下层土壤是耕层土壤供水保肥的缓冲库，目前深松是改良下层土壤的主要耕作措施。

本研究在黑钙土上进行深松及秸秆心土还田的结果表明，深松可以提高土壤含水量，但对其他土壤物理性质影响不大；秸秆心土还田是改善黑钙土深层土壤的有效耕作技术，对土壤三相比、含水量、透水率、容重、硬度均有不同程度的影响。

试验中得出，在 20 cm 土层下，秸秆心土还田土壤固相比均低于对照，对改良深层土壤有重要作用。欧美各国认为，土壤固相的最适比例为 50%，秸秆心土还田可以降低 20 cm 以下土层的土壤固相比，使土壤固相比达到最佳状态，改善土壤结构；在 40~50 cm 土层，深松后的土壤固相比高于秸秆心土还田，但低于对照，这说明秸秆心土还田是最有效改良深层土壤的技术措施，主要由于秸秆心土还田对土壤翻动的程度大。

秸秆心土还田可以降低土壤容重、硬度，增加深层土壤导水率。这是由于心土翻动程度大，改变土壤紧实状态。添加鸡粪处理效果更好，可以补充秸秆腐解过程中所需要的氮源，促进秸秆腐解，有效改变土壤结构，从而降低土壤容重，增加土壤孔隙度，提高土壤蓄水能力。关于秸秆可以改变土壤物理性质、提高土壤蓄水保墒能力，这在大量研究中也得到证实。

碳酸盐黑钙土 pH 高，Na^+ 及 HCO_3^- 浓度高，成为影响作物正常生长的限制因素；而且土壤中 Ca^{2+} 由于被固定，有效性低。秸秆心土还田后，由于动土幅度大，改善土壤不良物理性质，增加土壤水分含量，促进水分流通，使土壤中的 Na^+ 及 HCO_3^- 含量降低，土壤环境向作物生长有利的方向发展。秸秆心土还田和秸秆心土还田＋鸡粪处理 3 年均起到增产作用，是适合黑钙土的改良措施。深松处理不同年份表现不同，第 1 年玉米减产，第 2 年、第 3 年与浅翻相比有增产趋势，说明深松在黑钙土上的改良效果没有秸秆心土还田稳定。

三、残留除草剂消减技术研究与示范

（一）残留除草剂危害及分布

黑龙江是我国大豆主产区，年播种面积在 366.67 万 hm² 以上，集中分布在黑河、绥化、齐齐哈尔、佳木斯等地。特别是在黑龙江北部的黑河地区，一些大豆主产县的大豆种植面积占当地总播种面积的 80% 以上，大豆重茬现象普遍，连作障碍严重，导致大豆产量低、品质差。而且，大豆生产中长期使用化学除草剂，导致残留除草剂在土壤中不断积累，对后茬作物造成药害，制约了正常的作物轮作和农业种植结构的调整，给农业生产造成严重损失。在海伦、嫩江、依安、克山等地，政府为了支持种植结构调整，出台了各种财政补助政策，但由于残留除草剂药害，农民被迫连续种植大豆。由于种植结构单一，土壤生态环境劣化，农业系统十分脆弱。近年来，修复残留除草剂污染土壤研究取得一定的进展，但大多都停留在试验阶段，距离田间应用相差甚远，生产中缺乏成熟的消除残留除草剂药害技术。

1. 残留除草剂分布特征　采用生物鉴定法对有残留除草剂的大豆田土壤进行分层鉴定，试图明确大豆田残留除草剂在土壤中空间分布特点，为制定机械改土标准提供科学的技术参数。

供试土壤来自黑龙江省黑河市嫩江市海江镇中心村（表 12-33），分别在连续 3 年种植大豆的地块（有残留土壤）和邻近的地块（无残留土壤）分 0~10 cm、10~20 cm、20~30 cm、30~40 cm 采取土样，10 次重复。试验于 2008 年 9—11 月在黑龙江省农业科学院现代化温室内进行，指示作物为甜菜，品种为 ZD-202。

表 12 - 33　供试土壤特性（嫩江市海江镇中心村）

土层深度 (cm)	全氮 (g/kg)	全磷 (g/kg)	全钾 (g/kg)	速效氮 (mg/kg)	有效磷 (mg/kg)	速效钾 (mg/kg)	有机质 (g/kg)	pH
0~10	2.65	0.72	17.73	217.7	40.0	121.4	38.0	5.66
10~20	2.53	0.64	18.01	196.0	19.4	107.0	37.0	6.12
20~30	2.36	0.53	16.59	187.3	5.3	76.3	35.2	6.34
30~40	2.02	0.50	17.87	189.7	2.7	79.8	31.1	6.44

（1）从出苗率看残留除草剂分布。为便于不同土层之间的比较，消除系统误差，将"有残留土壤"与"无残留土壤"的发芽率按照式（12-1）处理，得到不同土层发芽指数。

$$发芽指数 = \frac{有残留土壤发芽率}{无残留土壤发芽率} \times 100 \tag{12-1}$$

图 12-44 是不同土层甜菜的发芽指数，因此可得，0~10 cm 土层残留除草剂对甜菜发芽影响明显，甜菜发芽指数为 78.79%，与其他土层之间差异达到显著水平（$P=0.0148$）；10 cm 以下土层无明显差异，10~20 cm、20~30 cm 土层甜菜发芽指数分别为 100.00% 和 103.13%，30~40 cm 土层甜菜发芽指数为 94.03%，与表层相比明显增高。

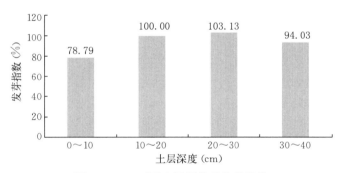

图 12-44　不同土层甜菜的发芽指数

（2）从甜菜成活率看残留除草剂分布。甜菜出苗后，调查甜菜成活率，结果见表 12-34。有残留土壤 0~10 cm 土层因除草剂污染严重，甜菜生长至四叶期全部死亡；10~20 cm 土层四叶期成活率仅为 87.30%；20~30 cm、30~40 cm 土层出苗率均为 95%~98%。从甜菜成活率判定，残留除草剂主要分布在 0~10 cm 土层，向下逐渐减少，20 cm 以下土层药害不明显，为"安全土层"。

表 12 - 34　甜菜苗期成活情况调查结果

生育时期	指标（以 10 盆计）	有残留土壤				无残留土壤			
		0~10 cm	10~20 cm	20~30 cm	30~40 cm	0~10 cm	10~20 cm	20~30 cm	30~40 cm
幼苗期	出苗数（个）	52	63	66	63	66	63	64	67
	出苗率（%）	78.79	100	103.13	94.03	100	100	100	100
二叶期	成活数（个）	38	57	64	62	66	63	64	66
	出苗率（%）	57.6	90.48	96.97	98.41	100	100	100	100
四叶期	成活数（个）	0	55	63	62	66	63	64	66
	出苗率（%）	—	87.30	95.45	98.41	100	100	100	100

（3）从甜菜株高看残留除草剂分布。甜菜苗期株高调查结果如表 12-35 所示，有残留土壤 10~20 cm 土层，甜菜虽未死亡，但受药害严重，株高矮小。调查还发现，由于上下土层之间养分差异

大，无残留土壤随着土层深度的增加，甜菜株高呈规律性降低；但有残留土壤随着土层深度的增加，甜菜株高明显增加，这是上下土层之间残留除草剂差异所致。为消除不同土层之间的养分差异，引入株高系数的概念。株高系数的理论值为"1"，数值越小，表明植株受药害越严重。由株高系数可以看出，0～20 cm 土层受药害影响最大，并随着生育进程推进不断加大，直至植株死亡。土层越深，土壤株高系数越接近"1"，表明植株生长受药害程度越轻。

表 12 - 35 不同处理甜菜株高变化

生育时期	项目	土层（cm）			
		0～10 cm	10～20 cm	20～30 cm	30～40 cm
二叶期	有残留土壤（cm）	2.88	3.96	3.76	3.38
	无残留土壤（cm）	3.94	2.90	2.78	2.72
	差值（cm）	1.06	1.06	0.98	0.66
	株高系数	0.73	1.37	1.35	1.24
四叶期	有残留土壤（cm）	死亡	5.66	7.26	8.22
	无残留土壤（cm）	10.48	8.94	8.12	7.42
	差值（cm）	—	3.28	0.86	0.80
	株高系数	—	0.63	0.89	1.11

综上所述，残留除草剂主要分布在 0～20 cm 土层。其中，0～10 cm 土层残留除草剂含量超过甜菜的致死剂量。根据这一结果提出了土壤表层（0～20 cm）与 20～40 cm 土层置换的农艺参数，即 20 cm : 20 cm 土层置换的农艺参数。

2. 除草剂埋藏深度与作物受药害关系 为进一步明确豆田除草剂埋藏深度对后茬作物产量的影响，开展了以下模拟试验研究。试验设 5 个处理，处理 1（对照）：0～40 cm 土层全部填充无除草剂的黑土；处理 2：将拌有除草剂的土壤置于 0～10 cm 土层；处理 3：将拌有除草剂的土壤置于 10～20 cm 土层；处理 4：将拌有除草剂的土壤置于 20～30 cm 土层；处理 5：将拌有除草剂的土壤置于 30～40 cm 土层。试验于 2008 年 4—10 月在黑龙江省农业科学院盆栽试验场进行，供试桶（无底塑料桶）直径 30 cm、高 70 cm，农药用量为田间正常用量的 1/2。供试作物为甜菜，品种为 ZD - 202。

（1）对甜菜出苗率的影响。除草剂埋深不同，对甜菜出苗率的影响不同。除草剂位于 0～10 cm 土层，甜菜出苗率仅为 74.30%，而其他处理出苗率都在 90% 以上。除草剂埋藏在 0～10 cm 土层与其他埋藏深度相比，甜菜出苗率差异达到极显著水平（$P=0.002$），而其他埋藏深度间差异不明显（表 12 - 36）。

表 12 - 36 不同处理甜菜出苗率方差分析

埋藏深度（cm）	样本数（个）	出苗率（%）	标准差	5%显著水平	1%显著水平
对照	10	92.80	7.5	a	A
0～10	10	74.30	17.6	b	B
10～20	10	90.03	9.6	a	A
20～30	10	94.30	7.4	a	A
30～40	10	95.73	6.9	a	A

（2）对甜菜株高和根长的影响。除草剂埋藏深度越深，对甜菜生育抑制越小。除草剂埋藏在 0～10 cm 土层，株高仅为对照的 23.3%（表 12 - 37），根长为对照的 37.0%，植株在生长中陆续死亡。

表 12 - 37 不同处理甜菜株高的变化 (2009)

单位: cm

调查日期	埋藏深度				
	对照	0~10 cm	10~20 cm	20~30 cm	30~40 cm
6月2日	6.0	1.4	5.7	5.9	6.0
6月18日	20.6	死亡	19.0	20.7	21.0
7月3日	47.2	死亡	28.0	36.2	38.8

（3）对甜菜生物量的影响。调查表明，除草剂位于 30 cm 土层以下，尽管对地上部生物量产生不良影响，但对甜菜块根干物质影响相对较小（表 12 - 38）。

表 12 - 38 不同处理甜菜生物量的变化 (2009)

埋藏深度 （cm）	地上鲜重 （g/株）	地上干重 （g/株）	根鲜重 （g/株）	根干重 （g/株）
对照	481.0	39.7	152.3	19.6
0~10	死亡	死亡	死亡	死亡
10~20	184.7	19.6	58.6	10.3
20~30	333.8	27.7	102.0	15.9
30~40	396.8	34.8	149.1	20.3

（4）对甜菜产量的影响。除草剂埋藏深度对甜菜产量的影响如表 12 - 39 所示，随着除草剂埋藏深度的加深，对产量影响越小。

表 12 - 39 不同处理甜菜产量的变化

埋藏深度（cm）	产量（kg/盆）	产量比（%）	5%显著水平	1%显著水平
对照	1.47	100	a	A
30~40	1.26	85.7	b	A
20~30	0.85	57.8	c	B
10~20	0.36	24.5	d	C
0~10	0	—	e	D

3. 作物生育进程与耐药性关系 尽管土层置换可将"有毒土层"埋藏到地下，但随着作物生育进程推进，作物根系不断向深层伸展，势必接触到含有除草剂的土层，进而影响作物生长。为明确作物不同生育时期的抗药能力，开展了不同生育时期的耐药性试验。试验于 2009 年 4—10 月在黑龙江省农业科学院盆栽试验场进行，共设 6 个处理、3 次重复。各处理除草剂浓度分别为：① 0.5 mg/kg；② 0.1 mg/kg；③ 0.05 mg/kg；④ 0.025 mg/kg；⑤ 0.001 mg/kg；⑥ 0 mg/kg（清水处理，对照）。供试作物为马铃薯。

结果如图 12 - 45 所示，以减产 20% 作为产生药害的临界浓度。根据图 12 - 45 中函数方程推测结果，苗期药害的临界浓度约为 0.09 mg/kg，始花期药害的临界浓度约为 0.5 mg/kg。调查表明，马铃薯生育中后期，会有一部分根系下扎到"除草剂污染土层"，但此时马铃薯已经具有较强的耐药能力。

在以上研究基础上，开展土层置换消减除草剂残留技术研究。

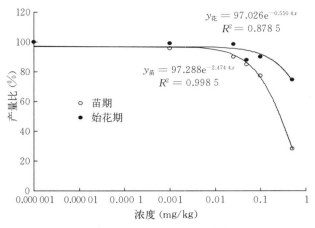

图 12-45　除草剂浓度与马铃薯产量关系

（二）土层置换消减除草剂残留技术及土壤连作障碍研究

1. 应用机械　应用自主研发的土层置换犁进行改土作业。首先用土层置换犁的第一犁开出一条 20 cm 深的堑沟。然后开始改土作业，第一犁在开出的堑沟内向下耕作 20 cm，将堑沟内的土层耕起、翻转扣在翻转过来的土垡上，并形成深沟；第二犁随之将邻近的耕作层土壤翻转扣在深沟内，并形成一条新的 20 cm 深堑沟。在耕作下一个耕幅时，同样将堑沟下的土层耕起、翻转到侧面，第二犁再将侧面邻近的表土翻入第一犁形成的堑沟内，为下一次耕作做准备。以此往返实现上下土层的位置转换，达到土层置换的目的。作业场景如图 12-46 所示。

图 12-46　土层置换犁作业场景（张春峰　摄）

2. 改土效果

（1）残留除草剂土壤上改土效果。为明确土层置换技术在有除草剂残留土壤和无除草剂残留土壤上的改土效果，分别选用了两类土壤，目的：一是明确在有除草剂残留土壤的改土作用，二是探讨在正常土壤上土层置换后对后茬作物的影响。因此，2009—2010 年在黑龙江依安、嫩江选择试验田块，开展改土研究。产量调查结果表明（表 12-40），从嫩江试验点（有残留除草剂）作物增产效果看出，越是对除草剂敏感的作物增产效果越高，依次为甜菜、马铃薯、玉米。土层置换改土后，甜菜单产达到 46 650.0～48 307.7 kg/hm²，对照仅为 5 333.3～8 200.0 kg/hm²，相差 5～9 倍；马铃薯单产为 23 708.3～29 569.9 kg/hm²，比对照增产 30%～180%；大豆和玉米分别增产 6.5% 和 1.9%。依安试验点（无残留除草剂）土层置换后，第一年甜菜单产基本与对照持平，仅减产 3.1%；第二年种植马铃薯增产 27.0%，玉米增产 5.2%。这说明在没有除草剂污染的黑土上实施土层置换改土作业，当年可能会导致作物产量小幅下降，第二年表现出明显的增产效果。

表 12 - 40　土层置换在残留除草剂土壤上改土效果

| 地点 | 年限 | 处理 | 马铃薯 | | 玉米产量
（kg/hm²） | 大豆产量
（kg/hm²） | 甜菜产量
（kg/hm²） |
			产量 （kg/hm²）	商品薯 （kg/hm²）			
依安 （无残留）	第一年	浅翻深松	20 622.8	15 352.5	—	—	31 340.0
		土层置换	19 461.1	15 748.3	—	—	30 380.0
		心土耕	22 561.1	16 722.3	—	—	30 490.0
	第二年	浅翻深松	27 564.1	25 250.0	8 693.7	—	—
		土层置换	35 000.0	32 303.2	9 145.6	—	—
		心土耕	30 769.2	28 949.2	8 864.2	—	—
嫩江 （有残留）	第一年	浅翻深松	8 555.6	5 167.5	—	—	8 200.0
		土层置换	23 708.3	18 713.7	—	—	46 650.0
		心土耕	18 055.6	10 141.2	—	—	19 450.0
	第二年	浅翻深松	22 580.6	18 145.1	9 334.4	2 964.4	5 333.3
		土层置换	29 569.9	27 355.6	9 513.2	3 157.7	48 307.7
		心土耕	28 629.0	21 774.2	9 158.1	2 940.7	22 461.5

（2）连作障碍土壤上改土效果。土层置换对土壤化学性质的影响。由表 12 - 41 可以看出，土层置换 0～20 cm 土层土壤有机质、有效磷、速效钾含量明显低于其他处理，20～40 cm 土层则呈相反趋势，与土层翻转有关，0～10 cm 土层全氮含量并没有降低，应与当季施用肥料有关。从土壤电导率来看，不同地区存在差异，依安和安达地区 20～40 cm 土层土壤电导率升高，安达地区 0～20 cm 土层土壤电导率升高，对土壤电导率的影响有待于进一步研究。

表 12 - 41　土层置换在连作障碍土壤上对土壤化学性质的影响

地点	处理	土层深度 （cm）	碱解氮 （mg/kg）	有效磷 （mg/kg）	速效钾 （mg/kg）	有机质 （%）	全氮 （g/kg）	pH	电导率 （S/m）
依安	对照	0～10	161.21	25.39	88.60	3.26	1.78	6.34	108.67
		10～20	202.01	31.10	82.70	2.97	1.59	6.16	142.67
		20～30	194.11	4.30	55.50	3.28	1.72	6.65	186.67
		30～40	125.68	2.30	56.00	2.46	1.79	6.98	192.67
	深松	0～10	174.37	21.58	79.90	3.38	2.21	6.28	124.33
		10～20	218.46	15.98	59.00	3.10	2.24	6.31	160.67
		20～30	149.37	4.35	42.80	3.30	0.65	6.46	173.33
		30～40	124.36	1.99	47.90	2.67	0.70	6.71	153.67
	土层 置换	0～10	159.89	12.40	53.30	3.25	2.02	6.92	131.33
		10～20	186.87	16.15	41.80	3.19	2.08	6.72	163.67
		20～30	171.74	10.64	52.20	3.35	1.88	6.66	169.33
		30～40	163.84	5.30	48.70	2.72	1.71	6.86	172.33
安达	对照	0～10	106.60	6.08	80.50	2.25	2.18	8.46	247.67
		10～20	150.68	5.15	73.30	2.31	2.39	8.52	240.33
		20～30	41.45	0.62	47.80	1.52	2.01	8.86	199.00
		30～40	29.61	0.12	42.60	1.33	1.90	9.03	179.00

（续）

地点	处理	土层深度 （cm）	碱解氮 （mg/kg）	有效磷 （mg/kg）	速效钾 （mg/kg）	有机质 （%）	全氮 （g/kg）	pH	电导率 （S/m）
安达	深松	0～10	151.34	8.82	96.00	2.67	2.12	9.18	175.00
		10～20	174.37	6.00	65.10	2.73	2.17	8.40	142.00
		20～30	138.18	1.62	40.50	2.77	1.89	8.34	163.00
		30～40	122.39	0.81	33.60	2.49	1.24	8.51	156.33
	土层 置换	0～10	109.89	17.51	125.90	2.62	2.15	6.92	178.00
		10～20	93.44	4.89	75.30	2.19	2.13	6.72	213.00
		20～30	117.78	2.71	48.10	2.74	2.19	6.66	245.67
		30～40	45.40	0.73	36.90	1.69	1.79	6.86	212.67
嫩江	对照	0～10	168.45	26.60	114.80	4.07	3.13	6.47	95.70
		10～20	174.37	25.26	118.80	3.84	3.60	6.38	120.70
		20～30	203.98	18.15	92.20	3.93	3.20	6.48	127.30
		30～40	198.06	8.05	81.10	3.96	2.86	6.68	124.30
	土层 置换	0～10	178.32	15.90	82.90	3.66	3.32	6.54	142.00
		10～20	147.39	8.45	89.30	2.86	3.45	6.59	142.30
		20～30	192.79	22.43	97.20	3.83	3.03	6.46	124.70
		30～40	170.42	12.20	92.70	2.88	2.41	6.85	115.00

　　土层置换对土壤物理性质的影响。依安、安达地区为改土第二年调查结果，由表 12-42 可以看出，土层置换 20～40 cm 土层的土壤透水性升高，但通气性无规律。嫩江地区为改土第一年调查结果，表层土壤通气、透水性下降，但 30～40 cm 土层提高。如表 12-43、图 12-47 所示，依安、安达地区改土 2 年后，土壤抗剪强度、容重低于对照，且 0～20 cm 土层各处理间差异不大，土层置换的效果好于深松；嫩江地区改土 1 年后，表层土壤容重高于对照，但深层土壤抗剪强度、容重低于对照，这是改土第一年的状态。土层置换和深松处理土壤硬度明显低于对照。

表 12-42　土层置换在连作障碍土壤上对土壤通气、透水的影响

处理	土层深度 （cm）	依安		安达		嫩江	
		通气系数 （cm/s）	透水系数 （cm/s）	通气系数 （cm/s）	透水系数 （cm/s）	通气系数 （cm/s）	透水系数 （cm/s）
对照	0～10	76.00×10^{-5}	130.15×10^{-4}	22.07×10^{-5}	56.30×10^{-4}	190.00×10^{-5}	411.0×10^{-4}
	10～20	9.08×10^{-5}	2.24×10^{-4}	1.31×10^{-5}	0.12×10^{-4}	51.90×10^{-5}	50.2×10^{-4}
	20～30	3.18×10^{-5}	1.68×10^{-4}	1.62×10^{-5}	0.45×10^{-4}	13.60×10^{-5}	28.0×10^{-4}
	30～40	2.79×10^{-5}	0.73×10^{-4}	7.28×10^{-5}	0.09×10^{-4}	0.67×10^{-5}	0.693×10^{-4}
深松	0～10	137.00×10^{-5}	90.01×10^{-4}	33.43×10^{-5}	43.20×10^{-4}		
	10～20	3.52×10^{-5}	2.35×10^{-4}	2.13×10^{-5}	1.36×10^{-4}		
	20～30	3.63×10^{-5}	1.00×10^{-4}	1.64×10^{-5}	1.24×10^{-4}		
	30～40	4.43×10^{-5}	2.16×10^{-4}	4.45×10^{-5}	3.66×10^{-4}		
土层置换	0～10	81.70×10^{-5}	177.90×10^{-4}	60.71×10^{-5}	41.2×10^{-4}	26.90×10^{-5}	50.00×10^{-4}
	10～20	0.73×10^{-5}	1.91×10^{-4}	13.28×10^{-5}	3.21×10^{-4}	3.77×10^{-5}	5.13×10^{-4}
	20～30	3.02×10^{-5}	1.63×10^{-4}	0.90×10^{-5}	1.63×10^{-4}	6.90×10^{-5}	14.00×10^{-4}
	30～40	4.87×10^{-5}	6.94×10^{-4}	3.61×10^{-5}	4.25×10^{-4}	12.40×10^{-5}	53.00×10^{-4}

表 12 - 43　土层置换在连作障碍土壤上对土壤抗剪强度、容重的影响

处理	土层深度 (cm)	依安		安达		嫩江	
		抗剪强度 (kPa)	容重 (g/cm³)	抗剪强度 (kPa)	容重 (g/cm³)	抗剪强度 (kPa)	容重 (g/cm³)
对照	0~10	22.33	1.23	12.35	1.14	21.40	1.12
	10~20	63.15	1.31	59.46	1.42	60.30	1.28
	20~30	73.33	1.47	66.38	1.46	70.20	1.26
	30~40	106.67	1.51	95.88	1.37	95.40	1.32
	平均	66.33	1.38	58.52	1.35	61.83	1.25
深松	0~10	32.10	1.19	9.87	1.21	—	—
	10~20	67.33	1.26	57.63	1.36	—	—
	20~30	63.20	1.35	69.56	1.42	—	—
	30~40	89.00	1.44	88.34	1.35	—	—
	平均	62.25	1.29	56.85	1.34	—	—
土层置换	0~10	22.50	1.13	11.25	1.18	20.40	1.14
	10~20	48.67	1.30	48.23	1.33	46.80	1.32
	20~30	65.20	1.38	64.31	1.38	57.30	1.26
	30~40	80.00	1.39	68.58	1.39	60.42	1.24
	平均	53.50	1.30	48.09	1.32	46.23	1.24

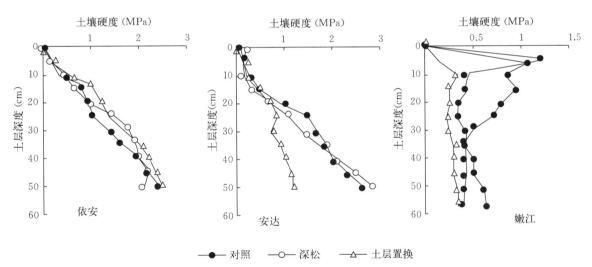

—●— 对照　—○— 深松　—△— 土层置换

图 12 - 47　土层置换在连作障碍土壤上对土壤硬度的影响

　　土层置换对作物生长的影响。在依安和嫩江地区，土层置换技术有利于促进大豆生长，可以增加大豆根系质量及根系分布，增加植株株高及茎秆干重（图 12 - 48、图 12 - 49），且以改土第一年的嫩江地区增长幅度大。

　　土层置换对作物产量的影响。土层置换 2014 年在各类土壤上表现增产（表 12 - 44）；2015 年在安达的碳酸盐黑钙土上，土层置换仍表现明显增产；2016 年碳酸盐黑钙土也增产。但是，2015 年在依安黑土上种植玉米未表现出增产，2016 年种植大豆表现增产。这说明在黑土上置换后应考虑作物，土层置换技术在碳酸盐黑钙土上具有持续的增产效果。

　　土层置换技术是一个新的研究方向，在改良除草剂污染土壤和连作障碍土壤方面具有重要作用。

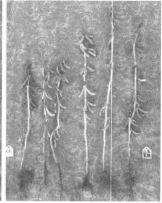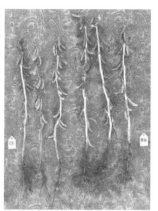

图 12 - 48　依安大豆生长性状

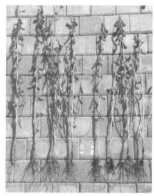

图 12 - 49　嫩江大豆生长性状

但土层置换技术需注意黑土层厚度，一般要求黑土层厚度在 40 cm 以上，而且土层置换后要注意耕层土壤培肥。

表 12 - 44　土层置换在障碍土壤上对作物产量的影响

土壤类型	地区	作物种类	处理	2014 年		2015 年		2016 年	
				产量（kg/hm²）	增产（%）	产量（kg/hm²）	增产（%）	产量（kg/hm²）	增产（%）
碳酸盐黑钙土	安达	玉米	对照	7 465.39	—	10 097.4	—	8 432.1	—
			深松	8 531.74	14.28	11 092.1	9.85	8 403.3	−0.34
			土层置换	9 314.57	24.77	11 369.4	12.60	8 921.6	5.81
黑土	嫩江	大豆	对照					1 632.1	—
			深松					—	—
			土层置换					1 712.9	4.95
	依安	玉米	对照	10 973.23	—	14 577.0	—	8 583.0	—
			深松	11 170.33	1.80	13 784.7	−5.44	8 706.0	1.43
			土层置换	12 146.32	10.69	13 853.8	−4.96	9 053.6	5.48
		大豆	对照					3 201.5	—
			深松					3 159.6	−1.31
			土层置换					3 469.8	8.38

第十三章 肥沃耕层构建 >>>

第一节　肥沃耕层概论：原理与应用

一、前言

　　旱地耕层深度、耕作频度及深度和免耕对作物产量均具有不同的影响。一些研究学者认为免耕能够增加作物产量，而有的研究学者认为深耕能够增加作物产量。这些研究结果的差异主要来源于研究背景不同，包括研究的土壤类型、质地、作物种类和耕作方式不同等（陈恩凤，1961）。以往人们讲述的土壤培育，其实就是土壤耕层的培育。随着人类对粮食需求的不断增加，提高土壤肥力、培育一个肥沃而深厚的耕作层受到了越来越多学者的关注。

　　耕作的目的在于创造一个适宜作物生长的土壤层次，通过耕作所建立的耕层主要功能是协调水、肥、气和热，使其能够满足作物生长发育的需要。耕层结构和厚度是决定水、肥、气和热容量的关键因子。通过耕作、施肥、轮作等措施能够创造一个良好的耕层结构，改善耕层土壤的物理、化学和生物学性状，促进作物的生长，进而提高土壤生产力。但是，不合理的耕作措施，如缺少有机物料投入、应用动力小的机械、缺少深松等，导致了犁底层的存在，使耕层变得越来越薄，耕层结构恶化，限制了作物根系生长和吸收水分与养分的空间，限制了土壤生产力（高绪科 等，1989）。

（一）耕层演变及其功能

　　耕层是人类为了栽培作物，利用工具对土壤进行扰动的土层。人类扰动土壤的目的有 3 个：一是把作物种子放入土壤适宜的深度，有利于种子萌发；二是把有利于作物生长和预防病虫草害的物料放入以最大限度地发挥土壤的作用；三是通过扰动可以改善根系的生长发育环境。

　　不同时期人类利用的工具不同，产生的耕层也不尽相同。原始社会用石斧和石锛等工具把树砍倒再晒干，然后用火烧掉，利用灰烬提供养分；用石刀或尖头木棒刺土挖穴播种，不进行管理，等到成熟时用石镰收割，即"刀耕火种"。此时的耕作只有掘土、播种和收割，没有中耕除草、施肥灌溉等，这样形成的耕层仅限于作物播种的土层。由于那时人类居无定所，对某一块土壤的扰动是临时的，无法形成一个稳定的耕层。到了夏、商、周时期，出现了青铜农具，这时的人类已经懂得中耕除草，增加了对土壤的扰动，土壤会形成一定的耕层。但是，由于耕作粗放，没有任何养地措施，土地连续种植 3 年以上就会被弃荒，耕层也随之消失。春秋战国时期，随着人口增加，土地长期撂荒已经不能满足社会需求，同时铁制农具和畜力耕作的出现可以翻动土壤，具有了铲除杂草的能力，提高了耕作效率。此时已经出现了施肥和灌溉，进一步增加了对土壤的扰动，同时开始持续地利用土壤，形成了较稳定的耕层。

　　20 世纪初我国引进了西洋犁，50 年代大量引进了苏式五铧犁，60 年代创造了带心土铲的双层深翻犁，进一步提高了耕作效率，加强了对土壤的扰动强度和频率，形成了稳定的耕层。但是，20 世纪 30 年代由于不合理的土壤耕作，美国西部和苏联都发生了大规模的"黑风暴"，导致耕层表层大量流失。由此，人们开始探讨保护性耕作。保护性耕作的原则是不使用铧式犁翻耕土壤，实行免耕播种，减少对土壤的耕作次数，实行地表秸秆残茬覆盖，田间作业次数由 7～8 次减少到了 1～3 次。虽然免耕减少机械的田间作业次数，但是每一季播种和施肥时还是会对一定面积的土壤产生扰动，形成一个耕层，这个耕层的面积只占土壤耕种地块的 10%。传统耕作由于长期的机械碾压导致土壤犁底层的出现，机械碾压的时间越长犁底层越厚，耕层就越浅，限制了作物的生长发育。20 世纪 70 年代初，黑龙江的科研机构和农业院校进行了土壤深松、深耕的多年多点试验、示范和推广。与传统的浅耕和耙地相比，深松或深耕能够打破犁底层，增加耕层厚度，减小底层土壤容重，增加孔隙度，极大提高了降水的入渗量。因此，从原始社会的刀耕火种到目前应用大型机械进行耕作，土壤耕层的深度从几厘米到数米，人类创造了不同深度的耕层。但是，适宜的土壤耕层深度，应当根据作物根系生长发育分布空间和土层储水能力以及土壤类型而定。

不同的耕作方式培育了不同的土壤耕层。根据生产实践，农田土壤的土体一般可以分为 4 层，每一层土壤的物理、化学和生物学性状以及调节土壤肥力因素的作用都不尽相同，采取的措施也不同。①表土层（0～15 cm）：经常受气候条件和耕作栽培措施影响，变化较大。这一层按照松紧状况以及对作物生长发育的影响，又可以划分为 2 层，即覆盖层（0～3 cm）和种床层（3～15 cm）。覆盖层受气候条件影响最大，其结构状况直接影响土壤渗入水分总量、地表径流、水土流失、水分蒸发、气体交换和作物出苗等，种床层由于镇压土壤较紧实，毛管孔隙发达，下层水分沿着毛管上升到种子部位，保证种子发芽。②稳定层（15～35 cm）：也称根系活跃层。其中一部分是原来的犁底层和心土层，经过深耕施肥改造而成。在平翻耕条件下，这一层的土壤容重一般比种床层小，是根系分布较多的土层，是作物对养分、水分、空气要求的敏感地带。因此，这一层的土壤物理性质、蓄水保水和供水供肥能力，对作物生长发育有重大的影响。③心土层（35～60 cm）：也称保证层。土壤结构紧密，非毛管孔隙占 7%～10%，根系分布量占根系总量的 20%～30%。该层受外界条件影响较小，肥力因素比较稳定，物质转化和移动缓慢。心土层的性状对于耕层肥力和作物生长也有影响。对于蓄水保肥，特别是对灌溉条件或地下水位低的地块在一定程度上起着蓄水库的作用。对于上层输送，土壤水分和养分从大孔隙渗透到下层，当作物需要时，储存在下层的水分和养分，又以毛细管作用补给上层利用。因此，创造一个土体深厚、耕层疏松、心土层紧实的土体构造，对协调水、肥、气、热的供应，保证作物生育期间对肥力的需要，达到高产是非常重要的。④犁底层，土壤深耕时，常常因为农机具的作用和底土塑性较强，在耕层和心土层之间形成了一个容重较大（1.5～1.8 g/cm³）封闭式的犁底层。在犁底层中，总孔隙度极小，而大孔隙更少。犁底层的存在减弱了耕层和心土层之间的能量和物质流通。它有使雨水和养分保存在耕层而被根系直接吸收的优点。但是，也有不能使雨水深储在下层心土层有效防止耕层涝害或防止大量蒸发，妨碍根系伸展，改变根型，妨碍利用心土层的能量和物质的缺点。根据犁底层的特性，在土壤耕作时应尽量避免形成犁底层，而在已形成犁底层的土壤上应采取打破或者消灭犁底层的耕作措施。

（二）耕层影响作物根系生长及其因素

土壤剖面结构（即机械阻力、颗粒组成和孔隙度等）通过影响水、气、热和营养元素在土壤中的移动和分布，从而影响作物根系的生长发育。已有研究表明，玉米、小麦根系的分布空间对其生长及产量具有重要的作用。研究表明，玉米吐丝期根系的 88.3%～93.9% 分布于 0～35 cm 土层，而仅有少部分分布于 35 cm 以下土层。

Ferro 等研究证实，作物根系的生长与土壤容重之间呈显著的负相关关系。土壤容重过大时，毛管孔隙多，不透水和不通气，使土壤中产生了水热矛盾，对根系的生长阻力增大，不利于根系伸展。有研究指出，当土壤中孔隙直径 < 0.25 mm 时，一般作物的侧根不能穿入；0.035～0.075 mm 时，支根则难以伸入；0.010～0.013 mm 时，根毛则无法通过。根系的生长与土壤容重和土壤含水量密切相关。土壤紧实，孔隙小，根系不能穿入容重大于 1.9 g/cm³ 的土壤，一般 1.7～1.8 g/cm³ 是极限，而黏土 1.6～1.7 g/cm³ 是临界点，没有根系能穿入。有关豌豆的研究表明，土壤容重为 1.0 g/cm³ 时，任何水分状态对根系的生长都不会产生机械阻力。当土壤含水量为 0.1～0.2 MPa 时，土壤含水

量偏大，空气少，根系的伸展受到了限制；当土壤含水量为 0.2～0.3 MPa 时，根系生长最茂盛；若土壤含水量低于这个范围，根系的生长就会受到影响。如果土壤容重为 1.1 g/cm³、土壤含水量为 0.25 MPa 时，根系的生长就会受到机械阻力的影响；若土壤含水量继续降低，土壤含水量和机械阻力同时限制根系的生长。对于黏重的土壤，土壤容重为 1.4 g/cm³ 以上时，机械阻力是影响根系生长的主要因素，而土壤通气和水分条件影响较小。

利用耕翻创造一个适宜的耕层厚度则增产效果很显著，那么，耕作深度达到多少才能为提高土壤肥力和满足作物生长需求发挥最大的作用呢？大量研究表明，深松能够增加作物的产量。对于小麦来说，深耕 30 cm，消除犁底层，促进了小麦根系的生长及其对水分的吸收，增加了叶面积指数和光合作用，小麦产量较常规耕作提高 9.27％，水分利用效率提高 1.43～4.65 kg/(hm² · mm)。同时，增加耕作深度也能够促进玉米和大豆的根系发育，增加产量。然而，是否耕作深度越深，增产效果越明显呢？陈恩凤先生早在 1961 年就报道，小麦一般耕作深度为 33 cm 左右增产效果显著，增产幅度最高。当耕作深度为 33～48 cm 时，仍然表现为增产，但增产幅度开始降低；当耕作深度大于 48 cm 时，增产效果逐渐降低（高绪科 等，1989）。这一结果与土壤发生发育及其特征和作物根系的生长及其特征密切相关。这表明土壤质地和土体构型不同，土壤的耕作深度可以因地而异。

深松在打破犁底层的同时可以疏松表层，增加耕层厚度。被疏松的土层土壤孔隙度增加，改善了土壤的渗透性，进而增加了土壤对大气降水的蓄存能力，营造"地下水库"，使更多的雨水储存在深层土壤中以供作物利用，提高雨水资源利用率，提高旱地蓄水保墒性能。深松能使犁底层田间的土壤饱和导水率提高 4 倍以上，提高了降水的入渗能力，显著增加 50～100 cm 土层的土壤含水量。同时，深松打破了犁底层，土壤容重降低 20％，总孔隙度、毛管孔隙度和非毛管孔隙度分别增加 15.0％、10.4％和 37.8％，扩大了蓄水空间，可以接纳更多的降水存储在大孔隙中。相反，如果犁底层存在，耕层内的多余土壤水分难以下渗，使得原有的蓄水空间没有得到充分利用。在黑土中的研究表明，0～35 cm 土层的最大储水能力（即饱和持水量）为 227.5 mm，此层 10 年平均土壤含水量是 84.0 mm。所以，此层能接纳单次最大降水量（不产生径流）为 143.5 mm。从对研究区域近 50 年单次降水量的分析可知，该地区最大的单次降水量为 81 mm。所以，0～35 cm 土层具有接纳单次最大降水的能力。同时，该层土壤有效水分（田间持水量－凋萎含水量）为 115.5 mm，说明吸收的降水能够完全转换为有效水分以供作物利用（韩晓增 等，2009a、2009b、2015）。

不同土壤类型会影响根系生长空间和土壤储水能力。障碍性层次的土壤（如黑土的犁底层、白浆土的白浆层）在 20～30 cm 土层存在障碍层，限制根系生长发育的空间，使 80％以上的根系分布在该层次，影响了根系对土壤水分和养分的吸收。而对于不存在障碍性层次的土壤来说，有 10％以上的根系分布在 20～35 cm 土层，促使作物根系能更充分利用土壤中的水分和养分。因此，对于黏质土壤包括黑土、黑钙土、白浆土、暗棕壤和草甸土来说，最适宜的耕层深度为 0～35 cm；而对于不存在障碍性层次的沙质土壤来说，适宜耕作层深度为 0～20 cm，因为沙质土壤质地松散，土壤中孔隙比较大，如果耕作深度太深，会导致施入土壤的肥料淋溶至下层，造成作物养分供应不足。

（三）黑土肥沃耕层构建

黑土因其肥沃、高产而著称，黑土区是我国重要的商品粮基地。黑土成土母质为第三纪沙砾和黏土层、第四纪更新世沙砾和黏土层，以及第四纪全新世沙砾和黏土层。黑土成土母质由黏土和亚黏土组成，机械组成比较黏细、均匀一致，小于 0.002 mm 的黏粒占 30％以上。在黏重母质上发育的黑土，其土壤水分由土壤有机质和土壤矿质颗粒形成的团聚体决定。土壤有机质含量高，水稳性团聚体含量也高，土壤结构好，水分物理性质优良（何万云，1992）。黑土开垦后，由于有机物料投入少及水蚀、风蚀等因素导致耕地土壤有机质锐减，黏重的黄土母质成分增多，使优良的团粒结构被破坏，导致土壤水分物理性质变劣，水、热、气在土体内运行受阻。长期以来，黑土区小型拖拉机和牛马犁耕作使农田耕层变浅，化肥和农药用量增加，造成土壤板结和孔隙度减少等，恶化了土壤物理性状。

与开垦初期相比，开垦 40 年的黑土，土壤容重由 0.79 g/cm³ 增加到 1.06 g/cm³，总孔隙度由 69.7% 下降到 58.9%，田间持水量由 57.7% 下降到 41.9%；开垦 80 年后，3 项指标进一步恶化，分别为 1.26 g/cm³、52.5% 和 26.69%，土壤质量退化严重。一般情况下，农业耕作实践能够导致土壤物理性质恶化，改变土壤的水量平衡。当表层土壤的团粒结构被破坏以后，土壤的压实作用可能进一步破坏 10～30 cm 土层的土壤结构。犁底层是在长期不合理耕作条件下形成的，主要存在于 20～30 cm 土层。犁底层的存在增加了土壤容重，减小了土壤孔隙度，阻隔了降水的入渗，进而影响了土壤的蓄水能力；同时，增加了地表径流和土壤侵蚀的风险，导致土壤肥力下降，进而引起作物减产。改善黑土黏重的土壤质地，打破犁底层，加深耕层厚度，构建黑土肥沃耕层，增加大气降水的入渗，提高黑土的蓄水能力，对黑土区农业可持续发展具有重要意义，对黑土区表层土壤流失后土壤肥力的恢复重建和退化黑土定向快速肥力培育具有重大的理论意义和生产价值。

为了解决因土壤有机质降低和不合理耕作导致的黑土结构变劣，即土壤板结问题，许多学者针对秸秆还田和施用有机肥以及耕作措施对土壤质量的影响做了大量研究，部分研究学者将有机物料施入土壤亚耕层（20～35 cm）或全土层（0～35 cm）构建肥沃耕层。肥沃耕层构建的概念：通过耕作的方式将有机物料深混入 0～35 cm 土层，构建一个肥沃、深厚的耕层，构建高效的水分和养分库容，满足作物生长发育的需要。

二、肥沃耕层构建技术规程

通过查阅大量的国内外文献，肥沃耕层构建首次是由韩晓增等（2009b）提出的。目前，肥沃耕层构建的方法有很多种，如将有机物料（秸秆和有机肥）和化肥等施入 20～35 cm 土层，将有机物料（秸秆和有机肥）深混施入 0～35 cm 土层，将秸秆深埋入土壤中一定的层次。以下介绍几种方法的操作步骤。

（1）肥沃耕层构建方法 1：秸秆施入 20～35 cm 土层。秋季玉米收获以后，将其秸秆粉碎，长度在 1.0 cm 以下。在秋季翻地时翻开土壤 0～20 cm 表层，将粉碎好的玉米秸秆均匀撒在翻开后的土层上，再用深松铲将 20～35 cm 土层的土壤混匀，最后将 0～20 cm 表土复原。在复原后的土壤上进行起垄，待来年春天播种。在这个过程中，玉米秸秆投放量为 7 500 kg/hm²（烘干重）。

（2）肥沃耕层构建方法 2：有机肥施入 20～35 cm 土层。秋季将腐熟的猪粪或其他有机肥（不掺土）混匀备用。在秋季翻地时翻开土壤 0～20 cm 表层，把腐熟的猪粪或其他有机肥均匀撒在翻开后的土层上，再用深松铲将 20～35 cm 土层的土壤混匀，最后将 0～20 cm 表土复原。在复原后的土壤上进行起垄，待来年春天播种。在这个过程中，腐熟的猪粪或其他有机肥用量为 7 500 kg/hm²（干重）。

（3）肥沃耕层构建方法 3：化肥施入 20～35 cm 土层。在秋季翻地时翻开土壤 0～20 cm 表层，将尿素和磷酸氢二铵按氮（N）76.8 kg/hm²、磷（P₂O₅）55.2 kg/hm² 均匀撒在翻开后的土层上，再用深松铲将 20～35 cm 土层的土壤混匀，最后将 0～20 cm 表土复原。在复原后的土壤上进行起垄，待来年春天播种。

（4）肥沃耕层构建方法 4：玉米秸秆全量一次性深混还田（邹文秀 等，2016），田间操作步骤见图 13-1。

收获　　　　　　　　灭茬　　　　　　　　深混　　　　　　　旋耕起垄

图 13-1　肥沃耕层构建方法 4 田间操作步骤

收获：秋季玉米成熟后，利用联合收割机进行收获。

灭茬：利用灭茬机进行灭茬，使秸秆均匀抛撒在田面上，并保持秸秆长度小于 5 cm。

构建 0～35 cm 耕层：利用螺旋式犁壁犁进行土层翻转作业，土层翻转 180°，作业深度为 0～35 cm，使平铺在田块上的秸秆翻转进入 0～35 cm 土层。

晾晒：在天气晴朗的情况下晾晒 3～5 d。

耙地：利用圆盘耙对已经晾晒的地块进行耙地，目的是破碎土块，将土壤与秸秆充分混合，达到秸秆深混还田的目的。

旋耕起垄：利用联合整地机进行旋耕起垄作业。

（5）肥沃耕层构建方法 5：有机肥激发秸秆深混还田，田间操作步骤见图 13-2。

收获　　　　　　　　灭茬　　　　　　　抛撒有机肥　　　　　　深混　　　　　　旋耕起垄

图 13-2　肥沃耕层构建方法 5 田间操作步骤

收获：秋季玉米成熟后，利用联合收割机进行收获。

灭茬：利用灭茬机进行灭茬，使秸秆均匀抛撒在田面上，并保持秸秆长度小于 5 cm。

抛撒有机肥：在田面上利用有机肥抛撒机抛撒有机肥，有机肥的施用量为 22 500 kg/hm²（干重）。

构建 0～35 cm 耕层：利用螺旋式犁壁犁进行土层翻转作业，土层翻转 180°，作业深度为 0～35 cm，使平铺在田块上的秸秆和有机肥翻转进入 0～35 cm 土层。

晾晒：在天气晴朗的情况下晾晒 3～5 d。

耙地：利用圆盘耙对已经晾晒的地块进行耙地，目的是破碎土块，将土壤与秸秆充分混合，达到秸秆深混还田的目的。

旋耕起垄：利用联合整地机进行旋耕起垄作业。

肥沃耕层构建方法 6：人工开挖出上底宽 50 cm、下底宽 40 cm、深 40 cm、截面为倒置等腰梯形的深还沟。下底中央位置对应两垄玉米之间垄沟处，将玉米秸秆均匀平铺至深还沟中，按 20～40 cm、0～20 cm 的顺序将土还至沟中，形成大垄，自然沉降。

三、肥沃耕层构建定义及创新性

（一）肥沃耕层构建定义

采用机械的方法，将能培肥土壤的外源物质深混到土壤中一定的土层，满足作物根系生长发育，达到提高土壤保存大气降水和协调水分的能力，满足土壤保存养分和供应作物生长所需养分要求的土层称为肥沃耕层。那么，建立这样一个土壤高效肥、水库容的土层过程，称为肥沃耕层构建。

作物根系的生长发育取决于根系活动层的土壤疏松程度和养分供应能力，生产上由于机械压实，造成土壤犁底层厚、耕层变薄，加上土壤黏重和障碍性层次的存在，影响根系生长和气、热传导与水分运移，导致作物减产。为了解决该问题，生产上常采用机械耕翻土壤。由于缺乏科学的参数，导致耕翻频率过大或者耕翻过深，既浪费能源又致使土壤退化。耕作土壤耕翻深度和频率的确定是农田土壤耕作急需解决的问题。通过耕翻将农田秸秆和有机肥混入土层深处，构建一个肥沃深厚耕层，形成一个高效的土壤肥水库，从而实现节肥增产和土壤可持续利用。

（二）肥沃耕层构建创新性

1. 筛选出 35 cm 和三年一次作为最优耕作深度与耕作频度　在具有代表性的耕作黑土上，分别设置 0 cm、15 cm、20 cm、35 cm、50 cm 5 个耕作深度处理。不同耕作深度土壤，其保水供水能力不同。通过监测 0～35 cm 土层土壤蓄水供水能力得到，耕作深度 35 cm 是最优的耕作深度，蓄水能力比免耕提高了 5.0%，比深耕 50 cm 提高了 1.6%；耕作深度 35 cm 的土壤供水能力比免耕提高了 33.2%，比深耕 50 cm 提高了 4.2%。播种后至出苗前土壤含水量，耕作深度 35 cm 比免耕提高 5.1%，比深耕 50 cm 提高 5.8%。出苗率最好的是耕作深度 35 cm，大豆达到了 95.9%，玉米达到了 97.9%。大气降水利用效率最高的是耕作深度 35 cm，玉米为 13.9 kg/(hm² · mm)，大豆为 5.7 kg/(hm² · mm)。连续 3 年玉米产量最高的是耕作深度 35 cm，平均为 8 995 kg/hm²，是免耕的 1.51 倍，比深耕 50 cm 增产 18.7%。

三年一次耕翻效果最优。以 3 年为一个耕作周期，连续 3 年每年耕翻 0～35 cm（D35 - 3）与仅在第一年耕翻、第二年免耕、第三年浅耕（D35 - 1）相比，第一年两个处理产量相当，没有显著性差异；第二年增产 1.13%；第三年增产 8.66%。D35 - 3 处理，第二年比第一年增产 14.53%，而第三年比第二年增产 7.19%，证明了耕翻频率过大没有效益。

2. 玉米秸秆深混于 35 cm 土层及其机械配套的创新技术　以当地每年每公顷平均收获秸秆 10 000 kg 为标准，采用机械措施，将玉米秸秆深混于 0～15 cm、0～20 cm、0～35 cm 和 0～50 cm 土层。秸秆与土壤混合深度影响土壤蓄水供水能力。通过监测 0～35 cm 土层土壤蓄水供水能力发现，秸秆深混 35 cm 是最优的处理，蓄水能力比浅耕提高了 10.2%，比秸秆深混 50 cm 提高了 6.9%；秸秆深混 35 cm 土壤供水能力比浅耕提高了 45.1%，比秸秆深混 50 cm 提高了 9.4%。播种后至出苗前土壤含水量，秸秆深混 35 cm 比浅耕提高 3.2%，比秸秆深混 50 cm 提高 9.6%。秸秆深混 35 cm 大豆出苗率达到了 96.7%，玉米出苗率达到了 98.5%。大气降水利用效率最高的是秸秆深混 35 cm，玉米为 14.7 kg/(hm² · mm)，大豆为 7.2 kg/(hm² · mm)。连续 3 年玉米产量最高的是秸秆深混 35 cm，平均为 9 215 kg/hm²，是浅耕的 1.62 倍，比秸秆深混 50 cm 增产 19.8%。

三年进行一次秸秆深混的效果最优。以 3 年为一个秸秆深混周期，连续 3 年每年秸秆深混（D35 - 3＋S - 3）与仅在第一年秸秆深混、第二年免耕覆盖、第三年浅耕秸秆移除（D35 - 1＋S - 1）相比，第一年两个处理产量相近，没有显著性差异；第二年减小了 2.26%，第三年减小了 6.86%。D35 - 3＋S - 3 处理，第二年比第一年增产 21.84%，再继续施用秸秆后，玉米产量开始下降，证明了耕翻频率过大加秸秆对作物增产来说是反作用的。筛选配套了秸秆粉碎机、螺旋式犁壁犁和重耙等机械。

3. 有机肥激发秸秆的混合还田技术及其配套机具　以当地每年每公顷平均收获秸秆 10 000 kg 为标准，然后配施 7 500 kg 腐熟有机肥，混合后采用机械方式深混于 0～35 cm 土层。秸秆和有机肥与土壤混合深度影响了土壤蓄水供水能力及作物产量。通过监测 0～35 cm 土壤蓄水供水能力发现，秸秆和有机肥深混 35 cm 是最优的处理，蓄水能力比秸秆和有机肥浅混提高了 11.8%，比秸秆和有机肥深混 50 cm 提高了 7.8%；秸秆和有机肥深混 35 cm 土壤供水能力比浅混提高了 49.8%，比秸秆和有机肥深混 50 cm 提高了 10.8%。播种后出苗前，秸秆和有机肥深混 35 cm 土壤含水量比浅混提高 6.9%，比秸秆和有机肥深混 50 cm 提高 10.4%。秸秆和有机肥深混 35 cm 大豆出苗率达到了 97.6%，玉米出苗率达到了 98.9%。大气降水利用率最高的是秸秆和有机肥深混 35 cm，玉米为 15.2 kg/(hm² · mm)，大豆为 7.6 kg/(hm² · mm)。连续 3 年玉米产量最高的是秸秆和有机肥深混 35 cm，平均值为 9 842 kg/hm²，是浅混的 1.71 倍，比秸秆和有机肥深混 50 cm 增产 21.3%。筛选配套了秸秆粉碎机、有机肥抛撒机、螺旋式犁壁犁和重耙等机械。

三年一次性施有机肥激发秸秆深混的效果最优。以 3 年为一个有机肥和秸秆深混周期 [D35 - 3＋(P＋S) - 3] 与 3 年中第一年秸秆和有机肥深混、第二年免耕覆盖、第三年浅耕秸秆移除 [D35 - 1＋(S＋P) - 1] 相比，第一年产量相近，第二年、第三年产量分别增加了 2.49%、1.37%；D35 - 3＋(P＋

S)-3 处理玉米产量第二年比第一年降低了 27.11%，继续施加猪粪和秸秆后玉米产量略有增加，说明连续的猪粪和秸秆深混还田对玉米产量的增加没有明显的提升作用。同时，由于 D35-3+(S+P)-3 处理生产成本较高，从生态效益和经济效益两个角度来看，D35-1+(S+P)-1 处理是最优的。

四、肥沃耕层构建技术原理

肥沃耕层构建能够满足作物生长的土壤空间条件和作物生育期内对水分及养分的需求。①在土壤耕作过程中，将能够培肥土壤的农业废弃物通过机械的方式深混入 0~35 cm 土层，形成肥沃耕层，改善了全层土壤结构，创造了适宜的土壤孔隙。当降水时，水分能够向下运移；当干旱时，水分能够通过毛管向上运移，增强土壤蓄水供水能力，调节土壤水分，满足作物生育期对水分的需求。②在肥沃耕层构建过程中，全层有机物料的投入能够均匀增加 0~35 cm 土层中的养分库容，土壤结构改善后能够提高土壤微生物活性，增加土壤养分的有效性，进而提高土壤的养分供给能力。③肥沃耕层满足了作物生长的土壤空间条件。田间长期定位试验和长期观测证明，玉米和大豆 95% 以上的根系分布在 0~35 cm，这部分土层能满足作物生育期内对水分和养分的需求，决定着作物产量，过深或者过浅的土层都不利于作物高产稳产。④肥沃耕层具有"土壤水库"的功能，能够储存上一季大气降水，供给当季作物利用。所以，肥沃耕层构建能够调节不利气候条件对作物产量的影响，满足作物丰产的需求。

第二节　典型黑土剖面的土壤理化性质

一、土壤全量及速效养分含量

黑土的成土母质为第四纪黄土状黏质土，土体深厚，从上到下土体属性变化比较连续，不存在障碍层。在黑土的形成过程中，受气候、地形和植被等影响形成了一定厚度的黑土层。但是，由于气候条件和纬度的差异，在水平分布上，黑土带从南到北形成了薄层黑土、中厚层黑土和厚层黑土。研究区域内黑土层的厚度为 50~60 cm，属于典型中厚层黑土。典型黑土 0~200 cm 剖面土壤有机质浓度含量变化范围为 7.90~39.31 g/kg，随着剖面深度的增加，土壤有机质含量有减小的趋势（图 13-3）。0~20 cm 土层土壤有机质含量最大，为 39.31 g/kg；随着剖面深度的增加而逐渐减小，110~130 cm 土层达到了最小值；130~200 cm 土层由于可溶性碳的淋溶积累，土壤有机质含量表现为略有增加的趋势。除了 20~35 cm 和 35~50 cm 有机质含量的差值为 12.41 g/kg 以外，0~110 cm 土层内相邻层次之间土壤有机质含量的差值均在 3 g/kg 左右，而 130~200 cm 土层内相邻层次之间土壤有机质含量的变化范围为 0.05~1.58 g/kg，这说明下层土壤有机质含量受外界干扰明显小于上层土壤。表层（0~35 cm）土壤有机质含量在 22.71 g/kg 以上，显著高于其他层次。这主要是由于黑土在成土过程中无干扰条件下自然植被枯枝落叶和根系残茬的积累，在剖面不同层次的分布主要是由黑土草原化草甸植被的根系分布和部分可溶性有机碳随雨水向下迁移所致。黑土中的氮素 95% 以上是以有机氮的形式存在，因此土壤全氮和有机质的变化趋势是一致的。土壤全磷在剖面的分布特点是表层略高，从上到下为 0.48~0.73 g/kg。全钾在黑土 0~200 cm 剖面分布比较均匀，平均为 20.92 g/kg。土壤剖面中的磷和钾原始来自母质中的矿物风化，开垦耕作后由于磷肥、钾肥的施用以及随着水分入渗的向下淋溶，出现了随着剖面深度的增加而减少的趋势，但是变化幅度较小。

土壤速效养分是作物能够直接吸收利用的养分形态，主要受肥料施入量和土壤肥力的影响，其在剖面的分布特征是随着深度增加而表现出明显的变化（图 13-3）。黑土 0~200 cm 土壤剖面中，土壤速效氮含量的变化范围为 38.9~251.1 mg/kg。如果以 0~20 cm 表层土壤速效氮含量作为 100，20~35 cm、35~50 cm 和 50~70 cm 土层土壤速效氮含量分别为表层的 81.7%、46.2% 和 33.3%；70~200 cm 土层，土壤速效氮含量为表层的 15.5%~20.3%，基本稳定。土壤速效氮的剖面分布证明了土壤供氮的深度主要在 70 cm 以上，150~200 cm 土层比 130~150 cm 土层土壤速效氮略高，证明了

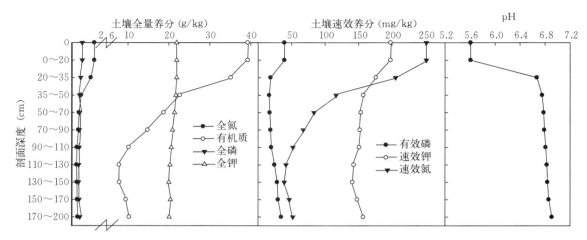

图 13-3　典型黑土化学性质剖面分布特征

该土壤历年种植作物的根系通过各种途径能利用的土壤速效氮在 130 cm 土层以上，主要支撑作物生长发育的土层是 0～35 cm。有效磷的变化范围为 16.60～39.30 mg/kg，其含量在剖面中呈现上下高、中间低的趋势。在 0～50 cm 土层，随着剖面深度的增加，土壤有效磷含量逐渐降低。这主要是由于磷化合物不活跃，磷肥施入土壤后移动较少，少量有效磷随水下移到下层，根系在 50 cm 土层以上均有吸收能力。所以，35～50 cm 土层有效磷含量最小。在 50～200 cm 土层，土壤有效磷含量随着土壤剖面加深而增加，这部分有效磷主要是来自上层土壤有效磷的多年淋洗迁移而积累；同时，根系不能利用这个土层的土壤有效磷，最终导致有效磷含量接近土壤表层。速效钾含量的变化范围为 141.00～198.00 mg/kg，土壤速效钾在土体分布规律与速效氮相同，表明速效氮和速效钾在土壤中的水溶性和根系吸收深度是相同的。黑土剖面土壤 pH 的变化为 5.61～6.91，随着剖面深度的增加而呈现增加的趋势，0～20 cm 土层土壤 pH 显著低于其他层次，主要是由于黑土开垦后氮肥主要施在 0～20 cm 土层。很多研究表明，农田土壤中氮肥施用是土壤 pH 降低的主要原因。

二、土壤颗粒组成

土壤颗粒组成主要受母质的影响。黑土的成土母质较单一，主要是冲积而成。黑土土壤颗粒比较细小，从上到下黏粒含量均较高。黑土剖面的机械组成比较均匀一致，并以粉沙和黏粒为主（图 13-4），黑土剖面沙粒、粉沙和黏粒的平均值分别为 24.5%、33.91% 和 41.59%，属于典型黏壤土。沙粒和粉沙的含量范围分别为 23.20%～27.46% 和 31.48%～36.27%，均有随着剖面深度增加而减少的趋势，但是变化不显著。在 0～200 cm 黑土剖面内，黏粒含量为 37.81%～44.85%。在从上到下的剖面，黏粒有一个明显的淀积过程，符合黑土成土过程的特点，黏粒随着水分入渗向下层移动。

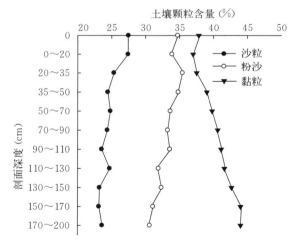

图 13-4　典型黑土土壤颗粒组成剖面分布

三、土壤物理性质

典型黑土土壤容重的变化范围为 1.10～1.53 g/cm³（图 13-5），土壤容重随着剖面深度的增加而增加，最小值出现在 0～20 cm 土层，最大值出现在 170～200 cm 土层。0～20 cm 土层由于耕作和作物根系等的作用，土壤容重较小。土壤总孔隙度的变化范围为 42.26%～58.36%，表现出了与土壤容重相反的趋势，即随着剖面深度增加而减小。

饱和持水量表示土壤所有孔隙充满水时的含水量，反映了土壤的最大持水能力。典型黑土剖面土壤饱和持水量的变化范围为 27.11%～46.02%，随着剖面深度的增加而减小（图 13-6）。田间持水量是土壤所能稳定保持的最高土壤含水量，也是土壤所能保持悬着水的最大量，是对作物有效的最高的土壤含水量，其变化范围为 21.34%～31.33%，同样表现为随着剖面深度的增加而减小。

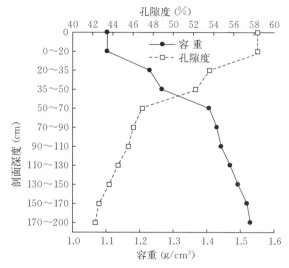 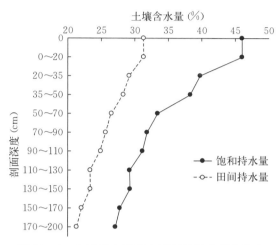

图 13-5　典型黑土剖面土壤容重和孔隙度的分布特征　　　图 13-6　典型黑土剖面土壤田间持水量和饱和持水量的分布特征

四、土壤含水量

（一）土壤剖面水分分布特征

由图 13-7 可以看出，2007 年 5—9 月，在 0～210 cm 土层，不同观测日期的土壤含水量随着土层深度均呈现相似的剖面分布特征，即先增加再减少后增加的趋势。不同观测日期土壤含水量的最大值均出现在 70～110 cm 土层。这主要是受到了降水入渗、土壤蒸发和植物蒸腾相互作用的影响。6 月 5 日各层土壤含水量达到最大值，这主要是由于此阶段降水量相对较多（136.8 mm），占全生育期降水量的 35.7%；同时，作物处于生长初期，耗水相对较少。自 6 月 5 日以后，随着时间的推移，各层土壤含水量均呈减小的趋势，至 10 月 5 日（玉米收获时）减小到最小值，随着土层深度的增加，含水量减小的趋势逐渐减弱。这主要是由于此阶段玉米生长旺盛，大量消耗土壤中的水分。与 6 月 5 日相比，各层土壤含水量平均值减小了 8.9 个百分点。相邻观测日期 6 月 5 日至 7 月 5 日和 8 月 15 日至 10 月 5 日间，土壤含水量下降的幅度较大，各层土壤含水量平均分别下降了 5.9 个百分点和 2.6 个百分点。这主要是由于这两个时期的降水量相对较少，而且处于玉米生长旺盛、耗水较大的时期。

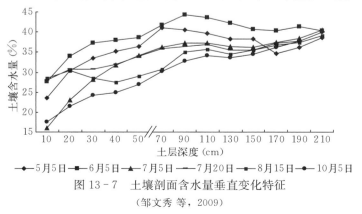

图 13-7　土壤剖面含水量垂直变化特征

（邹文秀 等，2009）

通过对不同观测日期土壤剖面含水量的监测数据进行统计分析，得出土壤含水量随土壤剖面深度的变化特征（图13-8）。自表层至210 cm土层中，土壤含水量随着深度的变化表现为先增加后减少再增加的趋势。在0~110 cm土层，土壤含水量为23.5%~37.9%；而后随着土壤剖面深度的增加呈减小的趋势，在130 cm和150 cm土层土壤含水量均为36.8%；之后，随着土壤剖面深度的增加，土壤含水量逐渐增加，在170~210 cm土层由37.1%增加至39.8%。

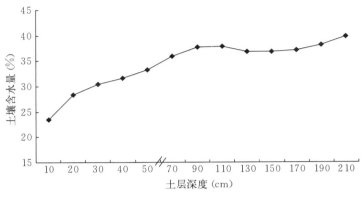

图13-8　土壤剖面含水量平均值分布特征

（邹文秀 等，2009）

（二）土壤储水量的季节变化特征

剖面土壤水分含量除了在垂直方向上随着土壤深度的增加表现出一定的规律以外，土壤储水量在观测期内随时间的变化也表现出一定的规律。2007年5—9月，210 cm土体不同土层土壤储水量季节性变化见图13-9。0~20 cm土层土壤储水量随时间的变化表现为先减小后增加再减小的趋势，这主要是由于表层受外界环境因素和生物因素影响较大。20~210 cm不同土层土壤储水量的变化均表现为先增加后减小的趋势。210 cm土体总储水量的季节性变化见图13-10。随着时间的推移，210 cm土体总储水量分别在6月5日和7月20日达到两个峰值。5月5日至6月5日，210 cm土体总储水量到达第一个峰值，为845 mm。此时期土体总储水量的增加主要有两个来源：一是冻融过程中土壤水分的增加，二是大气降水。6月5日至7月5日，210 cm土体总储水量呈下降的趋势，至7月5日达到最低值，为733 mm，比6月5日减少了112 mm。此时期随着气温上升，玉米开始迅速生长，耗水增加，同时土壤蒸发强烈。此外，该时期降水缺乏，降水量仅为12.3 mm，占观测期内降水量的3.2%，致使210 cm土体总储水量下降。7月5日至7月20日，210 cm土体总储水量到达第二个峰值，为746 mm。这主要是由于此阶段降水量相对较大（105.5 mm），占观测期内降水量的27.9%，土壤水分得以恢复。7月20日至10月5日，210 cm土体总储水量一直呈下降趋势，至

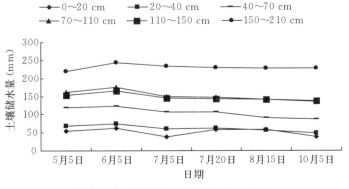

图13-9　土壤剖面储水量季节性变化

（邹文秀 等，2009）

10月5日达到观测期内的最低值，为674 mm，与5月5日相比减少了100 mm，与7月20日相比减少了72 mm。这主要是由于此阶段玉米耗水量大，消耗了土壤中大量的水分，致使210 cm土体总储水量降至最低点。

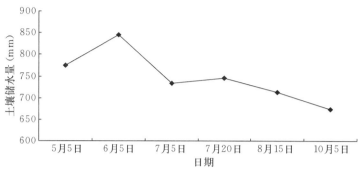

图 13-10 210 cm土体总储水量的季节性变化

（邹文秀 等，2009）

（三）土壤剖面含水量的变化特征

变异系数是描述土壤水分剖面垂直变化的指标之一，通过对2007年作物生长季内土壤水分监测数据的统计分析，得出土壤水分随剖面深度变化的变异情况（表13-1）。变异系数随着土层深度的增加呈逐渐减小的趋势，同时两者之间存在极显著负相关关系（$R=-0.96$，$P<0.01$）。根据变异系数可以将土壤剖面水分垂直变化划分为4个层次。通过对玉米生长季内农田黑土土壤剖面含水量的统计结果进行分析，黑土在观测期内没有发现激变层（变异系数>30%）。受作物根系分布的影响，0~10 cm土层的变异系数最大（23.7%），属于活跃层；随着土层深度的增加，生物气候条件对土壤水分的影响逐渐减弱，10~90 cm土层变异系数的范围为10.9%~17.4%，属于次活跃层；90~210 cm土层变异系数为1.8%~8.8%，属于相对稳定层。

表 13-1 黑土不同土层土壤剖面含水量的变异系数

（邹文秀 等，2009）

单位：%

指标	土层深度												
	10 cm	20 cm	30 cm	40 cm	50 cm	70 cm	90 cm	110 cm	130 cm	150 cm	170 cm	190 cm	210 cm
土壤含水量	16.0~28.5	21.5~34.0	24.3~37.3	25.0~38.0	27.0~38.7	30.3~41.7	32.8~44.3	34.3~43.7	33.8~42.3	34.5~40.7	36.3~40.6	37.5~41.3	38.7~40.5
变幅	12.5	12.5	13.0	13.0	11.7	11.4	11.5	9.4	8.5	6.2	4.3	3.8	1.8
标准差	5.6	4.9	4.6	4.8	4.4	4.9	4.1	3.3	3.1	2.3	1.8	1.7	0.7
变异系数	23.7	17.4	15.0	15.2	13.4	13.5	10.9	8.8	8.5	6.2	5.0	4.5	1.8

因此，研究区域的土壤为典型的中厚层黑土，剖面土壤养分含量均表现为随着剖面深度的增加而减小。其中，0~35 cm土层土壤有机质、全氮、碱解氮、有效磷和速效钾的含量显著高于35 cm以下土层，说明0~35 cm土层具有较高的养分容量和强度，能够为作物生长供给养分。典型黑土200 cm土体剖面土壤质地较为黏重，除了0~20 cm土层容重较大以外，总孔隙度、田间持水量和饱和持水量均较小。在观测期内，受降水和蒸散作用的影响，农田黑土土壤水分在剖面上的变化表现为先增加后减少再增加的趋势；农田黑土土壤水分的季节性动态变化表现为先减小后增加再减小趋势；不同土层的土壤水分随季节变化表现出相同的变化趋势，这与降水量在不同季节内的分布和玉米的生长有着密切的关系；通过对观测期内土壤含水量的统计分析得出，农田黑土土壤水分在观测期内没有发现激变层，受气象因素和生物因素影响活跃层位于0~10 cm，次活跃层位于10~90 cm，相对稳定

层位于 90～210 cm；变异系数随着土层深度的增加而减小。

第三节　肥沃耕层构建对黑土理化性质的影响

一、对土壤有机质的影响

（一）对土壤有机质含量的影响

土壤有机质含量是衡量土壤肥力的重要指标之一，它能促进土壤结构的形成，改善土壤物理、化学及生物学过程的条件，提高土壤的吸收性能和缓冲性能。土壤有机碳是土壤碳库的重要组成部分，对土壤物质和能量循环起关键作用，是评价土壤质量和土地可持续发展的重要指标，其组成和结构变化直接影响土壤性质与肥力的改变。实践证明，有机物料添加是增加土壤有机质含量的重要措施之一，是实现土壤固碳和农田温室气体（CO_2）减排最简单、可行的措施，能有效改善土壤理化性质，提高农田蓄水保墒能力，增加土壤有机质含量和作物产量，对土壤碳库的形成转化产生重要影响。

韩晓增等通过肥沃耕层构建方法 1 和方法 4 构建肥沃耕层后，与初始土壤样品相比，向 0～20 cm 土层施入秸秆（TT＋SS）、有机肥（TT＋SM）与将秸秆和有机质施入 20～35 cm 土层（ST＋DM 和 STSM）均能维持土壤有机质含量；而其他处理则降低了土壤有机质含量，平均下降了 8.1%。与初始土壤样品相比，当向 20～35 cm 土层施入秸秆（ST＋DS）和有机肥（ST＋DM）后，土壤有机质含量分别增加了 5.3% 和 6.4%；而当秸秆（ST＋S）和有机肥（STM）施入 0～35 cm 土层时，20～35 cm 土层的土壤有机质含量略有增加（图 13‑11）。

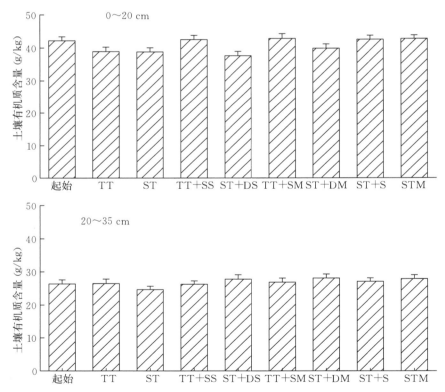

图 13‑11　不同构建方式对 0～20 cm 和 20～35 cm 土层土壤有机质的控制效果

注：ST 为浅翻深松，TT 为常规耕作，TT＋SS 为 0～20 cm 土层加秸秆，ST＋DS 为 20～35 cm 土层加秸秆，TT＋SM 为 0～20 cm 加有机肥，ST＋DM 为 20～35 cm 土层加有机肥，ST＋S 为 0～35 cm 土层加秸秆，STM 为 0～35 cm 土层加有机肥。

肥沃耕层构建方法 1 和方法 4 对土壤有机质含量影响的时间效应见图 13‑12。无秸秆还田处理（TT 和 ST）和通过耕作的方式将秸秆施入 20～35 cm 土层处理（ST＋S），0～20 cm 土层土壤有机质含量在试验的 6 年内呈下降趋势，范围为 41.29～42.22 g/kg；而当 7 500 kg/hm² 的秸秆施入 0～20 cm 土层后（TT＋S），有机质含量表现出显著的增加趋势（$P<0.05$），与初始值（2006 年）相比，第一年（2007 年）增加了 0.54％，第三年（2009 年）增加了 0.79％，第六年（2012 年）增加了 0.94％，平均每年增加 0.06 g/kg，说明秸秆还田促进了土壤有机质含量的增加。研究结果表明，在每年对 0～20 cm 土层进行秸秆还田的条件下，土壤有机碳含量呈现显著增加的趋势。本研究是将 7 500 kg/hm² 的秸秆一次性施入 0～20 cm 土层中，观察土壤有机质含量随时间的变化情况。研究发现，秸秆还田对土壤有机质的贡献具有时间效应，开始的第一年土壤有机质含量增加最快，为 0.23 g/kg，2007—2009 年每年增加0.05 g/kg，2010—2012 年每年增加 0.03 g/kg，说明秸秆还田对提升土壤有机质有一定的时效。TT 处理由于无秸秆施用，试验的 6 年内 20～35 cm 土层土壤有机质含量变化不显著，范围为 39.32～40.37 g/kg。而深耕处理由于进行了深松，增加了 20～35 cm 土层的通气性，进而促进了微生物活动，增加了土壤中原有有机质的矿化，土壤有机质含量表现为下降趋势，试验的 6 年内土壤有机质含量下降了 2.6％，其中第一年土壤深松的效果最明显，导致全年土壤有机质含量下降幅度最大，为 0.02～0.34 g/kg；2007—2009 年由于深松的效果逐渐减弱，土壤逐渐紧实，通气条件较第一年变差，土壤有机碳矿化速度减小，土壤有机质每年减少了 0.02～0.21 g/kg；2010—2012 年土壤深松的效果已经消失，对20～35 cm 土层土壤有机质含量基本没有影响。在 TT＋S 处理下，20～35 cm土层土壤有机质含量略有增加，其原因首先是秸秆还田增加了 20～35 cm 土层玉米根系的生物量，进而增加了根系和根系分泌物在 20～35 cm 土层的腐解归还和淀积，导致试验 6 年后 20～35 cm 土层土壤有机质含量增加了 0.15％。通过耕作将秸秆施入 20～35 cm 土层后（ST＋S），显著增加了亚耕层土壤有机质含量（$P<0.05$），其中第一年、第三年和第六年分别增加了 0.53％、1.1％和1.3％。由于秸秆不同组织被微生物分解利用的能力不同，秸秆施用后第一年易分解的组织被微生物分解转化形成腐殖质，此时 ST＋S 处理 20～35 cm 土层土壤有机质增加速度为 0.02～0.21 g/kg；随着秸秆进入土壤中时间的延长，大量秸秆被微生物转化分解形成腐殖质，同时已经形成的有机质被微生物分解转化为 CO_2，导致土壤有机质在 2007—2009 年平均每年增加 0.02～0.06 g/kg，在 2010—2012 年平均每年增加 0.02 g/kg。

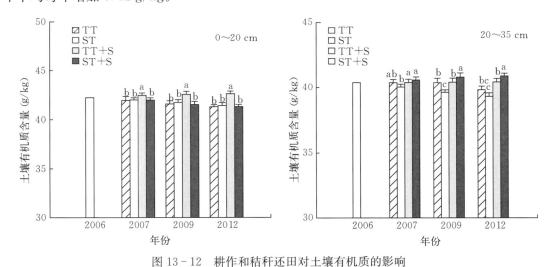

图 13-12　耕作和秸秆还田对土壤有机质的影响

（邹文秀 等，2017）

注：TT 为常规耕作，ST 为浅翻深松，TT＋S 为 0～20 cm 土层加秸秆，ST＋S 为 20～35 cm 土层加秸秆。不同小写字母表示同一土层不同处理间有机质含量差异显著（$P<0.05$）。

董珊珊等通过肥沃耕层构建方法 5 研究了秸秆埋入土壤 40 cm 后土壤有机碳含量的变化，见图 13-13。秸秆还田后，土壤有机碳含量明显增加，与 CK 相比，C1 和 C2 处理表层和亚表层土壤有机碳含量均高于 CK，且差异显著（$P<0.05$）。表层 C1 和 C2 处理土壤有机碳含量与 CK 相比分别增加

了 21.77％和 18.61％；亚表层则表现为 C2 处理土壤有机碳含量比 C1 处理增加更显著，较 CK 上升了 26.32％。肥沃耕层构建方法 5 的时间效应见图 13-14。表层和亚表层有机碳含量均表现为：CSDI（2014）＞CSDI（2013）＞CSDI（2012）＞CK，差异显著。与 CK 相比，CSDI（2014）、CSDI（2013）和 CSDI（2012）处理表层有机碳含量分别增加了 15.62％、12.57％和 8.03％；亚表层有机碳含量分别增加了 23.71％、18.95％和 12.24％，说明秸秆深还有利于提高土壤有机碳含量，深还 1 年后亚表层有机碳累积效果更显著；随着年限的增长，深还 3 年后有机碳含量虽高于 CK 但增幅呈下降趋势，亚表层较表层土壤有机碳含量下降幅度更明显。

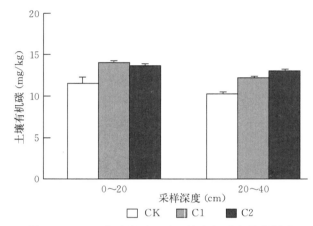

图 13-13　玉米秸秆还田对土壤有机碳含量的影响

（董珊珊 等，2017a）

注：CK 为未施秸秆及化肥进行常规耕作，C1 为秸秆浅施入土 0～20 cm，C2 为秸秆深还入土 20～40 cm。不同小写字母表示处理间有机碳含量差异显著（$P<0.05$）。

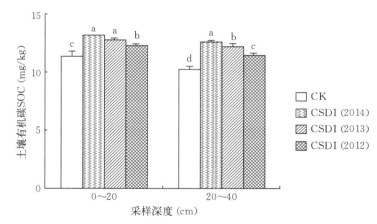

图 13-14　秸秆深还不同年限对土壤有机碳含量的影响

（董珊珊 等，2017b）

注：CK 为未施用秸秆，CSDI 为秸秆深还，数字代表秸秆深还的年限。不同小写字母表示同一土层不同处理间有机碳含量差异显著（$P<0.05$）。

（二）对土壤活性有机碳的影响

1. 对秸秆腐解率的影响　秸秆腐解率是评价秸秆保持和改善土壤有机质状况的重要指标，受土壤性质、水热条件和通气条件等的影响。随着秸秆施入土壤中时间的延长，秸秆腐解率逐渐增加（图 13-15）。秸秆施入 0～20 cm 土层（TT＋S），2007 年、2009 年和 2012 年秸秆腐解率依次为 54.7％、77.2％和 86.0％；而当将等量的秸秆施入 20～35 cm 土层（ST＋S），秸秆腐解率均低于秸秆施入 0～20 cm 土层的腐解率，2007 年、2009 年和 2012 年的腐解率分别为 34.4％、67.5％和 80.5％。可见，秸秆还田深度是影响秸秆腐解率的重要因素之一。土壤不同层次含水量、温度、通气状况和微生物活性与多样性存在分异。土壤微生物主要分布在0~10 cm土层，能够加速该层土壤中秸秆的腐解。李新举等研究表明，秸秆施入5 cm土层和15 cm土层32周后，秸秆腐解率分别为70%和62%。虽然还未见20~35 cm土层秸秆腐解率的报道，但是本研究表明，秸秆在0~20 cm土层的腐解率大于其在20~35 cm土层的腐解率，这与不同土层土壤的环境条件密切相关。韩晓增报道，0~20 cm土层的土壤孔隙和微生物丰度均优于20~35 cm土层，使该土层土壤的通透性良好，有利于提高土壤中微生物和酶的活性，促进表层土壤中秸秆的腐解。

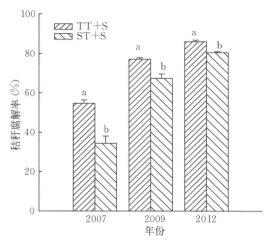

图 13-15 耕作和秸秆还田对秸秆腐解率的影响
(邹文秀 等，2017)

注：TT+S为秸秆施入0~20 cm土层，ST+S为秸秆施入20~35 cm土层。不同小写字母表示同一年份不同处理间秸秆腐解率差异显著（$P<0.05$）。

腐殖化系数取决于秸秆分解后残留于土壤中的有机碳量，有机物分解后残留的碳量越多，对土壤有机碳的积累贡献越大。玉米秸秆混施入0~20 cm土层后，2007年、2009年和2012年的腐殖化系数分别为15.9%、6.9%和4.8%。而当秸秆混施入20~35 cm土层后，由于土壤水热条件和微生物活动受到限制，导致该层2007年秸秆被腐解转化为腐殖质的数量小于0~20 cm土层；随着秸秆埋入土壤中时间的延长，更多的秸秆腐解转化为腐殖质，同时由于表层（0~20 cm）土壤中秸秆的矿化速率大于20~35 cm土层，导致20~35 cm土层中2009年和2012年秸秆的腐殖化系数均大于0~20 cm土层，分别为13.3%和5.5%。由于秸秆在不同土层的腐解速率不同，导致秸秆腐殖化系数存在一定的差异（表13-2）。

表 13-2 耕作和秸秆还田对秸秆腐殖化系数的影响
(邹文秀 等，2017)

土层深度 (cm)	加入的碳量 (g/kg)	增加的土壤有机碳量（g/kg）			腐殖化系数（%）		
		2007年	2009年	2012年	2007年	2009年	2012年
0~20	1.45	0.23	0.10	0.07	15.9	6.9	4.8
20~35	1.65	0.21	0.22	0.09	12.7	13.3	5.5

2. 对土壤轻组有机碳含量的影响 土壤轻组有机碳主要包括处于不同分解阶段的植物残体和微生物，周转速率高，是植物残体分解后形成的过渡有机质形态。秸秆还田后在腐解过程中形成的中间产物是土壤轻组有机碳的重要来源。在TT、ST和ST+S 3个处理中，0~20 cm土层土壤在试验的6年间由于没有外源有机物料的投入，该层土壤轻组有机碳含量变化不显著（$P<0.05$），范围为2.70~2.82 g/kg；而浅耕加秸秆处理（TT+S）由于秸秆的施入，其分解后在土壤中形成了一定量的轻组有机碳，进而增加了0~20 cm土层土壤有机质的含量，与初始值（2.82 g/kg）相比，2007年、2009年和2012年轻组有机碳含量分别增加了15.6%、25.9%和12.4%（图13-16）。TT处理对亚耕层土壤轻组有机碳含量的影响较小，试验的6年间变化不显著，范围为2.29~2.34 g/kg；而ST处理由于打破了犁底层，改善了耕层结构，增加了玉米根系的生长空间，促使玉米残茬、凋落物和根系分泌物在20~35 cm土层的归还量增加，进而增加了该层轻组有机碳含量，6年间增加了8.1%。TT+S处理由于0~20 cm土层秸秆的施入，改善了该层土壤结构，促进了根系向下生长，进而增加了20~35 cm土层的根系生物量，导致20~35 cm土层的土壤轻组有机碳含量仍呈增加趋势，6年间增加了7.3%。ST+S处理20~35 cm土层土壤轻组有机碳含量显著增加，6年间增加了

30.3%，其中 2007 年、2009 和 2012 年增加的幅度分别为 18.0%、21.7% 和 10.0%。其主要原因归结于深松的同时在 20～35 cm 土层秸秆还田，秸秆腐解过程中的过渡态有机质、根系残茬、根系分泌物等均是该层土壤轻组有机碳的重要来源。TT+S 和 ST+S 处理 6 年间土壤轻组有机碳含量的试验结果表明，秸秆还田后第三年土壤轻组有机碳含量的增加量最多，随后增加量开始减少。

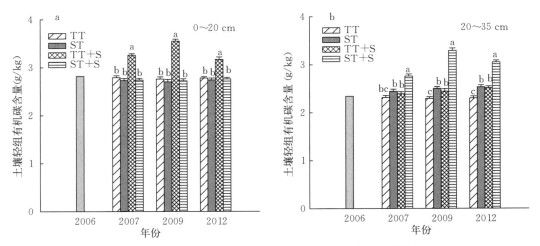

图 13－16　耕作和秸秆还田对土壤轻组有机碳含量的影响

(邹文秀 等，2017)

注：TT 为常规耕作，ST 为深松，TT+S 为秸秆施入 0～20 cm 土层，ST+S 为秸秆施入 20～35 cm 土层。不同小写字母表示同一年份不同处理间土壤轻组有机碳含量差异显著（$P<0.05$）。

（三）对土壤腐殖质的影响

1. 对土壤腐殖质含量的影响　董珊珊等通过肥沃耕层构建方法 5 分析了肥沃耕层构建对 0～20 cm 土层和 20～35 cm 土层土壤腐殖质组分含量的影响（表 13－3）。结果表明，不同土层均表现为胡敏素（HM）＞胡敏酸（HA）＞富里酸（FA），土壤腐殖质各组分间差异显著（$P<0.05$）。与 CK 相比，表层 C1 和 C2 处理的 HA 含量分别增加了 27.22%、19.77%，FA 含量分别增加了 11.56%、9.55%，HM 含量分别增加了 29.85%、22.81%；亚表层则表现为 C2 处理各腐殖质组分含量增加更明显，HA、FA 和 HM 含量相比 CK 分别增加了 32.03%、13.37% 和 32.11%。

PQ 值是 HA 在可提取腐殖质中所占的比例，用来表示土壤有机质的腐殖化程度。与 CK 相比，C1 和 C2 处理表层和亚表层土壤 PQ 值均有不同程度增加，且差异显著（$P<0.05$）。表层中 C1 处理增加最明显，与 CK 相比从 63.73% 增加到 66.72%；亚表层中 C2 处理增加最多，与 CK 相比从 62.11% 增加到 65.58%。

表 13－3　玉米秸秆还田对土壤腐殖质组分含量的影响

(董珊珊 等，2017a)

土层深度（cm）	处理	HA 含量（g/kg）	FA 含量（g/kg）	HM 含量（g/kg）	PQ 值（%）
0～20	CK	3.49±0.11c	1.99±0.09bc	5.26±0.22d	63.73±0.29bc
	C1	4.44±0.09a	2.22±0.09a	6.83±0.12a	66.72±1.09a
	C2	4.18±0.16b	2.18±0.05a	6.46±0.10ab	65.70±1.31ab
20～40	CK	3.06±0.08d	1.87±0.16c	4.64±0.11e	62.11±1.68c
	C1	3.67±0.09c	2.07±0.08ab	5.68±0.34c	63.89±0.66bc
	C2	4.04±0.07b	2.12±0.04ab	6.13±0.25b	65.58±0.75ab

注：CK 为未施秸秆及化肥进行常规耕作，C1 为秸秆浅施入土 0～20 cm，C2 为秸秆深还入土 20～40 cm。同一列数据后不同字母表示处理间差异达到显著水平（$P<0.05$）。

各处理土壤腐殖质组分相对含量如表 13 - 4 所示。与 CK 相比，表层 C1 和 C2 处理 HA 相对含量分别增加了 1.33%、0.25%，FA 相对含量分别降低了 1.46%、1.30%，HM 相对含量分别增加了 2.99%、1.56%；亚表层则表现为 C2 处理 HA 和 HM 相对含量增加最多，与 CK 相比分别增加了 1.35%、2.00%，FA 相对含量降低最多，与 CK 相比降低了 1.86%。这说明秸秆还田后，土壤 HA 和 HM 相对含量呈上升趋势，FA 相对含量则与之相反。

表 13 - 4　玉米秸秆还田对土壤腐殖质组分相对含量的影响

(董珊珊 等，2017a)

土层深度（cm）	处理	HA 相对含量（%）	FA 相对含量（%）	HM 相对含量（%）
	CK	30.43±1.25ab	17.31±0.50ab	45.88±2.47ab
0～20	C1	31.76±0.32a	15.85±0.82b	48.87±0.42a
	C2	30.68±0.66ab	16.01±0.60b	47.44±0.16ab
	CK	29.84±0.22b	18.22±1.35a	45.23±0.87b
20～40	C1	30.12±1.01ab	17.03±0.75b	46.65±2.66ab
	C2	31.19±1.07ab	16.36±0.27b	47.23±2.46ab

注：CK 为未施秸秆及化肥进行常规耕作，C1 为秸秆浅施入土 0～20 cm，C2 为秸秆深还入土 20～40 cm。同一列数据后不同字母表示处理间差异达到显著水平（$P<0.05$）。

秸秆还田有利于土壤有机碳和各腐殖质组分含量的积累，秸秆浅施对表层土壤有机碳组分含碳量增加明显，秸秆深还更有利于亚表层土壤有机碳组分的改善。秸秆还田为土壤微生物的生长繁殖、代谢活动提供了充足的碳源，从而导致土壤微生物量碳含量增加。秸秆浅施使秸秆与土壤充分接触，加速了微生物对秸秆分解和表层有机碳的积累。因秸秆施入土层较浅，未触及亚表层，故亚表层受秸秆影响较小。与秸秆粉碎浅施相比，秸秆深还将秸秆还于亚表层，在土壤深层形成秸秆层，能有效避免营养元素的径流和挥发损失，提高微生物代谢活性，有利于亚表层土壤腐殖质形成和土壤固碳。试验中秸秆还田后，土壤 HA、HM 相对含量呈上升趋势，FA 相对含量呈下降趋势，可能是因为秸秆在分解过程中较多地转化为腐殖质组分 HA 和 HM，使 FA 的比例相对降低。

秸秆还田后土壤 PQ 值显著增加，秸秆浅施处理表层 PQ 值增加明显，秸秆深还对亚表层 PQ 值影响更大。这可能是因为秸秆还田后土壤 HA 含量积累，提高了土壤腐殖化程度，促进了土壤腐殖质品质的改善。秸秆浅施和深还对土壤 HA 在表层和亚表层的影响不同，前者对表层 HA 含量增加明显，后者对亚表层 HA 累积效果更好，因此二者对 PQ 值的影响在不同土层存在差异。

肥沃耕层构建不同年限对土壤腐殖质组分的影响见表 13 - 5。与 CK 相比，CSDI（2014）、CSDI（2013）和 CSDI（2012）处理表层 HA 含量分别增加 23.42%、28.16% 和 32.59%，亚表层分别增加 30.48%、39.03% 和 44.24%；FA 含量表现为表层和亚表层 CSDI（2014）处理增加最多，与 CK 相比分别增加 17.23% 和 27.39%，CSDI（2012）处理略低于 CK；各处理 HM 含量变化趋势为 CSDI（2014）＞CSDI（2013）＞CSDI（2012）＞CK。说明秸秆深还有利于土壤腐殖质组分改善，深还 1 年对亚表层累积效果更好；随着年限的增长，深还 3 年后 HA 含量呈下降趋势，FA 和 HM 与之相反。

表 13 - 5　秸秆深还不同年限对土壤腐殖质组成和 PQ 值的影响

(董珊珊 等，2017b)

土层深度（cm）	处理	HA 含量（g/kg）	FA 含量（g/kg）	HM 含量（g/kg）	PQ 值（%）
	CK	3.16±0.07c	2.67±0.04b	4.66±0.11c	54.26±0.69c
0～20	CSDI（2014）	3.90±0.24b	3.13±0.35a	5.97±0.18a	55.53±4.25bc
	CSDI（2013）	4.05±0.12ab	2.78±0.06ab	5.71±0.13a	59.34±1.23ab
	CSDI（2012）	4.19±0.07a	2.43±0.08c	5.21±0.22b	63.26±1.11a

（续）

土层深度（cm）	处理	HA 含量（g/kg）	FA 含量（g/kg）	HM 含量（g/kg）	PQ 值（%）
	CK	2.69±0.08c	2.41±0.24bc	3.86±0.33d	52.75±3.23c
20～40	CSDI（2014）	3.51±0.19b	3.07±0.24a	5.61±0.07a	53.38±3.14bc
	CSDI（2013）	3.74±0.16ab	2.66±0.21b	5.23±0.07b	58.47±2.92b
	CSDI（2012）	3.88±0.11a	2.19±0.06c	4.64±0.17c	63.84±1.02a

注：CK 为未施用秸秆，CSDI 为秸秆深还，数字代表秸秆深还的年限。不同小写字母表示同一土层不同处理间腐殖质组分差异达到显著水平（$P<0.05$）。

由表 13-5 还可以看出，与 CK 相比，CSDI（2014）处理土壤 PQ 值略有增加，但变化不显著；CSDI（2013）和 CSDI（2012）处理表层 PQ 值从 54.26% 分别增加至 59.34% 和 63.26%，亚表层从 52.75% 分别增加至 58.47% 和 63.84%。随着年限的增长，深还 3 年后土壤 PQ 值增加。

2. 对土壤 HA 元素组成的影响 元素组成是判断土壤 HA 官能团特征的重要手段，通常以 H/C 和（O+S）/C 的摩尔比值分别来表征 HA 的缩合度和氧化度。H/C 值越大表示含有的脂肪族结构越多，反之芳香化程度越高；O/C 值则与含氧基团数量成正比。各处理土壤 HA 元素组成变化如表 13-6 所示。与 CK 相比，C1 和 C2 处理土壤 HA 的 C、N 和 H 元素含量均有不同程度上升，O+S 元素含量有所下降。因此，秸秆还田促进了土壤 HA 的 C、N 和 H 元素含量的提高以及 O 元素的消耗。C1 和 C2 处理表层和亚表层 HA 的（O+S）/C 值均低于 CK，其中 C1 处理的表层（O+S）/C 值降低最多，为 11.30%；C2 处理的亚表层（O+S）/C 值降低最明显，为 9.12%。C1 和 C2 处理表层和亚表层 HA 的 H/C 值均高于 CK，其中 C1 处理 HA 的 H/C 值增加趋势表现为表层＞亚表层；C2 处理则与之相反，表现为亚表层＞表层。

表 13-6 玉米秸秆还田对土壤 HA 元素组成的影响

（董珊珊 等，2017a）

土层深度（cm）	处理	各元素含量（g/kg）				摩尔比值		
		C	N	H	O+S	C/N	(O+S)/C	H/C
0～20	CK	530.3	35.59	25.04	382.1	17.38	0.540	1.178
	C1	552.8	38.42	55.63	353.2	16.78	0.479	1.208
	C2	543.8	37.38	53.79	365.0	16.97	0.503	1.187
20～40	CK	519.7	35.13	50.42	394.8	17.26	0.570	1.164
	C1	527.3	36.55	51.48	384.6	16.83	0.547	1.171
	C2	538.0	37.35	53.38	371.3	16.80	0.518	1.191

注：CK 为未施秸秆及化肥进行常规耕作，C1 为秸秆浅施入土 0～20 cm，C2 为秸秆深还入土 20～40 cm。

肥沃耕层构建不同年限对土壤 HA 元素组成的影响见表 13-7。各处理 HA 中 C、N 和 H 元素含量均高于 CK，O+S 元素含量则均小于 CK，说明秸秆深还促进 HA 中 C、N 和 H 元素积累以及 O 元素消耗。与 CK 相比，CSDI（2014）、CSDI（2013）和 CSDI（2012）处理表层和亚表层 HA 的（O+S）/C 值均低于 CK。其中，CSDI（2014）下降最多，分别下降 14.31% 和 14.68%；CSDI（2012）下降最少，分别下降 13.31% 和 13.54%。各处理 H/C 值均高于 CK。其中，CSDI（2014）增加最多，分别增加 27.74% 和 28.86%；CSDI（2012）增加最少，分别增加 0.30% 和 0.51%。这说明秸秆深还使土壤 HA 缩合度上升和氧化度下降，深还 1 年效果更明显；随着年限的增长，深还 3 年后 HA 缩合度上升和氧化度下降。

表 13 - 7 秸秆深还不同年限对土壤 HA 元素组成的影响

(董珊珊 等，2017b)

| 土层深度（cm） | 处理 | 各元素含量（g/kg） | | | | 摩尔比值 | | |
		C（g/kg）	N（g/kg）	H（g/kg）	O+S（g/kg）	C/N	(O+S)/C	H/C
0~20	CK	511.3	36.69	41.92	410.0	16.26	0.601	0.984
	CSDI（2014）	530.8	48.83	55.58	364.8	12.68	0.515	1.257
	CSDI（2013）	536.9	43.17	49.85	370.1	14.51	0.517	1.114
	CSDI（2012）	541.4	37.84	44.54	376.3	16.69	0.521	0.987
20~40	CK	508.9	33.75	41.42	415.9	17.59	0.613	0.977
	CSDI（2014）	528.7	47.49	55.49	368.3	12.99	0.523	1.259
	CSDI（2013）	534.3	41.40	49.25	375.1	15.06	0.527	1.106
	CSDI（2012）	538.5	36.75	44.08	380.7	17.09	0.530	0.982

注：CK 为未施用秸秆，CSDI 为秸秆深还，数字代表秸秆深还的年限。

3. 对土壤 HA 红外光谱的影响 图 13 - 17 为各处理土壤 HA 的红外光谱变化。各处理的图谱形状相似，2 920/cm 处代表不对称脂族 C—H 伸缩振动峰，2 850/cm 处代表—CH_2-对称脂族 C—H 伸缩振动峰，1 720/cm 处代表羧基 C=O 伸缩振动的吸收峰，1 620/cm 处代表芳香族 C=C 伸缩振动的吸收峰，这 4 处吸收峰在强度上存在差异。

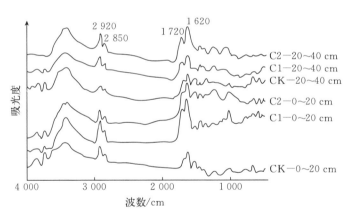

图 13 - 17 玉米秸秆还田对土壤中 HA 红外光谱的影响

(董珊珊 等，2017a)

注：CK 为未施秸秆及化肥进行常规耕作，C1 为秸秆浅施入土 0~20 cm，C2 为秸秆深还入土 20~40 cm。

对各处理土壤 HA 红外光谱吸收峰的相对强度进行半定量分析，如表 13 - 8 所示，$I_{2\,920}/I_{1\,720}$ 和 $I_{2\,920}/I_{1\,620}$ 值大小用以反映 HA 结构氧化度和脂族性与芳香性的强弱。

表 13 - 8 玉米秸秆还田对土壤 HA 的 FTIR 光谱主要吸收峰相对强度的影响

| 深度（cm） | 处理 | 相对强度（%） | | | | 比值 | |
		2 920/cm	2 850/cm	1 720/cm	1 620/cm	$I_{2\,920}/I_{1\,720}$	$I_{2\,920}/I_{1\,620}$
0~20	CK	3.697	1.417	7.517	9.071	0.680	0.634
	C1	7.201	2.429	6.008	13.31	1.603	0.782
	C2	5.442	1.959	6.256	10.10	1.164	0.711

（续）

深度（cm）	处理	相对强度（%）				比值	
		2 920/cm	2 850/cm	1 720/cm	1 620/cm	$I_{2\,920}/I_{1\,720}$	$I_{2\,920}/I_{1\,620}$
20～40	CK	3.399	1.373	8.039	7.908	0.593	0.603
	C1	5.038	1.883	6.514	10.23	1.063	0.677
	C2	6.205	2.268	6.119	11.42	1.385	0.742

注：CK 为未施秸秆及化肥进行常规耕作，C1 为秸秆浅施入土 0～20 cm，C2 为秸秆深还入土 20～40 cm。

与 CK 相比，C1 和 C2 处理 HA 在 2 920/cm、2 850/cm、1 620/cm 处的相对吸收强度增加，在 1 720/cm 的相对吸收强度降低，说明秸秆还田后 HA 的脂族链烃和芳香碳含量增加，羧基含量降低。与 CK 相比，C1 和 C2 处理表层和亚表层 HA 的 $I_{2\,920}/I_{1\,720}$ 和 $I_{2\,920}/I_{1\,620}$ 值均高于 CK，其中 C1 处理表层 HA 的 $I_{2\,920}/I_{1\,720}$ 和 $I_{2\,920}/I_{1\,620}$ 值较 CK 增加更明显，分别为 135.7% 和 23.34%；C2 处理则表现为亚表层 HA 的 $I_{2\,920}/I_{1\,720}$ 和 $I_{2\,920}/I_{1\,620}$ 值较 CK 增加更显著，分别为 133.5% 和 23.05%。

研究结果表明，秸秆还田后土壤 HA 氧化度和缩合度降低，脂族链烃和芳香碳含量增加，羧基碳含量减少，热稳定性降低。研究人员通过对比分析作物秸秆、棕榈叶和动物粪便堆肥后土壤 HA 结构特征表明，作物秸秆堆肥下 HA 中糖类低于其他处理，其脂肪族含量最高，脂族性最强；施用有机肥后土壤 HA 缩合度下降，脂族性增强，芳香性减弱，HA 结构趋于脂族化。本研究得出类似的结论，可能是因为秸秆还田后，土壤微生物数量和活性增加，土壤中结构复杂的 HA 在微生物代谢过程中被分解，使 HA 结构稳定性降低；且秸秆分解向土壤输入大量的氨基化合物、糖类、脂肪化合物和芳香化合物，使 HA 脂族 C—H 和芳香族 C=C 伸展增强，脂肪族和芳香族结构增加；新形成的 HA 含氧官能团较少，氧化度和缩合度较低，结构趋于简单化、年轻化。

秸秆浅施后表层 HA 氧化度显著降低，脂族性增强；而秸秆深还则显著降低了亚表层 HA 氧化度，增加了 HA 脂族性。由于受作物根系和人为耕作的影响，土壤表层透气性、透水性和微生物活性均高于亚表层。秸秆浅施在耕作基础上加深了表层土壤扰动，改变了气体扩散和团聚体结构，充足的氧气和秸秆刺激了微生物分泌和土壤酶活性提高，较多的 HA 结构被分解，同时随着秸秆腐解，土壤中新形成大量结构较为简单、脂族性强的 HA 分子；而秸秆浅施并未对亚表层进行扰动，只是在还田过程中有小部分秸秆接触到亚表层，因而对亚表层影响较小。亚表层由于根系分布较少，透气性差，土壤腐殖质进入缩合过程，结构较为复杂。秸秆深还改变了这一状态，加深了亚表层土壤扰动。由于深层秸秆层的存在，土壤易氧化态碳增多，刺激了亚表层土壤微生物活性，微生物新陈代谢速率提高，促进了氧化度和缩合度高的 HA 结构分解；另外，秸秆腐解产生大量脂族碳和芳香碳，使亚表层新形成的 HA 结构脂族性较强，热稳定性相对较低。同时，秸秆深还使土壤表层和亚表层在一定程度上形成一个共同变化的整体，促进了表层和亚表层腐殖质的更新和活化。

肥沃耕层构建不同年限对土壤 HA 红外光谱的影响见图 13-18。各处理 HA 红外光谱形状相似，具有基本一致的结构。但各处理 HA 在一些关键官能团的吸收峰强度上存在差异，说明秸秆深还不同年限对 HA 各官能团产生影响。

半定量分析 HA 主要吸收峰的相对强度见表 13-9。各处理表层和亚表层 HA 在 2 920/cm、2 850/cm 和 1 620/cm 吸收峰的相对强度均高于 CK，1 720/cm 吸收峰的相对强度小于 CK，说明秸秆深还使 HA 脂肪链烃和芳香碳含量增加，羧基含量降低。相比于 CK，CSDI（2014）处理表层和亚表层 HA 的 $I_{2\,920}/I_{1\,620}$ 和 $I_{2\,920}/I_{1\,720}$ 值均高于 CK；CSDI（2012）处理表层和亚表层 HA 的 $I_{2\,920}/I_{1\,620}$ 值则均低于 CK。就不同年限而言，各处理 $I_{2\,920}/I_{1\,620}$ 和 $I_{2\,920}/I_{1\,720}$ 值均表现为 CSDI（2014）＞CSDI（2013）＞CSDI（2012）。这说明秸秆深还 1 年后，HA 的脂族碳/芳香碳、脂族碳/羧基碳增加；随着年限的增长，深还 3 年后 HA 的脂族碳/芳香碳和脂族碳/羧基碳降低，脂族性减弱，芳香性增强。

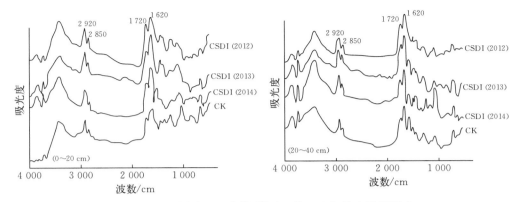

图 13-18　秸秆深还不同年限对土壤 HA 红外光谱的影响

（董珊珊 等，2017b）

注：CK 为未施用秸秆，CSDI 为秸秆深还，数字代表秸秆深还的年限。

表 13-9　秸秆深还不同年限对土壤 HA 的远红外光谱主要吸收峰相对强度的影响

（董珊珊 等，2017b）

土层深度（cm）	处理	相对强度（%）				比值	
		2 920/cm	2 850/cm	1 720/cm	1 620/cm	$I_{2\,920}/I_{1\,720}$	$I_{2\,920}/I_{1\,620}$
0~20	CK	5.232	1.253	7.466	9.046	0.701	0.578
	CSDI（2014）	8.449	1.779	5.725	13.01	1.476	0.650
	CSDI（2013）	7.681	1.739	6.087	14.59	1.262	0.526
	CSDI（2012）	6.807	1.499	6.645	15.76	1.024	0.432
20~40	CK	4.718	1.180	7.292	10.40	0.647	0.454
	CSDI（2014）	8.774	1.970	5.327	12.35	1.647	0.710
	CSDI（2013）	7.813	1.776	5.936	13.50	1.316	0.579
	CSDI（2012）	6.698	1.454	6.386	15.52	1.049	0.431

注：CK 为未施用秸秆，CSDI 为秸秆深还，数字代表秸秆深还的年限。

研究结果表明，秸秆深还 1 年后，土壤 HA 氧化度、缩合度和热稳定性显著降低，脂族链烃和芳香碳增加，HA 结构趋于简单化。朱姝等研究表明，秸秆深还促使土壤各粒级团聚体中 HA 缩合度、氧化度和热稳定性下降，结构简单化、年轻化。秸秆深还及秸秆配施化肥均能使 HA 芳香结构比例增加，但秸秆深还增加了脂族链烃比例。该试验得出类似结论可能是因为秸秆施入亚表层土壤，土壤微生物活性增强。一方面，微生物新陈代谢速率提高，导致土壤中易氧化态碳和腐殖化程度较高的 HA 被微生物分解；另一方面，秸秆腐解产生大量糖类、脂族碳和芳香碳，使新形成的 HA 结构较为年轻，热稳定性相对较低。

随着年限的增加，土壤 HA 氧化度和缩合度呈上升趋势，脂族性减弱，芳香性增强，热稳定性增加。稻草腐解过程中土壤 HA 氧化程度和芳构化程度逐渐增强，土壤 HA 的形成是还原性官能团转化成氧化性官能团的过程。随着培肥时间的延长，土壤中新形成的结构较为简单、稳定性相对较低的腐殖质在微生物作用下部分易被矿化分解生成 CO_2、H_2O，另一部分则作为微生物的代谢产物残存下来，土壤 HA 结构进行再缩合过程，链状结构重组，通过聚合反应形成新的芳香性强、难分解的高分子化合物。

5. 对 HA 热稳定性的影响　肥沃耕层构建各处理 HA 的放热和失重曲线如图 13-19 所示。HA 样品在热解过程中表现为中温（351~360 ℃）放热和高温（494~521 ℃）放热。中温放热主要是样品结构中脂族化合物分解，高温放热是样品结构内部芳香族化合物分解和完全氧化。

对不同处理 HA 热分解过程中放热和失重进行半定量分析，见表 13-10。与 CK 相比，C1 和 C2

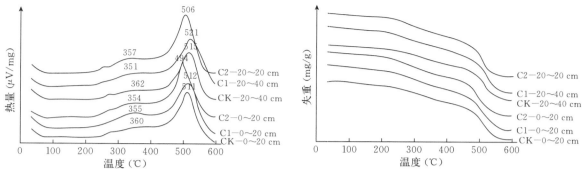

图 13-19 玉米秸秆还田对土壤 HA 放热和失重的影响

（董珊珊 等，2017a）

注：CK 为未施秸秆及化肥进行常规耕作，C1 为秸秆浅施入土 0～20 cm，C2 为秸秆深还入土 20～40 cm。

处理的表层和亚表层 HA 在中、高温的放热和失重量均有不同程度增加，秸秆还田使 HA 脂族和芳香族化合物含量增加。不同土层 C1 和 C2 处理 HA 的热量高/中值和失重高/中值均小于 CK。其中，表层 C1 处理较 CK 降低明显，分别降低 37.64%、10.26%；亚表层 C2 处理较 CK 降低明显，分别降低 33.02%、13.29%。

因此，与 CK 相比，秸秆还田显著增加了土壤有机碳和各腐殖质组分含量，HA 和 HM 占土壤有机碳的比例呈上升趋势，FA 则与之相反，土壤 PQ 值增加，秸秆浅施对表层有机碳组成累积效果明显，秸秆深还则对亚表层培肥效果显著；秸秆还田后，HA 氧化度和缩合度呈下降趋势，脂族链烃和芳香碳含量增加，热稳定性下降，HA 结构简单化、年轻化，秸秆浅施对表层 HA 结构影响更明显，秸秆深还则对亚表层 HA 结构特征变化影响更显著。

表 13-10 玉米秸秆还田对土壤 HA 放热和失重的影响

（董珊珊 等，2017a）

土层深度（cm）	处理	放热量（kJ/g）		热量高/中值	失重（mg/g）		失重高/中值
		中温	高温		中温	高温	
0～20	CK	0.288 3	3.732	12.94	209.3	501.9	2.398
	C1	0.579 0	4.670	8.07	255.6	550.1	2.152
	C2	0.379 3	4.036	10.64	240.5	548.8	2.282
20～40	CK	0.245 4	3.613	14.72	188.0	488.0	2.596
	C1	0.355 9	4.387	12.33	229.5	537.6	2.342
	C2	0.451 1	4.447	9.86	246.0	553.7	2.251

注：CK 为未施秸秆及化肥进行常规耕作，C1 为秸秆浅施入土 0～20 cm，C2 为秸秆深还入土 20～40 cm。

肥沃耕层构建不同年限对土壤 HA 热稳定性的影响见图 13-20 和图 13-21。图 13-20 为土壤 HA 的差热（DTA）曲线，是样品在升温过程中发生相变或反映热效应的热量变化；图 23-21 为土壤 HA 的热重（TG）曲线，是样品随温度的质量变化。从 HA 的 DTA 曲线可以看出，样品在热解过程中表现为中温放热（351～375 ℃）和高温放热（498～521 ℃）。中温放热代表样品结构非核部分脂肪族侧链和氢链的裂解，高温放热是样品结构分子内部羧基和芳香核裂解。

通过半定量分析如表 13-11 所示，秸秆深还各处理表层和亚表层 HA 在中、高温处的放热量和失重均大于 CK，说明秸秆深还使 HA 中能分解的有机物质含量增加，分子结构中脂族化合物和芳香化合物增加。相比于 CK，CSDI（2014）处理下 HA 的热量高/中值和失重高/中值均小于 CK；CSDI（2013）和 CSDI（2012）则均高于 CK，表现为 CSDI（2012）＞CSDI（2013）＞CK。说明秸秆深还 1 年后，HA 热稳定性下降；随着年限的增长，深还 3 年后 HA 热稳定性增强。

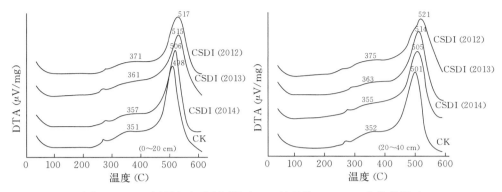

图 13-20　秸秆深还不同年限对 HA 的差热（DTA）曲线的影响

（董珊珊 等，2017b）

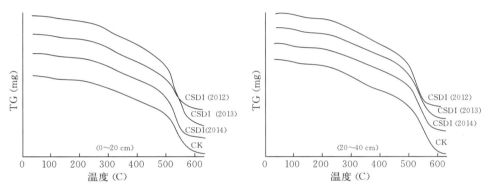

图 13-21　秸秆深还不同年限对 HA 的热重（TG）曲线的影响

（董珊珊 等，2017b）

注：CK 未施用秸秆，CSDI 为秸秆深还，数字代表秸秆深还的年限。

表 13-11　秸秆深还不同年限对 HA 放热和失重的影响

（董珊珊 等，2017b）

土层深度（cm）	处理	放热量（kJ/g）		热量高/中值	失重（mg/g）		失重高/中值
		中温	高温		中温	高温	
0～20	CK	0.190	3.591	18.92	190.9	433.7	2.272
	CSDI（2014）	0.232	4.244	18.32	240.3	536.3	2.232
	CSDI（2013）	0.220	4.637	21.09	220.4	552.5	2.507
	CSDI（2012）	0.215	5.093	23.68	214.7	574.9	2.678
20～40	CK	0.166	3.302	19.94	190.4	419.1	2.201
	CSDI（2014）	0.248	4.248	17.14	248.4	531.9	2.141
	CSDI（2013）	0.215	4.445	20.64	224.0	542.7	2.423
	CSDI（2012）	0.203	4.879	24.06	210.2	577.8	2.749

注：CK 为未施用秸秆，CSDI 为秸秆深还，数字代表秸秆深还的年限。

因此，与 CK 相比，秸秆深还 1 年后土壤有机碳和腐殖质各组分含量显著增加，亚表层累积效果更明显，但 PQ 值变化不显著；HA 缩合度、氧化度和热稳定性降低，脂族链烃和芳香碳含量增加，HA 结构年轻化。随着年限的增加，秸秆深还 3 年后效果减弱，有机碳与 FA、HM 含量呈下降趋势，HA 含量呈上升趋势，PQ 值变化显著，HA 缩合度和氧化度呈上升趋势，脂族性减弱，芳香性和热稳定性增强，HA 结构趋于复杂化。这说明随着年限的增加，秸秆深还对土壤腐殖质组成改善和结构特征的影响效果减弱。

（四）对土壤团聚体中腐殖质的影响

我国农业生产每年会产生 7×10^8 t 以上的秸秆，秸秆还田仍然是秸秆利用的主要方式之一。目前，秸秆还田主要是覆盖和浅施，具有固碳、促进养分元素循环和减少生产中的化肥施用等功能。但是，对增加土壤有机质（尤其是腐殖质）效果不佳，存在降低地温、增加病虫害、影响耕种和温室气体排放等问题。一些农民不将秸秆还田，通常在春季或秋季将其焚烧。这样不仅污染环境，而且不利于解决耕层变浅、有机质下降等问题。肥沃耕层构建既解决了目前土壤耕层变浅、缺少有机肥、土壤蓄水能力下降等问题，又减少了由于焚烧秸秆造成的环境污染，达到保碳、蓄水、培肥、稳产的目的。

国内外学者对秸秆还田做了大量研究，认为其能够增加土壤有机质、不同形态碳素、水稳性团聚体、有效磷、速效钾、全氮、碱解氮的含量；随着秸秆还田用量的增加，土壤中 HA 缩合度降低，结构趋于简单化；与饼肥和绿肥相比，秸秆还田处理土壤 HA 含碳量高，醇、酚含量高，烷氧基碳、芳香碳含量高；施用稻草后随着腐解的进行，HA 的氧化度和芳香度增强，羧基含量先降低后升高。秸秆还田可以提高土壤肥力、增强微生物活性等，但是，秸秆还田使得温室效应大幅增加，是一项重要的温室气体排放措施。一些学者将秸秆深还与秸秆移除、表覆和浅施等秸秆处理方式比较得出，秸秆深还能获得较高的产量和固碳效果，可提高土壤的入渗速率和蓄水能力；显著提高土壤有益微生物数量和土壤酶活性；HA 的缩合度、芳香结构和热稳定性增加，分子结构变复杂；同时，温室气体的排放量适中，是较好的秸秆处理方式。

1. 对土壤团聚体组成和有机碳含量的影响 经过秸秆深还，不同粒级土壤团聚体含量呈现出不同的变化（表 13-12）。就不同粒级而言，秸秆深还土壤表层和亚表层的 0.25～2 mm 粒级高于其他 3 个粒级，为优势粒级。就不同土层而言，CK 和 DAS 亚表层的优势粒级均高于表层。就不同处理而言，DAS 的 2 个土层 0.25～2 mm 和 0.053～0.25 mm 粒级高于 CK，另 2 个粒级则相反，其中优势粒级的变化较明显，说明秸秆深还有利于优势粒级团聚体的形成。

表 13-12　秸秆深还对土壤团聚体组成和有机碳含量的影响
（朱姝 等，2015）

处理	土层深度（cm）	粒级（mm）	团聚体相对含量（%）	有机碳含量（g/kg）
CK	0～20	＞2	17.51±1.34	15.04±0.07
		0.25～2	40.40±3.89	13.68±0.07
		0.053～0.25	20.94±1.03	12.84±0.08
		＜0.053	18.59±3.94	11.83±0.07
	20～40	＞2	7.29±2.05	14.60±0.10
		0.25～2	47.33±0.81	12.54±0.09
		0.053～0.25	21.97±2.04	13.21±0.07
		＜0.053	20.95±3.27	12.07±0.04
DAS	0～20	＞2	11.25±0.17	14.99±0.26
		0.25～2	48.30±0.51	15.19±0.09
		0.053～0.25	22.10±0.81	13.43±0.24
		＜0.053	15.77±0.82	12.74±0.13
	20～40	＞2	4.26±2.38	18.54±0.10
		0.25～2	52.50±4.83	14.16±0.16
		0.053～0.25	27.23±0.84	12.77±0.13
		＜0.053	13.68±3.33	11.88±0.25

注：CK 为未秸秆深还，DAS 为秸秆深还。

有机碳含量变化见表 13-12。不同土层间比较，CK 表层中 2 个大粒级团聚体大于亚表层，而 2 个小粒级则相反；DAS 处理除了>2 mm 外，其他 3 个粒级均为表层大于亚表层。可见，CK 和 DAS 处理表层的优势粒级均大于亚表层。不同处理间比较，DAS 处理表层中除了>2 mm 外其他 3 个粒级均高于 CK，其中 0.25~2 mm 粒级的增幅最大；亚表层中 2 个大粒级高于 CK，而 2 个小粒级则相反。这说明秸秆深还促使优势粒级有机碳含量提高。

0.25~2 mm 粒级为优势粒级，且表层团聚体数量低于亚表层，而有机碳含量高于亚表层；秸秆深还有利于优势粒级团聚体的形成，促使优势粒级团聚体中有机碳含量增多。这与陈丽珍和 Manna 等的研究结果基本一致。

有学者研究发现，耕作破坏土壤团聚体，降低其稳定性。表层受耕作的影响较多，亚表层较少，因此表层团聚体稳定性和优势粒级含量相对较低。施用秸秆有利于土壤较大粒级团聚体的形成。有机物料促进土壤中微生物菌丝的生长，其中的多糖、蛋白质、木质素以及被微生物分解产生的有机酸、腐殖质均是重要的有机胶结物质，可以把土壤颗粒胶结成微团聚体，再形成大团聚体，促使大团聚体含量增加，即优势粒级增加。

作物的根系和落叶大部分存在于表层，表层受有机残渣的影响较大，而亚表层较少，因此表层有机碳含量高于亚表层。有机物料的添加丰富了土壤有机碳的来源，大量有机质存在于大团聚体中，提高了团聚体有机碳的含量。同时，有机物料促使有机胶结物质增多，促使微团聚体向大团聚体转化，微团聚体也是大团聚体有机碳的来源，从而使大团聚体中的有机碳含量增多。

2. 对土壤团聚体中 HA 元素组成的影响 腐殖质主要由 C、H、O、N、S 等元素组成，其主体是被羧基和羟基取代的芳香族结构，烷烃、脂肪酸、糖类和含氮化合物结合于芳香结构上。腐殖质中 H/C 和（O+S）/C 摩尔比值能够用来表征 HA 缩合度和氧化度，H/C 与 HA 的缩合度成反比，（O+S）/C 与 HA 的氧化度成正比。

土壤团聚体中 HA 的元素组成见表 13-13。就不同土层而言，CK 和 DAS 处理表层 0.053~0.25 mm 粒级的 H/C 值均低于亚表层，而其他 3 个粒级均高于亚表层，说明表层 HA 的缩合度一般低于亚表层，其中>2 mm、0.25~2 mm 和<0.053 mm 粒级差异较显著。DAS 处理表层除了 0.25~2 mm 外

表 13-13　秸秆深还对土壤团聚体中 HA 元素组成的影响

（朱姝 等，2015）

处理	土层深度（cm）	粒级（mm）	元素含量（g/kg）				比值		
			C	H	N	O+S	C/N	(O+S)/C	H/C
CK	0~20	>2	580.2	48.46	47.10	324.3	14.37	0.419	1.002
		0.25~2	589.0	52.04	49.80	309.1	13.80	0.394	1.060
		0.053~0.25	597.7	49.75	53.13	299.4	13.13	0.376	0.999
		<0.053	603.5	54.22	55.37	287.0	12.72	0.357	1.078
	20~40	>2	545.8	43.63	42.92	367.6	14.84	0.505	0.959
		0.25~2	552.9	45.99	45.03	356.1	14.32	0.483	0.998
		0.053~0.25	553.0	47.76	45.55	353.7	14.16	0.480	1.036
		<0.053	557.1	48.23	47.73	346.9	13.62	0.467	1.039
DAS	0~20	>2	609.0	57.33	52.59	281.0	13.51	0.346	1.130
		0.25~2	607.2	58.47	54.40	279.9	13.02	0.346	1.156
		0.053~0.25	597.6	53.44	53.25	295.8	1 309	0.371	1.073
		<0.053	606.7	59.55	57.25	276.5	12.36	0.342	1.178
	20~40	>2	589.2	53.78	49.82	307.2	13.80	0.391	1.095
		0.25~2	626.0	54.61	52.96	266.5	13.79	0.319	1.047
		0.053~0.25	561.2	50.46	48.49	339.9	13.50	0.454	1.079
		<0.053	554.6	52.01	49.32	344.1	13.12	0.465	1.125

注：CK 为未秸秆深还，DAS 为秸秆深还。

其他 3 个粒级和 CK 4 个粒级的 (O+S)/C 均低于亚表层，说明表层 HA 的氧化度一般低于亚表层，其中>2 mm、0.053～0.25 mm 和<0.053 mm 粒级差异更明显。

就不同处理而言，DAS 处理的 2 个土层 H/C 均高于 CK，说明秸秆深还促使 HA 的缩合度降低，其中表层较亚表层、>2 mm 粒级较其他 3 个粒级的响应更敏感。DAS 处理的 2 个土层 (O+S)/C 均低于 CK，说明秸秆深还促使 HA 的氧化度降低，其中亚表层较表层、0.25～2 mm 较其他 3 个粒级的响应更敏感。

3. 对土壤团聚体中 HA 脂族和芳香结构比例的影响 土壤团聚体中 HA 红外光谱如图 13-22 所示。HA 的吸收峰主要出现在以下区域：2 920/cm（不对称脂族 C—H 伸缩振动）、2 850/cm（—CH$_2$-对称脂族 C—H 伸缩振动）、1 720/cm（羧基 C=O 伸缩振动）、1 620/cm（芳香族 C=C 伸缩振动）、1 400/cm（脂族 C—H 变形振动）、1 230/cm（羧基中—OH 的变形振动和 C—O 伸缩振动）和 1 034/cm（糖类或多糖结构中 C—O 伸缩振动及无机物 Si—O 伸缩振动）。不同处理不同土层图谱形状基本相同，但不同处理以及不同土层团聚体中 HA 在一些特征峰的吸收强度上存在着不同程度的差异（表 13-14）。

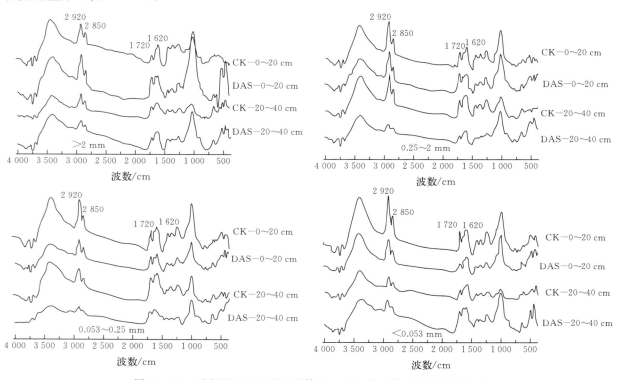

图 13-22 秸秆深还对土壤团聚体中 HA 红外光谱吸收特征的影响

（朱姝 等，2015）

注：CK 为未秸秆深还，DAS 为秸秆深还；0～20 cm 为表层，20～40 cm 为亚表层。

表 13-14 秸秆深还对土壤团聚体中 HA 红外光谱主要吸收峰相对强度的影响

（朱姝 等，2015）

处理	采集土层深度 (cm)	粒级 (mm)	相对强度（%）				摩尔比值	
			2 920/cm	2 850/cm	1 720/cm	1 620/cm	$I_{2\,920}/I_{1\,720}$	$I_{2\,920}/I_{1\,620}$
CK	0～20	>2	2.550	0.630	0.630	6.170	4.048	0.413
		0.25～2	4.600	1.070	1.520	5.030	3.026	0.915
		0.053～0.25	4.460	0.960	1.540	5.690	2.896	0.784
		<0.053	6.290	1.400	1.950	6.000	3.226	1.048

（续）

处理	采集土层深度（cm）	粒级（mm）	相对强度（%）				摩尔比值	
			2 920/cm	2 850/cm	1 720/cm	1 620/cm	$I_{2\,920}/I_{1\,720}$	$I_{2\,920}/I_{1\,620}$
CK	20~40	>2	2.080	0.460	0.630	2.370	3.302	0.878
		0.25~2	4.150	0.960	1.200	4.420	3.458	0.939
		0.053~0.25	2.360	0.480	0.980	5.400	2.408	0.437
		<0.053	1.590	0.320	0.520	3.800	3.058	0.418
DAS	0~20	>2	4.420	0.900	1.380	4.610	3.203	0.959
		0.25~2	4.280	0.970	1.460	3.620	2.932	1.182
		0.053~0.25	2.510	0.550	0.950	3.250	2.642	0.772
		<0.053	3.230	0.710	0.770	4.140	4.195	0.780
	20~40	>2	1.320	0.260	0.490	4.000	2.694	0.330
		0.25~2	1.070	0.170	0.400	3.080	2.675	0.347
		0.053~0.25	0.740	0.150	0.650	1.590	1.138	0.465
		<0.053	1.620	0.280	1.140	3.800	1.421	0.426

注：CK 为未秸秆深还，DAS 为秸秆深还。

$I_{2\,920}/I_{1\,720}$ 表征 HA 的脂族碳/羧基碳，$I_{2\,920}/I_{1\,620}$ 表征脂族碳/芳香碳。不同土层间比较，CK 表层中除 0.25~2 mm 粒级外其他 3 个粒级和 DAS 处理 4 个粒级的 $I_{2\,920}/I_{1\,720}$ 均高于亚表层；CK 表层中 2 个小粒级和 DAS 处理 4 个粒级的 $I_{2\,920}/I_{1\,620}$ 均高于亚表层。这说明表层 HA 的脂族碳/羧基碳和脂族碳/芳香碳一般高于亚表层，DAS 处理尤为明显。

不同处理间比较，DAS 处理除表层中>2 mm 和亚表层中<0.053 mm 粒级外，其他所有粒级在 1 720/cm 的相对强度均低于 CK；DAS 处理表层 4 个粒级以及亚表层中除>2 mm 外，其他 3 个粒级在 1 620/cm 的相对强度低于 CK。这说明秸秆深还促使 HA 的羧基碳和芳香碳普遍减少。

CK 和 DAS 处理表层团聚体中 HA 的脂族碳/羧基碳和脂族碳/芳香碳普遍高于亚表层，其 HA 结构较简单和年轻。朱青藤等认为，有机物料施入后使得土壤脂族性增强，羧基量减少，芳香度降低，与本试验结果相似。表层经常受根茎和落叶的影响，含有较多新形成的 HA，羧基碳和芳香碳含量相对较低，脂族碳含量较高；而亚表层中有机物质多年积累，较多的有机质处于腐解的再缩合过程，羧基碳和芳香碳含量相对较高，脂族碳含量较低，从而导致表层团聚体中 HA 的脂族碳/羧基碳和脂族碳/芳香碳普遍较亚表层高。

肥沃耕层构建促使 HA 的羧基碳和芳香碳减少。土壤腐殖化过程可分为 2 个阶段：一是微生物将有机残体分解并转化为较简单的有机化合物，二是脱水缩合反应和氮取代碳形成蛋白质类物质。本试验可能是因为土壤中施入大量有机物料，类胡敏酸木质素的羧基碳和芳香碳少于土壤 HA，木质素和 HA 在分解和重新组合的过程中相互影响，则 HA 的羧基碳和芳香碳含量减少；同时，新鲜的有机物料促使微生物活性增加，土壤有机质处于分解阶段，新形成 HA 的羧基碳和芳香碳较少。

4. 对土壤团聚体中 HA 热稳定性的影响 秸秆深还对土壤团聚体中 HA 热性质的影响见图 13 - 23，样品在受热分解的过程中主要有 2 个放热峰：中温放热峰（295～318 ℃）和高温放热峰（381～422 ℃）。相应的放热量和失重结果如图 13 - 23、表 13 - 15 所示，高温放热峰峰温、热量高/中值、高温失重和失重高/中值的数值越高，HA 的热稳定性越高。

就不同土层而言，CK 表层中除 0.25~2 mm 粒级外，其他 3 个粒级和 DAS 处理表层 4 个粒级的高温放热峰峰温均低于亚表层；CK 和 DAS 处理表层所有粒级的高温失重均低于亚表层；CK 和 DAS 处理表层中除 0.25~2 mm 粒外级，其他 3 个粒级失重高/中值均低于亚表层；CK 表层中>2 mm、0.053～0.25 mm 粒级和 DAS 处理表层中>2 mm、<0.053 mm 粒级的热量高/中值均低于亚表层。在以上 4 个指标中，表层较亚表层低的数据有 22 处，数据量占 78.75%；表层较亚表层高的数据有

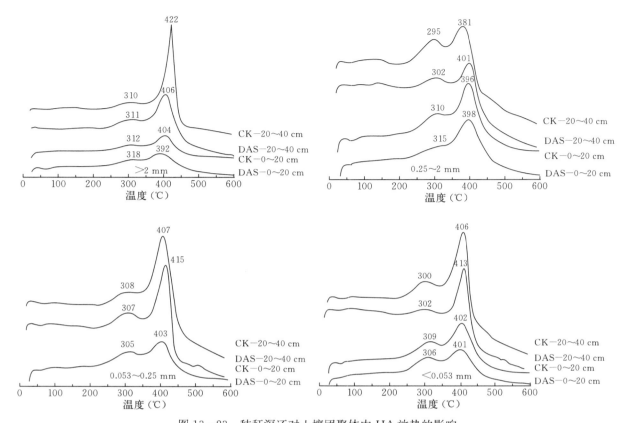

图 13-23 秸秆深还对土壤团聚体中 HA 放热的影响

(朱姝 等，2015)

注：CK 为未秸秆深还，DAS 为秸秆深还；0~20 cm 为表层，20~40 cm 为亚表层。

6 处，数据量占 21.25％。这说明表层团聚体中 HA 热稳定性一般较亚表层低，其中＞2 mm、0.053~0.25 mm 和＜0.053 mm 粒级尤为明显。

表 13-15 秸秆深还对土壤团聚体中 HA 在差热分析中放热和失重的影响

处理	土壤深度 (cm)	粒级 (mm)	放热量 (kJ/g)		热量高/中值	失重 (mg/g)		失重高/中值
			中温	高温		中温	高温	
CK	0~20	＞2	2.730	13.99	5.123	202.5	337.4	1.666
		0.25~2	1.200	12.88	10.73	162.8	322.7	1.982
		0.053~0.25	2.930	10.21	3.485	205.8	349.9	1.700
		＜0.053	2.390	13.06	5.464	203.7	318.2	1.562
	20~40	＞2	1.410	20.17	14.30	171.8	496.0	2.887
		0.25~2	3.710	12.51	3.372	246.9	372.6	1.509
		0.053~0.25	2.400	11.09	4.621	188.5	379.4	2.013
		＜0.053	1.830	9.89	5.404	167.0	349.9	2.095
DAS	0~20	＞2	0.940	7.630	8.112	139.3	228.2	1.638
		0.25~2	0.756	12.39	16.39	146.9	278.8	1.898
		＜0.053	2.580	7.740	3.000	155.3	223.7	1.440
	20~40	＞2	0.804	7.620	9.472	106.0	256.1	2.415
		0.25~2	2.010	9.930	4.940	171.6	297.8	1.735
		0.053~0.25	1.470	3.710	2.524	130.1	209.6	1.611
		＜0.053	1.770	9.930	5.610	178.1	336.4	1.889

注：CK 为未秸秆深还，DAS 为秸秆深还。DAS 处理 0~20 cm 的 0.053~0.25 mm 粒级数据未测定，故未列入本表。

就不同处理而言，DAS 处理表层中除 0.25～2 mm 粒级外，其他 3 个粒级和亚表层中>2 mm、0.053～0.25 mm 粒级的高温放热峰峰温均低于 CK；DAS 处理表层和亚表层各粒级的高温失重均低于 CK；DAS 处理表层 4 个粒级和亚表层中除 0.25～2 mm 粒级外，其他 3 个粒级的失重高/中值均低于 CK；DAS 处理表层中<0.053 mm 粒级和亚表层中>2 mm、0.053～0.25 mm 粒级的热量高/中值均低于 CK。在以上 4 个指标中，DAS 处理较 CK 低的数据有 20 处，数据数占 71.43%；DAS 处理较 CK 高的数据有 8 处，数据量占 28.57%。这说明秸秆深还促使团聚体中 HA 的热稳定性下降，其中亚表层较表层、>2 mm 和 0.053～0.25 mm 粒级较另外 2 个粒级的响应更为敏感。

CK 和 DAS 处理表层 HA 的热稳定性普遍低于亚表层，表层 HA 的结构较简单、年轻。按分子大小，将 HA 分为 3 个组分，差热分析显示最小分子的高温失重最多，则羧基和芳香族化合物含量最多。这可能是因为表层含有较多新形成的 HA，羧基和芳香族化合物含量较少，分子结构简单，从而表层团聚体中 HA 的热稳定性低于亚表层。

秸秆深还使 HA 的热稳定性普遍下降，与元素组成结果中 HA 缩合度和氧化度降低一致。与仇建飞等添加玉米秸秆使土壤中 HA 芳构化程度和热稳定性降低基本一致，说明 HA 向着简单、年轻化方向发展。这可能是由于施入大量秸秆，秸秆中类胡敏酸木质素的羧基和芳香族化合物含量较低，热稳定性较低，使土壤 HA 向热稳定性降低方向发展；同时，微生物活性增加，有机质被分解，分子结构变得简单，从而热稳定性下降。

综上所述，黑土团聚体中的优势粒级为 0.25～2 mm，优势粒级的团聚体含量表层较亚表层低，有机碳含量表层较亚表层高，秸秆深还有利于优势粒级团聚体的形成，促使优势粒级团聚体中有机碳含量增多。与亚表层相比，表层各粒级团聚体中 HA 的缩合度、氧化度及热稳定性普遍较低，脂族碳/羧基碳和脂族碳/芳香碳较高，结构更简单、年轻。秸秆深还促使土壤表层和亚表层各粒级团聚体中 HA 的缩合度、氧化度及热稳定性下降，结构简单化、年轻化，其中表层缩合度降低更明显，亚表层氧化度和热稳定性降低更明显。

二、对土壤养分含量的影响

作物生长需要大量的氮、磷、钾养分，中量元素和微量元素对于东北平原典型土壤来说，除了土壤偏碱或偏酸外，基本能满足作物需要。所以，土壤中氮、磷、钾含量就成为土壤供应作物养分丰缺的讨论指标。

(一) 氮素

氮是作物生长必需的营养元素之一，土壤若出现氮素缺乏，会限制作物产量的形成。土壤全氮含量是评价土壤氮素的容量因子。除了施用氮肥以外，有机物料的投入同样可以调控土壤氮素（图 13-24）。在本试验中，将有机物料分别加入 0～20 cm（TT+SS、TT+SM）和 0～35 cm（ST+S、STM）均能增加 0～20 cm 土层的土壤全氮含量，与起始土壤样品相比分别增加了 10.3% 和 4.6%；而其他处理则表现出不同程度的下降，平均下降 24.0%。将秸秆（ST+DS）和有机肥（ST+DM）施入 20～35 cm 土层，显著增加该层的土壤全氮含量，与起始土壤样品相比分别增加了 13.0% 和 10.9%。将有机物料施入 0～35 cm 土层（ST+S 和 STM），在改善 0～20 cm 土层土壤氮素的同时，也增加 20～35 cm 土层的土壤全氮含量，与起始土壤样品相比分别增加了 3.8% 和 9.9%；而其他处理 20～35 cm 土层土壤全氮含量与起始土壤样品基本持平。

土壤速效氮含量是评价土壤氮素的强度因子。有机物料的添加能增加 0～20 cm 土层土壤氮素的强度因子（图 13-25）。与起始土壤 0～20 cm 土层速效氮含量（205 mg/kg）相比，秸秆添加到 0～20 cm（TT+SS）和 0～35 cm（ST+S）后，土壤速效氮含量分别为 233 mg/kg 和 236 mg/kg，与起始土壤相比分别增加了 13.7% 和 15.1%；而当分别向 0～20 cm（TT+SM）和 0～35 cm（STM）添加有机肥后，与起始土壤相比 0～20 cm 土层土壤速效氮含量分别增加 26.3% 和 28.3%。由此可以看出，有机肥的添加效果要优于秸秆。其他处理土壤速效氮含量范围为 206～209 mg/kg。亚耕层（20～

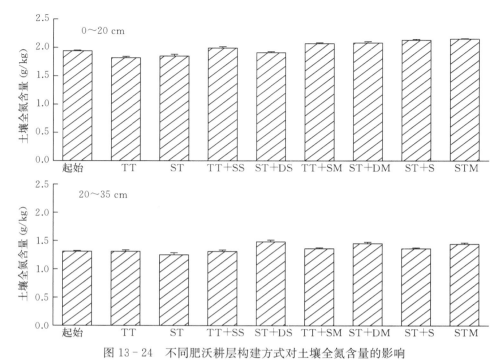

图 13-24　不同肥沃耕层构建方式对土壤全氮含量的影响

注：TT 为常规耕作，ST 为浅翻深松，TT＋SS 为 0～20 cm 土层加秸秆，ST＋DS 为 20～35 cm 土层加秸秆，TT＋SM 为 0～20 cm 土层加有机肥，ST＋DM 为 20～35 cm 土层加有机肥，ST＋S 为 0～35 cm 土层加秸秆，STM 为 0～35 cm 土层加有机肥。

35 cm）中氮素的强度因子同样也可以通过有机物料的添加而得到改善（图 13-25）。与起始土壤样品速效氮含量（190 mg/kg）相比，当秸秆添加到 20～35 cm（ST＋DS）和 0～35 cm（ST＋S）后，20～35 cm 土层的土壤速效氮含量分别增加了 3.3％和 16.8％；而当有机肥添加到 20～35 cm（ST＋DM）和 0～35 cm（STM）后，20～35 cm 土层的土壤速效氮含量分别增加了 4.7％和 30％。TT 和 ST 处理 20～35 cm 土层的土壤速效氮含量分别为 195 mg/kg 和 203 mg/kg。

（二）磷素

磷是植物生长发育的重要营养元素之一，以有机态或无机态形式存在于土壤中，包括了大部分的缓效磷和很少的有效磷。土壤中的有效磷是指能被当季作物吸收利用的磷，有效磷含量是土壤磷素供应的重要指标。供试土壤的有效磷含量受有机物料添加量和深度的影响（图 13-26）。与起始土壤样品的有效磷含量（39.7 mg/kg）相比，有机物料的添加增加了 0～20 cm 土层的土壤有效磷含量，其中添加秸秆的处理（TT＋SS 和 ST＋S）分别增加了 2.8％和 4.3％，添加有机肥的处理（TT＋SM 和 STM）分别增加了 9.6％和 3.5％，其他处理土壤有效磷含量范围为 39.5～40.3 mg/kg。20～35 cm 土层的土壤有效磷含量同样受到有机物料添加的影响，被添加的有机物料释放出部分有效磷。与起始土壤样品相比，当秸秆（ST＋DS）和有机肥（ST＋DM）添加到 20～35 cm 土层时，20～35 cm 土层的土壤有效磷含量分别增加了 12.1％和 14.4％；而当秸秆（ST＋S）和有机肥（STM）添加到 0～35 cm 土层时，20～35 cm 土层的土壤有效磷含量分别增加了 19.7％和 20.0％；其他处理的土壤有效磷含量均＜27.9 mg/kg。

（三）钾素

钾是植物生长必需的大量元素之一，土壤中的钾素可分为 4 种状态：含钾矿物（难溶性钾）、非交换性钾（缓效钾）、交换性钾、水溶性钾（后两种为速效钾），植物所能利用的钾是以水溶性及交换性状态存在的钾。因此，研究土壤中速效钾含量能够反映土壤的钾素供应情况。在农业生产中，除了钾肥输入和土壤的自然风化以外，有机物料中的钾是土壤速效钾的一个重要来源之一。本试验中，向

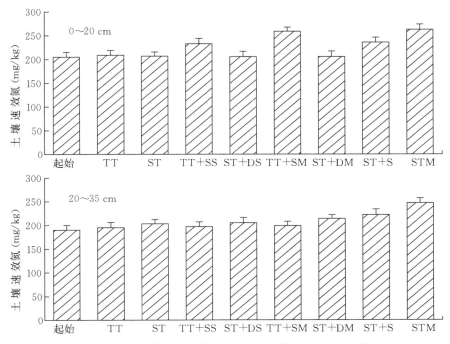

图 13-25 不同肥沃耕层构建方式对土壤速效氮含量的影响

注：TT 为常规耕作，ST 为浅翻深松，TT＋SS 为 0～20 cm 土层加秸秆，ST＋DS 为 20～35 cm 土层加秸秆，TT＋SM 为 0～20 cm 土层加有机肥，ST＋DM 为 20～35 cm 土层加有机肥，ST＋S 为 0～35 cm 土层加秸秆，STM 为 0～35 cm 土层加有机肥。

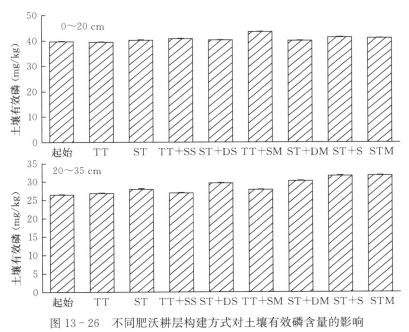

图 13-26 不同肥沃耕层构建方式对土壤有效磷含量的影响

注：TT 为常规耕作，ST 为浅翻深松，TT＋SS 为 0～20 cm 土层加秸秆，ST＋DS 为 20～35 cm 土层加秸秆，TT＋SM 为 0～20 cm 土层加有机肥，ST＋DM 为 20～35 cm 土层加有机肥，ST＋S 为 0～35 cm 土层加秸秆，STM 为 0～35 cm 土层加有机肥。

0～20 cm 和 0～35 cm 土层添加秸秆和有机肥均增加了 0～20 cm 土层的土壤速效钾含量，与起始土壤样品（198 mg/kg）相比，TT＋SS、TT＋SM、ST＋S 和 STM 处理分别增加了 7.5％、15.7％、8.6％和 10.6％。其中，有机肥的效果优于秸秆，其他处理 0～20 cm 土壤速效钾含量范围为 195～199 mg/kg。20～35 cm 土层的土壤速效钾含量反映了作物能够利用土壤中钾的潜力。在 20～35 cm 土层施入秸秆和有机肥同样能够增加该层次的土壤速效钾含量，与起始土壤样品（151 mg/kg）相比，ST+DS、ST+DM、ST+S 和 STM 处理 20~35 cm 土层的土壤速效钾含量分别增加了 16.5%、23.8%、21.9% 和 20.5%，其他处理 20~35 cm 土层土壤速效钾含量均＜168 mg/kg（图 13-27）。

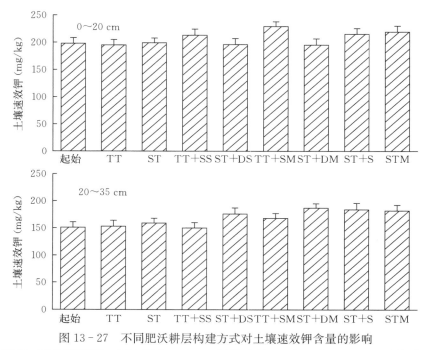

图 13-27　不同肥沃耕层构建方式对土壤速效钾含量的影响

注：TT 为常规耕作，ST 为浅翻深松，TT+SS 为 0~20 cm 土层加秸秆，ST+DS 为 20~35 cm 土层加秸秆，TT+SM 为 0~20 cm 土层加有机肥，ST+DM 为 20~35 cm 土层加有机肥，ST+S 为 0~35 cm 土层加秸秆，STM 为 0~35 cm 土层加有机肥。

　　缓效钾是指存在于层状硅酸盐矿物层间和颗粒边缘，不能被中性盐在短时间内浸提出的钾。土壤中的含钾矿物是土壤的主要钾源。土壤矿物中交换性钾是作物可直接利用的钾素形态，但这部分钾在土壤中的含量有限，往往反映不出土壤中钾的真正供给力。土壤中矿物全钾含量也不能反映其真正的供给力，如有很多土壤全钾含量并不低，但是钾素的供给力却不足，所以研究者越来越重视土壤缓效钾的研究。有机物料的添加是土壤缓效钾增加的人工调控途径之一。在本研究中，秸秆和有机肥的添加均增加了缓效钾的含量。与起始土壤样品相比，TT+SS、TT+SM、ST+S 和 STM 处理 0~20 cm 土层土壤缓效钾含量分别增加了 0.7%、14.1%、15.5% 和 17.8%，而其他处理的土壤缓效钾含量均＜1 618 mg/kg。20~35 cm 土层的土壤缓效钾含量同样也可以通过秸秆和有机肥的添加来改善。与起始土壤样品相比，ST+DS、ST+DM、ST+S 和 STM 处理 20~35 cm 土层的土壤缓效钾含量分别提高了 11.4%、11.8%、13.0% 和 24.4%，而其他处理的缓效钾含量均＜1 438 mg/kg（图 13-28）。

三、对土壤物理性质的影响

（一）土壤容重

　　作物生长所需要的养分、水分和根系所生存的空间是由土壤所决定的，即使如施肥、耕作和灌溉排水也是通过土壤达到调控目的。根系生长发育 98% 在耕地 0~35 cm 土层的空间内完成，所以 0~35 cm 土层的土壤就成为人类培育对象，是提升地力的关键。东北地区的典型土壤一般都比较黏重，过去相当长时间内主要通过每年耕翻达到疏松土壤的目的，缺点是耗费能源和破坏土壤结构。将每年耕翻转换成 6 年 1 次耕翻，通过向土壤增加有机物料改善土壤的黏着性，使耕翻的效果长期保持。图 13-29 说明常规耕作（TT）仅能解决表层土壤疏松的问题，不能解决犁底层的疏松问题，犁底层不解决，水、热、气、肥就不能流通，表层有限的土壤难以满足作物根系生长发育。浅翻深松（ST）6 年后土壤恢复力很强，基本达到了起始土壤原状态。亚耕层添加有机物料，对保持耕翻土壤

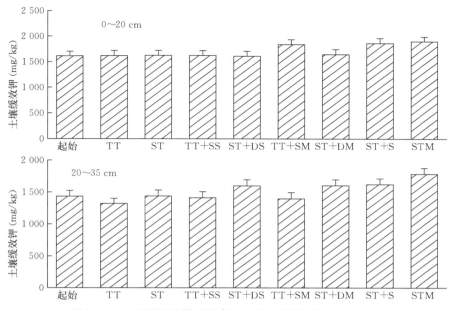

图 13 - 28　不同肥沃耕层构建方式对土壤缓效钾含量的影响

注：TT 为常规耕作，ST 为浅翻深松，TT＋SS 为 0～20 cm 土层加秸秆，ST＋DS 为 20～35 cm 土层加秸秆，TT＋SM 为 0～20 cm 土层加有机肥，ST＋DM 为 20～35 cm 土层加有机肥，ST＋S 为 0～35 cm 土层加秸秆，STM 为 0～35 cm 土层加有机肥。

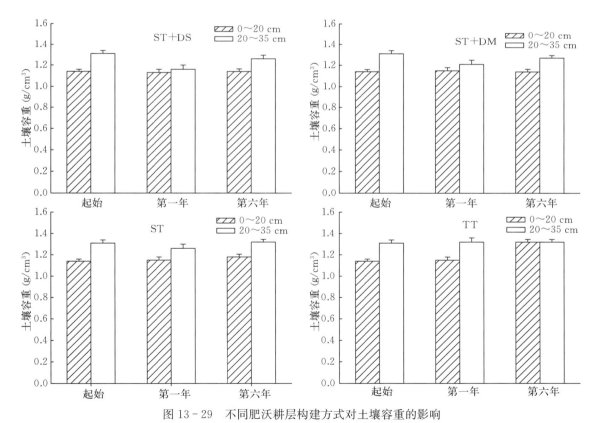

图 13 - 29　不同肥沃耕层构建方式对土壤容重的影响

注：ST＋DS 为亚耕层加秸秆，ST＋DM 为亚耕层加有机肥，ST 为浅翻深松，TT 为常规耕作。

的疏松状态起到了极大的效果。添加秸秆（ST＋DS）后亚耕层（20～35 cm）土壤容重与对照相同土层相比减小了 11.5%，6 年后仍然比对照小 3.8%；添加有机肥（ST＋DM）后亚耕层容重减小了 7.6%，6 年后仍然比对照小 3.9%。由此可见，有机肥对土壤结构的影响力持续时间较长。

（二）土壤持水量

在土壤密度相同的条件下，土壤容重决定土壤孔隙，土壤孔隙决定土壤饱和持水能力。饱和持水能力是土壤对作物供水能力的容量因子，对调控大气降水、持续提供作物需水有重要作用。图 13-30 表明，深松后向亚耕层添加有机物料（ST+DS 和 ST+DM）均能显著提高第一年 20～35 cm 土层的土壤饱和含水量，与 TT 处理相比分别增加了 9.2％和 5.5％；ST 处理虽然能够打破犁底层，但是到了秋季，由于机械碾压和土壤自然沉实导致其 20～35 cm 土层的土壤饱和含水量基本与 TT 处理持平。ST+DM 和 ST+DS 处理由于有机物料加入 20～35 cm 土层，导致 6 年后该层次的土壤饱和含水量仍然高于 TT 处理，分别增加了 9.8％和 7.8％，说明在打破犁底层的同时添加有机物料能够长时间改善 20～35 cm 土层的水分状况。其中，向犁底层添加有机物料的效果要优于秸秆。

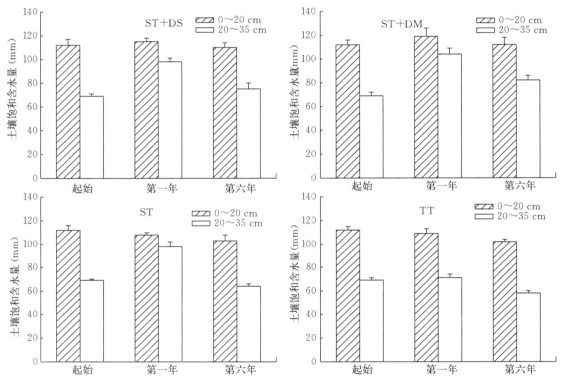

图 13-30　不同肥沃耕层构建方式对 0～20 cm 和 20～35 cm 土层土壤饱和含水量的影响

注：ST+DS 为亚耕层加秸秆，ST+DM 为亚表层加有机肥，ST 为浅翻深松，TT 为常规耕作。

（三）春季干旱条件下土壤水分特征及其保苗状况

春季土壤含水量对作物出苗至关重要，尤其是作物种床 0～15 cm 土层的土壤含水量。不同耕作深度对春季 0～15 cm 土层土壤含水量的影响表现为 D35（深翻 35 cm）＞D50（深翻 50 cm）＞D0（免耕）＞D20（深翻 20 cm）＞D15（深翻 15 cm）（表 13-16）。东北地区春季风比较大，是影响表层土壤含水量的重要因素。不同的耕作深度导致土壤孔隙度发生变化，进而在风力和温度的影响下，对土壤含水量产生一定的影响。免耕处理的土壤未经耕作，土壤孔隙度小，土壤水分蒸发慢，进而表层土壤含水量较高；而当土壤进行耕作后，增加了土壤孔隙，进而增加了土壤蒸发，降低了表层（0～15 cm）土壤含水量，与 D0 处理相比，D15 和 D20 处理 0～15 cm 土层土壤含水量分别减少了 6.53％和 5.77％。但是，当耕作深度为 35 cm 和 50 cm 时，虽然在同一气候条件下，但由于打破了犁底层，同时处于土壤冻层融化的时期，0～15 cm 土层能够接收来自 15 cm 以下土层向上传导的水分，因此 D35 和 D50 处理土壤含水量显著高于 D15 和 D20 处理，与 D15 和 D20 处理的平均值（29.60 mm）相比分别增加了 11.82% 和 5.91%。秸秆还田也是影响土壤含水量的重要因素，对于不同的耕作深度，秸秆还田后 0～15 cm 土层土壤含水量均表现为减小，成对 t 检验结果显示，仅 D15 与 D15＋S 处理、D20 与 D20＋S 处理之间 0～15 cm 土层土壤含水量的差异达到了显著水平（P＜0.05）。这说明虽然耕作深度为 35 cm 和 50 cm 的处理在秸秆还田后 0～15 cm 土层土壤含水量也减少了，但是差异不显著。秸秆不同还田深度对 0～15 cm 土层土壤含水量的影响表现为 D35＋S 处理显著高于其他处理（P＜0.05），秸秆还田深度最浅的 D15＋S 处理 0～15 cm 土层土壤含水量最小。

表 13－16　不同耕作深度对出苗时土壤含水量及大豆和玉米出苗率的影响

（邹文秀 等，2016）

处理	0～15 cm 土壤含水量（mm）	出苗率（%）		处理	0～15 cm 土壤含水量（mm）	出苗率（%）	
		大豆	玉米			大豆	玉米
D0	31.54b	94.77a	95.40ab				
D15	29.48c	95.57a	97.53a	D15＋S	27.89c	82.57c	85.27c
D20	29.72c	95.80a	97.83a	D20＋S	28.88b	87.73b	91.27b
D35	33.10a	95.94a	97.87a	D35＋S	32.65a	94.50a	97.67a
D50	31.35b	94.90a	96.43a	D50＋S	29.83b	95.17a	96.43ab

注：同一列数据后不同字母表示处理间差异达到显著水平（P＜0.05）。

不同耕作深度对大豆和玉米出苗率没有显著的影响，但可以看出一定趋势。即免耕处理大豆和玉米出苗率均表现为最低，分别为 94.77% 和 95.40%；而耕作深度为 35 cm 处理大豆和玉米出苗率略高于其他处理，分别为 95.94% 和 97.87%（表 13－16）。在不同耕作深度下，秸秆还田后大豆和玉米出苗率均表现为降低。t 检验显示，当耕作深度＜ 20 cm 时，秸秆还田后大豆和玉米出苗率显著降低；而当耕作深度＞35 cm 时，秸秆还田对玉米和大豆出苗率则没有显著影响。同样在秸秆还田条件下，秸秆还田深度是影响玉米和大豆出苗率的重要因素。随着秸秆还田深度的增加，玉米和大豆出苗率表现为增加。与 D15＋S 处理相比，D20＋S、D35＋S 和 D50＋S 处理玉米的出苗率分别增加了 7.04%、14.54% 和 13.09%，大豆的出苗率分别增加了 6.25%、14.45% 和 15.26%。

（四）典型降水过程中土壤蓄水供水能力的变化过程

耕作是影响土壤含水量的重要因素。2011 年 6 月 11 日前经历累计 80.2 mm 降水后，不同耕作深度对 0～35 cm 土层土壤含水量的影响见表 13－17。免耕能够增加土壤含水量已经被广泛报道，本研究得出了相似的结果。浅耕（D15 和 D20）与 D0 处理相比，0～35 cm 土层土壤含水量在 6 月 11 日分别降低了 3.43% 和 1.31%；而深耕（D35 和 D50）与 D0 处理相比，则增加了 0～35 cm 土层的土壤含水量，D35 和 D50 处理分别增加了 5.00% 和 3.30%，说明增加耕层深度能够增加黑土对大气降水的蓄积能力。与仅耕作相比，在浅耕的情况下，秸秆还田降低了 6 月 11 日 0～35 cm 土层的土壤含水量，与 D15 和 D20 处理相比，D15＋S 和 D20＋S 处理的土壤含水量分别降低了 6.38% 和 3.35%；而当耕作深度＞35 cm 后，秸秆还田则能够增加土壤含水量，与 D35 和 D50 处理相比，D35＋S 和 D50＋S 处理土壤含水量分别增加了 6.66% 和 1.27%，说明秸秆还田对土壤含水量的影响取决于秸秆还田深度。经历了 19 d 没有降水的条件下，不同耕作深度处理 0～35 cm 土层土壤含水量均显著下降。在忽略水分在 35 cm 土层界面上下传导的条件下，定义损失的水分为土壤的供水量，即 0～35 cm 土层中供给作物吸收利用的水分总和。由表 13－17 分析得出，随着耕作深度的增加，6 月 11 日 0～35 cm 土层土壤含水量有增加的趋势，在耕作深度为 35 cm 时，土壤含水量达到了最大值，与其他处理相比增加了 1.65%～8.74%。与耕作处理相比，秸秆还田后 0～35 cm 土层土壤供水量增加了 0.90%～5.82%，其中在秸秆还田深度为 35 cm 时，土壤供水量达到最大值。

表 13-17 不同耕作深度对 0～35 cm 土层土壤蓄水和供水能力的影响

(邹文秀 等，2016)

处理	土壤含水量（mm）		土壤供水量（mm）	处理	土壤含水量（mm）		土壤供水量（mm）
	6 月 11 日	6 月 30 日			6 月 11 日	6 月 30 日	
D0	102.50	83.79	18.71				
D15	98.98	76.81	22.17	D15＋S	92.67	70.11	22.56
D20	101.16	77.89	23.27	D20＋S	97.77	74.29	23.48
D35	107.63	81.70	24.93	D35＋S	114.80	88.43	26.38
D50	105.88	81.94	23.94	D50＋S	107.22	82.45	24.77

（五）土壤结构

在机械组成相同的土壤中，水稳性团聚体的粒级分布是决定土壤结构，控制土壤固、气、液三相比的重要因子。一般把＞2 000 μm 团聚体称为大团聚体，250～2 000 μm 团聚体称为中型团聚体，53～250 μm 团聚体称为微团聚体，＜53 μm 的土壤颗粒称为粉黏粒。土壤团聚体是由根系活动、微生物活动和有机质发生变化过程的胶结作用、电性吸引作用而形成。用＞250 μm 团聚体来衡量土壤结构变化情况，见图 13-31。向 0～20 cm 土层施入秸秆（TT＋SS）、有机肥（TT＋SM）和将有机肥施入 0～35 cm 土层均增加了该层土壤中＞250 μm 团聚体的比例，与起始年份相比分别增加了 4.7％、13.4％和 9.3％，与其他处理相比增加了 3.2％～13.6％，说明有机物料的添加能够改善土壤结构，同时施用有机肥的效果要优于秸秆。0～35 cm 土层施入秸秆对土壤结构的改善效果不明显。当将有机物料施入后，20～35 cm 土层的土壤结构同样得到了改善。与起始土壤相比，ST＋DM 和 ST＋DS 处理 20～35 cm 土层＞250 μm 土壤团聚体含量分别增加了 44.3％和 15.6％。当将有机物料施入 0～

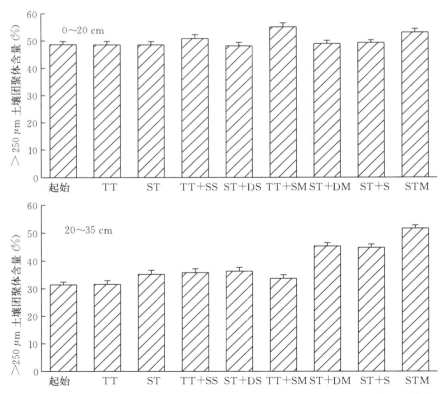

图 13-31 不同肥沃耕层构建方式对 0～20 cm 和 20～35 cm 土层＞250 μm 土壤团聚体含量的影响

注：TT＋SS 为耕层加秸秆，ST＋DS 为亚耕层加秸秆，TT＋SM 为耕层加有机肥，ST＋DM 为亚表层加有机肥，ST 为浅翻深松，TT 为常规耕作，ST＋S 为 0～35 cm 土层加秸秆，STM 为 0～35 cm 土层加有机肥。

35 cm 土层时，20～35 cm 土层＞250 μm 土壤团聚体含量仍然表现出增加的趋势，说明有机物料的添加能够改善土壤亚耕层的结构，但是改善的效果取决于添加有机物料的量。同时，有机肥的改良效果要优于秸秆。

＞250 μm 土壤团聚体含量与土壤有机质之间的关系可以用 $y=0.864x+14.99$ 来表示，两者之间的相关系数为 0.649，已经达到了 $P<0.05$ 的显著水平（图 13-32），说明有机质含量的提高能显著改善土壤的结构状况。

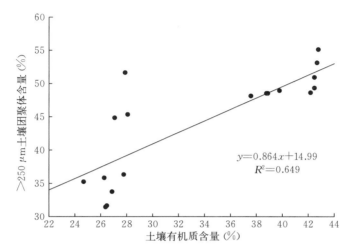

图 13-32 ＞250 μm 土壤团聚体含量与土壤有机质含量之间的关系

第四节 作物产量及水分利用效率

一、作物产量

耕作和秸秆还田是影响黑土区玉米产量的重要因素。由表 13-18 可知，TT 处理 2007—2012 年玉米平均产量为 5 472 kg/hm²，与 TT 处理相比，ST、TT＋S、ST＋S 处理的玉米产量分别增加了 7.82%、12.99 和 28.18%，说明深耕和秸秆还田均能增加黑土区玉米产量。深耕和秸秆还田对玉米产量的影响表现出一定的时间效应，即与 TT 处理相比，ST、TT＋S 和 ST＋S 处理试验第一年（2007 年）的玉米产量分别增加了 14.90%、1.25% 和 27.57%，说明试验第一年 TT＋S 处理对玉米产量的影响不显著，而 ST 和 ST＋S 处理第一年就显著增加了玉米产量（$P<0.05$）。试验进行至第三年（2009 年），ST 处理对玉米产量的影响仍然存在，与 TT 处理相比，ST 处理玉米产量增加了 9.89%，与 2007 年相比增加的幅度减小，即深耕的效果降低；而秸秆还田（包括 TT＋S 和 ST＋S）对玉米产量的影响均表现出了最佳的效果，与 TT 处理相比，TT＋S 和 ST＋S 处理玉米产量分别增加了 23.43% 和 33.39%。试验第六年（2012 年），耕作的效果逐渐消失，即浅耕和深耕之间的差异不显著；而秸秆还田效果仍然显著（$P<0.05$），但是增加的幅度减小。因此，深耕对玉米产量影响的效果可以持续 3 年，再通过耕作方式将秸秆施入 20～35 cm 土层能够连续 6 年增加玉米产量。

表 13-18 耕作和秸秆还田对玉米产量的影响

（邹文秀 等，2016）

试验年份	有效降水量 (mm)	项目	处理			
			TT	ST	TT＋S	ST＋S
2007	445	产量（kg/hm²）	4 733c	5 438b	4 792c	6 038a
		增产（%）		14.90	1.25	27.57

（续）

试验年份	有效降水量（mm）	项目	处理			
			TT	ST	TT+S	ST+S
2009	465	产量（kg/hm²）	5 685d	6 247c	7 017b	7 583a
		增产（%）		9.89	23.43	33.39
2012	559	产量（kg/hm²）	5 999c	6 014c	6 739b	7 421a
		增产（%）		0.25	12.34	23.71
平均	490	产量（kg/hm²）	5 472d	5 900c	6 183b	7 014a
		增产（%）		7.82	12.99	28.18

注：TT 为常规耕作，ST 为浅翻深松，TT+S 为常规耕作加秸秆还田，ST+S 为浅翻深松加秸秆还田。同一列数据后不同字母表示处理间差异达到显著水平（$P<0.05$）。

在同一耕作深度下，作物产量年际间的差异主要受气候条件和病虫草害等的影响。在病虫草害得到有效防治的情况下，降水量及其分布是影响作物产量的重要因素之一。以往研究更多地关注全年1—12月降水量时段与作物产量的关系；但是，在本研究区域内，作物的生长季为5—9月，作物可以利用的当季降水来自1—9月，当季10—12月的降水不能被作物利用，而是储存在土壤中供给下一季作物利用。因此，本研究定义有效降水量为上季10—12月的降水和当季1—9月的降水之和。根据韩晓增等对研究区域内降水分布特征的分析可以得出，2007年和2009年均属于枯水年，而2012年属于平水年。TT 处理玉米产量主要受降水量及其分布的影响，在降水充足的平水年（2012年）的玉米产量显著高于枯水年（2007年和2009年），分别高26.75%和5.52%；同时，2009年玉米产量显著高于2007年，主要是由于2007年在降水少的同时出现了年内降水分配不均的现象，在作物出苗的关键时期出现了水分缺乏。与 TT 处理相比，秸秆还田（TT+S 和 ST+S）和浅翻深松（ST）因改善了土壤结构而增加了土壤有机碳含量，能够有效增加土壤水库的调节能力，缓解了枯水年降水不足和季节性降水分配不均对玉米产量的影响。其效果表现为：在试验开始的2007年，TT+S 处理由于调节土壤水分的能力较弱，导致其玉米产量与 TT 处理相比仅表现为略有增加（1.25%）；而 ST 和 ST+S 处理则由于增加了土壤中能够调节大气降水的土层厚度，进而增加了调节大气降水的能力，最终显著增加了玉米产量。这与 Han 等和 Gill 等的研究结果相似。在2009年，ST、TT+S 和 ST+S 处理均起到了重要的调节土壤水分的能力，其表现为经历了浅翻深松和秸秆还田的处理产量均高于2007年，说明耕作和秸秆还田对玉米的增产效应大于降水不足（或者分布不均）对产量的负效应。

耕作深度具有调节土壤环境和作物生长发育的功能，通过耕作协调水、肥、气和热，供给作物生长发育需要。适宜的耕作深度很重要，耕作过深容易造成土壤漏水、漏肥，过浅易造成土壤蒸散量加大而导致干旱。根据土壤剖面特征筛选适宜的耕作深度，是增产的保证。

玉米产量对土壤不同耕作层深度响应是不同的（图13-33）。免耕显著减少玉米产量（$P<0.05$），3年平均值为5 943 kg/hm²，与耕作土壤玉米产量的平均值相比减少了23.14%。耕作能够增加玉米的产量，与免耕（D0）相比，D15（耕作深度15 cm）、D20（耕作深度20 cm）、D35（耕作深度35 cm）和 D50（耕作深度50 cm）玉米产量分别显著增加了12.75%、36.55%、51.43%和27.59%（$P<0.05$）。由图13-33可以得出，玉米产量并没有随着耕作深度的增加而增加，而是在耕作深度为35 cm时达到了最大值，说明0~35 cm 的耕作层是最有利于玉米生长发育和产量形成的耕层厚度。秸秆还田深度是影响玉米产量的主要因素，当分别向0~15 cm、0~20 cm、0~35 cm 和0~50 cm 耕作层中施入相同质量的秸秆后，玉米产量又发生了不同的变化（图13-33），在 D35+S（秸秆施入0~35 cm 土层）处理中，玉米产量达到了最大值，为9 655 kg/hm²，与 D15+S（秸秆施入0~15 cm 土层）、D20+S（秸秆施入0~20 cm 土层）和 D50+S（秸秆施入0~50 cm 土层）相比，产量分别增加了71.91%、33.11%和24.53%，说明相同质量的秸秆施入不同厚度的耕层中，由于秸秆与土壤的比例不同导致对玉米产量产生了不同的影响。当分析同一耕层深度秸秆还田是否对玉米产量产生影响

时发现，当秸秆还田深度＜20 cm 时，对玉米产量有负的影响，即显著降低了玉米产量（$P<0.05$），与 D15 和 D20 处理相比，D15＋S 和 D20＋S 处理玉米产量分别降低了 16.81％和 10.62％；当秸秆还田深度＞35 cm 时，对玉米产量有正的影响，即显著增加了玉米产量（$P<0.05$），与 D35 和 D50 处理相比，D35＋S 和 D50＋S 处理玉米产量分别增加了 7.29％和 2.25％。所以，在中厚层黑土中，对于玉米产量来说最佳耕层深度为 0～35 cm，而最佳的秸秆还田深度为 0～35 cm 和 0～50 cm。但是，考虑到机械等方面因素的影响，秸秆进入 0～35 cm 耕作层是最佳的选择。

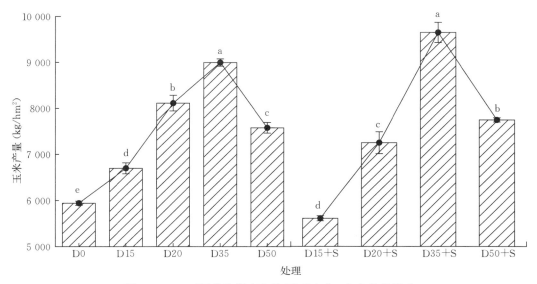

图 13-33　不同耕作深度和秸秆还田对玉米产量的影响

注：D0 为免耕，D15 为耕作深度 15 cm，D20 为耕作深度 20 cm，D35 为耕作深度 35 cm，D50 为耕作深度 50 cm，D15＋S 为秸秆施入 0～15 cm 土层，D20＋S 为秸秆施入 0～20 cm 土层，D35＋S 为秸秆施入 0～35 cm 土层，D50＋S 为耕作施入 0～50 cm 土层。不同小写字母表示处理间差异达到显著水平（$P<0.05$）。

大豆产量对不同耕层深度的响应与玉米一致（图 13-34）。免耕显著减少大豆的产量（$P<0.05$），3 年平均值为 2 147 kg/hm²，与耕作土壤大豆产量的平均值相比减少了 7.29％。耕作能够增加大豆的产量，与免耕（D0）相比，D15、D20、D35 和 D50 大豆产量分别显著增加了 2.76％、6.98％、12.88％和 8.50％（$P<0.05$）。由图 13-34 可以得出，大豆产量并没有随着耕作深度的增加而增加，而是在耕作深度为 35 cm 时达到了最大值，说明 0～35 cm 的耕作层是最有利于大豆生长发育和产量形成的耕层厚度。秸秆还田深度是影响大豆产量的主要因素，当分别向 0～15 cm、0～20 cm、0～35 cm 和 0～50 cm 耕作层中施入相同质量的秸秆后，大豆产量又发生了不同的变化（图 13-34），在 D35＋S 处理中大豆的产量达到了最大值，为 2 689 kg/hm²，与 D15＋S、D20＋S 和 D50＋S 相比，产量分别增加了 39.89％、26.36％和 14.63％，说明相同质量的秸秆施入不同厚度的耕层中，由于秸秆与土壤的比例不同导致对大豆产量产生了不同的影响。当分析同一耕层深度秸秆还田是否对大豆产量产生影响时发现，当秸秆还田深度＜20 cm 时，对大豆产量有负的影响，即显著降低了大豆产量（$P<0.05$），与 D15 和 D20 处理相比，D15＋S 和 D20＋S 处理大豆产量分别降低了 12.86％和 7.33％；当秸秆还田深度＞35 cm 时，对大豆产量有正的影响，即显著增加了大豆产量（$P<0.05$），与 D35 和 D50 处理相比，D35＋S 和 D50＋S 处理玉米产量分别增加了 10.97％和 0.72％。所以，在中厚层黑土中，对于大豆来说最佳耕层深度为 0～35 cm，而最佳的秸秆还田深度为 0～35 cm 和 0～50 cm。但是，考虑到机械等方面因素的影响，秸秆进入 0～35 cm 耕作层是最佳的选择。

二、作物水分利用效率

本研究将 3 年大豆和玉米的水分利用效率进行了平均后得到图 13-35。不同耕作深度玉米的水分利

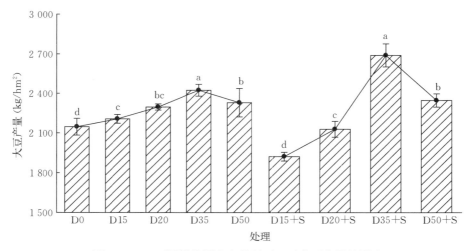

图 13-34　不同耕作深度和秸秆还田对大豆产量的影响

注：D0 为免耕，D15 为耕作深度 15 cm，D20 为耕作深度 20 cm，D35 为耕作深度 35 cm，D50 为耕作深度 50 cm，D15＋S 为秸秆施入 0～15 cm 土层，D20＋S 为秸秆施入 0～20 cm 土层，D35＋S 为秸秆施入 0～35 cm 土层，D50＋S 为耕作施入 0～50 cm 土层。不同小写字母表示处理间差异达到显著水平（$P < 0.05$）。

用效率范围为 11.78～13.94 kg/(hm² · mm)，大豆的水分利用效率范围为 3.49～5.73 kg/(hm² · mm)，两者不同处理间均表现为 D35＞D50＞D20＞D15＞D0，说明耕作深度通过影响产量和土壤供水量进而调控了大豆和玉米的水分利用效率。与仅耕作土壤相比，土壤耕作配合秸秆还田对大豆和玉米水分利用效率的影响取决于秸秆还田的深度。当秸秆还田深度＜ 20 cm 时，秸秆还田降低了大豆和玉米的水分利用效率，降低了 2.25%～7.07%；而当秸秆还田深度＞35 cm 时，秸秆还田则增加了大豆和玉米的水分利用效率，增加了 4.23%～6.05%。大豆和玉米的水分利用效率均表现为随着秸秆还田深度的增加而增加，以 D35＋S 处理最大。

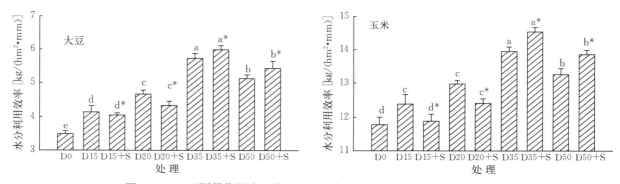

图 13-35　不同耕作深度和秸秆还田对大豆和玉米水分利用效率的影响

（邹文秀 等，2016）

注：不同小写字母表示仅耕作深度处理在 $P < 0.05$ 水平上差异显著，小写字母后加 * 表示耕作深度＋秸秆还田处理在 $P < 0.05$ 水平上差异显著。

在同一耕作深度下，作物产量年际间的差异主要受气候条件和病虫草害等的影响。在病虫草害得到有效防治的情况下，有效降水量及分布是影响作物产量的重要因素之一。以往的研究分析全年降水量与作物产量的关系时，关注的是作物生长年内从 1—12 月的降水量，但是在研究区域内作物的生长季为 5—9 月，作物可以利用的当年的降水来自 1—9 月，10—12 月的降水则不能被作物利用，而是储存在土壤中供给下一季作物利用。因此，本研究定义了有效降水量，即为上一季 10—12 月的降水量和当季 1—9 月降水量的和。在此，分析了有效降水量与作物产量的关系（表 13-19）。根据韩晓增和邹文秀等对研究区域内降水分布特征的分析，可以得出 2009 年和 2010 年在划分标准上均属于枯水年，而 2011 年属于平水年。2011 年大豆和玉米的各处理平均产量分别比 2009 年增加了 8.29%和 10.33%，分别比 2010 年增加了 4.85%和 11.39%，证明了有效降水总量是影响作物年际间产量差异的重要因素。在降水总量相近的 2009 年和 2010 年，产量之间的差异是由年内降水量分布、不同耕作深度和秸秆还田导致的。2009 年降水的特点是全年降水的 61.23%发生在 6 月，导致在作物需水关键的 7 月和 8 月降水较少，虽然 2010 年降水与 2009 年相似，但是 2010 年降水分布与近 50 年降水平均值的分布相一致。在耕作深度＜20 cm 时，由于耕层较薄，导致在 2009 年内出现降水分布不均时，对土壤水分的调节能力低，显著降低了大豆和玉米的产量（表 13 - 19），而在降水分布符合作物生长发育需求的 2010 年大豆和玉米的产量均显著高于 2009 年。而当耕作深度＞35 cm 时，虽然能够增加土壤对水分的调节能力，但是由于在深翻的过程中将 20 cm 以下的未熟化的土壤混入了 0～35 cm 或者 0～50 cm（D35 和 D50）耕层导致作物的产量仍然表现为下降的趋势，随着 20 cm 以下土壤的逐渐熟化，作物产量大幅度提高。

表 13 - 19　不同耕作深度和秸秆还田处理条件下有效降水量对 2009—2011 年大豆和玉米产量的影响

项目	处理	2009 年	2010 年	2011 年	处理	2009 年	2010 年	2011 年
玉米	D0	5 655b	6 062a	6 112a				
	D15	6 492b	6 729a	6 882a	D15＋S	5 337b	5 529b	5 984a
	D20	7 578c	8 050b	8 718a	D20＋S	6 837b	7 310ab	7 612a
	D35	8 004c	9 167b	9 827a	D35＋S	8 475b	10 164a	10 326a
	D50	7 110c	7 619b	8 018a	D50＋S	7 082b	8 075a	8 103a
项目	处理	2009 年	2010 年	2011 年	处理	2009 年	2010 年	2011 年
大豆	D0	1 940b	2 162ab	2 338a				
	D15	2 055b	2 251a	2 314a	D15＋S	1 967ab	1 776b	2 025a
	D20	2 187b	2 338a	2 365a	D20＋S	2 143ab	1 943b	2 299a
	D35	2 261b	2 379ab	2 631a	D35＋S	2 389c	2 625b	3 054a
	D50	2 206b	2 441a	2 341ab	D50＋S	2 186b	2 343ab	2 510a
有效降水量（mm）		465	456	556				

注：D0 为免耕，D15 为耕作深度 15 cm，D20 为耕作深度 20 cm，D35 为耕作深度 35 cm，D50 为耕作深度 50 cm，D15＋S 为秸秆施入 0～15 cm 土层，D20＋S 为秸秆施入 0～20 cm 土层，D35＋S 为秸秆施入 0～35 cm 土层，D50＋S 为耕作施入 0～50 cm 土层。同一列数据后不同字母表示处理间差异达到显著水平（$P<0.05$）。

耕层是人类为了栽培作物，利用工具对土壤进行扰动的土层。耕层结构和厚度决定了作物的生存环境及养分和水分的供给。随着机械的发展，耕层的厚度能够从几厘米到数米。但是，适宜的土壤耕层深度，应当根据作物根系生长发育分布空间和土层储水能力以及土壤类型而定。在典型中厚层黏壤质黑土中，不同耕作深度对大豆和玉米产量的影响并没有随着耕作深度的增加而一直增加，而两者均在耕作深度为 35 cm 时达到了最大值，分别为 2 424 kg/hm² 和 8 999 kg/hm²；当耕作深度达到 50 cm 时，虽然与浅耕相比（耕作深度＜20 cm），产量也表现为增加，但是增加幅度减小。此研究结果与陈恩凤等的研究结果一致，其研究表明，耕作深度为 33 cm 时，小麦的增产效果最显著；当耕作深度为 33～48 cm 时，仍然表现为增产，但增产幅度开始降低；当耕作深度大于 48 cm 后，增产效果逐渐减少。增加耕作深度即增加耕层厚度能够打破犁底层，疏松耕层土壤，降低土壤容重，增加土壤孔隙度和蓄水、保墒能力，为作物根系创造疏松深厚的土壤环境，进而增加了作物的产量。同时，增加耕作深度、打破犁底层后，增强了接纳大气降水的能力，减少了地表径流的发生，扩大了土壤水分库容，进而提高了水分利用效率。作物通过根系吸收和利用土壤中的水分与养分，大豆和玉米的根系密集分布于耕层，为作物的生长提供水分和养分。但是，当耕作深度＜20 cm 时，由于犁底层等障碍性层次的存在，减小了耕层的深度，限制了作物根系生长发育的空间。梁金凤等的研究表明，增加耕作深度可打破犁底层，促进玉米根系向深处生长，有利于根系吸收水分、养分，为高产奠定了物质基础；并随着耕作深度增加，玉米根重密度及根长密度增加，与浅耕相比（耕作深度<20 cm），深耕后玉米的根重密度增加了26.4%~40.9%，促进了作物对水分和养分的吸收，增加了作物产量和水分利用效率。在增加土壤耕作深度的同时，向相应的耕作层中添加一定量的秸秆对玉米和大豆产量的影响取决于秸秆进入土壤的耕层厚度。当耕作深度>20 cm，秸秆还田对作物产量具有负作用。与相应的耕作深度、秸秆还田处理相比，降低了作物产量，其原因主要在于秸秆浅层还田时，影响作物的出苗率和玉米生育期间内土壤中水分与养分的吸收，进而降低了产量；当耕作深度>35 cm时，降低了秸秆与土壤的比例，增加了作物的出苗率。同时，在增加耕层的同时施入秸秆有效改善了土壤结构，有利于土壤中的气体交换，增加了土壤中微生物的活性和多样性，促进了土壤中养分和被施入秸秆的矿化与分解，增加了土壤养分含量，进而增加了作物产量。

　　秸秆还田对土壤含水量的影响取决于秸秆的还田量、还田深度、还田秸秆的长度等因素。秸秆还田通过影响土壤孔隙结构与大小、分布，调控土壤-植物-大气界面的水分传导，进而影响土壤含水量。本研究将相同数量的秸秆施入不同深度的耕层，即不同耕层中土壤与秸秆的比例是不同的。以秸秆还田量10 000 kg/hm²（烘干重）为例，当秸秆还田深度为15 cm、20 cm、35 cm和50 cm时，土壤（土壤容重参考典型土壤剖面的容重值）与秸秆的质量比分别为170:1、220:1、410:1和600:1。当秸秆浅层还田（D15+S）和中浅层还田（D20+S）时，土壤与秸秆比例较小，增加了土壤中因秸秆施入而增加的孔隙的比例，即增加了土壤的总孔隙度，进而增加了土壤蒸发，降低了土壤含水量。当土壤深耕并进行秸秆还田时（D35+S），与秸秆浅层还田和中浅层还田相比，将相同质量的秸秆施入0~35 cm和0~50 cm土层，降低了秸秆在土壤中的比例，相应地减小了土壤的大孔隙和无效水分蒸发，有效保蓄了土壤水分，使更多的土壤水分保存在深层土层中；同时，增加了0~35 cm土层内的水分交换，当表层的土壤水分通过蒸腾作用减少时，下层对上层有补给效应。与D15+S和D20+S处理相比，D30+S处理春季0~15 cm土层土壤储水量增加了17.07%和2.40%。虽然D50+S处理与D35+S处理结果相似，均降低了秸秆在土壤中的比例；但是，由于耕作深度增加，增加了土壤水渗漏，降低了土壤的保水性，进而导致0~15 cm土层土壤储水量较低。

　　在旱作农田土壤-植物-大气连续体中，以土壤为载体，接纳大气降水，水分进入土壤后，在土壤中形成"地下水库"，供给作物吸收利用。土壤供给水分的能力与土壤的剖面性质、耕层厚度等密切相关。典型耕作中厚层黑土在约20 cm土层存在犁底层。犁底层土壤容重>1.23 g/cm³，总孔隙度<50%，限制了水分的入渗和根系生长。当耕作深度<20 cm，有效调控接纳大气降水的土层厚度最大为20 cm，0~20 cm土层的饱和持水量为101 mm，研究区域该层10年平均土壤含水量为42 mm，计算可以得出0~20 cm土层单次最多可以接纳降水量为59 mm，即当单次降水量或者短期内累计降水量>59 mm时，可能会出现地表径流，引起水土流失。而当通过深耕打破犁底层，增加耕层厚度为35 cm时，0~35 cm土层的土壤饱和持水量为227.5 mm，该层10年平均土壤含水量为84 mm。因此，0~35 cm土层可接纳最大单次降水量或者短期内累计降水量为143.5 mm。通过对研究区域内近50年大气降水进行统计发现，研究区域内最大的单次降水量为81 mm。所以，当耕作深度为35 cm时，能有效蓄积大气降水。同时，该层土壤有效水分（田间持水量-凋萎含水量）为115.5 mm，说明吸收的降水能够完全转换为有效水分供作物利用。耕作深度越深，调蓄大气降水的耕层越厚，能够调蓄的大气降水就越多，0~50 cm土层能够调蓄的降水为156 mm。但是，当耕作深度为50 cm时，增加了土壤水分的入渗，不利于表层土壤水分的保持。秸秆还田能够增加土壤的总孔隙度，进而增加饱和持水量，相应地能增加土壤调蓄大气降水的能力。因此，当耕作深度为35 cm并配合全层秸秆还田时，能最有效地蓄积大气降水和保持土壤水分。

　　耕作和秸秆还田深度对干旱条件下土壤含水量和作物出苗率具有显著的影响。与其他处理相比，35 cm耕作深度配合全层秸秆混施（D35+S）能显著增加出苗时的土壤含水量，进而保障出苗率。同时，D35＋S 处理在降水不足时，能增加土壤的供水量，保障作物生育期间对水分的需求。不同耕作深度对玉米和大豆产量的影响表现为 D35＞D50、D20＞D15＞D0，表明耕作能增加黑土区大豆和玉米的产量。但是，其产量并没有随着耕作深度的增加而呈线性增加。与非秸秆还田的处理相比，当耕作深度＜20 cm、秸秆还田量为 10 000 kg/hm² 时，大豆和玉米的产量降低了；当耕作深度＞35 cm 时，相同质量的秸秆进行全层混施后显著增加了大豆和玉米的产量，说明耕作和秸秆还田深度是影响作物产量的重要因素。当耕作深度为 35 cm 配以全层秸秆深混还田时，作物的产量和水分利用效率达到了最大值。因此，在典型中厚层黑土区，建议的合理耕作深度和秸秆还田深度为 35 cm。

第五节　结论与展望

一、结论

在黑土区，经过多年试验研究获得通过机械的方式能够构建肥沃深厚的耕层，黑土肥沃耕层的适宜深度为 0～35 cm，适宜深翻的频率是三年一次。黑土肥沃耕层构建能有效地增加耕层厚度，提高全耕层土壤养分含量及有效性，增加土壤的养分库容，改善耕层的土壤物理结构，提高土壤的持水能力、蓄积大气降水和供水的能力，从而提高作物产量和水分利用效率。

黑土肥沃耕层构建不仅能显著提高黑土有机质含量，而且能改善土壤有机质结构，调节土壤有机质中腐殖物质的组成和比例，有利于土壤有机质的积累与转化。肥沃耕层构建后，HA 结构氧化度和缩合度呈下降趋势，脂族链烃和芳香碳含量增加，热稳定性下降，HA 结构简单化、年轻化，其中秸秆浅施对表层 HA 结构影响更明显，肥沃耕层构建则对亚表层 HA 结构特征变化影响更显著。随着年限的增加，3 年后肥沃耕层构建效果减弱，有机碳、FA 和 HM 含量呈下降趋势，HA 含量呈上升趋势，PQ 值变化显著，HA 缩合度和氧化度呈上升趋势，脂族性减弱，芳香性和热稳定性增强，HA 结构趋于复杂化。

黑土肥沃耕层构建有利于土壤有机碳的积累，改变了土壤腐殖质的组成，提高了土壤腐殖质的品质，同时也提高了土壤过氧化氢酶、脲酶和蔗糖酶活性。肥沃耕层构建由于改善了土壤结构，调节了土壤固、液、气三相比例，促进了土壤中微生物的生长，显著增加了土壤中真菌、细菌和放线菌的数量，提高了土壤中微生物的活性。

二、展望

（一）基于秸秆还田的耕层培育

作物秸秆中含有丰富的氮、磷、钾等营养元素，作为有机肥资源，秸秆占我国有机肥资源总量的12%～19%。经过吸水和土壤微生物作用的秸秆，一部分纤维素和半纤维素被分解释放出氮、磷和钾等补充土壤养分，可减少化肥施用量；剩下未分解的木质素等留在土壤中，增加土壤有机质含量，进而改善土壤物理及生物学性状，也能够增加土壤中有机胶结物质的含量，促进土壤团聚体的形成，增加土壤团聚体的稳定性，改善土壤结构。研究表明，秸秆还田能降低土壤容重，增加土壤孔隙度和大粒径微团聚体数量及水稳定性。所以，秸秆还田能提高土壤肥力，改善土壤结构。

秸秆直接还田分为覆盖还田和翻压还田，目前关于秸秆覆盖还田效应的研究已经被广泛报道。Jordan 等研究表明，秸秆覆盖改善了土壤容重、孔隙度状况和土壤团聚体的稳定性，进一步促进了降水的入渗。但是，Spaccini 研究发现，与秸秆覆盖还田相比，玉米秸秆混合施入土壤更能有效地提高土壤团聚体的稳定性。秸秆与土壤混合以后能够加速秸秆分解，并增加土壤微生物数量，改善土壤中的微生物分布状况。同时，秸秆还田深度是影响秸秆还田质量的一个重要因素。早在 1995 年，Angers 等就认为，影响土壤有机质含量的是秸秆还田的埋藏深度，而不是土壤耕作深度。秸秆深层还田有利于增加整个土层的土壤有机质含量和微团聚体的团聚度，增加土壤有益微生物数量和酶活性，有利于水分入渗，降低表层和亚表层土壤团聚体中的胡敏酸氧化度，增加活性结构，胡敏酸结构趋于简单化和年轻化。不同数量秸秆对于土壤培育的影响也已经被大量报道，其土壤有机质含量随着秸秆还田量的增加而增加，同时土壤团聚体的稳定性也随之增加。秸秆还田是培育耕层土壤的有效措施之一。但是，在实行过程中要针对土壤类型、气候特点等选择适宜的施用方式和施用量。

（二）基于有机肥的耕层培育

有机肥在广义上指动物废弃物和植物残体，经过一段时间发酵腐熟后形成的一类肥料，包括饼肥、堆肥、沤肥、厩肥和绿肥等。施用有机肥不仅能够增加土壤中的养分含量，改善土壤的物理性质，而且施用有机肥通过形成有机-无机复合体和微团聚体既提高了土壤有机质含量，又能够更新和活化土壤中老的有机质，改善土壤中腐殖质的品质，从而全面提高土壤肥力。施用有机肥后，土壤中的有机质含量提高了 $11.8\%\sim16.5\%$，松结合态腐殖质含量和松结合态/紧结合态腐殖质值提高。有机肥可以通过改善 $<0.002\ mm$ 复合体的腐殖质品质，从而改善和更新整个土壤腐殖质的活性。从胡敏酸光学性质的研究结果可知，施用有机肥使胡敏酸的结构变得简单，木质素和脂族结构比例增加，而氧化度、缩合度和芳香度下降，使胡敏酸向年轻化的方向发展。有机肥的施用除了提高土壤肥力外，同时能够提高土壤中转化酶、蛋白酶、淀粉酶、蔗糖酶、磷酸酶和脱氢酶等的活性，因此对土壤养分转化、提高养分有效性和能量代谢均有重要作用。

通过有机肥培育土壤耕层研究可知，土壤肥力的提高与有机肥的施用量密切相关。经过 13 年低量有机肥处理，栗褐土有机质含量增加幅度比较平缓，13 年增加了 65% 左右；而高量有机肥处理，土壤有机质含量则呈显著的增加态势，施用 13 年后土壤有机质含量成倍增加。这说明增加有机肥的投入量能更有效、更快速地提高土壤肥力。有机肥施用后对土壤影响时效的研究表明，在施入大量有机肥后的第一年，土壤有机碳未发生改变；而在第二年，与无肥处理相比，有机碳含量增加了 28%；而在连续施用 $4\sim5$ 年有机肥的土壤中停止施用后的第一年，有机碳含量比无肥处理高 28%，第二年比无肥处理高 46%。将有机肥施入土壤的不同位置也能起到培肥土壤的作用。韩晓增等研究表明，将有机肥施入 $20\sim35\ cm$ 能增加该层土壤有机碳的含量，同时明显改善了该层土壤的物理性质，培育了深厚的耕层。因此，在利用有机肥培育土壤耕层的过程中，要根据土壤的实际情况因地制宜，确定适宜的施用量和施用时间。

（三）黑土区培肥新途径

长久以来，人们关注的土壤培肥，其实就是对土壤耕层的培育。随着种植结构的多元化和农业机械的不断完善与更新，在考虑土壤耕层培育的技术措施时，应该结合作物轮作、秸秆还田、施用有机肥、耕作的强度和频度，同时根据土壤类型确定需要培育的耕层厚度。

根据笔者对黑土培肥的研究结果，对于黏粒含量 $>30\%$ 的黏质土壤，耕层培育的技术模式建议如下。

1. 在玉米连作种植区域，建议实行集成"深翻-免耕-少耕"模式 技术要点为三年（每年 1 个生长季）一个技术周期，第一年玉米收获后秸秆在深翻犁的驱动下一次性深混还田，还田深度为 $0\sim35\ cm$；第二年玉米收获后免耕；第三年秸秆覆盖免耕种植玉米，秋季收获后采用少耕与秸秆粉碎还田；第四年种植玉米。此技术模式能改善土壤耕层结构，提高土壤保水供水能力，再配以精准施肥技术，可以达到水肥增效目的。

2. 在大豆和玉米都种植的区域，建议采用以下 2 个技术模式 ①"大豆-玉米"轮作肥田技术模式。技术要点为两年（每年 1 个生长季）一个技术周期，第一年种植大豆，不施氮肥和减施农药，秋季收获后免耕；第二年秸秆覆盖免耕播种玉米，玉米收获后，秸秆在深翻犁的驱动下深混还田，还田深度为 $35\ cm$。②"玉米-大豆-大豆"大豆重迎茬高效种植模式。技术要点为第一年种植玉米，秋季收获后，玉米茬平翻后第二年种植平播大豆或小垄大豆（迎茬），秋季旋松起标准垄型，第三年春种植标准垄大豆（重茬），秋季免耕。

3. 在小麦种植区域，选择"玉米-小麦-大豆"高效轮作模式 技术要点为第一年种植玉米，秋季收获后平翻；第二年在平翻的玉米茬上种植平播小麦，小麦收获后平翻；第三年种植大豆，秋季收获后免耕。

4. 大剂量有机肥间隔施用配合秸秆还田技术模式 在玉米秸秆还田时配施大剂量有机肥，利用秸秆深埋技术，将秸秆和有机肥深混入 0～35 cm 土层，建议有机肥的施用量为 22.5 t/hm²。

在黏粒含量较少的沙质土壤中，建议在应用上述技术的同时注意以下几个问题：一是沙质土壤的培肥应以有机肥和秸秆堆沤培肥为主。如果实行秸秆还田，秸秆的长度一定要控制在 5 cm 以下，否则可能引起既不保水又不保肥的负面影响。二是沙质土壤的耕翻深度应控制在 20 cm。

黑土可持续发展战略 >>>

第一节 东北黑土地保护规划纲要（2017—2030年）

一、引言

耕地是重要的农业资源和生产要素，是粮食生产的"命根子"。落实好新形势下国家粮食安全战略，端牢中国人的饭碗，出路在科技，动力在政策，但根本还在耕地。东北是我国重要的粮食生产优势区、最大的商品粮生产基地，在保障国家粮食安全中具有举足轻重的地位。当前，东北黑土地数量在减少、质量在下降，影响粮食综合生产能力提升和农业可持续发展。

党中央、国务院高度重视东北黑土地保护，明确提出要采取有效措施，保护好这块珍贵的黑土地。按照《国民经济和社会发展第十三个五年规划纲要》《全国农业现代化规划（2016—2020年）》《全国农业可持续发展规划（2015—2030年）》《农业环境突出问题治理总体规划（2014—2018年）》的要求，农业部（现为农业农村部）会同国家发展改革委、财政部、国土资源部（现为自然资源部）、环境保护部（现为生态环境部）、水利部编制了《东北黑土地保护规划纲要（2017—2030年）》（以下简称《规划纲要》）。

本《规划纲要》期限为2017—2030年，实施范围为辽宁、吉林、黑龙江和内蒙古东部的黑土区。

二、东北黑土地保护的重要性和紧迫性

黑土地是地球上最珍贵的土壤资源，是指拥有黑色或暗黑色腐殖质表土层的土地，是一种性状好、肥力高、最适宜农耕的优质土地。东北平原是世界三大黑土区之一，北起大兴安岭，南至辽宁南部，西到内蒙古东部的大兴安岭山地边缘，东达乌苏里江和图们江，行政区域涉及辽宁、吉林、黑龙江以及内蒙古东部的部分地区。根据第二次全国土地调查数据和县域耕地质量调查评价成果，东北典型黑土区耕地面积约2.78亿亩。其中，内蒙古自治区0.25亿亩，辽宁省0.28亿亩，吉林省0.69亿亩，黑龙江省1.56亿亩。

东北黑土区曾是生态系统良好的温带草原或温带森林景观，土壤类型主要有黑土、黑钙土、白浆土、草甸土、暗棕壤、棕壤等。原始黑土具有暗沃表层和腐殖质，土壤有机质含量高，团粒结构好，水肥气热协调。20世纪50年代大规模开垦以来，东北黑土区逐渐由林草自然生态系统演变为人工农田生态系统，由于长期高强度利用，加之土壤侵蚀，导致有机质含量下降、理化性质与生态功能退化，严重影响东北地区农业持续发展。黑土地是东北粮食生产能力的基石，保护和提升黑土耕地质量，实施东北黑土区水土流失综合治理，是守住"谷物基本自给、口粮绝对安全"战略底线的重要保障，是"十三五"规划纲要明确提出的重要生态工程，对于保障国家粮食安全和加强生态修复具有十分重要的意义。

（一）保护黑土地是保障国家粮食安全的迫切需要

贯彻新形势下国家粮食安全战略，根本在耕地。东北地区是我国重要的商品粮基地，粮食产量占

全国的 1/4，商品量占全国的 1/4，调出量占全国的 1/3。多年来，东北黑土区受水蚀、风蚀与冻融侵蚀等因素影响，造成部分坡耕地黑土层变薄，地力水平下降。加强东北黑土地保护，稳步提升黑土地基础地力，国家粮食安全就有坚实基础。

（二）保护黑土地是实施"藏粮于地、藏粮于技"战略的迫切需要

实施"藏粮于地、藏粮于技"战略，需要严格落实耕地保护制度、扎紧耕地保护的"篱笆"，更需要加强耕地质量保护、巩固提升粮食产能。东北黑土地土壤腐殖质层深厚，有机质含量较高。由于多年开发利用，自然流失较多，补充回归较少，造成有机质含量逐年下降。据监测，近 60 年来，黑土耕作层土壤有机质含量下降了 1/3，部分地区下降了 50%。辽河平原多数地区土壤有机质含量已降到 20 g/kg 以下。加强东北黑土地保护，采取综合性治理措施，有利于提升土壤有机质含量，提高黑土地综合生产能力。

（三）保护黑土地是促进农业绿色发展的迫切需要

多年来，为保障供给，东北黑土区耕地资源长期透支，化肥、农药投入过量，打破了黑土原有稳定的微生态系统，土壤生物多样性、养分维持、碳储存、缓冲性、水净化与水分调节等生态功能退化。此外，近些年东北地区水稻面积逐年扩大，地下水超采严重。加强东北黑土地保护，大力推广资源节约型、环境友好型技术，有利于加快修复农田生态环境，促进生产与生态协调，推动农业绿色发展。

（四）保护黑土地是提升我国农产品竞争力的迫切需要

东北黑土区是我国水稻、玉米、大豆的优势产区，但农业规模化水平低，基础地力不高，导致生产成本增加，农产品价格普遍高于国际市场，产业竞争力不强。加强黑土地保护，大力发展生态农业、循环农业、有机农业，实现节本增效、提质增效，提高东北粮食等农产品的质量效益和竞争力。

三、东北黑土地保护的思路、原则和目标

（一）总体思路

全面贯彻党的十八大和十八届三中、四中、五中、六中全会精神，深入贯彻习近平总书记系列重要讲话精神和治国理政新理念新思路新战略，牢固树立创新、协调、绿色、开放、共享的新发展理念，加快实施"藏粮于地、藏粮于技"战略，以巩固提升粮食综合生产能力和保障土地资源安全、农业生态安全为目标，依靠科技进步，加大资金投入，调整优化结构，创新服务机制，推进工程与生物、农机与农艺、用地与养地相结合，改善东北黑土区设施条件、内在质量、生态环境，切实保护好黑土地这一珍贵资源，夯实国家粮食安全的基础。

（二）基本原则

坚持用养结合、保护利用。统筹粮食增产、畜牧业发展、农民增收和黑土地保护之间的关系，调整优化农业结构和生产布局，推广资源节约型、环境友好型技术，在保护中利用、在利用中保护。

坚持突出重点、综合施策。以耕地质量建设和黑土地保护为重点，统筹土、肥、水、种及栽培等生产要素，综合运用工程、农艺、农机、生物等措施，确保黑土地保护取得实效。

坚持试点先行、逐步推进。在东北黑土地保护利用试点的基础上，积累经验，有序推进。衔接相关投资建设规划，集中资金投入，推进连片治理，做到建一片成一片，使黑土质量得到提升。

坚持政府引导、社会参与。坚持黑土保护的公益性、基础性、长期性，发挥政府作用，加大财政投入力度。鼓励地方加大黑土保护投入。发挥市场机制作用，鼓励农民筹资筹劳，引导社会资本投入黑土地保护。

（三）保护目标

1. 保护面积 到 2030 年，集中连片、整体推进，实施黑土地保护面积 2.5 亿亩，基本覆盖主要黑土区耕地。通过修复治理和配套设施建设，加快建成一批集中连片、土壤肥沃、生态良好、设施配套、产能稳定的商品粮基地。

2. 耕地质量 到 2030 年，东北黑土区耕地质量平均提高 1 个等级（别）以上；土壤有机质含量平均达到 32 g/kg 以上、提高 2 g/kg 以上（其中，辽河平原平均达到 20 g/kg 以上、提高 3 g/kg 以上）。通过土壤改良、地力培肥和治理修复，有效遏制黑土地退化，持续提升黑土耕地质量，改善黑土区生态环境。

四、东北黑土地保护的重点任务

（一）提升黑土区农田系统的可持续性

改变利用方式，形成复合稳定的农田生态系统。在黑土范围的冷凉区、农牧交错区退耕还林还草还湿，使农田生态与森林生态和草地生态相协调；在风沙区推广少免耕栽培技术，减少风蚀沙化；在平原旱作区推广深松深耕整地，提高土壤蓄水保肥能力。推行粮豆轮作，推进农牧结合，构建用地养地结合的产业结构。

（二）提升黑土区资源利用的可持续性

将黑土耕地划为永久基本农田，并结合划定粮食生产功能区和重要农产品生产保护区，对黑土实行最严格的保护，实现永续利用。落实最严格水资源管理制度，推广节水技术，在三江平原、松嫩平原、辽河平原地表水富集区，控制水稻生产，合理开发利用地表水，减少地下水开采，恢复提升地下水水位。加快农业废弃物资源化利用，增施有机肥，实行秸秆还田，增加土壤碳储存和腐殖质，增强黑土微生物活力。以高标准农田建设为主要方向，完善农田水利配套设施，建设高产生态良田。

（三）提升黑土区生态环境的可持续性

治理面源污染，重点是控制工矿企业排放和城市垃圾、污水等外源性污染，推进化肥、农药减量增效，推行农膜回收利用，率先在东北地区实现大田生产地膜零增长，减少对黑土地的污染。加强小流域水土流失综合治理，搞好缓坡耕地治理、侵蚀沟治理，推广等高修筑地埂，种植生物篱带、粮油作物隔带种植等水土流失综合治理模式，建立合理的农田林网结构，保持良好的田间小气候，保护生物多样性，防治黑土沙化风蚀。

（四）提升黑土区生产能力的可持续性

保持良好的外在设施，加快在东北黑土区建设一批集中连片、旱涝保收、高产稳产、生态友好的高标准农田，实现土地平整、沟渠配套、田间路通、林网完善。保持良好的内在质量，培育土体结构优良、耕层深厚、有机质丰富、养分均衡、生物群落合理的土壤，将剥离后耕层土壤用于中低产田改造、高标准农田建设和土地复垦。提升农机装备水平，推广大马力、高性能农业机械，开展深松深耕整地作业，巩固提升农业综合生产能力。

五、东北黑土地保护的技术模式

（一）积造利用有机肥，控污增肥

通过增施有机肥、秸秆还田，增加土壤有机质含量，改善土壤理化性质，持续提升耕地基础地力。建设有机肥生产积造设施。在城郊肥源集中区，规模畜禽场（养殖小区）周边建设有机肥工厂，在畜禽养殖集中区建设有机肥生产车间，在农村秸秆丰富、畜禽分散养殖的地区建设小型有机肥堆沤池（场），因地制宜促进有机资源转化利用。推进秸秆还田，配置大马力机械、秸秆还田机械和免耕播种机，因地制宜开展秸秆粉碎深翻还田、秸秆覆盖免耕还田等。在秸秆丰富地区，建设秸秆气化集中供气（电）站，秸秆固化成型燃烧供热，实施灰渣还田，减少秸秆焚烧。

（二）控制土壤侵蚀，保土保肥

加强坡耕地和风蚀沙化土地综合防护与治理，控制水土和养分流失，遏制黑土地退化和肥力下降。对漫川漫岗与低山丘陵区耕地，改顺坡种植为机械起垄等高横向种植，或改长坡种植为短坡种植，等高修筑地埂并种植生物篱，根据地形布局修建机耕道。对侵蚀沟采取沟头防护、削坡、栽种护沟林等综合措施。对低洼易涝区耕地修建条田化排水、截水排涝设施，减轻积水对农作物播种和生长的不利影响。

（三）耕作层深松耕，保水保肥

开展保护性耕作技术创新与集成示范，推广少免耕、秸秆覆盖、深松等技术，构建高标准耕作层，改善黑土地土壤理化性质，增强保水保肥能力。在平原地区土壤黏重、犁底层浅的旱地实施机械深松深耕，配置大型动力机械，配套使用深松机、深耕犁，通过深松和深翻，有效加深耕作层、打破犁底层。建设占用耕地，耕作层表土要剥离利用，将所占用耕地耕作层的土壤用于新开垦耕地、劣质地或者其他耕地的土壤改良。

（四）科学施肥灌水，节水节肥

深入开展化肥使用量零增长行动，制定东北黑土区农作物科学施肥配方和科学灌溉制度。促进农企合作，发展社会化服务组织，建设小型智能化配肥站和大型配肥中心，推行精准施肥作业，推广配方肥、缓释肥料、水溶肥料、生物肥料等高效新型肥料，在玉米、水稻优势产区全面推进配方施肥到田。配置包括首部控制系统、田间管道系统和滴灌带的水肥设施，健全灌溉试验站网，推广水肥一体化和节水灌溉技术。

（五）调整优化结构，养地补肥

在黑龙江和内蒙古北部冷凉区，以及吉林和黑龙江东部山区，适度压缩籽粒玉米种植规模，推广玉米与大豆轮作和"粮改饲"，发展青贮玉米、饲料油菜、苜蓿、黑麦草、燕麦等优质饲草料。在适宜地区推广大豆接种根瘤菌技术，实现种地与养地相统一。推进种养结合，发展种养配套的混合农场，推进畜禽粪便集中收集和无害化处理。积极支持发展奶牛、肉牛、肉羊等草食畜牧业，实行秸秆"过腹还田"。

六、东北黑土地保护的保障措施

保护东北黑土地是一项长期而艰巨的任务，需要加强规划引导，统筹各方力量，加大资金投入，强化监督评价，合力推进东北黑土地的保护。

（一）加强组织领导

东北4省（自治区）成立由政府分管负责同志牵头，农业农村、发展改革、财政、国土资源、生态环境、水利等部门负责同志组成的黑土地保护推进落实机制，加强协调指导，明确工作责任，推进措施落实。农业农村部会同国家发展改革委、财政部、自然资源部、生态环境部、水利部，加强对东北黑土地保护的工作指导和监督考核，构建上下联动、协同推进的工作机制，确保东北黑土地保护落到实处、取得实效。

（二）强化政策扶持

落实绿色生态为导向的农业补贴制度改革要求，继续在东北地区支持开展黑土地保护综合利用。鼓励探索东北黑土地保护奖补措施，调动地方政府和农民保护黑土地的积极性。允许地方政府统筹中央对地方转移支付中的相关涉农资金，用于黑土地保护工作。结合高标准农田建设等现有投入渠道，支持采取工程和技术相结合的综合措施，开展土壤改良、地力培肥、治理修复等。推进深松机、秸秆还田机等农机购置实行敞开补贴。鼓励地方政府按照"取之于土，用之于土"的原则，加大对黑土地保护的支持力度。

（三）推进科技创新

实施"藏粮于技"战略，加强黑土地保护技术研究。推进科技创新，组织科研单位开展技术攻关，重点开展黑土保育、土壤养分平衡、节水灌溉、旱作农业、保护性耕作、水土流失治理等技术攻关，特别要集中攻关秸秆低温腐熟技术。推进集成创新，结合开展绿色高产高效创建和模式攻关，集成组装一批黑土地保护技术模式。深入开展高素质农民培训工程、农村实用人才带头人素质提升计划，着力提高种植大户、新型农业经营主体骨干人员的科学施肥、耕地保育水平，使之成为黑土地保护的中坚力量。

（四）创新服务机制

探索建立中央指导、地方组织、各类新型农业经营主体承担建设任务的项目实施机制，构建政府、企业、社会共同参与的多元化投入机制。采取政府购买服务方式，发挥财政投入的杠杆作用，鼓励第三方社会服务组织参与有机肥推广应用。推行 PPP 模式，在集中养殖区吸引社会主体参与建设与运营"粮-沼-畜""粮-肥-畜"设施。通过补助、贷款贴息、设立引导性基金以及先建后补等方式，撬动政策性金融资本投入，引导商业性经营资本进入，调动社会化组织和专业化企业等社会力量参与的积极性。

（五）强化监督监测

严格落实耕地保护制度，强化地方政府保护黑土地的责任。支持东北 4 省（自治区）修订完善耕地保护地方性法规、规章。将优质的黑土耕地划入永久基本农田，建立水稻、玉米生产功能区和大豆生产保护区。完善耕地质量标准和耕地质量保护评价指标体系，健全耕地质量监测网络，建设黑土地质量数据库。开展遥感动态监测，构建天空地立体式数字农业网络，实现自动化监测、远程无线传输和网络化信息管理，跟踪黑土地质量变化趋势。建立第三方评价机制，定期开展黑土地保护效果评价。

第二节　黑土保护利用总体实施方案

国家"十三五"规划建议提出："坚持最严格的耕地保护制度，坚守耕地红线，实施'藏粮于地、藏粮于技'战略，提高粮食产能，确保谷物基本自给、口粮绝对安全。""藏粮于地、藏粮于技"是对于"有土斯有粮"传统理念的新发展，不光要有"土"，还要有优质的"土"。众所周知，耕地是粮食生产的基础。但是，要保证能够生产出足够充足的粮食及农产品，耕地数量决定了有多少地可以种植农作物，耕地质量则决定了最终能够获得多少谷物和农产品的数量。"藏粮于地、藏粮于技"就是指通过各种措施，保持耕地较高水平的生产能力；通过科技投入，保障每年的粮食产量目标的实现，从而可以减轻丰年补歉年的传统仓储压力。耕地以土壤为核心，早在 1982 年，第 12 届国际土壤会议就提出"把土壤资源管理起来，迎接人类面临的挑战"。当届的大会还提出："土壤是我们全体人类生产和再生产的基础，我们必须关心土壤，拯救土壤使其为人类服务。如果我们十分熟悉我们的土壤，我们就能够预报它的变化与改良效果。"这从新的角度表明，土壤是国家财富的一部分，是农业可持续发展的重要基础。保护黑土资源，对于提高我国的粮食生产能力、保持农业可持续发展意义十分重大。

一、黑土保护利用的主要目标

（一）保护和提升黑土区农田系统的可持续性

在整个自然生态系统中，农田是以农业种植产出为目标的一个特定区域，从狭义的角度可以将其看作是一个相对独立的系统。农田系统的可持续性，是指在光、温、水及土壤类型确定的条件下，如何保持和不断提升其产出能力及这种能力的可持续性。一个系统的可持续性可用能量效率来表达，光、温、水及土是自然能量投入，人为投入的农田能量分为有机能量和无机能量。有机能量主要是劳力、畜力、种子和有机肥，无机能量主要是农机、化肥、农药和燃油。有投入必然要有产出，投入与产出的比例就是能量效率。能量效率的变化能够说明农田系统的发展方向，说明农田产出的稳定性和递增性。东北是典型的一年一熟区，雨热同季，光、温、水及土基本上处于一个稳定的状态，是当地优越的自然生态条件。黑土是我国能量效益较高的农田系统，在人为的农田能量投入上，因地形相对平坦、耕地集中，农业综合机械化水平较高。郭兵等调研显示，到 2011 年，辽宁、吉林、黑龙江 3 省的农业综合机械化水平分别达到 66%、65% 和 90% 以上。因土壤肥沃、有机质含量高，王旭 2005—2008 年的研究结果显示，水稻和玉米的化肥增产率分别达到 59% 和 41.8%，化肥偏生产力分别达到 29.5% 和 37.1%，明显高于其他地区；因降水时间与作物生长期比较匹配，主要依靠自然降水，灌溉投入较少。黑土区有多种地形地貌，如坡地、平地、低洼地等；种植不同种类作物，如玉米、水稻、大豆、蔬菜、牧草等；对于农田产出的目标，可通过种子、有机肥、化肥、农药、农机等投入比例，最终获得不同的产出及能效。由此，选择不同的自然因素与人为投入因素的组合，保持其持续的利用和产出目标是农田系统优化的目标。从大农业来说，调整种植结构，宜农则农、宜牧则牧、宜草则草；在农业种植内部结构调整上，优化玉米、水稻、大豆等主要作物的布局，发展优质高产的饲料玉米，建立优化的农田利用系统。进一步通过优化农田的有机能量和无机能量的投入，提高资源利用效率，有利于保持黑土区自然优势的持续性，最终保持和不断提升其产出能力及可持续性。

（二）保护和提升黑土区资源利用的可持续性

我国有约占全球 23% 左右的人口，而只有约 7% 的耕地面积，人均耕地面积为 0.08 hm² 左右。人均耕地面积远低于美国、俄罗斯和英国，这 3 个国家的人均耕地面积分别为 0.5 hm²、0.8 hm² 和 0.1 hm²，由此可以看出我国耕地资源的稀缺性。2008 年 8 月，《全国土地利用总体规划纲要（2006—2020 年)》重申要坚守 18 亿亩耕地"红线"，并提出到 2010 年和 2020 年，全国耕地应分别保持在 18.18 亿亩和 18.05 亿亩。但是，有了资源数量的保证，还需要管好耕地质量，才能实现资源的可持续利用。在经济、环境协调可持续发展的全球战略中，国际农业研究小组的技术咨询委员会对可持续农业的定义为：成功地管理各种农业资源，以满足不断变化的人类需求，而同时保护或提高环境质量和保护自然资源。从另一角度说，没有资源的可持续利用模式，就不会有农业的可持续发展。历史上，美国和苏联都发生过严重的黑土资源被破坏的灾难。由此，美国针对本国国情确定了土壤保持的战略，大力推广保护性耕作、秸秆还田；经过近 80 年的治理，黑土土层已经有了明显改善。苏联的土壤学家经过了长达 12 000 km 的调查研究，抓住了防治土壤干旱这个关键，确定了恢复黑土生机的方案，如营造防护林、利用积雪雨水保持土壤水分以及其他一些耕作措施。第一批防护林就种在卡明草原上，同时实行多年生禾本科牧草、豆科牧草混播与大田作物轮换种植的草田轮作制；采用浅耕灭茬与复式犁深耕相结合的土壤耕作；采用有机肥与无机肥相结合的施肥制度。经过半个多世纪的努力，黑土逐步恢复了活力。我国东北地区虽然没有遭遇美国大平原那样的大风暴，没有苏联大平原的连年大旱，但黑土资源的退化在悄无声息地进行着。近 10 多年来，黑土区土壤退化问题已经引起广泛的关注，应进一步加强对黑土资源退化原因的研究，在黑土资源质量建设与管理上形成一个长效机制，并不断改进和完善农艺措施，实施用养结合的黑土资源利用战略，防止黑土资源的进一步退化，促进黑土资源质量向好的方向转化，实现黑土资源的持续利用。

（三）保护和提升黑土区生态环境的可持续性

土地退化，从土壤退化开始。耕地土壤退化，不仅与自然因素有关，同时与耕种利用有密切关系。我国东北平原黑土区开发历史较短，总体来看，属于我国耕地土壤自然肥力保持较好的农业地区；但开垦以来短短的几十年时间里，黑土层受到一定破坏，生态环境也发生了很大的变化。大面积草原植被地貌被开垦为农田，加上耕作不当、水土流失严重，又进一步造成肥沃的表层土壤的流失。为提高作物产量，应用地膜技术造成的"白色污染"、不合理化肥施用造成的土壤酸化以及农药残留等问题也普遍存在，表面上看是黑土资源受到一定程度的破坏和丧失，但实质上更深层的影响则是该区域的生态环境在退化。2015 年，联合国粮食及农业组织发布了《世界土壤资源报告》，新的全球土壤观的核心是"土壤安全"，不仅仅是土壤与粮食安全相关，同时事关能源、环境污染、食物安全、气候变化、区域发展等全球可持续发展问题。土壤是一个复杂的开放体，它一直处在不断发展和演变的过程中。同时，由于土壤具有过滤性、吸附性和缓冲性等多种特性，人类在排放污染等有害土壤的物质时的无限度，造成土壤这些功能的下降，甚至完全丧失。一旦土壤不存，整个生态系统将变成不毛之地。保护土壤的安全，就是保护生态环境的安全。生态环境的可持续利用，就使农业有可持续发展的环境，这是相互关联的统一体。

土壤是粮食安全、水安全和更广泛的生态系统安全的基础。农业利用土壤资源措施得当的话，不仅意味着其自身生产力的维持，在更大程度上还意味着生态环境的改善和提高。中国科学院韩冰等研究，施用化肥、秸秆还田、施用有机肥和免耕措施，对我国农田土壤碳增加的贡献分别为 40.51 Tg/年、23.89 Tg/年、35.83 Tg/年和 1.17 Tg/年，合计为 101.40 Tg/年，是我国能源活动碳总排放量的 13.3%。施用有机肥农田土壤固碳能力的现状为 35.83 Tg/年，采用秸秆还田农田土壤固碳能力的现状为 23.89 Tg/年。由此可见，增施有机肥不仅可以提高土壤肥力，而且可以减少农田土壤的 CO_2 净排放，改善生态环境。因此，保护耕地黑土资源与保护自然生态环境是密切相关的统一体，应采取综合性措施，预防与治理相结合，农业技术与工程技术相结合，实现良好生态环境稳定的可持续发展。

（四）保护和提升黑土区生产能力的可持续性

耕地土壤最本质的利用特征是农业生产力，这也是大自然赋予人类的资源特征。保持黑土资源生产能力的可持续性，主要从以下 3 个方面下功夫：一是土壤肥力。从土壤肥力因素来说，土壤资源具有可再生性，因为土壤肥力可以通过人工措施和自然过程而不断更新，这也就是通常所说的土壤熟化。在自然状态下，植物生长吸收土壤养分，但秋季又以落叶的形式归还土壤大部分养分元素。但在人工耕作状态下，作物收获是一种向土地索取的行为，特别是大量的籽粒和秸秆随着收割带出农田，如果不进行适当的归还，土壤中的养分元素只消耗而没有得到补充，肥力就会下降。有机质是衡量土壤肥力的重要指标，因为有机质本身富含大量养分，并能够不断通过矿化过程释放出来；同时，有机质是一种胶体，吸水率高达 400% 以上，能保持土壤湿度和水分，还可以帮助土壤颗粒形成良好的团粒结构。二是土壤生物肥力。微生物是土壤有机质分解和矿化的必备因素，只有通过微生物的作用，秸秆等有机物才能腐烂，形成腐殖质，并释放出养分元素，作物才能吸收利用。保持良好的微生物肥力，与保持土壤有机质是相互依存的关系。三是建设高标准农田，即在有能力的条件下，提高农田基础建设标准。例如，灌溉与排水设施的完善，旱能灌、涝能排；农田机耕路的畅通，可满足农机下地作业的要求。国家颁布的高标准农田建设总体规划提出，高标准农田建设的 8 个方面，田、土、渠、路、林、电、管、科等各项建设都应高标准。提升黑土区生产能力的可持续性应采取综合措施，通过基础工程建设与用养结合农艺措施的紧密结合，有利于保持农田始终处于良好的状态，进而保持生产能力的持续稳定和不断增长。

二、黑土保护利用的基本原则

1. 技术引导，用养结合 用养结合是提高黑土资源质量的重要基础措施。用养结合，就是要通过农业耕作技术，既实现相应的产量目标，又不断培肥土壤，提高土壤的生产力。土壤肥力是土壤生产力的基础，土壤肥力保持和更新的首要措施就是培肥土壤。我国自古就有积造有机肥、施用农家肥的传统。早在春秋战国时期，《礼记》《孟子》等著作中就提到施用粪肥，以粪肥田。南宋农学家陈旉在《农书》中提出了"地力常新壮"的观点，主张用地养地结合，采用施用有机肥来保持和提高地力。科学研究表明，土壤培肥的主要基础在于土壤腐殖质的形成与更新，而腐殖质的形成与更新是一个长期积累的过程。吉林省农业科学院的 10 年长期定位监测试验结果显示，单施化肥，土壤有机质含量呈下降趋势；有机肥与化肥配施，有机质含量呈明显增加趋势，全氮、全磷、碱解氮、有效磷、速效钾含量均呈明显增加趋势。因此，有机肥与化肥长期配施对土地生产力的贡献远优于化肥单施，而单施化肥会导致土壤肥力逐步下降。从种植业生产系统来说，一方面，种植业生产通过利用土壤资源环境系统提供的条件得以进行；另一方面，它又反过来影响土壤资源环境系统。例如，施肥虽然是农业生产中的一个技术环节，但通过秸秆还田、农家肥堆沤还田等与化肥结合，既可以达到增产的目的，又可以达到保持和提升耕地土壤肥力的目的，有事半功倍的效果。在农业技术生产中，耕作、种植结构、种植品种、休闲轮作等也对土壤培肥有着直接或间接的作用。因此，在生产实践中，应统筹粮食增产、农民增收和黑土资源保护之间的关系，推广资源节约型、环境友好型技术，把用地和养地的关系处理好，发挥黑土资源的可再造性能，促使黑土再生，保持和不断提升黑土资源的生产力。

2. 转型发展，保护资源 我国的农业发展已经到了需要更多依靠科技突破资源环境约束、推进现代化建设、构建持续稳定发展体系的新阶段。资源环境约束是指资源环境的承载力几乎已经达到极限，由于不堪重负，资源环境质量在变化或者下降，进而对国民经济以及人民生活带来不良的影响。全球关注的粮食危机、能源危机、环境危机使人类认识到保护生存之本的重要意义。我国黑土区水资源、土壤资源危机已经显现，长期的单一种植以及过度追求高产，黑土资源只被消耗，不重视养护。从能量转化原理来说，土壤中的物质在源源不断地累积在作物中，满足了人们对粮食等农产品的需求；但获取更多农产品的要求还在增加，致使黑土资源已不堪重负。因此，按照农业供给侧结构性改革的要求，黑土资源区应该按照资源要素最优配置的原则，在统筹全国粮食总体生产布局的情况下，推进黑土区的种植业转型升级，调整农业结构，确定适宜的粮食特别是玉米的生产目标，发展大豆等养地作物与饲料用玉米等，给耕地以休养生息的时机，满足生态保护和可持续利用资源的要求。近几十年的开发，黑土资源质量已经发生了很大的变化，黑土资源形成了不同的空间布局，有厚层黑土区、中厚层黑土区、薄层黑土区。各黑土区的土壤肥力、土壤生产能力及土壤中相关元素都发生了变化，因此从国家粮食安全保障长久战略出发，划定粮食生产重点保护区、重点建设区、转型发展区等，因地制宜确定黑土资源的保护和利用模式，调整优化种植结构和生产布局，保护好我国天然的粮仓基地，实践"藏粮于地"战略。同时，在近期一定时期内，尽可能不开垦或少开垦新的耕地，保护原始的黑土资源，保留与黑土资源并存的生物种群。

3. 建管结合，持续利用　强化农田基础设施建设和管护，有利于提高农业种植效益，同时可提高耕地防御侵蚀退化的能力　农田基础设施建设主要是指平整土地、灌溉与排水、坡改梯、机耕路、防护林网等，这些工程一方面有提高劳动效率、资源利用效率、农产品市场效益、农产品品质与质量安全等功能，另一方面则起到提高耕地抵御外界不良环境因素的能力。例如，坡改梯、截留沟等建设，通过截断坡长长度，能消减坡地地表径流的冲刷力度，减缓地表径流对表层土壤的冲刷侵蚀，防止水土流失；开沟排水，能降低地下水位，有利于排除盐碱，并提高土壤温度，促进有机质的分解释放，改善种植条件；农田防护林有利于降低田间风速，减少风蚀对表层土壤的侵蚀，通过林带对气流、温度等环境因子的影响，降低土壤水分的蒸发速度；机耕路的修建，有利于农机作业，不仅可以对土壤耕性进行改良，打破犁底层，加厚活土层，同时农业机械化对实现科学施肥、科学施药的集约化操作有重要意义，有利于减少化肥施用和农药残留，提高土壤质量。强化农田基础设施的管护，目的是保持农田基础设施的持续功能，提高工程效益，最终实现持续的土壤保护和生产能力的保护。

耕地土壤可持续利用不仅要建设农田基础设施，"为了人类的生存，土壤管理是刻不容缓的事"。现代科学技术的发展，为土壤资源的管理提供了先进的手段。在现阶段，我国已经进行了两次全国土壤普查，基本摸清了我国土壤类型分布与基本特性；在全国实施了测土配方施肥项目，基本摸清了全国各类土壤现阶段肥力基本数据；全国耕地质量调查，基本摸清了不同区域耕地质量状况及基础生产能力，初步建立了以县为基础的耕地质量数据库。在这些调查资料的基础上，应该像管理国有固定资产一样，制定相应的法规制度、标准等，对耕作土壤进行管理。以测土配方施肥和耕地质量调查数据为基础，建立国家耕地土壤质量动态管理平台，统筹布局耕地土壤质量监测点，定期采集农田土壤质量信息，及时发现土壤质量退化的隐患和问题，调整农业生产技术与管理，减缓或者消除耕地土壤退化的进一步发展，实现土壤资源的可持续利用。

4. 政府扶持，农户参与　随着人口的增长，地球变得越来越拥挤，人类对自然资源的消耗也成倍增加，土壤资源也不再是用之不竭，它可能会因有机质含量降低而失去生产能力，最终成为沙漠；可能会因水土流失而消失，最终岩石裸露；可能会因被污染而不能利用，最终被废弃。因此，保护人类共同的土壤资源，政府、社会各界及从事种植的经营者和农民等人人有责。黑土资源保护是一项公益性、基础性、长期性的工作，从顶层设计、统筹规划来说，政府应对我国土壤资源保护有明确的要求，发挥主导作用，通过政策、法规、资金、制度和管理等有效推进黑土资源保护各项措施的实施。应让社会各界认识保护土壤资源的重要意义，发挥市场机制，引导社会资本投入土壤资源的保护。不直接耕种土壤的社会各个行业，应遵守《土地管理法》和《基本农田保护条例》的相关规定，在工业等其他行业活动中，严格保护耕地，控制非农业建设占用农用地；严格遵守工业废弃物排放规定，尽可能减少对耕地特别是优质耕地土壤的危害，助力做好土壤资源的保护工作。保护土壤资源，离不开从事种植的经营者和农民的积极参与，没有经营者及农民的参与，许多措施都无法落地。动员经营者及农民参与土壤资源保护，在种植作物过程中改进农业技术，不仅需要宣传秸秆还田、施用有机肥对提高农产品产量和品质有很好的功效，还需要切实让他们从中受益，提高种植效益。例如，秸秆还田、有机肥还田，如果农民没有参与的积极性，很难实施。但也需要切实考虑到我国国情，大型机械的投资成本高、使用期短，不可能家家户户都购买秸秆还田机、深耕深松机械等。小农户实施秸秆还田遇到的困难，需要通过政府组织或社会服务组织，进行规模化的作业，帮助农户实施秸秆还田。随着种植大户、家庭农场、专业合作社等新型农业经营主体的发展，农民普遍参加合作社，在农业经营方式加快实现集约化、规模化、组织化和社会化的过程中，在土地流转承包合同中，明确土壤资源保护的责任与义务。只有政府、社会和农业经营者及农户共同努力，才能实现土壤资源的保护，让土壤退化零增长。

三、黑土保护利用的建议

黑土地的保护利用关系到守住"谷物基本自给、口粮绝对安全"的战略底线，是"十三五"规划纲要明确提出的重要生态工程，对保障国家粮食安全和加强生态修复具有十分重要的意义。党中央高度重视黑土地保护利用，通过商品粮基地、新增千亿斤*粮食生产能力及农田水利等项目建设，投入大量资金，建设了一批旱涝保收的高标准粮田，对遏制黑土退化起到了积极的作用。但是，还应看到，黑土保护仍存在不少困难和问题：一是分户经营土壤保护难。实行家庭承包经营后，土地分散经营、规模偏小，农户承包耕地多呈顺坡条带状，导致等高起垄、筑埂、改梯等水土保持工程难以实施，大型农机具难以入田作业。同时，因劳动力成本上升，农户实施秸秆还田和施用有机肥的积极性不高。二是用地养地结合推广难。近些年，受种植效益等因素影响，东北地区粮食种植结构发生变化，多数地区调减大豆、杂粮等作物，改种单产较高的玉米，改变了过去粮豆轮作的用地养地种植模式，也影响了黑土的质量保护。三是科技支撑能力较弱。目前，对黑土保护的基础性、前沿性科研投入较少、成果不多，针对不同类型、不同区域黑土保护的集成创新不够，耕地质量监测网络不健全、建设与保护技术力量薄弱。四是黑土保护政策力度较弱。耕地保护重数量轻质量、重工程建设轻地力培肥等问题仍然突出，黑土利用保护机制尚未建立，政策法律法规缺位，资金投入不足。虽然一些地方出台了耕地质量保护法规，但权威性不够，执行较难。为此，提出黑土地保护利用建议如下。

（一）形成有效的技术模式，用科学的方法实现黑土地保护利用

利用科学的方法研究形成黑土地保护利用的技术措施是实现黑土地保护利用目标的首要条件。近年来，黑龙江、吉林、辽宁、内蒙古的农业部门和有关科研教学单位，利用"东北黑土地保护利用试点项目""东北地区黑土保育及有机质提升关键技术研究与示范"公益性行业专项开展黑土地保护利用技术研究，取得了初步进展。

在"东北黑土地保护利用试点项目"实施过程中，为遏制黑土"变瘦、变少、变硬"，各地采取了一些切实有效的技术措施，归纳起来主要有5种：一是以坡耕地、低洼易涝耕地工程治理与等高种植结合为主的控制土壤侵蚀、保土保肥技术措施。二是以有机肥积造施用、有机肥工厂化生产施用及各种形式的秸秆还田与秋春整地结合为主的积造利用有机肥、控污增肥技术措施。三是以深松和少免耕技术应用为主的耕层深松、保水保肥技术措施。四是以测土配方施肥、水肥一体化与各种新型肥料应用为主的科学灌溉施肥、节水节肥技术措施。五是以粮豆轮作、青贮玉米牧草种植和大豆接种根瘤菌为主的调整优化种植结构、养地补肥技术措施。

---

* 斤为非法定计量单位，1斤＝0.5kg。——编者注

"东北地区黑土保育及有机质提升关键技术研究与示范"公益性行业专项重点针对黑土区农田土壤侵蚀严重、耕层浅、结构差和地力下降等问题，形成了以发展保护性耕作技术为核心，玉米留茬深松耕作技术、原垄卡种耕作技术和深松过程中的秸秆还田技术相结合的技术模式，重点解决了玉米生长过程中保水、保苗、根系下扎难等问题；针对黑土区风沙土综合治理，研究风沙土团聚体形成与培肥措施，提出风沙土免耕覆盖抗蚀技术、风沙土持水保肥技术；针对黑土区旱作坡耕地的水热条件、土壤性质及作物类型，提出有机质提升等关键技术，评价不同施肥模式等因素对黑土地肥力形成及演化的影响。

但是，相对于现实需要，目前的技术模式仍显单一，缺少针对不同区域黑土地保护利用面临问题进行分类细化，将土、肥、耕、种、收、秸秆还田一揽子统筹协调考虑的有实效、可复制、能持续的集成技术模式。即便是单一技术也有不足，如秸秆还田技术缺少针对不同地形、土层厚度、水热条件、轮作方式、农机支持力度等条件下的细化和分类。从田间收集秸秆运到堆肥场与畜禽粪便掺混后堆制的有机肥，单位成本远高于用畜禽粪便堆沤的有机肥。因此，需要针对不同地形、土层厚度、水热条件、农机支持力度等条件，对有关技术措施进行分类、细化，结合种植制度，将不同的技术措施进行组装配套。

在技术模式形成过程中，应考虑以下内容：

1. 积造利用有机肥，控污增肥　通过增施有机肥、秸秆还田，增加土壤有机质含量，改善土壤理化性质，持续提升耕地基础地力。建设有机肥生产积造设施。在城郊肥源集中区、规模畜禽场（养殖小区）周边建设有机肥工厂，在畜禽养殖集中区建设有机肥生产车间，在农村秸秆丰富、畜禽分散养殖的地区建设小型有机肥堆沤池（场），因地制宜促进有机肥资源转化利用。推进秸秆还田。配置大马力机械、秸秆还田机械和免耕播种机，因地制宜开展秸秆粉碎深翻还田、秸秆覆盖免耕还田等。在秸秆丰富地区，建设秸秆气化集中供气（电）站，秸秆固化成型燃烧供热，实施灰渣还田，减少秸秆焚烧。

2. 控制土壤侵蚀，保土保肥　加强坡耕地和风蚀沙化土地综合防护与治理，控制水土和养分流失，遏制黑土地退化和肥力下降。对漫川漫岗与低山丘陵区耕地，改顺坡种植为机械起垄等高横向种植，或改长坡种植为短坡种植，等高修筑地埂并种植生物篱，根据地形布局修建机耕道。对侵蚀沟采取沟头防护、削坡、栽种护沟林等综合措施。对低洼易涝区耕地修建条田化排水、截水排涝设施，减轻积水对作物播种和生长的不利影响。

3. 耕层深松深耕，保水保肥　开展保护性耕作技术创新与集成示范，推广少免耕、秸秆覆盖、深松等技术，构建高标准耕层，改善黑土地土壤理化性质，增强保水保肥能力。在平原地区土壤黏重、犁底层浅的旱地，实施机械深松深耕，配置大型动力机械，配套使用深松机、深耕犁，通过深松和深翻，有效加深耕层、打破犁底层。对于建设占用耕地，耕层表土要剥离利用，将所占用耕地的耕层土壤用于新开垦耕地、劣质地或者其他耕地的土壤改良。

4. 科学灌溉施肥，节水节肥　深入开展化肥使用量零增长行动，制定黑土区作物科学施肥配方和科学灌溉制度。促进农企合作，发展社会化服务组织，建设小型智能化配肥站和大型配肥中心，推行精准施肥作业，推广配方肥、缓释肥料、水溶肥料、生物肥料等高效新型肥料，在玉米、水稻优势产区全面推进配方施肥到田。配置包括首部控制系统、田间管道系统和滴灌带的水肥设施，健全灌溉试验站网络，推广水肥一体化和节水灌溉技术。

5. 调整优化结构，养地补肥　在黑龙江和内蒙古北部冷凉区，以及吉林和黑龙江东部山区，适度压缩籽粒玉米种植规模，推广玉米与大豆轮作和"粮改饲"，发展青贮玉米、饲料油菜、苜蓿、黑麦草、燕麦等优质饲草料。在适宜地区推广大豆接种根瘤菌技术，实现种地与养地相统一。推进种养结合，发展种养配套的混合农场，推进畜禽粪便集中收集和无害化处理。积极支持发展奶牛、肉牛、肉羊等草食畜牧业，实行秸秆过腹还田。

（二）形成可靠的运行机制，用高效的工作实现黑土地保护利用

可靠的运行机制是实现黑土地保护利用目标的必要条件。只有建立起与技术模式相配套的运行机制，才能保证技术模式按规定要求实施。随着测土配方施肥、土壤有机质提升、耕地质量保护与提升等惠农项目的实施，构建与社会主义市场经济和我国农村现实情况相配套，保证技术措施落地并发挥作用的运行机制应该引起各方面的高度重视。

1. 构建可靠的运行机制　在"东北黑土地保护利用试点项目"实施过程中，各试点县在形成政府帮助启动、市场机制引导、农户主动落实的黑土地保护利用运行机制上积极探索，勇于创新，通过优化项目实施方式，推动项目落地。一是项目重点由新型农业经营主体承担。黑龙江把有意愿、有经济实力、耕作土壤类型有代表性、有配套农机、土地集中连片、有3年以上经营权的新型农业经营主体作为试点实施主体，项目全部由78个农业农机合作社承担。辽宁将项目全部交给57个农业农机合作社承担。吉林有71个农业合作社、85个农机合作社、42个种粮大户参与了项目实施。内蒙古则采取了以农业农机合作社为主、普通农户为辅的形式，其中农业农机合作社实施面积占72%。二是支持社会化服务组织参与。通过购买服务和物化补助等形式，鼓励引导有机堆肥服务队购置堆肥设施、抛撒设备，利用畜禽粪便、秸秆等堆沤制造有机肥，把有机肥运送到地、施肥到田，有效解决了劳动强度大、农业机械不足问题。项目带动了574个社会服务组织的服务，服务面积210万亩。阿荣旗将2015年坡岗地黑土保护综合技术模式中的挖排水沟、截水（顺水）沟，增加有机质含量综合技术模式中的秸秆还田、增施有机肥，黑土培育综合技术模式中的秸秆掺拌深松联合整地、田间砾石清理捡拾等技术措施、技术研发进行了比价招投标，8个项目区划分为4个标段，4个专业合作社中标后投入大批国内外先进的大型农业机械，集中连片作业。三是抓好技术指导与服务。一年多来，项目县集中连片开展示范，建设示范片52个，示范面积1.08万hm^2；技术人员深入田间地头，开展面对面技术指导2.6万人次；组织开展技术培训88场次，培训农户近万人次；在各种媒体进行宣传31次，建立标识牌518个。同时，耕地质量调查监测工作也在推进，各省份建设了耕地质量监测点60个，开展耕地质量调查监测取土8 627个、化验69 018项次、开展试验92个，为开展项目实施效果评价打下基础。

但是，从黑土地保护利用工作的长远发展来看，以上尝试还处于初级探索阶段，不够完善，仍有问题需要解决。例如，阿荣旗比价招标确定社会化服务组织的方式，存在因补贴资金不足影响技术措施质量、设置门槛过高造成部分新型农业经营主体被排除在外的情形。下一步需要各级农业部门共同努力，在做好现有工作总结的基础上，针对农业生产经营状况，分类探索研究组织方式，特别是充分发挥新型生产经营主体的示范引领作用，探索黑土地保护利用综合运行机制，重点在"农民主动实施为主、补贴政策引导为辅"上下功夫。进一步探索建立中央指导、地方组织、各类农业新型经营主体承担任务的项目实施机制，构建政府、企业、社会共同参与的多元化投入机制。采取政府购买服务方式，发挥财政投入的杠杆作用，鼓励第三方社会服务组织参与有机肥推广应用。推行政府和社会资本合作模式，通过补助、贷款贴息、设立引导性基金以及先建后补等方式，撬动政策性金融资本投入，引导商业性经营资本进入，调动社会化组织和专业化企业等社会力量参与的积极性。

2. 构建良好的监测评价机制　黑土地保护利用技术模式和运行机制的实施效果需要通过量化的指标进行评价和考核。基础数据和运行效果数据采集是终期评价的依据。一是要采用先进的监测手段和方法。结合全球定位系统，建立地理信息数据库，以野外调查取样、室内测试分析等方法和手段，建立土壤肥力数字模型，评价耕地地力水平。利用遥感技术开展动态监测，构建天空地立体式数字农业网络，实现自动化监测、远程无线传输和网络化信息管理，跟踪黑土地质量变化趋势。二是采用先进的信息处理技术。由于所获数据量大，种类繁多，应按其属性归纳为两大类：一类为属性数据；一类为空间数据。这些数据库通过程序连接进行分析，监测信息提交数据处理中心，经信息管理系统综合评价、分析，给出土壤肥力、土壤墒情变化和发展趋势，监测成果可采用图像、图形和报告形式展现。三是建立第三方评价机制。建立针对黑土地保护效果的第三方评价机制，有利于加强对黑土地保护工作的监管，减轻行政负担，帮助各级政府提高工作效率；有利于建立黑土地保护利用的长效机制，促进各项工作落实。黑土地保护效果的第三方评价机制可以充分发挥社会力量的专业优势，依靠专业人才完成评价工作，可以使评价结果更具有专业性和公信力。第三方评价工作的过程、结果遵循公开透明的原则，可以增加社会公众对黑土地保护工作的关注与重视，在加强社会监督的同时，激发实施主体不断解决问题、稳步提高工作能力的积极性。

（三）形成有力的政策支持，用良好的社会环境保障黑土地保护利用的可持续性

黑土地的战略地位决定了黑土地保护利用工作是一项长期的、复杂的、艰巨的工作，需要一个有利的政策环境给予长期而稳定的支持。

1. 出台耕地质量保护法，将黑土地保护纳入依法管理轨道　我国在保护耕地数量的动态平衡方面已取得了显著成效，相关法律法规比较健全，《中华人民共和国土地管理法》中提到对耕地的保护大部分是数量的保护，体现着"占多少，垦多少"原则。但是，在耕地质量保护方面还处于无法可依的局面。现行有关耕地质量建设与管理的法律法规大都是原则性、概括性的规定，过于抽象化，未形成系统，缺乏操作性，也没有配套实施的措施，管理体制、时效和法律责任规定也不科学。建议本着耕地质量管理坚持科学规划、合理利用、用养结合、严格保护、合理培肥的原则，耕地保护坚持贯彻数量与质量并重，占用耕地必须占补平衡，补充耕地的质量不得低于占用耕地质量的原则，明确耕地质量建设与管理主体，尽快制定完善有关耕地质量建设与保护方面的法律法规。在这方面，黑土地所在的 4 个省份均已打下了很好的基础。内蒙古、吉林、黑龙江都发布了相关条例，如《内蒙古自治区耕地保养条例》《吉林省耕地质量保护条例》《黑龙江省耕地保护条例》，辽宁发布了《辽宁省耕地质量保护办法》。这些条例和办法的实施都将为国家出台耕地质量保护法提供实践经验和事实依据。

2. 强化政策扶持，营造支持黑土地保护利用工作的社会氛围　黑土地保护利用工作不仅需要法律的支撑，还需要政策的扶持。落实以绿色生态为导向的农业补贴制度改革要求，继续在东北地区支持开展黑土地保护综合利用工作。鼓励探索黑土地保护奖补措施，调动地方政府和农民保护黑土地的积极性。允许地方政府统筹中央对地方转移支付中的相关涉农资金，用于黑土地保护工作。结合现有投入渠道，支持采取工程与技术相结合的综合措施，开展土壤改良、地力培肥、治理修复等。推进深松机、秸秆还田机等农机购置实行敞开补贴。鼓励地方政府按照"取之于土，用之于土"的原则，加大对黑土地保护的支持力度。2015 年，农业部启动了东北黑土地保护利用试点，每年安排 5 亿元开展工作。同时，安排了东北黑土地保护专题治理项目，每年 1.5 亿元；安排了秸秆综合利用专项、深松整地补贴，支持黑土地保护利用工作。拥有黑土地面积最大的省份——黑龙江省政府印发了《关于实施耕地地力保护补贴的指导意见》，耕地地力保护补贴标准为每亩 71.45 元，并明确规定秸秆还田、施用农家肥等直接用于耕地地力提升的资金要达到每亩 10 元以上。在项目的带动下，各级政府高度重视黑土地保护工作，黑土地保护意识不断提高。黑龙江将黑土地保护利用纳入《黑龙江省国民经济和社会发展第十三个五年规划纲要》，内蒙古把黑土地保护利用纳入政府工作目标和考核内容。通过项目宣传、培训和现场会等方式，项目区的农民认识到了增施有机肥、秸秆还田、粮豆轮作等技术措施对保护黑土地的重要性，培养了农民提高耕地质量的意识。在有关政策的扶持下，支持黑土地保护利用工作的社会氛围已初见成效。

3. 制定并完善相关标准，让黑土地保护利用工作规范化前行　黑土地保护利用工作涉及了技术和操作两个层面的标准。

在技术层面，一是尽快将相关技术模式上升成技术规程，方便黑土地保护利用工作者选择适宜的技术模式，按照操作程序实施。这样做，不仅能保证技术应用的效果，还会提高技术模式制定者和应用者的信心，同时也便于发现技术模式中存在的缺陷，提出修改完善建议，带动各项技术水平的不断提高。二是完善监测标准，根据农业农村部《耕地质量调查监测与评价办法》的规定，完善质量监测、田间试验、样品采集、分析化验、数据分析等工作的标准。三是尽快形成对黑土地保护利用工作

绩效进行科学评价的方法。绩效评价结果是下一阶段安排、落实、推进工作的基础，是工作方案中不可缺少的部分。公正的评价结果需要用科学方法获取数据的支撑，实施前的背景数据和实施过程数据与实施结果数据同等重要。目前，黑土地保护利用工作已经启动，但绩效评价体系还没有完全建立，应该抓紧时间尽快构建。

在操作层面，重点应在资金风险防控上下功夫。物化补助的财政资金支持方式，可按照《中华人民共和国政府采购法》《中华人民共和国招标投标法》等法律法规执行，风险小，操作性强，便于实施。但是，政府购买服务的财政资金支持方式，需要符合合同约定目标、任务和评价指标等才能实现，还需要经过第三方中介机构的验收评定，项目实施主体和管理主体均存在较大风险，导致政府购买服务的财政资金支持方式举步维艰。在积极探索政府购买服务的财政资金支持方式的同时，合理制定评价指标、目标任务、测算补贴标准，便于量化考核，既充分调动两个主体的积极性，又让各类政策支持资金能够依法、合理使用。

第三节　黑土保护利用试点县典型案例

一、龙江县黑土地保护利用试点典型案例

（一）实施背景

龙江县位于黑龙江省西部，地处大兴安岭南麓与松嫩平原过渡地带，总面积 6 175 km²，现有耕地 551 万亩，以玉米为主栽作物，播种面积占 80％以上。龙江县是国家重要的商品粮生产基地县，多次被评为全国粮食生产先进县、先进县标兵，被国务院授予"全国粮食生产先进单位"。

近年来，龙江县耕地质量存在的问题主要有：一是耕地变"瘦"了，质量日趋退化，耕地土壤肥力逐年下降。近年土壤化验数据显示，龙江县 60％～70％耕地的有机质含量为 20～30 g/kg，比 1982 年第二次土壤普查时的 30～40 g/kg 下降 10～20 g/kg。按黑龙江省统一划分标准，龙江县耕地有机质含量处于中等偏下水平，尤其是中西部丘陵漫岗和低山区耕地有机质含量已降至较低水平。二是耕地变"硬"了，土壤板结现象加重，耕作阻力随之加大。农民长期不施有机肥，大型农机具使用不足，造成土壤硬化板结。目前，耕地犁底层厚度达 8～10 cm，比 1982 年第二次土壤普查时增加 2～4 cm。三是耕地变"薄"了，适耕土层逐渐变薄，土壤抗蚀能力减弱。由于复杂的地形地貌和春季风沙大的气候特点，直接导致中西部丘陵漫岗和低山区耕地受水蚀和风蚀侵害，水土流失比较严重，耕层厚度越来越薄。连续 3 年调查结果显示，目前耕地有效耕层厚度为 15～20 cm，与 1982 年第二次土壤普查时相比减少 3～5 cm。为此，大力开展黑土地保护利用试点项目，对提升耕地肥力、增强土地的持续生产能力、实现农民增产增收以及改善生态环境具有重要意义。

（二）实施内容

1. 技术措施

（1）保护性耕作技术模式。保护性耕作是将传统的垄作改为 40 cm 窄行和 90 cm 宽行的宽窄行平作，通过高留茬、残茬覆盖、免耕播种的方式减少土壤耕作次数，从而起到减少风蚀水蚀、保墒抗旱、提高播种效率、节约成本的作用。同时，配合深松整地，打破犁底层，提高土壤通透性、温度、增强土壤保墒蓄水的能力，促进根系下扎，提高玉米抗旱性、抗倒伏性。

（2）有机肥施用模式。有机肥施用模式是将一部分秸秆覆盖于土壤表层（约占秸秆总量的 40％），另一部分秸秆与畜禽粪便进行堆沤发酵形成无害化有机肥，每 667 m² 施有机肥 1.5 m³，实现有机肥还田。春季播种配施颗粒商品有机肥。

第一年：冬季撒施农家肥 22.5 m³/hm²。

第二年：春季施用商品颗粒有机肥，夏季完成秸秆与禽畜粪便堆沤腐熟，秋季收集部分秸秆与禽畜粪便进行堆沤，将已经完成腐熟的有机肥进行撒施。

第三年：同第二年操作。

（3）测土配方施肥模式。根据作物需肥规律、土壤供肥性能，在合理施用有机肥的基础上，调配氮、磷、钾和中微量元素的施用数量、施用时间和施用方法。由于免耕播种春季土壤墒情好，耕层温度回升慢，影响出苗速度和苗期长势。在配方过程中，科学添加有利于促进根系生长的中微量元素，同时补充热性肥料作为口肥，可以提高耕层温度。耕作方式与营养管理配合，共同实现玉米保护性耕作过程中苗全、苗齐、苗匀、苗壮的生长指标。

2. 运行机制

（1）加强领导，部署协调。县主要领导高度重视，专门组织召开了由农业、财政、审计等部门参加的协调会，成立了由县主管领导为组长的黑土地保护工作领导小组，与各部门建立了联动机制，要求各部门要积极配合，主动向黑土地保护利用试点项目倾斜。县政府将黑土地保护工作列入政府督办事项，县农业农村局按季度向县政府呈报项目进展情况，并与项目乡镇签订责任状，为项目顺利实施提供了有力的组织保障。

（2）专家论证，确立原则。通过深入乡村调研、组织召开专家座谈会等方式，梳理了土壤现状，明晰了黑土地退化的症结。根据项目实际，确立了选择项目区的原则：一是乡村有积极性，黑土地保护认知度高，能够集中连片；二是村内有专业合作社等新型农业经营主体，农机动力充足；三是周边有养殖场，有机肥资源充足；四是代表性强，可复制、能推广。

（3）招标为主、合规采购。项目涉及的每项建设内容，都要履行相关程序确定实施单位，严格遵循政府采购法的相关规定，能招标就选择招标，不能招标的也要通过一定的方式履行采购程序，使项目实施公开透明、公平公正。

3. 操作程序

（1）加强施工监管。在项目管理过程中，对施工过程进行严格管理。首先是县、乡向项目村派驻包村人员，对项目实施进度、质量全程监管；其次是联合验收核实，由县农业农村局牵头，组织财政、项目乡村共同对项目建设情况进行验收、核实、确认；最后是公示验证，将验收的结论及时在项目村向广大农户公示，让群众认可。

（2）调动项目区积极性。积极宣传黑土地保护的重要性及技术标准、操作规程，动员项目区大户、合作社积极投入黑土地保护中来，保障项目的顺利实施。

（3）强化科技支撑，制定技术规程。对实施内容，制定了科学翔实的技术规程，既为施工者提供技术指导，也为项目验收提供科学依据，使黑土地保护工作顺利进行。

（三）实施效果

1. 经济效益 龙江县位于西部半干旱区域，当地农民一直使用坐水播种方式。每年春季需要经过放荒、灭茬、引沟、起垄、坐水、播种至少 6 个环节，仅机械租赁和人工成本就达 1 350～1 500 元/hm²。通过免耕播种＋深松整地的方式，可节约种植成本 450～525 元/hm²，且有助于提高土壤保水性。在项目实施的第一年，保护性耕作产量水平低于传统种植方式，产量平均减少 750 kg/hm² 左右。第二年，在干旱条件下，免耕播种的抗旱优势得以凸显。没有灌溉条件的田块，使用免耕播种技术玉米产量为 8 850 kg/hm²，而常规播种的仅为 3 300 kg/hm²。综合 3 年的产量结果和当年的玉米粮食价格，考虑 2016 年龙江县干旱的特殊情况并结合龙江县气候特点，即使在不干旱的情况下，按照市场上的玉米粮食价格，免耕播种对于种植成本节约的幅度完全可以弥补产量不足的损失，而在收益接近的情况下，保护性耕作高效、灵活、可持续的特点凸显出来。

2. 社会效益 龙江县传统的种植方式播种效率低，平均每人每天播种面积仅为 5 亩；而使用免耕播种机播种后，平均每人每天的播种面积为 80 亩（在土地相对较分散情况下的作业效率），保护性耕作的作业效率是传统种植方式的 16 倍。随着项目不断开展，免耕播种在龙江县的推广面积不断扩大，作业效率也在逐渐提高。2017 年，每台免耕播种机平均日播种面积达到了 100 亩，是传统播种方式的 20 倍，可以有效解放农村劳动力，促进土地适度规模化经营。

3. 生态效益 免耕播种避免了秸秆燃烧，减轻了大气污染。增施有机肥，特别是实施秸秆、粪便造肥还田，既可提高资源有效利用，又可提高耕地质量，从而促进土地综合生产能力，有利于生态农业的发展。测土配方施肥是"化肥零增长行动"的重要抓手，合理施肥，减量施肥，进而改善农田生态环境。

（四）特色和亮点

1. 引导农民转变种植观念 与传统播种方式相比，免耕播种具有播种效率高、简化操作步骤等优点。但由于减少土层耕作，温度回升慢，播种、出苗时间均晚于常规种植方式，正常年景下保护性耕作产量比传统种植方式低 37.5 kg/hm²。农民关注玉米的产量，不愿意采用保护性耕作技术。而在 2016 年、2017 年，借助黑土地保护项目，将保护性耕作与测土配方施肥、有机肥还田相结合，通过连片种植的方式，体现机械作业的高效与统一，让农民体会到了免耕播种在节约播种成本、提高播种效率上的效果；同时，随着玉米价格的波动，保护性耕作与传统种植方式在产量上的效益差缩小（按照玉米价格 0.8 元/kg 计算，常规年景下免耕播种方式在播种环节节约的成本基本可以弥补产量较传统方式低带来的损失）；实行免耕播种，农民可以提高管理效率，实现适度规模经营。

2. 解决了秸秆出路问题 由于龙江县土壤环境特点，无法进行秸秆深翻还田，为了不影响第二年播种，农民只能选择就地焚烧的方式处理秸秆。而采用"保护性耕作＋有机肥施用"的模式，通过将 40％秸秆覆盖、60％秸秆与畜禽粪便堆沤发酵方式还田，解决了秸秆出路，既减少秸秆焚烧，又有助于培肥地力。

3. 实现减肥增效 通过测土配方施肥和施用缓释肥，科学调整大量元素、中微量元素比例，速效养分和缓释养分的比例，提高肥料利用率，减少化肥投入量，实现减肥增效。

二、克山县黑土地保护利用试点典型案例

（一）实施背景

克山县位于黑龙江省西北部、齐齐哈尔市东北部，地处松嫩平原腹地，为小兴安岭山脉伸向松嫩平原的过渡地带，属于丘陵漫岗平原。全县耕地面积 20.18 万 hm²，其中平地耕地面积 14.76 万 hm²，占总耕地面积的 73.14％；缓坡地耕地（＞5°）面积 3.36 万 hm²，占总耕地面积的 16.65％。但随着农村经营管理体制的改变，由耕作制度、种植结构、施肥施药等造成的黑土资源恶化现象日趋严重，主要表现在以下 3 个方面：一是土壤有机质含量下降。第二次土壤普查时，克山县黑土耕层土壤有机质含量平均为 55.0 g/kg，现在全县黑土耕层土壤有机质含量平均为 44.2 g/kg，平均下降了 10.8 g/kg。二是黑土层变薄。克山县位于小兴安岭向松嫩平原过渡的丘陵漫岗地区，水土流失比较严重，造成黑土层逐渐变薄，黑土层厚度由第二次土壤普查时的 30 cm 左右下降到现在的 28 cm 左右，下降了 2 cm 左右。三是土壤耕层理化性质变差。具体表现为：土壤容重由第二次土壤普查时的平均 1.12 g/cm³ 增加到现在的 1.25 g/cm³，土壤毛管孔隙度下降，土壤微生物数量减少。黑土地面临"量减质退"的局面，给农业可持续发展和生态环境带来潜在的危险。因此，加强克山县黑土地保护已经迫在眉睫、刻不容缓。

（二）实施内容

1. 技术措施

（1）固土保水技术模式。秸秆覆盖少耕免耕技术、深松扩库增容技术。

（2）有机质提升技术模式。秸秆粉碎还田技术、增施腐熟有机肥或商品有机肥技术。

（3）化肥减施技术模式。推广应用测土配方肥、缓释肥料、生物肥料、液体肥料等新型肥料。

2. 运行机制 一是加大项目整合力度。充分结合农业综合开发、植保专业化统防统治、农机具购置补贴、深松补贴、基层农技推广体系建设等项目，整合项目资金，集约项目资源，加大对黑土地保护利用试点项目的资金投入力度，充分发挥项目整体优势。二是加大科技扶持力度。对全县承担黑土地保护利用项目的克山县仁发现代农业农机专业合作社、克山县新兴现代农业农机专业合作社、克

山县新隆现代农业农机专业合作社实施全程科技包保。三是加大绩效考核力度。将黑土地保护纳入地方政府工作目标和考核内容，对黑土地保护先进乡镇进行奖励。

3. 操作程序

（1）精选主体，合理布局。按照适度规模、集中连片、突出重点、以点带面的原则，客观、合理、科学地选择基础设施条件好、成方连片、栽培管理水平较高、机械力量雄厚的克山县仁发现代农业农机专业合作社、克山县新兴现代农业农机专业合作社、克山县新隆现代农业农机专业合作社作为项目承担主体。同时，根据各合作社种植特点，优化项目布局。

（2）成立组织，完善制度。为抓好项目落实，克山县成立了由县长任组长，副县长任副组长，农业农村局、财政局、农业机械管理局、畜牧局、农业中心、项目乡镇政府等部门负责人为成员的领导小组，切实加强组织领导。制订了具体的项目实施方案，明确了工作目标及工作进度，细化了工作措施。由县农业中心、农业机械管理局、畜牧局及项目乡镇农业站技术骨干组成技术指导组，负责制订项目实施方案及技术规程，加强项目区技术指导。

（3）强化培训，及时指导。一是充分利用电视、报刊等媒体，结合基层农技推广体系培训、扶贫"雨露计划"培训，深入开展了黑土地保护利用试点项目技术培训，共进行集中培训3次，培训农民300人次，发放技术资料300份。在电视台"科技助力"栏目和《齐报克山版》开辟专栏2期。二是在关键农时季节，技术指导组分区域、分作物、分季节、分层次开展生产技术指导，确保技术到位率和项目实施标准，全年技术人员下乡指导300人次。三是开通技术咨询电话，24 h接待农民咨询，全年接待来电咨询500人次，问题有效解答率达99%。

（4）严格管理，规范运作。一是根据项目实施要求，制订了黑土地保护利用试点项目技术方案，明确技术标准，确保规范操作。二是建立健全黑土地保护利用试点工作记录和田间档案，制作项目区分布图和示意图，做好声像资料积累等工作。三是制定黑土地保护利用试点项目管理办法、项目资金管理办法、考核评估办法，明确组织管理、责任分工、考核细则等具体内容。四是由农业技术推广中心与项目承担单位签订委托协议书，明确各自责任，确保项目顺利完成。五是在关键农时季组织开展观摩活动，开展技术交流，提高农民保护黑土地的思想意识。

（5）科学总结，积累经验。在项目实施过程中，认真总结试点中的好做法、好经验，及时查找存在的问题，为进一步扩大项目实施规模探索了路子，为各级政府指导农业生产提供了技术依据。

（三）实施效果

通过项目实施，减轻了水土流失，改善了生态环境，提高了耕地地力，取得了较好的生态效益、社会效益和经济效益。

1. 生态效益　一是固土保水技术的实施，使坡耕地水土流失现象得到了遏制，土壤耕层加深，蓄水保墒能力增强。二是粉碎的秸秆全部翻压还田，增加了土壤有机质含量和有益微生物数量，加深了土壤耕层，改善了土壤理化性质，从而增加了作物产量。三是有机肥的推广应用，秸秆和牲畜粪便的综合利用率得到了提高，净化了乡村环境，减轻了秸秆焚烧对大气造成的污染。

2. 社会效益　一是通过利用各类媒体开展宣传引导，以及在项目实施过程中举办技术培训和田间观摩，有力地促进了黑土地保护各项技术的示范推广，不仅提高了项目区农民保护黑土的意识，还带动了周边乡镇保护黑土的积极性以及对新技术的应用，为促进克山县农业可持续发展奠定了良好的基础。二是总结了一整套适合克山县的免耕技术模式。通过项目实施，形成玉米-大豆或玉米-大豆-马铃薯轮作生产技术规范、秸秆还田及秸秆有机肥规范、有机肥激发秸秆技术规范以及坡耕地黑土有机质提升技术规范，建立了轮作条件下黑土耕作、施肥、培肥、栽培技术体系，为克山县农业可持续发展探索了一条新的技术途径。

3. 经济效益　秸秆覆盖还田实施面积0.13万hm^2，单位面积投入2 970元/hm^2，产值8 846.4元/hm^2，收益5 876.4元/hm^2。秸秆粉碎翻压还田实施面积0.20万hm^2，单位面积投入4 095元/hm^2，产值9 682.4元/hm^2，收益5 587.4元/hm^2（表14-1）。

表 14 - 1　克山县黑土地保护利用项目经济效益核算

项目	投入（元/hm²）				产量	产值	收益	备注
	整地	肥料	其他	合计	（kg/hm²）	（元/hm²）	（元/hm²）	
秸秆覆盖还田		780	2 190	2 970	2 328	8 846.4	5 876.4	大豆价格按
秸秆粉碎翻压还田	1 125	780	2 190	4 095	2 548	9 682.4	5 587.4	3.8 元/kg 计算，
联合整地	825	975	2 190	3 990	2 445	9 291.0	5 301.0	投入不含租地费

（四）特色和亮点

1. 整合项目资金，合力推进项目实施　一是充分结合农业综合开发、植保专业化统防统治、农机具购置补贴、深松补贴、基层农技推广体系建设等各类涉农项目资金 1 860 万元，集中向黑土地保护利用试点项目投放，充分发挥了项目整体优势。2016 年秋季，县政府又拿出专项资金 150 万元，在全县建设秸秆粉碎翻压还田示范田 0.17 万 hm²，全县玉米根茬还田面积达到 4.37 万 hm²，比上年增加 20%。二是按照国家对黑土地保护利用试点项目补贴规定，积极落实各类补贴。通过合理整合项目，优化资源配置，促进了项目开展，提升了项目实施效果。

2. 遴选项目主体，发挥示范辐射作用　针对克山县规模化、组织化程度高的实际，首先将项目实施主体范围锁定在合作组织。在全县 681 个农业农机合作社中，按照科技意识强、耕地使用权限时间长、经营土地面积大、机械力量雄厚、与规模化养殖场相邻等原则及标准，将项目落实在了克山县仁发现代农业农机专业合作社、克山县新兴现代农业农机专业合作社、克山县新隆现代农业农机专业合作社。通过 3 个合作社的引导示范，带动全县增施有机肥面积 1.33 万 hm²，有机食品转换基地面积达到 0.10 万 hm²、认证有机食品基地达到 0.01 万 hm²。

3. 精选技术模式，带动种植结构调整　在充分考虑克山县主栽大豆、玉米、马铃薯三大作物的基础上，在合理利用、调整茬口的前提下，建立克山县坡耕型黑土地土壤肥力提升治理保护模式。通过实施玉米-大豆轮作制度，带动全县种植业结构调整。2016 年，全县大豆、玉米、马铃薯及其他经济作物比例接近 1∶1∶1，形成玉米-大豆或玉米-大豆-马铃薯轮作生产技术规范。

4. 严格运行管理，引导项目规范实施　为保质保量完成黑土地保护利用试点项目任务，严格实行绩效考核制。县政府成立了由农业农村局局长任组长，农业农村局、农业机械管理局、畜牧局、财政局、农业技术推广中心等相关单位为成员的验收小组，主要负责对项目各项任务指标完成情况进行检查验收。按照委托协议，各项目承担主体将任务指标上图造册、建档立卡，验收小组按图逐地块进行检查验收，并根据各主体任务完成情况提出整改及资金拨付意见。

三、松原市宁江区黑土地保护利用试点典型案例

（一）实施背景

松原市宁江区地处吉林省西部风沙干旱区，十年九春旱。春季玉米播种必须先灌水后播种，否则难以抓全苗，平均每公顷灌水费用 300~400 元。另外，耕地多年只用不养，耕层土壤理化性质变差。土壤有机质含量较 1982 年下降近 40%，黑土层减少约 10 cm，土壤板结，耕层变浅。

（二）实施内容

1. 实施面积和成效　宁江区在实施黑土地保护利用试点项目过程中，将大洼镇民乐村和伯都乡杨家村作为试点，推广了秸秆翻压还田水肥一体化技术模式，其中大洼镇民乐村推广面积 656.67 hm²，伯都乡杨家村推广面积 320 hm²。从两年的实践效果来看，耕地地力得到了有效提升，土壤有机质含量提高了 0.6 g/kg 左右；产量水平实现了新突破，平均产量达到 1.5 万 kg/hm² 以上，最高产量达到 1.7 万 kg/hm² 以上；农民收入得到了有效保证，提高了种粮农民的积极性，受到当地农民的广泛好评。

2. 技术措施　第一年种植玉米，实施秸秆深翻还田水肥一体化技术；第二年常规种植大豆；第

三年种植玉米，增施有机肥，实施水肥一体化技术。

（1）秸秆翻压还田。秋季玉米机械收获后，利用秸秆粉碎机将覆盖地表秸秆粉碎，还田秸秆量达到秸秆总量的 50% 以上。采用 1504 型大马力拖拉机配套对翻转犁进行深翻作业，深度达到 30～35 cm，翌年春季耙平压实、重镇压。为了避免秸秆腐烂过程中微生物与作物争夺速效养分，翻压之前每公顷施入商品有机肥 1.6 t。

（2）膜上播种。采用玉米膜下滴灌多功能精量播种机，一次性完成覆膜、铺管、播种、施肥、打药作业。为了避免传统膜下滴灌工序烦琐、"白色污染"严重等问题，这道工序采取了多项改进措施：一是改垄作为平作，减少工序。不起垄、直接平播，每公顷可节省 0.5 个车工和 2 个人工，同时避免了在垄作时将秸秆翻压地块的秸秆翻出。但需要注意的是，在秸秆翻压还田后，一定要耙平、耙细、压实。二是改幅宽 1.10 m 地膜覆盖为幅宽 0.75 m 地膜覆盖，每公顷减少地膜用量 15 kg，降低了成本，便于雨水下渗。三是改膜下播种为膜上播种，减少一个引苗程序，每公顷可减少人工 10 个左右。四是改膜下明管为浅埋管，解决了管膜接触点提前风化的问题。五是改普通膜为降解膜，降低了"白色污染"。六是改大种植密度，由 5.8 万株/hm² 增加到 6.5 万株/hm²。通过以上 6 项改革措施，这个环节减少了重耙、起垄、引苗 3 个生产作业程序，每公顷减少投入 1 100 元。七是减少底肥中的化肥用量，每公顷可减少化肥用量 100 kg，实现土壤养分平衡和化肥施用零增长。八是选用广谱性、低毒、残效期短、效果好的除草剂进行全封闭除草。

（3）田间管理。改 1 次追肥为 3～4 次追肥，把特制的高效水溶肥注入灌溉系统追肥，实现水肥一体化。在拔节期、抽雄吐丝期和灌浆期的灌水定额分别为 150～250 m³/hm²、350～450 m³/hm²、350～500 m³/hm²。

（4）适时晚收。为使玉米充分成熟、水分降低、品质提高，要在 10 月 5 日以后统一机械收货。

3. 运行机制和操作程序　由承担项目建设的农民合作组织填写开工申请表，明确责任，要求其法定代表人签字盖章，项目监管单位乡政府、乡镇农业站也要参与，签字盖章后递交到项目领导小组办公室。由各乡镇农业站对开工申请表的申请内容（包括面积、地块名称、方位等）进行现场核实，核实后发放开工许可表。同时，黑土地项目领导小组办公室与农民合作组织签订协议，由项目联合检查组或者监管单位定期对项目实施情况检查后填写中期检查表，对项目的具体完成情况核实后填写项目完工表，建立档案并留存影像资料。项目领导小组办公室按照项目完工表核实的真实情况将项目资金通过乡镇财政所，以一卡通的形式拨付给相关责任主体。

（三）实施效果

1. 投入成本　此项技术模式投入成本为 5 100 元/hm²。其中，一是秸秆翻压还田环节投入 1 500 元/hm²，包括秸秆粉碎农机作业费 300 元/hm²，采用 1504 型大马力拖拉机配套对翻转犁进行深翻作业 750 元/hm²，旋耕 270 元/hm²，镇压 180 元/hm²。二是增施商品有机肥投入 1 500 元/hm²。三是实施降解膜下滴灌水溶肥技术补助 2 100 元/hm²，包括购置可降解膜 300 元/hm²，购置滴灌带 1 500 元/hm²，用于购置玉米专用特制水溶性肥料 300 元/hm²。

2. 经济效益　通过实施此项技术模式，按照单年计算，民乐村和杨家村玉米平均产量达到了 1.5 万 kg/hm²，每公顷增产 3 000 kg。玉米按 1.4 元/kg 计，每公顷增加产值 4 200 元，每公顷减少化肥投入约 390 元，每公顷节本增效 990 元。3 年轮作期间，两年玉米采取秸秆深翻还田和水肥一体化技术，一年按常规种植大豆。因此，3 年轮作模式合计实现节本增效 1 980 元/hm²。

3. 生态效益　通过实施此项技术模式，一方面，可以极大地减少秸秆焚烧、无序堆放等现象，减少烟尘等有害气体排放；另一方面，通过实施玉米秸秆粉碎翻压还田和增施有机肥，可以有效改良土壤，改善土壤理化性质，增加土壤有机质含量。从 2015 年田间试验检测数据来看，实施秸秆全量还田＋有机肥 1.6 t/hm²＋降解膜下滴灌技术，每年土壤有机质含量可提高 0.30～0.35 g/kg，用水量比普通地膜灌溉省水 40%～60%，灌溉水利用系数可达到 95%。

4. 社会效益　通过实施此项技术模式，可以改善农村环境，增加农民收入，提高农业综合收益，促进农业可持续发展，在农业经济发展中发挥重要的作用，可谓利国利民、一举多得。

四、阿荣旗黑土地保护利用试点典型案例

（一）实施背景

2015年，农业部、财政部在东北地区组织实施黑土地保护利用试点工作，在工作中以保障国家粮食安全和农业生态安全为目标，树立绿色发展理念，紧紧围绕国家经济社会发展和生态文明建设大局，以实现黑土地资源高效利用、农业可持续发展以及保护农业生态环境为中心，坚持在保护中利用、利用中保护的总原则，全面提升黑土地质量，有效控制黑土退化，探索出一条黑土资源利用率、产出率和生产率持续提升，生态环境明显改善的现代农业发展之路。

（二）实施前状况及存在问题

1. 耕地土壤养分含量下降　近年来，由于盲目过度开发、种植制度不合理等因素导致黑土流失、土壤有机质下降、养分失衡，造成土壤板结、耕层变浅，已严重影响了阿荣旗农业的可持续发展。2014年与1982年相比，土壤有机质含量下降17.2 g/kg，降低幅度23.7%；全氮下降1.01 g/kg，降低幅度26.8%；速效钾下降62.7 mg/kg，降低幅度25.3%；有效磷增加12.7 mg/kg，增加幅度134.3%。

2. 有机肥利用率低　阿荣旗有机肥年资源总量约693.4万t，主要种类有羊粪尿、牛粪尿、猪粪尿、人粪尿，总利用量约为149.8万t，利用率约为22%。

3. 秸秆有效利用率低　阿荣旗每年秸秆资源总量约208.4万t，秸秆利用情况：还田用量约占秸秆总量的13.9%，饲料用量约占秸秆总量的28.1%，燃料用量约占秸秆总量的27.4%，焚烧弃置量约占秸秆总量的30.6%。秸秆还田主要是大面积的根茬还田，58.0%的秸秆用作燃料或焚烧弃置，造成了秸秆资源的浪费。

（三）实施内容

1. 技术措施

（1）坡岗地黑土保护。一是建立"草业冠"。在丘陵顶部及坡度较大、黑土流失严重、土层薄不宜耕种的耕地种草，使丘陵顶部形成"草业冠"，种草品种为紫花苜蓿。二是缓坡环耕（横垄）种植。针对丘陵浅山坡顺垄种植、长垄种植容易造成水土流失的耕地采取农机农艺结合技术，在对顺山种植的地块进行整地的基础上，改顺坡种植为环耕（横垄）种植，改长坡种植为短坡种植，减少水土流失，巩固坡耕地的土壤，从而改变原有种植水土流失严重的现状。三是筑地埂和种植篱带。在丘陵的坡地上修筑地埂，埂上种植苕条等小灌木以打造生物防护篱带。四是挖截水（顺水）沟。为防止坡面来水进入耕地，在耕地上侧与林地交界处挖截水沟，将雨水顺排到沟底，避免坡面来水冲刷耕地。五是挖排水沟。在截水沟和路边沟汇水出口处挖排水沟，将水流引入河道。

（2）提升土壤有机质含量。一是秸秆粉碎覆盖还田。用秸秆粉碎机将秋季收获后的玉米茎秆就地在田间粉碎成小于5 cm的碎段，并均匀抛撒覆盖在地表，翌年春季使用免耕播种机械播种。二是秸秆堆沤还田。将玉米秸秆粉碎打包，运到指定地点后，按照标准掺拌尿素和腐熟剂，待秸秆发酵后均匀撒施到农田中。三是增施有机肥。有机肥养分全面，肥效持久均衡，几乎可以向作物提供全部营养元素。施入农田后，可以增加土壤腐殖质，改善土壤结构，培肥地力，还可以改善土壤微生物的生存条件，促进土壤养分的释放。

（3）黑土培育。一是粮豆合理轮作。合理轮作可以促进作物增产和培肥土壤，玉米和大豆轮作是较为合理的轮作方式。3年轮作方式为玉米-玉米-大豆，两年轮作方式为玉米-大豆。二是施用缓控释配方肥，减少化肥用量。三是秸秆掺拌深松联合整地。采用联合整地机完成旋耕作业，在对地表秸秆和根茬进行粉碎的同时，将粉碎的秸秆、根茬掺拌入耕层内，提高耕作层有机质含量和改善耕层结构，并使耕层达到待播状态。四是田间砾石清理捡拾。通过对耕层及地表的砾石清理捡拾，从而解决砾石多抑制作物生长的问题，便于农业机械耕作，提高土壤保水保肥能力和生产性能，为作物生长发

育创造良好的耕作条件，促进农业增产。

2. 运行机制

（1）依托新型农业经营主体。在项目区选择上依托新型农业经营主体，重点向土地流转力度大、规模化经营程度高的地区倾斜。8 个项目区土地代表性强，集中连片，0.67 万 hm² 试点项目区土地全部为新型经营主体流转规模化经营，每个项目区有 1 个以上新型农业经营主体牵头。这些新型经营主体对黑土地保护利用的技术模式、建设内容接受快，有能力实施各项技术措施，保证了试点建设质量和实施效果。

（2）引导社会资本参与。将坡岗地黑土保护综合技术模式中的挖排水沟、截水（顺水）沟，增加有机质含量综合技术模式中的秸秆还田、增施有机肥，黑土培育综合技术模式中的秸秆掺拌深松联合整地及田间砾石清理捡拾等技术措施和技术研发进行了比价招投标，8 个项目区划分为 4 个标段，4 个专业合作社分别以低于方案中设计的补贴资金额度中标。投入大批国内外先进的大型农业机械，集中连片作业，解决了阿荣旗在试点工作中大型先进农业机械不足的难题，提高了技术到位率，节约了资金，提高了工作效率。

（3）建立产学研结合的黑土地保护科技创新机制。阿荣旗黑土地保护技术力量薄弱，虽然采取了一系列黑土地保护的技术措施，但针对不同类型、不同区域、适用性强、推广效果好的技术集成不够，农艺农机融合不紧，试验研究体系不健全。通过聘请专家团队，技术研发由内蒙古农业大学专家团队中标，在阿荣旗形成了产学研结合的黑土地保护科技创新机制，初步探索总结出针对不同类型黑土地保护利用综合技术模式，加快了黑土地保护利用综合技术科技创新和技术推广。

（4）引进大型先进农机具，破解封冻早、作业时间短的难题。黑土地保护利用综合技术模式中提高有机质含量、培育黑土地是核心，阿荣旗现有农机具很难达到方案中的技术要求。政府通过从黑龙江、吉林等地引进了纽荷兰、凯斯、维美德、雷肯、格兰等大型动力机械和高端先进的农机具，解决了任务重、作业时间短的问题，高质量完成各项技术措施。

（5）建立"九个一"包保工作机制。项目所涉及乡镇要做到：成立 1 个推进小组、包保 1 个项目区、定位设计 1 张位置布局图、制订 1 个切实可行的实施方案、树立 1 块规范的标志牌、签订 1 份目标考核责任状、总结 1 套综合技术模式、探索 1 套综合运行机制、建立 1 套完整的工作档案，为完成试点工作奠定基础。

（四）实施效果

1. 经济效益　根据 2015—2016 年的测产结果，坡耕地玉米平均每公顷增产 471.0 kg，增收 753.6 元；大豆平均每公顷增产 124.5 kg，增收 448.2 元。缓坡漫岗地玉米平均每公顷增产 579.0 kg，增收 926.4 元；大豆平均每公顷增产 157.5 kg，增收 567.0 元。平川甸子地玉米平均每公顷增产 685.5 kg，增收 1 096.8 元；大豆平均每公顷增产 189.0 kg，增收 680.4 元。

2. 生态效益

（1）通过实施丘陵坡耕地以等高田建设为主的综合配套技术模式，丘陵坡耕地平均每公顷减少土壤侵蚀量 693.0 kg，结合土壤培肥措施，土壤有机质含量由 38.2 g/kg 提高到 42.2 g/kg，平均减少化肥用量 37.5 kg/hm²，防风蚀、水蚀能力提高约 30%。

（2）通过实施缓坡漫岗地黑土保护培育综合技术模式，缓坡漫岗地土壤有机质含量由 41.4 g/kg 提高到 44.5 g/kg，耕层厚度由以前的不足 20 cm 达到 30 cm 以上，平均减少化肥用量 51.0 kg/hm²。

（3）通过实施平川甸子地黑土保护培育综合技术模式，土壤有机质含量由 44.6 g/kg 提高到 46.8 g/kg，耕层厚度由以前的不足 20 cm 达到 30 cm 以上，平均减少化肥用量 63.0 kg/hm²。

3. 社会效益　一是改变了农民重化肥、轻有机肥的施肥观念和焚烧作物秸秆的做法。在项目实施过程中，通过开展宣传、培训和召开现场会等方式使项目区的农民认识到了增施有机肥、秸秆还田、粮豆轮作等技术措施对保护利用黑土地的重要性，尤其是对粮豆轮作、施用有机肥有了更高的认识，改变了农民图省事焚烧作物秸秆的观念，积造农家肥的明显增多。二是发挥了辐射带动和示范作用。试点工作的实施带动了广大农民积极应用各项技术措施，每年秸秆还田面积 5.17 万 hm²，增施有机肥面积 5.35 万 hm²，深松整地面积 5.60 万 hm²，有效发挥了试点工作的辐射带动和示范作用，提高了现代农业发展水平，促进了农业增效、农民增收。

（五）特色和亮点

1. 建立领导班子目标责任制　将黑土地保护利用纳入领导班子实绩考核目标。明确组织分工和任务职责，形成了上下协调、部门密切配合、广泛合作的联动机制。

2. 建立长效投入机制　制定出台《阿荣旗黑土地保护利用打造绿色有机农产品生产加工输出基地发展规划》，列为创品牌提效益、实现强旗富民的重要措施，形成了长期保护利用黑土地的目标管理责任制。

3. 项目整合，资金重点向黑土地保护利用投入　为黑土地保护利用技术模式示范推广设立了专项工作经费，从 2016 年起连续两年每年配套资金 200 万元，用于黑土地保护利用打造绿色有机农产品生产加工输出基地试验示范区建设。

4. 政府政策引导，土地规模化经营　财政资金扶持农业产业龙头企业、新型经营主体土地流转规模经营，承接试点项目任务，撬动社会资本参与黑土地保护利用试点工作，0.67 万 hm² 试点项目区全部流转，试点方案中技术模式、技术措施到位率达到 100％。

五、海伦市黑土地保护利用试点典型案例

（一）实施背景

海伦市位于黑龙江省的中部，地处松嫩平原东北端、小兴安岭西麓，位于由小兴安岭向松嫩平原的过渡地带，地势从东北到西南由低丘陵、高平原、河阶地、河漫滩依次呈阶梯形逐渐降低，地形为丘陵、漫岗，平均海拔 239 m。耕地总面积 31 万 hm²，其中大于 3°坡耕地 4.47 万 hm²，1°～3°平地 26.53 万 hm²。主产作物为大豆、玉米和水稻。海伦市前进镇胜利村位于海伦市中部，耕地土壤类型以黑土和草甸土为主，主要种植的作物为大豆和玉米。海伦市前进镇胜利村有机肥资源丰富，年秸秆总产量约 0.8 万 t；畜禽养殖业初具规模，年产生粪便近 0.5 万 t。胜利村相邻的东兴村有千万元以上农机作业专业合作社 1 个，农机总保有量为 18 台，其中各类联合收获机 6 台，73.55 kW（100 马力）以上拖拉机 7 台，147.10 kW（200 马力）以上拖拉机 2 台，深松、深翻、联合整地机械 3 台/套，可以对胜利村黑土地保护利用试点项目区提供农机配套服务。2016 年，建设现代农业科技园区 2 处，为黑土地保护利用试点项目的实施提供了更广阔的前景。

海伦市前进镇胜利村黑土地主要存在的问题：一是土壤有机质含量下降。黑土自开垦以来在农业生产上经历了长时间的掠夺式经营，有机物料投入不足，有机质含量迅速下降。二是耕层变薄。长期使用小马力农用机械作业，导致障碍层次出现，犁底层上移、变厚，耕层变薄，限制作物根系的有效活动空间和大气降水的入渗，降低了土壤水分和养分库容。三是耕层理化性质恶化。与开垦初期相比，耕层土壤容重由 0.79 g/cm³ 增到 1.27 g/cm³，总孔隙度由 67.9％减至 52.5％，田间持水量由 57.7％降至 26.7％，＞0.25 mm 水稳性团粒由 58.6％减至 35.8％，土壤供水供肥能力下降。因此，开展黑土地保护，提升耕地地力，增强土地的持续生产能力，对稳定和提高粮食产量具有现实意义和长远意义。

（二）实施内容

海伦市前进镇胜利村在黑土地保护利用过程中采用了肥沃耕层构建技术，通过将免耕、浅耕和深翻耕作技术组装进入大豆-玉米轮作体系中，与机械进行配套，形成了玉米-玉米-大豆的种植模式。模式中涉及了深翻、秸秆还田、有机肥施用、玉米-大豆轮作、测土配方施肥等多项黑土地保护利用技术。通过购买服务或补贴形式推进项目实施，玉米秸秆还田每公顷补贴 1 500 元，有机肥每公顷施用 30 m³ 补贴 4 500 元，玉米改种大豆每公顷补贴 2 250 元。

（三）实施效果

1. 经济效益　肥沃耕层构建技术肥沃土壤，提高耕地地力，进而提高了海伦市前进镇胜利村的粮食产量，与常规耕作方式相比，玉米亩均增产 61 kg，大豆亩均增产 22 kg，累计增产玉米和大豆166 t，玉米的价格为 1.3 元/kg，大豆价格为 3.6 元/kg，累计增收 31.7 万元。

2. 社会效益　肥沃耕层构建技术结合深、免、浅的组合耕作，建立了高产、优质、高效的玉米-玉米-大豆轮作模式，实现了黑土地力提升与经济效益提升的双重效果，同时达到了节肥、节药、秸秆还田和地力提升的目的，土壤有机质含量得到提升，物理性质得到改善，耕层厚度增加。

3. 生态效益　肥沃耕层构建技术是将全部秸秆与畜禽粪便通过机械深混入 0～35 cm 土层，在提升土壤有机质含量、培肥土壤的同时，杜绝了秸秆焚烧，解决了秸秆焚烧带来的一系列环境问题。实行畜禽粪便无害化处理后还田，解决了畜禽粪便堆积于村屯周边污染生活环境的问题，有利于新农村建设。

（四）特色和亮点

肥沃耕层构建技术是通过机械的方式将有机物料深混还田的方式，构建了一个肥沃深厚的耕层。与传统有机物料还田不同的是，肥沃耕层构建技术中有机物料还田深度增加至 35 cm，在打破土壤犁底层的同时，培肥了犁底层以下的土壤，实现了全耕层均匀培肥。因此，该项技术在机械筛选、模式配套和提高土壤水分养分库容方面具有突出的特色。

1. 筛选出了适用于肥沃耕层构建的关键配套机械　在灭茬环节，筛选了马斯奇奥灭茬机。该机械的特点是秸秆和根茬的破碎度高，能够达到深混还田不影响春季土壤墒情和作物出苗的目的。在有机物料深混还田环节，筛选出了螺旋式犁壁犁，能够将有机物料深混入 0～35 cm 土层。

2. 提出了基于肥沃耕层构建的玉米-玉米-大豆轮作模式　在该模式中，耦合了深翻、秸秆还田、轮作、测土配方施肥、轮作、有机肥还田等内容和环节，形成了一个轮作周期的黑土地保护利用技术体系。

3. 肥沃耕层构建通过打破犁底层，增加耕层厚度，能够增加土壤蓄水、保水和供水能力　肥沃耕层蓄水能力分别比免耕覆盖、浅混秸秆的土层提高 10.4％和 6.7％，保水能力提高 5.6％和12.3％，供水能力提高 33.2％和 9.8％，大气降水的入渗能力平均提高了 11.4％，玉米的大气降水利用效率平均为 13.9 kg/(hm² · mm)。

4. 肥沃耕层构建模式具有良好的养分供应能力　肥沃耕层构建过程中将秸秆和畜禽粪便深混施入 0～35 cm 土层，能够均匀增加 0～35 cm 土层中的养分库容，提高土壤供肥能力。与常规耕作相比，构建肥沃耕层土壤有机碳含量提高了 1.3％，全氮含量提高了 2.4％～4.3％，有效磷和速效钾含量分别提高了 3.7％～4.8％和 9.5％～12.6％，土壤的供肥综合能力提高了 8.9％。

5. 肥沃耕层构建能够扩大作物根系的生长空间　传统耕作导致土壤耕作越来越浅，犁底层越来越厚，限制了作物根系的生长空间，同时也限制了根系对土壤中水分和养分的吸收利用。通过肥沃耕层构建，作物根系向下生长的深度由原来的 0～17 cm 增加至 0～35 cm 甚至更深，有效改善了作物生长的环境条件。

六、绥化市北林区黑土地保护利用试点典型案例

（一）实施背景

绥化市北林区太平川镇团结村项目区 226.67 hm² 耕地已多年未进行过深松深翻整地，主要原因是农民不愿在这方面投入，其次是没有大型配套的整地农机具。这些原因导致北林区太平川镇团结村耕地出现以下问题：耕层逐渐变薄、土壤有机质含量逐年降低、理化性质渐差、土壤日趋板结、保水保肥能力渐差、抵御旱涝能力逐步降低等。

（二）实施内容

1. 技术措施　在太平川镇团结村项目区，针对 54.33 hm² 耕地，同一年度同时实施了有机肥施

用技术、深耕深松技术、秸秆粉碎翻压还田技术、科学轮作技术、测土配方施肥技术和化肥减量施用技术等多项技术措施。

2. 运行机制 在太平川镇团结村项目实施至今，召开了多次领导组和专家组会议，由专家组确定具体实施方案，及时解决技术难点，遇到个案问题，请教国内知名专家；由领导组主要领导督办，主管领导亲临一线，统一调配农机。农业农村局、农业机械管理局主要主管领导，作为项目领导小组成员全程参与项目管理，项目每个重大决策、实施内容都要向领导小组及时汇报。对有机肥施用进行招标、购买服务；对秸秆粉碎深松翻压还田进行购买服务。加强宣传、培训，召开施肥、整地现场会，全程进行技术指导，按标准完成工作。由北林区农业农村局、财政局和审计局成立项目验收组，对项目的具体实施分阶段及时进行检查验收，验收合格方可拨付资金。

3. 操作程序

（1）粉碎秸秆。秋收时利用收割机边收获边粉碎秸秆，然后采用维美德拖拉机＋马斯奇奥秸秆粉碎还田机对粉碎后的秸秆进行二次粉碎，粉碎长度小于 10 cm。

（2）调节秸秆 C/N。调节秸秆 C/N，采用抛撒机抛撒尿素，每公顷用量为 180 kg 左右。

（3）施用有机肥。采用有机肥抛撒车施用有机肥，每公顷用量在 18.75 m³ 以上。

（4）深松。采用约翰迪尔拖拉机＋深松机进行深松，平均深度为 36 cm。

（5）翻压秸秆。采用约翰迪尔拖拉机＋五铧翻转犁进行秸秆全量翻压还田，平均深度为 33 cm。

（6）耙地。采用约翰迪尔拖拉机＋重型耙地机进行耙地。

（7）起垄。采用维美德拖拉机＋旋耕起垄机旋耕起垄，达到待播状态。

（三）实施效果

1. 马斯奇奥秸秆粉碎还田机对秸秆灭茬粉碎效果好，秸秆粉碎长度小于 10 cm。

2. 德国原装进口五铧翻转犁对秸秆全量翻压还田效果好，平均深度达到 33 cm。

（四）特色和亮点

1. 使用了功能先进的进口大型农机具 如马斯奇奥秸秆粉碎还田机、德国原装进口深松机、德国原装进口重型耙地机和德国原装进口五铧翻转犁等。

2. 解决了秸秆还田中最大的难题 秸秆粉碎长度小于 10 cm，并且细度好，翻埋秸秆深度平均达 33 cm。

七、哈尔滨市呼兰区黑土地保护利用试点典型案例

黑龙江属北方寒冷地区，夏季短促，各项田间作业集中；冬季漫长，属于冬闲季节，便于收集秸秆和畜禽粪便。因此，冬季是有机肥积造的最佳季节。冬季有机肥积造最大的制约因素就是温度，克服低温进行有机肥积造是需要解决的难题。哈尔滨鸿福养殖有限责任公司是呼兰区实施黑土地保护利用试点实施单位之一，在项目实施过程中，利用企业自身优势条件，积极探索出高寒地区冬季积造有机肥的新方法，在 −20 ℃ 的气温下确保有机肥仍然能够正常发酵腐熟，为黑龙江积造有机肥提供了宝贵的经验。

（一）实施背景

哈尔滨鸿福养殖有限责任公司是集种猪繁育与无抗猪养殖、有机肥配方肥制造、有机饲料加工于一体的大型产业集团，辖 4 个子公司和 1 个商学院，建有 5 万 m² 的现代化、标准化养殖基地以及 1.2 万 m² 的有机肥和配方肥生产基地，年产优质种猪 1.5 万头、无抗生猪 2.3 万头，有机肥 1.0 万 t、配方肥 1.0 万 t。企业的发展按照以人为本、生态循环的模式，其中，利用中水冲洗圈舍、灌溉农田；生猪尿液及生产生活废水经过 5 000 m² 的沼气综合利用工程进行厌氧消化处理后产生沼气，沼气用于日常生活，沼液、沼渣生产有机肥；生猪干粪经好氧发酵堆肥系统处理后，制造有机肥；有机肥和配方肥用于公司所在的孟家乡及周边乡镇作物的种植，生产的农产品由企业回收，籽粒用于有机饲料加工，而秸秆用于堆沤造肥。这种良性循环既实现了资源的有序利用，保证了生猪的品质，提高了粮

食产量与安全，又保护和提升了耕地质量，具有显著的经济效益、社会效益和生态效益。

（二）实施内容

1. 有机肥积造原理 把秸秆粉碎成碎块与畜禽粪便充分混合，加入适量的腐熟菌进行堆制。在一定的温度和湿度下，经好氧微生物的作用，将玉米秸秆与畜禽粪便分解成作物能够吸收利用的有效营养成分。

2. 有机物料的准备 用于有机肥积造的玉米秸秆或其他有机物料必须粉碎，长度为 5～10 cm，过长则影响纤维的分解和有机肥的施用。畜禽粪便重金属、抗生素不能超标，如果超标则不能用于有机肥积造。

3. 有机肥积造场地的选择 有机肥积造场地要选在交通方便、宽阔平坦、背风向阳、牲畜不易危害到的地方。尽量选在四季都能生产的地方，最好是废弃的土坑、鱼池、林带边沟等。不要选在高岗或风口，不利于保温。

4. 原料配比 有机物料、畜禽粪便、土（清沟土、鱼塘淤泥或草炭土等）的比例为 6∶3∶1，这个比例能够保证合理的 C/N，有利于有机物料快速发酵。在秸秆与畜禽粪便混合时，每吨秸秆加入 2～3 kg 发酵菌，这样才能保证有机物料在微生物的作用下快速分解。

5. 混拌物料 将粉碎好的有机物料放入沤肥坑内，将畜禽粪便和土加在有机物料上，用铲车或挖掘机将其混拌均匀。向混拌好的有机物料中加入沼液，每吨物料加入沼液量 500～600 mL，加入沼液量要使含水量保持在 60% 以上为宜（手攥能从手指缝挤出少量水）。水分过多，会造成堆温过低，抑制纤维分解菌的活动，影响发酵；水分过少，会使纤维分解菌活动旺盛，堆温过高，造成养分损失。

6. 适时翻堆，及时起堆 整个堆、沤肥过程一般要翻动 3～5 次，翻动次数因堆内的温度而定。堆内温度超过 55 ℃时就得进行翻堆，温度过高会破坏有机质。秸秆与畜禽粪便完全腐熟，黑龙江冬季需 2～3 个月，夏季一般仅需 15 d。堆肥完全腐熟时要及时起堆，完全腐熟的标准为有机肥呈褐色或黑褐色、颗粒状，质地较轻、较柔软、无臭味，温度稳定不再升高，有害菌和虫卵全部被杀死。

7. 有机肥质量 有机肥经相关具有资质的检测机构检测，达到相关行业标准的要求，有机质含量 36.70%，氮磷钾总含量 5.12%，均高于常规积造的有机肥。

（三）实施效果

1. 生态效益 通过施用有机肥，取得了显著的生态效益。一是耕地质量逐步提升，改善了土壤环境。土壤有机质含量增加，土壤理化性质得到改善，形成稳定的团粒结构，耕层土壤疏松，促进作物根系生长，土壤储水库容增大，减少水分蒸发，增强抗旱能力；同时，可减少地表径流，加快雨水入渗速度，保水保肥能力和水分利用率提高。二是有机物资源得到有效利用。有机物料积造遏制了随意焚烧废弃秸秆、沼渣沼液流失等宝贵有机物资源浪费现象，减少环境污染，改善生态环境，消除安全隐患。三是保护土壤、水体、生物环境。有机肥积造施用，优化施肥结构，提高化肥利用率，避免了过量施用农药，从而减少农业生产对环境、水体、生物的不良影响；同时，健康的土壤环境能够减轻作物病害的发生，土壤的生物环境也得到了进一步保护和修复。

2. 经济效益 有机肥积造施用成本如下：每立方米秸秆打包运输等费用 80 元、粉碎秸秆机械人工电费 37 元、草炭土 20 元、发酵菌 10 元、堆沤 30 元、翻堆两遍 18 元、起肥 20 元、装肥 10 元、抛撒 15 元，以上合计 240 元；每公顷施用有机肥 18.75 m³，每公顷投入成本 4 500 元。哈尔滨鸿福养殖有限责任公司充分利用自身资源，实行循环种养模式，使有机肥积造施用成本降低了 125 元。2016 年施用有机肥，化肥用量实现了零增长。与不施有机肥相比，每公顷增产玉米 546 kg，增产 5.6%，增收 546 元。受粮食价格的影响，经济效益不明显。随着有机肥施用年限的增加，化肥的施用量将逐渐减少，农产品的品质也将得到提高，科学增加经济作物、绿色有机农产品等附加值高的种植面积，经济效益将会凸显。

3. 社会效益 在有机肥积造过程中，利用形式多样的宣传和技术培训让项目区农民对有机肥施用的重要性有了更高的认识。通过大面积的试验示范和现场观摩，充分展示出黑土地保护的各项措施在农业生产中的实际效果，得到了农民的广泛认可，农民对保护黑土地有了更新的认识。通过增施有机肥，耕地的综合生产能力提升，化肥、农药的用量减少，增强作物的抗逆性，提高作物产量，改善农产品品质，保障粮食、食品和生态安全，促进农村经济社会的稳定和农业可持续发展。

八、农安县黑土地保护利用试点典型案例

（一）实施背景

农安县众一农业机械专业合作社，是吉林省众一农业开发集团有限公司所辖的 3 个农业专业合作组织之一，位于农安县城南部的合隆镇陈家店村，毗邻长春市，主要从事流转土地耕种、农业耕作、农机租赁等业务。目前，已流转托管土地 600 hm²，占陈家店村总耕地面积的 80%，主要种植玉米，常年产量在 10 500 kg/hm² 左右。土壤类型以典型黑钙土为主，实施玉米、大豆轮作技术模式前对土壤进行了采样化验，土壤碱解氮含量为 117.6 mg/kg，有效磷含量为 16.1 mg/kg，速效钾含量为 136.6 mg/kg，有机质含量为 25.2 g/kg，土壤容重为 1.21 g/cm³，耕层厚度为 17.6 cm。当前，耕地主要存在以下几个问题。一是耕地地力出现下降趋势。合作社流转托管的 600 hm² 耕地，是农户自主经营的土地。30 年来，由于化肥的大量投入使用，农家肥投入数量锐减，单位面积产量大幅上升，土壤肥力消耗过大，地力呈下降趋势。另外，大型拖拉机保有量下降，能够实现深翻的耕地极少，致使耕地土壤犁底层上移，耕层变浅，土壤容重增加，降低了土壤保水保肥及抗旱性能。二是玉米长期连作导致土壤环境恶化。耕地连年种植玉米，长期连作导致土壤养分失衡，病虫草害加重，土壤环境趋于恶化，抗逆性能减弱。

（二）实施内容

1. 技术措施　2015 年秋季开始，在农安县众一农业机械专业合作社实施用养结合型黑土地保护利用技术模式，将当年的玉米秸秆全量深翻还田。2016 年，在翻压地块种植大豆，种植面积 66.67 hm²。2017 年，在上年种植大豆的田块种植玉米，秋收后进行秸秆堆沤，面积 66.67 hm²。

2. 运行机制　农安县农业技术推广中心与农安县众一农业机械专业合作社签订技术实施协议，协议期为 3 年，开展用养结合技术模式试点。

3. 操作程序

（1）秸秆翻压还田。2015 年秋，玉米进入完熟期后，采用大型玉米收获机进行收获，同时将玉米秸秆粉碎（长度＜10 cm），均匀抛撒于田间，用动力为 99.29 kW（135 马力）以上的拖拉机配挂翻转犁将秸秆耕翻入土，翻耕深度 30～35 cm，秸秆深翻至 20～30 cm 土层，旋耕耙平，达到播种状态。

（2）种植大豆。2016 年，在上年翻压地块种植大豆，品种为吉育 47，每公顷施用尿素 50 kg、磷酸氢二铵 100 kg、硫酸钾 150 kg，作底肥结合整地一次性施入。5 月 11 日播种，保苗 23 万株/hm²。播种后至出苗前进行化学封闭除草，作物生长期间利用化学药剂防治菌核病、孢囊线虫病、大豆蚜虫、大豆食心虫等。10 月 7 日开始，利用大豆收获机进行收获。

（3）秸秆堆沤还田。2017 年，在上年的大豆田种植玉米，品种为金庆 202、远科 707、迪丰 128。4 月 28 日，利用约翰迪尔 6 行免耕施肥播种机播种，底肥施用通用型复合肥（15 - 15 - 15）500 kg/hm²，播种后进行苗前土壤封闭除草。6 月 28 日，结合深松追施尿素 250 kg/hm²。玉米收获后，将玉米秸秆收集、粉碎，每公顷田的玉米秸秆与 7.5 m³ 鸡粪充分混匀后堆沤发酵，腐熟后施入田中，施用量为 15 t/hm² 左右。

（三）实施效果

1. 经济效益　据统计，2016 年，众一农业机械专业合作社大豆产量达到 3 697.5 kg/hm²，创下了农安县有史以来大豆种植高产纪录。2016 年大豆市场价格为 3.6 元/kg，收入 13 311 元/hm²，去除种子、肥料、农药、人工及机械等费用 3 099 元/hm²，种植大豆纯收入 10 212 元/hm²。2016 年玉米产量

10 950 kg/hm²，价格 1.5 元/kg，收入 16 425 元/hm²，去除生产投入 6 900 元/hm²，种植玉米纯收入 9 525 元/hm²。结果表明，种植大豆比种植玉米增加纯收入 687 元/hm²。

2. 生态效益　2016 年，作物生长前期降水较多，7 月中旬至 8 月中旬的 1 个月内，农安县平均降水不足 1 mm，出现了严重的旱灾。种植大豆的翻压地块表现出较强的蓄水保水能力，伏旱发生后，常规地块耕层土壤含水量降到 10% 时，翻压地块耕层含水量仍保持在 13% 以上。常规地块出现旱情时，翻压只呈现出轻微的旱象。2017 年，尽管 5 月下旬至 6 月上旬出现了阶段性低温，农民习惯种植田块的玉米生长缓慢，而且发生了病虫害；但示范田的玉米生长基本未受到影响，并且没有发生玉米病虫害。

另外，经过采样化验，实施该技术模式后，土壤碱解氮含量为 120.2 mg/kg，有效磷含量为 17.1 mg/kg，速效钾含量为 141.4 mg/kg，有机质含量为 25.3 g/kg，均有所上升；土壤容重降到了 1.11 g/cm³，耕层厚度上升到 28.8 cm，作物生长环境得到明显改善，病虫草害明显减轻。

3. 社会效益　通过用养结合型黑土地保护利用技术模式的培训与指导，以及组织农民现场观摩学习，提高了干部群众的黑土地保护意识。陈家店村未流转土地的农民纷纷表示要将土地交给合作社，大大推进了土地规模化、集约化进程，有利于促进玉米-大豆轮作技术模式的推广普及。

（四）特色和亮点

与专业化农业合作组织合作开展黑土地保护工作。土地集中连片、规模化经营，是推广玉米-大豆轮作技术模式的前提和保障。但是，目前农安县仍处在土地规模化集约经营的初始阶段，大部分土地仍为农户自主经营，土地分散，不利于大型机械作业。众一农业机械专业合作社现已流转土地 600 hm²，而且有继续扩大的趋势。合作开展黑土地保护工作起到了很好的试验示范效果，未来将会有更多的农业、农机合作社发展起来，推动土地集约经营的进程。

九、法库县黑土地保护利用试点典型案例

（一）实施背景

法库县东润泽玉米种植家庭农场成立于 2013 年，位于沈阳市法库县依牛堡子镇依牛堡子村，办公场所占地面积 300 m²，2015 年耕种面积 166.67 hm²。目前，拥有农机具 43 台套，其中，联合整地机 2 台、播种机 3 台、打药机 3 台、脱粒机 1 台、运输车 3 台、大型收割机 5 台；雷沃 1804 拖拉机、354 拖拉机、454 拖拉机等大型农机 4 台，旋转翻犁 4 台，玉米秸秆粉碎机 1 台，追肥机 3 台，扬肥机 1 台，大型发电机组 4 套，铲车 2 台；深松机 1 台、平地机 1 台、搂草搂膜机 1 台以及马铃薯种植机 1 台、马铃薯粉碎机 1 台、马铃薯复土机 1 台、马铃薯收获机 1 台。生产过程实施全程农业机械化作业。

（二）实施内容

1. 2015 年秸秆二次粉碎翻压还田　秋季玉米成熟后，采用联合收获机械边收获玉米穗边切碎秸秆（10 cm 左右），再用灭茬机灭茬使其均匀覆盖地表。秸秆粉碎作业量为 13.33 hm²/(d·台)。施用秸秆腐熟剂和深翻、耙压。每公顷秸秆腐熟剂用量以每千克秸秆施用 30 亿个以上有效活菌数为标准计算确定，趁秸秆青绿（含水量在 30% 以上）将秸秆腐熟剂与适量的细沙土及 5 kg 尿素混匀后，均匀撒在秸秆上，再用机械将秸秆深翻埋入土，深度需在 30 cm 以上；然后用机械耙实，利用雨水或灌溉水使土壤保持较高的湿度，促进秸秆快速腐烂。用雷沃 1804 拖拉机进行深翻作业，作业量为 1 800~2 250 hm²/(d·台)。

2. 2016 年秸秆过腹还田　将项目区玉米秸秆同养殖企业进行交换，每公顷田的秸秆交换经自然腐熟的牛粪 30 m³，人工或机械撒施入田。

3. 2017 年粮豆轮作　在项目实施的最后一年进行粮豆轮作，进一步培肥地力。

（三）运行机制

采用政府向家庭农场购买农机作业服务的方式，给予承担农机作业的家庭农场一定数额的作业补

贴，具体方法如下。在 2015 年项目实施前，东润泽玉米种植家庭农场向法库县黑土地项目实施工作领导小组提出承担项目实施申请；由法库县黑土地项目实施技术指导小组对申请承担项目实施的家庭农场统一进行评审后，报法库县黑土地项目实施领导小组批准，并准予通过；承担项目实施的家庭农场与法库县农村经济局签订购买服务协议，并按协议中所列具体作业要求实施。

(四) 实施效果

东润泽玉米种植家庭农场 2015 年承担黑土地保护利用试点项目——秸秆二次粉碎还田项目，面积 105.33 hm²。由于深翻后土壤耕层厚度增加，土壤的蓄水保肥能力得到提高，当年实现每公顷增产 780 kg，总增产 8.2 万 kg，增产率达到 6%，增加收入 114.8 万元。

主 要 参 考 文 献

B. A. 柯夫达，1960. 中国之土壤 [M]. 陈恩健，等，译. 北京：科学出版社.

E. W. 腊赛尔，1979. 土壤条件和植物生长 [M]. 北京：科学出版社.

Guy. D. 史密斯，1988. 土壤系统分类概念的理论基础 [M]. 李连捷，张凤荣，译. 北京：北京农业大学出版社.

S. L. 蒂斯代尔，纳尔逊，毕滕，1998. 土壤肥力与肥料 [M]. 金继运，刘荣乐，等，译. 北京：中国农业科学技术出版社.

鲍士旦，2000. 土壤农化分析 [M]. 3 版. 北京：中国农业出版社.

蔡立群，2014. 秸秆促腐还田土壤养分及微生物量的动态变化 [J]. 中国生态农业学报，22 (9)：1047 - 1056.

常丽君，2007. 东北黑土区粮食综合生产能力研究 [D]. 北京：中国农业科学院研究生院.

晁赢，2009. 长期定位施肥对土壤肥力特征及养分吸收利用的影响 [D]. 泰安：山东农业大学.

车玉萍，林心雄，1995. 潮土中有机物资的分解与腐殖质的积累 [J]. 核农学报，9 (2)：95 - 101.

陈恩凤，周礼恺，武冠云，1984. 土壤肥力实质的研究Ⅱ. 黑土 [J]. 土壤学报，21 (3)：229 - 237.

陈浩，李正国，唐鹏钦，等，2016. 气候变化背景下东北水稻的时空分布特征 [J]. 应用生态学报 (8)：2571 - 2579.

陈隆亨，李福兴，邸醒民，1993. 我国风沙土的系统分类 [J]. 中国沙漠 (4)：10 - 17.

陈文婷，2013. 施肥对不同有机质含量农田黑土壤活性有机碳和土壤结构的影响 [D]. 哈尔滨：东北农业大学.

程伟，张兴义，叶喜文，等，2007. 不同有机质含量农田黑土的水热效应 [J]. 农业现代化研究，28 (4)：501 - 503.

迟凤琴，汪景宽，张玉龙，等，2011. 东北 3 个典型黑土区土壤无机硫的形态分布 [J]. 中国生态农业学报，19 (3)：511 - 515.

初本君，高振操，等，1989. 黑龙江省第四纪地质与环境 [M]. 北京：海洋出版社.

丛殿峰，2013. 东北地区水稻主要病虫害的发生及防治 [J]. 农民致富之友 (11)：44.

崔婷婷，窦森，杨轶囡，等，2014. 秸秆深还对土壤腐殖质组成和胡敏酸结构特征的影响 [J]. 土壤学报，51 (4)：718 - 725.

崔喜安，姜宇，米刚，等，2011. 长期麦秸还田对暗棕壤土壤肥力和大豆产量的影响 [J]. 大豆科学，30 (6)：976 - 978.

戴志刚，2013. 中国农作物秸秆养分资源现状及利用方式 [J]. 湖北农业科学，52 (1)：27 - 29.

丁德峻，张旭晖，1993. 粮食作物气候-土壤生产潜力探讨 [J]. 气象科学，13 (1)：75 - 89.

丁瑞兴，刘树桐，1980. 黑土开垦后肥力演变的研究 [J]. 土壤学报，17 (1)：20 - 30.

丁雪丽，韩晓增，乔云发，等，2012. 农田土壤有机碳固存的主要影响因子及其稳定机制 [J]. 土壤通报，39 (6)：1455 - 1461.

董亮，田慎重，王学君，等，2017. 秸秆还田对土壤养分及土壤微生物数量的影响 [J]. 中国农学通报，33 (11)：77 - 80.

董珊珊，窦森，2017. 玉米秸秆不同还田方式对黑土有机碳组成和结构特征的影响 [J]. 农业环境科学学报，36 (2)：322 - 328.

杜国明，张露洋，徐新良，等，2016. 近 50 年气候驱动下东北地区玉米生产潜力时空演变分析 [J]. 地理研究 (5)：864 - 874.

范昊明，蔡国强，王红闪，2004. 中国东北黑土区土壤侵蚀环境 [J]. 水土保持学报，18 (2)：66 - 70.

范昊明，蔡强国，陈光，等，2005. 世界三大黑土区水土流失与防治比较分析 [J]. 自然资源学报，20 (3)：387 - 393.

范昊明，蔡强国，王红闪，2004. 中国东北黑土区土壤侵蚀环境 [J]. 水土保持学报，18 (2)：66 - 70.

方华军，杨学明，张晓平，等，2006. 坡耕地黑土活性有机碳空间分布及生物有效性 [J]. 水土保持学报，20 (2)：59 - 63.

冯学民，蔡德利，2004. 土壤温度与气温及纬度和海拔关系的研究 [J]. 土壤学报，41 (3)：489 - 491.

高洪军，窦森，朱平，等，2008. 长期施肥对黑土腐殖质组分的影响 [J]. 吉林农业大学学报，30 (6)：825 - 829.

高静，马常宝，徐明岗，等，2009. 我国东北黑土区耕地施肥和玉米产量的变化特征 [J]. 中国土壤与肥料 (6)：28 - 31，56.

高强，刘淑霞，王瑞有，等，2001. 黑土区土壤养分状况变化及施肥措施 ［J］. 吉林农业大学学报，23 （1）：65 - 68.

高绪科，汪德水，1989. 我国土壤耕作科学的发展与展望 ［J］. 土壤肥料 （4）：18 - 23.

高拯民，1986. 土壤-植物系统污染生态研究 ［M］. 北京：中国科学技术出版社.

葛诚，2000. 微生物肥料生产应用基础 ［M］. 北京：中国农业科学技术出版社.

龚振平，2009. 土壤学与农作学 ［M］. 北京：中国水利水电出版社.

龚子同，2014. 中国土壤地理 ［M］. 北京：科学出版社.

关松荫，1986. 土壤酶学研究方法 ［M］. 北京：中国农业出版社.

关焱，宇万太，李建东，2004. 长期施肥对土壤养分库的影响 ［J］. 生态学杂志，23 （6）：131 - 137.

郭兵，2015. 东北地区农业机械化发展形势分析 ［J］. 中国农机化学报，36 （1）：324 - 327.

郭鸿俊，谢宇平，1958. 关于东北的地貌分区 ［J］. 第四纪研究，1 （2）：100 - 106.

郭文义，魏丹，周宝库，等，2008. 东北中低产田现状与综合治理对策 ［J］. 黑龙江农业科学 （6）：52 - 55.

郭秀文，2002. 东北黑土区水土流失调查 ［J］. 沿海环境 （10）：20 - 23.

韩秉进，陈渊，刘洪家，2009. 东北黑土农田玉米适宜 NPK 用量试验研究 ［J］. 农业系统科学与综合研究，25 （3）：272 - 276.

韩春兰，王秋兵，孙福军，等，2010. 辽宁朝阳地区第四纪古红土特性及系统分类研究 ［J］. 土壤学报，47 （5）：836 - 846.

韩纯儒，1985. 农业生态系统的能量结构及效率 ［J］. 农村生态环境，2 （3）：50 - 52.

韩贵清，杨林章，等，2009. 东北黑土资源利用现状及发展战略 ［M］. 北京：中国大地出版社.

韩晓日，袁程，王月，等，2011. 长期定位施肥对土壤铜、锌形态转化及其空间分布的影响 ［J］. 水土保持学报，25 （5）：140 - 144.

韩晓增，王守宇，宋春雨，等，2005，土地利用/覆盖变化对黑土生态环境的影响 ［J］. 地理科学，25 （2）：203 - 208.

韩晓增，邹文秀，陆欣春，等，2015. 旱作土壤耕层及其肥力培育途径 ［J］. 土壤与作物，4 （4）：145 - 150.

韩晓增，许艳丽，1998. 大豆连作减产主要障碍因素的研究 Ⅰ. 连作大豆根系腐解物的障碍效应 ［J］. 大豆科学，17 （3）：207 - 212.

韩晓增，许艳丽，1999. 大豆连作减产主要障碍因素的研究 Ⅱ. 连作大豆土壤有害生物的障碍效应 ［J］. 大豆科学，18 （1）：47 - 52.

韩振新，2000. 黑龙江省水文地质志 ［M］. 哈尔滨：黑龙江人民出版社.

何萍，金继运，Mirasol F，等，2012. 基于产量反应和农学效率的推荐施肥方法 ［J］. 植物营养与肥料学报，18 （2）：499 - 505.

何万云，张之一，林伯群，1992. 黑龙江土壤 ［M］. 北京：中国农业出版社.

何艳芬，马超群，2003. 东北黑土资源及其农业可持续利用研究 ［J］. 干旱区资源与环境，17 （4）：24 - 28.

黑龙江省农业区划办公室，1985. 黑龙江综合农业区划 ［M］. 哈尔滨：黑龙江朝鲜民族出版社.

黑龙江省统计局，国家统计局黑龙江调查总队，2014. 黑龙江统计年鉴 2014 ［M］. 北京：中国统计出版社.

黑龙江省土地管理局，黑龙江省土壤普查办公室，1992. 黑龙江土壤 ［M］. 北京：农业出版社.

侯雯嘉，耿婷，陈群，等，2015. 近 20 年气候变暖对东北水稻生育期和产量的影响 ［J］. 应用生态学报，26 （1）：249 - 259.

侯东升，2015. 浅析东北大豆的病虫害防治技术 ［J］. 农民致富之友 （15）：53.

呼伦贝尔盟土壤普查办公室，1991. 呼伦贝尔盟土壤 ［M］. 呼和浩特：内蒙古人民出版社.

胡国华，2011. 东北大豆测土配方施肥技术 ［M］. 北京：中国农业出版社.

胡文武，2014. 东北地区玉米种植病虫害防治研究 ［J］. 北京农业 （30）：139 - 140.

黄斌，王敬国，龚元石，等，2006. 冬小麦夏玉米农田土壤呼吸与碳平衡的研究 ［J］. 农业环境科学学报，25 （1）：156 - 160.

黄昌勇，徐建明，2010. 土壤学 ［M］. 3 版. 北京：中国农业出版社.

黄鸿翔，1989. 我国土壤分类四十年的发展道路 ［J］. 土壤肥料 （4）：1 - 6.

黄虎，2014. 大豆病虫害发生与防治的探讨 ［J］. 农民致富之友 （12）：50 - 51.

黄健，张惠琳，傅文玉，等，2005. 东北黑土区土壤肥力变化特征的分析 ［J］. 土壤通报，36 （5）：659 - 663.

黄健，李会民，张惠琳，等，2007. 基于 GIS 的吉林省县级耕地地力评价与评价指标体系的研究 ［J］. 吉林农业科学，32 （1）：57 - 62.

黄耀，孙文娟，2006. 近20年来中国大陆农田表土有机碳含量的变化趋势 [J]. 科学通报，51 (7)：750-763.

吉林省农业科学院，等，1987. 中国大豆育种与栽培 [M]. 北京：农业出版社.

吉林省统计局，国家统计局吉林调查总队，2014. 吉林统计年鉴2014 [M]. 北京：中国统计出版社.

吉林省土壤肥料总站，1997. 吉林土种志 [M]. 长春：吉林科学技术出版社.

吉林省土壤肥料总站，1997. 吉林土壤 [M]. 长春：吉林科技出版社.

贾文锦，王锦珊，王汝镛，等，1992. 辽宁土壤 [M]. 辽宁科学技术出版社.

姜岩，1991. 论土壤有机培肥 [M]//吉林省第二次土壤普查专题研究文选. 北京：中国农业出版社.

姜勇，张玉革，梁文举，等，2003. 耕地交换性镁含量的空间变异性特征 [J]. 沈阳农业大学学报，34 (3)：181-184.

焦晓光，魏丹，2009. 长期培肥对农田黑土土壤酶活性动态变化的影响 [J]. 中国土壤与肥料 (5)：23-27.

矫丽娜，李志洪，殷程程，等，2015. 高量秸秆不同深度还田对黑土有机质组成和酶活性的影响 [J]. 土壤学报，52 (3)：665-672.

金峰，杨浩，赵其国，2000. 土壤有机碳储量及影响因素研究进展 [J]. 土壤 (1)：11-17.

金继运，白由路，2001. 精确农业与土壤养分管理 [M]. 北京：中国大地出版社.

金琳，李玉娥，高清竹，等，2008. 中国农田管理土壤碳汇估算 [J]. 中国农业科学，41 (3)：734-743.

李诚固，董会和，2010. 吉林地理 [M]. 北京：北京师范大学出版社.

李东坡，陈利军，武志杰，等，2004. 不同施肥黑土微生物量氮变化特征及相关因素应用 [J]. 生态学报，15 (10)：1891-1896.

李海云，孔维宝，达文燕，等，2013. 土壤溶磷微生物研究进展 [J]. 生物学通报，48 (7)：1-5.

李华，逄焕成，任天志，等，2013. 深旋松耕作法对东北棕壤物理性状及春玉米生长的影响 [J]. 中国农业科学，46 (3)：647-656.

李会彬，李东坡，武志杰，等，2014. 不同开垦年限白浆土土壤磷库特征 [J]. 土壤通报，45 (1)：135-140.

李建维，隋跃宇，焦晓光，等，2016. 吉林西部典型风沙土的土系分类研究及归属初探 [J]. 土壤与作物，5 (1)：30-35.

李俊，姜昕，李力，等，2006. 微生物肥料的发展与土壤生物肥力的维持 [J]. 中国土壤与肥料 (4)：1-5.

李琳慧，李旭，许梦，等，2015. 冻融温度对东北黑土理化性质及土壤酶活性的影响 [J]. 江苏农业科学，43 (4)：318-320.

李玲，2010. 不同施肥方式对气候因子对作物产量及黑土肥力的影响 [D]. 哈尔滨：东北农业大学.

李梅，张学雷，2011. 基于GIS的农田土壤肥力评价及其与土体构型的关系 [J]. 应用生态学报，22 (1)：129-136.

李奇峰，陈阜，杨大成，等，2008. 吉林省农田黑土肥力变化趋势及评价 [J]. 土壤通报，39 (5)：1042-1044.

李庆民，尹达龙，1982. 黑土肥力变化特点及其与土壤复合胶体性质的关系 [J]. 土壤学报，19 (4)：351-359.

李树山，2013. 外源氮在三种典型土壤中的形态转化及作物响应 [D]. 北京：中国农业科学院研究生院.

李双异，汪景宽，张旭东，等，2005. 黑土质量演变初探Ⅳ. 吉林省公主岭地区土壤肥力指标空间变异与评价 [J]. 沈阳农业大学学报，36 (3)：307-312.

李双异，刘慧屿，张旭东，等，2006. 东北黑土地区主要土壤肥力质量指标的空间变异性 [J]. 土壤通报，37 (2)：220-225.

李维岳，1999. 玉米高产稳产的土壤条件分析及调控措施探讨 [J]. 吉林农业科学，24 (3)：3-4.

李新荣，金炯，马骥，等，2005. 中国沙漠研究与治理50年 [M]. 北京：海洋出版社.

李长生，2001. 生物地球化学的概念与方法：DNDC模型的发展 [J]. 第四纪研究，21 (2)：89-99.

郦桂芳，1994. 环境质量评价 [M]. 北京：中国环境科学出版社.

梁尧，韩晓增，丁雪丽，等，2012. 不同有机肥输入量对黑土密度分组中碳、氮分配的影响 [J]. 水土保持学报，26 (1)：174-178.

辽宁省统计局，国家统计局辽宁调查总队，2014. 辽宁统计年鉴2014 [M]. 北京：中国统计出版社.

辽宁省土壤肥料总站，1991. 辽宁土种志 [M]. 沈阳：辽宁大学出版社.

林鹏生，2008. 我国中低产田分布及增产潜力研究 [D]. 北京：中国农业科学院研究生院.

林心雄，程励励，文启孝，1994. 我国农田土壤有机质含量及其变异趋势 [M]//中国土壤学会编写组. 土壤科学与农业发展. 北京：中国科学技术出版社.

林心雄，文启孝，程励励，等，1995. 土壤中有机物质分解的控制因素研究 [J]. 土壤学报，32 (2)：41-48.

刘博，杨晓光，王式功，2012. 东北地区主要粮食作物气候生产潜力估算与分析 [J]. 吉林农业科学 (3)：57-60.

刘登高，张小川，崔永，等，2004. 东北黑土地保护问题的调查报告 [J]. 中国农业资源与区划（4）：19-22.

刘国辉，张凤彬，张妍茹，2016. 黑土地保护对策研究 [J]. 乡村科技（15）：75-76.

刘景双，于君宝，王金达，等，2003. 松辽平原黑土有机碳含量时空分异规律 [J]. 地理科学，23（6）：668-673.

刘佩军，2007. 中国东北地区农业机械化发展研究 [D]. 长春：吉林大学 .

刘时东，2014. 东北地区中低产田综合治理模式研究 [D]. 北京：中国农业科学院研究生院 .

刘淑霞，王宇，赵兰坡，等，2008. 冻融作用下黑土有机碳数量变化的研究 [J]. 农业环境科学学报，27（3）：984-990.

刘武仁，郑金玉，罗洋，等，2011. 玉米秸秆还田对土壤呼吸速率的影响 [J]. 玉米科学，19（2）：105-108.

刘兴土，2009. 东北黑土区水土流失与粮食安全 [J]. 中国水土保持（1）：17-19.

刘绪军，景国臣，杨亚娟，等，2015. 冻融交替作用对表层黑土结构的影响 [J]. 中国水土保持学报，13（1）：42-46.

刘长江，2002. 大豆茬原垄卡种玉米节本增效浅析 [J]. 农机化研究（4）：174-177.

刘忠堂，1993. 对发展我省大豆生产的看法与建议 [J]. 黑龙江农业科学（增刊）：1-4.

芦思佳，韩晓增，2011. 长期施肥对微生物量碳的影响 [J]. 土壤通报，42（6）：1355-1358.

鲁健，张惠林，傅文玉，等，2005. 东北黑土区土壤肥力变化特征的分析 [J]. 土壤通报，36（5）：659-663.

鲁明星，贺立源，吴礼树，2006. 我国耕地地力评价研究进展 [J]. 生态环境，15（4）：866-871.

陆继龙，2001. 我国黑土的退化问题及可持续农业 [J]. 水土保持学报，15（2）：53-67.

马建，鲁彩艳，陈欣，等，2009. 不同施肥处理对黑土中各形态氮素含量动态变化的影响 [J]. 土壤通报，40（1）：100-104.

马强，宇万太，赵少华，等，2004. 黑土农田土壤肥力质量综合评价 [J]. 应用生态学报，15（10）：1916-1920.

马树庆，1995. 东北区农业气候土壤资源潜力及其开发利用研究 [J]. 地理科学，15（3）：243-252.

马树庆，1996. 吉林省农业气候研究 [M]. 北京：气象出版社 .

马星竹，2016. 不同氮肥用量对春玉米幼苗生长和根系形态的影响 [J]. 黑龙江农业科学（7）：27-31.

梅旭荣，刘勤，2012. 东北地区粮食生产现状及发展策略 [M]. 北京：中国农业出版社 .

孟红旗，吕家珑，徐明岗，等，2012. 有机肥的碱度及其减缓土壤酸化的机制 [J]. 植物营养与肥料学报，18（5）：1153-1160.

孟凯，等，1993. 农田黑土生态系统特征 [J]. 生态农业研究，1（3）：63-68.

孟凯，等，1995. 土壤生态学 [M]. 哈尔滨：黑龙江科学技术出版社 .

孟凯，1997. 黑龙江省松嫩平原水资源态势及策略 [J]. 农业系统科学与综合研究，13（3）：225-228.

孟凯，等 .2000. 松嫩平原黑土区农业水分供需状况分析 [J]. 农业系统科学与综合研究，16（3）：228-231.

孟凯，等，2001. 农田黑土水分调节能力分析 [J]. 中国生态农业学报，9（1）：46-48.

孟凯，等，2002. 黑土有机质分解、积累及其变化规律 [J]. 土壤与环境，11（1）：42-46.

孟凯，王德录，张兴义，等，2002. 黑土有机质分解、积累及其变化规律 [J]. 土壤与环境，11（1）：42-46.

孟凯，张兴义，1998. 松嫩平原黑土退化的机理及其生态复原 [J]. 土壤通报，29（3）：100-102.

孟庆英，韩旭东，张春峰，等，2017. 白浆土施有机肥及石灰对土壤酶活性与大豆产量的影响 [J]. 中国土壤与肥料（3）：56-60.

孟宪玺，李生智，1995. 吉林省土壤元素背景值研究 [M]. 北京：科学出版社 .

孟祥志，2010. 吉林省玉米主要病虫害发生与防治 [J]. 山西农业科学，38（10）：88-89.

孟英，2005. 松嫩平原黑土带保土培肥可持续发展技术体系研究 [J]. 垦殖与稻作（1）：38-41.

内蒙古自治区统计局，2014. 内蒙古统计年鉴 2014 [M]. 北京：中国统计出版社 .

农业部种植业管理司，2003. 中国大豆品质区划 [M]. 北京：中国农业出版社 .

农业部种植业管理司，全国农业技术推广服务中心，2004. 东北地区高油大豆高产栽培技术与品种 [M]. 北京：中国农业出版社 .

彭畅，朱平，高洪军，等，2004. 长期定位监测黑土壤肥力的研究Ⅰ. 黑土耕层有机质与氮素转化 [J]. 吉林农业科学，29（5）：29-33.

乔樵，等，1979. 东北北部黑土水分状况之研究Ⅱ. 黑土农业水分状况及水分循环 [J]. 土壤学报，16（4）：329-338.

邱建军，王立刚，唐华俊，等，2004. 东北三省耕地土壤有机碳储量变化的模拟研究 [J]. 中国农业科学，37（8）：1166-1171.

裘善文，2008. 中国东北地貌第四纪研究与应用 [M]. 长春：吉林科学技术出版社.

全国农业技术推广服务中心，中国农科院农业资源与区域化所，2008. 耕地质量演变趋势研究：国家级耕地土壤检测数据整编 [M]. 北京：中国农业科学技术出版社.

全国农业区划委员会，1991. 中国农业自然资源和农业区划 [M]. 北京：农业出版社.

全国土壤普查办公室，1998. 中国土壤 [M]. 北京：中国农业出版社.

任国玉，1993. 全球气候变化的地域差异及其意义 [J]. 地理科学，13（1）：62-67.

任军，边秀芝，郭金瑞，2007. 我国施肥理论与施肥技术研究动态 [J]. 磷肥与复肥，22（6）：12-13，27.

任宪平，2004. 东北黑土区合理开发利用存在的问题与对策 [J]. 水土保持科技情报（2）：48-49.

邵立民，2010. 东北寒地黑土保护与利用的对策和建议 [J]. 环境与可持续发展（4）：17-19.

摄晓燕，魏孝荣，马天娥，等，2015. 砒砂岩改良风沙土对磷的吸附特性影响研究 [J]. 植物营养与肥料学报，21（5）：1373-1380.

申聪颖，赵兰坡，刘杭，等，2013. 不同母质发育的东北黑土的黏粒矿物组成研究 [J]. 矿物学报，33（3）：382-388.

沈善敏，1995. 长期土壤肥力试验的科学价值 [J]. 植物营养与肥料学报，1（1）：1-9.

沈思渊，席承藩，1991. 淮北涡河流域农业自然生产潜力模型与分析 [J]. 自然资源学报，6（1）：23-33.

石淑芹，陈佑启，姚艳敏，等，2008. 中国区域性耕地变化与粮食生产的关系研究 [J]. 自然资源学报，23（3）：361-368.

石元亮，孙毅，许林书，等，2004. 东北沙地与生态建设 [M]. 北京：科学出版社.

史文娇，汪景宽，魏丹，等，2009. 黑龙江省南部黑土区土壤微量元素空间变异及影响因子：以双城市为例 [J]. 土壤学报，46（2）：160-165.

水利部，中国科学院，中国工程院，2010. 中国水土流失防治与生态安全：东北黑土区卷 [M]. 北京：科学出版社.

宋开山，刘殿伟，王宗明，等，2008. 1954年以来三江平原上土地利用变化及驱动力 [J]. 地理学报，63（1）：93-104.

宋明元，吕贻忠，李丽君，等，2016. 土壤综合改良措施对科尔沁风沙土保水保肥能力的影响 [J]. 干旱区研究，33（6）：1345-1350.

宋秋来，2015. 原垄卡种对春大豆生长发育及产量的影响 [J]. 大豆科学（2）：228-232，237.

宋同清，彭晚霞，曾馥平，等，2009. 喀斯特木论自然保护区旱季土壤水分的空间异质性 [J]. 应用生态学报，20（1）：98-104.

宋秀丽，2014. 不同开垦年限黑土团聚体养分变化 [J]. 黑龙江农业科学（9）：18-22.

隋跃宇，焦晓光，魏丹，等，2010. 长期培肥对农田暗棕壤土壤微生物量的影响 [J]. 农业系统科学与综合研究，26（4）：484-486.

隋跃宇，冯学民，赵军，2013. 关于黑土、白浆土、沼泽土的论述 [M]. 哈尔滨：哈尔滨地图出版社.

隋跃宇，焦晓光，张之一，2011. 中国土壤系统分类均腐殖质特性应用中的问题和意见 [J]. 土壤，43（1）：140-142.

隋跃宇，张兴义，张少良，等，2008. 黑龙江典型县域农田黑土土壤有机质现状分析 [J]. 土壤通报，39（1）：186-188.

隋跃宇，赵军，冯学民，等，2013. 关于黑土、白浆土、沼泽土的论述：张之一文选 [M]. 哈尔滨：哈尔滨地图出版社.

孙冰洁，贾淑霞，张晓平，等，2015. 耕作方式对黑土表层土壤微生物生物量碳的影响 [J]. 应用生态学报，26（1）：101-107.

孙波，潘贤章，王德，等，2008. 我国不同区域农田养分平衡对土壤肥力时空演变的影响 [J]. 地球科学进展，23（11）：1201-1208.

孙波，朱兆良，牛栋，2007. 农田长期生态过程的长期试验研究进展与展望 [J]. 土壤，39（6）：849-854.

孙好，2009. 长期定位施肥对红壤肥力及作物的影响 [D]. 福州：福建农林大学.

孙宏德，李军，1991. 黑土肥力和肥料效益定位监测研究 [J]. 吉林农业科学，8（3）：42-45.

孙宏德，朱平，任军，等，2000. 黑土肥力和肥料效益演化规律的研究 [J]. 玉米科学，8（4）：70-74.

孙宏德，朱平，刘淑环，等，2002. 有机无机肥料对黑土肥力和作物产量影响的监测研究 [J]. 植物营养与肥料学报，8（增刊）：110-116.

孙鸿烈，2004. 中国生态系统 [M]. 北京：科学出版社.

孙玉亭，白雅梅，1988. 黑龙江省土壤-气候生产潜力的评价 [J]. 中国农业气象 (1)：19-21.

孙占祥，2016. 气候变化背景下东北地区耕作制度创新 [C]//中国农学会耕作制度分会. 中国农学会耕作制度分会 2016 年学术年会论文摘要集.

谭金芳，2002. 作物施肥原理与技术 [M]. 北京：中国农业大学出版社.

唐华俊，陈佑启，陈仲新，等，2004. 土地利用与土地覆盖变化 [M]. 北京：中国农业科学技术出版社.

唐继伟，林治安，许建新，等，2006. 有机肥与无机肥在提高土壤肥力中的作用 [J]. 中国土壤与肥料 (3)：44-47.

唐克丽，2004. 中国水土保持 [M]. 北京：科学出版社.

唐守来，2010. 黑龙江原垄卡种技术的应用 [J]. 农机科技推广 (7)：27-28.

田有国，辛景树，栗铁申，等，2006. 耕地地力评价指南 [M]. 北京：中国农业出版社.

佟士儒，金良，1989. 辽宁土壤资源调查数据集 [M]. 沈阳：辽宁大学出版社.

汪景宽，李双异，张旭东，等，2007.20 年来东北典型黑土地区土壤肥力质量变化 [J]. 中国生态农业学报，15 (1)：19-24.

汪景宽，卢晓娇，李永涛，等，2012. 中国耕地质量建设与管理立法研究 [J]. 中国人口·资源与环境，22 (5)：205-208.

汪景宽，王铁宇，张旭东，等，2002. 黑土土壤质量演变初探Ⅰ：不同开垦年限黑土主要质量指标演变规律 [J]. 沈阳农业大学学报，33 (1)：43-47.

汪景宽，张旭东，王铁宇，等，2002. 黑土土壤质量演变初探Ⅱ：不同地区黑土中有机质、氮、硫和磷现状及变化规律 [J]. 沈阳农业大学学报，33 (4)：270-273.

汪景宽，张旭东，王铁宇，等.2002. 黑土土壤质量演变初探Ⅲ：不同地区黑土主要微量元素状况及其评价 [J]. 沈阳农业大学学报，33 (6)：420-424.

王道中，2008. 长期定位施肥砂姜黑土土壤肥力演变规律Ⅰ [D]. 合肥：安徽农业大学.

王德成，2005. 生产力经济学 [M]. 北京：中国农业大学出版社.

王恩姮，赵雨森，夏祥友，等，2014. 冻融交替后不同尺度黑土结构变化特征 [J]. 生态学报，34 (21)：6287-6296.

王芳，刘鹏，徐根娣，2004. 土壤中的镁及其有效性研究概述 [J]. 河南农业科学 (1)：33-36.

王风，韩晓增，李海波，等，2006. 不同黑土生态系统的土壤水分物理性质研究 [J]. 水土保持学报，20 (6)：67-70.

王风，乔云发，韩晓增，等，2008. 冻融过程黑土 2 m 土体固液态水分含量动态特征 [J]. 水科学进展，19 (3)：361-365.

王凤强，2014. 玉米种植保护性耕作技术在黑龙江垦区上的应用 [J]. 农业机械 (5)：99.

王桂荣，张春兴，1998. 泥炭改良风沙土的试验 [J]. 沈阳大学学报（自然科学版），10 (2)：7-10.

王宏庭，2005. 农田养分信息化管理模式研究及应用 [D]. 北京：中国农业科学院研究生院.

王洪燕，曹志平，2008. 农业生态学 [M]. 北京：化学工业出版社.

王鸿斌，郭金瑞，王宇，等，2008. 吉林玉米带黑土水分渗透机理研究 [J]. 玉米科学，16 (3)：92-95.

王鸿斌，赵兰坡，王淑华，等，2008. 吉林省超高产玉米田土壤理化环境特征的研究 [J]. 玉米科学，16 (4)：152-157.

王建国，等，1997. 松嫩平原农牧结合优化模式的综合研究 [J]. 应用生态学报，8 (4)：381-386.

王建国，等，2002. 典型黑土农田化肥氮素的优化管理 [J]. 土壤，32 (5)：266-269.

王金陵，1982. 大豆 [M]. 黑龙江：黑龙江科学技术出版社.

王晶，朱平，张男，等，2003. 施肥对黑土活性有机碳和碳库管理指数的影响 [J]. 土壤通报，34 (5)：394-397.

王立春，马虹，郑金玉，2008. 东北春玉米耕地合理耕层构造研究 [J]. 玉米科学，16 (4)：13-17.

王立刚，杨黎，贺美，等，2016. 全球黑土区有机质变化态势及其管理技术 [J]. 中国土壤与肥料 (6)：1-6.

王连铮，王金陵，等，1992. 大豆遗传育种学 [M]. 北京：科学出版社.

王孟雪，张有利，张玉先，2011. 黑龙江风沙土区不同耕作措施对玉米地土壤水分及产量的影响 [J]. 水土保持研究，18 (6)：246-249.

王其存，齐晓宁，王洋，等，2003. 黑土的水土流失及其保育治理 [J]. 地理科学，23 (3)：361-365.

王启现，2004. 施氮时期对玉米土壤硝态氮含量变化及氮盈亏的影响 [J]. 生态学报，24 (8)：1582-1588.

王如芳，张吉旺，董树亭，等，2011. 我国玉米主产区秸秆资源利用现状及其效果 [J]. 应用生态学报，22 (6)：1504-1510.

王小彬，蔡典雄，张镜清，等，2000. 旱地玉米秸秆还田对土壤肥力的影响 [J]. 中国农业科学，33 (4)：54-61.

王小兵，2002. 农田养分平衡分析与决策支持系统研究 [D]. 扬州：扬州大学.

王欣蕊，李双异，苏里，等，2015. 东北黑土区漫岗台地高标准农田质量建设标准研究 [J]. 中国人口·资源与环境，25（5）：551-554.

王艳丽，范世涛，张强，等，2010. 吉林省黑土地资源开发利用现状及保护对策 [J]. 吉林农业大学学报（S1）：57-59，70.

王占哲，等，2001. 松嫩平原黑土区农业可持续发展展望与对策 [J]. 农业系统科学与综合研究，17（3）：230-232.

魏才，邢大勇，任宪平，2003. 黑土区耕地资源面临的形势与发展对策 [J]. 水土保持科技情报，（5）：32-33.

魏丹，迟凤琴，史文娇，等，2007. 黑龙江南部黑土区土壤重金属空间分异规律研究 [J]. 农业系统科学与综合研究，23（1）：65-68.

魏丹，杨谦，迟凤琴，2006. 东北黑土区土壤资源现状与存在问题 [J]. 黑龙江省农业科学（6）：69-72.

魏丹，周宝库，2007. 制约黑龙江省粮食增产的因素及对策 [J]. 黑龙江农业科学，17（3）：7-10.

魏复盛，1990. 中国土壤环境背景值 [M]. 北京：中国环境科学出版社.

闻大中，1986. 农业生态系统能流的研究方法 [J]. 农村生态环境，3（1）：52-56.

吴才武，夏建新，2015. 保护性耕作的水土保持机理及其在东北黑土区的推广建议 [J]. 浙江农业学报，27（2）：254-260.

吴海燕，金荣德，范作伟，等，2009. 东北黑土区不同耕作方式土壤养分与酶活性的时空变化 [J]. 水土保持学报，23（6）：154-159.

吴景贵，任军，赵欣宇，等，2014. 不同培肥方式黑土腐殖质形态特征研究 [J]. 土壤学报，7（4）：709-717.

吴燕玉，1994. 辽宁省土壤元素背景值研究 [M]. 北京：中国环境科学出版社.

武志杰，石元亮，李东坡，等，2017. 稳定性肥料发展与展望 [J]. 植物营养与肥料学报，23（6）：1614-1621.

夏友富，田仁礼，朱玉辰，等，2003. 中国大豆产业发展研究 [M]. 北京：中国商业出版社.

谢萍若，2010. 中国东北土壤化学矿物学性质 [M]. 北京：科学出版社.

辛刚，关连珠，汪景宽，2002. 不同开垦年限黑土有磷素的形态与数量变化 [J]. 土壤通报，33（6）：425-428.

辛景树，田有国，任意，2005. 耕地地力调查与质量评价 [M]. 北京：中国农业出版社.

邢兆凯，张学丽，杨树军，1999. 施用草炭对风沙土改良效果的初步研究 [J]. 辽宁农业科学（2）：39-42.

熊毅，1987. 中国土壤 [M]. 北京：科学出版社.

徐超，2015. 节水增粮对东北地区农业生产的影响 [J]. 黑龙江科技信息（12）：288.

徐建明，张甘霖，谢正苗，等，2010. 土壤质量指标与评价，[M]. 北京：科学出版社.

徐明岗，梁国庆，张夫道，2006. 中国土壤肥力演变 [M]. 北京：中国农业科学技术出版社.

徐明岗，于荣，孙小凤，等，2006. 长期施肥对我国典型土壤活性有机质及碳库管理指数的影响 [J]. 植物营养与肥料学报，12（4）：459-465.

徐新朋，2012. 基于产量反应和农学效率的玉米推荐施肥方法研究 [D]. 北京：中国农业科学院研究生院.

徐志强，代继光，于向华，等，2008. 长期定位施肥对作物产量及土壤养分的影响 [J]. 土壤通报，39（4）：766-769.

许景钢，孙涛，李嵩，2016. 我国微生物肥料的研发及其在农业生产中的应用 [J]. 作物杂志（1）：1-6.

许明发，2010. 水稻病虫害发生原因及防治措施 [J]. 现代农业科技（21）：197.

许艳丽，等，1995. 大豆重迎茬研究 [M]. 哈尔滨：哈尔滨工程大学出版社.

许艳丽，王光华，韩晓增，1997. 连作大豆生物障碍研究 [J]. 中国油料，19（3）：46-49.

严昶升，1988. 土壤肥力研究方法 [M]. 北京：中国农业出版社.

阎百兴，杨洁，2005. 黑土侵蚀速率及其对土壤质量的影响 [J]. 地理研究，24（4）：499-506.

颜景波，韩志松，王慧新，等，2010. 风沙半干旱区风沙土不同耕法水土保持效果研究 [J]. 河南农业科学（8）：62-63.

颜景波，王慧新，韩志松，等，2011. 风沙半干旱区风沙土防风蚀技术研究 [J]. 安徽农业科学（5）：2831-2834.

杨黎，王立刚，李虎，等，2014. 基于DNDC模型的东北地区春玉米农田固碳减排措施研究 [J]. 植物营养与肥料学报，20（1）：75-86.

杨林章，孙波，刘健，2002. 农田生态系统养分迁移转化与优化管理研究 [J]. 地球科学进展，17（3）：441-445.

杨芊葆，范分良，王万雄，等，2010. 长期不同施肥对暗棕壤甲烷氧化菌群落特征与功能的影响 [J]. 环境科学，31（11）：2756-2762.

杨学明，张晓平，朱平，等，2003. 用RothC226.3模型模拟玉米连作下长期施肥对黑土有机碳的影响 [J]. 中国农业科学，36（11）：1318-1324.

杨学义，杨国治，1983. 土壤背景值的布点和数据检验［J］. 环境科学，4（2）：17-22.

杨彦炜，杨文，周涛，2005. 风沙土农田培肥地力措施研究：以宁夏回族自治区为例［J］. 中国生态农业学报，13
（2）：110-112.

杨遇春，1984. 黑龙江省国营农场经济发展史［M］. 哈尔滨：黑龙江人民出版社.

杨占清，2014. 探讨大豆常见病虫害的综合治理技术［J］. 农林科技（1）：231.

杨重一，2007. 黑龙江省作物气候生产潜力分析及其气候变化响应［D］. 哈尔滨：东北农业大学.

姚宗路，等，2009. 黑龙江省农作物秸秆资源利用现状及中长期展望［J］. 农业工程学报，25（11）：288-292.

叶东靖，2010. 施氮对春玉米氮素利用及农田氮素平衡的影响［J］. 植物营养与肥料学报，16（3）：552-558.

依艳丽，万晓晓，沈月，等，2012. 不同利用方式及不同开垦年限白浆土的肥力变化［J］. 沈阳农业大学学报，43
（4）：449-455.

尹莉，宋立东，2014. 东北地区玉米主要病虫害防治技术［J］. 农业与技术（1）：100.

于广武，等，1993. 大豆连作障碍机制研究初报［J］. 大豆科学，12（3）：237-242.

于沪宁，赵丰收，1982. 光热资源和农作物的光热生产潜力：以河北省栾城县为例［J］. 气象学报（3）：327-334.

于磊，张柏，2004. 中国黑土退化现状与防治对策［J］. 干旱区资源与环境，18（1）：99-103.

曾昭顺，徐琪，高子勤，等，1997. 中国白浆土［M］. 北京：科学出版社.

查良玉，吴洁，仇忠启，等，2013. 秸秆机械集中沟埋还田对农田净碳排放的影响［J］. 水土保持学报，27（3）：
229-236，241.

张柏习，张学利，刘亚萍，等，2012. 不同改良利用模式对辽西北风沙土理化性质的影响［J］. 辽宁林业科技（5）：
14-17.

张炳宁，彭世琪，张月平，等，2008. 县域耕地资源管理信息系统数据字典［M］. 北京：中国农业出版社.

张电学，2006. 不同促腐条件下秸秆直接还田对土壤酶活性动态变化的影响［J］. 土壤通报，37（3）：475-478.

张凤荣，2001. 土壤地理学［M］. 北京：中国农业出版社.

张凤荣，王秋兵，叶民标，等，2002. 土壤地理学［M］. 北京：中国农业出版社.

张福锁，2011. 测土配方施肥技术［M］. 北京：中国农业大学出版社.

张福锁，崔振岭，王激清，等，2007. 中国土壤和植物养分管理现状与改进策略［J］. 植物学通报（6）：687-694.

张福锁，王激清，张卫峰，等，2008. 中国主要粮食作物肥料利用率现状与提高途径［J］. 土壤学报（5）：915-924.

张国刚，王秀芳，王立春，等，2004. 应用 GIS 分析限制玉米高产的土壤养分因子的序位演变［J］. 吉林农业科学，
29（1）：35-37.

张久明，2014. 不同有机物料还田对土壤结构与玉米光合速率的影响［J］. 农业资源与环境学报，2（31）：56-61.

张俊清，朱平，张夫道，2004. 有机肥和化肥配施对黑土有机氮形态组成及分布的影响［J］. 植物营养与肥料学报，
10（3）：245-249.

张丽，2005. 东北地区农业机械化发展影响因素分析及对策研究［D］. 长春：吉林大学.

张苗苗，沈菊培，贺纪正，等，2014. 硝化抑制剂的微生物抑制机理及其应用［J］. 农业环境科学学报，33（11）：
2077-2083.

张明安，马友华，等，2010. WebGIS 技术在测土配方施肥中的应用［J］. 农业网络信息（10）：40-43.

张平宇，2008. 东北区域发展报告（2008）［M］. 北京：科学出版社.

张清，2006. 中国、美国、巴西、阿根廷大豆国际贸易依存度比较［J］. 世界农业（12）22-24.

张庆忠，吴文良，王明新，等，2005. 秸秆还田和施氮对农田土壤呼吸的影响［J］. 生态学报，25（11）：2883-2887.

张瑞福，颜春荣，张楠，等，2013. 微生物肥料研究及其在耕地质量提升中的应用前景［J］. 中国农业科技导报，15
（5）：8-16.

张淑娟，何勇，方慧，2003. 基于 GPS 和 GIS 的田间土壤特性空间变异性的研究［J］. 农业工程学报，19（2）：
39-44.

张淑娟，赵飞，等，2007. 基于 PDA/GPS/GIS 的田间信息采集方法与精度分析［J］. 农业机械学报，38（8）：
202-204.

张孝存，2013. 东北典型黑土区流域侵蚀-沉积对土壤质量的影响［D］. 西安：陕西师范大学.

张兴义，隋跃宇，宋春雨，2013. 农田黑土退化过程［J］. 土壤与作物，2（1）：1-6.

张兴义，隋跃宇，张少良，等，2008. 薄层农田黑土全量碳及氮磷钾含量的空间异质性 [J]. 水土保持通报 (2)：1-5.

张学俭，武龙甫，2007. 东北黑土地水土流失修复 [M]. 北京：中国水利水电出版社.

张之一，2005. 关于黑土分类和分布问题的探讨 [J]. 黑龙江八一农垦大学学报，17 (1)：5-8.

张之一，2010. 黑土开垦后土层厚度的变化 [J]. 黑龙江八一农垦大学学报，22 (5)：1-3.

张之一，单志远.1988. 关于黑龙江省地力问题的意见：关键在于有一个良好的生态环境 [J]. 农村展望 (4)：8-16.

张之一，翟瑞常，蔡德利，2006. 黑龙江土系概论 [M]. 哈尔滨：哈尔滨地图出版社.

张之一，田秀萍，辛刚，1999. 黑龙江省土壤分类与中国系统分类参比分析 [J]. 黑龙江八一农垦大学学报 (2)：1-6.

张之一，辛刚，1996. 东北地区优质高产大豆的土壤和环境 [J]. 现代化农业 (1)：1-3.

张之一，张元福，1984. 耕作土壤农化性状不均质性 [J]. 黑龙江八一农垦大学学报 (1)：37-44.

张志国，徐琪，R. L. Blevins，1998. 长期秸秆覆盖免耕对土壤某些理化性质及玉米产量的影响 [J]. 土壤学报，35 (3)：384-391.

张志明，许艳丽，韩晓增，等，2012. 连续施肥对农田黑土微生物功能多样性的影响 [J]. 生态学杂志，31 (3)：647-651.

赵存亮，2015. 玉米病虫害的发生与防治措施 [J]. 北京农业 (3)：108.

赵德林，洪福玉，1983. 三江平原主要土壤土体构造特点与治理途径的探讨 [J]. 中国农业科学，16 (1)：54-61.

赵军，商磊，葛翠萍，等，2006. 基于 GIS 的黑土区土壤有机质空间变化分析 [J]. 农业系统科学与综合研究 (22)：304-307.

赵兰坡，张志丹，王鸿斌，等，2008. 松辽平原玉米带黑土肥力演化特点及培育技术 [J]. 吉林农业大学学报，30 (4)：511-516.

赵其国，孙波，张桃林，1997. 土壤质量与持续环境 I. 土壤质量的定义及评价方法 [J]. 土壤 (3)：113-120.

赵艳萍，马友华，2006. 信息技术在测土配方施肥中的运用 [J]. 中国农学通报，22 (10)：446-450.

郑金玉，刘武仁，罗洋，等，2014. 秸秆还田对玉米生长发育及产量的影响 [J]. 吉林农业科学，39 (2)：42-46.

郑庆福，刘艇，赵兰坡，等，2010. 东北黑土耕层土壤黏粒矿物组成的区域差异及其演化 [J]. 土壤学报，47 (4)：734-746.

中国环境监测总站，1992. 土壤元素近代分析方法 [M]. 北京：中国环境科学出版社.

中国科学院林业土壤研究所，1980. 中国东北土壤 [M]. 北京：科学出版社.

中国科学院南京土壤研究所黑龙江队，1982. 黑龙江省与内蒙古自治区东北部土壤资源 [M]. 北京：科学出版社.

中国科学院南京土壤研究所土壤系统分类课题组，中国土壤系统分类课题研究协作组，1991. 中国土壤系统分类（首次方案）[M]. 北京：科学出版社.

中国科学院南京土壤研究所土壤系统分类课题组，中国土壤系统分类课题研究协作组，1995. 中国土壤系统分类（修订方案）[M]. 北京：中国农业科技出版社.

中国科学院内蒙古综合考察队，1978. 内蒙古自治区与东北西部地区土壤地理 [M]. 北京：科学出版社.

中华人民共和国国家统计局，2014. 中国统计年鉴 2014 [M]. 北京：中国统计出版社.

周东兴，魏丹，Kacatnkob B. A.，2010. 城市污及其堆肥对土壤重金属积累的影响 [J]. 土壤通报，41 (4)：976-980.

周红艺，何毓蓉，张保华，等，2003. 长江上游典型区耕地的土地生产潜力 [M]. 中国科学院研究生院学报，20 (4)：464-469.

周怀平，解文艳，关春林，等，2013. 长期秸秆还田对旱地玉米产量、效益及水分利用的影响 [J]. 植物营养与肥料学报，19 (2)：321-330.

周丽娟，2015. 东北水稻种植技术及病虫害防治 [J]. 吉林农业 (4)：52.

周丽丽，黄东浩，范昊明，等，2014. 冻融作用对东北黑土磷素吸附-解吸过程的影响 [J]. 水土保持通报，34 (6)：27-31.

周新安，张晓娟，等，2001. 大豆优质高产栽培技术 [M]. 北京：中国农业科学技术出版社.

周旭，安裕伦，许武成，等，2009. 基于 GIS 和改进层次分析法的耕地土壤肥力模糊评价：以贵州省普安县为例 [J]. 土壤通报，40 (1)：51-55.

朱平，1990. 吉林省耕地地力下降特征与调控措施 [M]. 北京：中国科学技术出版社.

朱兆良，2008. 中国土壤氮素研究 [J]. 土壤学报，48 (5)：778-782.

祝廷成，李志坚，张为政，等，2003. 东北平原引草入田/粮草轮作的初步研究 [J]. 草业学报，12 (3)：34 - 43.

邹邦基，李彤，史弈，等，1998. 辽宁省土壤有效态微量元素含量分布 [J]. 土壤学报，25 (3)：281 - 287.

邹文秀，韩晓增，陆欣春，等，2017. 施入不同土层的秸秆腐殖化特征及对玉米产量的影响 [J]. 应用生态学报 (2)：563 - 570.

Amelung W，Flach K W，Zech W，1997. Climatic effects on soil organic matter composition in the great plains [J]. Soil Science Society of America Journal (61)：115 - 123.

Burgess T M，Webster R，et al，1981. Optimal interpolation and isarithmic mapping of soil properties IV. Sampling strategy [J]. Journal of Soil Science (31)：643 - 659.

C Das，W J Capehart，H V Mott，et al，2004. Assessing regional impacts of conservation reserve program - type grass buffer strips on sediment load reduction from cultivated lands [J]. Journal of Soil and Water Conservation，59 (9)：134 - 143.

Chun Song，Xiaozeng Han，Enli Wang，2011. Phosphorus budget and organic phosphorus fractions in response to long - term applications of chemical fertilisers and pig manure in a Mollisol [J]. Soil Research (49)：253 - 260.

Davis R L，Patton J J，Teal R K，2003. Nitrogen balance in the Magruder plots following 109 years in continuous winter wheat [J]. J Plant Nutr (26)：1561 - 1580.

Dong X W，Zhang X K，Bao X L，et al，2009. Spatial distribution of soil nutrients after the establishment of sand - fixing shrubs on sand dune [J]. Plant Soil Environment，55 (7)：288 - 294.

Doran J W，Jones A J，1996. Methods for assessing soil quality [M]. Soil Science Society of America Inc.

Enjun Kuang，2014. A comparison of different methods of decomposing maize straw in China [J]. Acta Agriculturae Scandinavica，Section B—Soil & Plant Science (63)：186 - 194.

Fan F，Yang Q，Li Z，et al，2011. Impacts of organic and inorganic fertilizers on nitrification in a cold climate soil are linked to the bacterial ammonia oxidizer community [J]. Microbial ecology，62 (4)，982 - 990.

Fang C，Moncrieff J B，1998. An open - top chamber for measuring soil respiration and the influence of pressure difference on CO_2 efflux measurement [J]. Functional Ecology，12 (2)：319 - 325.

Franko U，1996. Modeling approaches of soil organic carbon turnover within the CANDY system [M]//Powlson D，Smith P，Smith J U. Evaluation of soil organic matter models using existing long - term datasets. NATO ASI Series I Vol. 38 Springer - Verlag Heidelberg pp. 247 - 254.

Fu Q，Xie Y G，Wei Z M，2003. Application of projection pursuit evaluation model based on real - coded accelerating genetic algorithm in evaluating wetland soil quality variations in the Sanjiang Plain，Chian [J]. Pedosphere，13 (3)：249 - 256.

Fujii K，Funakawa S，Hayakawa C，et al，2008. Contribution of different proton sources to pedogenetic soil acidification in forested ecosystems in Japan [J]. Geoderma，144 (3/4)：478 - 490.

Holmen K，1992. The global carbon cycle [M]//Butcher，et al. Global Biogeochemical Cycle. Academic Press San Diego.

Houghton R A，1995. Changes in the storage of terrestrial carbon since 1850 [M]//Lai R，et al. Soil and Global Change. CRC Press Boca Raton. Florida.

Jenkinson D S，Adams D E，Wild A，1991. Model estimates of CO_2 emissions from soil in response to global warming [J]. Nature (351)：304 - 306.

Jiang P K，Xu Q F，2006. Abundance and dynamics of soil labile carbon pools under different types of forest vegetation [J]. Pedosphere，16 (4)：505 - 511.

Jianjun Qiu，Huajun Tang，Changsheng Li，2001. Model estimates of soil organic carbon storage based on GIS in agricultural land in China [C]//Proceeding of Sino - German Workshop on "Soil Carbon Management Sustainability and Exchange of Greenhouse Gases in Agro - Ecosystems in China" Nov. 17 - 19 Beijing China：36 - 38.

Lal R，2003. Soil erosion and the global carbon budget [J]. Environment International，29 (4)：437 - 450.

Lal R，2004. Soil carbon sequestration impacts on global climate change and food security [J]. Science，304 (5677)：1623 - 1627.

Lal R，Follett R F，Kimble J M，et al，1998. The potential of US cropland to sequester carbon and mitigate the greenhouse effect [M]. Boca Raton FL：Lewis Publisher.

Lefroy R D B, 1997. Soil organic carbon changes in cracking clay soils under cotton production as studied by carbon fractionation [J]. Australian Journal of Agricultural Research (48): 1049 - 1058.

Li C, Frolking S, Frolking T A, 1992a. A model of nitrous oxide evolution from soil driven by rainfall events: I. Model structure and sensitivity [J]. J. Geophys. Res. (97): 9759 - 9776.

Li C, Frolking S, Graham J Crocker, et al, 1997. Simulating trends in soil organic carbon in long - term experiments using the DNDC model [J]. Geoderma (81): 45 - 60.

Li C, Frolking S, Harriss R, 1994. Modeling carbon biogeochemistry in Agricultural soils [J]. Global Biogeochemical Cycles (8): 237 - 254.

Loveland P, Webb J, 2003. Is there a critical level of organic matter in the agricultural soils of temperate regions: A review [J]. Soil & Tillage Research (70): 1 - 18.

Manna M C, Swarup A, Wanjari R H, et al, 2005. Long - term effect of fertilizer and manure application on soil organic carbon storage, soil quality and yield sustainability under sub - humid and semi - arid tropical India [J]. Field Crops Research, 93 (2), 264 - 280.

Melillo J M, Kicklighter D W, McGuire A D, et al, 1995. Global change and its effects on soil organic carbon stocks [J]. Dahl Ws Env (16): 175 - 189.

Molina J A, Clapp C E, Shaffer M J, et al, 1983. NCSOIL a model of nitrogen and carbon transformations in soil: Description calibration and behavior [J]. Soil Science Society of America Journal (47): 85 - 91.

Moore B, 1995. Global carbon cycle [M]//Encyclopedia of Environmental Biology Academic Press San Diego Vol. 2.

Olson K R, Gennadiyev A N, Zhidkin A P, et al, 2011. Impact of land use change and soil erosion in upper Mississippi river valley on soil organic carbon retention and greenhouse gas emissions [J]. Soil Science (176): 449 - 458.

Parton W J, J M O Scurlock, et al, 1993. Observations and modeling of biomass and soil organic matter dynamics for the grassland biome worldwide [J]. Global Biogeochemical Cycles (7): 785 - 809.

Paustian K, Collins H P, Paul E A, 1997. Management controls on soil carbon [M]//Soil organic matter in temperate agroecosystems: long - term experiments in north America. Boca Raton FL: CRC Press.

Posch M, Reinds G J, 2009. A very simple dynamic soil acidification model for scenario analyses and target load calculations [J]. Environmental Modeling & Software (24): 329 - 340.

Reeves D W, 1997. The role of soil organic matter in maintaining soil quality in continuous cropping systems [J]. Soil & Tillage Research (43): 131 - 167.

Risser P G, 1991. Long - term ecological research: An international perspective [M]. New York United States: John Wiley Sons.

Russell A E, Laird D A, Parkin T B, et al, 2005. Impact of nitrogen fertilization and cropping system on carbonsequestration in Midwestern Mollisols [J]. Soil Science Society of America Journal, 69 (2): 413 - 422.

Schlesinger W H, 1982. Carbon storage in the calishe of arid soils: A case study from Arizona [J]. Soil Science (133): 247 - 255.

Schlesinger W H, 1995. An overview of the carbon cycle [M]//Lal R, et al. Soil and global change. CRC press Boca Raton Florida.

Schlesinger W H, 1997. Biogeochemistry: an analysis of global change [M]. New York: Academic Press.

Smith P J, U Smith D S, Powlson W B, et al, 1997. A comparison of the performance of nine soil organic metter models using datasets from seven long - term experiments [J]. Geoderma (81): 153 - 225.

Sombroek W G, Nachtergaele F O, Hebel A, 1993. Amountdynamics and sequestering of carbon in tropical and subtropical soils [J]. AMBIO, 22 (7): 417 - 426.

Tang K L, 2004. Soil and water conservation in China [J]. Beijing: Science Press.

Ussiri D A N, Lal R, 2009. Long - term tillage effects on soil carbon storage and carbon dioxide emissions n continuous corn cropping system from alfisoil in Ohio [J]. Soil & Tillage Research (104): 39 - 47.

VanBreemen N, Driscoll C T, Mulder J, 1984. Acidic deposition and interal proton sources in acidification of soils and waters [J]. Nature, 307 (16): 599 - 604.

Wang Jingkuan, Zhang Xudong, Wang Qiubing, et al, 2002. Fertility quality changes of isohumisols in the northeastern area of China [C]//The 17th World Congress of Soil Science, Symposium No. 4, Paper No. 1405.

Webster R, 1985. Quantitative spatial analysis of soil in the field [J]. Advanced in Soil Science (3): 1 - 7.

Webster R, Oliver M A, 1989. Optimal interpolation and isarithmic mapping of soil properties. Ⅶ D is junctive kriging mapping the conditional probability [J]. Journal of Soil Science (40): 497 - 512.

Wenxiu Zou, Bingcheng Si, Xiaozeng Han, et al, 2012. The effect of long - term fertilization on soil water storage and water deficit in the Black Soil Zone in northeast China [J]. Can. J. Soil Sci. (92): 439 - 448.

X H Li, X Z Han, H B Li, et al, 2012. Soil chemical and biological properties affected by 21 - year application of composted manure with chemical fertilizers in a Chinese Mollisol [J]. Can. J. Soil. Sci. (92): 419 - 428.

Xu M G, Wang J Z, Lu C A, 2013. Soil organic carbon sequestration under long - term manure and straw fertilization in north and northeast China by Roth C model simulation [C]. Functions of Natural Organic Matter in Changing Environment, 407 - 412.

Xu Y, Zhang F R, Hao X Y, et al, 2006. Influence of management practices on soil organic matter changes in the northern China plain and northeastern China [J]. Soil & Tillage Research, 86 (2): 230 - 236.

Xueli Ding, Xiaozeng Han, Yao Liang, et al, 2012. Changes in soil organic carbon pools after 10 years of continuous manuring combined with chemical fertilizer in a Mollisol in China [J]. Soil and Tillage Research (122): 36 - 41.